W0255792

HANDBUCH DER MEDIZINISCHEN RADIOLOGIE

ENCYCLOPEDIA OF MEDICAL RADIOLOGY

HERAUSGEGEBEN VON · EDITED BY

L. DIETHELM
MAINZ

F. HEUCK
STUTTGART

O. OLSSON
LUND

K. RANNIGER
RICHMOND

F. STRNAD
FRANKFURT/M.

H. VIETEN
DÜSSELDORF

A. ZUPPINGER
BERN

BAND/VOLUME X

TEIL/PART 2b

SPRINGER-VERLAG BERLIN · HEIDELBERG · NEW YORK 1974

RÖNTGENDIAGNOSTIK DES HERZENS UND DER GEFÄSSE
TEIL 2b

ROENTGEN DIAGNOSIS OF THE HEART AND BLOOD VESSELS
PART 2b

VON · BY

H. ANACKER · L. DI GUGLIELMO · E. DÜHMKE · R. FELIX · H. GREMMEL
W. HOEFFKEN · C. MONTEMARTINI · E. ROSSI · P. SCHÖLMERICH
J. SCHOENMACKERS · W. SCHULTE-BRINKMANN

REDIGIERT VON · EDITED BY

H. VIETEN
DÜSSELDORF

MIT 282 ABBILDUNGEN (497 EINZELDARSTELLUNGEN)
WITH 282 FIGURES (497 SEPARATE ILLUSTRATIONS)

SPRINGER-VERLAG   BERLIN · HEIDELBERG · NEW YORK   1974

ISBN 978-3-642-80852-4   ISBN 978-3-642-80851-7 (eBook)
DOI 10.1007/978-3-642-80851-7

Vorwort

Band X/2 des Handbuches der Medizinischen Radiologie behandelt die Erkrankungen des Herzens und der thorakalen Aorta (außer Mißbildungen — vgl. Bd. X/4) sowie der Venen im Mediastinum.

Wegen des sonst zu großen Umfanges erschien es zweckmäßig, diesen Band zu teilen. Zunächst erscheint hiermit sein 2. Teil: Band X/2b.

Für ihn hat SCHÖLMERICH die differential-diagnostisch so wichtigen Kapitel über intrakardiale Verkalkungen, Herzthromben, Herz- und Perikardtumoren sowie parasitäre Erkrankungen des Herzens bearbeitet.

Es folgen von DI GUGLIELMO und MONTEMARTINI (in Englisch) die Erkrankungen der Coronargefäße und ihre Röntgendarstellung, eingeleitet durch Ausführungen über die normale und pathologische Morphologie der Coronararterien (SCHOENMACKERS). Spezielle Kapitel sind dem Altersherz, der sog. Myodegeneration cordis, den Herzveränderungen bei arterieller Hypertonie und anderen Erkrankungen des Kreislaufs gewidmet (HOEFFKEN, FELIX u. WOLFERS).

ROSSI geht in einem gesonderten Abschnitt auf Besonderheiten der Röntgenologie des Herzens im Kindesalter ein, namentlich in Bezug auf die Nativuntersuchung.

Die folgenden Erkrankungen der thorakalen Aorta (mit Ausnahme der Fehlbildungen, die Bd. X/4 enthält) haben GREMMEL, DÜHMKE und SCHULTE-BRINKMANN bearbeitet.

Den Abschluß bildet das Kapitel von ANACKER über die Erkrankungen der Venen im Mediastinum. Neben den üblichen und seltenen pathologischen Veränderungen sind dort auch die röntgenologisch wichtigen Besonderheiten nach Schrittmacher-Implantationen berücksichtigt.

Allen beteiligten Autoren gebührt unser herzlicher Dank, vor allem denen, die schon vor mehreren Jahren ihr Manuskript abgeliefert hatten und sich nun der Mühe unterzogen haben, es erneut zu bearbeiten und auf den neuesten Stand zu bringen.

Düsseldorf, im September 1974   HEINZ VIETEN

Preface

Vol. X/2 of the Encyclopedia of Medical Radiology deals with diseases of the heart
and the thoracic aorta, with the exception of congenital anomalies (see Vol. X/4) and the
veins of the mediastinum. The volume had to be divided because there was too much
material. Subvolume X/2b is the first to appear.

The early chapters by SCHÖLMERICH are very important for differential diagnosis,
since they treat intracardiac sclerosis and thrombosis, tumors of the heart and pericardium, and parasitic diseases of the heart.

DI GUGLIEMO and MONTEMARTINI write in English on diseases of the coronary vessels
and their X-ray presentation, with an introductory text by SCHOENEMAKERS on the
normal and pathological morphology.

Special chapters by HOEFFKEN, FELIX, and WOLFERS are devoted to the heart in
old age, myodegeneration of the heart, and changes in the heart due to the presence of
arterial hypertonia and other circulatory disorders.

ROSSI describes in a separate section the special features of radiodiagnostic examination of the heart in children, especially neonates.

DÜHMKE, GREMMEL, and SCHULTE-BRINKMANN deal with the diseases of the thoracic
aorta, with the exception of congenital anomalies, which are included in Vol. X/4.

The final chapter is by ANACKER and covers the diseases of the veins of the mediastinum. In addition to the common and rare pathological changes, he also describes the
radiologically important features seen after pacemaker implantation.

All the contributors to this volume have earned our grateful thanks, particularly
those who delivered their manuscripts several years ago and then had the trouble of
revising them to bring the contents up to date.

Düsseldorf, September 1974   HEINZ VIETEN

Inhaltsverzeichnis — Contents

Mitarbeiter von Band X/2b — Contributers to Volume X/2b

Professor Dr. H. ANACKER, Institut für Röntgendiagnostik der Technischen Universität München, Klinikum r. d. Isar, D-8000 München 80, Ismaninger Str. 22

Professor Dr. L. DI GUGLIELMO, Universita di Pavia, Instituto di Radiologia, I-27100 Pavia

Dr. E. DÜHMKE, Radiologische Universitäts-Klinik, D-2300 Kiel, Arnold-Heller-Str. 9

Professor Dr. R. FELIX, Radiologische Klinik der Universität Bonn, D-5300 Bonn Venusberg

Professor Dr. H. GREMMEL, Radiologische Universitäts-Klinik, D-2300 Kiel, Arnold-Heller-Str. 9

Professor Dr. W. HOEFFKEN, Strahleninstitut der Allgemeinen Ortskrankenkasse, D-5000 Köln, Machabäerstr. 19—27

Professor Dr. C. MONTEMARTINI, Universita di Pavia, Instituto di Radiologia, I-27100 Pavia

Professor Dr. E. ROSSI, Klinik für Kinderkrankheiten der Universität, Freiburgstr. 23, CH-3008 Bern

Professor Dr. P. SCHÖLMERICH, II. Medizinische Universitäts-Klinik und Poliklinik, D-6500 Mainz, Langenbeckstr. 1

Professor Dr. J. SCHOENMACKERS, Pathologisches Institut der Rhein.-Westf. Techn. Hochschule, D-5100 Aachen, Goethestr. 27—29

Professor Dr. W. SCHULTE-BRINKMANN, Städtisches Krankenhaus, D-4000 Düsseldorf-Gerresheim, Gräuhingerstr. 120

Dr. H. WOLFERS, Chefarzt der Röntgen- und Bestrahlungsabteilung, Eduardus-Krankenhaus, D-5000 Köln 21, Custodisstr. 3—17

A. Erkrankungen des Herzens II

I. Intrakardiale Verkalkungen

Von

P. Schölmerich

Mit 11 Abbildungen

Einleitung

Die Fortschritte der chirurgischen Behandlung angeborener Herz- und Gefäßanomalien und erworbener Klappenfehler sowie die zunehmende Bedeutung der Coronarchirurgie haben Erkennung und Bedeutung von intrakardialen Verkalkungen, die lange Zeit eine röntgenologische Kuriosität darstellten, zu einer wichtigen diagnostischen Aufgabe gemacht. Das gilt insbesondere für die Wertung von Klappenverkalkungen, deren Nachweis Konsequenzen für die Wahl des chirurgischen Verfahrens besitzt. Zugleich hat die Weiterentwicklung der röntgenologischen Technik den diagnostischen Zugang zu Herzverkalkungen erheblich verbessert, so daß die Zahl der in vivo erfaßten Calcifizierungen des Herzens sich stark erhöht hat.

Intrakardiale Verkalkungen kommen praktisch an allen Herzabschnitten vor. Gemessen an der absoluten Zahl sind die Coronararterien am häufigsten von einem Verkalkungsprozeß befallen. Unter den Klappenfehlern dominieren Aortenklappenverkalkungen, dann folgen Mitralklappencalcifizierungen. Relativ häufig ist auch der Anulus fibrosus von Aorten- und Mitralklappen betroffen. Seltener sind Verkalkungen in Infarktbezirken, insbesondere in aneurysmatischen Ausbuchtungen, die auch nach Herztraumen auftreten und sekundär verkalken können. In den Herzschatten projizieren sich Verkalkungen von Thromben. Ebenso sind verkalkte Tumoren differentialdiagnostisch abzugrenzen. Die Perikardverkalkungen werden in einem gesonderten Kapitel abgehandelt. Zwischen der autoptisch nachweisbaren Häufigkeit und der röntgenologisch erfaßten Prozentzahl von Verkalkungen besteht eine starke Diskrepanz, die sich durch das Ausmaß der Verkalkungen und andererseits auch durch die angewandte röntgenologische Technik erklärt. Im autoptischen Untersuchungsgut beträgt z.B. die Häufigkeit von Coronarverkalkungen jenseits des 60. Lebensjahres über 50%, die Zahl der Verkalkungen des Anulus fibrosus liegt bei über 60jährigen zwischen 8 und 10%. Erworbene Aortenstenosen lassen in 80—90% Kalkeinlagerungen erkennen, während Mitralklappenfehler in etwa der Hälfte aller Fälle calcifiziert sind. Hier spielen Laufzeit der rheumatischen Herzerkrankung, Lebensalter und Geschlecht eine jeweils modifizierende Rolle.

Röntgenologische Technik

Zum Nachweis von Verkalkungen im Bereich des Herzens erweisen sich je nach Ausmaß der verkalkten Bezirke und Lokalisation verschiedene röntgenologische Verfahren als unterschiedlich ergiebig. Schon sehr früh sind Einzelfälle von Verkalkungen bei Durchleuchtung oder auf Nativaufnahmen nachgewiesen worden (CUTLER u. SOSMAN, 1924; SCHOLZ, 1924; DETERMANN, 1932; PARADE u. KUHLMANN, 1933). Hierbei sind Drehung des Patienten vor dem Schirm, Untersuchung in tiefer Inspiration und Ausblendung begrenzter Bezirke, in denen Verkalkungen erwartet werden können, von Bedeutung

(Sosman u. Wosika, 1933; Sosman, 1943). Die calcifizierten Klappen sind dabei durch ihre tanzende Bewegung und ihren systolisch-diastolischen Spielraum erkenntlich. Verkalkungen des Anulus fibrosus der Aorten- und Mitralklappen haben gleichfalls eine relativ große Bewegungsamplitude, die die der Randpulsation des Herzens übersteigt (Bishop u. Roesler, 1934; Sosman, 1943). Die Darstellung auf Röntgenbildern erfordert Hartstrahltechnik mit kurzer Belichtungszeit.

Vor der Einführung der Bildverstärkertechnik wurden Schichtaufnahmen und kymographische Verfahren zur genaueren Form- und Lageanalyse der Verkalkungen vielfach angewandt (Soloff u. Mitarb., 1954; Davies u. Bucky, 1959; Ettman, 1960; Björk u. Lodin, 1963). Sie sind auch heute noch als Suchmethode und zur Festlegung der topographischen Situation in Verwendung.

Von 1945 an ist die Röntgen-Kinematographie in größerem Umfang eingesetzt worden (Odqvist, 1945; Holmgren, 1946; Bartley, 1958; Jorgens u. Mitarb., 1960). Sie hat sich in den letzten Jahren als überlegen erwiesen und ist besonders geeignet, Coronarverkalkungen darzustellen, aber auch in der Lage, Lokalisation und dynamische Bewertung von Klappenverkalkungen besser zu ermöglichen (Edling, 1961; Shapiro u. Mitarb., 1963). Angiographische Methoden haben Bedeutung zur Darstellung von aneurysmatischen Prozessen mit sekundärer Verkalkung. Sie können auch zur topographischen Zuordnung von Klappenverkalkungen beitragen.

1. Klappenverkalkungen

a) Aortenklappe

α) Pathogenese

Es ist nach wie vor umstritten, ob den Aortenklappenverkalkungen ein einheitlicher pathogenetischer Mechanismus zugrunde liegt. Die Häufigkeit einer rheumatischen Anamnese bei verkalkender Aortenklappenstenose, die im 3.—5. Lebensjahrzehnt bemerkt wird, läßt es als sicher ansehen, daß ein Teil der Fälle mit verkalkter Aortenklappenstenose rheumatischen Ursprungs ist. Dry und Willius (1939), Hall und Ichioka (1940) halten diese Ursache in allen Fällen für gegeben. Andererseits besteht aber auch kein Zweifel, daß arteriosklerotische Prozesse zu Klappenverkalkung führen, wie Mönckeberg (1904) bereits belegt hat. Ribbert hat die Zusammenhänge 1924 in einer Handbuchübersicht über die pathogenetischen Stufen im einzelnen belegt. Diese arteriosklerotische Form ist ganz überwiegend bei Patienten jenseits des 60. Lebensjahres nachweisbar. Ihre relative Häufigkeit steigt mit zunehmendem Lebensalter an (Hultgren, 1948). Für einen Zusammenhang zwischen Klappenverkalkung und Arteriosklerose spricht auch das gleichzeitige Vorkommen von Coronarverkalkungen bei postmortaler Röntgenuntersuchung (Horan u. Barnes, 1948; Pyke u. Symons, 1951).

Beide Formen können mit Verkalkung des Klappenansatzringes verbunden sein. Unterschiedlich sind allerdings die Stufen der pathologischen Entwicklung. Bei der arteriosklerotischen, sog. degenerativen Form beginnt die Verkalkung an der dem Sinus Valsalvae zugewandten Klappenfläche, und zwar im Bereich der Klappenbasis, bei der rheumatischen Form liegt der Beginn an den Schließungsrändern der Klappen. Von dort aus breitet sich der Prozeß zur Klappenbasis hin aus. Auch der Anulus fibrosus kann dabei mitbefallen werden (Abb. 1). Als seltene Ursachen werden bakterielle Endokarditis (Albertini u. Staehelin, 1951), speziell die Brucellenendokarditis (Peery, 1958) und nichtrheumatische Valvuliden, z.B. bei kongenitalen Klappenstenosen oder bicuspidaler Aortenklappe (Friedberg u. Sohval, 1939; Edwards, 1962; Friedberg, 1966) diskutiert. Gegenüber der Ansicht, daß eine Brucellenendokarditis zu calcifizierter Aortenklappenstenose führen könne, haben Griffith und Norris (1961) eingewandt, daß sie unter 144 Fällen von Brucellose keinen Fall von Aortenklappenverkalkungen nachweisen konnten und andererseits bei 275 Fällen von verkalkender Aortenklappenstenose keine Brucelleninfektion.

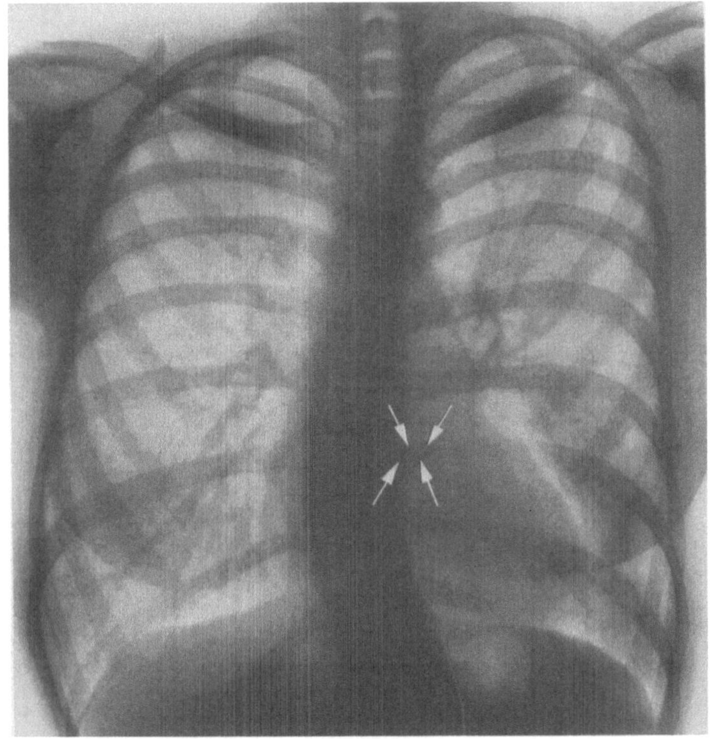

a

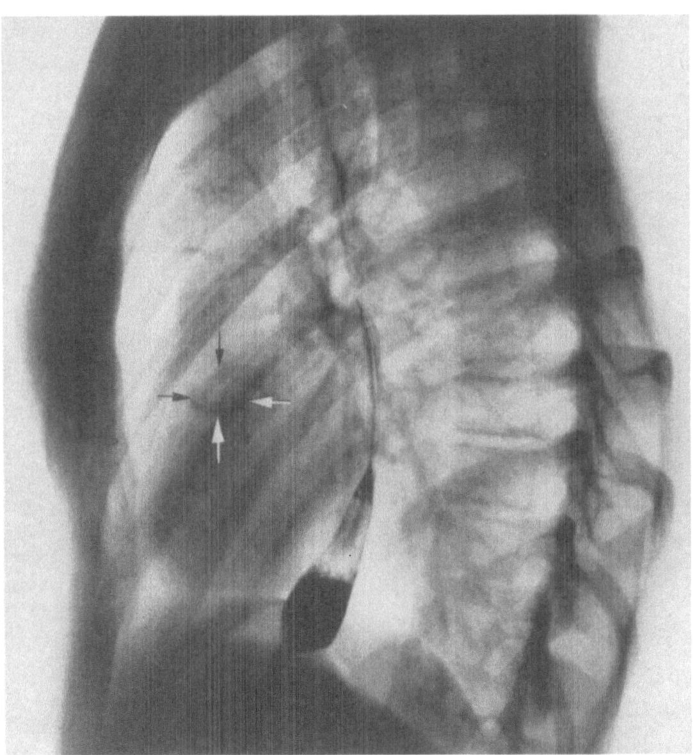

b

Abb. 1a u. b. Verkalkung der Aortenklappe. a Dorsoanteriorer Strahlengang. b Frontaler Strahlengang

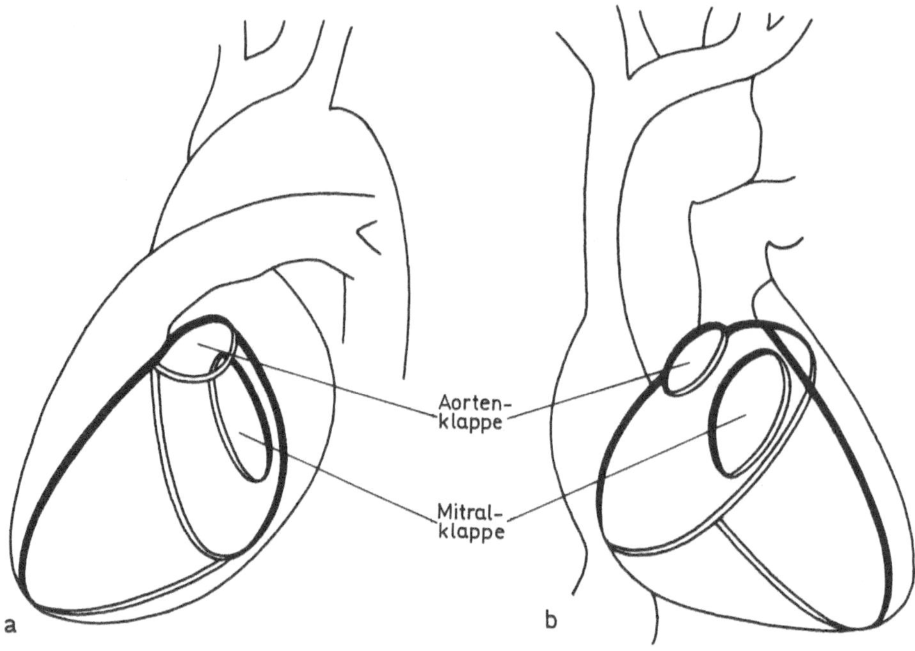

Abb. 2a u. b. Lokalisation von Aorten- und Mitralklappen. a Links-vorderes Schrägbild. b Dorsoanteriorer Strahlengang

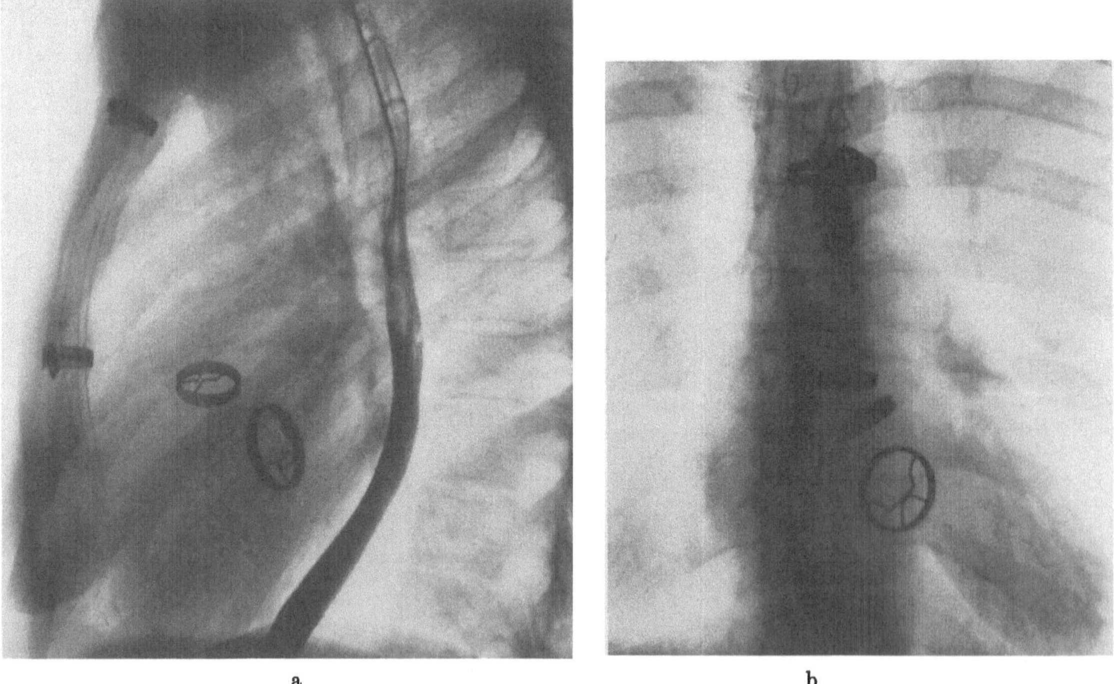

Abb. 3a u. b. Zustand nach Applikation einer Aorten- und einer Mitralprothese. a Links-vorderes Schräg-bild. b Dorsoanteriorer Strahlengang

β) Form und Lokalisation der Klappenverkalkung

Die Form der Verkalkung im Klappenbereich ist außerordentlich variabel. In leichten Fällen können kleinere Kalkimprägnierungen fibrotischer Klappen bestehen, in schweren sind die drei Segelklappen in toto calcifiziert und dynamisch im Sinn einer schweren Entleerungsbehinderung des linken Ventrikels wirksam (BRAUN u. COMEAU, 1951; DAOUD u. Mitarb., 1959; KELLEY u. Mitarb., 1960). Die topographische Zuordnung der röntgenologisch sichtbaren Klappenverkalkungen ist gelegentlich schwierig, da Aorten- und Mitralklappe unmittelbar nebeneinander gelegen sind. Im dorsoventralen Strahlengang projiziert sich die Aortenklappe meist auf den Wirbelsäulenschatten, oder sie liegt unmittelbar am linken Rand der Wirbelsäule in Höhe des 3. Intercostalraumes (Abb. 2, 3). Zum Nachweis eignet sich am besten die Bildverstärkertechnik. Dieses Verfahren hat die früher geübten Schichtverfahren (DAVIES u. STEINER, 1949) und auch kymographische Nachweismethoden (HOLZMANN, 1939) weitgehend verdrängt, wenngleich beide Verfahren, besonders die Schichtbilduntersuchung, zur Lokalisation und Größenbestimmung noch immer verwandt werden (WOODRUFF, 1962). Durch Drehung in den ersten oder zweiten schrägen Durchmesser läßt sich die Klappenverkalkung am besten darstellen und in ihrem Bewegungsspielraum erfassen. Hierfür ist besonders das linke vordere Schrägbild verwendbar. Dabei ergibt sich, daß die Aortenklappe im Beginn der Systole eine kurze, basiswärts gerichtete Bewegung vollführt, dann sich in Richtung Herzspitze verlagert, um in der Diastole in die Ausgangsposition zurückzuschnellen. In manchen Fällen werden auch röntgenkinematographisch faßbare eliptische oder ovale Bewegungsabläufe vollführt. Im einzelnen hängen Lage der Aortenklappe und auch Bewegungsspielraum von der Herzgröße, dem Ausmaß der Linkshypertrophie und dem Umfang der Klappenverkalkung ab.

Hämodynamisch haben arteriosklerotische Verkalkungen trotz lauten Geräusches meist nur geringe Bedeutung. Bei erworbenen Aortenklappenstenosen beträgt der Prozentsatz der Verkalkungen 80—90 %. Hier hat der Nachweis von Kalk Konsequenzen für die operative Behandlung, die in solchen Fällen nur mit vollem Klappenersatz möglich ist. Eine mechanische Sprengung verkalkter Aortenklappen hat, wie mehrfach beschrieben ist, zu Kalkembolien, auch in die Coronargefäße geführt (GLOTZER u. Mitarb., 1962; HOLLEY u. Mitarb., 1963). Solche sind aber auch als spontane Ereignisse von HOLLEY u. Mitarb. (1963) berichtet worden.

b) Mitralklappe

α) *Pathogenese*

Für die Mitralklappen und den Mitralklappenring gelten pathogenetisch die gleichen Gesichtspunkte wie für die Aortenklappe. Die arteriosklerotisch bedingten Formen betreffen aber in der Regel nur den Anulus fibrosus, der ringförmig meist unter Aussparung des septumnahen Anteiles verkalkt und dann eine Hufeisenform oder einen Halbbogen darstellt (Abb. 4). Die rheumatisch bedingten, sehr viel zahlreicheren Mitralsegelverkalkungen nehmen ihren Ausgang wiederum von den Klappenschließungsrändern und wandeln, von dort ausgehend, unter Umständen beide Klappensegel in geschrumpfte und fibrotisch verkalkte starre Gebilde um. Es besteht eine klare Abhängigkeit vom Lebensalter. Rheumatische Erkrankungen finden sich vornehmlich im mittleren Lebensalter, arteriosklerotische Mitralklappenringverkalkungen jenseits des 60. Lebensjahres (GOTTSCHALK, 1959). KORN u. Mitarb. (1962) haben in autoptischen Untersuchungen eine Mitralringverkalkung in 0,2 % aller Fälle jenseits des 50. Lebensjahres nachgewiesen. In der Häufigkeitsverteilung besteht eine Dominanz des weiblichen Geschlechts. POMERANCE (1970) fand Anulus fibrosus-Verkalkungen in 8,5 % aller Fälle jenseits des 60. Lebensjahres. Bei Frauen lag die Zahl bei 11,5 %, bei Männern um 4,5 %. In der 10. Lebensdekade betrug die Häufigkeit bei Frauen 43 %.

Wie bei den Aortenklappensegeln können die Verkalkungsbezirke der Mitralklappen begrenzt oder aber in Form von totaler Klappenverkalkung sehr ausgedehnt sein. Dem-

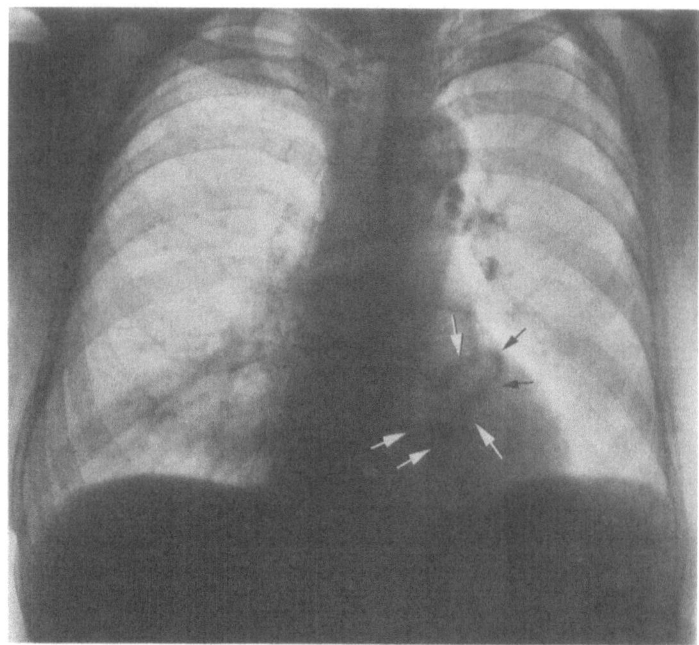

a

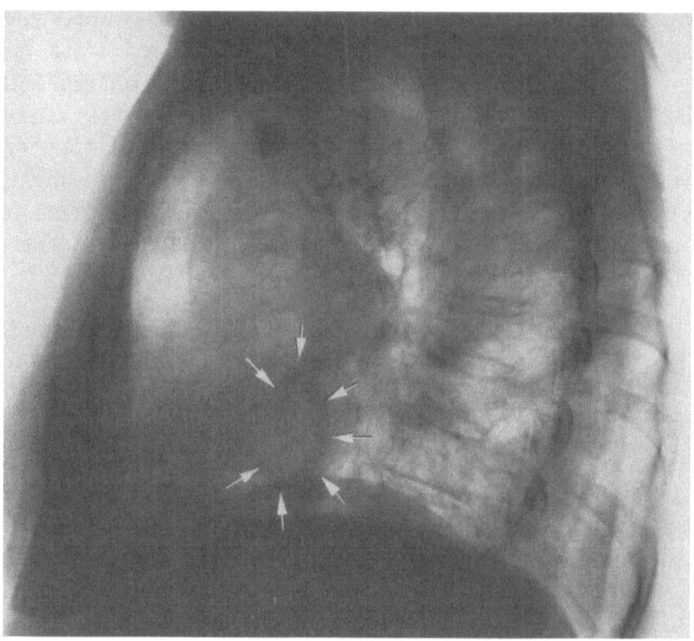

b

Abb. 4a u. b. Ringförmige Verkalkung des Anulus fibrosus bei einer 76jährigen Patientin. a Dorso-anteriorer Strahlengang. b Frontaler Strahlengang

entsprechend lassen sich kleine Plaques oder große verkalkte oder geschrumpfte, gelegentlich sogar ossifizierte Kalkbezirke nachweisen. Nur relativ selten greift der rheumatische Erkrankungsprozeß auch auf den Anulus fibrosus über. Bei arteriosklerotischer Verkalkung des Anulus sind die Klappen und Sehnenfäden in der Regel frei.

Die verkalkte Mitralklappe liegt im Vergleich zur Aortenklappe etwas tiefer und links vom Wirbelsäulenschatten, wenn das Herz normal groß ist (Sosman u. Wosika, 1933) (Abb. 5).

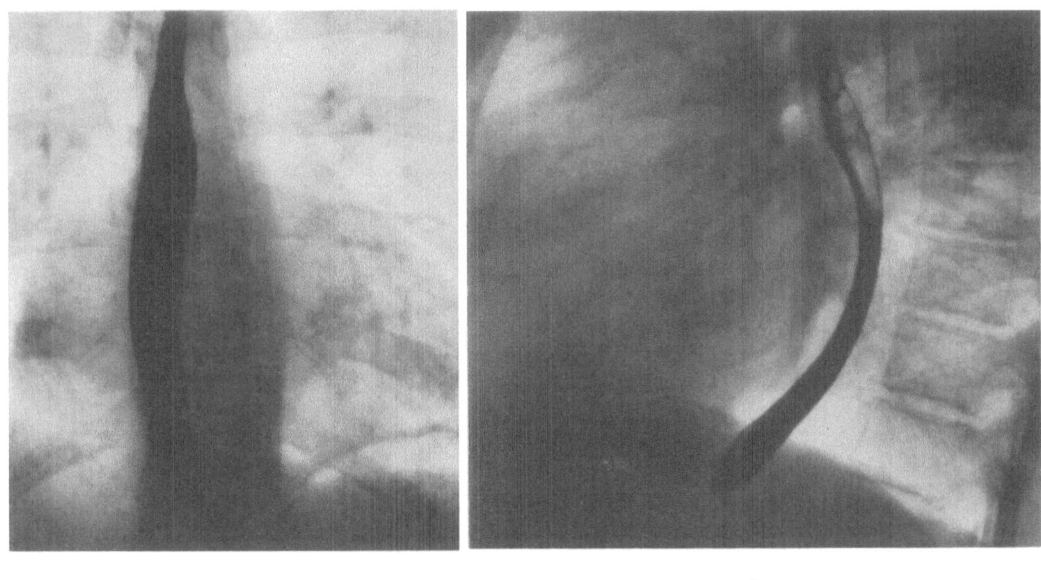

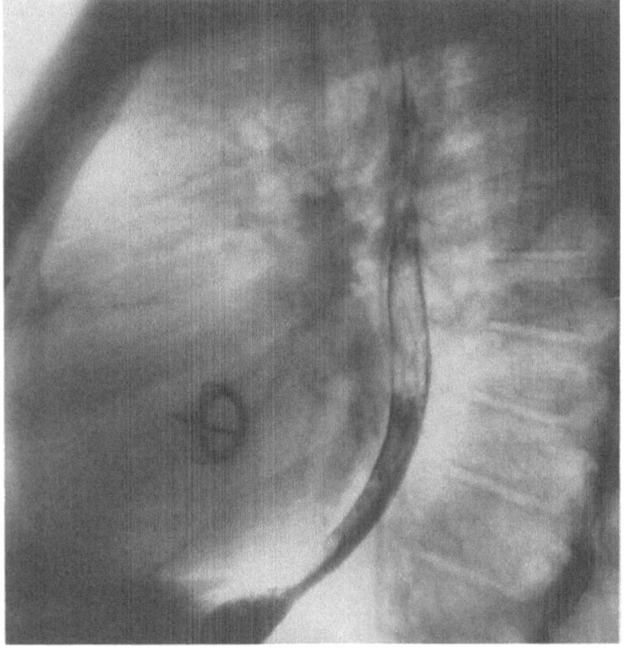

Abb. 5. a Ausgedehnte Mitralverkalkung im dorsoventralen Strahlenbild. b Links-vorderes Schrägbild.
c Ersatz der verkalkten Klappe durch eine Klappenprothese

Bei starker Vergrößerung des linken Vorhofs und normal großem linkem Ventrikel, z.B. bei der Mitralstenose, wird die Klappe eher etwas nach außen und unten verlagert. Auch hierbei macht eine Drehung in die schrägen Durchmesser die Analyse leichter (Abb. 6). Im frontalen Strahlengang liegt die Mitralklappe im hinteren Drittel des Herzschattens, während die Aortenklappe im mittleren Drittel zu suchen ist. Der Nachweis von Klappenverkalkungen gelingt am leichtesten bei der Durchleuchtung mit Bildverstärker. Schichtaufnahmen sind geeignet, Ausmaß und Lokalisation genauer festzulegen. LINKO und

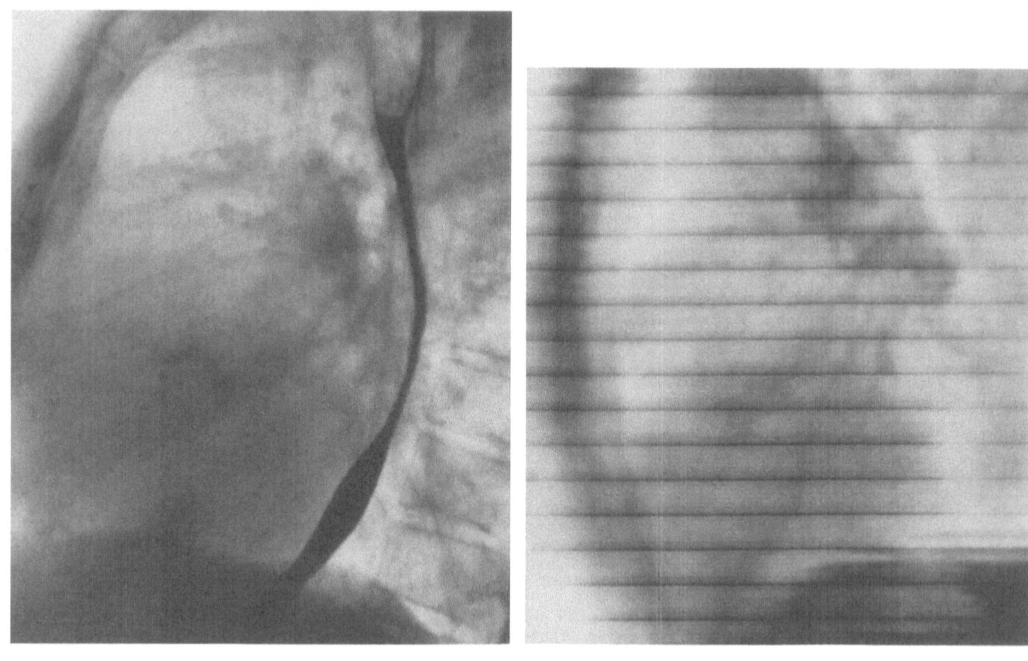

a   b

Abb. 6. a Mitralklappenverkalkung im links-vorderen Schrägbild. b Kymographische Darstellung einer
Mitralklappenverkalkung im links-vorderen Schrägbild

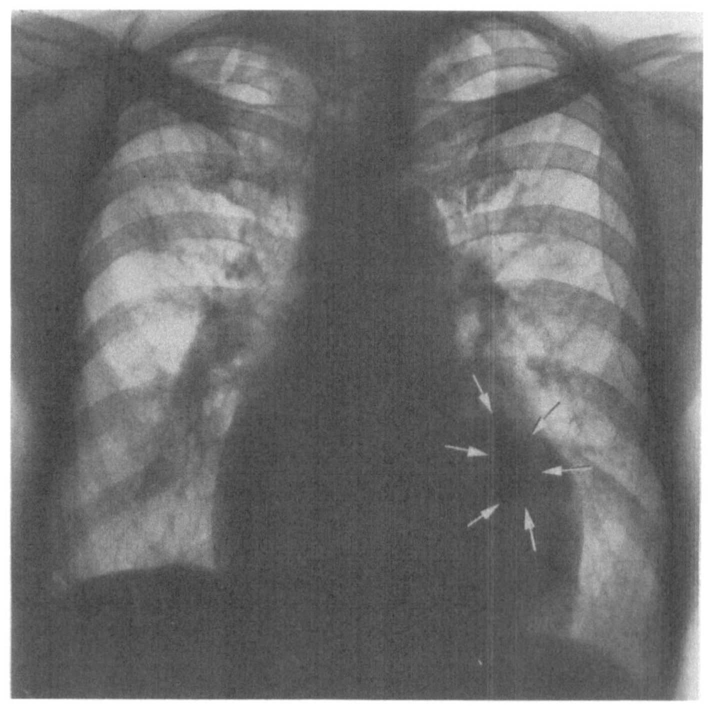

Abb. 7 a

Sysimetsä (1958) fanden bei systematischer Untersuchung von 68 Fällen von Mitral-
klappenerkrankungen 24mal Verkalkungszonen. Ähnliche prozentuale Häufigkeiten geben
Soloff u. Mitarb. (1955), Davies und Bucky (1959) an. Woodruff (1962) hat beim

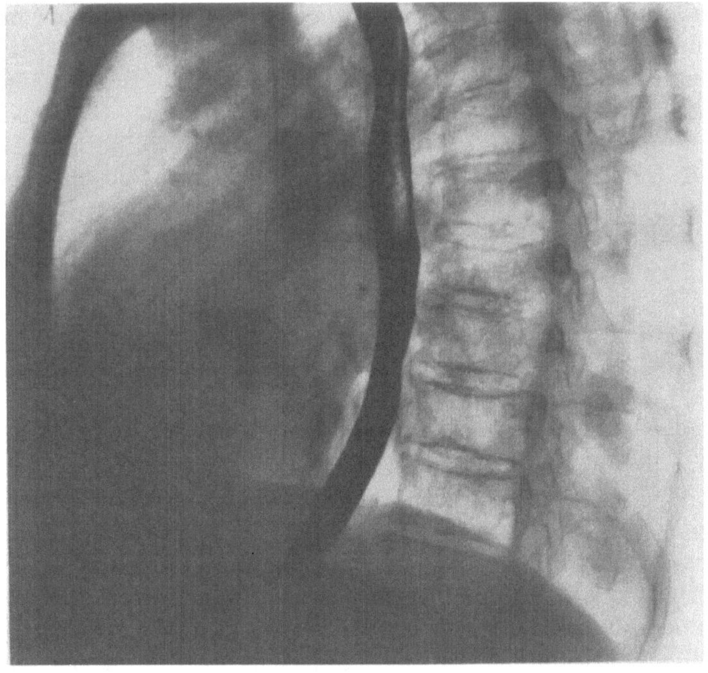

b

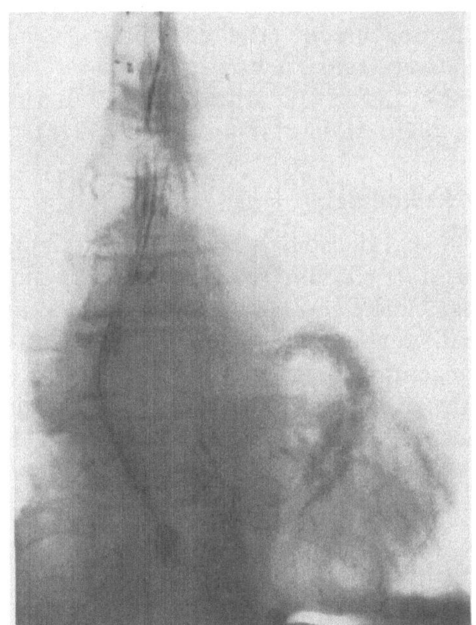

c d

Abb. 7a—d. Ausgedehnte Verkalkung des Anulus fibrosus bei einer 76jährigen Patientin. a Dorso-anteriorer Strahlengang. b Frontaler Strahlengang. c Hart belichtete Aufnahme im dorso-anterioren Strahlengang. d Kymographischer Nachweis der Pulsationsamplituden im Bereich der Verkalkung des Anulus fibrosus

Vergleich verschiedener Methoden Röntgen-Kinematographie und Schichtaufnahmen im Hinblick auf die Möglichkeit des Klappennachweises ungefähr gleich wirksam gefunden, während Routineaufnahmen eine deutlich geringere Ergiebigkeit besaßen. Studien über den Bewegungsablauf sind am besten mit Hilfe der Cineangiographie möglich. Hierbei verursacht der Beginn der Systole bei noch erhaltener Beweglichkeit der Klappen eine schnelle Bewegung eines oder beider Segel in Richtung auf die Basis, während die weitere Systole durch eine spitzenwärts gerichtete Motion bestimmt ist. Diastolisch schwingt die Klappe zurück. Die Bewegung hat auch hier oft tanzenden Charakter, wobei die verkalkten Bezirke in Einzelfällen eine Strecke von 1—2 cm zurücklegen. Diese Bewegungen sind am ehesten röntgenkinematographisch erfaßbar (Odqvist, 1944, 1945, 1948; Holmgren, 1946; Shapiro u. Mitarb., 1963). Diese Methode hat die früher viel geübten kymographischen Nachweismethoden weitgehend verdrängt (Sundberg, 1941; McKusick, 1954; Roemheld, 1957). Auch die Elektrokymographie (Bartley, 1958) hat sich gegenüber diesem Verfahren nicht durchsetzen können.

Verkalkungen des Anulus fibrosus der Mitralklappe bilden röntgenologisch meist eine sichel- oder U-förmige breite Kalkzone (Epstein, 1940), deren kymographisch bestimmte Bewegungsamplitude größer ist als die des Herzrandes (Roemheld, 1957) (Abb. 7). Sundberg hat 1941 ausgedehnte Vergleichsuntersuchungen angestellt und durch gleichzeitige EKG-Registrierungen eine zeitliche Zuordnung des Bewegungsimpulses ermöglicht. Odqvist (1944) konnte diese Bewegung röntgenkinematographisch erfassen. Die klinische Bedeutung solcher Verkalkungen ist meist gering, obwohl das systolische Geräusch eine hohe Lautstärke erreicht. In Einzelfällen lassen sich aber auch hämodynamisch wirksame Klappenstenosen oder -insuffizienzen nachweisen (Milatz, 1956; Hemley, 1964; Schulze, 1967; Schenk, 1971). Gelegentlich ist eine bakterielle Besiedlung nachgewiesen worden (Desanctis, 1972).

Der Nachweis von Kalk im Bereich der Mitralklappe macht in der Regel eine prothetische Versorgung bei operativem Eingriff notwendig. Vor der Anwendung von Prothesen hatte der Nachweis von Kalk in den Klappensegeln eine erhebliche prognostische Bedeutung bezüglich der operativen Komplikationsrate und auch der des Späterfolges (Lowther u. Turner, 1962; Ellis u. Harken, 1964; Litwak u. Mitarb., 1965; Blömer u. Mitarb., 1969; Manteuffel-Szoege u. Mitarb., 1970; Moccetti u. Mitarb., 1972).

c) Weitere Klappenverkalkungen

Außerordentlich selten finden sich Verkalkungen an Tricuspidal- und Pulmonalklappe. Shapiro u. Mitarb. (1963) haben in einer eigenen Statistik von 191 Fällen nur zweimal Tricuspidalklappenverkalkungen gesehen, die zudem mit Verkalkungen von Mitral- und Aortenklappen kombiniert waren. Über Pulmonalklappenverkalkungen haben Northway u. Abrams (1963) anhand eines Falles mit kongenitaler Pulmonalstenose und Endokarditis berichtet. Rodriguez u. Mitarb. (1971) geben eine Übersicht über zwei eigene und 16 der Literatur entnommene Fälle, von denen die Mehrzahl angeborene Herzfehler betraf. Sieben hatten eine bakterielle Endokarditis überstanden. 1970 haben Gabriele u. Mitarb. über zwei weitere Fälle referiert.

2. Kalkeinlagerungen im linken Vorhof

Verkalkungszonen im linken Vorhof können im Endokard oder im subendokardialen Myokard gelegen sein. Bis auf ganz vereinzelte Fälle, in denen die Calciumeinlagerungen durch Vitamin D-Überdosierung oder eine Calciumstoffwechselstörung bedingt waren, ist ein rheumatischer Krankheitsprozeß Grundlage einer solchen Kalkeinlagerung. Dabei werden fibrotische Narbenbezirke nach florider rheumatischer Entzündung sekundär calcifiziert. Praktisch liegen in solchen Fällen immer Mitralfehler vor, und zwar überwiegend Stenosen oder kombinierte Mitralfehler (Jürgens u. Mitarb., 1958; Hager u. Körner, 1962; Harthorne u. Mitarb., 1966). Gedgaudas u. Mitarb. (1968) konnten unter 1826 Fällen von Mitralstenose oder Mitralinsuffizienz in 26 Fällen Verkalkungszonen im linken Vorhof nachweisen. In der Regel ist in solchen Fällen auch Vorhofflimmern mit starker Dilatation des Vorhofs nachweisbar (Leonard u. Mitarb., 1957).

Offenbar besteht auch zur Dauer der rheumatischen Erkrankung eine positive Korrelation (RUSKIN u. SAMUEL, 1952; HEMLEY u. Mitarb., 1953; WIELAND, 1961). Jüngst haben allerdings WANG u. Mitarb. (1972) einen Fall von Herzohrverkalkung ohne Mitralklappenfehler mitgeteilt.

a) Röntgenologische Kriterien

Die Zuordnung von Kalkzonen zum linken Vorhof gelingt vor allem bei Drehung in den frontalen Strahlengang oder in die links-vordere Schrägposition relativ leicht. Die Verkalkung läßt sich bei Durchleuchtung randständig darstellen. Sie hat wechselndes Ausmaß von kleinen streifenförmigen Kalklinien bis zu halbkugeligen Schalen, die einen großen Teil der Vorhofwand immobilisieren. Gelegentlich ist auch schon im Sagittalbild eine schalenförmige Umgrenzung des linken Vorhofs nachweisbar.

Auch zum Nachweis von Vorhofverkalkungen haben sich in den letzten Jahren röntgen-kinematographische Verfahren als überlegen erwiesen (SHAPIRO u. Mitarb., 1963; HARTHORNE u. Mitarb., 1966), während Schichtaufnahmen und kymographische Untersuchungen (EPSTEIN, 1949; SHAPIRO u. Mitarb., 1963) Ausmaß und Lokalisation besser belegen. VAN DE SANDE u. Mitarb. (1968) haben in einem Fall auch einen angiographischen Beleg geliefert.

Differentialdiagnostisch ist die Abgrenzung gegenüber verkalkten Thromben im linken Vorhof am schwierigsten. Bei Kalkzonen im Bereich des linken Herzohres ist aufgrund der Häufigkeit von Herzohrthromben in der Regel ein verkalkter Thrombus anzunehmen. Ist die äußere Begrenzung größerer Verkalkungsbezirke nicht mit den Vorhofgrenzen zur Deckung zu bringen, so liegt mit Wahrscheinlichkeit gleichfalls ein verkalkter Thrombus vor (s. S. 24). CURRY u. Mitarb. (1953) weisen darauf hin, daß Vorhofwandverkalkungen meist in Form zarter, strichförmiger Kalkzonen auftreten, während Thrombusverkalkungen dicker und unregelmäßiger gestaltet sind. Gelegentlich liegt auch, wie SVOBODA u. SOBOTKOVA (1960) gezeigt haben, eine gleichzeitige Verkalkung von Vorhofwand und Vorhofthrombus vor.

Die Abgrenzung von einer perikardialen Verkalkung im Sinus atrioventricularis kann gleichfalls schwierig sein. Meist betreffen Perikardverkalkungen aber auch weitere Bezirke des Herzens bzw. des Perikards. Die charakteristische Bewegung von verkalkter Aorten- und Mitralklappe läßt eine Differenzierung von Klappenverkalkungen zu. Für die Klinik liegt die Bedeutung der Vorhofverkalkung in der Schwierigkeit des operativen Zugangs bei Mitralklappenoperationen, der unter Umständen über den rechten Vorhof und das Septum oder die Lungenvenen erfolgen muß (VICKERS u. Mitarb., 1959). Auch die Abgrenzung gegenüber Vorhofthromben ist, wie SELTZER u. Mitarb. an 15 Fällen belegen, unter operativen Gesichtspunkten im Hinblick auf die Emboliegefahr und Kalkembolien bedeutsam (CAMISHION u. Mitarb., 1968).

3. Kalkeinlagerungen im Myokard

Allgemeines. Kalkeinlagerungen im Myokard sind in der Mehrzahl der Fälle Folge einer Coronarsklerose mit Infarzierung und/oder Aneurysmabildung. In selteneren Fällen können fibrotische Bezirke nach Myokarditis, besonders rheumatischer Genese, sekundär verkalken. Früher spielte auch die septische Myokarditis als Auslösung für Calcifizierungen der Narben eine Rolle. Auch nicht infarktbedingte Aneurysmen, etwa traumatischer Genese, oder kongenitale Aneurysmen können sekundär verkalken. Ein zweiter Mechanismus, der allerdings aufgrund einer diffusen Einlagerung von Calcium nicht immer röntgenologisch darstellbar ist, steht in enger Beziehung zum Calcium-Haushalt. Metabolische Calciumstoffwechselstörungen, z.B. bei primärem oder sekundärem Hyperparathyreoidismus, Vitamin D-Überdosierung oder Hypercalcämie bei metastatischen Knochenerkrankungen können zur Calcifizierung des Myokards führen. Über eine prozentuale Häufigkeit solcher Veränderungen lassen sich keine Angaben machen. Die meisten Übersichten enthalten kasuistische Mitteilungen.

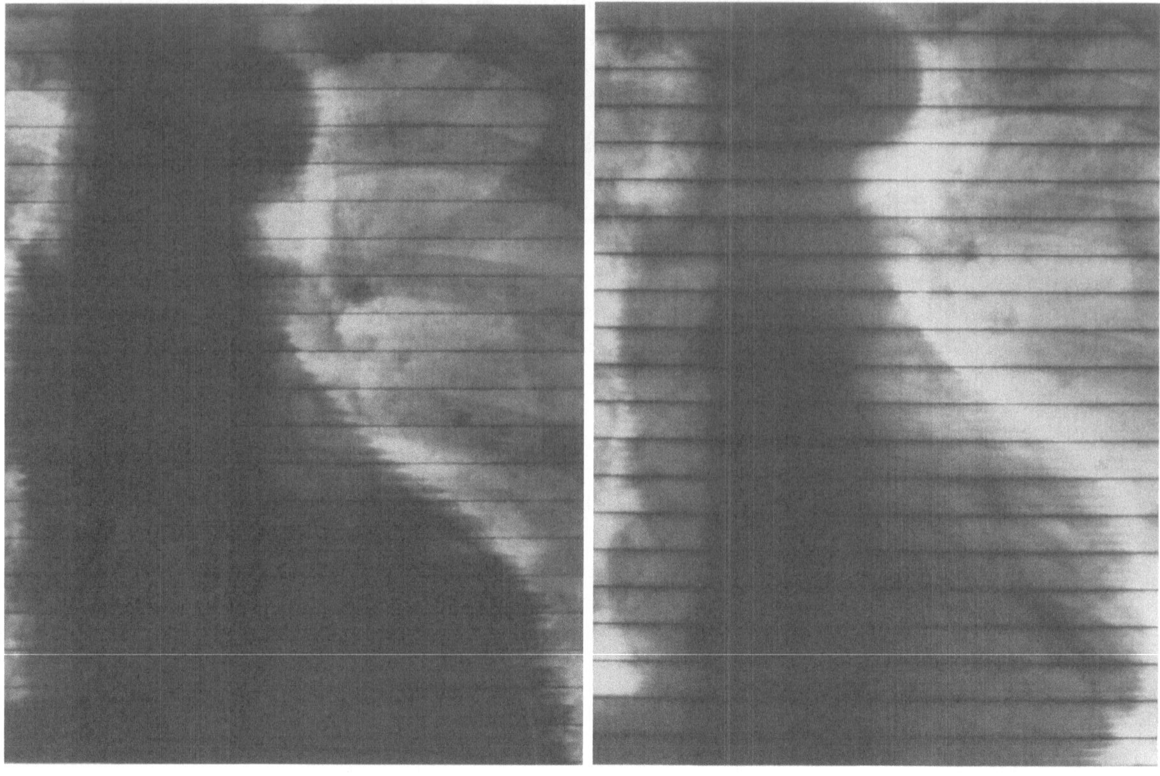

a   b

Abb. 8. a Kymographischer Nachweis eines verkalkten Aneurysmas. b Zustand nach Aneurysmektomie

a) Herzinfarkt

Die Anwendung der Bildverstärkertechnik hat die Erfassung von Calcifizierungen in abgeheilten Infarktbezirken wesentlich verbessert, so daß die Diskrepanz zwischen autoptischem Nachweis von Verkalkungen in alten Infarkten (7,6 % im Untersuchungsgut von Brean u. Mitarb., 1950) und klinisch-röntgenologisch geführtem Nachweis von etwa 0,2 % sich vermindert hat.

Die Verkalkung liegt dabei intramural meist im Spitzenbereich des Herzens, entsprechend der bevorzugten Lokalisation von Infarkten. Der Form nach ist die Kalkeinlagerung unregelmäßig angeordnet, meist kleiner als dem Infarktbezirk entspricht, gelegentlich aber auch flächig und ausgedehnt. Die Calcifizierung läßt sich in den bisher publizierten Fällen nur dann nachweisen, wenn seit Eintritt des Infarktes ein Zeitraum meist von 5—10 Jahren verstrichen ist (Brean u. Mitarb., 1950; Janssen u. Kerper, 1958). Die Verkalkung liegt in der Regel in einem fibrotischen Bezirk, so daß die Randbewegung des Herzens reduziert erscheint. Bei rotierender Durchleuchtung läßt sich der verkalkte Bezirk in einer Position randständig darstellen. Zur Unterscheidung von Perikardverkalkungen muß der Abstand von der äußeren Herzkontur beachtet werden, der bei intramuralen Verkalkungen in der Regel einige Millimeter beträgt.

b) Aneurysmen

Große Infarktbezirke führen, wie die zahlreichen Untersuchungen mit kineangiographischen Analysen der Ventrikelfunktion gezeigt haben, zu Störungen des systolisch-diastolischen Bewegungsablaufes der Kammermuskulatur. Die asynergische Kontraktion stellt sich bei ausgedehnten Aneurysmen als systolische Lateralbewegung (paradoxe Pulsa-

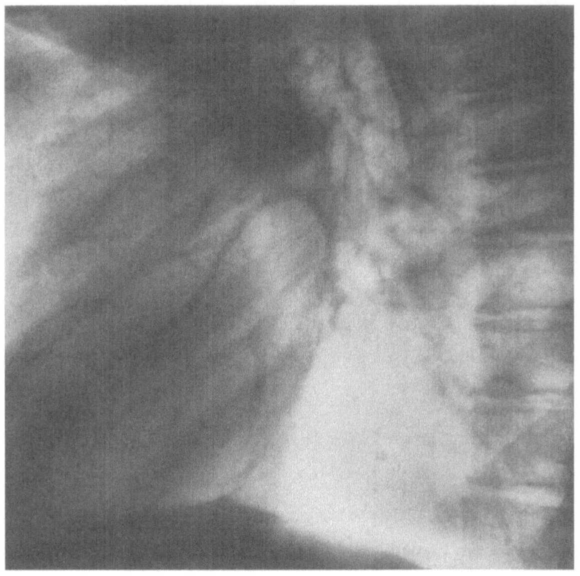

a

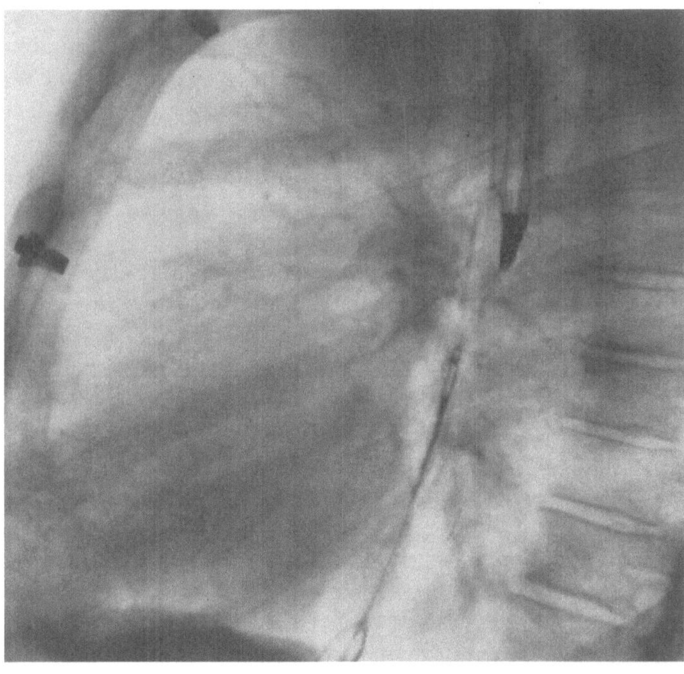

b

Abb. 9. a Links-vorderes Schrägbild mit ausgedehnter Verkalkungszone eines Aneurysmas des linken Ventrikels. b Zustand nach Aneurysmektomie

tion) dar. Solche Aneurysmen können Calcifizierungen in fibrotischen Bezirken der Ventrikelwand (Abb. 8, 9), aber auch Kalkeinlagerungen im Bereich thrombotischer Massen, die endokavitär das Aneurysma ausfüllen, erkennen lassen. Schließlich kommt es auch gelegentlich zu perikardialen Kalkimprägnierungen an der Außenseite des Aneurysmas. Aneurysmaverkalkungen kommen relativ selten vor. ABRAMS u. Mitarb. (1963) haben unter 65 Fällen von Aneurysmen bei autoptischen Kontrollen (2805 Sektionen) einmal Kalk nachgewiesen. EPSTEIN (1953) erwähnt 26 publizierte Fälle, zu denen sich 11 Fälle von sekundärverkalktem Herzinfarkt gesellen. Hofmann u. White (1961) fanden unter 7952 Sektionen 92 Herzwandaneurysmen, von denen 11 Verkalkungen erkennen ließen. In der Arbeit wird über 70 Fälle aus der Weltliteratur berichtet. Am häufigsten sind schmale streifenförmige oder schalenartig angeordnete, intramural gelegene Verkalkungen (Brown u. Evans, 1940; Bogoch u. Christopherson, 1950; Roth, 1951; Sennott u. Mitchell, 1952; Hess, 1953; Lasky, 1954; Hankamp, 1954; Vogt, 1957). Bei genügender Ausdehnung und Dicke der Ventrikelwand verleihen sie dem aneurysmatischen Bezirk eine stärkere Festigkeit, so daß paradoxe Pulsationen meist fehlen. Aravanis u. Luisada (1955) haben allerdings in einem Fall trotz großer Kalkspange elektrokymographisch paradoxe Pulsationen nachweisen können. In einigen Berichten wird auch auf das gleichzeitige Vorkommen von verkalktem Aneurysma und totalem AV-Block hingewiesen (Kornel, 1958; Williams u. Mitarb., 1962). Hierbei sind auch Linksschenkelblockbilder gesehen worden.

c) Diffuse Einlagerungen von Kalk im Myokard

Unabhängig von arteriosklerotischen Krankheitsprozessen führen entzündliche Erkrankungen des Myokards gelegentlich zu Myokardverkalkungen. So haben Moore (1931), Diamond (1932), Ernstene u. Hazard (1951), Hamne u. Ranstrom (1958), Barber u. Murphey (1961) Einzelfälle beschrieben, die zum Teil Säuglinge oder Kleinkinder oder jüngere Frauen betrafen.

Weitere Ursachen sind Vitamin D-Überdosierung (Gore u. Arons, 1949), primärer oder sekundärer Hyperparathyreoidismus, vor allem im Zusammenhang mit renaler Insuffizienz (Geipel, 1926; Gore u. Arons, 1949; Littman u. Meadows, 1963; Terman u. Mitarb., 1971; Henderson u. Mitarb., 1971). Auch Calciummobilisierung durch ossäre Metastasen kann zu einer Calcinose des Myokards führen.

Selye und seine Schule haben zahlreiche Konditionierungen erforscht, die Calcifizierungen, speziell des Myokards, zu fördern oder zu verhindern vermögen (Prioreschi u. Selye, 1961; Bajusz u. Jasmin, 1963).

Eine Sonderform stellt die Verkalkung des Septums dar, die meist von einer Verkalkung des Anulus fibrosus der Aorten- oder Mitralklappe ausgeht und von dort auf das Ventrikelseptum übergreift. Hierbei können Blockierungen des Hisschen Bündels, totaler Block und plötzliche Todesfälle auftreten. Baumann u. Naumann (1937) haben 6 Fälle dieser Art beschrieben. Windholz u. Grayson konnten in 12 Fällen pathologisch-anatomische Befunde mit röntgenologisch nachweisbaren Verkalkungen korrelieren. Zwei der Fälle litten an einem Morbus Paget. Weitere Fälle sind von Harrison u. Lennox (1948) und jüngst unter Berücksichtigung von Herzkatheterdaten und Coronarangiographie von King u. Mitarb. (1969) mitgeteilt worden. Björk (1965) hat bei 62 Fällen von totalem Block dreimal Septumverkalkungen nachgewiesen. Gelegentlich kommt es zu eigenartigen spiralig angeordneten Verkalkungsbezirken im Herzen, deren Genese Kirk u. Russell (1966) belegt haben. Mehrfach sind Ossifikationen von verkalkten Zonen beschrieben worden, so von Cohen u. Levine (1937), und Finestone u. Geschickter (1949).

4. Coronargefäßverkalkungen

Die Hauptursache der Coronargefäßverkalkung stellt die Coronarsklerose dar. Autoptische Kontrollen oder postmortale röntgenologische Untersuchungen des Herzens ergeben in fast 100% der Fälle von Herzinfarkten diskrete oder auch ausgedehntere Coronargefäßverkalkungen (Blankenhorn u. Stern, 1959; Laves, 1960). Am klinischen Untersuchungsgut mit definitiver Coronarinsuffizienz lassen sich in über 50% mit Hilfe von Bildverstärkertechnik Kalkeinlagerungen in den Coronararterien nachweisen. In einem nicht ausgelesenen Krankengut fanden, allerdings mit konventioneller Untersuchungstechnik, Endrys u. Cernohorsky (1957) in 0,7% aller Altersstufen, in 2,4% der über 50jährigen Coronargefäßverkalkungen. Im röntgenologischen Bild finden sich dabei wechselnde Anordnungen der calcifizierten Gefäßabschnitte. Neben einzelnen Plaques zeigen sich in anderen Fällen, und zwar im Abstand von wenigen Millimetern, parallel verlaufende Kalkstreifen oder aber unregelmäßige, auf kleine Bezirke begrenzte, eher klumpige Calcifizierungen. Als seltenere Ursachen von frühzeitig auftretenden Coronargefäßverkalkungen sind Pseudoxanthoma elasticum (NELLEN u. JAKOBSON, 1958) und in einem weiteren Fall eine Bindegewebsstoffwechselstörung mit Endokardfibrose und Herzkranzgefäßverkalkung bei einem 2 Monate alten Kind nachgewiesen.

Röntgenologisch ist die Verkalkung des Ramus circumflexus der linken Kranzarterie in ihrem proximalen Abschnitt am häufigsten. Der Nachweis wurde von LENK (1927) als erstem geführt, er gelingt am besten bei Drehung in den ersten schrägen Durchmesser (SNELLEN u. NAUTA, 1937). Bei Drehung in die links-vordere Schrägposition (zweiter schräger Durchmesser) kann ein auf weite Strecken verkalkter Ramus circumflexus als halbringförmige Kalkzone gelegentlich nachgewiesen werden (WOSIKA u. SOSMAN, 1934). Der Ramus descendens der linken Kranzarterie ist bei Drehung in den frontalen Strahlengang am leichtesten zugänglich. Die rechte Kranzarterie läßt sich in links-vorderer Schrägstellung am Rand des rechten Ventrikels in ihrem abwärts gerichteten Verlauf erkennen, sofern die Verkalkung ein genügendes Maß an Dichte und Ausdehnung besitzt. HABBE und WRIGHT (1950) konnten durch Zielaufnahmen bei Durchleuchtung typische Verkalkungsmuster im Coronargefäßsystem feststellen. Die Identifizierung von Coronargefäßverkalkungen gelingt aufgrund der Anordnung und der synchron mit dem Herzrand erfolgenden Bewegung relativ leicht (REICH u. WITTEN, 1957). Dabei hat sich die Röntgenkinematographie als Nachweismethode am besten bewährt. Schichtverfahren und Kymographie sind ergänzende Methoden. Das normale Röntgenbild läßt den Nachweis von Verkalkungen oft vermissen.

5. Seltenere intrakardiale Verkalkungen

Die sehr ausgedehnte Kasuistik umfaßt auch zahlreiche Einzelfälle intrakardialer Verkalkung, die vor allem differentialdiagnostisch bedacht werden müssen. In diese Gruppe gehören verkalkte Aneurysmen des Sinus Valsalvae, die kongenital oder erworben sein können (SHAPIRO u. Mitarb., 1963). Kongenitale Aneurysmen betreffen meist den vorderen oder septalen Sinus, dem die rechte Coronararterie entspringt, seltener den linken lateralen posterioren, nie den rechten lateralen. Erworbene Aneurysmen der Sinus Valsalvae sind arteriosklerotischer, luetischer oder bakterieller Genese. Die klinische Bedeutung liegt in der Möglichkeit einer Perforation in den Vorhof oder die Kammern. Kalkeinlagerungen können in Form von Wandverkalkungen, Verkalkung eines Thrombus im Aneurysma oder durch Calcifizierung der angrenzenden Aorta zustande kommen. Röntgenologisch handelt es sich um Ausbuchtungen eines Sinus Valsalvae bis zur Größe eines Hühnereies, die am Rande verkalken können. Ihre Darstellung gelingt am besten im sagittalen Strahlengang oder im ersten schrägen Durchmesser. Schichtaufnahmen, kymographische Analyse, Angiographie, am besten die Cineangiographie, sichern die Diagnose.

Verkalkungen des obliterierten oder auch noch durchgängigen Ductus Botalli (RUSKIN u. SAMUEL, 1952) oder verkalkte Aneurysmen bei Isthmusstenosen und Kalkeinlagerungen in die Pulmonalarterie projizieren sich häufig in den Herzschatten und lassen sich durch Drehung bei rotierender Durchleuchtung oder aber auch kineangiographisch abgrenzen.

Verkalkte Thromben s. S. 24.

Perikardverkalkungen s. S. 65ff.

Verkalkungen bei Herzparasiten s. S. 65ff.

6. Differentialdiagnose intrakardialer Verkalkungen

Die Differentialdiagnose muß in erster Linie Lokalisation und Form der pulsatorischen Bewegung berücksichtigen. So lassen sich Aorten- und Mitralklappenverkalkungen in der

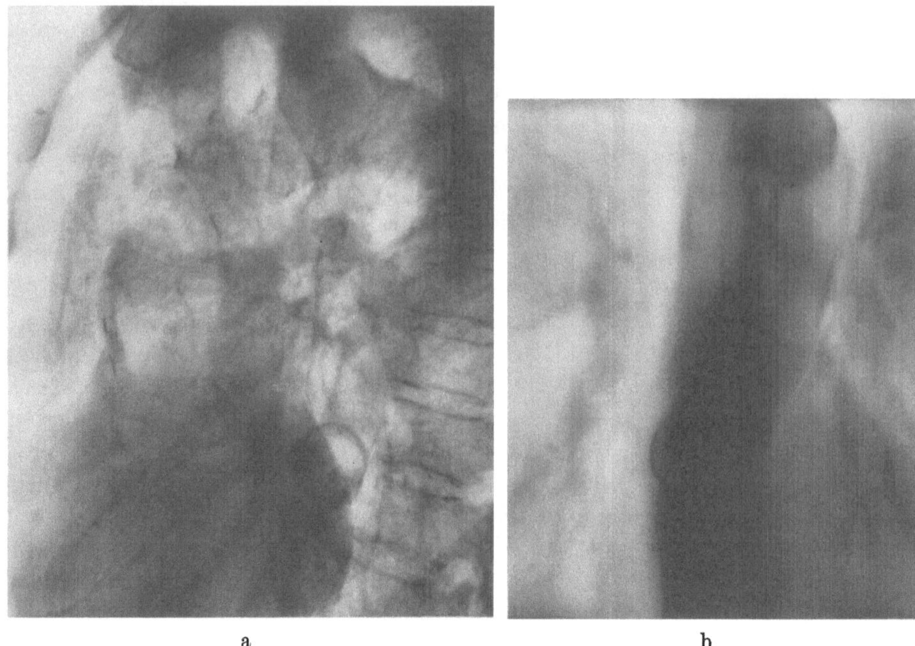

Abb. 10. a Verkalkung der Aortenklappen, der Aorta ascendens und eines Aneurysmas im Bereich der Aorta descendens. b Schichtaufnahme mit Darstellung einer Verkalkung des Aortenknopfes und des Aneurysmas im absteigenden Teil

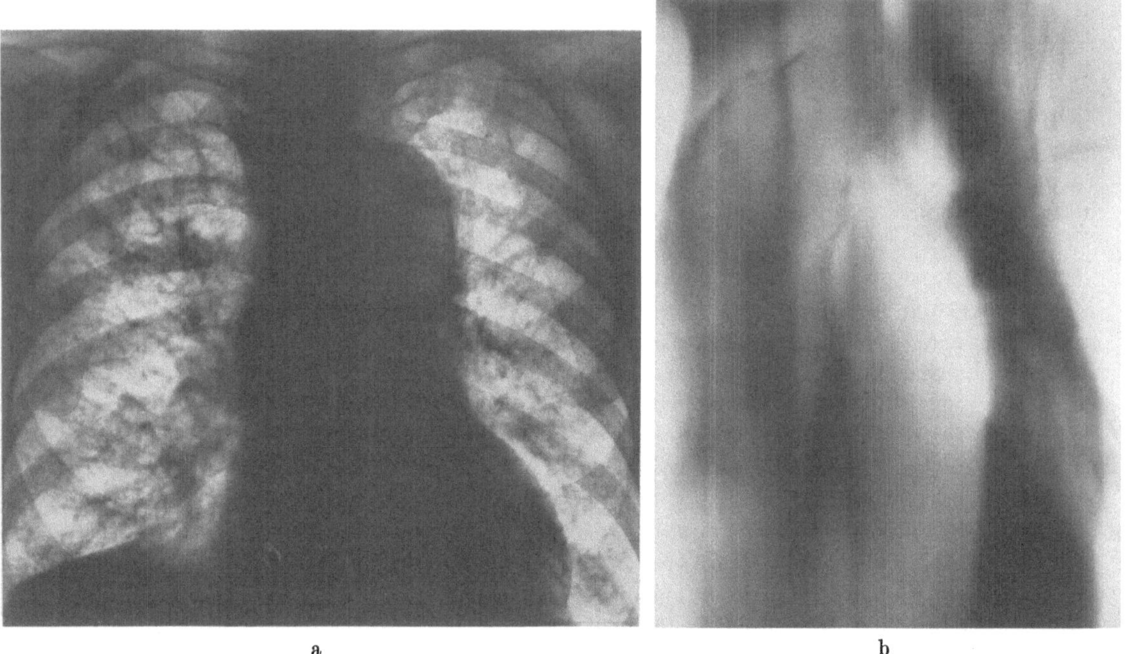

Abb. 11. a Aortitis luetica mit ausgedehnter Verkalkungszone der erweiterten Aorta descendens und ascendens. b Schichtaufnahme des gleichen Falles im frontalen Strahlengang

Regel an ihrer systolisch-diastolischen Bewegung erkennen, deren Ausmaß die Rand-pulsation des Herzens übersteigt. Eine isolierte Verkalkung des Anulus fibrosus der Aorta ist selten, während der Mitralklappenring sich häufiger isoliert in Form einer halbringartigen Kalkzone darstellt und von der eher unregelmäßigen Verkalkung der Klappensegel differenziert werden kann. Drehung vor dem Schirm läßt intramurale Verkalkungen in einer Position randständig zum Nachweis kommen, wobei ein Abstand von einigen Millimetern zum äußeren Herzrand eine Abgrenzung gegenüber Perikardverkalkungen ermöglicht, die sich zudem häufig über größere Bereiche des Perikards erstrecken. Aneurysmatische Verkalkungen sind durch schalenförmige Begrenzung charakterisiert. Coronargefäßverkalkungen haben eine charakteristische Lokalisation meist wenige Zentimeter vom Abgang der Coronargefäße aus dem Sinus Valsalvae und sind nicht selten durch parallele streifige Verkalkungslinien kenntlich. Zudem läßt die Drehung des Patienten die Verkalkungszone randständig werden, wobei die systolisch-diastolischen Bewegungen mit denen der Randkontur des Herzens identisch sind. Schwierig kann die Unterscheidung verkalkter Thromben und verkalkter Myxome von linksseitigen Vorhofwandverkalkungen sein, vor allem, wenn diese einen großen Bezirk der Vorhofwand befallen. Hier ist die Kineangiographie die überlegene Nachweismethode, wobei allerdings die Unterscheidung, ob ein Thrombus oder ein Myxom vorliegt, meist nicht möglich ist. Der Nachweis eines rheumatischen Mitralfehlers spricht eher für Thrombusbildung mit Verkalkung, eine kurze Anamnese eher für ein Myxom. Verkalkungen von Lymphknoten im Hilusbereich, Kalkeinlagerung in den zentralen Bronchien oder in den großen Gefäßen (Abb. 10, 11) lassen sich durch Drehung weit aus dem Herzschatten entfernen, so daß ihre Zuordnung leicht möglich ist.

Literatur

ABRAMS, D. L., EDELIST, A., LURIA, M. H., MILLER, A. J.: Ventricular aneurysm. Circulation 27, 164 (1963).

ALBERTINI, A., STAEHELIN, A.: Über die Beziehung der verkalkten Knopflochstenose zur Endocarditis. Cardiologia (Basel) 18, 129 (1951).

ARAVANIS, C., LUISADA, A. A.: Ventricular aneurysm with calcification of the heart. Amer. Heart J. 50, 940 (1955).

BAJUSZ, E., JASMIN, G.: Studies on factors that selectively influence calcification in the myocardium. Cardiologia (Basel) 43, 104 (1963).

BARBER, J. M., MURPHY, F. M.: Calcification of the myocardium of young woman. Brit. Heart J. 23, 219 (1961).

BARTLEY, O.: Cardiac valve calcifications and registration of their movements. Acta radiol. (Stockh.) 49, 329 (1958).

BAUMANN, W., NAUMANN, W.: Röntgenanatomische Befunde am Herzskelett beim totalen Herzblock. Fortschr. Röntgenstr. 56, 723 (1937).

BISHOP, P. A., ROESLER, H.: The roentgenologic diagnosis of intracardiac calcifications. Amer. J. Roentgenol. 21, 1 (1934).

BJÖRK, L.: Isolated calcifications in the interventricular septum. Acta radiol. Diagn. 3, 430 (1965).

BJÖRK, L., LODIN, H.: Value of simultaneous tomography in demonstrating calcifications of the cardiac valves. Acta radiol. Diagn. 1, 29 (1963).

BLANKENHORN, D. H., STERN, D.: Calcification of the coronary arteries. Amer. J. Roentgenol. 81, 772 (1959).

BLÖMER, H., HARLACHER, A., SO, C. S., KOLB, P., KIEFHABER, F.: Früh- und Spätergebnisse nach Mitralkommissurotomie. Münch. med. Wschr. 111, 1722 (1969).

BOGOCH, A., CHRISTOPHERSON, E. F.: Calcified cardiac aneurysms. Ann. intern. Med. 32, 295 (1950).

BRAUN, H. A., COMEAU, W. J.: The importance of a high-pitched squeaking systolic murmur in the diagnosis of aortic stenosis and calcification of the aortic valve. New Engl. J. Med. 244, 507 (1951).

BREAN, H. P., MARKS, J. H., SOSMAN, M. C., SCHLESINGER, M. J.: Massive calcification in infarcted myocardium. Radiology 54, 33 (1950).

BROWN, C. E., EVANS, W. D.: Primary, massive calcification of the myocardium. Amer. Heart J. 19, 106 (1940).

CAMISHION, R. C., PADULA, R. T., KELSEY, D. M., PIERUCCI, L.: Surgical approach to the totally calcified left atrium. J. thorac. cardiovasc. Surg. 55, 698 (1968).

COHEN, J. N., LEVINE, H. S.: Calcification of myocardium with bone formation. Arch. intern. Med. 60, 486 (1937).

CURRY, J. L., LEHMAN, J. S., SCHMIDT, E. C. H.: Left atrial calcification. Radiology 60, 559 (1953).

CUTLER, E. C., SOSMAN, M. C.: Calcification in the heart and pericardium. Amer. J. Roentgenol. 12, 312 (1924).

DAOUD, G., REPPERT, E. H., BUTTERWORTH, J. S.: Basal systolic murmurs and the carotid pulse curve in the diagnosis of calcareous aortic stenosis. Ann. intern. Med. 50, 323 (1959).

DAVIES, P., BUCKY, L.: Tomography of calcified aortic and mitral valves. Brit. Heart J. 21, 17 (1959).

DAVIES, C. E., STEINER, R. E.: Calcified aortic valve. Brit. Heart J. 11, 126 (1949).

DESANCTIS, R. W.: Bacterial endocarditis on calcification of the mitral anulus fibrosus. Ann. intern. Med. 76, 615 (1972).

Determann, A.: Beitrag zur Differentialdiagnose der Verschattungen in der Herzsilhouette. Fortschr. Röntgenstr. **46**, 137 (1932).

Diamond, M.: Calcification of the myocardium in a premature infant. Arch. Path. **14**, 137 (1932).

Dry, T. I., Willius, F. A.: Calcareous disease of the aortic valve. Amer. Heart J. **17**, 138 (1939).

Edling, N. P.: Roentgen television study of cardiac calcifications. Circulation **24**, 1407 (1961).

Edwards, J. E.: On the etiology of calcific aortic stenosis. Circulation **26**, 817 (1962).

Ellis, L. B., Harken, D. E.: Closed valvuloplasty for mitral stenosis. A twelve-year follow-up study of 1571 patients. New Engl. J. Med. **270**, 643 (1964).

Endrys, J., Cernohorsky, J.: The clinical significance of the finding of calcified coronary arteries diagnosed by X-ray in vivo. Cardiologia (Basel) **29**, 426 (1957).

Epstein, B. S.: The roentgenologic differentiation of rheumatic from nonrheumatic mitral valve calcifications. Amer. J. Roentgenol. **44**, 704 (1940).

Epstein, B. S.: Left atrial calcification in rheumatic heart disease. Amer. J. Roentgenol. **61**, 202 (1949).

Epstein, F. H.: Calcified ventricular aneurysm. Amer. Heart J. **46**, 150 (1953).

Ernstene, A. C., Hazard, J. B.: Extensive calcification of the myocardium. Circulation **3**, 690 (1951).

Ettman, I. K.: Demonstration and localisation of valvular calcification by planigraphy. Sth. med. J. (Bgham, Ala.) **53**, 1529 (1960).

Finestone, A. I., Geschickter, C. F.: Bone formation in the heart. Clin. Path. **19**, 974 (1949).

Friedberg, C. K.: Diseases of the heart. Philadelphia: W. B. Saunders Co. 1966.

Friedberg, C. K., Sohval, A. R.: Nonrheumatic calcific aortic stenosis. Amer. Heart J. **17**, 452 (1939).

Gabriele, O. F., Scatliff, J. H., Hill, Ch.: Pulmonary valve calcification. Amer. Heart J. **80**, 299 (1970).

Gedgaudas, E., Kieffer, S. A., Erickson, C.: Left atrial calcification. Amer. J. Roentgenol. **102**, 293 (1968).

Geipel, P.: Zur Verkalkung der Herzmuskelfasern. Fortschr. Röntgenstr. **34**, 311 (1926).

Glotzer, D. J., Shaw, R. S., Scannel, J. G.: Calcific coronary emboli following open valvuloplasty for aortic stenosis. J. thorac. cardiovasc. Surg. **43**, 434 (1962).

Gore, I., Arons, W.: Calcification of the myocardium. Arch. Path. **48**, 1 (1949).

Gottschalk, G.: Klinik und Pathologie intrakardialer Verkalkungen (Anulus fibrosus). Z. ärztl. Fortbild. **53**, 737 (1959).

Griffith, G. C., Norris, H. T.: Is Brucellosis implicated in calcific aortic valvular stenosis? Ann. intern. Med. **54**, 154 (1961).

Habbe, J. E., Wright, H. H.: Roentgenographic detection of coronary arteriosclerosis. Amer. J. Roentgenol. **63**, 50 (1950).

Hager, W., Körner, H.: Zirkuläre intramurale Verkalkung des linken Vorhofes bei kombiniertem Mitralvitium. Z. Kreisl.-Forsch. **51**, 329 (1962).

Hall, E. M., Ichioka, T.: Etiology of calcified nodular aortic stenosis. Amer. J. Path. **16**, 761 (1940).

Hamne, B., Ranström, S.: Calcifications of the heart muscle in infants. Acta path. microbiol. scand. **41**, 111 (1958).

Hankamp, L. J.: Calcification of the myocardium. Case report. Radiology **68**, 564 (1957).

Harrison, C. V., Lennox, B.: Heart block in osteitis deformans. Brit. Heart J. **10**, 167 (1968).

Harthorne, J. W., Seltzer, R. A., Austen, W. G.: Left atrial calcification. Circulation **34**, 198 (1966).

Hemley, S. D.: Mitral annulus calcification. Radiology **83**, 464 (1964).

Hemley, S. D., Schwinger, A., Harrington, L. A.: Calcification of the left auricle. Radiology **61**, 49 (1953).

Henderson, R. R., Santiago, L. M., Spring, D. A., Harrington, A. R.: Metastatic myocardial calcification in chronic renal failure presenting as atrioventricular block. New Engl. J. Med. **284**, 1252 (1971).

Hess, W.: Beitrag zum chronischen partiellen Herzwandaneurysma. Zbl. allg. Path. path. Anat. **90**, 106 (1953).

Hofmann, H., White, P. D.: Verkalkungen in Herzwandaneurysmen nach Myokardinfarkten. Münch. med. Wschr. **103**, 1453 (1961).

Holley, K. E., Bahn, R. C., McGoon, D. C., Mankin, H. T.: Spontaneous calcific embolisation associated with calcific aortic stenosis. Circulation **27**, 127 (1963).

Holley, K. E., Bahn, R. C., McGoon, D. C., Mankin, H. T.: Calcific embolisation associated with valvotomy for calcific aortic stenosis. Circulation **28**, 175 (1963).

Holmgren, B. S.: The movements of the mitroaortic ring recorded simultaneously by cineroentgenography and electrocardiography. Acta radiol. (Stockh.) **27**, 171 (1946).

Holzmann, M.: Zur Klinik und Röntgendiagnose der verkalkenden Aortenstenose. Helv. med. Acta **6**, 697 (1939).

Horan, M. J., Barnes, A. R.: Calcareous aortic stenosis and coronary artery disease. J. med. Sci. **215**, 451 (1948).

Hultgren, H. N.: Calcific disease of the aortic valve. Arch. Path. **45**, 694 (1948).

Janssen, P. J., Kerper, E. H.: Verkalking van een hartinfarkt. Ned. T. Geneesk. **102**, 2222 (1958).

Jorgens, J., Blank, N., Wilcox, W. A.: The cinefluorographic detection and recording of calcifications within the heart. Radiology **74**, 550 (1960).

Jürgens, R., Stecken, A., Witte, H.: Die klinische Bedeutung des röntgenologischen Nachweises von Wandverkalkungen im Bereich des linken Vorhofes. Fortschr. Röntgenstr. **88**, 534 (1958).

Kelley, R. R., Goodale, F., Castleman, B.: The dynamics of rheumatic and calcific aortic valve disease. Circulation **22**, 365 (1960).

King, M., Huang, J. M., Glassman, E.: Paget's disease with cardiac calcification and complete heart block. Amer. J. Med. **46**, 302 (1969).

Kirk, R. S., Russell, J. G. B.: Spiral calcification in the ventricular myocardium. Brit. Heart J. **28**, 342 (1966).

Korn, D., De Sanctis, R. W., Sell, S.: Massive calcification of the mitral annulus. New Engl. J. Med. **267**, 900 (1962).

Kornel, L.: A case of calcified ventricular aneurysm with progressive heart block. Cardiologia (Basel) **32**, 101 (1958).

Lasky, I.: Massive dystrophic calcification of the myocardium. Ann. intern. Med. **40**, 626 (1954).

Laves, W.: Verkalkungen der Kranzschlagadern des menschlichen Herzens im Röntgenbild. München-Berlin: Urban & Schwarzenberg 1960.

Leonard, J. J., Katz, S., Nelson, D.: Calcification of the left atrium. New Engl. J. Med. **256**, 629 (1957).

Linko, E., Sysimetsä, E.: Clinical and radiological aspects of the mitral region. Brit. Heart J. **20**, 329 (1958).

Littman, M. S., Meadows, W. R.: Massive myocardial necrosis with calcification. Circulation **28**, 938 (1963).

Litwak, R. S., Gadboys, H. L., Baron, M. G., Ley, R., Wallace, H. W.: Elective open heart surgery in mitral stenosis. Amer. J. Cardiol. **16**, 206 (1965).

Lowther, C. P., Turner, R. W. D.: Deterioration after mitral valvotomy. Brit. med. J. **1962**, 1027, 1102.

Manteuffel-Szoege, L., Nowicki, J., Wasniewska, M.: Mitral commissurotomy. Results in 1 700 cases. J. cardiovasc. Surg. (Torino) **11**, 350 (1970).

McKusick, V. A.: The study of mitral regurgitation by roentgen kymography. With observations on the movement of cardiac calcification. Amer. J. Roentgenol. **71**, 961 (1954).

Milatz, W.: Die anuläre Sklerose der Ventilebene des Herzens und die Verkalkung der Herzklappen. Fortschr. Röntgenstr. **85**, 282 (1956).

Moccetti, T., Albert, H., Buhlmann, A.: Haemodynamics after mitralvalvotomy reasons for unsatisfactory clinical results. Brit. Heart J. **34**, 493 (1972).

Mönckeberg, G.: Der normale histologische Bau und die Sklerose der Aortenklappen. Virchow's Arch. path. Anat. **176**, 472 (1904).

Moore, J. J.: Myocardial calcification. Amer. J. Roentgenol. **31**, 766 (1934).

Nellen, M., Jakobson, M.: Pseudoxanthoma elasticum (Gronblad-Strandberg disease) with coronary artery calcification. S. Afr. med. J. **32**, 649 (1958).

Odqvist, H.: Studien über den Röntgenbefund bei intracardialen, speziell perimitralen Verkalkungen. Acta radiol. (Stockh.) **25**, 686 (1944).

Odqvist, H.: A roentgen cinematographic study of the movements of the mitral ring during heart action. Acta radiol. (Stockh.) **26**, 392 (1945).

Odqvist, H.: The movement of the mitral ring in cases of pathologic changes in the left ventricle especially within the posterior papillary muscles. Acta radiol. (Stockh.) **30**, 182 (1948).

Parade, G. W., Kuhlmann, T.: Verkalkungen des Herzskeletts im Röntgenbild. Münch. med. Wschr. **80**, 99 (1933).

Peery, T. M.: Brucellosis and heart disease. Etiology of calcific aortic stenosis. J. Amer. med. Ass. **166**, 1123 (1958).

Pomerance, A.: Pathological and clinical study of calcification of the mitral valve ring. J. clin. Path. **23**, 354 (1970).

Prioreschi, P., Selye, H.: A calcifying cardiopathy produced by stress and calcium acetate. Brit. J. exp. Path. **42**, 135 (1961).

Pyke, D., Symons, C.: Calcification of the aortic valve and of the coronary arteries. Brit. Heart J. **13**, 355 (1951).

Reich, N. E., Witten, M.: Roentgenographic visualization of the coronary arteries. Amer. J. Roentgenol. **77**, 274 (1957).

Ribbert, H.: Die Atherosklerose der Klappen und des Wandendokards. In: Handbuch der speziellen pathologischen Anatomie und Histologie, Bd. II, S. 195. Berlin: Springer 1924.

Rodriguez, R., Bennett, K. R., Lehan, P. H.: Calcification of the pulmonary valve. Chest **59**, 160 (1971).

Roemheld, L.: Kymographische Bewegungsstudien bei verkalkter Mitralklappe. Z. Kreisl.-Forsch. **46**, 631 (1957).

Roth, F.: Über das chronische partielle verkalkte Herzwandaneurysma. Z. Kreisl.-Forsch. **40**, 554 (1951).

Ruskin, H., Samuel, E.: Rheumatic heart disease with calcification of the left auricle. Amer. Heart J. **44**, 333 (1952).

Schenk, K. E.: Altersveränderungen der Mitralklappen und die Bedeutung für die Klappenfunktion. Z. Kreisl.-Forsch. **60**, 110 (1971).

Scholz, T.: Calcification of the heart: Its roentgenologic demonstration. Arch. intern. Med. **34**, 32 (1924).

Schulze, W.: Nicht-rheumatische Herzfehler des Greisenalters. Zur primären verkalkenden Sklerose der Aorten-Mitralklappen und des Anulus fibrosus sinister. Med. Welt 18, 3053, 3047 (1967).

Seltzer, R. A., Harthorne, J. W., Austen, W. G.: The appearance and significance of left atrial calcification. Amer. J. Roentgenol. **100**, 311 (1967).

Sennott, W. M., Mitchell, J. R.: Focal myocardial calcification. Amer. J. Roentgenol. **67**, 602 (1952).

Shapiro, J. H., Jacobson, H. G., Rubinstein, B. M., Poppel, H. M., Schwedel, J. B.: Calcifications of the heart. Springfield, Ill.: C. C. Thomas 1963.

Snellen, H. A., Nauta, J. H.: Zur Röntgendiagnostik der Koronarverkalkungen. Fortschr. Röntgenstr. **56**, 277 (1937).

Soloff, L. A., Zatuchni, J., Fisher, H.: Visualization of valvular and myocardial calcification by planigraphy. Circulation **9**, 367 (1954).

Soloff, L. A., Zatuchni, J., Fisher, H.: Use of planigraphy in demonstration of calcification of heart valves and its significance. Arch. intern. Med. **95**, 219 (1955).

Sosman, M. C.: The technique for locating and identifying pericardial and intracardiac calcifications. Amer. J. Roentgenol. **50**, 461 (1943).

Sosman, M. C., Wosika, H. P.: Calcification in aortic and mitral valves. Amer. J. Roentgenol. **30**, 329 (1933).

Sundberg, C. G.: Kymographische Untersuchung eines Herzens mit verkalktem Anulus fibrosus. Acta radiol. (Stockh.) **22**, 834 (1941).

Svoboda, Z., Sobotkova, M.: Verkalkung der Vorhofinnenwand bei Mitralstenose. Fortschr. Röntgenstr. **93**, 163 (1960).

Terman, D. S., Alfrey, A. C., Hammond, W. S., Donndelinger, T., Ogden, D. A., Holmes, J. H.: Cardiac calcification in uremia. A clinical, biochemical and pathologic study. Amer. J. Med. **50**, 744 (1971).

Van de Sande, R., de Geest, H. K., Willems, J.: Left atrial calcification. Acta cardiol. (Stockh.) **23**, 471 (1968).

Vickers, Ch. W., Kincaid, O. W., Ellis, E., Bruwer, A. J.: Left atrial calcification. Radiology **72**, 569 (1959).

Vogt, A.: Traumatisches Herzwandaneurysma, verkalktes Herzwandaneurysma. Fortschr. Röntgenstr. **86**, 439 (1957).

Wang, K., Amplatz, K., Gobel, F. L.: Isolated calcification in a dilated left atrial appendage in the absence of mitral stenosis. Amer. J. Cardiol. **29**, 882 (1972).

Wieland, Ch.: Über röntgenologisch nachweisbare Verkalkungen der linken Vorhofinnenwand bei Mitralstenose. Fortschr. Röntgenstr. **95**, 124 (1961).

Williams, T. W., Peabody, C. A., Pruitt, R. D.: Calcified aneurysm of the left ventricular apex associated with intraventricular block of the left bundle branch type. Amer. Heart J. **63**, 557 (1962).

Windholz, F., Grayson, Ch.: Roentgen demonstration of calcifications in the interventricular septum in cases of heart block. Amer. J. Roentgenol. **58**, 411 (1947).

Woodruff, J. H., Jr.: Calcified heart valves. Radiology **79**, 384 (1962).

Wosika, P. H., Sosman, M. C.: The roentgen demonstration of calcified coronary arteries in living subjects. J. Amer. med. Ass. **102**, 591 (1934).

II. Herzthromben

Von

P. Schölmerich

Mit 6 Abbildungen

1. Allgemeines, Häufigkeit, Lokalisation

Die Fortschritte der Herzchirurgie haben auch den Nachweis von Herzthromben zu einer diagnostisch bedeutsamen Aufgabe gemacht. Bei Mitralkommissurotomien können Thromben im linken Vorhof zu einer Embolisierung des großen Kreislaufs führen (GROSSE-BROCKHOFF u. Mitarb., 1960). Auch die Resektion eines Aneurysmas meist der linken Kammer ist bei thrombotischer Ausfüllung des Aneurysmasackes durch die Gefahr embolischer Gefäßverschlüsse belastet. Schließlich können einzelne Thromben im Vorhof oder in den Kammern zur Verlegung der Ostien oder Füllungsbehinderung infolge ihrer Größe führen, so daß chronische Herzinsuffizienz oder akuter Herztod die Folgen sind. In solchen Fällen ist eine chirurgische Intervention, unabhängig vom Grundleiden, notwendig. Weitere Krankheitsformen mit besonderer Thromboseneigung im Herzen sind Herzinfarkt, Kardiomyopathie, Endokardfibrose und Cor pulmonale.

a) Häufigkeit

Die Diskrepanz zwischen klinisch und autoptisch nachgewiesener Häufigkeit von intrakardialen Thrombosen ist groß. Diese Tatsache erklärt sich damit, daß Thromben nicht selten klinisch keinerlei Erscheinungen machen. Andere verursachen zwar Embolien in parenchymatösen Organen, z.B. in der Niere oder in der Milz, entziehen sich aber einer klinischen Diagnostik, die allenfalls unter Verwendung aufwendiger Verfahren angiographischer oder szintigraphischer Art durchzuführen wäre. Für solche Methoden besteht aber bei parenchymatösen Organen selten eine Indikation. Nur Hirnembolien und embolisch bewirkte periphere Gefäßverschlüsse liefern eindeutige Kriterien, so daß die Häufigkeit klinisch diagnostizierter Thromben mit der Zahl dieser Komplikationen identisch ist (BLOOMBERG u. Mitarb., 1952).

Wenn man von einer Gesamtstatistik autoptisch nachgewiesener intrakardialer Thromben ausgeht, so überwiegen murale Thromben im Zusammenhang mit Infarzierungen des Herzens (FUJII u. SCHÄFER, 1967). GARVIN (1941) hat unter 6285 autoptischen Kontrollen in 771 ein Herzleiden als Todesursache festgestellt. Unter diesen 771 Fällen hatten 265 (34,4 %) intrakardiale Thromben, die sorgfältig von postmortalen Gerinnselbildungen unterschieden wurden. Die Differenzierung des autoptischen Untersuchungsgutes nach Art der Herzerkrankungen ließ erkennen, daß Thromben bei Coronarsklerose und konsekutivem Herzinfarkt mit 66,9 % am häufigsten waren. Bei Coronarsklerose ohne Infarkt betrug die Zahl der Thromben 35,1 %, bei Hochdruck 31,3 %. Etwa gleich hoch war auch die Zahl von Herzthromben bei rheumatischen Herzfehlern (31,9 %). Die Zahlen über die Häufigkeit von infarktbedingten Thromben schwanken in der Literatur zwischen 20 und 61,8 %. Bei rezidivierenden Infarkten sind in 86,7 % murale Thromben nachgewiesen.

Bei rheumatischen Herzfehlern steht die Häufigkeit in enger Beziehung zur Art des Klappenfehlers. In allen Statistiken dominieren Mitralfehler und hier besonders die

Tabelle 1. Häufigkeit von Embolie und Vorhofflimmern bei Herzklappenfehlern
(Stein u. Mitarb., 1961)

	Zahl der Fälle	Fälle mit Embolie	Embolie %	Fälle mit Vorhofflimmern	Vorhofflimmern %	Embolie Vorhofflimmern
Aortenvitien	377	15	4,0	10	2,6	1:0,7
Mitralinsuffizienz	340	18	4,5	41	12,1	1:2,2
Mitralaortenvitien	423	29	6,9	80	18,9	1:2,8
Kombinierte Mitralvitien	1223	123	10,1	498	40,8	1:4,0
Mitralstenosen	596	79	13,3	176	29,5	1:2,2
Alle Klappenfehler	2959	264	8,9	805	27,2	1:3

Mitralstenose. Stein u. Mitarb. (1961) geben folgende Verteilung an (Tabelle 1). Potoshov (1963) hat eine Statistik aus der Literatur zusammengestellt, in der bei 4463 Kommissurotomien in 938 Fällen Thromben im linken Vorhof gefunden wurden.

b) Lokalisation

Die Lokalisation der intrakardialen Thromben steht in enger Beziehung zum Grundleiden. So befindet sich die ganz überwiegende Mehrzahl der infarktbedingten Thromben im linken Ventrikel, der unter allen Herzabschnitten am häufigsten durch Infarkte betroffen ist. Thromben bei rheumatischen Herzfehlern sind dagegen ganz überwiegend in den Vorhöfen, am häufigsten im linken Vorhof nachweisbar. Garvins Statistik zeigt folgende Verteilung für alle Thromben (Tabelle 2).

Die Verteilung der Thromben bei Herzinfarkten zeigt Tabelle 3, während rheumatische Herzfehler in Tabelle 4 erfaßt sind. Fujii und Schäfer (1967) fanden bei rheumatischen Herzerkrankungen nur Vorhofthromben, bei dekompensierter Herzinsuffizienz aber 5mal unter 12 Fällen auch ventrikuläre Thromben.

Bei Endokardfibrosen ist die Thrombosierung durch die Lokalisation der Fibrose bestimmt. Meist ist der linke Ventrikel befallen. Auch die Thromben der Kardiomyopathien zeigen eine Bevorzugung des linken Ventrikels, während Thromben bei dekompensiertem Cor pulmonale naturgemäß vorwiegend im rechten Ventrikel oder Vorhof nachgewiesen sind.

Tabelle 2. Verteilung der Herzthromben (Garvin, 1941)

Lokalisation	Zahl der Fälle
Linker Ventrikel	85
Rechter Vorhof	59
Rechter Vorhof und linker Ventrikel	24
Rechter Ventrikel und linker Ventrikel	24
Rechter Vorhof und linker Vorhof	19
Linker Vorhof	17
Rechter Vorhof, rechter Ventrikel und linker Ventrikel	11
Rechter Ventrikel	9
Rechter Ventrikel, linker Ventrikel, rechter Vorhof und linker Vorhof	4
Rechter Vorhof und rechter Ventrikel	4
Rechter Vorhof, linker Vorhof und linker Ventrikel	3
Rechter Ventrikel, linker Vorhof und linker Ventrikel	3
Linker Vorhof und linker Ventrikel	2
Rechter Vorhof, rechter Ventrikel und linker Vorhof	1
Rechter Ventrikel und linker Vorhof	0
Gesamtzahl	265

Tabelle 3. Verteilung der Herzthromben bei Herzinfarkt (GARVIN, 1941)

Lokalisation	Zahl der Fälle
Linker Ventrikel	46
Linker Ventrikel und rechter Ventrikel	13
Linker Ventrikel, rechter Ventrikel und rechter Vorhof	8
Linker Ventrikel und rechter Vorhof	7
Rechter Vorhof	6
Linker Ventrikel, rechter Ventrikel und linker Vorhof	3
Rechter Vorhof und linker Vorhof	2
Rechter Ventrikel	1
Rechter Ventrikel und rechter Vorhof	1
Linker Ventrikel und linker Vorhof	1
Rechter Ventrikel, linker Ventrikel, rechter Vorhof und linker Vorhof	1
Gesamtzahl	89

Tabelle 4. Verteilung der Herzthromben bei rheumatischen Herzfehlern (GARVIN, 1941)

Lokalisation	Zahl der Fälle
Linker Vorhof	13
Rechter Vorhof	12
Rechter Vorhof und linker Vorhof	7
Rechter Ventrikel	3
Linker Ventrikel	1
Rechter Ventrikel und linker Ventrikel	1
Gesamtzahl	37

2. Pathogenese

Entzündliche Endokardveränderungen und Verlangsamung der Blutströmung sind die wesentlichsten Vorbedingungen für eine Thrombenbildung im Herzen (WALLACH u. Mitarb., 1954). Murale Thromben haften dem Bereich entzündlicher Endokardreaktionen bei transmuralen Infarkten an oder bilden sich bei Übergreifen einer Entzündung des Herzmuskels auf das benachbarte Endokard. Eine Verlangsamung der Blutströmung findet sich am häufigsten in den Vorhöfen bei Vorhofflimmern und gleichzeitig verzögertem Abfluß in die Kammern. Da eine Tricuspidalstenose als isolierter Klappenfehler oder in Kombination mit Klappenfehlern des linken Herzens sehr selten ist, andererseits die Mitralstenose den häufigsten rheumatischen Klappenfehler überhaupt darstellt, ist das Überwiegen der Thromben im linken Vorhof verständlich. Die langsamste Strömung findet sich in den Herzohren (WALLACH u. Mitarb., 1954). Sie sind daher ein Prädilektionsort für Thrombenbildung. In vielen Fällen sind bei intrakardialen Thrombenbildungen auch beide Faktoren, Wandentzündung und Stase, beteiligt. Weitere Faktoren der Thrombogenese sind rheumatische Aktivität, Endotheldefekte auch durch Jet-Wirkung (FARINAS u. PEREZ, 1965), Polyglobulie, z.B. bei kongenitalen Herzfehlern, bakterielle Endokarditis und zahlreiche weitere Grundleiden, so Tumoren, die mit einer besonderen Thromboseneigung einhergehen (JUSTIN-BESANCON u. Mitarb., 1967).

Tierexperimentell lassen sich durch Injektion von Natriumstearat (HOAK, 1964) oder Applikation stark fetthaltiger Nahrung (BALL u. Mitarb., 1965) intrakavitäre Thrombosen bei Mäusen erzeugen.

3. Form des Thrombus

a) Muraler Thrombus

Die klinische Symptomatologie hängt in hohem Maße von der Form und Festigkeit des Thrombus ab. Die Mehrzahl aller Thromben sind murale Thromben, die der Wand

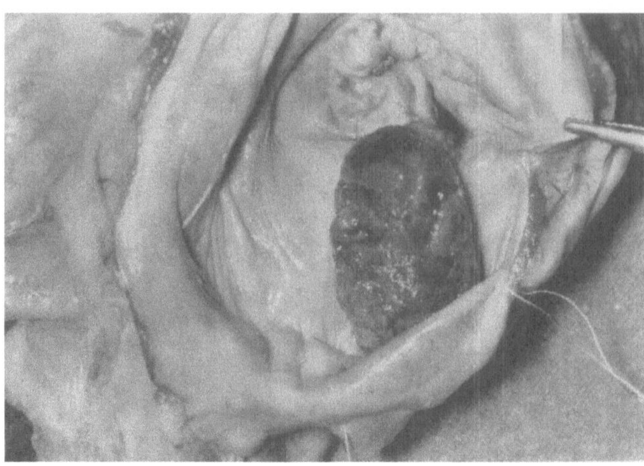

Abb. 1. Gestielter Thrombus im linken Vorhof bei gleichzeitiger Mitralstenose

flach aufsitzen, sich in ihrer Ausdehnung z.B. auf den infarzierten Bezirk beschränken und lediglich durch periphere Embolien Komplikationen verursachen können. Bei Kardiomyopathie oder ausgedehnter Endokardfibrose können große Teile der Innenfläche mit thrombotischem Material ausgelegt sein, von denen sich durch Zerfall oder Abriß frischer appositioneller Thromben Embolien bilden. Ein Wachstum solcher Thromben bis zur weitgehenden Ausfüllung der Ventrikel ist selten (Myerson u. Mitarb., 1966).

b) Gestielter Thrombus

Gestielte Thromben können durch Abriß großer Thrombenpartikel Embolien, z.B. einen Verschluß beider Arteriae iliacae durch einen reitenden Embolus, verursachen (Beebe u. Coleman, 1945; Stein u. Mitarb., 1961). Sie vermögen bei intakter Haftung aber auch zu einer vorübergehenden, häufig lageabhängigen Unterbrechung des Kreislaufs zu führen, besonders wenn ein gestielter Thrombus im linken Vorhof lokalisiert ist und gleichzeitig eine Verengerung des Mitralostiums besteht (Barrillon u. Bertrand, 1962) (Abb. 1). Charakteristisch für gestielte Thromben wie für freie Thromben sind anfallsweise schwere Schockzustände, die lageabhängig und rasch reversibel sind (Piva, 1966). Beide Symptome lassen eine Abgrenzung von einer hämodynamischen Herzinsuffizienz durch den meist gleichzeitig bestehenden Herzklappenfehler zu.

c) Freier Thrombus

Die Neigung zu anfallsweisen schweren Schocksymptomen hat der freie, meist kugelförmig gestaltete Thrombus mit dem gestielten in das Klappenostium reichenden gemeinsam (Houcke u. Mitarb., 1957). Auch hier bestehen lageabhängige und rasch reversible synkopale Zustände (Frament, 1956). Auffällig ist in manchen Fällen der wechselnde Auskultationsbefund (Berg, 1954; Surawicz u. Nierenberg, 1960), der die Geräusche der Klappenfehler variiert, z.B. bei Mitralstenosen häufig eine gleichzeitige Insuffizienz vortäuscht oder aber das Stenosegeräusch verdeutlicht. Es handelt sich vorwiegend um diastolische Geräusche mit Intervallcharakter. In einzelnen Fällen sind Bilder einer Mitralstenose durch Thromben imitiert worden, ohne daß Klappenveränderungen bestanden (Likoff u. Mitarb., 1954).

d) Massenthrombus

Freie, gestielte oder breit anhaftende Thromben können an Ausdehnung so zunehmen, daß die Füllung der vom Thrombus ausgefüllten Herzanteile gestört wird. Damit sinken

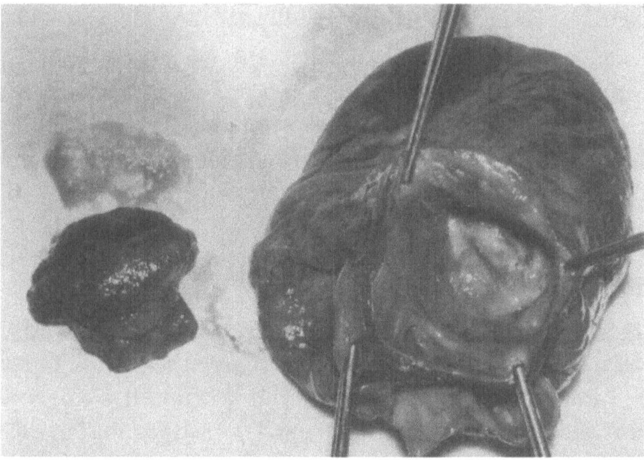

Abb. 2. Massenthrombus im linken Vorhof mit Verlegung des Mitralostiums

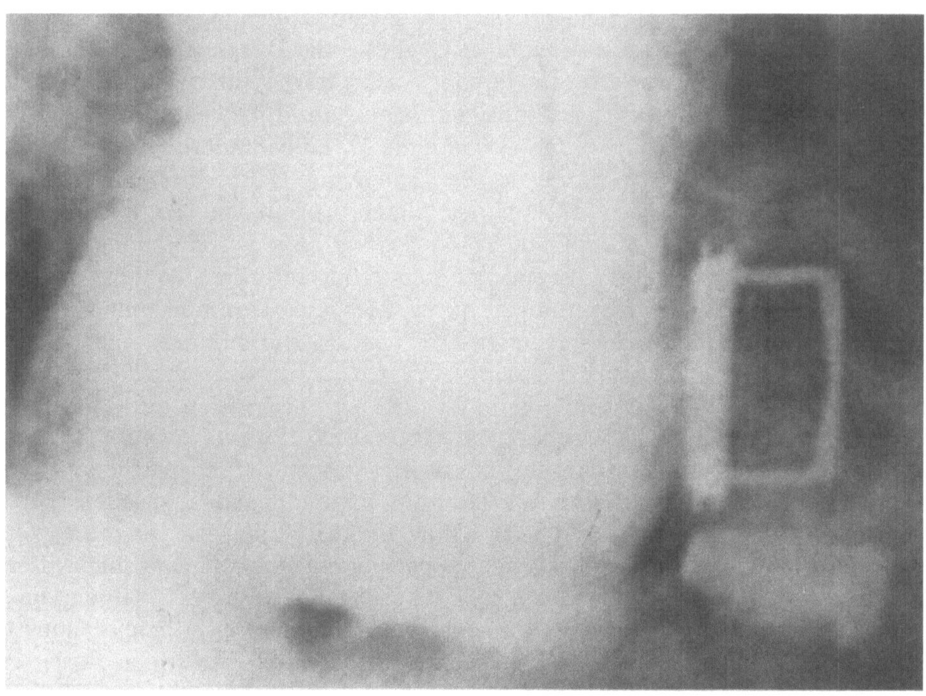

Abb. 3. Thrombotisch ausgelöste Fixation der Scheibe einer Disk-Klappe, die sich in halbgeöffneter Stellung als zarter ovaler Saum darstellt (operative Bestätigung). Es handelt sich um eine Trikuspidalklappenprothese nach Sehnenfadenabriß (JUST, Mainz)

Füllung und Auswurfleistung des Herzens, so daß ein protrahierter therapierefraktärer Kollaps entsteht. Mit solchen Bildern sind häufig periphere Minderdurchblutungen symmetrischer Art verbunden, die bis zur Gangrän führen können (ZATUCHNI u. TAN, 1961; SHAPIRO u. OLIVETTI, 1964) (Abb. 2).

e) Thromben an Klappenprothesen

Im Zusammenhang mit der Einpflanzung von prothetischem Klappenersatz sind Einzelfälle von thrombotischer Verlegung des Klappenostiums bekannt geworden. Just u. Mitarb. haben an unserer Klinik die thrombotisch fixierte Scheibe einer Klappenprothese angiographisch dargestellt und eine erfolgreiche Reoperation veranlaßt (Abb. 3).

4. Klinische Symptomatologie

Ähnlich wie bei Herztumoren hängt das klinische Erscheinungsbild von Herzthromben ganz von Lokalisation, Form und Größe der Thromben ab. Thromben im rechten Herzen verursachen Lungenembolien, bei offenem Foramen ovale oder Vorhofseptumdefekt können — sehr selten und meist erst nach vorangegangener Lungenembolie mit Druckanstieg im rechten Ventrikel und im rechten Vorhof — auch sog. paradoxe Embolien mit Lokalisation in arteriellen Gefäßen des großen Kreislaufs entstehen (Stein, 1963). Massenthromben im rechten Vorhof oder rechten Ventrikel bewirken das Bild einer Einflußstauung vor dem rechten Herzen, das dem klinischen Zustand einer Pericarditis constrictiva, einer Tricuspidalstenose, einer Tricuspidalinsuffizienz oder einem dekompensierten Cor pulmonale ähnelt, d.h. durch gestaute Halsvenen, Lebervergrößerung, periphere Ödeme und Nierenstauung gekennzeichnet ist. Mit zunehmender Größe des Thrombus fällt der arterielle Druck ab, es kommt zu Cyanose oder Dyspnoe, so daß häufig an ein Vena cava-Syndrom gedacht wird. Im linken Vorhof vorhandene Thromben rufen das Bild einer akuten oder chronischen Linksinsuffizienz mit Lungenstauung und Lungenödem hervor, wenn sie aufgrund ihrer Größe eine Abflußbehinderung aus den Lungenvenen bewirken. Eine solche Wirkung ist bei Einengung oder Verlegung von Lungenvenen wie bei einer Entleerungsstörung des linken Vorhofs in die Kammer möglich (Adams u. Mitarb., 1961). Eine plötzliche Verlegung des Mitralostiums durch einen gestielten oder freien Thrombus verursacht eine Kreislaufunterbrechung mit Kollaps, Krampferscheinungen und Tod, wenn nicht durch Abriß des Thrombus mit Passage durch das Ostium oder durch Lageänderung unter Freigabe des Durchflusses innerhalb weniger Minuten eine Besserung der Auswurfleistung erfolgt (Caramanian u. Veber, 1964). Eine teilweise Verlegung des Mitralostiums kann zu dem sog. peripheren arteriellen Syndrom mit Cyanose der Akren führen (Tompa, 1955; Gubbay u. Pomerantz, 1961). Die Plötzlichkeit der peripheren Minderdurchblutung bringt dabei Gefahr peripherer Gangränbildung mit sich, da im Gegensatz zur langsam entstandenen arteriellen Thrombose Anastomosen in der Peripherie nicht entwickelt sind. Die klinische Diagnose von linksseitigen Herzthromben ist bei Vorliegen von peripheren Embolien leicht. Differentialdiagnostisch kommen, außer den seltenen paradoxen Embolien, nur Thromben von sklerotischen Plaques der Aorta in Frage. Vorliegen von Flimmerarrhythmie, rheumatischen Klappenfehlern, überstandenem Herzinfarkt, Hypertonie, Myokarditiden lassen eher an einen kardialen Ursprung der Embolie denken.

5. Spezielle röntgenologische Befunde

a) Konventionelle Röntgentechnik

Die ersten röntgenologischen Befunde, die zur Vermutungsdiagnose von Thrombosen innerhalb des Herzens führten, bezogen sich auf die Abgrenzung rundlicher Verschattungen innerhalb des linken Vorhofs, auf Bewegungsstillstand des linken Herzohres und Kalkeinlagerungen in den Herzhöhlen (Scholz, 1924; Arendt, 1930; Besser u. Schilling, 1933; Heeren, 1934; Arendt u. Cardon, 1949). Diese Symptome sind als röntgenologische Einzelsymptome auch heute noch Hinweise für eine intrakavitäre Thrombose, wenn zugleich weitere klinische Hinweise auf solche Komplikationen vorliegen, insbeson-

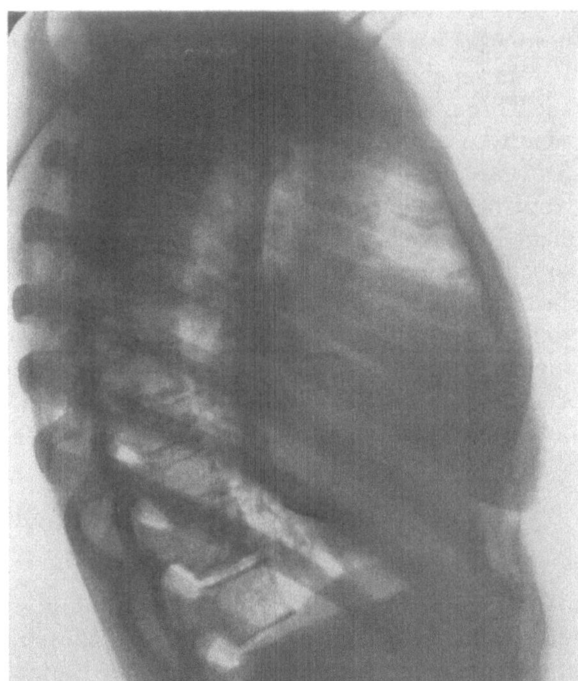

Abb. 4. Darstellung einer ausgedehnten schalenförmigen Verkalkung eines Thrombus im linken Vorhof (autoptische Kontrolle)

dere periphere Embolien bestehen. Bei fließender Rotationsdurchleuchtung gelingt gelegentlich die Lokalisation von dichteren Verschattungen innerhalb der Herzsilhouette. Auch verkalkte Thromben lassen sich von verkalkten Klappen, von perikardialen Verkalkungen und dem verkalkten Anulus fibrosus differenzieren (SHAPIRO u. Mitarb., 1964). Schwierigkeiten kommen bei der Abgrenzung verkalkter Vorhof- oder Ventrikelwandbezirke vor, die mit oder ohne gleichzeitige Thromben auftreten können. Schichtuntersuchungen können in einzelnen Fällen den Nachweis erbringen, daß der Verkalkungsbezirk nicht in der Herzwand sondern im Lumen des Herzens liegt, also eher einem Thrombus zugehören kann (Abb. 4). Zur Differenzierung von Klappenverkalkungen der Mitralis und Tricuspidalis ist die kymographische Darstellung der Klappenbewegungen bzw. der Bewegungen der Ventile geeignet. Sie versagt bei hochgradiger Fibrosierung der Klappen mit Verkürzung der Sehnenfäden, die den Bewegungsspielraum erheblich einengt. Kymographisch läßt sich auch die Einschränkung oder Aufhebung der Bewegungsamplitude des linken Herzohres erfassen, das sich von Pulmonalis- und Ventrikelbogen abgrenzt. Die Elektrokymographie erlaubt die Ausblendung spezieller Bezirke und eine größere Verstärkung der Bewegungsamplitude.

b) Angiographie

Die zuverlässigste Methode zur Darstellung von Herzthromben stellt aber ohne Zweifel die Angiographie dar, besonders in der Form der Röntgenkinematographie unter Benutzung der Bildverstärkertechnik. Allerdings bedarf ein Thrombus zur exakten Darstellung einer Mindestgröße von 1—2 cm im Durchmesser. Die Darstellung von Thromben im linken Herzen ist bei der üblichen Kontrastmittelinjektion in die obere oder untere Hohlvene nicht in allen Fällen zuverlässig. Bei Mitralstenose besteht eine Abflußhemmung aus dem linken Vorhof, so daß eine längere Persistenz der Füllung zustande kommt, die die Diagnose von intrakardialen Thromben erleichtert (SOLOFF u. ZATUCHNI, 1956). Bessere Ergebnisse lassen sich durch Kontrastmittelinjektion in die Arteria pulmonalis erzielen (CARLSSON u. PARKER, 1963), wobei Aufnahmen in zwei Ebenen notwendig sind. Bei Verdacht auf Thromben im linken Vorhof und Ventrikel ist der transseptale Weg geeigneter, wobei allerdings die Gefahr einer durch die Manipulation ausgelösten Embolie besteht. Fisher u. Mitarb. (1965) sowie Niedermayer u. Mitarb. (1966) halten dieses Verfahren ebenso wie Petrosyan u, Mitarb. (1969) für ergiebig und weitgehend risikolos. Die Thromben stellen sich bei der Kontrastmittelgabe als Füllungsdefekte, und zwar als rundliche oder auch längliche Aussparungen der Anfärbung der Herzhöhlen durch das Kontrastmittel dar. Handelt es sich um gestielte oder freie Thromben, so werden sie von Kontrastmittel umflossen. Die Aussparung des linken Herzohrbereiches kann als Hinweis, nicht als Beweis für eine Herzohrthrombose angesehen werden. Bei muralen Thromben lassen sich unregelmäßige Oberfläche, Konturunregelmäßigkeiten, scheinbare Wandverdickung und Vorwölbungen ins Lumen erkennen. Besonders bedeutsam ist der Nachweis von Thromben in aneurysmatischen Erweiterungen des linken Ventrikels. Bei starker aneurysmatischer Ausbuchtung der Herzsilhouette fehlt eine entsprechende sackartige Ausstülpung des Ventrikelfüllungsbildes, wenn das Lumen des Aneurysmas durch thrombotische Massen ausgefüllt ist, was in über der Hälfte der Fälle nachweisbar ist.

6. Klinische und röntgenologische Einzelbefunde

a) Thromben im rechten Vorhof

Der erste Bericht über eine Thrombose im rechten Vorhof stammt von Macleod (1883), der bei einem 24jährigen Typhuskranken Anfälle von Bewußtlosigkeit, Dyspnoe und Cyanose auf eine akute Störung der Blutzufuhr zu den Lungen zurückführte. Autoptisch fand sich ein Thrombus, der das rechte Atrioventrikularostium verlegte. Wright u. Mitarb. (1944) haben über einen 47jährigen Patienten berichtet, bei dem eine chronische therapierefraktäre Rechtsinsuffizienz auf einen rechtsseitigen Vorhofthrombus zurückzuführen war. Es fanden sich Anfälle von Dyspnoe, Orthopnoe, Herzschmerzen, Husten, Erbrechen und Oligurie mit hochgradiger allgemeiner Schwäche. Röntgenologisch bestand eine Dilatation des rechten Vorhofs. Kurz vor dem Tode des Patienten ließ sich eine Verkleinerung der Herzgröße feststellen, der rechte Herzrand verschwand hinter dem Sternum. Autoptisch stellte sich ein 6,8 cm im Durchmesser und 24 cm im Umfang betragender Kugelthrombus im rechten Vorhof dar. Weitere Fälle sind von Radding (1951), Moia u. Mitarb. (1951) und Pellegrino u. Mitarb. (1951) mitgeteilt worden. Frommer hat 1956 einen weiteren charakteristischen Fall mit anfallsweiser Vorwölbung der Jugular- und Halsvenen, Dyspnoe, Cyanose und abdominellen Beschwerden beschrieben, der röntgenologisch nur eine Herzverbreiterung nach beiden Seiten erkennen ließ. Autoptisch fanden sich neben einer Aortenstenose Herzthromben im rechten Vorhof, von denen ein freier Kugelthrombus im Lumen $3 \times 3 \times 2$ cm maß. Die Thromben im rechten Vorhof hatten zu mehreren Lungenembolien geführt. Hobbs und Harley haben 1957 15 Fälle aus der Literatur gesammelt, bei denen freie oder gestielte Thromben den Durchfluß durch das Tricuspidalostium behinderten. In einem eigenen Fall der Autoren war der gestielte Thrombus 7 cm lang und 2 cm dick, so daß er in den Ventrikel ragte. In ähnlichen Fällen sind mehrfach Symptome einer Tricuspidalinsuffizienz oder Tricuspidalstenose beschrieben worden. Den ersten röntgenologischen Nachweis eines rechtsseitigen verkalkten apfelgroßen Thrombus haben Derra u. Mitarb. (1959) geführt. Die Druckmessung ließ eine wechselnde Füllungsbehinderung des rechten Ventrikels erkennen. Im gleichen Jahr hat Smid einen gestielten Thrombus im rechten Vorhof an seiner röntgenologisch sichtbaren schnellenden Bewegung erkannt. Der Befund wurde operativ bestätigt. Hahne u. Mitarb. (1961) haben 25 Fälle aus der Literatur mit zwei eigenen zusammengefaßt. Einzelfälle sind von Tominaga u. Mitarb. (1963) und Goodman u. Mitarb. (1966) berichtet worden.

b) Thromben im linken Vorhof

Die ersten röntgenologischen Befunde bei zwei Fällen von Thromben im linken Vorhof sind von Scholz, einem Röntgenologen, 1924 mitgeteilt worden, der in seiner Publikation darauf hinweist, daß die Diagnose von ADLER, einem Kliniker, gestellt worden sei. In beiden Fällen bestand eine Mitralstenose, bei der jedoch Anfälle mit plötzlichem Bewußtseinsverlust, Tachykardie und embolischen Schüben auffällig waren. Röntgenologisch war im ersten Fall das Herz nach beiden Seiten vergrößert, der rechte Vorhof stark dilatiert. Im ersten schrägen Durchmesser war der linke Vorhof vorgewölbt. Eine Pulsation des linken Vorhofs fehlte. Auf einer sagittalen Aufnahme ließ sich ein rundlicher dichter Schatten im Bereich des linken Vorhofs nachweisen. Autoptisch entsprach diesem Befund ein großer Thrombus im linken Vorhof. Auch im zweiten Fall fehlten Pulsationen des vergrößerten Vorhofs, zugleich fand sich auf einer Aufnahme ein 9 cm im Durchmesser umfassender zarter Schatten, der in den linken Vorhof lokalisiert wurde. ARENDT hat 1930 über röntgenologische Befunde bei Herzohrthrombose berichtet und als charakteristisches röntgenologisches Symptom eine Vorwölbung des linken Herzohrs zugleich mit einem Bewegungsstillstand beschrieben, der zu den systolisch-diastolischen Bewegungsamplituden des linken Vorhofs im ersten schrägen Durchmesser kontrastierte. Dieses Symptom hat NAZZI (1953) kymographisch belegt. ARENDT konnte 19 Jahre nach seiner Erstpublikation die oben angegebenen Symptome an 5 Fällen bestätigen. Danach lassen sich stärkere Vorwölbung des linken Herzohres zugleich mit Vorhofflimmern und embolischen Ereignissen in der Anamnese als Hinweise auf eine Herzohrthrombose ansehen. Zahlreiche spätere Mitteilungen haben diese Trias bestätigt (GUMBINER u. KEELEY, 1953). SOLOFF und ZATUCHNI konnten aber aufgrund angiographischer Studien 1956 deutlich machen, daß Vorwölbung des Herzohres und Bewegungsstillstand nicht als unmittelbarer Beweis für eine Herzohrthrombose angesehen werden können, wenngleich sie als Hinweissymptome wertvoll sind.

Ein verkalkter Thrombus im linken Vorhof ist erstmals von BESSER und SCHILLING (1933) röntgenologisch nachgewiesen worden. HEEREN (1934) und BERK (1939) haben die Differentialdiagnose gegenüber anderen intrakardialen Verkalkungen aufgrund je eines weiteren Falles ausführlich erörtert. Die durch Verkalkungen im linken Herzohr bedingten Verschattungen lagen im sagittalen Strahlengang unterhalb des Pulmonalisbogens und oberhalb des Bogens des linken Ventrikels, im frontalen Strahlengang der Wirbelsäule benachbart. Verkalkungen muraler Thromben sind rund oder halbmondförmig, meist scharf begrenzt und zeigen eine tanzende Pulsation. EVANS und BENSON (1948) haben Kugelthromben und gestielte Thromben im Hinblick auf die gleiche hämodynamische Wirkung als Massenthrombus aufgefaßt und 46 Fälle aus der Literatur mit 6 eigenen zusammengestellt. Konventionelle röntgenologische Untersuchungen sind dabei meist hinsichtlich der Diagnose einer intrakavitären Thrombose unergiebig, da der zugrunde liegende Herzfehler, meistens ein Mitralvitium, das röntgenologische Bild beherrscht. GUNTON und MANNING (1950) beobachteten in 3 Fällen, ebenso wie SCHRADER (1953) in einem Fall von massiver thrombotischer Verlegung des linken Vorhofs eine plötzlich einsetzende schwere Cyanose mit symmetrischer Ischämie, bei der autoptisch periphere Embolien fehlten. Außerdem waren das Leiserwerden der Herztöne und das Verschwinden der Geräusche einer vorher eindeutig diagnostizierten Mitralstenose auffällig. NEUHAUS und SCHÜTZ (1957) haben über lageabhängige akute Dyspnoe bei einem Kugelthrombus im linken Vorhof berichtet. Vereinzelt sind auch massive Thrombosen des linken Vorhofs mit Rekanalisation beschrieben (SOULIÉ u. Mitarb., 1946; YUSKIS, 1951; TRICOT u. Mitarb., 1957). WALLACH u. Mitarb. (1953) konnten in 16 Fällen ausgedehnter Thrombosierung des linken Vorhofs die hämodynamischen Rückwirkungen systematisieren. Die ganz überwiegende Zahl von Thromben im linken Vorhof betrifft Mitralfehler, vorwiegend Mitralstenosen (WALLACH u. Mitarb., 1954). Andere Ursachen sind nur selten nachgewiesen (LIKOFF u. Mitarb., 1954). STRADE (1950) hat bei einem Hypertonikerherzen einen Kugelthrombus beschrieben.

Ein entscheidender Fortschritt in der Diagnostik gelang SOLOFF und ZATUCHNI (1956), die als erste einen angiographischen Nachweis von Thromben in den Herzhöhlen erbrachten, nachdem Herztumoren schon 1952 auf diese Weise von GOLDBERG u. Mitarb. diagnostiziert waren. Sie berichteten über 5 Fälle, bei denen fehlende Kontrastdarstellung

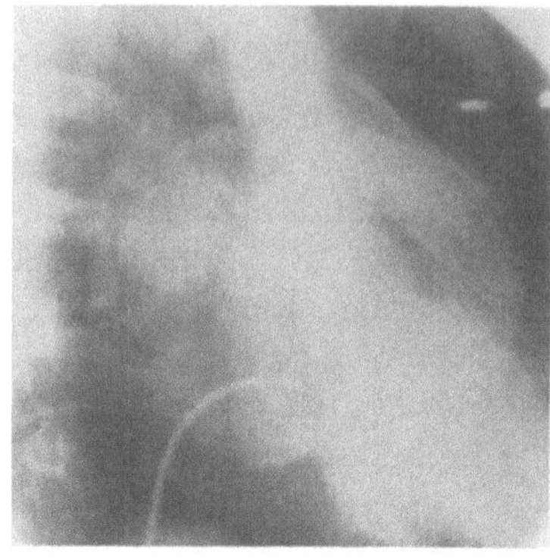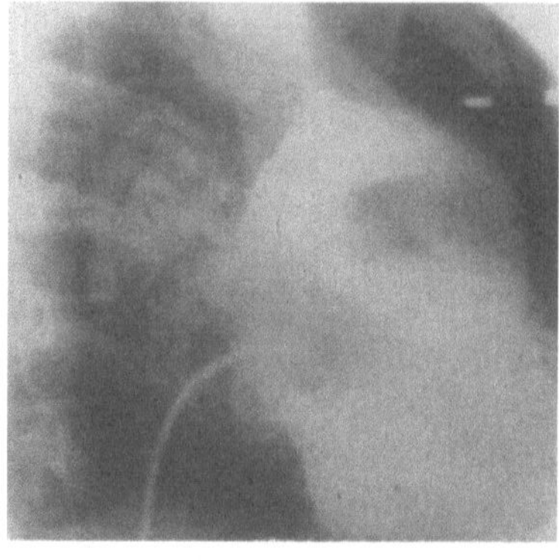

a　　　　　　　　　　　　　b

Abb. 5a u. b. Darstellung des linken Vorhofs im Cineangiogramm. Kontrastmittelaussparung im linken Vorhof durch thrombotische Massen. Geringes Pendeln des Thrombus zwischen Systole (a) und Diastole (b). (Schaefer, Kiel, 1971)

des linken Herzohres, unregelmäßige Begrenzung der Füllung des linken Vorhofs, besonders am Übergang zum linken Herzohr an der hinteren Vorhofwand, oder rundliche Füllungsdefekte in verschiedenen Vorhofanteilen zur Darstellung kamen. Auch eine längere Zeit persistierende Anfärbung der Vorhofwand kann als Kriterium für eine wandständige Thrombose angesehen werden (Lewis u. Mitarb., 1965). Zur Auswertung eigneten sich Aufnahmen im sagittalen Strahlengang und das linkslaterale Frontalbild. In dieser Projektion läßt sich vor allem die hintere Vorhofwand darstellen, die häufig Sitz muraler Thromben ist, während Myxome dem Vorhofseptum anhaften. In allen Publikationen hat sich eine unregelmäßige Begrenzung der Kontrastdarstellung am Übergang zum Herzohr als sicherer Hinweis für einen Thrombus erwiesen. Lyons u. Mitarb. (1959) konnten mit der von Soloff und Zatuchni angegebenen Technik unter 26 Fällen 5mal Thromben im linken Vorhof nachweisen. Carlson und Parker (1963) haben durch Injektion des Kontrastmittels in die Pulmonalarterie eine bessere Darstellung erzielt. Sie konnten bei 63 Mitralfehlern 5mal Füllungsdefekte erkennen. Bei 3 Fällen wurde die Diagnose operativ bestätigt, während in 15 operierten Fällen ohne angiographische Hinweise auf einen Thrombus sich nur in 2 Fällen kleine, einer Mitralklappe anhaftende Thromben fanden. Parker u. Mitarb. (1965) stellten bei 113 Patienten mit Mitralstenose 8mal Thromben im linken Vorhof fest. Bei Vorhofflimmern betrug die Häufigkeit von Vorhofthromben 20%. Noch eindrucksvollere Bilder liefert die Methode der transseptalen Katheterisierung des linken Vorhofs mit Verwendung der Röntgenkinematographie und Bildverstärkertechnik. Mit dieser Methode haben Fisher u. Mitarb. (1965) unter 482 Fällen 107mal (22%) Füllungsdefekte nachgewiesen, die durch Thromben im linken Vorhof bedingt waren. Vorbedingungen waren in der Regel Vorhofflimmern mit Mitralstenose, während eine Mitralinsuffizienz praktisch nie mit einem Vorhofthrombus einherging. Ähnliche Ergebnisse haben an einer geringeren Fallzahl Niedermayer u. Mitarb. (1966) erzielt (Abb. 5).

c) Thromben in den Ventrikeln

In der großen Statistik von Garvin (1941) war der linke Ventrikel 156mal mit Thromben behaftet, davon 85mal isoliert, im Rest der Fälle kombiniert mit anderen Herzhöhlen. 122mal lag eine Coronarsklerose, 46mal ein Hochdruck vor. Auch bei Infarkten jüngerer Jahrgänge (18—39 Jahre) fanden Yater u. Mitarb. (1948) in 38% von 114 autoptisch kontrollierten Herzinfarkten murale Thromben. Bean (1938) gibt eine Häufigkeit von 45% an. Meist handelt es sich um wandständige Thromben, die dem Endokard anhaften. Nur ganz vereinzelt, so von Bean (1938), Adams u. Mitarb. (1961) und Shapiro und

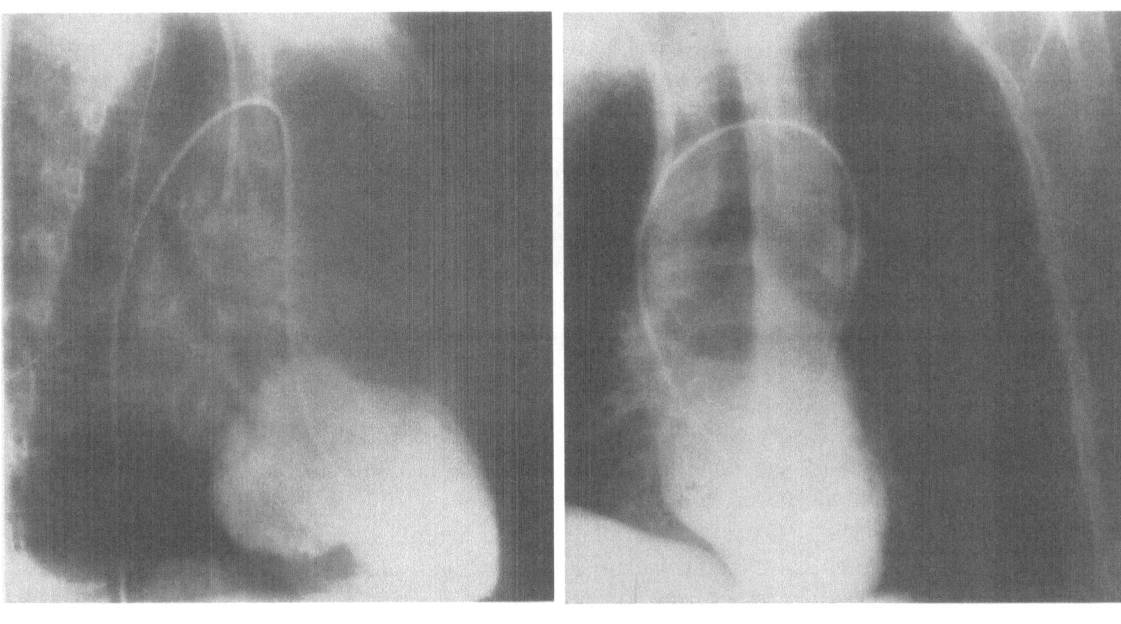

a b

Abb. 6a u. b. Muraler Thrombus bei Zustand nach transmuralem Herzinfarkt. Ventrikulogramm. a Unscharfe Konturierung und leichte „Eindellung" im Bereich der oberen lateralen Herzkontur. b Unterminierung der inneren Kammerwand durch Kontrastmittel

OLIVETTI (1964), sind Massenthromben im linken Ventrikel berichtet worden. Im letzteren Fall war der linke Ventrikel fast ganz von thrombotischem Material ausgefüllt, so daß das Bild einer Einflußbehinderung vor dem linken Ventrikel in Erscheinung trat.

Klinisch bedeutsam sind Thrombosen in Herzwandaneurysmen, deren Häufigkeit bei ABRAMS u. Mitarb. (1963) unter 2809 autoptischen Kontrollen 2,3% (65 Fälle) betrug. Unter 508 an Herzinfarkt Verstorbenen ließen sich in 12,4% Aneurysmen nachweisen. Auffälligerweise war die Häufigkeit von muralen Thromben in diesem Sektionsgut mit 9 Fällen von 65 relativ gering.

In anderen Statistiken ist die Zahl thrombotischer Komplikationen bei Aneurysmen sehr viel größer. So geben SCHLICHTER und HELLERSTEIN (1954) in 51,9% aller infarkt-bedingten Aneurysmen Thromboembolien an, während Infarkte ohne Aneurysmen nur in 25,6% durch Thromboembolien kompliziert waren. In 52% aller Fälle wurden Thrombo-embolien sogar als bedeutsam im Hinblick auf die Todesursache angesehen, in 21,6% als Hauptursache des Todes.

Die Diagnostik von Thromben in aneurysmatischen Ausbuchtungen stützt sich auf den Nachweis arterieller Embolien, Verkalkungszonen im Aneurysmasack und angio-graphisch erfaßbare Füllungsdefekte. Die Verdachtsdiagnose läßt sich bei nachgewiese-nem Aneurysma dann stellen, wenn keine paradoxe Pulsation erkennbar ist. In solchen Fällen muß man annehmen, daß die thrombotische Ausfüllung zu einer Verfestigung des Wandbezirkes geführt hat, ein Effekt, den auch eine Calcifizierung der Aneurysmawand hervorrufen kann. Im Zusammenhang mit den zahlreichen Ventrikulographien, die in der präoperativen Diagnostik von coronarchirurgischen Eingriffen durchgeführt werden, hat der angiographische Nachweis von Thromben besondere Aktualität gewonnen. Ein wesentliches Kriterium für eine Thrombose ist eine unregelmäßige Begrenzung von Füllungsdefekten, die im Bereich aufgehobener oder paradoxer Pulsationen nachweisbar sind (Abb. 6). Diese Kriterien haben LILLEHEI u. Mitarb. (1962) in 2 von 5 erfolgreich operierten Ventrikelaneurysmen die Diagnose präoperativ stellen lassen, nachdem DOLLY u. Mit-

arb. (1951) zum erstenmal aufgrund angiographischer Kriterien einen Thrombus in einem
Aneurysmasack vermutet hatten. Sie benutzten eine angiographisch festgestellte unterschiedliche Wanddicke im Bereich eines Aneurysmas als Hinweis auf eine partielle thrombotische Auflagerung. Die Diagnose wird erleichtert, wenn im Aneurysmasack unregelmäßige Verkalkungszonen nachweisbar sind, die auf Kalkeinlagerung in Thromben
bezogen werden können (SCHWEDEL u. GROSS, 1939). Der Nachweis von Thrombus-
massen in Ventrikelaneurysmen ist unter dem Gesichtspunkt der Operationsmethode
(BAILEY u. Mitarb., 1958; HEBERER u. Mitarb., 1969; HEGEMANN u. Mitarb., 1971) von
Bedeutung. Ebenso müssen lamelläre thrombotische Auflagerungen in der Auswertung
der Ventrikelwandbewegung beachtet werden, deren gestörte Synergie Grundlage der
Indikation zu einem coronarchirurgischen Eingriff darstellt (KALTENBACH u. LICHTLEN,
1972).

In einem Fall von ZATUCHNI und TAN (1961) erschien das obere Drittel der linken
Herzkontur im Ventrikelbereich völlig bewegungslos. Autoptisch fand sich ein Thrombus
von 10 cm Durchmesser, der das Restlumen des linken Ventrikels bis auf 30 cm³ ausfüllte. Er war primär in einem Aneurysma entstanden.

In großen Statistiken (GARVIN, 1941) kommen Thrombosierungen des linken wie des
rechten Ventrikels auch bei rheumatischen Erkrankungen des Herzens, luetischen Affektionen, bakterieller Endokarditis und Kardiomyopathien vor. Unter diesen sind Kardiomyopathien mit Langzeitverläufen besonders bedeutsam. Bei den in den letzten Jahren
stärker beachteten Formen chronischer Kardiomyopathie (SCHÖLMERICH, 1971) sind arterielle Embolien typische Komplikationen, die nicht selten zum Tode führen (COSNETT u.
PUDIFIN, 1964). Im weiteren Sinn gehören zu dieser Gruppe auch die von LÖFFLER 1936
beschriebene Endocarditis parietalis fibroplastica und die Endomyokardfibrose (WEN-
GER, 1971). SHAPER und WRIGHT (1963) beobachteten bei 46% unter 127 Fällen von
Endomyokardfibrose intrakardiale Thrombosen, darunter 23mal im linken und 11mal im
rechten Ventrikel.

BRUN u. Mitarb. (1963) weisen darauf hin, daß in Fällen schwerer respiratorischer
Insuffizienz Thromben im rechten Vorhof wie im rechten Ventrikel gefunden werden, die
durch Lungenembolien die Rechtsherzbelastung vergrößern. Auch bei der postpartalen
Myokardiopathie hat man Thromben im Ventrikel beobachtet (BOSMAN, 1967). In der
Mehrzahl der Fälle liegt die Bedeutung solcher Thromben in der Neigung zu arteriellen
Embolien (WALLACH u. Mitarb., 1954) oder in der Gefahr einer bakteriellen Superinfek-
tion (JOFFE u. FEIL, 1955).

Gestielte größere Thromben konnten Synkopen und Herzinsuffizienz auslösen, wie
PIVA (1966) an einem Fall von gestieltem Thrombus des rechten Ventrikels gezeigt hat.
LEHMAN und CURRY (1954) haben bei einer verkalkten Mitralstenose einen Massenthrombus im linken Ventrikel beschrieben, der durch Einengung des Lumens hämodynamisch bedeutsam war.

7. Differentialdiagnose

Die röntgenologischen Symptome von Herzthromben können durch eine Vielfalt von
kardialen Besonderheiten imitiert werden, die differentialdiagnostisch erwogen werden
müssen. Die wesentlichen röntgenologischen Kriterien sind: Schattensummation, Verkalkung, Verminderung oder Aufhebung der Randpulsation und angiographische Füllungsdefekte. Diese Symptome finden sich bei allen raumfordernden Prozessen größerer
Ausdehnung, insbesondere also bei Tumoren in den Herzhöhlen (DEJDAR u. Mitarb.,
1960). Myxome im linken Vorhof lassen sich in ihrer angiographischen Symptomatik
schwer von Kugelthromben differenzieren. Ein wesentliches Unterscheidungsmerkmal ist
die Haftstelle. Thromben haften mehr an der Hinterwand des linken Vorhofs und in der
Gegend des Herzohres, Myxome dagegen am Septum in der Nähe der Fossa ovalis. Verkalkungen kommen am Herzen unter vielen Bedingungen vor. Sie können sich auf Klap-

penfläche, Klappenansatzring, Endokard, Myokard, Perikard, Coronararterien und die Anfangsteile der großen Gefäße beziehen. Ein kymographisch oder elektrokymographisch nachweisbares Fehlen der Randpulsationen kann durch Perikardadhäsion, Myokardfibrose oder auch durch erhebliche Vergrößerung mit Flimmern der Vorhöfe bedingt sein. Die gleichzeitige Wirkung von Eigenpulsation und Lokomotion des Gesamtherzens kann Pulsationen zur Aufhebung bringen. Füllungsdefekte bei der Angiographie sind im Herzohrbereich nicht für Thromben beweisend, zumal häufig eine Überlagerung durch Kontrastfüllung von Lungengefäßen vorkommt.

So sind klinische Symptome von größerer Bedeutung. Periphere Embolien gelten als wichtigstes Hinweissymptom für Thromben im linken Herzen. Paradoxe Embolien kommen nur in wenigen Ausnahmefällen in Frage und haben eine Drucksteigerung im rechten Herzen, speziell im Bereich des Vorhofs zur Voraussetzung, wenn nicht ganz abnorme Kreislaufbedingungen, wie Fehlmündung einer großen Körpervene in den linken Vorhof, vorliegen. Mitralfehler mit absoluter Arrhythmie, rheumatische Herzfehler überhaupt neigen zu Thrombenbildung. Der anamnestische Hinweis auf einen überstandenen Herzinfarkt, erst recht ein röntgenologisch nachweisbares Aneurysma des linken Ventrikels nach Infarkt, müssen an eine intrakardiale Thrombose denken lassen. Bei Tumoren der Nieren, der Lunge, gelegentlich auch Mediastinaltumoren kommen auch Tumorthrombosen vor, die in den Gefäßen oder vom Endokard her ins Lumen der Herzhöhlen einwachsen. Den Tumormassen kann echtes thrombotisches Material angelagert sein, so daß embolische Verschleppung von Thromben oder auch von Tumorpartikeln möglich ist.

Literatur

ABRAMS, D. L., EDELIST, A., LURIA, M. H., MÜLLER, A. J.: Ventricular aneurysma. Circulation 27, 164 (1963).

ADAMS, C. W., COLLINS, H. A., DUMMIT, E. S., ALLEN, J. H.: Intracardiac myxomas and thrombs. Amer. J. Cardiol. 7, 176 (1961).

ARENDT, J.: Herzohrthrombose im Röntgenbild. Röntgenpraxis 1930, 828.

ARENDT, J., CARDON, L.: The diagnosis of intraauricular thrombosis in the living. Radiology 53, 371 (1949).

BAILEY, C. P., BOLTON, H. E., NICHOLS, H., GILMAN, R. A.: Ventriculoplasty for cardiac aneurysm. J. thorac. Surg. 35, 37 (1958).

BALL, C. R., CLOWER, B. R., WILLIAMS, W. L.: Dietary-induced atrial thrombosis in mice. Arch. Path. 80, 391 (1965).

BARRILLON, A., BERTRAND, V.: Rétrécissement mitral et thrombus occlusif. Arch. Mal. Cœur 55, 164 (1962).

BEAN, W. B.: Infarction of the heart. III. Clinical course and morphological findings. Ann. intern. Med. 12, 71 (1938).

BEEBE, R. A., COLEMAN, G. H.: Embolic thrombosis of the abdominal aorta with tuberculous lesions of the heart containing giant cells with radial inclusions. Amer. Heart J. 29, 539 (1945).

BERG, H. H.: Über ein auskultatorisches Phänomen bei flottierendem intrakardialem Thrombus. Klin. Wschr. 32, 1099 (1954).

BERK, L. H.: Roentgendiagnosis of mural thrombi. Arch. intern. Med. 63, 1183 (1939).

BESSER, F., SCHILLING, C.: Zur Klinik und Röntgenologie der Herzthromben. Dtsch. Arch. klin. Med. 175, 50 (1933).

BLOOMBERG, A. E., BLUMBERG, P.: Auricular thrombosis, mitral commissurotomy, and aortic embolectomy. J. Amer. med. Ass. 150, 1216 (1952).

BOSMAN, C.: Morphologie und Pathogenese der sogenannten puerperalen Myokardose. Zbl. allg. Path. path. Anat. 110, 204 (1967).

BRUN, J., GARDÈRE, J., POZZETTO, H.: Les thromboembolies des gros vaisseaux pulmonaries et des cavités cardiaques chez les insuffisants respiratoires. Poumon 19, 509 (1963).

CARAMANIAN, M., VEBER, G.: Obstruction d'une sténose mitrale par un caillot enclavé avec survie d'un mois. Cœur Méd. interne 3, 117 (1964).

CARLSSON, E., PARKER, B. M.: Pulmonary arterial angiocardiography in the evaluation of left atrial thrombi. Circulation 28, 700 (1963).

COSNETT, J. E., PUDIFIN, D. J.: Embolic complications of cardiomyopathy. Brit. Heart J. 26, 544 (1964).

DEJDAR, R., BERGMANN, K., FEJFAR, Z., FEJFAROVA, M.: Röntgenologische Differentialdiagnostik von intrakavitären Tumoren und Thromben des Herzens. Arch. Kreisl.-Forsch. 31, 181 (1960).

DERRA, E., LOOGEN, F., VIETEN, H.: Schwierigkeiten der Röntgendiagnostik raumfordernder Prozesse der Vorhöfe des Herzens. Fortschr. Röntgenstr. 90, 308 (1959).

DOLLY, C. H., DOTTER, C. T., STEINBERG, I.: Ventricular aneurysm in a 29-year-old man studied angiocardiographically. Amer. Heart J. 42, 894 (1951).

EVANS, W., BENSON, R.: Mass thrombus of the left auricle. Brit. Heart J. 10, 39 (1948).

FARINAS, E. C., PEREZ, G. M.: Auricular thrombosis in mitral stenosis. Angiology 16, 359 (1965).

Fisher, D. L., Brent, L. B., Kent, E. M., Magovern, G. J.: The preoperative detection of atrial thrombi by selective left atriography. J. thorac. cardiovasc. Surg. 50, 473 (1965).

Frommer, E.: Ball-thrombus of the right atrium. Brit. Heart J. 18, 137 (1956).

Fujii, J., Schäfer, H. E.: Intrakardiale Thrombose und kardiogene Embolie. Med. Welt 18, 1474 (1967).

Garvin, C. F.: Mural thrombi in the heart. Amer. Heart J. 21, 713 (1941).

Goldberg, H., Steinberg, I.: Primary tumors of the heart. Circulation 11, 963 (1955).

Goodman, P. A., Mandell, G. H., Levy, S. H.: Multiple polypoid thrombi of right atrium. Amer. J. clin. Path. 46, 556 (1966).

Grosse-Brockhoff, F., Kaiser, K., Loogen, F.: Erworbene Herzklappenfehler. In: Handbuch Innerer Medizin, Bd. IX/II, S. 1288. Berlin-Göttingen-Heidelberg: Springer 1960.

Gubbay, E. R., Pomerantz, H. Z.: Mass thrombus of the left auricle. Canad. med. Ass. J. 84, 258 (1961).

Gumbiner, S. H., Keeley, J. L.: Pedunculated thrombus of the left auricle causing death during aortic embolectomy. Angiology 4, 114 (1953).

Gunton, R. W., Manning, G. W.: Mitral occlusion due to mass thrombus of the left auricle. Canad. med. Ass. J. 63, 470 (1950).

Hahne, O. H., Climie, A. R. W.: Right atrial thrombi with ball valve action. Amer. J. Med. 32, 942 (1962).

Heberer, G., Rau, G., Bültel, E.: Das Herzwandaneurysma nach Myokardinfarkt. Dtsch. med. Wschr. 93, 728 (1968).

Heeren, J.: Zur Röntgendiagnose verkalkter Herzthromben. Fortschr. Röntgenstr. 50, 490 (1934).

Hegemann, G., von der Emde, J.: Die operative Behandlung der Herzinsuffizienz. Fortschr. Med. 89, 1070 (1971).

Hoak, J. C.: Structure of thrombi produced by injections of fatty acids. Brit. J. exp. Path. 45, 44 (1964).

Hobbs, M. L., Harley, J. B.: Tricuspid occlusion due to mass thrombus of the right auricle. Ann. intern. Med. 46, 990 (1957).

Houcke, E., Merlen, J. F., Jaillard, J.: A propos de la thrombose cardiaque a forme massive intracavitaire. Arch. Mal. Cœur 50, 104 (1957).

Joffe, S., Feil, H.: Subacute bacterial endocarditis arising in mural thrombi following a myocardial infarction. Circulation 12, 242 (1955).

Justin-Besançon, L., Grivaux, M., Soulié, J., Delavierre, P., Barbier, J. P.: Quelques aspects cliniques des thromboses intra-cardiaques. Sem. Hôp. Paris 43, 3382 (1967).

Kaltenbach, M., Lichtlen, P.: Coronary heart disease. Stuttgart: Thieme 1972.

Lewis, K. B., Criley, J. M., Ross, R. S.: Detection of left atrial thrombus by cineangiocardiography. Amer. Heart J. 70, 612 (1965).

Likoff, W., Geckeler, G. D., Gregory, J. E.: Functional mitral stenosis produced by an intraatrial tumor. Amer. Heart J. 47, 619 (1954).

Lillehei, C. W., Levy, M. J., DeWall, R. A., Warden, H. E.: Resection of myocardial aneurysms after infarction during temporary cardiopulmonary bypass. Circulation 26, 206 (1962).

Lyons, H. A., Strober, M., McFetridga, J. S.: J. Amer. med. Ass. 170, 1288 (1959).

Macleod, N.: Movable clot in the right auricle. Edinb. med. J. 28, 696 (1883).

Moia, B., Manguel, M. E., Hojman, D.: Thromboembola de la auricula derecha. Rev. argent. Cardiol. 18, 320 (1951).

Myerson, R. M., Vivacqua, R. J., Pastor, B. H.: Obstructing intracardiac thrombi. Arch. intern. Med. 118, 478 (1966).

Nazzi, V.: Sulla diagnostica clinica della trombosi auricolare sinistra. Cuore e Circol. 37, 193 (1953).

Neuhaus, G., Schütz, W.: Zur Symptomatologie und chirurgischen Therapie großer Vorhofthromben bei Mitralstenose. Chirurg 28, 175 (1957).

Niedermayer, W., Schwarzkopf, H. J., Schäfer, J., Sedlmeyer, I.: Der Nachweis von Thromben im linken Vorhof durch die Röntgenkinematographie. Z. Kreisl.-Forsch. 55, 716 (1966).

Parker, B. M., Friedenberg, M. J., Templeton, A. W., Burford, T. H.: Preoperative angiocardiographic diagnosis of left atrial thrombi in mitral stenosis. New Engl. J. Med. 273, 136 (1965).

Pellegrino, E. D., Olmstead, E. V., Tompkins, G. B.: Occluding thrombus of the right atrium. Intermittend tricuspid occlusion in a case of atrial infarction with mural thrombis. Amer. J. Med. 22, 151 (1957).

Petrosyan, Y. S., Abdurakhimov, R. G., Gigineishvili, M. M.: The importance of angiocardiography in the detection of thrombosis of the left atrium in patients suffering from mitral stenosis. Kardiologija (Mosk.) 9, 68 (1969) engl. Zus.fass.

Piva, M.: Considerazioni su di un caso di trombi peduncolato intracavitario del ventricolo destro. Cardiol. prat. (Firenze) 17, 61 (1966).

Patoshov, L. V.: Intravital diagnosis of intracardiac thrombosis in patients suffering from mitral stenosis. Kardiologija (Mosk.) 3, 12 (1963) engl. Zus.fass.

Radding, R. S.: Ball thrombus of the right auricle. Amer. J. Med. 11, 653 (1951).

Schlichter, J., Hellerstein, H. K., Katz, L. N.: Aneurysm of the heart: a correlative study of one hundred and two proved cases. Medicine (Baltimore) 33, 43 (1954).

Schölmerich, P.: Klinik der Myokarditis. Verh. dtsch. Ges. inn. Med. 77, 335 (1971).

Scholz, Th.: Röntgenologische Darstellung von Herzthromben. Fortschr. Röntgenstr. 32, 416 (1924).

Schrader, E.: Die klinischen Möglichkeiten zur Erkennung der Thromben und Myxome des linken Herzvorhofs. Med. Klin. 48, 1062 (1953).

Schwedel, J. B. Gross, H.: Ventricular aneurysm. Amer. J. Roentgenol. 41, 32 (1939).

Shaper, A. G., Wright, D. H.: Intracardiac thrombosis and embolism in endomyocardial fibrosis in Uganda. Brit. Heart J. 25, 502 (1963).

Shapiro, J. H., Jacobson, H. G., Rubinstein, B. M., Poppel, H. M., Schwedel, J. B.: Calcifications of the heart. Springfield, Ill.: C. C. Thomas 1963.

SHAPIRO, R. L., OLIVETTI, R. G.: Massive thrombosis of the left ventricle. Circulation **30**, 425 (1964).

SMID, J.: Ungewöhnliche Röntgensymptomatologie eines Herzthrombus. Fortschr. Röntgenstr. **90**, 38 (1959).

SOLOFF, J. A., ZATUCHNI, J.: The angiocardiographic diagnosis of left atrial thrombosis. Circulation **14**, 25 (1956).

SOULIÉ, M. P., BOUVRAIN, Y., COMBET, J.: Thrombose canalisée de l'oreillette gauche. Arch. Mal. Cœur **39**, 15 (1946).

STAUFFER LEHMAN, J., CURRY, J. L.: Radiologic detection of a calcified thrombus within the left ventricle. Radiology **62**, 344 (1954).

STEIN, E.: Embolischer Verschluß des Foramen ovale. Z. Kreisl.-Forsch. **52**, 892 (1963).

STEIN, E., SCHÖLMERICH, P., BUCHHOLZ, L.: Klinische Ergebnisse der operativen Klappensprengung bei Mitralstenose. Dtsch. med. Wschr. **89**, 201 (1964).

STEIN, E., SCHÖLMERICH, P., DOHMEN, M.: Über Ursachen und Häufigkeit der arteriellen Embolie. Verh. dtsch. Ges. inn. Med. **67**, 302 (1961).

STRADE, H. A.: Pedunculated ball thrombus in a hypertensive heart. J. Amer. med. Ass. **143**, 1409 (1950).

SURAWICZ, B., NIERENBERG, M. A.: Association of „silent" mitral stenosis with massive thrombi in the left atrium. New Engl. J. Med. **263**, 423 (1960).

TOMINAGA, F., ITO, Y., KOBAYASHI, T., SHOZAWA, T., INOUE, K.: Right atrial ball valve thrombus. Jap. Heart J. **4**, 285 (1963).

TOMPA, S.: Beiträge zur Diagnose der Kugelthromben. Orv. Hetil. 1955, p. 960.

TRICOT, R., CHICHE, P., ACAR, J.: Thrombose canalisée de l'oreillette gauche. Sem. Hôp. Paris 1957, p. 75.

WALLACH, J. B., GLASS, M., LUKASH, L.: Bacterial endocarditis and mural thrombi in the heart. Circulation **10**, 524 (1954).

WALLACH, J. B., LUKASH, L., ANGRIST, A. A.: An interpretation of the incidence of mural thrombi in the left auricle and appendage with particular reference to mitral commissurotomy. Amer. Heart J. **45**, 252 (1953).

WALLACH, J. B., LUKASH, L., ANGRIST, A. A.: Occlusive auricular thrombi. Amer. J. Med. **15**, 77 (1953).

WALLACH, J. B., LUKASH, L., ANGRIST, A. A.: The mechanism of formation of the left auricular mural thrombi. Amer. J. Med. **16**, 543 (1954).

WENGER, R.: Endomyokardfibrosen. Verh. dtsch. Ges. inn. Med. **77**, 65 (1971).

WRIGHT, I. S., FLYNN, J. E.: Ball thrombus in the right auricle of the heart, with a description of the symptoms produced. Amer. Heart J. **27**, 858 (1944).

YATER, W. M., TRAUM, A. H., BROWN, W. G., FITZGERALD, R. P., GEISLER, M. A., WILCOX, B. B.: Coronary artery disease in men eighteen to thirty-nine years of age. Amer. Heart J. **36**, 683 (1948).

YUSKIS, A. S.: Rheumatic heart disease with massive thrombosis of the left auricle. Amer. Heart J. **41**, 144 (1951).

ZATUCHNI, J., TAN, K. T.: Obliterating left ventricular mural thrombosis. Circulation **23**, 762 (1961).

III. Herz- und Perikardtumoren

Von

P. Schölmerich

Mit 9 Abbildungen

1. Herztumoren

a) Allgemeines, Symptomatologie

Die Fortschritte der kardiologischen Diagnostik und Therapie haben auch das Interesse der Klinik an Erfassung und Behandlung von Herz- und Perikardtumoren verstärkt. So ist es zu erklären, daß im letzten Jahrzehnt mehr Herztumoren beschrieben wurden, als in 100 Jahren zuvor. Vor allem mehren sich die Darstellungen von Fällen, in denen eine operative Behandlung möglich war. (Übersichten bei BAILEY u. Mitarb., 1959; CASTANEDA u. VARCO, 1968.) Neben elektrokardiographischen Befunden haben röntgenologische Untersuchungsverfahren, in erster Linie die Angiokardiographie, einen wesentlichen Anteil an der präoperativen Diagnostik (BAHNSON u. NEWMAN, 1953; BAYER u. Mitarb., 1954; GOLDBERG u. STEINBERG, 1955; DEJDAR u. Mitarb., 1959; STEINBERG u. Mitarb., 1964; STEINER, 1968). Dieses Verfahren hat besondere diagnostische Bedeutung bei allen intrakavitären, raumfordernden Tumoren, es ist aber auch zur Abgrenzung von Perikardtumoren oder parakardialen Blastomen von Bedeutung, bei denen häufig abnorme Randkonturen und mehr oder weniger bizarre Begrenzungen des Herzschattens erste Hinweise dafür sind, daß ein Tumor, von Herz oder Perikard ausgehend, bestehen kann. Die Diagnose Herztumor läßt sich häufig nur als Vermutungsdiagnose stellen (MARK, 1970); selten ist darüber hinaus eine Aussage über die Natur des Tumors möglich, die für die Prognose und die Operationsindikation von wesentlicher Bedeutung ist.

Man unterscheidet gutartige und bösartige Herz- und Perikardtumoren, die unter dem Gesichtspunkt ihrer Entstehung in primäre, im Herzen selbst entstandene, und sekundäre, metastatisch bewirkte Tumoren eingeteilt werden (MAHAIM, 1945; PRICHARD, 1951; SCHÖLMERICH, 1960; GRIFFITHS, 1965; GOODWIN, 1968; HARVEY, 1968). Die Häufigkeit solcher Tumoren läßt sich nur für die primären übersehen. MAHAIM hat 1945 329 Fälle aus der Literatur gesammelt. Seither ist die Zahl sprunghaft gestiegen, so daß heute über 1000 publizierte Fälle vorliegen. Vorwiegend handelt es sich um Myxome und Sarkome. GRIFFITHS (1965) gibt für primäre Herztumoren 80 % benigne und 20 % maligne an. Die Zahl der sekundären Herztumoren ist ungleich größer. Die Angaben pathologisch-anatomischer Untersucher (SCOTT u. GARVIN, 1939; PRICHARD, 1951; BISEL u. Mitarb., 1953; COHEN u. Mitarb., 1955; HEATH, 1968) schwanken zwischen 0,3 und 6,45 % im allgemeinen Sektionsgut und zwischen 1,8 und 21 % in autoptischen Befunden maligner Tumoren. SCHÖLMERICH (1960) hat 1419 Fälle aus der Literatur in einer tabellarischen Übersicht zusammengestellt. Die Verteilung auf die einzelnen Herzabschnitte gibt Abb. 1 wieder.

α) Allgemeine Symptomatologie

Funktionsstörungen des Herzens und damit auch die röntgenologisch erfaßbare Symptomatologie stehen bei Herztumoren in enger Beziehung zur Lokalisation des Tumors. Unterschiedliche Größe der Tumoren und wechselnde Lokalisation lassen von vornherein

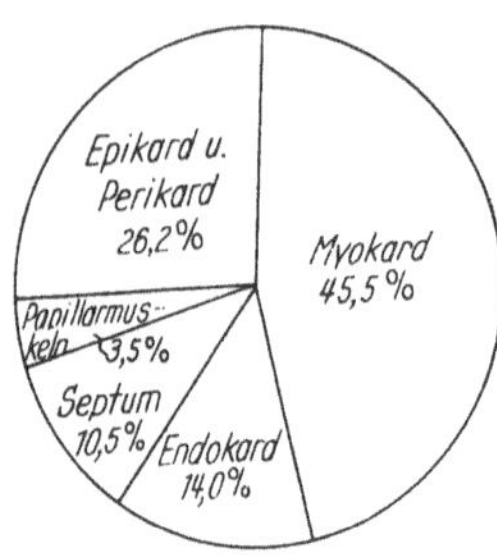

Abb. 1. Prozentuale Verteilung der sekundären Herztumoren auf die einzelnen Herzabschnitte

keine einheitliche Symptomatik erwarten (NIEDERMAYER u. Mitarb., 1969; SELZER u. Mitarb., 1972). Ein ausgedehnter Befall des Kammermyokards mit diffuser Durchsetzung wird eine früh auftretende Herzinsuffizienz mit Herzvergrößerung, Lungenstauung oder Rechtsinsuffizienz bei mehr oder weniger deutlicher Herzvergrößerung auslösen, deren ätiologische Zuordnung zu einem Tumor aus ihrem plötzlichen Auftreten und ihrer fehlenden therapeutischen Beeinflußbarkeit allenfalls vermutet werden kann. Ein polypös wachsender Tumor im rechten Herzen wird dagegen, wenn er eine Funktionsbehinderung bewirkt, das Bild einer isolierten Rechtsinsuffizienz verursachen, deren röntgenologische Symptome ohne Anwendung spezieller Verfahren häufig nur wenig spezifisch sind. Es erscheint daher zweckmäßig, die Symptomatologie nach der Lokalisation der Tumoren darzustellen.

αα) Lokalisation im rechten Vorhof

Symptome können von einem Tumor im rechten Vorhof nur erwartet werden, wenn er den Zufluß zum rechten Vorhof oder den Abfluß in den rechten Ventrikel stört. Im ersteren Fall stellt sich ein Vena cava-Syndrom durch Einengung der oberen oder unteren Vena cava oder beider großer Hohlvenen, meist mit Sekundärthrombose, dar. FEINGOLD u. Mitarb. (1971) haben ein Budd-Chiari-Syndrom, ausgehend von einem Tumor des rechten Vorhofs, beobachtet. Im zweiten Fall kommt es zum Bild einer Tricuspidalstenose mit Anstieg des Venendrucks in der Cubitalvene, praller Halsvenenfüllung, Lebervergrößerung, Ödemen und unter Umständen Ascites und Stauungsniere (PIOTTI, 1949; BAYER u. Mitarb., 1954; LOCKHART u. Mitarb., 1964). In solchen Fällen ist die Abgrenzung von der Wirkung eines extrakardialen Tumors oft schwierig oder unmöglich. Meist sind die Stauungssymptome beim Vena cava-Syndrom erheblich ausgeprägter als bei dem Bild einer Tricuspidalstenose (SCHECHTER u. ZISKIND, 1955; FREUND, 1953). Eine Verlegung des Tricuspidalostiums, die durch bestimmte Körperlagen und nur vorübergehend zustande kommen kann, führt zur Synkope mit Kollaps und unter Umständen zu plötzlichem Tod.

ββ) Lokalisation im linken Vorhof

Die Ausfüllung des linken Vorhofs durch einen Tumor, meist ein Myxom, führt zum Bild einer Mitralstenose mit Anstieg des pulmonalen Druckes (VAN BUCHEM u. EERLAND, 1957; LIKOFF u. Mitarb., 1954; HARRISON u. Mitarb., 1954; SCHWARZKOPF u. Mitarb., 1967; SELZER u. Mitarb., 1972), Lungenstauung und sekundärer Rechtsinsuffizienz. Vorhofmyxome oder tumoröse Vorhofinfiltrationen verursachen oft Herzrhythmusstörungen, gelegentlich auch arterielle Embolien, die das klinische Bild dem der Mitralstenose noch ähnlicher machen (BAUMANN u. CLAVADETSCHER, 1969). Eine völlige Verlegung des Mitralostiums bei gestieltem Tumor, bei Tumorabriß, zusätzlicher Thrombenbildung oder Blutung im Tumorbereich kann den plötzlichen Tod auslösen. Vorübergehende, meist lageabhängige Störungen der Passage durch das Mitralostium rufen passageren Blutdruckabfall, anfallsweises Lungenödem oder synkopale Zustände hervor, die als Adams-Stokes-Anfälle mißdeutet werden können.

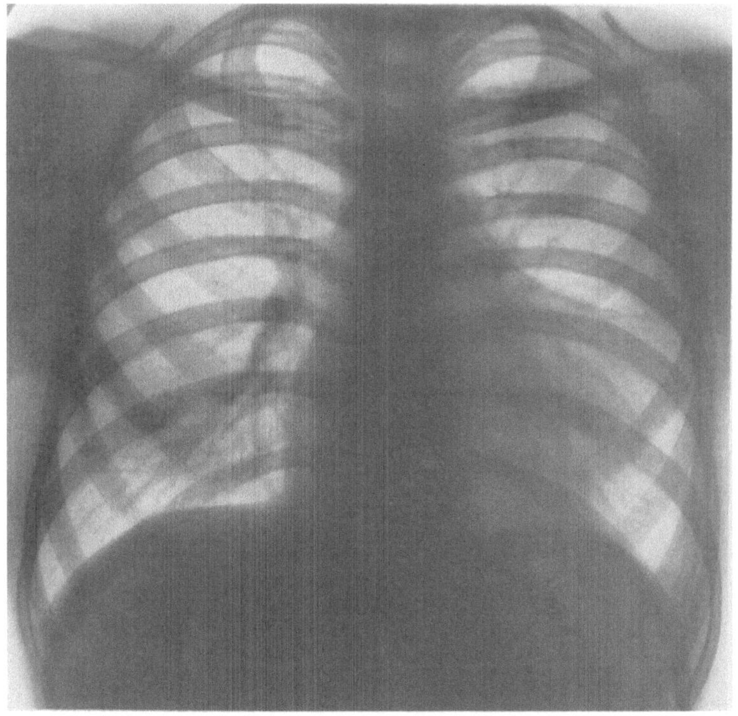

a

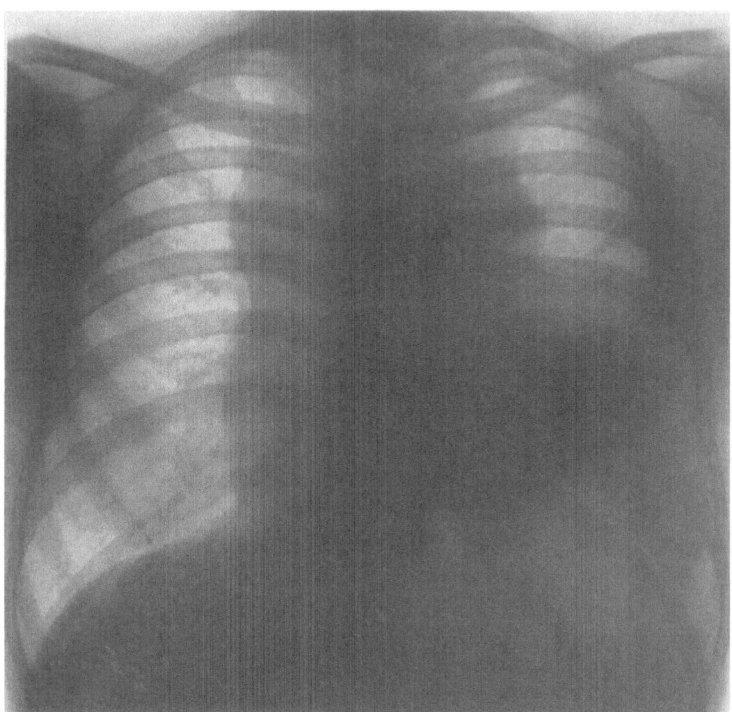

b

Abb. 2a u. b. Entwicklung einer starken Vergrößerung des Herzschattens innerhalb von 8 Wochen durch Ausdehnung eines mediastinalen Lymphosarkoms auf das Herz. Bogenförmige Vorwölbungen der Herzkontur mit gleichzeitigem Perikard- und linksseitigem Pleuraerguß

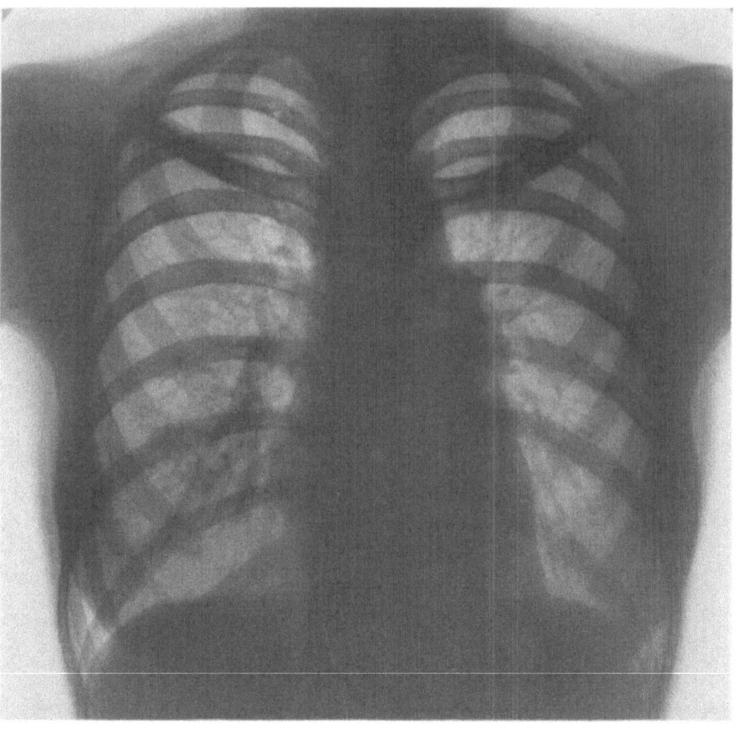

a

Abb. 3a—d. Herzbefall bei Morbus Hodgkin. a Unregelmäßige Kontur des linken Herzrandes. b Dreieckige Konfiguration des Herzschattens infolge Perikarderguß. c Ausgedehnter Perikarderguß mit beidseitiger Vergrößerung des Herzschattens bei fehlender Lungenstauung. d Kymographischer Nachweis einer aufgehobenen Randpulsation des rechten Herzrandes bei Reduktion der Pulsation der linken Herzkontur, aber erhaltener Aortenpulsation

γγ) Lokalisation in den Kammern

Polypöse Tumoren in den Kammern sind wesentlich seltener als in den Vorhöfen. Störungen der Herzdynamik können nur erwartet werden, wenn das Kammerlumen weitgehend ausgefüllt ist, was sehr selten der Fall ist, oder wenn der Tumor die Ausflußbahn der Arteria pulmonalis oder der Aorta zunehmend verlegt. Die Auswirkungen solcher Verlegungen des Lumens sind, wenn das Klappenostium um mehr als 75% verengt ist, mit denen einer Pulmonal- bzw. Aortenstenose identisch. An die Diagnose muß gedacht werden, wenn ohne rheumatische Anamnese sich rasch das Bild einer Klappenstenosierung ausprägt (GRIFFITHS, 1962; LOCKHART u. Mitarb., 1964; VAN BRUGGEN u. Mitarb., 1968; BERNSTEIN u. Mitarb., 1970; GRADAUS u. Mitarb., 1971).

Die Mehrzahl der Tumoren im Kammermyokard zeigt aber infiltratives Wachstum, so daß Herzmuskelgewebe zugrunde geht und eine rasch progrediente Herzinsuffizienz von therapierefraktärem Charakter entsteht. Früh werden dabei Störungen der Reizausbreitung im EKG erfaßt, gelegentlich werden auch Infarktbilder ausgelöst (MOLL, 1966). Extrasystolen gehören zu den Entwicklungsstadien der in den Kammern lokalisierten Tumoren (PIOTTI, 1949; BURNETT u. SHIMKIN, 1954; STRAUBE, 1964; LAFRENZ u. KÖRBER, 1970).

β) Röntgenologische Untersuchungsmethoden bei Herztumoren

αα) Durchleuchtung

Eindeutige röntgenologische Symptome lassen sich infolge der wechselnden Ausdehnung und Lokalisation der Tumoren nicht erwarten, jedoch haben die Erfahrungen der

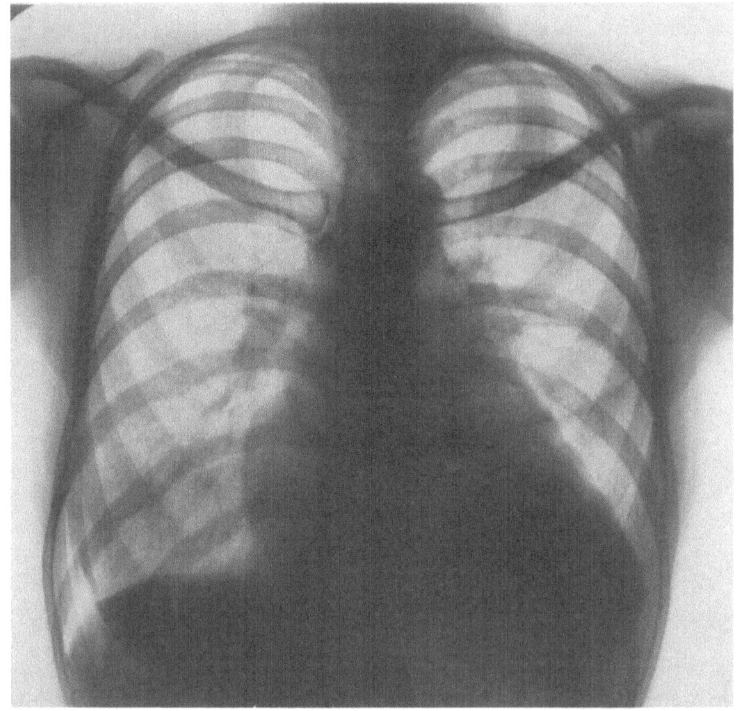

b

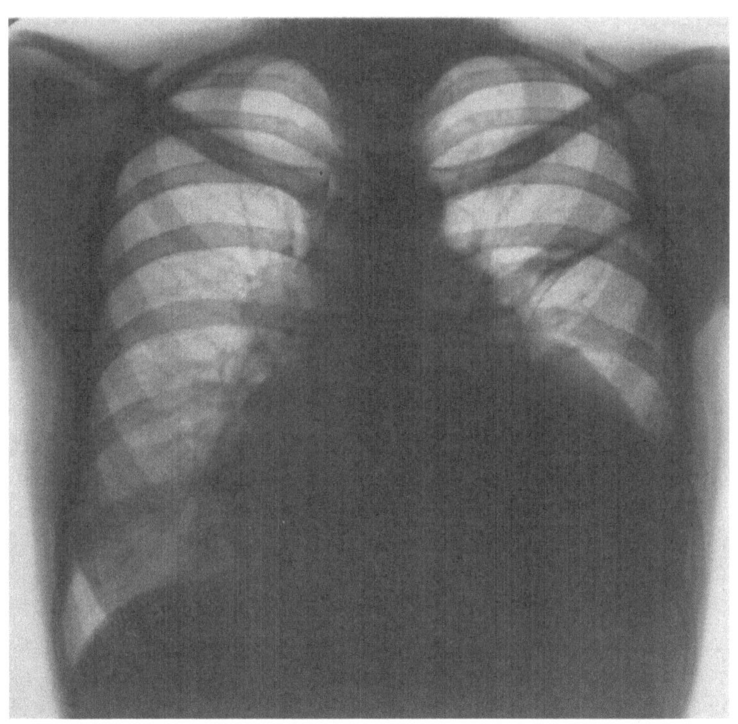

c

Abb. 3b u. c

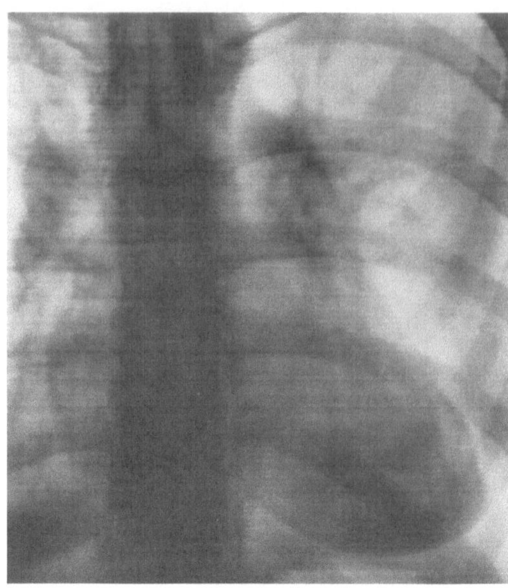

Abb. 3d

letzten 10 Jahre gezeigt, daß sich in etwa 10—20% der Fälle eine röntgenologisch begründete Vermutungsdiagnose stellen ließ, die meist Anlaß zu gezielteren Untersuchungsverfahren, vor allem der Angiokardiographie, war. Als Hinweissymptome bei Durchleuchtung und Aufnahme gelten bizarre Herzkontur, vor allem umschriebene Vorwölbungen des Herzrandes von mehrfach gelapptem, jedenfalls unregelmäßig begrenztem Charakter (Franke, 1950), rasche Herzvergrößerung, die nicht rein hämodynamisch begründet ist oder auf eine Myokarditis zurückgeht (Feruglio, 1970), Unbeweglichkeit eines Herzrandes bei Lageänderung und Valsalva-Preßdruck, soweit nicht eine konstriktive Perikarditis vorliegt, aufgehobene Randpulsation oder passive Mitpulsation in umgrenzten Bezirken (Abb. 2).

Keines dieser Symptome hat spezifischen Charakter, die größte Dignität besitzt die häufig recht auffällige Umwandlung der Herzkontur, insbesondere an den Herzrändern, die allerdings keine Differenzierung von Herz- oder Perikardtumoren zuläßt. Am wenigsten charakteristisch ist die aufgehobene Pulsation, die auch durch Schwielen, Volumenvergrößerung in Form der regulativen Dilatation des Herzens, perikardiale Adhäsionen und parakardiale Tumoren bedingt sein kann (Abb. 3).

ββ) Kymographie, Elektrokymographie

Der Durchleuchtungseindruck veränderter, paradoxer oder aufgehobener Pulsation kann kymographisch verifiziert und durch die genaue Abgrenzung der Gesamtlokomotion des Herzens von Eigenpulsationen, den Vergleich von Aorten- und Kammerpulsation, die Abgrenzung von Vorhof- und Kammerbewegungen genau analysiert werden, wie Franke (1950), Grosse-Brockhoff und Schreiber (1955), van Buchem u. Mitarb. (1957) gezeigt haben (s. Abb. 3d). Insbesondere eignet sich die kymographische Untersuchung zur Abgrenzung von aneurysmatischen Erweiterungen mit systolischer Expansion der Kammer. Die Elektrokymographie hat darüber hinaus den Vorteil, eine genauere Zeitbeziehung zur Herzphase zu ermöglichen, wie Marions und Ödman (1957) für Herztumoren betont haben. Beide Verfahren können auch mit zusätzlichen Maßnahmen, wie etwa einer Perikardluftfüllung, kombiniert werden, so daß u. U. in dem luftgefüllten Perikard die Kontur und Bewegung des eigentlichen Herzrandes eindeutiger dargestellt werden kann. In den letzten Jahren haben diese Verfahren allerdings gegenüber angiographischen Nachweismethoden an Bedeutung erheblich verloren.

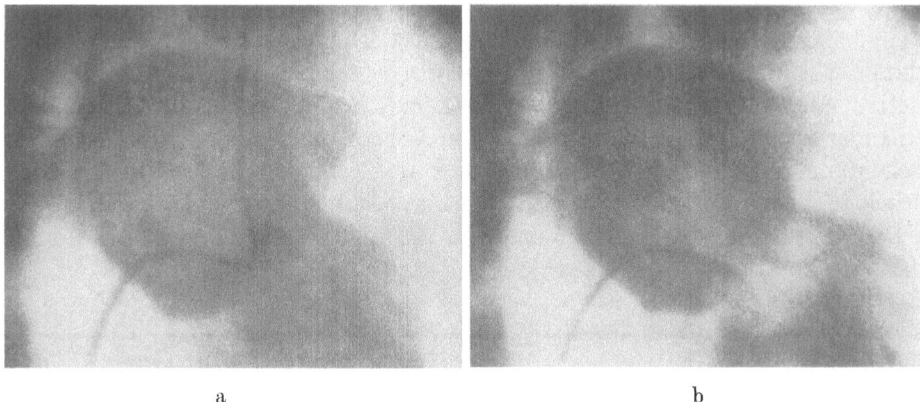

a   b

Abb. 4a u. b. Transseptale Katheterisierung des linken Vorhofs. Bei der Kontrastmitteldarstellung des linken Vorhofs läßt sich eine große Aussparungszone erkennen, die einem Vorhoftumor entspricht (a). In der Diastole gleitet ein Teil des Tumors in die Mitralklappenebene und den Anfangsteil des linken Ventrikels (b). (SCHAEFER u. Mitarb., Kiel, 1966)

γγ) Angiographische Befunde

Bei allen polypös wachsenden Tumoren, also der Mehrzahl der primären gutartigen, aber auch einigen bösartigen Herztumoren, läßt sich die Diagnose durch eine Angiokardiographie stellen, wenn der Tumor mindestens Walnußgröße erreicht hat (DE CARLO u. LINDQUIST, 1950; GOLDBERG u. Mitarb., 1952; BAHNSON u. NEWMAN, 1953; BAYER u. Mitarb., 1954; DEJDAR u. Mitarb., 1959; STEINBERG u. Mitarb., 1964; SELZER u. Mitarb., 1972). Darüber hinaus können auch infiltrativ wachsende Wandtumoren, die zu einer erheblichen, aber umgrenzten Verdickung der Kammerwand geführt haben, in manchen Fällen erfaßt werden. Das Verfahren eignet sich auch zur Abgrenzung von Perikardtumoren oder perikardialen Ergüssen (DE CARLO u. LINDQUIST, 1950; STAFFELDT, 1965; BENDER u. Mitarb., 1971), die bei primären und sekundären Herztumoren nicht selten sind. Bei Vorhoftumoren, besonders im linken Vorhof, ist eine Abgrenzung des Tumors von einem größeren Thrombus nicht mit Sicherheit möglich. Tumoren des rechten Vorhofes stellen sich am besten im rechten schrägen Durchmesser, Tumoren des linken Vorhofs im Frontaldurchmesser (Seitenbild) dar. Charakteristisch ist die Aussparung im Kontrastfüllungsbild. Meist handelt es sich beim Myxom um eine rundliche Aussparung, bei bösartigen Tumoren um unregelmäßig begrenzte Füllungsdefekte. Bei Tumoren im linken Herzen erfolgte die Injektion des Kontrastmittels am günstigsten in die Pulmonalarterie, bei Tumoren des rechten Herzens in die Vena subclavia bzw. in eine der Venae cavae. Die Röntgenkinematographie erlaubt eine Bewegungsanalyse, die bei polypösen Tumoren unter Umständen hämodynamische Besonderheiten, wie Obstruktion der Ein- oder Ausflußbahn von Vorhöfen oder Kammern, verständlich macht (STEINBERG u. Mitarb., 1964; TAKAK u. Mitarb., 1969; LEGNANI u. Mitarb., 1969) (Abb. 4). Aus den letzten Jahren liegen einzelne Berichte über szintigraphische Nachweismethoden unter Benutzung von [131]Cs oder Technetium vor (ISLEY u. REINHARD, 1962; BONTE u. CURRY, 1967). QUAIFE und WILSON (1970) verglichen an einem Fall die diagnostische Aussagefähigkeit von angiographischer Methode, szintigraphischer Darstellung der Herzhöhlen und coronarangiographischer Szintigraphie, wobei sich ein raumfordernder Tumor mit allen Methoden darstellte.

δδ) Herzkatheterisierung

Druckmessungen in den einzelnen Herzhöhlen des rechten Herzens und Austastung der Hohlräume geben weitere diagnostische Hinweise, die zur Sicherung der Diagnose führen können. BAYER u. Mitarb. (1954) haben in einem Fall einen stenosierenden Tumor im rechten Vorhof gefunden, der im oberen Vorhofbereich nahe den einmündenden Hohlvenen ein höheres Druckniveau als im unteren Vorhofbereich in der Nähe der Tricuspidalklappe erkennen ließ. Differentialdiagnostisch ist an Tricuspidalstenose, Pericarditis constrictiva oder Rechtsinsuffizienz zu denken, Zustandsbilder, die charakteristische, untereinander aber differente Druckabläufe in Vorhof und Kammern haben, so daß eine Unterscheidung aufgrund der Druckmessung wohl möglich ist. Beim Myxom gehört eine Drucksteigerung im Lungenkreislauf und im rechten Ventrikel zum Bild einer wirksamen Passagestörung vom linken Vorhof in die linke Kammer (Lockhart u. Mitarb., 1964; Takak u. Mitarb., 1969; Selzer u. Mitarb., 1972).

γ) Weitere Symptome bei Herztumoren

In allen Statistiken über die Symptomatologie von Herztumoren wird die Häufigkeit elektrokardiographisch faßbarer Abweichungen betont. Rhythmusstörungen, QRS-Veränderungen vom Schenkelblocktyp, Niederspannung, ST- und T-Abweichungen und Infarktbilder sind als Folgeerscheinungen von Herztumoren beschrieben worden. Zwar gibt es auch unter den elektrokardiographischen Befunden keine Symptome, die tumorspezifisch sind, die Veränderungen treten aber relativ früh in Erscheinung, jedenfalls früher als die röntgenologisch faßbaren Zeichen. Bei Einengung der Atrioventrikularostien kommt es zu diastolischen Geräuschen vom Typ der Mitral- oder Tricuspidalstenose, wobei der Geräuschcharakter in seiner Intensität oft in Abhängigkeit von der Lage wechselt. Bei Einengungen der Ausflußbahn des linken oder rechten Ventrikels stellen sich systolische Spindelgeräusche dar.

Unter den unspezifischen Zeichen von Herztumoren, besonders maligner Art, sind Anstieg der Blutkörperchensenkungsgeschwindigkeit, Anämie, unter Umständen Thrombopenie und Hämolyse, Hyperglobulinämie, gelegentlich auch Fieber, Gewichtsverlust und allgemeine Tumorzeichen zu erwähnen. Auch bei benignen Tumoren, z. B. bei Myxomen, kommen unspezifische Symptome dieser Art vor, deren Ursache in immunologischen Abwehrreaktionen gegenüber Myxomgewebe liegen kann.

δ) Diagnose und Differentialdiagnose

Ein Herztumor mit Lokalisation im rechten Vorhof muß erwogen werden, wenn folgende Zustandsbilder vorliegen:
Vena cava-Syndrom,
Lungenembolie ohne Thrombose,
plötzlich auftretende Tricuspidalstenose,
plötzlich auftretende Pulmonalstenose,
synkopale Zustände,
plötzlich auftretende Rechtsinsuffizienz ohne Cor pulmonale.
An einen Herztumor mit Lokalisation im linken Vorhof ist zu denken bei:
anfallsweiser Cyanose und Dyspnoe mit Orthopnoe ohne Asthmaanamnese,
synkopalen Zuständen mit lageabhängiger Neigung zu Blutdruckabfall, Ohnmacht und Krämpfen,
Embolien im großen Kreislauf ohne Vorhofflimmern und Endocarditis lenta,
plötzlicher Linksinsuffizienz ohne Hypertonus oder Herzfehler oder Myokarditis.
Ein metastatischer Tumor im Herzen bei bekanntem Primärtumor muß erwogen werden bei plötzlicher Tachykardie, die nicht durch Fieber oder Urämie erklärt ist, bei Rhythmusstörungen, absoluter Arrhythmie und plötzlicher Herzinsuffizienz, die keine unmittelbare kardiale Erklärung finden.
Differentialdiagnostisch sind zu erwägen: Bronchialcarcinom, Mediastinaltumoren, maligne Struma, insbesondere wenn ein Vena cava-Syndrom vorliegt, Mitralstenose, Tricuspidalstenose, Pericarditis constrictiva, Lymphknotenschwellungen im Hilusbereich, Perikardcysten und Perikarddivertikel, Thymusgeschwülste, Herzwandaneurysma, Aorten-

aneurysma, Pulmonalisaneurysma, akzessorischer Lungenlappen, Wirbelabscesse, Oesophagusdilatation, Ganglioneurome und Echinokokken. DERRA u. Mitarb. (1959) haben auf die Schwierigkeiten der Abgrenzung von Herztumoren an mehreren Fällen hingewiesen. Vielfach ist besonders bei parakardial gelegenen, vom Herzen nicht sicher abgrenzbaren Tumoren, selbst durch Anwendung von Pneumomediastinum und Pneumoperikard keine Klärung möglich, so daß eine Probethorakotomie erwogen werden muß (STOLLE u. Mitarb., 1969).

ε) Operative Behandlung von Herztumoren

Die Prognose, auch bei histologisch gutartigen Tumoren, ist ungünstig, wenn sich Wachstum intrakavitärer Tumoren oder Einfluß- und Ausflußbahnbehinderungen einstellen. Da eine Differenzierung von gutartigen und bösartigen Tumoren, soweit sie intrakavitär wachsen, vielfach unmöglich ist, ergibt sich bei jedem nachgewiesenen Tumor eine Indikation zur operativen Behandlung, sofern nicht allgemeine oder spezielle Gegenindikationen bestehen. Die Zahl der erfolgreich operierten, histologisch benignen Tumoren ist inzwischen außerordentlich groß geworden. Bei den einzelnen Tumorformen wird auf operative Erfolge eingegangen. Größere Allgemeinstatistiken liegen über erfolgreiche operative Eingriffe bei Kindern oder Jugendlichen vor, bei denen Teratome, Myxome, Fibrome, Lipome, Rhabdomyome und Hämangiome beseitigt wurden (NADAS u. ELLISON, 1968; VAN DER HAUWAERT, 1971 (11 Fälle); TESLER u. Mitarb., 1971; SELZER u. Mitarb., 1972). Über Erwachsenenfälle haben CASTANEDA und VARCO (1968) ein größeres eigenes Material vorgelegt.

b) Spezielle Befunde

α) Gutartige Herztumoren

αα) *Myxom*

Unter einem Myxom versteht man einen gutartigen, in 75 % der Fälle im linken, in 23 % der Fälle im rechten Vorhof und selten in den Ventrikeln vorkommenden Tumor von polypösem Charakter, der meist gestielt, an der Oberfläche gelappt, von kleinster Dimension bis zu Kleinapfelgröße auftritt. Histologisch handelt es sich um lockeres Bindegewebe mit schleimartiger Zwischensubstanz unter Einlagerung von elastischen Kollagenfasern. Gelegentlich lassen sich Verkalkungen im Myxom nachweisen (FLUCK u. Mitarb., 1968; MARTIN u. Mitarb., 1969). Der verschiedene Anteil solcher Strukturen hat zur Bezeichnung: Elastomyxom, Fibromyxom, Angiomyxom etc. geführt. Die klinischen Symptome hängen weitgehend von der Lokalisation des Myxoms ab.

1) *Linksseitiges Vorhofmyxom*

Bei einem linksseitigen Vorhofmyxom ähneln die Symptome denen einer Mitralstenose, wenn der Tumor aufgrund seiner Größe zur Füllungsbehinderung des linken Vorhofes oder Entleerungsstörung bei teilweiser Verlegung des Mitralostiums führt (GOODWIN, 1963; WRIGHT u. Mitarb., 1963; GREENWOOD, 1968). Nicht wenige Fälle sind unter der Fehldiagnose einer Mitralstenose operativ angegangen worden (LEFCOE u. Mitarb., 1957; LOUVEN u. Mitarb., 1973), zumal auch die phonokardiographischen Befunde denen der Mitralstenose ähnlich sein können, worauf WASSERMIL u. Mitarb. (1962), PITT u. Mitarb. (1967), ZITNIK u. Mitarb. (1969), SCHWARZ u. Mitarb. (1972) hinweisen. Diagnostisch haben neben den röntgenologischen Verfahren das Apexokardiogramm (MALLOCH u. Mitarb., 1970; ZITNIK u. GIULIANI, 1970; BECKER u. CONTI, 1971; SCHWARZ u. Mitarb., 1972) und Ultraschallverfahren Bedeutung. EFFERTS und DOMANIG (1959) haben über dieses Verfahren die ersten Mitteilungen gemacht. Ausgedehntere Analysen liegen von SCHATTENBERG (1968), WOLFE u. Mitarb. (1969) und SPENCER u. Mitarb. (1971) vor. Als Komplikationen werden periphere arterielle Embolien, auch Hirnembolien, berichtet

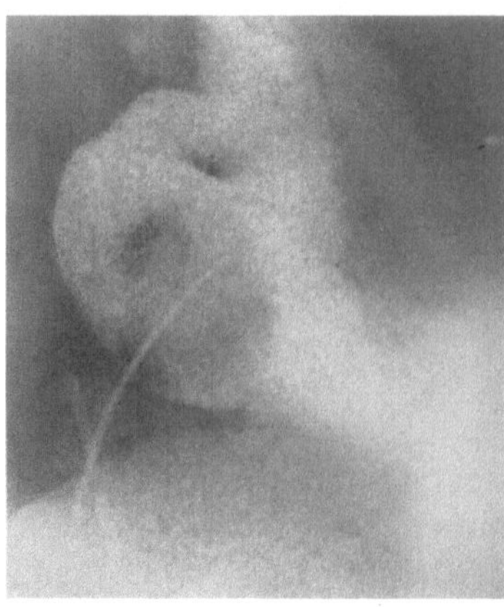

Abb. 5. Transseptale Katheterisierung des linken Vorhofs. Bei der Kontrastdarstellung ausgedehnte Kontrastmittelaussparung im linken Vorhof (Schaefer, Kiel, 1967)

(Horlick u. Merriman, 1957; Hibner u. Mitarb., 1963; Thomas u. Mitarb., 1967; Maroon u. Campbell, 1969; Loeper u. Mitarb., 1970). In einigen Fällen ist auch eine Mitralinsuffizienz fälschlicherweise angenommen worden, da der Tumor den Klappenschluß unvollkommen sein ließ. Solche Fälle sind von Weinstein und Arata (1949), Wittenstein u. Mitarb. (1959), Cohen u. Mitarb. (1963), Penny u. Mitarb. (1967) sowie Martin u. Mitarb. (1969) berichtet worden.

Unter den röntgenologischen Befunden sind Herzvergrößerung, Vergrößerung des linken Vorhofs, Hypertrophie und Verlängerung der Ausflußbahn des rechten Ventrikels (Harrison u. Mitarb., 1954), Lungenstauung und gelegentlich auch Pleuraergüsse (Grewin, 1952) beobachtet worden. Die Druckwerte im rechten Ventrikel und in der Pulmonalarterie können bis auf über 100 mm Hg gesteigert sein, wie Harrison u. Mitarb. (1954), Likoff u. Mitarb. (1954), van Buchem und Eerland (1957), Towers und Newcombe (1958), sowie Joly u. Mitarb. (1965), Thomas u. Mitarb. (1967) belegt haben. Ein rascher Wechsel der Druckwerte spricht für einen beweglichen Tumor, der das Mitralostium mehr oder weniger wirksam verlegt (Joly u. Mitarb., 1965; Bower u. Mitarb., 1969; Becker u. Conti, 1971). In einigen Fällen sind, trotz elektrokardiographischer oder klinischer Hinweise auf einen Herztumor, röntgenologische Symptome völlig vermißt worden.

Die Sicherung der Diagnose gelingt am ehesten durch die Angiokardiographie. Goldberg u. Mitarb. (1952), van Buchem u. Mitarb. (1957), van Buchem und Eerland (1957), Jackson und Garber (1958), Dejdar u. Mitarb. (1959) haben teils bei Injektionen von Kontrastmittel in die Armvene, später aber vorwiegend unter Injektion in die Pulmonalarterien brauchbare Serienbilder gewonnen. Seitdem gilt dieses Verfahren speziell in der Form der Cineangiographie als Methode der Wahl (Sauwan, 1964; Barrillon u. Mitarb., 1966; Thomas u. Mitarb., 1967) (Abb. 5). Pitt u. Mitarb. (1967) warnen vor transseptaler Katheterisierung und angiographischer Darstellung des linken Vorhofs. Marpole u. Mitarb. (1969) haben dabei einen tödlichen Zwischenfall, wahrscheinlich durch Verlegung des Mitralostiums, erlebt. Pindyck (1972) beschreibt im Zusammenhang mit einer solchen diagnostischen Maßnahme eine periphere Embolie.

Zu erwähnen ist noch ein Befund von Marions und Ödman (1957), die elektrokymographisch in 2 Fällen nachweisen konnten, daß die Vorhofentleerung bei Myxomen im Sitzen und im Stehen unterschiedlich lang dauerte. Sie schlossen daraus auf eine wechselnde Passagehemmung durch das Mitralostium, während in Normalfällen die Vorhofentleerung in der Präsystole unter beiden Bedingungen konstant, bei der Mitralstenose im Stehen und im Sitzen gleich ausgeprägt verlängert abläuft.

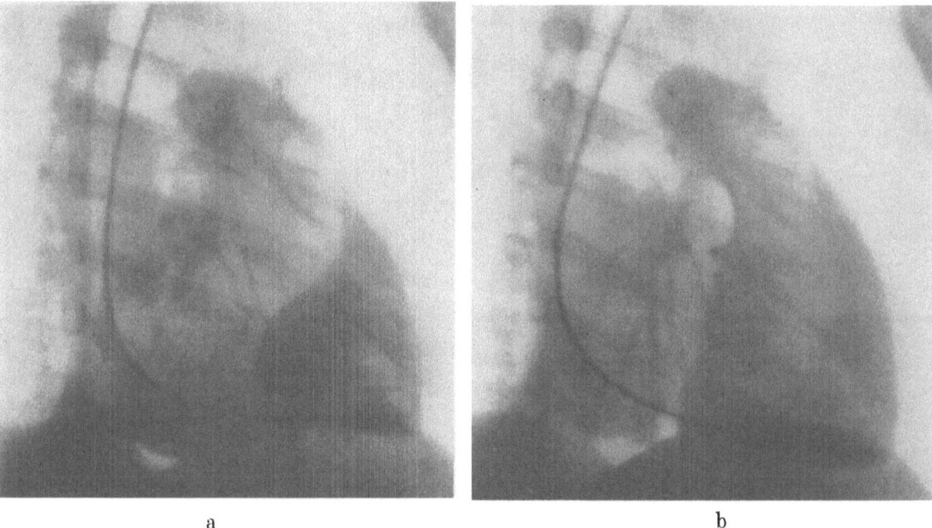

a   b

Abb. 6a u. b. Darstellung des rechten Ventrikels im rechten vorderen Schrägbild. Bei Kontrastmittelfüllung großer, in Systole (a) und Diastole (b) beweglicher Füllungsdefekt im rechten Vorhof, rechten Ventrikel bis in den Stamm der rechten A. pulmonalis reichend (LANG u. Mitarb., Mainz, 1972)

In einem Fall konnten MARSHALL u. Mitarb. (1969) eine Gefäßanfärbung des Myxoms bei selektiver Coronarangiographie nachweisen. Szintigraphisch stellte sich in einem anderen Fall von ISLEY und REINHARDT (1962) ein Füllungsdefekt dar. Diese Methode haben auch ZITNIK und GIULIANI (1970) erfolgreich angewandt.

2) Myxome im rechten Vorhof

Myxome im rechten Vorhof werden häufiger diagnostiziert als linksseitig gelegene (HURLBURT u. Mitarb., 1963). Größere Myxome bewirken eine Füllungsbehinderung des rechten Vorhofs und imitieren damit das klinische Bild einer Tricuspidalstenose oder einer Pericarditis constrictiva (EMANUEL u. LLOYD, 1962; MATSUSHITA u. Mitarb., 1968; HANSEN u. Mitarb., 1969) oder eines Carcinoid mit Tricuspidal- oder Pulmonalklappenfehler (SANNERSTEDT u. Mitarb., 1962). In anderen Fällen steht ein pulmonaler Hochdruck infolge embolischer Verschlüsse im Lungenkreislauf im Vordergrund. Dabei ist der Druck im rechten Ventrikel gesteigert, die A-Welle im Venenpuls betont (MORRISSEY u. Mitarb., 1963; HEATH u. MACKENSON, 1964; HANSEN u. Mitarb., 1969). Bei offenem Foramen ovale oder Vorliegen eines Vorhofseptumdefektes können Cyanose, Polyzythämie und Trommelschlegelfinger in Erscheinung treten (MILLER u. Mitarb., 1968; TALLEY u. Mitarb., 1970).

Röntgenologisch stellen sich, je nach Größe des rechtsseitigen Myxoms, Erweiterung des rechten Vorhofs, bei pulmonaler Hypertonie rechtsventrikuläre Hypertrophiezeichen mit Verlängerung der Ausflußbahn des rechten Ventrikels und Linksrotation des Herzens bei verminderter Lungengefäßzeichnung dar. Die angiographische Diagnose ist bei Injektion des Kontrastmittels in die Armvenen leicht und zur Diagnostik unerläßlich (SIGGILLINO u. Mitarb., 1963; BRANDFONBRENER u. Mitarb., 1963; HANSEN u. Mitarb., 1969).

3) Ventrikuläre Myxome

In seltenen Fällen sind auch linksventrikuläre Myxome beschrieben worden, die durch Hirnembolien oder periphere Gefäßverschlüsse kompliziert waren (DE PAIVA u. Mitarb., 1967; DANTA u. WILLIAMS, 1969; MANDEL u. STRIMMEL, 1970). Rechtsventrikulär gelegene Myxome haben in den Fällen von GOTTSEGEN u. Mitarb. (1963), MORROW u. Mit-

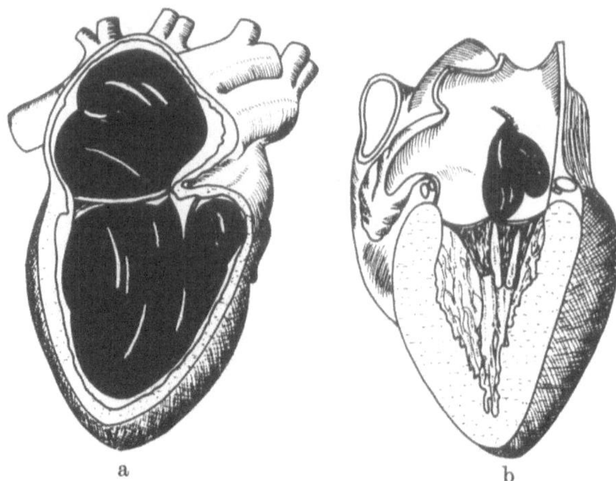

a   b

Abb. 7a u. b. Schematische Darstellung des Dreihöhlentumors der Abb. 6 (Myxom). a Ausbreitung im rechten Herzen. b Ausbreitung im linken Vorhof

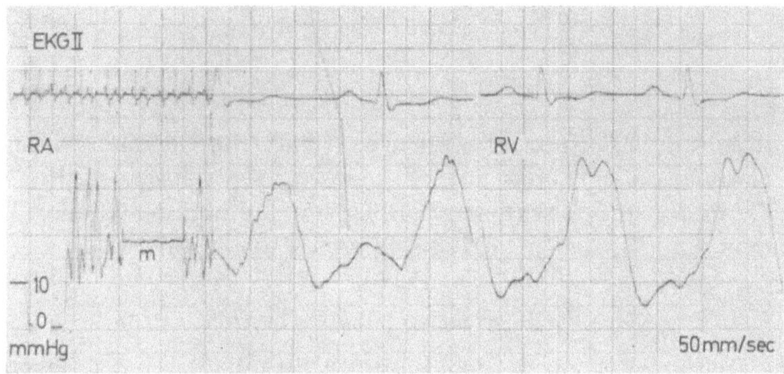

Abb. 8. Druckregistrierung im rechten Vorhof und rechten Ventrikel bei dem in Abb. 6 und 7 abgebildeten Fall. Erhöhter Mitteldruck und prominente systolisch-diastolische Druckwelle im rechten Vorhof als Zeichen einer Trikuspidalinsuffizienz, Druckgleichheit in rechtem Vorhof und rechter Kammer während der späten Systole, erhöhter enddiastolischer Druck im rechten Ventrikel (Lang u. Mitarb., 1972, Mainz)

arb. (1966), Renggli und Schweizer (1971) und Hubbard und Neil (1971) eine Pulmonalstenose imitiert. Schließlich haben Lang u. Mitarb. (1972) aus unserer Klinik ein Myxom beschrieben, das ausgehend vom rechten Vorhof den rechten Ventrikel und über ein offenes Foramen ovale auch den linken Vorhof weitgehend ausfüllte (Abb. 6, 7, 8).

Differentialdiagnostisch kommen bei fieberhaftem Verlauf, Embolien und Anämie auch bakterielle Endokarditis, Lupus erythematodes, rheumatische Karditis und andere fieberhafte Systemerkrankungen in Frage (Nikkilä u. Vuopio, 1964; Bachmann, 1965; von La Rosée, 1966; May u. Mitarb., 1967; Maroon u. Campbell, 1969; Loeper u. Mitarb., 1970). Als ein Kriterium gegen eine Mitralstenose spricht der Nachweis von Verkalkungen, die nicht in die Klappenregion lokalisiert werden können. Kombinationen mit rheumatischen Klappenfehlern sind selten. Vuopio und Nikkilä (1966) haben in einem Fall gleichzeitig eine Mitralstenose gesehen, Yacoup u. Mitarb. (1971) eine calcifizierende Aortenstenose.

Erfolgreiche herzchirurgische Eingriffe sind in so großer Zahl berichtet, daß nur die frühesten und die letzten Arbeiten genannt werden können. Auf linksseitige Tumoren beziehen sich die Arbeiten von Derra u. Mitarb. (1959), Schmidt-Habelmann u. Mitarb. (1965), Thomas u. Mitarb. (1967), Pitt u. Mitarb. (1967), Mundth u. Mitarb. (1968),

MARPOLE u. Mitarb. (1969), CASTANEDA und VARCO (1969), HISSEN u. Mitarb. (1972). Über Eingriffe bei Myxomen im rechten Vorhof haben PADHI u. Mitarb. (1959), DIF-FERDING u. Mitarb. (1961), SANYAL u. Mitarb. (1967) berichtet. ZITNIK und GIULIANI (1970) geben eine Übersicht über 17 an der Mayo Clinic operierte Fälle, darunter 13 links-seitige und 4 rechtsseitige Myxome. Operative Eingriffe bei ventrikulärem Sitz sind von MORROW u. Mitarb. (1966) und RENGGLI und SCHWEIZER (1971) referiert.

ββ) Angiom

Gefäßgeschwülste am Herzen führen zwar gelegentlich zu Rhythmusstörungen, be-sonders wenn sie in der Nähe des AV-Knotens lokalisiert sind; röntgenologisch faßbare Symptome lassen sich dabei jedoch nicht nachweisen. Das gilt auch für die sog. Varicen, also Erweiterungen venöser Gefäße im Herzen, die vorwiegend in der Vorhofwandung, besonders in der Fossa ovalis gelegen sind. PRICHARD (1951) spricht von herdförmigen Gefäßmißbildungen.

γγ) Lipom

Fettgeschwülste kommen am Herzen subepikardial oder subendokardial gelegen vor. MUTH (1951) hat je ein Lipom im rechten Herzen und im Kammerseptum des Herzens beobachtet. SHEA und MUEHSAM (1952) sahen ein Myolipom im rechten Vorhof, ESTEVEZ u. Mitarb. (1964) im rechten Herzohr. Mehrfach sind Myolipome und Fibrolipome be-schrieben worden. Es handelt sich meist um pathologisch-anatomische Zufallsbefunde. Klinische Symptome sind in einem Fall von MAURER (1952) bemerkenswert, in dem auf-grund einer vorwiegend nach rechts ausladenden Herzkontur und eines angiographischen Bildes an eine Cölomcyste des Perikards gedacht wurde. Das Lipom saß auf der Außen-wand des rechten Ventrikels und konnte operativ entfernt werden. OLSEN und TANGCHAI (1961) haben 30 Fälle von Herzlipomen zusammengefaßt. In einem Fall von ESTEVEZ u. Mitarb. (1964) ging das Lipom von einem Tricuspidalsegel aus und wölbte das Septum in den linken Ventrikel vor. Über erfolgreiche operative Entfernungen ist von CROCKETT u. Mitarb. (1964) und SATTER (1968) referiert worden.

δδ) Herzfibrom

Umstritten ist die nosologische Einordnung der sog. Herzfibrome, die meist intra-mural gelegen sind und Haselnuß- bis Apfelgröße erreichen können (NAEVE, 1955). KNIE-RIM und NESSLER (1968) haben vorgeschlagen, die Bezeichnung „Fibrom" beizubehalten, da es sich um Tumoren handelt, die von gefäßführendem Bindegewebe ausgehen. Im Hinblick auf das Vorkommen von elastischen Fasern, kleinen Gefäßen und Herzmuskel-anteilen sind auch die Bezeichnungen Hamartie, Hamartom und fibroelastische Hamartie im Gebrauch. Vorwiegend liegen Fibrome im linken Ventrikel und im Septum der Kam-mern (HALL, 1971). Unter 37 Fällen, die MAHAIM (1945) gesammelt hat, hatten 8 polypoide Form. Vereinzelt kommen auch Verkalkungsbezirke in solchen Fibromen vor (JAMES u. STANFIELD, 1955; JERNSTROM u. CREMIN, 1959; WILSON u. Mitarb., 1965). Die Größe der Tumoren macht klinische Symptome verständlich. Es sind Herzvergrößerung, Herz-insuffizienz, Rhythmusstörung und plötzlicher Tod, besonders bei Säuglingen und Klein-kindern berichtet worden (KULKA, 1949). In Einzelfällen kommen aber auch bei älteren Kindern und Erwachsenen Fibrome vor (GEHA u. Mitarb., 1967; KNIERIEM u. NESSLER, 1968; HALL, 1971).

Rechtsventrikulärer Sitz hat in einem Fall, den VAN DER HAUWAERT u. Mitarb. (1965) berichten, das Bild einer Tricuspidalstenose erzeugt. Angiographisch stellte sich ein den rechten Ventrikel weitgehend ausfüllender Tumor dar. HOEN und ELLIS (1966) konnten einen weiteren Fall angiographisch sichern. Erfolgreiche operative Eingriffe berichten BJÖRK u. Mitarb. (1967), SOULIÉ u. Mitarb. (1968) und THOMSEN u. Mitarb. (1971).

εε) *Rhabdomyom*

Rhabdomyome sind durch örtliche Gewebsmißbildungen bedingte knotenförmige Veränderungen der Herzmuskulatur (Knieriem u. Nessler, 1968), deren Grundlage in einem Enzymdefekt des Glykogenstoffwechsels zu suchen ist. Das Leiden tritt nicht selten als viscerale Manifestation mit cerebralen Störungen (tuberöse Sklerose) auf (Elliot u. McScady, 1962; Golding u. Reed, 1967; Folger u. Peters, 1968). Die Mehrzahl der mitgeteilten Fälle betrifft autoptische Befunde von Säuglingen und Kleinstkindern (Pratt-Thomas, 1947; Hertzog, 1949; Kidder, 1950; Tveteras, 1957; Porter u. Mitarb., 1961; Golding u. Reed, 1967; Karen u. Mitarb., 1970), die meist schon vor dem 5. Lebensjahr der herdförmigen Reifungshemmung der Herzmuskulatur erlegen sind. Als klinische Befunde werden Cyanose, Tachykardie, Herzrhythmusstörungen, Adams-Stokes-Anfälle, Herzinsuffizienz und Herzvergrößerung angegeben. In dem von Knierim und Nessler (1968) mitgeteilten Fall fand sich röntgenologisch eine Vorwölbung des unteren Anteiles des linken Kammerbogens. Angiographisch hat Busch (1960) in einem ähnlichen Fall ein raumforderndes Gebilde nachweisen können. Broghammer (1959) konnte ein Rhabdomyom bei einem Erwachsenen beobachten. Hierbei sind allerdings röntgenologische Befunde nicht erfaßt. Karen u. Mitarb. (1970) und Shaher u. Mitarb. (1972) sahen in je einem Fall das klinische Bild einer Subaortenstenose infolge Vorwölbung eines Rhabdomyomknotens in der Ausflußbahn des linken Ventrikels. Im letzteren Fall erfolgte eine erfolgreiche Operation.

β) Bösartige primäre Herztumoren

αα) *Sarkom*

Unter den malignen primären Herztumoren ist das Sarkom bei weitem am häufigsten. Bisher sind über 200 Fälle mitgeteilt worden. In der Mehrzahl der Fälle befindet sich der Tumor in einem der beiden Vorhöfe, dem Vorhofseptum oder der Pulmonalis (Mandelstamm, 1923; Diebold, 1930; Pennacchio und Masdea, 1960; Idd u. Mitarb., 1961; Raftery u. Mitarb., 1966; Fowler u. Mitarb., 1968; Glancy u. Mitarb., 1968). Etwa 20 % der Sarkome haben polypösen Charakter (Elphinstone u. Spector, 1959), so daß zu der Infiltration von Vorhof- oder Kammerwand eine mechanische Beeinträchtigung des Kreislaufs kommen kann (Forker u. Mitarb., 1963; Goldstein u. Mahoney, 1966). Dabei ist die rechte Herzseite gegenüber der linken bevorzugt. Sehr häufig kommt es zu einer Mitbeteiligung des Perikards. Unter 100 von Whorton (1949) analysierten Fällen hatten 21 % ein Hämoperikard, 20 % eine Perikardobliteration, 13 % eine Infiltration des Herzbeutels und 6 % einen Erguß sowie 3 % Adhäsionen. Zweimal stellte sich eine Herzruptur ein. Die histologischen Typen sind sehr wechselnd (Lebreuil u. Mitarb., 1969). In der Mehrzahl handelt es sich um Reticulumzellsarkome (Kissin u. Eisinger, 1961; Brücke, 1962), Rundzell- oder Spindelzellsarkome, aber auch Myxosarkome (Longino u. Meerker, 1952), Rhabdomyosarkome (Westad, 1953; Stoll u. Lauer, 1955). Porter u. Mitarb. (1961) berichten zusammenfassend über 30 Fälle aus der Literatur. Neuere Mitteilungen stammen von de Saint Florent u. Mitarb. (1969), Matloff u. Mitarb. (1971), Bemis u. Mitarb. (1972). Angiosarkome, die auch als Hämangioendotheliome bezeichnet werden, sind gleichfalls in zahlreichen Arbeiten referiert, so von Tachet u. Mitarb. (1950), Hovesen (1956), McNalley u. Mitarb. (1963), Lukash u. Mitarb. (1965), Glancy u. Mitarb. (1968), Kauder und Müller (1968), Hollingsworth und Sturgill (1969), Lebreuil u. Mitarb. (1969) und Tse und Frank (1971). Lebreuil u. Mitarb. referieren 42 Fälle. In der Gesamtgruppe von Sarkomen sind Fibrosarkome und Fibromyxosarkome (Sagerman u. Mitarb., 1964; Baumann u. Clavadetscher, 1969) ähnlich häufig vertreten wie Rhabdomyosarkome und Angiosarkome. Die Mehrzahl der Fälle geht vom rechten Herzen aus (Haferland, 1961; Dong u. Mitarb., 1962; Riedel u. So, 1966; Goldstein u. Mahoney, 1966). Linksseitig lokalisierte Sarkome sind von Clayley und Bijapur (1963), Johnson und Stokes (1964) und Lönne u. Mitarb. (1969) registriert worden. Vereinzelt sind auch primäre Leiomyosarkome beschrieben (KENNEDY, 1967; COHEN, 1969); in anderen Fällen entwickelte sich der Tumor von der unteren Hohlvene aus und erreichte den Vorhof (HAAS, 1966; DEUTSCH u. Mitarb., 1968).

Unter den klinischen Symptomen sind Verschluß der Venae cavae, Symptome einer Tricuspidalstenose, Verlegung des Ausflußtraktes des rechten Ventrikels (HALLERMANN u. Mitarb., 1963; PUND u. Mitarb., 1963), Einengung der Lungenvenen, Mitralstenose (MARONDE, 1955; TURIAF u. Mitarb., 1966; DE SAINT FLORENT u. Mitarb., 1969; MATLOFF u. Mitarb., 1971), Herzinsuffizienz, Tachykardie, Rhythmusstörungen, AV-Blockierungen (PORTER u. Mitarb., 1961; LENÈGRE u. Mitarb., 1963), systolische und diastolische Geräusche neben den Allgemeinerscheinungen und Metastasen eines malignen Tumors beobachtet worden. Röntgenologische Symptome sind meist durch ein expansives Wachstum des Tumors bedingt, das sich in Herzgewichten bis 2700 g äußert. Eine massive Herzvergrößerung ist also in der Mehrzahl der Fälle nachweisbar. Die Konfiguration des Herzens kann dabei grotesk verändert sein, vor allem stellen sich einseitige Vergrößerungen in der linken oder rechten Thoraxhälfte dar (YANGUAS, 1955). Im übrigen kommen Lungenstauung, Erweiterung der Hohlvenen, Vorhofvergrößerung des linken oder rechten Vorhofs (SCHOLER, 1957), Aussackung des linken und rechten Herzrandes und schornsteinförmige Veränderungen der Herzbasis vor (BLASI u. BABOLINI, 1953). Häufig bestehen auch hämorrhagische Perikardergüsse (LUKASH u. Mitarb., 1965; HOLLINGSWORTH u. STURGILL, 1969). Nach Ablassen des Ergusses und Lufteinfüllung kann die unregelmäßig gestaltete Herzkontur gelegentlich nachgewiesen werden. Pleuraergüsse stellen eine häufige Komplikation von Herzsarkomen dar. Darauf haben HARGROVE u. Mitarb. (1950) und SCHOLZE (1958) hingewiesen. Angiographische Untersuchungen bei primären Herzsarkomen liegen von LONGINO und MEERKER (1953), CHENG und SUTTON (1955), PASCUZZI u. Mitarb. (1957) und DONG u. Mitarb. (1962) vor. HALLERMANN u. Mitarb. (1963) konnten als erste mit Hilfe der selektiven Angiographie eine Einengung der Ausflußbahn des rechten Ventrikels nachweisen.

Operative Therapie (DONG u. Mitarb., 1962; FONTAN u. Mitarb., 1972; SANOUDOS u. REED, 1972) hat ebenso wie eine Strahlenbehandlung lediglich palliativen Charakter, führt oft aber doch zu einer wesentlichen Lebensverlängerung (SAGERMAN u. Mitarb., 1964; GOLDSTEIN u. MAHONEY, 1966; HOLLINGWORTH u. Mitarb., 1969).

γ) Sekundäre Herztumoren

Herzmetastasen können bei allen malignen Tumoren vorkommen, bei einigen sind sie aber besonders häufig nachweisbar, so bei malignem Melanom (44% der Fälle), Mamma-Carcinom (33%), Lungen-Carcinom (31%), Sarkom und Morbus Hodgkin (24%) (BISEL u. Mitarb., 1953). STEIN u. Mitarb. (1968) konnten unter 795 ausgewerteten autoptischen Befunden von malignen Tumoren 98mal eine Herzbeteiligung nachweisen. Carcinome anderer Organe, z. B. des Magens oder des Colons, metastasieren selten ins Herz. Unter den einzelnen Herzanteilen sind die Kammern gegenüber den Vorhöfen bevorzugt. Die rechte Seite ist stärker betroffen als die linke. Die Metastasen kommen ganz überwiegend im Myokard selbst vor. Klappen und Endokard sind extrem selten, das Perikard jedoch wiederum häufig, etwa in der Hälfte aller Fälle befallen, wie aus den Statistiken von SCOTT und GARVIN (1939), BISEL u. Mitarb. (1953), HALONEN und AHO (1953), DE LOACH und HAYNES (1953), GASSMAN u. Mitarb. (1955), GOUDIE (1955), HURST und COOPER (1955), HANBURY (1960), ABRAMS u. Mitarb. (1950), HANFLING (1960, bei 127 Fällen), JAVIER u. Mitarb. (1967, bei 292 Fällen), CHOMETTE u. Mitarb. (1968) und BIRAN u. Mitarb. (1969) hervorgeht. In der überwiegenden Zahl der Fälle bestehen gleichzeitig neben Herzmetastasen auch andere Organmetastasen, z. B. der Lungen. Carcinom- und Sarkommetastasen treten meist als Knoten, seltener diffus infiltrierend auf. Leukosen verursachen dagegen eine herdförmige oder diffuse Durchsetzung des Myokards (YOUNG u. GOLDMAN, 1954; HURST u. COOPER, 1955). Klinisch wesentliche Symptome werden in großen Statistiken in 6—10% gesehen, Einzelsymptome, besonders elektrokardiographischer Art, dagegen in der Hälfte der Fälle nachgewiesen. Straube (1964) und Harris u. Mitarb. (1965) geben eine ST-Überhöhung als charakteristisch für einen Myokardbefall bei metastasierenden Tumoren an. Sopalla und Hartwich (1972) betonen aber den unspezifischen Charakter der elektrokardiographischen Abweichungen. Eine Herzinsuffizienz kommt in etwa 8 % aller Fälle vor. Das röntgenologische Bild wird in der Mehrzahl der Fälle durch hämorrhagische Perikardergüsse bestimmt, in Einzelfällen sind auch Tamponaden des Herzens (Keat u. Twyman, 1955; Staffeldt, 1965) und Constrictio pericardii (Schaefer u. Schmidt, 1971) beschrieben worden. Synkopale Zustände und plötzlicher Tod sind seltener als bei primären Herztumoren, Rupturen werden aber gelegentlich beobachtet. Dagegen kann ein langsames Wachstum eines Tumorthrombus zur Verlegung der Hohlvenen oder Lungenvenen (McLowry u. Roberts, 1966; Csonka, 1968) führen.

Bei der röntgenologischen Untersuchung können als Hinweis für metastatische Herztumoren in erster Linie Herzvergrößerung, meist durch Perikarderguß, Herzinsuffizienz mit Lungenstauung, seltener knotenförmige Ausladung der Herzkontur beobachtet werden. An einen metastatischen Tumorbefall des Herzens muß bei einem bekannten, extrakardialen Primärtumor immer dann gedacht werden, wenn Rhythmusstörungen, Herzschmerzen, Perikarditis, Herzinsuffizienz oder Anschwellen der Halsvenen auftreten, ohne daß bisher kardiale Symptome eruierbar waren. Differentialdiagnostisch kommt bei Vena cava-Syndrom auch eine isolierte Verlegung der oberen und unteren Hohlvene in Frage. Rhythmusstörungen des Herzens können auch durch metastatische Irritation der extrakardialen Herznerven (Brem u. Mitarb., 1955) zustande kommen. In manchen Fällen ist die Abgrenzung einer Hiluslymphknotenmetastasierung oder einer Atelektase parakardialer Lungenanteile von sekundären Herztumoren schwierig. Das EKG vermag in solchen Fällen einen Hinweis auf eine Herzmetastase zu geben, wie Piotti (1949), Burnett und Shimkin (1954), Queckenstedt (1956), Schölmerich (1960), Straube (1964), Stein u. Mitarb. (1968), Sopalla und Hartwich (1972) gezeigt haben. Bei intrakavitär wachsenden metastatischen Tumoren haben Bayer u. Mitarb. (1954), Hurst und Cooper (1955), Derra u. Mitarb. (1959) und Carney u. Mitarb. (1962) angiographisch den Tumor nachweisen können. In anderen Fällen gaben eine rasch zunehmende Herzvergrößerung mit Betonung einer Seite (James, 1953), Ausbildung von Pleuraergüssen (Joselevich u. Mitarb., 1951; Schaefer u. Schmidt, 1971), plötzliches Auftreten der Symptome einer Tricuspidalstenose (Gänsslen, 1958), Einengung des Hinterherzraumes mit rascher Manifestation dieses Symptomes (Ask-Upmark, 1952) oder das sonst unmotivierte Auftreten einer Herzinsuffizienz (Herbinger, 1956) Anlaß, Herzmetastasen anzunehmen. Metastatische Herzbeteiligung bei Leukosen und bei Morbus Hodgkin, die häufig von Hiluslymphknoten per continuitatem Herz und Perikard erreichen, verursachen überwiegend Infiltrationen des Myokards, meist mit gleichzeitigem Perikarderguß. Einzelfälle und Übersichten stammen von Sydnes (1951), Chevallier u. Mitarb. (1952, Morbus Hodgkin), Nabarro (1953, malignes Lymphom, unter dem Retikulosarkom, Lymphosarkom, lymphatische Leukämie und Morbus Hodgkin zusammengefaßt werden), Giraud u. Mitarb. (1957, lymphatische Leukämie), Popescu u. Mitarb. (lymphatische und myeloische Leukämie, 1959), Carney u. Mitarb. (1962, angiographischer Nachweis), Habighorst (1965, Morbus Hodgkin).

Die Behandlung solcher metastatischer Herzgeschwülste richtet sich nach der Behandlung des Grundleidens. Strahlentherapie, Cytostaticaanwendung und bei Perikarditis Punktionen haben palliativen Effekt.

2. Perikardtumoren

a) Primäre Perikardtumoren

Unter den primären Perikardtumoren sind, wie bei den Herztumoren, gutartige und bösartige zu unterscheiden. Im Gegensatz zu den Herztumoren sind hier jedoch bösartige sehr viel häufiger. Ihre röntgenologische Symptomatologie ist nicht prinzipiell von der der Herztumoren unterschieden, wenn auch Perikardergüsse mit Vergrößerung des Herzschattens häufiger sind, seltener dagegen umgrenzte Veränderungen der Herzkonturen beobachtet werden. Die Anwendung angiographischer Methoden und szintigraphischer Analyse hat den diagnostischen Zugang erheblich erleichtert (SIGUIER u. Mitarb., 1964; STEIN u. Mitarb., 1968).

α) Gutartige Perikardtumoren

αα) Angiome

Die Mehrzahl der mitgeteilten Angiome des Herzbeutels, die HICKEN und SCHERLIS (1963) aus der Literatur zusammengefaßt haben, stellt autoptisch Zufallsbefunde dar; die klinischen Symptome sind also gering. Eine Vergrößerung des Herzens nach rechts mit Orthopnoe und Husten haben SKINNER und HOBBS (1936) in einem Fall mitgeteilt. Meist liegen Angiome im rechten vorderen Mediastinum. HALONEN u. Mitarb. (1955) konnten in einem Fall ein Lymphangiom des Herzbeutels beobachten, das sich an der linken Seite des Herzens ausdehnte und durch ein Pneumomediastinum deutlicher abgrenzbar war. Die Gefahr von Perikardangiomen liegt in der Möglichkeit der Blutung in den Herzbeutel mit einer auf diese Weise hervorgerufenen Herztamponade.

ββ) Teratome

Teratome stellen teils solide, teils polycystische Tumoren dar, die Anteile aus allen drei Keimblättern enthalten. Von einigen Autoren sind aber auch Tumoren zur Gruppe der Teratome gerechnet worden, bei denen nur akzessorische Lungenanteile ins Perikard verlagert oder Tracheobronchialcysten im Perikard nachweisbar waren (s. APITZ u. Mitarb., 1965). FRANKE hat 1950 innerhalb eines Teratoms Zahnanlagen nachgewiesen. Angiographische Beobachtungen bei Teratomen sind von DABBS u. Mitarb. (1957) mitgeteilt worden. In Deutschland haben APITZ u. Mitarb. (1965) in einem Fall Druckmessung und angiographischen Nachweis geführt. Das Teratom konnte operativ beseitigt werden. Weitere Berichte über erfolgreiche operative Behandlungen stammen von BECK (1942), WILSON u. Mitarb. (1963), PERNOT (1968) und KULKARNI (1969).

γγ) Weitere gutartige Tumoren

Ganz vereinzelt ist über Lipome, Fibrome (FORNI, 1915), Leiomyofibrome (BRANDES u. Mitarb., 1942) und Neurofibrome des Nervus phrenicus berichtet worden, die zum Perikard Beziehungen hatten. Sie verursachten selten klinische und röntgenologische Symptome.

β) Bösartige Tumoren

αα) Sarkom

Unter den bösartigen Tumoren des Perikards ist das Sarkom des Herzbeutels am häufigsten (JUCKER, 1941). Gewöhnlich handelt es sich um riesenhafte Tumoren bis zu 3 kg Gesamtgewicht des Herzens, die zu einer Kompression der Lunge und massiven Vergrößerung des Herzschattens führen (KUPFER, 1964; PADER u. KIRSCHNER, 1964). Die Konsistenz dieser Tumoren hängt von ihrem Gehalt an Bindegewebe, Gefäßen, Nekrosen und Cysten ab, worauf LOOS (1929) schon hingewiesen hat. Metastasen kommen selten vor. Das Wachstum der Herzbeutelsarkome ist überwiegend nach außen gerichtet, so daß auch eine Myokardalteration erst relativ spät eintritt. Dagegen stellen sich früh Einflußstauungen mit Vena cava-Thrombose (TOBIESEN, 1912) und Herztamponaden (LANGE und CHRISTIANSEN, 1947) ein. In fortgeschrittenen Fällen fehlt auch ein Pleuraerguß, meist hämorrhagischer Natur, selten (SPRING, 1955).

Die röntgenologischen Besonderheiten bestehen in massiver Verbreiterung des Herzschattens, wie in einem von WRBA (1953) beobachteten Fall, während in einem anderen von

Grosse-Brockhoff u. Schreiber (1955) mitgeteilten Fall eine bucklige Randkontur des Herzens mit Verdrängung von Lunge und Mediastinum vorlag. Auch Abdrängungen des Oesophagus kommen vor (Hartweg, 1953). Kymographisch läßt sich in der Mehrzahl der Fälle eine Aufhebung oder zumindest eine Verminderung der Randpulsation nachweisen (Grosse-Brockhoff u. Schreiber, 1955; Hartweg, 1953). Bei großen Tumoren besteht auch keinerlei Lokomotion des Herzens. Angiographisch konnten de Carlo und Lindquist (1950) in einem Fall den weiten Abstand zwischen Herzhöhlen und der äußeren Begrenzung des Herzschattens demonstrieren. Im weiteren Verlauf kann es zu Komplikationen durch Blutung und Tamponade des Herzens, Arosion von Coronargefäßen (Strohmaier, 1954), Infiltration des Myokards, Einflußstauung infolge Constrictio (Rautakoski u. Sipilä, 1958) oder zur Metastasierung kommen. Differentialdiagnostisch ist bei massiven Vergrößerungen an Mediastinaltumoren und Teratome zu denken. Bei kleineren Tumoren kommen auch die Perikarddivertikel, Perikardcysten (Reisner u. Huxly, 1965), Dermoidcysten, abgesackter Pleuraerguß und mediastinal lokalisierte Pleuritis in Frage.

ββ) Mesothaliom

Tumoren, die von den Deckzellen der serösen Häute abstammen, werden als Mesotheliome bezeichnet. Ältere Namen für diese Tumoren sind Endotheliom, Epitheliom, Peritheliom, Carcinom des Perikards und Coelotheliom (Tapie u. Mitarb., 1955; Westad, 1956; Soulié u. Mitarb., 1971). Die Tumoren tragen gleichzeitig epithelialen und bindegewebigen Charakter. Bisher wurden etwa 50 Fälle berichtet, von denen allerdings einige ihrer histologischen Struktur nach umstritten sind. Das Wachstum der Tumoren kann knotenförmig oder diffus infiltrierend sein (Cardoza u. Salted, 1965; Kobylinski, 1968). Köhlmeier und Knirsch (1935) sahen einen kindskopfgroßen Tumor dieser Art, Virkkunen u. Mitarb. (1963) entfernten in einem Fall 450 g Tumorgewebe. Gelegentlich kann durch den Tumor eine Einengung der Ausflußbahn des rechten Ventrikels auftreten (Dohrn, 1967). In der Hälfte der Fälle besteht ein Perikarderguß, wie in einem Fall von Bail (1938), bei dem der Perikardinhalt 1000 cm³ umfaßte. Metastasen sind häufiger als beim Sarkom, die Diagnose ist durch mikroskopische Untersuchungen des Perikardpunktates gelegentlich eindeutig zu stellen. Die klinischen und röntgenologischen Zeichen entsprechen denen des Sarkoms. Der Krankheitsverlauf umfaßt nur wenige Monate. Der Tod ist häufig Folge einer Blutung ins Perikard oder einer Einflußstauung mit oder ohne Vena cava-Syndrom. Dooley u. Mitarb. (1968) berichten über die Totalexstirpation eines Mesothelioms, das durch hämorrhagische Perikarditis zu einer frühen Thorakotomie Anlaß gab.

b) Sekundäre Perikardtumoren

Die metastatische Beteiligung des Herzbeutels entspricht in ihrer Symptomatologie weitgehend der einer Metastasierung des Herzens selber, bei der Perikardinfiltrationen oder Ergüsse häufig gleichzeitig bestehen. De Loach und Haynes (1953) sahen unter 980 Fällen in 5,7% das Herz allein, in 2,2% das Perikard allein und in 6% Herz und Perikard gemeinsam beteiligt. Zu ähnlichen Ergebnissen kommen auch Cohen u. Mitarb., 1955. Thurber u. Mitarb. (1962) zählten bei 13314 autoptischen Untersuchungen von Tumorkranken 189 Fälle von sekundärer Perikardbeteiligung, also eine Prozentziffer von 1,42. Lungen- und Brustkrebs, lymphatische Systemerkrankungen und Leukämie stellen die Hauptursachen der Perikardbeteiligung dar.

Die klinisch wichtigen Symptome lassen sich in 3 Formen zusammenfassen. Es kommen hämorrhagischer Erguß, Tamponade und Constrictio vor. Aus dem Erguß läßt

Abb. 9a u. b. Bronchialcarcinom mit Übergreifen auf das Perikard und ausgedehntem Perikarderguß (a). 5 Wochen später nach Perikardpunktionen und cytostatischer Therapie vorübergehende Verkleinerung des Herzschattens und Rückbildung der Einflußstauung (b)

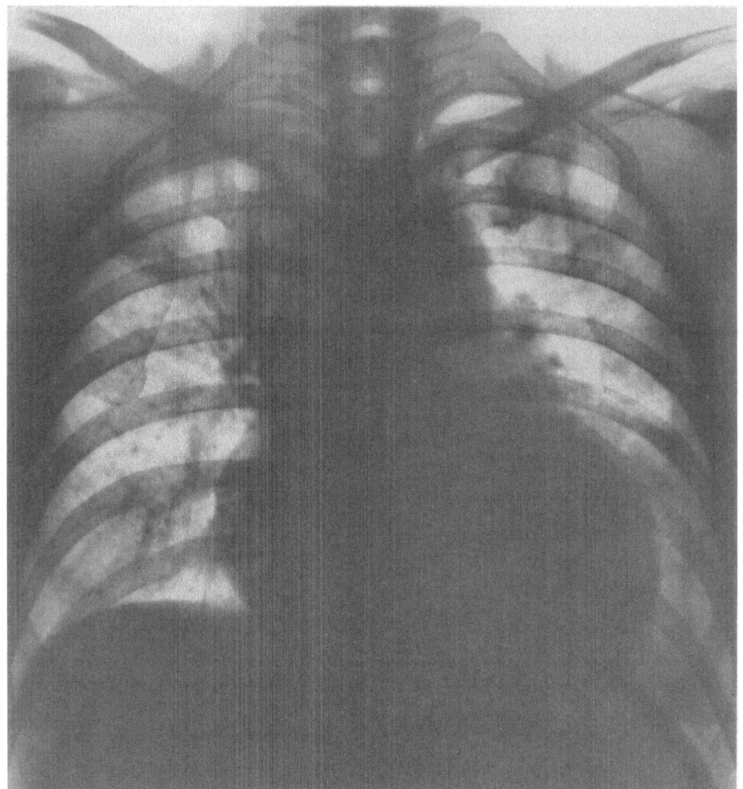

Abb. 9a

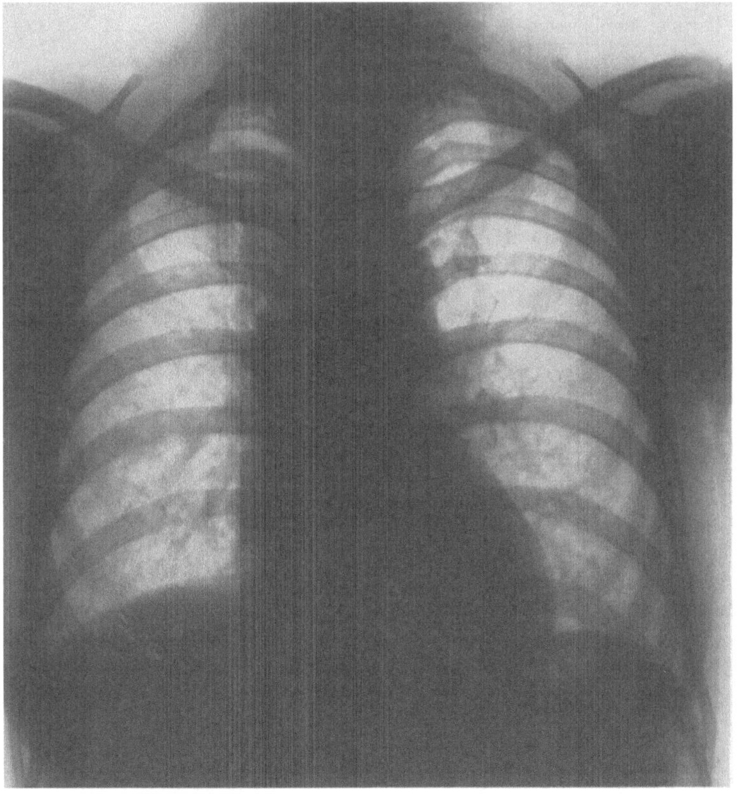

Abb. 9b (Legende s. S. 54)

sich, wie in einem Fall von Brandenburg und Edwards (1954), die Diagnose häufig stellen, wobei Waldman (1966) auf einen erhöhten LDH-Gehalt bei Tumorperikarditis im Punktat hinweist. Eine Tamponade kann sich durch rasche Perikardpunktion beheben lassen.

Zur Diagnostik eignen sich alle Methoden, mit denen röntgenologisch Perikardergüsse nachgewiesen werden können, also Kymographie, Elektrokymographie, Herzkatheterisierung, Angiographie, Szintigraphie. Eine ausführliche Darstellung von Perikardmetastasen bei Lungencarcinom verdanken wir Vespignani (1954); Einzelfälle sind von Dell'Aqua und Masoni (1952), Bini und Visioli (1955) und Brauch (1966) berichtet worden. Eine Constrictio durch Perikardmetastasen ist von Berk (1956) erwähnt. In jeder größeren Statistik von Panzerherzen finden sich Einzelfälle, in denen sich operativ ein Tumor statt der erwarteten tuberkulösen Schrumpfung des Perikards nachweisen ließ. Beim Morbus Hodgkin haben Bastai und Nazzi (1953) und Serio (1966) große Perikardergüsse mit weit ausladender Herzkontur beschrieben. Steinberg (1968) hat an 3 Fällen die diagnostischen Möglichkeiten der Angiographie überzeugend demonstriert. Unter strahlentherapeutischer oder cytostatischer Behandlung hat sich in Fällen von Hagans (1950), Pernot u. Mitarb. (1957), Giraud u. Mitarb. (1958) und Steinberg (1968) eine vorübergehende Rückbildung des Ergusses erreichen lassen (Abb. 9). Ein ähnlicher Erfolg ist auch bei leukämischen Infiltraten von Biermann u. Mitarb. (1952) in einer großen Übersicht und später in Einzelfällen von Horeau u. Mitarb. (1958), Renzi (1958), Hacken (1964) und Siguier (1966) beschrieben worden.

Literatur

Abrams, H. L., Spiro, R., Goldstein, N.: Metastases in carcinoma. Cancer (Philad.) 3, 74 (1950).

Apitz, J., Stapenhorst, K., Stoermer, J.: Klinik und Pathologie des intraperikardialen Teratoms. Arch. Kinderheilk. 172, 25 (1965).

Ask-Upmark, E.: Cardiac involvement in neoplastic conditions. Cardiologia (Basel) 21, 605 (1952).

Bachmann, G. W.: Vorhofmyxom als Ursache einer klinischen Fehldiagnose. Med. Klin. 60, 677 (1965).

Bahnson, H. T., Newman, E. V.: Diagnosis and surgical removal of intracavitary myxoma of the right atrium. Bull. Johns Hopk. Hosp. 93, 150 (1953).

Bail, W.: Ein Fall von Coelotheliom des Herzbeutels. Frankfurt. Z. Path. 52, 140 (1938).

Bailey, C. P., Morse, D. P., Massey, F. C.: Tumors of the heart and pericardium. In: Handbuch Thoraxchirurgie, Bd. 2, S. 995 (1959).

Barrilon, A., Letac, B., Lenègre, J.: Le myxome de l'oreillette gauche. Arch. mal. Cœur 59, 1153 (1966).

Bastai, P., Nazzi, V.: Morbo di Hodgkin al localizzazione primitivamente pericardica. Inst. Clin. Gen. e. Terap. a Clinica 6, 1 (1953).

Baumann, R. P., Clavadetscher, P.: Gut- und bösartige Endokardtumoren: sogenanntes Myxom mit Embolie in die Aorta — papilläres Endotheliom — myxomatöses Fibrosarkom. Schweiz. med. Wschr. 99, 444 (1969).

Bayer, O., Loogen, F., Vieten, H., Willmann, K. H., Wolter, H. H.: Der Wert des Herzkatheterismus und der Angiokardiographie bei der Diagnostik intra- und extrakardialer Tumoren. Dtsch. med. Wschr. 79, 619 (1954).

Beck, C. S.: An intrapericardial teratoma and a tumor of the heart: both removed operatively. Ann. Surg. 116, 161 (1942).

Becker, C., Conti, E. R.: Left atrial myxoma. Evidence of tumor movement by apexcardiogram. Chest 60, 280 (1971).

Berk, M.: Carcinomatous involvement of the pericardium producing the syndrome of constrictive pericarditis: report of a case. Ann. intern. Med. 45, 298 (1956).

Bemis, E. L., Pemberton, A. H., Lurie, A.: Rhabdomyosarcoma of the heart. Cancer (Philad.) 29, 924 (1972).

Bender, F., Schürmeyer, E., Gradaus, D., Reploh, H. D.: Die Diagnose primärer Herztumoren. Dtsch. med. Wschr. 96, 1338 (1971).

Bernstein, M., Gerein, A., Peretz, D.: A case of left ventricular outflow tract tumor causing obstruction. J. thorac. cardiovasc. Surg. 60, 166 (1970).

Biermann, H. R., Perkins, E. K., Ostega, P.: Pericarditis in patients with leukemia. Amer. Heart J. 43, 413 (1952).

Bini, G., Visioli, O.: Le espressioni cliniche ed anatomoisto-patologiche delle metastasi neoplastiche del pericardio. Riv. Anat. pat. 9, (1955).

Biran, S., Hochman, A., Levij, I. S., Stern, S.: Clinical diagnosis of secondary tumors of the heart and pericardium. Dis. Chest 55, 202 (1969).

Bisel, H. F., Wroblewski, F., La Due, J. S.: Incidence and clinical manifestations of cardiac metastases. J. Amer. med. Ass. 153, 712 (1953).

Björk, V. O., Dahlgren, S., Rudhe, U., Zetterqvist, P.: Fibroma in the interventricular septum of the heart. Scand. J. thorac. cardiovasc. Surg. 1, 191 (1967).

Blasi, A., Babolini, G.: Rhabdomiosarcoma primitivo del cuore con metastasi cavitavia polmonare. Progr. med. (Napoli) 9, 180 (1953).

BONTE, J. T., CURRY, T. S.: Technitium-99 m HSA blood pool scan diagnosis of an intracardiac myxoma. J. nucl. Med. 8, 35 (1967).

BOWER, P. J., RITTER, D. G., CALLAHAN, J. A., ZITNIK, R. S.: Unusual hemodynamic findings of diagnostic value in a case of left atrixal myxoma. Amer. J. Cardiol. 23, 592 (1969).

BRANDENBURG, R. O., EDWARDS, J. E.: Cardiac sarcoma: report of case and comparison with a case of metastatic carcinoma of the pericardium. Proc. Mayo Clin. 29, 437 (1954).

BRANDES, W., GRAY, J., MacLEOD, N.: Leiomyoma of the pericardium. Amer. Heart J. 23, 426 (1942).

BRANDFONBRENER, M., KROLL, G., BORDEN, C. W., LEWIS, F. J.: Right atrial myxoma successfully removed. Arch. intern. Med. 111, 814 (1963).

BRAUCH, F.: Zur Klinik metastatischer Herzgeschwülste. Dtsch. med. Wschr. 91, 593 (1966).

BREM, E., WEGMANN, T., SCHAUB, F.: Die klinische Bedeutung der Herzrhythmusstörungen bei Hilustumoren. Med. Klin. 1955, 176.

BROGHAMMER, H.: Plötzlicher Tod bei diffusem Rhabdomyom des Herzens. Beitr. path. Anat. 120, 242 (1959).

BRÜCKE, P.: Zur Kenntnis der Herzsarkome. Krebsarzt 17, 425 (1962).

BRUGGEN, H. W. VAN: Pulmonic stenosis caused by a malignant tumor of the heart. Amer. Heart J. 76, 526 (1968).

BURNETT, R. C., SHIMKIN, M. B.: Secondary neoplasma of the heart. Arch. intern. Med. 93, 205 (1954).

BUSCH, S.: Verlauf eines klinisch diagnostizierten Rhabdomyoms des Herzens bei einem jungen Mädchen. Cardiologia (Basel) 37, 50 (1960).

CARDOZA, E. L., SALTED, J. F.: A case of mesothelioma pericardii. Acta med. scand. 178, 301 (1965).

CARNEY, E. K., OPPELT, W. W., GLEASON, W. L., BRINDLEY, C. O.: Cardiac Hodgkins' disease. Amer. Heart J. 64, 106 (1962).

CASAS, R.: Pericarditis haemorrhagica. Rev. cuba. Cardiol. 12, 164 (1951).

CASTANEDA, A. R., VARCO, R. L.: Tumors of the heart: surgical considerations. Amer. J. Cardiol. 21, 357 (1968).

CASTANEDA, A. R., VARCO, R. L.: Diagnostic and surgical aspects of atrial tumors. Progr. cardiovasc. Dis. 11, 304 (1969).

CAYLEY, F. E., BIJAPUR, H. J.: Fibrosarcoma of left atrium. Brit. med. J. 1963, 1134.

CHENG, T. O., SUTTON, D. C.: Primary hemangioendotheliosarcoma of heart, diagnosed by angiocardiography. Circulation 11, 456 (1955).

CHEVALLIER, P., BERNARD, J., CHRISTOL, D., BOIRON, M.: Maladie de Hodgkin avec granulomatose du myocarde et granulomatose pulmonaire à forme cavitaire. Sang 23, 704 (1952).

CHOMETTE, G.: Cardiac metastases of malignant tumors. Anatomical aspects and statistical frequency in a series of 2500 autopsies. Arch. Mal. Cœur 61, 1269 (1968).

COHEN, M. L.: Intracardiac leiomyosarcoma. N. Y. St. J. Med. 69, 1767 (1969).

COHEN, A. I., McINTOSH, H. D., ORGAIN, E. S.: The mimetic nature of left atrial myxomas. Amer. J. Cardiol. 11, 802 (1963).

COHEN, G. U., PEERY, T. M., EVANS, J. M.: Neoplastic invasion of the heart and pericardium. Ann. intern. Med. 42, 1238 (1955).

COULIÉ, R., MEERSSEMAN, F., KREMER, R., LAVENNE, F.: Tumeurs malignes primitives du pericarde. Acta cardiol. (Stockh.) 22, 128 (1967).

CROCKETT, J. E., DECKER, D., REED, W., DUNN, M., LEGER, L.: Lipoma of the heart. Amer. J. Cardiol. 14, 394 (1964).

CSONKA, S.: Mediastinales Lymphosarkom mit Einbruch in den linken Herzvorhof. Münch. med. Wschr. 110, 2421 (1968).

DABBS, C. H., PEIRCE, E. C., RAWSON, F. L.: Intrapericardial interatrial teratoma (bonchogenic cyst). New Engl. J. Med. 256, 541 (1957).

DANTA, G., WILLIAMS, D. O.: Multiple emboli from left ventricular myxoma. Brit. Heart J. 31, 799 (1969).

DE CARLO, J., JR., LINDQUIST, J. N.: Angiocardiographic observations of a patient with primary hemangiosarcoma of the pericardium. Amer. J. Roentgenol. 63, 360 (1950).

DEJDAR, R., BERGMANN, K.: FEJFAR, Z.: Röntgenologische Differentialdiagnostik von intrakavitären Tumoren und Thromben des Herzens. Arch. Kreisl.-Forsch. 31, 181 (1959).

DELL'AQUA, G., MASONI, A.: Considerazioni su tre casi di pericardite neoplastica ed elettrocardiogramma muto. Folia cardiol. (Milano) 10, 483 (1952).

DE PAIVA, E. C., MACIEIRA-COELHO, E., AMRAM, S. S., DUARTE, C. S., COELHO, E.: Intracavitary left ventricular myxoma. Amer. J. Cardiol. 20, 260 (1967).

DERRA, E., LOOGEN, F., FAHMY, A. R.: Über Tumoren des linken Vorhofes und ihre Exstirpation. Dtsch. med. Wschr. 84, 308 (1959).

DERRA, E., LOOGEN, F., VIETEN, H.: Schwierigkeiten der Röntgendiagnostik raumfordernder Prozesse der Vorhöfe des Herzens. Fortschr. Röntgenstr. 90, 308 (1959).

DE SAINT FLORENT, G., VANETTI, A., CHOUBRAC, P.: A primary malignant tumor of the mitral valve with surgical removal. J. thorac. cardiovasc. Surg. 58, 71 (1969).

DESBAILLETS, P., WYSS, J., MAHAIM, J.: Deux cas de polype occlusif de l'oreillette gauche (type II) avec syndrome artériel peripherique. Acta cardiol. (Stockh.) 8, 52 (1953).

DEUTSCH, V., FRAENKEL, O., FRAND, U., HULU, N.: Leiomyosarcoma of the inferior Vena Cava propagating into the right atrium. Brit. Heart J. 30, 571 (1968).

DIEBOLD, O.: Über das primäre Herzsarkom. Z. Kreisl.-Forsch. 22, 785 (1930).

DIFFERDING, J. T., GARDNER, R. E., ROE, B. B.: Intracardiac myxomas with report of two unusual cases and successful removal. Circulation 23, 929 (1961).

DOHRN, E.: Eine Pulmonalstenose durch Perikardtumor. Z. ges. inn. Med. 22, 405 (1967).

Dong, E., Jr., Hurley, E. J., Shumway, N. E.: Primary cardiac sarcoma. Amer. J. Cardiol. **10**, 871 (1962).

Dooley, B. N., Beckmann, C., Hood, R. H., Jr.: Primary mesothelioma of the pericardium. Successful surgical removal. J. thorac. cardiovasc. Surg. **55**, 719 (1968).

Effert, S., Domanig, E.: Diagnostik intraaurikulärer Tumoren und großer Thromben mit dem Ultraschall-Echoverfahren. Dtsch. med. Wschr. **84**, 6 (1959).

Elliott, G. B., McScady, W. G.: The monster Purkinje-cell nature of so-called „congenital rhabdomyoma of heart". Amer. Heart J. **63**, 636 (1962).

Elphinstone, R. H., Spector, R. G.: Sarcoma of the pulmonary artery. Thorax **14**, 333 (1959).

Emanuel, E. W., Lloyd, W. E.: Right atrial myxoma mistaken for constrictive pericarditis. Brit. Heart J. **24**, 796 (1962).

Estevez, J. M., Thompson, D. S., Levinson, J. P.: Lipoma of the heart. Arch. Path. **77**, 638 (1964).

Feingold, M. L., Litwak, R. L., Geller, S. S., Baron, M. M.: Budd-Chiari-syndrome caused by a right atrial tumor. Arch. intern. Med. **127**, 292 (1971).

Feruglio, G. A.: Die Tumoren des Herzens: Fortschritte in Diagnose und Therapie. Minerva med. **61**, 5405 (1970).

Fluck, D. C., Lopez-Bescos, L.: Calcified right atrial myxoma producing tricuspid incompetence. Proc. roy. Soc. Med. **61**, 1115 (1968).

Folger, G. M., Peters, H. J.: Nodular fibroelastosis (fibroelastosis hamartoma). Amer. J. Cardiol. **21**, 420 (1968).

Fontan, F., Baudet, E., Simonneau, J., Gordo, J., Coqueran, J.: Sarcomes cardiaque primitifs. Deux cas opérés. Ann. Chir. **26**, 57 (1972).

Forker, E. L., January, L. E., Lawrence, M. S.: Primary sarcoma of the mitral valve. Amer. Heart J. **66**, 243 (1963).

Forni, G.: Tumori primitivi del pericardio. I. Tumori **4**, 523 (1915).

Fowler, P. B. S., Makey, A. R., Ikram, H., Bliss, B. P., Emery, E. R. J.: Primary sarcoma of left atrium. Brit. med. J. **1968 II**, 32.

Franke, H.: Über Herztumoren. Fortschr. Röntgenstr. **73**, 299 (1950).

Freund, E.: Kreislaufprobleme bei Einflußhindernis vor dem rechten Herzen. Ärztl. Wschr. **8**. 302 (1953).

Gänsslen, M.: Carcinoidmetastase im rechten Vorhof verursacht eine funktionelle Tricuspidalstenose. Med. Klin. **53**, 609 (1958).

Gassman, H. S., Meadows, R., Jr., Baker, L. A.: Metastatic tumors of the heart. Amer. J. Med. **19**, 357 (1955).

Geha, A. S., Weidman, W. H., Soule, E. H., McGoon, D. C.: Intramural ventricular cardiac fibroma. Circulation **36**, 427 (1967).

Giraud, G., Latour, H., Puech, P., Roujon, J., Pagés, A.: Infiltration lymphoplastique due myocarde. Arch. Mal. Cœur **50**, 720 (1957).

Glancy, D. L., Morales, J. B., Jr., Roberts, W. C.: Angiosarcoma of the heart. Amer. J. Cardiol. **21**, 413 (1968).

Goldberg, H. P., Glenn, F., Dotter, C. T., Steinberg, I.: Myxoma of the left atrium. Circulation **6**, 762 (1952).

Goldberg, H. P., Steinberg, I.: Primary tumors of the heart. Circulation **11**, 963 (1955).

Golding, R., Reed, G.: Rhabdomyoma of the heart. New Engl. J. Med. **276**, 957 (1967).

Goldstein, S., Mahoney, E. B.: Right ventricular fibrosarcoma causing pulmonic stenosis. Amer. J. Cardiol. **17**, 570 (1966).

Goodwin, J. F.: Diagnosis of left atrial myxoma. Lancet **1963 I**, 464.

Goodwin, J. F.: The spectrum of cardiac tumors. Amer. J. Cardiol. **21**, 307 (1968).

Gottsegen, G., Wessely, J., Arvey, A., Temesvari, A.: Right ventricular myxoma simulating pulmonic stenosis. Circulation **27**, 95 (1963).

Goudie, R. B.: Secondary tumors of the heart and pericardium. Brit. Heart J. **17**, 183 (1955).

Gradaus, D., Bender, F., Schürmeyer, E., Reploh, H.: Vortäuschung stenosierender Herzklappenerkrankungen durch Herztumoren und Ventrikelaneurysmen. Verh. dtsch. Ges. inn. Med. **77**, 1284 (1971).

Greenwood, W. F.: Profile of atrial myxoma. Amer. J. Cardiol. **21**, 367 (1968).

Grewin, K. E.: Zwei Fälle von Herzpolypen. Cardiologia (Basel) **20**, 40 (1952).

Griffiths, G. C.: Primary tumors of the heart. Clin. Radiol. **13**, 183 (1962).

Griffths, G. C.: A review of primary tumors of the heart. Progr. cardiovasc. Dis. **7**, 465 (1965).

Grosse-Brockhoff, F., Schreiber, H. W.: Angiosarkom des Herzbeutels. Z. Kreisl.-Forsch. **44**, 866 (1955).

Haas, R.: Primäres Leiomyosarkom der Vena Cava Inferior. Z. allg. Path. path. Anat. **108**, 351 (1966).

Habighorst, L. V.: Lymphogranulomatose des Herzens. Z. Kreisl.-Forsch. **54**, 1132 (1965).

Haferland, W.: Primäres Fibrosarkom des Herzens. Z. ges. inn. Med. **16**, 134 (1961).

Hagans, J. A.: Hodgkins' granuloma with pericardial effusion. Amer. Heart J. **40**, 624 (1950).

Hall, J. I.: Intramural fibroma of the left ventricle. Thorax **261**, 481 (1971).

Hallermann, F. J., Kincaid, O. W., Brown, A. L., Jr., Daugherty, G. W.: Rhabdomyosarcoma of the heart producing right ventricular outflow obstruction. An unusual case diagnosed by selective angiocardiography. J. Amer. med. Ass. **184**, 939 (1963).

Halonen, P. J., Aho, A.: Cardiac metastases of malignant tumors. Ann. Med. intern. Fenn. **42**, 11 (1953).

Halonen, P. J., Nylander, E. H., Viikari, S. J.: On pericardial lymphangiomas. Cardiologia (Basel) **27**, 59 (1955).

Hanbury, W. J.: Secondary tumors of the heart. Brit. J. Cancer **14**, 23 (1960).

Hanfling, S. M.: Metastatic cancer to the heart. Review of the literature and report of 127 cases. Circulation **22**, 474 (1960).

Hansen, J. F., Lyngborg, K., Andersen, M., Wennevold, A.: Right atrial myxoma. Acta med. scand. **186**, 165 (1969).

HARGROVE, M. D., HALL, W. M., DIENST, F. T., JR.: Rhabdomyosarcoma of the heart. Amer. Heart J. **39**, 918 (1950).

HARRIS, H. R.: Angiosarcoma of the heart. J. clin. Path. **13**, 205 (1960).

HARRIS, T. R., COPELAND, G. D., BRODY, D. A.: Progressive injury current with metastatic tumor of the heart. Amer. Heart J. **69**, 392 (1965).

HARRISON, J. W., McCORMACK, L. H., ERNESTENE, A. C.: Myxoma of the left atrium simulating mitral stenosis. Circulation **10**, 766 (1954).

HARTWEG, H.: Riesiger Epikardtumor. Fortschr. Röntgenstr. **78**, 610 (1953).

HARVEY, W. P.: Clinical aspects of cardiac tumors. Amer. J. Cardiol. **21**, 328 (1968).

HEATH, D.: Pathology of cardiac tumors. Amer. J. Cardiol. **21**, 315 (1968).

HEATH, D., MACKENSON, J.: Pulmonary hypertension due to myxoma of the right atrium. Amer. Heart J. **68**, 227 (1964).

HERBINGER, W.: Kasuistischer Beitrag zu den Herztumoren. Wien. med. Wschr. **1956**, 500.

HERTZOG, A. Y.: Congenital rhabdomyomatosis of the heart. Arch. Path. **47**, 191 (1949).

HIBNER, R. W., CORBUS, H. F., FULMER, H. F.: Myxoma of the left atrium, presenting as an embolus to the femoral artery. Arch. Surg. **87**, 525 (1963).

HICKEN, W. J., SCHERLIS, S.: Angiomatosis of the pericardium. Report of a case and review of the literature. Ann. intern. Med. **59**, 236 (1963).

HISSEN, W., ROTH, E., SCHMITZ, W.: Tumoren des Herzens. Münch. med. Wschr. **114**, 876 (1972).

HOCKEN, A. G.: Malignant pericardial effusion: a case for treatment. Brit. med. J. **1964 I**, 164.

HOEN, A. G., ELLIS, E. J.: Intramural fibroma of the heart. Amer. J. Cardiol. **17**, 579 (1966).

HOLLINGSWORTH, J. H., STURGILL, B. C.: Treatment of primary angiosarcoma of the heart. Amer. Heart J. **78**, 254 (1969).

HOREAU, J., ROBIN, C., LABOUX, L.: Les péricardites leucémiques. J. path. cardiol. resp. Poumon **14**, 767 (1958).

HORLICK, L., MERRIMAN, J. E.: Myxoma of the left atrium simulating mitral stenosis with cerebral emboli. Canad. med. Ass. J. **77**, 582 (1957).

HOVESEN, E.: Hjertetumor som led i staerkt metastaserende haemangioendotheliosarcom. Nord. Med. **56**, 1306 (1956).

HUBBARD, R. F., NEIL, R. N.: Myxoma of the right ventricle. Amer. Heart J. **81**, 548 (1971).

HURLBURT, J. C., IRA, J. H., WHALEN, R. E., FLOYD, W. L., ORGAIN, E. S.: Diagnosis of right atrial myxoma. Circulation **28**, 741 (1963).

HURST, J., COOPER, R.: Neoplastic disease of the heart. Amer. Heart J. **50**, 782 (1955).

IDD, B. S. L., CARSON, D. J. L., LAMONT, E. S.: Intraatrial sarcoma. Brit. med. J. **1961**, 1476.

ISLEY, J. K., JR., REINHARDT, J. F.: Intracardiac myxoma demonstrated on a vascular scan. Amer. J. Roentgenol. **88**, 70 (1962).

JACKSON, A., GARBER, P. E.: Myxoma of the left atrium. Amer. Heart J. **55**, 591 (1958).

JAMES, J. N.: Metastatic sarcoma of the heart diagnosed antemortem. J. Mich. med. Soc. **52**, 57 (1953).

JAMES, U., STANFIELD, M. H.: A case of fibroma of the left ventricle in a child of 4 years. Arch. Dis. Childh. **30**, 187 (1955).

JAVIER, B. V., YOUNT, W. J., HALL, T. C., CROSBY, D. J.: The clinical implications of cardiac metastases from solid tumors. A clinical analysis of 292 cases proved at autopsy. Neoplasma (Bratisl.) **14**, 561 (1967).

JERNSTROM, P., CREMIN, J. H.: Intramural fibroma of the heart. Amer. J. clin. Path. **32**, 250 (1959).

JOHNSON, A. G., STOKES, J. F.: Fibrosarcoma of the heart diagnosed during life. Brit. med. J. **1964 I**, 480.

JOLY, F., GAVELLE, P., VALTY, J., CARLOTTI, J.: Contribution à l'étude hémodynamique du myxome de l'oreillette gauche. Arch. Mal. Cœur **58**, 170 (1965).

JOSELEVICH, M., SUCARI, L., GENENDER, J.: Cancer bronquico complicado con absceso pulmonar y metastasis cardiaca. Pren. méd. argent. **38**, 1611 (1951).

JUCKER, P.: Die Diagnose der primären bösartigen Geschwülste des Perikards und der das Perikard infiltrierenden Herzwandtumoren. Z. klin. Med. **139**, 208 (1941).

KAUDER, H., MÜLLER, S.: Angioblastisches Sarkom des Herzens. Thoraxchir. vask. Chir. **16**, 214 (1968).

KEAT, E. C. B., TWYMAN, V. R.: Case Reports. Cardiac involvement in lymphosarcoma with spontaneous rupture of the heart. Brit. Heart J. **17**, 563 (1955).

KENNEDY, F. B.: Primary leiomyosarcoma of the heart. Cancer (Philad.) **20**, 2008 (1967).

KIDDER, L. A.: Congenital glycogenic tumors of the heart. Arch. Path. **49**, 55 (1950).

KISSIN, M., EISINGER, R.: Reticulum cell sarcoma of the heart simulating viral pericarditis. Amer. Heart J. **62**, 549 (1961).

KNIERIEM, H. J., NESSLER, L.: Intramurales Fibrom des Herzmuskels. Z. Kreisl.-Forsch. **57**, 997 (1968).

KOBYLINSKI, S.: Primäres Mesotheliom des Perikards. Zbl. allg. Path. path. Anat. **111**, 113 (1968).

KÖHLMEIER, W., KNIRSCH, E.: Über ein primäres Karzinom des Herzbeutels. Wien. klin. Wschr. **48**, 714 (1935).

KROOPF, S. S., PETERSON, C. A.: Anaplastic myxoma of left atrium. Arch. intern. Med. **100**, 819 (1957).

KUEHL, K. S., PERRY, L. W., CHANDRA, R., SCOTT, B. S.: Left ventricular rhabdomyoma. Pedriatrics **46**, 464 (1970).

KULKA, W.: Intramural fibroma of the heart. Amer. J. Path. **25**, 549 (1949).

KULKARNI, M. G.: Intrapericardial teratoma. Ann. thorac. Surg. **7**, 30 (1969).

KUPFER, M.: Primäres Sarkom des Herzbeutels. Z. ges. inn. Med. **19**, 94 (1964).

LAFRENZ, M., KÖRBER, H. G.: Elektrokardiogramm und sekundäre Herztumoren. Z. ges. inn. Med. **25**, 362 (1970).

LAMPEN, H., WAAG, B.: Zum Bild der funktionellen Mitralstenose. Dtsch. med. Wschr. **1951**, 808.

LANG, K. F., JUST, H. G., LÖHR, J., HABIGKORST, L. V., MENGDEN, J. VON: Myxom des rechten

Vorhofs als Dreihöhlentumor des Herzens. Klin. Wschr. **50**, 725 (1972).

Lange, H. F., Christiansen, T.: Hemopericardium — angiosarcoma cordis. A case of primary heart tumor diagnosed intra vitam. Acta med. scand. **127**, 107 (1947).

La Rosée, R.: Pseudomitralstenose bei einem Myxom. Münch. med. Wschr. **108**, 1401 (1966).

Lebreuil, G., Bonerandi, J., Yassine, M., Payan, H.: Angiosarcomes du cœur et du pericarde. Arch. Anat. Path. **17**, A 40 (1969).

Lefcoe, N. M., Brien, F. S., Manning, G. W.: An opening snap recorded in a case of tumor of the left atrium. New Engl. J. Med. **257**, 178 (1957).

Legnani, L., Nasi, C., Testoni, P.: Primitive tumors of the heart. Minerva cardioangiol. **17**, 157 (1969).

Lenègre, J., Moreau, P., Iris, L.: Deux cas de bloc auriculo-ventriculaire complet par sarcome primitif du cœur. Arch. Mal. Cœur **56**, 361 (1963).

Likoff, W., Geckeler, G. D., Gregory, J. E.: Functional mitral stenosis produced by an intraatrial tumor. Amer. Heart J. **47**, 619 (1954).

Loach, J. F. de, Haynes, J. W.: Secondary tumors of the heart and pericardium., Arch. intern. Med. **91**, 224 (1953).

Lockhart, A., Charpentier, A., Ferrane, J., Scebat, L., Lenègre, J.: Diagnostic hémodynamique des tumeurs du cœur droit. Arch. Mal. Cœur **57**, 117 (1964).

Lönne, E., Bösken, W., Sterzel, B., Noltenius, H.: Metastasierendes Fibrosarkom des Herzens im Verlauf einer operierten Mitralstenose. Med. Klin. **64**, 2200 (1969).

Loeper, J., Rouffy, J., Loeper, J.: Myxome de l'oreillette gauche simulant une arteriopathie inflammatoire diffuse. Ann. Med. Int. **121**, 559 (1970).

Longino, L. A., Meerker, J. A.: Primary cardiac tumors in infancy. J. Pediat. **43**, 724 (1953).

Loos, H.: Zur Kenntnis der Herzbeutelgeschwülste. Z. Kreisl.-Forsch. **21**, 193 (1929).

Louven, B., Welte, D., Thelen, M.: Vorhofmyxom — Differentialdiagnose zum Mitralvitium. Therapiewoche **23**, 41 (1973).

Lukash, W. M., Schneider, P. J., Sennett, C. O.: Angiosarcoma presenting as acute rheumatic pancarditis. J. Amer. med. Ass. **193**, 203 (1965).

MacLowry, J. D., Roberts, W. C.: Metastatic choriocarcinoma of the lung — invasion of pulmonary veins with extension into the left atrium and mitral orifice. Amer. J. Cardiol. **18**, 938 (1966).

Mahaim, I.: Un signe de certitude, chirurgical, du polype myxomateux de l'oreillette gauche. Acta Soc. Helv. sci. Natur. **1945**, 125.

Malloch, C. I., Abbott, J. A., Rapaport, E.: Left atrial myxoma with bacteremia. Amer. J. Cardiol. **25**, 353 (1970).

Mandel, M. M., Strimmel, W. H.: Myxom des linken Ventrikels mit Hirnembolie. J. Amer. med. Ass. **214**, 2154 (1970).

Mandelstamm, M.: Über primäre Neubildungen des Herzens. Virchows Arch. path. Anat. **245**, 43 (1923).

Marions, O., Ödman, P.: Electrokymographic observations in myxoma of the left atrium. Acta radiol. (Stockh.) **47**, 461 (1957).

Mark, L. E.: Myxomas and primary sarcomas of the heart. Med. Ann. D. C. **39**, 615 (1970).

Maronde, R. F.: Case reports of two primary cardiac neoplasms. Amer. Heart J. **49**, 124 (1955).

Maroon, J. C., Campbell, R. L.: Atrial myxoma. A treatable cause of stroke. J. neurol. neurosurg. Psychiat. **32**, 129 (1969).

Marpole, D. G. F., Kloster, F. E., Bristow, J. D., Griswold, H. E.: Atrial myxoma, a continuing diagnostic challenge. Amer. J. Cardiol. **23**, 597 (1969).

Marshall, W. H., Steiner, R. M., Wexler, L.: „Tumor vascularity" in left atrial myxoma demonstrated by selective coronary arteriography. Radiology **93**, 815 (1969).

Martin, C. E., Hufnagel, C. A., Leon, A. C. de, Jr.: Calcified atrial myxoma: diagnostic significances of the „systolic tumor sound" in a case presenting as tricuspid insufficiency. Amer. Heart J. **78**, 245 (1969).

Matloff, J. M., Bass, H., Dalen, J. E.: Rhabdomyosarcoma of the left atrium. J. thorac. cardiovasc. Surg. **61**, 451 (1971).

Matsushita, S., Kuramochi, M., Kaneko, J., Kuramoto, K.: Right atrial myxoma mimicking pericarditis. Phonocardiographic and hemodynamic consequences of intracardiac tumor movement. Jap. Circulat. J. **32**, 1283 (1968).

Maurer, E. R.: Successful removal of tumor of the heart. J. thorac. Surg. **23**, 479 (1962).

May, I. A., Kimball, K. G., Goldman, P. W., Dugan, D. J.: Left atrial myxoma. Diagnosis, treatment, and pre- and postoperative physiological studies. J. thorac. cardiovasc. Surg. **53**, 805 (1967).

McNalley, M. C., Kelble, D., Pryor, R., Blount, S. G., Jr.: Angiosarcoma of the heart. Amer. Heart J. **65**, 241 (1963).

Miller, G. A., Paneth, M., Gibson, R. V.: Right atrial myxoma with right-to-left interatrial shunt and polycythaemia. Brit. med. J. **1968 II**, 537.

Moll, A.: Primärer Herztumor unter dem elektrokardiographischen Bild eines Infarktes verlaufend. Z. Kreisl.-Forsch. **55**, 862 (1966).

Morrissey, J. F., Campeti, F. I., Mahoney, E. B., Yu, P. N.: Right atrial myxoma. Report of two cases and review of the literature. Amer. Heart J. **66**, 4 (1963).

Morrow, A. G., Kahler, R. L., Reis, R. L.: Primary myxoma of the right ventricle. Amer. J. Med. **40**, 954 (1966).

Mundth, E. D., Wheeler, E. O., Moses, J. M., Austen, W. G.: Clinical aspects of left atrial myxoma. Ann. thorac. Surg. **5**, 255 (1968).

Muth, W.: Lipom des Herzens. Zbl. allg. Path. path. Anat. **87**, 297 (1951).

Nabarro, J. D. N.: Cardiac involvement in malignant lymphoma. Arch. intern. Med. **92**, 258 (1953).

Nadas, A. S., Ellison, R. C.: Cardiac tumors in infancy. Amer. J. Cardiol. **21**, 363 (1968).

Naeve, W.: Plötzlicher Tod eines Säuglings bei fibroelastöser Hamartie des Myokards (sog. „Herzfibrom"). Kinderärztl. Prax. **23**, 304 (1955).

NIEDERMAYER, W., NORMANN, K.-J., SCHAEFER, J., SCHWARZKOPF, H.-J., SEDLMEYER, J.: Zur Diagnostik von Tumoren des rechten Herzens. Dtsch. med. Wschr. 94, 542, 537 (1969).

NIKKILÄ, E., VUOPIO, P.: Myxoma of the heart. Duodecim (Helsinki) 80, 680 (1964).

OLSEN, R. E., TANGCHAI, P.: Large lipoma of the left ventricle. Arch. Path. 72, 290 (1961).

PADER, E., KIRSCHNER, P. A.: Primary sarcoma of the pericardium. Amer. J. Cardiol. 14, 399 (1964).

PADHI, R. K., KELLY, H. G., LYNN, R. B.: Intraatrial myxoma. Canad. J. Surg. 2, 414 (1959).

PASCUZZI, C. A., PARKIN, T.W., BRUWER, A. J., EDWARDS, J. E.: Hypertrophic osteoarthropathy associated with primary rhabdomyosarcoma of the heart. Proc. Mayo Clin. 32, 30 (1957).

PENNACCHIO, L., MASDEA, E.: Primary sarcoma of the right atrium with metastasis in the left atrium. Minerva med. 51, 4396 (1960).

PENNY, J. L., GREGORY, J. J., AYRES, S. M., GIANELLI, S., ROSSI, P.: Calcified left atrial myxoma simulating mitral insufficiency. Circulation 36, 417 (1967).

PERNOT, C.: Intrapericardial teratomas of the newborn. A propos of 2 cases with surgical success. Arch. Mal. Cœur 61, 546 (1968).

PERNOT, C., SCHOUMACHER, P., PERNOT, M., MASSE, P.: Péricardite chronique hodgkinienne à grand épanchement. Presse méd. 1957, 2193.

PINDYCK, F., PEIRCE, E., BARON, M. G., LUKBAN, S. B.: Embolilization of left atrial myxoma after transseptal cardiac catheterization. Amer. J. Cardiol. 30, 569 (1972).

PIOTTI, A.: Die Herztumoren. 30 Fälle von Tumormetastasen im Herzen. Cardiologia (Basel) 14, 129 (1949).

PITT, A., PITT, B., SCHAEFER, J., CRILEY, J. M.: Myxoma of the left atrium. Hemodynamic and phonocardiographic consequences of sudden tumor movement. Circulation 36, 408 (1967).

POPESCU, J., ENESCU, V., GROZEA, P.: Leukämische Herzveränderungen. Helv. med. Acta 26, 860 (1959).

PORTER, G. A., BERROTH, M., BRISTOW, J. D.: Primary rhabdomyosarcoma of the heart and complete atrioventricular block. Amer. J. Med. 31, 820 (1961).

PRATT-THOMAS, H. R.: Tuberous sclerosis with congenital tumors of heart and kidney. Amer. J. Path. 23, 189 (1947).

PRICHARD, R. W.: Tumors of the heart. Arch. Path. 51, 98 (1951).

PUND, E. E., JR., COLLIER, T. M., CUNNINGHAM, J. E., JR., HAYES, J. R.: Primary cardiac rhabdomyosarcoma presenting as pulmonary stenosis. Amer. J. Cardiol. 12, 249 (1963).

QUAIFE, M. A., WILSON, W. J.: Detection of cardiac tumor by rectilinear imaging with ^{131}Cs. J. nucl. Med. 11, 605 (1970).

QUECKENSTEDT, H.: Elektrokardiographische Veränderungen bei sekundären Herztumoren. Z. Kreisl.-Forsch. 45, 447 (1956).

RAFTERY, E. B., AHMED, S., BRAIMBRIDGE, M. V.: Primary sarcoma of the left atrium. Brit. Heart J. 28, 287 (1966).

RAUTAKOSKI, A., SIPILÄ, S.: Malignant tumor of the pericardium. Ann. Med. intern. Fenn. 47, 129 (1958).

REISNER, K., HUXLY, A.: Die sogenannten Perikardzysten, ihre Differentialdiagnose und Ätiologie. Fortschr. Röntgenstr. 103, 1 (1965).

RENGGLI, J., SCHWEIZER, W.: Atypische Manifestation von Herzmyxomen. Schweiz. med. Wschr. 101, 890 (1971).

RENZI, G.: Su di un caso di mediastino adesiva quale manifestazione clinica iniziale, du una linfoadenosi leucemica subacuta. Minerva med. 49, 3648 (1958).

RIEDEL, W., SO, C. S.: Endokardsarkom des rechten Herzens bei einem 20jährigen Mann. Z. Kreisl.-. Forsch. 55, 1110 (1966).

SAGERMAN, R. H., HURLEY, E., BAGSHAW, M. A.: Successful sterilisation of a primary cardiac sarcoma by supervoltage radiation therapy. Amer. J. Roentgenol. 92, 942 (1964).

SANNERSTEDT, R., VARNAUSKAS, E., PAULIN, S., LINDER, E., LJUNGGREN, H., WERKÖ, L.: Right atrial myxoma. Amer. Heart J. 64, 243 (1962).

SANOUDOS, G., REED, G. E.: Primary cardiac sarcoma. J. thorac. cardiovasc. Surg. 63, 482 (1972).

SANYAL, S. K., LEUCHTENBERG, N. DE, ROJAS, R. H., STANSEL, H. C., BROWNE, M. J.: Right atrial myxoma in infancy and childhood. Amer. J. Cardiol. 20, 263 (1967).

SATTER, P.: Lipome des Herzens. Zbl. Chir. 93, 268 (1968).

SAUVAN, R.: Myxomes cardiaques ou tumeurs polypeuses du cœur. Poumon 20, 281 (1964).

SCHAEFER, U. W., SCHMIDT, C. G.: Symptomatologie sekundärer Herztumoren. Med. Klin. 66, 593 (1971).

SCHAEFER, J., SCHWARZKOPFF, H. J., NIEDERMAYER, W.: Änderungen der Herzdynamik bei Vorhoftumoren durch plötzliche Volumenverschiebungen während der Anspannungsphase. Klin. Wschr. 44, 1344 (1968).

SCHATTENBERG, T. T.: Echocardiographic diagnosis of left atrial myxoma. Proc. Mayo Clin. 43, 620 (1968).

SCHECHTER, M. M., ZISKIND, M. M.: The superior vena cava syndrome. Amer. J. Med. 18, 561 (1955).

SCHMIDT-HABELMANN, P., SEBENING, F., KLINNER, W.: Operable benigne Herztumoren. Dtsch. med. Wschr. 90, 1741 (1965).

SCHÖLMERICH, P.: Herz- und Perikardtumoren. In: Handbuch der inneren Medizin, Bd. IX/II, S. 1178. Berlin-Göttingen-Heidelberg: Springer 1960.

SCHOLER, H.: Klinische Besonderheiten der akut entstehenden Mitralfehler als Folgezustände von Vorhofgeschwülsten. Cardio¹ gia (Basel) 31, 331 (1957).

SCHOLZE, S.: Kasuistischer Beitrag zur Symptomatologie des primären Herzsarkoms. Z. ärztl. Forsch. 52, 855 (1958).

SCHWARZ, F., ZIMMERMANN, H. D., HEHRLEIN, F.: Klinik und pathologische Anatomie der Herzvorhofmyxome. Herz/Kreisl. 4, 430 (1972).

SCHWARZKOPF, H. J., NIEDERMAYER, W., SCHAEFER, J.: Zur präoperativen Diagnostik von Tumoren des linken Vorhofs. Fortschr. Röntgenstr. **106**, 332 (1967).

Scott, R., Garvin, C.: Tumors of the heart and pericardium. Amer. Heart J. **17**, 431 (1939).

Selzer, A., Sakai, F. J., Popper, R. W.: Protean clinical manifestations of primary tumors of the heart. Amer. J. Med. **52**, 9 (1972).

Serio, G.: On pericardial localization of Hodgkin's disease. Chir. ital. **18**, 998 (1966).

Shaher, R. M., Farina, M., Alley, R.: Congenital subaortic stenosis in infancy caused by rhabdomyoma of the left ventricle. J. thorac. cardiovasc. Surg. **63**, 157 (1972).

Shea, J. P., Muehsam, G. E.: Lipoma of the heart. Amer. J. clin. Path. **22**, 1081 (1952).

Siggillino, J. J., Crawley, C. J., Claus, R. H., Reed, G. E., Tice, D. A.: Myxoma of the right atrium with polycythemia. Arch. intern. Med. **111**, 178 (1963).

Siguier, F., Godeau, P., Bétourné, C., Lévy, R., Dorra, M., Calmettes, C., Diallo, A.: Localisation cardiaque tumorale et epanchement pericardique massif au cours d'une leucose aigue type naegeli. Sem. Hôp. (Paris) **42**, 32 (1966).

Siguier, F., Godeau, P., Calmettes, C., Bennet, J., Levy, R., Reverdy, V.: Considérations sur l'aspect clinique et angiographique des tumeurs du péricarde. Bull. Mém. Soc. méd. Hôp. (Paris) **115**, 985 (1964).

Skinner, G. F., Hobbs, M.E.: Zit. bei Halonen u. Mitarb. 1955. J. thorac. Surg. **6**, 98 (1936).

Soballa, G., Hartwich, G.: EKG-Veränderungen bei primär extrakardialen Tumoren. Fortschr. Med. **90**, 1290 (1972).

Soulié, P., Facquet, J., Carmanian, M., Pauly-Laubry, C.: Mésothéliome du péricarde. A propos d'un cas personnel. Cœur Méd. intern. **10**, 323 (1971).

Spencer, W. H., Peter, R. H., Orgain, E. S.: Detection of a left atrial myxoma by echocardiography. Arch. intern. Med. **128**, 787 (1971).

Spring, F.: Über ein primäres Sarkom des Herzbeutels. Zbl. allg. Path. path. Anat. **93**, 183 (1955).

Staffeldt, K.: Herzbeuteltamponade bei primären Herz- und Perikardtumoren. Med. Welt **1965**, 1029.

Stein, E., Lehle, G., Rüdrich, I.: Häufigkeit und klinische Symptomatologie sekundärer Herztumoren. Med. Welt **19**, 2862 (1968).

Steinberg, I.: Angiocardiography in diagnosis of pericardial effusion and pulmonary stenosis in Hodgkin's disease. Amer. J. Roentgenol. **102**, 619 (1968).

Steinberg, I., Miscall, L., Redo, S. F., Goldberg, H. P.: Augiocardiography in diagnosis of cardiac tumors. Amer. J. Roentgenol. **91**, 364 (1964).

Steiner, R. E.: Radiologic aspects of cardiac tumors. Amer. J. Cardiol. **21**, 344 (1968).

Stoll, H. C., Lauer, K.: Primary rhabdomyosarcoma of the heart with metastasis. Arch. Path. **59**, 669 (1955).

Stolle, R., Trenckmann, H., Herbst, M.: Die sogenannten Herz- und Mediastinaltumoren. Z. ges. inn. Med. **24**, 553 (1969).

Straube, K.-H.: Beitrag zur Elektrokardiographie sekundärer Herztumoren. Z. Kreisl.-Forsch. **53**, 68 (1964).

Strohmaier, E.: Angiosarkom des Perikards. Beitr. Klin. Tuberk. **111**, 510 (1954).

Sydnes, O. A.: Lymphogranulomatosis cordis. Nord. Med. **46**, 1794 (1951).

Tachet, H. S., Jones, R. S., Kyle, J. W.: Primary angiosarcoma of the heart. Amer. Heart J. **39**, 912 (1950).

Takac, M., Takacova, Orco, J., Resetar, J.: Intravitale Diagnostik intrakavitärer Geschwülste des Herzens. Med. Klin. **64**, 1657 (1969).

Talley, R. C., Baldwin, B. J., Symbas, P. N., Nutter, D. O.: Right atrial myxoma. Amer. J. Med. **48**, 256 (1970).

Tapié, J., Bounhoure, R., Bimes, Ch., Dupré, A.: Cancer primitif du péricarde (coelothéliome malin). Presse méd. **1955**, 795.

Tesler, U. F., Hallman, G. L., McNamara, D. G., Cooley, D. A.: The surgical treatment of primary tumors of the heart in infancy. Minerva cardioangiol. **19**, 239 (1971).

Thomas, K. E., Winchell, C. P., Varco, R. L.: Diagnostic and surgical aspects of left atrial tumors. J. thorac. cardiovasc. Surg. **53**, 535 (1967).

Thomsen, J. H., Corliss, R. J., Sellers, R. D.: Left ventricular intramural fibroma. Amer. J. Cardiol. **28**, 726 (1971).

Thurber, D. L., Edwards, J. E., Achor, R. W. P.: Secondary malignant tumors of the pericardium. Circulation **26**, 228 (1962).

Tobiesen, F.: Ein Fall von Sarkom des Perikardiums. Z. klin. Med. **75**, 53 (1912).

Towers, J. R. H., Newcombe, C. P.: Case reports. Myxoma of the left auricle with direct pressure tracings. Brit. Heart J. **20**, 575 (1958).

Tse, R. L., Frank, M. N.: Angiosarcoma of the heart. Angiology **22**, 147 (1971).

Turiaf, J., Battesti, J. P., Basset, F., Iris, L.: Sarcome musculaire du cœur. Poumon **22**, 895 (1966).

Tveteras, E.: Congenital rhabdomyom i hjertet. Nord. Med. **57**, 213 (1957).

Van Buchem, F. S. P., Eerland, L. D.: Myxoma cordis. Dis. Chest **31**, 61 (1957).

Van Buchem, F. S. P., Nieveen, J., van der Slikke, L. B.: The diagnosis of myxoma cordis. Cardiologia (Basel) **30**, 353 (1957).

Van der Hauwaert, L. G.: Cardiac tumors in infancy and childhood. Brit. Heart J. **33**, 125 (1971).

Van der Hauwaert, L. G., Corbeel, L., Maldague, P.: Fibroma of the right ventricle producing severe tricuspid stenosis. Circulation **32**, 451 (1965).

Virkkunen, M., Turunen, M., Markkanen, A.: Pericardial mesothelioma. Ann. Med. intern. Fenn. **52**, 231 (1963).

Vuopio, P., Nikkilä, E. A.: Hemolytic anemia and thrombocytopenia in a case of left atrial myxoma associated with mitral stenosis. Amer. J. Cardiol. **17**, 585 (1966).

Waldman, S.: Hemorrhagic pericarditis with unusual features aided diagnostically by enzyme studies of pericardial fluid. N.Y.St. J. Med. **66**, 881 (1966).

WASSERMIL, M., WARKENTIN, D. L., RAVIN, A.: Myxoma of the left atrium. Circulation **25**, 50 (1962).

WEINSTEIN, M. S., ARATA, J. E.: Mitral stenosis and insufficiency produced by cardiac "myxoma". Amer. Heart J. **38**, 781 (1949).

WESTAD, N. D.: Primär malign hjärttumor. Nord. Med. **49**, 785 (1953).

WESTAD, N. D.: Primär mesotheliom i pericardium. Nord. Med. **56**, 1304 (1956).

WHORTON, C. M.: Primary malignant tumors of the heart. Cancer (Philad.) **2**, 245 (1949).

WILSON, J. B., HOOD, R. H., JOHNSON, H. H., JR., GREEN, A. E., JR., BAUERMEISTER, M. L.: Primary myocardial fibromas. Radiology **84**, 1076 (1965).

WILSON, J. R., WHEAT, M. W., JR., AREAN, V. M.: Pericardial teratoma. J. thorac. cardiovasc. Surg. **45**, 670 (1963).

WITTENSTEIN, G. J., GROW, J. B., HOFFMAN, M. S., GENSINI, G. G., DENST, J.: Myxoma of the left atrium simulating pure mitral insufficiency. Surgery **45**, 981 (1959).

WOLFE, S. B., POPP, R. C., FEIGENBAUM, H.: Diagnosis of atrial tumors by ultrasound. Circulation **39**, 615 (1969).

WRBA, H.: Ein primäres Sarkom des Herzbeutels. Z. Kreisl.-Forsch. **42**, 541 (1953).

WRIGHT, R. P., McCALL, M.M., WENGER, N. K.: Primary atrial tumor, evaluation of clinical findings in ten cases and review of the literature. Amer. J. Cardiol. **11**, 790 (1963).

YACOUB, M. H., SCHOTTENFELD, M. A., RENEKOV, L.: Left atrial myxoma associated with severe calcific aortic valve stenosis. Amer. J. Cardiol. **27**, 442 (1971).

YANGUAS, M. G.: Primary neurosarcoma of the heart. Amer. J. Roentgenol. **73**, 590 (1955).

YOUNG, J. M., GOLDMAN, J. R.: Tumor metastasis to the heart. Circulation **9**, 220 (1954).

ZITNIK, S., GIULIANI, E. R.: Clinical recognition of atrial myxoma. Amer. Heart J. **80**, 689 (1970).

ZITNIK, S., GIULIANI, E. R., BURCHELL, H. B.: Left atrial myxoma, phonocardiographic clues to diagnosis. Amer. J. Cardiol. **23**, 588 (1969).

IV. Parasitäre Erkrankungen des Herzens

Von

P. Schölmerich

Mit 2 Abbildungen

1. Einteilung, Häufigkeit

Chagaskrankheit, Malaria tropica und Echinokokkose führen unter den parasitären Erkrankungen relativ häufig zu kardialen Manifestationen. Seltener lassen sich solche Komplikationen bei Amöbenruhr, Toxoplasmose, Trypanosomenkrankheit, Leishmaniasis, unter den Wurmkrankheiten bei Trichinose, Bilharziose und Cysticercose nachweisen. Außer Echinokokkose und Trichinose handelt es sich fast ausschließlich um Krankheiten tropischer Regionen.

Über die Häufigkeit parasitärer Erkrankungen, besonders über den Anteil an kardialen Komplikationen, liegen nicht bei allen Formen verläßliche Zahlen vor. Das umfangreichste Material zu dem Thema parasitäre Herzerkrankungen findet sich in der 1964 erschienen Monographie von KEAN und BRESLAU.

Die Chagaskrankheit ist praktisch auf Südamerika beschränkt, dort aber sehr verbreitet, so daß in einzelnen Ortschaften bis zu 70% der Einwohner erkrankt sind. In der Provinz Cordoba in Argentinien wurde 1958 von FUNES ein Befall der Bevölkerung von 54% angegeben. 79% aller Herzkrankheiten beruhten in dieser Region auf einer Chagasmyokarditis. 10% aller Einwohner hatten eine chronische Verlaufsform. ROSENBAUM und ALVAREZ (1955) schätzten die Zahl der Infizierten in der Gesamtbevölkerung auf etwa 15%. 20% der Herzerkrankungen wurden auf eine Infektion durch Trypanosoma cruzi bezogen. BRASS (1955) hat aus Venezuela in 20% aller autoptischen Untersuchungen eine Myocarditis „idiopathica venezolana" festgestellt, die sich später überwiegend als chagasbedingt herausgestellt hat. 1964 gibt ROSENBAUM eine Zahl von 1,2 Millionen chagasinfizierter unter den 20 Millionen Einwohnern Argentiniens an, von denen 220000 eine chronische Chagasmyokarditis hatten.

Unter den Malariaformen ist nur die Malaria tropica durch ausgeprägtere, unter Umständen tödliche kardiale Komplikationen ausgezeichnet. Sie kommen in 10—20% aller Tropicafälle vor, während bei der Tertiana eine Myokarditis nur in 2% beobachtet wird. Bei Amöbiasis, Trypanosomiasis und Leishmaniasis sind nur Einzelfälle von Herzkomplikationen bekannt geworden. Auch bei der erst seit wenigen Jahrzehnten beim Menschen bekannten Toxoplasmose ist die Zahl der Berichte über eine Myokarditis im letzten Jahrzehnt stärker angestiegen.

Genauere Ziffern liegen bei der Schistosomiasis vor. Hier wird die Zahl der Erkrankten in der gesamten Welt auf über 100 Millionen geschätzt. Kardiale Symptome, insbesondere das Cor pulmonale, kommen dabei in 2—3% vor, was einer Gesamtzahl von mehreren Millionen entspräche.

Die Echinokokkose stellt ein wichtiges Problem in zahlreichen Ländern, auch Südeuropas, insbesondere aber Nordafrikas und Südamerikas und Australiens dar. Die größte Verbreitung hat die Krankheit wahrscheinlich in Uruguay. Einzelne epidemische Herde sind aber auch in Deutschland bekannt. Ein Befall des Herzens tritt in 0,5—1,5% aller Fälle auf. Ernsthafte Herzsymptome sind bei der Trichinose, die in Einzelepidemien auch in Europa gelegentlich noch beobachtet wird, in wenigen Prozent in Erscheinung getreten. Von den übrigen Wurmerkrankungen sind wiederum nur Einzelfälle mit kardialer Symptomatik bekannt.

2. Symptomatologie

a) Klinische Befunde

Form und Ausmaß der kardialen Symptomatologie stehen in enger Wechselbeziehung zu biologischen Besonderheiten der Parasiten. Das Herz kann sowohl durch mechanische Faktoren, z.B. große Echinokokkenblasen, wie durch die hämodynamische Wirkung einer Lungenbilharziose auf das rechte Herz oder schließlich durch toxische oder allergische Wirkung der Parasiten, an die man bei Trichinose, Schlafkrankheit und der Chagas-Myokarditis denkt, geschädigt werden. Pathologisch-anatomischer Ausdruck solcher Wirkungen sind in der Mehrzahl der Fälle Zellinfiltrationen, Nekrose und schließlich Myokardfibrose als Ausheilungsstadium. Häufig lassen sich, wie bei der Chagas-Erkrankung und der Trypanosomiasis, Parasiten im Myokard nachweisen, die bei der Malaria auch eine Capillarverlegung und eine dadurch bedingte Coronarinsuffizienz auslösen können.

Unter den klinischen Befunden stehen in leichten Fällen Tachykardie, Extrasystolie, Oppressionsgefühl in der Herzgegend im Vordergrund, denen objektiv häufig elektrokardiographische Veränderungen entsprechen. In schweren Fällen kommt es zur Herzinsuffizienz mit Links- und Rechtsinsuffizienz, gelegentlich auch nur mit isolierter Rechtsinsuffizienz. Klinischer Ausdruck solcher Verlaufsformen sind Lungenstauung bis zum Lungenödem mit Pleuraergüssen. Eine zusätzliche Rechtsinsuffizienz oder eine isolierte Rechtsinsuffizienz machen sich durch Lebervergrößerung, Ödeme und pralle Halsvenenfüllung bemerkbar.

b) Röntgenologische Untersuchungsmethoden

Das röntgenologische Charakteristikum der erheblichen Myokardbeteiligung durch Parasiten ist, außer bei der Echinokokkose, die myogene Dilatation des Herzens. Sie setzt voraus, daß die Zahl der Infiltrate eine merkliche Störung der Hämodynamik bewirkt, die sich unter anderem in einem größeren Restblutvolumen äußert. Es stellt sich röntgenologisch also eine Erweiterung meist der linken Kammer, oft aber auch beider Ventrikel, seltener isoliert der rechten Kammer dar. Die kleinere Pulsationsamplitude spiegelt die verkleinerte Ejektionsfraktion bei großem enddiastolischem und endsystolischem Restblutvolumen. Eine ausgeprägtere Myokardbeteiligung vermag aber zur Dekompensation des Herzens zu führen, die sich bei vorwiegender Linksinsuffizienz in einer Erweiterung des linken Vorhofs und im Auftreten eines interstitiellen Ödems der Lunge äußert. In stärkeren Fällen kann ein zentrales Lungenödem resultieren. Die vorwiegende Rechtsinsuffizienz führt zu einer Erweiterung des rechten Vorhofs, also einer starken Erweiterung des Herzens nach rechts mit Hochstand des rechten Zwerchfelles infolge Lebervergrößerung. Zdansky (1962) weist darauf hin, daß bei myokardial geschädigten Herzen eine große Variabilität in Form und Größe, besonders eine erhebliche Vergrößerung im Liegen auftritt. Zur Erfassung dieses Phänomens sind Aufnahmen im a.p.-Strahlengang und in frontaler Richtung und u.U. auch Schrägaufnahmen zur Darstellung der Randkontur des rechten und linken Ventrikels zweckmäßig. Die Herzkonfiguration ist identisch mit der einer chronischen Myokarditis bakterieller, viraler oder rheumatischer Genese.

Der Wert flächenkymographischer Analysen zur Erkennung der Myokarditis ist sicher überschätzt worden. Mit einer Dilatation des Herzens geht, auch wenn das Auswurfvolumen unverändert bleibt, immer eine Verkleinerung der Bewegungsamplitude einher, die also als solche nicht als verläßliches Kriterium einer Myokarditis angesehen werden kann. Die gleichen Gesichtspunkte gelten auch für den Pulsationstypus. Diese Einschränkungen gelten auch für die Elektrokymographie.

Bei einigen parasitären Erkrankungen haben Schichtverfahren und insbesondere die Angiokardiographie erhebliche Bedeutung bekommen. Dies gilt in erster Linie für die

Echinokokkose und auch für die sehr viel seltenere Cysticercose. Die Echinococcuscysten stellen sich, wenn sie eine Größe von über 1 cm haben, in Schichtaufnahmen innerhalb des Myokards, subepikardial oder subendokardial dar und lassen sich auch von parakardialen Strukturen mit dieser Methode abgrenzen. Noch günstiger sind z. B. bei größeren Echinococcuscysten die Ergebnisse der Angiokardiographie, die eine exakte Lokalisation bei endokavitärer Ausstülpung zuläßt und erfolgreich von ARMAND URGON u. Mitarb. (1951), BOSCH DEL MARCO u. Mitarb. (1952), PURRIEL und MURAS (1954), ARTUCIO u. Mitarb. (1962), HEILBRUNN u. Mitarb. (1963), SANJINES u. Mitarb. (1965) angewandt worden ist. Freilich lassen sich solche Fälle auch oft an der bizarren Randkontur bei einfacher Durchleuchtung des Herzens oder im Sagittalbild erkennen, besonders wenn, wie so oft, Verkalkungszonen bestehen. Aus dem Abstand der äußeren Herzbegrenzung von dem lateralen Rand der Füllungszone kann bei subepikardialem Sitz von Cysten eine Aussage über Ausmaß und Lokalisation ermöglicht werden (siehe Abb. 1, 2).

3. Spezielle Befunde bei parasitären Herzerkrankungen

a) Protozoenerkrankungen

α) Chagas-Erkrankung

Als Teilsymptom der akuten Chagas-Erkrankung und als Hauptmanifestation der chronischen Chagaskrankheit ist eine Myokarditis seit der Erstbeschreibung der Krankheit durch CHAGAS im Jahre 1910 bekannt. Ursache der Erkrankung ist das Trypanosoma cruzi, Überträger sind Wanzen, die mit ihrem Kot Erreger auf der Haut ablagern. Durch Reiben und Kratzen können Trypanosomen in die von der Wanze hervorgerufene Bißwunde eingerieben werden. Von diesem Invasionsherd nimmt die Chagaskrankheit ihren Ausgang. Die Symptome der akuten Erkrankung sind wechselnd, in einem Teil der Fälle werden nur geringe Allgemeinerscheinungen bemerkt, in anderen treten Encephalomeningitiden, Leber- und Milzvergrößerung, Myokarditis und schwerste Beeinträchtigung des Allgemeinbefindens auf. BERNING (1954, 1957, 1959) hat, gestützt auf dreijährige persönliche Erfahrungen in Venezuela, die myokardiale Verlaufsform auch in Deutschland bekannter gemacht. Es lassen sich eine akute und eine chronische Chagas-Myokarditis und in beiden Gruppen eine ambulante und eine manifeste Form unterscheiden. Die ambulante Form ist durch geringe Symptome, wie Herzklopfen und Herzstolpern, gekennzeichnet, die zumindest den Verdacht auf eine Chagas-Myokarditis erwecken sollten. Röntgenologische Symptome fehlen in dieser Phase. Bei der manifesten Form wird in einem Teil der Fälle eine rasche Progredienz zur Herzinsuffizienz beobachtet, die nicht selten tödlich endet. Auffälligerweise ist nach den Angaben BERNINGs dabei der rechte Ventrikel meist stärker betroffen als der linke, so daß die Rechtsinsuffizienz mit praller Halsvenenfüllung, Lebervergrößerung, Ödemen, Anasarka, Ascites und häufig auch mit einer Tricuspidalinsuffizienz gegenüber der Lungenstauung überwiegt. Auch die röntgenologischen Symptome sind vorwiegend solche einer Rechtsherzdilatation (DE SOLDATI u. RABENKO, 1951; CAPRIS, 1958). Die Vergrößerung des rechten Vorhofs bedingt eine Rechtsverbreiterung des Herzschattens. BERNING betont auch das stärkere Hervortreten des Pulmonalisbogens und die Verlängerung der Ausflußbahn des rechten Ventrikels. In schwersten Fällen werden aber auch Herzvergrößerungen nach beiden Seiten mit Lungenstauung und Pleuraergüssen beschrieben.

Wahrscheinlich kommt es nach einer Chagas-Myokarditis relativ oft zur Defektheilung mit mäßig vergrößertem, aber kompensiertem Herzen. In einer Minderzahl läßt sich nach Jahren oder 1—2 Jahrzehnten die chronische Chagas-Erkrankung ganz überwiegend in Form der chronischen Chagas-Myokarditis nachweisen. ROSENBAUM (1964) hat in solchen Fällen eine exzentrische Herzhypertrophie mit Herzgewichten bis 800 g und vorwiegend linksseitige Dilatation nachgewiesen. Histologisch lagen Myocytolyse, Herzmuskelfasernekrose, interstitielle Zellinfiltrate, Fibrose und gelegentlich parasitärer Befall in einzelnen Parenchymzellen vor. BERNING (1957) unterscheidet hier gleichfalls die ambulante und

die manifeste Form und gliedert die manifeste Form in eine solche mit Hypertrophie und
begrenzter Dilatation ohne Dekompensation und eine spätere Phase mit stärkerer Herz-
dilatation und gleichzeitiger Dekompensation. Diese Einteilung basiert auf klinischen
Befunden, stützt sich aber auch ganz wesentlich auf röntgenologische Symptome. In der
Phase der chronischen Chagas-Myokarditis ohne Dekompensation ist das Herz beidseitig
vergrößert, die Herztaille bleibt erhalten, der Vorhof engt den Hinterherzraum nicht ein.
Auch Conus pulmonalis und Ausflußbahn des rechten Ventrikels sind unauffällig, eine
Tricuspidalinsuffizienz fehlt. Im weiteren Verlauf kommt es aber vielfach zu ausgeprägte-
ren Symptomen mit massiver Herzdilatation, vorwiegend des rechten Ventrikels, der sich
bei Linksrotation des Herzens nach vorn lagert und auch den Pulmonalisbogen prominent
erscheinen läßt. Wie in der akuten Phase der Myokarditis tritt auch bei rechtsdekompen-
sierter, chronischer Myokarditis die Verlängerung der Ausflußbahn des rechten Ventrikels
hervor, die Herztaille wird mehr oder weniger ausgefüllt. Schwerste Fälle chronischer
Chagas-Myokarditis zeigen allseitige Herzvergrößerung mit Erweiterung des linken und
rechten Vorhofes. Anselmi u. Mitarb. (1967) versuchten in einer Untersuchung an 18 Fällen
Beziehungen zwischen den anatomischen und histologischen Veränderungen im Myokard
und Abweichungen der Herzkontur nachzuweisen. Es zeigte sich, wie zu erwarten, eine
Parallelität zwischen Ausmaß der kymographisch analysierten Randpulsation und der
Intensität der histologischen Veränderungen.

Differentialdiagnostisch muß an Perikardergüsse gedacht werden, zumal eine Lungenstauung relativ selten ist. Ebenso sind Klappenfehler im Dekompensationszustand,
Anämie- und Beri-Beri-Herz und andere infektbedingte Myokarditiden auszuschließen.
Einige Fälle haben wahrscheinlich neben der infektiösen Genese weitere Manifestations-
faktoren wie Avitaminose oder Mangelernährung.

An weiteren Befunden sind besonders elektrokardiographische Veränderungen, wie
Überleitungsstörungen, intraventrikuläre Blockierungen, Links- und Rechtsherzhypertrophie sowie Niederspannung, zu nennen (Rosenbaum u. Alvarez, 1955; Funes, 1958;
Moia u. Rosenbaum, 1960; Massumi u. Gooch, 1965). Laranja u. Mitarb. (1956) sowie
Kean und Breslau (1964) erwähnen an weiteren Symptomen Galopprhythmus, Stenokardien, intrakardiale Thrombenbildung mit Embolien und Herzwandaneurysmen. Neuerdings sind in 2 Fällen, wie Hernandez-Pieretti u. Mitarb. (1965) berichten, wegen eines
totalen Blocks Schrittmacherimplantationen erfolgt.

β) Toxoplasmose

Kardiale Symptome kommen auch bei der Toxoplasmose vor, einer Infektionskrankheit,
die durch Toxoplasma gondii hervorgerufen wird. Haustiere stellen die Überträger der
Parasiten dar, die sich beim Menschen intracellulär vermehren (Mohr, 1952). Die dabei
gebildeten Pseudocysten, deren Größe 30—40 μ beträgt, führen beim Platzen zu einer Aus-
schwemmung von Toxoplasmen, die Gehirn, Rückenmark, Auge, Lymphknoten, Lunge,
Herz und zahlreiche weitere Organe befallen können.

Pathologisch-anatomisch lassen sich am Herzen interstitielle Infiltrate, Cysten und
Muskelnekrosen beobachten; vereinzelt kommen auch kleinste Verkalkungsherde vor
(Pinkerton u. Weinman, 1940; Pinkerton u. Henderson, 1941; Callahan u. Mitarb.,
1946; Magnusson, 1951; Potts u. Williams, 1956; Wertlake u. Winter, 1965). Elektrokardiographische Veränderungen sind bei kardialem Befall führendes Symptom (Ward
u. Mitarb., 1964; Shee, 1964; Macchi, 1968). In einem Fall einer Laborinfektion, den
Bengtsson (1950) beschreibt, wurden Luftnot, Tachykardie und substernaler Schmerz
ohne röntgenologische Veränderungen beobachtet. Paulley u. Mitarb. (1956) konnten
Herzvergrößerung und Lungenstauung nachweisen. Ward u. Mitarb. (1964) weisen darauf
hin, daß bei „idiopathischer" Herzhypertrophie auch an Toxoplasmose zu denken sei.
Herzinsuffizienzerscheinungen sind selten. Harvey u. Mitarb. (1966) haben drei gesicherte
Fälle mitgeteilt, die auf Daraprim-Sulfonamidtherapie ansprachen. Shee (1964) sah in
einem Fall einen Adams-Stokes-Anfall bei hohem Sabin-Feldman-Titer.

Bedeutsam ist eine Mitteilung von HAKKILA u. Mitarb. (1958), in der, wie in einem Fall von GUIMARAES (1943), eine durch Toxoplasmose hervorgerufene Myokarditis und Perikarditis im Verlauf röntgenologisch kontrolliert wurde. Charakteristisch waren zunehmende Vergrößerung des Herzschattens, Aufhebung der Randpulsation und Verschwinden der Hili hinter dem verbreiterten Herzschatten. Eine neuere Mitteilung über Perikarditiden mit Nachweis von Parasiten im Punktat stammt von ISRAEL und BAUFINE-DUCROCQ (1969).

Eine Rechtshypertrophie des Herzens hat BENGTSSON in einem Fall elektrokardiographisch beobachtet; POTTS und WILLIAMS (1956) konnten den gleichen Befund in einem anderen Fall autoptisch nachweisen. Möglicherweise war aber die Rechtshypertrophie Folge einer längere Zeit wirksamen Linksinsuffizienz.

Die Diagnose einer kardialen Form der Toxoplasmose kann sich nicht primär auf spezifische röntgenologische Symptome stützen. Wenn eine Toxoplasmose aber gesichert ist, so lassen sich rasche Herzvergrößerung oder Lungenstauung bei Fehlen anderer ätiologischer Hinweise als Zeichen einer solchen Manifestation ansehen. Auch bei einer Perikarditis muß an eine Toxoplasmose als Ursache gedacht werden (GRAPPE u. Mitarb., 1965).

γ) Malaria

Bei der Malaria tertiana und quartana kommt selten eine klinisch eindrucksvolle, häufiger aber eine elektrokardiographisch nachweisbare Beteiligung des Herzmuskels vor (SPRAGUE, 1946; FISCHER u. REICHENOW, 1952; STAEMMLER, 1954; SAPHIR, 1959; KEAN u. BRESLAU, 1964; SANKALÉ u. Mitarb., 1969). Die Tropicaform hat eine sog. kardiale Verlaufsform, die einen Teil der Todesfälle erklärt (MOHR, 1940; TÜNNERHOFF, 1949). Wahrscheinlich ist für die kardiale Symptomatologie eine Stase parasitenhaltiger Erythrocyten in den Capillaren des Coronarsystems verantwortlich, die Toxinresorption, lokale Infiltration und spätere Fibrose auslöst (MERKEL, 1946; ROJAS u. DEZA, 1947).

Röntgenologische, freilich nicht spezifische Symptome sind Herzvergrößerung, in einzelnen Fällen auch Lungenstauung als Zeichen einer Linksinsuffizienz. TÜNNERHOFF (1949) hat Einzelfälle aus einer Krankengruppe von 85 Patienten mitgeteilt und ebenso wie MOHR (1939) und HERNBERG (1947) auf Änderungen der Herzgröße als Kriterium einer malariabedingten Myokarditis hingewiesen. Differentialdiagnostisch muß bedacht werden, daß eine Anämie allein eine Herzvergrößerung auslösen kann.

δ) Amöbiasis

In den wenigen Fällen, in denen eine Myokardbeteiligung der Erkrankungen durch Entamoeba histolytica mitgeteilt wurde (RAWKINS u. KONSTAN, 1949; CURVEILLE u. Mitarb., 1956), sind keine röntgenologischen Symptome nachweisbar gewesen. Auch elektrokardiographische Abweichungen werden eher auf eine Emetinbehandlung als auf Amöbenbefall des Myokards bezogen (TURNER, 1963). Bedeutsam ist dagegen die Neigung zur exsudativ-fibrinösen oder eitrigen Perikarditis (SCHÖLMERICH, 1960), besonders bei Amöbenabscessen der Leber, die durch das Zwerchfell in das Perikard durchbrechen und häufig auch ein Pleuraempyem auslösen. CARTER und KORONES (1950) haben 50 Fälle dieser Art zusammengestellt, spätere Mitteilungen stammen von COIRAULT u. Mitarb. (1955), DELANOL (1961), IMLER u. Mitarb. (1963), PALANI u. Mitarb. (1963) (ein letaler Fall) und LAABAN u. Mitarb. (1967).

ε) Trypanosomiasis

Infektionen mit Trypanosoma gambiense rufen, wie THOMAS und BREINL (1905) schon berichtet haben, celluläre Infiltrationen am Myokard hervor, bisher galten aber die kardialen und auch die röntgenologischen Symptome als diskret. Neuere und systematischere Untersuchungen durch BERTRAND u. Mitarb. (1966) haben gezeigt, daß insbesondere elektrokardiographische Abweichungen relativ häufig sind. Sie wurden in einem Drittel aller Fälle beobachtet und auf einen Myokardbefall, z.T. auch im Zusammenhang mit einer Perikarditis, bezogen. In einer Mitteilung (Bertrand u. Mitarb., 1967) wurde auch auf röntgenologische Zeichen einer Herzmuskelschädigung hingewiesen. Auch Collomb und Bartoli (1967) haben Fälle mit Herzinsuffizienz gesehen. Unter den hospitalisierten Patienten lag deren Zahl bei 3—4 %. Die durch Trypanosoma rhodesiense hervorgerufene Form verläuft in der Regel stürmischer und ist häufiger auch durch eine klinisch manifeste Myokarditis mit Herzvergrößerung gekennzeichnet (Hawking u. Greenfield, 1941). Zugleich mit einer Exsudation in Pleura und Peritoneum kommt es auch zu Perikarditiden mit erheblichen Flüssigkeitsansammlungen, die eine Herzdilatation vortäuschen können. Auch Sankale u. Mitarb. (1969) haben in einem großen Krankengut von 154 Fällen parasitären Herzbefalls nur einmal eine solche Erkrankung gesehen.

ζ) Leishmaniasis

In den frühen Phasen der Kala-Azar, die durch Leishmania donovani hervorgerufen wird, weisen verschiedenartige elektrokardiographische Abweichungen auf eine Beteiligung des Myokards hin, klinische Symptome sind aber selten (Meleney, 1925; Benhamou u. Foures, 1938).

b) Wurmkrankheiten

α) Echinokokkose

Die Echinokokkose wird durch Finnen des Hundebandwurmes, Echinococcus granularis, der z.B. im Dünndarm von Hunden in großer Zahl vorkommen kann, hervorgerufen. Der Infektionsweg verläuft so, daß aus dem letzten Glied der 3—4 Proglottiden des 4—5 mm langen Bandwurmes Eier abgesondert werden, deren Verschlucken bei verschiedenen Tieren (Rindern, Schafen, Ziegen, Pferden) und auch beim Menschen zur Infektion führen kann. Genuß derartig infizierten Fleisches löst nur beim Hund die Entwicklung eines Bandwurmes aus. Bei den Zwischenträgern entwickeln sich aus den Eiern sog. Oncosphären, die im Dünndarm in die Capillaren eindringen und in die Leber, die Lunge, in 15 % auch nach Passage dieser Organe in den großen Kreislauf gelangen. In den verschiedenen Organen wandeln sich die Oncosphären in Cysten um, die nach einem halben Jahr etwa 15—20 mm Durchmesser groß sind. In einem Teil der Cysten kommt es zur Sprossung von sog. Brutkapseln mit Scolices (Echinokokkenköpfchen). Die Cyste wird von Flüssigkeit ausgefüllt, in der losgelöste Scolices oder ganze Brutkapseln schwimmen. Auf dem Weg einer endogenen Sprossung entwickeln sich in den Cysten Tochtercysten. Beim Platzen einer Cyste vermögen die ausgeschwemmten Scolices in der Nachbarschaft oder in anderen Organen neue Cysten zu bilden, so daß man von einer sekundären Echinokokkose spricht. Die Cyste des Echinococcus cysticus ist von einer derben Membran umgeben, das umgebende Gewebe neigt zu Nekrose, Verkäsung und Verkalkung (Minning, 1952).

Die Organmanifestationen betreffen in der Hauptsache Leber und Lunge. Eine Herzbeteiligung ist in etwa 2 % nachzuweisen. Die Absiedlung erfolgt nach Dévé (1949) und Cannabal u. Mitarb. (1957) über das Coronarsystem, so daß die Bevorzugung des linken, stärker durchbluteten Ventrikels verständlich ist.

αα) Klinische Symptomatologie

Bei kleinen Cysten können irgendwelche Symptome völlig vermißt werden. Größere führen zu Palpitationen, Oppressionsgefühl, elektrokardiographischen Abweichungen (Rabotti u. Mitarb., 1956; Di Lollo u. Giannardi, 1957; Illiceto, 1963; Athanasiou, 1966), Arrhythmien und gelegentlich auch zu Herzinsuffizienz. Bei Perforation der Cyste können sich schwere Komplikationen einstellen, und zwar:

a) Anaphylaktischer Schock durch Antigenwirkung der hydativen Flüssigkeit.

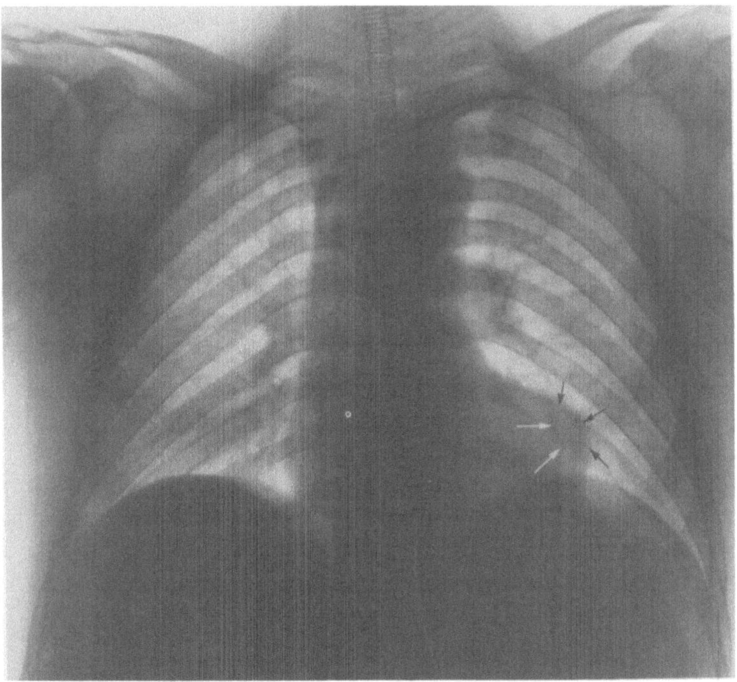

Abb. 1. Herzfernaufnahme im dorso-anterioren Strahlengang bei isolierter Echinococcuscyste mit Kalkeinlagerung in der Wand des linken Ventrikels (Prof. WENDE, Mainz)

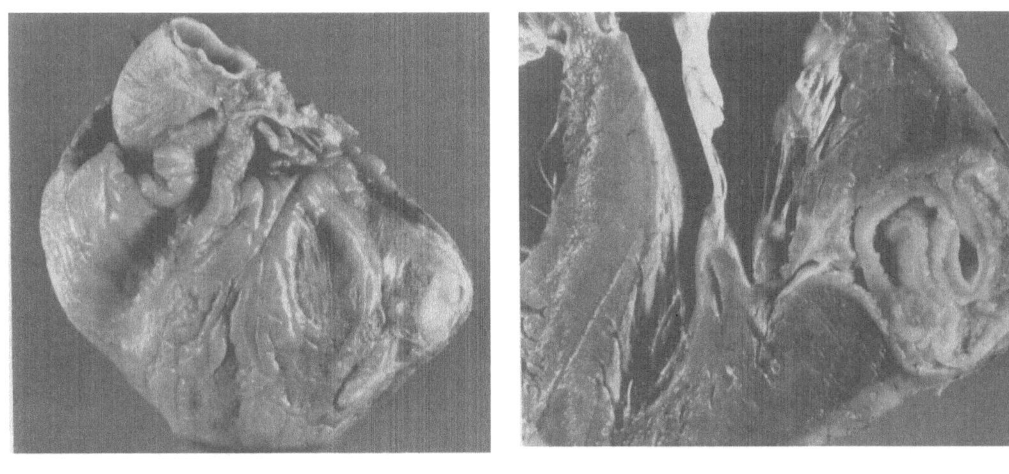

ab

Abb. 2a u. b. Pathologisch-anatomischer Befund des gleichen Falles wie Abb. 1. a Makroskopische Übersicht bei uneröffnetem Herzen. b Längsschnitt durch die Wand des rechten und linken Ventrikels und die Echinococcuscyste (Pathologisches Institut der Universität Mainz, Dr. FEICHTER; Prof. BREDT)

b) Akute, eventuell sogar eitrige Perikarditis bei subepikardialem Sitz der Cyste und Perforation ins Perikard, wo sich auch sekundäre Cysten ansiedeln können (DEVÉ, 1920).

c) Gefäßverschlüsse im großen oder kleinen Kreislauf infolge Perforation der Cyste in die Herzkammern bei subendokardialem Sitz (DI BELLO u. MENÉNDEZ, 1963; WELER, 1966).

ββ) Röntgenologische Symptome

Auch die röntgenologischen Symptome, deren zusammenfassende Darstellung wir Cannabal u. Mitarb. (1955, 1957, 1959) verdanken, hängen von der Lokalisation der Cyste ab. Bei subepikardialem Sitz läßt sich von einem Durchmesser von 1 cm ab eine begrenzte rundliche Vorwölbung der Herzkontur nachweisen, die meist im Bereich des linken Ventrikels (Abb. 1, 2), seltener des rechten Ventrikels (Weler, 1966), in wenigen Prozent auch im Bereich der Vorhöfe (1 Fall von Armand Urgon u. Mitarb. (1954) mit angiographischer Sicherung) sichtbar ist. Bei zunehmender Vergrößerung, die in einem Zeitraum von Jahren, manchmal aber auch erst im Verlauf mehrerer Jahrzehnte erfolgt, können schließlich große rundliche, dem Herzschatten breit aufsitzende Verschattungen oder Doppelkonturen der Kammern auftreten, wie sie Lacroix und Houel (1957), Lavaurs und Gras (1958), Houel u. Mitarb. (1960), Sanjinés u. Mitarb. 1965) nachgewiesen haben. Elektrokymographisch zeigen diese Konturen, worauf Cannabal u. Mitarb. (1955) besonders hingewiesen haben, Mitpulsation vom Typ der Ventrikelpulsation. Sie lassen sich so von Herzwandaneurysmen unterscheiden (Di Bello u. Mitarb., 1963). In Schichtaufnahmen können Doppelkonturen und breite Verbindung mit dem Ventrikel zum Ausdruck kommen. Die nicht seltenen Verkalkungszonen um die Cyste stellen sich dabei besonders gut dar. Verkalkungen sind in der Regel ein diagnostischer Hinweis von besonderem Wert.

Im letzten Jahrzehnt ist in größerem Umfang zuerst in Arbeiten von Armand Urgon u. Mitarb. (1951) und Bosch del Marco u. Mitarb. (1952) die Angiographie zum Nachweis von Cysten herangezogen worden. Bei subendokardialem Sitz und mit Vorwölbung der Cyste in einen der Ventrikel stellt sich dabei ein mehr oder weniger deutlicher Füllungsdefekt dar. Meist handelt es sich um eine Zone verminderter Kontrastmitteldichte, da die Cysten sich rundlich in das Lumen vorwölben (Sanjines u. Mitarb., 1965). Bei subepikardialem Sitz ist der große Abstand der äußeren Herzkontur des Herzschattens von der Ventrikelwand erfaßbar, wie Purriel und Muras (1954) und Lacroix und Houel (1957) gezeigt haben. Freilich kann sich die Diagnose einer Echinococcuscyste selten auf den röntgenologischen Befund allein stützen. Allenfalls sind rundliche, kalkbegrenzte Aufhellungszonen verdächtig. In der Mehrzahl der Fälle ist ein Befall von Leber oder Lunge gleichzeitig nachweisbar, so daß die Diagnose Echinokokkose naheliegt. Eine Eosinophilie im Blutbild ist zwar nicht konstant nachweisbar, spricht jedoch im Zweifelsfall für eine Echinococcuserkrankung. Auch die Hautteste sind nur im positiven Fall zu bewerten; negative Ausfälle schließen einen Echinococcusfall nicht aus (Heni, 1939; Minning, 1952).

Bei Durchbruch der Cyste in den Herzbeutel kann sich die röntgenologische Symptomatologie der exsudativen (häufig eitrigen) Perikarditis ergeben. Der Herzschatten wird dabei stark vergrößert und dreieckig konfiguriert, wobei mit zunehmendem Erguß auch die basisnahen Anteile des Herzens verbreitert werden, so daß die Hili hinter dem Herzschatten zurücktreten. Die Diskrepanz zwischen Herzvergrößerung und fehlender Hilusverdichtung ist für die exsudative Perikarditis besonders charakteristisch. Punktionen des Perikards, Luftfüllung, Kymographie, Elektrokymographie und Angiographie vermögen, ebenso wie die Herzkatheterisierung, die Diagnose weitgehend zu sichern. Die Sekundärcysten im Perikard sind von Purriel u. Mitarb. (1954) in einem Fall nachgewiesen worden. Ihre Symptomatologie läßt sich häufig nicht von der einer exsudativen Perikarditis als Komplikation einer subepikardialen Cyste abgrenzen. Eine andere röntgenologische Symptomatik ergibt sich in den sehr seltenen Fällen einer Drucksteigerung im rechten Herzen infolge zunehmender Ausprägung einer Embolisierung im Lungenkreislauf. Im Extremfall können sich alle Symptome eines Cor pulmonale mit Verlängerung der Ausflußbahn des rechten Ventrikels, Rechtshypertrophie, Vorwölbung des Pulmonalisbogens, Links- und (geringerer) Rechtsverbreiterung des Herzschattens ergeben. Anaphylaktischer Schock, akutes Cor pulmonale (1 Fall von Purriel u. Mitarb., 1952) und Gefäßverschlüsse im großen Kreislauf stellen dramatische Komplikationen der Echinokokkose dar, bei denen röntgenologische Symptome meist nicht erfaßt werden. Purriel u. Mitarb. (1953) haben einen klinisch diagnostizierten Fall lange Zeit beobachtet, bis ein Durchbruch der Cyste in den linken Ventrikel mit Ausbildung von Cysten in Hirn und Niere zustande kam. Beim gleichen Fall erfolgte auch ein Durchbruch in den rechten Vorhof mit Sekundärcysten in den Lungenarterien und gleichzeitiger Perforation in das Perikard. Di Bello und Menéndez (1963) haben 101 Fälle aus der Literatur gesammelt und unter den Folgeerscheinungen neben Gefäßverschlüssen auch Verlegung der Herzostien und Aneurysmabildung referiert.

Alle Komplikationen lassen sich bei Frühoperation vermeiden, über die aus den Ländern mit auch heute noch relativ großem Befall durch Echinokokken (Südamerika, insbesondere Uruguay, Mittelmeerländer, Algier) Berichte vorliegen (Demin u. Mitarb., 1952; Purriell u. Muras, 1954; Allamand u. Carrasco, 1956; Cannabal u. Mitarb., 1955, 1957; Lacroix u. Houel, 1957; Lavaurs u. Gras, 1958). Artucio u. Mitarb. (1962) haben bis zum Jahr 1961 50 operierte Fälle in der Literatur nachgewiesen. Weitere Einzelberichte seither stammen von Dobrev (1961), Naserewsky (1962), Romanoff und Milwidsky (1962) und Heilbrunn u. Mitarb. (1963). In dieser letztgenannten Arbeit werden 27 Fälle zusammengefaßt. Sanjines u. Mitarb. (1965) berichten über 15 eigene operativ behandelte Fälle mit 2 Spättodesfällen. Differentialdiagnostisch müssen erwogen werden:

a) Herzwandaneurysma bei Infarkt, das elektrokardiographisch, eventuell angiographisch gesichert werden kann.

b) Echinococcuscyste der Lunge, die durch Schichtaufnahmen, Angiographie und eventuell schon bei Drehung des Herzens differenziert werden kann.

c) Coelomcysten des Perikards, die meist im rechten Herzzwerchfellwinkel, seltener am linken Herzzwerchfellwinkel gelegen sind.

d) Thymome, die bei Drehung, durch Schichtaufnahmen, auch angiographisch abgrenzbar sind.

e) Lipome und andere Herztumoren, deren Abgrenzung aus dem Kapitel Herz- und Perikardtumoren ersichtlich ist, und

f) eine Hernia diaphragmatica, die durch Röntgenpassage des Magendarmtraktes mit Kopftieflagerung abgrenzbar ist.

β) Trichinose

Erfahrungen über epidemisches Auftreten von Trichinose, d.h. durch Infektion mit Trichinella spiralis, stammen überwiegend aus dem letzten Weltkrieg (Parrisius u. Mitarb., 1942; Wenderoth, 1942; Linneweh, 1943; Staudacher, 1944). Aus der Nachkriegszeit sind nur zwei größere Epidemien von 400 bzw. 200 Fällen durch Schaaf und Bellersen (1951) und Hennekeuser u. Mitarb. (1968) mitgeteilt. Mühlbauer hat 1952 über 20 Fälle berichtet.

Der Infektionsweg geht vom Genuß trichinenhaltigen Fleisches aus. Die Muskeltrichinellen kopulieren in der Darmschleimhaut. Die Larven werden über Lymphbahnen und Gefäßsystem zur Absiedlungsstelle in den Muskelfasern gebracht. Todesfälle sind in den letzten Epidemien nur selten beobachtet worden. Man kann annehmen, daß früher etwa $1/3$ der Todesfälle, die auf 20 % aller Fälle geschätzt wurden, einer kardialen Manifestation zuzuschreiben war.

Pathologisch-anatomisch liegen interstitielle Infiltrate von neutrophilen und besonders eosinophilen Leukocyten, Plasmazellen, Makrophagen neben nekrotischen Muskelfasern vor. Inwieweit diese Reaktionen bei der Passage der Larven zustande kommen oder allergisch bedingt sind, ist bisher nicht genügend geklärt.

Ausführliche klinische Angaben von Gruber über die sog. Myocarditis trichinosa finden sich bei Staudacher (1944), Gray u. Mitarb. (1962), sowie Kean und Breslau (1964). Neben elektrokardiographischen Symptomen (75 % aller Fälle) werden systolische Geräusche erwähnt, die u. a. auf eine Mitralinsuffizienz durch Papillarmuskelbefall bezogen werden. An röntgenologischen Symptomen werden neben Erweiterung des linken Vorhofes, die sich durch Einengung des Retrokardialraumes und verstrichene Herztaille äußert, auch eine Herzdilatation, Verbreiterung der Vena cava cranialis und Lungenstauung registriert. Die Rückbildung dieser Symptome erfolgt im Laufe von Wochen. Eine definitive Ausheilung der Myokarditis kann Monate in Anspruch nehmen. Dauerschäden am Myokard sind kaum anzunehmen. Als akute Todesursache dominiert die Lungenembolie. Mühlbauer (1952) hat in einem Fall einen akuten Herztod durch Reizbildungsstörung gesehen.

γ) Schistosomiasis

Die Schistosomiasis oder Bilharziose tritt in ausgedehnten Bezirken Afrikas, Ostasiens und Südamerikas auf. Nach Schätzungen von Vogel und Minning (1952) sind etwa über 100 Millionen Menschen mit einem der 3 Erreger (Schistosoma haematobium, mansoni und japonicum) infiziert. Zwischenträger der Erreger sind Wasserschnecken. Bei der Infektion des Menschen dringen Larven, die Cercarien, in die Haut ein, gelangen über das Venensystem in den Kreislauf und haften im Pfortadersystem. Hier reifen die Würmer heran und setzen Eier ab, die zu starken perivasculären Reaktionen führen. Je nach Dominanz im Organbefall lassen sich verschiedene klinische Abläufe, die chronische Urogenitalbilharziose, die Darmbilharziose, die hepatolienale Form, ein Befall des Zentralnervensystems und eine pulmonale bzw. kardiopulmonale Form nachweisen, deren Symptomatologie von Mainzer (1938) ausführlich dargestellt wurde. In den Spätphasen der Erkrankung besteht in 2—3 % ein sog. Cor pulmonale, häufiger bei hepato-lienaler Erkrankung als bei Urogenitalbilharziose. Blockierung der Lungenarterien und Lungencapillaren durch Schistosoma, aber auch durch deren Eier, führen zu entzündlichen Gefäßreaktionen mit Verödung von Arteriolen und Capillaren, Erhöhung des Lungengefäßwiderstandes und Drucksteigerung im Lungenarterienbereich und im rechten Ventrikel.

Eine zweite Form kardialer Beteiligung ist die Bilharzia-Myokarditis, die wahrscheinlich durch eine allergische Reaktion auf die Invasion von Eiern in das Myokard ausgelöst wird. Dafür sprechen klinische, elektrokardiographische und histomorphologische Bilder (Clark u. Graef, 1935; Al Zahawi u. Skukri, 1956; Sankale u. Mitarb., 1969).

Die röntgenologischen Veränderungen der Lunge bestehen in einer fleckförmigen Sprenkelung, die später konfluieren kann. Zuletzt stellt sich eine Umformung von Herz und zentralen Lungengefäßen ein. Der rechte Ventrikel wird größer, nach vorn verlagert, Ein- und Ausflußbahn erscheinen gestreckt, der Pulmonalisbogen wird prominent. Die zentralen Lungenarterien treten stärker hervor (Mainzer, 1936; Day, 1937; Kenawy, 1950; Marchand u. Mitarb., 1957; Williams 1958; Al-Nasman u. Mitarb., 1966; Sankale u. Mitarb., 1969).

δ) Weitere Wurmerkrankungen

Von zahlreichen weiteren Wurmerkrankungen sind in Einzelfällen kardiale Symptome teils klinischer, teils elektrokardiographischer, sehr selten röntgenologischer Art berichtet. So ist eine Ankylostoma-Infektion häufig durch eine Anämie kompliziert, die eine Vergrößerung des Herzminutenvolumens bedingt. In schweren Fällen stellen sich Dyspnoe, Tachykardie, Präcordialschmerz, anämische Herzgeräusche und auch röntgenologische Symptome der Herzerweiterung dar. Porter (1937), Heilig (1942), Pinto (1947) haben Verbreiterungen des Herzschattens nach beiden Seiten beschrieben. In Einzelfällen besteht auch eine mitrale Konfiguration. Bei längerer Dauer der Hakenwurmanämie entwickeln sich Herzinsuffizienzsymptome mit Lungenstauung. Carillo (1949) hat aus Costa Rica über Todesfälle berichtet. Ob die Anämie allein Ursache der Herzinsuffizienz ist, wird von Acikalin (1952) bezweifelt, der, ebenso wie Perroni und Pancaldo (1953), toxische Einwirkungen für die abnorme Herzvergrößerung verantwortlich macht, besonders, da Wurmkuren rasche Besserung herbeiführten. In einigen der publizierten Fälle besteht aber auch die Möglichkeit, daß Unterernährung, Vitaminmangel und Infektionskrankheiten anderer Art für die Herzinsuffizienz mit verantwortlich waren.

Bei starkem Befall durch Ascariden ist von OVNATANJAN (1952) ein Ascaridenverschluß einer Lungenarterie mit gleichzeitiger Perikarditis und Herzinsuffizienz beschrieben worden. Das Krankheitsbild war durch Abscedierung in Leber- und Gallengängen, also toxische Symptome, bestimmt, die auch die Herzinsuffizienz erklären können. FRIEDMAN und HERVADA (1960) sind der Meinung, daß eine Myokarditis, die bei einem Kind zu Herzinsuffizienz geführt hatte, durch eine allergische Reaktion auf Ascaris-Larven ausgelöst wurde. Im Zusammenhang mit einem Leberabsceß durch Ascaris lumbricoides haben JOSHI u. Mitarb. (1961) eine Perikarditis gesehen.

Bei Strongyloides-Infektionen sind auch exsudative Perikarditiden beschrieben worden (FROES, 1930; KYLE u. Mitarb., 1948). Im Myokard haben KYLE u. Mitarb. (1948) inmitten von Lymphocytenansammlungen Larven nachgewiesen. McCRACKEN (1957) hat entsprechende EKG-Veränderungen gesehen. Röntgenologische Symptome sind nicht erwähnt, aber bei stärkerem Befall des Myokards in Form einer Herzvergrößerung vorstellbar.

Berichte über Cysticeren im Myokard liegen in der älteren Literatur häufiger vor (THOREL, 1915; MÖNCKEBERG, 1924: PULGRAM, 1928). Es handelt sich um das Auftreten von Finnen von Taenia solium, die bis zu Haselnußgröße haben können und zwischen Myokardfasern oder subendokardial, gelegentlich auch subepikardial, gelegen sind. Klinische Symptome sind selten (DEVÉ, 1922); bisher liegen allerdings zwei Berichte über tödlichen Herzbefall durch Cysticercus cellulosae vor (CASTELLANI u. ACANFORA, 1938; MENON u. VELIATH, 1940).

Kardiale Manifestationen einer Filariasis sind äußerst selten. FORSTER (1956) beobachtete eine Filaria-bedingte Perikarditis, CLOETENS u. Mitarb. (1959) glauben in einem Fall eine Herzinsuffizienz auf einen Filariabefall zurückführen zu können, KEAN und BRESLAU (1964) bezweifeln jedoch den Zusammenhang. Ebenso ist unsicher, ob zwischen Endomyokardfibrose und Filariainfektion ein Zusammenhang besteht (IVE u. Mitarb., 1967).

Literatur

ACIKALIN, H. C.: Ankylostomiase et asystolie. Presse méd. **1952**, 884.

ALLAMAND, J., CARRASCO, R.: Quiste hidatico del miocardio. Jornadas méd., Hosp. Vina del Mar. 1, 109 (1956).

AL-NASMAN, Y. D., SHAMMA, A. H., DAMHYI, H. M., EL-SAYED, H. M.: Angiologic manifestations of cardiopulmonary schistosomiasis „Bilharziasis". Angiology 17, 40 (1966).

AL ZAHAWI, S., SHUKRI, N.: Histopathology of fatal myocarditis due to ectopic schistosomiasis. Trans. roy. Soc. trop. Med. Hyg. **50**, 166 (1956).

ANSELMI, A., PISANI, F., SUAREZ, J. A., GURDIEL, O., LAPCO, L.: Cardiovascular radiology in acute and chronic Chagas myocardiopathy. Amer. Heart J. **73**, 626 (1967).

ARMAND URGON, V., BLANCO, R. A. P., MEZZERA, J., AGUIRRE, C. V., PURCALLAS, J.: Quiste hidatico de ventriculo izquierdo operado. Rev. Tuberc. Urug. **19**, 57 (1951).

ARMAND URGON, V., PURRIEL, P., MURAS, O.: Quiste hidatico de la auricula derecha. El Thorax **3**, 160 (1954).

ARTUCIO, H., ROGLIA, J. L., DI BELLO, R., DUBRA, J., GORLERA, A., POLERO, J., URIOSTE, H. A.: Hydatid cyst of the interventricular septum of the heart with rupture into the right ventricle. J. thorac. cardiovasc. Surg. **44**, 110 (1962).

ATHANASIOU, D. J.: Über Echinokokkuszysten des Herzens. Münch. med. Wschr. 108, 707 (1966).

BENGTSSON, E.: Herzaffektion bei Toxoplasmosis. Cardiologia (Basel) 17, 289 (1950).

BENHAMOU, E., FOURES, R.: Le cœur dans un cas de kala-azar infantile. Arch. Mal. Cœur **31**, 81 (1938).

BERNING, H.: Die Kreislaufdynamik bei der tropischen Myokarditis in Venezuela. Dtsch. med. Wschr. **79**, 1741 (1954).

BERNING, H.: Die Myokarditis in den Tropen (Venezuela). Dtsch. med. Wschr. **82**, 1186, 1198 (1957).

BERNING, H.: Consideraciones clinicas y etiologicas sobre la miocarditis en el estado carabobo. Arch. venez. Med. trop. **3**, 349 (1959).

BERTRAND, E., BAUDIN, L., VACHER, P., SENTILHES, L., DUCASSE, B., VEYRET, V.: L'atteinte du cœur dans 100 cas de trypanosomiase africaine à trypanosoma gambiense. Arch. Mal. Cœur **60**, 1520 (1967).

BERTRAND, E., SENTILHES, L., DUCASSE, M., VACHER, P., BAUDIN, L., SERIE, F.: Étude systématique de l'électrocardiogramme dans la trypanosomiase africaine à trypanosoma gambiense. A propos de 60 malades. Arch. Mal. Cœur **59**, 1220 (1966).

BOSCH DEL MARCO, L. M., CANNABAL, E. J., DIGHIERO, J., BADOMIR, J. M., SUZACQ, C. V., ANTIGA, P. F.: Quiste hidatico del corazan localizado en el ventriculo izquierdo. Operacion. Curacion. Arch. urug. Med. **41**, 159 (1952).

Brass, K.: Statistische Untersuchungen über die idiopathische Myokarditis im Raum Valencia. Frankfurt. Z. Path. **66**, 77 (1955).

Cannabal, E. J., Dighiero, J.: Echinococcus disease of the heart. Cardiology **3**, 89 (1959).

Cannabal, E. J., Dighiero, J., Aguirre, C. V., Baldomir, J. M., Purgallas, J., Suzacq, C. V., Horjales, J. O., Hazan, J., Algvita, P. S.: Nuestra experiencia en el tema della equinococcosis cardiaca. An. Fac. Med. Montevideo **42**, 33 (1957).

Cannabal, E. J., Dighiero, J., Aguirre, C. V., Purgallas, J., Baldomir, J. M., Suzacq, C. V.: Echinococcus disease of the left ventricle: a clinical, radiologic and electrocardiographic study. Circulation **12**, 520 (1955).

Capris, T. A.: Cardiopathia chagasica cronica. Rev. Asoc. méd. argent. **72**, 91 (1958).

Callahan, W. P., Russell, W. O., Smith, M. G.: Human toxoplasmosis, clinicopathologic study with presentation of 5 cases and review of literature. Medicine (Baltimore) **25**, 343 (1946).

Carillo, E. G.: Some cardiological problems of the tropics. Amer. J. med. Sci. **217**, 619 (1949).

Carter, M. G., Korones, S. B.: Amebic pericarditis. Review of the literature and report of a case. New Engl. J. Med. **242**, 390 (1950).

Castellani, A., Acanfora, G.: Brief notes on cysticercosis and luetic pseudo cysticercosis. J. Trop. Med. Hyg. **41**, 213 (1938).

Chagas, E.: Aspecto clinico da nova entidada morbida producida pelo schizotrypanum cruzi. Brasil.-méd. **24**, 263 (1910).

Coirault, R., Coudreau, H., Girard, J.: Les péricardites amibiennes. Sem. Hôp. (Paris) **31**, 1617 (1955).

Clark, E., Graef, I.: Chronic pulmonary arteritis in schistosomiasis mansoni associated with right ventricular hypertrophy. Amer. J. Path. **11**, 693 (1935).

Cloetens, W., DeMay, D., Mahieux, A., Solomentser, D.,: Cardiopathie filarienne. Ann. Soc. belge Méd. trop. **39**, 799 (1959).

Collomb, H., Bartoli, D.: Le cœur dans la trypanosomiase humaine africaine à trypanosoma gambiense. Bull. Soc. Path. exot. **60**, 142 (1967).

Curveille, J., Plas, F., Darey, M.: Modifications pathologiques de l'électrocardiogramme au cours des l'amibiase. Presse méd. **64**, 2134 (1956).

Day, H. B.: Pulmonary bilharziasis. Trans. roy. Soc. trop. Med. Hyg. **30**, 575 (1937).

Delanol, G.: A case of amoebic purulent pericarditis. Arch. Mal. Cœur **54**, 578 (1961).

Demin, A. A., Sumarokov, A. V.: Elektrokardiographische Veränderungen bei Echinokokkose des Herzens. Sovetsk. Med. **10**, 31 (1952).

De Soldati, L., Rabenko, I.: Nuevos vasos de forma cardiaca de la tripanosomiasis americana. Sem. méd. (B. Aires) **58**, 1011 (1951).

Dévé, F.: Cysticercose. Nouv. traite méd. **5**, 270 (1922).

Dévé, F.: L'échinococcose primitive (maladie hydatique). Paris: Masson et ed. 1949.

Dévé, F., Jirou, M.: Kyste hadatique du cœur compliqué d'échinococcose sécondaire du pericarde. Presse méd. **28**, 1081 (1920).

Di Bello, R., Menéndez, H.: Intracardiac rupture of hydatid cysts of the heart. A study based on three personal observations and 101 cases in the world literature. Circulation **27**, 366 (1963).

Di Bello, R., Rubio, R., Dighiero, J., Zubiaurre, L., Cortés, R.: Pseudo-aneurysmatic form of cardiac echinococcosis. J. thorac. cardiovasc. Surg. **45**, 657 (1963).

Di Lollo, F., Giannardi, G.: Singolari aspetti dell'echinococcosi cardiaca. Studio clinico-radiologico di due casi. Nunt. radiol. (Firenze) **23**, 1011 (1957).

Dobrev, I. A.: L'echinococcose du cœur, avec presentation d'un cas opere avec succes. Cor et Vasa **3**, 166 (1961).

Fischer, L., Reichenow, E.: Malaria. In: Handbuch der inneren Medizin, Bd. I/2, S. 433. Berlin-Göttingen-Heidelberg: Springer 1952.

Friedman, S., Hervada, A. R.: Severe myocarditis with recovery in a child with visceral larva migrans. J. Pediat. **56**, 91 (1960).

Froes, H. P.: Identification of nematode larvae in the excudate of a sero-haemorrhagic pleural effusion. J. trop. Med. Hyg. **33**, 18 (1930).

Funes, P. E.: Die endemische Chagas-Krankheit in Argentinien. Z. Kreisl.-Forsch. **47**, 620 (1958).

Grappe, J.-M., Berthier, G., Melon, C.: Péricardite et toxoplasmose. Strasbourg méd., N.S. **16**, 480 (1965).

Gray, D. F., Morse, B. S., Philips, W. F.: Trichinosis with neurologic and cardiac involvement. Review of the literature and report of three cases. Ann. intern. Med. **57**, 23 (1962).

Guimaraes, F. N.: Toxoplasmose humana. Meningoencefalomielite toxoplasmica: Ocorrência em adulto e em recemnascido. Mem. Inst. Osw. Cruz **38**, 257 (1943).

Hakkila, J., Frick, H. M., Halonen, P. J.: Pericarditis and myocarditis caused by toxoplasma: Report of a case and review of the literature. Amer. Heart J. **55**, 758 (1958).

Harvey, H. P. B., McLeod, J. G., Turtle, J. R.: Myocarditis associated with toxoplasmosis. Aust. Ann. Med. **15**, 169 (1966).

Hawking, F., Greenfield, J. G.: Two autopsies on rhodesiense sleeping sickness; visceral lesions and significance of changes in cerebrospinal fluid. Trans. roy. Soc. trop. Med. Hyg. **35**, 155 (1941).

Heilbrunn, A., Kittle, C. F., Dunn, M.: Surgical management of echinococcal cysts of the heart and pericardium. Circulation **27**, 219 (1963).

Heilig, R.: The pathological heart conditions in hookworm disease and their causes. Indian med. Gaz. **77**, 257 (1942).

Heni, F.: Beitrag zur Klinik des Echinococcus alveolaris. Z. klin. Med. **136**, 547 (1939).

Hennekeuser, H., Pabst, K., Poeplau, W., Gerok, W.: Zur Klinik und Therapie der Trichinose. Dtsch. med. Wschr. **93**, 867 (1968).

Hernandez-Pieretti, O., Morales-Rocha, J. Acquatella, H., Anderson, R., Pimentel, R.: Pacemaker implantation in chronic Chagas' disease complicated by Adams-Stokes syndrome. Amer. J. Cardiol. **16**, 114 (1965).

HERNBERG, C. A.: Myocardial affection in malaria tertiana. Acta med. scand. **129**, 132 (1947).

HOUEL, J., RAYNAUD, R., D'ESHONGUES, R., MORAND, P.: Deux nouveaux cas d'echinococcose cardiaque. Presse méd. **64**, 2284 (1960).

ILLICETO, N.: L'elettrocardiogramma nell'echinococcosi del cuore. Acta chir. ital. **19**, 599 (1963).

IMLER, M., MERIAN, E., FINCKER, J. L.: Les péricardites purulentes amibiennes. A propos de deux observations. Strasbourg méd. **14**, 881 (1963).

ISRAEL, J. BAUFINE-DUCROCQ, H.: Les péricardites aigues d'origine toxoplasmique. Cœur méd. interne **8**, 47 (1969).

IVE, F. A., WILLIS, A. J. P., IKEME, A. C., BROCKINGTON, I. F.: Endomyocardial fibrosis and filariasis. Quart. J. Med., N.S. **36**, 495 (1967).

JOSHI, B. N., NAIR, B., GADGID, R. K.: Round worm induced abscess of the liver with secondary pericarditis. Trop. Dis. Bull. **58**, 821 (1961).

KEAN, B. H., BRESLAU, R. C.: Parasites of the human heart. New York-London: Grune & Stratton 1964.

KENAWY, M. R.: The syndrome of cardiopulmonary schistosomiasis (cor pulmonale). Amer. Heart J. **39**, 678 (1950).

KYLE, L. H., McKAY, D. G., SPARLING, H. J., JR.: Strongyloidiasis. Ann. intern. Med. **29**, 1014 (1948).

LAABAN, J., DELAHAYE, R., CANICAVE, C. J.: Cœur et amibiase. Cœur méd. interne **6**, 143 (1967).

LACROIX, A. C., HOUEL, J.: Un cas de kyste hydatique du cœur. Arch. int. Hidatid. **16**, 413 (1957).

LARANJA, F. S., DIAS, E., NOBREGA, G., MIRANDA, A.: Chagas disease. A clinical, epidemiologic and pathologic study. Circulation **14**, 1035 (1956).

LAVAURS, GRAS: Intérêt de l'angiographie dans le diagnostic des kystes hydatiques du cœur. J. Radiol. Électrol. **39**, 809 (1958).

LINNEWEH, W.: Erfahrungen bei Trichinose. Zbl. inn. Med. **64**, 433 (1943).

MACCHI, V.: Cardiopatia toxoplasmatica studio clinico ed emodinamico. Minerva med. **59**, 3868 (1968).

MAGNUSSON, I. H.: Zit. bei HAKKILA 1958. Nord. Med. **45**, 344 (1951).

MAINZER, F.: Über isolierte Lungenbilharziose, besonders im Röntgenbild, und ihre Differentialdiagnose gegenüber Lungentuberkulose. Fortschr. Röntgenstr. **54**, 154 (1936).

MAINZER, F.: Bilharzial asthma. Bronchial asthma in schistosoma infection. Trans. roy. Soc. trop. Med. Hyg. **32**, 253 (1938).

MARCHAND, E. J., MARCIAL-ROPAS, R. A., RODRIGUEZ, R., POLANCO, G., DIAZ-RIVERA, R. S.: The pulmonary obstruction syndrome in schistosoma mansoni pulmonary endarteritis. Arch. intern. Med. **100**, 965 (1957).

MASSUMI, R. A., GOOCH, A.: Chagas' myocarditis. Arch. intern. Med. **116**, 531 (1965).

McCRACKEN, J. P.: Strongyloidiasis with probable cardiac involvement. N. C. med. J. **18**, 186 (1957).

MELENEY, H. E.: The histopathology of kala-azar in the hamster, monkey, and man. Amer. J. Path. **1**, 147 (1925).

MENON, T. B., VELIATH, G. D.: Tissue reactions to cysticercus cellulosae in man. Trans. roy. Soc. trop. Med. Hyg. **33**, 537 (1940).

MERKEL, W. C.: Plasmodium flaciparum malaria. The coronary and myocardial lesions observed at autopsy in two cases of acute fulminating plasmodium flaciparum infection. Arch. Path. **41**, 290 (1946).

MINNING, W.: Echinokokkose. In: Handbuch der inneren Medizin, Bd. I/2, S. 953. Berlin-Göttingen-Heidelberg: Springer 1952.

MÖNCKEBERG, J. G.: Die Erkrankungen des Myokards und des spezifischen Muskelsystems. Handbuch der speziellen pathologischen Anatomie und Histologie, Bd. II (HENKE, Hrsg.). Berlin 1924.

MOHR, W.: Herzstörungen bei Malaria tertiana. Verh. dtsch. Ges. Kreisl.-Forsch. **12**, 248 (1939).

MOHR, W.: Toxoplasmose. In: Handbuch der inneren Medizin, Bd. I/2, S. 730. Berlin-Göttingen-Heidelberg: Springer 1952.

MOIA, B., ROSENBAUM, M. B.: The electrocardiogram in chronic chagasic myocarditis. Arch. bras. Cardiol. **13**, 236 (1960).

MÜHLBAUER, H.: Antistinerfolg und aplastische Anämie während einer Trichinose-Epidemie. Münch. med. Wschr. **1952**, 1065.

NASEREWSKY, N. G.: Die Operationen beim Echinokokkus des Herzens. Zbl. Chir. **87**, 993 (1962).

OVNATANJAN, K. T.: Zum Problem der Ascaridose von Herz und Gefäßen. Sovetsk. Med. **1952**, 28.

PALANI, P. M., GANESAN, T. K.: Amoebic pericarditis. J. Ass. Phycns India **11**, 646 (1963).

PARRISIUS, W., LAMPE, G., RÖMER, W., HÖNIGHAUS, L.: Erfahrungen während einer Trichinose-Epidemie. Dtsch. Mil.-Arzt **7**, 198 (1942).

PAULLEY, J. W., GONES, R., GREEN, W. P. D., KANE, E. P.: Myocardial toxoplasmosis. Brit. Heart J. **18**, 55 (1956).

PERRONI, G. B., PANCALDO, A.: Sulle alterazioni elettrocardiografische nell'anchilostomiasi. Acta med. ital. Mal. infett. **8**, 206 (1953).

PINKERTON, H., HENDERSON, R. G.: Adult toxoplasmosis, a previously unrecognized disease entity simulating the typhus-spotted fever group. J. Amer. med. Ass. **116**, 807 (1941).

PINKERTON, H., WEINMAN, D.: Toxoplasmainfection in man. Arch. Path. **30**, 374 (1940).

PINTO, H. B.: Aspectos cardiovasculares de la anquilostomiasis, con especial referencia al problema de la miocarditis cronica. XII. Conf. Sanit. Panameric. Cuad. amarill. **26**, 452 (1947).

PORTER, W. B.: Heart changes and physiologic adjustment in hookworm anemia. Amer. Heart J. **13**, 550 (1937).

POTTS, R. E., WILLIAMS, A. A.: Acute myocardial toxoplasmosis. Lancet **1956 I**, 483.

PULGRAM, F.: Über einen Fall von Cysticercus cellulosae cerebri et cordis. Wien. klin. Wschr. **1928**, 1088.

PURRIEL, P., FONTANA, V. P., MURAS, O., MENDOZA, D.: Equinococosis cardiaca. Con siembra pericardica y de pequeno y gran circulo. El Torax **2**, 188 (1953).

PURRIEL, P., MURAS, O.: Quiste hidatico del ventriculo izquierdo. El Torax **3**, 140 (1954).

Purriel, P., Muras, O., Sangines, A.: Equinococosis pericardica secundaria. El Torax **3**, 168 (1954).

Purriel, P., Muras, O., Tomalino, D., Mendoza, D.: Equinococosis cardiaca. Siembra metastatica pulmonar. El Torax **1**, 233 (1952).

Rabotti, G. C., Colombo, F.: Su di un caso di echinococcosi primitiva del cuore. Atti Soc. lombarda Sci. med. biol. **11**, 138 (1956).

Rabotti, G. C., Colombo, F., Meucci, M.: L'echinococcosi primitiva del cuore. Arch. ital. Anat. istol. pat. **30**, 470 (1956).

Rawkins, M. D., Konstan, G. L. S.: Complete heart block associated with amoebic hepatitis. Normal rhythm restored with emetine. Lancet **1949 II**, 152.

Rojas, R. A., Deza, D.: Cardiac changes in malaria patients. Amer. Heart J. **33**, 702 (1947).

Romanoff, H., Milwidsky, H.: Primary echinococcosis of the heart cured by operation. J. thorac. cardiovasc. Surg. **43**, 677 (1962).

Rosenbaum, M. B.: Chagasic myocardiopathy. Progr. cardiovasc. Dis. **7**, 199 (1964).

Rosenbaum, M. B., Alvarez, A. J.: The electrocardiogram in chronic chagasic myocarditis. Amer. Heart J. **50**, 492 (1955).

Sanjinés, A., Abo, J. C., Rubio, R., Zerbino, V.: Equinococosis cardiaca. Nuestra experiencia sobre 15 casos operados. Torax **14**, 163 (1965).

Sankalé, M., Koaté, P., Frament, V., Wade, F., Diallo, N., Eteki, C. D.: Cardiopathies parasitaires en milieu Africain. A propos de 154 cas hospitaliers observés à Dakar. Cœur méd. interne **8**, 479 (1969).

Saphir, O.: Spezielle Pathologie, Bd. I. Stuttgart: Thieme 1959.

Schaaf, J., Bellersen, W.: Über eine Trichinose-Epidemie. Lebensmitteltierarzt **2**, 97 (1951).

Schömerich, P.: Myokarditis und weitere Myokardiopathien. In: Handbuch der inneren Medizin, Bd.

IX/II, S. 869. Berlin-Göttingen-Heidelberg: Springer 1960.

Shee, J. C.: Stokes-Adams attacks due to toxoplasma myocarditis. Brit. Heart J. **26**, 151 (1964).

Sprague, H. B.: The effect of malaria on the heart. Amer. Heart J. **31**, 426 (1946).

Staemmler, M.: Lehrbuch der speziellen pathologischen Anatomie. Berlin: Gruyter & Co. 1954.

Staudacher, W.: Zur Klinik der Trichinose. Dtsch. Arch. klin. Med. **191**, 128 (1944).

Thomas, H. W., Breinl, A.: Report on trypanosomes, trypanosomiases and sleeping sickness. Liverpool Sch. Trop. Med. Mem. **16** (1905).

Thorel, E.: Zit. bei E. Kirch, Ergebn. allg. Path. path. Anat. **22**, 1 (1927); Ergebn. allg. Path. path. Anat. **18**, 1 (1915).

Tünnerhoff, F.: Beobachtungen über Herzmuskelerkrankungen bei Malaria tropica und tertiana. Dtsch. Arch. klin. Med. **194**, 307 (1949).

Turner, P. P.: The effects of emetine on the myocardium. Brit. Heart J. **25**, 81 (1963).

Vogel, H., Minning, W.: Wurmkrankheiten. In: Handbuch der inneren Medizin, Bd. I/2, S. 784. Berlin-Göttingen-Heidelberg: Springer 1952.

Ward, R., Arya, J., Durgé, N. G., Baqai, M.: Myocardial toxoplasmosis. Lancet **1964 II**, 723.

Welew, G. P.: Zur Frage der primären Echinokokkose des Herzens mit Beitrag von zwei Fällen. Zbl. allg. Path. path. Anat. **108**, 573 (1966).

Wenderoth, H.: Über Schäden des Kreislaufapparates bei Trichinose. Dtsch. Mil.-Arzt **7**, 687 (1942).

Wertlake, P. T., Winter, T. S.: Fatal toxoplasma myocarditis in an adult patient with acute lymphocytic leukemia. New Engl. J. Med. **273**, 438 (1965).

Williams, A. W.: Cor pulmonale in schistosomiasis. Afr. med. J. **35**, 1 (1958).

Zdansky, E.: Röntgendiagnostik des Herzens und der großen Gefäße. Wien: Springer 1962.

V. Zur normalen und pathologischen Morphologie der Coronararterien

Von

J. Schoenmackers

Mit 21 Abbildungen

1. Normale Anatomie

Die Coronararterien müssen zuerst im Zusammenhang mit dem Gefäßsystem betrachtet werden. Das ist in diesem Rahmen besonders deshalb erforderlich, weil jede intravitale angiographische Darstellung nur im Zusammenhang mit den großen Gefäßen und dem Herzen gesehen werden kann.

Die Coronararterien entspringen im Bulbus aortae, also am Übergang vom Herzen zum arteriellen Schenkel des großen Kreislaufes (Abb. 1, 5a, 7a). Die Herzvenen (vgl. Abb. 17) münden in den rechten Vorhof, wenn wir von kleinen anderen Mündungsstellen absehen — also an der Grenze vom venösen Schenkel des großen Kreislaufes zum kleinen Kreislauf. Bei dieser Einschaltung der Herzgefäße in den ganzen Kreislauf unterliegen

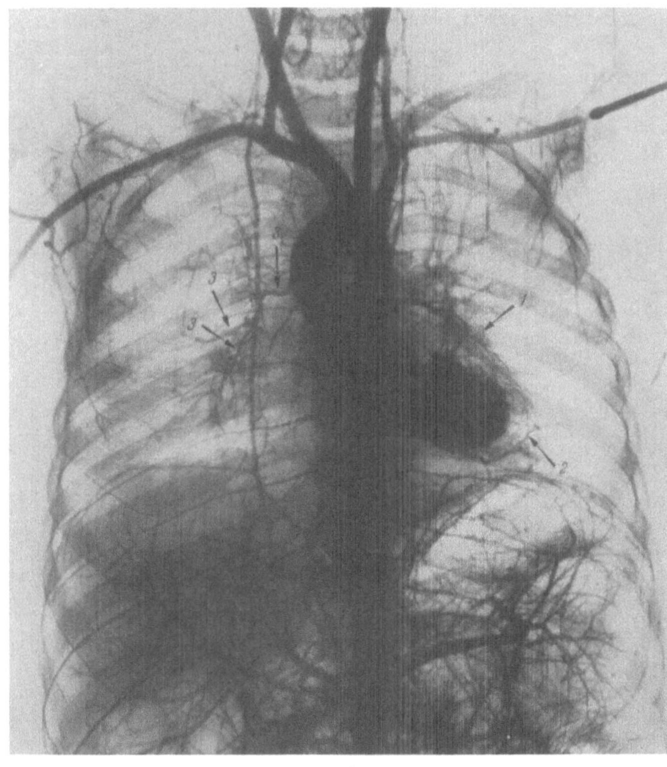

a

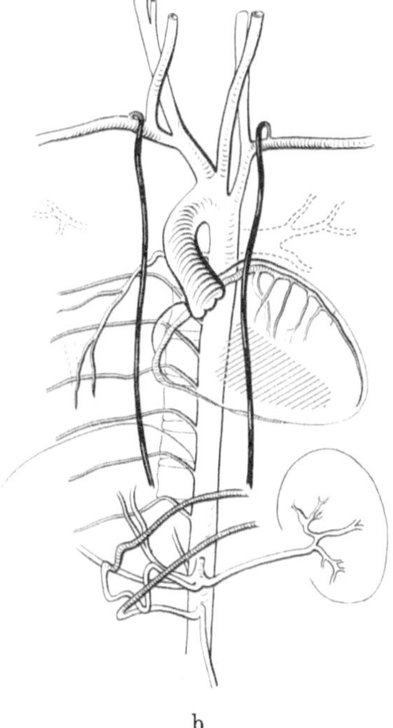

b

Abb. 1a u. b. Topographie der Coronararterien bei Darstellung der Schlagadern des Stammes. — Kontrastmittel im linken Ventrikel, schematische Zeichnung nach dem Stereoröntgenbild. *1* Linke Coronararterie; *2* rechte Coronararterie; *3* rechte Bronchialarterie

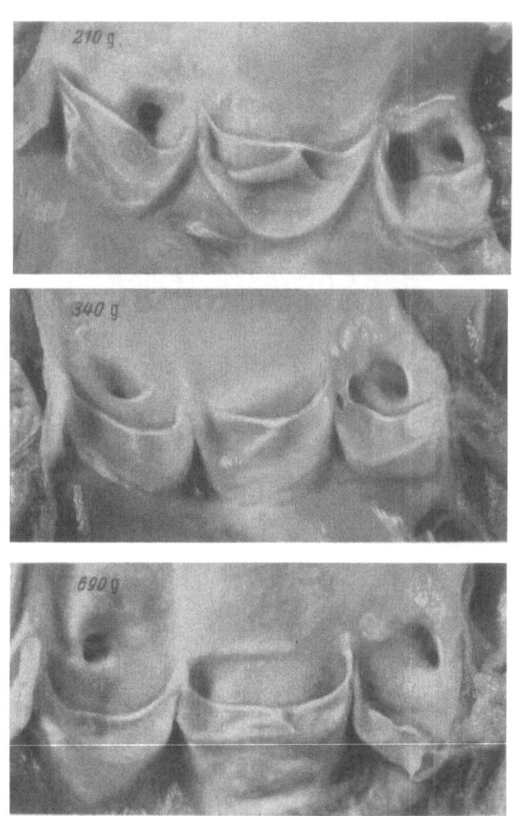

Abb. 2. Ostiumgröße bei 210 g Herzgewicht, bei 340 g und bei einer relativen Ostiumbarriere auf Grund der Erhöhung des Herzgewichtes auf 690 g

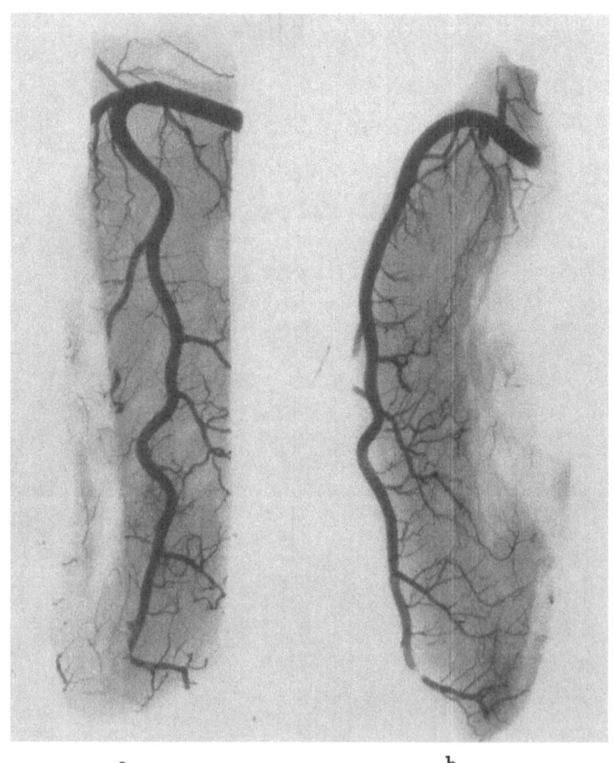

a   b

Abb. 3. a Aufsicht auf einen lateralen Ast des R. circumflexus. Leichte Schlängelung des Stammes mit Änderung der Abgangswinkel. b Verschiedene Einstrahlungswinkel der Zweige für das Myokard. Dichotomische intramuskuläre Verzweigung. (Seitenansicht von a)

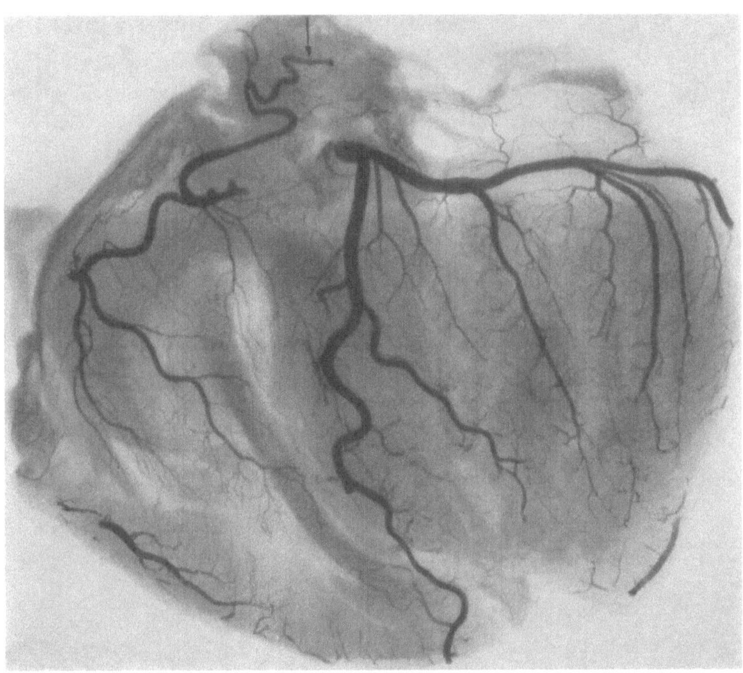

Abb. 4. Abgerolltes Herz mit Aorta und Coronarostien in der oberen Bildmitte. Linksversorgungstyp. Hypoplasie und Ostienstenose der rechten Coronararterie. Größere extrakardiale Anastomose der rechten Coronararterie unmittelbar distal des engen Ostiums. (↓ Anastomosen)

die Herzarterien den hämodynamischen Einflüssen von linkem Herzen und Bulbus aortae. Die Herzvenen stehen demgegenüber in engerer Beziehung zum Lungenkreislauf als zum venösen Schenkel des großen Kreislaufes. Sie werden durch diese Stellung in die Hämodynamik, z. B. von Herzklappenfehlern mit Rechtshypertrophie, Ventrikelseptumdefekt, Fallotschen Fehlern usw., einbezogen, können aber von der hämodynamischen Situation der Hohlvenen und der Venenperipherie unabhängiger sein.

Die Ostien der Coronararterien, die meist durch die geöffneten Aortenklappen (RAUBISCHEK 1951) verdeckt sind, aber auch oberhalb der Klappen liegen können, haben eine Schlüsselstellung in der Blutversorgung des Herzens. Sie können kritische Stellen dieser Strombahn werden, da sie auf Grund ihrer anatomischen Struktur nicht die gleiche Elastizität wie die ihnen folgenden Arterien haben. Ihnen fehlt im besonderen die Fähigkeit, sich in dem Grade zu erweitern oder zu verengern wie die muskulär-elastischen Herzschlagadern. Während des Wachstums und bei normalen Herzen steht ihre Größe (Abb. 2) in einer festen Korrelation zum Herzgewicht (SCHOENMACKERS u. VIETEN 1954; VOGELBERG 1957).

Die Hauptstämme der Herzarterien verlaufen in den Coronarfurchen der Herzoberfläche (Abb. 3), ihre Äste erster Ordnung zumeist auf den Kammern und Vorhöfen. Von der Oberfläche senken sie ihre Zweige in die Muskulatur (Abb. 3b). Sie teilen sich wie andere Arterien bis zu den Capillaren, die im allgemeinen parallel zu den Herzmuskelfasern angeordnet sind.

Im Rahmen der Vascularisation des Herzens haben einzelne Gefäße und Gefäßabschnitte eine verschiedene Wertigkeit. Die Vorhofarterien, welche vom R circumflexus beiderseits abgehen, haben auf den Lungenvenen und den Hohlblutadern zahlreiche Verbindungen mit Schlagadern des Mediastinums, Bronchial- und Intercostalarterien (SCHOENMACKERS 1958, 1960). Die Coronararterien der Rundfurche des Herzens können deshalb auf Grund ihres Anschlusses an extrakardiale Gefäße zur Ausgleichsversorgung herangezogen werden und als Kollateralen wirksam sein (Abb. 4). Im Gegen-

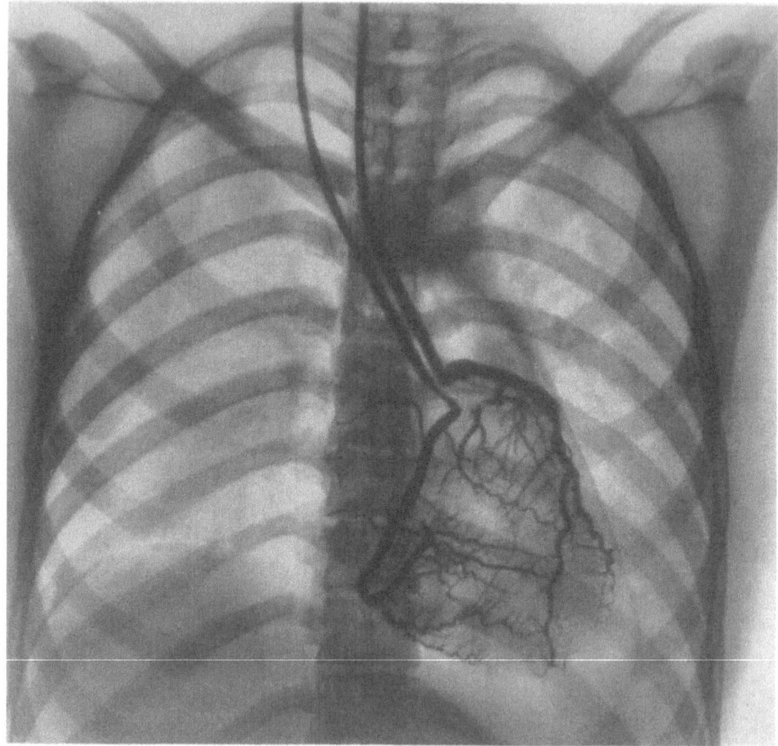

a

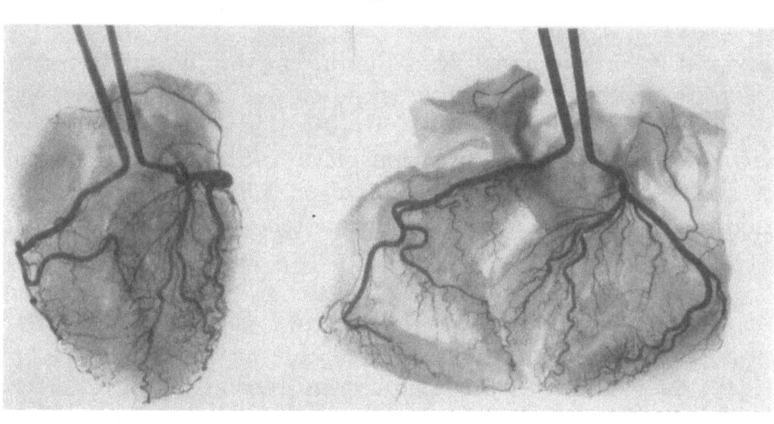

b   c

Abb. 5. a Darstellung der Coronararterien in situ. Normalversorgungstyp. Topographie der Herzarterien
bei normaler Größe und Lage des Herzens. b Isoliertes Herz eines anderen Falles — Herz liegt auf der Dorsalseite. c Gleiches Herz wie b. Abgerolltes Herz — Normalversorgungstyp. Der in der Mitte liegende
R. descendens sin. zeigt eine frühe fächerförmige Aufteilung

satz dazu sind die Stämme in der vorderen und hinteren Coronarfurche nur über Kollateralen und Anastomosen an intrakardiale Gefäße angeschlossen. In diesem Zusammenhang möchten wir die Verbindungen im gleichen Arteriengebiet als Kollateralen und die
zweier Gefäßgebiete als Anastomosen bezeichnen (Spalteholz 1924).

Aus den Capillaren fließt das Blut in kleine Venen des Myokards. Erst die mittleren
Venen treten auf die Herzoberfläche. Im Epikard bilden sie Netze zwischen den großen
Venenstämmen, die dann parallel zu den größeren Arterien verlaufen (vgl. Abb. 17)
(Kádár 1956). Außer der Einmündung in die großen Venen gibt es noch zahlreiche

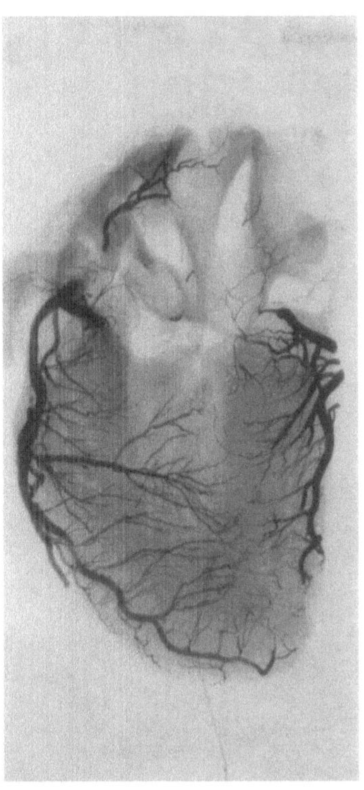

Abb. 6. Arterien des Septums. Versorgung der vorderen zwei Drittel durch Äste des R. descendens sin., des hinteren Drittels durch Äste des R. descendens in der hinteren Coronarfurche — Großes Anastomosenfeld an der Berührung der beiden Versorgungsgebiete

kleine Venen (Thebesische Venen), die unmittelbar in den rechten Vorhof münden oder sogar ihr Blut an den rechten Ventrikel abgeben (Aho 1950; Bucher 1953; Schoen-mackers 1949; Truex u. Schwarz 1951; Truex u. Angulo 1952; Bonitz u. Zylmann 1952; Hellerstein u. Orbison 1951).

Unter pathologischen Bedingungen können die Coronarvenen auch über die Venentrichter des linken Vorhofes mit Venen des Mediastinums und den Bronchialvenen in Verbindung stehen (Schoenmackers 1960).

Als Sondereinrichtungen findet man an diesen Gefäßen — den Arterien und Venen — Sperrabschnitte (Bucher 1944, 1945, 1949; Zinck 1940). Ihre Funktion scheint noch nicht genügend geklärt. An Abgangsstellen trifft man immer wieder auf flache Polster (Bucher 1944, 1945, 1949; Hirsch 1949; Rotter 1952), die mit der Stromregulation in Verbindung gebracht werden.

Wenn beide Herzschlagadern eine lehrbuchmäßige Verteilung — einen Normalversorgungstyp (Abb. 5) — aufweisen, versorgt die linke einen schmalen Streifen der Vorderwand des rechten Ventrikels neben der vorderen Coronarfurche sowie die linke Kammer, mit Ausnahme eines schmalen Streifens ihrer Hinterwand neben der hinteren Coronarfurche und des hinteren Drittels des Septums (Abb. 6). Die rechte Herzkranzschlagader übernimmt dagegen den rechten Ventrikel, mit Ausnahme von den erwähnten Teilen der Vorderwand, versorgt aber auch das dorsale Drittel des Septums (Abb. 6) und die Hinterwand des linken Ventrikels neben der hinteren Coronarfurche. Im Septum, in der Vorderwand der rechten und in der Hinterwand der linken sowie an der Herzspitze sind die Versorgungsgebiete beider Herzkranzschlagadern verzahnt und bilden Anastomosenfelder (Abb. 6).

Neben dem Normalversorgungstyp gibt es aber noch andere Versorgungstypen (Schoenmackers 1948, 1955). Bei 100 Fällen unseres Materials war der *Normalver-*

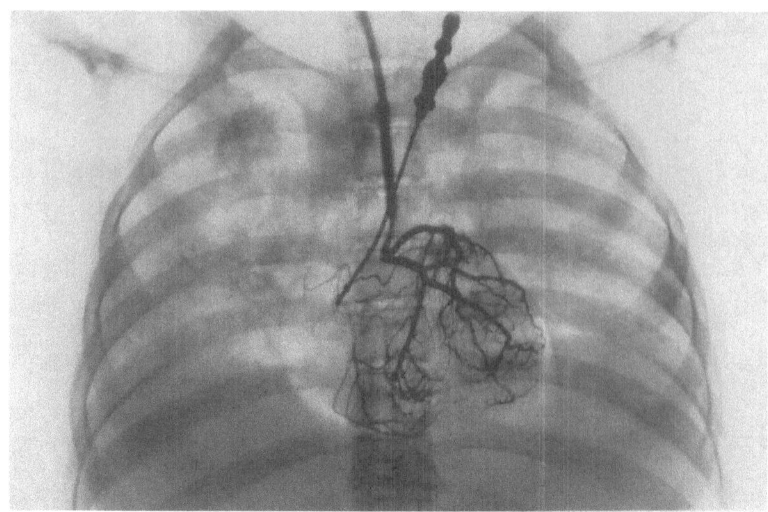

Abb. 7. a Darstellung der Coronararterien in situ. Linksversorgungstyp bei einem Herzen normaler Größe und Lage. b Normales Herz mit Coronararterien — Herz liegt auf seiner Dorsalseite. c Abgerolltes Herz mit Linksversorgungstyp. Die Arterie des Sulcus posterior ist ein Ast der linken Coronararterie

sorgungstyp mit 68%, der *Linksversorgungstyp* mit 23% und der *Rechtsversorgungstyp* mit 9% vertreten. Auf die unterschiedliche Verteilung des Versorgungsgebietes von Herzschlagadern haben auch Crainicianu (1922), Fanfani (1953), Di Guglielmo und Guttadauro (1954, 1955), Schlesinger (1938, 1940), Winckler (1949) und Zoll (1951) u. a. hingewiesen. Ihre Angaben über die Häufigkeit weichen in geringen Grenzen voneinander ab.

Beim Linksversorgungstyp (Abb. 7) erreicht der R. circumflexus die hintere Coronarfurche und steigt in ihr oft bis zur Herzspitze herab. Wenn aber die Arterie im Sinus coronarius posterior zur linken Herzschlagader gehört, werden Septum und Herzspitze nur von der linken Herzschlagader vascularisiert. Dann fallen die Anastomosenfelder der Herzspitze und des Septums aus. Sie finden sich in solchen Fällen nur auf dem rechten Ventrikel.

Vom Rechtsversorgungstyp sprechen wir, wenn die rechte Coronararterie weit auf die Hinter- und Seitenwand des linken Ventrikels übergreift und der R. circumflexus der linken Coronararterie nur wenige Zentimeter lang ist oder sogar fehlt.

Die Größe der Coronarostien entspricht bei den einzelnen Versorgungstypen etwa der Größe des Versorgungsgebietes der zugehörigen Arterie. Unter normalen Bedingungen haben die Versorgungstypen keine erkennbare Bedeutung, da wir sie in gleichem Maße bei gesunden und kranken Herzen gefunden haben.

Die Herzkranzschlagadern sind aber auch noch reich an anderen Varianten. So ist die Vascularisation der Herzspitze variabel. Sie wird zwar gewöhnlich von der vorderen und hinteren absteigenden Arterie versorgt, es gibt aber auch Fälle, bei denen die Äste der hinteren Kammerfurche auf die Vorderseite der Herzspitze übergreifen (vgl. Abb. 16). Es hängt ganz vom Versorgungstyp ab, welcher Herzarterie die Herzspitze angehört. Beim Normalversorgungstyp würde die Herzspitze dann nur von der rechten Herzkranzschlagader und zwar von deren Endverzweigung versorgt.

Es kann natürlich nicht auf jede der zahlreichen Varianten eingegangen werden. Eine praktisch wichtige Variante soll noch erwähnt werden. Es gibt nicht selten Fälle, bei denen sich der R. descendens sinister nach kurzem Verlauf in mehrere Äste aufteilt. Diese Äste sind im Verhältnis zum Stamm eng, erreichen aber durch ihre Zahl (bis zu 5) eine erhebliche Vergrößerung des Querschnittes. Die fächerförmige Verteilungsstelle kann natürlich eine Stenose vortäuschen. Tatsächlich gibt es auch vor arteriosklerotischen Stenosen ähnliche Verteilungsmuster von Ausgleichsarterien (vgl. Abb. 8, 13b). Die Verwechslung ist auch besonders deshalb möglich, weil bei dieser Variante nicht immer einer der Äste die normale Verlaufsrichtung des R. descendens aufnimmt.

Zwischen Organparenchym und Gefäßen bestehen am Herzen topographische Besonderheiten. Organarterien bilden im allgemeinen mit dem Stammgefäß einen spitzen Winkel und treten dann nach einem freien Abschnitt in das Organ ein, dessen Parenchym ihre Zweige und Äste allseitig umschließt. Im Gegensatz dazu gehen die A. coronaria sinister in einem stumpfen und die A. coronaria dextra etwa in einem rechten Winkel von der Aorta ab (Abb. 3—5a, 7a).

Die größeren Arterien und Venen verlaufen an der Herzoberfläche. Ihre Stämme behalten fast immer, wenn sie stärkere Äste abgeben, ihre alte Verlaufsrichtung bei. Die Arterien haben in ihrem Verlauf nicht immer den gleichen Verzweigungsmodus. Von den beiden Rr. circumflexi treten fast alle Äste in etwa rechtem Winkel auf die Vorhof- und Kammeroberfläche (Abb. 4, 5b, c, 7b, c). Auf den Oberflächen teilen sie sich zwar meist dichotomisch (Abb. 3a, 4, 5b, 5c, 7b, 7c), geben aber ihre Zweige in einem fast rechten Winkel an das Myokard ab (Abb. 3). Die Schlagadern der vorderen und hinteren Coronarfurche weichen am meisten vom Verzweigungsmodus anderer Organgefäße ab, weil sie, ohne ihre Richtung zu ändern, gleich- und verschieden starke Äste in drei Richtungen für Kammerwand und Septum entlassen.

Die Herzkranzschlagadern sind mit ihren Ästen und Zweigen jeweilig so im Raume angeordnet, daß sie im Bereich der Ventrikelwand in den drei Ebenen aufeinander senkrecht stehen. Außerdem sind Gefäße und Myokard in einem regelmäßigen Doppelgitter angeordnet (SCHOENMACKERS 1958). Auf den Vorhöfen bilden die Arterien gröbere und feinere Netze (Abb. 4, 5, 7) mit fast ausschließlich dichotomischer Teilung (SPALTEHOLZ 1924). Die Vorhofvenen haben ein ähnliches Verzweigungsmuster. Analysiert man nun dieses von anderen Organen abweichende Verzweigungsmuster unter dem Gesichtswinkel der normalen Herzbewegung, so ergibt sich Folgendes:

Die größeren Stämme und Äste an der Myokardoberfläche verlaufen außerhalb des funktionierenden Parenchyms. Die Gefäßstämme in den Atrio-Ventrikularfurchen liegen in dem Bewegungsknoten zwischen Kammern und Vorhöfen. Auf den Kammeroberflächen sind sie, sofern sie in Richtung auf die Herzspitze verlaufen, ebenfalls in der Bewegungsrichtung orientiert. In dieser Richtung teilen sie sich auch dichotomisch. Auch die Äste der Oberflächengefäße, die fast rechtwinklig ins Myokard übertreten, nehmen wieder die Bewegungsrichtung auf (Abb. 3). Innerhalb des Herzmuskels verzweigen sich die Gefäße weiter dichotomisch, wenn auch ihre Winkel größer werden können als es dem Oppel-, Roux- (1910) und Heßschen (1903, 1917) Verzweigungsgesetz

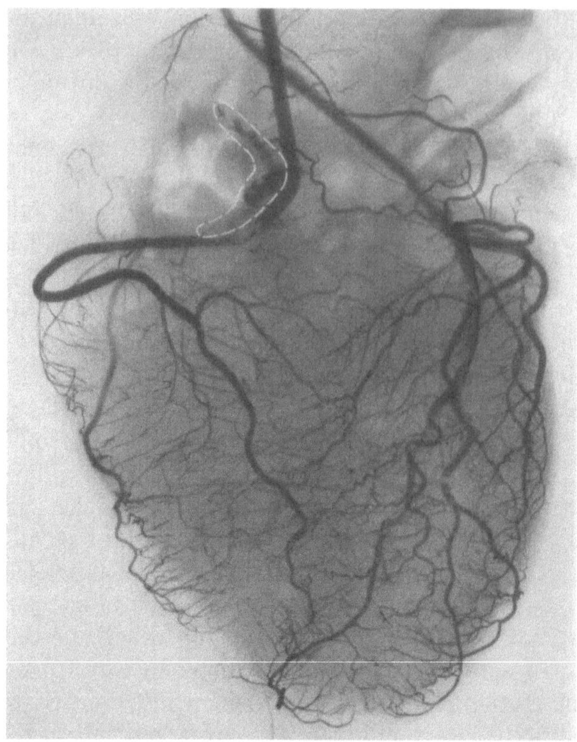

a

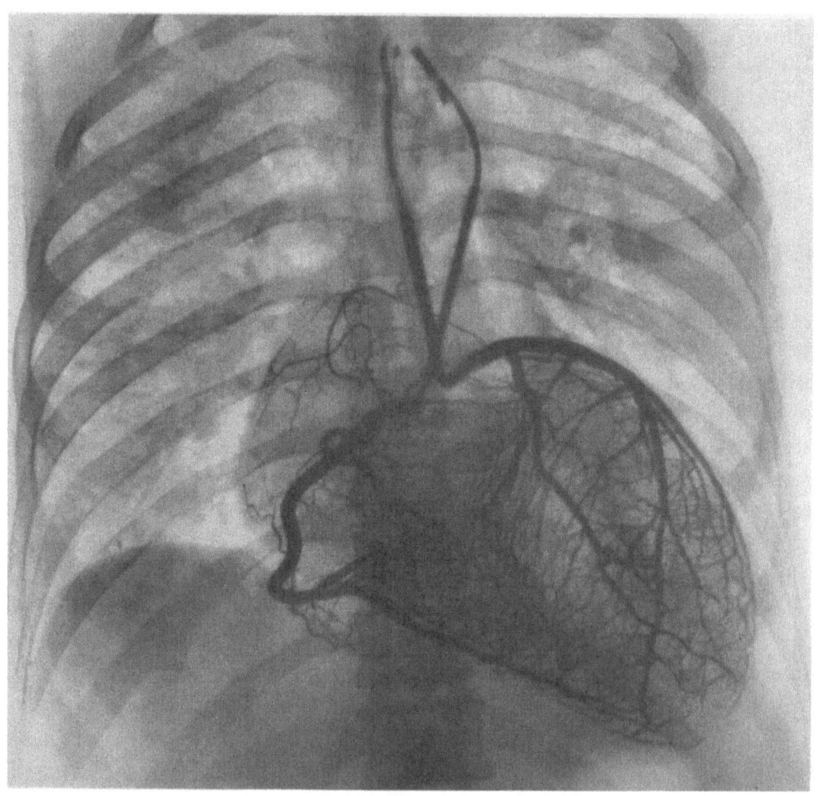

b

Abb. 8a u. b

entspricht. Vielleicht weichen auch kleine und kleinste Arterien von der Orientierung auf die Herzbewegung ab. Die Capillaren sind dann letzten Endes parallel zu den Herzmuskelfasern angeordnet — also ebenfalls in Bewegungsrichtung (SCHOENMACKERS 1958).

Histologisch gehören die Coronararterien zu den Schlagadern des elastisch-muskulären Typs. Darüber ist man sich in der ganzen Literatur einig. Es besteht aber keine Übereinstimmung darüber, wie die quantitativen Verhältnisse zwischen innerer und äußerer elastischer Schicht sind. Gemeinsam mit STRATMANN (1955) konnten wir zeigen, daß es mehrere Bautypen gibt, die einerseits eine kräftige Elastica interna, andererseits eine nur schwach ausgebildete Elastica externa aufweisen. Zwischen den verschiedenen Stärken von Elastica interna und externa gibt es schon normalerweise verschiedene Kombinationsmöglichkeiten. Die muskuläre Media kann zwar etwas dünner oder dicker sein, ist aber anscheinend in ihrer Stärke von dem unterschiedlichen Verhalten der Elastica abhängig. Ehe wir zur Pathologie der Coronargefäße übergehen können, müssen wir auf die Beziehungen zwischen Herzgefäßen und Herzmuskel eingehen. Im Rahmen der Korrelation zwischen Herzgewicht und Herzgefäßen fällt unser Blick zuerst wieder auf die Ostien.

Die Korrelation zwischen der Größe der Ostien und dem Herzgewicht kann durch Zunahme des Herzgewichtes oder Stenose der Ostien gestört werden. Die Öffnung der Ostien kann zwar bis zu einem Herzgewicht von 500 g parallel mit der Gewichtszunahme größer werden, ist aber oberhalb von 500 g Herzgewicht statistisch immer kleiner als es dem Herzgewicht entsprechen würde (SCHOENMACKERS u. VIETEN 1954; VOGELBERG 1957). Es kommt dann zu einer relativen Ostienenge — zu einer *erworbenen Ostiumbarriere* —, die allein schon für Durchblutungsstörungen des Herzmuskels verantwortlich sein kann (vgl. Abb. 2).

2. Normale und pathologische Korrelationen zwischen Coronararterien und Myokard

Wie verhalten sich nun die Blutgefäße des Herzens bei der Hypertrophie des Myokards ?

Man kann sich eine Vorstellung von der Adaptationsgröße der Herzgefäße machen, wenn man z. B. in einer Überschlagsrechnung den Kammerkomplex bei Verdoppelung des Herzgewichtes als Kegel einsetzt. Bei einer Verdoppelung des Kegelgewichtes verhalten sich Volumen:Oberfläche:Umfang wie 3,8:3,4:3,2. Das bedeutet, daß bei doppeltem Gewicht der Umfang bzw. die Länge nur etwa um 25%, die Oberfläche aber um 60% zunimmt. An den Gefäßen erfordert dies eine Verschiebung der Arterien-Arteriolen-Grenze zur Peripherie. Die Weite der Gefäße verhält sich anders als die Länge. Beim Spritzen von Kontrastmittel stellt man nämlich fest, daß bei gleichem Kontrastmittel und gleicher Injektionsmethode die erforderliche Kontrastmittelmenge mit dem Herzgewicht ansteigt. Da die Verlängerung verhältnismäßig gering ist, muß der Querschnitt der Gefäße entsprechend mehr zunehmen. Diese Vergrößerung des Querschnittes läßt sich angiographisch an zwei Befunden bestätigen. Die Hauptgefäße werden erweitert. Deshalb wird die Anzahl der Gefäße, die dargestellt werden können, größer. Sie sind sicherlich auch vorher vorhanden, befinden sich aber an normalgewichtigen Herzen unterhalb der Grenze der Darstellungsfähigkeit. Erst durch ihre Erweiterung werden sie sichtbar. Es handelt sich also nicht um eine echte Gefäßvermehrung, sondern um eine Gefäßphanerose (Pseudovermehrung) (s. A-Teil).

Fast regelmäßig werden aber auch noch andere, sonst nicht sichtbare Gefäße deutlich. Davon ist ein Ast, der im Winkel zwischen den beiden Ästen der linken Kranzschlagader

Abb. 8. a Fast völlig glatte Konturen der Coronararterien an einem Hochdruckherzen. — Gleichförmig stenosierende Coronarsklerose. Arterio-kardiale Hypertrophie. (- - - - Verkalkung der Vorhofwand). b Sehr schwere Herzhypertrophie nach Aorten- und Mitralstenose, Erweiterung der Coronararterien, besonders auch der Vorhofäste. Kardio-coronare Hypertrophie. Keine Coronarsklerose

entspringt und quer über den linken Ventrikel verläuft — ein sog. Winkelast — wohl der wichtigste, weil er fast die Stärke der übrigen Äste erreichen (s. Abb. 16, 19, 20) und sich in die anderen Coronaräste projizieren kann. Die Anpassung der Gefäße an die Herzhypertrophie geht zeitlich meist mit der Hypertrophie des Myokards parallel. Man sieht allerdings auch immer wieder Fälle, bei denen die Anpassung der Gefäße hinter der Hypertrophie der Muskulatur nachhinkt.

Die funktionierende Masse der Coronararterien — Elastica und Muscularis — nimmt im statistischen Durchschnitt nur bis 500 g Herzgewicht zu, hat also die gleiche obere Adaptationsgrenze wie die Ostien. Bei 500 g liegt also ein kritisches Herzgewicht (Linzbach 1947, 1948, 1950; Schoenmackers 1948). Oberhalb 500 g besteht also von vornherein die Wahrscheinlichkeit, daß die Korrelation zwischen dem Herzen und seinen Gefäßen gestört ist. Für die meisten Fälle mit einem Herzgewicht oberhalb 500 g läßt sich außerdem durch Integration nachweisen, daß sie nur etwa 500 g reines Muskelgewicht haben, das Gewicht oberhalb 500 g wird durch Fettgewebe und Zunahme des Stützgewebes und durch Narbengewebe erreicht. Bei 500 g liegt also auch ein oberes Herzmuskelgrenzgewicht (Schoenmackers 1958).

Mit Linzbach dürfen wir annehmen, daß sowohl das kritische Herzgewicht wie auch das Herzmuskelgrenzgewicht von der oberen Adaptationsgrenze der Ostien und der Herzarterien abhängig sind.

In der Adaptation zwischen Herzmuskelmasse und ihren Gefäßen liegt schon eine Gefahr für die Herzdurchblutung, indem entweder die Ostien oder die Herzarterien selbst zu „klein" werden. So besteht die Gefahr einer Coronarinsuffizienz (Büchner, Weber, Haager 1935; Büchner 1939). Es hängt nun von der Größenordnung der Korrelationsstörung ab, ob es nur bei einer Überlastung (relative Coronarinsuffizienz, Büchner 1939, 1950) oder aber schon in Ruhe zu einer Minderdurchblutung des Herzens kommt.

Es gibt natürlich Ausnahmen von dieser Regel. Dabei handelt es sich um Fälle mit einer Hyperplasie der Fasern (Linzbach 1947), bei denen die Relation „Herzmuskelfaser und Capillare" normal bleiben kann, oder um Fälle mit extrakardialen Coronaranastomosen (Schoenmackers 1954), die das Herz von den Ostien unabhängig machen können (vgl. Abb. 4), so wie es bei der Mesaortitis mit völligem Verschluß der Ostien der Fall ist.

Bei der Diskussion der Adaptation der Herzgefäße haben wir bisher die verschiedenen Arten von Herzhypertrophie noch nicht berücksichtigt.

Beim Hochdruck hypertrophieren das Herz und alle Arterien, bei der Aortenisthmusstenose Herz und Schlagadern oberhalb der Stenose — meist also auch die Arterien des Halses und die Aa. subclaviae. In diesen Fällen ist die Hypertrophie der Herzarterien (Abb. 8a) nur ein Bestandteil einer *arterio-kardialen Hypertrophie* (Schoenmackers 1948/49; Karnbaum 1957).

Es gibt aber auch eine Herzhypertrophie ohne Hochdruck, beispielsweise bei konnatalen und erworbenen Klappenfehlern, Cor pulmonale usw. In diesen Fällen werden die Coronararterien auch weiter und wandstärker (Abb. 8b, 14), es fehlt aber die Hypertrophie der Aorta und ihrer anderen Äste, so daß nur eine kardio-coronare Hypertrophie vorliegt (Schoenmackers 1949).

Die Adaptation der Herzgefäße hat aber auch deshalb noch besondere Aspekte, weil beim Hochdruck eine symmetrische und harmonische, bei Klappenfehlern aber eine asymmetrische und unharmonische Hypertrophie des Herzens vorliegen kann. Bei der symmetrischen Hypertrophie können die Coronararterien ihr Muster behalten; bei der asymmetrischen Hypertrophie brauchen sich nicht immer beide Coronararterien zu adaptieren; das hängt natürlich vom Versorgungstyp ab. Beim Normalversorgungstyp hypertrophieren bei Mitralstenose und Cor pulmonale vorwiegend die rechte, bei Aortenklappenfehlern und symmetrischer Hypertrophie angeborener Herzfehler beide Herzarterien in gleicher Weise.

Beim Linksversorgungstyp müssen beide Coronararterien für die Vascularisation eines hypertrophierten rechten Ventrikels sorgen, während bei Linkshypertrophie nur die linke Kranzschlagader länger, weiter und stärker werden muß.

Beim Rechtsversorgungstyp fällt die Rechtshypertrophie praktisch fast ganz in den Bereich der rechten Coronararterie, während sie bei Linkshypertrophie ebenfalls entscheidend beteiligt sein muß, da sie einen großen Teil des linken Ventrikels versorgt.

Es hängt nun von der Adaptationsfähigkeit der einzelnen Herzarterie und auch von der Vergrößerungsfähigkeit der Ostien ab, inwieweit die Vascularisation trotz eines bestimmten Versorgungstypes ausreichend bleibt. Auf Grund der Adaptation der Herzarterien an eine asymmetrische Hypertrophie kann es verständlicherweise auch zur Vortäuschung von Versorgungstypen kommen.

3. Extrakardiale Coronaranastomosen

Wenn extrakardiale Anastomosen (vgl. Abb. 4) an der Versorgung eines hypertrophierten Herzens (HUDSON, MORITZ, WEARN 1932; SCHOENMACKERS 1954; HALPERN 1954) beteiligt sind, werden die Äste in der Vorhof-Kammerfurche größer und stärker. Auch ihre Äste, welche auf die Kammeroberflächen greifen, werden dann besonders weit und lang.

Bei Hypertrophie des Herzens, die sich fast immer über einen längeren Zeitraum entwickelt, hat auch das Coronargefäßsystem genügend Zeit, sich auf die quantitative Vermehrung des Myokards einzustellen.

Bei der akuten Dilatation des Herzens fehlt demgegenüber diese Anpassungszeit. Deshalb sieht man postmortal angiographisch in solchen Fällen eine Verlängerung der Arterien mit Verkleinerung des Querschnittes. Stützt man sich auf diesen angiographischen Befund, so darf man annehmen, daß mit einer schweren akuten Dilatation, besonders wenn es sich um hypertrophierte Herzen handelt, auch eine Gefahr für die Coronardurchblutung von den Herzarterien selbst verbunden sein kann. Das gilt besonders deshalb, weil die vermehrte Herzdurchblutung am hypertrophierten Herzen besonders durch die Erweiterung der Kranzgefäße zustandekommt (SCHOENMACKERS 1958).

Die Weite, welche die Coronararterien angiographisch und bei der Präparation zeigen, kann im Vergleich mit der Herzgröße grobe Schätzungen über die Korrelation von Herzgewicht und Coronarversorgung zulassen.

Bei der Atrophie des Herzens fehlt meist eine nachweisbare Atrophie der Herzgefäße. Sie schlängeln sich und wirken in fast allen Fällen postmortal weiter, als es der Herzgröße normalerweise entspricht. Eine Atrophie von Coronargefäßen ist natürlich nur solange möglich, wie es sich um nicht sklerotisch veränderte Gefäße handelt; wenn einmal eine Arteriosklerose besteht, ist eine Atrophie schwer vorstellbar.

Die Schlängelung der Herzschlagadern kann unterschiedliche Ursachen haben. Bei schwerer Kachexie jugendlicher Patienten beruht sie auf der Atrophie des Herzens, die immer auch mit einer Verkleinerung des Herzens einhergeht; sie ist reversibel. Bei älteren Patienten liegt eher ein Verlust elastischer Elemente, kombiniert mit einer sog. Altersatrophie des Herzens, zugrunde; sie ist nur sehr bedingt reversibel.

Mit der Schlängelung ändern einzelne Abschnitte in rhythmischer Folge ihre Verlaufsrichtung. Dabei können sich die Stammgefäße zu ihren Ästen anders orientieren, als es normalerweise der Fall ist. Der rechte Winkel an den Abgangsstellen der Oberflächengefäße, selbst auch der Zweige, die ins Myokard gehen, kann spitz werden. So können strömungsdynamisch orientierte Abgangsstellen entstehen.

4. Pathologie der Coronararterien

Wenn auch die pathologischen Veränderungen der Herzkranzschlagadern mit denen der übrigen Arterien weitgehend übereinstimmen, so unterscheiden sie sich dennoch dadurch, daß sie sowohl qualitativ als auch quantitativ einen speziellen Alterswandel durchmachen (BÄHR 1938; MEESSEN 1944; HAUSAMMANN 1949; HIERONYMI 1956, 1957, 1958; WOLKOFF 1923, 1929; HOEKSTRA 1951; MILLES u. DALLESSANDRO 1954). Dieser

Alterswandel besteht in einer Verdickung der Innenschicht; man kann ihm auch einen Teil der perivasalen Bindegewebsvermehrung, wie man sie an Herzen alter Patienten, auch ohne Coronarsklerose, sieht [Kardiosklerose, Spang (1954)], zuschreiben.

Bevor wir zur Pathologie der Herzgefäße übergehen, muß darauf verwiesen werden, daß in und an den Herzarterien alle pathologischen Veränderungen, wie man sie auch sonst im Gefäßsystem kennt, vorkommen können. Gallois, Froment u. Mitarb. haben 1957 alle von ihnen beobachteten Coronarveränderungen zusammengestellt. Sie kommen zu dem Ergebnis, daß in allen Altersklassen entzündliche und sonstige Gefäßveränderungen am Herzen vorkommen. Dabei sind die entzündlichen Veränderungen (v. Albertini 1943; Ritama, Laitinen u. Virkkunen 1951; Zak 1952; Zeek 1948) bei Jugendlichen häufiger als später. Sie weisen auch, wie andere Autoren, besonders darauf hin, daß die Herzgefäße an allen generalisierten Gefäßveränderungen, wie Periarteriitis nodosa, Endangiitis obliterans (Meessen 1941; Sinclair u. Nitsch 1949; Winkelmann u. Moore 1950; Völker 1956, 1957), beteiligt sein können.

Auf die Einzelheiten der unterschiedlichen Auffassungen über das Bild der Coronaritis wollen wir in diesem Rahmen nicht eingehen (v. Albertini 1938). Die Rückwirkung entzündlicher Gefäßveränderungen mit und ohne sekundäre Thrombose auf die Durchblutung des Herzens hängt, wie bei der Coronarsklerose, vom Grad der Lichtungseinengung und Funktionsstörung der Coronarwand ab.

a) Fehlbildungen

Wenden wir uns nun zuerst den Fehlbildungen der Coronarostien oder der Herzkranzschlagadern zu. Sie sind nämlich gute Modelle quantitativer und qualitativer Durchblutungsstörungen. Quantitative Durchblutungsstörungen — durch zu wenig Blut — finden wir bei der Aplasie eines Coronarostiums oder einer Coronararterie.

Qualitative Durchblutungsstörungen treten dagegen in dem Falle auf, wenn eine oder beide Herzarterien aus der Lungenschlagader abgehen und dann ein sauerstoffärmeres, mit Stoffwechselprodukten beladenes Blut dem Myokard zufließt.

Unter beiden Bedingungen können Nekrosen des Myokards entstehen, die über die Bildung von Granulationsgewebe zu Narben werden. Nicht selten ist das Myokard aber trotz dieser Veränderungen an den Coronararterien ohne alle Veränderungen.

Quantitative Durchblutungsstörungen können durch herzeigene Kompensationsmechanismen, wie Weiterstellung von Ostien und Arterien, höhere Strömungsgeschwindigkeit und extra- sowie intrakardiale Anastomosen direkt kompensiert werden. Qualitative Durchblutungsstörungen können, soweit sie ihre Ursache im Herzen selbst haben, höchstens von seiten des Herzens indirekt wirkungslos gemacht werden oder in ihrer Wirkung herabgesetzt werden, wenn beispielsweise ein Gefäß, das Blut mit Stoffwechselprodukten und zu wenig Sauerstoff enthält, „ausgeschaltet" wird, indem das Versorgungsgebiet eines solchen Gefäßes von intra- und extrakardialen Anastomosen übernommen wird. Das ist natürlich beim Ursprung beider Herzkranzschlagadern aus der A. pulmonalis kaum möglich, es sei denn, es käme über extrakardiale Anastomosen zu einer Mischung von venösem und arteriellem Blut, die für die Ernährung und Funktion des Myokards ausreicht. So demonstrieren die Fehlbildungen die ganze Problematik der Pathologie der Coronararterien, daß nämlich pathologische Veränderungen der Coronargefäße klinische und morphologische Folgen haben können, aber auch mit und ohne Kompensationsmechanismen folgenlos bleiben können.

Zu den Fehlbildungen ist im einzelnen nur zu sagen, daß man in der Literatur immer wieder Fälle mit Aplasie einer Coronararterie beschrieben findet [Plaut 1922; Petrén 1930; Hallermann 1939; Kockel 1934/35; Richter 1937; Mönckeberg 1923; Dutra 1950; Reindell und Harnasch (nach einer Beobachtung von Meessen) 1938; Swann und Fitzpatrick u. a. 1954]. Analysiert man diese Fälle genauer, so handelt es sich fast immer nur um die Aplasie eines Ostiums, nicht aber einer Kranzschlagader. Das ist

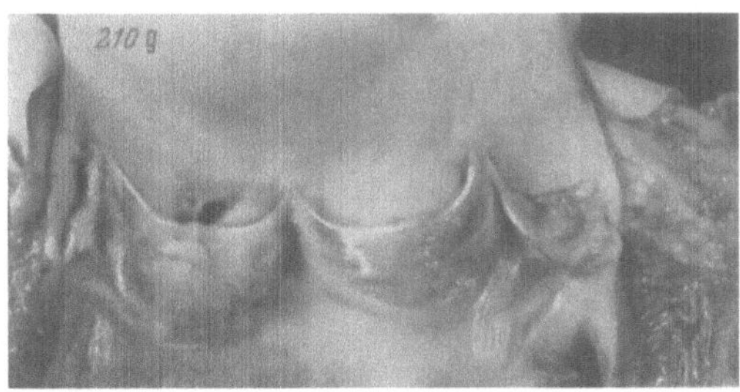

Abb. 9. Aplasie des linken Coronarostiums, doppeltes rechtes Ostium. Konnatale Ostiumbarriere

natürlich angiographisch wichtig, da ein normales Angiogramm des Herzens vorgetäuscht werden kann, wenn man nicht bemerkt, daß nur ein Ostium vorliegt (Abb. 9). In solchen Fällen besteht oft eine *angeborene Ostiumbarriere*, die schon in Ruhe oder erst nach Belastung wirksam werden kann, zu Durchblutungsstörungen führt oder gar den Tod verursachen kann. Wenn aber die Größe des einen Ostiums dem Herzgewicht entspricht, können Veränderungen der Muskulatur und anamnestisch Herzbeschwerden fehlen. Man findet dann die Atypie des Ostiums rein zufällig. In diesen Fällen kann die zweite ostienlose Herzschlagader über eine sog. dritte Coronararterie, die oft auf der Vorderwand des Infundibulums verläuft, an das Ostium angeschlossen sein (SCHLESINGER, ZOLL u. WESSLER 1949). An zweiter Stelle steht der Abgang einer oder beider Coronararterien aus der A. pulmonalis (ADEBAHR 1954; DAGONET 1952; DUTRA 1950; W. ROTTER 1959; SWANN u. FITZPATRICK 1954; SWAN u. WERTHAMMER u. a. 1955; EDWARDS 1958; KRUZMANN 1959; KEITH 1959). Gehen beide Herzarterien aus der Lungenschlagader ab, dann tritt meist schon kurz nach der Geburt der Tod ein; entspringt aber nur eine Coronararterie aus der A. pulmonalis, dann sieht man auf Grund des Sauerstoffmangels Nekrosen, Granulationsgewebe und Narben in ihrem Versorgungsgebiet. Der Abgang einer Kranzarterie aus der Lungenschlagader kann aber auch folgenlos bleiben. Bei einer 55 Jahre alten Frau entsprang zwar die rechte Herzschlagader aus der Lungenarterie. Es waren aber keine Veränderungen des Myokards und auch keine Herzsymptome in der Anamnese nachzuweisen. Man muß in diesem Falle mit genügender Sicherheit annehmen, daß die Blutversorgung des Myokards ganz von der anderen Herzschlagader getragen worden war. Die „Herzarterie", die aus der Lungenschlagader abging, hat wahrscheinlich als „Vene" funktioniert. Aneurysmen der Coronararterien haben heute, wo eine intravitale Darstellung der Coronararterien möglich ist (DI GUGLIELMO 1959), auch eine klinische Bedeutung, während sie früher nur das Interesse des Pathologen erweckten. Sie kommen in allen Altersklassen vor (LEVI, G. u. M. ZORZI 1949; MINDER 1953; SCHORNAGEL 1958; GORE u. a. 1959; SILVERMANN 1959), sind aber im allgemeinen selten. Sie können eine, zwei oder sogar alle drei Herzarterien erfassen. Ihre Erweiterung kann sackförmig, aber auch ganz gleichförmig serpentiginös sein. Sie führen über eine Störung der Coronardurchblutung infolge sekundärer Thrombose oder auf Grund hämodynamischer Veränderungen zum Tode. Gelegentlich perforieren sie auch in den Herzbeutel oder in eine Herzkammer. Die Ätiologie einiger Aneurysmen ist unklar, andere entstehen auf der Basis von Entzündungen. Arteriosklerose, wieder andere entstehen vielleicht sogar auf dem Boden kleiner angeborener Fehlbildungen, die später unter hämodynamischen Einflüssen größer werden. Die Frage, ob solche Aneurysmen traumatisch entstehen können, muß vorläufig offen bleiben. Lokale kleine Aneurysmen ohne größere hämodynamische Bedeutung entstehen auf dem Boden einer Arteriosklerose. Es können aber auch Aneurysmen der Coronararterien vorgetäuscht werden, wenn die Coronargefäße ausnahmsweise als Kollateralen eingesetzt werden. LOOGEN und VIETEN (1959) beschreiben einen Fall mit Stenose des Bulbus aortae proximal der Abgangsstellen der großen Halsgefäße. Die Coronararterien waren stark geschlängelt und erweitert. Wenn man auch einen Teil der

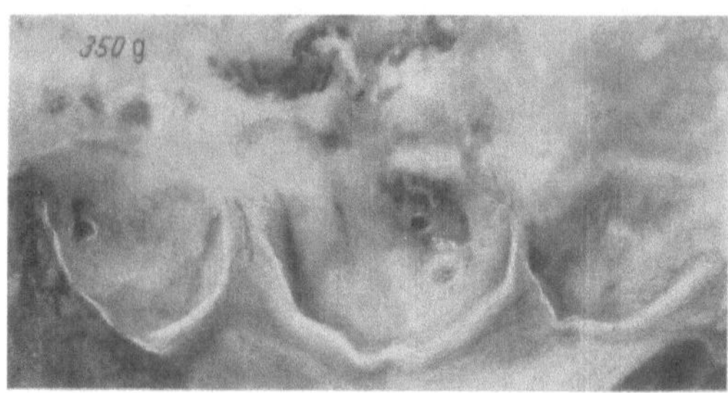

Abb. 10. Arteriosklerotische Stenose der Coronarostien — erworbene Ostiumbarriere

Erweiterung als Folge der Linkshypertrophie des Herzens ansehen muß, so muß doch bedacht werden, daß die Coronararterien schon unter normalen Bedingungen mit Mediastinal- und Bronchialarterien in Verbindung stehen. Unter pathologischen Bedingungen kann sich also über die Coronararterien mit ihrem Anschluß an Arterien des Mediastinums ein Kollateralsystem bilden, das, wie bei Aortenisthmusstenosen, die enge Gefäßstelle umgeht und so die Blutversorgung der Peripherie verbessert. Es handelt sich in diesem Fall natürlich im wesentlichen um eine *kardio-coronare Hypertrophie,* wenn wir die Hypertrophie des nur kurzen Bulbusabschnittes der Aorta unter diesen Sonderbedingungen zum Herzen rechnen. Es wird aber nur ein Teil der Hypertrophie und Erweiterung der Herzkranzschlagadern für das Herz selbst nutzbar gemacht; das meiste Blut passiert nur die Coronararterien (s. S. 88).

b) Coronarsklerose

Wenn wir nun zur Coronarsklerose übergehen, müssen wir wieder mit dem Ostium beginnen. Ein oder beide Coronarostien können in die Arteriosklerose des Bulbus aortae, der Herzarterien oder beider einbezogen sein (Abb. 10). Fälle isolierter Arteriosklerose der Ostien sind seltener. Arteriosklerose und Lues führen zum Verlust der Elastizität und damit zur Verminderung ihrer funktionellen Anpassungsfähigkeit (BÜCHNER 1950; GOORMAGHIGH, DE VOS und BLANCQUAERT 1955). Die Coronarostien können progressiv enger werden, obgleich in derselben Zeit das Herzgewicht zunehmen kann. So entsteht eine Störung der Korrelation zwischen Herzgewicht und Ostiengröße, eine *erworbene Ostiumbarriere* (Abb. 10).

Auf Grund weiterer Untersuchungen ließen sich auch *periphere Ostiumbarrieren* nachweisen. Man findet sie an den Abgangsstellen der Äste aus den Coronarstämmen. An dieser Stelle kann eine enge Stenose eingeschaltet sein, während das Stammgefäß und der Ast unveränderte Wandkonturen haben. Solche Ostiumbarrieren führen einerseits zu einer Blutverteilungsstörung; sie können sogar einen Herzabschnitt von der Blutversorgung weitgehend abschnüren. Solche Ostiumbarrieren können bei längerem Bestand zu einem Umbau des Gefäßsystems führen, indem andere, meist daneben liegende Äste, die Versorgung des Astes mit der Ostiumstenose übernehmen (SCHOENMACKERS u. CAMPOS, 1964).

In der Erörterung der Coronarsklerose interessiert mehr ihr Einfluß auf die Durchblutung des Herzens als ihre Pathogenese.

Die Rückwirkung der Arteriosklerose auf die Funktion der elastischen und muskulären Elemente der Wand und auf die Lichtungsweite steht dabei im Vordergrund.

Mit der Coronarsklerose, die in der Innenschicht des Gefäßes beginnt und dann auch die anderen Gefäßwandschichten, besonders die Muscularis media ergreifen kann, verlieren einzelne Gefäßabschnitte oder sogar ganze Gefäße zuerst ihre Elastizität (BARBARESCHI 1955), dann durch Zerstörung oder Ausschaltung der Muskulatur durch sklerotische und verkalkte Intimaherde auch ihre Stellfähigkeit. Da die Arteriosklerose in der Innenschicht beginnt und dann erst auf die muskuläre Media und Adventitia übergreift, gehen

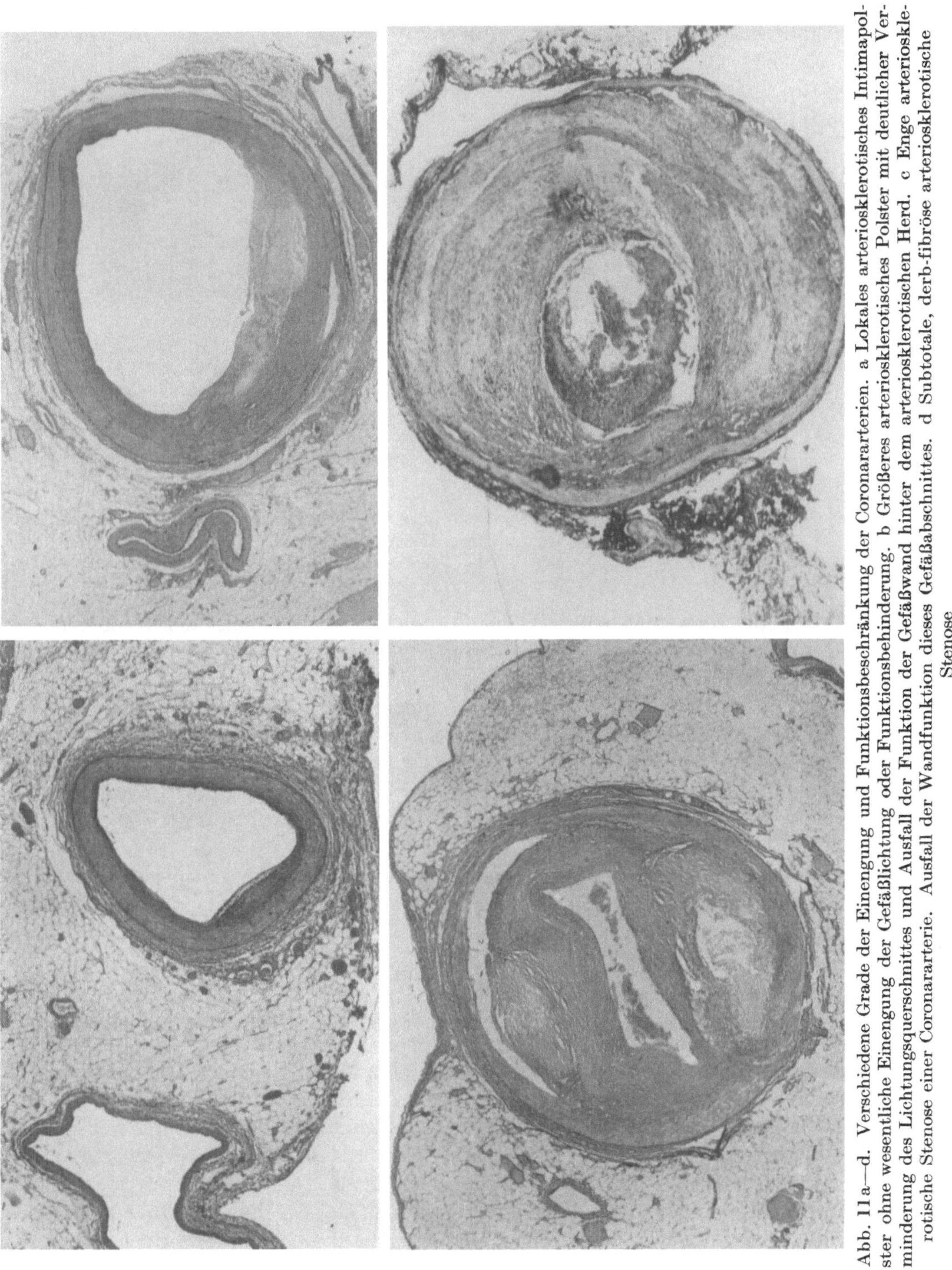

Abb. 11a—d. Verschiedene Grade der Einengung und Funktionsbeschränkung der Coronararterien. a Lokales arteriosklerotisches Intimapolster ohne wesentliche Einengung der Gefäßlichtung oder Funktionsbehinderung. b Größeres arteriosklerotisches Polster mit deutlicher Verminderung des Lichtungsquerschnittes und Ausfall der Funktion der Gefäßwand hinter dem arteriosklerotischen Herd. c Enge arteriosklerotische Stenose einer Coronararterie. Ausfall der Wandfunktion dieses Gefäßabschnittes. d Subtotale, derb-fibröse arteriosklerotische Stenose

die funktionellen Eigenschaften des Gefäßes meist in dieser Reihenfolge verloren (vgl. Abb. 11).

Die ersten arteriosklerotischen Veränderungen findet man meistens im Anfangsteil des R. descendens sinister vor und an der Abgangsstelle der oberen, ziemlich großen Septumarterie. Der Häufigkeit nach folgt der rechte und zuletzt der R. circum-

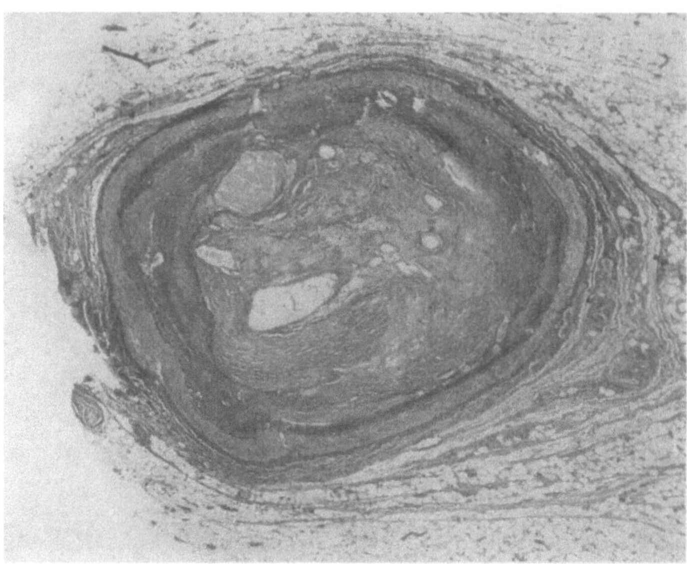

Abb. 12. Vollständige Gefäßverlegung durch arteriosklerotische Veränderungen, kombiniert mit einer organisierten Thrombose

flexus sinister. Bei schwerer stenosierender Coronarsklerose ist meist der R. descendens sinister am schwersten befallen. Oft ist er völlig verschlossen (Abb. 14a) und bildet nur noch ein kalkhartes Rohr ohne durchgehende Lichtung. Die Coronarsklerose besteht aus einzelnen, voneinander unabhängigen oder ineinander übergehenden Herden. Diese Herde können ganz unregelmäßig im Gefäß verteilt sein, sich gegenüberstehen oder alternierend an der einen und dann an der gegenüberliegenden Wand Polster bilden, so daß die Lichtung ganz unregelmäßig eingeengt wird. Daneben gibt es nicht selten auch zirkuläre stenosierende Herde, die der Lichtung ein perlschnurartiges Aussehen geben können (Abb. 11, 12).

Die Variabilität von Größe, Höhe, Ausdehnung und Oberflächenkontur jedes einzelnen arteriosklerotischen Herdes sowie ihre Anordnung im Gefäß und ihr Abstand voneinander lassen einen fast unübersehbaren Formenreichtum der Restlichtung arteriosklerotischer Gefäße zu (Abb. 8a, 13, 16, 20). Es muß aber nicht mit jeder Cornarsklerose auch eine Stenosierung der Lichtung mit unregelmäßigem Lichtungsrelief verbunden sein. Die Innenkonturen der Herzarterien können auch völlig glatt bleiben (Abb. 8a, 11).

Besonders bei der arterio-kardialen Hypertrophie — also nach Hochdruck — können die Innenkonturen, trotz schwerer Arteriosklerose, ganz glatt erscheinen (Bäuerle 1950). Diese Form der Coronarsklerose schränkt trotzdem die Coronardurchblutung ein (Vivell 1951), weil die Gefäße gleichmäßig enger werden und die Funktion der Wand weitgehend eingeschränkt wird. Das kann für alle Äste der Coronararterien, aber auch für einzelne oder nur für Teilstrecken gelten. Dieser Befund ist für die Deutung von Angiogrammen der Cornararterien von besonderer Bedeutung, weil man sich bei der Analyse der Coronardurchblutung an Hand von Angiogrammen vorwiegend auf die Randkontur des Kontrast-

Abb. 13. a Schwere stenosierende Coronarsklerose (vgl. Abb. 11a—d). Totale Ostiumstenose rechts — Linksversorgungstyp. Ausgleichversorgung der hypoplastischen rechten Coronararterie durch eine Verbindung zu Vorhofarterien und über diese zum R. circumflexus sinister. Frühe fächerartige Verzweigung des R. descendens sinister vor einer arteriosklerotischen Stenose — Ausgleichäste. Arterio-kardiale Hypertrophie bei Hochdruck. b Abgerolltes Herz von Abb. 13a. Frühe Aufteilung des R. descendens sinister vor arteriosklerotischer Stenose. Perlschnurartige Arteriosklerose des R. circumflexus sinister. Kollateralen zwischen den beiden R. circumflexi über Vorhofarterien

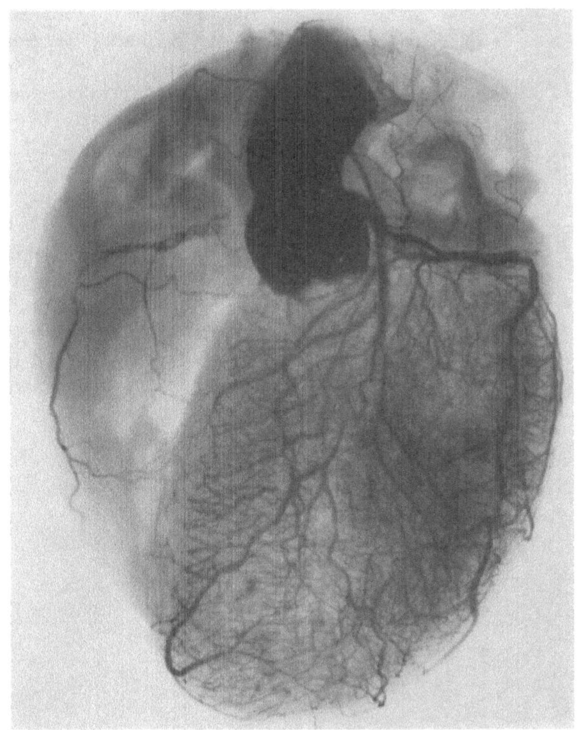

a

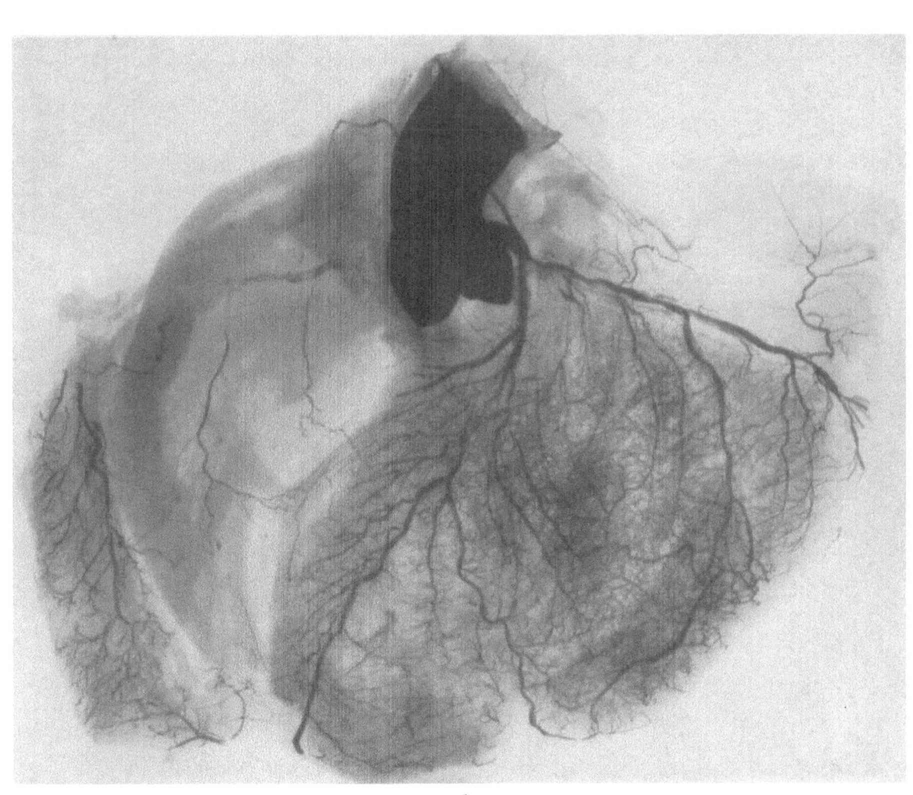

b

Abb. 13a u. b

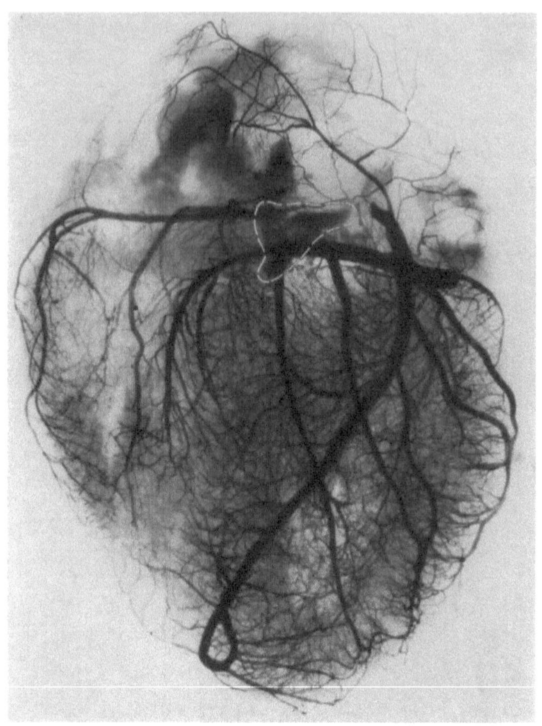

a

Abb. 14a u. b. Schwere kardio-coronare Hypertrophie bei verkalkter Aortenklappenstenose. Linksversorgungstyp. Versorgung der ganzen Herzspitze durch den R. descendens sinister. Spuren von Arteriosklerose. b Gleiches Herz wie Abb. 14a. Abgerolltes Herz mit Septum. Rechtes (*Re*) Coronarostium links, linkes (*Li*) Ostium rechts neben der verkalkten Aortenklappe. Linksversorgungstyp. Der von oben in den Sulcus posterior einstrahlende Ast gehört zum R. circumflexus sinister, der von unten in den gleichen Sulcus eintretende Ast gehört dem R. descendens sinister an. Das Feld der Septumkollateralen spannt sich nur zwischen Ästen der linken Herzschlagader aus. (- - - - - Verkalkte Aortenklappe)

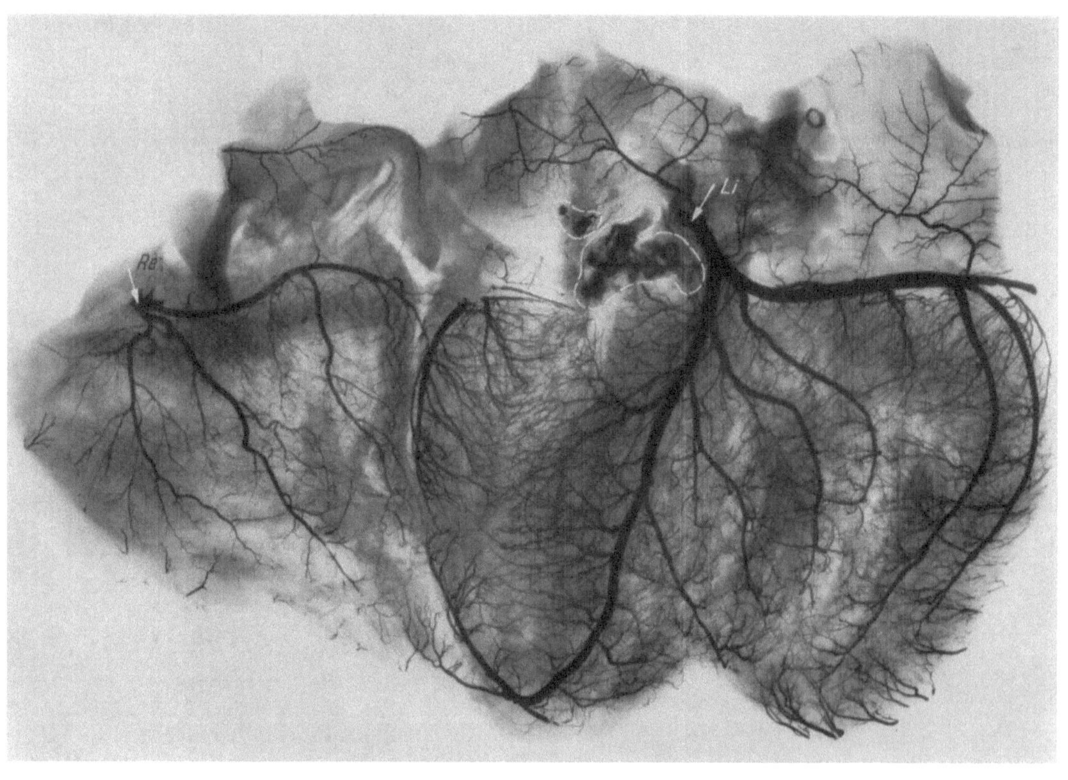

b

schattens stützen muß. Die Beurteilung der Weite eines Gefäßes von der Größe der Coronargefäße bleibt angiographisch in gewissen Grenzen immer unsicher.

Es muß an dieser Stelle aber noch besonders unterstrichen werden, daß Änderungen der Gefäßinnenkontur — seien sie nun allgemein, sehr ausgedehnt oder nur lokal — keine sichere intravitale Prognose zulassen. Bei jüngeren Leuten — etwa zwischen 20—30 Jahren — beruhen nämlich die meisten Coronarbeschwerden und Coronartod auf *einem* Herd, der sich meist im Beginn des R. descendens sinister oder aber in der rechten Coronararterie an der Kante des rechten Ventrikels (vgl. Abb. 16) finden läßt.

Wenn wir uns noch einmal an das Verzweigungsmuster der Herzarterien erinnern, so muß sofort ins Auge fallen, daß die Coronarsklerose in den Gefäßen und an den Stellen am schwersten ist, wo ihr Verzweigungsmodus am meisten von dem strömungsdynamisch orientierten Muster abweicht.

Wir müssen noch einmal auf die Herzgefäße bei der Hypertrophie des Herzens eingehen, da sich die *kardio-coronare Hypertrophie* von der *arterio-kardialen Hypertrophie* unterscheidet (SCHOENMACKERS 1948).

Die Coronarsklerose tritt nämlich bei der arteriokardialen Hypertrophie früher und auch schwerer als bei der kardio-coronaren Hypertrophie auf (Abb. 14). Sie reicht auch weiter in die Peripherie und geht auf die Arteriolen über (BÄUERLE 1950; VIVELL 1951; RAU 1956; O. MANTERO u. a. 1959), so daß man eine Arteriolosklerose des Myokards finden kann (LINZBACH 1947; EDWARDS 1956; LIEBEGOTT 1958; KATHKE 1955; SAPHIR u.a. 1956). Die Coronarsklerose gefährdet auch in ihrer „glatten Form" die Blutversorgung bei arterio-kardialer Hypertrophie — also bei Hochdruck und Stenosen der Aorta —, weil sie eine funktionelle Erweiterung der Herzarterien verhindert oder ihre Erweiterungsfähigkeit einschränkt. Auf der Vergrößerung des Querschnittes basiert aber gerade die Kompensation des Blutbedarfs von hypertrophierten Herzen. Die kardio-coronare Hypertrophie — vorwiegend an Herzen mit Klappenfehlern — zeigt dagegen in ihrer Coronarsklerose keine entscheidenden Abweichungen von der Coronarsklerose, wie sie an normalgewichtigen Herzen vorkommt.

Die Coronarsklerose ist ein chronisch progredientes Leiden, das in einzelnen Schüben verläuft. Ihre einzelnen Schübe sind aber kaum einmal so groß, daß sie selbst Symptome hervorrufen. Sie führen vielmehr zu einer schleichenden, in der Überzahl der Fälle symptomlosen oder symptomarmen Stenosierung der Coronargefäße und damit zu einem progredienten Querschnitts- und Funktionsverlust.

Die Tatsache, daß Gefäßstenosen, Gefäßverschlüsse oder die Störung der Korrelation zwischen Herzgewicht (Herzgröße) und Durchblutung zu klinischen Symptomen (Angina pectoris), zu Nekrosen oder gar zum Tode führen können, braucht nicht weiter begründet zu werden (EDWARDS 1956). Viel wichtiger ist die Frage, warum trotz der oft ausgedehnten Gefäßveränderungen keine klinischen Symptome oder morphologische Veränderungen des Herzmuskels auftreten. Stenosierte Gefäßabschnitte können durch Ausgleichsgefäße (Kollateralen und Anastomosen) ersetzt werden (SCHLESINGER 1938; GIESE 1957; REIN 1951; PITT 1959; MEESMANN 1959; BLUMGART 1959). Solche Gefäße findet man oft parallel zur verschlossenen Gefäßstrecke. Kollateralen entstehen einmal dadurch, daß Äste proximal und/oder distal einer Stenose (Abb. 4) Anschluß an nicht stenosierte Schlagadern haben. Sie werden dann weiter und können, zusammen mit Verbindungen zur anderen Herzarterie (Anastomosen), das Versorgungsgebiet der verschlossenen Arterie übernehmen. Die Leistungsfähigkeit von Ausgleichsgefäßen zeigen jene Herzen, bei denen man röntgenologisch nur noch Kalkschatten als Rest der ursprünglichen Herzarterie erkennen kann. Die Versorgung ganzer Herzabschnitte, ja sogar des Herzens überhaupt, kann in solchen Fällen von den Ausgleichsgefäßen übernommen werden.

Wenn sich keine Veränderungen in der Muskulatur finden, obwohl die Anfangsstrecken der beiden Kranzschlagadern fast verschlossen sind, so liegt das meist daran, daß diese Gefäße distal der Stenose entweder über Umgehungsgefäße oder Vorhofarterien

(Abb. 4) Blut erhalten. Die Ausprägung und Lokalisation der Ausgleichsversorgung hat bei stenosierender Coronarsklerose im Einzelfalle einen so individuellen Charakter, daß man sich mit der Darstellung des Prinzips der Ausgleichsversorgung begnügen muß.

Die Präparation einer Ausgleichsversorgung kann auf unüberwindliche Schwierigkeiten stoßen, wenn keine Gefäßinjektion vorgenommen wurde. Sie beruht nämlich auch oft auf einer ganzen Gruppe kleiner Arterien, die wie ein Netz angeordnet sind. Man findet sie sogar nicht einmal angiographisch bei einer Darstellung in situ, wenn keine Stereoaufnahmen zur Verfügung stehen. Auf folienlosen Filmen, besonders nach Ausbreitung des Herzens, sind sie natürlich in jedem Fall gut zu übersehen (Abb. 4).

Für die Angiographie muß daraus der Schluß gezogen werden, daß selbst dann, wenn keine normalen Coronararterien nachweisbar sind, noch kein Grund vorliegt, eine ungenügende Blutversorgung des Herzens als bewiesen anzusehen.

Erhaltenes Restlumen und noch erhaltene Funktionsfähigkeit der Coronararterien, Kollateralen sowie intra- und extrakardiale Anastomosen sind die wesentlichen Faktoren, auf denen die Herzdurchblutung beruht, wenn eine schwere stenosierende Coronarsklerose besteht.

Wenn nun die Ausgleichsarterien ihrerseits wieder eine Arteriosklerose bekommen, so tritt sie immer später als in den normal-anatomisch bekannten Herzarterien auf. Selbst die Ausgleichsgefäße können wieder durch neue Ausgleichsgefäße ersetzt werden. Gelegentlich sieht man in der vorderen Coronarfurche 3—4 Gefäße nebeneinander, von denen nur das „jüngste" ohne alle Veränderungen ist, während die anderen alle Grade der Coronarsklerose aufweisen, oft sogar über ganze Strecken obliteriert sind. Dabei gibt es gelegentlich Bilder, auf denen man sieht, daß nach einer offenen Strecke des Gefäßes ein oder mehrere Ausgleichsgefäße neben der verschlossenen Gefäßstrecke verlaufen, die ihr Blut dann wieder distal der Stenose an das Ursprungsgefäß abgeben. Das kann sich auf längeren Gefäßstrecken sogar wiederholen.

Die Herzdurchblutung ist natürlich in allen Fällen mit Coronarsklerose labiler als sonst. Das muß sich darin auswirken, daß die Coronardurchblutung sowohl durch akute Änderung der Lichtungsweite (Ödeme, Blutungen oder Thromben) als auch durch extrakardiale Einflüsse unter den kritischen Wert absinken kann. Aus diesem Grunde kann auch ein Lichtungsverlust, selbst wenn er noch so klein ist, schon für die Coronardurchblutung so gefährlich werden.

Fast jede akute Verschlimmerung einer schon länger bestehenden Coronarsklerose hat morphologische Ursachen (Büchner 1957), die in kurzer Zeit die Restlichtung unter den kritischen Querschnitt einengen. Dabei stehen subintimale Ödeme und Verquellungen arteriosklerotischer Beete (Büchner, Meessen 1937, 1944, 1957; E. Müller 1941, 1949) neben Blutungen in coronarsklerotische Herde (Drury 1954; Lovitt und Corzine 1952) mit sekundärer Einengung der Lichtung im Vordergrund.

Da Ödeme in ganz kurzem Zeitraum auftreten und Blutungen sich sehr schnell entwickeln können, kann der Kompensationsmechanismus von Kollateralen und Anastomosen nicht wirksam werden, weil zu ihrer Entwicklung eine größere Zeitspanne (etwa einige Wochen) notwendig ist.

Nicht in jedem Falle wird man pathologisch-anatomisch den Herd überhaupt nachweisen können, der für die letzte akute Verschlechterung des klinischen Bildes einer Coronarsklerose verantwortlich zu machen ist. Man kann nämlich manchmal nicht einmal erkennen, auf welchem Gefäß zuletzt die Hauptlast der Versorgung geruht hat. Nicht immer ist das weiteste für die Coronarversorgung das wichtigste Gefäß. Es kann quantitativ die größte Blutmenge fördern, der funktionell entscheidende Herzabschnitt kann aber von einer anderen wesentlich engeren Schlagader abhängig sein. Die Vielzahl von Ausgleichsgefäßen, die selbst wieder eine Coronarsklerose haben können, erklärt weiterhin, warum es dem Morphologen trotz Verwendung postmortaler Angiogramme manchmal so schwer sein kann, die letzte Ursache einer Durchblutungsstörung aufzu-

Abb. 15. Parietale Thrombose der Aorta vor dem linken Coronarostium

decken. Im allgemeinen sind solche Herde natürlich in den größeren Gefäßen häufiger anzutreffen als in den kleineren.

c) Coronarthrombose

Im Gegensatz zur Coronarsklerose wird mit dem Worte und der Diagnose „Coronarthrombose" (Abb. 15, 16) allzuleicht die Vorstellung eines schweren klinischen Bildes und deletärer morphologischer Veränderungen verbunden. Das muß aber nach einer Coronarthrombose so wenig der Fall sein wie bei der Coronarsklerose. Thromben sind nur eine Sonderform des Gefäßverschlusses oder einer partiellen Gefäßverlegung, die sich funktionell von der Arteriosklerose besonders durch die kurze Entwicklungszeit unterscheidet.

Die Rückwirkung einer Thrombose auf die Durchblutung ist von vielen Faktoren, von denen hier die wesentlichsten erörtert werden sollen, abhängig. Ein parietaler Thrombus kann die Durchblutung eines Gefäßes herabsetzen, ein Verschlußthrombus unterbricht sie, wenn keine Ausgleichsversorgung zur Verfügung steht (Abb. 16).

Thromben können als dünne Tapeten oder als flache Wülste vorkommen. Sie können aber auch kleine Walzen bilden, die proximal stumpf und distal spitz enden. Die Restlichtung hat etwa Sichelform.

Dünne Thrombentapeten oder flache Wülste aus thrombotischem Material beeinträchtigen selbst zwar oft die Durchströmung des Gefäßes nur wenig, heben aber durch Verschluß abgehender Äste oder Zweige die Versorgung von einzelnen Herzabschnitten auf. Deshalb darf man die Bedeutung einer solchen Thrombentapete nicht von vornherein unterschätzen, sondern muß für jeden Einzelfall ihre Wertigkeit analysieren.

In der letzten Zeit haben ZOLLINGER und PAPACHARALAMPOUS (1953) auf den proximalen und distalen appositionellen Anwuchs von Thromben hingewiesen. Durch appositionelle Thromben können zusätzlich Gefäße verlegt werden. Auf diesem Wege können protrahierte Infarkte entstehen oder ältere Infarkte größer werden. Mit dem proximalen Anwuchs ist immer die Gefahr verbunden, daß wichtige Äste, auf denen unter Umständen die Ausgleichsversorgung ruht oder von denen aus Kollateralen und Anastomosen gespeist werden, verlorengehen, so daß eine Durchblutungskrise des Herzmuskels folgen kann.

Trotz allem aber können Thromben ohne alle Folgen bleiben. Auf der anderen Seite kommt natürlich der Wertigkeit jeden Gefäßes, in dem sich ein Thrombus entwickelt, eine entscheidende Bedeutung zu. Wenn einem Thrombus die Nekrose des Versorgungsgebietes dieses Gefäßes gefolgt ist, dann kann zwar die morphologisch faßbare Wirkung der Thrombose erschöpft sein; es ist aber nicht auszuschließen, daß nicht noch größere Abschnitte des Herzmuskels schlechter mit Blut versorgt werden. Das kann zwar zu klinischen Symptomen führen, ist aber morphologisch so lange nicht nachweisbar, wie man auf eine mikroskopisch erhaltene Struktur der Muskelfasern trifft. Die Durchblutung hat eben für den Erhaltungs-, nicht aber für den Arbeitsstoffwechsel ausgereicht.

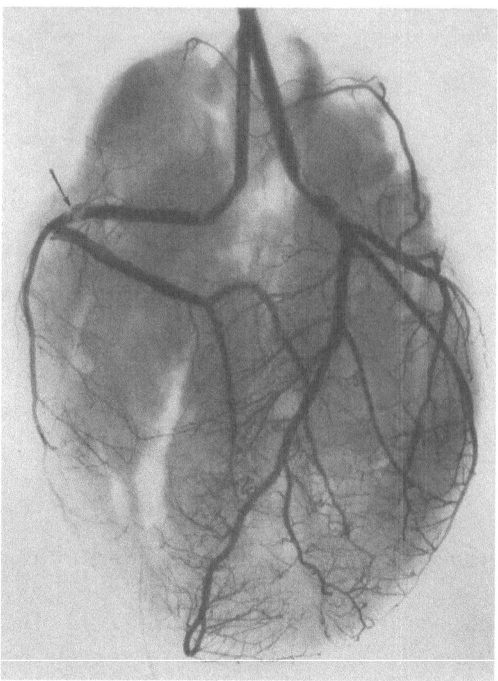

a

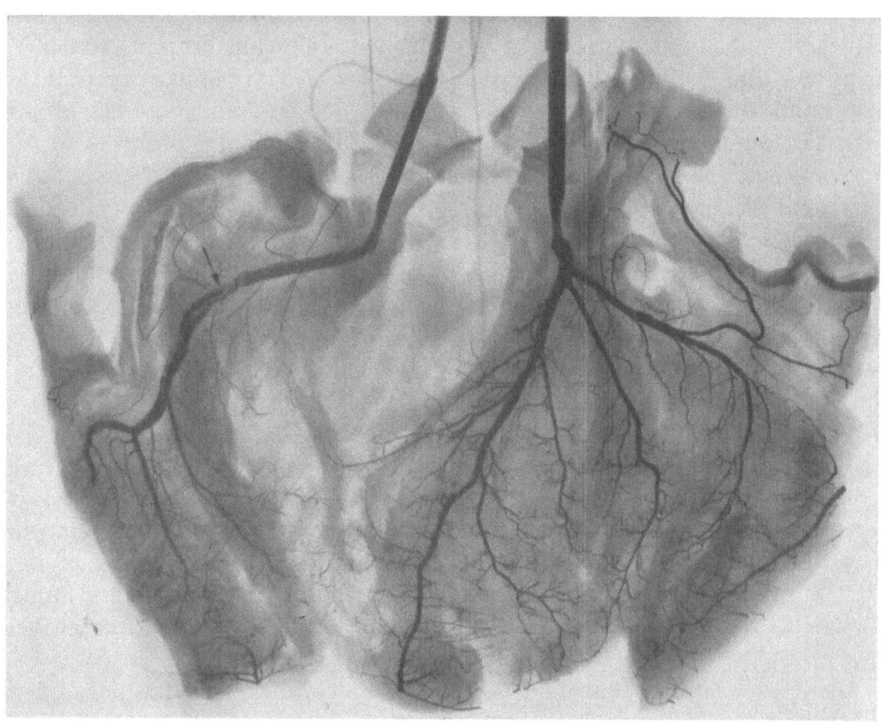

b

Abb. 16a u. b. Arterio-kardiale Hypertrophie. Lokaler arteriosklerotischer Herd an der Kante der rechten Herzkammer mit frischer, nicht obturierender Thrombose. (↓)

Thromben entwickeln sich fast immer nur auf arteriosklerotischen Beeten. Deswegen stimmt ihre Lokalisation mit der Coronarsklerose überein. Man findet sie also am häufigsten im R. descendens sinister und hier auf dem ersten Beet unter der Abgangsstelle, später in der rechten Coronararterie. Es gibt zwei Vorzugslokalisationen und zwar etwa 1 cm distal des Ostiums und an der Kammerkante (Abb. 16). Zuletzt trifft man Thromben im R. circumflexus sinister.

Blutungen und Defekte der Oberfläche arteriosklerotischer Beete begünstigen die Entwicklung einer Thrombose (AUFDERMAUER 1952; MEESSEN 1940, 1944, 1958; STAEMMLER 1956; BAYER 1938; LEVY 1949). Andererseits besteht auch bei Ödem und Verquellung arteriosklerotischer Herde eine erhöhte Thrombosegefahr (MEESSEN 1944).

Thromben können aber nicht nur in den Coronararterien selbst, sondern auch an der Aortenwand unmittelbar vor dem Ostium entstehen und bis ins Ostium reichen (OSBURG 1956). Wir selbst untersuchten eine Frau von 66 Jahren, die, als sie gerade wegen ihrer Herzbeschwerden auf dem Wege zum Arzt war, plötzlich starb. Den Tod hatte ein kleiner, vor dem Ostium der linken Kranzarterie flottierender Thrombus verursacht (Abb. 15).

Außer in der Hämodynamik spielen parietale Thromben auch noch in der Pathogenese der Arteriosklerose eine Rolle. MEESSEN (1943), DUGUID (1949) und MORGAN (1956) nehmen an, daß solche flache Thromben endothelialisiert und so in den arteriosklerotischen Herd einbezogen werden können. Die arteriosklerotischen Herde werden auf diesem Wege höher und bilden dann Stenosen. Solche flachen Thromben können also zuerst die Durchblutung unmittelbar und eventuell plötzlich behindern, um dann, wenn die Thromben in einen arteriosklerotischen Herd einbezogen sind, zu einer irreversiblen Stenose mit ständiger Behinderung der Durchblutung zu werden. Der Einschluß thrombotischen Materials in arteriosklerotische Herde kann der Coronarsklerose eine rhythmische Progredienz verleihen.

Hämodynamisch gesehen kann eine Thrombose, die sich in einem arteriosklerotischen Ast, der schon vorher ohne wesentliche Bedeutung für die Coronarversorgung war, weil seine Aufgabe bereits von anderen Gefäßen übernommen wurde, ohne alle klinischen und morphologischen Folgen bleiben.

Den Thromben, die sich in größeren Gefäßlichtungen bilden und hier zu einer kritischen Querschnittsminderung führen, kommt die größte Bedeutung zu, weil sie auf Grund der Einschränkung der Coronardurchblutung zu Infarkten, ja selbst zum akuten Herztod führen können. Die Gefahr ist bei lokalen und solitären arteriosklerotischen Herden besonders groß (Abb. 16). Solche Herde haben oft vorher keinen wesentlichen Einfluß auf die Coronardurchblutung und geben deshalb auch keinen Anlaß, eine Ausgleichsversorgung zu entwickeln.

Da solche solitären Herde bei jüngeren Leuten häufiger sind als bei älteren, stellen sie ein großes Kontingent beim Herztod Jugendlicher und jüngerer Patienten. Die gleichen Folgen haben natürlich auch jene Thromben, welche Gefäße verlegen, die trotz ihrer Arteriosklerose noch einen wesentlichen Teil der Coronarversorgung tragen.

Auf die Möglichkeit der Rekanalisation von Thromben wird immer wieder hingewiesen. Es kann nicht bestritten werden, daß thrombotisches Material organisiert (vgl. Abb. 12) und auch wenigstens zum Teil resorbiert werden kann. Eine Rekanalisation mit der Wiederherstellung der Gefäßfunktion haben wir aber weder postmortal-angiographisch noch präparatorisch und histologisch nachweisen können. Es besteht zwar auf Grund der Organisation eine Vascularisation des Thrombus. Diese Vascularisation hat aber kaum einmal Bedeutung für die Coronardurchblutung. Die funktionelle Bedeutung einer solchen Revascularisation wird meist dadurch vorgetäuscht, daß sich gerade in der Zeit, wo der Thrombus organisiert und narbig wird, Kollateralen und Anastomosen bilden und funktionell wirksam werden. Die Besserung der Blutversorgung des Herzens schreibt man dann der Rekanalisation des Thrombus zu. Selbstverständlich kann ein Gefäß nach Resorption und Organisation eines Thrombus wenigstens zum Teil wieder durchgängig werden (SNOW, JONES und DABER 1955).

In der letzten Zeit wird immer wieder diskutiert, ob Coronarthrombosen immer nur die Ursache oder ob sie nicht auch gleichzeitig (HAUSS 1954) oder nach dem Infarkt

(E. Müller 1955, 1958; Hauss 1954) entstehen können. Primäre Thromben sind genügend belegt; daß es aber auch sekundäre Thromben gibt, läßt sich ebenfalls zeigen. Bei einer Frau von 69 Jahren war der Herzmuskelinfarkt sowohl nach der klinischen Vorgeschichte wie auch nach seinem morphologischen Aussehen wenigstens eine Woche alt, der Thrombus aber frisch, er hatte den Tod zur Folge, nachdem allerdings vorher schon eine Thrombose in einem anderen Ast vorhanden war.

Ganz unabhängig von diesem Fall sind sekundäre Thromben auch aus hämodynamischen Gründen wahrscheinlich. Die Durchblutung von Infarktgebieten ist nämlich aufgehoben. Deswegen muß es in der zuführenden Arterie entweder zu einer Verlangsamung oder aber zu einem Stillstand des Blutes kommen. Da fast immer eine Arteriosklerose in den zuführenden Gefäßen besteht und die Stromgeschwindigkeit des Blutes herabgesetzt oder aufgehoben ist, sind mit diesen Faktoren wesentliche Voraussetzungen für die Entstehung einer Thrombose erfüllt. Ob nun sekundäre Thromben eigene Folgen haben oder nicht, hängt natürlich von der Wertigkeit des thrombosierten Gefäßes ab.

5. Pathologie der Versorgungstypen

Es ist nun noch zu untersuchen, ob Versorgungstypen (Abb. 4—6, 13, 14, 16, 18) in der Pathologie der Coronargefäße eine Bedeutung haben. Daß sie an normalen Herzen ohne Bedeutung sind, wurde schon erwähnt.

Bei der akuten Belastung eines Ventrikels, der in der Vascularisation benachteiligt ist, kann es eher zu einem akuten oder chronischen Herzversagen kommen. So wird bei Lungenarterienembolie und Linksversorgungstyp häufiger die klinische Diagnose „Herzinfarkt" gestellt als sonst. Wir untersuchten beispielsweise einen 55 Jahre alten Mann, der schlagartig zusammenbrach und starb. Man dachte an eine Herzkontusion, da eine Sternumfraktur vorlag. Bei der Obduktion fand sich aber eine protrahierte Lungenembolie mit zahlreichen Nekrosen des rechten Ventrikels bei Linksversorgungstyp. Die rechte Herzarterie war also hypoplastisch. Die Lungenembolie selbst war nicht so schwer, daß sie allein hätte zum Tode führen können. Es war auch kein frischer Schub vorhanden, der für den Tod verantwortlich zu machen war. Auf Grund der Rechtsbelastung bei protrahierter Lungenembolie waren Nekrosen der Muskulatur des rechten Ventrikels entstanden, wie es Meessen (1940), Walder (1939) und Könn (1958) beschrieben haben. Die Entstehung der Nekrosen wurde durch die Hypoplasie der rechten Herzkranzschlagader begünstigt.

Wenn auf der Seite der Hauptversorgung das Coronarostium enger wird, eine schwere Coronarsklerose oder sogar eine Thrombose auftritt, ist die Durchblutung des Herzens wesentlich stärker gefährdet als beim Normalversorgungstyp. Beim Linksversorgungstyp fallen beispielsweise die Anastomosenfelder im Septum und an der Herzspitze aus, so daß eine schnelle Kompensation einer Durchblutungsstörung äußerst erschwert ist. Der Versorgungstyp spielt bei Coronarsklerose und -thrombose auch eine Rolle für die Lokalisation des Herzmuskelinfarktes. Der Hinterwandinfarkt des linken Ventrikels und Nekrosen dorsaler Septumabschnitte sind bei Normal- und Rechtsversorgungstyp meist die Folge einer Durchblutungsstörung in der rechten Herzarterie, beim Linksversorgungstyp aber Folge des Verschlusses von Ästen der linken Coronararterie.

Spitzeninfarkte entstehen beim Normalversorgungstyp meist unter dem Einfluß einer Stenose des R. descendens sinister. Beim Rechtsversorgungstyp können sie aber alleinige Folge eines Verschlusses der rechten Coronararterie sein.

Man wird immer an die Versorgungstypen denken müssen, wenn man das Coronargefäßsystem angiographisch untersucht. Es gibt nämlich auch Fälle, wo ein Versorgungstyp dadurch vorgetäuscht wird, daß ein Ast, wie beispielsweise die rechte Herzschlagader, durch arteriosklerotische Herde ganz gleichförmig eingeengt wird und deshalb, weil dann seine Lichtung schon früh unter die Grenze der Darstellbarkeit treten kann, auch

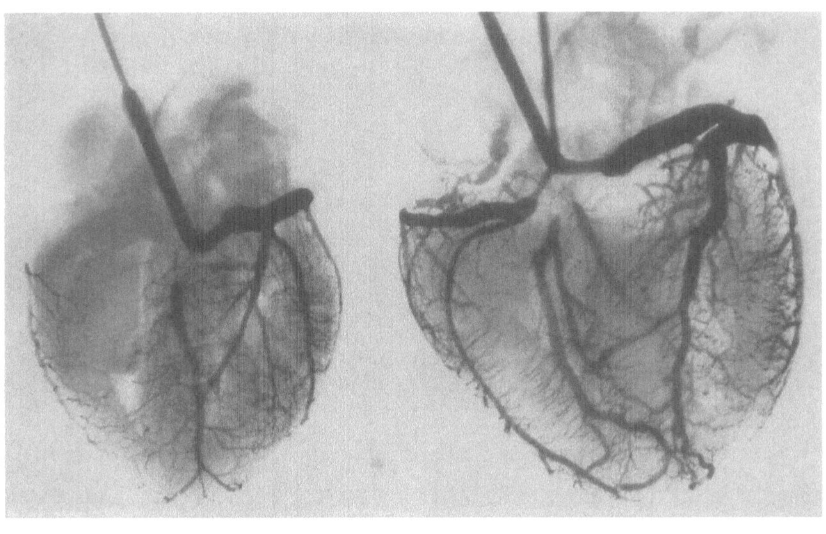

a   b

Abb. 17a u. b. Venen eines normalen (a) und hypertrophierten (b) Herzens

verkürzt erscheint. Dieser Befund ist dann leicht mit einer Hypoplasie der rechten Herzarterie zu verwechseln.

In hypoplastischen Gefäßen kann sich wie in anderen Gefäßen eine Arteriosklerose entwickeln. Sie können so eng werden, daß sie sich auf einem Angiogramm in situ nicht mehr sicher differenzieren lassen. Das führt unter Umständen zum falschen Schluß, es handle sich um eine monostale Coronarversorgung. Funktionell ist natürlich in solchen Fällen praktisch eine monostale Coronarversorgung vorhanden.

6. Herzvenen

Zum Schluß muß noch kurz auf die Herzvenen eingegangen werden (Abb. 17).

Viele Venen des rechten Ventrikels münden unmittelbar in den rechten Vorhof. Von der Vorderwand der rechten und der linken Kammer sammelt sich ein Teil der Venen und mündet in eine große Vene, die in der vorderen Coronarfurche beginnt. Sie wendet sich in die linke Vorhofkammerfurche, erreicht die linke Coronarfurche und umläuft fast das ganze Herz auf der Dorsalseite, um im Sinus coronarius in den rechten Ventrikel zu münden. Diese Vena cordis magna nimmt fast alle Venen auf, die auf der Vorder- und Seitenwand sowie auf der Rückseite des linken Ventrikels in Richtung auf die zirkuläre Coronarfurche ziehen.

Pathologisch können Venen gleichsinnig wie die Arterien verändert sein. Beim Cor pulmonale und jedem Hochdruck im Bereich des rechten Vorhofes und Ventrikels hypertrophieren sie. Diese Venenhypertrophie (Abb. 18) kann bei Ventrikelseptumdefekten und Fallotschen Fehlern sowie auch bei Mitralstenose sehr ausgeprägt sein (SCHOEN-MACKERS u. STRATMANN 1955).

Wenn der Druck in den Venen des großen Kreislaufes, im rechten Vorhof und rechten Ventrikel erhöht ist, werden die Herzvenen weiter und das Blut wird in den Herzvenen gestaut. Da die Herzvenen zu einem Teil in den rechten Ventrikel münden, in ihrer größeren Zahl aber über den Coronarsinus den rechten Vorhof erreichen, wird der Druck des größeren Venengebietes von dem Druck im rechten Vorhof bestimmt. Wegen der unterschiedlichen Mündung der Herzvenen sind theoretisch auch in den Herzvenen verschiedene Drucke möglich. Sie können sich allerdings im Netz der Venen wieder ausgleichen.

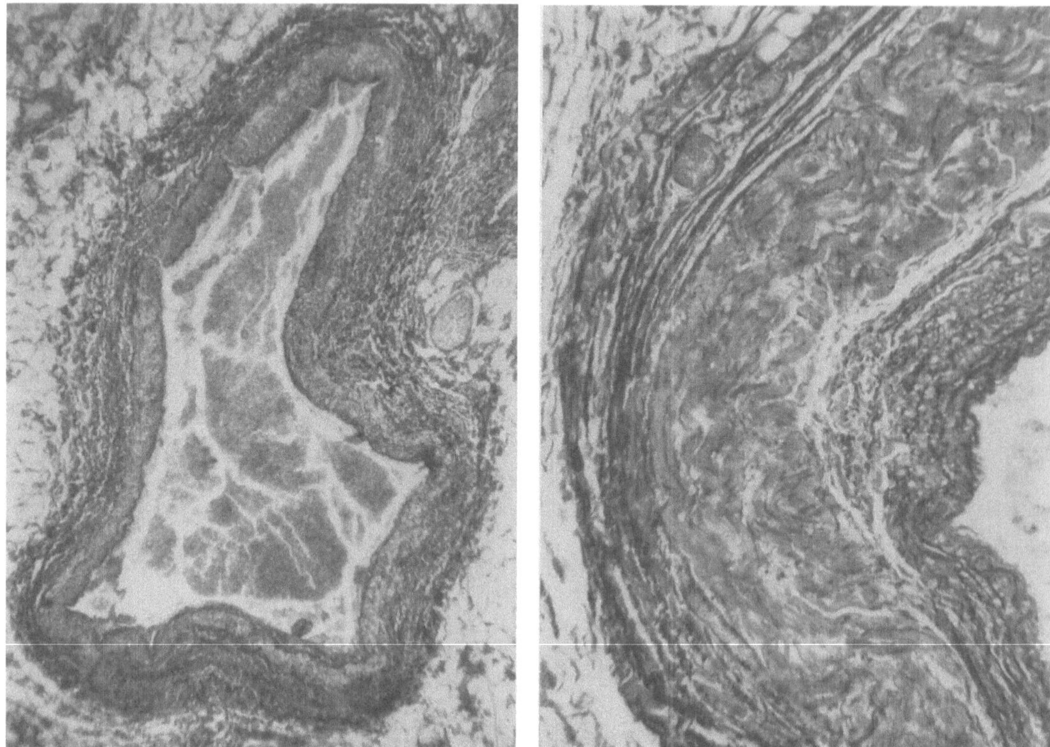

Abb. 18. Hypertrophie der Venenwand bei pulmonalem Hochdruck

Die funktionelle Bedeutung der Venenhypertrophie ist bis heute noch umstritten. Bei schwerer Rechtshypertrophie möchten wir aber annehmen, daß sie über die Venenstauung zur Verbesserung der Herzdurchblutung beitragen kann, ein Gedankengang, der auch der Beckschen Operation zugrunde liegt.

Venös gesteuerte Nekrosen sind vielleicht bei Coronarsklerose und Druckerhöhung im kleinen Kreislauf, besonders aber auch im rechten Vorhof häufiger, als man anzunehmen geneigt ist. Rein venös bedingte Nekrosen sind aber anscheinend selten (Mc Allister u. Leihninger 1950; Lake 1958). Thromben kommen in Herzvenen vor. Sie spielen aber praktisch keine Rolle. Über Infarkten können Herzvenen thrombosiert sein. Das hat dann aber für die Herzdurchblutung keine wesentliche Bedeutung.

7. Morphologie und intravitale Angiographie

Coronararterien werden heute auch angiographisch beim Patienten dargestellt (Di Guglielmo u. Guttadauro 1955).

Im einzelnen Summationsbild kann die Unterscheidung von vorderen und hinteren Coronararterien schwierig sein, wenn es sich um Versorgungstypen oder aber um eine Pathoangioarchitektonik handelt. Täuschungen sind besonders deshalb möglich, weil fast alle Äste der Coronarstämme in der Vorhof-Kammerfurche des Herzens zur Herzspitze streben und parallel verlaufen.

Es ist bei der intravitalen Untersuchung besonders zu berücksichtigen, daß Stenosen nicht nur in der Coronararterie selbst, sondern auch im Bereich des Ostiums vorkommen können. Das Herz muß also gedreht werden, bis jeweilig das rechte und linke Ostium in den Strahlengang kommen (Abb. 19a—d).

Durch stetige Rechtsdrehung des isolierten Herzens, das zuerst auf seiner Dorsalseite gelegen hat, kommt zuerst das rechte und anschließend das linke Coronarostium in den

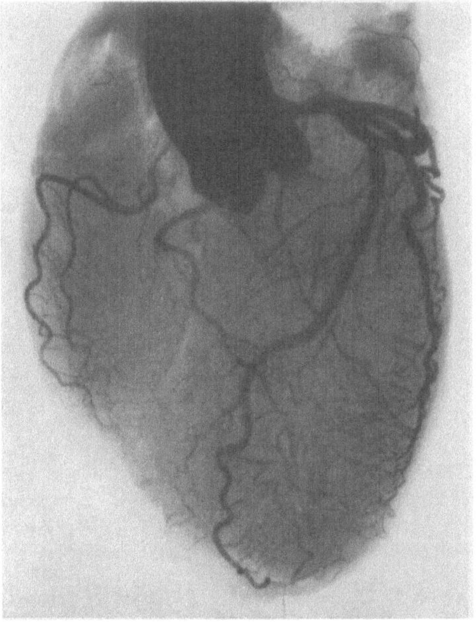

a

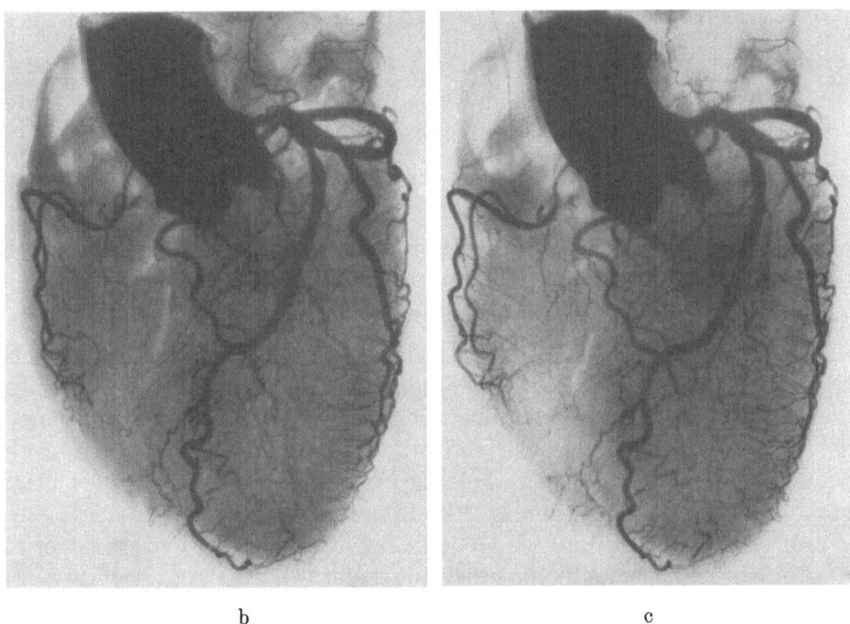

b   c

Abb. 19a—d. Drehung des Herzens zur Darstellung der Coronarostien sowie des Stammes der linken Herzkranzschlagader. Leichte arterio-kardiale Hypertrophie. Linksversorgungstyp. Leichte, glattwandige Arteriosklerose. Verminderte Vascularisation des rechten Ventrikels. a Herz liegt auf der Dorsalseite. Kein Ostium
im Strahlengang. b Nach leichter Drehung nach rechts erscheint das rechte Coronarostium im Strahlengang.
Erworbene arteriosklerotische Ostiumbarriere. Kein Ostiumtrichter. c Nach weiterer Drehung erscheint
das linke Coronarostium im Strahlengang. Kleiner Ostiumtrichter. Stärkere Arteriosklerose des Stammes
der linken Herzschlagader. d Abgerolltes Herz von a—c. Deutlich sichtbare schwerere Arteriosklerose
einzelner Abschnitte des Stammes der linken Coronararterie. Mangelnde Blutversorgung des rechten
Ventrikels

Strahlengang. Der Grad jeder einzelnen Drehung ist von Fall zu Fall verschieden groß,
da die Ostien, besonders bei pathologischen Veränderungen des Bulbus aortae, nicht
immer an der gleichen Stelle liegen. In fast allen Fällen ist in dem Augenblick, wenn das

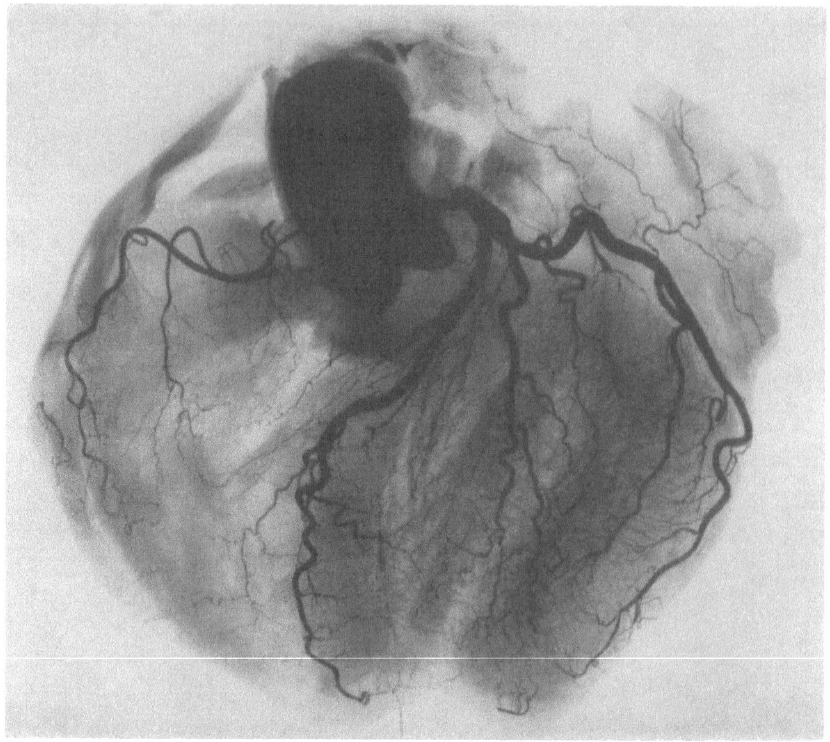

Abb. 19 d

linke Ostium im Strahlengang liegt, auch der Stamm der linken Herzkranzschlagader am besten dargestellt.

Alle Angiogramme — seien sie postmortal oder intravital — geben nur die Innenkontur und den Verlauf der Gefäße wieder. Auf Grund intravitaler Angiogramme läßt sich natürlich auch noch etwas über die Strömungsgeschwindigkeit des Blutes in den einzelnen Ästen aussagen. Wir haben aber schon darauf hingewiesen, daß eine schwere Coronarsklerose vorliegen kann, selbst wenn die Innenkonturen der Gefäße glatt sind (Abb. 8a). Das ist am häufigsten beim Hochdruck der Fall. Es handelt sich dann auch um eine „stenosierende" Coronarsklerose. Die Stenose ist aber nicht oder nur an wenigen Stellen lokalisierbar. Das Gefäß oder alle Gefäße sind im ganzen Verlauf enger als sonst. Ihre Wandfunktion kann ebenfalls eingeschränkt sein.

Durch unsere Untersuchungen (1963) hat sich weiterhin zeigen lassen, daß es phänotypisch, also auch angiographisch, gleiche Coronarsklerosen gibt, bei denen die Beschaffenheit der Gefäßwand aber ganz verschieden ist. Es gibt Konturveränderungen infolge einer Arteriosklerose, die auf arteriosklerotischen Herden der Innenschicht beruhen, während die elastischen und muskulären Schichten der Gefäßwand erhalten geblieben sind. Die Wand solcher arteriosklerotischer Gefäße bleibt funktionsfähig und elastisch. Wenn keine Stenosen vorhanden sind, können sie symptomlos bleiben, weil die Funktion des Gefäßes ungestört geblieben ist.

Im Gegensatz dazu gibt es Coronarsklerosen, die man makroskopisch von der ersten Gruppe nicht unterscheiden kann. Bei ihnen hat die Arteriosklerose auch elastische Membranen und die Gefäßmuskulatur zerstört. Die Konturveränderung der Gefäßwand ist bei solchen Arterien mit einer Einschränkung oder gar mit dem Verlust der Wandfunktion kombiniert. Diese Coronarsklerose ist unelastisch.

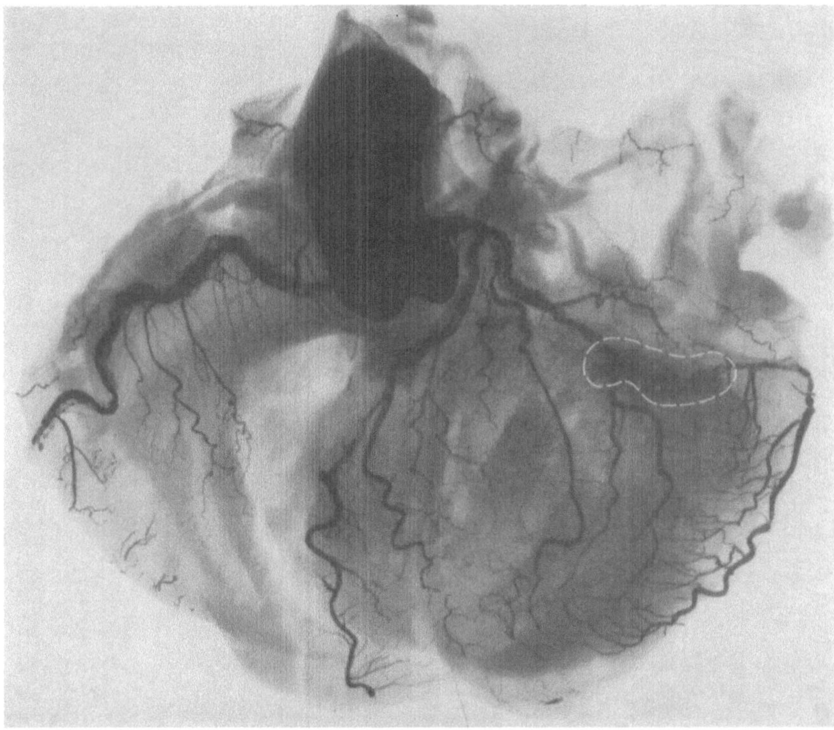

Abb. 20. Leichtere arterio-kardiale Hypertrophie. Schwere stenosierende Coronarsklerose. Kalkschatten von der Basis der Mitralis im Verlauf des R. circumflexus sinister

Der hämodynamische Effekt beider Formen der Coronarsklerose ist natürlich unterschiedlich. Die Prognose ist bei der elastischen Coronarsklerose günstig, bei der unelastischen Coronarsklerose ungünstig.

Coronarsklerosen können, wenn sie schwer sind, oft schon im Nativbild des Herzens an kleinen Kalkschatten erkennbar sein (KUHLMANN 1933). Differentialdiagnostisch muß man allerdings beachten, daß sich schmälere und breitere, oft auch fleckige Kalkschatten (Abb. 20, 21) in den Verlauf des R. circumflexus sinister projizieren können, die aber z. B. von einer Basisverkalkung der Mitralklappe stammen können (Abb. 20).

Am Nativ-Röntgenbild des Herzens oder am Coronarogramm läßt sich die elastische und unelastische Coronarsklerose nur für den Fall unterscheiden, daß die arteriosklerotischen Veränderungen Kalk enthalten, da verkalkte Abschnitte des Coronarsystems im allgemeinen funktionslos sind.

Findet man angiographisch Stenosen, so muß man sich auf die allgemeine Diagnose „Stenose" beschränken. Man kann angiographisch, wenn keine Vergleichsbilder vorliegen, nicht erkennen, ob es sich um einen arteriosklerotischen Herd, eine intramurale Blutung, ein Ödem der Gefäßinnenschicht oder um eine Thrombose handelt. Auch die Befunde älterer Gefäßstenosen können nur dahingehend ausgelegt werden, daß es arteriosklerotische *oder* thrombotische Verschlüsse sind, die auch noch nebeneinander vorkommen können.

Die Gefäßlichtung bei Coronarsklerose hat oft Sichelform. Solche Stenosen können nicht sichtbar sein, wenn die breiteste Stelle der Sichel im Strahlengang liegt. So können Herzen, wenn zahlreiche sichelförmige Stenosen hintereinander geschaltet sind, bei verschiedenem Strahlengang auch an verschiedenen Stellen Stenosen zeigen.

Wenn man die Coronararterien intravital-angiographisch darstellen will, indem man einen Katheter vor ihre Ostien legt, muß man daran denken, daß sich auf diesem Wege

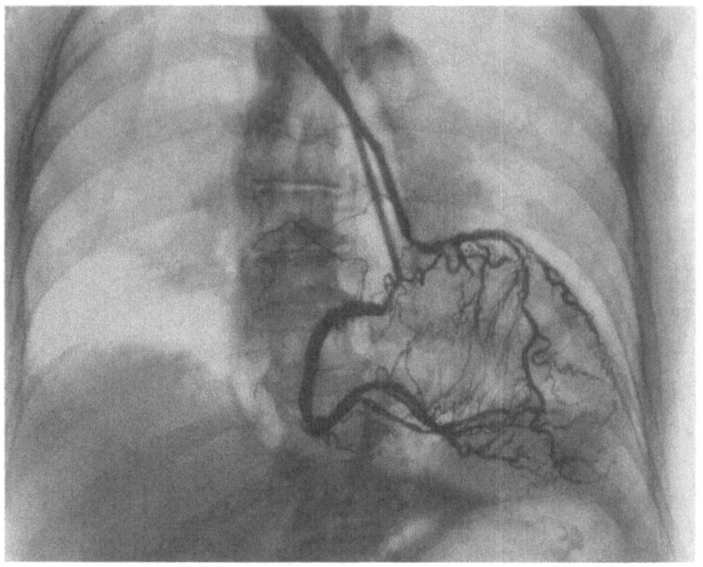

a

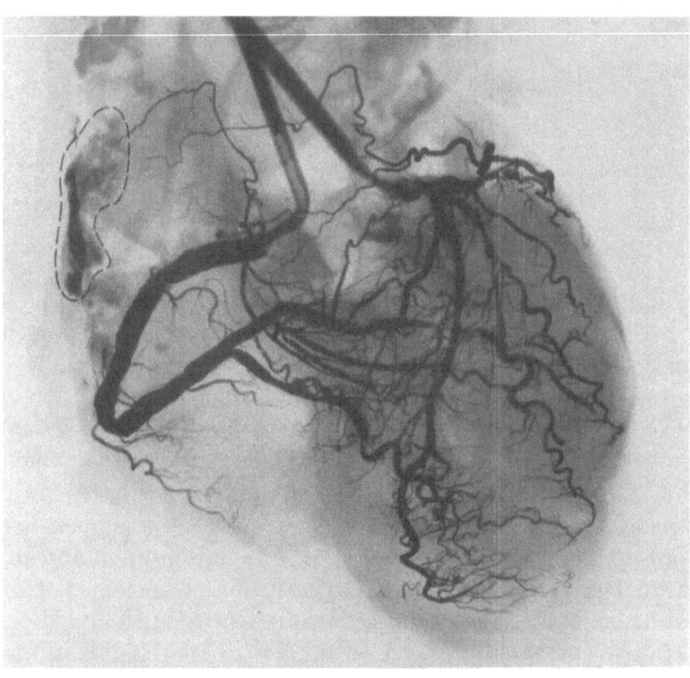

b

Abb. 21a u. b. Leichte arterio-kardiale Hypertrophie. Unterschiede der Projektion der Coronararterien in situ (a) und am isolierten Herzen (b). Schwere stenosierende Coronarsklerose der linken Coronararterie. Zahlreiche arteriosklerotische Winkeläste auf der Vorderwand des linken Ventrikels. Wesentlich größere Detailerkennbarkeit am isolierten Herzen. Leichte Verkalkung der rechten Vorhofwand (————)

nicht immer alle Äste und Zweige der Herzarterien darstellen lassen, weil die Ostien — wie nach Mesaortitis — verschlossen sein können oder aber auch Arterienstenosen in der Nähe der Ostien vorhanden sind.

Solche Stenosen können durch extrakardiale Anastomosen umgangen werden, so daß die Coronararterien von ihren Ostien und auch von ihren ersten Arterienabschnitten unabhängig werden. Solche extrakardialen Coronaranastomosen haben ein anderes Quellgebiet als die Aorta; sie stammen von Gefäßen des Mediastinums, von Bronchialarterien usw. Deshalb kann, wenn das Kontrastmittel in den Bulbus aortae oder in die Ostien gespritzt wird, der Ausfall ganzer Arteriengebiete des Herzens vorgetäuscht werden. Dieses Arteriengebiet wird aber ausreichend über Anastomosen versorgt.

Embolien in Coronararterien sind so selten, daß man sie praktisch kaum in die Differentialdiagnose einzubeziehen braucht. Außerdem gehen sie meist mit so schweren klinischen Erscheinungen einher, daß sie zur Zeit der frischen Embolie nicht angiographiert werden.

Literatur

Allgemeine Literatur

BÜCHNER, FR.: Allgemeine Pathologie. München u. Berlin: Urban & Schwarzenberg 1956.
— Spezielle Pathologie. München u. Berlin: Urban & Schwarzenberg 1959.
FRIEDBERG, CH. K.: Erkrankungen des Herzens. Stuttgart: Georg Thieme 1959.
GOULD, S. E.: Pathology of the heart. Springfield, Ill.: Ch. C. Thomas 1953.
LAUBRY, CH.: Les maladies coronariennes. Paris: Masson & Cie. 1943.
OGNEW, B. W., W. N. SAWWIN u. L. A. SAWELJEWA: Anatomie und Pathologie der Gefäßversorgung des Herzens. Berlin: Akademie-Verlag 1958.
OSBORN, G. R.: The Incubation Period of Coronary Thrombosis. London: Butterworths 1963.
PLOTZ, M.: Coronary heart disease. London: Casell and Comp. 1957.
SCHOENMACKERS, J.: Koronararterien — Herzinfarkt. In: BARGMANN-DOERR ,,Das Herz des Menschen". Stuttgart: Thieme 1963.
— Die Blutversorgung des Herzmuskels und ihre Störungen. In: KAUFMANN-STAEMMLER ,,Lehrbuch der Speziellen Pathologisch3n Anatomie". Berlin: W. de Gruyter & Co. 1967.
STAEMMLER, M.: Die Kreislauforgane. In: KAUFMANN, Lehrbuch der speziellen pathologischen Anatomie. Berlin: W. de Gruyter & Co. 1955.
WHITE, P. D.: Heart disease. New York: Macmillan & Co. 1944.

Spezielle Literatur

ADEBAHR, G.: Plötzlicher Tod beim Abgang der linken Herzkranzschlagader aus der A. pulmonalis. Zbl. allg. Path. path. Anat. 92, 177 (1954).
AHO, A.: On the venous network of the human heart and its arteriovenous anstomoses. Ann. Med. exp. Fenn. Suppl. 28, 1 (1950).
ALBERTINI, A. v.: Studien zur Ätiologie der Arteriosklerose. Schweiz. Z. Path. 1, 3 (1938).
— Nochmals zur Pathogenese der Coronarsklerose. Cardiologia (Basel) 7, 233 (1943).
AUFDERMAUER, M.: Koronarthrombose bei Kranzarterienrissen durch physikalische und psychische Belastung. Schweiz. med. Wschr. 42, 1086 (1952).

BÄHR, E.: Die Atherosklerose der Herzkranzgefäße in ihrer Beziehung zu Alter, Krankheit und Konstitution. Arch. Kreisl.-Forsch. 3, 95 (1938).
BÄUERLE, W.: Die Coronarsklerose bei Hypertonie. Beitr. path. Anat. 111, 108 (1950).
BARBARESCHI, G.: Arteriosclerosi coronarica. G. Geront. 3, 195 (1955).
BAYER, O.: Zur Zusammenhangsfrage von Unfall und Herztod. Inaug.-Diss. Heidelberg 1938.
BLUMGART, H. I.: Anatomy and functionel importance of intercoronary arterial anstomoses. Circulation 20, 812 (1959).
BONITZ, K., u. E. ZYLMANN: Normen der Venenweiten und ihre Änderung unter besonderen Bedingungen. Frankfurt. Z. Path. 63, 300 (1952).
BUCHER, O.: Polsterbildungen in den Arterien des Myokards (Polsterkissen und Polsterarterien). Schweiz. med. Wschr. 74, 522 (1944).
— Sondereinrichtungen an Kranzgefäßen. Schweiz. med. Wschr. 75, 966 (1945).
— Einige Bemerkungen zur Arbeit von S. HIRSCH über ,,Grundsätzliches zur Frage der Regulationseinrichtungen im Coronarkreislauf". Acta anat. (Basel) 8, 185 (1949).
—, u. M. H. KOELBING: Beitrag zur Kenntnis der mikroskopischen Anatomie der Herzvenen. Acta anat. (Basel) 17, 369 (1953).
BÜCHNER, FR.: Die Koronarinsuffizienz. Dresden u. Leipzig: Theodor Steinkopff 1939.
— Pathologische Anatomie der Herzinsuffizienz. Verh. dtsch. Ges. Kreisl.-Forsch. 16, 26 (1950).
— Relative Durchblutungsnot des Herzsmuskels. Dtsch. med. Wschr. 1957, 1037, 1065.
— u. W. v. LUCADOU: Elektrokardiographische Veränderungen und disseminierte Nekrosen des Herzmuskels bei experimenteller Coronarinsuffizienz. Beitr. path. Anat. 93, 169 (1934).
— A. WEBER u. B. HAAGER: Koronarinfarkt und Koronarinsuffizienz. Leipzig: Theodor Steinkopff 1935.
CRAINICIANU, AL.: Anatomische Studien über die Coronararterien und experimentelle Untersuchungen über ihre Durchgängigkeit. Virchows Arch. path. Anat. 238, 1 (1922).
DAGONET, Y.: Les anomalies de naissance des artères coronaires. (Rapport d'une observation de coronaire gauche anormale.) Arch. Mal. Cœur 45, 7 (1952).

Drury, R. A. B.: The role of intima haemorrhage in coronary occlusion. J. Path. Bact. **67**, 207 (1954).

Duguid, J. B.: Pathogenesis of arteriosclerosis. Lancet **1949 II**, 925.

Dutra, F. R.: Anomalies of coronary arteries. Arch. intern. Med. **85**, 955 (1950).

Edwards, J. E.: Arteriosclerosis in the intramural and extramural portions of coronary arteries in the human heart. Circulation **13**, 235 (1956).

— Pathologic spectrum of occlusive coronary arterial disease. Lab. Invest. **5**, 475 (1956).

— Anomalies coronary arteries with special referenece to arteriovenous like communications. Circulation **17**, 1001 (1958).

Fanfani, M.: Ricerche sulle varianti del circolo coronarico del cuore, con particolare riguardo alla irrorazzione del setto interventricolare e ai problemi del circolo collaterale. Arch. De Vecchi Anat. pat. **19**, 779 (1953).

Froment, R., P. Monnet, P. Gallois et A. Perrin: Les maladies coronariennes tronculaires infantiles et juvéniles. Principaux types anatomo-cliniques. Arch. Mal. Cœur **50**, 55 (1957).

Gallois, P.: Les maladies coronariennes tronculaires infantiles et juvéniles. Lyon 1957.

Giese, W.: Die Anastomosen im Koronarkreislauf bei Koronarsklerose. Dtsch. med. Wschr. **1957**, 602, 633.

— Kollateralkreisläufe im Coronarsystem bei Coronarsklerose. In: Probleme der Coronardurchblutung. Berlin-Göttingen-Heidelberg: Springer 1958.

Goormaghtigh, N., L. de Vos and A. Blancquaert: Ostial stenosis of coronary arteries in nine-year-yold girl. Arch. intern. Med. **95**, 341 (1955).

Gore, I., J. Smith and R. Clancy: Congenital aneurysms of the coronary arteries with report of a case. Circulation **19**, 221 (1959).

Guglielmo, L. di: Arteriographic features of the coronary arteries at different age in men, with spezial reference to coronaray sclerosis. Acta radiol. (Stockh.) **52**, 369 (1959).

— and M. Guttadauro: Anatomic variations in the coronary arteries. An arteriographic study in living objects. Acta radiol. (Stockh.) **41**, 393 (1954).

— — Über die radiologische Darstellung von Coronararterien in vivo. Sci. med. ital. (Dtsch. Ausg.) **3**, 470 (1955).

Hallermann, W.: Der plötzliche Herztod bei Kranzgefäßerkrankungen. Stuttgart: Georg Thieme 1939.

Halpern, M. H.: Extracardiac anastomoses of the coronary arteries in the human newborn. Anat. Rec. **118**, 306 (1954).

Hausammann, E.: Die Coronarsklerose im höheren Alter in ihrer Beziehung zur Coronarsklerose der Jugendlichen. Cardiologia (Basel) **14**, 225 (1949).

Hauss, H. W.: Angina pectoris. Stuttgart: Georg Thieme 1954.

Hellerstein, H. K., and L. Orbison: Anatomic variations of the orifice of human coronary sinus. Circulation **3**, 514 (1951).

Hess, W.: Eine mechanisch bedingte Gesetzmäßigkeit im Bau des Blutgefäß-Systems. Arch. Entwickl.-Mech. Org. **16**, 632 (1903).

— Über die periphere Regulierung der Blutcirculation. Pflügers Arch. ges. Physiol. **168**, 439 (1917).

Hieronymi, G.: Über den Formwandel der Herzkranzschlagader vom Säuglings- bis zum Greisenalter. Verh. dtsch. Ges. Path. **1956**, 203.

— Über den alternsbedingten Formwandel elastischer und muskulärer Arterien. S.-B. Heidelberg. Akad. Wiss., math.-nat. Kl. (1956).

— Angiometrische Untersuchungen venöser und arterieller Gefäße verschiedenen Lebensalters. Frankfurt. Z. Path. **69**, 18 (1958).

Hirsch, S.: Grundsätzliches zur Frage der Regulationseinrichtungen im Coronarkreislauf. Acta anat. (Basel) **8**, 168 (1949).

Hoekstra, R. A.: Das normale und pathologische Wachstum des Herzens und der Hauptschlagader. Maandschr. Kindergeneesk. **19**, 443 (1951).

Hudson, Ch. L., A. R. Moritz and J. T. Wearn: The extracardiac anastomoses of the coronary arteries. J. exp. Med. **56**, 919 (1932).

Kádár, F.: Topographische Beziehungen zwischen arteriellen und venösen Kranzgefäßen des Herzens. Anat. Anz. **103**, 112 (1956).

Karnbaum, S.: Kreislaufanalytische Untersuchungen bei Normotonikern. Z. Kreisl.-Forsch. **46**, 709 (1957).

— Pulswellengeschwindigkeit und Minutenvolumenhochdruck. Z. Kreisl.-Forsch. **46**, 737 (1957).

— Aortenelastizität und Widerstandshochdruck. Z. Kreisl.-Forsch. **46**, 743 (1957).

— Das „arterio-kardiale Syndrom" bei Bluthochdruck. Virchows Arch. path. Anat. **330**, 200 (1957).

Kathke, N.: Die Veränderungen der Coronararterienzweige des Myokards bei Hypertonie. Beitr. path. Anat. **115**, 405 (1955).

Keith, J. D.: The anomalous origin of the left coronary artery from the pulmonary artery. Brit. Heart J. **21**, 149 (1959).

Kockel, O.: Eigenartige Kranzschlagadermißbildungen. Beitr. path. Anat. **94**, 220 (1934/35).

Könn, G.: Die pathologische Morphologie der Lungengefäßerkrankungen und ihre Beziehungen zur chronischen pulmonalen Hypertonie. Ergebnisse der gesamten Tuberkulose- und Lungenforschung, Bd. XIV, S. 101. Stuttgart: Georg Thieme 1958.

Kruzmann, W. J. A.: Anomalous left coronary artery arising from the pulmonary artery. Amer. Heart J. **57**, 36 (1959).

Kuhlmann, F.: Klinische Bedeutung der Röntgendiagnostik der Koronarsklerose. Fortschr. Röntgenstr. **48**, 42 (1933).

Lake, B.: Cardiac vein thrombosis with myocardial hemorrhage. Amer. Heart J. **55**, 157 (1958).

Levi, G., et M. Zorzi: Étude anatomo-clinique de deux cas d'anévrisme communicant aorto-ventriculaire droit (Anévrismes du sinus de Valsalva). Cardiologia (Basel) **15**, 1 (1949).

Levy, H.: Traumatic coronary thrombosis with myocardiàl infarction. Postmortem study. Arch. intern. Med. **84**, 261 (1949).

Liebegott, G.: Die intramurale Coronarsklerose bei Hypertonie. Med. Klin. **53**, 1465 (1958).

Linzbach, A. J.: Mikrometrische und histologische Analyse menschlicher Herzen. Virchows Arch. path. Anat. **314**, 534 (1947).

— Herzhypertrophie und kritisches Herzgewicht. Klin. Wschr. **26**, 459 (1948).

— Die Muskelfaserkonstante und das Wachstumsgesetz der menschlichen Herzkammern. Virchows Arch. path. Anat. **318**, 575 (1950).

— Über das Längenwachstum der Herzmuskelfasern und ihrer Kerne in Beziehung zur Herzdilatation. Virchows Arch. path. Anat. **328**, 165 (1956).

Loogen, F., u. H. Vieten: Zur Diagnose der supravavulären Aortenstenose. Z. Kreisl.-Forsch. (im Druck).

Lovitt, W. V., and W. J. Corzine jr.: Dissecting intramural hemorrhage of anterior descending branche of left coronary artery. Arch. Path. (Chicago) **54**, 458 (1952).

Mantero, O., G. Baroldi and G. Scomazzoni: The coronary arterial circulation in the hypertrophic heart. Cardologia (Basel) **32**, 48 (1958).

McAllister, F. F., and D. S. Leihninger: Infarction of the righ ventricle caused by coronary vein ligation. Circulation **1**, 717 (1950).

Meesmann, W.: Untersuchungen zur Funktion der interarteriellen Koronaranastomosen beim Herzinfarkt. Z. Kreisl.-Forsch. **48**, 193 (1959).

Meessen, H.: Über Coronarinsuffizienz nach Histamin-Collaps und orthostatischem Collaps. Beitr. path. Anat. **99**, 329 (1937).

— Über experimentelle Lungenembolie durch Glasperlen. Arch. Kreisl.-Forsch. **6**, 117 (1940).

— Coronarthrombose nach Unfall. Frankfurt. Z. Path. **54**, 307 (1940).

— Arterielle Thrombosen nach Lungenschuß. Beitr. path. Anat. **105**, 432 (1941).

— Über den plötzlichen Herztod bei Frühsklerose und Frühthrombose der Koronararterien bei Männern unter 45 Jahren. Münch. med. Wschr. **1943**, 733, 1443. — Z. Kreisl.-Forsch. **36**, 181 (1944).

— Zum Problem der allergischen Pathogenese der Arteriitis. Verh. dtsch. Ges. inn. Med. **60**, 385 (1954).

— Plötzlicher natürlicher Tod beim Erwachsenen. In: Ponsold, Lehrbuch der gerichtlichen Medizin. Stuttgart 1954.

— Zur Pathogenese der Koronarthrombose. Wien. Z. inn. Med. **39**, 41 (1958).

Meesen, H., siehe H. Reindell u. H. Harnasch.

Milles, G., and W. Dallessandro: The relationsship of the weigth of the heart and the circumference of the coronary arteries to myocardial infarction and myocardial failure. Amer. J. Path. **30**, 31 (1954).

Minder, W. H.: Aneurysma congenitum arteriae coronariae. Cardologia (Basel) **22**, 35 (1953).

Mönckeberg, J. G.: Die Mißbildungen des Herzens. In: Handbuch der speziellen pathologischen Anatomie und Histologie, Bd. II, S. 137. Berlin: Springer 1924.

Morgan, A. D.: The pathogenesis of coronary occlusion. Oxford: Blackwell Sci. Publ. 1956.

Müller, E.: Vorweisungen zur Frage der tödlichen Frühsklerose der Herzkranzgefäße. Klin. Wschr. **20**, 725 (1941).

— Die tödliche Coronarsklerose bei jüngeren Männern. Beitr. path. Anat. **110**, 103 (1949).

— Pathologische Anatomie der Koronarthrombose unter besonderer Berücksichtigung der Koronarsklerose und Atheromatose. Verh. dtsch. Ges. Kreisl.-Forsch. **21**, 3 (1955).

— Morphologische und experimentelle Untersuchungen zur Coronarsklerose und Coronarthrombose. 5. Bayer. Internisten-Kongr. Nürnberg, 1957, S. 65. 1958.

Oppel, A., u. W. Roux: Über die gestaltliche Anpassung der Blutgefäße unter Berücksichtigung der funktionellen Transplantation. Vortr. u. Aufs. über Entwicklungsmechanik, IX. Leipzig 1910.

Osburg, K.: Über einen Fall von Herzinfarkt durch Tamponade des Koronarostiums bei isoliertem Abscheidungsthrombus in der Aorta. Z. Kreisl.-Forsch. **45**, 192 (1956).

Papacharalampous, N., u. H. N. Zollinger: Morphologie und Pathogenese des subtotalen und totalen Coronarverschlusses (Intramurales Hämatom, Thrombose, Arteriosklerose, Coronaritis). Schweiz. med. Wschr. **1953**, 859.

Petrén, T.: Ein Fall von Mangel der Art. coronaris cordis dextra. Virchows Arch. path. Anat. **278**, 158 (1930).

Pitt, B.: Interarterial coronary Anastomoses. Circulation **20**, 816 (1959).

Plaut, A.: Versorgung des Herzens durch nur eine Kranzarterie. Frankfurt. Z. Path. **27**, 84 (1922).

Rau, H.: Zur Bedeutung der chronischen Blutdruckerhöhung für die Entstehung und Schwere der Arteriosklerose. Klin. Wschr. **1956**, 167.

Raubischek, H. V.: Die Aortenklappen und die Kranzgefäße des Herzens. Wien. klin. Wschr. **1951**, 740.

Rein, H.: Über die Drosselungstoleranz und die kritische Drosselungsgrenze der Herz-Coronargefäße. Pflügers Arch. ges. Physiol. **253**, 205 (1951).

Reindell, H., u. H. Harnasch: Klinische und pathologisch-anatomische Beobachtungen beim Fehlen der linken Kranzarterie. Z. Kreisl.-Forsch. **37**, 595 (1948).

Richter, O.: Über das Fehlen einer Kranzarterie. Virchows Arch. path. Anat. **299**, 637 (1937).

Ritama, V., H. Laitinen and M. Virkkunen: Inflammatory vascular changes in the coronary disease. Ann. Med. intern. Fenn. 40, 133 (1951).

Rotter, W.: Über den abnormen Abgang der linken Herzkranzarterie aus der Lungenschlagader. Zbl. allg. Path. path. Anat. 89, 160 (1952).

— Die Sperr-, Polster- bzw. Drosselarterien der Nieren des Menschen. Z. Zellforsch. 37, 101 (1952).

Roux, W.: Über Verzweigungen der Blutgefäße des Menschen. Ges. Abh. über Entwicklungsmechanik der Organismen, Bd. I/1. Leipzig 1895.

Saphir, O., I. Ohringer and R. Wong: Changes in the intramural coronary branches in coronary arteriosclerosis. Arch. Path. (Chicago) 62, 159 (1956).

Schlesinger, M. J.: An injection puls dissection study of coronary occlusions and anastomoses. Amer. Heart J. 15, 528 (1938).

— Relation of anatomic pattern to pathologic conditions of the coronary arteries. Arch. Path. (Chicago) 30, 403 (1940).

— P. M. Zoll and St. Wessler: The conus artery: a third coronary artery. Amer. Heart J. 38, 823 (1949).

Schoenmackers, J.: Über die Herzkranzschlagader-Anastomosen und ihre Darstellung. Verh. dtsch. Ges. Path. 32, 402 (1948).

— Zur quantitativen Morphologie der Herzkranzschlagadern. Z. Kreisl.-Forsch. 37, 617 (1948).

— Über Bronchialvenen. Zbl. allg. Path. path. Anat. 100, 350 (1959).

— Die arterio-kardiale Hypertrophie, ein morphologisches Substrat der Hypertonie. Verh. dtsch. Ges. Kreisl.-Forsch. 15, 124 (1949).

— Das Venenbild des Herzens. Z. Kreisl.-Forsch. 39, 68 (1949).

— Die Herzkranzschlagadern bei arterio-kardialer Hypertrophie. Z. Kreisl.-Forsch. 38, 321 (1949).

— Pathologische Befunde bei M. caeroleus. Verh. dtsch. Ges. Kreisl.-Forsch. 16, 179 (1950).

— Extrakardiale Koronaranastomosen. Zbl. allg. Path. path. Anat. 91, 505 (1954).

— Das Koronargefäß-System bei angeborenen Herz- und Gefäßfehlern. Verh. dtsch. Ges. Kreisl.-Forsch. 21, 385 (1955).

— Zur Anatomie und Pathologie der Coronargefäße. Bad Oeynhausener Gespräche II. Berlin-Göttingen-Heidelberg: Springer 1958.

— Vergleichende quantitative Untersuchungen über den Faserbestand des Herzens bei Herz- und Herzklappenfehlern sowie Hochdruck. Virchows Arch. path. Anat. 331, 3 (1958).

— Über Bronchialvenen und ihre Stellung zwischen großem und kleinem Kreislauf. Arch. Kreisl.-Forsch. 32, 1 (1960).

— Technik der postmortalen Angiographie mit Berücksichtigung verwandter Methoden postmortaler Gefäßdarstellung. Ergebn. allg. Path. path. Anat. 39, 53 (1960).

— Prognostisch unterschiedliche Formen der Koronarsklerose. Elastische und unelastische Koronarsklerose. Arch. Kreislaufforsch. 42, 172—233 (1963).

Schoenmackers, J. and J. L. L. Campos: Zentrale und periphere Ostiumbarrieren. Arch. Kreislaufforsch. im Druck (1964).

— u. E. Stratmann: Koronargefäß-System und Myokard bei angeborenen Herz- und Gefäßfehlern. Arch. Kreisl.-Forsch. 22, 153 (1955).

— u. H. Vieten: Atlas postmortaler Angiogramme. Stuttgart: Georg Thieme 1954.

— — Postmortale Angiogramme der Koronararterien bei angeborenen und erworbenen Herzfehlern. Dtsch. med. Wschr. 79, 671 (1954).

— — Vergleichende pathologisch-anatomische und postmortal-angiographische Betrachtungen der Lunge. Ergebnisse der gesamten Lungen- und Tuberkuloseforschung, Bd. XIV, S. 347. Stuttgart: Georg Thieme 1958.

Schornagel, H. E.: Dissecting aneurysm of a coronary artery. J. Path. Bact. 75, 464 (1958).

Silvermann, F. A.: Abnormal congenital fistulous communications of coronary arteries. Amer. J. Radiol. 82, 392 (1959).

Sinclair jr., W., and E. Nitsch: Polyarteritis nodosa of the coronary arteries report of a case in an infant with rupture of an aneurysm and intrapericardial hemorrhage. Amer. Heart J. 38, 898 (1949).

Snow, P. J. D., A. M. Jones and K. S. Daber: Coronary disease: a pathological study. Brit. Heart J. 17, 503 (1955).

Spalteholz, W.: Die Arterien der Herzwand. Leipzig: Hirzel 1924.

Spang, K.: Altersherz und Kardiosklerose. Dtsch. med. Wschr. 79, 318 (1954).

Staemmler, M.: Die Coronarthrombose in der Versicherungsmedizin. Dtsch. Z. ges. gerichtl. Med. 44, 754 (1956).

Swann, P., and M. Fitzpatrick: Case report. Single coronary artery. Brit. Heart J. 14, 457 (1954).

Swann, W. C., and S. Werthammer: Aberrant coronary arteries, experiences in diagnosis with report of three cases. Ann. intern. Med. 42, 873 (1955).

Truex, R. C., and A. W. Angulo: Comparative study of the arterial and venous systems of the ventricular myocardium with special reference to the coronary sinus. Anat. Rec. 113, 467 (1952).

— and M. J. Schwarz: Venous system of the myocardium with special reference to the conduction system. Circulation 4, 881 (1951).

Vivell, O.: Durchströmungsversuche am Coronarsystem bei normalem, hypertrophem und atrophischem Herzmuskel. Beitr. path. Anat. 111, 125 (1951).

Völker, R.: Die Koronarinsuffizienz im Rahmen generalisierter Gefäßprozesse. Verh. dtsch. Ges. Kreisl.-Forsch. 22, 219 (1956).

— Herz- und Gefäßerkrankungen. Darmstadt: Dr. Dietrich Steinkopff 1957.

Vogelberg, Kl.: Die Lichtungsweite der Koronarostien an normalen und hypertrophierten Herzen. Z. Kreisl.-Forsch. 46, 101 (1957).

WALDER, R.: Elektrocardiographische und histologische Untersuchungen des Herzens bei experimenteller Luft- und Fettembolie, sowie bei Embolie durch Stärkesuspension. Beitr. path. Anat. **102**, 485 (1939).

WINCKLER, G.: Étude sur les artères coronaires du cœur chez l'homme. C. R. Ass. Anat. **55**, 419 (1949).

WINKELMANN, N. W., and M. T. MOORE: Disseminated necrotising panarteritis (periarteritis nodosa). J. Neuropath. exp. Neurol. **9**, 60 (1950).

WOLKOFF, K.: Über die histologische Struktur der Coronararterien des menschlichen Herzens. Virchows Arch. path. Anat. **241**, 32 (1923).

— Über die Atherosklerose der Coronararterien. Beitr. path. Anat. **82**, 555 (1929).

YATER, H., M. TRAUM, A. H. BROWN, W. G. FITZGERALD, R. RIND and A. M. GERRSLER: Coronary artery disease in men 18—40 years of age. Amer. Heart J. **36**, 334, 481, 683 (1948).

ZAK, F. G., M. HELPERN and D. ADLERSBERG: Stenosing coronary arteritis. Its possible role in coronary artery disease. Angiology **3**, 289 (1952).

ZEEK, P. M.: Periarteritis nodosa: A critical review. Amer. J. clin. Path. **22**, 777 (1952).

— C. C. SMITH and I. C. WEETER: Studies of periarteritis nodosa. Amer. J. Path. **24**, 889 (1948).

ZINCK, K. H.: Sondereinrichtungen an Kranzgefäßen und ihre Beziehung zu Koronarinfarkt und miliaren Nekrosen. Virchows Arch. path. Anat. **305**, 288 (1940).

ZOLL, P. M., ST. WESSLER and M. J. SCHLESINGER: Interarterial coronary anastomoses in the human heart, with particular reference to anemia and relativ cardiac anoxia. Circulation **4**, 797 (1951).

ZOLLINGER, H. U., u. N. PAPACHARALAMPOUS: Über das appositionelle Wachstum der Coronarthromben. Schweiz. med. Wschr. **1953**, 864.

Neuere Literatur zu finden in

HERZOG, R., u. J. SCHOENMACKERS: Versuch einer objektiven Graduierung der Koronarsklerose. Arch. Kreislaufforschg. **62**, 72 (1970).

SCHOENMACKERS, J.: Zur normalen Anatomie und Verteilung der Koronargefäße. Nauheimer Fortbildungslehrgänge 27, 1. Darmstadt: Dr. D. Steinkopff-Verlag 1962.

— Zentrale und periphere Ostiumbarrieren, eine spezielle Lokalisation der Koronarsklerose. Arch. Kreislaufforschg. **43**, 235 (1964).

— Angiomorphologie der Koronarogramme. Fortschr. Röntgenstr. **102**, 349 (1965).

— Morphologische Gesichtspunkte zum Problem „Silikose und Koronarsklerose". Beitr. Silikose-Forsch. **6**, 603 (1965).

— Über den Bindegewebsgehalt des Myokards der linken Herzkammer bei elastischer und unelastischer Koronarsklerose. Arch. Kreislaufforschg. **50**, 208 (1966).

— Bericht über die Häufigkeit von Koronarsklerose und Infarkt an Hand des Materials von 14 deutschen Pathologischen Instituten. Path. Microbiol. **30**, 561 (1967).

— Silikose und Herzmuskel. Arch. Kreislaufforschg. **57**, 66 (1968).

— Pathologische Anatomie und hämodynamische Rückwirkungen der Koronarsklerose. 50. Deutscher Röntgenkongreß, 8.—11. Mai 1969. Stuttgart: Thieme 1970.

— Koronarsklerose — Koronarleiden. ARTHUR WEBER zum 90. Geburtstag. Med. Schriftenreihe. Mannheim: Boehringer 1970.

— Chirurgische Pathologie der Koronararterien. Verh. Dtsch. Ges. Kreislaufforsch. **36**, 116 (1970).

— H. BUSS, u. R. LINDENFELSER: Morphologische Aspekte der Angina pectoris. Herz/Kreisl. **5**, 191 (1973).

— u. D. SCHÖNE: Herzinfarkt und Cor pulmonale. Zschr. Kardiol. **62**, 555 (1973).

VI. Roentgenologic features of coronary disease

By

L. Di Guglielmo and C. Montemartini

With 12 Figures

1. Coronary sclerosis

Because of their intramediastinal location, coronary vessels fail to show in conventional roentgenography. Direct radiographic visibility of these vessels is possible only when considerable amounts of calcium have been deposited on their walls. Indirect visibility is obtained by angiography, i.e. by introducing contrast media into the coronary lumen.

On post mortem examination, *calcification of coronary arteries* is a rather common finding. Roentgenologic demonstration in a living subject, however, has been regarded as rare; the reasons for this apparent invisibility of most coronary calcifications are blurred caused by heart beat, very small volume of the calcifications, which are included in the dense opacity of the heart, and superposition of other dense images, such as those of the spine and ribs.

With the advent of image intensification and cineroentgenography several of these limitations became negligible and the finding of coronary calcifications is recognized with increasing frequency. At the present time this should be considered as the method of choice for detecting and recording calcifications within the coronary arteries.

The first documentation in a living subject was obtained in 1927 by LENK. Later on, investigations on this subject were performed by KUHLMANN; WOSIKA and SOSMAN; SNELLEN and NAUTA; PYKE and SYMONS; ZDANSKY; ENDRYS and CERNOHORSKY; REICH and WITTEN; HABBE and WRIGHT; BLANKEHORN and STERN; OLIVER et al.; EGGEN et al.; JORGENS et al.; McGUIRE et al.; TAMPAS et al.

The *roentgenologic appearance of calcified coronary vessels* (Fig. 1) may be in the form of linear streaks, parallel plaques or irregular nodules. If the vessel is cut on end, the calcification shows up as a dense, annular shadow. Movements of these images are in the same direction and synchronous with those of the corresponding heart segments.

In the left coronary artery visible calcifications are more often located, particularly on its division into the anterior interventricular and the circumflex branches. Less frequently, calcification is seen on the walls of both coronary arteries. Calcification of the right coronary only should be regarded as a rare finding.

The incidence of coronary calcification shows a progressive increase with the increasing age, and is more common in males then in females by a ratio of over 3:2.

It is often rather difficult to differentiate these calcifications from other densities, such as calcification of the pericardium, myocardium, valves, anulus fibrosus, bronchi, pulmonary vessels, hilar lymphatic nodes or costal cartilages. Knowledge of the exact location and course of the main coronary branches in both frontal and lateral projections is of unquestionable value for this purpose.

Not always a radiologic finding of coronary calcification corresponds to clinical and electrocardiographic features of ischemic heart disease. As a matter of fact, calcium deposits are very infrequent in atheromatous plaques, whereas they mostly occur in sclerosis of the media, which does not usually lead to obstruction or thrombosis (ZDANSKY). However, recent investigations (TAMPAS et al.; McGUIRE et al.) carried out by comparing

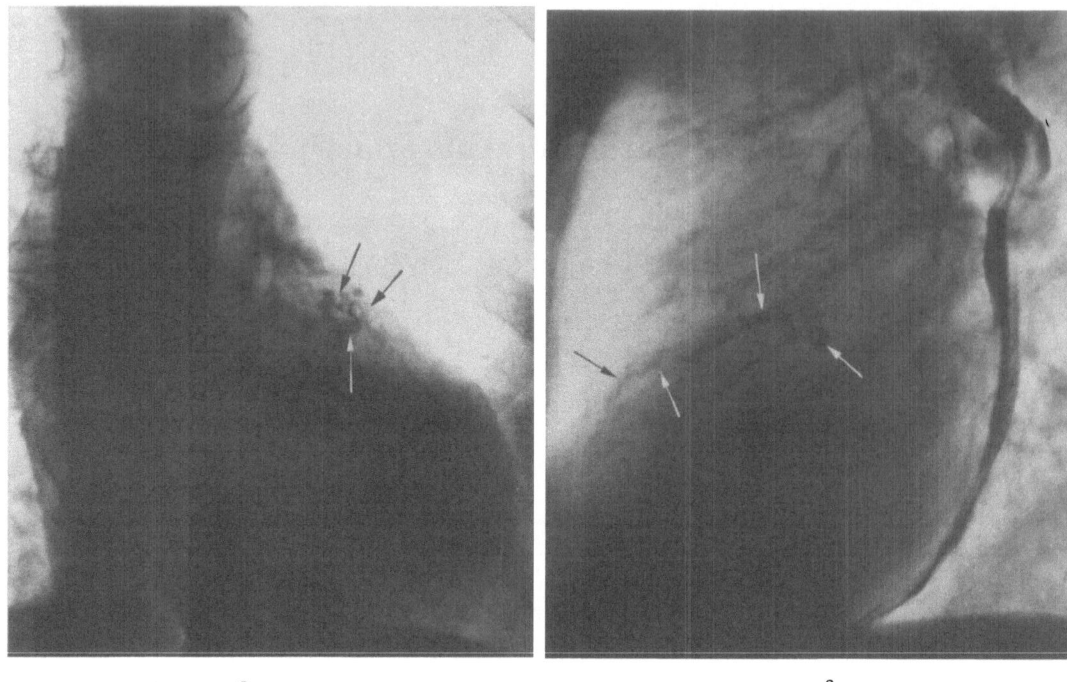

a   a

Fig. 1. a Extensive *calcification of the left coronary artery*. Frontal projection. Calcifications are visible in the walls of both anterior interventricular and circumflex branches. b Lateral view. The common trunk of the left coronary artery shows up as a dense, anular shadow. Arrows indicate also calcification of the anterior interventricular branch

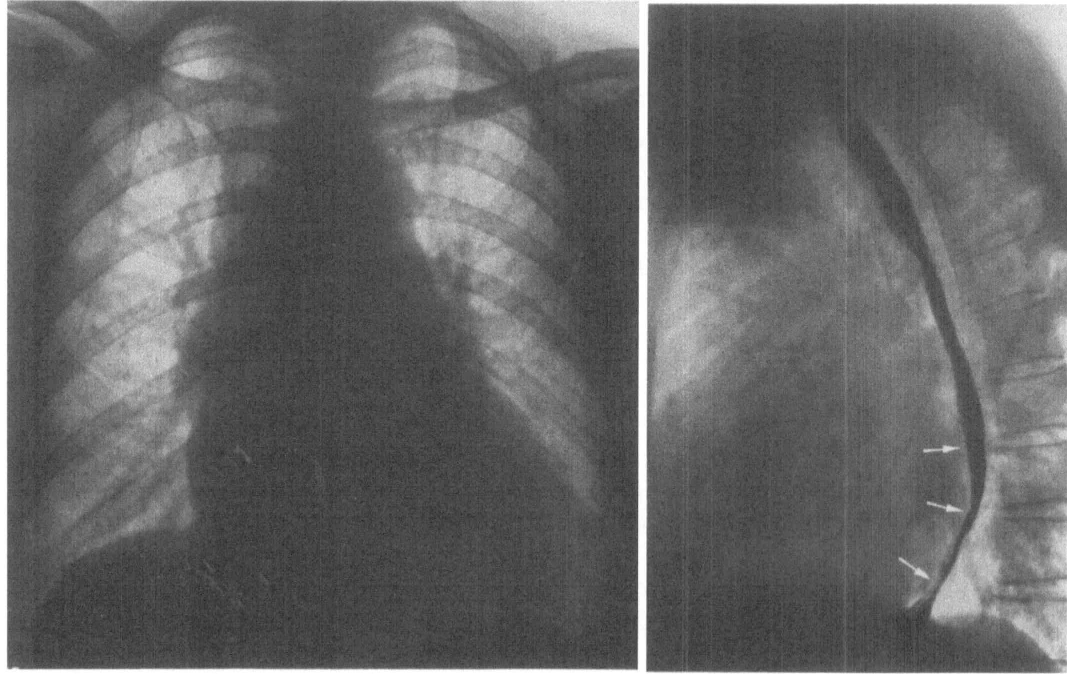

Fig. 2. *Extensive infarction of the antero-lateral wall of the heart* after one month of the infarct. While only moderate enlargement of the left ventricle is appreciable on the frontal projection, a pronounced mark on the distal section of the oesophagus is detected under lateral projection, this resulting from the expansion of the inflow tract of the left ventricle

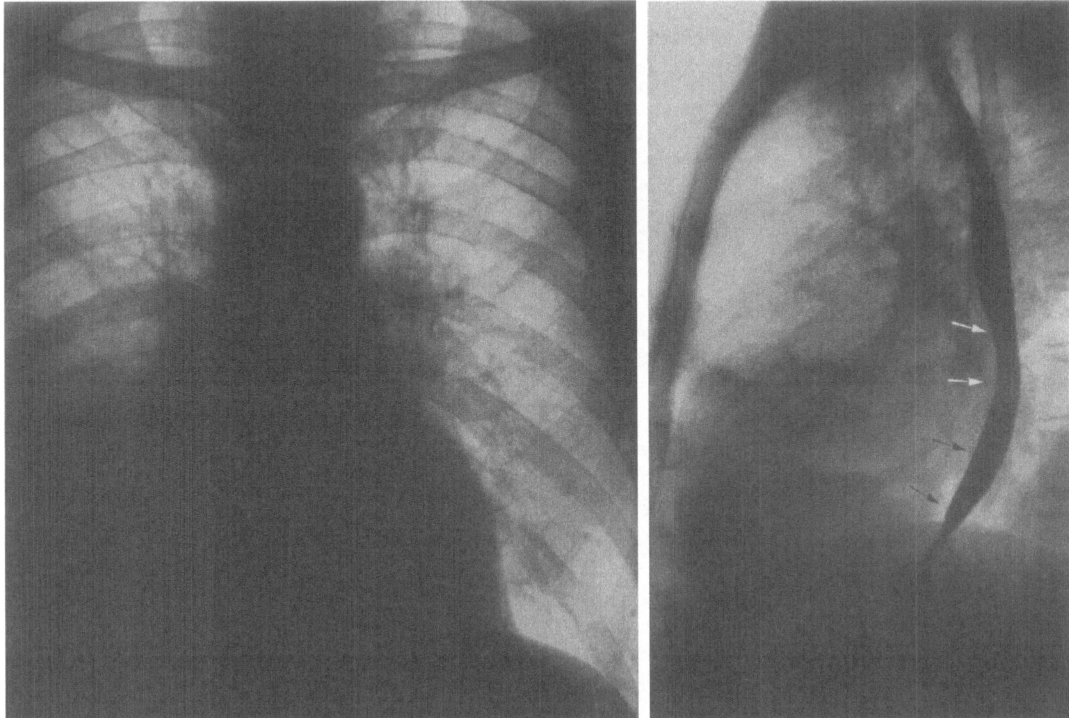

Fig. 3. *Antero-septal infarction* in a subject examined 20 days post infarct. While no significant heart enlargement is apparent in front view, lateral projection evidences a definite, ventrally-concave mark on the distal oesophagus resulting from the enlargement of the inflow tract of the left ventricle. It is very probable that the upper part of the mark is determined by enlargement of the left auricle too. Pulmonary congestion and marked pleural effusion on the right side

groups of subjects with calcifications and subjects without calcifications of the coronary arteries showed that clinical signes of ischemic heart disease have an almost double incidence among the subjects with calcifications. In that way an extensive coronary calcification should be regarded as a signe of potential ischemic heart disease.

Although, as a rule, arteriosclerotic alterations of the coronary vessels are not directly visible, nevertheless they may determine such morphologic and functional alterations of the heart as can be detected by roentgen examination. In fact, the sclerosis of the coronaries can be the cause of an unsufficient blood supply to the myocardium, thus determining a coronary insufficiency. Such an insufficiency may occur either slowly and gradually, or suddenly and acutely.

In *chronic coronary insufficiency*, the heart is often enlarged, although normal size of the heart may be observed. The enlargement of the heart is more evident when hypertension coexists, and involves all heart cavities, but particularly the left ventricle. Sclerosis and calcifications of the aorta are often observed, and roentgenkymography may demonstrate reduced amplitude and deformations of the curves. In some cases these functional alterations can be appreciated only after physical exertion.

In *acute coronary insufficiency*, a marked dilatation of the whole of the heart occurs with pulmonary congestion. The radiologic picture is that of heart failure, offering no typical clue for differentiation.

The alterations of coronary arteries as revealed by arteriography are described on chapter VII.

Fig. 4. *Antero-lateral infarction of the left ventricle.* Roentgenkymography with stationary gride. While movements are normal at the level of the upper section of the left ventricle, they are entirely absent just above the heart apex

2. Myocardial infarction

Myocardial infarction may induce alterations that can be detected under conventional roentgen examination through definite signes. Not always, however, these signes are evident. As a matter of fact, the magnitude of the alterations depends upon the following factors: a) size of the occluded coronary branch; b) rate at which the occlusion has occurred. In cases where a very slow, gradual occlusion has occurred, an efficient collateral circulation may be established, offsetting the damage of the coronary occlusion and making the radiological clues insignificant; c) location of the occlusion. Some infarcts of the inferior surface of the heart due to occlusion of the posterior interventricular branch affect the parts of the heart resting upon the diaphragm, and therefore, are not radiologically visible; conversely, such infarctions as affect the anterior or anterolateral wall of the heart are easier to visualize under roentgen examination, as these walls are free from superpositions; d) complications, such as mitral insufficiency, perforation of the septum, heart rupture.

The radiological findings of myocardial infarction may be summarized as follow.

Fig. 5. *Apical infarction*. A Cignolini polykymography. The apical tracing is disorganized and is replaced by a curve featured of a nearly horizontal course and involving a number of microsize peaks of an elastic and postural origin coinciding with the fast ventricular discharge

a) Changes in heart volume

The left ventricle is frequently enlarged. If there is no significant hypertension, the enlargement of the ventricle may involve prevailingly or even solely its inflow tract, this resulting in a posterior bulge. In lateral projection (Fig. 2), this condition shows up as a ventrally-concave curve on the distal part of the contrast-filled oesophagus (DI GUGLIELMO and TRENTA). Such a mark could be found in 66% of the cases personally investigated. Most likely, it indicates a circumscribed myocardial insufficiency due to coronary occlusion. As time elapses, this sign becomes less noticeable, and in long established infarctions it may disappear altogether.

The left auricle, too, is often enlarged, this causing the typical displacement of the oesophagus backward and to the right (Fig. 3). Enlargement of the left auricle is probably due to increased filling because of the inability of the left ventricle to discharge its con-

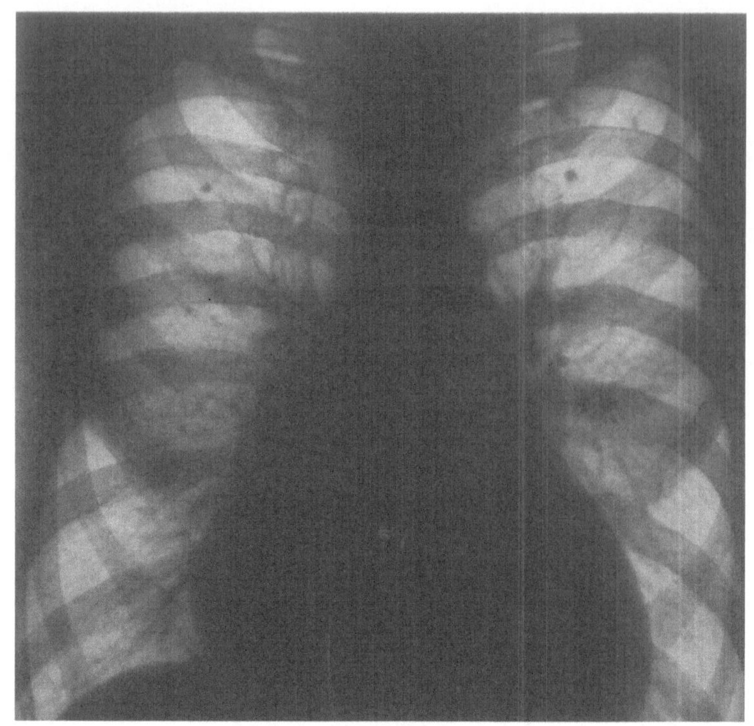

Fig. 6a

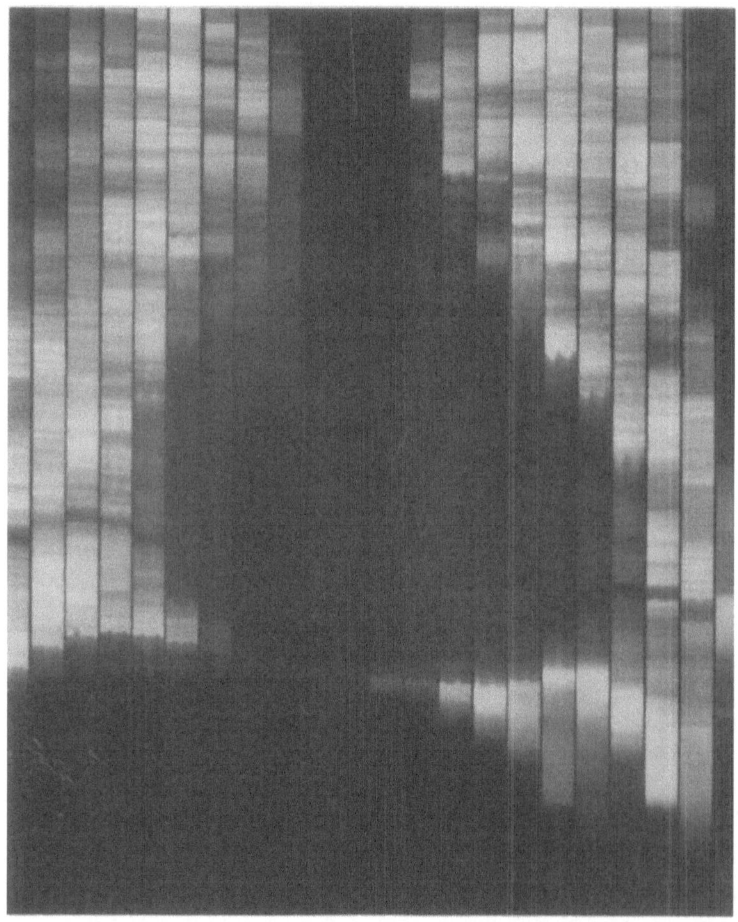

Fig. 6b

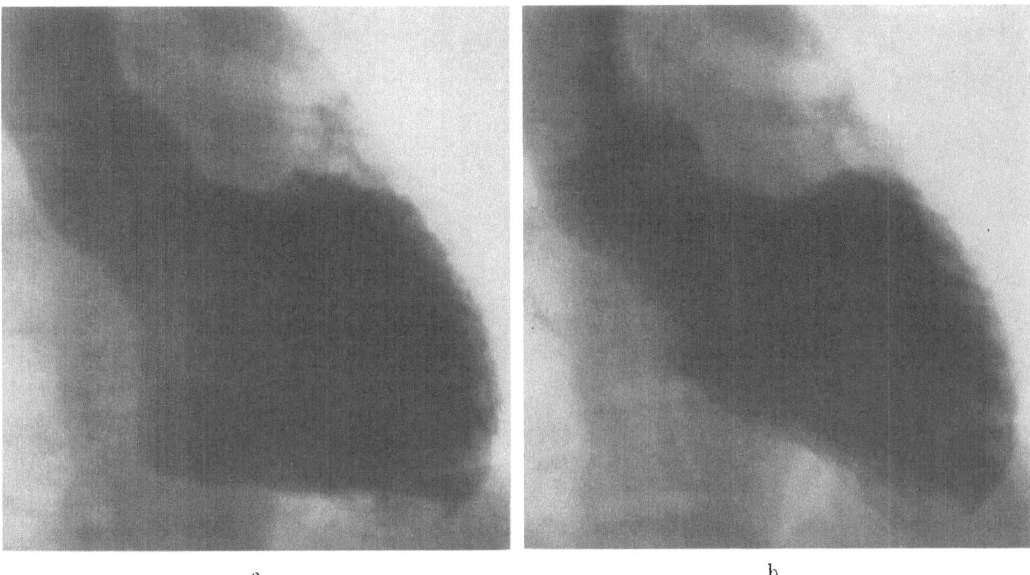

a   b

Fig. 7. a *Left ventriculography in a patient with infarction of the antero-lateral wall* following the occlusion of the anterior interventricular branch of the left coronary artery. End diastolic picture. b End systolic picture. Akinetic area on the lateral contour of the ventricle. By contrast the unaffected part of the ventricle is seen to contract satisfactorily

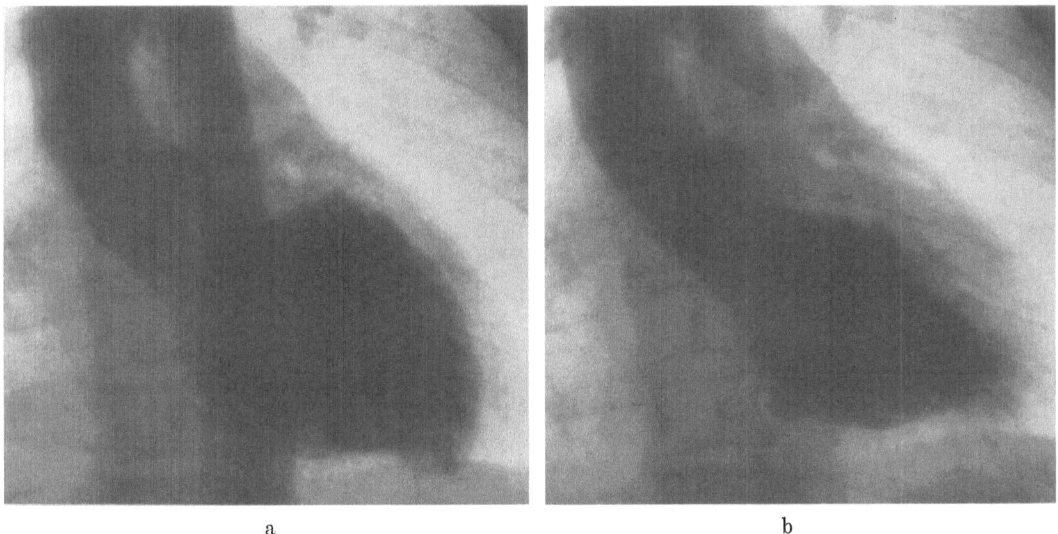

a   b

Fig. 8. a *Infarction of the postero-septal part of the left ventricle.* End diastolic picture. b End systolic picture. Area of immobility affecting the posterior and septal walls of the ventricle. Hyperkinetic contraction of the antero-lateral wall

Fig. 6. a *Postero-septal infarction extensively involving the dorsal and inferior walls of the right and left ventricles* (surgically checked). The enlargement is particularly marked in the inflow section of the right ventricle. The left ventricle, too, is slightly enlarged. No pulmonary congestion is appreciable. b Step-roentgenkymography with vertically positioned clefts, taken after a pneumoperitoneum to evidence the inferior outline of the heart. Normal motility of the top contour of the left ventricle. The inferior contour of the heart is motionless in the apical area and nearly motionless at right ventricle level. (Case was kindly submitted by Prof. V. BOLLINI)

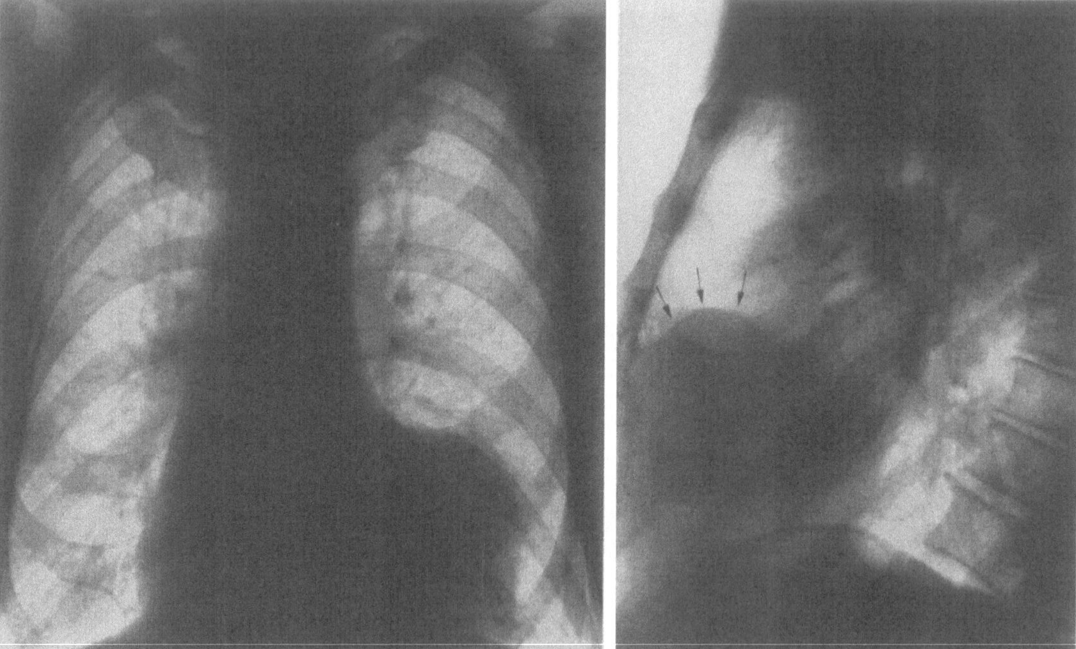

Fig. 9. *Cardiac aneurysm* following infarction in a 38-years old man. Bulge with systolic expansion on the antero-
lateral wall of the left ventricle. Its ragged contour is due to pericardial adhesions

tents. Signs of pulmonary stasis and pleural effusion may be present, but they may also
be completely absent.

Marked enlargement of the left atrium with signs of mitral insufficiency may be determined by involvement and necrosis of the papillary muscles. Acute enlargement of both
ventricles with increased pulmonary vascularity due to a left-to-right shunt may indicate
a ventricular septal perforation. Heart rupture is followed by intrapericardial bleeding
and cardiac tamponade may develop.

b) Changes in heart morphology

On the left contour of the heart, the area involved becomes flattened or even depressed
because of poor myocardial tonicity. When extensive infarction is present, the left contour
of the heart may be straightened out and the normal ventricular convexity may disappear altogether. Often, however, the infarcted area is small, and can be visualized only
by rotating the patient into various degrees of obliquity under fluoroscopy. According to
Sayman, the line of infarction disappears during forced expiration and convexity of the
left ventricular edge is restored.

Occasionally, calcifications are seen in the myocardial cicatrix, their roentgenologic
appearance being that of hemispherical densities or plaques conforming to the shape of
the left ventricular wall (Brean et al.; Lenarduzzi).

c) Changes in heart contractility

Abnormalities in ventricular contraction produced by myocardial infarction have been
extensively studied under fluoroscopy (Master et al.; Levene and Lowman) as well as
roentgenkymography (Stumpf; Heckmann; Perona; Cignolini; Schilling; Cramer and
Steher; Gubner and Crawford; Garland and Thomas) and electrokymography (Heckmann; Luisada et al.; Dack et al.; Sussman et al.).

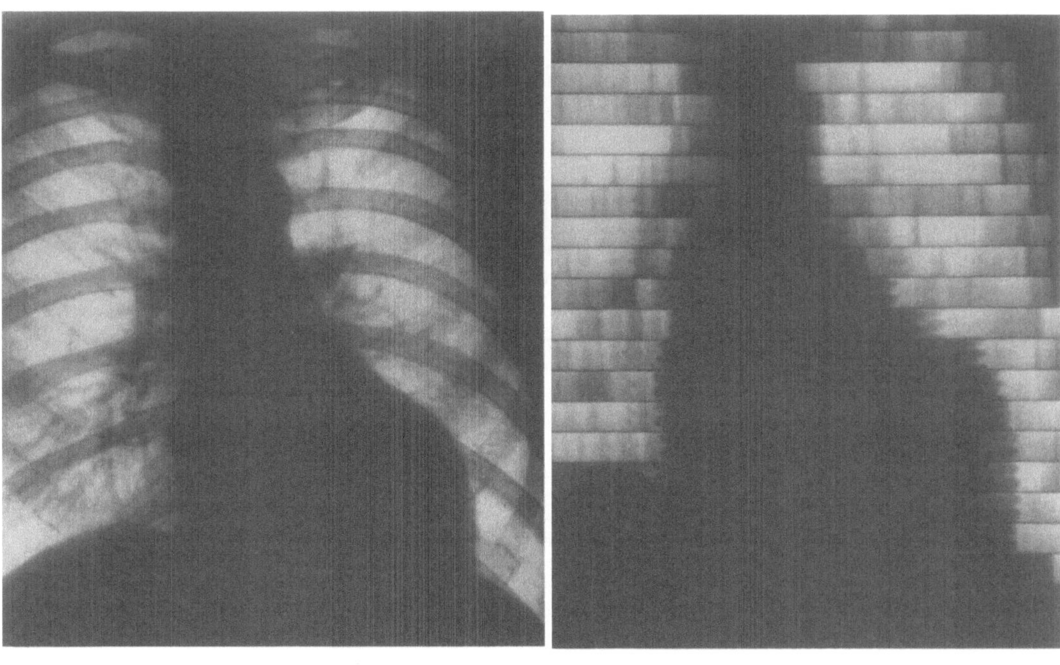

a   b

c   d

Fig. 10. a *Infarction of the apex and antero-lateral wall of the left ventricle.* Three months after the infarction. The heart is not enlarged, but over-convexity of the left ventricle is evident. b Roentgenkymography with stationary gride. The motility of left ventricle is severely reduced and nearly suppressed altogether in the apical area and just above it. c Same subject, re-examined one year later. An aneurysmal bulge now appears on the antero-lateral contour of the left ventricle with a small pericardial adhesion. d Roentgenkymography with moving gride. The aneurysm and the inferior part of the left ventricular contour show ondulations, some of them indicating superficial paradoxical expansion during ventricular systole

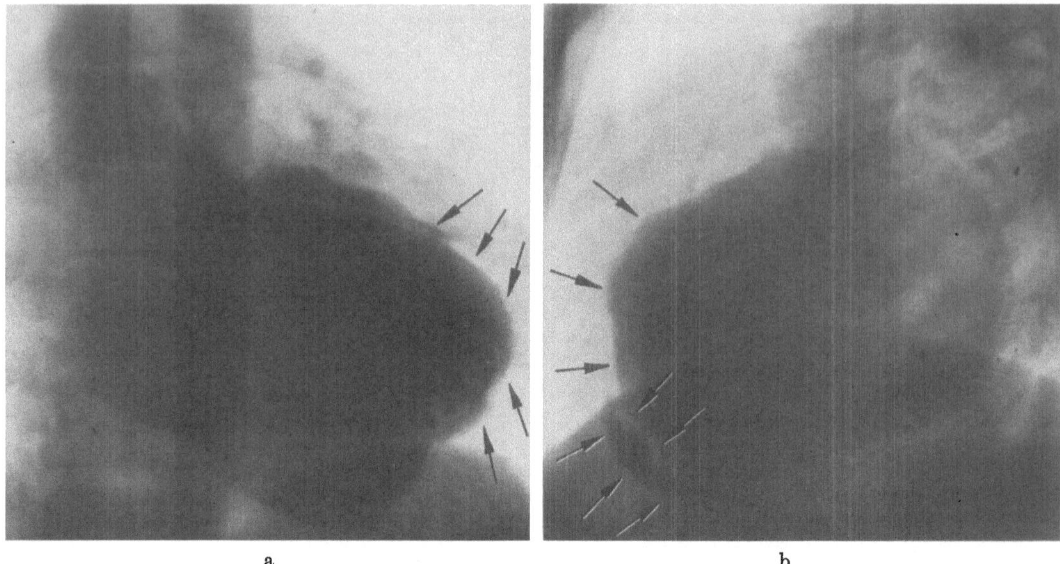

a   b

Fig. 11. a *Left ventriculography in a patient with severe and diffuse coronary atherosclerosis*. Aneurysmal bulge on the antero-lateral wall. b Marked irregularity of the anterior contour in the lateral projection as determined by thrombi and coaguli

Under fluoroscopic examination, when the heart is viewed under an appropriate degree of obliquity, the localized area of infarction may result in (1) absent or diminished pulsation or (2) non-synchronous or contrapulsile (systolic-expansile) pulsation.

Usually such alterations do not appear before the end of the first or second week since coronary occlusion has occurred.

After release of the Valsalva maneuver akinetic areas and small aneurisms may be detected which were not demonstrated by conventional radiographic and fluoroscopic technics (Turner and Jacobson).

Roentgenkymography provides a graphic demonstration of the altered pulsatily in the ventricular wall, also allowing a follow-up of such alterations. Areas of either absent or decreased motility, as well as deformed or otherwise irregular curves are clearly detectable (Figs. 4 and 10), notably when analytic roentgenkymography (Cignolini) is employed (Fig. 5).

When the infarction affects the inferior surface of the heart, no altered motility can be visualized because of diaphragm superposition. In such a case a pneumoperitoneum can be usefully performed, making the inferior contour of the heart free from the abdominal opacity (Bollini) (Fig. 6).

At the present time the use of roentgenkymography and electrokymography is very diminished not only because of limitation and possible errors of the methods, but also because better informations are obtained by means of angiocardiography and left ventriculography with biplane serial or cine- and video-recording.

Left ventriculography is now considered as the method of choice for studying the mouvements of the left ventricle under normal and pathologic conditions (Björk et al.; Soulen and Freeman; Hamilton et al.; Raphael et al.). Moreover, it gives a complete visibility of the ventricular cavity and particularly of the septal and diaphragmatic portions, providing informations that no other method can give.

Although in the acute infarct angiocardiography and left ventricle angiography are not indicated, in the sequelae of myocardial infarct these methods may clearly demonstrate hypokinetic or akinetic areas (Figs. 7 and 8), paradoxical expansion, as well as asynchronous or asynergic mouvements.

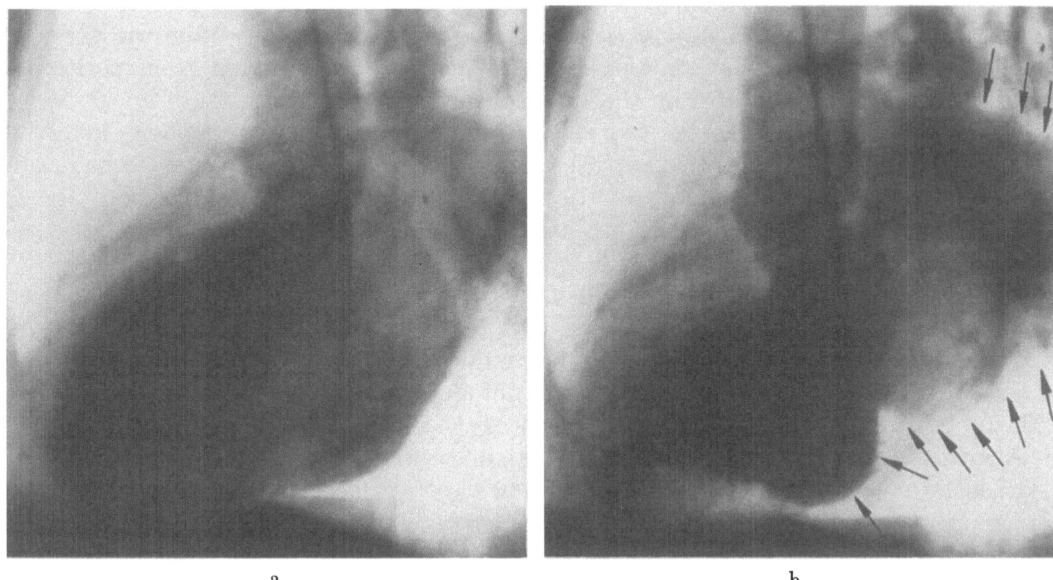

Fig. 12. a *Left ventriculography in a case with occlusion of the right coronary artery and severe atherosclerosis of the circumflex branch.* End diastolic picture. b End systolic picture. Aneurysmal bulge on the posterior ventricular wall. Hyperkinetic contraction of the anterior wall and of the apex. Marked opacification of the left atrium as a complication following a severe papillary muscle disfunction

These alterations may be limited to a small circumscribed myocardial area, but very often they affect a great part of the ventricular wall, usually resulting larger then it was believed under conventional roentgen examination.

3. Cardiac aneurysm

As a sequela of the myocardial infarction, a localized area of the myocardial wall is substituted by fibrous, non-elastic tissue. In the long run, and particularly after repeated stresses, this tissue yields to intraventricular pressure and gives way, thus forming a bulge on the heart contour.

In a small number of cases, cardiac aneurysm may be brought about by other conditions, such as traumatic lesions (WARBURG) or luetic gummae (BRAUNSTEIN et al.).

Exhaustive roentgenologic studies of the cardiac aneurysm have been performed by HEITZ and CORONE; GROEDEL; PARADE; STEEL; SCHWEDEL and GROSS; KROPELIN et al.; BOUVRAIN et al.; GRABER et al.

The onset of an aneurysm is a very slow process that may take several months or years since the infarction, although cases were reported in which an aneurysm developed within a much shorter period of time.

The roentgenologic pattern of cardiac aneurysm may be summarized as follows (Figs. 9 and 10):

1. A localized bulge is visible on the cardiac contour. Occasionally two bulges can be noted.

2. In the majority of cases the bulge is located on the anterolateral aspect of the left ventricle, or on the apex. Less frequently its site is on the dorsal surface of the heart, where it is hardly detectable. Aneurysms of the interventricular septum, if not calcified, are invisible during roentgen conventional examinations. Although aneurysms of the auricles are reported in anatomical literature, this location should be regarded as exceptional.

3. The bulge image is denser because of the frequent presence of organized thrombi. Calcifications are often seen inside the aneurysm itself: if so, they take the shape of lamelled plaques or irregular nodules. They should be differentiated from pericardial calcifications, which are located on the external surface of the heart.

4. The volume of the bulge varies over an extensive range, in extreme cases involving the whole lateral wall of the left ventricle. Often, however, it is so small as to be hardly detectable at all.

5. Irregular aneurysm contour, accentuated during deep inspiration, hints to the presence of pericardial adhesions.

6. The presence of an incisura may delimit the aneurysm from the non-involved surrounding tissue.

7. Abnormal pulsatility of the bulge—i.e., reduced or entirely absent pulsation—may be a feature; the most typical finding, though not a constant one, is paradoxical pulsation, with the bulge expanding during ventricular systole.

Abnormal mouvements of the aneurysmal bulge, if any, are clearly evidenced and recorded by roentgenkymography (Fig. 10) and electrokymography. Roentgencinematographic investigations, too, have been recently carried out.

Under angiocardiography the contrast medium may enter the aneurysmal cavity, thus rendering visible its real volume (Fig. 11), which usually results larger than it appeared under conventional roentgenographic examination. Organized thrombi and coaguli may be clearly demonstrated into the aneurysmal cavity under the appearance of large irregular filling defects. Aneurysmal bulges heardly detectable because of their septal or inferior location are clearly demonstrated by means of contrast medium (Fig. 12).

As the surgical excision of the aneurysm is now performed with increased frequency, left ventricular angiography becomes essential not only for a correcte definition of the aneurysmal morphology but also because of the possible assessement of the functional myocardial activity.

Differential diagnosis should take the following conditions into consideration:

a) Pericardial diverticula, cysts or encapsulated pericardial effusions. These are usually located on the right side of the heart and will never exhibit paradoxical pulsation; during forced inspiration, they will change in shape, appearing vertically elongated, while showing an upward-tapering-out shape in horizontal position; calcifications are never present, and their density is less than the density of the heart shadow.

b) Tumours or tumour-like outgrowths in the lower section of the mediastinum; systolic-expansile pulsation is absent; on the other hand, such complications as pleural effusions, diaphragmatic paralysis or pericardial effusions, are often noticeable.

Tomography, pneumomediastinum and overall angiocardiography may be of value in doubtful cases.

References

Blankehorn, D. H., Stern, D.: Calcification of the coronary arteries. Amer. J. Roentgenol. 81, 772–777 (1959).

Bollini, V.: Aspetto chimografico in pneumoperitoneo di un infarto cardiaco prevalentemente esteso alla faccia inferiore del cuore. Atti 5° Raduno Rad. Em. Mar., Bologna 1953, p. 33–40.

Bouvrain, Y., Brikui, P., Saumont, R., Lebas, J.: Radioelectrokymographie et anévrysme ventriculaire. Arch. Mal. Cœur 65, 361–367 (1972)

Braunstein, A. L., Bass, J. B., Thomas, S.: Gummatous myocarditis and aneurysm of the left ventricle with nodal tachycardia, and subsequently, bundle branch block, report of case. Amer. Heart J. 19, 613–619 (1940).

Brean, H. P., Marks, J. H., Sosman, M. C., Schlesinger, M. Y.: Massive calcification in infarcted myocardium. Radiology 54, 33–42 (1954).

Björk, L., Cullhed, I., Hallén, A.: Cineangiocardiographic studies of the left ventricle in patients with angina pectoris. Circulation 36, 868–877 (1967).

Cignolini, P.: Trattato di Roentgenchimografia. Soc. Ed. Universo, Roma 1955.

Cramer, H., Steher, L.: Ergebnisse der Kymographie bei Herzbeutelaffektionen. Fortschr. Röntgenstr. 56, 404–418 (1937).

Dack, S.: The ventricular pulsations in myocardial infarction; fluoroscopic and kymographic study. Dis. Chest 27, 282–297 (1955).

DACK, S., PALEY, D. H., SUSSMAN, M. C.: A comparison of electrokymography and roentgenkymography in the study of myocardial infarction. Circulation 1, 551–563 (1950).

DI GUGLIELMO, L., TRENTA, A.: Un nuovo segno radiologico dell'infarto del miocardio. Radiol. med. (Torino) 46, 113–120 (1960).

EGGEN, D. A., STRONG, Y. P., McGILL, H. C.: Coronary calcification: relationship to clinically significant coronary lesions and race, sex and topographic distribution. Circulation 32, 948 (1965).

ENDRYS, J., CERNOHORSKY, J.: The clinical significance of the finding of calcified coronary arteries diagnosed by X-ray in vivo. Cardiologia (Basel) 29, 426–432 (1956).

GARLAND, L. H., THOMAS, S. F.: Roentgen diagnosis of myocardial infarction. J. Amer. med. Ass. 137, 762–769 (1948).

GRABER, J. D., OAKLEY, C. M., PICKERING, B. N., et al.: Ventricular aneurism: an appraisal of diagnosis and surgical treatment. Brit. Heart J. 34, 830–838 (1972).

GROEDEL, F. M.: Der röntgenologische Nachweis des Herzaneurysmas. Münch. med. Wschr. 80, 210–211 (1933).

GUBNER, Q., CRAWFORD, J. H.: Roentgenkymographic studies in myocardial infarction. Amer. Heart J. 18, 8–24 (1939).

HABBE, E., WRIGHT, H. H.: Roentgenographic detection of coronary arteriosclerosis. Amer. J. Roentgenol. 63, 50–62 (1950).

HAMILTON, G. W., MURRAY, J. A., KENNEDY, J. W.: Quantitative angiocardiography in ischemic heart disease. The spectrum of abnormal left ventricular function and the role of abnormally contracting segments. Circulation 45, 1056–1080 (1972).

HECKMANN, K.: Über Herzkymographie. Münch. med. Wschr. 82, 1079–1083 (1935).

HECKMANN, K.: Die Untersuchung der Herzpulsationen mittels Elektrokymographie und Phasenanalyse. Z. Kreisl.-Forsch. 41, 144–148 (1952).

HECKMANN, K.: Pathologische Pulsationsformen der Ventrikel. Fortschr. Röntgenstr. 76, 518–523 (1952).

HEITZ, J. X., CORONE, X. R.: Du diagnostic radiologique de l'anévrisme parietal du cœur. Arch. Mal. Cœur 16, 494–511 (1923).

JORGENS, J., BLANK, N., WILCOX, W. A.: The cinefluorographic detection and recording of calcifications within the heart. Radiology 74, 550–554 (1960).

KROPELIN, T., WEISS, M., OECHSLEN, D.: Röntgenologische Diagnose und Differentialdiagnose partieller Herzrandausbuchtungen. Med. Klin. 66, 506–512 (1971).

KUHLMANN, F.: Klinische Bedeutung der Röntgendiagnostik der Koronarsklerose. Fortschr. Röntgenstr. 48, 42–43 (1933).

LENARDUZZI, G.: Commenti ad un caso di infarto calcificato del miocardio, diagnosticato con stratigrafia assiale trasversa. Radiol. med. (Torino) 36, 72–78 (1950).

LENK, R.: Röntgendiagnose der Koronarsklerose in vivo. Fortschr. Röntgenstr. 35, 1265–1268 (1927).

LEVENE, G., LOWMAN, R. M.: Roentgen localization of myocardial damage resulting from coronary artery disease. Radiology 36, 159–170 (1941).

LEVENE, G., WISSLING, E. G.: Roentgenology of coronary disease; comparative study of 140 cases. Amer. Heart J. 16, 133–142 (1938).

LUISADA, A. A., FLEISCHNER, F. G., RAPPAPORT, M. B.: Fluorocardiography (electrokymography), technical aspects. Amer. Heart J. 35, 336–347 (1948)

MASTER, A. M.: Remarks on the graphic diagnosis of coronary artery disease. Dis. Chest 27, 298–305 (1955).

MASTER, A. M., GUNER, R., DACK, S., JAFFE, H. L.: Diagnosis of coronary occlusion and myocardial infarction by fluoroscopic examination. Amer. Heart J. 20, 475–485 (1940).

McGUIRE, J., SCHNEIDER, H. G., CHON, T. C.: Clinical significance of coronary artery calcification seen fluoroscopically with the image intensifier. Circulation 37, 82–87 (1968).

OLIVER, M. F., SAMUEL, E., MALEY, P., YOUNG, G. P., KAPUR, P. L.: Detection of coronary artery calcification during life. Lancet 1964 I, 891–899.

PARADE, G. W.: Aneurysmatische Elongation des Herzens. Med. Klin. 30, 1357–1359 (1934).

PERONA, P.: Le possibilità della diagnostica radiologica nell'infarto cardiaco. Reperti comparativi elettrocardiografici e chimografici. Ann. Radiol. diagn. (Bologna) 17, 255–274 (1943).

PERONA, P.: Sopra alcuni aspetti funzionali dell'infarto cardiaco in chimografia. Quad. Radiol. 11, 47–52 (1947).

PERONA, P.: Il funzionale in radiologia e l'infarto cardiaco. Radiol. med. (Torino) 37, 865–877 (1951).

PYKE, D., SYMONS, C.: Calcification of the aortic valve and of the coronary arteries. Brit. Heart J. 13, 355–363 (1951).

RAPHAEL, M. J., STEINER, R. E., GOODWIN, J. F., OAKLEY, C. M.: Cine angiography of left ventricular aneurysms. Clin. Radiol. 23, 129–139 (1972).

REICH, N., WITTEN, M.: Roentgenologic visualization of the coronary arteries. Amer. J. Roentgenol. 77, 274–280 (1957).

SAYMAN, M. I.: A new sign in the diagnosis of cardiac aneurysm and myocardial infarction. Radiology 67, 242–243 (1956).

SCHILLING, C.: Die Anwendung der Flächenkymographie in der Diagnostik der Herzerkrankungen. Fortschr. Röntgenstr. 47, 241–253 (1933).

SCHWEDEL, J. B.: Clinical roentgenology of the heart. New York: Hoeber 1951.

SCHWEDEL, J. B., GROSS, H.: Ventricular aneurysm. Amer. J. Roentgenol. 41, 32–36 (1939).

SNELLEN, H. A., NAUTA, J. H.: Zur Röntgendiagnostik der Koronarverkalkungen. Fortschr. Röntgenstr. 56, 277–286 (1937).

SOULEN, R. L., FREEMAN, E.: Radiologic evaluation of myocardial infarction. Radiol. Clin. N. Amer. 9, 567–582 (1971).

STEEL, D.: The roentgenological diagnosis of cardiac aneurysms. J. Amer. med. Ass. 102, 432–436 (1936).

Stumpf, P.: Rückblick zur Kymographie des Herzens. Fortschr. Röntgenstr. **68**, 1055–1063 (1943).

Stumpf, P.: Kymographische Röntgendiagnostik. Stuttgart: Georg Thieme 1951.

Sussman, M. C., Dack, S., Paley, D. M.: Some clinical applications of electrokymography. Findings in myocardial infarction and heart block. Radiology **58**, 500–512 (1949).

Tampas, J. P., Soule, A. B.: Coronary artery calcification, its incidence and significance in patients over forty years of age. Amer. J. Roentgenol. **97**, 369–376 (1966).

Turner, A. F., Jacobson, G.: The Valsalva maneuver in the diagnosis of left ventricular aneurysm. Radiology **93**, 9–12 (1969).

Warburg, E.: Subacute and chronic pericardial and myocardial lesions due to non-penetrating traumatic injuries. A clinical study. London: Oxford Univ. Press 1938.

Wosika, P. H., Sosman, M. C.: The roentgen demonstration of calcified coronary arteries in living subjects. J. Amer. med. Ass. **102**, 591–593 (1934).

Zdansky, E.: Roentgen diagnosis of the heart and great vessels. New York: Grune & Stratton 1953.

VII. Coronary angiography

By

L. Di Guglielmo and C. Montemartini

With 66 Figures

1. Review of the literature

Attempts to visualize the coronary arteries in living man have been made by RADNER (1945), HOYOS and DEL CAMPO (1948). JÖNSSON (1948) was the first to reach a positive result showing, as an occasional finding, the coronary arteries in five patients during thoracic aortography.

Nevertheless the history of coronary angiography begins with a systematic study carried out by DI GUGLIELMO and GUTTADAURO (1952) who described the normal arteriographic aspect and anatomic variations in the coronary arteries of 413 patients, deriving numerous physiologic and pathologic observations.

These first observations were followed by a period mostly devoted to experimental studies during which considerable progress was made in perfecting the examination technique and advancing the knowledge of coronary pathology and physiology (PEARL et al., 1950; HELMSWORTH et al., 1950–1951; COELHO et al., 1953; DI GUGLIELMO et al., 1954–1960; ARNULF, 1958; BOEREMA and BLICKMAN, 1955–1957).

The first observations on coronary pathology in the living man are by THAL et al. (1957–1959), who could document stenoses and occlusions of coronary branches with the formation of collateral circulation and by DI GUGLIELMO (1958–1959) who described the pattern of coronary sclerosis.

SONES (1959), in America, worked out the selective technique and published his first results.

In the sixties the coronariography definitively entered the field of practice, imposing itself as a useful method of examination spreading all over the world. Today the literature dealing with this subject is very abundant and we can mention only the most important studies carried out in the various countries.

Regarding Europe we want to point out the contributions given in Sweden by PAULIN, NORDENSTRÖM, BJÖRK; in Germany, by DÜX, PORTSMANN, ZEITLER; in Italy, by DI GUGLIELMO, BALDRIGHI, MONTEMARTINI, BOBBA; in France, by LAVOURS, ECOIFFIER, PINET and AMIEL and in Switzerland, by LICHTLEN, HAHN, ESSINGER. In North-America, besides the studies by SONES et al. we must consider the important contributions carried out by GENSINI, ABRAMS, JUDKINS, AMPLATZ, and BOURASSA.

2. Technique

The technique modalities suggested are now fairly numerous; but they can still be represented by two basic types: the first is thoracic aortography; the second, selective arteriography.

Coronary angiography by means of *thoracic aortography* (Fig. 1) consists of injection of the contrast medium into the aortic bulb through a large catheter. The most frequently used approach is via the radial, humeral and femoral arteries which can be attained by

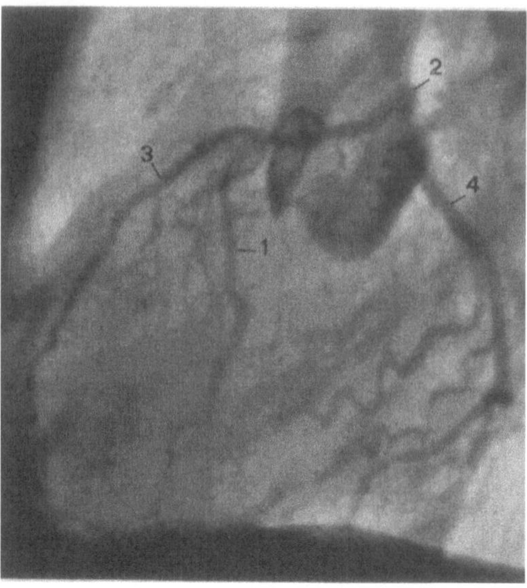

Fig. 1. Coronary angiography by means of thoracic aortography. Lateral projection. *1* Right coronary artery. *2* Left coronary artery. *3* Anterior interventricular branch. *4* Circumflex branch

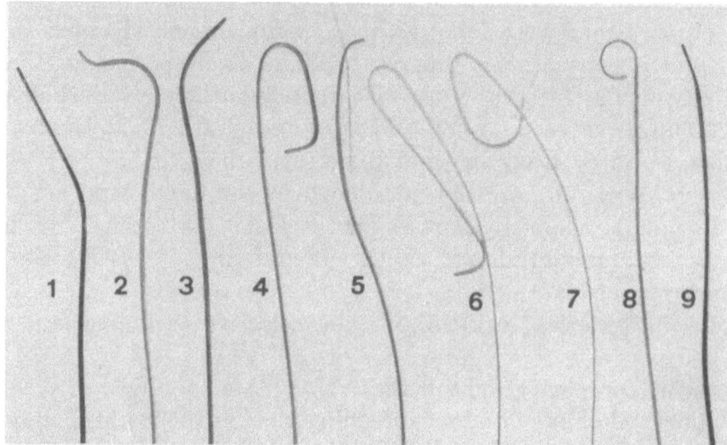

Fig. 2. Different pre-shaped catheters. *1* Sones catheter. *2* Transfemoral left coronary catheter. *3* Multipurpose catheter. *4* and *5* Judkins catheters respectively for left and right coronary. *6* and *7* Bourassa's catheters respectively for left and right coronary. *8* Pig-tail catheter. *9* Lehman's catheter

direct percutaneous puncture (Seldinger's technique) as well as by surgical exposure. The quantity of the contrast medium injected is of about 1 ml/kg in about two seconds.

Recording of the image can be carried out by means of several methods: biplane fast seriography, high speed cineangiography, spot film, or magnetic type recording.

Before and during the contrast injection the patient is requested to perform a prolonged Valsalva's manoeuver (Di Guglielmo et al.), thus producing hypotension and slowing down of the circulation time, favouring the coronary filling. Using the same principle, in cases in which the examination is performed under general anesthesia, an intrabronchial hyperpressure can be carried out (Nordenström, Écoiffier); this manoeuver favours the complete filling of the coronary bed with very good hiconographic results.

Generally, closed tip catheters with numerous lateral holes are used in order to obtain a more homogeneous and massive filling of the aortic bulb and, consequently, of the coronary arteries.

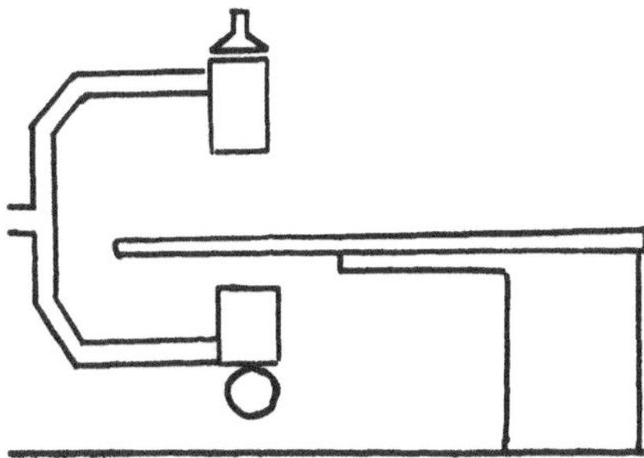

Fig. 3. Schematic image of the semicircular arm with image intensifier and X Ray tube. The device can easily rotate around the patient

PAULIN has developed a loop catheter shaped according to the morphology of the aortic bulb with particularly useful results.

At the present time the majority of investigators has adopted the *selective technique*, which should be considered as the method of choice for studying the coronary circulation. With this method the catheter is introduced into either one or the other of the coronary arteries. In this way a small quantity of the contrast medium (4—8 ml) is sufficient to obtain full opacification of the coronary arteries free from the superposition of any other vascular structures.

The approach is the same as mentioned for thoracic aortography. Several Authors (SONES; JUDKINS; BOURASSA) suggested different types of preshaped tip catheters so as to facilitate the catheterization of either of the coronary arteries (Fig. 2).

Authors using the single plane cineangiography have proposed a cradle shaped accessory (VIAMONTE) allowing to rotate the patient in various projections without compelling him to make movement in order to prevent the catheter tip from escaping the coronary orifice. In order to avoid any patient movement more recently an x-ray apparatus was developed, consisting of a semicircular or U-shaped arm bearing at its ends the tube and the image amplifier (Fig. 3). In this way, while the patient is motionless, the device can be rotated so as to allow pictures to be taken in any projections.

A-p and lateral projections are usually simultaneously made using the rapid seriography. On the other hand the greatest part of the Authors recommend various oblique projections in order to obtain the coronary image to be free from the superposition of the vertebral column. Anyway, for a correcte radiological study the coronary arteries must be observed in at least two orthogonal projections, the lateral projection having to be considered as the basic one.

It is now a general opinion that coronary angiography must be integrated with *left ventriculography* in order to define the myocardial damage caused by coronary lesions.

For ventriculography either highly flexible end-closed catheters with lateral holes (LEHMAN) or pig-tail catheters can be employed (Fig. 2), which are introduced into the left ventricle by retrograde way; 30–50 ml of contrast are injected in two seconds. More exact data on the normal physiology of the ventricular contraction can be obtained through the use of an impulse injector. Biplane high speed cine-angiography is particularly suitable for studing the ventricular movements.

As the coronary angiography can alter the myocardial function, it would be advisable that ventriculography should be performed prior to coronariography, the latter being done after a proper time period (20–30').

The *contrast media* used are numerous; at present however, the ones usually adopted are: methylglucamine and sodium salts of the trijodobenzoic acid (Urografin 76%, Renografin 76%).

On the basis of experimental and clinical studies it was possible to establish (GENSINI and DI GIORGI; BANKS et al.) that the presence of sodium in these compounds increases their toxicity for the myocardium. Therefore attemps have been made to reduce the quantity of sodium; recent investigations, however (Snyder et al., Simon et al.) have shown that the products with low sodium concentration cause ventricular fibrillation with greater frequency than the same products having a higher sodium concentration. Considering that the ventricular fibrillation represents one of the most serious complications of coronariography, it seems to be convenient at this moment not to eliminate the sodium from these contrast media. So far, the idial concentration of the sodium has not been established.

Some Authors (Randall and Amplatz; Écoiffier et al.) have employed different methods of *direct magnification*, either optical or electronical, for coronary angiography.

The equipment necessary to carry out coronary angiography must include an apparatus for pressure measurements and equipment for monitoring and reanimation.

3. Complications

The hazards associated with coronary angiography have been extensively described in the literature. In regards to thoracic aortography, reference should be made both to Nordenström's and Paulin's studies.

As far as the selective technique is concerned the most important contributions are those of Lowman and Bloor; Ross and Gorlin; Swan; Beckmann and Cooley; Lavaurs and Riitano; Lichtlen; Lequizamon; Armstrong and Parker; Green et al.; Bourassa and Mossard; Guermonprez and Vasile; Grellet. The risks from left ventriculography have been described by Braunwald et al.; Christiansen and Wennevold; Gelin et al.; Swan; Llamas et al.; Beckmann and Codey Bensaid et al.

The hazards of thoracic aortography are not very frequent and are the ones common to all examinations with contrast media. The contrast injection is usually followed by a very short (40–60″) hypotension (10–20% of the base values); the electrocardiographic changes are rare and not persistent.

In more than 1000 aortographies Di Guglielmo et al. recall only one cardiac arrest successfully treated by external cardiac massage. Two cases of asystoly, out of 660 examinations, are mentioned by Nordenström.

The hazards of selective technique are higher and can be schematized as follows:

Local (site of catheter introduction)	infection; arterial thrombosis; hematoma; arteriovenous fistula; catheter incarceration
General a) major	neurologic from embolism septicemias shock
General b) minor	transient fever transient hypotension vomiting; sudation allergic reactions
Cardiac a) major	cardiac arrest ventricular fibrillation myocardial infarction A-V block
Cardiac b) minor	transient ecg changes angina arrhythmia bradycardia bundle branch block
Mechanical (from catheter tip)	dissection of the coronary intima coronary perforation dissecting aneurism occlusive catheterization possibly followed by infarction
Death	

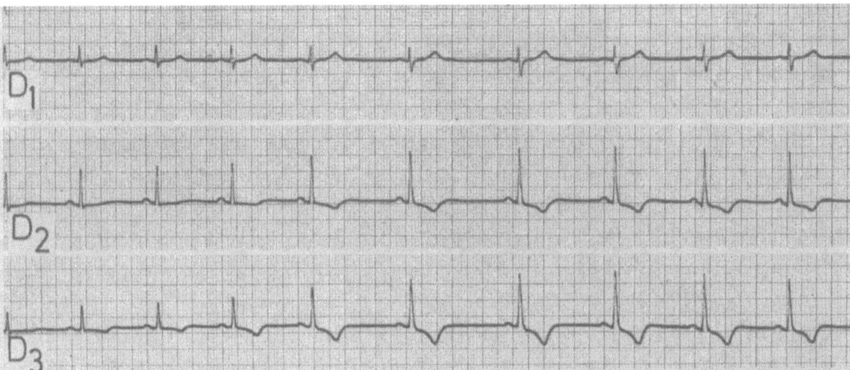

Fig. 4. ECG changes during right selective coronarography

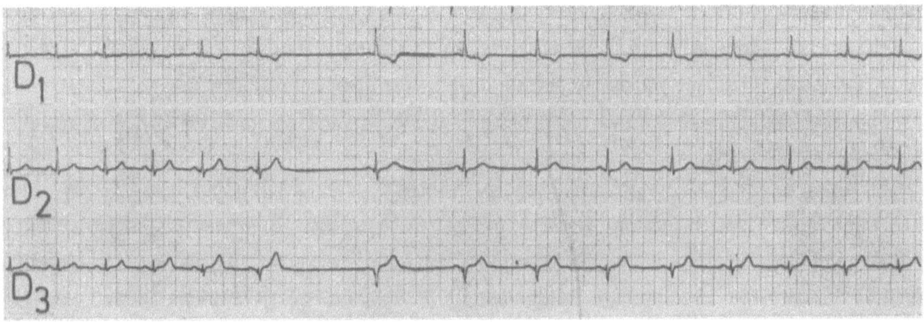

Fig. 5. ECG changes during left selective coronarography

The local complications are the same for selective and thoracic aortography techniques. They are more frequent in the transfemoral approach and are sometimes so serious as to require surgical treatment. They consist of thrombosis, arteriovenous fistulas (MARAMBA et al.; THADANI and PRATT), large hematomas. These local complications are less frequent in the transhumeral approach by directe puncture of the artery and are rare after surgical exposure of the radial artery (personal technique).

The possibility of mobilizing small emboli has been described (GIDDINGS et al.; CHENG). These emboli can migrate to the brain and cause neuro-vascular disturbances. Septicaemia (GRELLET) and shock occur very rarely.

Among the cardiac complications the most serious ones are cardiac arrest, ventricular fibrillation and infarction. Ventricular fibrillation is described with a frequency ranging from 1–5%; it must be diagnosed and treated as early as possible because in this way it can be easily controlled. The cardiac arrest is rather frequent. It usually reacts to external cardiac massage, although some cases followed by death are reported.

The electrocardiographic changes during selective injection of contrast medium are typical for each coronary artery (MCALLPIN et al.; COSKEY and MAGIDSON; FERNANDEZ et al.; BALDRIGHI et al.): the injection into the right coronary produces bradycardia, clockwise axial deviation and axial T wave changes (Fig. 4) while the injection into the left coronary causes inconstant bradycardia, marked counterclockwise axial deviation and axial T wave changes (Fig. 5).

The electrocardiographic alterations are usually more evident in subjects with normal coronary arteries then in patients with coronary disease. It is frequent for example that no electrocardiographic changes follow the injection into an occluded coronary artery. Moreover preponderance of one coronary artery and the existence of a well developed collateral circulation can interfere with the electrocardiographic changes.

The mechanical complications are caused by the manoeuvers of catheterization (Haas et al.; Morettin and Wallace) and are more frequent when rigid tip catheters are employed, whereas they are less relevant with soft tip catheters (Sones or Bourassa's catheters).

Cases of death are reported in the literature. All the Authors agree in estabilishing a percentage ranging from 2–4 per thousand. In our series of about 2 000 examinations there has been no case of death. The most frequent causes of death are: shock, irreversible cardiac arrest, irreversible ventricular fibrillation, extensive myocardial infarction.

The left ventriculography too can cause complications. These are rather frequent and can be very serious. They consist of ventricular extrasystole, ventricular fibrillation, intramyocardial injection, myocardial perforation, cardiac tamponade. The latter is often followed by death. Electrical defibrillation and pericardiocentesis are still the most efficient treatment. In the literature some cases are reported which were resolved with emergency surgical treatment (Levin et al., Saavedra et al.).

There is no doubt that many complications are due to inexperience. The review of the literature clearly shows that the highest percentages of accidents occur in minor casuistics and it can be said that the incidence of risks is inversely proportional to the number of examinations personally performed by the operator.

In order to prevent incidents, it is useful to performe a premedication with atropine, anti-allergic and sedative drugs.

After completion of the examination it is convenient to give a 5% glucosed phleboclysis (500 ml) containing antireactionals and antibiotics; in this way not only are minor inconveniences avoided, but the elimination of the contrast medium is facilitated. Our experience has shown that the contrast medium is excreted within three hours after the examination with its maximum peak in the second hour; at this moment the specific weight of the urine has considerably increased and can reach maximum values of 1 055 to 1 060.

4. Contraindications and indications

Contraindications are the general ones of all examinations with contrast media, such as iodine intolerance and serious renal insufficiency. In the literature heart failure, severe arrhythmias, old age (Amiel et al.), recent myocardial infarction (Lichtlen) are also considered as contraindications.

In our experience we had the opportunity of performing coronary angiography in all forms of heart and coronary disease, with or without heart failure, as well as in chronic, acute and very acute stages of coronary disease without any real problems. We can therefore conclude that there are no actual specific contraindications to coronariography.

Recently McNair has described a case of death in a Negro man with sickle cell anemia, in whom thrombosis developed instantly at the bifurcation of the left coronary artery after injection of only 1 ml of contrast medium. Therefore the presence of a sickling disorder should be well known before performing coronary angiography in order to use all prophylactic measures possible.

The indications to coronary angiography are the following (Di Guglielmo, Montemartini and Bobba) ones:

a) angina pectoris
b) discrepancy between clinical and electrocardiographic pattern
c) suspect of congenital anomalies of coronary arteries
d) uncertain diagnosis of primitive cardiomyopathies
e) pattern of impending infarction[1]
f) thoracic trauma with suspect of coronary injury[1]
g) choice and planning for surgical treatment with myocardial revascularization

---

[1] In these conditions coronary angiography must be considered as emergency examination.

h) follow-up and evaluation of previous coronary surgery

i) planning aneurysmectomy or infartectomy

l) complications of coronary surgery, such as bleeding and hemopericardium, atypical angina, obstruction of the venous graft[1]

m) clinical and electrocardiographic signs of associated coronary disease in patients being considered for surgical valvular replacement

n) suspect of anomalous coronary distribution in patients undergoing open heart surgery.

It is obvious therefore that, at the present time, the indications are extended to nearly all the pathologic conditions which directly or indirectly may involve the coronary arteries.

5. Radiologic anatomy of the coronary arteries

Important contributions to the anatomo-radiologic study of heart arteries were given by DI GUGLIELMO and GUTTADAURO (1952), JAMES (1961), PAULIN (1964), SEWELL (1966), GENSINI et al. (1966), DÜX (1967), DI GUGLIELMO, MONTEMARTINI and BOBBA (1972).

Attempts to unify the different terminologies to be used and to suggest a single classification acceptable by everybody were made on the occasion of international meetings (Amsterdam, 1966; Leningrad, 1970; Frankfurt, 1970). This unification however has not yet been attained and there is still a considerable disagreement among the different Authors on the use of anatomic terminology.

The criterion for a correct denomination of the different branches which can be more easily and usefully adopted is the topographic one; each branch must be defined with the name of the anatomic territory which it supplies. In this way the branches distributed to the ventricles must be called ventricular branches and can be right ventricular if they run to the right ventricle, or left ventricular if they supply the left ventricle. Likewise, the branches destined to the atria, are named atrial branches, right or left. Moreover if the branches spread to the anterior part of the ventricles, they can be defined as anterior ventricular, right or left; if they supply the posterior part they will be posterior ventricular branches, right of left.

The two branches running in the anterior and posterior interventricular grooves can be named interventricular branches—anterior and posterior respectively; whereas the two branches running on the right (acute) and left (obtuse) margins of the heart can be named marginal branches, acute and obtuse respectively.

Following this principle the radiologic anatomy of coronary arteries can be described as follows.

a) Right coronary artery

It arises from the upper third of the right Valsalva's sinus, runs beneath the right atrium and enters the right atrio-ventricular groove which it follows as far as the crux area[2] on the posterior surface of the heart. During its run it gives origin to the following ramifications (Figs. 6, 7):

1. Right conus branch.

2. Anterior right ventricular branches. They are usually two in number; less frequently one, three, or four.

3. Right sinu-atrial branch. It is a long atrial branch which can give off several ramifications; one of them runs to the basis of the superior vena cava and then supplies the

---

[2] The term "crux" is commonly used to describe that point on the posterior surface of the heart at which the interventricular and interatrial grooves cross the atrio-ventricular groove, i.e., the point at which the atrium and the right ventricle, the atrium and the left ventricle and the interatrial and interventricular septa are in contact.

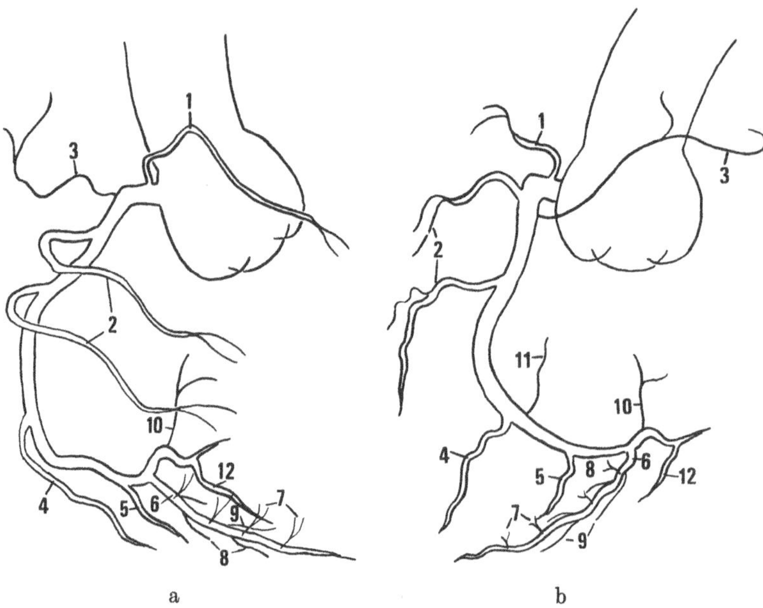

Fig. 6a and b. Anatomy of the right coronary artery. a A-P projection. b Lateral projection. *1* Right conus branch. *2* Anterior right ventricular branches. *3* Right sinu-atrial branch. *4* Right (acute) marginal branch. *5* Posterior right ventricular branch. *6* Posterior interventricular branch. *7* Posterior septal branches. *8* Right lateral branches. *9* Left lateral branches. *10* Branch to the A-V node. *11* Right intermediate atrial branch. *12* Posterior left ventricular branch

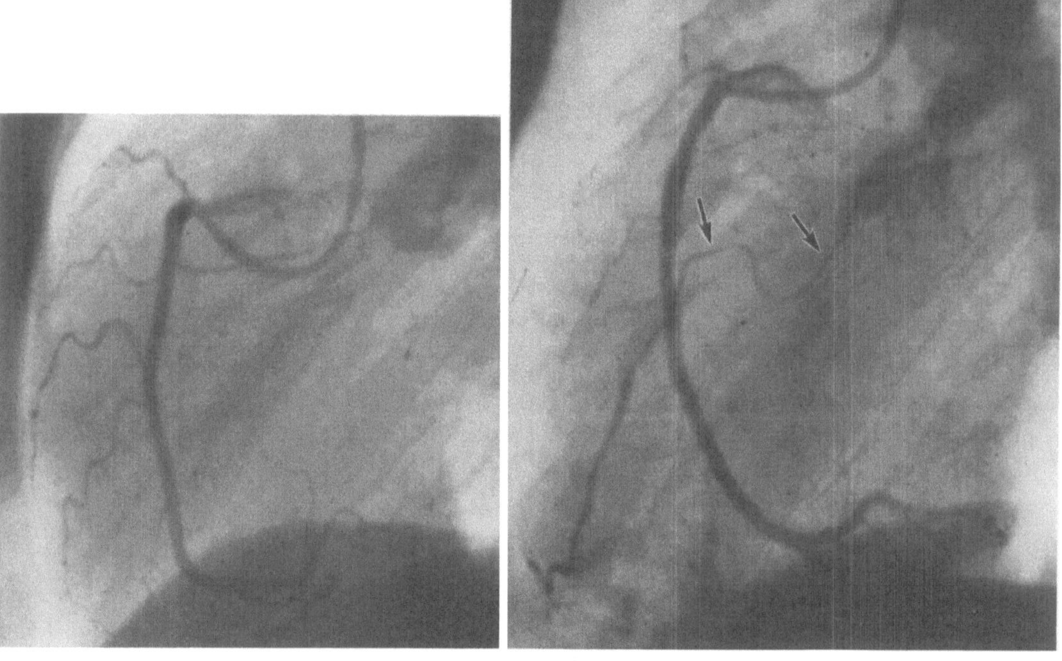

Fig. 7   Fig. 8

Fig. 7. Selective right coronary arteriography. Lateral projection

Fig. 8. Right coronary artery. The sinu-atrial branch (arrows) arises from the middle third of the common trunk

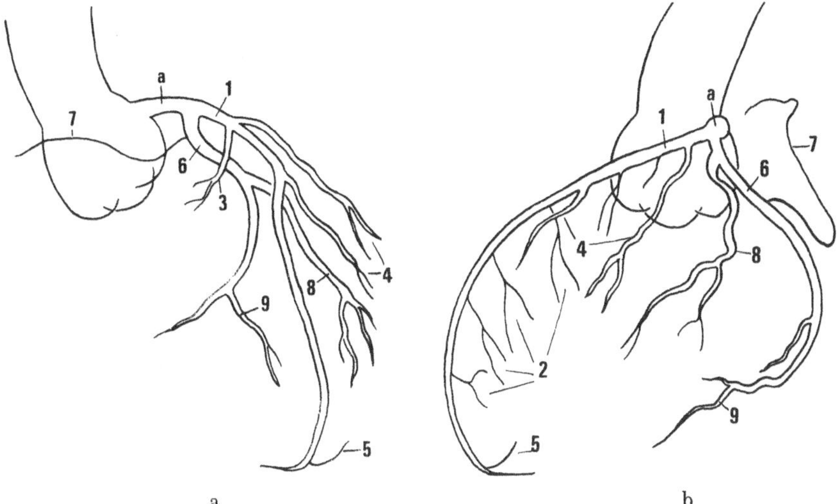

Fig. 9a and b. Anatomy of the left coronary artery. a A-P projection. b Lateral projection. a) Common trunk. *1* Anterior interventricular branch. *2* Anterior septal branches. *3* Right lateral branch (left conus branch). *4* Left lateral branches (diagonal branches). *5* Recurrent branch. *6* Circumflex branch. *7* Left atrial branch. *8* Left (obtuse) marginal branch. *9* Posterior left ventricular branch

sinus node. In most cases the sinu-atrial branch arises from the proximal part of the right coronary artery. Less frequently however it can come from the middle third (Fig. 8) or more rarely, from the distal part of this artery; in some cases finally, it arises as a secondary branch from the conus branch or from an anterior ventricular branch.

4. Right (acute) marginal branch.

5. Posterior right ventricular branches. Always described by the anatomists they are not frequently visible and not very important.

6. Posterior interventricular branch, which runs in the posterior interventricular groove, gives off the following ramifications:

— *7. Posterior septal branches,* which spread to the posterior third of the interventricular septum.

— *8. Right lateral branches* to the adjacent part of the right ventricle.

— *9. Left lateral branches* to the adjacent part of the left ventricle.

10. Branch to the A-V node. It is a posterior atrial branch particularly important as it gives off a ramification which supplies the atrio-ventricular node.

11. Right intermediate atrial branches. These atrial ramifications are highly variable as to caliber, site and number.

12. Posterior left ventricular branch.

b) Left coronary artery

It arises from the superior third of the left Valsalva's sinus and after a run of about 1–1.5 cm it branches into two large ramifications loosing its individuality (Figs. 9, 10). This initial portion is named *common trunk.* Its length can vary: it is often shorter than 1 cm and seldom longer than 1.5 cm. In some cases it is completely duplicated at its origin (Fig. 11).

The two large ramifications are the anterior interventricular branch and the circumflex branch.

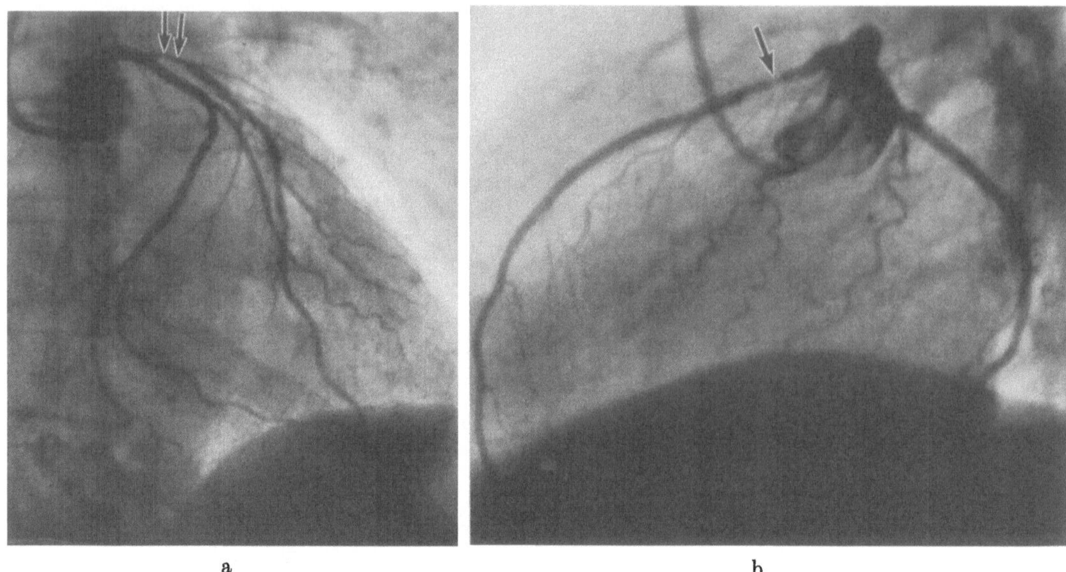

a   b

Fig. 10a and b. Selective left coronary arteriography. a A-P projection. b Lateral projection. Circumscribed stenosis of the anterior interventricular branch (arrows)

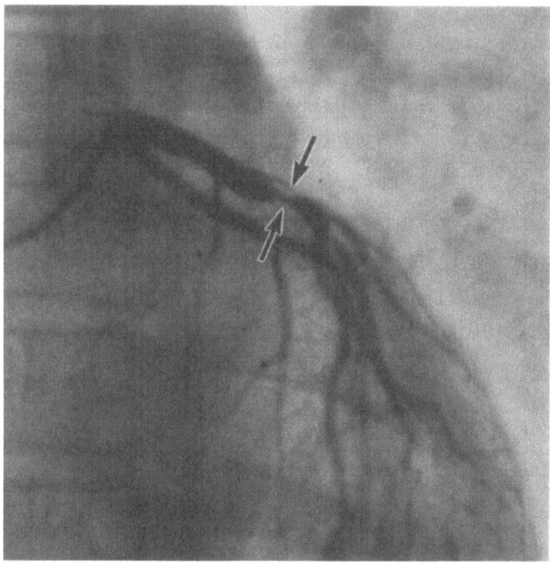

Fig. 11. Duplication of the left coronary artery. The anterior interventricular branch and the circumflex branch are individualized from the origin and no real common trunk can be described. 50% stenosis of the anterior interventricular branch (arrows)

1. Anterior interventricular branch. It moves forward and downward to the apex of the heart which it usually reaches and passes. It gives off the following ramifications:
— *2. Anterior septal branches* which supply the two anterior third of the interventricular septum.
— *3. Right lateral branches* which are distributed to the adjacent part of the right ventricle. The first of these supplies the pulmonary conus and is named *left conus branch*.
— *4. Left lateral branches* to the adjacent part of the left ventricle. They are important and well developed ramifications, generally two in number. Because of their oblique direction these ramifications are usually called *diagonal branches*.

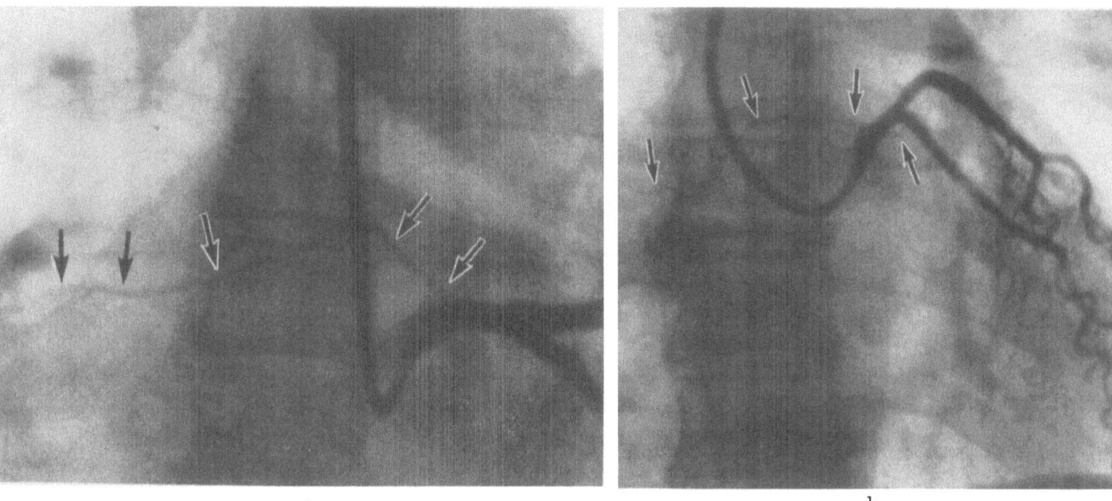

a   b

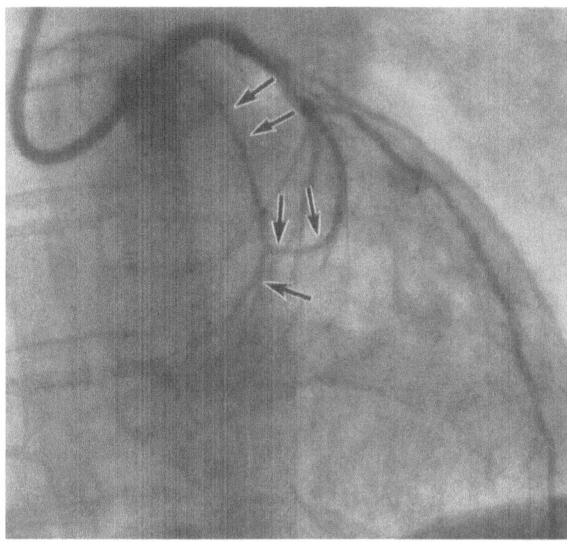

c

Fig. 12a—c. Different site of origin of the left atrial branch (arrows). a From the common trunk. b and c Respectively from the proximal and the distal part of the circumflex branch

— *5. Recurrent branch.* It arises at the level of the apex and moves backwards and upwards toward the left.

6. Circumflex branch. Following the left atrio-ventricular groove, this important branch reaches the posterior surface of the heart, where it generally does not reach the crux. Its length, however, is considerably variable. It gives off the following ramifications:

— *7. Left atrial branch.* It is an important atrial ramification which, in about 40 % of case, may reach the basis of the superior vena cava and supply the sinus node. This branch usually arises from the proximal third of the circumflex branch (Fig. 12), but often it may originate from the middle or the distal third of the artery. Only very unfrequently does it arise from the common trunk of the left coronary artery.

— *8. Left (obtuse) marginal branch.*

— *9. Posterior left ventricular branch.*

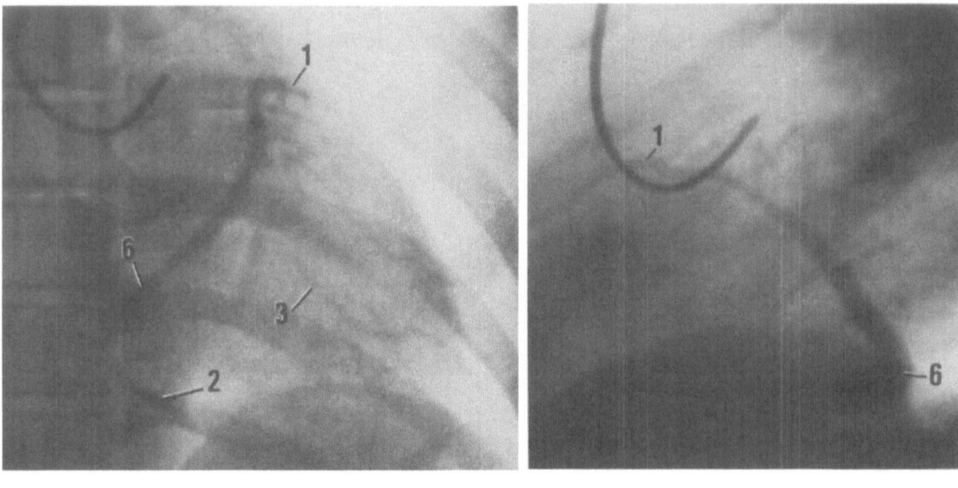

Fig. 13a and b. Normal pattern of the coronary veins. a A-P projection. b Lateral projection. *1* Great cardiac
vein. *2* Middle cardiac vein. *3* Posterior left ventricular vein. *6* Coronary sinus

6. Radiologic anatomy of the coronary veins

While the literature on coronary arteries in human subjects is now very large, references to coronary veins are still very few. Tori (1951) was the first to obtain the opacification of the larger veins by means of catheterization of the coronary sinus. Aguzzi et al. (1954) have reported a case in which, during an angiocardiographic examination, a complete visualization of the coronary veins system was obtained as an accidental finding. Ovenfors (1956) and Kjellberg et al. (1955) dealt with similar cases. Di Guglielmo et al. (1957–1960) described the roentgen appearances of the coronary veins in living dogs, both in normal and experimental pathologic conditions. Gensini et al. (1963) introduced the technic of occlusion coronary venography using a balloon catheter placed into the coronary sinus. The same Authors (1965) published the first systematic study on the coronary veins in living man.

At the present time extended observations allowed by the cineangiographic and spot-film techniques have demonstrated that selective coronary arteriography is followed by a "phlebographic" phase, in which a good opacification of the vein system can be reached.

On the basis of personal experience it can be stated that selective left coronary arteriography is always followed by the opacification of the coronary veins, whereas the introduction of contrast medium into the right coronary artery only seldom is followed by a definite phlebographic phase. It seems therefore that the blood of the right coronary artery is mainly drained directly into the right heart cavities through the small anterior veins and through the thebesian venae minimae.

The roentgenologic anatomical data can be schematized as follows (Fig. 13):

1. The great cardiac vein begins just above the apex of the heart and ascends into the anterior interventricular groove (anterior interventricular vein) until it reaches the atrio-ventricular sulcus. It then turns to the left, and following this sulcus it reaches the posterior surface of the heart (circumflex vein), where it opens into the coronary sinus.

This vein receives tributaires from both ventricles, the most important of these being the left marginal vein (obtuse marginal vein).

2. The middle cardiac vein begins on the anterior aspect of the apex of the heart and runs backwards into the posterior interventricular groove (posterior interventricular vein). Reaching the atrio-ventricular sulcus, it opens directly into the coronary sinus. It receives numerous small tributaries from both ventricles and from the dorsal part of the interventricular septum (posterior septal veins).

3. The posterior left ventricular vein runs on the posterior surface of the heart and opens directly into the coronary sinus.

4. The small cardiac vein is a short, inconstant vein, which runs in the right atrio-ventricular groove toward the crux where it opens into the coronary sinus.

5. The oblique atrial vein is located on the posterior aspect of the left atrium, runs downwards and medially until it reaches the coronary sinus.

6. The coronary sinus is a wide venous channel, 2–4 cm long, located on the posterior surface of the heart, in the atrio-ventricular groove, between the left atrium and left ventricle. It opens into the right atrium.

7. Other veins, such as the *right (acute) marginal vein* and the *right anterior cardiac veins*, which open directly into the right atrium, are only occasionally visible on the radiographs.

In a very few cases the right marginal vein reaches the atrio-ventricular groove, turns backwards and enters the small cardiac vein. In this way a definite right venous system can be described.

8. The thebesian venae minimae, which empty into both the atria and the ventricles, are not radiologically visible.

In post-mortem investigations OVENFORS showed the presence of highly branched anastomoses between the cardiac veins and the large venous trunks in the superior part of the mediastinum.

7. Anatomic variations

The pattern we have described can be considered as *normal* because it is the one observed in the majority of cases. However different patterns may be observed having no pathologic significance but only the value of anatomic variances as they occur less frequently. It is essential to be familiar with these variations in order to avoid misinterpretation and for planing of surgical procedures.

Although the descriptions of single anatomic variations in the literature are numerous, systematic studies in which an attempt is made to give a classification of the angiographic findings of coronary anatomic variations are still very few (DI GUGLIELMO and GUTTADAURO, 1954; OGDEN et al., 1968–1972).

We have divided the anatomic variations into: a) variations in number; b) variations in origin; c) variations in development; d) variations in division.

The following schema is our own classification. It includes the most important anatomic variations which can be found radiologically.

Variations in number	1. Single coronary artery (Fig. 14)
	2. Supernumerary coronary arteries
	a) Conus artery
	b) Duplication of the right coronary artery
	c) Early division of the left coronary artery
	d) Other supernumerary arteries
Variations in origin	1. Right coronary from the left Valsalva's sinus (Fig. 17)
	2. Left coronary from the right Valsalva's sinus
	3. Right coronary from the posterior Valsalva's sinus
	4. Left coronary from the posterior Valsalva's sinus
	5. Both coronary arteries from the posterior Valsalva's sinus
	6. Right coronary from the left Valsalva's sinus and left coronary from the right Valsalva's sinus
	7. Circumflex branch from the right Valsalva's sinus
	8. Anterior interventricular branch from the right Valsalva's sinus
	9. Right coronary from the ascending aorta (Fig. 29)
	10. Left coronary from the ascending aorta
	11. Origin of a coronary artery or of a coronary branch from other systemic arteries (left subclavian artery, internal mammary artery)
	12. Origin of the circumflex branch from the right coronary artery (Fig. 15)
	13. Origin of the anterior interventricular branch from the right coronary artery

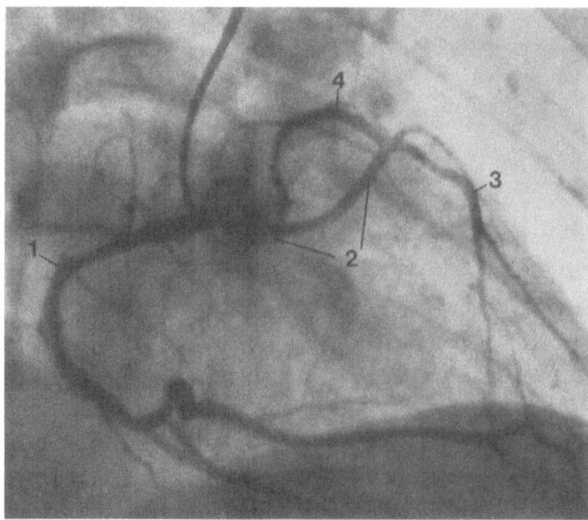

Fig. 14. Single coronary artery. *1* Right coronary artery. *2* Left coronary artery with *3* Anterior interventricular branch and *4* Circumflex branch (Due to the courtesy of Dr. Del Favero)

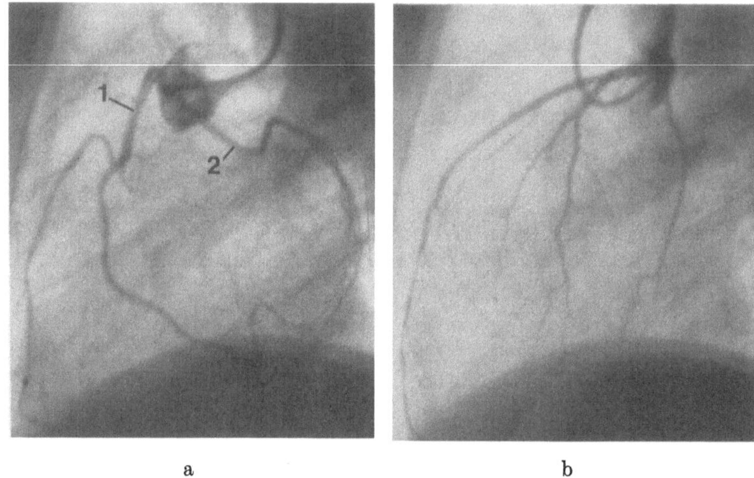

a   b

Fig. 15a and b. Anatomic variation: origin of the circumflex branch from the right coronary artery. a Right coronary artery (*1*) with the circumflex branch (*2*). b Left coronary artery giving origin only to the anterior interventricular branch

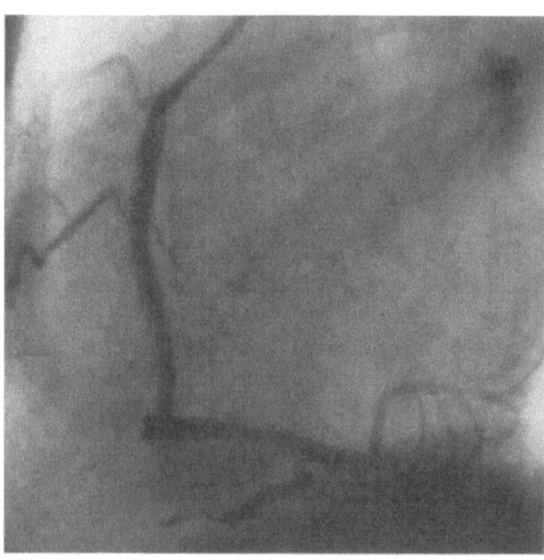

Fig. 16. Preponderance of the right coronary artery which gives of many branches to the left ventricle and left atrium

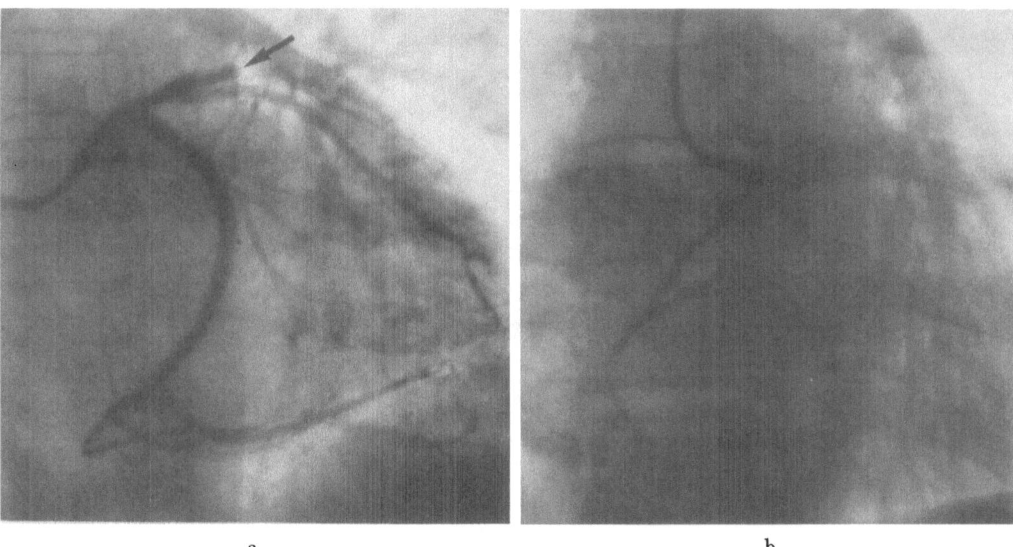

Fig. 17a and b. Preponderance of the left coronary artery in a patient with occlusion of the anterior interventricular branch (arrow). a The circumflex branch is very long and gives origin to the posterior interventricular branch, the A-V node branch and to many right posterior ventricular branches. b The right coronary of the same patient is hypoplastic and originates from the left Valsalva's sinus

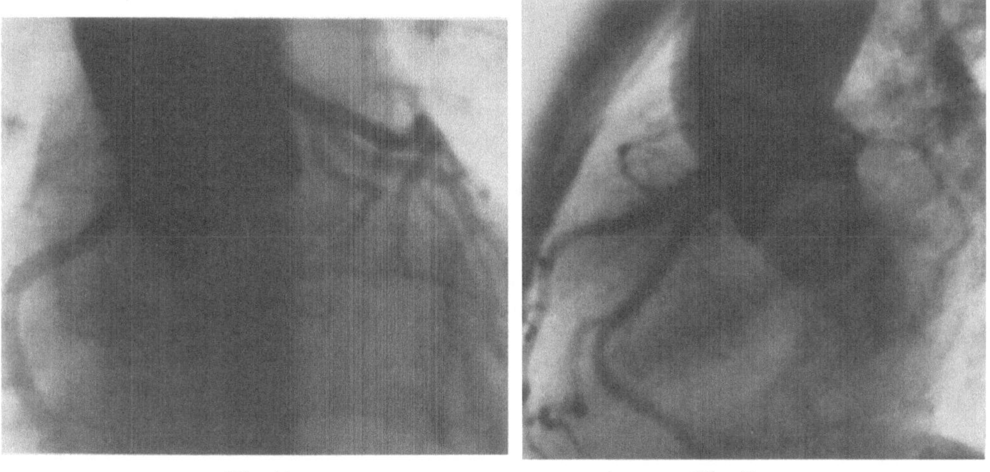

Fig. 18. Division of the left coronary artery into three branches

Fig. 19. Double right coronary artery in a joung patient with aortic valvular stenosis

Variations in development
{
1. Preponderance of the right coronary artery (Fig. 16)
2. Preponderance of the left coronary artery (Fig. 17)
3. Preponderance of the anterior interventricular branch
4. Preponderance of the posterior interventricular branch (Fig. 21)
}

Variations in dividion
{
1. Division of the left coronary artery into three branches (Fig. 18)
2. Division of the right coronary artery into two branches (Fig. 51)
}

It is impossible to describe all these variations. Some of them will be briefly illustrated as they have never been previously described.

The duplication of the right coronary artery is characterized by the presence of a normal left coronary artery, and of two right coronary arteries completely divided at the origin

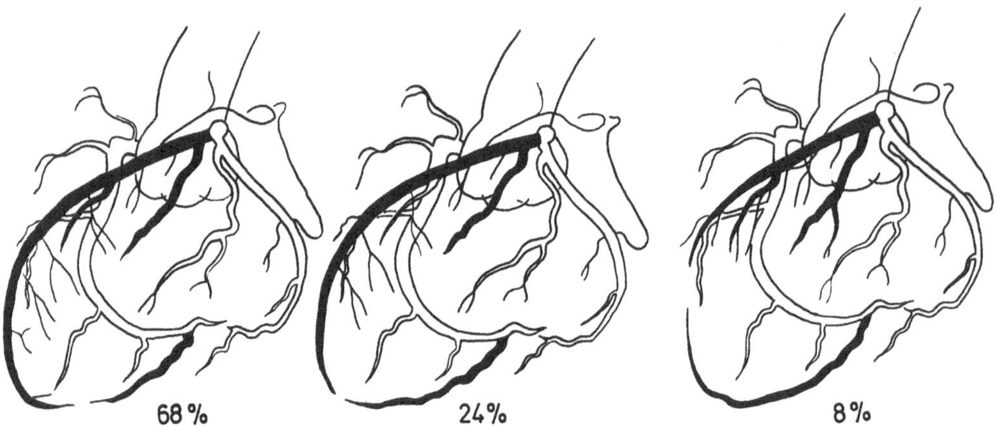

Fig. 20. Differences in development of the two interventricular branches

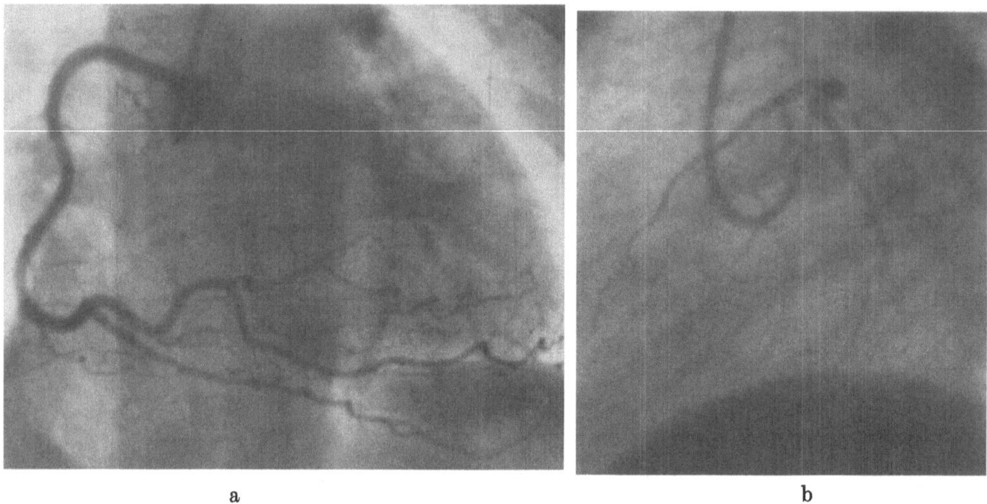

Fig. 21 a and b. Unbalanced development of the two interventricular branches. a Right coronary artery: the posterior interventricular branch is very long and passes the apex. b Left coronary artery of the same patient: the anterior interventricular branch is very short and does not reach the apex

(Fig. 19). The first of these follows the atrio-ventricular groove, reaches the crux and gives origin to the posterior interventricular branch; this is the true right coronary artery. The other moves forward and runs along the acute margin of the heart to the apex; it seems to combine the anterior ventricular branches and the acute marginal branch into a large single trunk.

More often are the two arteries not completely divided at the origin. In this case the finding is that of a single right coronary artery which soon after its origin branches into two large artery trunks (Fig. 51).

The unbalanced development of the two interventricular branches may be indicated as *preponderance of one interventricular branch* (Fig. 20). In fact, in most cases (68%) the anterior interventricular branch reaches and passes the cardiac apex, whereas the posterior one is shorter and does not reach the apex. Less frequently (24%) both branches supply the apex, and more rarely (8%) the posterior interventricular branch is the longer and more developed one, for it passes the apex of the heart, whereas the anterior one is short and stops at the middle or the distal third of the interventricular groove without reaching the apex (Fig. 21).

The latter variation with abnormal shortness of the anterior interventricular branch is of a considerable clinical interest as in these patients subjective symptoms and electrocardiographic changes can be often observed which seem to indicate a bad blood supply of the anterior cardiac wall.

8. Congenital malformations

Under this definition we include some malformations proper of coronary arteries (such as aneurysms, stenosis, fistulas) and those anatomic variations which disturb the normal physiology of the coronary system, leading to pathologic conditions.

It is in this sense that we can consider the origin of a coronary artery from the pulmonary artery; actually, it would be a mere anatomic variation of origin: this variation however causes serious functional changes as it permits initially the passage of venous blood from the pulmonary artery into the myocardium thus creating a truly pathologic condition.

The following schema includes all the congenital malformations which can be angiographically demonstrated.

Fistulas	1. Communication with the right ventricle 2. Communication with the right atrium 3. Communication with the left atrium 4. Communication with the left ventricle 5. Communication with the coronary sinus or with a coronary vein 6. Communication with the venae cavae 7. Communication with the pulmonary artery 8. Communication with the pulmonary veins 9. Communication with Valsalva's sinuses
Origin from the pulmonary artery	1. Left coronary artery 2. Right coronary artery 3. Both coronary arteries 4. A supernumerary coronary artery
Aneurism	1. Single 2. Multiple
Stenosis	1. Proximal 2. Distal

Fistulas. This term is used in the literature to indicate abnormal communications of the coronary arteries and of their branches with cardiac chambers or with other vessels.

These anomalies are not rare and the literature on the subject is now very abundant (STEINBERG et al.; UPSHAW; McNAMARA and GROSS; DE NEF et al.; ANGELINI et al.; MORGAN et al.).

In most cases the abnormal communication is estabilished between the right coronary artery and the right ventricle (AZCUNA et al.; HUFFMAN and GROSS; VASILE et al.; BUONANNO and BESA) or the right atrium (STEINBERG and GHOLSWADE).

The fistula however can also be estabilished between the left coronary artery and the left ventricle (BINAGHI et al.) or between the right coronary artery and the left ventricle (GALIOTO et al.; MIYAHARA et al.) or the left atrium (FLOYD et al.) as well as between the left coronary artery and the right ventricle (MICHEL and HERBST).

Cases are reported of abnormal communication between a coronary branch and the coronary sinus (KIMBIRIS et al.; OGDEN and STANSEL) or the coronary veins (MARTINEZ RIO et al.) or finally the vena cava (OGDEN and STANSEL; GENSINI et al.).

Moreover the coronary arteries may communicate with the pulmonary artery or with the pulmonary veins (GOBEL et al.; BENCHIMOL et al.; AMIEL et al.; PIRKER et al.). Cases with an anomalous single coronary artery communicating with the cardiac chambers are also described (GUPTA et al.; DEGEORGES et al.).

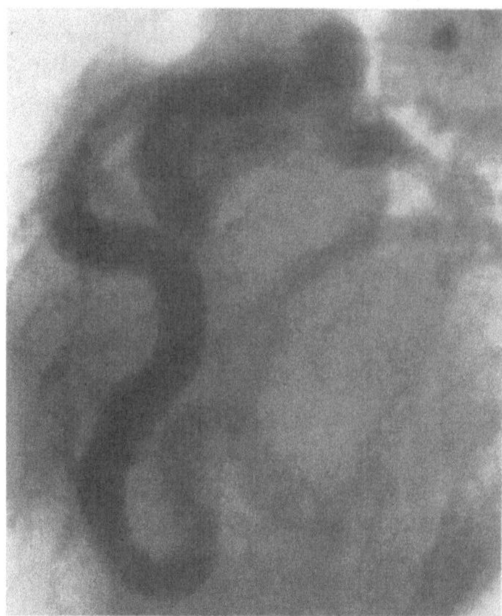

Fig. 22. Bilateral coronary fistula. Both right and left coronary arteries communicate with the heart cavities. Only the peripheral part of the anterior interventricular branch shows a normal caliber

In the majority of cases the abnormal communications affect only one coronary artery, but sometimes both coronary arteries show abnormal communications (Fig. 22).

The radiologic diagnosis can be established either with thoracic aortography or with selective coronary arteriography. The segment of artery between the coronary ostium and the fistula appears greatly dilated and elongated with a tortuous course. Distally to the fistula the coronary artery resumes its normal caliber. Quite often one or more aneurysmatic dilatations are visible in the proximity of the fistula.

Origin from the Pulmonary Artery. It is a congenital anomaly which can cause a high rate of mortality in early childhood. However, the patients that survive are not few, and when they become adults, the malformation may cause a modest symptomatology.

At the earlier stages the anomalous coronary artery conveys the venous blood from the pulmonary artery to the myocardium. As time passes, however, the pressure difference between the normal coronary artery and the abnormal one leads to the formation of intercoronary anastomoses and inversion of blood flow into the anomalous coronary artery; in fact, the blood coming from the aorta enters the normal coronary artery, from which it passes into the anomalous one reaching the pulmonary artery (coronary steal).

The two patterns we have just dealt with are generally described in the literature as anomalies of the infant and adult types (Agustsson et al.).

A wide review of the literature on this subject can be found in the publications by Wesselhoeft et al. and in those by Perry and Scott. In the great majority of cases the anomaly concerns the left coronary artery (Wilder and Perlamon; Talner et al.; Baue et al.; Rudolph et al.). Less frequently, it is the right coronary artery that arises from the pulmonary artery (Ranniger et al.; Wald et al.).

The possibility that the anomaly may involve both coronary arteries or an anomalous single coronary (Ogden) or finally a supernumerary coronary artery, has also been described.

The angiographic patterns are characteristic and well defined. In the infant type, thoracic aortography shows the origin of a single coronary artery from the aorta, whereas the other is absent. Pulmonary selective angiocardiography clearly demonstrates the anomalous coronary arising from the pulmonary artery (Friedenberg et al.; Bookstein).

In the adult type on the contrary, the congenital anomaly can be documented both with thoracic aortography and with selective coronariography. The contrast medium

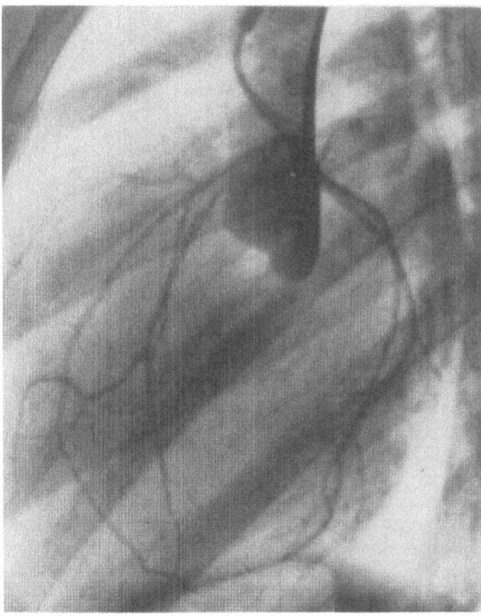

Fig. 23. Normal roentgenologic appearance of the coronary arteries in a boy 12 years of age

can be followed from the normal coronary artery into the anomalous one as far as pulmonary artery. Both coronary arteries appear highly ectatic, elongated and tortuous. These changes include all the coronary branches and the intercoronary anastomoses are clearly seen.

The proper diagnosis of this malformation has become extremely important because the patients can be advantageously subjected to surgical correction. At present the most indicated operation is the by-pass between the aorta and the anomalous coronary artery, while the origin of the latter from the pulmonary artery is tied (WRIGHT et al.; GASOR et al.; TYRRELL and BHARADWAJ).

Aneurism. Congenital aneurisms of the coronary arteries are undoubtedly infrequent. In the literature however unquestionable angiographic demonstrations are reported (FRITHZ et al.; KAUFMANN et al.; DAWSON and ELLISON). The aneurismal dilatation can involve either coronary artery and can be localized, fusiform or saccular.

In the majority of cases they are single and only exceptionally multiple. They must be differentiated from atherosclerotic aneurisms which are more frequent. The latter are associated with other atherosclerotic lesions of the coronary arteries and often of the aorta.

In the literature the association with aortic aneurisms is mentioned.

9. Changes of coronary arteries with age

The normal coronariographic picture shows significant changes depending on the age (DI GUGLIELMO, BOBBA and MONTEMARTINI).

In the first, second and third decades the coronary contours are extremely sharp, smooth and regular; the caliber uniformly tapers off from the center to the periphery; the development of the coronary bed is proportional to the volume of the heart; no sinuosities or sudden deviations are visible (Fig. 23).

In the fourth decade the peripheral branches show some sinuosities, which are more evident in ventricular systole and tend to disappear in ventricular diastole (Fig. 24).

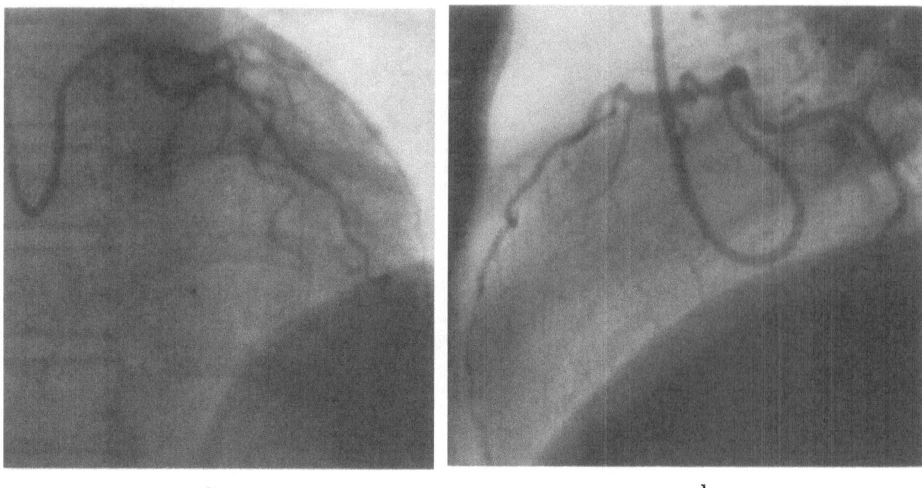

a   b

Fig. 24a and b. Left coronary artery in a man 32 years old. Evident sinuosities of the peripheral ramifications.
a Frontal view. b Lateral view

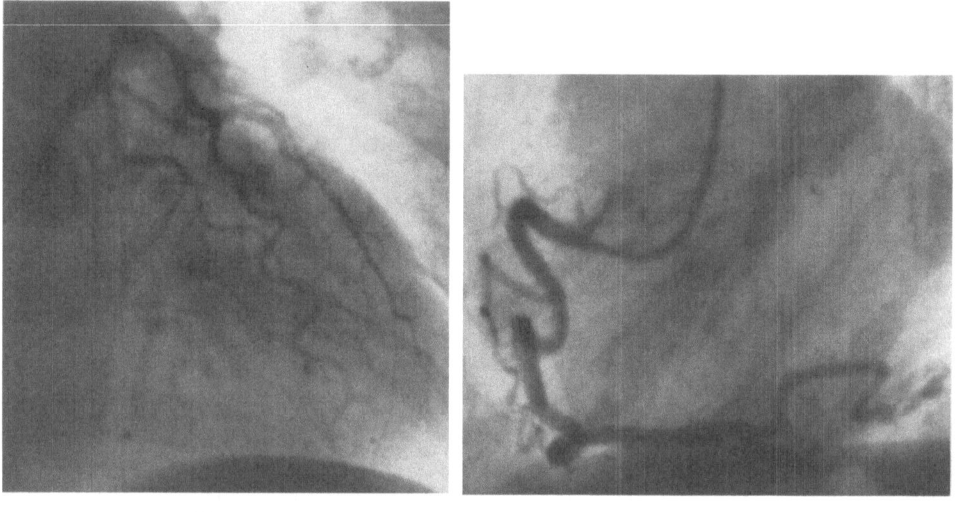

Fig. 25   Fig. 26

Fig. 25. The left coronary artery of a man 47 years of age. Tortuosities of the coronary branch

Fig. 26. The right coronary artery of a patient aged 69 years. Marked increase in caliber and length of the
artery and its ramifications

In the fifth and sixth decades these sinuosities increase and the coronary branches become
tortuous (Fig. 25).

Such tortuosities do not vary during the heart cycle and are as well evident during
systole as during diastole, thus revealing a real *elongation* of the coronary vessels.

In the seventh and eighth decades (Fig. 26) the lumen of the coronary branches has
considerably increased, and remains almost uniform from the center to the periphery
resulting in a cylindric *dilatation*. The contours are not sharp and small irregularities are
evident. Inspite of elongation and dilatation, the arterial bed on the whole is poor in
respect to the heart volume. Moreover, very poor or no reaction is obtained with pharma-
codynamic stimuli. The pattern so described is the typical one of the *senile coronary
arteriosclerosis*.

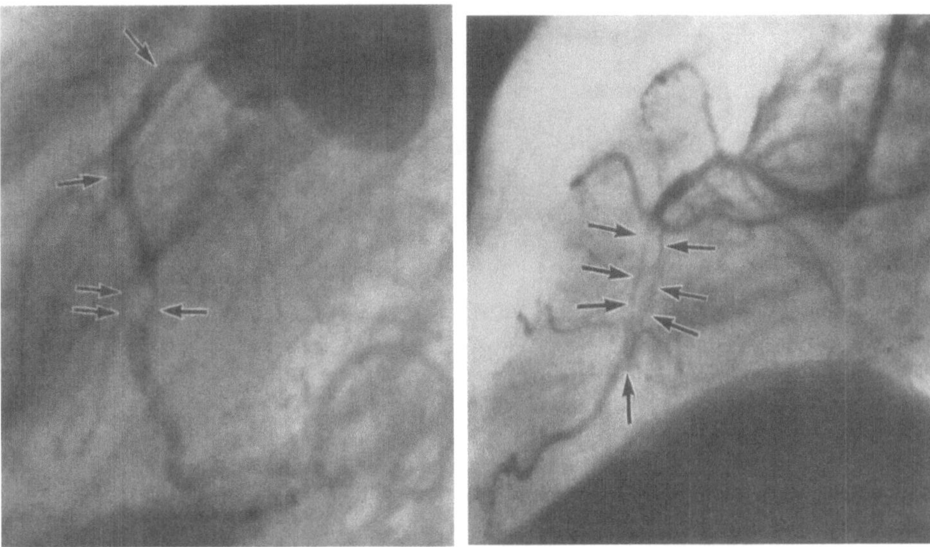

Fig. 27   Fig. 28

Fig. 27. Multiple filling defects due to atheromatous plaques

Fig. 28. Severe atherosclerosis and occlusion of the right coronary artery (arrow). Proximally to the occlusion a long filling defect is visible due to arterial thrombus (arrows)

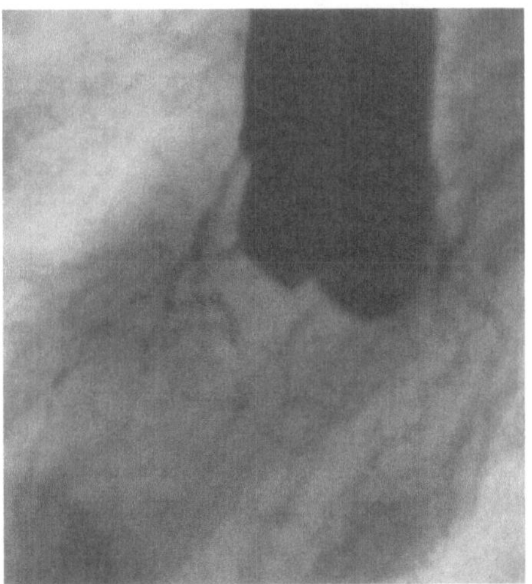

Fig. 29. Marked hypoplasia of the right coronary artery which originates directly from the ascending aorta

10. Coronariographic semeiology

In pathologic conditions a true coronariographic semeiology can be described consisting of changes of contour, filling, caliber and length of the coronary arteries. Functional disturbances can also be observed.

The *contours* can become ill-defined, irregular and rigid. *Filling defects*, either marginal or central, can be caused by atheromatous plaques (Fig. 27) and by thrombi (Fig. 28). A lack in filling homogeneity and synchrony can also be observed in cases with diffuse alterations of a large coronary branch. This opacifies more slowly then normal coronary branches do, and above all, it empties more slowly, so that, while the normal branches are already empty, the contrast medium is still visible in the affected one.

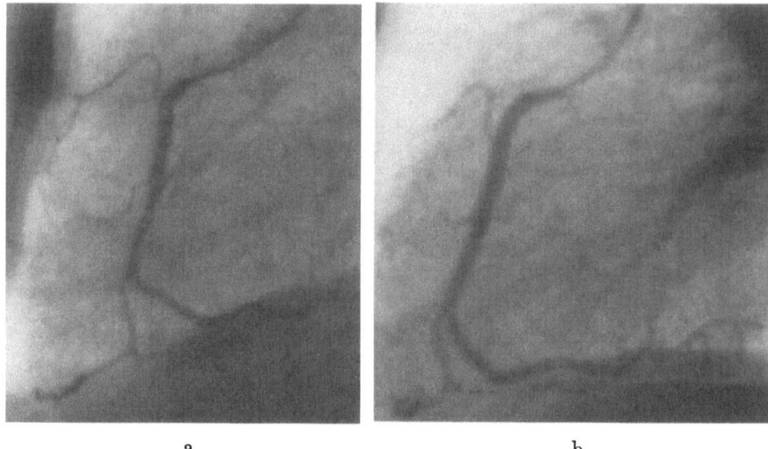

a   b

Fig. 30a and b. The right coronary artery. a Before and (b) after the administration of anylnitrite

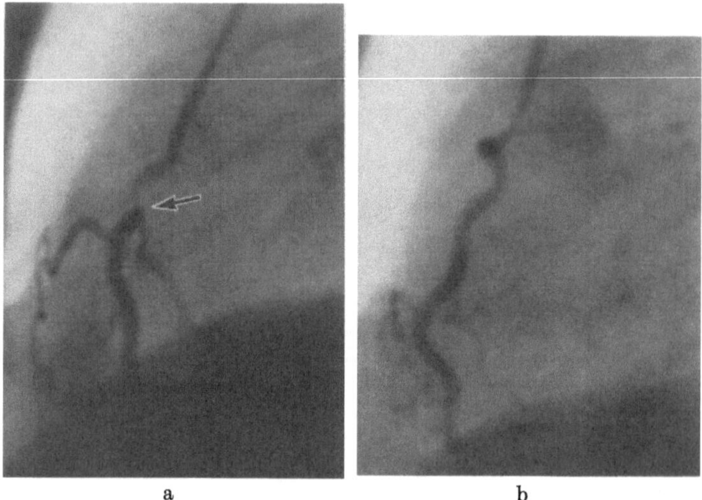

a   b

Fig. 31. a Severe coronary spasm probably due to catheter tip. b The same patient examined one month later

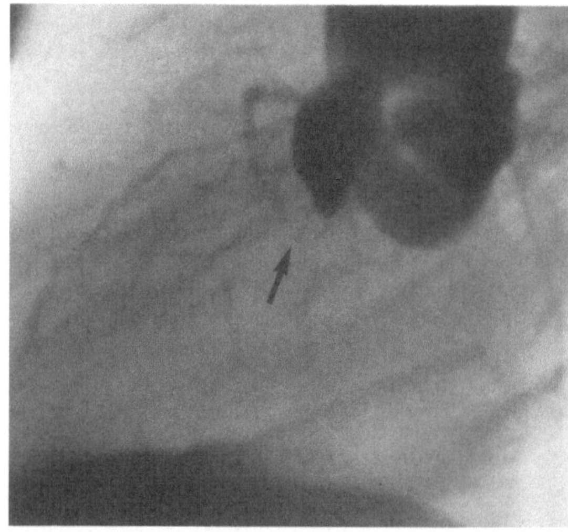

Fig. 32. Diffuse coronary spasm in a patient with atherosclerotic occlusion of the right coronary artery

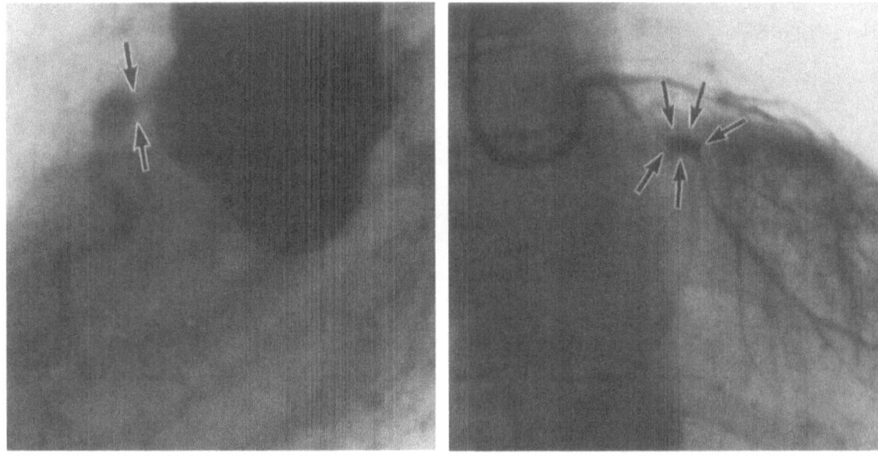

Fig. 33   Fig. 34

Fig. 33. Marked stenosis at the origin of the right coronary with poststenotic dilatation

Fig. 34. Severe atherosclerotic changes of the left coronary artery: diffuse narrowing and multiple stenosis. Aneurysmatic dilatation of the anterior interventricular branch. Evident myographic effect. Simultaneous visibility of arteries and veins

The changes in *length* consist in elongation, with sinuosity and tortuosity. The latter can be observed not only in the senescence of the arteries, but can also be the consequence of hypertension, coarctation of the aorta and various congenital malformations, such as coronary fistulas or an abnormal origin of coronary vessels from the pulmonary artery.

The abnormal shortness of a coronary artery or its branch is invariably congenital (Fig. 29).

The caliber changes can be in excess or in defect, so that dilatation, stenosis, and occlusion can be respectively described. Such changes can be either functional or organic.

Functional increase of the caliber can be obtained by administration of various drugs: trinitrine, amylnitrite, persantine, norepinephrine have been used (DI GUGLIELMO et al.; SONES et al.) in order to obtain a better filling of the coronary branches (Fig. 30) and to increase the visibility of localized lesions. An inadequate or absent reaction to such pharmacological stimuli invariably indicates alterations or destruction of the muscular and internal elastic layers of the vessel wall.

Functional decrease of the caliber, such as *hypertony* and *spasms*, are not very frequent and their existence was discussed by many Authors in the past. At the present many unquestionable angiographic demonstrations have been reported in the literature so that they are generally recognized.

The coronary spasms can be either diffuse or circumscribed. A typical transient annular spasm is rather often produced by the mechanical stimulation of the catheter tip on the arterial intima (Fig. 31). Hypertony and spasms can considerably increase an arterial organic narrowing (Fig. 32), being important in the genesis of myocardial ischemia and infarction.

Organic dilatation usually reveals a primitive pathologic condition of the coronary arteries, such as coronary sclerosis, anomalous communications and fistulas. But often the coronary caliber increases secondarily to other pathologic conditions, either congenital or acquired such as a marked myocardial hypertrophy, supravalvular aortic stenosis, aortic coarctaction.

Occasionally *post-stenotic dilatations* are visible (Fig. 33); this can be particularly evident in stenoses of the coronary orifice. *Aneurism* is a localized dilatation of the coronary wall; it can be congenital, but in the majority of cases it is a consequence of severe

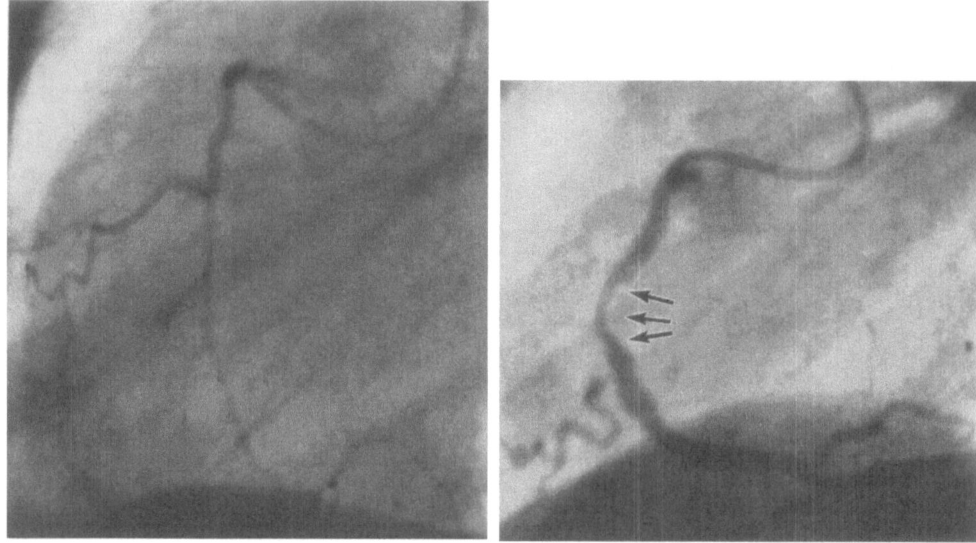

Fig. 35   Fig. 36

Fig. 35. Diffuse atherosclerotic stenosis of almost all the right coronary artery

Fig. 36. Single circumscribed stenosis (over 50%) of the right coronary artery

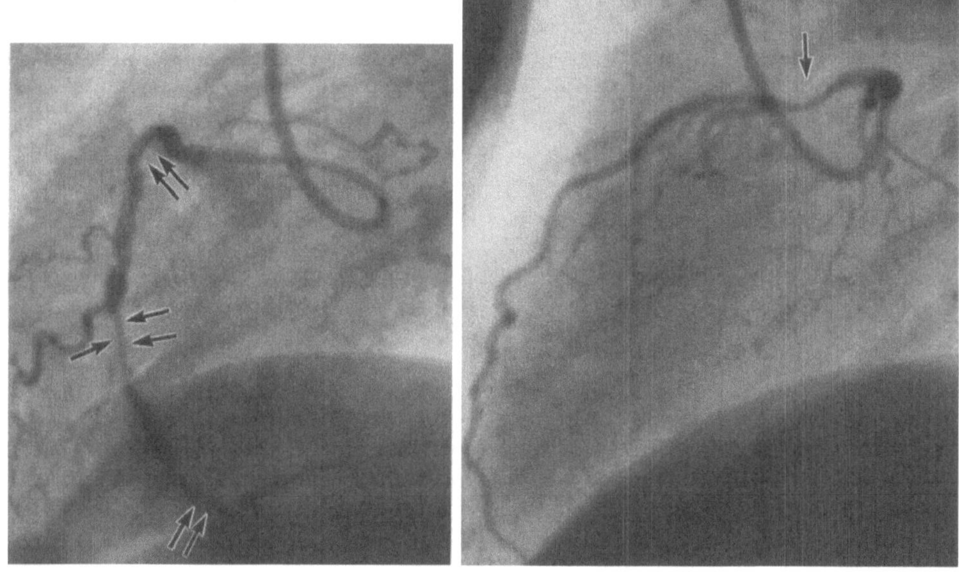

Fig. 37   Fig. 38

Fig. 37. Multiple stenosis of the right coronary artery affecting the proximal (less then 50%), the middle (more then 50%) and the distal (50%) part of the artery

Fig. 38. Single circumscribed stenosis of the anterior interventricular branch (less then 50%)

atherosclerotic lesion with localized thinning and wearing of the arterial media (Fig. 34). Laminated clots have been described in the aneurism (Abrams and Adams).

The *organic stenosis* can diffusely affect a coronary artery or a large portion of it. In this case long arterial segments are irregularly narrow with ill-defined and rigid margins (Fig. 35). In the majority of cases however the stenosis are circumscribed and can be either single (Fig. 36) or multiple (Fig. 37). In the latter condition they can involve a

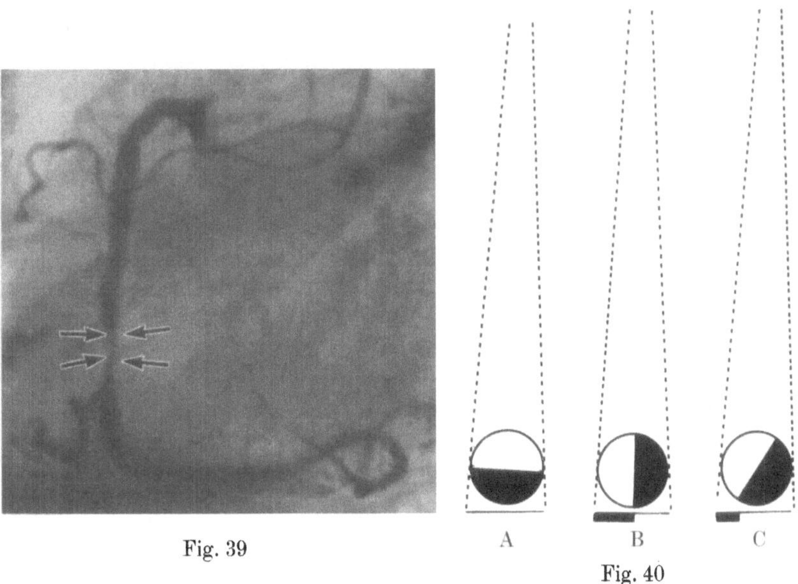

Fig. 39

Fig. 40

Fig. 39. Marked circumscribed stenosis of the right coronary artery (more then 50%)

Fig. 40 A—C. Possible errors in evaluation of the degree of stenosis in a single projection. A Apparent complete occlusion. B 50% stenosis. C 75% stenosis

single coronary branch, several branches of the same coronary artery, or both coronary arteries.

From the morphologic point of view the circumscribed stenosis can be concentric or eccentric. They are generally classified according to the degree of caliber reduction, as a percentage of the normal lumen diameter. Schematically we can indicate the stenosis as "minor" if the reduction of caliber is less then 50% (Fig. 38), "middle" if the reduction is 50% (Fig. 10), "severe" if the reduction is more then 50% (Fig. 39). Anyway, a correct evaluation of an arterial stenosis requires at least two orthogonal projections in order to avoid either underestimation or overestimation depending on the orientation of the artery and the shape of the stenotic lesion (Fig. 40) (DI GUGLIELMO and MONTEMARTINI; BERNE et al.).

The vessel caliber beyond the stenosis can be either normal or slightly dilated. But in cases with severe stenosis, due to hypotension and decreased flow, it can appear markedly and uniformely narrow, with a prolonged opacification time.

Occasionally an occlusive thrombus can be partially recanalized, resulting in a severe, deeply irregular stenosis.

The extreme obstructive lesion is the *arterial occlusion*. This can be single (Fig. 28), but in some cases two large coronary branches are occluded (Fig. 41). Exceptionally the three main coronary trunks are simultaneously occluded, the life of the patient being tied to the patency of some small secondary branches which provide a wide collateral circulation.

Stenosis and occlusions are more frequently located on the proximal part of the large coronary branches, but they can affect also the secondary and peripheral ramifications (Fig. 42).

If the occlusion is rather short the collateral circulation can lead to a complete opacification of the artery distally to the occlusion. In this condition a second occlusion can be detected on the distal part of the same artery. In other words, multiple occlusions can affect one large coronary branch at different points.

On the other hand the occlusion can be very long and affect almost the entire main coronary branch. This condition becomes evident when, in spite of well developed collateral circulation, no opacification of the artery distally to the occlusion is reached.

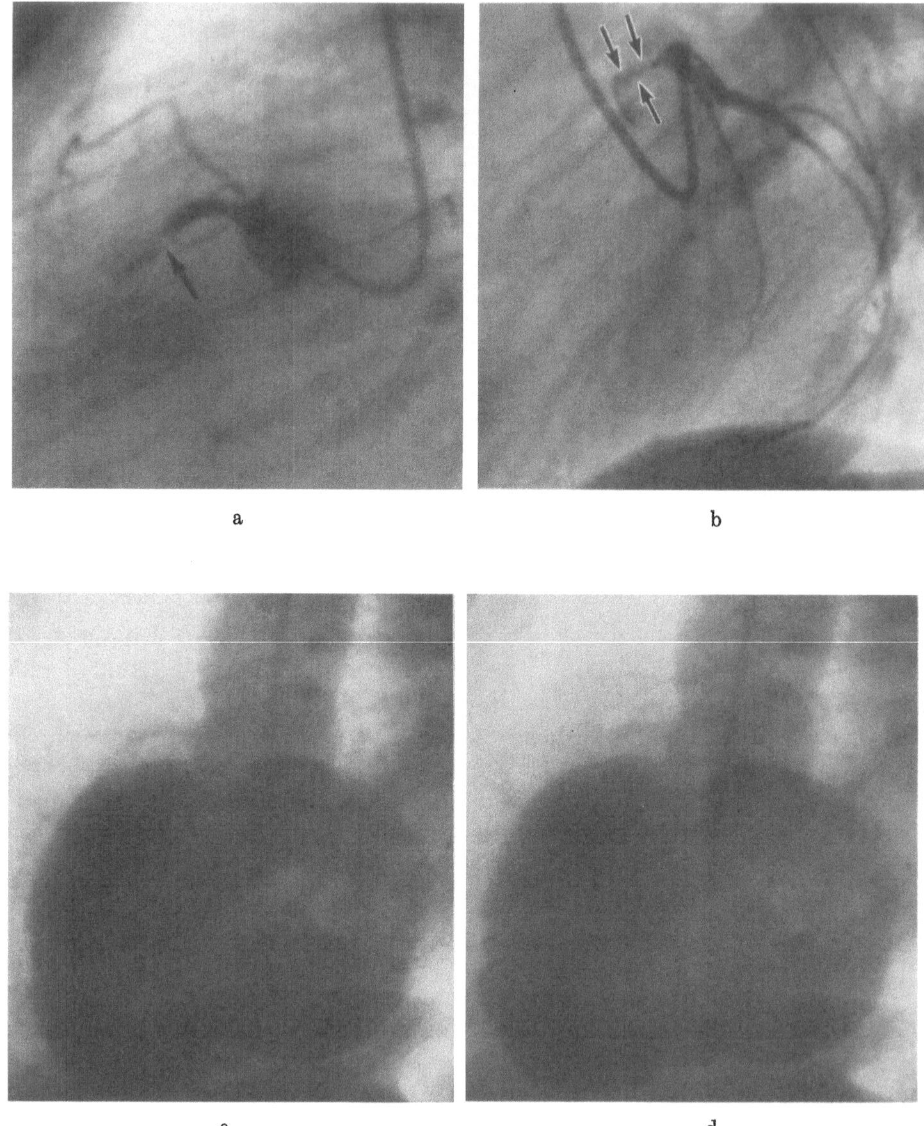

Fig. 41 a—d. Multiple coronary occlusions. a Both the right coronary and the anterior interventricular branch b of the same patient are occluded. Severe diffuse hypokynesis of the left ventricle in the same patient. c Ventricular diastole. d Ventricular systole

In a recent severe coronary obstruction a *"myographic effect"* can be seen, consisting of diffuse unsharp opacification of the myocardium adjacent to the occluded artery (Fig. 34). Such finding can be followed by an *early phlebographic phase*, with almost simultaneous visibility of the arteries and veins (Fig. 34). This very probably indicates functioning arterio-venous shunts with connections between the arterioles and venules.

Anastomotic Collateral Circulation. The first angiographic demonstration of coronary anastomosis both in the living man and in the dog under experimental conditions are due to Di Guglielmo et al. Later systematic investigations were carried out by Paulin; Sones and Shirey; Arvidsson et al.; Moberg; Björk; Gensini; James; Knoebel et al.; Lucarelli et al.; Baldrighi et al.; Jochem et al.

In normal conditions the introduction of contrast medium into a coronary branch, even under a high pressure, is never followed by the opacification of other branches of the

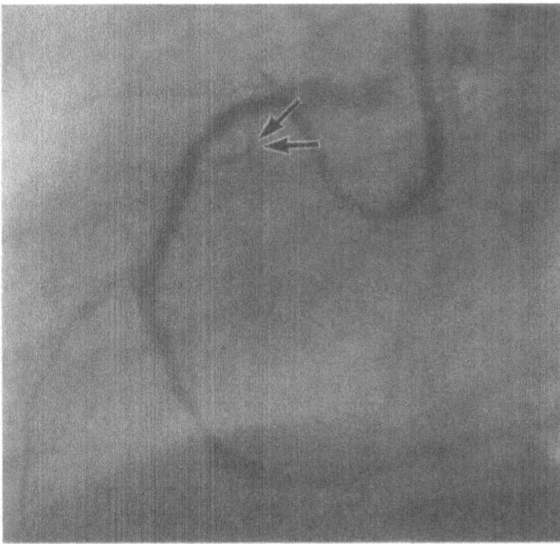

Fig. 42. Diffuse atherosclerotic changes of the right coronary artery and its branches with occlusion of the
sinu-atrial branch (arrows)

same coronary or of the other coronary artery. It can be stated therefore that in the normal living subject no anastomotic connections between the coronary branches are functionally open.

On the contrary in ischemic heart disease interarterial communications are angiographically demonstrable during life. When a sufficient pressure gradient between the obstructed artery and the adjacent branches is present, anastomotic connections develop or become functionally active. This indicates that collateral channels are visible only in patients with advanced occlusive or subocclusive coronary obstruction.

Three different types of coronary anastomosis are usually described: a) *homocoronary* or *intracoronary* anastomosis, between the branches of the same coronary artery; b) *intercoronary* anastomosis, between the branches of the two coronary arteries; c) *extracoronary* anastomosis, between the coronary branches and extracardiac arteries.

From the angiographic point of view the intercoronary anastomoses are the most frequently visible. The anastomotic channels are characteristically slender, elongated, spiral and tortuous in their course.

Two extracardiac arterial systems more frequently can participate to the collateral circulation in ischemic heart disease: the bronchial arteries and the internal mammary arteries (DI GUGLIELMO). From the extensive investigations carried out by MOBERG on this subject it appears that extracoronary anastomosis are far more common via the bronchial then internal mammary arteries.

These extracoronary anastomoses can be demonstrated by means of thoracic aortography, whereas they are not visible with selective coronariography. On the other hand selective angiography of the bronchial and internal mammary arteries is particularly suitable in this respect; the opacification of coronary vessels following the injection of contrast medium into such extracardiac arteries is an unquestionable proof of interarterial connections.

Extensive anastomotic communications between the coronary and the bronchial arteries can be demonstrated in non-coronary pathologic conditions, such as chronic obstructive pulmonary disease, pneumoconiosis, supra-valvular aortic stenosis, tetralogy of Fallot (SMITH et al.).

A good knowledge of the anatomy of the coronary branches is essential for the interpretation of the angiographic findings of coronary anastomoses. On the basis of the before mentioned anatomic classification of the coronary arteries the collateral channels which can be angiographically recognized are the following (Fig. 43):

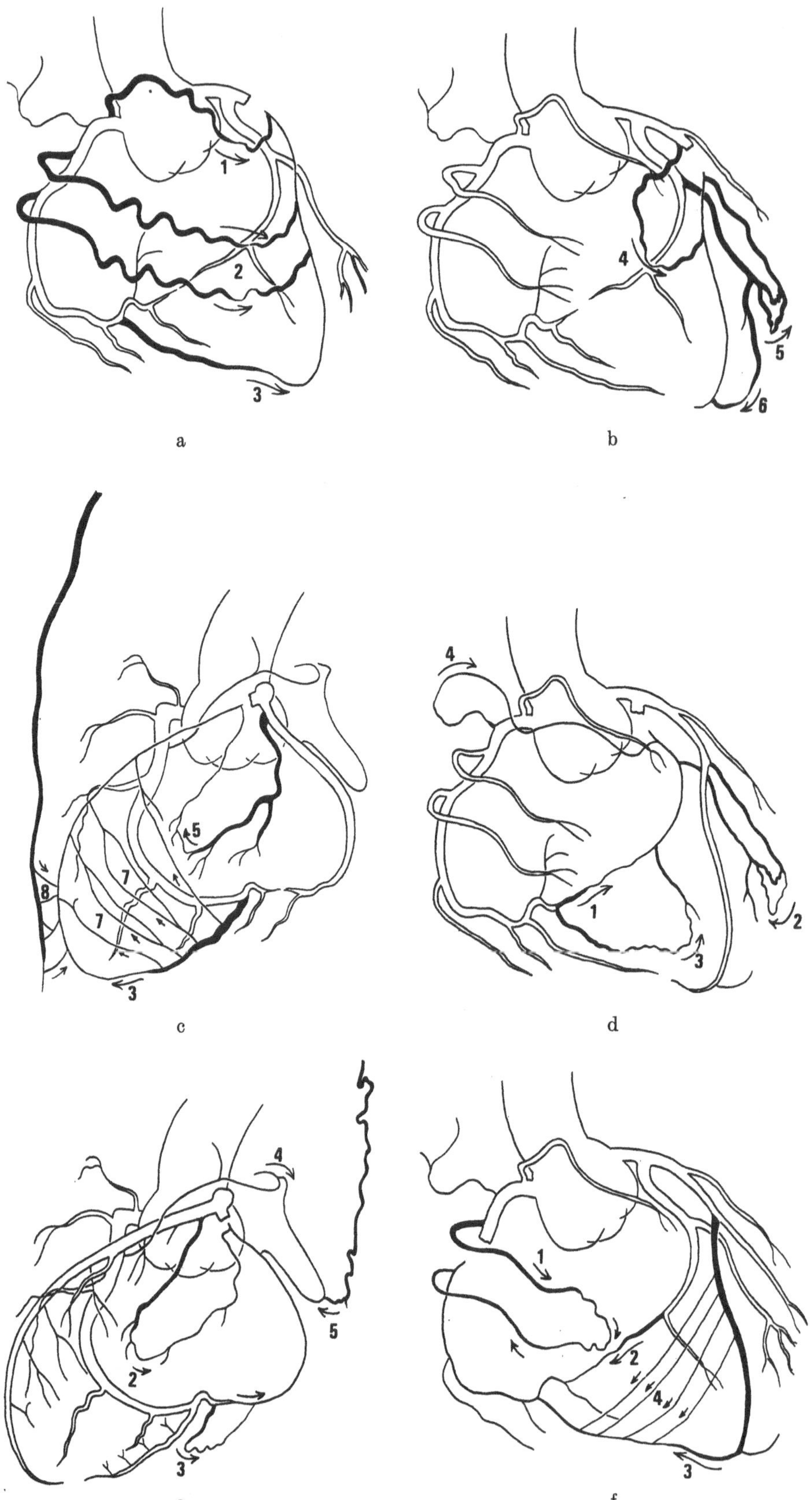

Fig. 43a—f

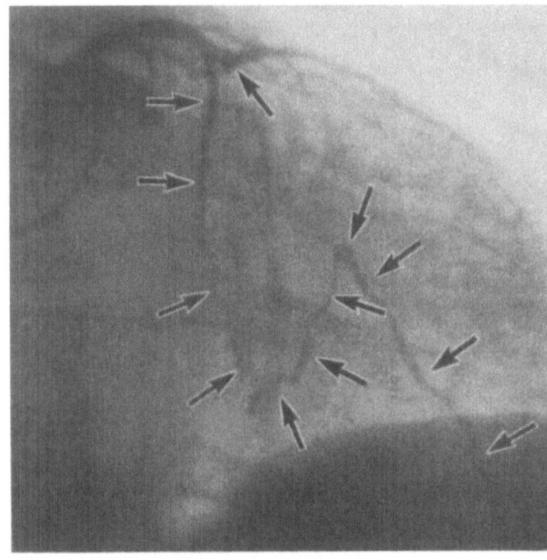 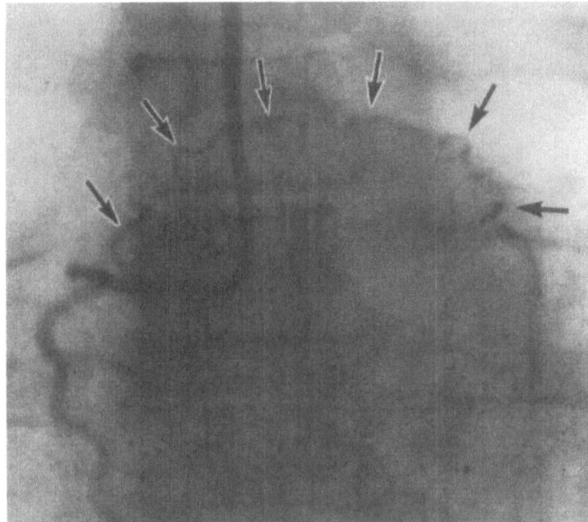

Fig. 44   Fig. 45

Fig. 44. Homocoronary anastomosis in a case with occlusion of the anterior interventricular branch (arrow). The contrast medium passes through the left conus branch and a lateral ramification and reaches the distal part of the occluded artery (arrows)

Fig. 45. Intercoronary anastomosis between the right and left conus branches (arrows) in a case with proximal occlusion of the anterior interventricular branch

Occlusion of the anterior interventricular branch

a) Homocoronary anastomoses
1. Between the diagonal branches
2. Between the diagonal and recurrent branches
3. From the obtuse marginal to diagonal and recurrent branches
4. Between the left conus branch and right lateral branches of anterior interventricular branch (Fig. 44)

b) Intercoronary anastomoses
1. From the right conus to the left conus branch (Fig. 45)
2. From the right anterior ventricular to anterior interventricular branch (Figs. 46, 47)
3. From the posterior interventricular to the anterior interventricular branch (Fig. 48)
4. From the posterior septal to anterior septal branches (Fig. 49)

c) Extra-coronary anastomoses
1. From the left internal mammary artery to the anterior interventricular branch (Fig. 50)

Occlusion of the circumflex branch

a) Homocoronary anastomoses
1. From the obtuse marginal to left posterior ventricular branch
2. From the diagonal to obtuse marginal branch

b) Intercoronary anastomoses
1. From the right coronary to circumflex branch (Figs. 51, 52)
2. From the right sinu-atrial to left sinu-atrial branch
3. Kugel's artery (anastomotic artery of the interatrial septum)

c) Extra-coronary anastomoses
1. From the bronchial arteries to circumflex branch (Fig. 53)

Fig. 43 a—f. Schematic drawing of the anastomotic channels in coronary occlusions. a—c Occlusion of the anterior interventricular branch; *1* from the right conus branch to the left conus branch; *2* from the right anterior ventricular branches to lateral ramifications of the anterior interventricular branch; *3* from the posterior interventricular branch to the anterior interventricular branch; *4* from the left conus branch to a lateral ramification of the anterior interventricular branch; *5* from the obtuse marginal branch to the diagonal branch; *6* from the obtuse marginal branch to the recurrent branch; *7* from the posterior septal branches to the anterior septal branches; *8* from the left internal mammary artery to the anterior interventricular branch. d and e Occlusion of the circumflex branch; *1* from the right coronary to the circumflex branch; *2* from the diagonal branch to the obtuse marginal branch; *3* between posterior left ventricular branches; *4* from the sinu-atrial branch to the left atrial branch; *5* from the bronchial arteries to the left atrial branch. f Occlusion of the right coronary artery; *1* between the right anterior ventricular branches; *2* from the circumflex branch to the right coronary; *3* from the anterior interventricular branch to the posterior interventricular branch; *4* from the anterior septal branches to the posterior septal branches

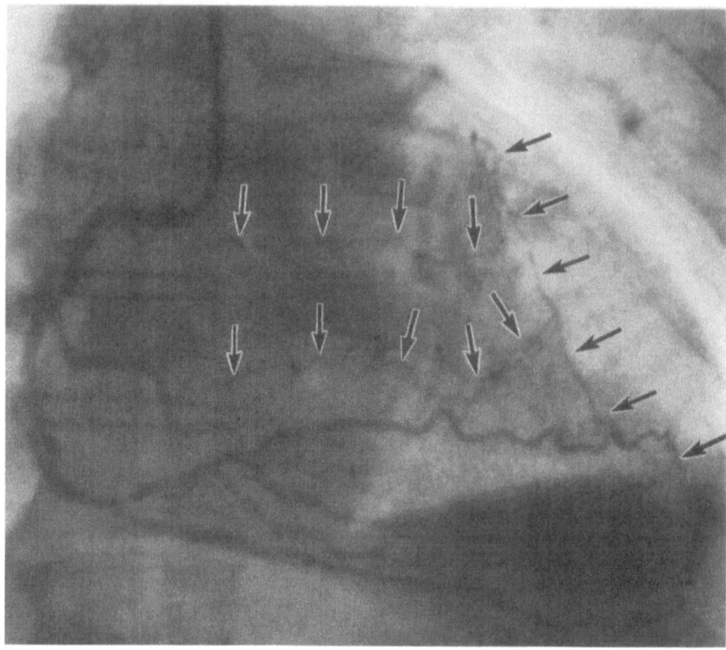

Fig. 46. Multiple intercoronary anastomosis in a case with occlusion of the anterior interventricular branch.
The distal part of the artery is opacified via the right anterior ventricular branches (arrows) and the posterior
interventricular branch

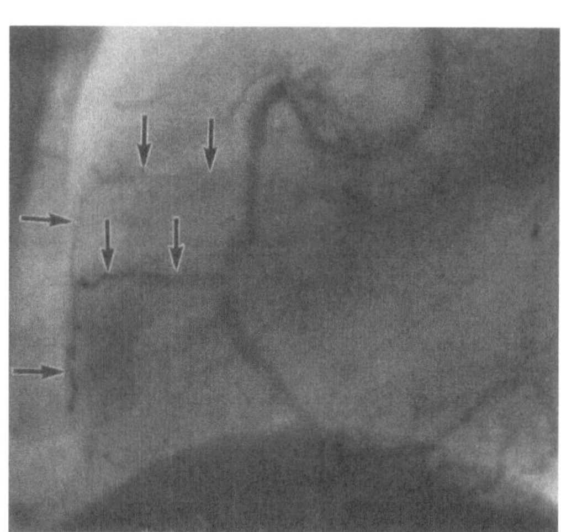

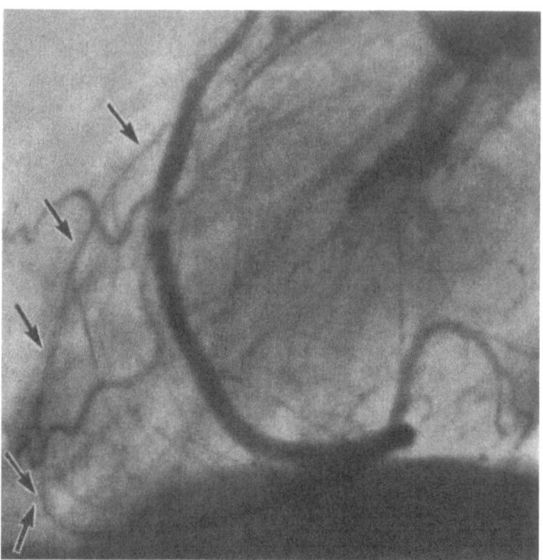

Fig. 47   Fig. 48

Fig. 47. Occlusion of the anterior interventricular branch. Intercoronary anastomoses through the right anterior
ventricular branches

Fig. 48. Opacification of an occluded anterior interventricular branch through collateral connections via the
septal and the posterior interventricular branches

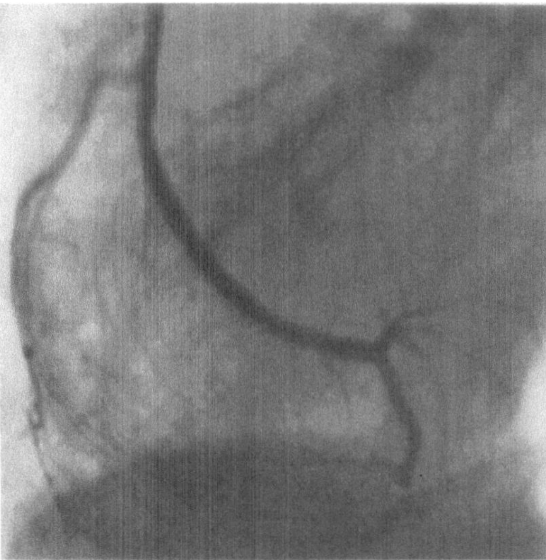

Fig. 49. Numerous collateral anastomoses between the septal branches in a patient with occlusion of the anterior interventricular branch

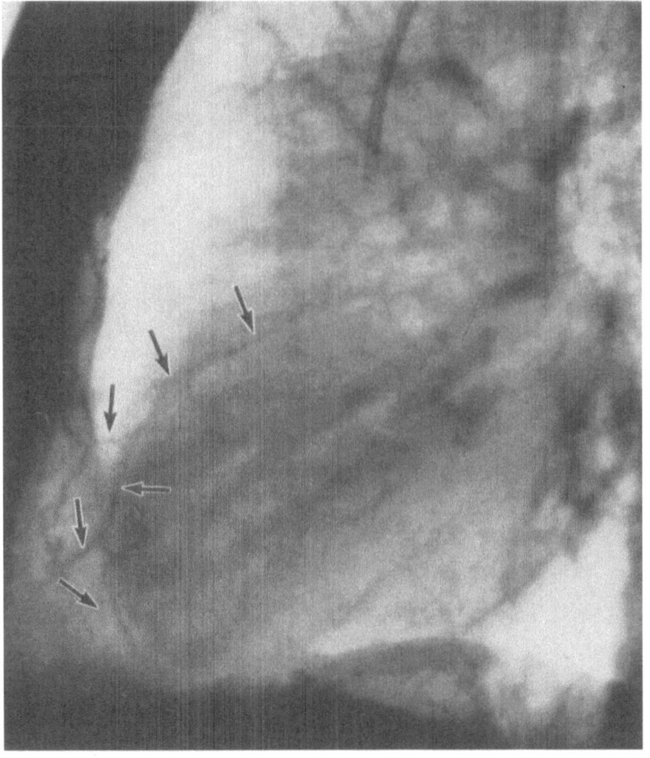

Fig. 50. Extracoronary anastomoses through the internal mammary artery in a patient with occlusion of the anterior interventricular branch

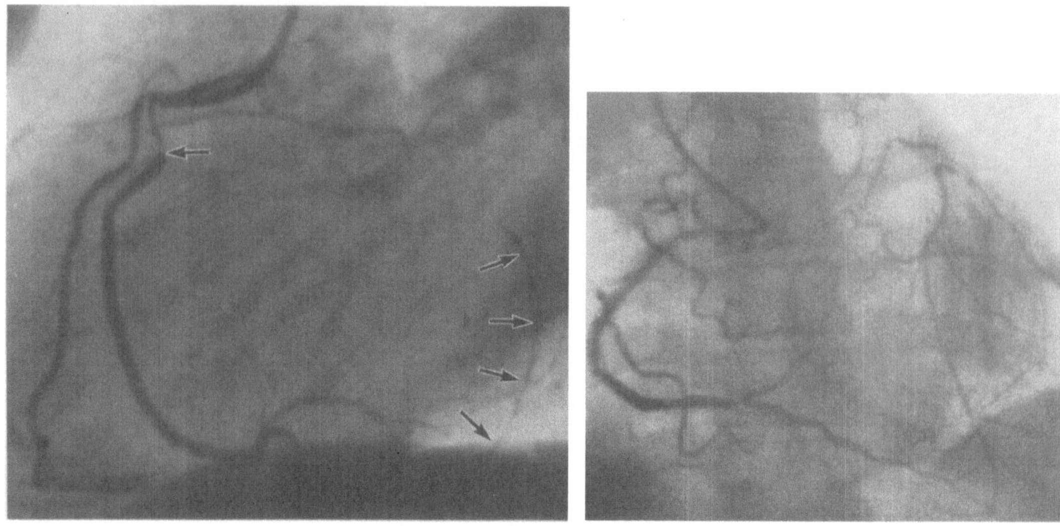

Fig. 51　　　　　　　　　　　　　　Fig. 52

Fig. 51. Intercoronary anastomosis in a patient with occlusion of the circumflex branch (arrows). Marked stenosis (over 50%) of the right coronary artery (arrow). Anatomic variation with division of the right coronary into two branches

Fig. 52. Occlusion of both anterior interventricular and circumflex branches. Stenosis of the right coronary artery. Multiple collateral anastomoses allowing a good opacification of the occluded arteries

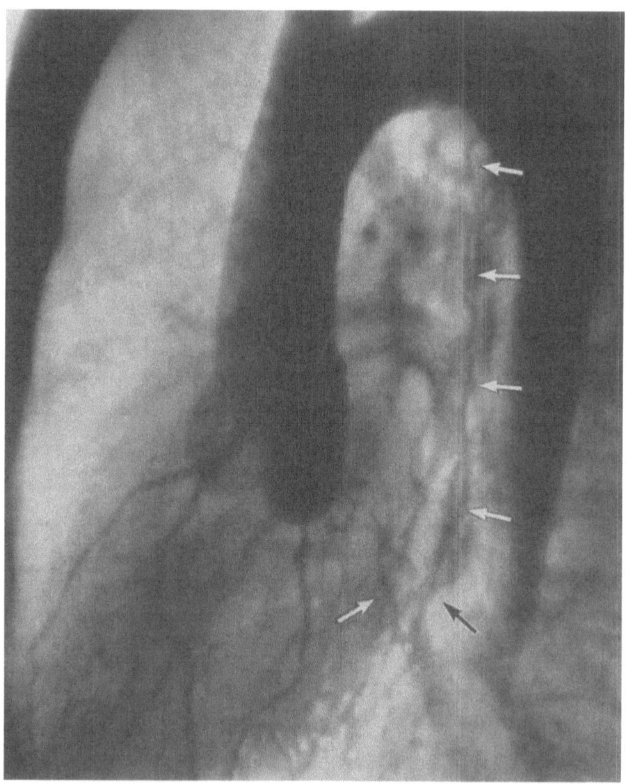

Fig. 53. Extracoronary anastomoses in a case with occlusion of the circumflex branch. The contrast medium reaches the peripheral part of the occluded artery via the bronchial arteries

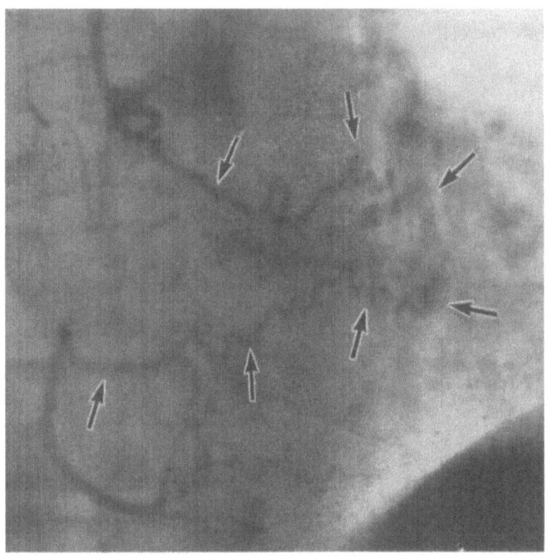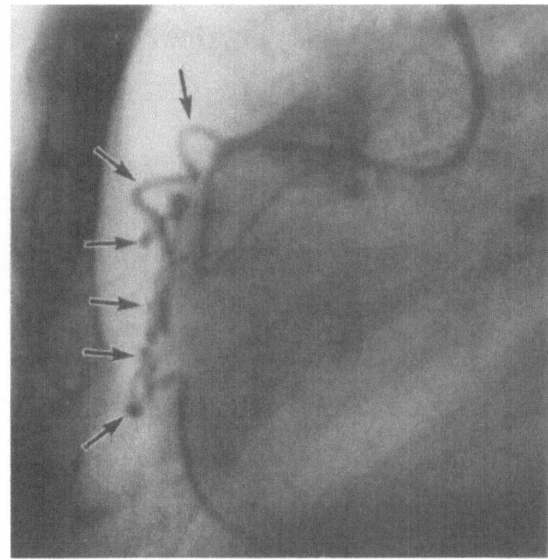

a   b

Fig. 54a and b. Homocoronary anastomoses (arrows) between the right anterior ventricular branches. a A-P projection. b Lateral projection

Occlusion of the right coronary artery

a) Homocoronary anastomoses } 1. Between the right anterior ventricular branches (Fig. 54)

b) Intercoronary anastomoses
1. From the left conus to the right conus branch
2. From the anterior interventricular to right anterior ventricular branches
3. From the anterior interventricular to posterior interventricular branch
4. From the anterior septal to posterior septal branches
5. From the circumflex branch to right coronary artery
6. From the posterior left ventricular to the posterior interventricular branch

c) Extra-coronary anastomoses } 1. From the bronchial arteries to right sinu-atrial branch

11. Coronary angiography in non-coronary pathologic conditions

Coronary angiography can be usefully employed in many cardiac or extracardiac disease which can indirectly affect the coronary circulation or which can simulate primary coronary disease. In the literature the reports on this subject are not numerous; nevertheless interesting observations have been published on the following pathologic conditions:

Valvular Heart Disease (DI GUGLIELMO et al.; BJÖRK and CULLHED; LUXERAU et al.).

In patients with known valvular disease clinical and electrocardiographic signs may arise which indicate the possible association of a coronary lesion.

In the majority of such cases no intrinsic coronary lesions are angiographically demonstrable, the pattern being the one of a relative coronary insufficiency.

In some cases however atherosclerotic stenosis and occlusions can be discovered (Fig. 55). This is an important finding not only from the diagnostic point of view, but also in planning a surgical correction of the valvular disease.

Considerable enlargement of a single cardiac cavity with heart rotation on the longitudinal axis, leads to characteristic dislocation of various coronary elements. In mitral disease for instance the right coronary is considerably displaced forwards, while the anterior interventricular branch is turned backwards and to the left (Fig. 56).

Sometimes a marked increase in volume of the heart corresponds to an increase in caliber of the coronary arteries. This finding however, is not a constant ore; in fact in some patients, a very remarkable enlargment of the heart stretches the coronary arteries

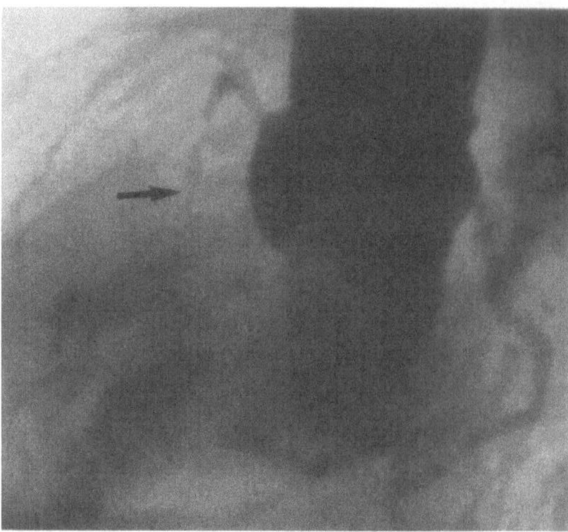

Fig. 55. Aortic valvular insufficiency. Coronary alterations are visible: stenosis and occlusion (arrow) of the right coronary; diffuse atherosclerosis of the anterior interventricular branch

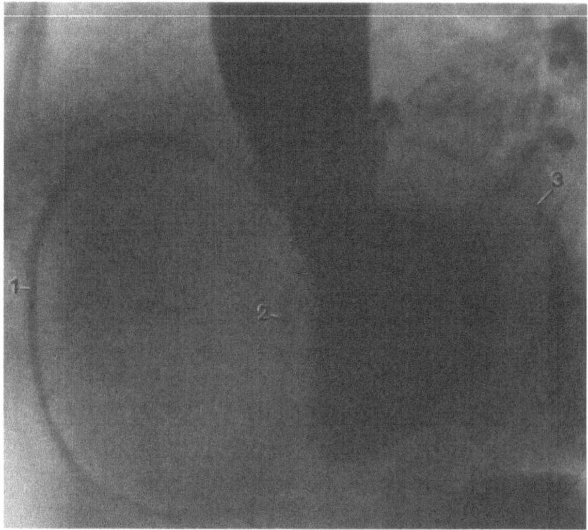

Fig. 56. Marked displacement of the coronary arteries in a patient with mitral stenosis and hypertrophy of the right ventricle. The right coronary (1) is displaced forward; anterior interventricular (2) and circumflex(3) are displaced backwards and to the left

so they become thinner. Under such conditions, therefore, a certain unbalance exists between the volume of the heart muscle and the amount of blood made available to it, this accounting for a *relative* coronary insufficiency.

Congenital Heart Disease. The association of heart malformations with various congenital disease of the coronary arteries (Fig. 19) is rather frequent. They must be well known before any surgical correction of the cardiac disorder. Observations on the matter in the literature particularly deal with the tetratology of Fallot (Björk; Kupic and Abrams; Kirschner et al.).

More often the coronary changes are the consequence of other cardio-vascular malformations: dilatation and elongation of the coronary arteries are often described in supra-valvular aortic stenosis. A severe aortic coarctation invariably produces ectasia and elongation of the coronaries with an early sclerosis (Fig. 57). Dilatation and tortuosity

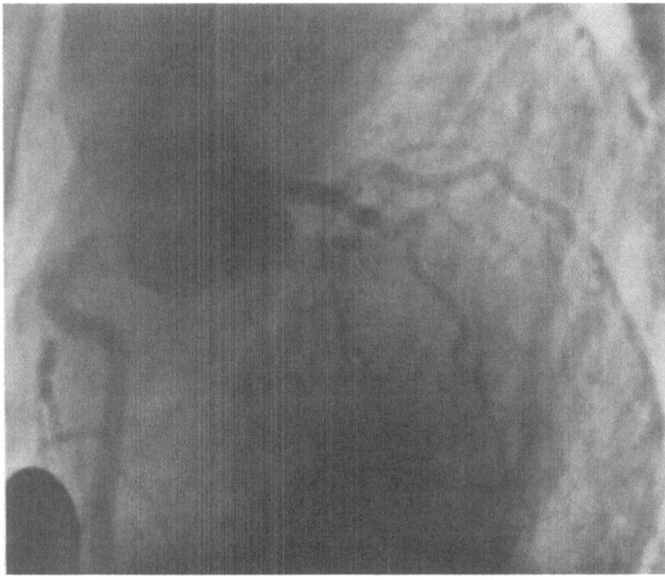

Fig. 57. Sclerosis of the coronary arteries in a patient aged 34, with coarctation of the aorta

of coronary arteries were described also in idiopathic obstructive cardiomyopathies (VEREL and GRAINGER), though such a finding is certainly not a constant one.

In congenital heart disease with severe hypertrophy of one or more cardiac cavities a considerable enlargement of the corresponding coronary branches may be angiographically evidenced. This probably indicates that during growth, together with the hypertrophy of the heart muscle, a hypertrophy of its supplying vessels occurs (DI GUGLIELMO et al.).

Primary Cardiomyopathies (MURAD NETTO et al.; SUAREZ et al.; AMIEL et al.; BORY et al.; ACAR). The clinical and electrocardiographic signs of a primary cardiomyopathy are not always typical and it is often necessary to differentiate them from ischemic or valvular heart disease.

The coronariography can be essential in this respect: in primary cardiomyopathies no alterations of te coronary arteries are demonstrable angiographically, thus ruling out the diagnosis of ischemic heart disease.

Conduction Disturbances and Arrhythmias. Anomalous development of coronary branches, such as preponderance of one coronary artery, shortness of the anterior interventricular branch, hypoplasia of the right coronary artery, have been described in some patients with conduction disturbances (LEWIS et al.) and arrhythmias (MONTEMARTINI et al.) and without organic abnormalities to which the electrocardiographic changes could be attributed.

Heart Tumors. Tumor vessels have been found by MARSHALL et al. by means of coronary angiography in a patient with a left atrial myxoma. Such a finding can make possible the differentiation from non-neoplastic growths: for example in a case with cardiac echinococcosis ANTONOVIC and ROSCH described a simple displacement of the coronary branches.

Traumatic Injuries. Several types of lesions may result from either penetrating or blunt thoracic trauma: coronary aneurism (KONECKE et al.), arteriovenous fistulas (BRAVO et al.), myocardial infarction without any considerable changes of the coronary arteries (HARTHORNE et al.).

Angiographic examination is of great value in detection and evaluation of the injury.

Other Pathologic Conditions. Sporadic observations are reported in the literature concerning coronary angiography in *chronic peripheral vascular occlusive disease* (Baldrighi et al.), *luetic ostial coronaritis* (Michaud and Termet), *pulmonary tuberculosis* (Braude), *chronic broncho-pulmonary disease* (Zimmerman; Di Guglielmo et al.), *lupus erythematodes* (Bonfiglio et al.), *chronic alcoholic heart disease* (Di Guglielmo et al.), *diabetes* and *endocrine disorders.*

12. Correlation between coronary and extra-coronary atherosclerosis

If coronary investigation is carried out by means of thoracic aortography it is possible to detect atherosclerotic changes of the aorta and its branches: carotid, subclavian and intercostal arteries. Moreover a biopsy of the radial artery can be made at the site of catheterization. In this way a comparative evaluation of the atherosclerotic involvement in different parts of the arterial system can be carried out (Di Guglielmo et al.).

In the majority of patients with symptoms of coronary disease atherosclerotic changes are diffusely visible both in the coronary district and in the aorta and peripheral arteries, the coronary involvement being usually more severe (Fig. 58).

Only in a very few cases definite atherosclerotic changes are detectable in the aorta and peripheral arteries with slight or absent involvement of the coronary vessels.

On the contrary it is more frequent that, inspite of severe coronary atherosclerosis, no significant changes are visible in the aorta and peripheral arteries. This seems to indicate that in some cases atherosclerosis can essentially be confined to this vascular district.

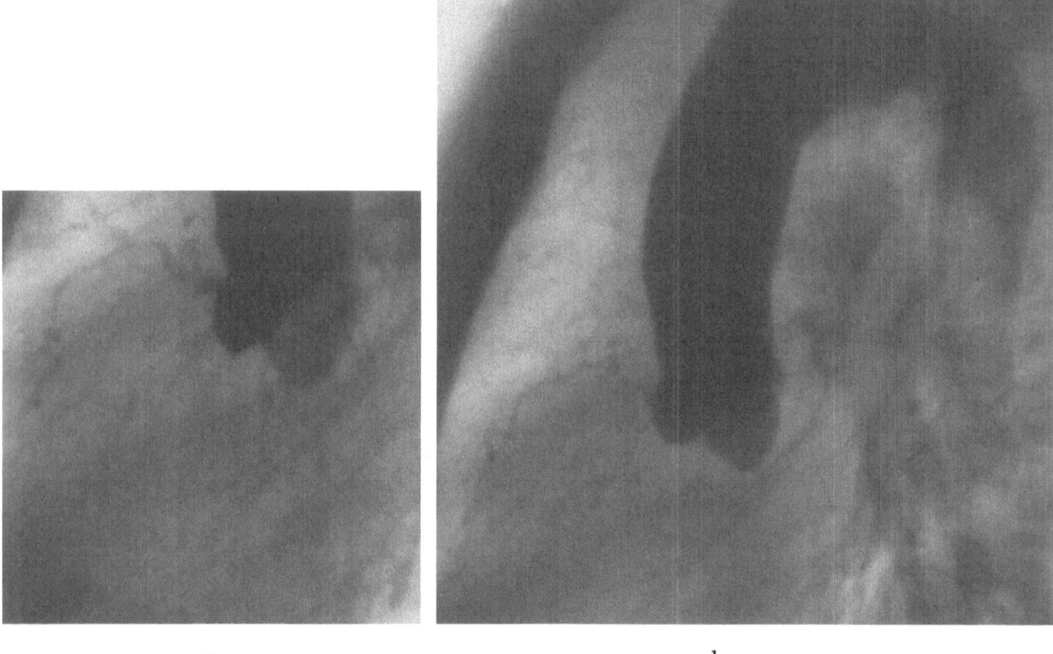

a   b

Fig. 58. a Severe and diffuse atherosclerotic involvement of both coronary arteries. b Diffuse and evident atherosclerotic alterations of the thoracic aorta in the same patient

13. The role of angiography in coronary surgery

The exact description and evaluation of anatomo-functional coronary changes and of secondary myocardial damage are essential in case selection and operative planning.

Moreover the follow-up coronary angiography allows the most objective evaluation of the results obtained.

Coronary artery surgery has been widely performed for over 15 years using techniques including VINEBERG's internal mammary implantation, endoarteriectomy with angioplasty, gas endoarteriectomy, aorto-coronary bypass grafting. The latter at present is regarded as the procedure of choice. More recently the surgical resection of ventricular aneurysm or of necrotic infarcted area has been performed.

SONES (1962) provided the first demonstration of the results obtained in patients who had undergone internal mammary implantation several years before. Selective contrast injection into the implanted artery showed definite connections between the mammary artery and the coronary circulation.

The same finding was obtained also by BJÖRK. The patency of the implanted mammary was demonstrated in 40 among 70 patients operated by EFFLER et al.. DART et al. examined 139 patients who survived 1 year or longer following the mammary artery implantation; the results were divided into 3 groups: a) mammary occlusion (8%); b) opacification of small coronary vessels or visualization of a myocardial blush (60%); c) opacification of large coronary arteries and veins (32%).

Usually a single mammary artery is implanted, but in cases with severe and diffuse coronary alterations the implantation of both mammary arteries can be indicated. Moreover mammary implantation can be usefully associated with other surgical procedures such as the aorto-coronary bypass.

The postoperative control must be performed by means of selective catheterization of the implanted artery. Appropriated preshaped catheters are employed, using the percutaneous femoral or axillary approach as well as the radial or humeral cutdown approach.

Purpose of the postoperative control is to demonstrate: a) the patency of the implanted artery; b) the increased flow into the myocardial muscle; c) the formation of anastomoses with the coronary vessels.

The occlusion of the implanted artery is usually located on its proximal part, this rendering impossible the mammary catheterization. In this case a contrast injection into the subclavian artery will demonstrate the occlusion of the mammary artery.

Aorto-coronary by-pass is a surgical procedure particularly developed by FAVALORO and by JOHNSON and coworkers, which is widely adopted in treatment of obstructive coronary disease. In this method a reversed saphenous vein graft is placed from the ascending aorta to the coronary artery, bridging the stenotic arterial segment. Through the vein graft a large volume of blood at normal aortic pressure reaches the coronary artery distal to the obstruction and is distributed to the ischemic myocardium.

A single graft is more frequently made, but, as techniques have progressed, in cases with multiple stenotic coronary lesions two, three or even four grafts can be implanted.

When both right coronary artery and anterior interventricular branch are diseased a Y shaped graft can be performed, the proximal end being anastomosed to the aorta and the distal extremities to the obstructed arteries.

The most frequently by-passed coronary trunks are the right coronary and the anterior interventricular branch. Less often the graft is inserted into the circumflex or the posterior interventricular branch, and only occasionally into the diagonal or the obtuse marginal branch.

During the surgical procedure one or two metallic markers are placed in correspondence with the aortic orifice of the venous graft on the adjacent aortic tissue (Fig. 60). This facilitates the catheterization of the graft in follow-up examination.

The *preoperative angiographic evaluation* should take in consideration: a) the degree, number, site and length of obstructive lesions; b) the condition of the artery distal to the obstruction; c) the existence and degree of collateral circulation; d) the anatomical development of the arterial bed with particular reference to the preponderance of one coronary artery; e) the anatomical and functional changes of the left ventricular myocardium.

The stenosis is usually considered significant when the narrowing exceedes 50 per cent of the original arterial lumen. Circumscribed, single or multiple obstructions affecting mainly the proximal parts of the major coronary trunks lend themselves well to by-pass surgery. The arteries distal to the obstruction should be normal or show only moderate atherosclerotic involvement. On the contrary the possibility to succeed are very limited in patients with diffuse atherosclerotic narrowing of the vessels or with multiple obstructive lesions extending to the distal part of the artery. In these cases the association with other more appropriate surgical procedures is recommended.

The presence of collateral circulation suggests that the ischemic myocardium still receives an arterial supply. This can be an indication to the surgical correction which may lead to an improvement of the myocardial function.

In cases with obstruction of a preponderant artery surgical treatment is highly indicated, while it is not as strictly necessary if the obstruction affects the distal part of an hypoplastic and short artery.

A single advanced stenosis in a patient with otherwise completely normal coronary arteries and without collateral circulation must be regarded as an ideal indication to surgical by-pass. This not only in order to treat the arterial stenosis but to prevent a myocardial infarction.

The *postoperative angiographic study* includes left ventriculography, coronary angiography, selective graft visualization and, if necessary, thoracic aortography. In asymptomatic patients the follow-up evaluation is usually done at intervals varying from three to twenty months after surgery. But it can be required in the early postsurgical period if complications occur.

The selective visualization of right aorto-coronary by-pass is usually performed by means of a large right Amplatz catheter, utilizing the femoral approach. For the left vein by-pass a preshaped "head hunter" catheter is more commonly adopted. If the radial or humeral approach is employed the Sones catheter can be adopted for both right and left coronary grafts.

It has been demonstrated that after surgery a well functioning graft (Fig. 59) assumes a caliber proportional to that of the by-passsed artery. Its contours are sharp and regular; the anastomotic orifices are wide open and the contrast medium promptly enters the distal part of the grafted artery and its branches.

Often retrograde filling is visible (Fig. 60), with opacification of the proximal part of the coronary artery, between the by-pass anastomosis and the original obstruction. This shows that blood may be still supplied to some important ramifications which originate proximally to the graft anastomosis, such as the sinu-atrial branch on the right side and the first septal branches on the left side; but the increased pressure produced by the selective injection of contrast medium can be in a great part responsable for this bidirectional non-physiologic flow.

In cases with multiple obstructions of both coronary arteries the contrast medium can pass through collateral vessels from the grafted into the other coronary artery.

The selective injection into the grafted artery may show progress of the coronary disease consisting in increased degree of stenosis to complete occlusion (Fig. 59b). This is probably due to thrombosis produced by the diminished flow (Aldridge and Trimble).

The histologic changes in the graft have been described in post mortem studies by Marti et al., Grondin et al., Johnson et al. Intimal thickening, replacement of the media by dense fibrous tissue and thrombosis were detected. Angiographically, diffuse narrowing, irregularity of the contours, filling defects and poor function can be demonstrated. The stenoses are most frequently at the site of the coronary or aortic anastomosis (Rosch et al.). The poor function can be due to faulty technique (Dubost and Courbier),

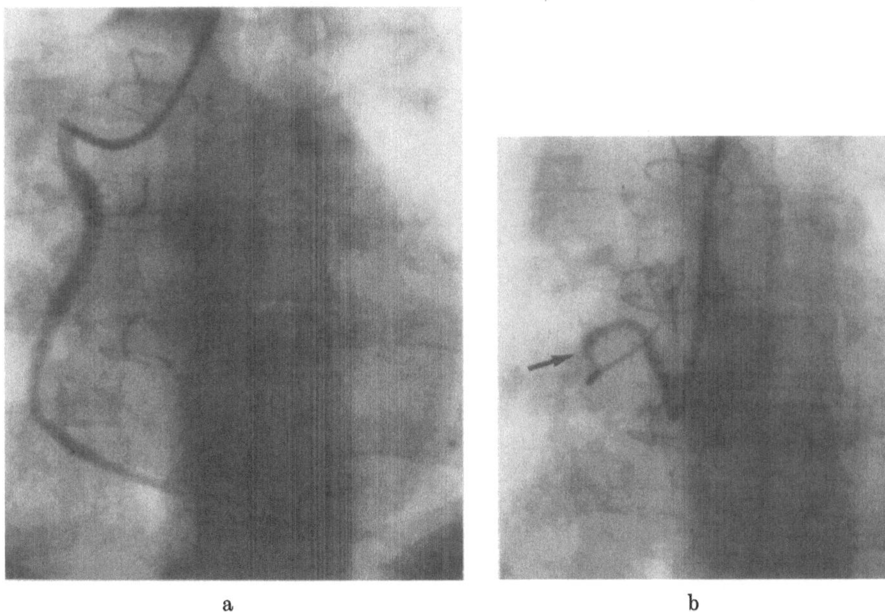

a   b

Fig. 59. a Selective graft angiography showing good function of the graft and opacification of the peripheral part of the right coronary artery. b Selective right coronary arteriography in the same patient. Progress of the atherosclerotic changes with complete occlusion of the artery 2 cm above a previous stenosis

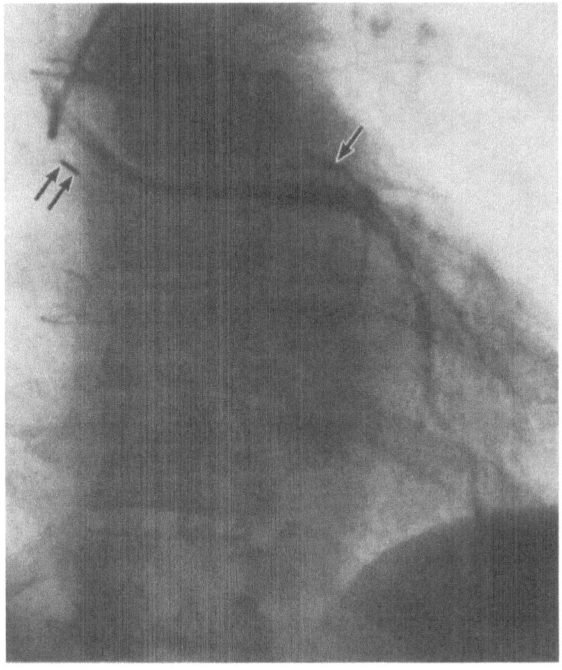

Fig. 60. Well functioning aorto-coronary by-pass with bidirectional filling of the left coronary artery (single arrow). The arrows indicate a metallic marker placed during surgery

such as disproportionally large or too long grafts. In these grafts slow flow, abnormal angulation or torsion can occur.

The graft can result completely occluded and such occlusion usually is located at its proximal extremity. This renders impossible selective catheterization. Thoracic aorto-

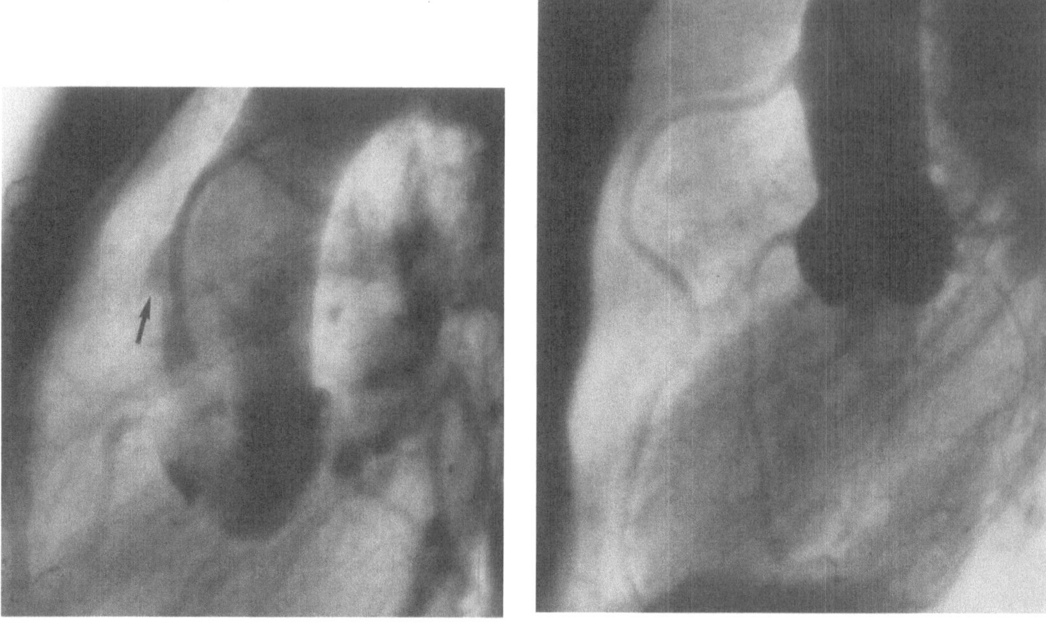

Fig. 61   Fig. 62

Fig. 61. Thoracic aortography with demonstration of occlusion of the graft (arrow) at its proximal extremity

Fig. 62. Thoracic aortography showing patency and good function of the aorto-coronary by-pass

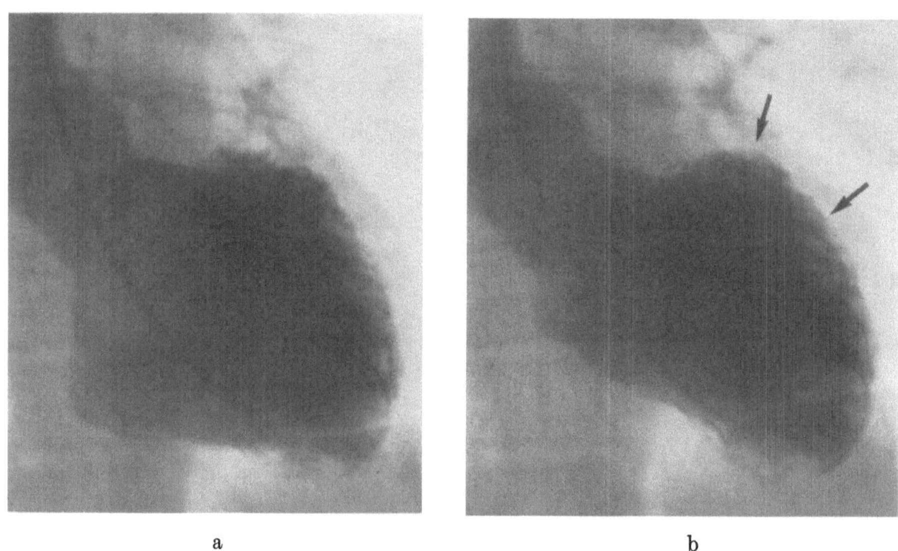

a   b

Fig. 63a and b. Akinesis localized to the anterior wall of the left ventricle (arrows). a Ventricular diastole.
b Ventricular sistole

graphy in these cases can show the site of the occluded aortic graft anastomosis (Fig. 61). In some cases in which difficulties are encountered in selective graft catheterization, thoracic aortography can provide a demonstration of patency and good function of the by-pass (Fig. 62).

The electrocardiographic changes during selective angiography of the graft have been studied by Benchimol et al. Sinus bradycardia, sinus arrest, atrial or ventricular pre-

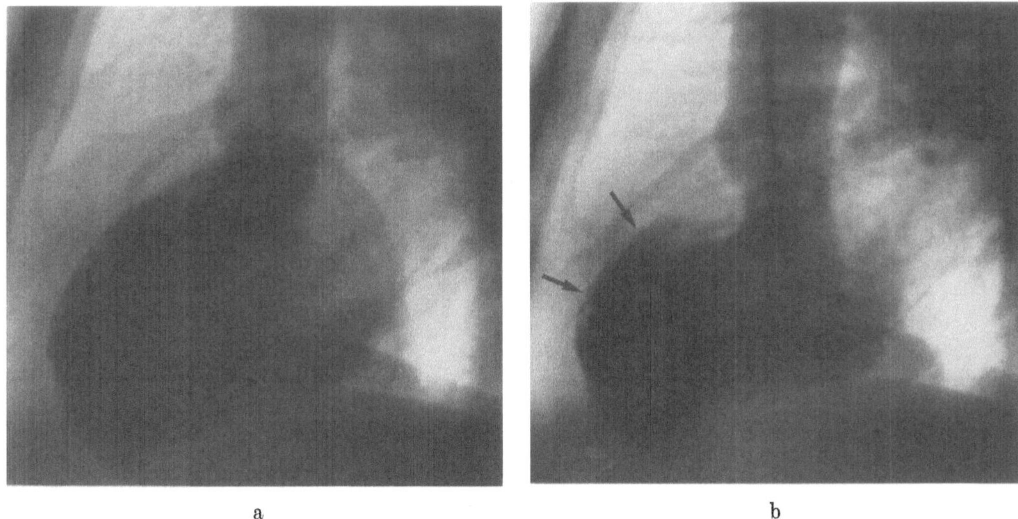

Fig. 64a and b. Paradoxical expansion localized on the antero-lateral wall of the left ventricle (arrows). a Ventricular diastole. b Ventricular systole

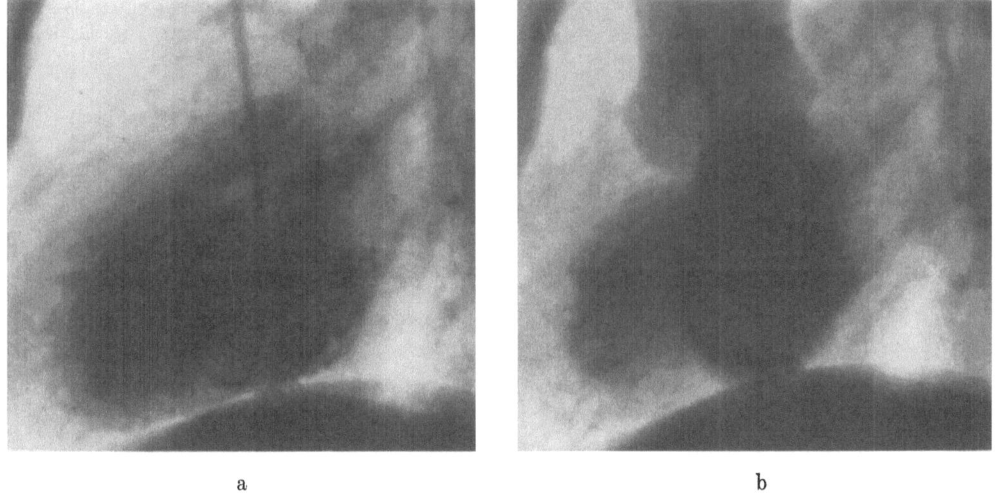

Fig. 65a and b. Asynergy of the left ventricle. Lack of coordination of movements of the various parts of the ventricle. a Ventricular diastole. b Ventricular systole

mature beats, ventricular tachycardia and ventricular fibrillation were described. On the contrary minimal or no changes were observed in patients with stenosis or occlusion of the graft.

Pre- and postoperative angiographic studies of left ventricular function (AMSTERDAM et al., CAMPEAU et al., SALTIEL et al.) have shown that in successful aorto-coronary by-pass, ventricular hypokinesis is often reversible with the muscular contraction returning to normal. Akinesis, on the other hand, is never reversible, though a moderate improvement can be observed in some cases.

Moreover it seems that the improvement is more evident if the anterior ventricular wall is involved, while the inferior or diaphragmatic dynamic alterations show a lesser degree of reversibility.

In patients with occlusion of the venous graft the kinetic ventricular changes can remain either unchanged or become accentuated.

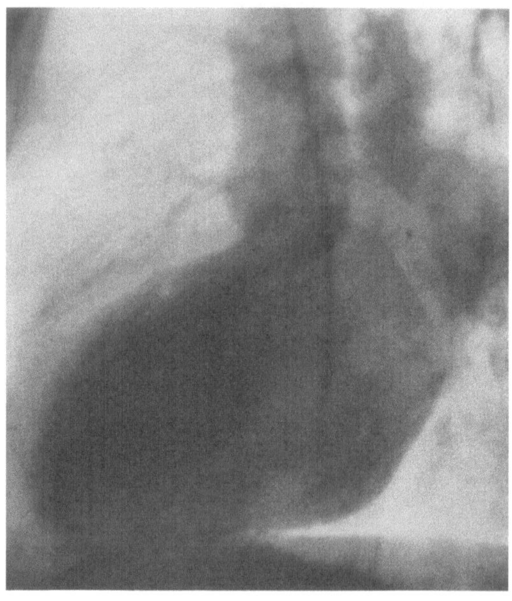
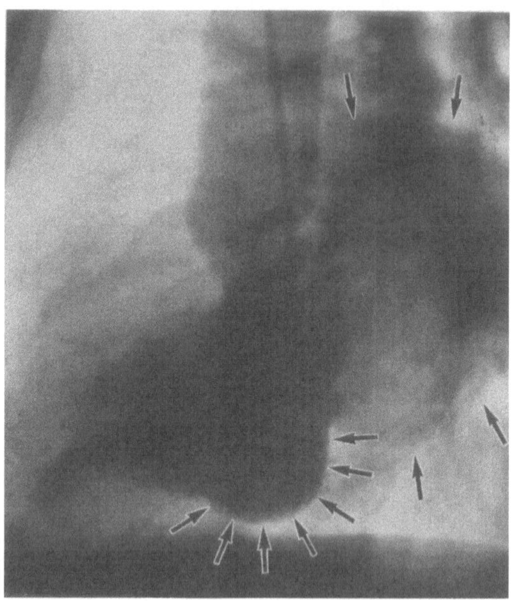

a   b

Fig. 66a and b. Mitral insufficiency following involvement of the papillary muscles. a Ventricular diastole. b Ventricular systole: Regurgiation of the contrast in to the left atrium (arrows). Hyperkinesis of the left ventricle. Aneurysmal dilatation on the inferior wall (arrows)

Improvement of myocardial contractility has also been described after surgical resection of ventricular aneurysm.

14. Left ventriculography

In patients with coronary disease changes in ventricular volume, morphology and function can be demonstrated.

Several methods have been developed to obtain a computerized analysis of various data collected from left ventriculography (Björk et al.; Herman et al.), including ventricular volume curves, ventricular cavity volume, ventricular muscular mass, cardiac output, etc.

The volume of the ventricular cavity in chronic coronary disease is often increased. Morphologic changes of the cavity can be due either to severe dyskinetic areas or to aneurismal bulges. Inhomogeneous opacification of the ventricle with irregular filling defects is often caused by clotted blood and organized coaguli.

Various kinetic alterations of the ventricle can be described. These are named *diskinesias* and can be schematized as follows:

1. Hypokinesis. Diffuse or circumscribed reduction of ventricular contraction (Fig. 41).

2. Akinesis. Absence of ventricular contraction. It is usually localized to a single area of the ventricular wall (Fig. 63), but occasionally the ventricle is diffusely involved.

3. Hyperkinesis. Diffuse or circumscribed increase of ventricular contraction (Fig. 66).

4. Paradoxical Expansion. Systolic expansion of one or more areas of the ventricular wall (Fig. 64).

5. Asynchronism. Disorder in the chronologic sequence of the movements of various ventricular segments.

6. Asynergy. Lack of coordination of movements of the various parts of the ventricle (Fig. 65).

The myocardial alterations may involve the papillary muscles, this resulting in functional mitral insufficiency. In this condition the introduction of contrast medium into the left ventricle produces retrograde opacification of the left atrium (Fig. 66).

More seldom a septal perforation following the ischemic necrosis can be demonstrated by the flow of the contrast medium from the left into the right ventricle.

References

ABRAMS, H. L.: Angiography, vol. 1. Boston: Little, Brown Comp. 1971.

ACAR, J.: Ce qu'apporte la coronarographie aux cardioloques. J. Radiol. Électrol. **53**, 577–579 (1972)

AGUSTSSON, M. H., GASUL, B. M., FELL, E. H., GRAETTINGER, J. S., BICOFF, J. P., WATERMAN, D. F.: Anomalous origin of the left coronary artery from pulmonary artery. Diagnosis and treatment of infantile and adult types. J. Amer. med. Ass. **180**, 15 (1962).

AGUZZI, A., DI GUGLIELMO, L., BALDRIGHI, V., MARLEY, A.: Visualizzazione del circolo venoso coronarico durante cardio-angiografia. Radiol. med. (Torino) **40**, 140–146 (1954).

ALDRIDGE, H. E., TRIMBLE, A. S.: Progression of proximal coronary artery lesions to total occlusion after aorto-coronary saphenous vein by-pass grafting. J. thorac. cardiovasc. Surg. **62**, 7 (1971).

AMIEL, M., DELAYE, J., KOHLER, R., JANIN, A., CLERMONT, A.: Diagnostic par coronarographie sélective d'une double fistule coronaropulmonaire. J. Radiol. Électrol. **53**, 631–634 (1972).

AMIEL, M., DELAYE, J., NORMAND, J., DALLOZ, C., RUBET, A., PINET, F.: Les indications de l'artériographie coronaire. Ann. Radiol. **14**, 449–455 (1971).

AMIEL, M., DELAYE, J., RUBET, A., JANIN, A., NORMAND, J.: Inventaire par l'arteriographie coronaire selective de l'atheroma dans l'angor coronarien. Ann. Radiol. **15**, 419–425 (1972).

AMPLATZ, K., FORMANEK, G., STANGER, P., WILSON, W.: Mechanics of selective coronary artery catheterization via femoral approach. Radiology **89**, 1040–1047 (1967).

AMSTERDAM, E. A., IBEN, A., HURKEY, E. J., MANSOUR, E., HUGUES, J. L., SALEL, A. F., SELIS, R., MASON, D. T.: Saphenous vein by pass for refractory angina pectoris; physiologic evidence for entranced blood flow to the ischemic myocardium. Amer. J. Cardiovasc. **26**, 623 (1970).

ANGELINI, P., LIOTTA, D., TESLER, U. F., HALLMAN, G. L., HALL, R. S., COOLEY, D. A.: Fistole coronariche congenite. G. ital. Cardiol. **2**, 26–43 (1972).

ANTONOVIC, J., ROSCH, J.: Angiographic approach to study of human cardiac echinococcosis. Report of a case. Radiology **103**, 281–282 (1972).

ARMSTRONG, P. W., PARKER, J. O.: The complications of brachial arteriotomy. J. thorac. cardiov. Surg. **61**, 424 (1971).

ARNULF, G., CHARCONAC, R.: L'artériographie méthodique des artères coronaires grace à l'utilization de l'acetylcholine. Lyon chir. **54**, 212 (1958).

ARVIDSSON, H., MOBERG, A.: Extracardiac anastomoses to the myocardium. Acta radiol. (Stockh.) **4**, 385 (1966).

AZCUNA, J. L., CABRERA, A., ARRUZA, F., IRIARTE M.: Fistulae between the coronary arteries and the right cavities of the heart. Report of three cases treated surgically. Brit. Heart J. **33**, 451 (1971).

BALDRIGHI, G., GRUGNI, A., CAMPIGLIO, P., FORZANI, G. F., PASSONI, F., DELL'ORTO, V., GENONI, E.: Arteriopatia coronarica in pazienti portatori di arteriopatie obliteranti croniche periferiche. Minerva med. **63**, 2635–2644 (1972).

BALDRIGHI, G., GRUGNI, A., CAMPIGLIO, P., FORZANI, G. F., PASSONI, F., TURCATO, L., RONZONI, L.: Aspetti morfologici delle anastomosi coronariche nel vivente. Minerva med. **63**, 4085–4098 (1972).

BALDRIGHI, V., LUCARELLI, V., BALDRIGHI, G., CAMPIGLIO, P., GRUGNI, A., FORZANI, G., PASSONI, F., GONELLA, G. L.: Correlazioni fra il quadro coronariografico e modificazioni dell'ECG durante coronariografia selettiva. Minerva cardioangiol. **20**, 128–151 (1972).

BANKS, D. C., RAFTERY, E. B., ORAM, S.: Evaluation of contrast media used in coronary arteriography. Brit. Heart J. **31**, 645–648 (1969).

BAUE, A. E., BAUM, S., BLAKEMORE, W. S., ZINSSER, H. F.: A later stage of anomalous coronary circulation with origin of the left coronary artery from the pulmonary artery. Coronary artery steal. Circulation **36**, 878–885 (1967).

BECKMANN, C. H., COOLEY, B.: Complications of left heart angiography: A study of 1000 consecutive cases. Circulation **41**, 825 (1970).

BENCHIMOL, A., DESSER, K. B., TIO, S.: Left anterior descending coronary pulmonary artery fistula. Arizona Med. **28**, 827–829 (1971).

BENSAID, J., BARRILLON, A., SCÉBAT, L., LENÈGRE, J.: Evolution des myographies accidentelles après angiocardiographie selective. Arch. Mal. Cœur **65**, 673 (1972).

BERNE, F. A., LAWRENCE, W. P., CARLTON, W. H.: Roentgenographic measurement of arterial narrowing. Amer. J. Roentgenol. **110**, 757–759 (1970).

BINAGHI, G., MORTARINO, G., CARESANO, A., DEL FAVERO, C., REPETTO, S., ROELLA, C.: Un caso di fistola congenita tra arteria coronaria sinistra e ventricolo sinistro. G. ital. Cardiol. **1**, 168—173 (1971).

BJÖRK, L.: Ectasia of the coronary arteries. Radiology **87**, 33–34 (1966).

BJÖRK, L.: Angiographic demonstration of collaterals to the coronary arteries in patients with angina pectoris. Acta radiol. (Diagn.) **8**, 305–309 (1969).

BJÖRK, L., CULLHED, I.: Coronary arteriography in valvular heart disease. Acta med. scand. **185**, 531–534 (1969).

BJÖRK, L., CULLHED, J., HALLEN, A.: Cineangiocardiographic studies of the left ventricle in patients with angina pectoris. Circulation **36**, 868 (1967).

Björk, L., Hallen, A.: Experience of coronary angiography in angina pectoris. Acta chir. scand. **122**, 268 (1961).

Bobba, P., Di Guglielmo, L., Vecchio, C., Montemartini, C.: Coronarographic patterns in Prinzmetal's variant angina. Acta cardiol. (Bruxelles) **26**, 568 (1971).

Boerema, E., Blickman, S. R.: Reduced intrathoracic circulation as an aid in angiocardiography. J. thorac. Surg. **30**, 129 (1955).

Bonfiglio, T. A., Betti, R. E., Hagstrom, J. W. C.: Coronary arteritis occlusion and myocardial infarction due to lupus erythematosus. Amer. Heart J. **83**, 153 (1972).

Bookstein, J. J.: Aberrant left coronary artery. Amer. J. Roentgenol. **91**, 515–522 (1964).

Bory, M., Moraly, J. P., Gaudy, M., Djiane, P., Poggi, L., Donnarel, G., Serradimigni, A.: Electrocardiogramme d'effort et coronarographie chez 25 malades atteints de myocardiopathies apparemment primitives. Arch. Mal. Cœur **65**, 559 (1972).

Bourassa, M. G., Lesperance, J., Campeau, L., Bois, M. A., Saltiel, J.: Selective coronary angiography using a percutaneous femoral technique. Canad. med. Ass. J. **102**, 170–173 (1970).

Bourassa, M. G., Mossard, J. M.: Coronarographie sélective percutanée: technique et résultas basés sur une expérience de près de 3000 examens. J. Radiol. Électrol. **53**, 583–591 (1972).

Braude, V. I.: Koronarnaja bolezn'pri tuberkuleze leghkich. Ter. Arkh. **41**, 12, 80 (1969).

Braunwald, E., Lambrew, L. T., Rockoff, S. D., Ross, J., Marrow, A. G.: Idiopathic subaortic stenosis. Circulation, Suppl. **4**, 39 (1965).

Bravo, A. J., Glancy, D. L., Epstein, S. E., Morrow, A. G.: Traumatic coronary arteriovenous fistula. A 20 year follow-up with serial hemodynamic and angiographic studies. Amer. J. Cardiol. **27**, 673–676 (1971).

Buonanno, C., Besa, G.: Fistola coronarocardiaca. Minerva med. **63**, 1050–1057 (1972).

Burch, G. E., De Pasquale, M. P., Phillips, J. H.: Clinical manifestation of papillary muscle dysfunction. Arch. intern. Med. **112**, 112 (1963).

Campeau, L., Eibar, J., Lesperance, J., Saltiel, J., Castonguay, Y.: Myocardial function following aorto-coronary vein graft surgery. Circulation **42**, 107 (1970).

Cheng, T. O.: Fatal thromboembolism following selective coronary arteriography. Chest **62**, 1–2 (1972).

Christiansen, J., Wennevold, A.: Complications in 1056 investigations of the left side of the heart. Amer. Heart J. **71**, 601 (1966).

Coelho, E., Fonseca, J. M., Nunes, A., Rocha Pinto: L'artériographie des coronaires chez l'homme vivant. Cardiologia **22**, 45 (1953).

Coskey, R. L., Magidson, O.: Electrocardiographic response to selective coronary angiography. Brit. Heart J. **29**, 512 (1967).

Dart, C. H., Kato, Y., Scott, S. L., Fish, R. G., Nelson, W. M., Takaro, T.: Internal thoracic mammary arteriography a questionable index of myocardial revascularization. J. thorac. cardiovasc. Surg. **59**, 117 (1970).

Dawson, J. E., Jr., Ellison, R. G.: Isolated aneurysm of the anterior descending coronary artery. Surgical treatment. Amer. J. Cardiol. **29**, 868–871 (1972).

Degeorges, M., Baldoval, P., Chapelle, M., Albou, G., Tricot, G. L., Forman, J.: Fistules coronaires-cavités cardiaques et coronaire unique. Cœur et Med. Int. **11**, 177–184 (1972).

De Nef, J. J. E., Varghese, P. J., Losekoot, G.: Congenital coronary artery fistula. Analysis of 17 cases. Brit. Heart J. **33**, 857–862 (1972).

Di Guglielmo, L.: Arteriographic findings in coronary sclerosis. Acta radiol. (Stockh.) **52**, 369 (1959).

Di Guglielmo, L.: Angiografia coronarica. Studio radiologico delle arterie e delle vene coronarie dell'uomo e del cane viventi in condizioni normali e patologiche. Atti XXI Congr. Naz. Soc. Ital. Radiol. **1**, 303, 1960, Bologna.

Di Guglielmo, L., Allegri, A., Baldrighi, V.: Arteriographische Befunde an den Koronarien nach mechanischer Reizung des Choledochus. Münch. med. Wschr. **100**, 1324 (1958).

Di Guglielmo, L., Baldrighi, V.: Arteriografia delle coronarie. Osservazioni sull'anatomia, sulla fisologia e sulla patologia sperimentale nel cane vivente. Minerva med. **47**, 1617 (1956).

Di Guglielmo, L., Baldrighi, V.: The action of epinephrine and of some epinephrine-like substances on the coronary arteries. An arteriographic study in living dogs. Sci. med. ital. **6**, 114 (1957).

Di Guglielmo, L., Baldrighi, V., Coucourde, F., Schifino, A.: Tecniche arteriografiche sperimentali nello studio delle arterie coronarie. Radiol. med. (Torino) **45**, 401–419 (1959).

Di Guglielmo, L., Baldrighi, V., Montemartini, C., Costa, G.: Studio radiologico delle vene coronarie del cane in condizioni sperimentali. Boll. Soc. med.-chir. Pavia **71**, 177 (1957).

Di Guglielmo, L., Baldrighi, V., Montemartini, C., Schifino, A.: Roentgen investigation of the coronary veins in the dog. Acta radiol. (Stockh.) **53**, 191–200 (1960).

Di Guglielmo, L., Bobba, P., Baldrighi, V., Tronconi, L., Baldrighi, G., Massoni, G.: Aspetti coronarografici nelle cardiopatie alcooliche. Boll. Soc. med.-chir. Pavia **80**, 217 (1966).

Di Guglielmo, L., Bobba, P., Montemartini, C.: L'angiografia coronarica nell'età avanzata. G. Geront. **19**, 19 (1971).

Di Guglielmo, L., Bobba, P., Montemartini, C.: La coronariografia. Sintesi di 20 anni di esperienza personale. G. ital. Card. **1**, 229–243 (1971).

Di Guglielmo, L., Guttadauro, M.: A roentgenologic study of the coronary arteries in the living. Acta radiol. (Stockh.), Suppl. 97 (1952).

Di Guglielmo, L., Guttadauro, M.: Anatomic variations in the coronary arteries. An Arteriographic study in living. Acta radiol. (Stockh.) **41**, 393 (1954).

Di Guglielmo, L., Guttadauro, M.: Sulla visualizzazione radiologica delle arterie coronarie nel vivente. Rassegna di 413 osservazioni. Radiol. med. **40**, 945 (1954).

DI GUGLIELMO, L., MONTEMARTINI, C., BALDRIGHI, V., COUCOURDE, F., MARCHESI, A., SCHIFINO, A.: Studio angiografico delle modificazioni morfologiche e funzionali indotte dall'acetilcolina sulla circolazione coronarica. Radiol. med. **46**, 551 (1960).

DI GUGLIELMO, L., MONTEMARTINI, C., BOBBA, P.: Coronary angiography. J. cardiovasc. Surg. **12**, 223 (1971).

DI GUGLIELMO, L., MONTEMARTINI, C., BOBBA, P.: La coronariografia. Radiol. med. **59**, 977–1003 (1973).

DI GUGLIELMO, L., MONTEMARTINI, C., BOBBA, P.: Anatomia radiologica delle arterie coronarie. Minerva med. (1974) (in corso di stampa).

DI GUGLIELMO, L., MONTEMARTINI, C., MORONE, C.: Il cuore operato per coronariopatia. Atti XXV Congr. Soc. Ital. Radiol. Montecatini 127, 1972.

DI GUGLIELMO, L., MONTEMARTINI, C., SCHIFINO, A., BALDRIGHI, V., COUCOURDE, F., MARCHESI, A.: Studio angiografico delle modificazioni indotte dal nitrito di amile sulla circolazione coronarica. Minerva med. **51**, 2131 (1960).

DUBOST, C. H., COURBIER, R.: Chirurgie de la maladie coronarienne. 74 Congr. Franç. Chir. Paris 1972.

DÜX, A.: Koronarographie. Stuttgart: Thieme 1967.

ÉCOIFFIER, J., BONNEMAZOU, A., CARPENTIER, A., CHERMET, J.: Technique d'arteriographies coronaires utilisées a l'hôpital Broussais. J. Radiol. Électrol. **52**, 1–6 (1971).

ÉCOIFFIER, J., BONNEMAZOU, A., TONNELIER, M., CHERMET, J.: Apports du cinéma en agrandissement et a haute définition dans l'artériographie coronaire sélective. J. Radiol. Électrol. **52**, 543–544 (1971).

ÉCOIFFIER, J., KAUFMANN, H., STEPLER, R., SALAMAGNE, J., BONNEMAZOU, A.: Artériographie coronaire. Cœur et Med. Int. **7**, 395–410 (1968).

EFFLER, D. B., FAVALORO, R. G., GROVES, L. K.: Myocardial revascularization. Cleveland clinic experience. J. cardiovasc. Surg. **12**, 1 (1971).

FAVALORO, R. G.: Surgical treatment of coronary arteriosclerosis. Baltimore: Williams & Wilkins 1970.

FERNANDEZ, F., BESSEDE, A., CHARPENTIER, E., HAZAN, E., SCHEBAT, L., LENÈGRE, J.: Modifications de l'électrocardiogramme au cours de l'artériographie coronaire selective. Arch. Mal. Cœur **61**, 504 (1968).

FLOYD, W. L., YOUNG, W. G., JOHNSRUDE, I. S.: Coronary arterial left atrial fistula. Case with obstruction of the inferior vena cava by a giant left atrium. Amer. J. Cardiol. **25**, 716 (1970).

FRIEDENBERG, M. J., HARTMANN, A. F., SILVERMAN, J. L., BURFORD, T. H.: Opacification from the pulmonary artery of an anomalous left coronary artery. Radiology **80**, 806 (1963).

FRITHZ, G., CULLHED, I., BJÖRK, L.: Congenital localized coronary artery aneurysm without fistula. Report a preoperatively diagnostic case. Amer. Heart J. **76**, 674 (1968).

GALIOTO, F. M., JR., REITMAN, M. J., SLOVIS, A. J., SAROT, I. A.: Right coronary artery to left ventricle fistula. A case report and discussion. Amer. Heart J. **82**, 93–97 (1971).

GASOR, R. M., WINTERS, W. L., GLICK, E.: Anomalous origin of left coronary artery from pulmonary artery. Treatment by aorto left coronary saphenous vein bypass. Amer. J. Cardiol. **27**, 215–220 (1971).

GELIN, J., FERRANE, I., HIMBERT, J., LENÈGRE, J.: Angiocardiographie selective. Myographies et pericardiographies accidentelles. Arch. Mal. Cœur **59**, 1681 (1966).

GENSINI, G. G., DA COSTA, B. C.: The coronary collateral circulation in living man. Amer. J. Cardiol. **24**, 393–400 (1969).

GENSINI, G. G., DI GIORGI, S.: Myocardial toxicity of contrast agents used in angiography. Radiology **82**, 24–34 (1964).

GENSINI, G. G., DI GIORGI, S., COSKUN, O., PALACIO, A., KELLY, A. E.: Anatomy of the coronary circulation in living man. Coronary venography. Circulation **31**, 778 (1965).

GENSINI, G. G., DI GIORGI, S., MURAD-NETTO, S.: Coronary venous occluded pressure. Arch. Surg. **86**, 72 (1963).

GENSINI, G. G., ESENTE, P.: Anatomia radiologica della circolazione collaterale coronarica. G. ital. Cardiol. **2**, 604–611 (1972).

GENSINI, G. G., PALACIO, A., BUONANNO, C.: Fistula from circumflex coronary artery to superior vena cava. Circulation **33**, 297 (1966).

GIDDINGS, J. A., SEE, J. R., LEWIS, R. D., COSBY, R. S.: Thromboembolism following coronary arteriography. Chest **61**, 235–239 (1972).

GOBEL, F. L., ANDERSON, C. F., BALTAXE, H. A., AMPLATZ, K., WANG, Y.: Shunts between the coronary and pulmonary arteries with normal origin of the coronary arteries. Amer. J. Cardiol. **25**, 655 (1970).

GREEN, G. S., MCKINNON, C. M., RÖSCH, J., JUDKINS, M. P.: Complications of selective percutaneous transfemoral coronary arteriography and their prevention: A review of 445 consecutive examinations. Circulation **45**, 552 (1972).

GRELLET, J.: Les accidents de la coronarographie sélective. Résultats stastistiques d'une enquéte portant sur 3066 examens. J. Radiol. Électrol. **53**, 635–640 (1972).

GRONDIN, C. M., MEERE, C., CASTONGUAY, Y., LEPAGE, G., GRONDIN, P.: Progressive and late obstruction of an aorto-coronary by-pass graft. Circulation **43**, 698 (1971).

GUERMONPREZ, J. L., VASILE, N.: La coronarographie par voie fémorale. Incidents. Accidents. Indications nouvelles. Ann. Radiol. **15**, 69–76 (1972).

GUPTA, P. D., RAHINTOOLA, S. H., MILLER, R. A.: Single coronary artery right ventricle fistula. Brit. Heart J. **34**, 755–757 (1972).

HAAS, J. M., PETERSON, C. R., JONES, R. C.: Subintimal dissection of coronary arteries: complication of selective coronary arteriography and transfemoral percutaneous approach. Circulation **38**, 678–683 (1968).

Hahn, C., Faidutti, B.: Chirurgie directe des obliterations coronaires: 51 observations. Cah. Med. Lyon **46**, 1897–1914 (1970).

Harthorne, J. W., Kantrowitz, P. A., Dinsmore, R. E., Sanders, C. A.: Traumatic myocardial infarction. Report of a case with normal coronary angiogram. Ann. intern. Med. **66**, 341–344 (1967).

Helmsworth, J. A., McGuire, J., Felson, B.: Arteriography of the aorta and its branches by means of the polyethylene catheter. Amer. J. Roentgenol. **64**, 196 (1950).

Helmsworth, J. A., McGuire, J., Felson, B., Scott, R. C.: Visualization of coronary arteries during life. Circulation **3**, 536 (1951).

Herman, M. V., Heinle, R. A., Klein, M. P., Gorlin, R.: Localized disorders in myocardial contraction: asynergy and its role in congestive heart failure. New Engl. J. Med. **277**, 222 (1967).

Hoyos, J. M., del Campo, C. G.: Angiography of the thoracic aorta and coronary vessels, with direct injection of an opaque solution into the aorta. Radiology **50**, 211 (1948).

Huffman, T. A., Gross, F. S.: Congenital fistula of right coronary artery to right heart. Case report of a case 16 year old female. Angiology **23**, 252–259 (1972).

International Anatomical Nomenclature Comittee (IANC): Leningrad 1970. In Internat. Symp. Cor. Heart Disease.

International Symposium Coronary Heart Disease: Frankfurt 1970, p. 32–37. Stuttgart: Thieme 1971.

James, T. N.: Coronary circulation in acute myocardial infarction. Brit. Heart J., Suppl. **33**, 139 (1971).

James, T. N.: The delivery and distribution of coronary collateral circulation. Chest **58**, 183–204 (1970).

James, T. N.: Anatomy of the coronary artery· Hagustown, Maryland: Harper and Row Publishers 1972.

Jochem, W., Soto, B., Karp, B., Russell, R. O., Holt, J. H., Barcia, A.: Radiographic anatomy of the coronary collateral circulation. Amer. J. Roentgenol. **116**, 50–61 (1972).

Johnson, W. D., Auer, J. E., Tector, A. J.: Late changes in coronary vein grafts. Amer. J. Cardiol. **26**, 640 (1970).

Jönsson, G.: Visualization of the coronary arteries, preliminary report. Acta radiol. (Stockh.) **29**, 536 (1948).

Judkins, M. P.: Selective coronary arteriography. I. A percutaneous transfemoral technic. Radiology **89**, 815–824 (1967).

Judkins, M. P.: Percutaneous transfemoral selective coronary arteriography. Radiol. Clin. N. Amer. **6**, 467–492 (1968).

Kaufmann, H., Dubost, C., Guilmet, D., Cachera, J. P., Écoiffier, J., Leduc, G.: Aneurysme solitarie de l'artère coronaire droite traité avec succes par resection et greffe saphene. Arch. Mal. Cœur **63**, 1154–1166 (1970).

Kimbiris, D., Kasparian, H., Knibee, P., Brest, A. E.: Coronary artery coronary sinus fistula. Amer. J. Cardiol. **26**, 532–539 (1970).

Kirschner, L. P., Perloff, J. K., Twigg, H. L.: Coronary artery ectasia in chronic cyanotic congenital heart disease. Med. Ann. D. C. **38**, 123–126 (1969).

Kjellberg, S. R., Mannheimer, E., Rudhe, V., Jonsson, B.: Diagnosis of congenital heart disease, p. 111. Chicago: The Year Book Publishers Inc. 1955.

Knoebel, S. B., McHenry, P. L., Philips, J. F., Pauletto, F. J.: Coronary collateral circulation and myocardial bloodflow reserve. Circulation **46**, 84–94 (1972).

Konecke, L. L., Spitzer, S., Mason, D.: Traumatic aneurysm of the left coronary artery. Amer. J. Cardiol. **27**, 221–223 (1971).

Kugel, M. A.: Anatomical studies on the coronary arteries and their branches. Arteria anatomica auricularis magna. Amer. Heart J. **3**, 260 (1938).

Kupic, E. A., Abrams, H. L.: Supravalvular aortic stenosis. Am. J. Roentgenol. **98**, 822–835 (1966).

Lavaurs, G., Riitano, F.: La ciné-angiographie sélective des arteres coronaires. Paris: Ed. L'expansion 1968.

Lavaurs, G., Riitano, F.: Les accidents de la coronariographie sélective. Ann. Radiol. **13**, 667–670 (1970).

Leguizamon, E. E.: Cineangiografia coronaria selectiva. Experience sobre 775 casos y analisis de las complicaciones. Pren. méd. argent. **57**, 383–389 (1970).

Levin, D. C., Baltaxe, H. A., Carlson, R. G.: Angiographic demonstration of bidirectional coronary artery blood flow following aortocoronary bypass vein grafts. Amer. J. Roentgenol. **113**, 554–561 (1971).

Levin, A. R., Spach, M. S., Anderson, P. A. W., Capp, M. P.: Cardiac perforation following left ventricular cineangiocardiography. Circulation **32**, 593 (1965).

Lewis, C. M., Dagenais, G. R., Friesinger, G. L., Ross, R. S.: Coronary arteriographic appearances in patients with left bundle branch block. Circulation **41**, 299 (1970).

Lichtlen, P.: Indications for selective coronary arteriography. Schweiz. med. Wschr. **97**, 195–206 (1967).

Lichtlen, P.: Korrelation zwischen Klinik und selectiver Koronarographie bei der Angina Pectoris. Indicationen zur Koronarographie. Ther. Umsch. **27**, 145–151 (1970).

Llamas, A., Casellas Bernat, A., Orial, A.: Miografia y pericardiografia accidentales. Rev. esp. Cardiol. **23**, 362 (1970).

Lowman, R. M., Bloor, C. M.: Experimental coronary arteriography. III. Injuries associated with selective coronary arteriography. Radiology **85**, 645 (1965).

Lucarelli, U., Baldrighi, V., Baldrighi, G., Bracchi, G. F., Campiglio, P., Gonella, G. L., Grugni, A.: Aspetto radiografico delle anastomosi intracardiache tra le arterie coronarie. Radiol. med. (Torino) **58**, 195–205 (1972).

Luxereau, P., Vasile, N., Lelouche, D., Acar, J.: Coronarographie et valvulopathies; Indications et résultats. Arch. Mal. Cœur **65**, 1299 (1972).

MacAlpin, R. N., Weidner, W. A., Kattus, A. A., Hanagee, W. N.: Electrocardiographic changes during selective coronary cineangiography. Circulation **24**, 627 (1966).

Maramba, L. C., Javier, R. P., Hildner, F. J., Samet, P.: Arteriovenous fistula complicating brachial arteriotomy. Amer. Heart J. **81**, 142 (1971).

Marshall, W. H., Jr., Steiner, R. M., Wexler, L.: Tumor vascularity in left atrial mixoma demonstrated by selective coronary arteriography. Radiology **93**, 815–816 (1969).

Marti, M. C., Bonchardy, B., Cox, J. N.: Aortocoronary by-pass with autogenous saphenous vein grafts: histopathological aspects. Virchows Arch. A **352**, 255–266 (1971).

Martinez Rio, M. A., Aponte Lopez, J. A., Sánchez Torres, G., Espino Vela, J., Soni, J.: Fistula entre arteria y vena coronaria derecha. Presentaciòn de un caso y revisiòn de la literatura. Arch. Inst. Cardiol. Méx. **41**, 575 (1971).

McNair, J. D.: Selective coronary angiography. Report of a fatality in a patient with Sickle cell Hemoglobin. Calif. Med. **117**, 71–75 (1972).

McNamara, J. J., Gross, R. E.: Congenital fistulas of the coronary arteries. Circulation **36**, Suppl. II, 180 (1967).

Michaud, P., Termet, H.: Coronarite ostiale syphilitique; cinq cas de desobstruction chirurgicale dont deux comportant un remplacement valvulaire pour insuffisance aortique. Arch. Mal. Cœur **63**, 674–693 (1970).

Michel, D., Herbst, M.: Über eine ungewöhnliche Anomalie der Koronararterie. Z. Kreisl.-Forsch. **46**, 538–546 (1957).

Miyahara, M., Kikuiri, T., Agata, K., Hamagami, Y., Togashi, M.: A case of right coronary artery fistula into left ventricle. Jap. Circulat. J. **35**, 1411 (1971).

Moberg, A.: Anastomoses between extracardiac vessels and coronary arteries. I. Via bronchial arteries. Post-mortem angiographic study in adults and newborn infants. Acta radiol. (Diag.) **6**, 177–192 (1967).

Moberg, A.: Anastomoses between extracardial vessels and coronary arteries. Geriatrics **25**, 132–139 (1970).

Montemartini, C., Di Guglielmo, L., De Filippi, R., Angoli, L., Ray, M.: Aritmie atriali durante coronarografia selettiva. Atti 4° Congr. A.N.M.C.O., Napoli 223, 1972.

Morettin, L. B., Wallace, J. M.: Uneventful perforation of a coronary artery during selective arteriography. Amer. J. Roentgenol. **110**, 184–188 (1970).

Morgan, J. R., Forker, A. D., O'Sullivan, M. J., Fosburg, R. G.: Coronary arterial fistulas. Seven cases with unusual features. Amer. J. Cardiol. **30**, 432–436 (1972).

Murad Netto, S., Da Silva Carmo, E. J., Jr., Silla, A., Balli, J., Moreira de Souza, L. A., de Oliveira, P. S.: Coronarography with occlusion of both venae cavae. Arch. Inst. Cardiol. Mex. 38/4, 509–515 (1968).

Nomina Anatomica: International Anatomical Nomenclature Comittee, Amsterdam, 1966, Excerpta Med. Foundation.

Nordenström, B.: Contrast examination of the cardiovascular system during increased intrabronchial pressure. Acta radiol. (Stockh.), Suppl. **200**, 1–109 (1960).

Nordenström, B., Ovenfors, C. O., Törnell, G.: Coronary angiography in 100 cases of ischemic heart disease. Radiology **78**, 714 (1962).

Ogden, J. A.: Origin of a single coronary artery from the pulmonary artery. Amer. Heart J. 78, 251–253 (1969).

Ogden, J. A.: Congenital anomalies of the coronary arteries. Amer. J. Cardiol. **25**, 474–479 (1970).

Ogden, J. A., Kobemba, J. M.: Les variations des artères coronaires. Revue de 224 cas. Acta cardiol. **25**, 487 (1970).

Ogden, J. A., Stansel, H. C.: Roentgenographic manifestations of congenital coronary artery disease. Amer. J. Roentgenol. **113**, 538–553 (1971).

Ogden, J. A., Stansel, H. C., Jr.: Coronary arterial fistulas terminating in the coronary venous system. J. thorac. Cardiovasc. Surg. **63**, 172 (1972).

Ovenfors, C. O.: Venous communications between the cardiac veins and the large venous trunks in the superior part of the mediastinum. Acta radiol. (Stockh.) **46**, 518 (1956).

Paulin, S.: Coronary angiography. A technical, anatomic and clinical study. Acta radiol. (Stockh.), Suppl. 233 (1964).

Paulin, S.: Interarterial coronary anastomoses in relation to arterial obstruction demonstrated in coronary arteriography. Invest. Radiol. **2**, 147–159 (1967).

Pearl, F., Friedman, M., Gray, M., Friedman, B.: Coronary arteriography in intact dog. Circulation **50**, 1188 (1950).

Perry, L. W., Scott, L. P.: Anomalous left coronary artery from pulmonary artery: report of 11 cases; review of indications for and results of surgery. Circulation 41, 1043 (1970).

Pinet, F., Amiel, M., Rubet, A., Delaye, J.: Interet du format 70 mm dans l'arteriographie coronaire. Ann. Cardiol. Angiol. **20**, 5–7 (1971).

Pirker, E., Schreyer, H., Sterz, H.: Die Klassifizierung des Syndroms von Bland, White, Garland durch Koronarographie. Fortschr. Röntgenstr. **110**, 145–151 (1969).

Porstmann, W., Kokkalis, P.: Zur Problematik der Koronarographie. Untersuchungen an Hunden mit Mammaria-Koronaria-Anastomosen. Fortschr. Röntgenstr. **91**, 690 (1959).

Rackley, C. E., Dear, H. D., Baxley, W. A., Jones, W. B., Dodge, H. T.: Left ventricular chamber volume, mass, and function in severe coronary artery disease. Circulation 41, 605 (1970).

Radner, S.: An attempt at the roentgenologic visualization of coronary blood vessels in man. Acta radiol. (Stockh.) **26**, 497 (1945).

Randall, P. A., Amplatz, K.: Magnification coronary arteriography. Radiology **101**, 51–56 (1971).

Ranniger, K., Thilenius, O. G., Cassels, D. E.: Angiographic diagnosis of an anomalous right coronary artery arising from the pulmonary artery. Radiology 88, 24–31 (1967).

Rösch, J., Dotter, Ch. T., Starr, A.: Selektive Coronararteriographie und aortenkoronare Gefäß-Bypass-Plastic. Fortschr. Röntgenstr. 116, 607–616 (1972).

Rösch, J., Judkins, M. P., Green, G. S., Kidd, H.: Aortocoronary venous bypass grafts; angiographic study of 84 cases. Radiology 102, 567–573 (1972).

Ross, R. S., Gorlin, R.: Coronary arteriography, Circulation, Suppl. III, XXXVII et XXXVIII. 67 (1968).

Rudolph, A. M., Gootman, N. L., Kaplan, N., Rohman, M.: Anomalous left coronary artery arising from the pulmonary artery with large left-to-right shunt in infancy. J. Pediat. 63, 543 (1969).

Saavedra, J., Edwards, A., Carpentier, R., Ruiz, P. H., Quiroga, J.: Injecion del medio de contrasto en pared ventricular y cavidad pericàrdica durante ventriculografias selectivas izquierdas. Arch. Inst. Cardiol. Mex. 36, 159 (1966).

Saltiel, J., Lespérance, J., Bourassa, M. G., Castonguay, Y., Campeau, L., Grondin, P.: Reversibility of left ventricular dysfunction following aorto-coronary by-pass grafts. Amer. J. Roentgenol. 110, 739–746 (1970).

Sewell, W. H.: Roentgenographic anatomy of human coronary arteries. Amer. J. Roentgenol. 97, 359–368 (1966).

Sheldon, W. C.: On the significance of coronary collaterals. Amer. J. Cardiol. 24, 303 (1969).

Shelburne, J. C., Rubinstein, D., Gorlin, R.: A reappraisal of papillary muscle disfunction. Amer. J. Med. 46, 862 (1969).

Simon, A. L., Shabetal, R., Lang, J. H., Lasser, E. C.: The mechanism of production of ventricular fibrillation in coronary angiography. Amer. J. Roentgenol. 114, 810–816 (1972).

Smith, S. C., Adams, D. F., Herman, M. V., Paulin, S.: Coronary to bronchial anastomoses: an in vivo demonstration by selective coronary arteriography. Radiology 104, 289–290 (1972).

Snyder, C. G., Formanek, A., Frech, R. S., Amplatz, K.: The role of sodium in promoting ventricular arrhythmia during selective coronary arteriography. Amer. J. Roentgenol. 113, 567–570 (1971).

Sones, F. M., Shirey, E. K.: Collateral arterial channels in living human with coronary artery disease. Circulation 22, 815–816 (1960).

Sones, F. M., Shirey, E. K.: Cine coronary arteriography. Mod. Conc. cardiov. Dis. 31, 735 (1962).

Sones, F. M., Shirey, E. K., Proudfit, W. L., Westcott, R. N.: Cine coronary arteriography. Circulation 20, 773 (1959).

Steinberg, I., Baldwin, J. J., Dotter, C. T.: Coronary arteriovenous fistula. Circulation 17, 372 (1958).

Steinberg, I., Gholswade, G. R.: Coronary arteriovenous fistula. Amer. J. Roentgenol. 116, 82–90 (1972).

Suarez, J. A., De Suarez, C. B.: Aspectos radiologicos postmortem de la miocarditis cronica chagasica. Radiol. Med. Nucl. 9, 23–36 (1969).

Swan, H. J. C.: Cooperative study on cardiac catheterisation: complications associated with angiocardiography. Circulation 37, (suppl.) 81 (1968).

Talner, N. S., Halloran, K. H., Mahdary, M., Gordner, T. H., Hipona, F.: Anomalous origin of the left coronary artery from the pulmonary artery: clinical spectrum. Amer. J. Cardiol. 15, 689 (1965).

Thadani, U., Pratt, A. E.: Profunda femoral arterovenous fistula after percutaneous arterial and venous catheterization. Brit. Heart J. 33, 803 (1971).

Thal, A. P., Richards, L. S., Greenspan, R., Murray, M. J.: Arteriographic studies of the coronary arteries in ischemic heart disease. J. Amer. Med. Ass. 168, 2104 (1958).

Tyrrell, M. J., Bharadwaj, B.: Anomalous origin of the left coronary artery: the effects of aorto-coronary vein bypass on left ventricular function. Canad. med. Ass. J. 107, 118–122 (1972).

Tori, G.: Radiological visualization of the coronary sinus and coronary veins. Acta radiol. (Stockh.) 36, 405–410 (1951).

Upshaw, C. B.: Congenital coronary arterio-venous fistula; report of case with analysis of seventy-three reported cases. Amer. Heart J. 63, 399–404 (1962).

Vasile, N., Grellet, J., Ducam, H., Ferrané, J.: Une fistule congenitale de l'artère coronaire au ventricule droit. J. Radiol. Électrol. 53, 909–910 (1972).

Verel Grainger, R. G.: Cardiac catheterization and angiocardiography, p. 168. Edinburgh and London: E. S. Livinstone, Ltd. 1969.

Viamonte, M., Stevens, R.: Guided angiography. Amer. J. Roentgenol. 94, 30 (1965).

Wald, S., Stonecipher, K., Baldwin, B. J., Nutter, D. O.: Anomalous origin of the right coronary artery from the pulmonary artery. Amer. J. Cardiol. 27, 677–681 (1971).

Wesselhoeft, H., Fawlett, J. S., Johnson, A. L.: Anomalous origin of the left coronary artery from the pulmonary trunk: its clinical spectrum pathology, and pathophysiology, based on a review of 140 cases with seven further cases. Circulation 38, 403–425 (1968).

Wilder, R. J., Perlamon, A.: Roentgenographic demonstration of anomalous left coronary artery arising from pulmonary artery. Amer. J. Roentgenol. 91, 511–514 (1964).

Wright, N. L., Baue, A. E., Baum, S., Blakemore, W. S., Zinsser, H. F.: Coronary artery steal due to an anomalous left coronary artery originating from the pulmonary artery. J. thorac. cardiovasc. Surg. 59, 461 (1970).

Zeitler, E., Maresta, A.: Die Entwicklung zur selektiven Coronarangiographie. Techniken und Ergebnisse. Radiologe 11, 329–338 (1971).

Zimmerman, H. A.: The coronary circulation in patients with severe emphysema, cor pulmonale, cyanotic congenital heart disease and severe anemia. Dis. Chest 22, 269 (1952).

VIII. Das Altersherz und die sogenannte Myodegeneratio cordis

Von

W. Hoeffken, R. Felix und H. Wolfers

Mit 20 Abbildungen

1. Die senile Atrophie des Herzmuskels

a) Definition

Eine scharfe Abgrenzung zwischen natürlichen Alterungsprozessen und krankhaften Vorgängen am Greisenherzen ist weder mit histologischen noch mit klinischen Methoden möglich, da fließende Übergänge bestehen (BÜRGER, LINZBACH, ähnlich auch DELIUS).

Trotzdem ist eine Unterscheidung zwischen dem Altersherzen und der Alterskrankheit des Herzens notwendig (SPANG). Als *Altersherz* bezeichnet man das im harmonischen Alternsprozeß gealterte Herz mit vorwiegend funktionellen und nur geringfügigen morphologischen Veränderungen. Das Altersherz ist kein krankes, aber ein *in seiner Leistungsbreite eingeengtes Herz* (SPANG).

Als *Alterskrankheit* des Herzens werden unter dem Überbegriff der *Kardiosklerose* (HUCHARD) die arterio- und arteriosklerotische Herzmuskelerkrankung, die mit einer Myokardfibrose (SPANG) bzw. einer reticulären Myokardnekrose (LINZBACH) einhergehen, und die erhebliche Endokardsklerose angesprochen. Diese Erkrankungen kommen zwar im Alter gehäuft vor, sind aber nicht ausschließlich altersbedingt. Sie werden aus diesem Grunde im Rahmen der Coronarsklerose besprochen oder sind mit ihrem Folgezustand, der sog. „Myodegeneratio cordis", im nächsten Abschnitt abgehandelt.

Wir beschränken uns hier auf die Altersatrophie des Herzens, die nach STAEMMLER als normaler Zustand für das Alter angesprochen wird, die aber keineswegs obligatorisch ist.

Es entfallen also Herzatrophien durch Erkrankung des Herzmuskels (z. B. Myokarditis, Coronarsklerose), durch Erkrankung des Klappenapparates (z. B. Atrophie des linken Ventrikels bei Mitralstenose) oder durch Allgemeinerkrankungen des Organismus (z. B. degenerative oder numerische Atrophie bei Hungerzuständen, Dysproteinämien u. ä.).

b) Pathologische Anatomie und pathologische Physiologie

Im Verlauf einer natürlichen Altersinvolution finden sich makroskopisch eine Verkleinerung und ein Gewichtsverlust des senil atrophen Greisenherzens. Bei meist gering erweiterten Ventrikelhöhlen ist die Wanddicke der Kammern herabgesetzt (ROESSLE und ROULET, STAEMMLER). KIRCH beschreibt eine Vergrößerung der Vorhöfe mit einer Erweiterung der Ostien und eine unveränderte Weite der mittleren Kammerabschnitte bei Abnahme der Ventrikelhöhe, d. h. die Ventrikelspitzenteile verkürzen sich. Die verkleinerte Oberfläche führt auch ohne einen pathologischen Gefäßprozeß zwangsläufig zu einer Schlängelung der Coronararterien, die sich nicht mit verkürzen (KIRCH).

Die Endokardsklerose mit Verkalkung der Aortenklappen — seltener auch der Mitralklappen — rechnet SPANG zu den Alterskrankheiten. Sie ist nach unserer Erfahrung aber ohne nachweisbare krankhafte Leistungsminderung so oft klinisch (Sklerosegeräusch) und röntgenologisch (Klappenverkalkung) zu finden, daß eine Zurechnung zum Begriff des normalen Altersherzens gerechtfertigt erscheint.

Zu dem bisher beschriebenen Altersumbau kommt eine Lageveränderung des Herzens hinzu, da durch den Elastizitätsverlust und die Elongation der Aorta die Ventilebene (Herzbasis) nach abwärts gedrückt und dadurch das Herz vermehrt quergelagert wird.

Die histologischen Veränderungen beschränken sich auf eine Verschmälerung und Verkürzung der quergestreiften Herzmuskelfasern. Degenerative Veränderungen im Bereich der Fasern, qualitative oder quantitative Änderungen der Herzmuskelzellen sowie vermehrte Pigmentablagerungen (im Sinne der braunen Atrophie) werden heute für die reine Altersatrophie als sehr zweifelhaft (Staemmler) hingestellt bzw. als charakteristische Altersveränderung abgelehnt (Linzbach, Böhmig). Eine Bindegewebsvermehrung (Ehrenberg, Winnecken und Biebricher) entspricht ebenfalls nicht mehr der Definition des „gesunden" Altersherzens und wurde auch von Blumgart, Gilligan und Schlesinger sowie Oken und Boucek bestritten. Die Bindegewebsvermehrung erklärt Linzbach durch eine zusätzliche Coronarsklerose (Cor arterioscleroticum).

Da eine allgemeine Atrophie des Gesamtorganismus, insbesondere auch mit Schwund desM uskel- und Fettgewebes der senilen Herzmuskelatrophie parallel läuft, bleibt die Leistungsminderung des Herzmuskels kompensiert. Brandfonbrener, Landowne und Shock fanden bei ihren Untersuchungen in der 6.—9. Lebensdekade einen signifikanten Rückgang des Herzminutenvolumens um etwa 1% pro Jahr. Den gestellten (Ruhe-)Anforderungen wird das atrophe Herz gerecht (Friedberg). Trotzdem ist zumindest bei Belastungen eine physiologische Altersinsuffizienz des Herzmuskels (Wezler 1942), die sog. relative Insuffizienz (Külbs), anzunehmen. Diese ist nach Frey als funktioneller Ausdruck der Involutionsperiode anzusehen. Nach Wezler (1958) wird durch die Abnahme der beiden funktionell engstens verknüpften Grundeigenschaften des Herzmuskels, nämlich die Abnahme der Elastizität (Dehnbarkeit) und der Kontraktilität sowie die Verschiebung der Ventilebene die isometrische Spannungsentwicklung beeinträchtigt und die diastolische Füllung erschwert. Die Folge sind eine relativ verkürzte Austreibungszeit (erstes erkennbares Zeichen einer beginnenden muskulären Herzschwäche) und ein herabgesetztes Schlagvolumen. Diese Befunde treten weniger in Ruhe auf, vielmehr findet sich erst nach Belastung eine eingeschränkte Anpassungsbreite.

Die muskuläre Insuffizienz des Herzens hat besonders beim alten Menschen überwiegend ihre Ursache in einer unzureichenden Coronardurchblutung. Das Nachlassen der coronaren Durchblutung nimmt beim Zustandekommen der Kontraktionsschwäche des Altersherzens eine zentrale Stellung ein. Eine stumme Coronarinsuffizienz führt zu Myokardnekrosen und -narben.

Temporäre unphysiologische Belastungen können wahrscheinlich über eine Restblutvermehrung und eine geringe Dehnung und Dilatation eine Leistungsverbesserung im Sinne der Frank-Straub-Starlingschen Gesetze herbeiführen und offenbar auch eine, wenn auch mäßige, Linkshypertrophie auslösen (Linzbach). Hierdurch könnte die röntgenologische und autoptische Beobachtung der Linkshypertrophie (Dietlen, Delius) erklärt werden. Sicher ist aber, daß dieser Befund bereits zu den „fließenden Übergängen" zählt, zumal ältere Personen eben doch häufig latent bleibende Gefäßsklerosen mit Herzmuskelschädigungen oder periphere Widerstandserhöhungen aufweisen (so auch Edens).

c) Klinik

Der perkussorische und der auskultatorische Befund sind unauffällig (Ausnahme: Sklerose-Geräusche durch Endokardsklerose). Das Hörbarwerden eines Vorhoftones oder eines sog. dritten Herztones (sog. protodiastolischer Galopp als Ausdruck abnormer Füllungsbedingungen des Herzens) zeigt bereits eine beginnende muskuläre Insuffizienz des Herzens an (Hauss und Portheine). Meist tritt eine geringe Frequenzerhöhung vicariierend für die Abnahme des Schlagvolumens ein (Külbs; Frequenzregulation: Nöcker). Die Blutdruckwerte liegen im Normbereich oder sind mäßig hypoton. Eine Rhythmusstörung kann nicht als normal betrachtet werden.

Typische elektrokardiographische Befunde fehlen, wenn auch eine Niedervoltage der Kammerhauptschwankung und der T-Zacken (Wenger) häufig beobachtet werden (keine diskordanten T-Zacken! Michel). Die elektrische Herzachse stimmt unter der Voraussetzung der gleichmäßigen Atrophie eines vorher gesunden Herzens mit der anatomischen Herzlage überein. Zwischen den Befunden von Wenger und der Ansicht von Gelman und Pusik, die auch jenseits der zehnten Lebensdekade bei wirklich herzgesunden Menschen ein normales EKG annehmen, besteht unseres Erachtens keine wesentliche Diskrepanz. Auch Spang betont ausdrücklich, daß noch im höchsten Lebensalter auch bei Anwendung präkordialer Ableitungen ein normales EKG gefunden werden kann.

d) Röntgenbefunde

Form und *Größe*. Die röntgenologisch faßbaren Altersveränderungen der Herzgröße sind gering (Zdansky). Bei muskelkräftigen und korpulenten Individuen findet sich bis ins Greisenalter ein normalgroßer Herzschatten. Bestehen eine allgemeine Involution mit Abbau der Muskulatur, des Fettgewebes sowie Größenabnahme des Individuums, so ist auch im Röntgenbild der Herzschatten relativ klein (Abb. 1). Meist ist er etwas links-

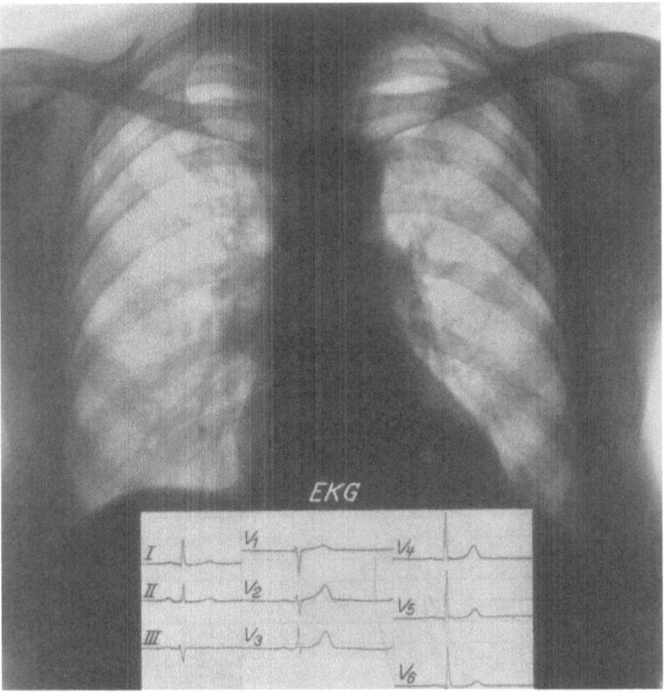

Abb. 1. 73jährige Frau, 165 cm, 60 kg. Klinisch herzgesund. RR 125/80 mm Hg. Keine kardialen Dekompensationszeichen. Kein Lungenemphysem. EKG: lagebedingter atemabhängiger Linkstyp. Röntgenologisch relativ kleines, normalgeformtes Altersherz bei stärkerer Elongation und Sklerose der Aorta

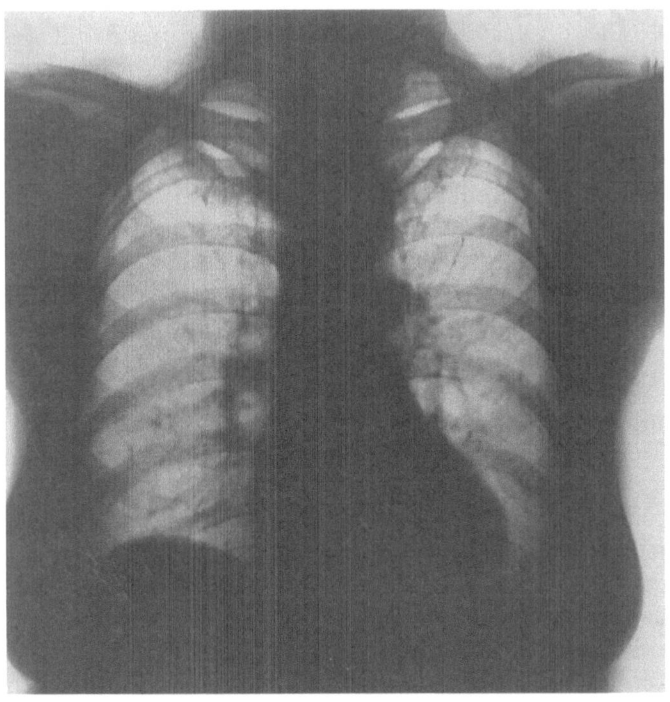

Abb. 2. Kleines aortalkonfiguriertes Herz: 74jährige Frau. Keine kardialen Dekompensationszeichen. Unauffälliges EKG. Keine Hypertonie

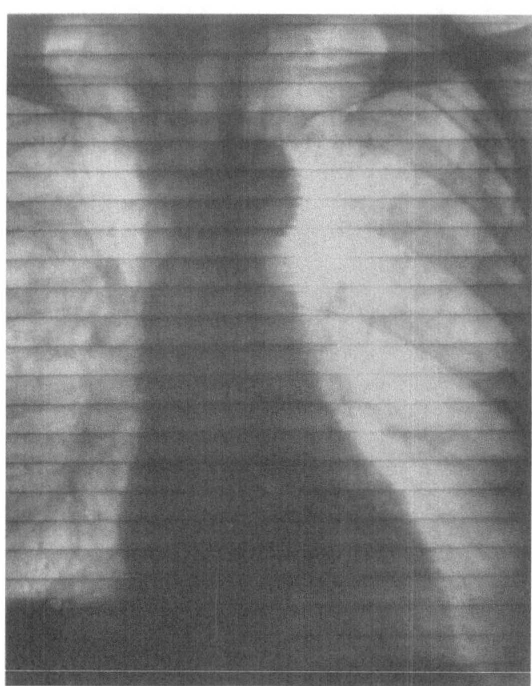

Abb. 3. Kymogramm eines kleinen Altersherzens mit stärkerer Aortenelongation. Relativ kleine Amplituden der Randzacken

betont und hat dadurch eine gewisse aortale Konfiguration (Abb. 2). Die Linksbetonung des kleinen atrophischen Altersherzens ist einerseits durch eine Querlagerung des Herzens bedingt, die auf eine Kippung durch die hebelartig wirkende elongierte und starrwandige Aorta zurückgeht. Diese drückt den Aortenklappenring und damit die Einflußbahn des linken Ventrikels nach unten und stellt das Herz unter Vortäuschung einer Linksverbreiterung vermehrt in die Querachse. Andererseits kann eine geringe relative Vergrößerung des linken Ventrikels vorhanden sein. Letzten Endes verbirgt sich auch des öfteren eine geringe Muskelhypertrophie der linken Kammer (Zdansky) unter dem Röntgenbild des linksbetonten oder aortal konfigurierten „kleinen Altersherzens", denn durch die altersphysiologische Gefäßsklerose mit Widerstandserhöhung und Elastizitätsverlust muß der linke Ventrikel eine vermehrte Arbeit leisten, ohne daß eine nennenswerte und über das normale Altersmaß hinausgehende Hypertonie besteht (Zdansky).

Gelegentlich ist ein etwas breiterer, dem Zwerchfell aufliegender Herzschatten zu finden. Dies spricht für eine gewisse Schlaffheit des Herzmuskels (Lange und Wehner).

Eine Verkleinerung des Greisenherzens im Röntgenbild kann durch das meist bestehende Altersemphysem der Lunge hervorgerufen werden: Bei Zwerchfelltiefstand streckt sich der Herzschatten, und durch verminderte Füllung entsteht eine objektive Verkleinerung.

Eine pathologische Bedeutung kommt dem Röntgenbild des kleinen, aortal konfigurierten Altersherzens mit der elongierten und sklerosierten Aorta und dem stark prominenten Aortenbogen nicht zu. Wegen dieser Form wurde es von Vaquez und Bordet mit der phrygischen Mütze verglichen.

Herzklappenverkalkungen sind mit exakter Untersuchung beim Altersherzen nicht ganz selten nachweisbar. Technische Voraussetzung ist eine Durchleuchtung mit höherer Röhrenspannung (70—80 kV), wobei die Benutzung eines Bildverstärkers von großem Vorteil ist. Aufnahmen und Kymogramm müssen mit entsprechender Strahlenhärte angefertigt werden. Geeignete Projektionen zur Darstellung der Verkalkungen der

Aorten- und Mitralklappen sind der seitliche und halbschräge Strahlengang im zweiten schrägen Durchmesser.

Die Verkalkungen sind mehr oder weniger halbmond- oder ringförmig angeordnet und bestehen meist aus mehreren Einzelschatten, die sich mit der Herzpulsation bewegen.

Am häufigsten sind Verkalkungen der Aortenklappen, seltener der Mitralklappen. Sie sind Ausdruck einer Endokardsklerose und müssen differentialdiagnostisch gegen Klappenverkalkungen nach Endokarditis abgegrenzt werden. Die Mitralklappenverkalkung kann auf eine Endokardsklerose bezogen werden, wenn bei entsprechendem Alter und klinischem Befund keine Vergrößerung des linken Vorhofes nachweisbar ist. Bei Aortenklappenverkalkungen des Altersherzens fehlen röntgenologische und klinische Zeichen einer Aortenklappeninsuffizienz bzw. -stenose. Der röntgenologische Nachweis einer Klappenverkalkung beim Altersherzen sagt nichts über die hämodynamische Funktion der Klappe und die Leistungsfähigkeit des Herzens aus.

Funktionelle Zeichen. Typische Veränderungen des Bewegungsablaufes der Herzkonturen gibt es beim Altersherzen nicht. Die Randzacken im Kymogramm können eine relativ kleine Amplitude aufweisen, sind aber auch oft völlig unauffällig (Abb. 3) Der Gesamteindruck des Kontraktionsablaufes kann nach HAUSS und PORTHEINE zu der patho-physiologisch nicht exakten Bezeichnung des „schlaffen Herztonus" führen, besonders dann, wenn im Valsalvaschen Preßversuch nur eine ungenügende Herzverkleinerung erfolgt. Bei Belastung kann als Folge einer contractilen Dysfunktion (STUMPF) eine Größenzunahme des Herzschattens eintreten. Diese deutet schon auf eine relative Insuffizienz hin, die bei altersunphysiologischer Arbeitsanforderung manifest wird. Von hier finden sich fließende Übergänge zum muskelgeschädigten Herzen.

2. Die sogenannte Myodegeneratio cordis

a) Historisches

Der Begriff der Myodegeneratio cordis ist ein „Sammeltopf" für unklare Herzmuskelerkrankungen. Pathologen, Physiologen und viele Kliniker verzichten heute nach Möglichkeit auf diese Bezeichnung, so daß man in neueren Hand- und Lehrbüchern vergeblich danach sucht. Während der Nauheimer Kreislauftagung 1958 über die „Altersveränderungen der Kreislauforgane" fiel der Ausdruck nur ein einziges Mal, nämlich als WOLLHEIM den „Panoramawechsel" der Myodegeneratio cordis skizzierte.

Nach BUCHNER gab es bereits um 1900 Differenzen zwischen den Klinikern (KREHL, ROMBERG) und den Pathologen (ASCHOFF, TAWARA) über die Bedeutung der morphologischen Befunde für die Erkrankungen des Herzmuskels. — Noch im Jahre 1934 betrachtete der Pathologe DIETRICH die Myodegeneratio cordis als klinisches Bild ohne bestimmte morphologische Veränderungen, das durch Mißverhältnisse von Widerstand und Leistung des Herzens bedingt sei, während die Kliniker betonten, daß der Begriff Myodegeneratio cordis strenggenommen ein rein pathologisch-anatomischer sei (KÜLBS). Auch NONNENBRUCH sowie MORAWITZ bezeichnen als charakteristischen Befund der Myodegeneratio cordis zunächst das feingewebliche Bild der Herzschwiele infolge einer Nekrose, bevor sie ätiologisch differente klinische Krankheitsbilder, wie Coronarsklerose, chronische Myokarditis, aber auch Periarteriitis nodosa u. ä., besprechen. 1948 beschreibt der Kliniker WOLF die Myodegeneratio cordis pathologisch-anatomisch als degenerativen Myokardschaden mit Zerfall und Schwund des Herzmuskels, Verfettung, Bindegewebswucherung und dem Endstadium der Herzschwiele.

Am Krankenbett kann der Begriff der Myodegeneratio cordis selbstverständlich nicht so eng gefaßt werden (KÜLBS), da sich weder die Anfangs- noch die Endstadien degenerativer Herzmuskelerkrankungen einerseits und entzündlicher Prozesse andererseits mit Sicherheit voneinander abgrenzen lassen (EDENS, WOLF), abgesehen davon, daß selbst autoptisch die Ursache eines Schwielenherzens manchmal offen bleiben muß. Klinisch bezeichnet KÜLBS daher als Myodegeneratio cordis ein Krankheitsbild, das durch die Symptome der Herzinsuffizienz (ohne Klappenfehler) gekennzeichnet ist. WOLF spricht ebenfalls allgemein von den Erscheinungen der Herzinsuffizienz mit subjektiven und objektiven Anzeichen eines Nachlassens der Herzkraft. SCHELLONG kritisiert den nicht einwandfreien und nur unbestimmten Ausdruck Myodegeneratio cordis, den er nach der üblichen Terminologie für alle sich langsam entwickelnden Herzerkrankungen (ohne Klappenfehler) mit Herzschwäche benutzt, ihn aber für die chronische Myokardinsuffizienz reservieren möchte. Er weist auf die engen ätiologischen und pathologischen Beziehungen von Abnutzung, Sklerose, Degeneration und Entzündung hin, die klinisch eine Trennung nicht zulassen (ähnlich auch NONNENBRUCH). WOLLHEIM und ebenso Morawitz fassen die Moydegeneratio cordis als Herzschwäche bzw. Herzinsuffizienz ohne erkennbare Grundkrankheit auf (im Gegensatz hierzu Scherf und Boyd). Dabei habe man im Laufe der Jahre die dekompensierte, wegen des sekundär abgefallenen Blutdruckes nicht erkannte Hypertonie und das chronische Cor pulmonale (1924) ausklammern können. Dieselbe Abtrennung sei notwendig für das Cor arterioscleroticum (pathologisch-anatomisch: Arteriolosklerose des Herzmuskels nach Linzbach), dessen klinische Diagnose allerdings bei Fehlen einer peripheren Gefäßsklerose und Vorliegen nur geringer EKG-Veränderungen erhebliche Schwierigkeiten machen könne.

b) Definition

Da in Klinik und Praxis unter der Gruppendiagnose „Herzschwäche" bei nicht erkennbarer Grundkrankheit der Begriff der Myodegeneratio cordis angewandt wird, muß der Röntgenologe häufig hierzu Stellung nehmen.

Ohne erneut auf die Problematik dieser Diagnose einzugehen, verstehen wir unter „Myodegeneratio cordis im engeren Sinne" im folgenden eine Herzmuskelinsuffizienz mit Herzvergrößerung als Endstadium einer Myokardaffektion, deren Ursache klinisch nicht oder nicht mehr zu erfassen ist. Es handelt sich um eine chronische Herzmuskelinsuffizienz ohne Überlastung des Herzens (Grosse-Brockhoff, 1969).

Pathologisch anatomisch handelt es sich um ein Schwielenherz.

Wir sind uns dabei bewußt, daß die häufigste Ursache eine Coronarsklerose ist. Zu gleichen klinischen und entsprechenden morphologischen Myokardläsionen können jedoch auch andere kardiale und selbst primär extrakardiale Erkrankungen führen, die wir unten aufgeführt haben. Eine begriffliche und klinische Trennung zwischen Myodegeneratio cordis und Cor arterioscleroticum, wie Linzbach und Wollheim fordern, erscheint bei den heutigen Untersuchungsmethoden oft nicht durchführbar. Ebenso können chronisch-entzündliche oder degenerative Prozesse den Untersucher vor erhebliche differentialdiagnostische Schwierigkeiten stellen.

Das Ausmaß der diagnostischen Bemühungen und die methodischen Untersuchungsmöglichkeiten werden die Größe des „Sammeltopfes" der „Myodegeneratio cordis" bestimmen.

c) Pathologische Anatomie

Allgemeine Stoffwechselstörungen (Myokardosen nach Wuhrmann, Blankenhorn u. Gall, 1956)[1], lokale Blutversorgungsstörungen[2], entzündliche Prozesse[3] und toxische Schädigungen[4] führen zu den bekannten feingeweblichen Strukturveränderungen des Myokards mit

    trüber Schwellung,
    scholligem Zerfall,
    mucoider und hyaliner Degeneration,

---

[1] Anämie
  Hungerkrankheit
  Konsumierende Erkrankungen
  (Tbc, Tumoren, Bronchiektasen, Hämoblasto-
  sen)
  Dys- und Paraproteinämien
  (Myelom, Retikulosen, Lebercirrhosen, Nephro-
  sen und komatöse Zustände)

                              Hormonale Störungen
                                (Hyperthyreose, Myxödem, Morbus Addison,
                                Morbus Cushing, Diabetes)
                            Avitaminosen
                                (Beriberi, Skorbut)

[2] Coronarerkrankungen

[3] Unspezifische Myokarditiden
  (Gelenkrheumatismus, Typhus, Sepsis, Diph-
  therie, Scharlach, Syphilis, Angina, Grippe)
  Akute, isolierte primäre Myokarditis

                              Eitrige Myokarditis
                              Radiologische Herzmuskelschädigung

[4] Kohlenoxyd
  Phosphor
  Arsen
  Blei

                              Tumorgifte
                              Bakteriengifte

wachsartiger Degeneration,

feintropfiger Verfettung,

Eiweiß-, Gloykogen- oder Pigmentablagerungen.

Diese Zellschädigungen sind zum Teil noch reversibel. Häufiger steht jedoch am Ende eines solchen nekrobiotischen Prozesses der Zelltod der Herzmuskelfaser. Nach Resorption und Abtransport des nekrotischen Gewebes wächst hier ein vom Bindegewebe ausgehendes Granulationsgewebe ein.

Das Endstadium ist die derbfaserige, atlasglänzende, kern- und auch meist gefäßarme Bindegewebsnarbe (eventuell mit Kalkeinlagerung), die *Herzschwiele* (STAEMMLER). Von einer einzelnen Myokardschwiele bis zur narbigen Durchsetzung des gesamten Herzens sind alle Stadien möglich (GROSSE-BROCKHOFF, 1969).

d) Pathologische Physiologie

LINZBACH erklärt die Mechanik der Herzvergrößerung mit Herzhypertrophie (wenn keine Volumen- oder Widerstandsbelastung, wie bei Hypertonie oder Klappenfehlern, besteht) durch eine plastische Gefügedilatation (s. auch S. 215 u. 261) des mehr oder minder diffus vorgeschädigten Herzens: Bei geringer gewordener Anzahl der Herzmuskelfasern treten diese während der systolischen Kontraktion bei gleichbleibender äußerer Oberfläche „auf Lücke", so daß die Herzhöhle größer wird. In diesen dilatierten Herzen mit vergrößerter, fixierter Restblutmenge genügt, im Vergleich zu einem Herzen normaler Weite, eine ganz geringgradige systolische Faserverkürzung, um ein normales Schlagvolumen zu fördern. Die Muskelzellen normaler Herzen leisten somit eine Arbeit mit kleiner Kraft und großem Verkürzungsweg, während in einem dilatierten Herzen die gleiche Arbeit mit großer Kraft und kleinem Verkürzungsweg geleistet wird. Da nun aber die systolische Spannkraft der wesentlichste Faktor ist, der das Wachstum der Muskelzellen reguliert, so wird verständlich, weshalb die überlebenden Muskelfasern eines dilatierten Herzens auch ohne vermehrte Leistung hypertrophieren).

Dieser pathologisch-anatomische Befund der Gefüge-Dilatation ist irreversibel. — Da sich andererseits auch sichere Schwankungen des Herzvolumens bei der Moydegeneratio cordis nachweisen lassen, muß man darüber hinaus auch mit reversiblen kompensatorischen Dilatationen und reversibler Dehnung der erhaltenen Herzmuskelfasern rechnen. Möglicherweise spielen dabei Kompensationsvorgänge mit Restblutvermehrung und Erhöhung des enddiastolischen Füllungsdruckes (bei Rückstauung) im Sinne der Frank-Straub-Stralingschen Gesetze eine Rolle (S. 215 u. 261).

e) Klinik

Das Krankheitsbild der Myodegeneratio cordis entwickelt sich schleichend, langsam und ohne klinisch erkennbaren Grund mit Abnahme der allgemeinen Leistungsfähigkeit, Gefühl von Schwäche, Atemnot, Herzklopfen und vielfach stenokardischen Herzsensationen (MORAWITZ).

Da die Herzschwielen nicht das gesamte Myokard befallen, ist einerseits mit einer Hypertrophie einzelner unveränderter Herzabschnitte zu rechnen, andererseits erklärt sich so aber auch das isolierte Auftreten eines Linksversagens. Im Alter steht einer erhöhten Druckbelastung infolge Wandstarre der Gefäße ein Verlust an kontraktiler Muskelsubstanz im Gefolge einer Myodegeneratio cordis gegenüber (ASCHENBRENNER, 1964).

Pulsirregularitäten bei Myodegeneratio cordis (zumeist Pulsus irregularis perpetuus) bedeuten, daß nekrotische Herde im Reizbildungs- oder Reizleitungssystem vorhanden sind, die zum Vorhofflimmern und Vorhofflattern, aber auch häufig zum Block (totaler Block oder nur elektrokardiographisch nachweisbarer Verzweigungsblock), zur paroxysmalen Tachykardie und zu Extrasystolen führen. Das Reizleitungssystem kann aber auch intakt sein, obwohl ein erhebliches Schwielenherz vorliegt. Die Ausbreitung und Lokalisation der Schwielen bestimmen auch die sonstigen EKG-Veränderungen, die vom „normalen" bis zum extrem deformierten Kurvenverlauf alle Varianten zeigen können.

Die Herzgröße und -konfiguration wird im radiologischen Abschnitt besprochen, da die perkussorischen Befunde nur in Extremfällen eine sichere Aussage erlauben. Typische auskultatorische Phänomene gibt es nicht, wenn wir auch auf die Doppelung der Herztöne beim Schenkelblock infolge zeitlich ungleicher Kontraktion bzw. Klappenschluß der beiden Herzkammern hinweisen wollen (SCHMIDT-VOIGT).

Zur Klinik der Herzinsuffizienz kann wieder auf frühere Kapitel verwiesen werden, zumal die vielseitigen subjektiven und objektiven Symptome sich mit denen der Herzinsuffizienz bei primär bekannten Grundkrankheiten decken.

f) Röntgenbefunde

α) Form und Größe

Die röntgenologische Herzform und -größe sind abhängig von der Lokalisation und dem Umfang der Muskelschwielen. Häufig sind die Herzmaße allgemein oder je nach den im Vordergrund stehenden erkrankten Herzabschnitten vergrößert. Geringe Vergrößerungen (insbesondere einzelner Herzabschnitte) sind aber mit keiner Meßmethode zu erfassen, da sie innerhalb der normalen Variationsbreiten liegen. In solchen Fällen ist die Vergrößerung erst retrospektiv bei späteren Röntgenkontrollen an der eingetretenen Herzverkleinerung zu erkennen. Oft ist nicht zu entscheiden, ob die Herzvergrößerung ganz oder teilweise durch einen Perikarderguß bedingt war. Hinweis auf einen Perikarderguß können verkleinerte Bewegungsamplituden des Herzrandes (vorwiegend links, die hellen Lungen), die besonders basal breite Herzform sowie eine im Liegen sich kranialwärts verlagernde Verbreiterung des Herzschattens sein.

Aus der Herzgröße darf keinesfalls auf die Leistungsfähigkeit des Herzens geschlossen werden (Dietlen, Grosse-Brockhoff und Schoedel, Reindell u. Mitarb., Thurn, Zdansky). Das vergrößerte Herz kann noch ausreichend leistungsfähig sein (kompensatorische Dilatation: Zdansky), und das röntgenologisch noch normal groß erscheinende Herz kann klinisch eindeutig dekompensiert sein.

Chantraine hat die bei der Durchleuchtung in vier verschiedenen Ebenen gefundenen Zahlen des transversalen Herzdurchmessers zueinander in Beziehung gesetzt (PD = Projektions-Differenz des größten und kleinsten Wertes) und als Anhaltspunkt für das Bestehen eines „minderleistungsfähigen" Herzens angegeben (Lemcke). Bemühungen von Pfeifer, mit Hilfe der einfachen Röntgendurchleuchtung eine Dysfunktion des Herzmuskels zu erkennen, haben zu einer Koincidenz von 76 % zwischen Röntgen-Durchleuchtungsbefund und klinischem Untersuchungsergebnis geführt. Herzform, -größe und -aktion lassen sich aber genauer und exakter mit Röntgenaufnahmen und Kymographie bzw. Elektrokymographie erfassen. Eine Vorbeurteilung bei der Durchleuchtung ist aber erstrebenswert.

Latente Dilatation. Mikroskopisch kleine diffuse Narbenherde werden die Herzsilhouette nur geringfügig und damit röntgenologisch nicht nachweisbar verändern. In fraglichen Fällen empfiehlt Zdansky die Untersuchung in horizontaler Rückenlage, da hier häufig Dilatationen nachweisbar werden, die im aufrechten Stand dem Nachweis entgehen. Als Ursache dieser Größendifferenz wird ein Versacken des Blutes im Stehen bei gleichzeitiger peripherer Vasomotorenschwäche mit verminderter Blutfüllung des Herzens angesehen, während in Horizontallage maximale Füllungsbedingungen vorliegen.

Diese latente Dilatation tritt als Ausdruck einer geringeren muskulären Schädigung nur vorübergehend in Erscheinung, im Verlauf einer progredienten Myodegeneratio cordis geht sie in eine fixierte, d. h. bereits im Stehen nachweisbare Dilatation über.

Fixierte Dilatation. Bei stärkerer diffuser Schwielenbildung manifestiert sich die Dilatation bereits im aufrechten Stand mit allseitiger Vergrößerung (Abb. 4). Diese entspricht einer Dilatation aller Herzhöhlen. Eine Hypertrophie einzelner Bezirke (vgl. Abschnitt d, S. 183) spielt für die Herzgröße im Röntgenbild keine Rolle. Im wesentlichen ist der Transversaldurchmesser vergrößert, auch der Querdurchmesser nimmt zu. Das Herz liegt dem Zwerchfell breit auf, wie „ausgelaufen" (Abb. 5). Insbesondere bei der Durchleuchtung wirkt es schlaff und „ausgelatscht". Dieser Eindruck wird noch durch die häufige Formlabilität des Herzens bei respiratorischen und statischen Änderungen des Zwerchfellstandes verstärkt, die wahrscheinlich Folge eines herabgesetzten Muskeltonus sind (Zdansky). Bei Belastung erfolgt oft eine weitere Größenzunahme (im Gegensatz zum vergrößerten Sportherzen, das bei Belastung kleiner wird). Der Valsalvasche und der Muellersche Versuch bringen keine eindeutig verwertbaren Ergebnisse.

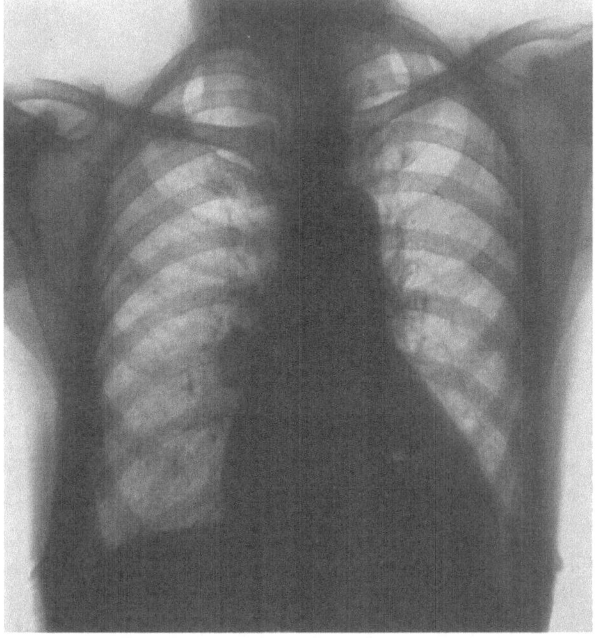

a

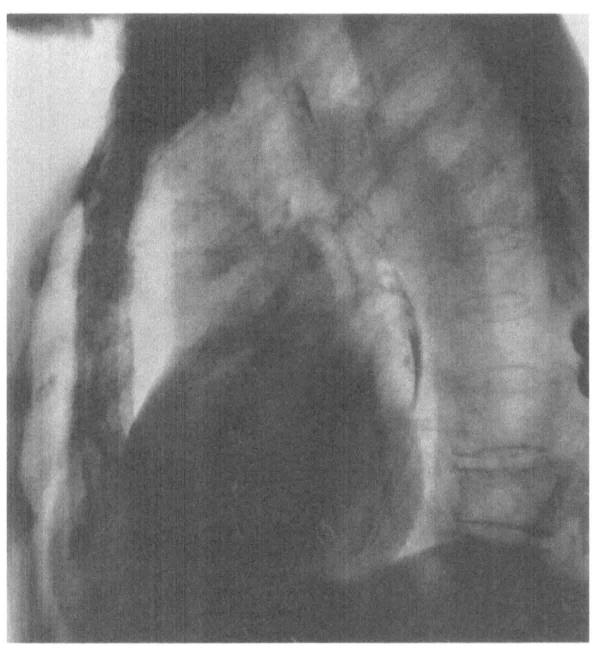

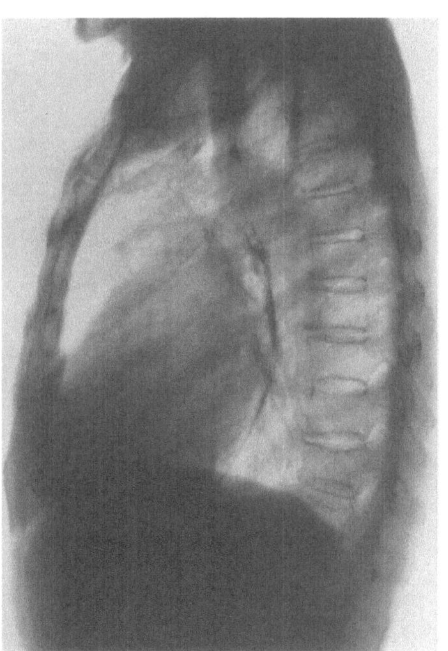

b   c

Abb. 4a—c. Myodegeneratio cordis. 76jährige Frau. Einweisung wegen Herzinsuffizienz. Kein Klappen-fehler. RR 130/80 mm Hg. EKG: Sinusbradykardie, Niederspannung, Steiltyp, verstrichene T-Zacken. Nach Digitalismedikation Rekompensation. Röntgenbefund: mäßige allseitige Dilatation des Herzens ohne wesent-liche Änderung der Konfiguration. a Sagittal; b zweiter schräger Durchmesser in 60°; c seitlich, d. s. Kymo-gramm: s. Abb. 9a—c

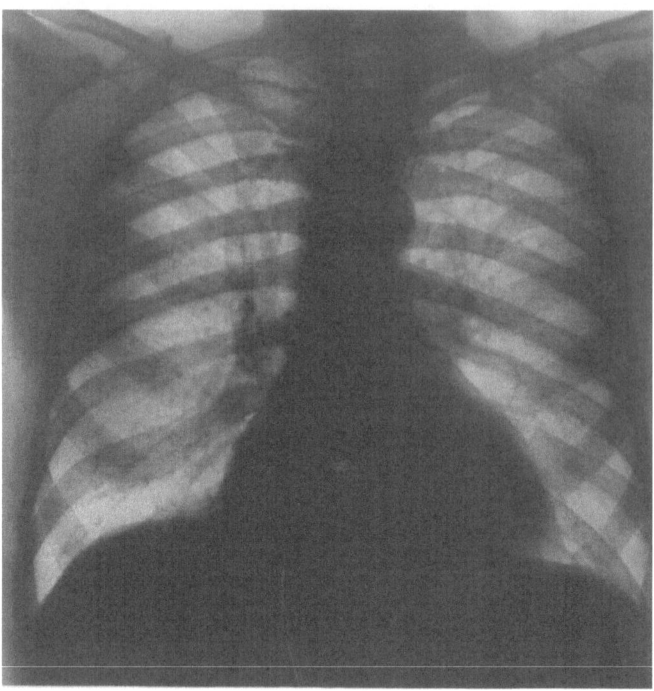

Abb. 5. „Myodegeneratio cordis" bei Coronarsklerose (exakt: „Cor arterioscleroticum)". 54jähriger Mann. Kein Klappenfehler. RR 115/70 mm Hg. EKG: absolute Arrhythmie bei Vorhofflimmern. Erhebliche Störung des Erregungsrückganges. Klinisch keine Stauungserscheinungen. Röntgenbefund: allseitig dilatiertes, dem Zwerchfell breit aufliegendes, schlaffes Herz. Keine Zeichen einer Lungenstauung

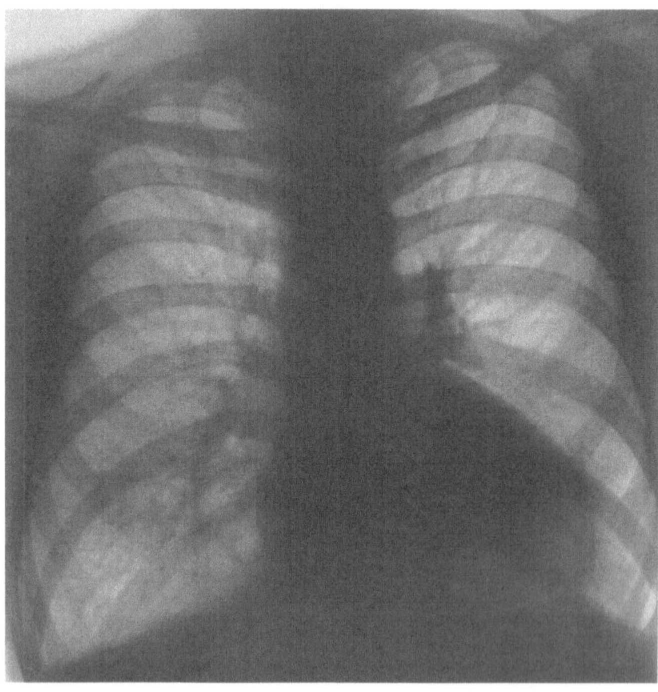

Abb. 6. 55jähriger Mann mit Zeichen einer Herzinsuffizienz. Keine Hypertonie. Kein Klappenfehler. Kein Infarkt. Lungenstauung Klinische Diagnose: Myodegeneratio cordis (bei Verdacht auf Coronarsklerose). Sektion: diffuses Schwielenherz mit frischen Nekrosen. Hochgradige Linksdilatation. (Gewicht 590 g. Muskulatur links: 1,6 cm; rechts: 0,7 cm.) Coronarsklerose. Lungenödem. Epikrise: Cor arterioscleroticum

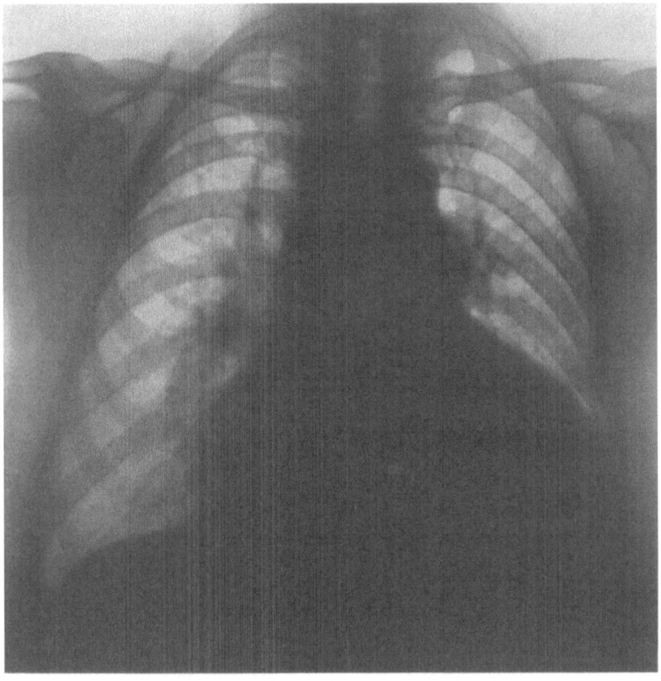

Abb. 7. Myodegeneratio cordis. 70jährige Frau. Anamnese: Zustand nach Cholecystektomie. Ulcus ventriculi. Keine Herzbeschwerden. Einlieferung wegen Subileus. RR 125/70 mm Hg. Kein Klappenfehler. EKG: uncharakteristische ST-T-Veränderungen bei Grenzwert der Kammerhauptschwankung. Sektion: Schwielenherz. Gewicht: 530 g. Hypertrophie beider Kammern. Dilatation aller Herzhöhlen. Mäßige Coronarsklerose. Stauungsorgane

Die linke Kontur entspricht dem linken Ventrikel, die Herztaille bleibt erhalten. Rechts ist die Differenzierung zwischen der vergrößerten rechten Kammer und dem vergrößerten rechten Vorhof oft kymographisch, nicht aber mit der Übersichtsaufnahme möglich. Der Hinterherzraum läßt bei der Oesophagusdarstellung eine mäßige, großbogige Einengung im ganzen Herzbereich erkennen.

Linksdilatation. Entsprechend dem anatomischen und funktionellen Übergewicht des linken Ventrikels ist dieser häufig stärker betroffen, und die linke Kammer kann isoliert dilatieren. Es resultiert röntgenologisch eine linksverbreiterte Herzfigur, die vom „echten" aortal konfigurierten Herzen bei Aortenklappenfehler und bei Hypertonie formmäßig nicht zu unterscheiden ist (Abb. 6). — Im Stadium der Dekompensation überwiegt hier das Linksversagen mit den entsprechenden Symptomen im kleinen Kreislauf. — Der Therapieerfolg ist an einer Verkleinerung des Herzschattens und an der Rückbildung der Lungenstauung zu erkennen.

Dekompensation. Die Dilatation einer oder sämtlicher Herzabschnitte ist nicht gleichbedeutend mit Dekompensation. Nur extrem vergrößerte Herzen (Herz-Lungen-Quotient unter 1,5) sind sicher dekompensiert (Abb. 7). Gelegentlich findet man aber auch bei hochgradiger Herzvergrößerung in Ruhe noch keine Dekompensationszeichen. Der Nachweis einer Rückstauung vor dem linken oder rechten Herzen (Lungenstauung, Pleuraerguß, Stauung im großen Kreislauf) beweist das eingetretene Herzversagen (Abb. 8). Der Rückgang einer Lungenstauung kann sowohl eine wiedereingetretene Leistungsverbesserung der linken Kammer als auch bei weiter bestehender Linksinsuffizienz das zusätzliche Rechtsversagen (mit Stauung im großen Kreislauf!) anzeigen. Wenn rechtes und linkes Herz gleichmäßig insuffizient sind, wie dies bei der Myodegeneratio cordis meist der Fall ist, fehlt eine Lungenstauung, während ein Pleuraerguß über den nutritiven Kreislauf (Vv. pleurales und bronchiales) auftreten kann. Im Verlauf der Behandlung

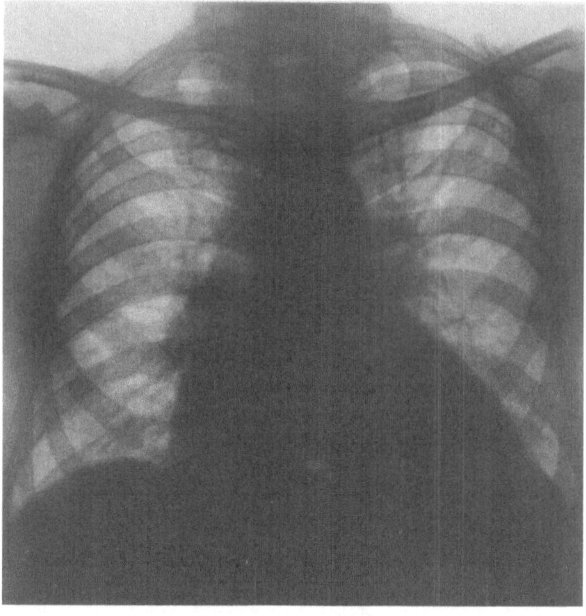

a

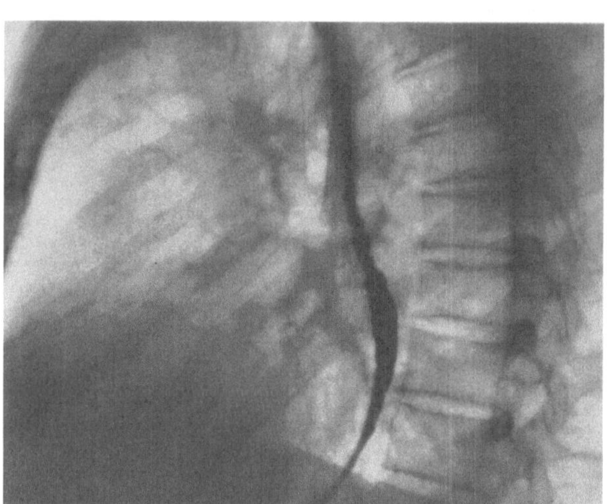

b

Abb. 8a u. b. Myodegeneratio cordis. 68jähriger Mann mit klinischen Zeichen einer Herzinsuffizienz. Anamnese o. B. Geringe Stenokardien. Keine Hypertonie. Kein Klappenfehler. EKG: Linksschenkelblock. Keine Infarktzeichen. 3 Monate später Exitus: Schwielenherz ohne wesentliche Coronarsklerose

ist eine Größenabnahme des Herzschattens als Zeichen einer Restvolumenverminderung (auch Verminderung der Gesamtblutmenge) anzusehen. Zudem ist an die oben besprochene Resorption eines Perikardergusses zu denken.

Zusammenfassend ist also festzustellen, daß es röntgenologisch keine für die Myodegeneratio cordis beweisende Herzform und -größe gibt und die verschiedenen Varianten keine Rückschlüsse auf die Ursache der Myodegeneratio zulassen.

β) Herzaktion

Flächenkymographische Befunde. Die Herzrandpulsationen sind bei der Myodegeneratio cordis auffallend klein, besonders dann, wenn das Herz stärker vergrößert ist. Die

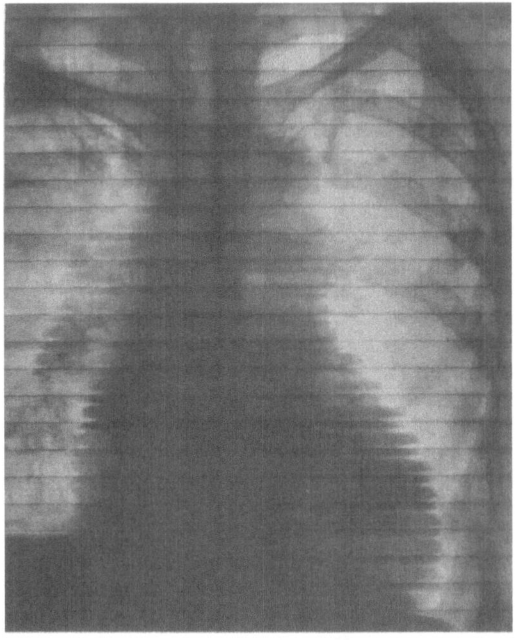

a

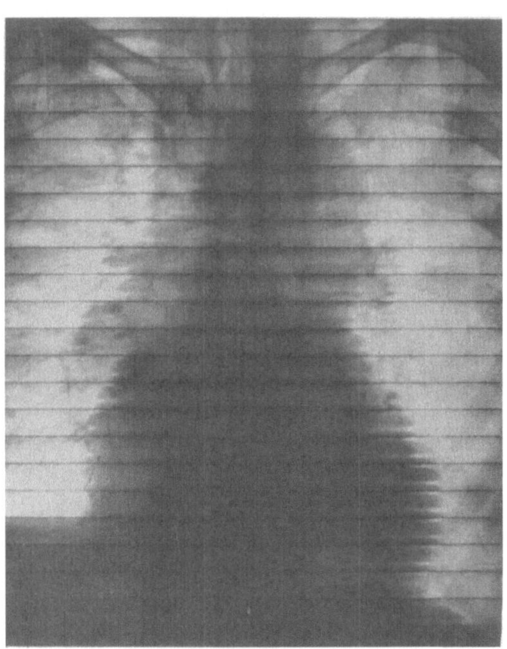

b   c

Abb. 9a—c. Kymogramm zu Abb. 4. a Stehend: laterale Plateaubildung an der Herzspitze bei Pulsationstyp II. b Valsalva im Stehen: unveränderter Pulsationstyp II. c Liegend: Zunahme der Herzgröße

geringe Bewegungsamplitude ist verständlich, da das dilatierte Herz mit vermehrter
Restblutmenge ein normales Schlagvolumen bei verkürztem Kontraktionsweg fördert.

Bewegungstyp. Beim muskelgeschädigten Herzen ist in der Großzahl der Fälle der
Bewegungstyp II (STUMPF) zu finden, d. h. die Bewegungsamplitude ist an der Herz-
spitze geringer als in den oberhalb davon gelegenen Kammerabschnitten (Abb. 9).
Dieser Typ II ist zwar auch bei Herzgesunden (unter anderem auch bei Sportlern) an-

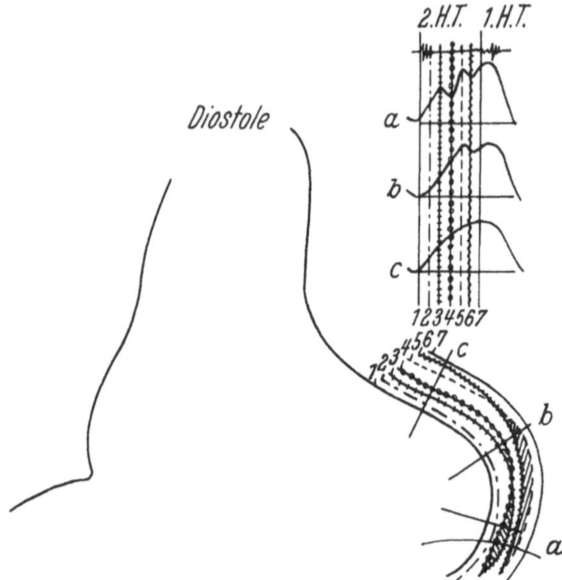

Abb. 10. Eky-Kurven und Phasenanalyse bei Dilatation der linken Kammer. Zwei rückläufige Bewegungen
im Verlauf der Diastole in den caudalen Abschnitten. (Aus Heckmann)

zutreffen, jedoch ist eine Unterscheidung dadurch möglich, daß bei muskelgeschädigten
Herzen die Bewegungsamplitude an der Herzspitze auch bei Belastung und Frequenzerhöhung nicht zunimmt (*fixierter* Typ II). Dieser Typ verändert sich auch nicht bei
verschiedenem Zwerchfellstand. Bei stärkeren diffusen Myokardläsionen zeigt das Kymogramm einen *Bewegungsstillstand* der Herzspitze. Besonders starke Schädigungen der
Herzmuskulatur können zu einer systolischen *Ausstülpung* der Herzspitze führen (Stumpf).

Bewegungsform. Als Ausdruck eines Myokardschadens sind im Flächenkymogramm
während der *Systole* im linken Kammergebiet folgende pathologische Bewegungsformen
zu beobachten (nach Stumpf)[5]:

1. Systolische Lateralbewegung in der ersten Hälfte der Systole als Ausdruck eines
Nachgebens der Kammerwand bei der Druckerhöhung zu Beginn der Systole.

2. Vorzeitiger Beginn der Medialbewegung, die besonders in den caudalen Abschnitten
etwas verfrüht oder sogar schon vor der Anpassungszeit einsetzt. Es findet sich daher
bereits am Ende der Diastole eine Medialbewegung, während die mehr kranial gelegenen
Kammerabschnitte noch in der Lateralbewegung begriffen sind. Stumpf versucht diese
Vorgänge durch einen Kontraktionsrückstand erkrankter Muskelpartien zu erklären,
so daß es in den betreffenden Abschnitten nicht zu einer vollkommenen Erschlaffung
komme.

Während der *Diastole* finden sich folgende pathologische Bewegungsformen im linken
Kammergebiet:

1. Verspätung und Verkürzung der Lateralbewegung im ganzen Kammergebiet
(mediale Plateaubildung nach Heckmann). Die Beschränkung der Lateralbewegung auf
das letzte Drittel der Diastole wird mit einer Erschwerung der Auswärtsbewegungen

---

[5] Die beigefügten Zeichnungen sind grob schematisch; sie veranschaulichen den Bewegungsablauf
unter der Voraussetzung derselben Zeitdehnung und der gleichen Kurvenhöhe in der Aufnahme
mit laufendem Film. Die Zeitfolge ist also von unten nach oben zu lesen. Die ausgezogene Querlinie
entspricht jeweils dem Beginn der Austreibung und wurde bestimmt nach Aortendensogrammen;
die gestrichelte Querlinie bezeichnet das Ende der Systole, kenntlich im Densogramm an der Aorten-
incisur bzw., wenn diese nicht erkennbar war, an dem Beginn einer raschen Lateralbewegung in sämtlichen Kammerteilen. (Text und Zeichnungen aus Stumpf, Weber, Weltz: Röntgenkymographische
Bewegungslehre.)

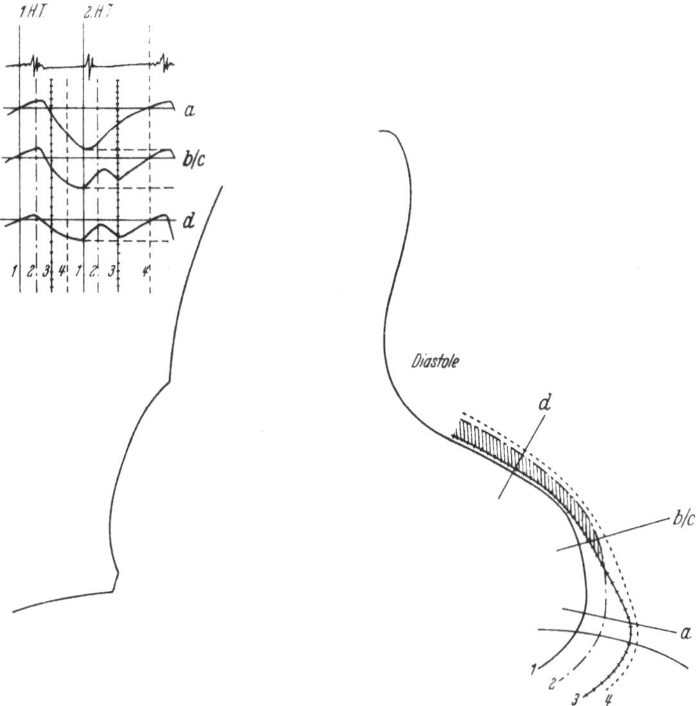

Abb. 11. Rückläufige Bewegungen am Beginn der Diastole in den kranialen Abschnitten des linken Herzrandes. (Aus HECKMANN)

durch Elastizitätsverlust erklärt. Die diastolische Lateralbewegung ist nur ganz kurz; sie ist an den kleinen spitzen Zacken zu erkennen.

2. Langdauernde laterale Endstellung (laterale Plateaubildung). Sie entsteht durch Veränderung der Kontraktilität und Elastizität des geschädigten Herzmuskels, möglicherweise auch durch Vergrößerung der Restblutmenge.

Am *rechten* Herzrand sind verstärkte Vorhofeigenbewegungen, die nach Belastung anhalten, und auch systolische Ausbuchtungen bei starker diffuser Myokardschädigung und Dilatation des rechten Herzens zu beobachten (STUMPF). Abstufungen und Aufsplitterungen der veränderten Bewegungsabläufe sind am rechten Herzrand weniger bei diffusen Myokardschädigungen, sondern eher bei Klappenfehlern und beim Cor pulmonale zu finden.

Elektrokymographische Befunde. Einen wesentlich genaueren Einblick in die Bewegungsabläufe der muskelgeschädigten Herzwand ermöglicht das Elektrokymogramm. Normalerweise erfolgt in der Austreibungszeit durch Verkürzung der Muskelfasern eine Volumenverkleinerung der Kammern überall in Richtung auf ein Kontraktionszentrum. Beim muskelgeschädigten Herzen läßt die Phasenanalyse des Elektrokymogramms eine „dyskoordinierte Tätigkeit der Ventrikel" (HECKMANN) erkennen. Während einzelne Fasergruppen sich kontrahieren, können geschädigte Wandabschnitte den rasch ansteigenden Innendruck nicht überwinden, geben ihm sogar nach und werden gedehnt: Einzelne Herzabschnitte werden also bei der Systole eingezogen, andere wölben sich vor. Im Elektrokymogramm ist dies als systolische „Wellenbewegung" erfaßbar. Es handelt sich in den meisten Fällen um eine „systolische stehende Welle", während eine „fortlaufende systolische Wellenbewegung" selten ist und Ausdruck einer besonders schweren Schädigung des Myokards sein soll. Diese Wellenbewegungen lassen sich im Elektrokymogramm mit Phasenanalyse von Lageänderungen des Herzens trennen (HECKMANN). Im normalen Flächenkymogramm sind diese Wellenbewegungen nicht sicher zu erkennen.

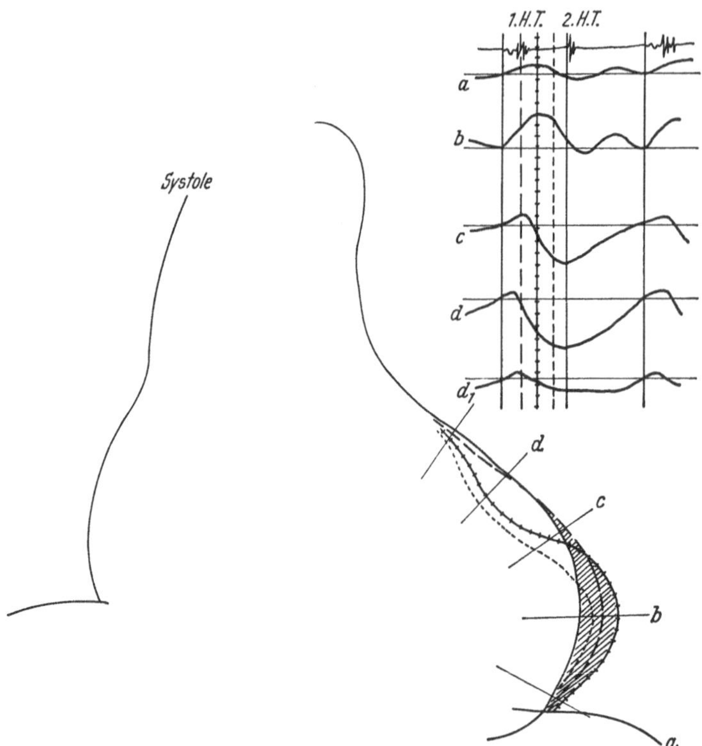

Abb. 12. Eky-Kurven und Phasenanalyse bei systolischer, zentrifugaler Pulsation der Spitze (70jähriger Mann mit muskulärer Herzinsuffizienz). (Aus Heckmann)

Im einzelnen sind elektrokymographisch beim muskelgeschädigten Herzen folgende pathologische Bewegungsarten und -formen mit Hilfe der Phasenanalyse zu erfassen (nach Heckmann)[6]:

„*Rückläufige Bewegungen*". Sie erfolgen *vorübergehend* gegensinnig zur diastolischen Lateralbewegung und zur systolischen Medialbewegung und führen zu *Phasenüberschneidungen* einzelner umschriebener Herzwandabschnitte (schraffierte Zonen). Die diastolischen Phasenüberschneidungen sind charakteristisch für das Vorliegen eines Myokardschadens, besonders wenn sie mehrfach oder bereits im Beginn der Diastole auftreten (Abb. 10 und 11). Bei den systolischen Phasenüberschneidungen ist die pathologische Bedeutung noch fraglich.

Systolische zentrifugale Pulsationen der Ventrikel (Abb. 12) [„reversal of pulsation" (Luisada u. Fleischner; Dack, Gillick u. Schneider)]. Hierbei kommt es während der Anspannungszeit infolge einer Dehnung der Herzwand an umschriebener Stelle zu einer *dauernden* Ausstülpung — meist der Herzspitze —. Dieses Phänomen wurde von Von Braunbehrens auf einen Herzmuskelinfarkt bezogen, Stumpf beobachtete es auch bei Wandschwäche ohne Infarkt (Kirchsche „Spitzenatrophie"), und Reindell konnte es auch bei Herzgesunden nachweisen. Nach Heckmann genügt zum Auftreten dieses Zeichens ein Nachlassen der Kontraktilität der linken Kammer bei diffuser Myokardschädigung verschiedener Genese, es braucht keine umschriebene Wanderkrankung zu bestehen. Ein Infarkt ist aber dann anzunehmen, wenn die Ausstülpung an der linken Herzspitze nicht nur während der systolischen Anspannungszeit, sondern während der gesamten Systole bestehen bleibt (Übergänge zum Herzwandaneurysma nach Infarkt).

---

[6] Abbildungen aus Heckmann: Die „rückläufigen Bewegungen" in der Systole und Diastole des dilatierten Ventrikels. — Die systolische zentrifugale Pulsation der Ventrikel und ihr Nachweis mittels der elektrokymographischen Phasenanalyse. — Die Umformungen der Ventrikel während der Herzaktion.

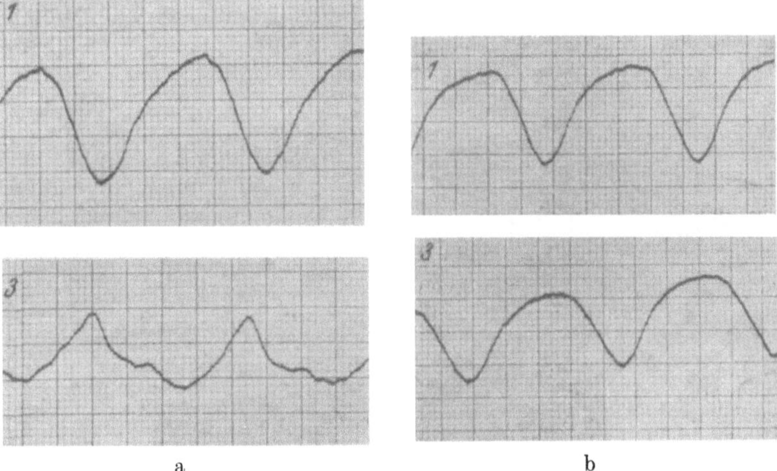

Abb. 13a u. b. In Rückenlage sowohl caudal wie kranial nach oben konvexer Verlauf (Abl. 1 und 3, links im Stehen, rechts in Rückenlage). (Aus HECKMANN)

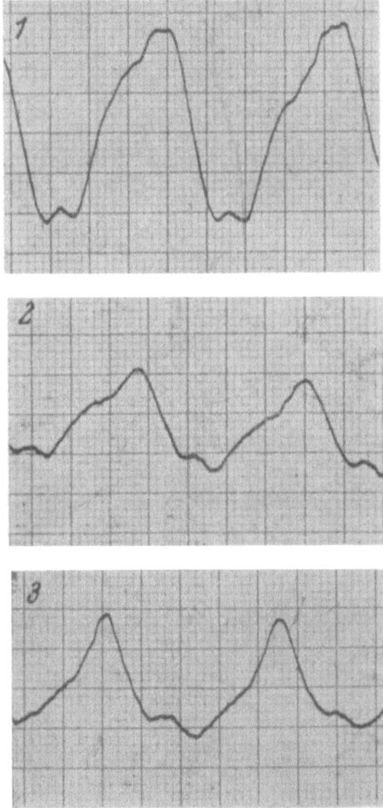

Abb. 14. Caudal (Abl. 1) nach oben konvexer Verlauf des diastolischen Kurvenabschnittes. Kranial (Abl. 3) nach oben konkaver Verlauf. In Abl. 2 annähernd geradliniger Verlauf. (Aus HECKMANN)

Änderungen der Pulsationsformen. Sie deuten auf eine nachlassende Kontraktilität hin, gehen aber der anatomischen Herzmuskelveränderung nicht parallel. Sie können schon vorhanden sein, bevor eine Dilatation des Herzens nachweisbar ist. Andererseits gibt es auch dilatierte Herzen mit noch normalen Herzrandbewegungen. Sind pathologische Pulsationsformen zusammen mit einer Herzdilatation vorhanden, so spricht das für eine schwerere Myokardschädigung.

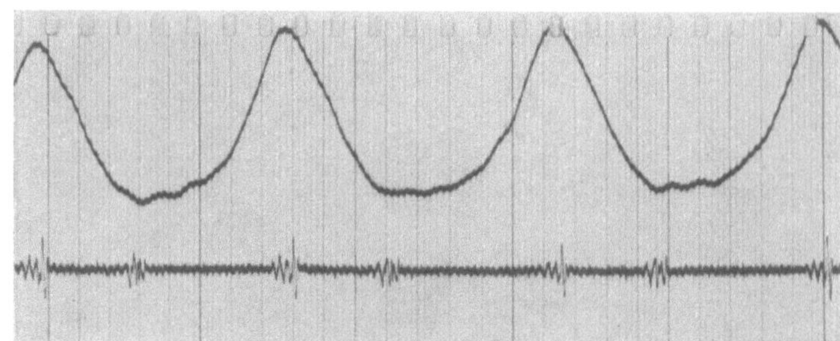

Abb. 15. Kuppelformen bei schwerer Herzmuskelschädigung. Latenzzeit fast Null. Fehlen der PS-Senkung. (Aus Heckmann)

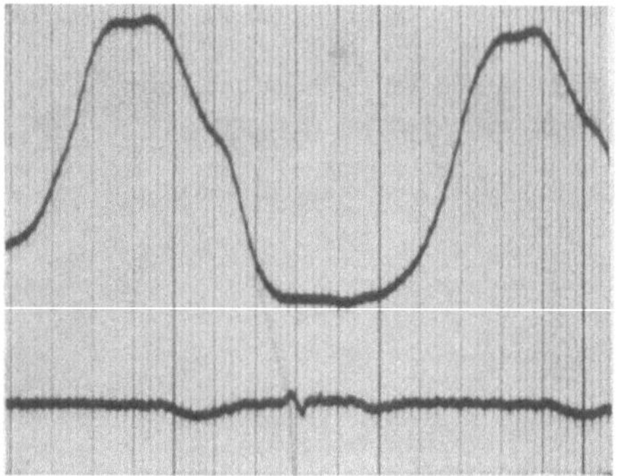

Abb. 16. Plateauform. Solche Kurven kommen bei Herzgesunden nicht zur Beobachtung

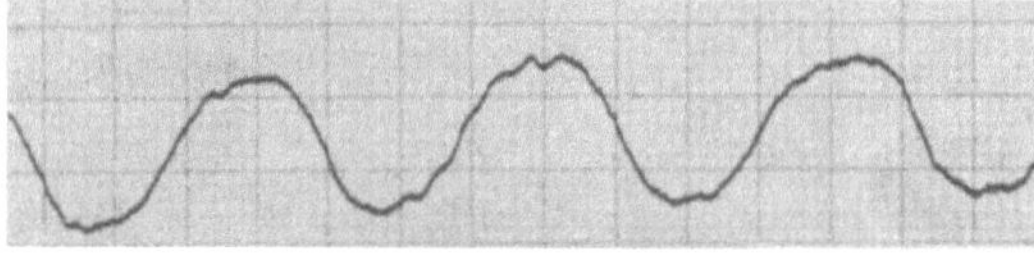

Abb. 17. Sinuskurve. Ausdruck der Massenträgheit des Blutes in den Kammern. (Aus Heckmann)

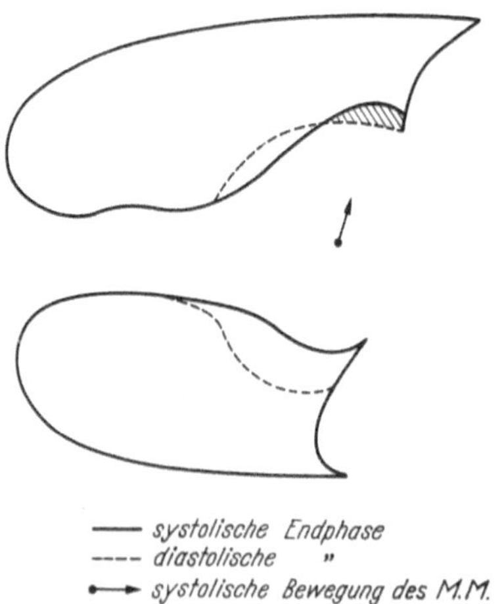

Abb. 18. Das Schema zeigt, wie die paradoxe Pulsation an der Herzspitze in rechter Seitenlage zustande kommt (stärkeres Absinken des Herzens in der Diastole). (Aus Heckmann)

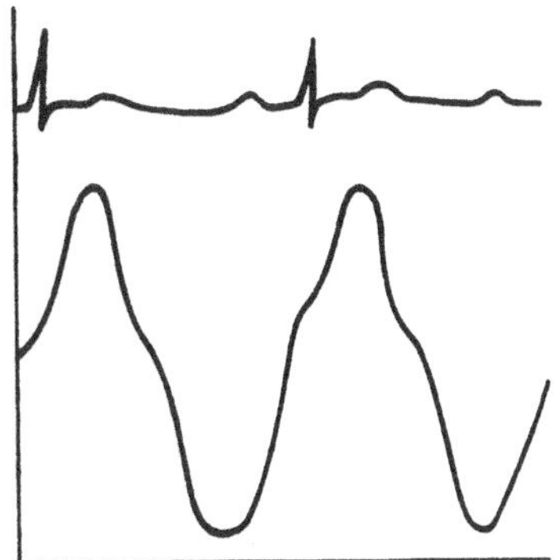

Abb. 19. In rechter Seitenlage tritt an der Herzspitze in der Systole und Diastole eine paradoxe Pulsation. von großer Amplitude auf. (Aus HECKMANN)

Als pathologische Pulsationsformen sind anzuführen:

1. Überall nach oben konvexe diastolische Kurvenabschnitte, sowohl im Stehen als auch im Liegen (Abb. 13). Sie werden durch ein gleichmäßiges Einströmen des Blutes in alle Abschnitte der linken Kammer bei herabgesetzter Kontraktionsfähigkeit des Myokards erklärt (normalerweise erfolgt die diastolische Lateralbewegung zuerst an der Herzspitze und schreitet hier auch am raschesten fort, während sie an den kranialen linken Kammerabschnitten später einsetzt und weniger ausgiebig ist. Dadurch entsteht an der Herzspitze eine nach oben konvexe Kurve, in den kranialen Kammerabschnitten ein nach oben konkaver Kurvenverlauf (Abb. 14).

2. Bei stärkerer Ausprägung der Bewegungsanomalie treten überall abgerundete Kurvenformen auf: Kuppelformen (Abb. 15).

3. Amplitudenabnahme an der Herzspitze (wahrscheinlich durch Verdünnung des Myokards bei dilatierten Herzen infolge „Ausrollung des Herzwirbels").

4. Plateaubildungen an der Herzspitze (Bewegungsstillstand) (Abb. 16).

5. Sinuskurven (Abb. 17), besonders bei stärkeren Dilatationen mit großem Restblutvolumen (durch die Massenträgheit der vergrößerten Blutmenge beginnen die Bewegungen der Systole und Diastole verzögert und allmählich ohne scharfen Übergang).

Funktionsprüfungen. 1. Die pathologischen Kurvenformen ändern sich beim Stehen und Liegen des myokardgeschädigten Patienten nicht. Diese „Starre der Kurvenform bei Lagewechsel" ist charakteristisch für einen dilatierten Ventrikel.

2. Anstelle einer Belastungsprobe durch körperliche Arbeit benützt HECKMANN die Funktionsprobe in Rechtsseitenlage: Das muskelgeschädigte Herz setzt in dieser Lage der Schwerkraft, die es in der Diastole aus seiner Mittellage im Thorax verlagert, einen geringeren Widerstand entgegen als das gesunde Herz. In der Systole kehrt das Herz dann in seine Mittelstellung zurück. Daraus resultiert beim muskelgeschädigten Herzen eine außergewöhnlich große systolische Lateralbewegung, vornehmlich der Herzspitze (Abb. 18 und 19).

Nachdem nun seit Jahren an vielen radiologischen und kardiologischen Zentren routinemäßig im Anschluß an Coronarographien Laevokardiographien (meistens mittels der Kinotechnik) durchgeführt werden, sind neue Einteilungen der allgemeinen und lokalisierten Kontraktionsanomalien des linken Ventrikels (Asynergien) erfolgt (HERMAN u. GORLIN, 1969; vgl. Abb. 20). Da sich diese Begriffe mit den früheren Descriptionen weitgehend decken, geben wir nachstehend die Definitionen der heute gebräuchlichen Begriffe für Kontraktionsanomalien wieder. Der Vollständigkeit halber werden dabei auch die lokalen Bewegungsanomalien des Myokards mit einbezogen. Die Pfeile in Abb. 20 kennzeichnen die Bewegungsrichtung der Ventrikelwände während Systole.

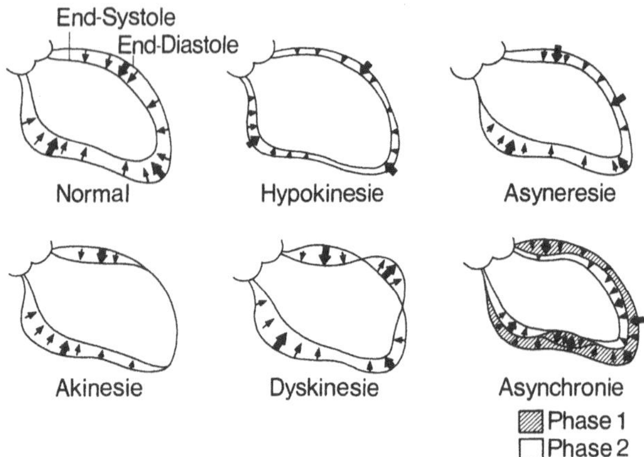

Abb. 20. Einteilung der allgemeinen und lokalisierten Kontraktionsanomalien des linken Ventrikels (Asynergien). Schematische Darstellung der verschiedenen pathologischen Kontraktionsformen (Pfeile kennzeichnen die Bewegungsrichtung der Ventrikelwände während der Systole)

Akinesie bedeutet den totalen Bewegungsausfall einzelner Muskelpartien. Faserverkürzung und Spannungsentwicklung des gesamten Myokards müssen erhöht werden, um das normale Schlagvolumen aufrecht zu erhalten. *Dyskinesie* bedeutet nach der gleichen Einteilung eine paradoxe systolische Vorwölbung umschriebener Wandbezirke. Eine normale Spannungsentwicklung kann ebenfalls nur durch kompensatorische Zunahme der Kontraktionsgeschwindigkeit gesunder Muskelfasern aufrecht erhalten werden. Unter *Asyneresie* versteht man die unzulängliche Kontraktion lokaler Muskelareale. *Asynchronie* bedeutet einen zeitlich gestörten Kontraktionsablauf. Die fehlende Koordination behindert die reguläre Austreibung.

Die linksventrikulären Läsionen werden z. T. auch in anderer Weise systematisiert (Lichtlen, 1969). Nach Lichtlen hat die Analyse der im Zusammenhang mit der Coronarographie durchgeführten Laevokardiographie gezeigt, daß bei fortgeschrittener Coronarsklerose (subtotale oder totale Verschlüsse) in ca. 65 % der Fälle linksventrikuläre Läsionen in mehr oder weniger großem Ausmaß vorliegen (in ca. 20 % Wanddyskinesien, in ca. 45 % kleinere oder größere Aneurysmen, Lichtlen et al., 1969). Nur ca. 35 % der Patienten mit fortgeschrittener Coronarsklerose zeigen noch einen normalen linken Ventrikel. Die Arbeitsgruppe um Lichtlen teilt die Ventrikelwandläsionen aufgrund der laevokardiographischen Befunde wie folgt ein:

1. Dyskinesie der Vorder- oder Hinterwand. Die Kontraktionen sind gegenüber der Norm eingeschränkt, respektive besteht ein deutlicher Kontraktionsrückstand. Bei einer Vorderwanddyskinesie entleert die Spitze sich nicht vollständig.

2. Aneurysma der Spitze. In Systole bleibt die Spitzenregion „ballonförmig" ausgeweitet. Es kann während Systole sogar Kontrastmittel in die Spitze nachfließen.

3. Aneurysma der Vorderwand und Spitze. Es handelt sich hier um eine systolische Ausweitung nicht nur der Spitze sondern auch der Vorderwand. In Systole fließt wiederum Kontrastmittel in die Spitzengegend ein.

4. Aneurysma der Hinterwand. Es handelt sich um eine unmittelbar an den Mitralring anschließende, systolische Ausbuchtung im diaphragmalen Bereich. Sie reicht meistens bis an den hinteren Papillarmuskel heran.

5. Totale Akinesie. Es handelt sich um eine fehlende Kontraktion im Bereich der Vorderwand, Hinterwand und Spitze. Minimale Kontraktionen zeigen sich lediglich in der Konstriktorebene bzw. im linken ventrikulären Ausflußtrakt sowie in den posterobasalen Abschnitten.

g) Zusammenfassung

Insgesamt sind die Veränderungen der Herzgröße und des Bewegungsablaufes der Herzkontur bei der Myodegeneratio cordis nicht spezifisch, sondern decken sich weitgehend mit den Zeichen anderer Herzerkrankungen, die zu Herzinsuffizienz führen, insbesondere sind auch die Herzmuskelveränderungen nach Ischämie und Infarkt vom allgemeinen „Schwielenherz" bei Myodegeneratio cordis röntgenologisch nicht zu trennen. Man wird sich deshalb bei der Frage des Klinikers nach einer Myodegeneratio cordis im Röntgenbild darauf beschränken, nach einer allgemeinen oder auch linksbetonten Herzvergrößerung, einem fixierten Bewegungstyp II und den beschriebenen abnormen Bewegungsformen im Kymogramm und Elektrokymogramm zu suchen. In der Beurteilung sollte man sich von röntgenologischer Seite auf den Hinweis beschränken, daß Veränderungen der Herzform und -bewegung zu finden sind, „wie sie bei Myodegeneratio cordis beobachtet werden".

Literatur

Aschenbrenner, R.: Die Behandlung des Altersherzens mit Glykosiden. Med. Welt 446 (1964).

Blankenhorn, M. A., u. E. A. Gall: Myokarditis und Myokardosis. Circulation 13, 217 (1956).

Blumgart, H. L., D. R. Gilligan and M. J. Schlesinger: The degree of myocardial fibrosis in normal and pathologic hearts as determined chemically by the collagen content. Trans. Ass. Amer. Phycns 55, 313 (1940).

Böhmig, N.. R.: Morphologische Untersuchungen zur Herzmuskelpunktion. Klin. Wschr. 14, 1816—1818 (1935).

Brandfonbrenner, M., M. Landowne and N.W. Shock: Changes in cardiac output with age. Circulation 12, 558—566 (1955).

Braunbehrens, H. v.: Die Herzmuskelschwiele und das Herzwandaneurysma. Fortschr. Röntgenstr. 50, 15—16 (1934).

Büchner, F.: Pathologische Anatomie der Herzinsuffizienz. Verh. dtsch. Ges. Kreisl.-Forsch. 16, 26—43 (1950).

Bürger, M.: Altern und Krankheit, 2. Aufl. Leipzig: Georg Thieme 1954.

Chantraine, H.: Über das Röntgenbild des minderleistungsfähigen Herzens. Fortschr. Röntgenstr. 71, 239—245 (1949).

Dack, S.: Left ventrical border motion, first conference on elektrokymography. 1950.

Delius, L.: Der Herzmuskel bei primären Störungen des Gefäßsystems. Verh. dtsch. Ges. Kreisl.-Forsch. 22, 157—180 (1956).

— Aussprache. Verh. dtsch. Ges. Kreisl.-Forsch. 24, 57 (1958).

Dietlen, H.: Beobachtungen über Veränderungen der Herzgröße bei Infektionskrankheiten, bei exsudativer Perikarditis und paroxysmaler Tachykardie. Münch. med. Wschr. 55, 2077—2083 (1908).

Dietrich, A.: Allgemeine Pathologie und pathologische Anatomie, Bd. II. Leipzig: Hirzel 1934.

Edens, E.: Die Krankheiten des Herzens und der Gefäße. Berlin: Springer 1929.

Ehrenberg, R., H. G. Winnecken u. H. Biebricher: Der Alternsgang des Bindegewebes in menschlichen Organen (Herz und Leber). Z. Naturforsch. 9b, 492 (1954).

Frey, W.: Die Herz- und Gefäßkrankheiten. Berlin: Springer 1936.

Friedberg, Ch. K.: Erkrankungen des Herzens. Übersetzung von E. Gill. Stuttgart: Georg Thieme 1959.

Gelman, J., and S. Brown: Electrocardiographical characterization of the heart in old age in childhood. Acta med. scand. 91, 378—396 (1937).

Gillick, F. G., and J. Schneider: Abnormal elektrokymograms from wall of the ventricle with and without evidence of myocardial infarction. Amer. J. med. Sci. 219, 500—512 (1950).

Grosse-Brockhoff, F.: Pathologische Physiologie. Berlin-Heidelberg-New York: Springer 1969.

Hauss, W. H., u. H. Portheine: Über Erkrankungen des Herzens im Alter. Medizinische 1959, 2440—2446.

Heckmann, K.: Symptome des Myocardschadens im Kymogramm. Wien. Z. inn. Med. 27, 424—437 (1946).

— Die „rückläufigen Bewegungen" in der Systole und Diastole des dilatierten Ventrikels. Fortschr. Röntgenstr. 76, 332—337 (1952a).

— Die systolische zentrifugale Pulsation der Ventrikel und ihr Nachweis mittels der elektrokymographischen Phasenanalyse. Fortschr. Röntgenstr. 76, 337—343 (1952b).

— Die Umformung der Ventrikel während der Herzaktion. Fortschr. Röntgenstr. 76, 513—517 (1952c).

— Pathologische Pulsationsformen der Ventrikel. Fortschr. Röntgenstr. 76, 518—523 (1952d).

Heckmann, K.: Die Lage- und Stellungsänderung des Herzens und ihr Ausdruck im Elektrokymogramm. Fortschr. Röntgenstr. 76, 744—753 (1952e).

— Die dyskoordinierte Tätigkeit der Ventrikel. Fortschr. Röntgenstr. **77**, 343—349 (1952f).

Herman, M. V., u. K. Gorlin: Implications of left ventricular asynergy. Amer. J. Cardiol. **23**, 538 (1969).

Hoff, F.: Behandlung Innerer Krankheiten. Stuttgart: Georg Thieme 1956.

Holzmann, M.: Klinische Elektrokardiographie. Zürich: Fretz Wasmuth 1945 und Stuttgart: Georg Thieme 1955.

Kirch, E.: Über gesetzmäßige Verschiebungen der inneren Größenverhältnisse des normalen und pathologisch veränderten menschlichen Herzens. Z. angew. Anat. **7**, 235—384 (1920).

— Aussprache. Verh. dtsch. Ges. Kreisl.-Forsch. **24**, 56—57 (1958).

Knipping, H. W., W. Bolt, H. Valentin u. H. Venrath: Untersuchung und Beurteilung des Herzkranken. Stuttgart: Ferdinand Enke 1955.

Kraus, F.: Über sogenannte idiopathische Herzhypertrophie. Berl. klin. Wschr. **54**, 765—769 (1917a).

— Über kontitutionelle Schwäche des Herzens. Dtsch. med. Wschr. **43**, 1153—1159 (1917b).

Külbs, F.: Erkrankungen der Zirkulationsorgane. In Handbuch der inneren Medizin, Bd. II. Berlin: Springer 1928.

Lange, F., u. E. Wehner: Das Herz bei Hypertonie und bei Arteriosklerose. Dtsch. Arch. klin. Med. **160**, 45—62 (1928).

Lemcke, W.: Untersuchungen über das minderleistungsfähige Herz. Fortschr. Röntgenstr. **74**, 417—421 (1951).

Lichtlen, P., P. C. Baumann u. B. Preter: Zur selektiven Koronarographie. Klin.-angiographische Analyse anhand von 250 Patienten. Arch.-Kreislauf-Forsch. **59**, 287 (1969).

Linzbach, A. J.: Die quantitative Anatomie des normalen und vergrößerten Herzens im Hinblick auf die Herzinsuffizienz. Verh. dtsch. Ges. Kreisl.-Forsch. **16**, 43—54 (1950).

— Die pathologische Anatomie der röntgenologisch faßbaren Form- und Größenveränderungen des menschlichen Herzens. Bericht 33. Tagg Dtsch. Röntgen-Ges. 1951. Fortschr. Röntgenstr. **76**, Beih. (1952a).

— Die pathologische Anatomie der röntgenologisch feststellbaren Form- und Größenveränderungen des menschlichen Herzmuskels. Fortschr. Röntgenstr. **77**, 1—14 (1952b).

— Struktur und Funktion des gesunden und kranken Herzens. Fünftes Freiburger Symposion. Berlin-Göttingen-Heidelberg: Springer 1958a.

— Die Lebenswandlungen der Struktur des Herzens. Verh. dtsch. Ges. Kreisl.-Forsch. **24**, 3—15, 58—59 (1958b).

— Die pathologische Anatomie der Herzinsuffizienz. In Handbuch der inneren Medizin, Bd. IX, Teil 1. Berlin-Göttingen-Heidelberg: Springer 1960.

Luisada, A., and F. G. Fleischner: Studies of fluorocardiography: Tracings of the left ventricle in myocardial infarction. Acta cardiol. (Brux.) **3**, 308—327 (1948).

Matthes, K.: Probleme der Therapie der Herzinsuffizienz. Verh. dtsch. Ges. Kreisl.-Forsch. **16**, 98—114 (1950).

Michel, D.: Die Lebenswandlungen der menschlichen Herzstromkurve. Verh. dtsch. Ges. Kreisl.-Forsch. **24**, 104—124, 127 (1958).

Morawitz, P.: Krankheiten des Kreislaufes. In Lehrbuch der inneren Medizin, Bd. I. Berlin: Springer 1931.

Nöcker, J., u. V. Böhlau: Der Sauerstoffpuls in Abhängigkeit vom Lebensalter. Verh. dtsch. Ges. Kreisl.-Forsch. **24**, 225—231 (1958).

Nonnenbruch, W.: Krankheiten des Kreislaufes. Lehrbuch der inneren Medizin, Bd. I. Berlin: Springer 1942.

Oken, D. E., and R. J. Boucek: Quantitation of collagen in human myocardium. Circulat. Res. **5**, 357—361 (1957).

Pfeifer, W., u. A. Weiss: Kann die einfache Röntgendurchleuchtung zur Erkennung einer Dysfunktion des Herzmuskels herangezogen werden? Z. Kreisl.-Forsch. **41**, 440—450 (1952).

Reindell, H.: Größe, Form und Bewegungsbild des Sportherzens. Arch. Kreisl.-Forsch. **7**, 117—222 (1940).

Roessle, R., u. F. Roulet: Maß und Zahl in der Pathologie. Berlin: Springer 1932.

Schellong, F.: Herz- und Gefäßkrankheiten. In Lehrbuch der inneren Medizin, Bd. II. Stuttgart: Georg Thieme 1950.

Scherf, D., u. L. J. Boyd: Klinik und Therapie der Herzkrankheiten und der Gefäßerkrankungen. Wien: Springer 1955.

Schinz, H. R., W. E. Baensch, E. Friedl u. E. Uehlinger: Lehrbuch der Röntgendiagnostik, 5. Aufl. Erkrankungen des Myokards, S. 2828—2831. Stuttgart: Georg Thieme 1952.

Schmidt-Voigt, J.: Atlas der klinischen Phonekardiographie. München: Urban & Schwarzenberg 1955.

Spang, K.: Altersherz und Kardiosklerose. Dtsch. med. Wschr. **79**, 318—323 (1954).

— Erkrankung des Herzens im Alter. Med. Welt **1960**, 2360—2366.

Staemmler, M.: Die Kreislauforgane. In Lehrbuch der speziellen pathologischen Anatomie von E. Kaufmann, Bd. I. Berlin: W. de Gruyter & Co. 1954.

Stumpf, P.: Die kontraktile Dysfunktion des Herzens im Kymogramm. Fortschr. Röntgenstr. **74**, 487—497 (1951).

— H. H. Weber u. G. A. Weltz: Röntgenkymographische Bewegungslehre. Leipzig: Georg Thieme 1936.

Thurn, P.: Die röntgenologische Beurteilung der Leistungsfähigkeit des Herzens. Fortschr. Röntgenstr. **90**, 1—13 (1959).

Vaquez, H., u. E. Bordet: Radiologie du cœur et des vaisseaux de la base. Paris: Baillière 1928.

Venrath, H.: Die Bewertung von Belastungsproben bei der Indikationsstellung zur Operation erworbener Herzfehler. Z. Kreisl.-Forsch. **48**, 682—695 (1959).

—, u. H. J. ANTHONY: Funktionsprüfung der Atmung, 2. Aufl. Leipzig: Johann Ambrosius Barth 1961.

WENGER, R.: Die physiologischen EKG-Veränderungen im Laufe des Alters mit besonderer Berücksichtigung des höheren Lebensalters. Wien. med. Wschr. **102**, 592—595 (1952).

WEZLER, K.: Altersanpassung im Kreislauf. I. Die Herzfunktion. Z. Alternsforsch. **3**, 199—239 (1942).

— Die physiologische Altersinsuffizienz des Herzens. Verh. dtsch. Ges. Kreisl.-Forsch. **24**, 74—104 (1958).

WOLF, H. J.: Einführung in die Innere Medizin. Stuttgart: Georg Thieme 1948.

WOLLHEIM, E.: Klinik der Herzinsuffizienz. Verh. dtsch. Ges. Kreisl.-Forsch. **16**, 75—98 (1950).

— Aussprache. Verh. dtsch. Ges. Kreis.-Forsch. **24**, 57—58 (1958).

ZDANSKY, E.: Röntgendiagnostik des Herzens und der großen Gefäße. Wien: Springer 1949.

— Die Funktion des Herzens im Röntgenbild. Fortschr. Röntgenstr. **76**, 295—305 (1952).

— Was leistet die Röntgenuntersuchung für die Beurteilung der Herzfunktion des Erwachsenen? In: Röntgendiagnostik, Ergebnisse 1952 bis 1956, S. 104—132. Stuttgart: Georg Thieme 1957.

IX. Herzveränderungen bei arterio-venösen Fisteln

Von

W. Hoeffken, R. Felix und H. Wolfers

Mit 6 Abbildungen

Unter einer arterio-venösen Fistel versteht man eine direkte Gefäßverbindung zwischen einer Arterie und einer Vene. Häufig kommt es sekundär zur Bildung eines Aneurysmas, gelegentlich ist aber auch der umgekehrte Weg, nämlich der Durchbruch eines Aneurysmas in die benachbarte Vene, möglich. Man unterscheidet prinzipiell zwischen arterio-venösen Fisteln im Lungenkreislauf und im großen Kreislauf, da sie, abgesehen vom Gasstoffwechsel, völlig verschiedene hämodynamische Verhältnisse hervorrufen und sich dadurch am Herzen unterschiedlich auswirken.

Ätiologie. Das *arterio-venöse Lungenaneurysma* oder richtiger die *arterio-venöse Lungenfistel* ist eine kongenitale Kurzschlußverbindung zwischen einer Pulmonalarterie und Vene. Es ist nicht anzunehmen, daß eine der normalerweise vorhandenen zahlreichen Anastomosen der Lungenstrombahn durch sekundäre Schädigung zu einer arterio-venösen Fistel wird, sondern es dürfte eine primäre Gefäßmißbildung vorliegen (angeborene Gefäßdysplasie). Die Lunge soll auf Grund ihres doppelten Kreislaufes zu solchen Gefäßmißbildungen disponiert sein (GIAMPALMO). Mehr als 50 % aller bekannt gewordenen Fälle von arterio-venösen Fisteln der Lunge weisen weitere Gefäßveränderungen auf und gehören zum Bild der familiär auftretenden Oslerschen Erkrankung (SCHLUDERMANN u. a.).

Zum ersten Mal beschrieben wurde die arterio-venöse Fistel der Lungen von anatomischer Seite durch CHURTON im Jahre 1897. Bis 1957 sind über 150 Fälle veröffentlicht worden (BENO und DAS). Zweifellos sind aber seit Bekanntwerden der Symptomatik wesentlich mehr Fälle diagnostiziert worden (wir verfügen z. B. über vier eigene, davon zwei operierte Fälle).

Die arterio-venösen Fisteln im großen Kreislauf werden unterteilt:

Kongenitale arterio-venöse Fisteln: KÜHNE sowie VEYRASSAT (s. auch LINDENSCHMIDT) fassen hierunter zusammen: Rankenaneurysma, Varix arteriosus (DUPUYTREN), Tumeur cirsoide artérielle (GOSSELIN und ROBIN), Aneurysma cirsoides (BRESCHET 1832), Tumeur érectile pulsatile, Hémangiectasie hypertrophic (PORKES und WEBER 1907). Auch die Oslersche Erkrankung sowie Hämangiome, besonders der Leber, gehören auf Grund der gleichartigen hämodynamischen Erscheinungen (WINTERS, ROBINSON und BATES) zu dieser Gruppe.

Erworbene arterio-venöse Fisteln: Die häufigste Entstehungsursache ist ein Trauma (Stich, Schuß, Splitterverletzung, seltener stumpfe Gewalt) mit Verletzung und Perforation der dicht nebeneinanderliegenden Gefäßwände einer Arterie und einer Vene (oft in einer gemeinsamen Gefäßscheide). Häufigste Lokalisation im Bereich der unteren Extremität sind die Iliacal- und Femoralgefäße sowie die Poplitea und in der oberen Extremität die Brachialis und Axillaris; weiterhin die Fistel zwischen Arteria carotis und Vena jugularis interna. Auch durch entzündliche Prozesse kann es zur Entstehung von arterio-venösen Fisteln kommen (meist mykotisch bedingt). Die Ruptur eines luischen Aortenaneurysmas in die Vena cava cranialis, Arteria pulmonalis, den rechten Vorhof und den rechten Ventrikel kann ebenfalls zu Symptomen einer arterio-venösen Fistel führen.

Arterio-venöse Fisteln der Nierengefäße werden als Folgen der Arrosion eines angeborenen Arterienaneurysmas mit Durchbruch in die Nierenvene angesehen (SCHEIFLEY u. Mitarb.). Bestimmte Organerkrankungen können mit Eröffnung zahlreicher vorhandener arterio-venöser Anastomosen oder Entstehung multipler kleiner arterio-venöser Fisteln den Capillarkreislauf ausschalten und die typische Symptomatologie der arterio-venösen Fistel auslösen (Spyder-Naevi bei Lebercirrhose; HEGGLIN). — Auch bei Patienten mit Ostitis deformans Paget nimmt man an, daß die Knochenerkrankung multiple arterio-venöse Kurzschlüsse verursacht und diese die oft beobachtete Herzinsuffizienz bedingen. Andererseits behauptet ALBRIGHT, daß die Knochenveränderungen sekundärer Natur seien und die Pathogenese in primären Gefäßanomalien zu suchen sei.

1. Klinisches Bild, Hämodynamik und Herzveränderungen
bei arterio-venöser Fistel im kleinen Kreislauf

Die arterio-venöse Lungenfistel führt selten schon bald nach der Geburt zu Erscheinungen (Rankl: 14 Tage; de Langeh: 2 Monate; Wollstein: 5 Monate). Meist braucht sie eine Reihe von Jahren, bis der Shunt so groß ist, daß die „Cyanoseschwelle" (Hauch und Hertz) erreicht ist und die Erkrankung manifest wird.

Im Vordergrund des *klinischen Bildes* (Grosse-Brockhoff; Hegglin; Loogen u. Vieten) stehen: Cyanose durch arterielle Sauerstoffuntersättigung bis auf Werte von 70% O_2-Sättigung und weniger (Hauch u. Hertz; Schludermann; Mülly u. a.), Polyglobulie mit Erythrocytenvermehrung auf Werte bis zu 12 Millionen (Goldman), einem Hämoglobingehalt bis 130% und einem hohen Hämatokritwert bis 80% als Ausdruck des Fehlens einer stärkeren Plasmavermehrung (Mülly), Dyspnoe (meist erst spät auftretend, besonders bei Belastung), Trommelschlegelfinger und -zehen (manchmal ganz extremer Art). Bei der Auskultation hört man über dem Herzen ein uncharakteristisches Systolikum und über der Lungenfistel ein spätsystolisches Geräusch, das sich bei Belastung verstärkt. Es entsteht durch eine turbulente Strömung des Blutes in der aneurysmatisch erweiterten Fistel und ist nicht durch eine Herzveränderung bedingt. Friedberg spricht von einem Dauergeräusch über dem Ort der Mißbildung.

Das röntgenologische Bild der Lungenfistel (Schludermann) ist charakterisiert durch einen einzelnen glatt konturierten Rundschatten (meist mit Eigenpulsation) oder durch ein traubiges Konvolut, das mit dem Hilus durch ein zu- und abführendes erweitertes Gefäß in Verbindung steht (Schichtaufnahme, Angiokardiographie). Im einzelnen wird auf die Röntgenologie dieser Lungengefäßerkrankung in Bd. IX eingegangen.

An dieser Stelle interessieren die *hämodynamischen Veränderungen* des Lungenkreislaufes und die Rückwirkungen auf das Herz. Das Shuntvolumen bei arterio-venösen Fisteln der Lunge ist oft ganz erheblich (Heberer: 20 und 40% des Herz-Zeit-Volumens; Hamm u. Kleinsorg: 49% des Herz-Zeit-Volumens; Hauch u. Hertz: 67% des Herz-Zeit-Volumens; Bing u. Mitarb.: bis zu 76% des Herz-Zeit-Volumens); in einem unserer eigenen Fälle 18% des Herz-Zeit-Volumens; Loogen (1969) gibt Werte von 20—75% an. Diese manchmal extreme, nicht arterialisierte Shuntblutmenge erklärt die Cyanose, Dyspnoe und Polyglobulie.

Trotz dieser hohen Shuntvolumina, die unter Umgehung des Lungencapillarnetzes und daher fast ohne Strömungswiderstand vom rechten Ventrikel mit einem systolischen Druckgradienten von 30/0 mm Hg in die Vena pulmonalis gepreßt werden, kommt es weder zu einer Druckerhöhung im linken Vorhof noch zu einer Erhöhung des Herz-Zeit-Volumens.

Man hat den hämodynamischen Unterschied zwischen der peripheren arterio-venösen Fistel im großen und der arterio-venösen Fistel im Lungenkreislauf früher durch die unterschiedlichen Gradienten zwischen arteriellem und venösem Druck im großen Kreislauf (125/0 mm Hg) und im Lungenkreislauf (30/0 mm Hg) zu erklären versucht.

Diese Erklärung ist aber wenig einleuchtend, denn bei der *peripheren* arterio-venösen Fistel ist im kompensierten Zustand, trotz des hohen arteriellen Druckes im großen Kreislauf, der Venendruck nicht erhöht (oder nur unwesentlich), das Herz-Zeit-Volumen aber — obwohl die Shuntgröße 50% selten übersteigt — stark vergrößert.

Demgegenüber ist bei der arterio-venösen Lungenfistel, trotz der kleineren Druckgradienten von 30/0 mm Hg, das beobachtete Shuntvolumen oft viel größer als bei der peripheren arterio-venösen Fistel, das Herz-Zeit-Volumen aber normal.

Fälle mit absolut erhöhtem pulmonalem Durchfluß sind jedoch auch beschrieben worden (Hall et al., 1965). Gleichzeitig bestand eine Linkshypertrophie.

Die richtige Erklärung für das Fehlen einer Vergrößerung des Herz-Zeit-Volumens bei der arterio-venösen *Lungen*fistel ist wohl darin zu suchen, daß der Strömungswiderstand im Fistelbereich zwar sehr klein (Hauch u. Hertz: 157 dyn. sec. cm^{-5}), in der übrigen Lungenstrombahn aber dafür relativ erhöht ist (Hauch u. Hertz: 315 dyn. sec. cm^{-5}). Der Gesamtwiderstand der Lungenstrombahn bleibt also durch die reflek-

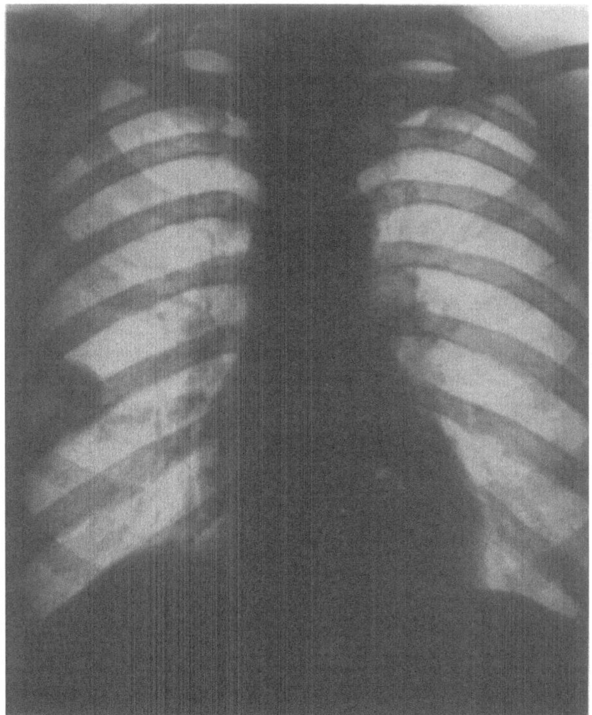

a

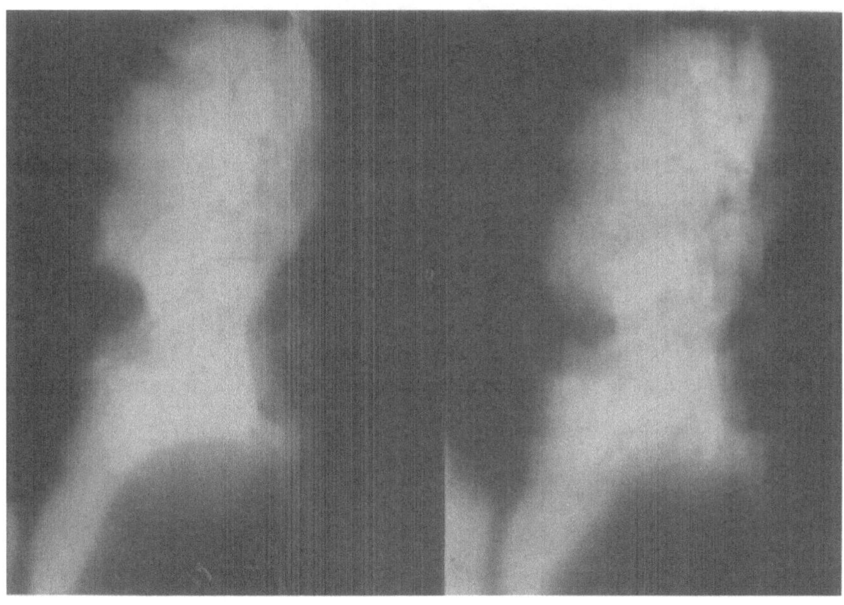

b   c

Abb. 1a—c. Arterio-venöse Lungenfistel rechts im Mittellappen mit zu- und abführendem Gefäß. Keine
Form- und Größenänderung des Herzens

torische Widerstandserhöhung in den normalen Gefäßabschnitten, trotz des oft großen
Shunt in der arterio-venösen Fistel, normal. Diese regulative Fähigkeit der Lungenstrombahn (s. Cor pulmonale, S. 215) bedingt die unterschiedliche Hämodynamik bei peripheren und pulmonalen arterio-venösen Fisteln. Da der Gesamtwiderstand der Lungen-

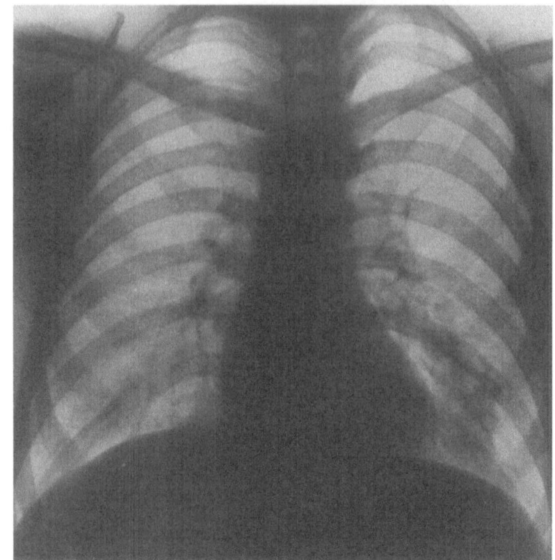
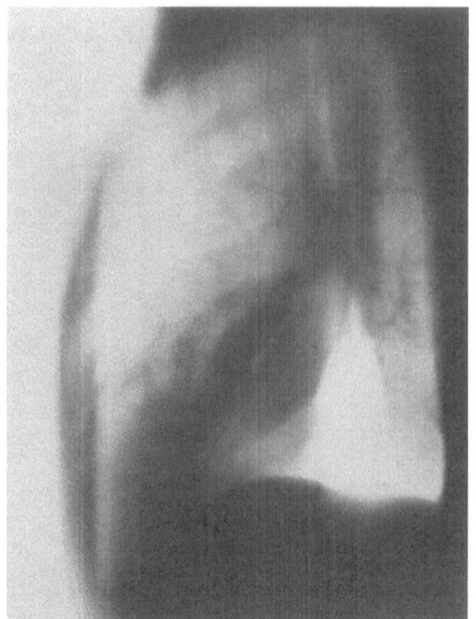

a

b

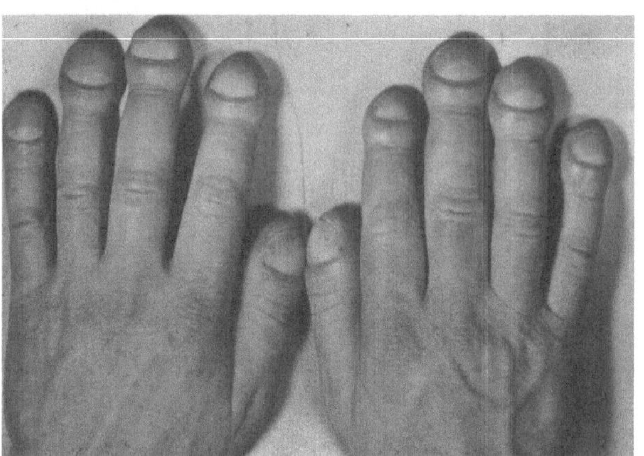

c

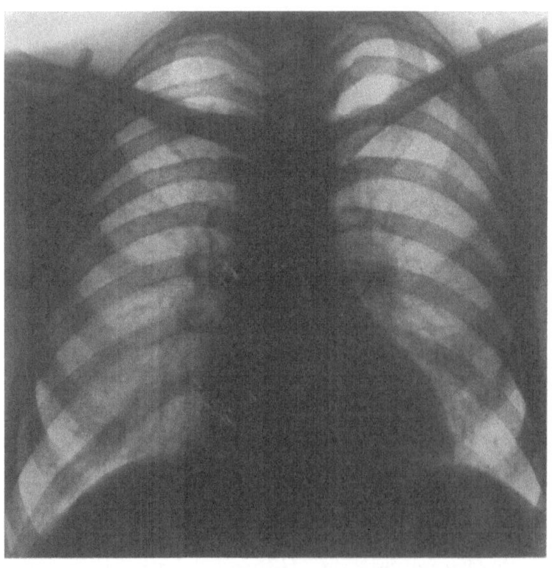
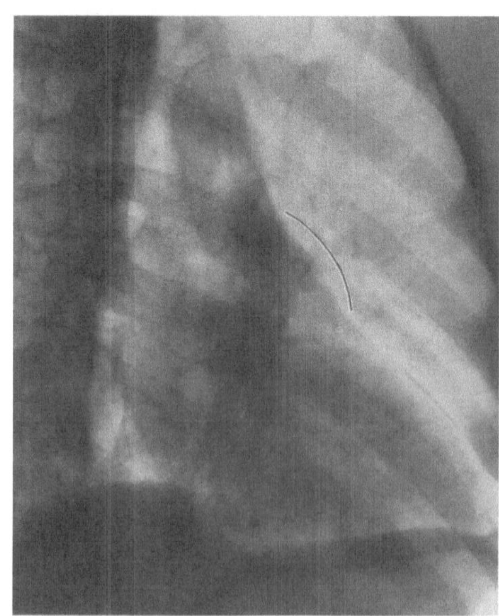

d

e

strombahn normal gehalten wird, braucht weder das rechte Herz erhöhte Arbeit (zur Aufrechterhaltung des physiologischen Pulmonaldruckes) noch das linke Herz (zur Bewältigung des anfallenden Blutvolumens) zu leisten. Bei der arterio-venösen Lungenfistel fehlt daher eine hämodynamisch bedingte Herzbeteiligung, die Herzform und -größe ist normal (Abb. 1).

Ausnahmen sind ganz selten beobachtet worden (FRIEDLICH, BING u. BLOUNT, BAKER u. TROUNCE). Es ist denkbar, daß bei diesen Fällen die regulative Fähigkeit der Lungen nicht ausreichte, um den Gesamtwiderstand der Lungenstrombahn normal zu halten und es deshalb zu einer Vergrößerung des Herz-Zeit-Volumens gekommen ist (HAUCH u. HERTZ). Auch ist eine erhöhte Herzbelastung durch extreme Viscositätserhöhung des Blutes infolge einer Polyglobulie in Erwägung zu ziehen. Da aber die Plasmamenge und die Gesamtblutmenge nicht vermehrt sind, fehlt auch hier eine Volumbelastung des Herzens. Bei Beobachtungen anderer Autoren (ALEXANDER; SISSON, MURPHEY u. NEUMAN) ist der kausale Zusammenhang der Herzvergrößerung mit der arterio-venösen Lungenfistel nicht gesichert (Coronarsklerose, Mitralstenose). Ein indirekter Zusammenhang zwischen arterio-venöser Lungenfistel und Herz wäre durch die chronische arterielle O_2-Untersättigung und die damit einhergehende Hypoxämie des Herzmuskels denkbar, wurde aber bisher nicht nachgewiesen. Neueren Anschauungen zufolge ist der hämodynamische Lungenwiderstand in den normalen Abschnitten wahrscheinlich sogar erniedrigt (LOOGEN, 1969). Das wäre auch insofern sehr sinnvoll, als diese Tatsache den Durchfluß durch normales Lungengewebe fördert und damit eine Verminderung des nicht arterialisierten Blutvolumens herbeiführt.

Interessant ist die Beobachtung von LINDGREN, daß die Herzgröße nach gelungener operativer Fistelexstirpation zunahm, wahrscheinlich durch Widerstandserhöhung im Lungenkreislauf als Folge einer sekundären Pulmonalsklerose.

Wir selber haben einen entsprechenden Fall beobachtet (Abb. 2). Ein 24jähriger Mann mit einer arterio-venösen Fistel in der Lingula, einem Shuntvolumen von 17,4 % des Herz-Minuten-Volumens, geringer Cyanose, aber extremen Trommelschlegelfingern und -zehen hatte vor der Operation röntgenologisch ein normal großes Herz. 9 Monate nach der operativen Fistelbeseitigung mit Lingularesektion hat sich das Herz eindeutig vergrößert. Eine geringe Anhebung der Herztaille (Vergrößerung des Querdurchmessers), leichte Vorwölbung des Pulmonalsegmentes im rechten schrägen Durchmesser sowie ein auffallendes „Hilustanzen" und vergrößertes Pulmonalarterienkaliber lassen ursächlich an eine vermehrte Rechtsbelastung infolge sekundärer Pulmonalsklerose durch organische Fixierung der jahrzehntelangen Engstellung der Lungenstrombahn denken. Hierdurch ließe sich auch die nur vorübergehende Besserung des Leistungsvermögens und die fehlende Rückbildung der Trommelschlegelfinger erklären.

Zusammenfassend ist trotz ganz seltener Ausnahmen daran festzuhalten, daß bei arterio-venösen Lungenfisteln *keine röntgenologisch faßbaren Veränderungen von Herzform und -größe* auftreten.

2. Klinisches Bild, Hämodynamik und Herzveränderungen
bei arterio-venöser Fistel im großen Kreislauf

Arterio-venöse Fisteln im großen Kreislauf führen zu einer Volumenbelastung des Herzens, wenn sie auf Grund ihrer Größe, ihrer Lokalisation und ihrer funktionellen Auswirkung eine Erhöhung des Herz-Minuten-Volumens bewirken.

Hämodynamisch handelt es sich bei peripheren arterio-venösen Fisteln um eine krankhafte Volumbelastung des gesamten Herzens. Die teilweise ähnlichen Verhältnisse bei Aorteninsuffizienz, bei persistierendem Ductus arteriosus und angeborenen Vitien mit Links-Rechts-Shunt verursachen, im Gegensatz hierzu, nur eine Volumbelastung

Abb. 2a—e (s. Text). a Normale Herzgröße bei arterio-venöser Lungenfistel. b Schichtaufnahme des zu- und abführenden Gefäßes in der Lingula. c Trommelschlegelfinger. d Herzvergrößerung 9 Monate nach Fistelexstirpation. Vergrößertes Pulmonalarterienkaliber. e Gezielte Aufnahme im rechten schrägen Durchmesser mit gering prominentem Pulmonalsegment

einzelner oder mehrerer Herzteile. Bei akuten Fisteln steht der Kreislaufkollaps im Vordergrund. Es kommt zu einem Volumenverlust aus dem arteriellen Druckspeicher in das venöse System. Dem folgt ein Blutdruckabfall mit röntgenologischer Herzverkleinerung (Rau u. Heberer, 1961).

Kleine Shunt-Volumina, wie sie meist bei angeborenen arterio-venösen Fisteln angetroffen werden, führen zwar zu lokalen Haut- oder Organveränderungen und verminderter Sauerstoffsättigung peripher von der Fistel, jedoch ist die Rückwirkung auf das Herz meist gering. Gelegentlich kommt es im vorgerückten Lebensalter zu einer stärkeren allgemeinen Kreislaufbeteiligung (Lindenschmidt).

Gleiches gilt für den Morbus Paget: Das Ausmaß der Knochenveränderungen und damit der arterio-venösen Fistel bestimmt die Größe der Volumenbelastung des Herzens (Edholm, Howarth, McMichael sowie Schwiegk und Lang u. a.), jedoch sind auch Ausnahmen beschrieben, die keine Parallelität zwischen Knochenveränderungen und Kreislaufsituation gezeigt haben (Schneider).

Große Shunt-Volumina von 20—50$^0/_0$ des Herz-Minuten-Volumens (Gauer und Linder: 6 Liter) belasten den Gesamtkreislauf erheblich und zählen zu den größten Volumbelastungen, die beim Menschen beobachtet wurden. Als Folge der arterio-venösen Fistel strömt aus dem arteriellen Kreislaufschenkel das unter hohem Druck stehende arterielle Blut in den venösen Kreislaufschenkel ab. Die Menge des venösen Blutes wird um die Menge des zuströmenden arteriellen Blutes vergrößert und strömt dem rechten Herzen zu. Das Shunt-Volumen ist abhängig von der Größe der Fistel und der Größe der versorgenden Arterie, es bestimmt die Vergrößerung des Herz-Minuten-Volumens. Die Kreislaufzeit ist verkürzt, die aktive Blutmenge vermehrt (Wollheim, Friedberg).

Als Sonderfall ist das Syndrom der arterio-venösen Fistel der Nierengefäße zu nennen, da hier neben der Volumbelastung des Herzens durch den Fistelmechanismus auch eine erhebliche Druckbelastung durch eine renale Hypertonie auftritt. Für die Hypertonie wird ein Goldblatt-Mechanismus der infolge des arteriellen Blutdruckabfalles distal der Fistelstelle schlechter durchbluteten Niere verantwortlich gemacht. Die Ausschüttung blutdrucksteigernder Substanzen erhöht den Blutdruck, ohne die Nierendurchblutung zu verbessern, da gleichzeitig auch der Druckunterschied zwischen Arterie und Vene und damit der Shunt durch die Fistel größer wird. Auf diesem Wege kann sich ein Circulus vitiosus mit völliger Zerstörung der Niere und extremer Volum- und Druckbelastung des Herzens entwickeln (Scheifley; Elkin und Warren).

Die Gesamtblutmenge ist im allgemeinen vermehrt. Nur auf diese Weise kann ein normaler arterieller Mitteldruck trotz des Lecks aufrecht erhalten werden (Rau u. Heberer, 1961). Die Vermehrung des Blutvolumens geht fast ausschließlich auf eine Vergrößerung des Plasmavolumens zurück (Baker und Trounce).

Zur Bewältigung dieser Blutmenge wird das Schlagvolumen heraufgesetzt. Andererseits wird angenommen, daß die Erhöhung des Schlagvolumens reflektorisch zur Aufrechterhaltung des mittleren arteriellen Blutdruckes erforderlich ist (Eppinger, Kisch und Schwarz; Mörl; Stenger). Außerdem kommt es zu einer Erhöhung der Herzfrequenz, deren Entstehung noch ungeklärt ist. Friedberg nimmt einen Bainbridge-Reflex an, der durch den gesteigerten venösen Rückfluß und den erhöhten rechten Vorhofdruck ausgelöst wird und die Frequenzerhöhung bedingt. Cohen, Edholm u. a. fanden bei der Herzkatheterisierung eine mäßige Steigerung des rechten Vorhofdruckes. Nach Nusselt soll der Venendruck immer erhöht sein. Demgegenüber behaupten Zdansky und Fick, daß der Venendruck nur bei eingetretener Herzinsuffizienz erhöht ist und infolgedessen der Bainbridge-Reflex als Ursache der Frequenzbeschleunigung nicht zur Erklärung herangezogen werden kann. Friedberg diskutiert deshalb außerdem eine Frequenzbeschleunigung über Vagus-Reflexe auf Grund des arteriellen Blutdruckabfalles (Mareyscher Reflex).

Die umfangreichen Untersuchungen von Reindell sowie Delius u. Mitarb. in Verbindung mit den pathologisch-anatomischen Ergebnissen von Linzbach lassen erkennen, daß bei der krankhaften Volumenbelastung des Herzens je nach dem Zustand des Herzmuskels verschiedene kreislaufdynamische Mechanismen ablaufen können, die teilweise ohne, teilweise auch mit erhöhtem Füllungsdruck einhergehen.

Tonogene oder regulative Dilatation. Das isolierte Herz reagiert auf eine Volumenbelastung nach den Frank-Straub-Starlingschen Gesetzen mit einer Dilatation der Herzhöhlen entsprechend dem vermehrten Zufluß. Unter Anstieg des Füllungsdruckes wird also das diastolische Volumen vergrößert. Durch die passive Dehnung erfolgt hierbei eine Erhöhung der Anfangsspannung und eine Steigerung der Kontraktionskraft, die das Herz in die Lage versetzen, die vermehrte Zuflußmenge als vergrößertes Schlagvolumen wieder auszuwerfen.

Eine Vergrößerung des systolischen Restblutes tritt hierbei nicht ein. Dieser Vorgang wurde von MORITZ als tonogene (plesmogene) Dilatation bezeichnet und auf das menschliche Herz übertragen (Füllungsdilatation nach ZDANSKY). Sie soll die Voraussetzung für eine Hypertrophie des Herzmuskels sein (KIRCH, STRAUB, WHITE, KATZ, FRIEDBERG).

Die Druckmessungen mit Hilfe des Herzkatheters haben aber nun gezeigt, das im suffizienten volumenbelasteten und vergrößerten Ventrikel der Füllungsdruck nicht erhöht ist (SCEBAT, FERRER, BAYER, REINDELL u. Mitarb., KLEPZIG, DELIUS, WARREN, EPSTEIN u. Mitarb., GROSSE-BROCKHOFF). Außerdem ist das Herz nicht nur in diastolischer sondern auch in systolischer Endstellung vergrößert, so daß, im Gegensatz zum isolierten Herzen, eine Restblutvermehrung angenommen werden muß (REINDELL, DELIUS u. a.). Diese Restblutvermehrung wird durch die Verkleinerung des Herzens im Valsalvaschen Preßversuch bestätigt. REINDELL sowie DELIUS u. Mitarb. folgern hieraus, daß die Schlagvolumenvergrößerung primär durch einen vermehrten Auswurf des Restblutes mit systolischer Verkleinerung erfolgt. Diastolisch kann dann ohne Anstieg des Füllungsdruckes vermehrt Blut aufgenommen werden. Es handelt sich also um einen Anpassungsvorgang analog der regulativen Dilatation des gesunden Sportherzens: Die einsetzende physiologische Hypertrophie und die regulative Dilatation führen zu einer langsam zunehmenden Restblutvermehrung und damit der Schlagvolumenreserve sowie zu einer systolischen und diastolischen Vergrößerung des Herzens. Der Füllungsdruck bleibt dabei normal, er wäre auch nicht in der Lage, durch passive diastolische Dehnung der Herzmuskelfaser eine Vergrößerung der Kammerlichtung herbeizuführen. ZDANSKY hat sich später dieser Ansicht angeschlossen und für die „Füllungsdilatation" mit Restblutvermehrung nicht mehr einen erhöhten Füllungsdruck angenommen.

LINZBACH (1960) unterstützt diese Anschauungen von pathologisch-anatomischer Seite und beschreibt die beginnende Volumenhypertrophie als physiologische Hypertrophie, entsprechend einem Sportherzen. Bis zu einem Gewicht von 500 g (dem kritischen Herzgewicht) handelt es sich um ein harmonisches Längen-Dickenwachstum der Herzmuskelfaser, auch der Kerne und Capillaren. Mit Verlängerung der Faser vergrößert sich auch die Kammerlichtung, so daß eine Dilatation (= Dehnung) gar nicht angenommen werden müsse. An anderer Stelle diskutiert LINZBACH (1956) jedoch eine tonogene Dehnung der Herzmuskelfaser durch einen erhöhten Füllungsdruck zu Beginn der Volumenbelastung als Voraussetzung der Hypertrophie. Erst nach Abschluß des Längenwachstums, wenn durch Bildung neuer Muskelfächer die Länge der tonogen-gedehnten Faser erreicht sei, sinke der diastolische Füllungsdruck auf normale Werte ab. THURN und SCHAEDE bestreiten nach ihren angiokardiographischen Untersuchungen eine (wesentliche) Vermehrung des Restblutes und dessen Bedeutung als Schlagvolumenreserve. Die Autoren halten deshalb an der früheren Auffassung der tonogenen (Füllungs =) Dilatation durch vermehrten Zufluß beim volumenbelasteten Herzen fest und führen aus, daß die klassischen Herzgesetze nach FRANK, STRAUB und STARLING auch für die Klinik noch nicht abgelehnt werden könnten. Ähnlich, wenn auch vorsichtiger, äußert sich GROSSE-BROCKHOFF.

Die Hypertrophie. Die oben dargestellten funktionellen Anpassungsmechanismen der regulativen oder tonogenen Dilatation bei Volumenbelastung führen auf die Dauer zu einer Massenzunahme des Herzmuskels. Ist das kritische Herzgewicht von 500 g überschritten, so tritt eine numerische Hyperplasie der Herzmuskelfaser und der Kerne ein (LINZBACH). Im Gegensatz zur Druckbelastung kann infolge der vergrößerten diastolischen Füllung und des vergrößerten Schlagvolumens keine konzentrische Hypertrophie eintreten. Oberhalb des kritischen Herzgewichtes ist eine Volumenhypertrophie eher dem Aussehen der exzentrischen Druckhypertrophie vergleichbar. Die Kammerwand ist verdichtet, und die Kammerlichtung zeigt eine Verlängerung und eine Verbreiterung (LINZBACH). Die fortschreitende Hypertrophie, welche den Keim der Insuffizienz in sich trägt (REINDELL), führt zu Feinbauänderungen, die an anderer Stelle ausführlicher behandelt sind.

Bei suffizientem Herzmuskel bleibt der Füllungsdruck normal.

Die myogene Dilatation. Erst bei Eintreten einer Kontraktionsinsuffizienz steigt der Füllungsdruck an. Ist die Struktur des Herzmuskels intakt, so tritt eine nur mäßige weitere Herzvergrößerung (myogene Dilatation nach STRAUB und MORITZ) ein. Die passive Dehnung der Herzmuskelfaser durch den venösen Stauungsdruck nimmt so lange zu, bis der Ventrikel einen Teil seiner Kontraktionskraft, entsprechend den klassischen Herzgesetzen, zurückgewonnen hat.

Die bisher beschriebenen Herzveränderungen, einschließlich der Hypertrophie, sind bei Rückgang der Volumenbelastung weitgehend rückbildungsfähig.

Liegt eine Strukturzerstörung des Herzmuskels vor, so ist die myogene Dilatation irreversibel und führt zur Gefügedilatation nach LINZBACH. Hierbei tritt eine weitere erhebliche Dilatation der Kammerhöhlen ein, wobei die Herzmuskelfasern auf „Lücke" treten und die Wanddicke abnimmt.

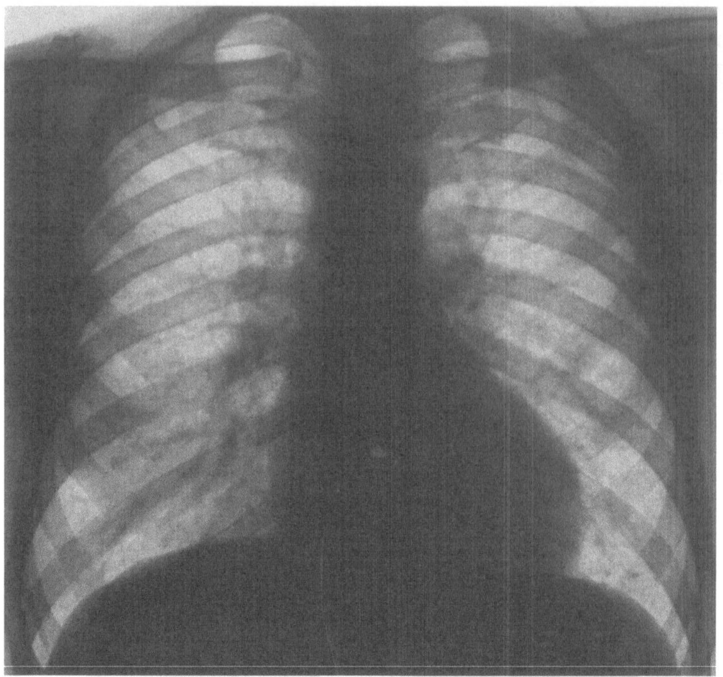

a

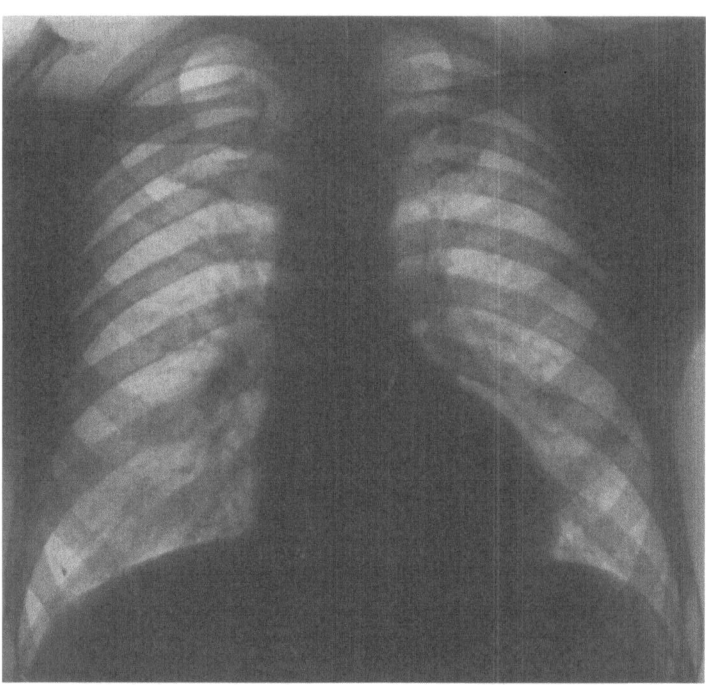

b

Abb. 3a u. b. 41jähriger Mann mit arterio-venöser Fistel der linken Arteria poplitea nach Granatstecksplitterverwundung vor 15 Jahren. Oscillogramm: Proximal der Fistel und im Fistelbereich erheblich vergrößerte Ausschläge, distal der Fistel nur noch ganz geringe Ausschläge bei 50 mm Hg. a Vor Operation: keine eindeutige Herzvergrößerung, gering angehobene Herztaille (vergrößerter Querdurchmesser). b Zwei Monate nach Operation: etwas kleinerer Herzschatten, so daß retrospektiv eine geringe Dilatation ante operationem angenommen werden kann

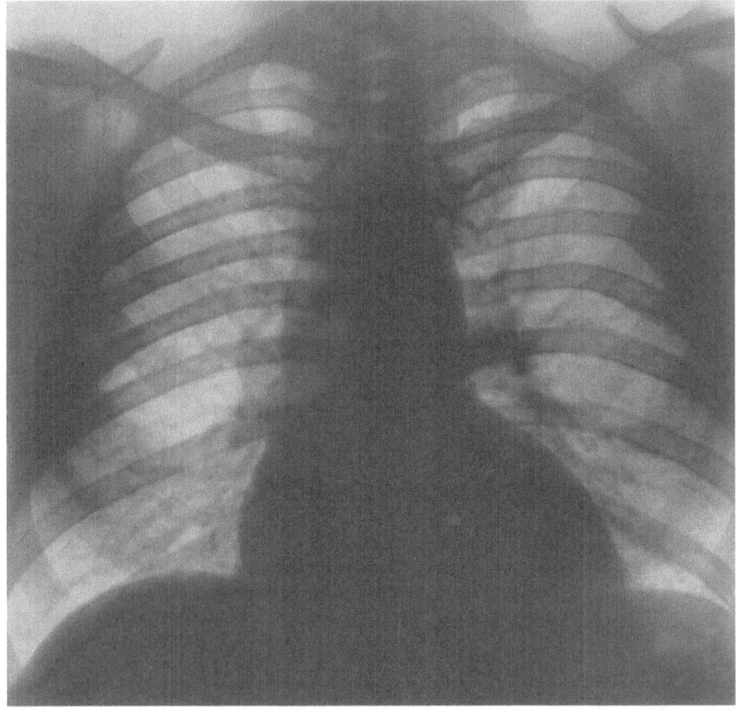

a

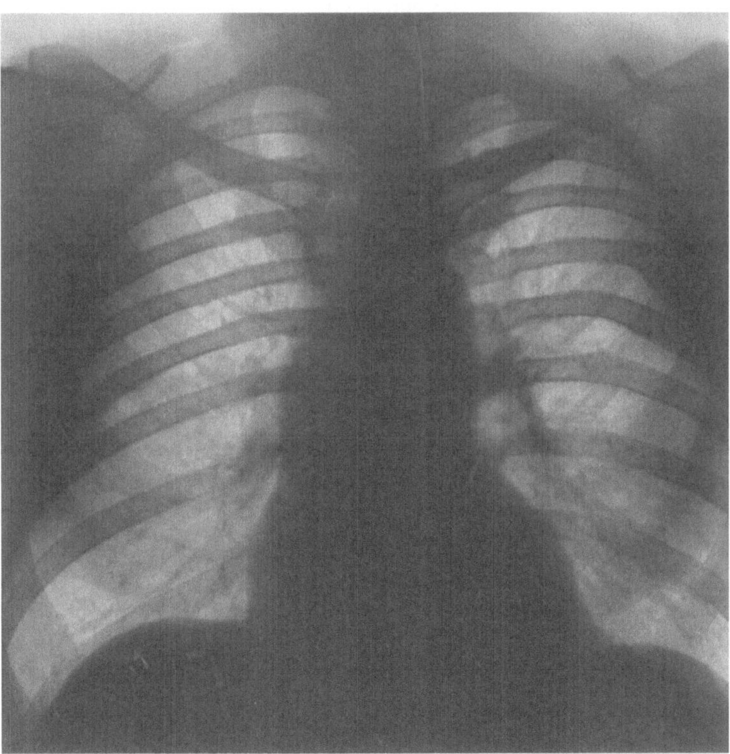

b

Abb. 4a u. b. 34jähriger Mann mit arterio-venöser Fistel der linken Arteria subclavia nach Schußverletzung vor 15 Jahren. Blutdruck: vor Operation: linker Arm 60/50 mm Hg; rechter Arm 130/60 mm Hg; nach Operation: beiderseits 140/80 mm Hg. Herz-Minuten-Volumen (Evansblue-Methode): 13500 ml = 217% des Solls. a Thoraxaufnahme vor Operation: erhebliche allseitige Herzvergrößerung mit überwiegender Linksverbreiterung und Anhebung der erhalten gebliebenen Herztaille (Volumenbelastung). b Thoraxaufnahme 2 Monate nach Operation: deutliche Rückbildung der Herzvergrößerung. Auffallende (unverändert gebliebene) Aortendilatation

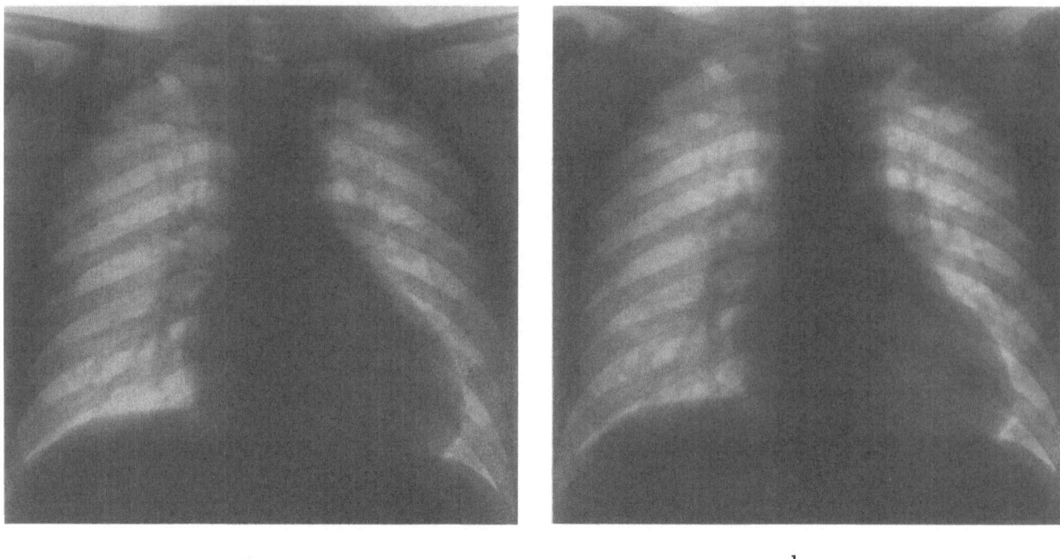

a   b

Abb. 5a u. b. Fistelkompressionsversuch. (Nach Branham). a Vor Fistelkompression. b Nach Fistelkompression Herzverkleinerung

Trotz Anstieg des Füllungsdruckes nimmt das Schlag- und Minutenvolumen ab, liegt aber immer noch höher als normal (Friedberg), der Ventrikel bzw. das Herz ist dekompensiert.

Die Dekompensation tritt erst sehr spät ein, nicht vor Ablauf von 3 Jahren nach Entstehung der arterio-venösen Fistel (Mörl). Meist bleibt die Leistungsfähigkeit durch viele Jahre bis Jahrzehnte erhalten. Nach Mörl versagt zuerst das rechte Herz (klinische Stauungsorgane) und dann erst das muskelkräftigere linke Herz (Lungenstauung, Pleuraergüsse).

Zusammenfassend kann man sagen, daß Herzdilatation und -hypertrophie ursprünglich Kompensationsvorgänge sind, die auf eine Herzerkrankung hinweisen. Progrediente Herzdilatation und -hypertrophie zeigen den Übergang einer Herzkrankheit zum Herzversagen an (Friedberg, 1969).

Entwickelt sich eine Herzinsuffizienz, so sinkt das Herzzeitvolumen ab, es bleibt meist jedoch gegenüber der Norm erhöht (Spurny u. Pierce, 1961).

Wesentlich für die Herzbelastung ist außer der Größe des Herz-Minuten-Volumens und der Fistel auch die Dauer des Bestehens der Fistel und vielleicht in geringem Maße auch die Entfernung zwischen Fistel und Herz (Friedberg; Zdansky; Thurn; Rau u. Heberer). Mörl widerspricht in diesem Punkt aber der fest eingebürgerten These: „Je näher dem Herzen, desto früher und schwerer die Erscheinungen". Nach seiner Erfahrung werden herznahe arteriovenöse Fisteln meist sogar besser vertragen (obwohl auch sie das Herz belasten) als herzferne arterio-venöse Fisteln, besonders solche der unteren Extremitäten. Schließlich sind das Alter des Patienten und die Kreislaufsituation zur Zeit der Entstehung der Fistel zu berücksichtigen.

Die *klinische Symptomatik* entspricht dem des volumenbelasteten Herzens mit Verbreiterung und Lateralverlagerung des stark hebenden Spitzenstoßes. Meist ist ein systolisches (gelegentlich auch ein diastolisches) Geräusch zu auskultieren. Dabei liegt das Punctum maximum wechselnd über Spitze und Basis (Mörl). Die Blutdruckamplitude ist infolge des diastolischen Druckabfalles vergrößert bei unverändertem oder gering gesenktem systolischen Blutdruck, so daß ein Pulsus celer et altus nachweisbar wird. Die diastolische Druckverminderung hat ihre Ursache in dem durch das Leck bedingten peripheren Widerstandsverlust (Schulze u. Mitarb., 1960). Auffälligstes Symptom ist die sofortige Frequenzabnahme (und Größenabnahme: s. röntgenologische Zeichen, Abb. 5a und b) bei Kompression bzw. nach operativer Ausschaltung der Fistel [Branhamsches Zeichen: 1890, aber auch schon vor- her von Nicoladoni (1875) und Isreal (1877) beschrieben]. Mörl fand es bei allen eigenen Fällen positiv. Es

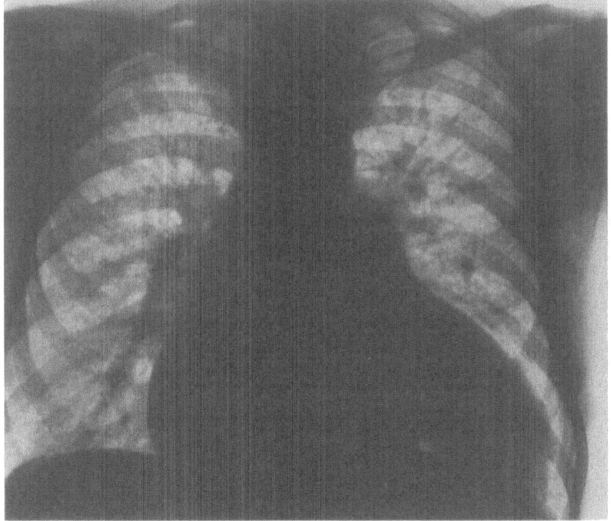

a

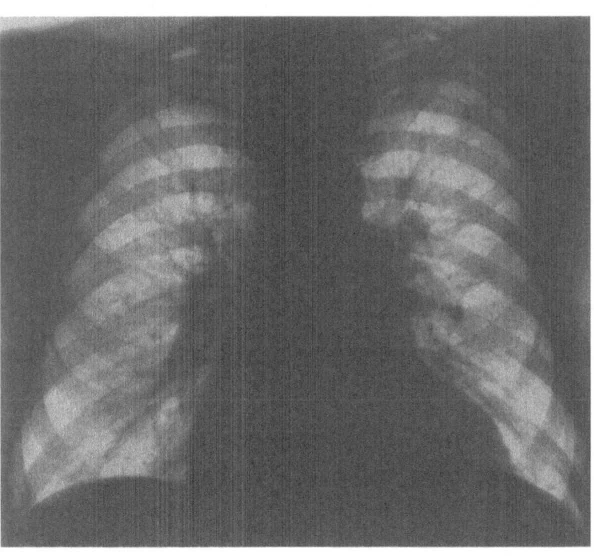

b

Abb. 6. a Dekompensierte Volumenbelastung infolge peripherer arterio-venöser Fistel. Extreme allseitige Herz-Dilatation, vorwiegend nach links bis zur Thoraxwand (linker Ventrikel) und vorgewölbtes Pulmonalsegment (Rechtsbelastung). b Unvollständige Rückbildung der Herzvergrößerung 1 Monat nach operativer Beseitigung der Fistel. Die Volumenbelastung ist fortgefallen, das Restvolumen ist in allen Herzhöhlen stark vergrößert (Herzmuskelschädigung)

tritt nach vorheriger Atropingabe nicht auf (KRAMER und KAHN). Die Fistelsymptome und das periphere Kreislaufverhalten sind in den entsprechenden Kapiteln nachzulesen.

Die *röntgenologische Herzvergrößerung* beruht also im wesentlichen auf einer Dilatation (deshalb: sofortige Verkleinerung der Herzgröße bei Kompression der Fistel) und erst in zweiter Linie auf einer muskulären Hypertrophie (teilweise reversibel nach operativer Beseitigung der Fistel). Da das rechte Herz muskelschwächer ist, wird eine vermehrte Volumenbelastung röntgenologisch vor allem rechts zum Ausdruck kommen (vermehrte Rundung der rechten Herzkontur, Ausfüllung der Herztaille). Die venösen und arteriellen Gefäße im Thoraxbereich werden weiter.

Röntgenologisch findet sich als Folge der Dilatation des volumenbelasteten Herzens eine Verbreiterung des Herzschattens in allen Abschnitten und Durchmessern (Abb. 3a und b), wobei gewöhnlich die Linksbetonung überwiegt (Thurn). Durch eine stärkere Vergrößerung der rechten Herzkammer kann eine verstrichene Herztaille und ein vorgewölbtes Pulmonalsegment zu finden sein (Abb. 6). Die Ausmaße der Vergrößerung sind manchmal erheblich (Abb. 4a und b), bis zum sog. Cor bovinum (Mörl) (Abb. 6). Beide Herzkonturen sind prominent und haben eine verstärkte Rundung (Zdansky). Im Kymogramm fallen die großen Pulsationen auf, die besonders in Anbetracht der manchmal vorhandenen extremen Herzgröße und der Frequenzsteigerung ungewöhnlich sind. Sie weisen auf ein großes Schlagvolumen hin (Zdansky). Die großen Äste der Pulmonalarterie zeigen Eigenpulsationen. Die Lungengefäßzeichnung ist anfangs durch den erhöhten Lungendurchfluß vermehrt. Bei Dekompensation bietet sich das typische Bild der Lungenstauung, eventuell mit Pleuraergüssen.

Dekompensation, Herzvergrößerung und Tachykardie sind in erstaunlichem Maße rückbildungsfähig. Schon bei temporärer Kompression der arterio-venösen Fistel beobachtet man während der Durchleuchtung eine sofortige Verkleinerung des Herzschattens und eine Frequenzabnahme durch Normalisierung des Schlag- und Minutenvolumens. Die vorher oft verdunkelten Lungenfelder hellen sich prompt auf (Weber, Frey, Eppinger, Rieder, Fick, McGuire, Puchlew, Caro nach Zdansky).

Nach operativer Beseitigung der arterio-venösen Fistel wird das Herz durch die Normalisierung des Schlagvolumens sofort kleiner, wenn der Herzmuskel noch gesund ist, d. h. keine Strukturzerstörung besteht. Im Laufe der Zeit erfolgt außerdem eine weitere Größenabnahme (s. Abb. 4a und 4b) durch Rückbildung der Dilatation und Hypertrophie (Ranzi, Bier, Eppinger, Rieder, Laplace, Quedlebaum, Puchlew, v. Oppolzer, Mörl u. a. nach Zdansky). Dekompensierte Herzen mit erheblicher Herzmuskelschädigung verkleinern sich trotz erfolgreicher Fisteloperationen nur sehr wenig und deutlich verzögert (Abb. 6a und b).

Differentialdiagnostisch ist zur Unterscheidung vom Mitralherzen, das klinisch auf Grund eines systolischen Geräusches und eines betonten zweiten Pulmonaltones gelegentlich vermutet wird, das Fehlen einer isolierten Vergrößerung des linken Vorhofes von Bedeutung (Oesophaguspassage).

Schwierig kann bei eingetretener Dekompensation die röntgenologische Unterscheidung von einem Aortenherzen, besonders vom mitralisierten Aortenherz und von einer allgemeinen Dilatation bei Herzmuskelschaden sein. Ausschlaggebend ist der Nachweis einer peripheren arterio-venösen Fistel und der positive Ausfall des Kompressionsversuchs (Branham).

Literatur

Albright, F., and E. C. Reifenstein jr.: The parathyroid glands and metabolic bone disease: selected studies. Baltimore: Williams & Wilkins Company 1948.

Alexander, W. S.: Hemangioma of lung; report of case showing polycytahemia. N.Z. med. J. 44, 180—182 (1945).

Baker, C. G., and I. R. Trounce: Arterovenous aneurysm of lung. Brit. Heart J. 11, 109—118 (1949).

Bayer, O., F. Loogen u. H. H. Wolter: Der Herzkatheterismus bei angeborenen und erworbenen Herzfehlern. Stuttgart: Georg Thieme 1954.

Beno, T. J., and R. Das: Familial arteriovenous aneurysm of the lung. Ann. Surg. 146, 830—836 (1957).

Branham, H. H.: Aneurysmal varix of the femoral artery and vein following a gunshot wound. Int. J. Surg. 3, 250 (1890).

Churton, S.: Multiple aneurysm of pulmonary artery. Brit. med. J. S. 1897, 1223.

Cohen, S. M., O. G. Edholm S. Horvarth, J. Mc Michael u. E. P. Scharpley-Schafer: Cardiac output and peripheral bloodflow in arteriovenous aneurysm. Clin. Sci. 7, 35—47 (1948).

De Langem, C., u. S. B. de Vries-Robles: Über Lungenangiome bei einem Säugling. Z. Kinderheilk. 34, 304—309 (1922/23).

Delius, L.: Der Herzmuskel bei primären Störungen des Gefäßsystemes. Verh. dtsch. Ges. Kreisl.-Forsch. 22, 157—180 (1956).

Edholm, O. G., S. Howarth and J. McMichael: Heart failure and bone blood flow in osteitis deformans. Clin. Sci. 5, 249—260 (1945).

ELKIN, D. C., and J. V. WARREN: Arteriovenous fistules. J. Amer. med. Ass. 134, 1524—1528 (1947).

EPPINGER, H., F. KISCH u. H. SCHWARZ: Experimentelle Untersuchungen über die Beeinflussung des Herzschlagvolumens und der Herzgröße durch „Kurzschluß" zwischen der arteriellen und der venösen Strombahn. Klin. Wschr. 1926, 781—782.

EPSTEIN, F. H., O. W. SHADLE, T. B. FERGUSON and M. E. McDOWELL: Cardiac output and intracardiac pressures in patients with arteriovenous fistulas. J. clin. Invest. 32, 543—547 (1953).

FERRER, M. J., R. M. HARVEY, R. T. CATHCART, A. COURNAND and D. W. RICHARDS: Haemodynamic studies in rheumatic heart disease. Circulation 6, 688—710 (1952).

FICK, W.: Kreislaufwirkung arteriovenöser Aneurysmen. Dtsch. Z. Chir. 240, 113—172 (1933).

FRANK, O.: Zur Dynamik des Herzmuskels. Z. Biol. 32, 370—437 (1895).

FREY, W.: Das Verhalten des Herz-Gefäßsystems bei der Kompression arteriovenöser Aneurysmen. Münch. med. Wschr. 66, 1106—1109 (1919).

FRIEDBERG, CH. K.: Erkrankungen des Herzens. Stuttgart: Georg Thieme 1959.
— Erkrankungen des Herzens. 2. Aufl. Stuttgart: Georg Thieme 1972.

FRIEDLICH, A. L., R. J. BING and S. G. BLOUNT jr.: Physiological studies in congenital heart disease; circulating dynamics in anomalies of venous return to heart including pulmonary arteriovenous fistula. Bull. Johns Hopk. Hosp. 86, 20—57 (1950).

GAUER, O., u. F. LINDER: Kreislaufdynamik und vegetativer Tonus des Menschen bei arteriovenösen Fisteln. Klin. Wschr. 26, 1—8 (1948).

GIAMPALMO, A.: Arteriovenous angiomatosis of lung with hypoxaemie. Acta med. scand. 139, Suppl. 248, 1—67 (1950).

GOLDMAN A.: Pulmonary arteriovenous fistula with secondary polycythemia occuring in 2 brothers; cure by pneumectomy. J. Lab. clin. Med. 32 330—331 (1947).

GROSSE-BROCKHOFF, F.: Aussprache. Verh. dtsch. Ges. Kreisl.-Forsch. 22, 207—208 (1956).
— F. LOOGEN u. H. VIETEN: Die Symptomatologie der angeborenen arteriovenösen Lungenfistel. Dtsch. med. Wschr. 82, 134—137 (1957).
— G. NEUHAUS u. A. SCHAEDE: Herzbelastung bei arterio-venösen Fisteln und veno-venösen Anastomosen im großen bzw. im kleinen Kreislauf. Z. Kreisl.-Forsch. 43, 388—402 (1954).

HALL, R. J., W. P. NELSON, H. A. BLAKEN, and J. P. GEIGER: Massive pulmonary arteriovenous fistula in the newborn. Circulation 31, 762 (1965).

HAMM, J., u. H. KLEINSORG: Zur Frage der Hämodynamik bei arteriovenösem Lungenaneurysma. Klin. Wschr. 34, 868—871 (1956).

HAUCH, H. J., u. C. W. HERTZ: Das arteriovenöse Lungenaneurysma. Thoraxchirurgie 1, 411—429 (1953/54).

HEBERER, G.: Wiederherstellungschirurgie am arteriellen Gefäßsystem. In: Angiologie von M. RATSCHOW. Stuttgart: Georg Thieme 1959.

HEGGLIN, R.: Die Zirkulationsstörungen der Lunge. In Handbuch der inneren Medizin, 4. Aufl., Bd. IV, Teil 2. Berlin-Göttingen-Heidelberg: Springer 1956.
— Herzinsuffizienzprobleme. Dtsch. med. Wschr. 84, 330—333 (1959).

HOLMAN, E.: Arteriovenous aneurysm. New York: Macmillan & Co. 1937.

ISRAEL, J.: Zit. nach MÖRL 1877.

KATZ, L. N.: Mechanism of cardiac failure. Circulation 10, 663—679 (1954).

KIRCH, E.: Pathogenese und Folgen der Dilatation und der Hypertrophie des Herzens. Klin. Wschr. 9, 769—772, 817—819 (1930).
— Dilatation und Hypertrophie des Herzens. Nauheimer Fortbild.-Lehrg. 14, 47—66 (1938).

KLEPZIG, H., H. REINDELL, K. MUSSHOFF u. R. WEYLAND: Anpassungsvorgänge des Herzens bei Klappenfehlern. Verh. dtsch. Ges. Kreisl.-Forsch. 20, 111—114 (1954).
— — — — Über physiologische und pathologische Grundlagen der Röntgendiagnostik des Herzens. II. Mitt. Dtsch. med. Wschr. 80, 744—749 (1955).

KRAMER, M. L., and J. W. KAHN: Effect of atropin on Branham sign in arteriovenous fistula. Arch. intern. Med. 78, 28—30 (1946).

KÜHNE, H.: Die kongenitalen arteriovenösen Fisteln an den Extremitäten. Beitr. klin. Chir. 189, 306—322 (1954).
— Beitrag zur Kenntnis der arteriovenösen Fisteln. Dtsch. med. J. 1955, 685—690.

LEWIS, T., and A. N. DRURY: Observation relating to arterio-venous aneurism. Heart 10, 301—387 (1923).

LINDENSCHMIDT, TH. O.: Pathophysiologische Grundlagen der Chirurgie. Stuttgart: Georg Thieme 1958.

LINDGREN, E.: Roentgendiagnosis of arteriovenous aneurysm of the lung. Acta radiol. (Stockh.) 27, 385—600 (1946).

LINZBACH, A. J.: Quantitative Biologie und Morphologie des Wachstums einschließlich Hypertrophie und Riesenzellen. In Handbuch der allgemeinen Pathologie von BÜCHNER, LETTERER u. ROULET, Bd. VI, Teil 1. Berlin-Göttingen-Heidelberg: Springer 1955.
— Die pathologische Anatomie der Herzinsuffizienz. In Handbuch der inneren Medizin, Bd. IX/1. Berlin-Göttingen-Heidelberg: Springer 1960.

LOOGEN, F.: Angeborene Herz- und Gefäßmißbildungen. In: GROSSE-BROCKHOFF, F.: Pathologische Physiologie, 2. Auf. Berlin-Heidelberg-New York: Springer 1969.

MÖRL, F.: Herzveränderungen durch arteriovenöse Aneurysmen. Dtsch. med. Wschr. 76, 296—298 (1951).

MORITZ, F.: Über orthodiagraphische Untersuchungen am Herzen. Münch. med. Wschr. 49, 1—8 (1902).
— Über funktionelle Verkleinerung des Herzens. Münch. med. Wschr. 55, 713—718 (1908).

Moritz, F., Herzdilatation. Münch. med. Wschr. **1935**, 450—452.

—, u. D. v. Tabora: Die allgemeine Pathologie des Herzens und der Gefäße. In Handbuch der allgemeinen Pathologie von Krehl u. Marchand, Bd. 2. Wiesbaden: J. F. Bergmann 1913.

Mülly, K.: Geschwülste der Lunge, Pleura und Brustwand. In Handbuch der inneren Medizin, 4. Aufl., Bd. 4, Teil 1. Berlin-Göttingen-Heidelberg: Springer 1956.

Nickerson, J. L., D. C. Elkin and J. V. Warren: Effect of temporary occlusion of arteriovenous fistula on heart rate, stroke volume and cardiac output. J. clin. Invest. **30**, 215—219 (1951).

Nicoladoni, S.: Zit. nach Mörl 1875.

Nusselt, D.: Zit. nach Mörl.

Rankl, W.: Zur Kenntnis der Haemangiome der Lunge. Beitr. path. Anat. **106**, 316—321 (1942).

Rau, G., u. G. Heberer: Die vaskulär und kardial dekompensierte Form der arterio-venösen Fistel traumatischer Genese. Langenbecks Arch. Chir. **297**, 424—444 (1961).

Reindell, H., K. Musshoff u. H. Klepzig: Regulative und myogene Dilatation des Herzens. Fortschr. Röntgenstr. **85**, 385—408 (1956).

— — — Physiologische und pathologische Grundlagen der Größen- und Formveränderungen des Herzens. In Handbuch der inneren Medizin, Bd. IX, S. 1. Berlin-Göttingen-Heidelberg: Springer 1960.

Scébat, L., R. Kremer, J. Lenègre et J. Damien: Etude de l'hemodynamique dans les cardiopathies hypertensives. Arch. Mal. Cœur **48**, 666—675 (1954).

Schaede, H., u. P. Thurn: Zur Frage des systolischen Restblutes beim Menschen. Angiokardiographische Beobachtungen. Fortschr. Röntgenstr. **86**, 696—710 (1957); **88**, 618—620 (1958).

Scheifley, C. H.: A new clinical syndrome producing hypertension — arteriovenous fistula of the kidney. J. Amer. med. Ass. **174**, 1625—1627 (1960).

— G. W. Daugherty, L. F. Greene and J. T. Priestley: Arteriovenous fistula of the kidney; new observations and report of three cases. Circulation **19**, 662—671 (1959).

Schludermann, H.: Über kongenitale und erworbene periphere Aneurysmen der Arteria pulmonalis. Fortschr. Röntgenstr. **76**, 8—24 (1952).

Schneider, K. W.: Aussprache. Verh. dtsch. Ges. Kreisl.-Forsch. **17**, 293—294 (1951).

Schulze, W., E. Schürmeyer, u. F. Bender: Über arterio-venöse Fisteln im Bauchraum. Med. Welt 2450—2456 (1960).

Schwiegk, H., u. N. Lang: Kreislaufveränderungen bei Ostitis deformans. Verh. dtsch. Ges. Kreisl.-Forsch. **17**, 290—293 (1951).

Sisson, J. H., G. E. Murphy and E. V. Neuman: Multiple congenital arterovenous aneurysms in pulmonary circulation. Bull. Johns Hopk. Hosp. **76**, 93—111 (1945).

Spurny, O. M., and J. A. Pierce: Cardia output in systemic arterio-venous fistulas complicated by heart failure. Amer. Heart J. **61**, 21 (1961).

Starling, E. H.: The linocre lecture on the law of the heart. London: Longmans Golln & Co. 1918.

— Das Gesetz der Herzarbeit. Übersetzung von A. Lipschütz. Bern u. Leipzig: Bircher 1920.

Stenger, A.: Zu den Ursachen der Entstehung der Arterienerweiterung und zur Entwicklung des Kollateralkreislaufes bei arteriovenösen Aneurysmen. Z. ges. inn. Med. **7**, 366—372 (1952).

— Über Knochenveränderungen bei im Wachstumsalter entstandenen arteriovenösen Aneurysmen. Fortschr. Röntgenstr. **77**, 308—311 (1952).

Straub, H.: Der Druckablauf in den Herzhöhlen. Der Mechanismus der Herztätigkeit. Pflügers Arch. ges. Physiol. **143**, 69—90 (1911).

— Die Dynamik des Herzens. Die Arbeitsweise des Herzens in ihrer Abhängigkeit von Spannung und Länge unter verschiedenen Arbeitsbedingungen. In Handbuch der normalen und pathologischen Physiologie, Bd. VII/1. Berlin: Springer 1926.

Thurn, P.: Hämodynamik des Herzens im Röntgenbild. Stuttgart: Georg Thieme 1956.

— Diagnose und Differentialdiagnose der Herzerkrankungen im Röntgenbild. In Lehrbuch der röntgenologischen Differentialdiagnostik, von W. Teschendorf, Bd. I. Stuttgart: Georg Thieme 1958.

— Die röntgenologische Beurteilung des Herzens. Fortschr. Röntgenstr. **90**, 1—13 (1959).

Veyrassat, J.: Chirurgische Erkrankungen der Gefäße. In Lehrbuch der Chirurgie von Brunner, Henschen u. a. Basel: Benno Schwabe & Co. 1949.

Warren, J. V., J. L. Nickerson u. D. C. Elkin: The cardiac output in patients with arteriovenous fistulas J. clin. Invest. **30**, 210—215 (1951).

Weber, A.: Beobachtungen am traumatischen Aneurysma arteriovenosum. Münch. med. Wschr. **64**, 409—410 (1917).

White, P. D.: Heart disease. New York: Macmillan & Co. 1951.

Winters, R. W., S. J. Robinson and G. Bates: Hemangioma of liver with heart failure: case report. Pediatrics **14**, 117—121 (1954).

Wollheim, E.: Aussprache. Verh. dtsch. Ges. Kreisl.-Forsch. **17**, 294 (1951).

Wollstein, M.: Malignant haemangioma of lung with multiple visceral foci. Arch. Path. (Chicago) **12**, 562—571 (1931).

Zdansky, E.: Röntgendiagnostik des Herzens und der großen Gefäße. Wien: Springer 1949.

— Was leistet die Röntgenuntersuchung für die Beurteilung der Herzfunktion der Erwachsenen? In: Röntgendiagnostik, Ergebnisse 1952—1956, S. 104—132. Stuttgart: GeorgThieme1957.

— Zit. nach Reindell u. Mitarb. 1957. In Handbuch der inneren Medizin, Bd. IX/1. 1960.

X. Herzveränderungen bei Hypertonie im kleinen Kreislauf: Cor pulmonale

Von

R. Felix, W. Hoeffken und H. Wolfers

Mit 24 Abbildungen

1. Historisches

KREHL hat 1901 die besonderen Kreislaufverhältnisse und Herzveränderungen bei Lungenerkrankungen beschrieben, nachdem schon MÜLLER (1883) und HIRSCH (1899) eine Massenzunahme der rechten Kammer bei Tuberkulose aufgefallen war — ein Befund, der der damaligen Ansicht vom konstitutionell kleinen Herzen nicht entsprach (BENEKE). 1909 beschäftigte ROMBERG sich genauer mit der Pathophysiologie und erkannte den Capillarschwund mit Druckerhöhung in der Lungenarterie als Ursache einer Rechtsherzhypertrophie. Die erste ausführliche pathologisch-anatomische Studie über die ,,pulmonale Herzhypertrophie`` stammt von KIRCH (1926, 1930, 1938). Der Begriff des ,,Cor pulmonale`` wurde von den Klinikern WHITE und McGINN (1935) geprägt.

2. Definition

Eine Expertengruppe der Weltgesundheitsorganisation hat sich mit diesem Problem 1963 befaßt und folgende Definition des Krankheitsbildes vorgeschlagen: Es handelt sich um eine Konfigurationsänderung des Herzens mit Rechtsherzhypertrophie als Folge einer pulmonalen Grundkrankheit (Circulation, Bd. 27, S. 594, April 1963). Die Begriffe Rechtsherzhypertrophie und Cor pulmonale sind damit nicht voll identisch, da die Hypertrophie auch Folge angeborener oder erworbener Vitien sein kann. Als Ursachen kommen damit auch alle jenen sekundären pulmonalen Veränderungen nicht in Frage, die durch das linke Herz hervorgerufen werden können (z.B. Linksherzinsuffizienz oder Mitralfehler).

3. Ursachen

Die Ursachen des Cor pulmonale sind von der genannten Expertengruppe (Circulation, Bd. 27, S. 594, April 1963) in drei große ätiologische Gruppen eingeteilt worden.

Zur 1. Gruppe (vgl. Tabelle 1) zählen alle jene Krankheiten, die in erster Linie die Luftwege und das Lungenparenchym betreffen, wie z.B. die chronische Bronchitis, das Asthma bronchiale, das Emphysem ohne Bronchitis oder Asthma, die Lungenfibrosen mit oder ohne Emphysem, die Lungengranulomatosen und Infiltrationen, die Lungenresektionen sowie die angeborenen Lungencysten.

Zur 2. Gruppe gehören alle jene Erkrankungen, die die Beweglichkeit des Brustkorbes einschränken, wie z.B. die Kyphoskoliose, die Thoracoplastik und die Pleuraschwarten sowie die Obesitas mit alveolärer Hypoventilation.

Die 3. Gruppe erfaßt schließlich jene Erkrankungen, die vorwiegend das Lungengefäßsystem betreffen, wie z.B. die primären Affektionen der Arterienwand, die Thrombosen und Embolien.

Beim Pickwick-Syndrom handelt es sich um eine zentral bedingte Hypoventilation.

Table 1. Classification of chronic cor pulmonale according to causative diseases

1. *Diseases primarily affecting air passages of the lung and the alveoli*

   1.1 Chronic bronchitis with generalized airways obstruction with or without emphysema*

   1.2 Bronchial asthma*

   1.3 Emphysema without bronchitis or asthma*

   1.4 Pulmonary fibrosis, with or without emphysema, due to:
     (a) Tuberculosis*
     (b) Pneumoconiosis*
     (c) Bronchiectasis*
     (d) Other pulmonary infections
     (e) Radiation
     (f) Muco-viscidosis*

   1.5 Pulmonary granulomata and infiltrations
     (a) Sarcoidosis*
     (b) Chronic diffuse interstitial fibrosis*
     (c) Berylliosis*
     (d) Eosinophilic granuloma or histiocytosis*
     (e) Malignant infiltration
     (f) Scleroderma
     (g) Disseminated lupus erythematosus
     (h) Dermatomyositis
     (i) Alveolar microlithiasis

   1.6 Pulmonary resection*

   1.7 Congenital cystic disease of the lungs

   1.8 High-altitude hypoxia

2. *Diseases primarily affecting the movements of the thoracic cage*

   2.1 Kyphoscoliosis and other thoracic deformities*

   2.2 Thoracoplasty*

   2.3 Pleural fibrosis*

   2.4 Chronic neuromuscular weakness—e.g., poliomyelitis

   2.5 Obesity with alveolar hypoventilation

   2.6 Idiopathic alveolar hypoventilation

3. *Diseases primarily affecting the pulmonary vasculature*

   3.1 Primary affections of the arterial wall
     (a) Primary pulmonary hypertension
     (b) Polyarteritis nodosa*
     (c) Other arteritis

   3.2 Thrombotic disorders
     (a) Primary pulmonary thrombosis*
     (b) Sickle cell anemia*

   3.3 Embolism
     (a) Embolism from thrombosis outside the lungs*
     (b) Schistosomiasis (bilharziasis)*
     (c) Malignant embolism
     (d) Other embolism

   3.4 Pressure on main pulmonary arteries and veins by mediastinal tumours, aneurysm, granuloma or fibrosis

Conditions marked * are those which might receive two fourth-digit sub-divisions "with" and "without" chronic cor pulmonale in the next revision of the *International Classification of Diseases*. Syphilitic arteritis, rheumatic arteritis (without rheumatic heart disease), primary pulmonary haemosiderosis and nakylostomiasis do not seem to the Committee to be sufficiently well documented causes of chronic cor pulmonale to merit inclusion in the list of causes despite their occurrence in the literature.

4. Häufigkeit des Cor pulmonale

Nach Scherf und Boyd (1955) sind klinische Statistiken unzuverlässig. Das Cor pulmonale sei häufig, wenn man danach sucht. Nach Kirch (1955) wurden im Würzburger Pathologischen Institut in der Zeit von 1949—1954 2 692 Obduktionen mit 615 Fällen von Herzhypertrophie vorgenommen. Darunter waren 62 Sektionsfälle von Cor pulmonale im Sinne einer deutlichen bis hochgradigen isolierten Rechtsherzhypertrophie, d.h. 2,3% der Gesamtzahl. Delius beobachtet 62 Fälle von Cor pulmonale bei 1 440 Herzkranken (4%). Denolin (1955) zitiert weitere Statistiken, die Werte von 0,9; 6,3; 7,1; 34,4 und 51% von Cor pulmonale, bezogen auf die Zahl der Herzfälle, angeben.

Bei der Durchsicht von über 40 000 Fällen eines gemischten internen Krankengutes fand Bernsmeier (1966) 4 001 Patienten, die wegen chronischer Erkrankungen der Lungen und des Thorax behandelt wurden, d. h. ca. 10% des Krankengutes. Die Diagnosen verteilen sich nach Bernsmeier (1966) wie folgt: obstruktives Lungenemphysem mit oder ohne chronische Bronchitis und Asthma bronchiale 42%, Tuberkulose 30%, maligne und granulomatöse Infiltrationen 18%, Thoraxdeformitäten 3%, rezidivierende Lungenembolien 2%, Pneumokoniosen und Cystenlungen je 1%, chronisch rezidivierende Pneumonien 0,8%, diffuse Lungenfibrosen 0,4%; alle sonstigen pulmonalen Erkrankungen ergaben zusammen 1,8%.

Von diesen 4 001 Patienten zeigten 708 nach klinischen und anatomischen Kriterien eine Rechtsherzbelastung, d. h. 17,7%. *Insgesamt trat damit ein chronisches Cor pulmonale in etwa 2% der stationären internistischen Behandlungsfälle auf.* Mit Widerstandserhöhungen im Pulmonalkreislauf besonders hoch belastet sind das obstruktive Lungenemphysem (25—30 %), rezidivierende Lungenembolien und Kyphoskoliosen. Nach BERNSMEIER (1966) sind Tuberkulosen dagegen besonders gering durch eine sekundäre pulmonale Widerstandserhöhung belastet.

Das Cor pulmonale tritt bis zu 90 % der Fälle beim männlichen Geschlecht auf (GELFAND, 1955), es entwickelt sich am häufigsten zwischen dem 50. und 70. Lebensjahr (SPAIN u. HANDLER, 1946).

5. Pathogenese des Cor pulmonale und Pathophysiologie des Lungenkreislaufs

a) Cor pulmonale bei alveolärer Hypoventilation

In der Pathogenese an erster Stelle steht das *Cor pulmonale bei alveolärer Hypoventilation* (SCHNEIDER, 1973). Häufigste Ursache einer alveolären Hypoventilation ist ein patho-

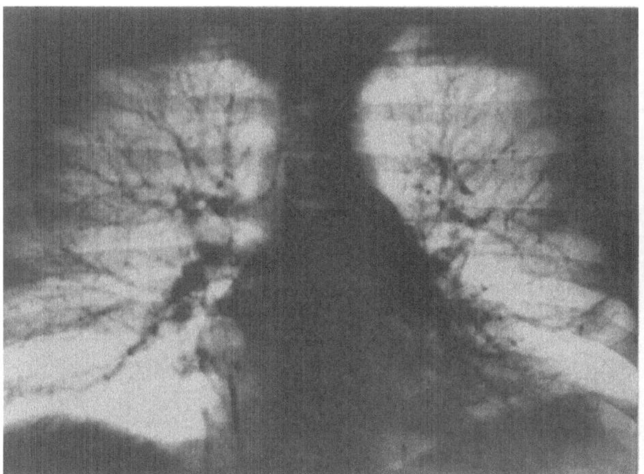
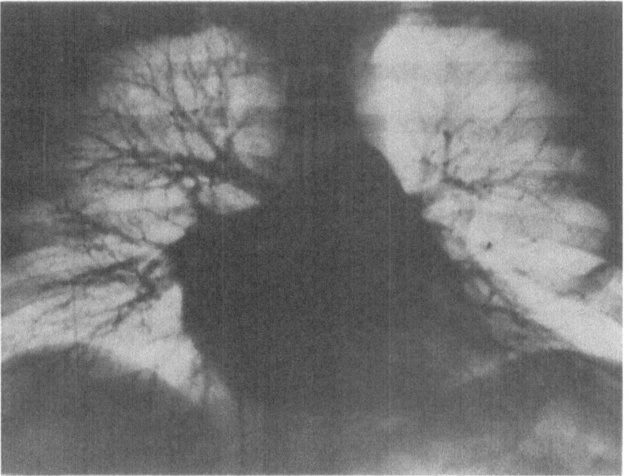

a   b

Abb. 1a u. b. 27 Jahre, ♂. Zustand nach Thoraxverletzung durch Messerstiche. Kleine Plattenatelektase links basal. a Pulmonalisangiogramm bei normaler Atmung. Arterielle Phase. Seitengleiche Vascularisation, d.h. Zahl und Weite der Gefäße sind beidseits gleich groß. b Pulmonalisangiogramm bei linksseitig aufgehobener Atemgasdiffusion. Angleichung der alveolären Atemgaspartialdrucke an das mischvenöse Niveau durch Atmung eines entsprechenden Gasgemisches. Keine Bronchusobstruktion. Arterielle Phase. Funktionelle Verminderung der Zahl und der Weite der Gefäße links im Vergleich zu rechts. Verminderte Einstromgeschwindigkeit links. Auffällige Transparenzdifferenz der Lungen („funktionelle helle Lunge" links). Die Durchblutung ist zwischen rechts und links wie 60:40 verteilt

logisch erhöhter endobronchialer Strömungswiderstand. Diese alveoläre Hypoventilation führt zu einer Erhöhung der alveolären CO_2-Spannung und zu einer Verminderung der alveolären O_2-Spannung, die nun ihrerseits wieder zu einer arteriellen Hyperkapnie bzw. Hypoxämie führen.

Die verminderte alveoläre O_2-Spannung führt in Anlehnung an die Untersuchung von VON EULER und LILJESTRAND (1946, 1951) zu einer pulmonalen Vasokonstriktion, die den hämodynamischen Widerstand steigert. Auch die erhöhte alveoläre CO_2-Spannung wirkt wahrscheinlich qualitativ in gleicher Weise. Diesen Zusammenhang von alveolären Atemgasspannungen und Lungengefäßwiderstand hat man auch als „alveolo-vasculären Reflex" (ROSSIER, 1958) oder als „baro-rezeptiven Reflex" bezeichnet. Der Ort der entscheidenden Vasokonstriktion und damit der Widerstandserhöhung liegt beim Menschen vermutlich im präcapillären Bereich. Zusätzlich konnte beim Menschen angiographisch während einseitiger Aufhebung des Gasaustausches gezeigt werden, daß auch die Lumina der großen Lungengefäße bis hin zu den pulmonalen Hauptstämmen bei Senkung des alveolären O_2-Partialdruckes kleiner werden (Abb. 1; FELIX u. Mitarb., 1967). Gleich-

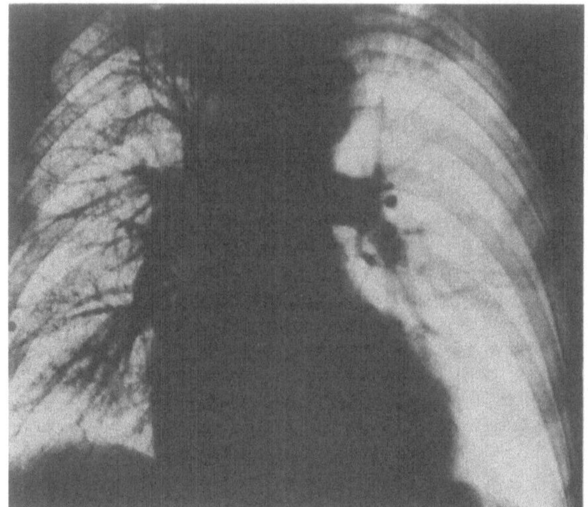

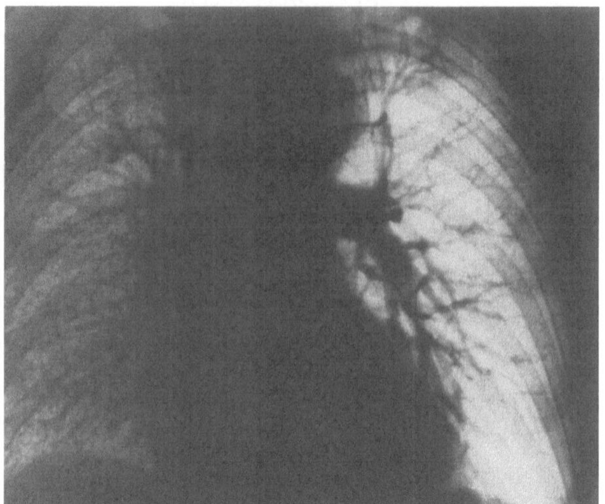

a   b

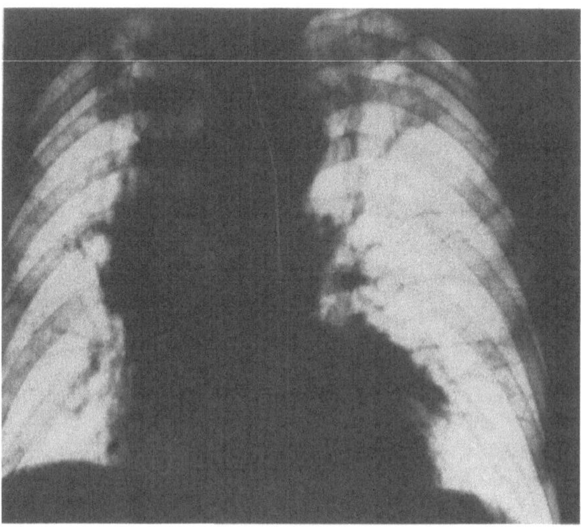

c

Abb. 2a—c. 61 Jahre, ♂. Bronchialcarcinom im linken posterobasalen Unterlappensegment. Pulmonalisangiogramm bei linksseitig aufgehobener Atemgasdiffusion. a Arterielle Frühphase. Stark verminderte Einstromgeschwindigkeit des Blutes in die linke Lunge. b 3,25 sec nach Abb. 2a. Venöse Phase rechts. Arterielle Phase links. Die Zahl und die Weite der Gefäße sind links gegenüber rechts vermindert. Passageverzögerung links um nahezu 3 sec (auf rein funktioneller Basis!). c 6,9 sec nach Abb. 2b. Venöse Phase links, rechts ist die Kontrastmittelpassage schon beendet. Die Zahl und die Weite der Venen links sind gegenüber rechts (vgl. Abb. 2b) vermindert (funktionell!)

zeitig mit der Querschnittverminderung der Lungengefäße tritt auch eine Senkung der Blutströmungsgeschwindigkeit in den betroffenen Lungengefäßen ein (Abb. 2; FELIX, 1967). Dieses alveolo-vasculäre Reflexgeschehen kann auch regional begrenzt werden, so daß auch einzelne Lappen vermindert perfundiert werden können. Ziel dieser gasdruckabhängigen Steuerung des Strömungswiderstandes ist es, schlecht ventilierte Gebiete auch vermindert zu perfundieren, damit die arterielle Hypoxämie möglichst vermieden werden kann. Der Blutstrom wird zu besser perfundierten Abschnitten umgeleitet.

Der Nachteil dieses alveo-vasculären Reflexgeschehens macht sich erst bei einer allgemeinen, über die ganze Lunge ausgedehnten Hypoventilation geltend. Die Durchblutung aller Alveolen kann nicht ohne Einschränkung des Herzzeitvolumens reduziert werden, oder ein normales Herzzeitvolumen erfordert eine pulmonale Druckerhöhung. COURNAND wies durch Kathetermessungen nach, daß der Pulmonalarterien-Mitteldruck durch O_2-Mangelbeatmung (10 % O_2 + 90 % N_2) von 14,5 auf 33,5 mm Hg anstieg, während das Herzzeitvolumen konstant blieb.

Dieser Mechanismus der pulmonal-arteriellen Hypertonie als Folge einer alveolären Hypoventilation wird heute als der wesentlichste angesehen. Die alveoläre Hypoventilation ist damit die entscheidende Ursache der pulmonalen Hypertonie (SCHNEIDER, 1972); diese Hypoventilation bildet die Hauptursache der Hypertonie bei den obstruktiven Emphysemen, bei den obstruktiven Bronchitiden, beim Asthma bronchiale, bei den Narbenemphysemen und bei den Thoraxdeformitäten.

Dagegen besteht vermutlich zwischen der arteriellen Hypoxämie und der pulmonal-arteriellen Hypertonie kein Kausal-Zusammenhang. Sie sind wahrscheinlich beide nur Folge der gleichen Ursache — der alveolären Hypoventilation (FOWLER u. Mitarb., 1952; BÜHLMANN u. Mitarb., 1953, 1954). Dagegen steht die Meinung anderer Autoren, die z.B. für das Pickwick-Syndrom einen eindeutigen Zusammenhang zwischen pulmonal-arterieller Hypertonie und arterieller Hypoxämie sehen (FRIEDBERG, 1972).

Wahrscheinlich folgen einer mäßigen hypoxiebedingten Vasokonstriktion noch hypoxie-bedingte morphologische Gefäßveränderungen, z.B. eine Mediahypertrophie. Diese kann bei Rückgang der Hypoxie über Wochen und Monate reversibel sein.

Zusätzlich belasten die Hypoxämie, die Hyperkapnie und die Acidose das rechte und häufig auch das linke Herz.

b) Cor pulmonale bei multiplen Lungengefäßobstruktionen

Klassische Beispiele sind hier die Lungenembolien und die primären Gefäßerkran-kungen der Lunge. Als Ursache eines Cor pulmonale finden die kleineren multiplen Embolien neben der großen massiven Embolie ständig zunehmende Beachtung (GIESE, 1969). Diese kleineren Embolien müssen mehr als $^2/_3$ der Lungenstrombahn verschließen, ehe eine Druckerhöhung im Lungenkreislauf meßbar wird (HAGGART u. WALKER, 1923; LANGE, 1948; KÖNN, 1960; WILCKEN u. Mitarb., 1960). Die kleineren Embolien bleiben klinisch meist unerkannt. In den Embolus kann von der Gefäßwand her Granulations-gewebe einwachsen. Der Embolus wird durch Bindegewebe ersetzt, das die Gefäßlichtung mehr oder weniger verschließt. In Umkehrung des alveolo-vasculären Reflexes weisen experimentelle Untersuchungen darauf hin, daß die Bronchiolenquerschnitte mangelper-fundierter Lungenbezirke reflektorisch reduziert werden (LEVY, 1965). Dieses würde prak-tisch das Gegenstück zum alveolo-vasculären Reflex darstellen.

Zu ähnlichen obstruktiven Veränderungen führen die Endangitis obliterans mit ihrer starken Intimaproliferation, die Periarteriitis nodosa, die Endarteriitis pulmonalis (STENDER u. TAUBERT, 1953; BREDT, 1932, 1941), die Wegenersche Granulomatose und die zahlreichen Entzündungen der Lungengefäße im Anschluß an andere Lungener-krankungen. Es ist bisher nicht eindeutig geklärt, ob es eine primäre idiopathische Pul-monalsklerose (BREDT, 1932) gibt; ebenso fehlt dem Ayerza-Syndrom bisher eine morpho-logische Basis. STAEMMLER und SCHMITT (1938, 1951) sind aber aufgrund autoptischer Untersuchungen der Ansicht, daß die sog. „primäre Pulmonalsklerose" erst nach längerem Bestehen einer pulmonalen Hypertonie eintritt. Insbesondere ist es KIRCH, der eine primäre, nicht entzündliche Pulmonalsklerose als Ursache einer pulmonalen Hypertonie entscheidend ablehnt; soweit es eine Pulmonalsklerose überhaupt gibt, ist sie recht selten — auch im Senium — und verursacht keine pulmonale Hypertonie.

Man hat auch eine „essentielle", „idiopathische" oder „primäre" pulmonale Hyper-tonie aufgrund einer pulmonalen Vasokonstriktion (ohne Änderungen der alveolären Gas-drucke) analog der essentiellen Hypertonie im großen Kreislauf postuliert. Die morpho-logischen Gefäßveränderungen sind dann *Folge* der pulmonalen Hypertonie. Die Diagnose kann nach ROSSIER (1966) nur gestellt werden, wenn bei einem Patienten mit beträchtlicher pulmonaler Hypertonie ohne angeborenen oder erworbenen Herzfehler und mit normaler Lungenfunktion die in nicht allzu langem Abstand durchgeführte genaue histologische Untersuchung keine obstruktiven Lungengefäßveränderungen zeigt. Diese Kriterien werden aber von den wenigsten in der Literatur mitgeteilten Fälle erfüllt, da bei den klinischen Mitteilungen oft die Sektionsbefunde und in den pathologisch-anatomischen Publikationen die prämortalen Druckmessungen fehlen. Nach Rossier (1966) wurde in Zürich seit 1953 bei rund 2000 Herzsondierungen im Erwachsenenalter nur ein einziger Fall mit einer pulmonalen Hypertonie bei sonst normalen Lungen- und Herzverhältnissen beobachtet, bei dem die Sektion einige Wochen später scheinbar normale Lungengefäße ergab. Rossier (1966) nimmt daher an, daß es eine „primäre" pulmonale Hypertonie gibt; der rein klinischen Diagnose sollte aber mit größter Skepsis begegnet werden.

Schließlich sei in diesem Zusammenhang noch die „primär-vasculäre pulmonale Hypertonie" (PVPH) erwähnt. Das Wort „primär" hat in diesem Zusammenhang nicht die Bedeutung von essentiell, idiopathisch oder unbekannt, sondern es bezieht sich ausschließlich auf den zeitlichen Ablauf des Geschehens, indem es die pathologischen Gefäßveränderungen als die zuerst, eben primär auftretende Läsion bezeichnet (Gurtner, 1972). Synonyma sind obliterative pulmonale Hypertonie, pulmonales vasculäres Obstruktionssyndrom usw. Ursachen der PVPH sind kongenitale Fehlbildungen (Glomangiosis), Persistenz des foetalen Musters der Lungenarterienhistologie (z.B. in Verbindung mit kongenitalen Herzvitien), entzündliche Veränderungen (Bilharziose, viscerale Formen gewisser Kollagenkrankheiten und schubweise verlaufende „kleine" Thromboembolien). Gurtner beobachtete im Laufe des Jahres 1967 eine sprunghafte Zunahme der Zahl der Patienten mit PVPH. Während in den 12 vorausgehenden Jahren pro Jahr im Durchschnitt weniger als ein Patient mit PVPH diagnostiziert wurde, wurden in den 12 Monaten des Jahres 1967 deren 12 mit Herzkatheterismus identifiziert. In der 1. Hälfte des Jahres 1968 war die Häufigkeitszunahme noch ausgeprägter. Ätiologisch konnte Gurtner eine Beziehung zwischen PVPH und dem Appetitzügler Aminorex-Fumarat (Menocil) feststellen. Nach Obiditsch-Mayer (1972) führt Aminorex-Fumarat eine primäre, medikamentös-toxische Gefäßschädigung herbei. Diese ist durch eine Aktivierung des Endothels und ein Intimaödem gekennzeichnet nach Art einer allergischen Gefäßreaktion. In der Lunge lassen sich zunächst an den Gefäßen vom muskulären Typ Zellproliferationen aus großen saftreichen Endothelzellen, die auch von capillären Spalten durchsetzt sind, erkennen. Diese obliterierende Angiopathie führt in der Lunge zu einer gestörten Hämodynamik, die ihrerseits zu den gelegentlich auftretenden Thrombosen Anlaß gibt. Im übrigen zeigen die Lungengefäße das bekannte Bild der (sekundären) Pulmonalsklerose. Nach Loogen und Kübler (1970) zeigen die Gefäße im Vergleich zu Hypertonien anderer Genese keinerlei Unterschied.

Nach den Untersuchungen von Fowler und Holms (1965) führt die Verdoppelung des Lungendurchflusses im Tierexperiment zu einer Drucksteigerung in der Arteria pulmonalis von 28%, eine Verdreifachung des Durchflusses ruft eine Drucksteigerung um 53% hervor. Wenn der pulmonale Durchfluß auf 500% gesteigert wird, so resultiert eine Verdoppelung des Druckes in der Pulmonalarterie. Auch Ulmer (1972) rechnet bei 50% Gefäßverlust mit einem Anstieg des Druckes in der Pulmonalarterie von 50%. 70%iger Gefäßverlust verursacht einen Druckanstieg von ca. 85%. Die arteriellen Blutgase können dabei im Normbereich bleiben.

Demgegenüber stehen jedoch Untersuchungen von Cournand u. Mitarb. (1947, 1948, 1950) und Hickam und Cargill (1948) sowie von Riley u. Mitarb. (1951), die eine Minutenvolumenerhöhung bis auf das Dreifache ohne pulmonale Drucksteigerung beschreiben. Diese unterschiedlichen Angaben können eventuell darauf zurückgeführt werden, daß möglicherweise der Gefäßverlust einmal akut und einmal chronisch durchgeführt wurde.

Auch bei normaler Strombettkapazität führt eine Zunahme des Durchflusses zu einem, wenn auch geringem Druckanstieg. Bei Verminderung des Strombahnquerschnitts wird dieser Druckanstieg früher und stärker erfolgen. Damit werden sowohl obstruktive als auch restriktive Perfusionsstörungen, die einen Verlust vom Strombett durch Lungengewebsuntergang bedeuten, zu einer pulmonalen Hypertonie und dadurch zu einer Rechtsherzbelastung führen.

c) Cor pulmonale bei restriktiven Perfusionsstörungen

Restriktive Perfusionsstörungen sind Folge einer Reduktion des pulmonalen Gefäßbettes durch Verlust bzw. Zerstörung von Lungengewebe. Für diese Ursachen benutzte man früher auch den Begriff „Cor pulmonale parenchymale". Klassische Beispiele sind die pulmonale Hypertonie nach Lungenresektion, die pulmonale Hypertonie bei allen Formen der Lungenfibrose (z. B. Morbus Boeck) und bei den herdförmig narbenbildenden Granulomatosen (z. B. Silikose und Tuberkulose). Die Lungenfibrosen führen nicht nur über erhöhte Diffusionswiderstände sondern auch über den mit der Fibrosierung und Schrumpfung einhergehenden Capillarverlust zur pulmonalen Hypertonie. Bei all diesen restriktiven Perfusionsstörungen (besonders auch bei der Silikose) darf als Ursache der pulmonalen Hypertonie die häufig parallel gehende obstruktive Ventilationsstörung nicht übersehen werden. Hinzu kommt die Wirkung des perifokalen, vikariierenden Emphysems (BOLT u. ZORN, 1950).

Ein Lungenparenchymverlust führt allerdings nicht zwingend zur pulmonalen Hypertonie. Beim atrophischen, nicht obstruktiven Altersemphysem kann der Untergang der Alveolarwände so weit führen, daß der Capillardurchschnitt auf die Hälfte reduziert wird, ohne daß es zur Entwicklung eines Cor pulmonale kommt. Ein erhöhter Perfusionsdruck ist trotzdem nicht notwendig, wie experimentelle Untersuchungen von JUNGHANSS (1958) zeigten. Durch erhaltene, weite Capillaren, die sog. Stromcapillaren, kann das Blut auf kurzen Wegen in den venösen Schenkel übertreten.

Beim *obstruktiven Lungenemphysem*, obstruktiver Bronchitis und bei ausgedehnten Bronchiektasen ist die begleitende ventilatorische Komponente die Hauptursache des chronischen Cor pulmonale. Beim obstruktiven Emphysem ist daher das Cor pulmonale, im Gegensatz zum Altersemphysem, eine häufige Begleiterscheinung. Die Ansicht, daß die pulmonale Hypertonie nur Folge einer „mechanischen Behinderung" im kleinen Kreislauf durch Überdehnung und Rarefikation des Parenchyms ist, wurde schon 1929 von STEINBERG bezweifelt. Auch nach OTTO (1972) führt der rein volumetrische Verlust von alveolärem Parenchym nicht zum Cor pulmonale. Die Behauptung, daß beim Emphysem das capilläre Strombett der Lunge zu klein wird, kann daher mit sachlichen Befunden nicht gestützt werden. Nach OTTO (1972) werden relativ häufig Fälle mit fortgeschrittenem Emphysem ohne Cor pulmonale beobachtet. Wenn ein Cor pulmonale bei einem Emphysem festzustellen ist, dann ist dieses weit mehr abhängig von der gleichzeitig vorhandenen obstruktiven Ventilationsstörung als von der Schwere des Emphysems. Auch LOTTENBACH (1956) betont, daß der Zusammenhang zwischen Emphysem und Cor pulmonale rein anatomisch nicht erklärbar ist und wir uns von der rein morphologischen Vorstellung lösen müssen. Die Lungendurchblutung ist im wesentlichen eine Funktion der Lungenventilation. Das Emphysem und damit der Parenchymverlust ist mehr oder weniger nur als Zugabe und Verstärkung der Wirkung der ventilatorischen Obstruktion zu verstehen. Eine schwere Obstruktion, z. B. bei spastischer Bronchitis und bei Bronchiolitis obliterans, führt auch ohne Emphysem zum Cor pulmonale. Auch beim Narbenemphysem spielen obstruktive Ventilationsstörungen und restriktive Perfusionsstörungen zusammen. Die organische Einengung des Lungengefäßes müßte ein erhebliches Ausmaß (mehr als $^2/_3$) erreichen, um eine pulmonale Hypertonie zu bewirken. Als Teilfaktor ist jedoch der Parenchymverlust und damit die restriktive Perfusionsstörung sicher von Bedeutung.

Auch bei der *Lob- oder Pneumonektomie* steigt der Druck nur kurzfristig (BOLT u. Mitarb., 1951) oder später (GIESE, 1966) an. Bei älteren Patienten mit bereits vorgeschädigter Lunge (z. B. Emphysem, Carcinom) sind postoperativ auch in Ruhe gering oder mäßig erhöhte Pulmonaldruckwerte gefunden worden (BOLT, STANISCHEFF u. ZORN, 1951). In 2—3% der lungenverkleinernden operativen Eingriffe sind aber von FRANKE (1955) Letalausgänge durch akutes Cor pulmonale beobachtet worden, wobei nicht die eigentliche Unterbindung der Arteria pulmonalis zur pulmonalen Hypertonie führte, sondern sekundäre Ursachen (Beatmungsschwierigkeiten bei und nach der Narkose, Sekretaspiration, mechanische Kompression einer Lunge im Operationsgebiet, Mediastinalverlagerungen, kleinere postoperative Embolien, entzündliche Anschoppungen) angeschuldigt werden. Bei normaler Restlunge erfolgt eine deutliche Druckerhöhung erst nach Belastung (COURNAND u. Mitarb.). Ein Cor pulmonale chronicum entwickelt sich meist durch sekundäre Emphysembildung (DERRA, 1951; FRANKE, 1955).

Die restlichen Lappen eines Lungenflügels nach Lobektomie bzw. die verbleibende Lunge nach Pneumonektomie erfahren zusätzlich eine Überblähung und Überdehnung, da der knöcherne Thorax, gemessen an dem verbleibenden Lungenvolumen, zu groß ist. Damit werden die Gefäße gedehnt und wird einer emphysematischen Degeneration Vorschub geleistet. Diesen Zustand kann man auch als chronisches Volumen pulmonum auctum bezeichnen. Die postoperative Überdehnung der Lunge führt dann ihrerseits zum Untergang von Alveolarsepten, und es entsteht das sog. Überdehnungsemphysem, welches eine weitere Verminderung des Querschnittes der Lungenstrombahn zur Folge hat.

Die *Tuberkulose* wird auch in fortgeschrittenen Stadien nur selten eine Reduzierung der respiratorischen Oberfläche bzw. eine Verkleinerung des Lungenparenchyms auf $1/_3$ der Gesamtlunge herbeiführen. Erst sekundäre Veränderungen, wie Cirrhose, Pleuraschwarten, Bronchiektasen usw., führen zur Emphysembildung und zur obstruktiven Ventilationsstörung mit nachfolgender pulmonaler Hypertonie und Cor pulmonale (BERBLINGER, 1947). DADDI (1955), der als Folge der chemotherapeutischen und operativen Behandlungen aus der Literatur eine Zunahme der Häufigkeit des Cor pulmonale bei Tuberkulose auf 22—53% beschrieben hat, nimmt ebenfalls als Ursache der pulmonalen Hypertonie und des Cor pulmonale eine Ventilationsstörung durch verminderte Brustkorb- und Zwerchfellbeweglichkeit, Pleurabeteiligung, partielle Bronchialstenosen und Emphysem an. Der gleichen Ansicht sind ORIE u. Mitarb. (1954), wie auch BLASI und CATENA (1950) in einer pathologisch-anatomischen Studie eindeutig feststellen, daß nicht die destruierenden Lungenparenchymprozesse (nur 5,8%) mit Cor pulmonale einhergehen, sondern die Schrumpfungstypen mit Unregelmäßigkeiten der Ventilation trotz geringer Parenchymschädigung wesentlich häufiger (38,8%) zum Cor pulmonale führen. Dann folgern die Autoren aber, daß diese „starren Lungen", die für die Hämodynamik wichtigen physiomechanischen Atmungsfaktoren hemmen und sich so anatomische Widerstände im kleinen Kreislauf ergeben. Eine alveoläre Hypoventilation mit nachfolgender reflektorischer Vasokonstriktion und eine Emphysembildung lassen die Autoren als Ursache der Rechtsherzbelastung außer acht. Beim plötzlichen Herztod des chronisch Tuberkulösen darf nicht vergessen werden, daß außer der Rechtsherzbelastung die langdauernde Toxinwirkung im schubweisen exsudativen Geschehen das Herz zusätzlich geschädigt hat (HAFFLIGER u. MARK, 1956).

Die *Silikose* bedingt nach den Untersuchungen von ZORN (1951) keine Erhöhung des mittleren Pulmonalarteriendruckes; erst ein sekundäres, umschriebenes oder ausgedehnteres perifokales oder vikariierendes Emphysem führt zu pulmonalen Druckanstiegen von 50—70 mm Hg (BOLDT u. ZORN, 1950). Es gilt auch hier, daß bei der außerordentlichen Weite der Lungenstrombahn die schon im Frühstadium zu beobachtende Einengung und Verödung der Capillaren durch endangitische und perivasculäre fibrotische Prozesse (UEHLINGER u. ZOLLINGER, 1946/47) sowie im Spätstadium die Lageveränderung der größeren Gefäße infolge silikotischer Schrumpfung allein keine oder nur eine geringe pulmonale Drucksteigerung hervorrufen. Eine stärkere pulmonale Hypertonie kommt erst dann zustande, wenn infolge alveolärer Hypoventilation die O_2-Spannung der Alveolarluft abfällt und damit eine reflektorische Engerstellung des pulmonalen Gefäßquerschnittes erfolgt.

d) Cor pulmonale bei Störungen der Atemmechanik

Bei normaler Atmung nimmt der intrathorakale Druck während der Inspiration ab. Der pulmonale Durchfluß wird demzufolge erleichtert, ebenso der venöse Rückfluß zum rechten Herzen. Während der normalen Exspiration geschieht das Gegenteil; da sich der intrathorakale Druck dem Venendruck annähert, nimmt die Füllung des rechten Herzens ab.

Wenn nun unter pathologischen Bedingungen die exspiratorische intrathorakale Druckerhöhung zunimmt und auch länger anhält, so wird durch Kompression der Gefäße der pulmonale Durchfluß behindert. In angiographischen Untersuchungen während einseitiger artefizieller Atemwegsobstruktion zeigten FELIX u. Mitarb. (1969) (Abb. 3) die Rückwirkungen auf das pulmonale Gefäßsystem. Die arteriellen und venösen Lungen-

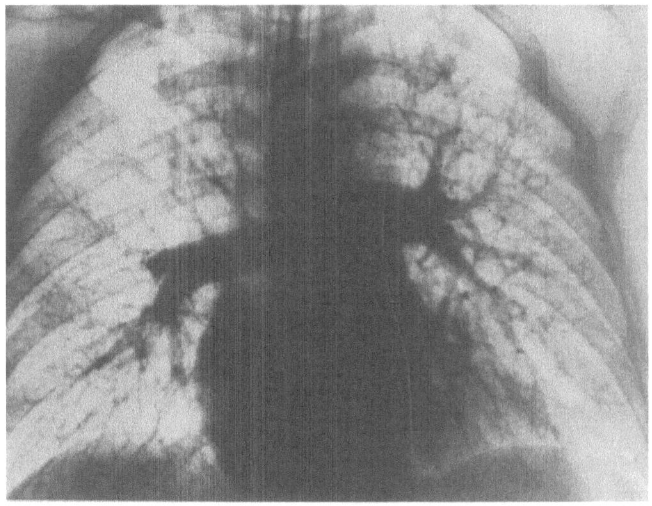

a

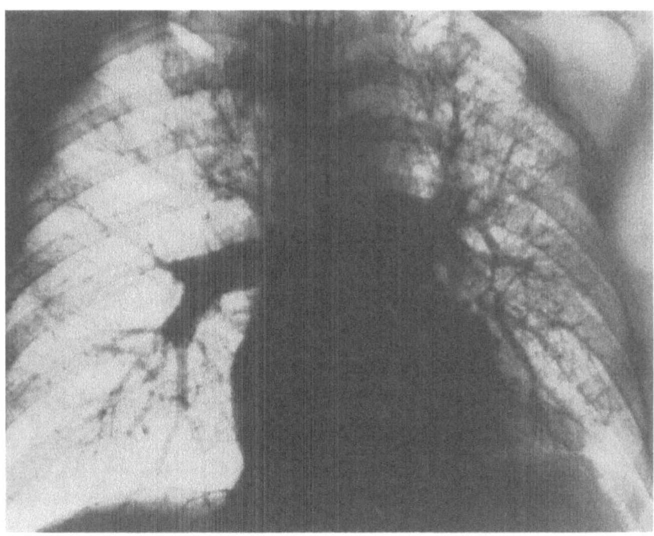

b

Abb. 3a u. b. 55 Jahre, ♂. Zustand nach Teilresektion des rechten Oberlappens mit Gefäßrarefizierung in diesem Abschnitt. a Arterielle Phase beidseits. Mit Ausnahme des rechten Oberlappens sind Zahl und Weite der Gefäße beidseits gleich. Beide Lungen werden in gleicher Weise maschinell druckbeatmet ($+30\pm0$ cm H_2O). Atemzeitquotient 1:2. b Arterielle Phase beidseits. Rechts im Vergleich zu links funktionell verminderte Zahl und Weite der Gefäße. Zeichen der Lungenblähung mit Tiefertreten des Zwerchfells und Linksverschiebung des Herzens und des Mediastinums. Beide Lungen werden in unterschiedlicher Weise maschinell druckbeatmet (rechts $+40\ +10$ cm H_2O, links $+40\ -10$ cm H_2O). Atemzeitquotient 1:2

gefäße werden gedehnt, gestreckt und auch verschmälert; gleichzeitig sinkt die Strömungsgeschwindigkeit in der betroffenen Lunge stark ab. Einzelne periphere Gefäße werden von der Perfusion vollkommen ausgeschlossen. Gleichzeitig mit der exspiratorischen intrathorakalen Druckerhöhung wird auch der venöse Rückfluß zum rechten Herzen vermindert. Es kommt zu unökonomischen, atemabhängigen Schwankungen des rechtsventriculären Schlagvolumens. Sill u. Siemensen (1973) weisen darauf hin, daß aufgrund dieses Mechanismus ein Cor pulmonale ohne pulmonale Hypertonie möglich werden kann. Diese exspiratorisch positiven Pleuraldrucke sind besonders kritisch, da sie das normale Strömungsgefälle des Blutes extrathorakal-intrathorakal umkehren können und hiermit über lange Phasen den Bluteinstrom in den Thoraxraum verhindern (Ulmer, 1972). Eventuell liegt in diesem Mechanismus auch eine Schonung des Herzens vor übermäßiger Belastung und damit eine Verhinderung übermäßiger Hypertrophie und Dilatation.

Viele Bronchitiker haben, besonders in Phasen akuter Exazerbationen der Bronchitis, *Hustenattacken*, welche über Minuten anhalten können. Die enormen Drucksteigerungen im Thoraxraum, welche auch ungehindert das Herz- und Gefäßsystem treffen, verhindern oft eine ausreichende Füllung des Herzens.

Ursächlich für derartige atemabhängige intrathorakale Druckschwankungen kommen alle obstruktiven Ventilationsstörungen, die insbesondere die Exspiration behindern, in Frage. Die obstruktiven Ventilationsstörungen führen damit nicht nur über die alveoläre Hypoventilation, sondern auch über die intrathorakalen Druckschwankungen zur pulmonalen Hypertonie und zum Cor pulmonale (Fishman, 1963; Ulmer u. Mitarb., 1966). Diese atemmechanischen Ursachen des Cor pulmonale stehen besonders beim broncho-stenotischen Emphysem im Vordergrund, das geschlossene Blasen hinter der Stenose bildet.

Mit zunehmender Atemwegsobstruktion steigen die atemsynchronen Druckdifferenzen an. Sie können von den Normalwerten, und zwar von 2—3 cm H_2O, Werte von über 50 cm H_2O erreichen. Hierdurch kommt es zu starken atemsynchronen Füllungs- und Auswurfschwankungen des rechten und linken Herzens, deren Rückwirkungen auf das Herz noch nicht geklärt sind (Ulmer, 1972).

6. Pathologische Anatomie und Pathophysiologie des druckbelasteten rechten Herzens

Die morphologischen Veränderungen des Herzens sind durch die erhöhte Druckbelastung der rechten Kammer bedingt. Das akute Cor pulmonale entsteht durch eine plötzliche Drucksteigerung im kleinen Kreislauf. Ist der Herzmuskel nicht in der Lage, durch eine vermehrte systolische Kraftentfaltung (positiv inotrope Wirkung; Tonuszunahme der Ventrikelmuskulatur durch die akute Druckbelastung nach Reindell u. Kiefer, 1969) den Widerstand zu überwinden, so setzt eine Dilatation der rechten Kammer ein. Nach den klassischen Herzgesetzen (Frank-Straub-Starling) handelt es sich hierbei um einen kompensatorischen Vorgang zum Zwecke der Leistungssteigerung durch Ausnutzung einer erhöhten Anfangsspannung des Herzmuskels („tonogene Dilatation" nach Moritz bzw. „Widerstandsdilatation" nach Zdansky). Die Dilatation bei akut erhöhter Druckarbeit ist Folge der Längenzunahme der hypertrophischen Muskelfasern; es besteht bei akuter Druckbelastung praktisch zunächst eine reine Verlängerung der Muskelfasern bzw. der Kammer. Bei akuter Druckbelastung ist damit die röntgenologische Vergrößerung des Herzens noch kein eindeutiges Insuffizienzzeichen. Bei stärkeren Graden der Herzerweiterung dagegen muß eine myogene Dilatation mit Strukturzerstörung [Linzbach; dekompensierte myogene Dilatation (Zdansky)] angenommen werden.

Erfolgt eine Normalisierung der Kreislaufverhältnisse durch Fortfall der Ursache, die zum akuten Cor pulmonale geführt hat, so ist eine Rückbildung der Dilatation, je nach dem Zustand des Herzmuskels, in Tagen oder Wochen möglich.

Gelingt es dagegen der rechten Kammer nicht, die erforderliche Mehrarbeit infolge des erhöhten pulmonalen Strömungswiderstandes aufzubringen, so kommt es unter rasch zunehmender extremer Dehnung des gesamten rechten Ventrikels zum Herzversagen. Histologisch finden sich dann Muskelfasernekrosen, die selektiv auf die rechte Kammerwand beschränkt sind (MEESSEN, 1940, 1951; FRIEDBERG, 1972; TATERKA, 1939; WALDER, 1939).

Bleibt die Ursache des akuten Cor pulmonale bestehen, und ist die rechte Kammer in der Lage, den Strömungswiderstand soweit zu überwinden, daß der erforderliche Minimalkreislauf aufrecht erhalten werden kann, so folgt eine muskuläre Hypertrophie der rechten Kammerwand (KIRCH: tonogene Hypertrophie). Mit zunehmender Hypertrophie geht die Dilatation (Widerstandsdilatation) zurück. Damit ist der Übergang vom akuten zum chronischen Cor pulmonale gegeben.

Bei der *Entwicklung des chronischen Cor pulmonale* kann man der Übersichtlichkeit halber 4 Phasen unterscheiden. Man muß dabei beachten, daß die Phasen natürlich weitgehend willkürliche Einteilungen darstellen und daß in allen Abschnitten fließende Übergänge vorhanden sind.

I. Phase. Entwickelt sich ein chronisches Cor pulmonale langsam über einen längeren Zeitraum, so galt die Dilatation als ,,Schrittmacher der Hypertrophie", die vorausgehende Dilatation konnte jedoch bisher nicht eindeutig nachgewiesen werden. Theoretisch nehmen zwar KNIPPING u. Mitarb. (1960) noch eine ,,flüchtige tonogene Dilatation" bzw. ,,Widerstandsdilatation" als auslösendes Moment der Hypertrophie an, jedoch wäre hierzu ein erhöhter diastolischer Füllungsdruck nötig. Intrakardiale Druckmessungen (KNIPPING u. Mitarb., 1960; REINDELL sowie KLEPZIG u. Mitarb., 1954; BAYER u. Mitarb., 1954; MCMICHAEL, 1950, 1953; COURNAND; LENÈGRE, 1948; SCÉBAT u. Mitarb., 1954; DEXTER u. Mitarb., 1951) haben aber gezeigt, daß in diesem Stadium der Füllungsdruck *nicht* erhöht und die muskulär intakte Herzkammer in der Lage ist, innerhalb gewisser Grenzen und für eine bestimmte Zeit einen erhöhten Druck durch verstärkte systolische Kontraktion zu überwinden (REINDELL u. Mitarb.; DELIUS; ZDANSKY). Eine primär tonogene Dilatation, die von MORITZ und KIRCH angenommen wurde, bildet nach REINDELL und DOLL (1964, 1965, 1966) keine unerläßliche Voraussetzung für die Entwicklung einer Rechtsherzhypertrophie. Die erforderliche Mehrarbeit zur Überwindung der Druckbelastung stellt den physiologischen Reiz zur Hypertrophie dar, der zur ,,*konzentrischen Druckhypertrophie*" mit Einengung der Kammerlichtung führt (Abb. 4).

Mit der Hypertrophie der rechtsventriculären Muskelfasern wird das Gefüge der rechten Ventrikelwand fester und dichter. Es wird der linken Kammer ähnlich (GOERTTLER, 1964). Der Ventrikelinnenraum kann bei der *konzentrischen Druckhypertrophie* etwas kleiner werden. Bei der *kompensierten Rechtsherzhypertrophie* (konzentrische Druckhypertrophie) ist das Restblut im rechten Ventrikel eher kleiner als normal (LINZBACH, 1950, 1952, 1960). Dies ist mit eine Ursache dafür, daß in der I. Anpassungsphase einer Druckbelastung röntgenologisch noch *keine Größenzunahme* des rechten Herzens zu beobachten ist. Die kompensierte *konzentrische Druckhypertrophie* bildet praktisch die I. Phase der Anpassung des rechten Herzens an die verstärkte Druckarbeit. *Röntgenologisch* ist zu diesem Zeitpunkt noch keine eindeutige Veränderung nachzuweisen, weder eine Formnoch eine Größenänderung.

ULMER (1972) diskutiert eine ,,eingeschränkte Hypertrophiefähigkeit" dieser Herzen. Als Ursache kommt eventuell bei den meist älteren Patienten eine eingeschränkte Coronarreserve in Frage. ULMER betont besonders, daß entweder bei diesen Patienten das hypertrophierte Herz nicht entsprechend leistungsfähig ist oder daß diese Herzen schon insuffizient werden, noch ehe es zu einer entsprechenden Hypertrophie gekommen ist.

II. Phase. Ist die rechte Kammer trotz Hypertrophie nicht mehr in der Lage, den weiter ansteigenden oder zu lange bestehenden pulmonalen Hochdruck zu überwinden, so wird ein Teil des Schlagvolumens zurückbehalten, und unter Anstieg des Füllungsdruckes nimmt das Restblutvolumen zu. Es entsteht eine *Dilatation*, die am Ende der

Ausflußbahn des rechten Ventrikels beginnt und sich herzspitzenwärts fortsetzt. Zdansky bezeichnet diesen Vorgang als *kompensierte myogene Dilatation* und bestreitet für diesen Vorgang eine muskuläre Insuffizienz. Im Gegensatz hierzu betrachten Reindell u. Mitarb. diese *myogene Dilatation (ohne Strukturzerstörung des Herzmuskels)* als erstes Zeichen einer beginnenden Muskelinsuffizienz. Mit der Dilatation, die für die meisten Autoren eine beginnende Dekompensation anzeigt, wird das Herzzeitvolumen besonders bei Belastung nicht mehr voll bewältigt, d.h. die geforderte Blutmenge nimmt ab. Es bleibt damit, wie bereits erwähnt, eine vergrößerte Restblutmenge zurück. Die Autoren sind sich darin einig, daß die Kraftentfaltung der Kammer — abgesehen von neurovegetativen Regulationsmechanismen — durch diesen Vorgang, entsprechend den Frank-Straub-Starling-schen Gesetzen, am isolierten Herz-Lungen-Apparat verbessert wird. Dadurch wird die Kompensation des Herzmuskels teilweise und besonders in Ruhe noch aufrecht erhalten.

Der rechte Vorhof kann in diesem Stadium leicht vergrößert sein, wie auch der rechtsseitige mittlere Vorhofdruck erhöht sein kann. Klinisch kann eine Rechtsinsuffizienz bestehen. Dies gilt besonders für eine körperliche Belastung.

Das typische morphologische Bild des chronischen Cor pulmonale (Abb. 4) entsteht weniger durch die meßbare Wandverdickung der rechten Herzkammer und die septale Muskelzunahme, sondern vorwiegend durch die Umformung als Folge der Dilatation der rechten Kammer. *Im Anfangsstadium ist nur die Ausflußbahn erweitert und verlängert.* Man kann u.U. auch für diese Anfangsveränderungen schon den Begriff „*exzentrische Druckhypertrophie*" verwenden. *Die Erweiterung betrifft besonders den muskelschwächeren Abschnitt der rechten Ausflußbahn, d.h. den Conus pulmonalis.* Durch die Verlängerung wird die Herzspitze nach caudal und die Pulmonalklappenebene nach cranial verschoben. Zugleich mit der Anhebung der Pulmonalklappen ist oft auch eine Ausweitung des Pulmonalostiums mit meßbarer Verlängerung und Vergrößerung der Semilunarklappen (als Anpassungsvorgang) festzustellen (Kirch). Der Stamm der Pulmonalarterie ist fast immer ektatisch. — *Durch diese Vorgänge werden der erweiterte Pulmonalisstamm und seltener auch der erweiterte Conus pulmonalis in die Herzbucht hineingehoben.* Die Interventricularlinie verlagert sich, als Folge der Massenzunahme des rechten Herzens, nach links hinten (Abb. 4), die Herzspitze wird vom rechten Ventrikel gebildet, und der linke Ventrikel wird durch Linksrotation des Herzens (von oben gesehen) nach dorsal verdrängt. *Durch diese Rotation werden die rechte Kammer nach links und die linke Kammer sowie das linke Herz nach hinten gedreht.* Der ausgeweitete Conus pulmonalis, der dem linken Herzrand an sich schon recht naheliegt, kann dadurch leicht im unteren Anteil der Herzbucht als flacher Buckel erscheinen und randbildend werden. *Auch der erweiterte Pulmonalisstamm wird durch diese Rotation nach links herausgedreht, wodurch die Ausfüllung der Herzbucht im Röntgenbild noch begünstigt wird.*

Diese Linksrotation ist im wesentlichen auf die Vorderfläche des Herzens beschränkt und auf der Rückfläche nur wenig eindrucksvoll, da sie nicht das gesamte Herz betrifft, sondern nur durch die Vergrößerung des rechten Ventrikels entsteht (Kirch).

Röntgenologisch ist diese II. Phase also im wesentlichen durch eine Streckung der Ausflußbahn des rechten Ventrikels mit Anhebung des Pulmonalostiums und des erweiterten Hauptstammes der Pulmonalarterie gekennzeichnet. Das Herz ist in dieser Phase noch nicht über die Norm nach rechts oder nach links verbreitert. Wie bereits erwähnt, können in diesem Stadium klinisch jedoch schon Insuffizienzzeichen, besonders bei Belastung, bestehen.

III. Phase. Greift die Dilatation auf die Einflußbahn des rechten Ventrikels über, so entsteht das Bild der „*exzentrischen Druckhypertrophie*" [myogene Dilatation mit Strukturzerstörung (Reindell, Linzbach) bzw. dekompensierte oder kompensierte myogene Dilatation (Zdansky, Abb. 4)]. Nach Zdansky bedeutet die myogene Dilatation funktionell noch nicht zwingend eine Dekompensation. Die myogene Dilatation kann nach Zdansky sogar ansehnliche Grade erreichen, ohne daß der vorgeschaltete Vorhof nachweisbar vergrößert oder die röntgenologischen Zeichen einer Rückstauung in den

Körperkreislauf vorhanden sein müßten. Es lehre die tägliche röntgenologische Erfahrung, daß selbst hochgradig dilatierte Kammern erstaunlich leistungsfähig sind und lange Zeit auch bleiben können. Der Grad der Dilatation ist abhängig von der Strukturzerstörung des Herzmuskels. Auch hier liegt eine — wenn auch unökonomische — kompensatorische Maßnahme vor. Der Füllungsdruck kann in Ruhe noch normal sein, steigt dann aber bereits bei geringsten Belastungen an (REINDELL u. a.). Durch Strukturveränderung der schwer geschädigten hypertrophen Muskulatur ist eine derartige Weitbarkeit der Kammerwandung herbeigeführt worden, daß unter Ruhebedingungen schon der normale oder geringgradig erhöhte Füllungsdruck mit einer starken Dilatation des rechten Ventrikels einhergeht (REINDELL u. Mitarb., 1964). Die „*exzentrische Druckhypertrophie*" ist weitgehend irreversibel, da die Strukturzerstörung des Herzmuskels zu einer „Gefügedilatation" (LINZBACH) führt. Der Winkel zwischen rechtsventriculärer Ein- und Ausflußbahn wird größer. Die rechte Ventrikelspitze und damit die Herzspitze werden abgerundet. Das Septum interventriculare wird gegen den linken Ventrikel vorgeschoben und eingedellt (umgekehrter Bernheim). Die rechte Kammerlichtung umgreift infolge der Wölbung des Kammerseptums mehr spaltförmig den linken Ventrikel. Im Laufe der Hypertrophie wird die Form der rechten Herzhöhle durch Verlagerung des Kammerseptums günstiger für die mechanische Leistung des rechten Ventrikels (MATTHES u. Mitarb., 1960).

In dieser III. Phase erfährt das *Röntgenbild* seine entscheidende Veränderung. Das Herz wird nach links verbreitert. Die starke Linksherzverbreiterung kann röntgenologisch sowohl einem Übergreifen der Dilatation auf die rechtsventriculäre Einflußbahn entsprechen und damit einer kompensierten myogenen Dilatation nach ZDANSKY als auch einer dekompensierten myogenen Dilatation mit manifester Rechtsherzinsuffizienz.

IV. Phase. Dieses Stadium bedeutet nun die „*manifeste Dekompensation*" (manifeste Rechtsherzinsuffizienz). Die Grenze zwischen III. und IV. Phase ist natürlich fließend. Ursache ist neben der Überdehnung des Herzmuskels oft eine jetzt hinzutretende coronare Mangeldurchblutung der rechten Kammer (MEESSEN, SCHOENMACKERS). Im Stadium der manifesten Dekompensation verbreitert sich das Cor pulmonale nun auch zunehmend nach *rechts*, weniger durch die (nach links wirksam werdende) Dilatation der Einflußbahn der rechten Kammer, sondern vorwiegend durch die *Dilatation des rechten Vorhofes nach rechts*. In diesem Stadium kann eine relative Tricuspidalklappeninsuffizienz auftreten, die eine zusätzliche Verschlechterung der hämodynamischen Arbeitsbedingungen des rechten Ventrikels bedingt und damit einer rasch zunehmenden Dilatation des rechten Vorhofes und einer Rückstauung im großen Kreislauf Vorschub leistet.

Die Triebkraft des hypertrophierten Muskels ist jetzt erschöpft. Das zufließende Blut wird auch in Ruhe nicht mehr vollständig abtransportiert. Durch Erweiterung des rechten Vorhofes kommt es zur Überdehnung des rechten Herzohres. Im erweiterten rechten Herzohr, ebenso wie in der erweiterten Spitze der rechten Kammer können sich randständige Thromben bilden. Die Linksdrehung und auch die Querlagerung des Herzens können so stark werden, daß der rechte Ventrikel links randbildend wird. Bei der Dekompensation kommt es zur starken Verminderung der Herzzeitvolumina. Der Begriff des „high output failure" muß daher zumindest für diese Phase fallengelassen werden (SCHNEIDER, 1972).

Röntgenologisch ist diese IV. Phase gekennzeichnet durch eine zunehmende Verbreiterung des Herzens nach rechts.

Anmerkungen: In welchem Umfang die nicht regelmäßig bestehende Hypervolämie und die Polyglobulie den pulmonalen Strömungswiderstand erhöhen und damit eine Rechtsherzhypertrophie und -insuffizienz fördern, ist noch nicht klar zu übersehen (HARVEY u. Mitarb., 1953; WOLLHEIM, 1955; MARX, 1955; VALDIVIA, 1957). Nach SCHNEIDER (1972) ist die Hypervolämie kein der pulmonalen Hypertonie gleichgeschaltetes Phänomen auf hypoxischer Basis. Wie SCHLAAK und JIPP (1971) zeigen konnten, muß zumindest ab Hämatokritwerten von mehr als 50 Vol.-% mit einer erheblichen, die Hypertonie fördernden Erschwerung der Fließeigenschaften des Blutes gerechnet werden. Die

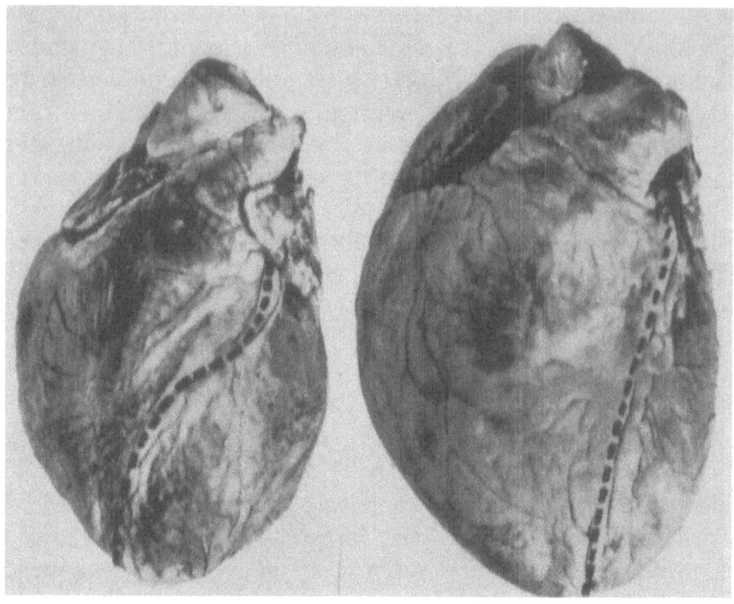

a

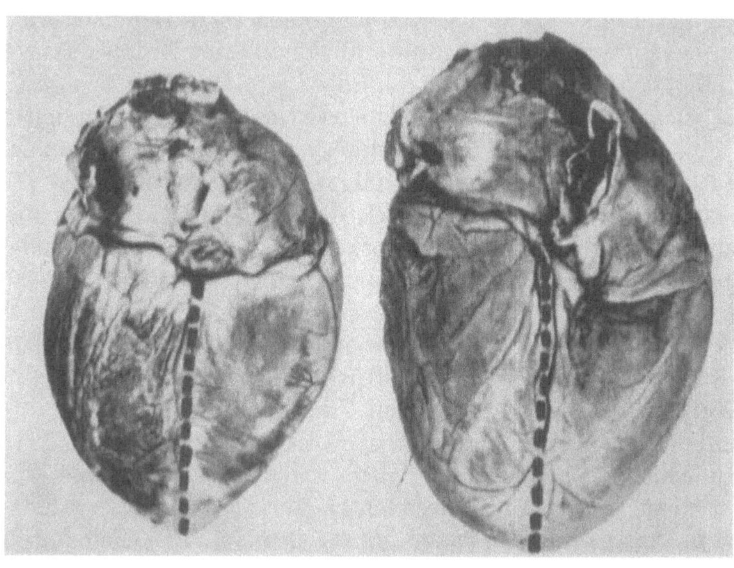

b

Abb. 4. a Links: Normalherz. Rechts: Cor pulmonale chronicum (KIRCH, 1955). Ansicht von vorne: konzentrische Rechtshypertrophie. b Links: Normalherz. Rechts: Cor pulmonale chronicum (KIRCH, 1955). Ansicht der Herzen von hinten. c Chronisches Cor pulmonale: exzentrische Druckhypertrophie. Die Herzspitze
wird vom dilatierten rechten Ventrikel gebildet (KIRCH, 1955). d Dasselbe Herz wie Abb. 6c. Der Querschnitt
zeigt die Hypertrophie und Dilatation der rechten Kammer (KIRCH, 1955)

Polyglobulie entwickelt sich aber nicht regelmäßig. Eventuell behindert die chronische
Infektion die Blutbildung. In der Mehrzahl der Fälle von Cor pulmonale-Patienten fehlt
die Polyglobulie (BERNSMEIER, 1966). Die zirkulierende Blutmenge steigt, ähnlich wie
bei der Höhenpolyglobulie, proportional der Hypoxämie an (COURNAND) und führt zu
einer Viscositäterhöhung (SCHERF).

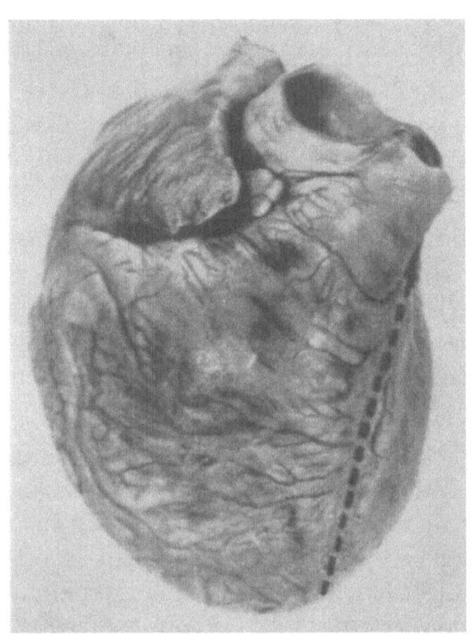

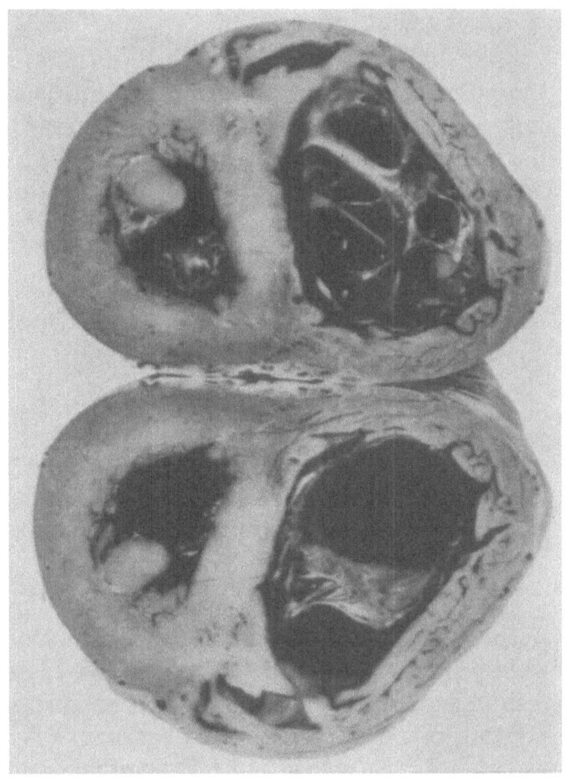

c   d

Abb. 4c u. d

Beim kompensierten chronischen Cor pulmonale zeigt nur eine kleine Gruppe von Patienten hohe Auswurfvolumina. Ihr Anteil am Gesamtkontingent von Cor pulmonale-Patienten ist nicht eindeutig, sicher aber geringer als früher angenommen wurde (HARVEY u. Mitarb., 1951; SCHNEIDER, 1972). Als Ursache scheint die hyperkapniebedingte Sympathicusaktivierung die entscheidende Rolle zu spielen (GEISLER *et al.*, 1971; GEISLER u. ROST, 1972). ULMER (1972) betont das Nebeneinander von Faktoren, die das Herzzeitvolumen in die Höhe treiben (Hypoxie), und andere Faktoren, die das Herzzeitvolumen senken (Acidose, erhöhter Gefäßwiderstand, Verminderung der myokardialen Kontraktionsleistung).

Die mit der allgemeinen alveolären Hypoventilation einhergehende Hypoxämie und Acidose beeinträchtigen ihrerseits das Myokard in seiner Leistungsfähigkeit. So entwickelt sich ein Circulus vitiosus (ROSSIER u. DÖHLMER, 1966). Infolge diastolischer Druckerhöhung im linken Ventrikel entsteht eine Lungenstauung (oder ein Lungenödem), die nun ihrerseits die Ventilation behindert (CAMPBELL u. SHORT, 1960). Bei stärkerer arterieller Hypoxämie muß die Coronardurchblutung zunehmen, da der arterielle O_2-Gehalt schon unter normalen Bedingungen weitgehend ausgeschöpft wird. In dem dargestellten Mechanismus liegt bei eingeschränkter Coronarreserve die Möglichkeit, daß es beim Cor pulmonale sekundär auch zu einer Linksherzinsuffizienz kommt (KOUNTZ u. Mitarb., 1936; GRIGGS u. Mitarb., 1939). Eventuell kommt es bei Steigerung des rechten Vorhofdrucks auch zur Abflußbehinderung aus dem Sinus coronarius. In etwa $^1/_3$ der Fälle (FLUCK u. Mitarb., 1966) wird auch eine Hypertrophie des linken Ventrikels beobachtet, ohne daß Klappenfehler oder Hypertonien als Ursache herangezogen werden können.

Als Ursache sind die das Cor pulmonale häufig begleitende Hypervolämie und die Polyglobulie zu erwägen.

ALTSCHULE (1962) sowie z. T. RAO (1968) vertreten die Meinung, daß beim chronischen Cor pulmonale linksventriculäre Hypertrophie mit linksventriculärer Insuffizienz oder auch linksventriculäre Insuffizienz ohne Hypertrophie regelmäßig vorkommen und daß daher das Cor pulmonale eine Erkrankung des *gesamten* Herzens ist. Die Untersuchungen dieser Autoren beziehen sich auf die sog. ,,brisket disease". Die Untersuchungen von RAO gehen auf transseptale Untersuchungen bei Menschen mit Cor pulmonale zurück. Der linksseitige Vorhofdruck und der pulmonalcapillare Verschlußdruck waren identisch erhöht. Dabei fand sich weder ein Druckgradient an der Mitralklappe noch zwischen Pulmonaliscapillardruck und linksseitigem Vorhofdruck, der eventuell als Ausdruck einer partiellen Venokonstriktion hätte aufgefaßt werden können.

COURNAND hat sich eindeutig gegen die Ansicht der genannten Autoren ausgesprochen und eine generelle Beteiligung des linken Herzens beim Cor pulmonale abgelehnt. Auch nach den Untersuchungen von SCHNEIDER (1972) ergaben sich bei starker pulmonaler Hypertonie normale linksventriculäre enddiastolische Druckwerte. Selbst Messungen der linksventriculären Kontraktionsparameter zeigten keine Veränderungen gegenüber der Norm.

ULMER (1972) hebt besonders hervor, daß druckbelastete rechte Ventrikel schon bei relativ niedrigen Drucken insuffizient werden. Entweder ist bei diesen Patienten das hypertrophierte Herz nicht entsprechend leistungsfähig oder diese Herzen werden schon insuffizient, noch ehe es zu einer entsprechenden Hypertrophie gekommen ist. Diese Herzen werden oft insuffizient bei mehr oder weniger starken Dilatationen, ohne daß es zu einer optimal möglichen Hypertrophie gekommen wäre. ULMER (1972) beschreibt, daß das rechte Herz schon bei mittleren Pulmonalisdrucken, welche über 30 mm Hg liegen, gehäuft insuffizient werden kann. Die vorzeitige Insuffizienz kann eventuell durch die arterielle Hypoxie gefördert werden.

Auch der überwiegend volumenbelastete rechte Ventrikel hypertrophiert. Gleichzeitig kommt es aber zu einer Restbluterhöhung, was zu einer Vergrößerung des Kammervolumens führt. Daher werden volumenbelastete Herzen in der Regel größer als druckbelastete. Die Ventrikelgewichte unterscheiden sich dabei aber nicht wesentlich.

Grundsätzlich ist beim gesunden Menschen das rechte Herz an eine relativ geringe Druckbelastung, aber an eine stark wechselnde Volumenbelastung angepaßt. Die Muskelmasse des linken Ventrikels ist etwa doppelt so groß wie die des rechten. Je Einheit Muskelgewicht ergibt sich im linken Ventrikel etwa eine dreifach höhere Druckleistung. Dementsprechend sind die Muskelfasern des linken Ventrikels dicker und länger als die des rechten. Zudem ist das Gefüge der Muskelfasern rechts lockerer als links. Die linke Ventrikelhöhle ist mehr cylinderförmig. Die rechte Ventrikelhöhle ist infolge Wölbung des Kammerseptums mehr spaltförmig. Sie umgreift den linken Ventrikel. Von der Form her gesehen ist daher die linke Ventrikelhöhle besser geeignet, eine hohe Druckleistung zu vollbringen.

7. Klinik

a) Akutes Cor pulmonale

Die Klinik des *akuten Cor pulmonale* wird überlagert von der Symptomatologie der Grundkrankheit [Lungenembolie (FREY; HOFFHEINZ; HOCHREIN u. SCHNYER; HEGGLIN), Status asthmaticus, massive Aspirationsschäden der Lunge (Ertrinken), bestimmte Pneumonieformen (ZUCKERMANN u. Mitarb.; SPÜHLER); Spontanpneumothorax und Mediastinalemphysem].

Die Embolie ist charakterisiert durch ein akutes Rechtsherzversagen mit plötzlich auftretenden Zuständen von Bewußtlosigkeit (Kollaps), schwindendem Puls, Tachykardie und Arrhythmie, Dyspnoe, Blässe, Schweißausbruch, Seitenstechen, Cyanose, (Blut-) Husten, Temperaturanstieg, Leukocytose. Im 2. oder 3. Interkostalraum links parasternal ist häufig eine Pulsation tastbar. Auskultatorisch ist der 2. Pulmonalton betont, und man hört ein lautes Geräusch. Im EKG treten ein nur etwa 48 Std nachweisbares p-Pulmonale und ein SI und QIII auf, die die Differentialdiagnose zum Herzhinterwandinfarkt erforderlich machen (McGinn u. White). Weiter werden Rechtsschenkelblock-Bilder mit rSr- bzw. rSR-Formen in V_1 beschrieben. Häufiger sind T-Negativitäten rechts präcordial. Links präcordial finden sich in den Brustwandableitungen tiefe S-Zacken mit pathologischem R/S-Quotienten bis V_6 (rS-Typ).

Für den klinisch dubiösen Verlauf sind neben den Schocksyndromen auch pulmokardiale und pulmo-coronare Reflexe (Kammerflimmern) von Bedeutung (Schwiegk; Hochrein u. Schnyer; Moeller), die zum akuten Herzversagen führen können.

Das akute Rechtsherzversagen beim Status asthmaticus (Dauerform des akuten Anfalles) geht einher mit akut einsetzender, exspiratorisch behinderter, keuchender und forcierter Atmung mit Einsatz der Atemhilfsmuskulatur, trockenem Husten, eventuell Expektoration von zähem Schleim, auskultatorischem Pfeifen, Giemen und Brummen, Brechen und Würgreiz sowie zunehmender Unruhe. Lediglich eine Tachykardie mit verstärkter respiratorischer Arrhythmie sowie eine Blutdruckerhöhung weisen klinisch auf die Kreislaufbeteiligung hin, während elektrokardiographisch ähnliche Veränderungen wie bei der Embolie gefunden werden.

b) Subakutes Cor pulmonale

Das *subakute Cor pulmonale* nimmt ätiologisch und klinisch eine Mittelstellung zwischen dem akuten und dem chronischen Cor pulmonale ein. Alle Ursachen, die zum akuten Cor pulmonale führen, können bei geringerer Ausprägung ein subakutes Cor pulmonale bedingen. Andererseits kann sich aus einem chronischen Cor pulmonale bei Komplikationen des Grundleidens oder zusätzlicher Belastung des Herzens ein subakutes oder akutes Cor pulmonale entwickeln.

c) Chronisches Cor pulmonale

Die klinische Diagnostik des *chronischen Cor pulmonale* beruht auf Symptomen der Belastung und eventuell der Insuffizienz des rechten Herzens. Grundsätzlich kann man *klinische, elektrokardiographische* und *röntgenologische* Zeichen des chronischen Cor pulmonale unterscheiden. Zu den wesentlichen *klinischen Zeichen* gehören Cyanose, Trommelschlegelfinger, Belastungs- bzw. Ruhedyspnoe, Hypoxämie, Polyglobulie, Hypervolämie, ein parasternal und eventuell auch epigastrisch nachweisbares Pulsieren des rechten Ventrikels und der betonte 2. Pulmonalton. Tachykardien, Rhythmusstörungen, Erweiterungen der Jugularvenen, Lebervergrößerungen, Ödeme, Dyspnoe und Galopprhythmus weisen bereits auf eine Dekompensation des rechten Ventrikels hin.

Zu den *elektrokardiographischen Zeichen* zählen die überwiegende R-Zacke in V_1 und V_2, ein inkompletter Rechtsschenkelblock mit einer QRS-Dauer von weniger als 0,12 sec, eine Änderung der Größenverhältnisse von R zu S in den linkspräcordialen Brustwandableitungen (der Quotient R/S in V_5 soll kleiner als 1 sein), ein Überwiegen der S-Wellen in der 1. Standardableitung, das P-pulmonale bzw. dextrokardiale (in Ableitung II und III größer als 0,25 mV), eine Inversion der T-Wellen in den Ableitungen II und III sowie in V_1 und V_2. Diese EKG-Zeichen sind nicht konstant; sie können bei begleitender Linkshypertrophie sogar vollkommen fehlen. Das P-pulmonale ist nicht pathognomonisch, ebenso nicht die starke Rechtsachsenabweichung und der Typenwandel des EKG nach rechts. Nach Untersuchungen von Otto (1972) kann die Muskelmasse des rechten Ventrikels um 30—60% zunehmen, ohne daß das EKG Zeichen einer Rechtsherzbelastung bietet. Erst wenn der Zuwachs an Muskulatur 80—90% erreicht, d. h. wenn fast eine Verdoppelung der rechtsseitigen Kammermuskulatur vorliegt, beginnt im EKG die Ausprägung eines Rechtsbelastungstyps. Mit einer Vermehrung der Muskulatur über 100% hinaus liegt dann durchwegs der typische Befund der Rechtsherzhypertrophie im EKG vor, allerdings nur unter der Voraussetzung, daß der linke Ventrikel und das Septum interventriculare bei dieser Muskelvermehrung unbeteiligt blieben. Ein Zuwachs der Muskelmasse der rechten Kammer bleibt im EKG auch dann immer stumm, wenn gleichzeitig ein etwa gleich großer Muskelmassenzuwachs im Septum und im linken Ventrikel vorliegt. Alle Formen der Doppelhypertrophie des Herzens imponieren daher im EKG als Linkshypertrophie. Was anatomisch als überwiegende Rechtshypertrophie imponiert, kann dem EKG-Befund nach noch als Linksbelastungstyp erscheinen (Otto, 1972). Als *Schlußfolgerung* kann man feststellen, daß bei Linkshypertrophie des Herzens schon von relativ geringen Graden einer Muskelvermehrung an eine gleichzeitig vorhandene Rechtshypertrophie im EKG immer maskiert bleibt. Liegen dagegen nach dem EKG bereits Hinweise einer Rechtsherzbelastung vor, so handelt es sich anatomisch immer um Fälle, in denen der rechte Ventrikel seine Muskelmasse schon mindestens verdoppelt hat. *Aus dieser Schwierigkeit in der elektrokardiographischen Diagnostik ergibt sich die große Bedeutung und Notwendigkeit einer exakten Analyse des Röntgenbefundes.*

Nach Walzer und Frost (1954) ist eine pulmonal-bedingte Rechtshypertrophie anatomisch weit häufiger zu diagnostizieren als nach den klinischen Befunden. Klinisch sei ein Cor pulmonale nur in 40% aller anatomisch diagnostizierten Fälle zu erfassen.

Nach einer neueren Untersuchung von Bernsmeier (1966) haben bei 80% der Fälle mit autoptisch verifiziertem Cor pulmonale klinische, elektrokardiographische und röntgenologische Zeichen einer kardialen Beteiligung bei einer Lungenerkrankung bestanden. Ein begründeter Verdacht besteht aber erst, wenn mindestens Zeichen aus zwei Befundgruppen vorliegen (z.B. klinisch und röntgenologisch). Diese Forderung erfüllt sich in 69% der Patienten mit autoptisch verifiziertem Cor pulmonale. Nur etwa die Hälfte der Fälle mit Cor pulmonale stirbt an kardialer Insuffizienz. Ein Drittel etwa kommt durch pulmonale Infekte ad exitum.

Die *Herzkatheteruntersuchung* zeigt, ob eine pulmonale Hypertonie vorliegt und ob die pulmonale oder rechtsventriculäre systolische Hypertonie durch eine Rechtsherzinsuffizienz, auf die eine Erhöhung des rechtsventriculären enddiastolischen Drucks (und des mittleren rechten Vorhofdrucks über 5 mm Hg) hinweist, kompliziert wird. Das Herzminutenvolumen ist häufig verkleinert (Whitaker u. Heath, 1959), und es kann mit Fortschreiten der Symptome weiter abnehmen (Sleeper u. Mitarb., 1962).

Häufig führt bei Patienten mit kompensiertem Cor pulmonale eine bronchopulmonale Infektion, die eine Hypoxämie auslöst oder sie verstärkt, zu einem steilen Anstieg des pulmonalen Blutdrucks und zum Einsetzen einer Rechtsherzinsuffizienz.

Zum Abschluß eine kurze Einteilung der Klinik des Cor pulmonale:

Stadium 1 (Cor pulmonale imminens). Die Symptome der pulmonalen Grunderkrankung stehen im Vordergrund. Klinische, elektrokardiographische und röntgenologische Zeichen der Druckbelastung des rechten Herzens sind noch nicht sicher zu erfassen. Klinisch ist nur eine Verdachtsdiagnose möglich. Die Druckmessung im rechten Ventrikel und in der Arteria pulmonalis ist die einzige Möglichkeit der Befundsicherung.

Stadium 2 (manifestes Cor pulmonale). Bei einer Lungenerkrankung liegen klinische, elektrokardiographische oder röntgenologische Zeichen der Rechtsherzbelastung vor.

Stadium 3. Es liegen bei einer Lungenerkrankung klinische und röntgenologische Zeichen der Insuffizienz bzw. der Dekompensation des rechten Ventrikels vor.

d) Prognose des chronischen Cor pulmonale

Nach Doll (1972) wird die Krankheit nicht nur sehr spät entdeckt, sondern die Behandlungsmöglichkeiten sind auch gering. Die durchschnittliche Zeit vom Auftreten des Leitsymptoms Dyspnoe bis zur Diagnosestellung beträgt 8,3 Monate. Die mittlere Überlebensdauer, von der Diagnosestellung an gerechnet, beträgt etwa 26 Monate. Ist zur Zeit der Diagnosestellung das Cor pulmonale schon dekompensiert, so beträgt die mittlere Überlebenszeit nur noch 9 Monate; beim noch kompensierten Cor pulmonale sind es 59 Monate.

8. Die Röntgen-Symptomatologie des Cor pulmonale

Einleitend sei bemerkt, daß es nicht immer ein absolut typisches Röntgenbild des Cor pulmonale gibt, da sowohl die Dauer und das Ausmaß der pulmonalen Hypertonie als auch der Funktionszustand des Myokards von Patient zu Patient sehr verschieden sein können. Grundsätzlich muß man die Veränderungen an Lungengefäßen und jene am Herzen voneinander unterscheiden.

a) Die Veränderungen an den Lungengefäßen

(Zeichen der pulmonal-arteriellen Hypertonie)

α) Die Dilatation des Hauptstammes der Pulmonalarterie (Abb. 5)

Ursache der Dilatation ist die druckabhängige Erweiterung der Pulmonalarterie. Folge ist eine fortschreitende Ausfüllung der Herzbucht im d.v.-Bild. Die Pulmonalarterie springt verstärkt in die Herzbucht vor. Eine quantitative Beziehung zur Höhe des pulmonal-arteriellen Druckes besteht nicht (Boyd u. Mitarb., 1958; Esch u. Thurn, 1959). Der Pulmonalisstamm und damit auch der Klappenring können so ausgeweitet werden

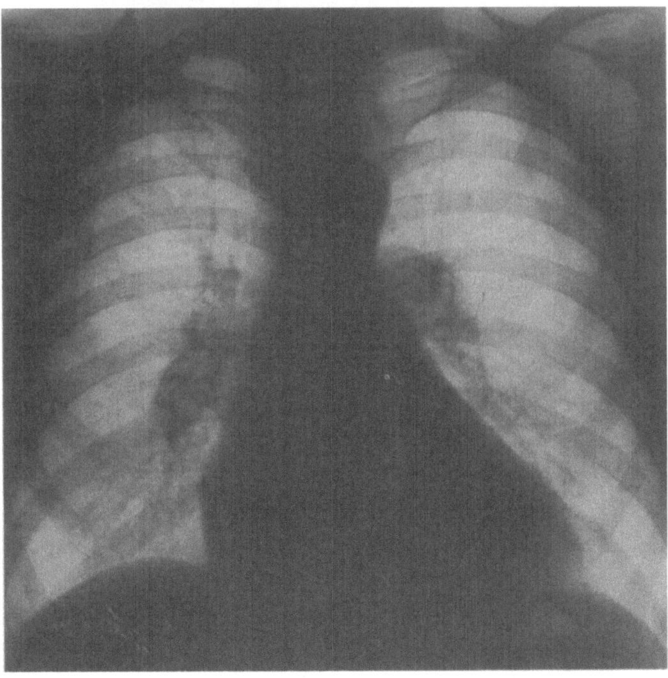

Abb. 5. 60 Jahre, ♂. Pulmonal-arterielle Hypertonie unbekannter Genese. Mitteldruck in der Arteria pulmonalis = 41 mm Hg. Zeichen der pulmonal-arteriellen Hypertonie: Dilatation des Hauptstammes der Pulmonalarterie mit Ausfüllung der Herzbucht, Erweiterung der zentralen Lungenarterien, Kalibersprung am Übergang von den erweiterten Lappen- zu den eingeengten Segmentarterien und verminderte Vascularisation mit verstärkter Helligkeit in den peripheren Lungenabschnitten

daß es zu diastolischen Geräuschen infolge einer funktionellen Pulmonalklappeninsuffizienz kommen kann.

Einschränkend sei bemerkt, daß die Prominenz des Hauptstammes der Pulmonalarterie bei Kindern und bei Jugendlichen ein häufiger und physiologischer Befund ist.

β) Die Erweiterung der zentralen Lungenarterien

Ein Durchmesser der rechten absteigenden Pulmonalarterie (Abb. 6) in Höhe des rechten Zwischenbronchus über 16 mm beim Mann und über 15 mm bei der Frau ist als Hinweis für eine pulmonal-arterielle Hypertonie anzusehen (HORNYKIEWYTSCH u. STENDER, 1954; SCHWEDEL u. Mitarb., 1954; Abb. 5).

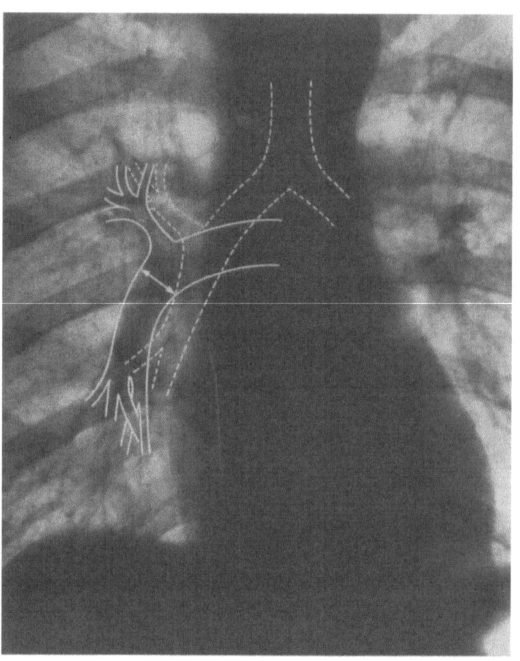

Abb. 6. Schema zur Bestimmung des Durchmesses (↔) der rechten absteigenden Lungenarterie

Es gibt zahlreiche Publikationen zur Frage der Beziehung des pulmonal-arteriellen Druckes zu diesem Röntgenzeichen (ESCH u. THURN, 1957; LIEBER u. Mitarb., 1958; MELHEM u. Mitarb., 1961; MILNE, 1963; SCHWEDEL u. Mitarb., 1957; SIMON, 1963; VIAMONTE u. Mitarb., 1962; ZDANSKY, 1951, 1952).

Zusammenfassend ist es so, daß man, im Gegensatz zur Auffassung von DAVIES, GOODWIN, STEINER und VAN LEUVEN (1953) sowie von SHORT (1955), aus dem Arteriendurchmesser nicht auf die absolute Druckhöhe schließen kann. Sicher pathologisch ist aber ein Durchmesser der absteigenden rechten Pulmonalarterie über 18 mm (SCHERMULY u. Mitarb., 1958). Eine progrediente Gefäßerweiterung im Krankheitsverlauf läßt aber mit großer Wahrscheinlichkeit auf eine pulmonal-arterielle Druckerhöhung schließen, ebenso wie ein Rückgang des Durchmessers eine Verminderung des pulmonal-arteriellen Drucks nachweist (z. B. nach Commissurotomie einer Mitralstenose).

GAHL u. Mitarb. (1972) beobachteten bei der „primär-vasculären pulmonalen Hypertonie" in Einzelfällen oft enggestellte zentrale Lungenarterien. REINDELL und DOLL (1966) machen ähnliche Beobachtungen bei 18 Patienten mit einer primär-entzündlichen Erkrankung der kleinen prä- und postcapillären Lungengefäße. Von 18 Patienten mit extremen Graden einer chronischen pulmonalen Hypertonie hatten nur 6 erweiterte, die restlichen 12 aber normal weite oder gar enge zentrale Lungenarterien. Diese Befunde können nach REINDELL u. Mitarb. (1966) nur so gedeutet werden, daß bei der sehr starken Druckbelastung und der dadurch bedingten Minderdurchblutung der Lunge auch die zentralen arteriellen Lungengefäße mit in die regulatorische Engerstellung der arteriellen Lungenstrombahn einbezogen werden. Ursache der Minderdurchblutung kann die sehr starke Druckbelastung sein, die zu einer Abnahme des Schlag- und Minutenvolumens („Förderinsuffizienz des Herzens bei Druckbelastung", REINDELL u. Mitarb., 1964) und damit zu einer Minderdurchblutung der Lunge führt. Eine weitere Ursache kann darin liegen, daß die starke pulmonale Drucksteigerung nur zu einer Ausweitung des überwiegend elastischen Stammes der Pulmonalarterie führt (REINDELL u. Mitarb., 1966). Im Bereich der zentralen Lungenarterien wird eine druckdynamische Erweiterung dadurch verhindert, daß die Hilusarterien über Wandungen vom muskulären Typ verfügen, die eine regulatorische Engerstellung der arteriellen Lungengefäße auch im Hilusbereich herbeiführen können.

REINDELL u. Mitarb. (1966) messen diesem Befund — Engerstellung der zentralen Lungenarterien — eine differentialdiagnostische Bedeutung für das Vorliegen einer malignen Form der pulmonalen Hypertonie zu, insbesondere dann, wenn gleichzeitig eine Rechtsverspätungskurve im EKG mit großer Regelmäßigkeit auf die starke Rechtsbelastung hinweist. Diese Autoren beschränken die zentrale *pulmonale Gefäßerweiterung* sogar auf chronische Hypertonien mit nur geringer bzw. mäßiger Drucksteigerung.

γ) Die Pulsationsphänomene an der Pulmonalis und den zentralen Lungenarterien

Diese Pulsationsphänomene können sehr unterschiedlich sein. Nach REINDELL u. Mitarb. (1966) sieht man nicht selten stark schleudernde systolische Lateralbewegungen an der Pulmonalis, die sich diastolisch wiederum sehr *schnell* zurückbilden. Die zentralen Lungenarterien lassen aber keine verstärkten Pulsationen erkennen.

Die Pulsationsphänomene können sich auch in ähnlicher Weise wie beim vermehrten Lungendurchfluß verhalten, d. h. starke systolische Lateralbewegungen und langsame diastolische Medialbewegungen an der Pulmonalis und verstärkte systolische Lateralbewegungen auch an den zentralen Lungenarterien.

Besonders bei starken Erweiterungen des Pulmonalishauptstammes können die Pulsationen auch stark reduziert werden.

δ) Der sogenannte „Kalibersprung"

Man versteht darunter eine abrupte Kaliberabnahme von den erweiterten Lappenarterien (Arterien II. Ordnung) zu den eingeengten Segmentarterien (Arterien III. Ordnung; CARMICHAEL u. Mitarb., 1954; ESCH u. THURN, 1957, 1959; EVANS u. Mitarb., 1957; STEINER, 1958). STEINER und GOODWIN (1954) prägten den Begriff der „Hilusamputation" (vgl. Abb. 5). Dieser Befund ist natürlich nur dann zu beobachten, wenn auch eine Erweiterung der zentralen Lungenarterien auftritt [vgl. hierzu β].

ε) Die Verschmälerung der arteriellen Lungengefäße in der Peripherie und der Lungenvenen

Dies ist einer der regelmäßigsten Befunde bei der pulmonalen Hypertonie. In den peripheren 1—2 cm sind in der Übersichtsaufnahme keine Lungengefäße mehr nachweisbar. Es kommt daher zu einer verstärkten Helligkeit der peripheren Lungenabschnitte. TESCHENDORF (1958) erachtet dieses Zeichen als eines der wichtigsten zur Erkennung der pulmonal-arteriellen Hypertonie. Nach BURCKHARDT (1972) schließt jedoch das Fehlen dieser Veränderung eine pulmonal-arterielle Hypertonie keineswegs aus.

Eine Verschmälerung der Lungenvenen kann man besonders gut auf Schichtaufnahmen an den von rechts in den linken Vorhof einmündenden Lungengefäßen nachweisen. Bei sekundären pulmonalen Hypertonien, z. B. bei Vitien mit Links-Rechts-Shunt, die dann in einen Rechts-Links-Shunt übergehen, sind die Lungenvenen dagegen eher erweitert. Eventuell kann eine Übersichtsaufnahme im 1. schrägen Durchmesser die Lungenvenen besser zur Darstellung bringen.

Die *Ursache* dieser peripheren Gefäßengstellung einer pulmonalen Hypertonie ist vermutlich sehr vielschichtig. Es kann sich sowohl um eine funktionelle Engerstellung aufgrund der alveolären Hypoventilation handeln als auch um eine organische Gefäßbettreduktion (vgl. 5. Die Pathogenese des Cor pulmonale). Es ist auch eine rein regulatorische Engerstellung der arteriellen und venösen Lungengefäße möglich, die Folge einer sehr starken Druckbelastung und einer damit einhergehenden Abnahme des Schlag- und Minutenvolumens ist („Förderinsuffizienz des Herzens bei Druckbelastung"; Reindell u. Mitarb., 1964). Die Folge ist dann eine Minderdurchblutung der Lungen. Diese wird röntgenologisch an der sog. „hellen Lunge" erkennbar.

b) Die Veränderungen am Herzen bei normalem Zwerchfellstand

α) Das akute Cor pulmonale

Das akute Cor pulmonale wird röntgenologisch selten beobachtet, da es sich um ein kurzzeitiges Zustandsbild handelt, das wegen der Schwere des akuten klinischen Geschehens eine Röntgenuntersuchung im allgemeinen ausschließt. Es sind daher nur wenige röntgenologische Beobachtungen eines akuten Cor pulmonale mitgeteilt worden.

Gemeinsam ist den Beschreibungen des akuten Cor pulmonale die *Linksverbreiterung* des Herzens im Röntgenbild. Sie wird durch den sich nach *links* ausdehnenden *rechten* Ventrikel hervorgerufen. Die Dilatation der Ausflußbahn der rechten Kammer imponiert als „verstrichene Herztaille" oder prominentes Pulmonalissegment (Ljungdahl, 1928). Prognostisch ungünstig ist eine Rechtsherzverbreiterung als Ausdruck einer Rückstauung in den rechten Vorhof, die mit extremer Dilatation dem letalen Ausgang vorausgeht.

Zur *Häufigkeit* röntgenologischer Veränderungen beim akuten Cor pulmonale durch Lungenembolie machen Laur und Sprüth (1963) folgende Angaben: Nur in 10% der Fälle sehen sie röntgenologische Zeichen der akuten Rechtsherzbelastung im a.p.-Bild. Diese Zeichen bestehen in einer Abflachung der Herzbucht bzw. in einer Prominenz des Pulmonalisbogens. Diese Zeichen werden jedoch nur als sehr diskret bezeichnet. Sie stehen in keinem Verhältnis zu dem Ausmaß beim chronischen Cor pulmonale. Diese geringe Häufigkeit der Prominenz des Pulmonalisbogens erklären die Autoren damit, daß sich die Überdehnung des Pulmonalisstammes nach vorn erstreckt und das seitliche Profil des Herzens auf der Sagittalaufnahme damit nicht oder nur geringfügig verändert wird. Beim chronischen Cor pulmonale dagegen werde das prominente Pulmonalissegment deshalb so gut sichtbar, weil sich das gesamte Herz nach links (beim Blick von oben) dreht.

Ebenfalls nur in einigen Fällen sehen die genannten Autoren eine Größenzunahme des Herzens unter der akuten Druckbelastung. Da nach Laur und Sprüth (1963) eine Dilatation des rechten Ventrikels bei der Röntgenuntersuchung, zumal noch ohne Durchleuchtung, sich nicht in einer sicheren Form- bzw. Größenänderung des Herzens im a.p.-Bild darzustellen braucht, kann nicht entschieden werden, ob eine solche Dilatation in jenen Fällen vorgelegen hat, bei denen sie keine Größenzunahme des Herzens beobachten konnten. Bei einer gleichzeitig reduzierten Füllung des linken Ventrikels könnten sich die Autoren eine unveränderte Herzgröße auch für den Fall einer Dilatation des rechten Ventrikels erklären. Eine Größenabnahme des Herzens haben die Autoren jedoch nicht beobachten können. In den Fällen mit Größenzunahme des Herzens diskutieren die Autoren neben einer druckbedingten Dilatation des rechten Ventrikels eine hypoxämische Schädigung des Myokards auch des linken Ventrikels. Die zentralen Lungengefäße zeigen nach Laur und Sprüth (1963) unter der akuten Druckbelastung eine Erweiterung von 77% bei schweren und von 58% bei leichteren Fällen.

Laur und Diller (1962) berichten an anderer Stelle über Röntgenuntersuchungen bei 95 Lungenembolien. Dabei haben sie sichere Formänderungen des Herzens im Sinne einer Rechtsüberlastung nur in einem einzigen Falle beobachtet, in welchem es unter

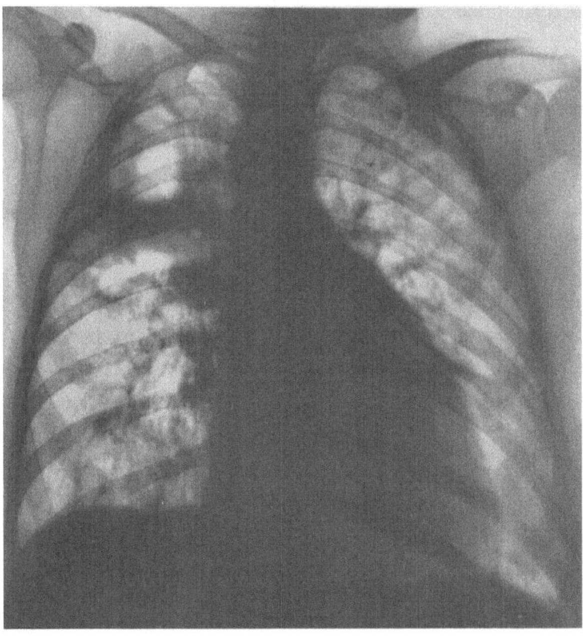

Abb. 7. Akutes Cor pulmonale mit links randbildender, extrem erweiterter rechter Kammer (vgl. Text Kap. „Das akute Cor pulmonale")

rezidivierenden Embolien zur Entwicklung eines chronischen Cor pulmonale kam (Aufnahmen im Liegen). In 27% fanden die Autoren eine Vergrößerung des Herzquerdurchmessers, der in 15% nur 0,5 cm oder weniger betrug, also kaum verwertbar war, und in 12% 1 cm und mehr betrug. Auch bei diesen Herzen fehlte der formbestimmende Einfluß der Rechtsüberlastung mit Abflachung der Herzbucht oder Vorwölbung des Pulmonalissegmentes, so daß LAUR zu dem Schluß kommt, daß unter der akuten Druckbelastung des rechten Herzens viel häufiger die übrigen Anteile mitdilatieren als die rechte Hälfte alleine, oder daß die akute Dilatation des rechten Herzens nicht die gleiche Form annimmt wie die chronische.

Unter den 24 Std-Aufnahmen betrug die Herzvergrößerung 55%, und LAUR nimmt an, daß die Rückbildung eines akuten Cor pulmonale bereits erfolgt ist, ehe der Patient in ärztliche Behandlung kommt. In seinen Beobachtungsfällen konnte er bei Kontrollen einen Rückgang der Herzvergrößerung nach einer oder wenigen Wochen nachweisen, wobei sich seine Messungen sämtlich auf vergleichbare Bedingungen, meist Aufnahmen im Liegen, beziehen. Die Herzvergrößerung ging im allgemeinen weder mit den Gefäßreaktionen noch mit der Schwere des klinischen Bildes oder den EKG-Veränderungen parallel. Er beobachtete Herzvergrößerungen bei leichten Lungenemboliefällen, während sie bei einer schweren Lungenembolie mit tödlichem Ausgang (Sektion) fehlte.

Beim Überleben des akuten Geschehens kann sich entweder die Vergrößerung des Herzens zurückbilden, oder es kommt zum subakuten bzw. chronischen Cor pulmonale.

THURN: Bei einem vom Ertrinken Geretteten bildete sich nach Rückgang der Lungenbelüftungsstörung die Linksverbreiterung des Herzens und die Vorwölbung des Pulmonalissegmentes innerhalb weniger Tage wieder völlig zurück.

ZDANSKY: Bei einer Patientin mit Pankreascarcinom erfolgte durch embolische Lungenmetastasierung eine rasch zunehmende Herzvergrößerung mit tödlichem Rechtsherzversagen.

GADERMANN: Im Status asthmaticus konnte elektrokymographisch beim akuten Cor pulmonale nach einer kurzdauernden protosystolischen Einwärtsbewegung der rechten

Kammervorderwand eine nachfolgende systolische Auswärtsbewegung registriert werden, die bis zum Ende der mechanischen Systole als laterale Plateaubildung bestehen blieb.

Sövenyi u. Mitarb. (1958) bringen Röntgenbilder eines akuten Cor pulmonale nach rechtsseitiger Pulmonalarterienembolie mit Hilusverdichtung und -vergrößerung durch periarterielle Anschoppung des Lungenparenchyms.

Eine eigene Beobachtung ist ähnlich: Bei einer 36jährigen Frau mit ausgedehnter kavernöser Lungentuberkulose und chronischem Cor pulmonale trat infolge einer interkurrenten Pneumonie ein akutes Rechtsherzversagen (Cor pulmonale acutum) auf. Die Röntgenaufnahme 3 Std ante exitum zeigte eine erhebliche Linksverbreiterung des Herzens mit starker Vorwölbung im Bereich der Taille (Abb. 7). Die Sektion bestätigte den Röntgenbefund: die Linksverbreiterung des Herzschattens wurde durch die links randbildende, extrem dilatierte rechte Kammer hervorgerufen. Als Zeichen der seit Jahren bestehenden Rechtsherzüberlastung (Cor pulmonale chronicum) fand sich eine Rechtsherzhypertrophie (Herzgewicht: 420 g; Kammerwanddicke rechts 9 mm, links 13 mm).

β) Das chronische Cor pulmonale

αα) Vorbemerkungen

Nach den klassischen Herzgesetzen von Frank (1895), Straub (1914) und Starling (1920) ist für das suffiziente rechte Herz eine Überwindung der vermehrten Druckbelastung nur durch eine Größenzunahme des rechten Ventrikels mit gleichzeitiger Steigerung des Füllungsdruckes möglich. Die Größenzunahme bezeichnete Moritz (1935) als „tonogene Dilatation" und Zdansky als „Widerstandsdilatation". Nach diesen Vorstellungen durchläuft das rechte Herz bei Druckbelastung folgende Stadien: tonogene Dilatation → konzentrische Hypertrophie → exzentrische Hypertrophie. Reindell und Doll (1964, 1966) stellen dem jedoch drei Feststellungen entgegen:

1. Das Verhältnis von Restblut zu Schlagvolumen betrage beim Gesunden etwa 1:1.

2. Bei Druckbelastung des rechten Herzens nehme die Restblutmenge zunächst ab.

3. Die Förderleistung des druckbelasteten Herzens sei, auch wenn noch keine Zeichen einer Stauungsinsuffizienz bestehen, reduziert.

ββ) Das Röntgen-Stadium I des chronischen Cor pulmonale

Die Förderleistung der rechten Kammer sinkt infolge der Druckbelastung auch bei kompensiertem Herzen häufig ab. Demzufolge kommt es zur Inaktivitätsverkleinerung des linken Herzens (Abb. 9). Diese Inaktivitätsatrophie und die Schlagvolumenverkleinerung lassen das gesamte Herz kleiner erscheinen; Zdansky hat für diese Phase den Begriff des „kleinen Cor pulmonale" geprägt (Abb. 9). Morphologisch liegt aber in dieser Phase eine konzentrische Druckhypertrophie der rechten Kammer vor, d.h. eine Hypertrophie mit gleichzeitiger Reduktion des rechtsventriculären Restbluts. Bis zu pulmonalarteriellen Mitteldrucken von 45 mm Hg können nach den Untersuchungen von Reindell (1966) solche „kleinen Cor pulmonale" vorkommen.

Linzbach (1950, 1952) erklärt die Tatsache des kleinen Herzens trotz Rechtshypertrophie damit, daß die Restblutmenge des rechten Ventrikels normalerweise größer ist als die des linken. Aus diesem Grunde ist durch die konzentrische Hypertrophie rechts eine stärkere Einengung der Ventrikellichtung möglich als links. Bei rechtsseitiger Druckbelastung kann daher das rechtshypertrophierte Herz röntgenologisch einem Normalherzen sehr ähnlich sehen oder sogar kleiner sein als dieses.

Im normalen d.v.-Übersichtsbild ist dieses Stadium I durch folgende Symptome gekennzeichnet (Abb. 9, 10, 11 und 12):

1. Lungengefäßveränderungen, die auf eine pulmonal-arterielle Hypertonie hindeuten [wie in a) beschrieben].

2. Der Transversal- und der Tiefendurchmesser des Herzens sind verkleinert (!). Der rechte und linke Herzrandbogen sind ebenfalls verkleinert.

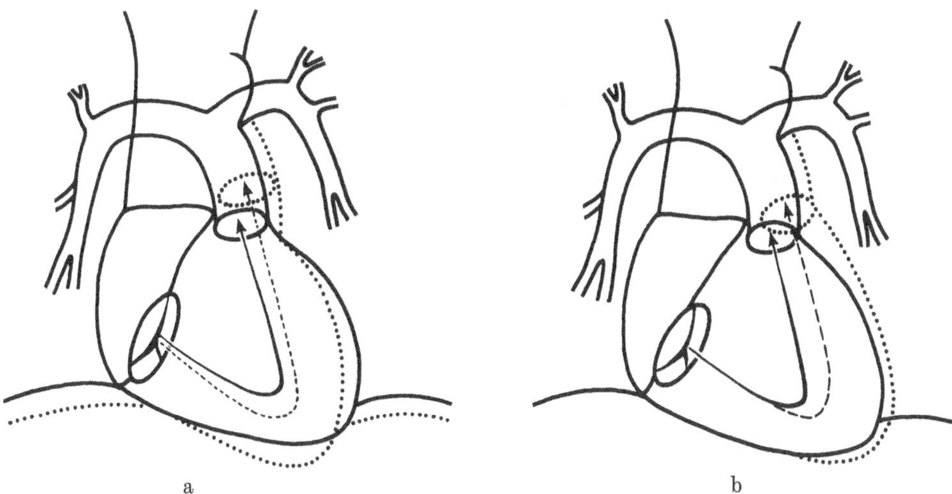

a   b

Abb. 8. a Skizze der normalen Ein- und Ausflußbahn der rechten Kammer und der Umformung des Herzens durch Verlängerung der Ausflußbahn. b Skizze der normalen Ein- und Ausflußbahn der rechten Kammer und der Umformung des Herzens durch zusätzliche Verlängerung und Erweiterung der Einflußbahn. (Nach ZDANSKY)

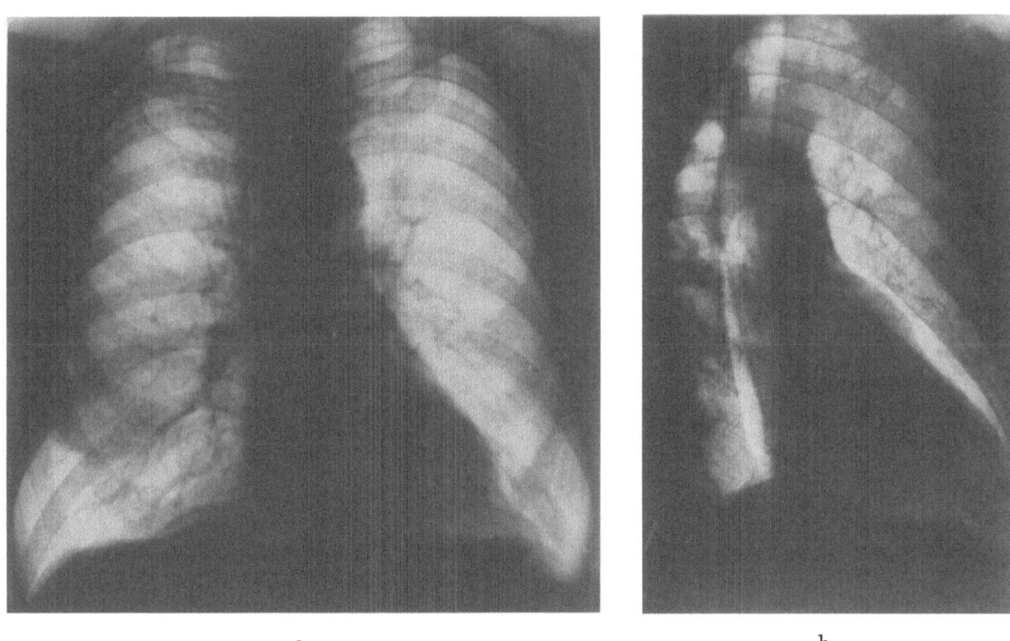

a   b

Abb. 9a u. b. 65 Jahre, ♂. Asthma bronchiale. Mitteldruck in Arteria pulmonalis = 30 mm Hg. a d.v.-Bild. Stadium I. Keine Herzvergrößerung. Pulmonalissegment nur gering progredient, aber nicht angehoben. Aortendilatation. b Aufnahme im 1. schrägen Durchmesser. Darstellung des eindeutig progredienten Pulmonalissegmentes

3. Dilatation und Vorwölbung des Conus pulmonalis. Da dieser im d.v.-Bild an der linken Herzkontur meist nicht randständig wird, muß seine Dilatation im 1. schrägen Durchmesser *gesucht* werden (Abb. 9, 17 und 18). Der Conus pulmonalis dilatiert deshalb als erster Abschnitt des rechten Ventrikels, da er der muskelschwächste Anteil des rechtsventriculären Myokards ist. Aus diesem Grunde erfährt der Conus pulmonalis auch eine Ausdehnung im queren Durchmesser, während die übrige rechtsventriculäre Ausflußbahn auch im Stadium II nur eine reine Verlängerung zeigt.

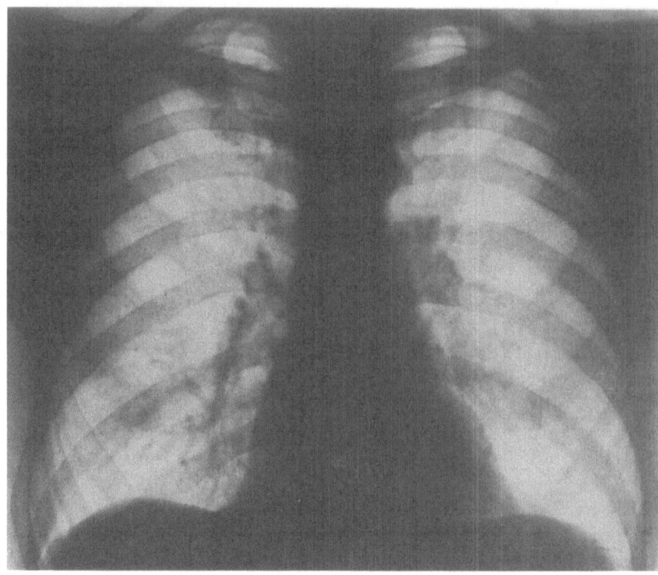

a

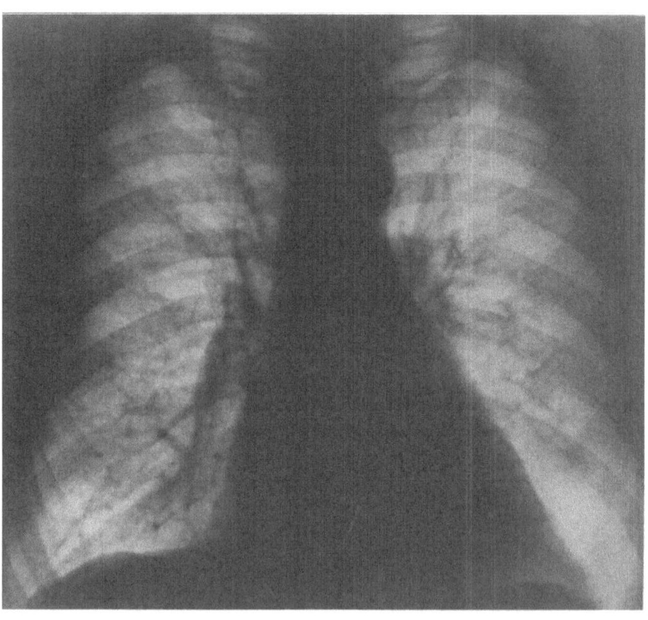

b

Abb. 10a u. b. 61 Jahre, ♂. Obstruktives Lungenemphysem. Atemwegswiderstand 7 cm H$_2$O/Liter/sec. a „Kleines Cor pulmonale" mit betontem Pulmonalissegment. Stadium I. b 20 Jahre später: Links- und Rechtsverbreiterung des Herzens. Stadium III—IV. Klinisch Rechtsherzinsuffizienz

Der Röntgenbefund ist in diesem Stadium I also „nahezu unauffällig", wenn man nicht auf die Lungengefäße, die „Kleinheit" des Herzens und den Conus pulmonalis achtet.

γγ) Das Röntgen-Stadium II des chronischen Cor pulmonale

Dieses Stadium zeichnet sich durch eine Kontraktionsschwäche des rechtsseitigen Ventrikelmyokards aus. Mitunter schon in Ruhe, meist aber erst bei Belastung, findet sich eine Steigerung der diastolischen Füllungsdrucke. Damit liegt eine Rechtsherzinsuffizienz vor.

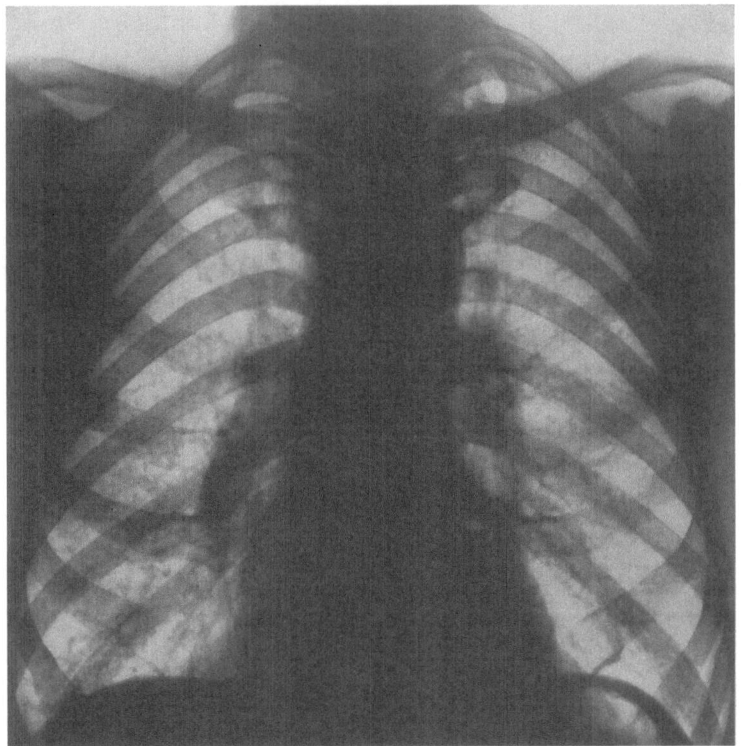

a

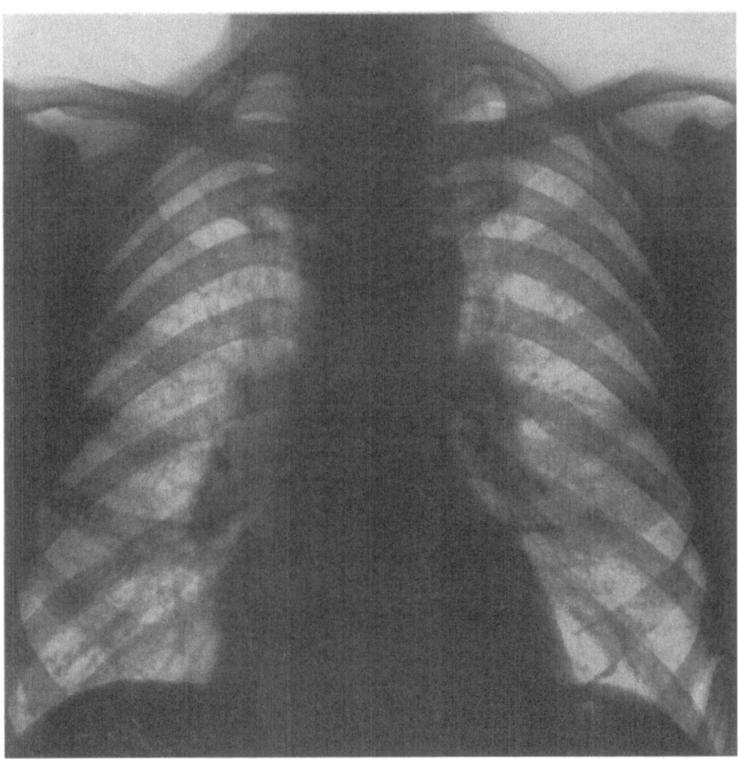

b

Abb. 11a u. b. Cor pulmonale bei Pulmonalsklerose ungeklärter Genese (mäßiges Emphysem, geringfügige Bronchiektasen, chronische Bronchitis). Durchmesser der rechten absteigenden Lungenarterie 20—22 mm. a Stadium I „kleines Cor pulmonale". Weite zentrale Lungenarterien. Pulmonalissegment im d.v.-Strahlengang noch nicht eindeutig betont. b Stadium III—IV mit progredienter Links- und Rechtsverbreiterung des Herzens. Klinisch Verstärkung der Dyspnoe und der Cyanose mit den Zeichen der Rechtsdekompensation

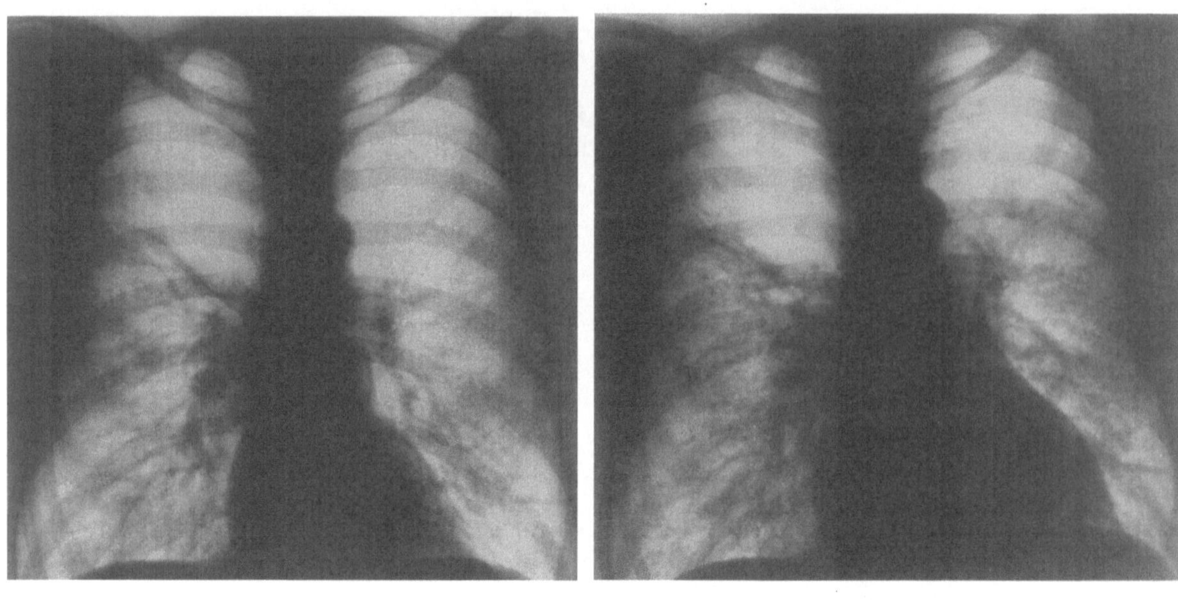

a   b

Abb. 12a u. b. 33 Jahre, ♂. Infizierte Cystenlunge mit progredientem Cor pulmonale. a Stadium I. Zeichen der pulmonal-arteriellen Hypertonie mit prominentem Pulmonalissegment. Herz eher klein (9. 11. 71). b Übergang in Stadium III—IV mit progredienter Rechts- und Linksverbreiterung und zunehmender Anhebung des prominenten Pulmonalissegmentes (19. 6. 72)

Morphologisch ist dieses Stadium durch eine *Verlängerung der Ausflußbahn* gekennzeichnet (Abb. 8a). Ursache ist die beginnende muskuläre Insuffizienz der Kammer, die zu einer Dilatation führt. Moritz hat diese Situation als „*myogene Dilatation*" bezeichnet. In diesem Stadium liegt jedoch noch keine Strukturzerstörung und noch keine Gefügedilatation vor. Die Restblutmenge nimmt zu. Da die Einflußbahn in diesem Stadium nicht verlängert wird, wird das Herz im Querdurchmesser *nicht* größer, nur der Tiefendurchmesser des Herzens nimmt zu.

Im konventionellen d.v.-Bild und Seitenbild ist dieses Stadium durch folgende Veränderungen gekennzeichnet (Abb. 13b):

1. *Anhebung* des schon im Stadium I erweiterten Pulmonalisstammes und des dilatierten Conus pulmonalis. Der erweiterte und angehobene Pulmonalishauptstamm und weniger auch der erweiterte Conus pulmonalis bilden das „*Pulmonalissegment*". Das Pulmonalissegment wird damit in d.v.-Aufnahmen zunehmend vorgewölbt. Im prominenten Pulmonalissegment überschneiden sich die Zeichen der pulmonal-arteriellen Hypertonie und der Rechtsherzdilatation und -hypertrophie.

Das *prominente Pulmonalissegment* findet sich beim Bestehen einer pulmonalen Hypertonie mit großer Regelmäßigkeit. Esch und Thurn konnten es in $^2/_3$ der Fälle mit systolischen Pulmonaldrucken zwischen 31—60 mm Hg und in 90% der Fälle mit höheren Pulmonaldrucken nachweisen. Andererseits spricht das Fehlen eines prominenten Pulmonalissegmentes nicht absolut gegen eine pulmonal-arterielle Hypertonie.

Das Ausmaß der Vorwölbung des Pulmonalissegmentes erlaubt keine verbindlichen Rückschlüsse auf die Höhe des pulmonal-arteriellen Druckes, d.h. es besteht keine enge Korrelation. Beim Fehlen eines vorspringenden Pulmonalissegmentes im d.v.-Bild muß im 1. schrägen Durchmesser danach gefahndet werden. Hier läßt es sich in der Mehrzahl der Fälle mit pulmonalem Hochdruck nachweisen.

2. Weiteres Verstreichen der Herztaille. (Die Ausfüllung der Herzbucht beginnt bereits mit Erweiterung des Pulmonalishauptstammes als Zeichen der pulmonal-arteriellen

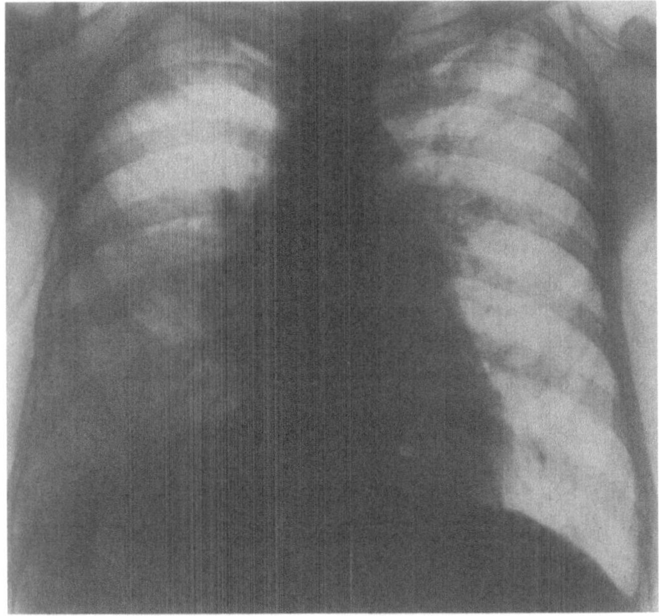

a

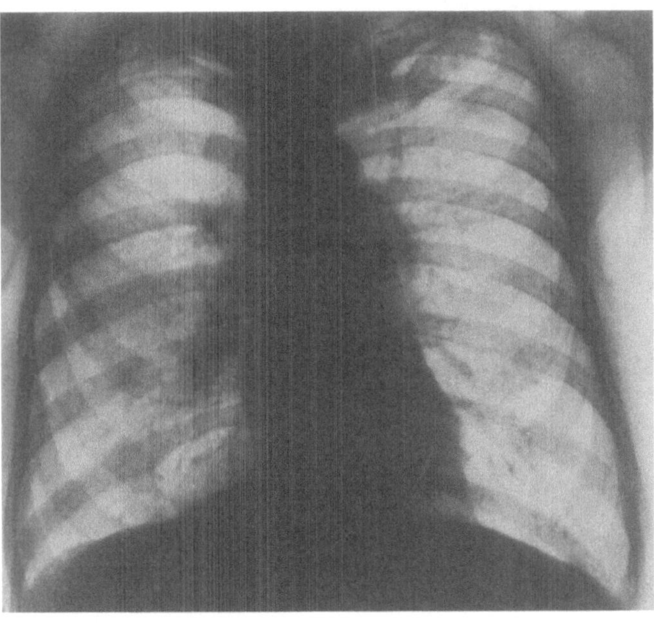

b

Abb. 13a u. b. 65 Jahre, ♂. Dekompensation eines Cor pulmonale während rechtsseitiger Pneumonie. a Röntgen-Stadium III—IV mit klinischen Dekompensationszeichen. b Rekompensation. Stadium II. Herz nicht vergrößert, aber rechts asymmetrisch (verlängerte rechtsventriculäre Ausflußbahn mit Anhebung des prominenten Pulmonalissegmentes). Zeichen der pulmonal-arteriellen Hypertonie

Hypertonie.) Dieses Symptom ist unmittelbare Folge der Prominenz und der Anhebung des Pulmonalissegmentes.

3. Der Tiefendurchmesser des Herzens ist vergrößert (als Folge der Verlängerung und Dilatation der rechtsventriculären Ausflußbahn, Abb. 14c).

4. Die verlängerte und dilatierte Ausflußbahn liegt auf Seitenaufnahmen dem Sternum breit an (Abb. 14c).

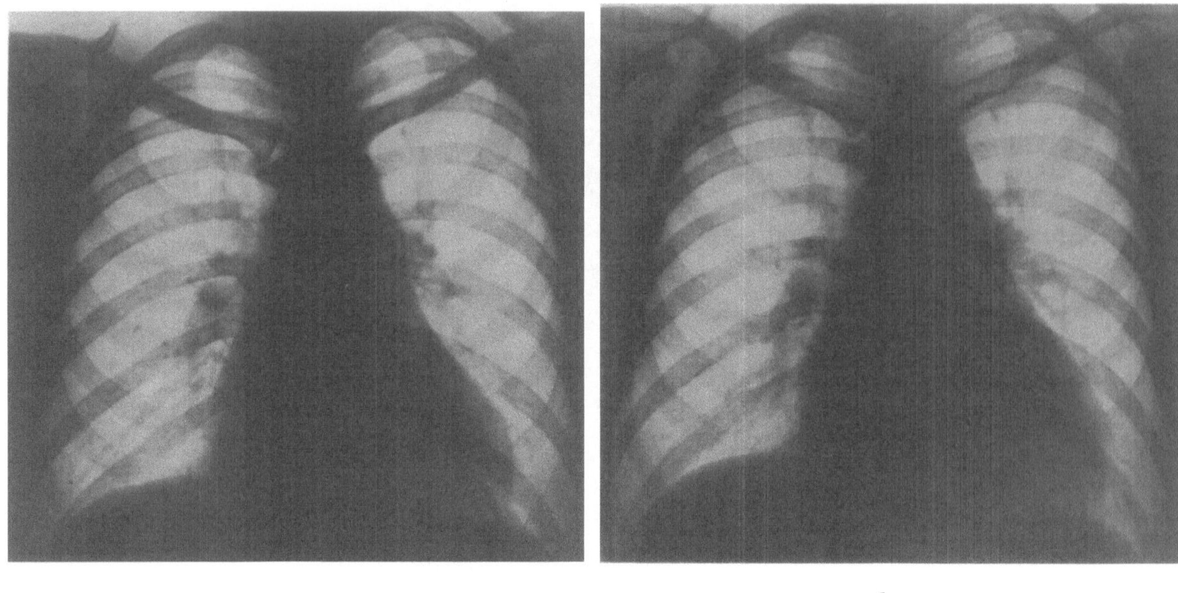

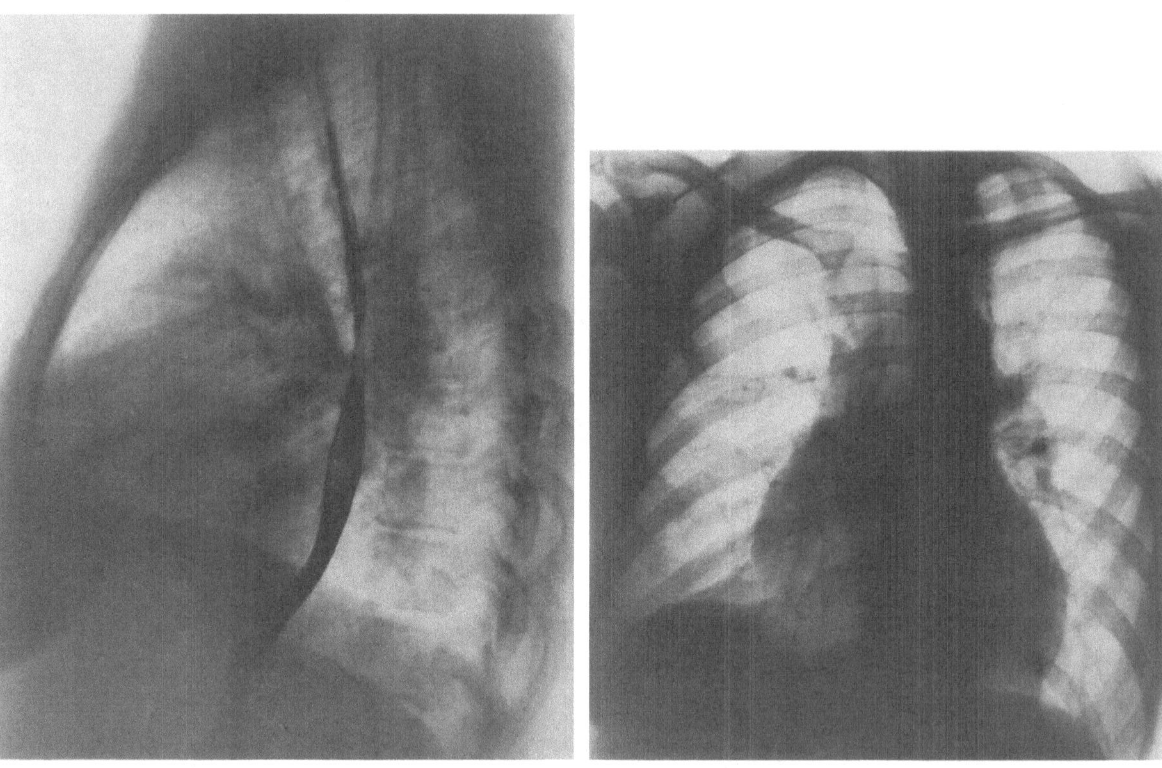

Abb. 14a—d. 54 Jahre, ♂. Menocil-Hypertonie. a Cor pulmonale. Stadium III. Dilatation der Aus- und Einflußbahn des rechten Ventrikels mit Links- und auch geringer Rechtsverbreiterung des Herzens. Klinisch keine sicheren Dekompensationszeichen. b 3 Jahre später. Mitteldruck in der Pulmonalarterie 70 mm Hg. Progredienz der Dilatation der zentralen Lungenarterien und der Ausfüllung der Herzbucht. Nur geringe Progredienz der Links- und Rechtsverbreiterung des Herzens. c Seitenaufnahme zu Abb. 14b. Vergrößerung des Tiefendurchmesser des Herzens als Folge der myogenen Dilatation des rechten Ventrikels. Vorwölbung und Verlängerung der rechtsventriculären Ausflußbahn mit Einengung des Retrosternalraumes. d Aufnahme im 2. schrägen Durchmesser zur Abb. 14b. Hypertrophie und Dilatation des rechten Ventrikels mit Vorwölbung der Herzkontur nach ventral

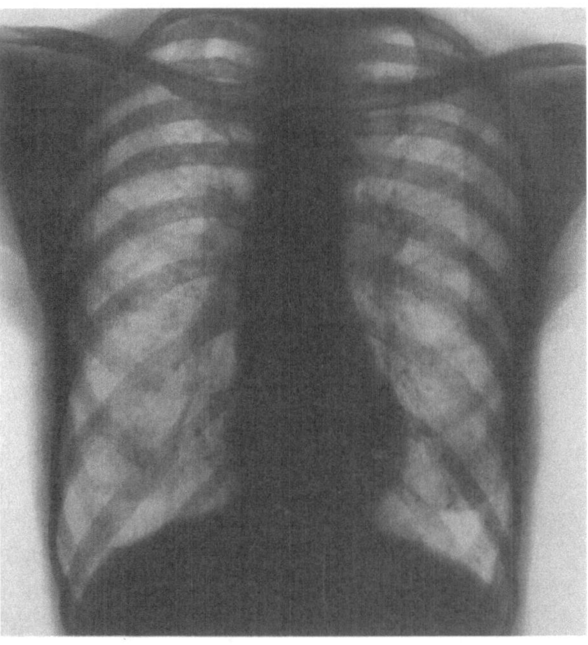

Abb. 15. „Kleines Emphysemherz". Kein Cor pulmonale! Exitus 14 Std nach Magenresektion wegen Ulcus ventriculi. Sektion: Rand- und Spitzenemphysem, Herzgewicht 200 g, Kammerwanddicke rechts 4 mm, links 12 mm. Herzhöhle nicht erweitert. Klappen o.B. Geringfügige Coronarsklerose. Keine Myokardschwielen

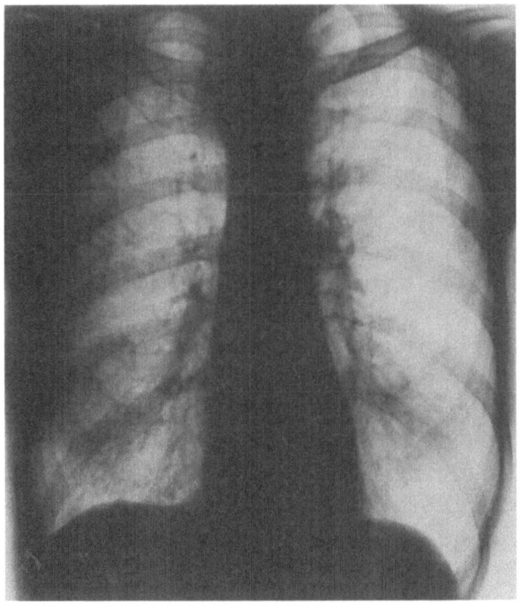

Abb. 16. 50 Jahre, ♀. „Kleines Emphysemherz". Kein Cor pulmonale. Mitteldruck in der Pulmonalarterie
18 mm Hg

5. Da das Herz in Stadium I eher kleiner als in der Norm ist („kleines Cor pulmonale"), kann es im Stadium II (obwohl es beim Übergang vom Stadium I zu Stadium II etwas größer wird) noch normal groß sein (Abb. 13b).

6. Vom sog. „kleinen Emphysemherz" (Abb. 15 und 16) grenzt sich das Cor pulmonale durch die erwähnten Zeichen im Stadium I (1—3) und Stadium II (1—5) ab. Die Ge-

samtheit der Zeichen I (1—3) und II (1—5) erfüllt den röntgenologischen Begriff der „*Rechtsasymmetrie*", der für das Cor pulmonale im Stadium II kennzeichnend ist. Mit anderen Worten: Das Emphysemherz ist nur klein, nicht aber rechtsasymmetrisch.

7. Mitunter kann das Herz infolge Vergrößerung des rechten Vorhofs (als Folge einer Erhöhung des diastolischen Füllungsdrucks) auch leicht rechtsverbreitert sein. Im wesentlichen ist dieses Zeichen jedoch typisch für das Stadium IV.

δδ) Das Röntgen-Stadium III des chronischen Cor pulmonale

Dieses Stadium ist im wesentlichen dadurch ausgezeichnet, daß die myogene Dilatation jetzt auf die rechtsventriculäre Einflußbahn übergreift („*exzentrische Druckhypertrophie*" (Abb. 8b, 10b, 11b, 12b, 13a, 14). Die Herzgröße gelangt dadurch in pathologische Bereiche. Die Kontraktionskraft des rechtsventriculären Myokards ist hochgradig vermindert; der mittlere rechte Vorhofdruck kann noch normal sein (unter 5 mm Hg), er kann auch pathologisch erhöht sein (Übergang zu Stadium IV). Zdansky läßt auch für dieses Stadium (vgl. Kapitel 6) noch die Möglichkeit einer „kompensierten myogenen Dilatation" gelten. Er begründet dies damit, daß auch bei myogener Dilatation der Einflußbahn oft keine klinischen Zeichen eines manifesten Leistungsversagens des rechten Ventrikels vorhanden sind und daß eine Vorhofvergrößerung häufig fehlt. Reindell und Doll (1966) vermögen in der gesteigerten Restblutmenge jedoch keinen Nutzen mehr zu sehen, da eine Steigerung des Füllungsdrucks fehlen kann. Sie sehen in diesem Stadium schon eine myogene Dilatation mit „*Gefügedilatation*" (Linzbach, 1950, 1952). Sie halten dieses Stadium daher für weitgehend irreversibel und sehen als Beweis der Insuffizienz dieser Herzen die Tatsache an, daß schon bei geringer Ergometerbelastung der mittlere rechte Vorhofdruck stark ansteigt. Sie beziehen bei ihrer Betrachtung die Rechtsverbreiterung des Cor pulmonale ein (in der vorliegenden Zusammenstellung wird sie im wesentlichen erst dem Stadium IV zugeordnet). Die Grenzen zwischen dem Stadium III und IV sind sicher fließend und nicht immer eindeutig zu ziehen.

Wesentlich ist es für die *praktische Röntgendiagnostik*, daß ein Cor pulmonale mit progredienter Linksverbreiterung in jedem Falle am Rande der klinischen Dekompensation steht; dieser Befund unterstreicht die Bedeutung der röntgenologischen Verlaufskontrollen.

Schnell rückbildungsfähige Herzdilatation, z.B. nach Lungenembolien, deuten Reindell und Doll (1962) als reversiblen Tonusverlust.

In diesem Stadium III dreht sich das Herz als Folge der Vergrößerung der rechten Kammer nach links (von oben gesehen); der eher kleine linke Ventrikel wird dabei nach links hinten verlagert. Wenn als Folge des Cor pulmonale der linke Ventrikel hypoxämisch geschädigt ist, so kann auch eine Vergrößerung des linken Ventrikels eintreten (Zdansky). Diese hypoxämische Schädigung konnten Büchner und Könn (1959) bei chronischen, insbesondere intermittierend druckbelasteten Herzen nachweisen.

Röntgenologisch ist das Stadium III durch folgende Symptome ausgezeichnet (Abb. 8b, 10b, 11b, 12b, 13a und 14):

1. *Linksverbreiterung des Herzens.*

2. Im 1. schrägen Durchmesser kommt es zu einer Vorwölbung der Herzkontur nach ventral. Damit entsteht eine Einengung des Retrosternalraumes, die auch in Inspiration erhalten bleibt.

3. In der Seitenaufnahme kommt es zu einer verstärkten Dorsalausladung des Herzens mit Einengung des Herzhinterraumes. Diese Dorsalausladung entsteht durch Linksrotation des Herzens und Verdrängung des verkleinerten, normal großen oder vergrößerten linken Ventrikels nach dorsal.

4. Im 2. schrägen Durchmesser kommt es infolge der Dilatation der rechtsventriculären Einflußbahn zu einer Ventralausladung des Herzens (Abb. 14d).

εε) Das Röntgen-Stadium IV des chronischen Cor pulmonale

Dieses Stadium ist gekennzeichnet durch eine Vergrößerung des rechten Vorhofes. Röntgenologisch imponiert daher eine Verbreiterung des Herzens nach rechts. Diese Vorhofvergrößerung zeigt die zugrunde liegende relative Tricuspidalklappeninsuffizienz an. Die Abgrenzung gegen das Stadium III ist fließend. REINDELL und DOLL (1966) sehen auch bei derart nach rechts verbreiterten Herzen nicht in allen Fällen eine Steigerung des mittleren rechten Vorhofdruckes. Nach ihrer Auffassung kann damit die starke Rechtsverbreiterung dieser schon bei geringen Belastungen insuffizienten Herzen nicht durch einen gesteigerten diastolischen Füllungsdruck erklärt werden. Sie sehen daher in diesen Rechtsverbreiterungen des Cor pulmonale eine myogene Dilatation der rechtsseitigen Ventrikelmuskulatur mit einer „Gefügedilatation".

Klinisch liegen in diesem Stadium in der Regel die Zeichen einer Rechtsinsuffizienz mit Rückstauung des Blutes vor der rechten Kammer vor (Stauungsinsuffizienz, positiver Venenpuls). Auch REINDELL und DOLL fanden bei 5 von 21 Patienten mit stark vergrößertem Herzen normale mittlere rechte Vorhofdrucke unter 5 mm Hg bei klinischen Zeichen einer Rechtsinsuffizienz.

Röntgenologisch ist dieses Stadium durch folgende Symptome ausgezeichnet (Abb. 10b, 11b, 12b, 13a):

1. *Verbreiterung des Herzens nach rechts.*

2. Verbreiterung des rechtsseitigen oberen Mediastinums durch die dilatierte Vena cava cranialis.

3. Eventuell rechtsseitiger Zwerchfellhochstand durch eine vergrößerte Stauungsleber.

4. Eventuell rechtsseitiger Pleuraerguß (Aufnahme in Rechtsseitenlage!).

c) Das Cor pulmonale bei Zwerchfelltiefstand

Da das Emphysem mit einem Zwerchfelltiefstand einhergeht, ergibt sich die röntgenologische Problematik, daß zahlreiche „Emphysemherzen" mit tiefstehendem Zwerchfell einhergehen. Die „Kleinheit" des Emphysemherzens ist bedingt durch die Streckung und Rechtsrotation des Herzens (bei der Sicht von oben) infolge des Zwerchfelltiefstandes und die verminderte diastolische Füllung, welche durch die herabgesetzte Zwerchfellaktion und fehlende Bauchpresse bedingt ist (DIETLEN, 1923; ROESLER, 1943).

Der veränderte Zwerchfellstand übt eine Reihe von Einflüssen auf das Röntgenbild des infolge der chronischen Druckbelastung entstehenden *Cor pulmonale* aus. Ganz allgemein kann man sagen, daß durch einen Zwerchfelltiefstand das Röntgenbild des Cor pulmonale „verwischt" wird. Das Cor pulmonale entwickelt sich also in einem ohnehin im d.v.-Bild klein wirkenden Herzen.

Da sich aufgrund des Zwerchfelltiefstandes bei Druckbelastung die rechtsventriculäre Ausflußbahn nach unten entwickeln kann, kommt es nicht mehr zu einer Anhebung der erweiterten Arteria pulmonalis (Stadium II). Die Herzbucht bleibt daher weitgehend erhalten, d.h. die Prominenz des Pulmonalissegmentes ist nur gering. Auch bei Dilatation der Einflußbahn (Stadium III) entwickelt sich das Herz mehr nach caudal als nach links; die Linksverbreiterung wird daher ebenfalls nur gering sein. Der Zwerchfelltiefstand hat also auf das Bild des Cor pulmonale im d.v.-Strahlengang folgende modifizierende Einflüsse (Abb. 17 und 18):

1. Die Herzbucht bleibt mehr oder weniger erhalten.

2. Das Herz erscheint sehr schmal, klein und medial eingestellt.

3. Auch bei Dilatation der Einflußbahn wird das Herz nicht wesentlich nach links verbreitert.

Röntgenaufnahmen im 1. schrägen Durchmesser zeigen jedoch die Dilatation des Pulmonalissegmentes an.

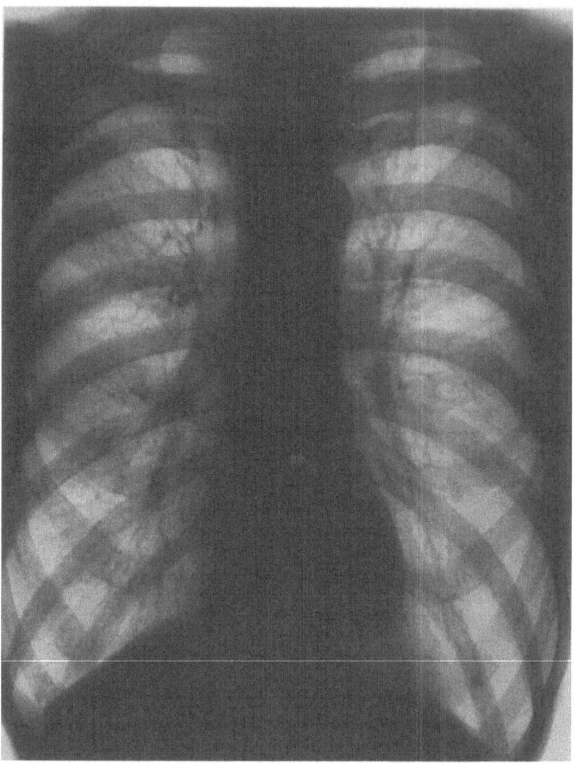

a

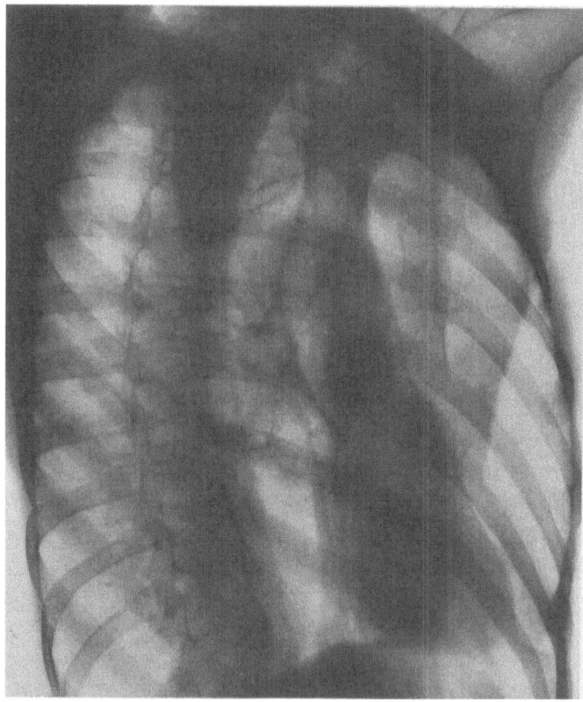

b

Abb. 17a u. b. 60 Jahre, ♂. Cor pulmonale mit Lungenemphysem (Atemgrenzwert 38 Liter, Tiffeneau-Test 39%). Das EKG spricht für eine Rechtsherzbelastung (P-pulmonale, Rechtstyp). a d.v.-Bild. Schmales, medial eingestelltes Herz. Keine sicheren Zeichen einer Rechtsherzbelastung. b Aufnahme im 1. schrägen Durchmesser. Deutliche Prominenz des Pulmonalissegmentes

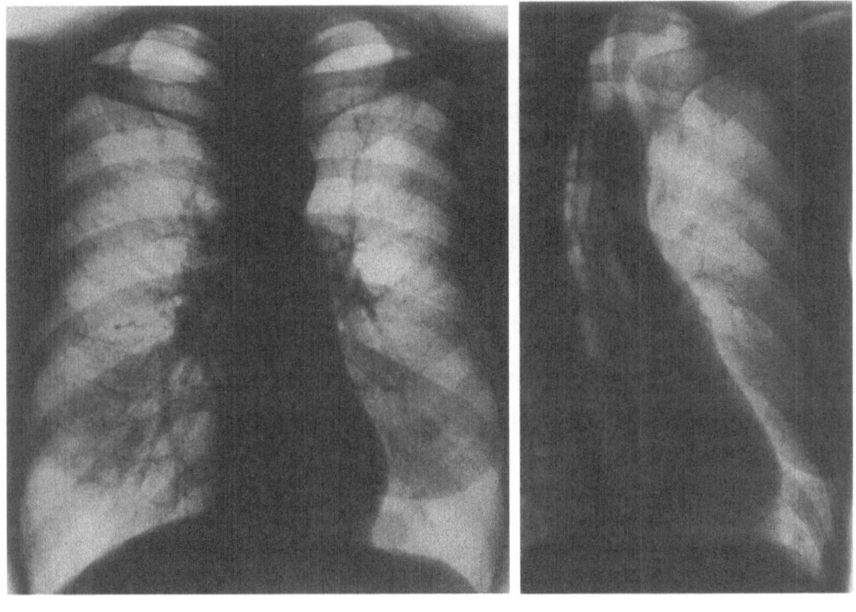

a   b

Abb. 18a u. b. 44 Jahre, ♀. Obstruktives Lungenemphysem. Atemwegswiderstand 8 cm H_2O/Liter/sec. a d.v.-Bild. Schmales, medial eingestelltes Herz bei Zwerchfelltiefstand. Prominenz des Pulmonalissegmentes schon im d.v.-Strahlengang. b Aufnahme im 1. schrägen Durchmesser. Prominentes Pulmonalissegment

9. Die Größenbestimmung des Cor pulmonale

Volumenmessungen zur Erfassung des Cor pulmonale (SCHARF, 1955; BINHOLD, 1935; ZDANSKY) sind unzuverlässig. Eine exakte röntgenologische Erfassung und Beurteilung der Größe des rechten Herzens sind weder mit der einfachen Röntgenuntersuchung (Abb. 14 und 19) noch mit der Kymographie oder Elektrokymographie möglich, da Größen-

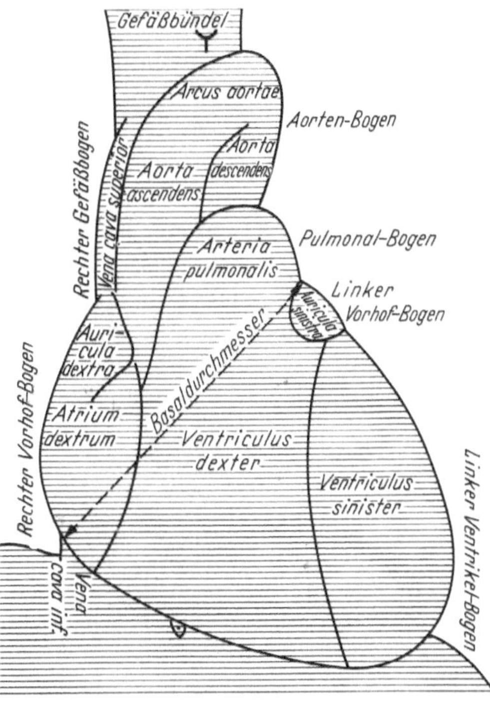

Abb. 19. Röntgenschema nach GROEDEL. „Basaldurchmesser" v. BOROS und NAUMANN

verschiebungen zwischen den einzelnen Herzabschnitten sich im konventionellen Röntgenbild nur unzureichend erfassen lassen. Eine sichere Größenbestimmung ist nur durch Herzkatheterisierung und Angiokardiographie zu erreichen. Mit der Austastung der rechten Kammer läßt sich ein zuverlässiger Eindruck über ihre Größe gewinnen (Thurn, 1956), und durch Kontrastdarstellungen sind Form und Größe der einzelnen Abschnitte des rechten Herzens und der Pulmonalarterie in Diastole und Systole exakt zu erfassen (Janker, 1954; Robb u. Steinberg, 1939; Sussman u. Jacobson, 1955). Im Tierexperiment, aber auch am Menschen läßt sich die Dicke der rechten Vorhof- und Kammerwand bei der Angiographie mit Kohlendioxyd millimetergenau messen (Durant u. Mitarb., 1957; Hoeffken u. Mitarb., 1957).

10. Herzaktion bei Cor pulmonale

Bei der Durchleuchtung ist oft ein inspiratorisches „Anschwellen" des Herzens beim Emphysematiker und Asthmatiker zu beobachten (Hofbauer u. Holzknecht, 1907; Moritz; Dietlen, 1923; Assmann, 1949). Zdansky und Ellinger (1933, 1934) und Nolte (1934) haben dieses Phänomen untersucht und analysiert. Die Erklärung wird in einer exspiratorischen Herzverkleinerung durch die erschwerte Ausatmung nach Art eines Valsalva-Versuches und einer danach folgenden inspiratorischen Größenzunahme gesucht. Die inspiratorische Anschwellung des Herzens findet sich nur beim Stenoseatmen und bei der erschwerten Einatmung des Emphysematikers und besonders auch beim Status asthmaticus (Moritz). Die funktionellen Zeichen sind aber nicht Beweise für ein Cor pulmonale.

Eine zuverlässige Analyse der Bewegungsphänomene erlaubt die Kymographie (Stumpf u. Mitarb., 1936) und Elektrokymographie (Heckmann, 1936). Nach elektrokymographischen Untersuchungen von Gadermann (1955) finden sich beim Cor pulmonale folgende charakteristische Bewegungsabläufe, die in ähnlicher Form auch mit dem normalen Kymogramm erfaßt werden können.

a) Sagittale Untersuchung

Die Bewegungsabläufe an den Herzkonturen sind im sagittalen Strahlengang meist normal. Eine randständige Pulsation des rechten Ventrikels am rechten unteren Herzrand (Deneke-Phänomen) soll auf eine Dilatation der Einflußbahn des rechten Ventrikels und auf eine Dekompensation des Cor pulmonale hindeuten, jedoch wird der vergrößerte rechte Ventrikel fast nie rechts randständig. Die Rechtsverbreiterung entspricht meistens einer Vorhofdilatation.

b) Untersuchung im 1. schrägen Durchmesser

Das Kymogramm der Vorderwand des Herzens demonstriert den Bewegungsablauf der Wand des rechten Ventrikels vom caudalen Bereich über den Conus pulmonalis bis in den Stamm der Pulmonalarterie und ist deshalb eine besonders wertvolle Untersuchungsmethode für die Erkennung des Cor pulmonale. Das Pulmonalissegment weist oft verstärkte Pulsationen auf. Zwischen Pulmonalissegment und der unterhalb davon gelegenen Herzkontur ist oft ein verstärktes und caudal verlagertes „Waagebalken-Phänomen" zu finden (Abb. 20). Die elektrokymographischen Kurven von Gadermann zeigen das unterschiedliche funktionelle Verhalten der Vorderwand der rechten Kammer beim Gesunden und beim Cor pulmonale. Die Phasenanalyse (Abb. 21) läßt Folgendes erkennen:

Statt der normalerweise 0,05 sec nach Beginn der mechanischen Systole (1. Herzton) einsetzenden systolischen Einwärtsbewegung der Spitze des rechten Ventrikels, die sich wenig später in der Ausflußbahn fortsetzt, erfolgt beim Cor pulmonale eine protodiastolische Medialbewegung (Kurvensenkung) mit nachfolgender systolischer Lateralbewegung (Kurvenanstieg) der Herzspitze, in der Ausflußbahn aber eine sofort nach dem

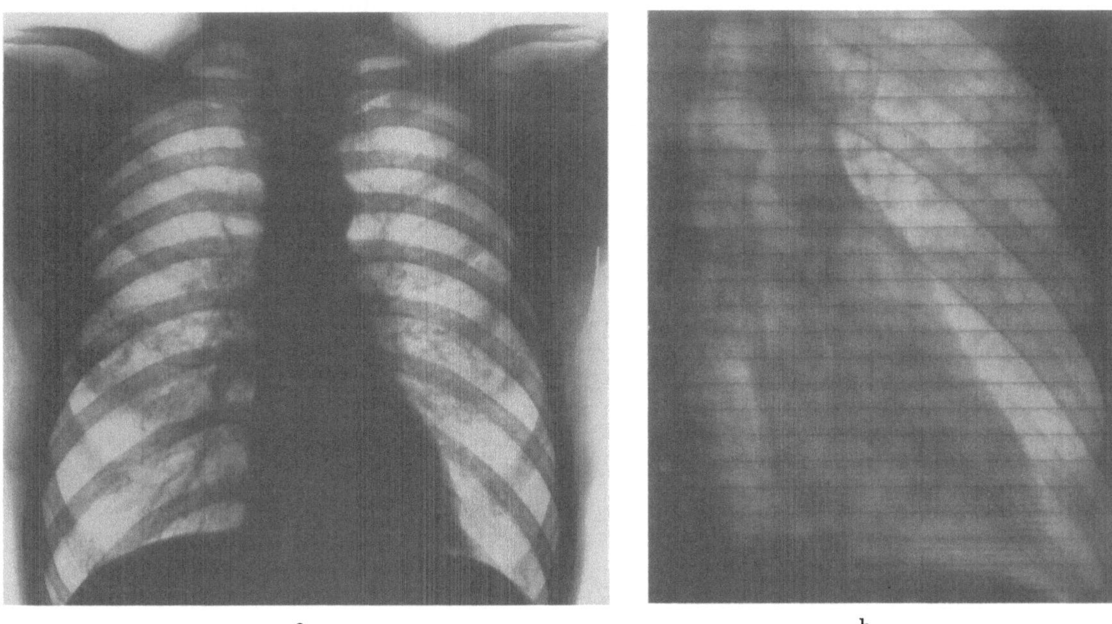

a   b

Abb. 20a u. b. 48 Jahre, ♂. Lungenemphysem mit Cor pulmonale (Atemgrenzwert 37 Liter). EKG: P-pulmonale, Rechtstyp. a Im d.v.-Bild schmales, langgestrecktes Herz mit angedeuteter Vorwölbung des Pulmonalissegmentes. b Kymogramm im 1. schrägen Durchmesser: prominentes Pulmonalissegment. Entgegengesetzte Pulsation zwischen Pulmonalissegment und rechter Kammer: Caudal verlagertes „Waagebalkenphänomen"

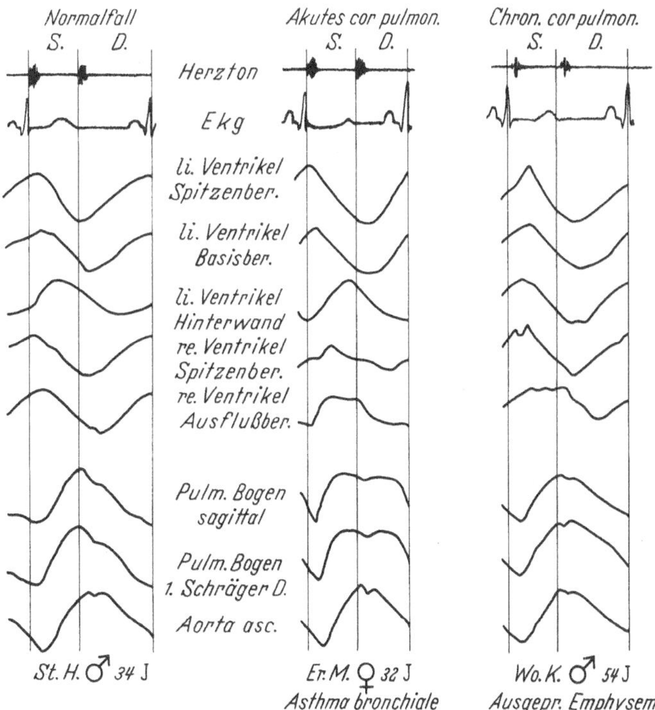

Abb. 21. Elektrokymogramm-Phasenanalyse (vgl. Text: „Herzaktion bei Cor pulmonale"), Kurvensenkung = Medialbewegung, Kurvenanstieg = Lateralbewegung. (Aus GADERMANN, Funktionsdiagnostik des Cor pulmonale)

1. Herzton einsetzende Lateralbewegung. Danach erfolgt eine laterale Plateaubildung, die bis zum Ende der Systole anhält, als Zeichen einer erschwerten Kammerentleerung.

Der Bewegungstyp der rechten Kammerausflußbahn entspricht demnach weitgehend dem Bewegungsablauf einer normalen Pulmonalarterienpulsation, denn auch diese weist bei der systolischen Kammerkontraktion eine Lateralbewegung durch die Dehnung während der Austreibungszeit auf.

Dieser Kurvenverlauf konnte von Gadermann bei $^2/_3$ der Fälle bei Cor pulmonale registriert werden. Charakteristisch für das chronische Cor pulmonale sind demnach:

1. Kurze Lateralbewegung der rechten Kammerwand zu Beginn der Systole oder aus der diastolischen Ausfüllungsbewegung hervorgehend, danach laterale Plateaubildung der Kammer.

2. Laterale Plateaubildung des Pulmonalisbogens nach Schluß der Semilunarklappe (Inzisur der Kurve) als Zeichen einer erschwerten und verzögerten Entleerung der Pulmonalarterie.

3. Verspätete und langsam einsetzende Medialbewegung des Pulmonalisbogens während der Entleerungsphase.

Normalerweise liegt der Drehpunkt der Schaukelbewegung, die durch die systolische Einwärtsbewegung des rechten Ventrikels und der Auswärtsbewegung der Pulmonalis entsteht, in der Nähe der Pulmonalklappe. Beim Cor pulmonale liegt der Drehpunkt der rechtsventriculären Schaukelbewegung tiefer, und oft ist nur im Bereich der caudalen Ventrikelpartien eine systolische Einwärtsbewegung vorhanden.

11. Die röntgenologischen Zeichen der Dekompensation des rechten Ventrikels

Diese Zeichen sind bereits im Abschnitt „Das chronische Cor pulmonale" eingehend erläutert worden. Hier soll nur noch einmal eine kurze Zusammenstellung erfolgen. Von grundsätzlicher Bedeutung ist eine *Verlaufsbeobachtung*. Sie gibt Auskunft über die progrediente Verbreiterung des Herzens nach links und nach rechts.

1. Progrediente Verbreiterung des Herzens nach rechts. Sie tritt als Folge der Dilatation des rechten Vorhofes bei relativer Tricuspidalklappeninsuffizienz ein.

2. Progrediente Verbreiterung des Herzens nach links als Folge der myogenen Dilatation aller Abschnitte des rechten Ventrikels.

3. Verbreiterung der oberen Hohlvene als Folge der Rückstauung vor dem rechten Vorhof.

4. Rechtsseitiger Pleuraerguß. Besonders wesentlich zu dessen Nachweis ist eine Aufnahme in rechter Seitenlage. Der häufig nur infrapulmonal gelegene Erguß läuft dann nach cranial aus und wird röntgenologisch nachweisbar.

5. Rechtsseitiger Zwerchfellhochstand als Folge einer vergrößerten Stauungsleber.

Das Herz im Stadium III kann in Ruhe noch suffizient sein, während umgekehrt im Stadium I u. II das Herz unter Belastung schon insuffizient sein kann.

12. Die Differentialdiagnose des Cor pulmonale im konventionellen Röntgenbild

1. Jugendliches Herz. Bei vorgewölbtem Pulmonalissegment besteht keine Erweiterung der zentralen Lungenarterien, keine vermehrte oder verminderte periphere Lungengefäßzeichnung und keine Vergrößerung des linken Vorhofes.

2. Die Mitralstenose (Abb. 22). Sie ist vom Cor pulmonale durch den vergrößerten linken Vorhof in der Seitenaufnahme und durch die Zeichen der Lungenstauung im d.v.-Bild abgrenzbar. Beim Cor pulmonale dagegen ist die Lunge in der Regel hell.

3. Die valvuläre Pulmonalstenose (Abb. 23). Typisch ist die Diskrepanz zwischen prominentem Pulmonalissegment und normalen oder engen zentralen Lungenarterien.

4. Vitien mit Links-Rechts-Shunt ohne sekundäre pulmonale Hypertonie. Bei diesen Vitien besteht ein wesentliches differentialdiagnostisches Kennzeichen darin, daß sie eine

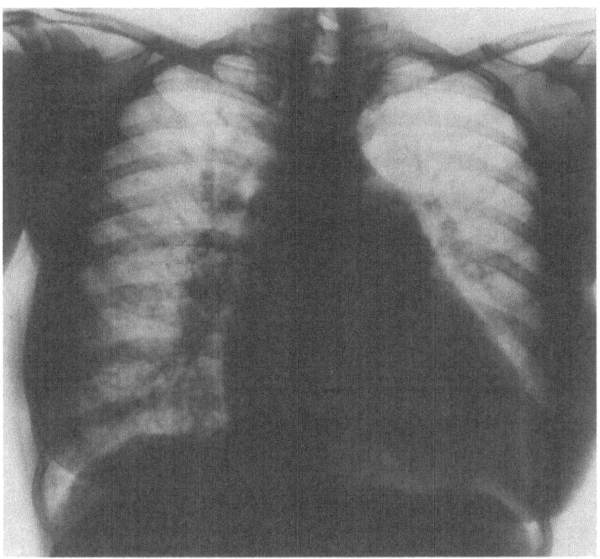

Abb. 22. 37 Jahre, ♀. Mitralstenose. Mitteldruck in der Arteria pulmonalis = 40 mm Hg. Entscheidende differentialdiagnostische Kriterien sind die Lungenstauung, insbesondere die Kerley-B-Linien und die Interlobärlinie, sowie die Vergrößerung des linken Vorhofs im Seitenbild

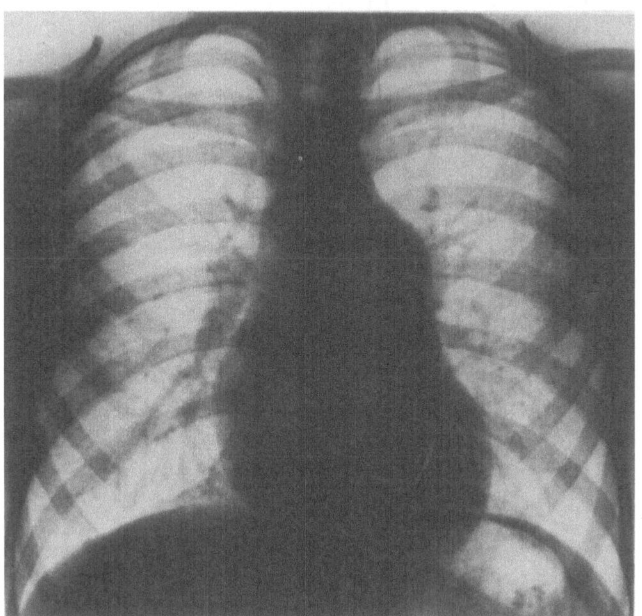

Abb. 23. 9 Jahre, ♀. Valvuläre Pulmonalstenose. Differentialdiagnostisch entscheidend ist der Gegensatz zwischen stark erweitertem Pulmonalissegment und normal weiten zentralen Lungenarterien. Die Dilatation des Pulmonalissegmentes kann mitunter auf die linke Lungenarterie übergreifen

Erweiterung der zentralen *und* peripheren Lungengefäße zeigen. Im Gegensatz zum Cor pulmonale ist die Lungengefäßzeichnung eher verstärkt. Starke Eigenpulsation der Hilusgefäße. Häufig liegt eine Rechts-Links-Verbreiterung des Herzens vor.

5. Vitien mit Links-Rechts-Shunt und sekundärer pulmonaler Hypertonie (Abb. 24). Wenn bei diesen Vitien sekundär eine pulmonale Hypertonie eintritt, so werden die peripheren Gefäße enger und die Differentialdiagnose zum Cor pulmonale wird schwierig bzw.

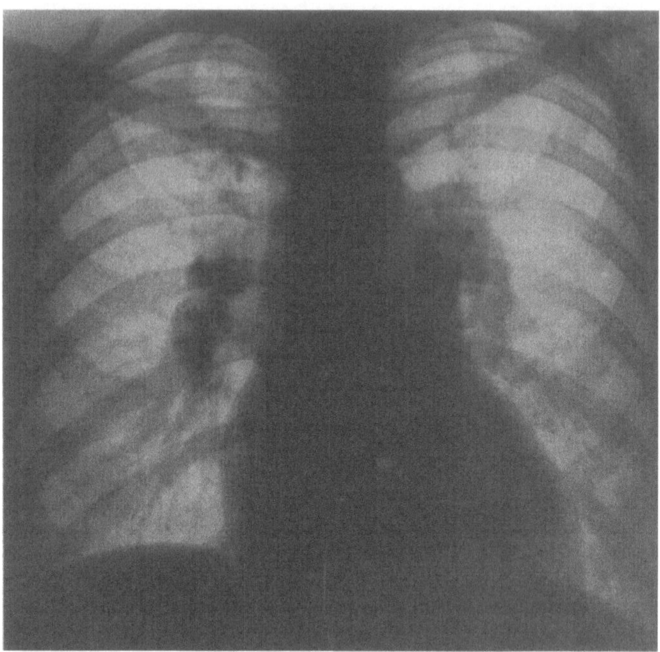

Abb. 24. 39 Jahre, ♀. Sekundäre pulmonal-arterielle Hypertonie bei Vorhofseptumdefekt. Mitteldruck in der Arteria pulmonalis = 63 mm Hg. Einengung der peripheren und Erweiterung der zentralen Lungenarterien mit Entwicklung eines Kalibersprunges. Die Verschmälerung der peripheren Lungenarterien wird im allgemeinen nicht so stark wie bei einer Hypertonie ohne vorhergehendes Links-Rechts-Shunt-Vitium

unmöglich. Die peripheren Lungengefäße werden bei der sekundären pulmonalen Hypertonie im allgemeinen jedoch nicht so eng wie beim Cor pulmonale. Liegen ältere Bilder mit verstärkter Lungengefäßzeichnung vor, so wird die Differentialdiagnose sehr erleichtert.

6. Tricuspidalfehler. Sie zeigen, wie das Cor pulmonale, eine Minderdurchblutung der Lunge und eine Vergrößerung des rechten Vorhofes. Bei einer Tricuspidalklappeninsuffizienz kann auch der rechte Ventrikel vergrößert sein und mit der Erweiterung der rechtsventriculären Ausflußbahn zur Ausfüllung der Herzbucht führen. *Der Differentialdiagnose dienen die bei den Tricuspidalfehlern nicht erweiterten zentralen Lungenarterien und der nicht erweiterte Pulmonalishauptstamm.*

Literatur

Altschule, M. D.: Cor pulmonale: A disease of the whole heart. Dis. Chest **41**, 398—403 (1962).

Assmann, H.: Die klinische Röntgendiagnostik der inneren Erkrankungen, 6. Aufl. Berlin: Springer 1949.

Backmann, R.: Pathologische Anatomie der primären pulmonalen Hypertonie. Z. Kreisl.-Forsch. **59**, 930 (1970).

Baldwin, E. F. d., Cournand, A., Richards, D. W. Jr.: A study of 122 cases of chronic pulmonary emphysema. Medicine (Baltimore) **78**, 201 (1949).

Bayer, O., Loogen, F., Wolter, H. H.: Der Herzkatheterismus bei angeborenen und erworbenen Herzfehlern. Stuttgart: Thieme 1954.

Beneke, F. W.: Die anatomischen Grundlagen der Konstitutionsanomalien des Menschen. Marburg: Ewert 1878.

Berblinger, W.: Formen und Ursachen der Herzhypertrophie bei Lungentuberkulose. Bern: Huber 1947.

Bernsmeier, A.: Klinik des chronischen Cor pulmonale. Verh. dtsch. Ges. inn. Med. **72**, 509—529 (1966).

Binhold, H.: Über das Herzvolumen bei Emphysem, Asthma und Tuberkulose der Lunge. Z. Kreisl.-Forsch. **27**, 146—156 (1935).

Blasi, A., Catena, E.: Die Ursachen des chronischen Cor pulmonale. Tuberk.-Arzt **10**, 665—670 (1950).

Blumberger, Kj., Lang, E.: Symptomatologie und Herzdynamik beim Cor pulmonale. Ärztl. Forsch. **17**, 345—359 (1963).

Bolt, W.: Pathologische Physiologie des Cor pulmonale. Verh. dtsch. Ges. Kreisl.-Forsch. **21**, 196—217 (1955).

Bolt, W., Forssmann, W., Rink, H.: Selektive Lungenangiographie. Stuttgart: Thieme 1957.

Bolt, W., Knipping, H.: Zur Klinik des Lungenkreislaufes. Verh. dtsch. Ges. Kreisl.-Forsch. 17, 87—92 (1951).

Bolt, W., Rink, H.: Selektive Angiographie der Lungengefäße bei Lungentuberkulose. Schweiz. Z. Tuberk. 8, 380—392 (1951).

Bolt, W., Stanischeff, A., Zorn, O.: Intracardiale Druckmessungen vor und nach Lungenresektion. Münch. med. Wschr. 93, 573—582 (1951).

Bolt, W., Valentin, H., Venrath, H.: Über die Ätiologie des Hochdruckes bei Atemmuskelgelähmten. Dtsch. Arch. klin. Med. 198, 474—485 (1951).

Bolt, W., Zorn, O.: Intracardiale Druckmessungen bei Silikose. Verh. dtsch. Ges. inn. Med. 56, 100—107 (1950).

Boros, J. v., Naumann, W.: Das pulmonale Hochdruckherz. Dtsch. Arch. klin. Med. 193, 372—380 (1948).

Boyd, J. F., Scott Park, S. D., Smith, G.: The correlation between various assessments of pulmonary arterial pressure in mitral stenosis. Brit. Heart J. 20, 466 (1958).

Bredt, H.: Die primäre Erkrankung der Lungenschlagader in ihren verschiedenen Formen. Virchows Arch. path. Anat. 284, 126—153 (1932).

Bredt, H.: Entzündung und Sklerose der Lungenschlagader. Virchows Arch. path. Anat. 308, 60—152 (1941).

Büchner, Ch., Könn, G.: Temporär chronisches Cor pulmonale im Tierexperiment nach rezidivierender Mikroembolie. Beitr. path. Anat. 121, 170 (1959).

Bühlmann, A., Maier, C., Hegglin, M., Kälin, R.: Zur Pathogenese der arteriellen pulmonalen Hypertonie mit besonderer Berücksichtigung des Cor pulmonale beim Emphysem. Cardiologia (Basel) 24, 96—101 (1954).

Bühlmann, A., Maier, C., Hegglin, M., Kälin, R., Schaub, F.: Beziehungen zwischen Lungenfunktion und Lungenkreislauf. Ein Beitrag zur Genese und Symptomatologie der Hypertonie des kleinen Kreislaufs. Schweiz. med. Wschr. 83, 1199—1202 (1953).

Bühlmann, A., Schaub, F., Rossier, P. H.: Zur Aetiologie und Therapie des Cor pulmonale. Schweiz. med. Wschr. 84, 587—591 (1954).

Burckhardt, D.: Zur Diagnostik des chronischen Cor pulmonale. Bern: Hans Huber 1972.

Campbell, E. J. M., Short, D. S.: The cause of oedema in „Cor pulmonale". Lancet 1960 I, 1184—1186.

Carmichael, J. H. E., Julian, D. G., Jones, G. P., Wren, E. M.: Radiological signs in pulm. hypertension. Brit. J. Radiol. 27, 393—397 (1954).

Cournand, A.: Recent observations on the dynamics of the pulmonary circulation. Bull. N. Y. Acad. Med. 23, 27—50 (1947).

Cournand, A.: Some aspects of the pulmonary circulation in normal man and in chronic cardiopulmonary diseases. Circulation 2, 641—657 (1950).

Cournand, A., Lequime, J., Regniers, P.: L'insuffisance cardiaque chronique. Paris: Masson & Cie. 1952.

Cournand, A., Motley, H. L., Werkö, L., Richards, E. W.: Physiological studies of the effects of intermittend positive pressure breathing on cardiac output in man. J. Physiol. (Lond.) 152, 162—174 (1948).

Cournand, A., Richards, D. W.: Pulmonary insufficiency, discussion of physiological classification and presentation of clinical tests. Amer. Rev. Tuberc. 44, 26—41 (1941).

Cournand, A., Riley, R. L., Himmelstein, A., Austrian, R.: Pulmonary circulation and alveolar ventilation-perfusion relationships after pneumectomy. J. thorac. Surg. 19, 80—116 (1950).

Daddi, G.: Das Cor pulmonale bei der Tuberkulose. Verh. dtsch. Ges. Kreisl.-Forsch. 21, 280—299 (1955).

Davies, L. G., Goodwin, J. F., Steiner, R. E., van Leuven, B. D.: Pulmonaler Hochdruck. Brit. Heart J. 15, 393 (1953).

Delius, L.: Zur Frage der pulmonalen Hypertonie. Verh. dtsch. Ges. Kreisl.-Forsch. 17, 92—95 (1951).

Delius, L.: Cor pulmonale. In: Klinik der Gegenwart, Bd. I, S. 335—370. München u. Berlin: Urban & Schwarzenberg 1955.

Delius, L.: Klinische Beobachtungen zu den Fragwürdigkeiten des Cor pulmonale. Verh. dtsch. Ges. Kreisl.-Forsch. 21, 337—342 (1955).

Delius, L., Reindell, H.: Neuere klinische Untersuchungsergebnisse über die Physiologie und Pathologie der Regulationen des Kreislaufes und der Herzdynamik. Klin. Wschr. 47, 1—5 (1949).

Delius, L., Witzenhausen, R.: Über Entstehungsbedingungen und Folgen der essentiellen und akzidentellen pulmonalen Hypertonie. Z. Kreisl.-Forsch. 38, 87—101 (1949).

Denolin, H.: Le cœur pulmonaire chronique en médicine interne. Verh. dtsch. Ges. Kreisl.-Forsch. 21, 217—279 (1955).

Derra, E.: Art und Wirkung von den Pulmonalkreislauf beeinflussenden Herz- und Lungenoperationen. Verh. dtsch. Ges. Kreisl.-Forsch. 17, 152—162 (1951).

Dexter, L., Wittenberger, S. L., Haynes, F. W., Goodale, W. T., Gorlin, R., Sawyer, S. G.: Effect of exercise on circulatory dynamics of normal individuals. J. appl. Physiol. 3, 439—453 (1951).

Dietlen, H.: Herz und Gefäße im Röntgenbild. Leipzig: Johann Ambrosius Barth 1923.

Doll, E.: Das chronische Cor pulmonale. Dtsch. Ärztebl. 3009—3014 (1972).

Durant, T. M., Paul, R. E., Oppenheimer, M. J., Stauffer, H. M.: Intravenous carbon dioxide for intracardiac gas contrast in the roentgen diagnosis of pericardial diffusion and thickening. Amer. J. Roentgenol. 78, 224—225 (1957).

Ernst, S.: Cor pulmonale acutum. Ther. d. Gegenw. 103, 742—746 (1964).

Esch, D., Thurn, P.: Zur Pathogenese und diagnostischen Bedeutung der kostodiaphragmalen Septumlinien. Fortschr. Röntgenstr. 87, 7 (1957).

ESCH, D., THURN, P.: Zur Diagnose der pulmonalen Hypertonie im gewöhnlichen Röntgenbild. Fortschr. Röntgenstr. 90, 434—451 (1959).

EULER, U. S. v.: Physiologie des Lungenkreislaufes. Verh. dtsch. Ges. Kreisl.-Forsch. 17, 8—16 (1951).

EULER, U. S. v., LILJESTRAND, G.: Observation on the pulmonary arterial blood pressure in cat. Acta physiol. scand. 12, 301—320 (1946).

EVANS, E., SHORT, D. S., BREDFORT, D. E.: Solitary pulmonary hypertension. Brit. Heart J. 19, 93 (1957).

FELIX, R., DÜX, A.: Haemodynamik der Lungenvenen. Beziehungen zur Strahlentransparenz und zur Strömungsgeschwindigkeit. Fortschr. Röntgenstr. 107, 619—631 (1967).

FELIX, R., GEISLER, P., DÜX, A.: Pulmonalarteriographische Untersuchungen bei Ausschaltung einer Lunge vom Gasaustausch „funktionelle Pneumonektomie". Z. Kreisl.-Forsch. 56, 147—157 (1967).

FELIX, R., HAVERS, L., WINKLER, C., DÜX, A., BOLDT, C., THURN, P., CLAUSSEN, G., FREIBERGER, D.: Der Pulmonalkreislauf bei Lungenblähung. Die Wirkung der Atemwegsobstruktion. Fortschr. Röntgenstr. 111, 55—67 (1969).

FISHMAN, A. P.: Handbook of Physiology, sect. 2: Circulation, vol. II, chap. 48, p. 1667. Baltimore/Maryland: Williams & Wilkins Comp. 1963.

FLUCK, D. C., CHANDRASEKAR, R. G., GARDNER, F. V.: Left ventrikular hypertrophy in chronic bronchitis. Brit. Heart J. 28, 92—97 (1966).

FOWLER, N. O.: Cor pulmonale caused by lung disease. In: Cardiac diagnosis. Hrsg.: N. O. FOWLER. New York: Harper and Row 1968.

FOWLER, N. O., HOLMS, J. C.: Pulmonary arterial pressure at high pulmonary flow. J. clin. Invest. 44, 2040—2050 (1965).

FOWLER, N. O., WESTCOTT, R. N., SCOTT, R. C.: Pulmonary artery diastolic pressure: its relationship to pulmonary arteriolar resistance and pulmonary capillary pressure. J. clin. Invest. 31, 72—79 (1952).

FRANK, O.: Zur Dynamik des Herzmuskels. Hoppe-Seylers Z. physiol. Chem. 32, 370 (1895).

FRANKE, H.: Das Cor pulmonale in der Thorax-Chirurgie. Verh. dtsch. Ges. Kreisl.-Forsch. 21, 300—371 (1955).

FREY, S.: Die Embolie. Leipzig: Thieme 1933.

FRIEDBERG, C. K.: Erkrankungen des Herzens. Stuttgart: Thieme 1959.

FRIEDBERG, C. K.: Erkrankungen des Herzens. Stuttgart: Thieme 1972.

FRIEDBERG, J.: Anatomische Untersuchungen des Herzmuskels bei Fettembolie. Dtsch. Z. Chir. 255, 239—248 (1942).

GADERMANN, E.: Röntgenologische Funktionsdiagnostik des Cor pulmonale. Verh. dtsch. Ges. Kreisl.-Forsch. 21, 349—355 (1955).

GAHL, K., GREISER, E., STENDER, H. ST.: Röntgenologische Befunde bei primär vaskulärer pulmonaler Hypertonie. Fortschr. Röntgenstr. 116, 589—599 (1972).

GEISLER, L., ROST, H. D.: Hyperkapnie. Pathophysiologie, Klinik und Therapie der CO_2-Retention. Stuttgart: Thieme 1972.

GEISLER, L., ROST, H. D., DENGLER, H. J.: Untersuchungen über die Aktivität des sympathischen Nervensystems und der Nebennierenrinde während akuter respiratorischer Acidose. Klin. Wschr. 49, 87 (1971).

GELFAND, M. L.: The effect of chronic pulmonary disease on the heart. Amer. J. Surg. 89, 245—251 (1955).

GIESE, W.: Die Atemorgane. In: KAUFMANN-STAEMMLER, Lehrbuch der speziellen pathologischen Anatomie, 11. u. 12. Aufl., Bd. II, S. 1541. Berlin: W. de Gruyter 1960.

GIESE, W.: Morphologie des Cor pulmonale und seine Ursachen. Verh. dtsch. Ges. inn. Med. 72, 469—489 (1966).

GOERTTLER, K.: Die pathologische Anatomie des chronischen Cor pulmonale. Forum cardiologicum 8, 13 (1965).

GRIGGS, D. E., COGGIN, C. B., EVANS, N.: Right ventricular hypertrophy and congestive failure in chronic pulmonary disease. Amer. Heart J. 17, 681 (1939).

GROSSE-BROCKHOFF, F.: Hämodynamik der Lungen-Kreislaufstörungen. Verh. dtsch. Ges. Kreisl.-Forsch. 17, 34—67 (1951).

GROSSE-BROCKHOFF, F.: Aussprache. Verh. dtsch. Ges. Kreisl.-Forsch. 21, 319 (1955).

GROSSE-BROCKHOFF, F.: Pathophysiologie des Lungenkreislaufes. Aus: Lungen und kleiner Kreislauf, Bad Oeynhausener Gespräche I, 1956. Berlin-Göttingen-Heidelberg: Springer 1957.

GURTNER, H. P.: Pulmonale Hypertonie nach Appetitzüglern. Med. Welt 23, 1036—1041 (1972).

HAFFLIGER, E., MARK, G.: Lungenphthise. In Handbuch der inneren Medizin, 4. Aufl., Bd. 4, Teil 2. Berlin-Göttingen-Heidelberg: Springer 1956.

HAGGART, G. E., WALKER, A. M.: The physiology of pulmonary embolism as disclosed by quantitative occlusion of the pulmonary artery. Arch. Surg. (Chicago) 6, 764—783 (1923).

HARVEY, R. M., ENSON, Y., COURNAND, A., FERRER, M. J.: Cardiac output in Cor pulmonale. Arch. Kreisl.-Forsch. 46, 7—17 (1965).

HARVEY, R. M., FERRER, M. J., COURNAND, A.: The treatment of chronic Cor pulmonale. Circulation 7, 932—940 (1953).

HARVEY, R. M., FERRER, M. J., RICHARDS, D. W., JR., COURNAND, A.: Influence of chronic pulmonary disease on the heart and circulation. Amer. J. Med. 10, 719 (1951).

HECKMANN, K.: Ein Verfahren zur Untersuchung der Pulsation des Herzens und anderer Organe mittels Röntgenstrahlen. Klin. Wschr. 15, 13—16 (1936).

HEGGLIN, R.: Die Zirkulationsstörungen der Lunge. In Handbuch der inneren Medizin, 4. Aufl. Bd. 4, Teil 2. Berlin-Göttingen-Heidelberg: Springer 1956a.

HEGGLIN, R.: Die Pneumonien. In Handbuch der inneren Medizin, 4. Aufl., Bd. 4, Teil 2. Berlin-Göttingen-Heidelberg: Springer 1956b.

HICKAM, J. B., CARGILL, W. H.: Effect of exercise on cardiac output and pulmonary arterial pressure in normal persons and in patients with cardiovascular disease and pulmonary emphysem. J. clin. Invest. 27, 10—23 (1948).

HOCHREIN, M.: Zur Symptomatologie und Therapie des Cor pulmonale. Med. Klinik 47, 1551—1556 (1952).

HOCHREIN, M., BETZIEN, G., SCHLEICHER, J.: Pulmonale Dystonie und pulmonaler Hochdruck. Med. Klin. 49, 1064—1068 (1954).

HOCHREIN, M., SCHLEICHER, J.: Heilatmung bei Kreislaufkrankheiten. Münch. med. Wschr. 87, 802—808 (1940).

HOCHREIN, M., SCHLEICHER, J.: Therapie akuter Gefahren bei Kreislaufstörungen. Dtsch. med. Wschr. 74, 86—91 (1949a).

HOCHREIN, M., SCHLEICHER, J.: Pneumonose oder pulmonale Dystonie. Med. Klin. 44, 129—135 (1949b).

HOCHREIN, M., SCHLEICHER, J.: Zur pathologischen Physiologie und funktionellen Therapie des pulmonalen Kreislaufes. Materia Med. Nordmark 12, 145—159 (1960).

HOCHREIN, M., SCHNEYER, K.: Klinische Pneumotachographie. Ergebn. ges. Med. 18, 1—50 (1933).

HOCHREIN, M., SCHNEYER, K.: Der pulmocoronare Reflex. Naunyn-Schmiedeberg's Arch. exp. Path. Pharmak. 187, 265—274 (1937).

HOEFFKEN, W.: Die Angiocardiographie mit Kohlendioxyd. Fortschr. Röntgenstr. 91, 1—13 (1959).

HOEFFKEN, W.: Das Cor pulmonale. Radiologe 1, 27—37 (1961).

HOEFFKEN, W., JUNGHANS, R., ZYLKA, W.: Die Grundlagen der Pneumoradiographie des rechten Herzens mit Kohlendioxyd. Fortschr. Röntgenstr. 86, 292—301 (1957).

HOFBAUER, L., HOLZKNECHT, G.: Respiratorische Größenschwankungen des Herzens. Mitt. Labor. radiol. Diagn. u. Therapie allg. Krkhs. Wien 1907.

HOFFHEINZ, S.: Die Luft- und Fettembolie. Stuttgart: Ferdinand Enke 1933.

JANKER, R.: Röntgenologische Funktionsdiagnostik mittels Serienaufnahmen und Kinematographie. Wuppertal-Elberfeld: Girardet 1954.

JUNGHANSS, W.: Die Endstrombahn der Lunge im postmortalen Angiogramm. Virchows Arch. path. Anat. 331, 263—275 (1958).

KIRCH, E.: Untersuchungeu über tonogene Herzdilatation. Verh. dtsch. path. Ges. 21, 391—398 (1926).

KIRCH, E.: Pathogenese und Folgen der Dilatation und der Hypertrophie des Herzens. Klin. Wschr. 9, 769—772, 817—819 (1930).

KIRCH, E.: Der Entwicklungsablauf der rechtsseitigen tonogenen Herzdilatation bei Mensch und Versuchstier und seine physiologische Erklärung. Arch. path. Anat. 291, 683 (1933).

KIRCH, E.: Dilatation und Hypertrophie des Herzens. Nauheimer Fortb.-Lehrg. 14, 47—66 (1938).

KIRCH, E.: Die pathologische Anatomie des Cor pulmonale. Verh. dtsch. Ges. Kreisl.-Forsch. 21, 163—180 (1955a).

KIRCH, E.: Aussprache. Verh. dtsch. Ges. Kreisl.-Forsch. 21, 324—325 (1955b).

KLEPZIG, H., REINDELL, H., MUSSHOFF, K., WEYLAND, R.: Anpassungsvorgänge des Herzens bei Klappenfehlern. Verh. dtsch. Ges. Kreisl.-Forsch. 20, 111—114 (1954).

KNIPPING, H. W., BOLT, W., VALENTIN, H., VENRATH, H.: Untersuchung und Beurteilung des Herzkranken, 2. Aufl. Stuttgart: Ferdinand Enke 1960.

KÖNN, G.: Die rezidivierende Makro- und Mikrolungenembolie bei peripheren venösen Trombosen. Med. Welt 1960, 23—35.

KOUNTZ, W. B., ALEXANDER, H. L., PRINZMETAL, M.: The heart in emphysema. Amer. Heart J. 11, 163 (1936).

KREHL, L.: Erkrankungen des Herzmuskels und die venösen Herzkrankheiten. In: Spezielle Pathologie und Therapie von H. NOTHNAGEL, Bd. 15/1/V. Wien: Hölder 1901.

LANGE, F.: Arterielle Hypertonie der Lungenstrombahn (Cor pulmonale). Dtsch. med. Wschr. 73, 204—207 (1948a).

LANGE, F.: Die essentielle Hypertonie der Lungenstrombahn und ihr familiäres Vorkommen. Dtsch. med. Wschr. 73, 322—326 (1948b).

LAUR, A., DILLER, W.: Diagnostik der Lungenembolie. Dtsch. med. Wschr. 87, 720—725 (1962).

LAUR, A., SPRÜTH, G.: Akutes Cor pulmonale durch Lungenembolie. Fortschr. Röntgenstr. 99, 271—283 (1963).

LENEGRE, J. M., COBLENTZ, B., SCEBAT, R.: Le cathéterisme veineux des cavites droites du cœur chez l'homme. Arch. Mal Cœur 42, 978—1019 (1948).

LEVY, ST. E., STEIN, M., TOTTEN, R. S., BRUDERMAN, J., WESSLER, ST., ROBIN, E. D.: Ventilationperfusion abnormalities in experimental pulmonary embolism. J. clin. Invest. 44, 1699 (1965).

LIEBER, A., ROSENBAUM, H. D., HANSEN, D. J., KWAAN, H. M.: Accuracy of predicting pulmonary blood flow, pulmonary arteriolar resistence and pulmonary venous pressure from chest roentgenograms. Amer. J. Roentgenol. 103, 577 (1968).

LINZBACH, A. J.: Die quantitative Anatomie des normalen und vergrößerten Herzens im Hinblick auf die Herzinsuffizienz. Verh. dtsch. Ges. Kreisl.-Forsch. 16, 43 (1950).

LINZBACH, A. J.: Die pathologische Anatomie der röntgenologisch feststellbaren Form- und Größenveränderungen des menschlichen Herzens. Fortschr. Röntgenstr. 77, 1—14 (1952).

LINZBACH, A. J.: Die pathologische Anatomie der Herzinsuffizienz. In Handbuch der inneren Medizin, Bd. IX/1. Berlin-Göttingen-Heidelberg: Springer 1960.

LJUNGDAHL, H.: Gibt es eine chronische Embolisierung der Lungenarterie? Dtsch. Arch. klin. Med. 60, 1—23 (1928).

LOOGEN, F., KÜBLER, W.: Zum Thema: Primäre pulmonale Hypertonie. Z. Kreisl.-Forsch. 59, 865—867 (1970).

LOTTENBACH, K.: Das Lungenemphysem. In Handbuch der inneren Medizin, 4. Aufl., Bd. 4, Teil 2. Berlin-Göttingen-Heidelberg: Springer 1956.

MARX, H. H.: Diskussionsbemerkung. Verh. dtsch. Ges. Kreisl.-Forsch. 21, 320 (1955).

MATTHES, K., ULMER, W., WITTEKIND, D.: Cor pulmonale. In: Handbuch der inneren Medizin, Bd. IX/4, S. 59. Berlin-Göttingen-Heidelberg: Springer 1960.

McGinn, S., White, P. D.: Acute cor pulmonale resulting from pulmonary embolism, its clinical recognition. J. Amer. med. Ass. **104**, 1473—1480 (1935).

McMichael, J.: Zur Klinik der Herzinsuffizienz. Verh. Dtsch. Ges. Kreisl.-Forsch. **16**, 114—116 (1950).

McMichael, J.: Pharmakologie des Herzversagens. Darmstadt: Dr. Dietrich Steinkopff 1953.

Meessen, H.: Über experimentelle Lungenembolie durch Glasperlen. Arch. Kreisl.-Forsch. **6**, 117—137 (1940).

Meessen, H.: Zur pathologischen Anatomie des Lungenkreislaufes. Verh. dtsch. Ges. Kreisl.-Forsch. **17**, 25—33 (1951).

Melhem, R. E., Dunbar, J. D., Booth, R. W.: The „B" lines of Kerley and left atrial size in mitral valve disease: their correlation with the mean left atrial pressure as measured by left atrial puncture. Radiology **76**, 65 (1961).

Moeller, H. C.: Über das Cor pulmonale. Ärztl. Wschr. **10**, 521—526 (1955).

Moritz, F.: Über funktionelle Verkleinerung des Herzens. Münch. med. Wschr. **55**, 713—718 (1908).

Moritz, F.: Herzdilatation. Münch. med. Wschr. **1935**, 450.

Moritz, F., Tabora, V. D.: Über eine Methode, beim Menschen den Druck in den oberflächlichen Venen exakt zu bestimmen. Dtsch. Arch. klin. Med. **98**, 475—505 (1910).

Milne, E. N. C.: Physiological interpretation of the plain radiograph in mitral stenosis, including a review of criteria for the radiological estimation of pulmonary arterial and venous pressures. Brit. J. Radiol. **36**, 902 (1963).

Nolte, F. A.: Über die Veränderungen der Herzform und -größe unter der Einwirkung intrapulmonaler Drucksteigerungen nach kardiokymographischen Untersuchungen (Das Kardiokymogramm im Valsavaschen Versuch). Fortschr. Röntgenstr. **50**, 211—230 (1934).

Orie, N. G. M., van Buchem, F. S. P., Sluiter, H., de Vries, A. J. S.: Le role de la tuberculose et des infections non tuberculosis dans le development de l'insuffisiance cardiaque droite. Acta radiol. **9**, 370—387 (1954).

Otto, H.: Cor pulmonale und Pulmo cardialis aus der Sicht des Morphologen. Med. Klin. **65**, 381 (1970).

Otto, H.: Definition und Ursachen des Cor pulmonale. Med. Welt **23**, 997—999 (1972).

Pabst, K.: Klinik und Therapie des Cor pulmonale. Münch. med. Wschr. **115**, 1709—1715 (1973).

Rao, B. Sh., Cohn, K. E., Eldridge, F. L., Hancock, E. W.: Left ventricular failure secondary to chronic pulmonary disease. Amer. J. Med. **45**, 229—241 (1968).

Reindell, H.: Beitrag der Klinik zur Dynamik des Herzens. Verh. dtsch. Ges. inn. Med. **70**, 100 (1964).

Reindell, H., Delius, L.: Klinische Beobachtungen über die Herzdynamik beim gesunden Menschen. Dtsch. Arch. klin. Med. **193**, 639—655 (1948).

Reindell, H., Doll, E.: Die Pathophysiologie der pulmonalen Hypertonie und des chronischen Cor pulmonale. Forum cardiologicum 8, 13 (1965).

Reindell, H., Doll, E.: Die Röntgendiagnostik des Cor pulmonale. Verh. dtsch. Ges. inn. Med. **72**, 529—560 (1966).

Reindell, H., Doll, E., Steim, H., Bilger, R., Gebhardt, W., Emmrich, J., Büchner, Chr., Schwilden, E.: Zur Pathophysiologie der pulmonalen Hypertonie und des chronischen Cor pulmonale. Arch. Kreisl.-Forsch. **43**, 3 (1964).

Reindell, H., Doll, E., Steim, H., Wurm, K., Keul, J.: Zur funktionellen Diagnostik der Lungenerkrankungen. II. Mitt. Das Röntgenbild der Lunge bei der pulmonalen Hypertonie. Fortschr. Röntgenstr. **104**, 625—649 (1966).

Reindell, H., Doll, E., Wurm, K.: Zur funktionellen Röntgendiagnostik der Lungenerkrankungen. Fortschr. Röntgenstr. **100**, 342 (1964).

Reindell, H., Klepzig, H.: Die neuzeitlichen Brustwand- und Extremitäten-Ableitungen in der Praxis. Stuttgart: Georg Thieme 1958.

Reindell, H., Musshoff, K., Klepzig, H.: Regulative und myogene Dilatation des Herzens. Fortschr. Röntgenstr. **85**, 385—408 (1956).

Reindell, H., Musshoff, K., Klepzig, H.: Physiologische und pathophysiologische Grundlagen der Größen- und Formveränderungen des Herzens. In: Handbuch der inneren Medizin, Bd. IX/1. Berlin-Göttingen-Heidelberg: Springer 1960.

Reindell, H., Weyland, R., Klepzig, H., Musshoff, K.: Über physiologische und pathophysiologische Grundlagen der Röntgendiagnostik des Herzens. Dtsch. med. Wschr. **80**, 540—544, 744—749 (1955).

Report of an expert committee (reprinted from W.H.O. technical report series No. 213): Chronic Cor pulmonale. Circulation **27**, 594—615 (1963).

Riley, R. L., Cournand, A., Donald, K. W.: Analysis of factors affecting partial pressures of oxygen and carbon dioxide in gas and blood of lungs, methods. J. appl. Physiol. **4**, 102—120 (1951).

Robb, G. P., Steinberg, J.: Visualization of the chambers of the heart and the thoracic blood vessels in pulmonary heart disease. Ann. intern. Med. **13**, 12—45 (1939).

Roesler, H.: Clinical roentgenology of the cardiovasculary system. Springfield, Ill.: Ch. C. Thomas 1943.

Romberg, E.: Lehrbuch der Krankheiten des Herzens und der Gefäße, 4. u. 5. Aufl. Stuttgart: Ferdinand Enke 1925.

Rossier, P. H., Bühlmann, A.: Cor pulmonale. Respiratorischer Teil. Verh. dtsch. Ges. inn. Med. **72**, 491—509 (1966).

Rossier, P. H., Bühlmann, A., Wiesinger, K.: Physiologie und Pathophysiologie der Atmung. Berlin-Göttingen-Heidelberg: Springer 1958.

Scebat, L., Kremer, R., Lenegre, J., Damien, J.: Etude de hemodynamique dans les cardiopathies hypertensives. Arch. Mal. Cœur **48**, 666—675 (1954).

Scharf, R.: Die Arbeit des rechten Herzens bei chronischen Lungenkrankheiten. Med. Mschr. **9**, 159—166 (1955a).

Scharf, R.: Hämodynamische Differenzierung des kompensierten und dekompensierten chronischen Cor pulmonale. Verh. dtsch. Ges. Kreisl.-Forsch. **21**, 371—375 (1955b).

Scherf, D., Boyd, L. J.: Klinik und Therapie der Herzkrankheiten und der Gefäßerkrankungen. Wien: Springer 1955.

Schermuly, W., Janssen, N., Odenwälder, I.: Die meßbaren Lungenstrukturen im Röntgenbild. Fortschr. Röntgenstr. 111, 68—76 (1969).

Schlaak, M., Jipp, P.: Experimentelle Untersuchungen zur Pathogenese des Cor pulmonale. Z. Kreisl.-Forsch. 60, 480 (1971).

Schneider, K. W.: Rechtsdekompensation bei Cor pulmonale. Med. Welt 23, 1017—1021 (1972).

Schölmerich, P.: Pathophysiologie, Klinik und Differentialdiagnose des Cor pulmonale. In: Chronische Bronchitis. Hrsg.: K. Ph. Bopp, F. H. Hertle. Stuttgart: F. K. Schattauer 1968.

Schoenmackers, J., Schöne, D.: Herzinfarkt und Cor pulmonale. Z. Kardiologie 62, 555—567 (1973).

Schwedel, J. B., Escher, D. W., Aaron, R. S., Young, D.: The roentgenological diagnosis of pulmonary hypertension in mitral stenosis. Amer. Heart J. 53, 163 (1957).

Schwiegk, H.: Über Reflexe aus dem kleinen Kreislauf. Verh. dtsch. Ges. Kreisl.-Forsch. 17, 95—99 (1951).

Short, D. S.: Radiology of the lung in severe mitral stenosis. Brit. Heart J. 17, 33 (1955).

Sill, V., Siemensen, H. C.: Cor pulmonale und Emphysemherz. Pneumologie 148, 167—175 (1973).

Sill, V., Siemssen, S.: Wertigkeit der Elektrokardiographie für die Beurteilung des Cor pulmonale. Med. Klin. 67, 1355—1358 (1972).

Simon, M.: The pulmonary vessels: their hemodynamic evaluation using routine radiographs. Radiol. Clin. N. Amer. 1, 363 (1963).

Sleeper, J. C., Orgain, E. S., McIntosh, H. D.: Primary pulmonary hypertension. Circulation 26, 1358 (1962).

Sövenyi, E., Balázs, V., Dávid, M.: Verschluß der Hauptäste der Lungenschlagader ohne Infarktbildung mit der Entwicklung eines subakuten Cor pulmonale. Fortschr. Röntgenstr. 89, 30—33 (1958)

Spain, D. M., Handler, B. J.: Chronic Cor pulmonale, sixty cases studied at necropsy. Arch. intern. Med. 77, 37—65 (1946).

Spühler, O.: Kreislaufstörung bei der Pneumonie. Ergebn. inn. Med. Kinderheilk. 62, 1—67 (1942 a).

Spühler, O.: Pneumonische Herzschädigung. Schweiz. med. Wschr. 72, 1099—1102 (1942 b).

Staemmler, M.: Gibt es eine primäre Hypertonie im kleinen Kreislauf? Arch. Kreisl.-Forsch. 3, 125—141 (1938).

Staemmler, M.: Hypertonie im großen und im kleinen Kreislauf. Wien. med. Wschr. 104, 279—283 (1954 a).

Staemmler, M., Schmitt, K.: Neue Beobachtungen bei sogenannter primärer Pulmonalsklerose. Arch. Kreisl.-Forsch. 17, 264—283 (1951).

Starling, E. H.: Das Gesetz der Herzarbeit. Bern u. Leipzig 1920.

Steinberg, U.: Systematische Untersuchungen über die Arteriosklerose der Lungenschlagader. Beitr. path. Anat. 82, 307—344, 443—463 (1929).

Steiner, R. E.: Pulmonary hypertension. A symposium. II. Radiological appearance of the pulmonary vessels in pulmonary hypertension. Brit. J. Radiol. 31, 188—200 (1958).

Steiner, R. E., Goodwin, J. E.: Some observations on initial valve disease. J. Fac. Radiol. (Lond.) 5, 167 (1954).

Stender, H. St.: Die Röntgensymptomatologie der Arteritis pulmonalis und ihre Folgezustände. Fortschr. Röntgenstr. 76, 316—323 (1952 a).

Stender, H. St.: Ein Beitrag zum Krankheitsbild des Cor pulmonale chronicum. Fortschr. Röntgenstr. 76, 324—331 (1952 b).

Stender, H. St., Taubert, M.: Zum klinischen Erscheinungsbild der Arteritis pulmonalis. Ärztl. Wschr. 8, 121—125 (1953).

Stender, H. St., Wagner, H. H., Kahlstorf, J.: Die funktionelle Bewertung von Herz und Lunge durch das Röntgenbild. Münch. med. Wschr. 110, 2923—2927 (1968).

Straub, H.: Dynamik des Säugetierherzens. Dtsch. Arch. klin. Med. 115, 531; 116, 409 (1914).

Stumpf, P., Weber, H. H., Weltz, G. A.: Röntgenkymographische Bewegungslehre innerer Organe. Leipzig: Georg Thieme 1936.

Sussman, M., Jacobson, G.: Critical evaluation of roentgen criteria of right ventricular enlargement. Circulation 11, 391—399 (1955).

Taterka, W.: Vergleichende histotopographische und elektrokardiographische Untersuchungen über linksbetonte und rechtsbetonte Coronarinsuffizienz bei Collaps. Beitr. path. Anat. 102, 287—315 (1939).

Teschendorf, W.: Lehrbuch der röntgenologischen Differentialdiagnose, Bd. I, S. 1012. Stuttgart: Thieme 1958.

Thurn, P.: Hämodynamik des Herzens im Röntgenbild. Stuttgart: Georg Thieme 1956.

Thurn, P.: Cor pulmonale. In: Lehrbuch der Röntgendiagnostik, 6. Aufl., Bd. IV/1, S. 500—513. Hrsg.: Schinz, H. R., W. E. Baensch, W. Frommhold, R. Glauner, E. Uehlinger, J. Wellauer. Stuttgart: Thieme 1968.

Thurn, P.: Cor pulmonale. In Lehrbuch der röntgenologischen Differentialdiagnostik von W. Teschendorf, S. 1012—1023. Stuttgart: Georg Thieme 1958.

Uehlinger, E., Zollinger, R.: Die klinische Bedeutung der silikotischen Gefäßschädigung. Bull. schweiz. Akad. med. Wiss. 2, 172—183 (1946/47).

Ulmer, W. T.: Hypertrophie des rechten Herzens aus der Sicht des Klinikers. Verh. dtsch. Ges. Kreisl.-Forsch. 38, 102—129 (1972).

Ulmer, W. T., Reif, F., Weller, W.: Die obstruktiven Atemwegserkrankungen. Stuttgart: Thieme 1966.

Valdivia, E.: Right ventricular hypertrophy in Guinea Pigs exposed to simulated high altitude. Circulat. Res. 5, 612—616 (1957).

Viamonte, M., Jr., Parks, R. E., Barera, F.: Roentgenographic prediction of pulmonary hypertension in mitral stenosis. Amer. J. Roentgenol. 87, 936 (1962)

Walder, R.: Elektrokardiographische und histologische Untersuchungen des Herzens bei experimenteller Luft- und Fettembolie, sowie bei Embolie durch Stärkesuspension. Beitr. path. Anat. **102**, 485—511 (1939).

WHITAKER, W., HEATH, D.: Idiopathic pulmonary hypertension: etiology, pathogenesis, diagnosis and treatment. Progr. cardiovasc. Dis. **1**, 380 (1959).

WILCKEN, D. E. L., MACKENZIE, K. M., GOODWIN, J. F.: Anticoagulant treatment of obliterative pulmonary hypertension. Lancet **1960 II**, 781—783.

WOLLHEIM, E.: Diskussionsbemerkung. Verh. dtsch. Ges. Kreisl.-Forsch. **21**, 319—320 (1955).

World Health Organization: Le cœur pulmonaire chronique; rapport d'un comité d'experts Wld Hlth Org. techn. Rep. Ser. Nr. 261. Genève, 1961.

ZDANSKY, E.: Röntgendiagnostik des Herzens und der großen Gefäße, 2. Aufl. Wien: Springer 1949.

ZDANSKY, E.: Röntgenologie des Lungenkreislaufes. Verh. dtsch. Ges. Kreisl.-Forsch. **17**, 139—150 (1951).

ZDANSKY, E.: Die Röntgendiagnostik der Insuffizienz des Cor pulmonale und Cor hypertonicum. XVI. Fortbildungslehrgang der Vereinigung Bad Nauheimer Ärzte 1951.

ZDANSKY, E.: Was leistet die Herzfunktion des Erwachsenen? In: Röntgendiagnostik, Ergebnisse 1952—1956, S. 104—132. Stuttgart: Georg Thieme 1957.

ZDANSKY, E.: Röntgendiagnostik des Herzens und der chronischen Gefäße. Wien: Springer 1962.

ZDANSKY, E., ELLINGER, E.: Röntgenkymographische Untersuchungen am Herzen. Fortschr. Röntgenstr. **47**, 648—661 (1933); **49**, 240—253 (1934).

ZORN, O.: Über das Cor pulmonale und den Lungenkreislauf bei Silikosen. Verh. dtsch. Ges. Kreisl.-Forsch. **17**, 99—104 (1951).

ZUCKERMANN, R., RODRIGUEZ, M. J., SODI-PALLARES, D., BISTENI, A.: Electropathology of acute cor pulmonale. Amer. Heart J. **40**, 805—824 (1950).

XI. Herzveränderungen bei arterieller Hypertonie

Von

W. Hoeffken, R. Felix und H. Wolfers

Mit 24 Abbildungen

1. Definition

Eine chronisch arterielle Hypertonie ist eine Störung der Hämodynamik, bei der — aus welchen Ursachen auch immer — eine langdauernde Erhöhung des arteriellen Mitteldrucks besteht, die, sich aus sich selbst heraus perpetuierend, zu einem hinsichtlich Prognose und Komplikationen einheitlichen Krankheitsbild, der sog. Hochdruckkrankheit, führt. Das Syndrom der Hochdruckkrankheit besteht aus Herzinsuffizienz, schnell progredienter und accelerierter Arteriosklerose bzw. Arteriolonekrose (ARNOLD, 1971).

Das Hyptertonieherz entsteht durch Mehrbelastung des linken Ventrikels infolge einer arteriellen Druckerhöhung im großen Kreislauf. Durch funktionelle und organische Anpassung kommt es zu einer Umformung, Hypertrophie und Dilatation des Herzens. Ursache, Dauer und Höhe des arteriellen Druckes sowie der Zustand des Herzmuskels, Lebensalter und äußere Faktoren variieren das pathologisch-anatomische und damit das röntgenologische Bild.

2. Häufigkeit

Die Häufigkeit der Herzbeteiligung bei der Hypertonie geht daraus hervor, daß wenigstens 60—70 % der Hypertoniker an kardialen Komplikationen, ganz überwiegend an Herzinsuffizienz sterben (BELL und CLAWSON; FAHR; MURPHY; SCOTT). Auch bei Aufstellung einer Statistik der Herztodesfälle überwiegt der Kreislauftod am Hypertonieherzen. Unter 30000 Obduktionen mit 4700 kardiovasculären Todesfällen fand CLAWSON in 45 % ein Hypertonieherz.

Die klinische Bedeutung dieser Sektionszahlen ist evident, denn nach MASTER, MARKS und DACK, SCHERF und BOYD leiden nach Überschreiten des 20. Lebensjahres 20—25 % der Bevölkerung an einer Hypertonie, und diese Häufigkeit erhöht sich auf 40—60 % nach Erreichen des 50. Lebensjahres. FIFE, MARSHALL und WRIGHT fanden bei 2661 Patienten in 41 % einen essentiellen Hochdruck, davon waren jenseits des 60. Lebensjahres 60 % der Männer und 76 % der Frauen erkrankt. Amerikanische Lebensversicherungsstatistiken, Heeresmusterungen und Industriebetriebuntersuchungen haben ähnliche Zahlen erbracht.

Erschwert wird die exakte statistische Erfassung der Hochdruckhäufigkeit in der Gesamtbevölkerung durch die einseitige Auswahl der untersuchten Personenkreise und die Differenzen in der Beurteilung normaler und pathologischer Blutdrucke (WOLLHEIM). Obwohl neuerdings PICKERING wieder die frühere Anschauung eines mit dem Lebensalter physiologisch ansteigenden Blutdruckes vertritt, wird heute doch allgemein in jedem Lebensalter ein systolischer Druck über 140 mm Hg und ein diastolischer Druck über 90 mm Hg als nicht mehr normal angesehen.

Diastolische Druckwerte über 110 mm Hg gelten hinsichtlich der Lebenserwartung als ausgesprochen ungünstig.

Wenn auch der Wert der statistischen Angaben umstritten ist (WOLLHEIM, PERERA, LOWENSTEIN u. a.), so wird doch die Hypertonie als eine der häufigsten Erkrankungen der zivilisierten Menschheit angesehen (Wollheim, Bettge). Unbehandelt erliegen drei Viertel der Erkrankten einer Herzinsuffizienz, einer Apoplexie, einem Herzinfarkt oder einer Urämie (Bock, 1970). Weiterhin erhöht die Hypertonie die Frühsterblichkeit nach einem Herzinfarkt. Das gleiche gilt für die Letalität nach dem 1. Monat, sie ist doppelt so hoch wie beim Normotoniker (Arnold, 1971). Ein Hypertoniker hat gegenüber dem Normotoniker das 5fache Risiko, in den einem Infarkt folgenden Jahren zu sterben; das gleiche gilt für Kranke mit Angina pectoris (Arnold, 1971).

3. Hämodynamik des Hypertonieherzens

Die Erhöhung des peripheren Widerstandes im großen Kreislauf bedingt eine vermehrte Herzarbeit, die sich aus dem Produkt von Fördervolumen und Druck zusammensetzt [das entspricht in etwa: Herz-Minuten-Volumen × mittlerem arteriellem Druck (Remington und Hamilton)].

Kreislaufzeit, zirkulierendes Blutvolumen, venöser Druck, Blutviscosität sowie Schlag- und Minutenvolumen liegen bei der Druckbelastung des suffizienten Herzmuskels im Normbereich. Daraus resultiert, daß die vermehrte Arbeit des suffizienten Hypertonieherzens eine reine Druckbelastung ist, also von der Höhe des arteriellen Druckes abhängt.

Das normale Herz kann vorübergehend eine erhöhte Druckarbeit zur Überwindung des peripheren Widerstandes (z. B. im Phäochromocytomanfall) durch kräftigere Kontraktion bewältigen (Abb. 23a und b).

Akute Druckbelastung. Dabei zeigt sich keine Zunahme der Restblutmenge und keine Herzvergrößerung. Die Herzen werden durch Abnahme der Restblutmenge sogar kleiner (Reindell, 1969). Die Ursache liegt wahrscheinlich in einer Tonuszunahme der Ventrikelmuskulatur.

Nach früherer Ansicht, die auf den Frank-Straub-Starlingschen *Herzgesetzen* am isolierten Herz-Lungenpräparat beruht, entleert sich dabei der linke Ventrikel nicht vollständig, und es bleibt eine vermehrte Restblutmenge am Ende der Systole zurück. Die in der nun folgenden Diastole hinzukommende Auffüllung bewirkt analog dem Vorgang am isolierten Herz-Lungenpräparat eine Vergrößerung des enddiastolischen Kammerblutvolumens unter Zunahme des Füllungsdruckes. Ein vergrößertes Volumen befähigt das Herz durch Dehnung der Herzmuskelfaser zu einer größeren Arbeitsleistung, denn der gedehnte Herzmuskel benötigt eine geringere Verkürzung pro Muskelfaser, um das geforderte Schlagvolumen auszuwerfen. Für diesen Vorgang hat Moritz den Begriff der „tonogenen antereismogenen Dilatation" geprägt, während Zdansky den Ausdruck „Widerstandsdilatation" einführte. Diese kompensatorische Dilatation tritt bei jeder Blutdruckerhöhung auf und bildet sich nach Beseitigung des peripheren Widerstandes wieder zurück.

Bei länger bestehender und höhergradiger Hypertonie genügt dieser Regulationsmechanismus nicht mehr zur Kompensation. Die notwendige vermehrte Energieaufwendung erfordert eine Herzmuskelhypertrophie. Die tonogene Dilatation nach Moritz wurde demzufolge von Kirch als „Schrittmacher der Hypertrophie" bezeichnet. Diese Abhängigkeit der Hypertrophie von einer Dilatation wurde schon 1897 von Horvath postuliert.

Bei ausreichender Hypertrophie kann die vom Herzen geforderte Mehrarbeit von der Muskulatur aufgebracht werden und ist mit normaler Tätigkeit und langem Leben gut vereinbar (Friedberg). Die tonogene Dilatation bildet sich zurück, die Restblutmenge ist wieder normal. Es resultiert als Anpassungsform des Herzens eine „konzentrische Hypertrophie" (Kirch) (Abb. 1a u. b).

Tritt während der chronischen Überlastung infolge Durchblutungs- oder Stoffwechselstörung eine Herzmuskelschädigung auf, so kommt es unter Vermehrung der Restblutmenge durch die myogene Dilatation zu einer Umformung des Herzens im Sinne der „exzentrischen Hypertrophie" (Kirch).

Diese Anschauungen sind heute umstritten (Bruns; Meyer; Stead und Warren; Cournand, Motley, Werkö und Richards; Bing; Sjöstrand; Knipping; Reichel; Reindell u. Mitarb.; Delius, u. a. neuerdings auch Zdansky 1957]. Während viele Autoren (Holzmann; Kern; White; Hegglin; Sarnoff und Berglund; Katz; Friedberg; Thurn; Schaede und Thurn; Wollheim und Moeller u. a.) noch die Gültigkeit der Starlingschen Herzgesetze für das gesunde und kranke menschliche Herz vollständig oder teilweise anerkennen, haben bereits Moritz und Dietlen nicht alle Beobachtungen hiermit in Übereinstimmung bringen können und zusätzliche regulative Kompensationsvorgänge für möglich gehalten. Untersuchungen von Gollwitzer-Meyer, Bauereisen und Reichel sowie von E. und J. Frey und Wiggers ließen einen Einfluß des Sympathicus und des Adrenalins auf die Herzkraft vermuten.

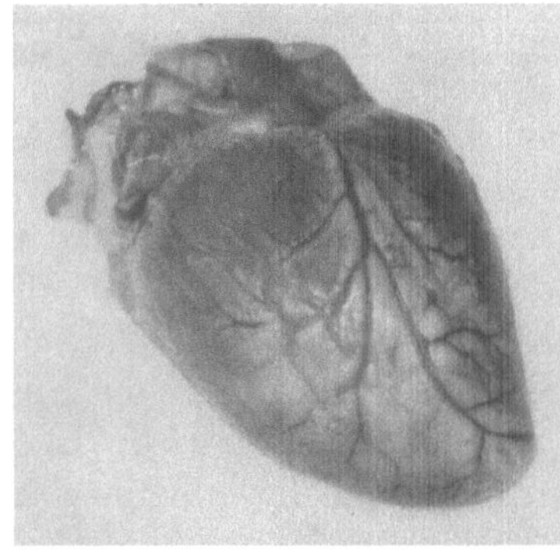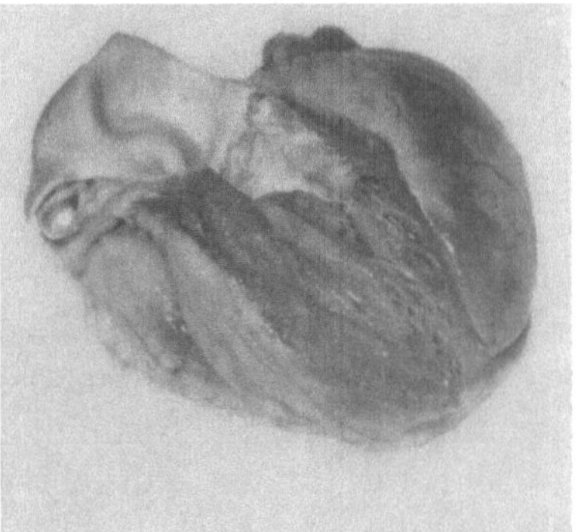

a

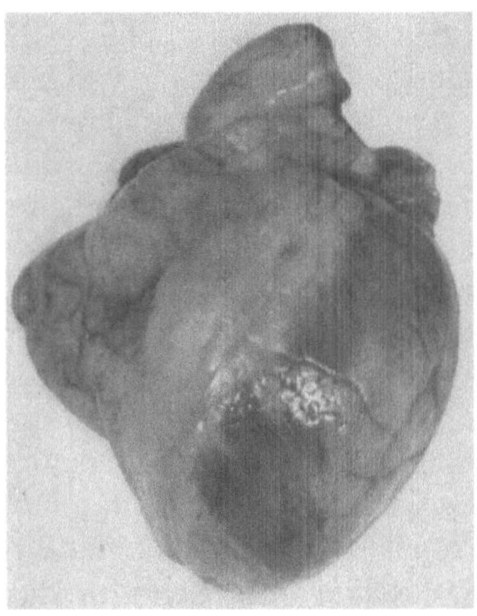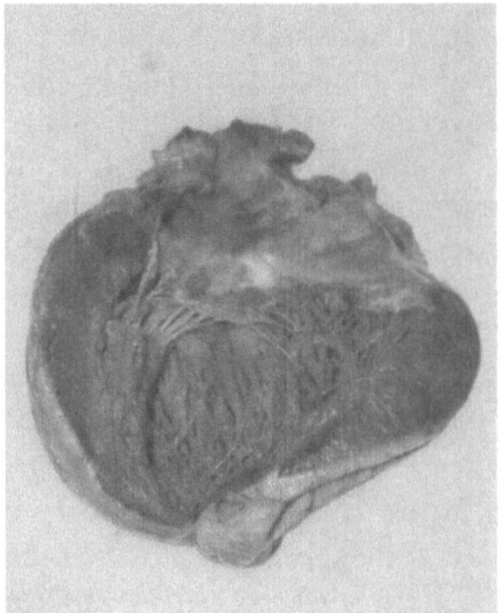

b

Abb. 1. a Konzentrische Druckhypertrophie (vgl. Text). b Exzentrische Druckhypertrophie (vgl. Text)

Intrakardiale Druckmessungen haben gezeigt, daß die wichtigste Voraussetzung für den leistungssteigernden Effekt der tonogenen Dilatation, nämlich der erhöhte Füllungsdruck, fehlt. Solange der Herzmuskel suffizient ist, bleibt beim normalen Herzen und beim Hypertonieherzen in Ruhe und bei Arbeit der Füllungsdruck normal (KNIPPING u. Mitarb.; REINDELL sowie KLEPZIG u. Mitarb.; BAYER u. Mitarb.; MCMICHAEL; COURNAND; DEXTER u. Mitarb.; LENÈGRE sowie SCÉBAT u. Mitarb.).

Entsprechend diesem Befund tritt beim suffizienten Herzen während der Druckbelastung keine oder nur eine geringe Vermehrung, oft sogar eine Verringerung der Restblutmenge ein (s. auch LILJESTRAND, LYSHOLM und NYLIN).

Es erhebt sich nun die Frage, wie nach der neueren Ansicht bei Ablehnung der leistungssteigernden tonogenen Dilatation das Herz die Mehrarbeit während der *akuten* Druckbelastung leistet.

REINDELL, KLEPZIG und MERK konnten hämodynamische und kymographische Untersuchungen vor und während einer Blutdruckkrise eines histologisch bestätigten Phäochromocytoms durchführen (Abb. 23a und b). Bei praktisch gleichem Schlagvolumen und unveränderter Frequenz wurde der Blutdruckanstieg auf 240/155 ohne Herzvergrößerung und damit ohne Zunahme des Restblutes überwunden; der Herzschatten wurde sogar etwas kleiner. Die verstärkte systolische Zusammenziehung des Herzens führen die Autoren analog dem Vorgang bei der vermehrten Volumenbelastung auf nervös-hormonale Faktoren zurück, wobei gleichzeitig auch positiv-inotrope, d. h. kraftändernde Einflüsse auf den Herzmuskel wirksam werden. Die wesentliche Veränderung sehen die Autoren in einer Tonuszunahme der Ventrikelmuskulatur (vgl. oben).

Bei häufigen oder längerdauernden Blutdruckerhöhungen erfolgt sozusagen ein Training des Herzmuskels, das zum Wachstum der Muskelfasern führt.

Bei *chronischer* Druckbelastung wird diese funktionelle Anpassung ebenfalls ohne Vermehrung des Füllungsdruckes und ohne tonogene Dilatation durch die strukturelle Anpassung ersetzt. Es tritt eine pathologische *Hypertrophie des Herzmuskels* ein, die nach Reindell analog dem Verhalten des Skeletmuskels durch die anhaltende oder häufig wiederkehrende systolische Spannungszunahme ausgelöst wird. Linzbach erwägt als auslösendes Moment für die Muskelhypertrophie eine latente unterschwellige Versorgungsinsuffizienz, die aber noch nicht zu morphologisch oder klinisch faßbaren Veränderungen führt. „Das Herzmuskelgewebe benimmt sich wie eine kluge Hausfrau: Rechtzeitig bemerkt sie die Abnahme des Kartoffelvorrates und unternimmt sofort Schritte, dem drohenden Mangel abzuhelfen" (Opitz und Schneider).

Mit Hilfe der strukturellen Anpassung ist das druckhypertrophierte Hypertonieherz in der Lage, unter Beibehaltung eines normalen oder nur gering verkleinerten Schlagvolumens die vermehrte Druckarbeit gegen den erhöhten peripheren Widerstand zu leisten. Bei jüngeren Menschen kann so über viele Jahre oder auch Jahrzehnte, trotz stärkerer Hypertonie, eine völlige kardiale Kompensation erhalten bleiben und sogar eine erhebliche zusätzliche Arbeits- oder Sportbelastung bewältigt werden.

Die Grenze der Hypertrophie ist dem Herzen durch die Blutversorgung gesetzt. Bei Mangeldurchblutung treten Stoffwechselstörungen mit einer Schädigung der Kontraktionsfähigkeit auf. Eine solche Kontraktionsinsuffizienz des Herzmuskels führt zur myogenen Dilatation der Herzkammer (Straub, Moritz). Erst in diesem Stadium nimmt das Restvolumen zu, und der diastolische Füllungsdruck steigt an.

Reindell, Musshoff und Klepzig vertreten den Standpunkt, daß man je nach dem Zustand des Herzmuskels zwei Formen der myogenen Dilatation unterscheiden muß:

Myogene Dilatation ohne Strukturzerstörung. Solange die Struktur des Herzmuskels nicht stärker zerstört ist, kann bei akuter und chronischer Überlastung durch Erhöhung des Füllungsdruckes eine passive Dehnung des Herzmuskels eintreten. Die Dehnungsmöglichkeit durch Erhöhung des Füllungsdruckes ist gering und führt röntgenologisch nur zu einer Vergrößerung des Transversaldurchmessers von maximal etwa 1 cm. Diese Dehnung stellt einen Kompensationsvorgang im Sinne der Frank-Straub-Starlingschen Herzgesetze dar. Der Ventrikel gewinnt durch die passive Dehnung des Herzmuskels einen Teil seiner ursprünglichen Kontraktionskraft zurück, wobei Restblutmenge und Dilatation durch den venösen Stauungsdruck so lange zunehmen, bis die erforderliche Leistung wieder erreicht ist. Knipping bezeichnet diese Aufstauung als „Krücke des Herzens".

Wenn auch die Diskussion über die Gültigkeit der klassischen Herzgesetze beim insuffizienten Herzen noch nicht abgeschlossen ist, so betonen doch Schwiegk und Riecker mit Recht, daß „aber die Wahrscheinlichkeit dafür spricht, daß dieser elementare Mechanismus nicht ungenützt bleibt". Auch die klinisch-röntgenologischen Beobachtungen nur wenig vergrößerter Hypertonieherzen mit Lungenstauung und die rasche Rückbildung der Herzvergrößerung und der Lungenstauung mit Normalisierung des Füllungsdruckes (McMichael) nach entsprechender Therapie sprechen in diesem Sinne.

Von Linzbach wird auf Grund seiner histologischen Messungen immer wieder darauf hingewiesen, daß eine Dehnung der Muskelfasern bei myogener Dilatation nicht vorhanden ist, da der Abstand der Z-Membranen von den Werten bei gesunden Herzen nur gering abweicht. An dieser Feststellung kann kein Zweifel geäußert werden. Der Pathologe kennt aber nur die myogene Dilatation im Stadium der exzentrischen Hypertrophie mit Gefügedilatation, da er die funktionelle myogene Dilatation im Sinne der klassischen Herzgesetze weder makroskopisch noch mikroskopisch sehen kann, weil keine irreversible Muskelfaser-Überdehnung sondern lediglich eine reversible Dehnung erfolgt.

Myogene Dilatation mit Strukturzerstörung. Ist eine stärkere Zerstörung der Herzmuskulatur durch hypoxämische oder infektiös-toxische Schädigungen eingetreten, so erfolgt durch irreversible Gefügedilatation (LINZBACH) eine erhebliche Vergrößerung des linken Ventrikels. Hierfür ist keine Erhöhung des Füllungsdruckes erforderlich, denn zum Auseinanderweichen der Herzmuskelfasern bedarf es der stärkeren Kraft der systolischen Kontraktion, und von Systole zu Systole nimmt die Größe der Herzhöhle zu.

Daß auch in diesem Stadium der Gefügedilatation durch passive Dehnung der intakten Herzmuskelfasern in beschränktem Ausmaße eine Steigerung der Herzleistung im Sinne der Frank-Straub-Starlingschen Herzgesetze möglich ist, erkennt auch LINZBACH an, obwohl er in seinen sonstigen Ausführungen die klassischen Herzgesetze nicht für die chronisch dilatierten, krankhaften menschlichen Herzen gelten läßt. Er macht allerdings die Einschränkung, daß der Vorteil der Verbesserung des Nutzeffektes durch die Verschlechterung der Muskelmechanik übertroffen würde und die zusätzliche Faserdehnung die Coronarinsuffizienz verstärke.

In Ruhe kann die Herzleistung noch kompensiert sein und das Herz die erforderliche Arbeit leisten. Es befindet sich aber schon am Rande der Dekompensation. Anfänglich besteht nur eine Belastungsinsuffizienz, später auch eine Ruheinsuffizienz. Bei Eintreten der Dekompensation manifestiert sich dies hämodynamisch in einer Abnahme des Schlagvolumens und einer Zunahme des Restblutes. Unter weiterem Ansteigen des Füllungsdruckes setzt eine klinisch in Erscheinung tretende Rückstauung in den linken Vorhof und in den Lungenkreislauf ein, wobei eine relative Mitralinsuffizienz vorhanden sein kann.

Solange der rechte Ventrikel den hierdurch bedingten pulmonalen Hochdruck über den gleichen Weg der Hypertrophie überwinden kann, bleibt eine Lungenstauung bestehen.

Bei Rekompensation des linken Herzens und andererseits bei Dekompensation des rechten Herzens gehen die Lungenstauung und die pulmonale Hypertonie zurück, wobei als Zeichen der Dekompensation des rechten Ventrikels eine Stauung im großen Kreislauf nachweisbar wird.

Aus hämodynamischer Sicht nimmt man mit Vorteil eine Unterteilung der arteriellen Hypertonie in folgende drei Formen vor: hyperkinetischer, eukinetischer und hypokinetischer Kreislauf. Beim hyperkinetischen Kreislauf weisen besonders jüngere Patienten in Ruhe eine Erhöhung des Herzminutenvolumens und der Herzfrequenz auf (JULIUS u. CONWAY, 1968). Der normale systemische Gefäßwiderstand ist im Vergleich zum erhöhten Minutenvolumen zu hoch. Bei Patienten mit fixierter essentieller Hypotonie, aber ohne Anzeichen für organische Schäden ist der Ruhekreislauf gewöhnlich eukinetisch, d.h. das Minutenvolumen ist ähnlich demjenigen von normotonen Kontrollpersonen(AMERY et al., 1967). In dieser Gruppe ist der Gesamtquerschnitt der peripheren Gefäße deutlich herabgesetzt, was zu einer Erhöhung des systemischen Gefäßwiderstandes führt. Bei schwerer essentieller Hypertonie, insbesondere wenn Anzeichen einer Herzinsuffizienz, wie Belastungsdyspnoe, Erweiterung des linken Vorhofs und Lungenstauung, bestehen, zeigt der Kreislauf oft eine Tendenz zur Hypokinese. Das Ruheherzminutenvolumen ist niedrig infolge eines reduzierten Schlagvolumens (WOLLHEIM, 1965). Im peripheren Gefäßbett bestehen schwere, restriktive Veränderungen.

4. Pathologische Anatomie des Hypertonieherzens

Entsprechend der im vorigen Abschnitt behandelten hämodynamischen Verhältnisse finden sich pathologisch-anatomisch fließende Übergänge vom nur kurzzeitig druckbelasteten, noch normalen Herzen bis zum hypertrophierten und dilatierten insuffizienten Herzen.

Morphologisch antwortet das Herz auf eine erhöhte Beanspruchung mit einem vermehrten Wachstum des Muskels. Im Tierversuch haben KRAKOWER und HEINO bei Küken bereits nach 24 Std entsprechende faßbare Veränderungen gefunden.

Das gesunde Herz wächst durch *physiologische Hypertrophie* bis zum Gewicht von 500 g, dem „kritischen Herzgewicht" (Linzbach), durch eine Vergrößerung der einzelnen Herzmuskelfasern, deren Länge und Dicke zunimmt. Herzmuskelkerne und Capillaren sind verlängert, aber nicht vermehrt, wobei letztere eine genügende Sauerstoffversorgung gewährleisten. Insgesamt handelt es sich um ein harmonisches Wachstum mit Erhaltung der Proportionen innerhalb der Muskelmasse. Ebenfalls proportional mit der Muskelmasse nehmen aber auch der Umfang des Herzens und die Kammerlichtung zu, ohne daß man hierfür eine tonogene (Moritz, Kirch) oder regulative (Reindell und Delius) Dilatation annehmen muß (Linzbach). Der Grad einer Hypertrophie ist am Gewicht des Herzens zu erkennen. Ein normales Organ wiegt zwischen 300 und 350 g. Bei übermäßiger Belastung kann es den oben genannten kritischen Grenzwert von 500—550 g überschreiten.

Ein weiteres Kriterium für das Ausmaß der Hypertrophie ist die Dicke der Muskelfasern. Die Fibrillen sind normalerweise 10—11 µm breit; sie können bis auf eine Dicke von 25 µm und mehr anwachsen (Knieriem, 1972).

Makroskopisch wird dieses Herz also größer und schwerer. Die Austreibungsarbeit belastet vorwiegend die linke Ausflußbahn, so daß in diesem Bereich die Anpassungsvorgänge am ehesten deutlich werden. Dies prägt sich bereits in einer frühzeitig auftretenden Verlängerung der Ausflußbahn aus (Kirch).

Überschreitet die physiologische Hypertrophie das kritische Herzgewicht infolge der pausenlosen krankhaften Druckbelastung bei der Hypertonie, so kommt es zu tiefergreifenden Strukturumwandlungen des Herzmuskels und Umformung des Herzens. Es entsteht die konzentrische Druckhypertrophie.

Das Wesentliche der *konzentrischen Druckhypertrophie* (Stadium I) ist eine echte numerische Hyperplasie der Muskelfasern. Wahrscheinlich erfolgt diese Vermehrung der Herzmuskelzellen durch Längsspaltung der Muskelfasern und ebenso auch der Kerne. Während also unterhalb des kritischen Herzgewichtes die einzelnen Muskelfasern bei gleichbleibender Anzahl an Dicke und Länge zugenommen hatten, tritt jetzt auch eine Vermehrung ein. Im Vergleich zum Herzgewicht sind die einzelnen Muskelfasern jetzt relativ dünner und länger. Eine Aktivierung der Eiweißsynthese ermöglicht schließlich die Neubildung der kontraktilen Bestandteile der Herzmuskelzelle, und sie ist damit die Voraussetzung für die größere Leistung der hypertrophierten Myokardzelle (Knieriem, 1972).

Wenn auch die Länge der einzelnen Muskelfasern zugenommen hat, ist doch bei der konzentrischen Druckhypertrophie die Kammerlichtung nicht weiter als vorher, sondern im Gegenteil enger, da infolge Umschichtung der Muskelfasern die Dickenzunahme des Herzmuskels in Richtung auf das Lumen erfolgt (Abb. 1a und b). Die Restblutmenge wird bei Eintreten der konzentrischen Druckhypertrophie wieder kleiner und kann sogar geringer als normal sein. Der mittlere diastolische Füllungsdruck liegt noch im Normbereich. Der enddiastolische Füllungsdruck kann jedoch in Korrelation zur Größe der systolischen Drucksteigerung durch die verstärkte Vorhofkontraktion erhöht sein (Reindell, 1969). Da auch die Papillarmuskeln an der Hypertrophie teilnehmen, ist die Herzkammer bei der Sektion oft so eingeengt, daß anscheinend gar kein Restblut mehr vorhanden ist. Obwohl das Gesamt-Herzgewicht über 700 g ansteigen kann, nimmt die Größe des Herzens deshalb im Vergleich zum muskelkräftigen Normalherzen kaum zu (Linzbach). *Es fehlt also eine nennenswerte Herzvergrößerung.* Die Form ist jedoch durch die isolierte Muskelverdickung im Bereich der linken Kammer und die Verlängerung ihrer Ausflußbahn bestimmt, so daß eine vermehrte Rundung der Herzspitze und eine aortale Konfiguration resultiert. Insgesamt sind jedoch die röntgenologischen Veränderungen nur sehr gering.

Trotz der optimalen strukturellen Anpassung des Myokards bei der konzentrischen Hypertrophie arbeitet der Herzmuskel aber wahrscheinlich doch unter einer ganz langsam einsetzenden und zunehmenden Mangelernährung (Linzbach). Bis zu einem gewissen Grad mag dies zusammen mit der verminderten Kern-Plasma-Relation auch der Anreiz für die weitere Hyperplasie sein. Langsam kommt es zur Kontraktionsschwäche und damit zur Insuffizienz des drucküberlasteten linken Ventrikels (Stadium II). Die Restblutmenge nimmt zu, und das Herz wird größer. Der mittlere diastolische Füllungsdruck bzw. der mittlere Vorhofdruck steigt in Ruhe oder unter Belastungsbedingungen stärker an (myogene Dilatation ohne Strukturzerstörung; REINDELL, 1969). Da ein drucküberlastetes Herz vor der Insuffizienz nicht vergrößert ist, kann die Größe eines drucküberlasteten Herzens noch im oberen Normbereich liegen. Die myogene Dilatation führt zunächst zu einer Streckung und Erweiterung der Ausflußbahn. Röntgenologisch wird daher das Herz in diesem Stadium verstärkt linksbetont asymmetrisch (Ausbildung der aortalen Konfiguration ohne wesentliche Linksverbreiterung, Abrundung der Herzspitze).

Entgegen früherer Ansichten (EPPINGER, WEARN), hält die Capillarversorgung durch eine entsprechende Capillarvermehrung mit der Muskelhyperplasie Schritt. Die Maschenweite des Capillarnetzes wird dadurch nur wenig weiter als bei der physiologischen Hypertrophie. Da die einzelnen Muskelfasern kaum an Dicke zugenommen haben, sind die Diffusionswege für den Muskelstoffwechsel auch nicht nennenswert verlängert. Die Ursache für einen Sauerstoffmangel des hypertrophierten Herzmuskels kann deshalb nicht mehr mit der Eppingerschen Konzeption einer relativen Capillararmut bei Verlängerung der Diffusionsstrecken erklärt werden (LINZBACH). Vielmehr entsteht infolge Dickenzunahme des Herzmuskels ein Mißverhältnis zwischen dem Herzgewicht und der Weite der großen Coronargefäße. Während die Coronararterien bis zum kritischen Herzgewicht harmonisch mitwachsen und die Relation zwischen der Weite der Coronargefäße und dem gesamten Kammergewicht erhalten ist, bleibt ihr Wachstum bei der konzentrischen Hypertrophie immer mehr hinter dem Muskelwachstum zurück (SCHOENMACKERS; HIERONYMI; MILLES und DALESSANDRO; RODRIGUEZ und ROBBINS). Auch zwischen der Weite des Coronarostiums am Abgang von der Aorta und dem Stadium der Herzmuskelhypertrophie läßt sich ein zunehmendes Mißverhältnis nachweisen (VOGELBERG). Dementsprechend wird der coronare Durchfluß mit zunehmendem Herzgewicht relativ kleiner (DOCK, VIVELL). Es tritt also langsam doch eine coronararterien-bedingte Mangeldurchblutung des Herzmuskels ein, obwohl durch das Capillarwachstum in der Peripherie eine ausreichende Versorgung der einzelnen Muskelfasern möglich wäre. Hinzu kommt die bei Hypertonie frühzeitig und verstärkt auftretende Coronarsklerose (FAHR, AVERBUCK, FRIEDBERG, LINZBACH, BÄURLE, KATHKE, CLAWSON). Im Laufe von Jahren gehen immer mehr einzelne Muskelfasern oder ganze Muskelfasergruppen zugrunde. Aus der Nekrose werden Schwielen und diffuse Fibrosen, vorwiegend im inneren Drittel der hypertrophierten Kammerwand (BÜCHNER, HAAGER und WEBER). Durch „*Gefüge-Dilatation*" (LINZBACH) verschieben sich die übriggebliebenen Muskelfasern gegeneinander, treten „auf Lücke", es kommt auf dem Wege über die *myogene Dilatation* mit Strukturzerstörung zur exzentrischen Hypertrophie.

Die *exzentrische Druckhypertrophie* (Stadium III) ist charakterisiert durch eine Erweiterung der Herzhöhle mit erheblicher Zunahme des Restblutvolumens (Abb. 1a und b). Die Erweiterung betrifft besonders die Einflußbahn und führt damit in erster Linie zur Verbreiterung des Herzens in der Querdimension. FRIEDMANN stellte bei 64 Hypertonieherzen Restblutmengen des Gesamtherzens von 101—1785 ml fest, verschiedentlich wurden noch größere Volumina gefunden. Die Dekompensation wird wahrscheinlich durch die einsetzende Coronarinsuffizienz eingeleitet.

Anfänglich beschränkt sich die Größenzunahme noch auf die Masse des linken Ventrikels, mit zunehmender Linksinsuffizienz hypertrophiert und dilatiert aber auch infolge der Rückstauung in den Pulmonalkreislauf der rechte Ventrikel. Die äußere Form des Herzens bei der exzentrischen Druckhypertrophie nimmt eine immer stärkere aortale Herzkonfiguration mit Verlängerung des linken Ventrikels nach links in Richtung auf die Thoraxwand an. Die vermehrte Rundung der linken Herzkontur und die ausgeprägte Herztaille bleiben dabei lange erhalten. Erst die zunehmende Rechtsbelastung läßt die Herztaille verstreichen und eine mehr mitrale Konfiguration entstehen.

Eine Beeinträchtigung des rechten Herzens bei erheblicher Linkshypertrophie und -dilatation ist aber auch ohne Linksversagen und Lungenstauung möglich, wenn durch stärkere Vorwölbung des Kammerseptums eine Einengung der rechten Kammer erfolgt (Bernheim). Die rechte Kammer sitzt dann dem vergrößerten linken Herz taschenartig auf und ist in ihrer Ausflußbahn eingeengt. Da diese Einengung aber bei der Systole der linken Kammer verschwindet (Künzler und Schad), wird nicht die Entleerung, sondern die Füllung des rechten Ventrikels behindert. Dies bedingt eine Dilatation des rechten Vorhofes trotz fehlender Insuffizienz des linken Ventrikels.

5. Röntgenologie des Hypertonieherzens

Die Röntgenologie gibt Aufschluß über Größe, Form und Bewegungsphänomene des Hypertonieherzens und erlaubt Rückschlüsse auf die hämodynamische Beanspruchung und den pathologisch-anatomischen Zustand des Herzens. Die Hypertonie stellt eine reine Druckbelastung des Herzens dar. Die vermehrte Druckarbeit muß vom linken Ventrikel geleistet werden.

Im *sagittalen Röntgenbild* (Abb. 2a) ist der *normalgroße linke Ventrikel* an der linken Herzkontur randbildend. Er beginnt unterhalb des als kleiner zweiter Bogen sichtbaren linken Herzohres und bildet in seinem caudalen Bereich die Herzspitze. Die Unterscheidung zwischen Kammerbereich und linkem Herzohr ist im Kymogramm und meist auch bei der Durchleuchtung ohne Schwierigkeiten festzulegen. Im *linken schrägen Durchmesser* (Abb. 2c) verläuft bei einer Drehung um 45⁰ das Interventrikularseptum etwa in Richtung des Strahlenganges. Gelegentlich ist eine kleine Einkerbung an der caudalen Kontur des Herzschattens zu erkennen (Nemet und Schwedel). Der ventral davon gelegene Abschnitt soll dem rechten Ventrikel und der dorsal gelegene Teil des Herzens dem linken Ventrikel angehören. Nach angiokardiographischen Befunden stimmt die Einkerbung nicht mit dem Sulcus interventricularis überein (Sussman und Grishman). Deshalb ist eine solche Trennung zwischen linkem und rechtem Ventrikel im Nativbild nicht zuverlässig. Die exakte Größenbeurteilung der Ventrikel ist nur durch Angiokardiographie und durch Katheteraustastung möglich. Ein Hinweis auf die Größe des linken Ventrikels ergibt sich aber aus der Dorsalausdehnung der linken Herzkontur in der Schrägstellung. Statt der 45⁰-Stellung ist hierfür die Stellung im 60⁰-Winkel zuverlässiger. In dieser Position ist normalerweise keine Überlagerung zwischen hinterer Herzkontur und Wirbelsäule vorhanden. Der Oesophagus wird in dieser Position vom Herzschatten überlagert, weist aber keinerlei Dorsalverdrängung auf.

Im *rechten schrägen Durchmesser* (Abb. 2b) ist der linke Ventrikel vom rechten Herzen verdeckt. Die dorsale Begrenzung des Herzschattens wird in dieser Position durch den linken Vorhof gebildet. Es läßt sich in dieser Stellung jedoch ein gewisser Überblick über die Tiefenausdehnung des linken Ventrikels und damit über die Länge der linken Einflußbahn gewinnen.

Für das Verständnis der Umformung des Hypertonieherzens ist die Kenntnis der Lage von Einflußbahn und Ausflußbahn des linken Ventrikels wichtig (Abb. 3). Im Sagittalbild gehört der größte Teil der linken Herzkontur der linken *Ausflußbahn* an. Im Bereich der Herzspitze liegt der Wendepunkt zwischen Ausflußbahn und Einflußbahn des linken Ventrikels. Die *Einflußbahn* ist sagittal nicht randbildend und wird erst bei Drehung in den linken schrägen Durchmesser im caudalen Abschnitt der Herzkontur unterhalb des linken Vorhofes randständig.

Das Hypertonieherz entwickelt sich über das Vorstadium einer *physiologischen Hypertrophie*, die bis zum kritischen Herzgewicht von 500 g reicht und mit einer dem aufzubringenden Druck entsprechenden Muskelhypertrophie sowie einer geringen Erweiterung der Kammerlichtung einhergeht. Dieses Stadium ist röntgenologisch nicht faßbar und stellt im Krankheitsgeschehen der Hypertonie zweifellos ein Übergangsstadium dar. Das Herz ist dabei zwar etwas größer, als es seinem Normalumfang entspricht, jedoch liegt diese Größenzunahme noch innerhalb der physiologischen und individuellen Schwankungsbreite und kann selbst bei Vergleichsaufnahmen nicht sicher erfaßt werden. Unter Belastung und im Valsalvaschen Preßversuch kann die vergrößerte Restblutmenge mobilisiert und damit der Herzschatten kleiner werden (Reindell u. Mitarb.).

Das eigentliche Hypertonieherz beginnt mit dem pathologisch-anatomischen Stadium der *konzentrischen Druckhypertrophie* (Stadium I). Die Muskeldickenzunahme erfolgt hierbei fast ausschließlich in Richtung auf das Kammerlumen mit Einengung der Lichtung. Röntgenologisch ist deshalb keine Größenzunahme des Herzschattens zu erwarten (Grant) Dies erklärt die unauffällige Herzgröße trotz langjährig bestehender und oft sogar erheb-

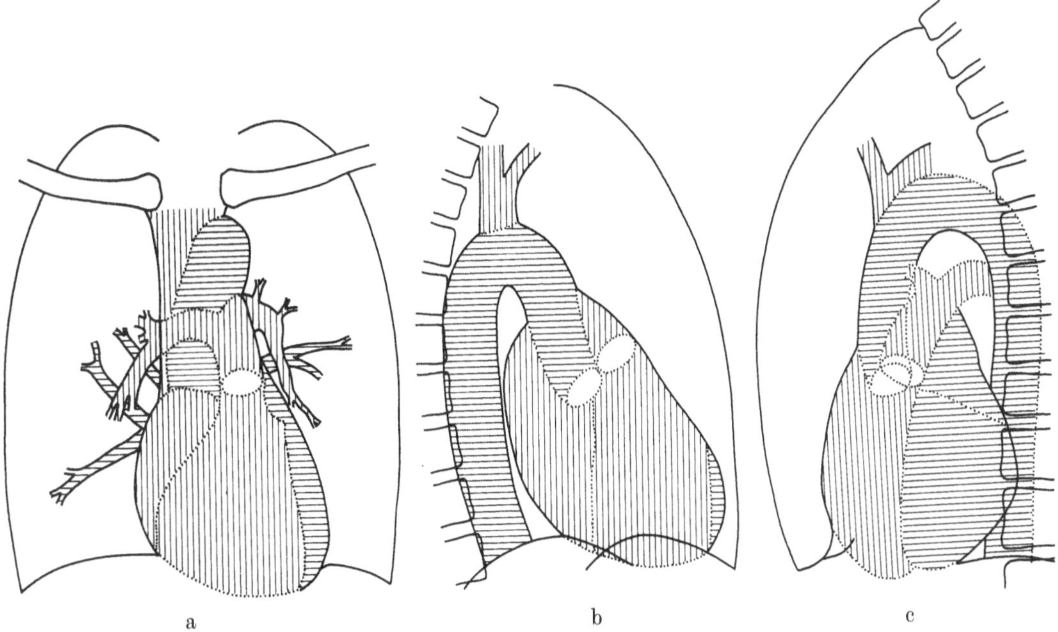

Abb. 2a—c. Situationsskizze zur Demonstration der randbildenden Herzabschnitte. a Sagittal. b Erster schräger Durchmesser. c Zweiter schräger Durchmesser. Venöse Herzabschnitte: vertikal schraffiert; arterielle Herzabschnitte: horizontal schraffiert; venös; arteriell

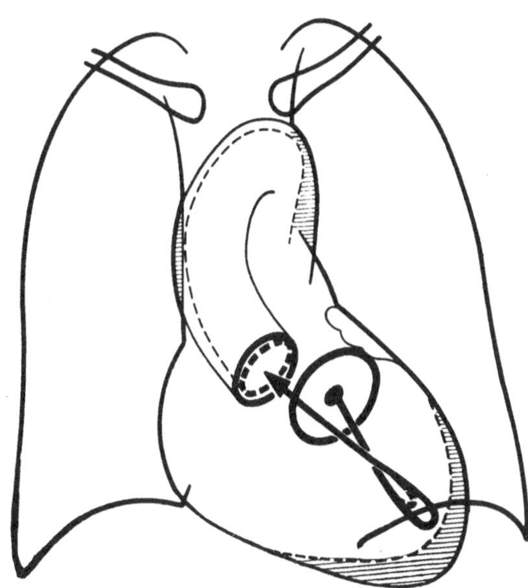

Abb. 3. Änderung des Vorderbildes durch Längsausdehnung und Hypertrophie der linken Kammer und Dilatation der Aorta. Es kommt zur caudalwärts gerichteten Verlängerung und kräftigeren Rundung des linken Kammerbogens und zur Verbreiterung des Gefäßbandes. (Aus ZDANSKY)

licher Hypertonie. Die Ausflußbahn wird etwas länger und die Herzspitze etwas runder. Das Herz beginnt eine aortale Konfiguration anzudeuten (Beginn der linksbetonten Asymmetrie). Bei verminderter Restblutmenge ist der Arbeitsversuch ohne Effekt auf die Herzgröße, d.h. eine faßbare Verkleinerung bleibt aus. Dieses Stadium ist in den schrägen Projektionsrichtungen im wesentlichen unauffällig. Eine normale Herzgröße spricht nicht gegen eine Druckbelastung.

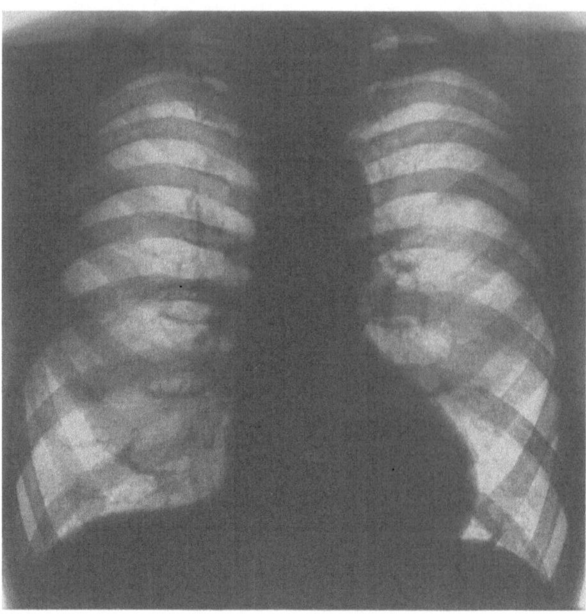

Abb. 4. 55jähriger Mann mit essentieller Hypertonie. RR 160/105 mm Hg. EKG: unauffälliger Linkstyp bei überhöhten R-Zacken links präkordial. Klinisch keine kardiale Leistungsminderung und keine Stenokardie. Röntgenbefund: geringe Verlängerung des Longitudinaldurchmessers und vermehrte Rundung der Herzspitze. Angedeutete aortale Konfiguration bei elongierter Aorta

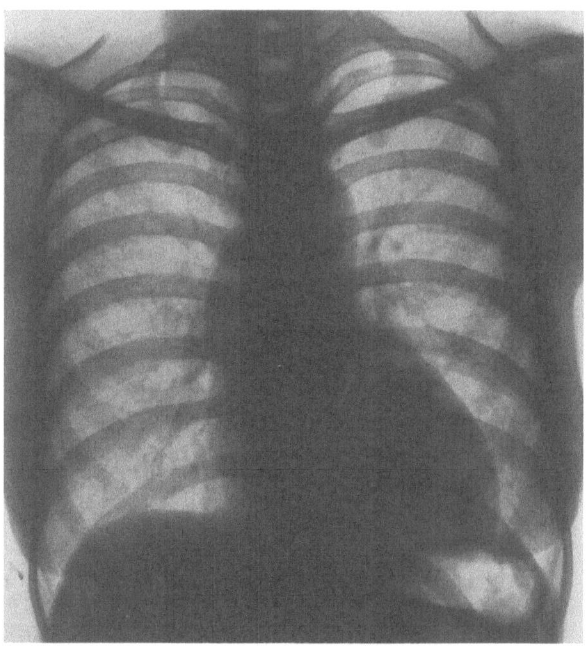

Abb. 5. 25jährige Frau mit essentieller Hypertonie bei gleichzeitiger Hyperthyreose (RR 210/120 mm Hg). Klinisch: Dyspnoe. Tachykardie. Stenokardische Beschwerden. EKG: Linkstyp. Frequenz 110/min. Röntgenbefund: verlängerter Longitudinaldurchmesser bei etwas großem Querdurchmesser. Caudal gerichtete und verstärkt gerundete Herzspitze. Epikrise: druckbelasteter linker Ventrikel (Hypertonie), wahrscheinlich auch Volumbelastung (Hyperthyreose)

Stadium II (myogene Dilatation ohne Strukturzerstörung). Charakteristisch für dieses Stadium ist im *sagittalen Röntgenbild* eine Umformung der Herzkonfiguration durch die Muskelhypertrophie und Dilatation der linken Kammer und die Verlängerung ihrer Aus-

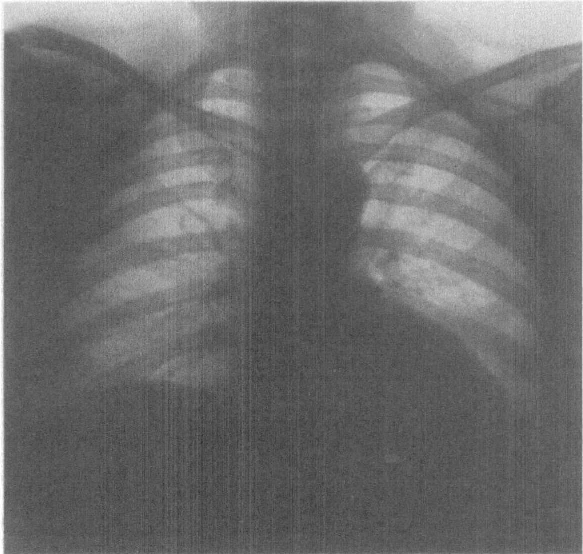

Abb. 6. Adipositas (82 kg/156 cm). Hypertonie (RR 235/130 mm Hg). Die aortale Herzkonfiguration ist durch den Zwerchfellhochstand infolge Adipositas verstärkt. Im EKG findet sich ein sicherer Linksschaden

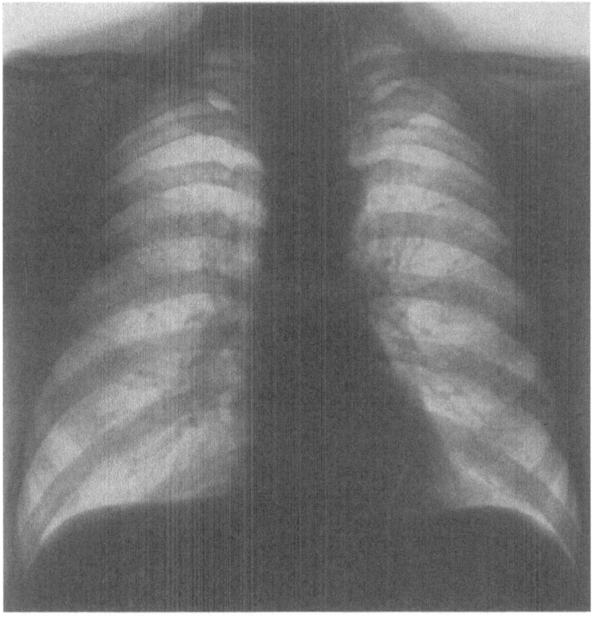

Abb. 7. Lungenemphysem (Vitalkapazität 50% des Sollwertes). Hypertonie (RR 195/105 mm Hg). Keine aortale Konfiguration. Streckung des Herzens durch Zwerchfelltiefstand

flußbahn: Die Herzspitze weist eine vermehrte „kräftige Rundung" der Kontur auf (Abb. 3 und 4) und ist caudalwärts gerichtet, so daß die untere Kontur in den Zwerchfellschatten eintaucht (Abb. 5). Die Ausprägung dieser röntgenologisch erkennbaren Umformung kann durch Zwerchfellhochstand verstärkt (Abb. 6) und durch Zwerchfelltiefstand aufgehoben sein (Abb. 7). Als besondere Form beschreibt F. Kraus beim Zwerchfelltiefstand des Asthenikers und Emphysematikers das sog. Kugelherz.

Durch Elongation und Dilatation der Aorta kann eine Caudalverlagerung des Aortenklappenostiums eintreten und eine Kippung des gesamten Herzens in Querrichtung

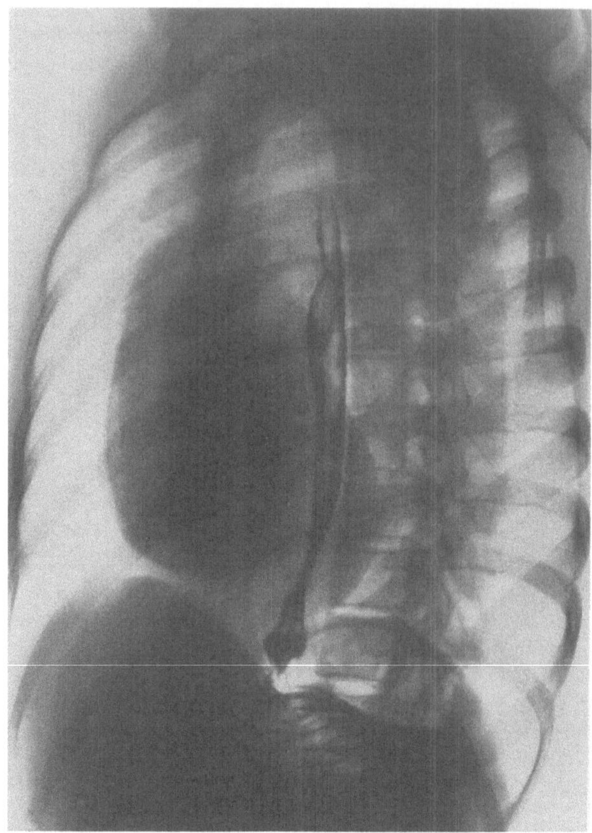

Abb. 8. Röntgenbefund: linker schräger Durchmesser zu Abb. 5. Die linke Herzkontur ist vermehrt gerundet und überlagert die Wirbelsäule. Oesophagus nicht verdrängt

erfolgen. Hieraus resultiert eine Vertiefung der Herztaille. Das Herz nimmt durch diese Vorgänge eine „aortale Konfiguration" an. Diese Veränderungen lassen die „linksbetonte Asymmetrie" verstärkt in Erscheinung treten. Eine wesentliche Verbreiterung des Herzens nach links besteht noch nicht.

Im *linken schrägen Durchmesser* fehlt ebenfalls eine stärkere Größenzunahme des Herzens, so daß keine oder nur eine gering vermehrte dorsale Ausdehnung des linken unteren Ventrikelbogens zu erkennen ist (Abb. 8). Der Herzrand überragt in diesem Stadium II also nicht — oder nur gering — den vorderen Wirbelsäulenrand. Dabei ist eine etwas verstärkte Rundung der hinteren unteren Herzkontur durch die Wandhypertrophie analog der vermehrten Rundung der Herzspitze auf dem sagittalen Bild festzustellen. Die *Bewegungsphänomene* beschränken sich auf meist vergrößerte Pulsationen an der linken Herzkontur im Bereich der Herzspitze (Abb. 9), die auch in Körperruhe erhalten bleiben (Vaquez und Bordet).

Die klassische aortale Konfiguration des Hypertonieherzens entsteht erst mit dem Auftreten der *exzentrischen Druckhypertrophie* (Stadium III) (Abb. 10a und b). Im Sagittalbild weist das Herz eine stärkere Linksverbreiterung durch den nach links ausladenden, erweiterten linken Ventrikel auf, der in extremen Fällen bis zur seitlichen Thoraxwand reichen kann. Die Abrundung der Herzspitze wird verstärkt und verbreitert, so daß nach Assmann das auf die Longitudinallinie gefällte größte Lot (o Q.) nicht wie üblich etwa in Höhe der Herztaille, sondern spitzennahe liegt. Der Longitudinaldurchmesser (L) ist mehr oder weniger erheblich verlängert und der Transversaldurchmesser (Tr) durch die Zunahme des linken Medianabstandes (Ml) vergrößert. Die Herztaille ist oft angehoben, bleibt

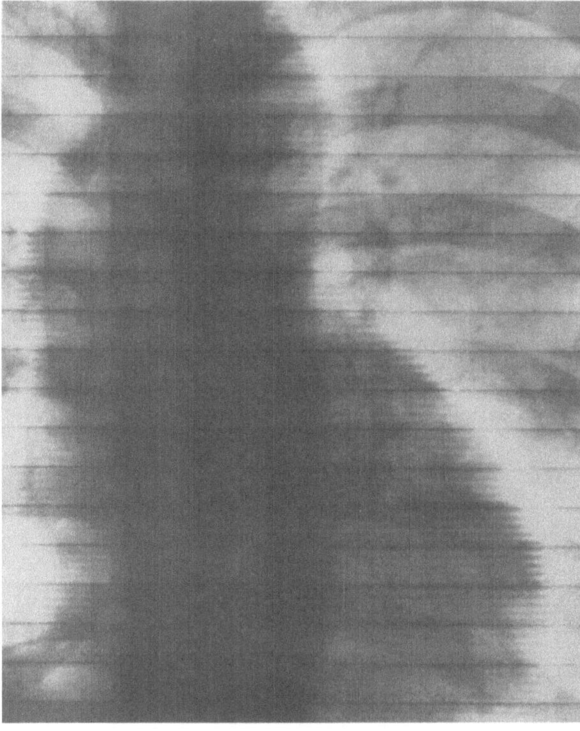

Abb. 9. Kymogramm zu Abb. 5: hohe Herzfrequenz. Pulsation an der linken Herzkontur vom Typ Stumpf I mit angedeuteter diastolischer Aufsplitterung. Auffallend große Bewegungen an der Aorta ascendens als Zeichen eines erhöhten Schlagvolumens bei Hyperthyreose

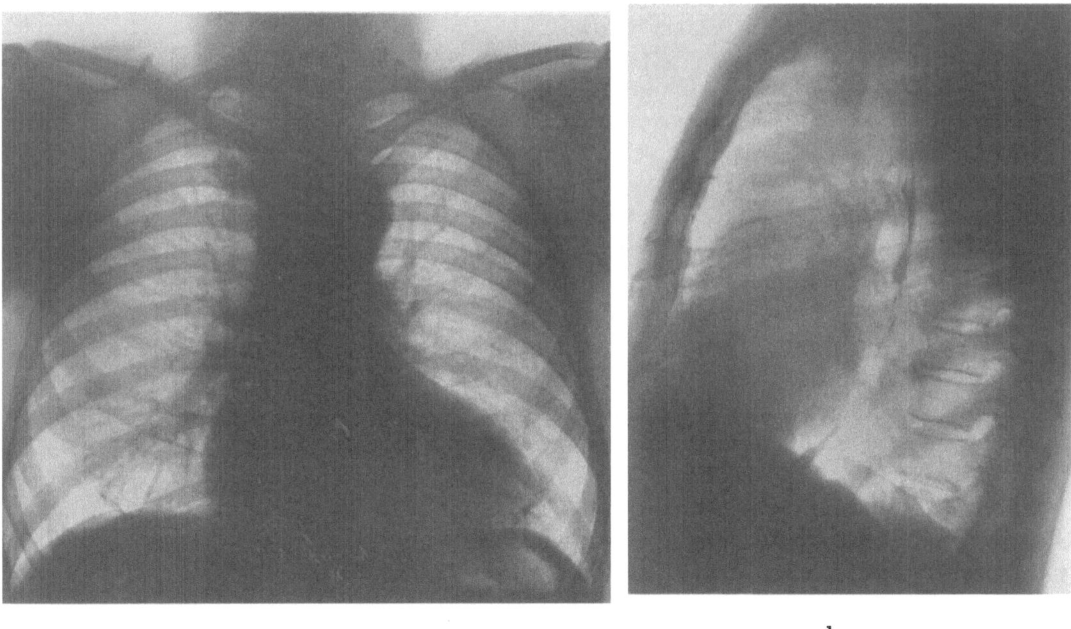

a   b

Abb. 10a u. b. 61jähriger Mann. Hypertonie RR 220/115 mm Hg. EKG: Linkstyp, Linksschädigung. Röntgenbefund: vergrößertes aortales Herz mit hypertrophierter und dilatierter linker Kammer. Auf dem Seitenbild ist das Cavadreieck vom vergrößerten linken Ventrikel überlagert

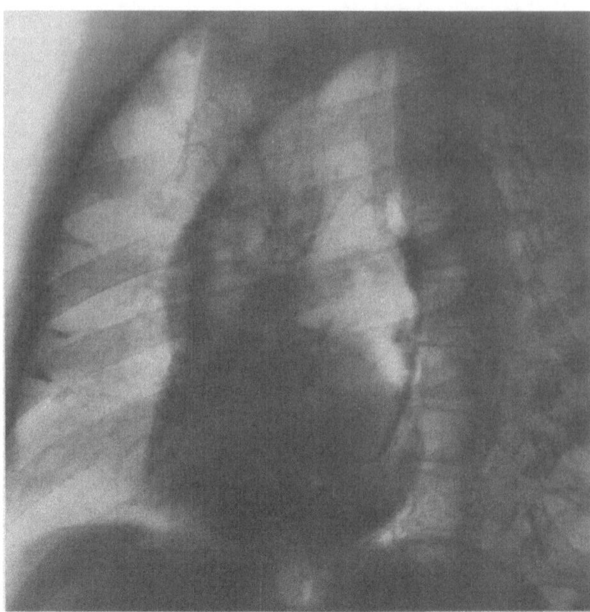

Abb. 11. Linker schräger Durchmesser zu Abb. 10. Die hintere Herzkontur überlagert gering die Wirbelsäule. Der Winkel zwischen dem hinteren unteren Herzrand und dem Zwerchfell ist noch spitz

aber immer erhalten, solange die Herzleistung ausreicht, d. h. keine Dekompensation des Herzens eintritt. In den Herzmaßen äußert sich diese Anhebung der Herztaille in einer Zunahme des Querdurchmessers oder Breitendurchmessers (Qu). Sie ist bedingt durch eine erhebliche Zunahme der Restblutmenge in der linken Kammer und die dadurch entstehende stärkere Ausweitung der Ein- und Ausflußbahn.

Bei stärkeren Graden der Linksdilatation werden das Septum interventriculare nach rechts und oben verschoben (Hecht, Thurn) und das ganze rechte Herz nach rechts verdrängt. Dadurch kann eine Rechtsdilatation vorgetäuscht werden. Diese läßt sich aber bei Untersuchung im rechten schrägen Durchmesser durch den Nachweis einer fehlenden Vorwölbung der rechten Kammerkontur in den Retrosternalraum ausschließen. Außerdem ist Voraussetzung für eine Dilatation der rechten Herzkammer bei einem Hypertonieherzen, daß durch Linksversagen eine Rückstauung in den Lungenkreislauf eingetreten ist. Eine isolierte Beeinträchtigung des rechten Ventrikels bei noch intakter Kontraktionsfähigkeit der linken Herzkammer ist bei der Hypertonie aber durch das sog. „Bernheim-Syndrom" möglich. Es besteht in einem funktionellen Einflußhindernis in den rechten Ventrikel durch erhebliche Vorwölbung des hypertrophierten und dilatierten Kammerseptums. Durch die Einengung der rechten Herzkammer staut sich das Blut im rechten Vorhof und im großen Kreislauf, ohne daß Zeichen eines Linksversagens mit bestehender oder früher vorhandener Lungenstauung zu finden sind. Neuere angiokardiographische Befunde zum Bernheim-Syndrom stammen von Herbst, Hartleb u. Bock.

Im *linken schrägen Durchmesser* (Abb. 11) überlagert die Herzkontur im caudalen Bereich die Wirbelsäule in mehr oder weniger erheblichem Umfang (Arkussky). Der normalerweise spitze Winkel zwischen dem hinteren unteren Herzrande und dem Zwerchfell, der senkrecht unter dem oberen Ende der linken Herzrandkontur liegt (Zdansky), wird bei stärkerer Dilatation des linken Ventrikels zu einem stumpfen Winkel und nähert sich oft 90⁰ (Arkussky, Kudisch). Das sog. „Cava-Dreieck", das normalerweise zwischen Herzschatten und Zwerchfell sichtbar ist, wird vom dilatierten linken Ventrikel überlagert. Die Dorsalvergrößerung der unteren Herzabschnitte ist aber nur dann weitgehend

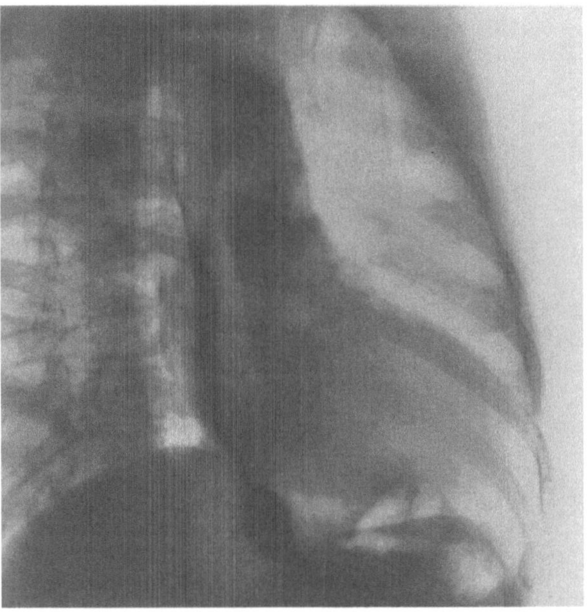

Abb. 12. Rechter schräger Durchmesser zu Abb. 10. Vergrößerte Tiefenausdehnung des Herzens (Verlängerung der Kammereinflußbahn) mit Vorwölbung in den Hinterherzraum. Großbogige Dorsalverdrängung des Oesophagus. Keine Vorhofvergrößerung

beweisend für eine Dilatation des linken Ventrikels, wenn sich eine Vergrößerung des linken Vorhofes und der rechten Herzkammer ausschließen läßt (THURN).

Im *rechten schrägen Durchmesser* (Abb 12) findet sich bei stärkerer Erweiterung und Verlängerung der linken Kammereinflußbahn eine vergrößerte Tiefenausdehnung des Herzens. Der linke Ventrikel wölbt sich in dorsaler Richtung in den Hinterherzraum vor und schiebt den linken Vorhof vor sich her. Auch in dieser Position ist der Nachweis einer fehlenden Vergrößerung des linken Vorhofes für die Annahme einer Dilatation der linken Kammer Voraussetzung. Dieser Nachweis gelingt meist durch die Oesophagusdarstellung, bei der sich die Dilatation der linken Kammer durch eine großbogige Dorsalverdrängung des Oesophagus im gesamten Herzbereich oder zumindest im caudalen Abschnitt von einer mehr kranial gelegenen kleinbogigen Dorsalverdrängung durch einen vergrößerten linken Vorhof differentialdiagnostisch unterscheiden läßt.

Röntgenologisch sind Rückschlüsse von der Größe des Hypertonieherzens auf seine Leistungsfähigkeit nur bedingt möglich. Extreme Dilatationen bis an die linke Thoraxwand lassen stets eine Dekompensation bei Belastung und meist auch schon in Ruhe erwarten. Hypertonieherzen mit einer mäßiggradigen oder einer mittleren Dilatation des linken Ventrikels können zwar in Ruhe noch völlig kompensiert sein und auch kleinere Belastungen des Alltages bewältigen, jedoch bewegt sich das durch myogene Dilatation und Gefügedilatation geschädigte Herz stets am Rande der Dekompensation. Im allgemeinen kann man nach REINDELL (1969) als Stadium II, zumindest nach Belastung, eine Insuffizienz annehmen.

Die manifeste *Dekompensation* ist röntgenologisch mit Sicherheit zu erkennen, wenn eine Lungenstauung (Abb. 13a und b) besteht. Gleichzeitig kann eine Herzumformung im Sinne einer Mitralisation durch Vergrößerung des linken Vorhofes und der rechten Herzkammer erfolgen. Eine wieder eintretende Rückbildung der Lungenstauung spricht entweder für eine Rekompensation der linken Kammer oder für ein zusätzliches Versagen des rechten Herzens.

Die Bewegungsphänomene an der linken Kammerkontur werden um so kleiner, je stärker die Linksdilatation ist (ZDANSKY). Dies läßt sich durch die Zunahme der Rest-

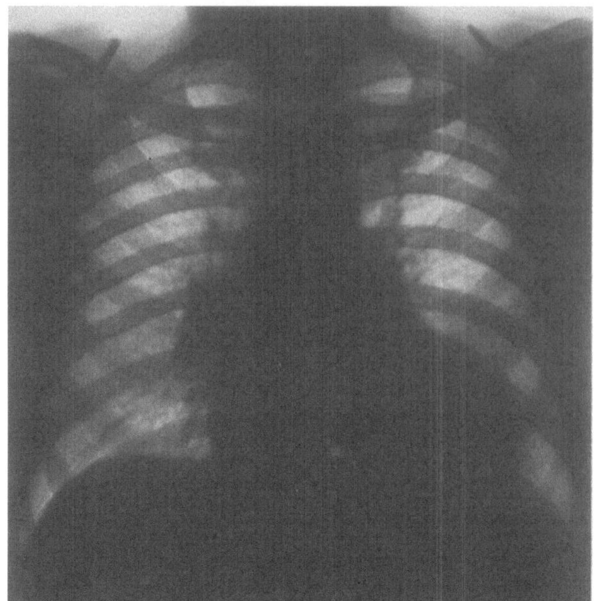

a

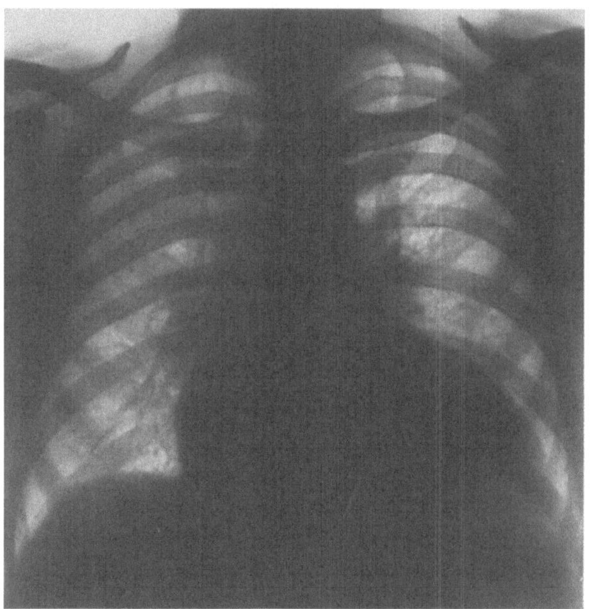

b

Abb. 13a u. b. 45jähriger Mann. 1950 Hypertonie mit einem systolischen Blutdruckwert von 220 mm Hg. a 1953: dekompensierter Hypertonus nach Herzspitzeninfarkt. RR abgesunken auf 145/110 mm Hg. Röntgenbefund: links-dilatiertes aortales Herz mit beginnender Mitralisation. Vergrößerte und verdichtete Hili: mäßige Stauung im Pulmonalkreislauf. b 1954: Zunahme der Dekompensation. Weitere Herzvergrößerung mit Zunahme der Mitralisation. Stärkere Lungenstauung mit partieller Anschoppung des rechten Oberfeldes bei temporärem Lungenödem. Sektion: 13. 1. 55. Herzgewicht 870 g. Starke Hypertrophie und Dilatation beider Kammern (Wanddicke: links 20 mm, rechts 9 mm). Coronarsklerose mit schwieliger Umwandlung der linken Kammerhinterwand. Stauungsorgane

blutmenge bei gleichbleibendem oder sogar kleiner werdendem Schlagvolumen erklären. Im Kymogramm ist die enddiastolische Lateralbewegung verlangsamt, so daß die Zackenform stumpfer wird und in hochgradigen Fällen eine laterale Plateaubildung und sogar eine stumme Zone auftreten (Reindell u. Mitarb.).

Abb. 14. Kymogramm zu Abb. 15d. 41jährige Frau mit Hypertonie 190/90 mm Hg. Bewegungstyp Stumpf II

Die Pulsationen im Kymogramm sind an der Herzspitze meist kleiner als in der Nähe der Herzbasis (SCHWARZ), entsprechen also dem Pulsationstyp II nach STUMPF (Abb. 14). Auch bei Belastung und in Horizontallage ändert sich dieser Pulsationstyp II nicht. Das Kymogramm unter Belastung (REINDELL, V. BRAUNBEHRENS) gibt einen gewissen Hinweis auf den Zustand des Herzmuskels. Bei noch ausreichender Leistungsfähigkeit nimmt die Pulsation im Spitzenbereich etwas zu, bei abnehmender Leistungsfähigkeit werden die Herzspitzenpulsationen kleiner und können vollständig verschwinden. Das Herz kann dabei größer werden.

Dieses kymographisch registrierbare Verhalten des myogen dilatierten Herzens bei Belastung läßt sich durch die fixierte oder sogar noch größer werdende Restblutmenge erklären, die nicht wie beim Sportherzen mobilisiert werden kann (REINDELL u. Mitarb.).

Die Aorta ist in den Anfangsstadien der Hypertonie und besonders bei Jugendlichen (z. B. bei akuter Nephritis) oft unauffällig, läßt aber in späteren Stadien und insbesondere bei älteren Individuen selten eine mehr oder weniger ausgeprägte *Dilatation* vermissen. Diese Dilatation, deren exakter Nachweis durch die Kreuzfuchssche Aortenmessung möglich ist, kann immer dann als Hinweis auf eine Hypertonie gewertet werden, wenn sich ein Aortenklappenfehler, insbesondere eine Aortenklappeninsuffizienz, und eine luische Aortenerkrankung ausschließen lassen. Die Dilatation der Aorta hat deshalb große röntgendiagnostische Bedeutung, weil eine Atheromatose der Aorta ohne arterielle Hypertonie nur zu einer Elongation, nicht aber zur Dilatation der Aorta führt (ZDANSKY). Eine Proportionalität zwischen der Höhe des arteriellen Blutdruckes und der Weite der Aorta besteht im allgemeinen nicht, da die Dilatation von dem Vorhandensein und dem Grad der Atheromatose abhängt (ZDANSKY). Es sind aber bei paroxysmalen Drucksteigerungen meßbare temporäre Vergrößerungen des Aortendurchmessers beobachtet worden (TSCHILOW und CHRISTOFF; ZDANSKY; WHITE und CAMP; BAYLEY; PURKS). Tierversuche haben gezeigt, daß akute Blutdruckänderungen zu starken Vergrößerungen oder Verkleinerungen des Aortendurchmessers führen können (FELIX, 1973). Akute Blutdruckänderungen sind unmittelbar an Weitenänderungen der Aorta zu erkennen.

Stärker ausgeprägt und röntgenologisch sicherer zu erfassen ist die Dilatation der Aorta vor allem bei der Untersuchung in Horizontallage (Zdansky), insbesondere, wenn es sich nicht um eine bereits organisch fixierte, sondern um eine dynamische Aortendilatation handelt.

Die Dilatation der Aorta ist beim Hochdruck mehr gleichmäßig auf den gesamten thorakalen Abschnitt des Gefäßes verteilt. Die vorwiegend im Ascendensbereich lokalisierte Erweiterung spricht für eine poststenotische Erweiterung bei Aortenklappenstenose oder eine luische Mesaortitis.

Im Kymogramm sind die Randbewegungen der Aorta sowohl im Ascendensbereich als auch im Aortenbogen normal groß oder sogar relativ klein und unterscheiden sich dadurch eindeutig von den schnellenden Pulsationen bei Aorteninsuffizienz. Die Bewegungen der Aortenwand sind deswegen relativ klein, weil das Schlagvolumen des linken Ventrikels bei der Hypertonie nicht vergrößert, sondern meist normal oder etwas verringert ist. Auch hat das unter hohem Druck stehende Aortenrohr bereits eine so hohe Anfangsdehnung, daß die systolisch ausgeworfene Blutmenge kaum noch eine zusätzliche Erweiterung des Gefäßes hervorrufen kann (Verlust der Windkesselwirkung durch ein erhöhtes Elastizitätsmodul). Eine gleichzeitig bestehende Aortensklerose wirkt in gleichem Sinne.

6. Differentialdiagnose des Hypertonieherzens

a) Das Herz bei verschiedenen Hypertonieformen

In diesem Abschnitt soll auf die Besonderheiten der Herz- und Kreislaufbeteiligung unter Berücksichtigung der Klinik bei den verschiedenen Hypertonieformen entsprechend ihrer Ätiologie eingegangen werden.

Auf Grund unserer heutigen, noch sehr unvollständigen Kenntnis über die Grundlagen der Entstehung des arteriellen Hochdruckes ist folgende klinisch-ätiologische Einteilung möglich (Sarre, Friedberg):

1. Essentielle Hypertonie = primäre Hypertonie.

2. Sekundäre Hypertonieformen.

a) Renal: [doppel- oder einseitig (Goldblatt-Niere)]. Akute und chronische Glomerulonephritis, chronische Pyelonephritis, Schwangerschaftsniere, toxische Nephrosen, Cystennieren, Nierentuberkulose, Periarteriitis nodosa, Harnstauung und Hydronephrose, Hypernephrom, Nierengefäßveränderungen, arterio-venöse Fistel der Nierengefäße.

b) Vasculär: Aortensklerose, Aortenisthmusstenose, Pulseless disease, akute Porphyrinurie.

c) Hormonal: Morbus Cushing, Phäochromocytom, primärer Hyper-Aldosteronismus, adrenogenitales Syndrom Typ II (adrenale Hyperplasie mit Hypertonie).

d) Neurogen: Schädeltrauma — Hirntumoren — Vergiftungen. Entzündliche Prozesse der weißen oder grauen Substanz, der Hirnhäute oder peripherer Nerven (Encephalitis, Poliomyelitis, Fleckfieber, Meningitis, Polyneuritis).

Wenn auch die Herzveränderungen bei arterieller Hypertonie insgesamt gesehen uniform sind und keine sicheren Rückschlüsse auf die Ursache der Blutdruckveränderungen zulassen, so finden sich abgesehen vom klinischen Bild auch röntgenologisch Veränderungen, die eine gewisse Zuordnung erlauben.

Die essentielle Hypertonie. 80 % aller Hypertonieformen werden als essentielle Hypertonie (Bock, 1964) angesprochen. Bei dieser Diagnose handelt es sich eigentlich um eine negative Charakteristik, d. h. die unbekannte Ursache des Symptoms „arterieller Hochdruck" ist auch heute immer noch das Kennzeichen der essentiellen Hypertonie. Als Teilfaktoren spielen Heredität, Konstitution und Rasse, Umwelteinflüsse, Ernährung sowie humorale (Nebennierenrinden-Hormone, Renin, Hypertensinogen, Angiotonin, Hypertensinase, Pressoramine) und nervale Komponenten eine Rolle.

Die Diagnose der essentiellen Hypertonie wird klinisch gestellt. Häufig fehlen lange Zeit jegliche subjektive Beschwerden; es findet sich sogar oft eine überraschende Leistungsfähigkeit. Die ersten Auswirkungen auf das Herz sind im EKG faßbar, bevor röntgenologisch eine eindeutige Form- und Größenveränderung des Herzens oder eine Änderung der Randpulsation nachweisbar ist. Bei vorliegender Hypertrophie besteht eine hohe Korrelation zwischen EKG-Befund und pathologisch-anatomischem Herzbefund (HOLZMANN; SCOTT u. Mitarb.; REINDELL u. Mitarb.; DELIUS; BETZ und BREITINGER).

Das EKG erlaubt gewisse diagnostische Hinweise auf eine Linkshypertrophie, wenn unter Berücksichtigung der Konstitution eine Verschiebung des Hauptvektors nach links infolge der veränderten Verteilung der Muskelmasse zwischen rechter und linker Kammer nachzuweisen ist. Die Drehung des Frontalvektors über die Waagerechte (Linksüberdrehung) und die Zackenüberhöhung links präkordial sind meist vergesellschaftet mit einer Störung und Verlängerung der Erregungsausbreitung im Sinne einer Linksverspätung bis zum Linksschenkelblock. Veränderungen des Erregungsrückganges über dem linken Herzen sind Ausdruck einer coronaren Durchblutungsstörung. Dekompensierte Hypertonieherzen weisen nicht selten eine absolute Arrythmie mit Vorhofflimmern auf (25% nach FLAXMAN).

Die essentielle Hypertonie entwickelt sich langsam im Verlauf von Jahrzehnten über ein labiles in ein fixiertes Stadium. Die früher beschriebenen pathologisch-anatomischen und röntgenologischen Form- und Größenveränderungen gehen fließend ineinander über (Abb. 15a—h), wenn auch kardiale oder extrakardiale Komplikationen die Vorgänge beschleunigen und Zäsuren im Krankheitsverlauf verursachen können.

Das größenmäßig an der oberen Normgrenze liegende bzw. nur gering vergrößerte Herz bei labiler oder fixierter Hypertonie ist röntgenologisch unauffällig oder weist eine Umformung mit abgerundeter, caudal verlagerter Herzspitze auf und entspricht pathologisch-anatomisch der konzentrischen Druckhypertrophie. Hierbei ist zu betonen, daß der Herzgröße wegen der großen individuellen Schwankungsbreite je nach Konstitution, körperlicher Arbeit, Sport usw. nur geringe Bedeutung zukommt. So beobachteten bereits F. VOLHARD und ROMBERG sowie ZDANSKY; FRIEDBERG; GRANT; VAQUEZ und BORDET; KLEINFELD und REDISH; AMUNDSEN u. v. a., daß trotz länger bestehender Hypertonie die Herzgröße im Röntgenbild normal sein kann.

Als Vorstadium der pathologischen Druckhypertrophie ist eine physiologische Hypertrophie möglich. Da definitionsgemäß hierbei eine mobilisierbare, vermehrte Restblutmenge vorliegt, kann im Valsalvaschen Preßversuch sowie im Arbeitsversuch eine deutliche Verkleinerung des Herzschattens erzielt werden. Ein solcher Vorgang ist bei der konzentrischen Hypertrophie mit Einengung der Kammerlichtung und normalem bzw. verringertem Restblut nicht in diesem Maße zu erwarten. Da die physiologische Hypertrophie bei der Druckbelastung aber nur temporär zu Beginn der Erkrankung eine Rolle spielt und dieser Zeitpunkt in praxi nicht erfaßt wird, sind derartige theoretische Überlegungen von untergeordneter Bedeutung.

Die während einer kürzeren Beobachtungszeit auftretende mäßige Größenzunahme des Herzens kann einer temporären „myogenen Dilatation ohne stärkere Strukturzerstörung" des Myokards entsprechen. Dieser Vorgang kann mit einer Lungenstauung einhergehen. Durch drucksenkende oder herzleistungssteigernde Therapie bzw. Beseitigung der schädigenden Noxen und körperlicher Schonung ist diese Dilatation rückbildungsfähig, andererseits gibt es fließende Übergänge in die exzentrische Hypertrophie mit Gefügedilatation.

Aus dem Bild des vergrößerten aortalen Hypertonieherzens ist der Schluß auf ein muskelgeschädigtes Herz erlaubt, dessen Form und Größe als Folge einer myogenen Dilatation (Gefügedilatation) aufgefaßt werden müssen, und das sich pathologisch-anatomisch im Stadium der exzentrischen Hypertrophie befindet. Größenänderungen während des Krankheitsverlaufes sind diagnostisch von Bedeutung und lassen auch prognostische Schlüsse zu. Nicht selten beobachtet man akut auftretende Herzvergrößerungen, die sich innerhalb geringer Grenzen unter Umständen sogar rasch zurückbilden können. Plötzliche zusätzliche Belastungen, ein frischer Infarkt und Schädigungen toxischer oder entzündlicher Genese kommen hier ursächlich in Frage. Es ist aber röntgenologisch oft

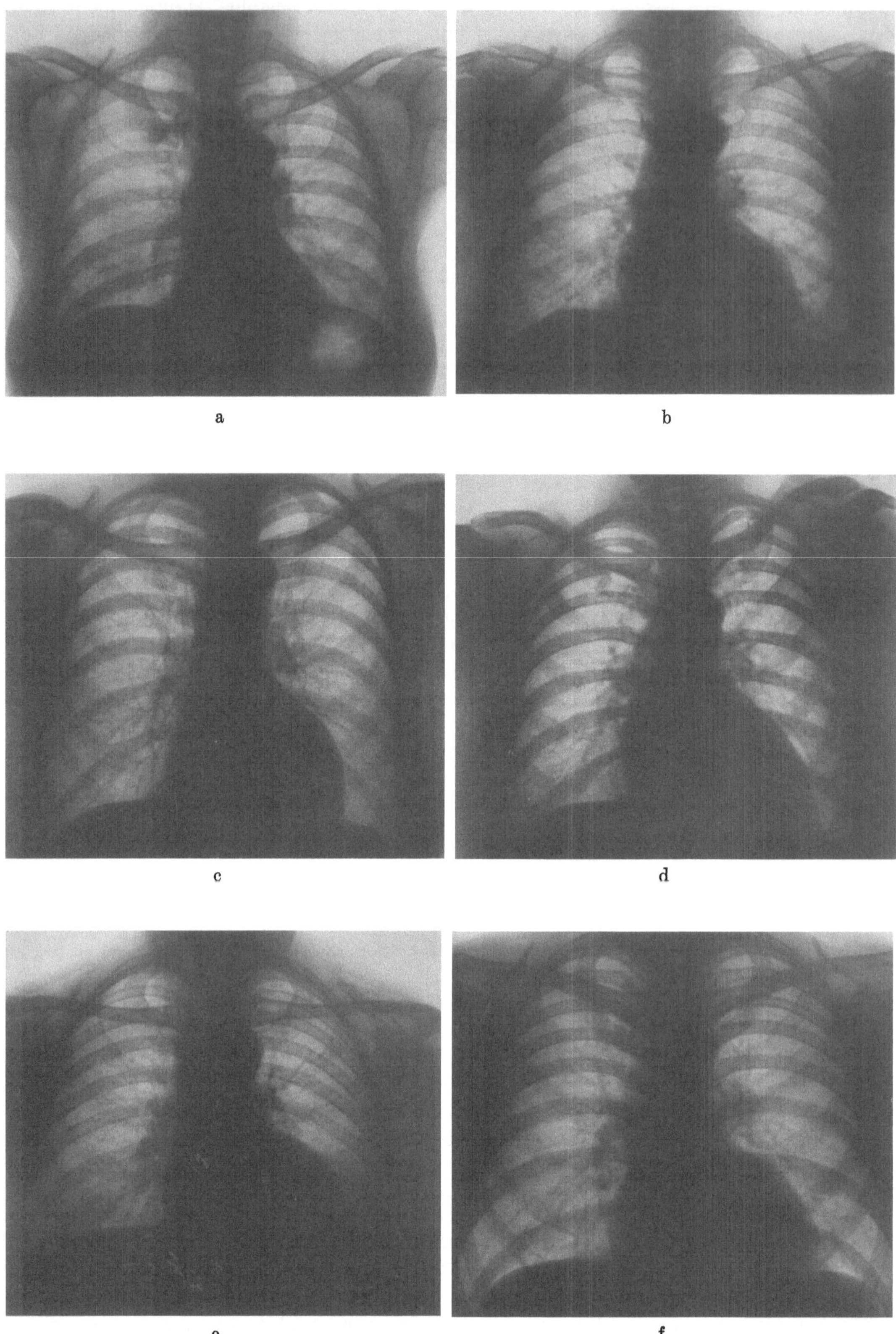

Abb. 15a—h. Verschiedene Herzgrößen und Formen bei essentieller Hypertonie. a ♀, 58 Jahre, RR 215/110 mm Hg. b ♀, 57 Jahre, RR 215/120 mm Hg. c ♀, 55 Jahre, RR 170/105 mm Hg. d ♀, 41 Jahre, RR 190/90 mm Hg. e ♀, 58 Jahre, RR 170/100 mm Hg. f ♂, 31 Jahre, RR 160/95 mm Hg. g ♀, 62 Jahre, RR 160/95 mm Hg. h ♂, 60 Jahre, RR 190/100 mm Hg

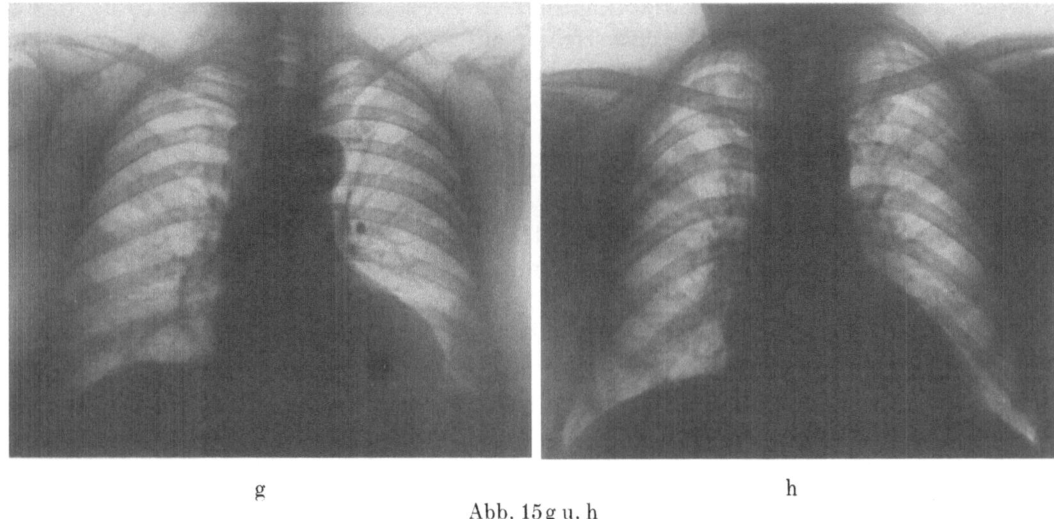

g   h
Abb. 15g u. h

schwer zu entscheiden, ob es sich um eine Dilatation des Herzens oder um einen Perikard-erguß handelt, selbst wenn dieser mehrere 100 cm³ beträgt (ZDANSKY). Kymographisch kann eine Differenzierung versucht werden, jedoch sind bei extremer Dilatation wie auch beim Erguß die pulsatorischen Exkursionen der Herzkonturen gering oder weitgehend aufgehoben. Als Hinweis für eine Flüssigkeitsansammlung im Perikard können gleich-zeitig auftretende Pleuraergüsse bewertet werden. — Bei frischem Infarkt ist eher eine akute Dilatation als Ursache der Herzvergrößerung anzunehmen. REINDELL und KIEFER (1969) sind der Ansicht, daß die Rückbildungsfähigkeit starker Herzdilatationen nicht mit der Rückbildung einer Gefügedilatation erklärt werden kann. Solche reversiblen Herzdilatationen entstünden erst dadurch, daß durch akute oder chronische Stoffwechsel-störungen infolge Drucküberlastung und langsam sich entwickelnder Coronarinsuffizienz ein "myokardialer Tonusverlust" entsteht, der erst die Voraussetzung dazu schafft, daß bei bestehender Kontraktionsinsuffizienz schon ein in Ruhe noch normaler oder gering gesteigerter Füllungsdruck eine solche Herzdilatation herbeiführt. Gewinnt das Herz mit Besserung der Durchblutungsnot, durch Druckentlastung und durch Glykosidtherapie seinen ursprünglichen Tonus zurück, dann verkleinert es sich wieder (REINDELL und KIEFER, 1969).

Eine langsam zunehmende Dilatation mit Anhebung bzw. Ausfüllung der Herztaille, Vergrößerung des linken Vorhofes, Lungenstauung und schließlich eine Herzverbreiterung nach rechts beweisen die progressive Kontraktionsinsuffizienz des Herzens. Die erforder-liche Druckarbeit kann nicht mehr aufgebracht werden, der Blutdruck fällt ab, das Herz ist klinisch dekompensiert. Stenokardische Beschwerden und elektrokardiographisch nachweisbare Reizleitungsstörungen sprechen für die ursächliche coronare Mangeldurch-blutung. Auf die im Gefolge des Herzversagens auftretenden klinischen Dekompensations-zeichen, wie Anstrengungsdyspnoe, Abnahme der Vitalkapazität, Stauungshusten, Asthma cardiale, eventuell Pleuraerguß, Lungenödem und Ödeme im großen Kreislauf, wird hin-gewiesen. Eine Abnahme der Herzvergrößerung findet sich nach Digitalis- bzw. Stro-phantinbehandlung als Zeichen einer Besserung der Herzinsuffizienz. Auch nach Blut-drucksenkung durch Sympathektomie ist eine Rückbildung der Herzvergrößerung be-schrieben (LILJESTRAND, LYSHOLM, NYLIN und ZACHRISON; SMITHWICK; PEET und ISBERG; FRIEDBERG). BERGLUND sowie ZUPPINGER und SEEMANN glauben allerdings nicht, daß mit den gebräuchlichen Methoden eine so geringe Verkleinerung des Herzens festzustellen sei. Ausreichende Untersuchungen über Herzverkleinerungen nach Blut-drucksenkung durch Antihypertonica, insbesondere durch das sympathicusblockierende Guanethidin, liegen noch nicht vor.

Fehlt bei vergrößertem, aortalkonfiguriertem Herzen eine Hypertonie, so handelt es sich nach Ausschluß anderweitiger Herzfehler mit an Sicherheit grenzender Wahrscheinlichkeit (Zdansky) um ein dilatiertes Hypertonieherz nach unerkannt gebliebenem Infarkt mit reflektorischer Blutdrucksenkung. Auch im Schockzustand, unter anderem nach Blutverlust (innere Blutung!), kann die Hypertonie nicht mehr faßbar sein. Schließlich sei hier auch eine Blutdrucksenkung durch Sympathektomie oder Antihypertonica ohne nachfolgende Verkleinerung des Herzschattens erwähnt (Berglund).

Die mitrale Konfiguration des dilatierten Hypertonieherzens entsteht durch Vergrößerung des linken Vorhofes und rechten Ventrikels und ist das Zeichen einer Dekompensation. Solange der rechte Ventrikel noch ausreichend leistungsfähig ist, besteht eine Lungenstauung mit entsprechenden klinischen und röntgenologischen Zeichen, die bei Versagen des rechten Ventrikels wieder verschwinden. Röntgenologisch hellen sich die Lungenfelder wieder auf, die Rechtsverbreiterung des Herzschattens nimmt zu. Es tritt klinisch eine Stauung im großen Kreislauf ein. Differentialdiagnostisch muß an eine Kombination von Hypertonie und Mitralklappenfehler gedacht werden, die röntgenologisch wie klinisch oft nur mit Schwierigkeiten ausgeschlossen werden kann, zumal beim dekompensierten Hypertonieherzen eine relative Mitralinsuffizienz auftreten kann.

Wichtig zu wissen ist, daß zwar das Cor bovinum häufiger Folge einer Volumenbelastung ist (Aorteninsuffizienz), aber stärkste Herzvergrößerungen auch bei Hypertonie mit diffusen coronarbedingten Myokardläsionen und nachfolgender myogener Dilatation aller Herzabschnitte beobachtet wurden (Zdansky). Anamnese, Auskultation und diastolischer Blutdruck (gegenüber Aorteninsuffizienz) helfen bei der Differenzierung. Das Fehlen einer wesentlichen Blutdruckerhöhung kann in diesen Fällen Zeichen einer völligen Dekompensation des Herzens sein. Ein großer Perikarderguß kann ein Cor bovinum vortäuschen, jedoch können die Herzrandpulsationen bei der Durchleuchtung und im Kymogramm eine Abgrenzung ermöglichen.

Die nephrogenen Hypertonien. Sie umfassen 15 % der Hochdruckformen. Bei der *akuten Glomerulo-Nephritis* tritt sofort eine mäßig starke Blutdruckerhöhung mit Werten von 160—180/100 mm Hg ein. Nicht selten vermißt man röntgenologisch eine Herzvergrößerung und Umformung, oder sie hält sich in so geringen Grenzen, daß erst die Kontrolle nach Abklingen der Nephritis ein kleineres Herz zeigt und damit retrospektiv die vorherige Herzvergrößerung faßbar wird (Alwens und Moog; Zdansky; Friedberg).

In den meisten Fällen ist aber schon in den ersten 2 Wochen der akuten Nephritis (Abb. 16a und b) eine Linksvergrößerung des Herzens mit Verlängerung und stärkerer Rundung des linken Kammerbogens als Zeichen einer Herzbeteiligung festzustellen (Volhard). Pathologisch-anatomisch handelt es sich um eine Hypertrophie und Dilatation der linken Kammer (Guthrie). Solange die Aorta strukturell intakt bleibt, behält das Herz in toto seine normale Lage, im Gegensatz zu den Fällen mit Aortensklerose, welche mit einem gewissen Herabdrücken der Herzbasis und damit einer Querstellung des Herzens und aortaler Konfiguration verbunden sind (Frey).

Da der Grad der oft recht beträchtlichen Herzvergrößerung und der Insuffizienz vielfach in keinem Verhältnis zu der Höhe und Dauer der Blutdrucksteigerung steht, sind zusätzliche Schädigungsmechanismen anzunehmen. Gore und Saphir fanden autoptisch eine seröse Myokarditis. Eine Verminderung der Capillarresistenz (Sarre und Sostman; Küchmeister) infolge veränderter Capillarpermeabilität mit eiweißreichen Ödemen wurde als Ursache der Myokarditis aufgefaßt (Murphy und Murphy; Sparpey-Schafer). Vorübergehende Myokarditiden sollen auch Folge der allgemeinen Gefäßschädigung sein (Wepler, Wollheim), während Frey eine coronarbedingte Ischämie des Herzmuskels durch renale pressorische Stoffe ohne entzündliche Myokardveränderungen in den Vordergrund stellt. Friedberg hält die relative Verringerung der renalen Natrium- und Wasserausscheidung (Dean) besonders bei den mit schwerer Oligurie einhergehenden Krankheitsbildern für die wesentliche Ursache. Die genannten Möglichkeiten, einschließlich der urämisch-toxischen Einflüsse auf das Myokard (Zdansky), schädigen zwar alle den

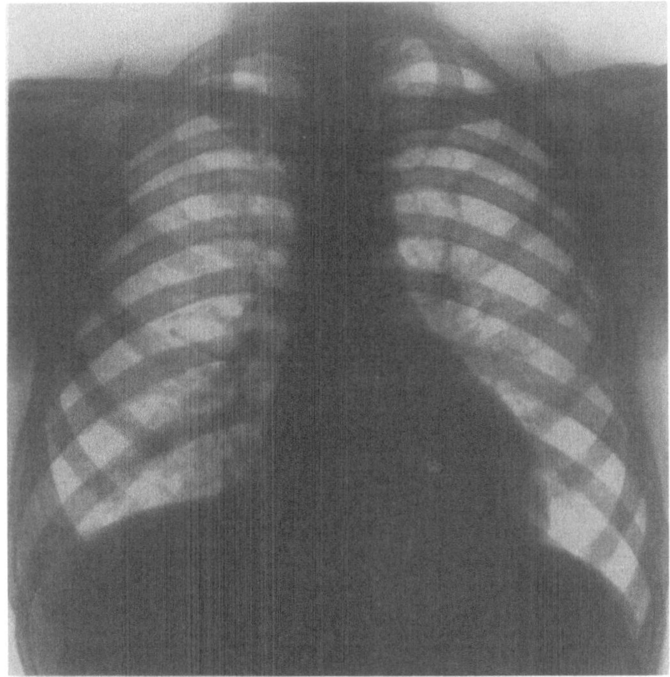

a

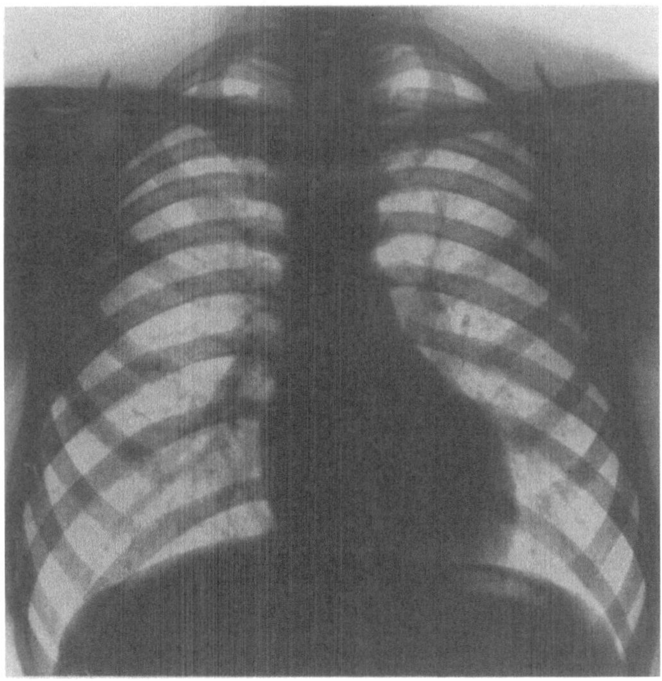

b

Abb. 16a u. b. 26jähriger Mann mit akuter Glomerulonephritis. Vor 8 Tagen Angina follicularis. Seit 2 Tagen Gesichts- und Beinödeme. RR 160/100 mm Hg. Mäßige Anämie. Albuminurie und Erythrocyturie. a Am 3. Krankheitstag: Herz linksbetont und mäßig linksverbreitert. Schmales Gefäßband. Vermehrte Lungenzeichnung. Rechtsseitiger Pleuraerguß. b Am 13. Krankheitstag: nach Ödemausschwemmung (3 kg Gewichtsabnahme) und Blutdruckabfall (RR 125/70 mm Hg) wieder normale Herzform und -größe

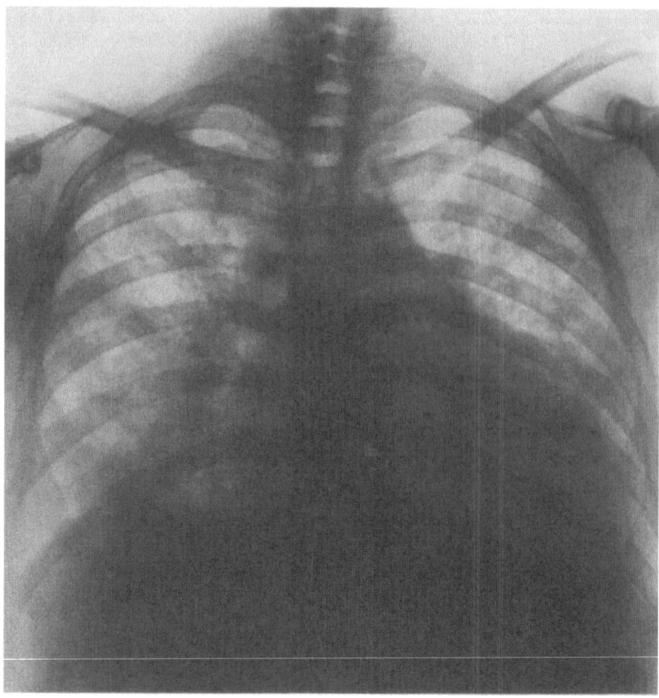

a

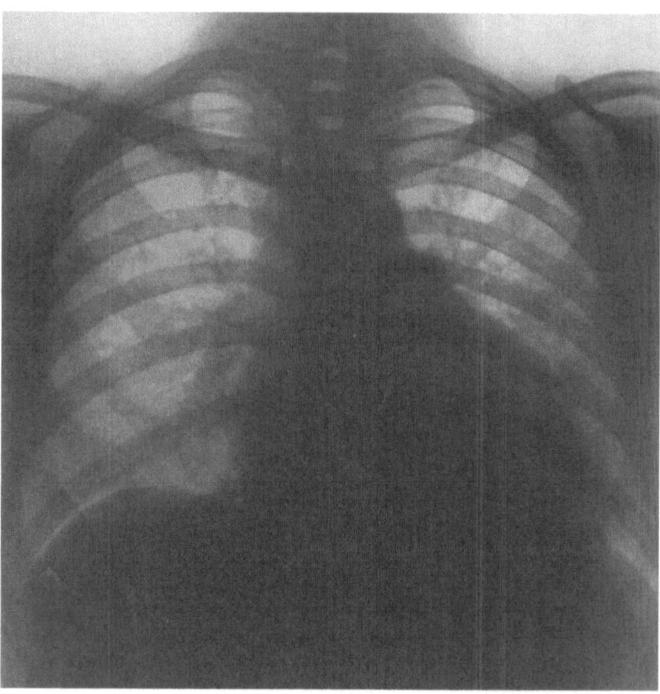

b

Abb. 17a u. b. 43 jähriger Mann „fluid lung", s. Text S. 285. a Nephrogene Dekompensation, b nach Behandlung

druckbelasteten linken Ventrikel am stärksten, sie betreffen letztlich aber die gesamte Muskelmasse des Herzens. Hieraus erklärt sich auch eine allseitige Herzvergrößerung durch myogene Dilatation aller Herzabschnitte mit entsprechender Herzinsuffizienz.

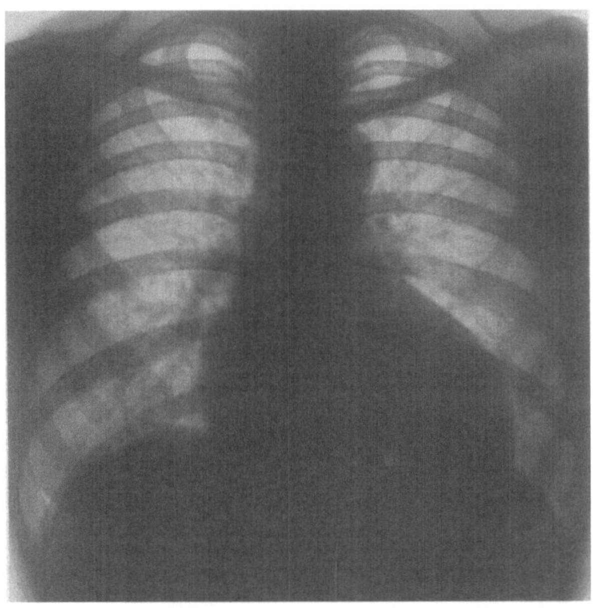

Abb. 18. 31jährige Frau mit chronischer Nephritis seit etwa 12 Jahren. Keine Niereninsuffizienz. Rest-N =
Grenzwert. RR 205/120 mm Hg. Röntgenbefund: aortale Herzkonfiguration. Erhebliche Linksverbreiterung
mit vermehrter Rundung der Herzspitze. Angehobene Herztaille. Longitudinaldurchmesser (L), linker
Medianabstand (Ml) und oberer Querdurchmesser (oQ) vergrößert. *Exzentrische Druckhypertrophie* des linken
Ventrikels ohne Insuffizienzzeichen

Andererseits ist gerade bei den Nierenerkrankungen die allgemeine Herzvergrößerung
häufig durch einen Perikarderguß bedingt, infolge der Ausscheidungsinsuffizienz mit
Veränderung des Elektrolyt-Haushaltes und der Capillarschädigung.

Dementsprechend gilt röntgenologisch auch der Nachweis von Pleuraergüssen als
Hinweis auf eine renale Ätiologie einer Linksherzvergrößerung. Diese fehlen nur selten
(ZDANSKY) und sind wegen ihrer großen Regelmäßigkeit von diagnostischer Bedeutung
(EPPINGER). Kleinste, klinisch nicht faßbare Flüssigkeitsansammlungen können bei
Aufnahmen in Seitenlage noch eben sichtbar sein.

Ein häufiger Röntgenbefund bei der akuten Nephritis ist, neben einem Zwerchfellhochstand, noch ein renal bedingtes, vorwiegend zentrales Lungenödem, das schleichend
und häufig klinisch unbemerkt auftritt. Die Lungenaufnahme zeigt vergrößerte, schattendichte und verwaschene Hili mit weichen wolkigen herdförmigen parahilären Verdich-
tungen, die auch die mittleren Lungenabschnitte bei normaler peripherer Gefäßzeichnung
einnehmen können (ZDANSKY). Sind auch die peripheren Lungenabschnitte verändert,
so kann die Unterscheidung zur kardialen Stauung schwer bzw. unmöglich sein, wenn
nicht eine Mitralisation auf die Linksinsuffizienz hinweist. ALWALL betont den enormen
Wert laufender, manchmal täglicher Lungenaufnahmen, um als diagnostisches und
therapeutisches Kriterium das Auftreten bzw. Verschwinden dieser „fluid lung"
(Abb. 17a und b) zu beobachten.

Das Hypertonieherz bei *chronischer Nephritis* (Abb. 18), als Folge einer nicht aus-
geheilten akuten oder subakuten Nephritis, entspricht dem Herzen bei essentieller Hypertonie mit aortaler Konfiguration, solange die Nierenfunktion nicht dekompensiert ist
und zusätzliche Schädigungen eintreten. Coronarsklerosen finden sich seltener.

Im *urämischen Stadium der chronischen Nephritis* (Abb. 19—21) ist das Herz deutlich
bis extrem verbreitert und meist nur noch angedeutet aortal konfiguriert. Die linke
Kontur kann bis nahe an die Thoraxwand reichen und nur kleine Pulsationen aufweisen.
In diesem Endstadium wird die myogene Dilatation durch urämisch-toxische Einwir-

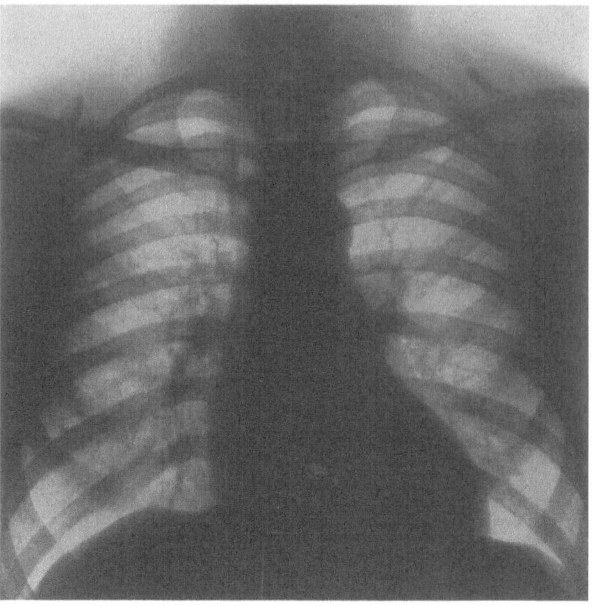

Abb. 19. 26jähriger Mann mit chronischer Nephritis seit 2 Jahren. Niereninsuffizienz: Rest-N 120—150 mg-%, Anämie 8,9 g-% Hb, Acidose. RR 180/120 mm Hg. EKG: Normaltyp mit Störung des Erregungsrückganges. Röntgenbefund: gering linksvergrößertes Herz ohne aortale Konfiguration. Epikrise: konzentrische Druckhypertrophie, wahrscheinlich zusätzlich toxische Herzmuskelschädigung bei beginnender Urämie

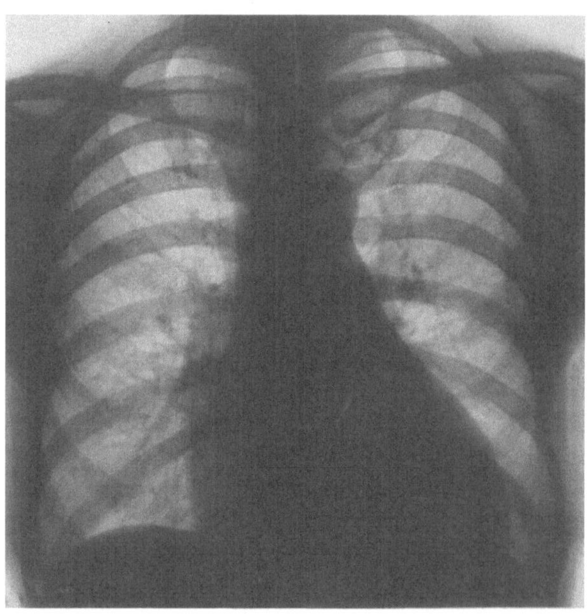

Abb. 20. 50jährige Frau mit chronischer Nephritis. Niereninsuffizienz: Rest-N 159 mg-%, Anämie 6,2 g-% Hb. RR 190/110 mm Hg. EKG: Linkstyp mit Linksschädigung. Röntgenbefund: linksverbreitertes Herz ohne aortale Konfiguration (verstrichene Herztaille)!

kungen mit fettiger Degeneration oder durch eine hämorrhagische Myokarditis (Lüscher) des Herzmuskels erklärt. Größere Perikardergüsse entstehen durch eine sterile urämische Perikarditis.

Die *Nephropathia gravidarum* und die *Crush-Niere* (Schockniere, „*lower nephron-nephrosis*") entsprechen hinsichtlich ihrer Herzkreislaufbeteiligung weitgehend dem Ver-

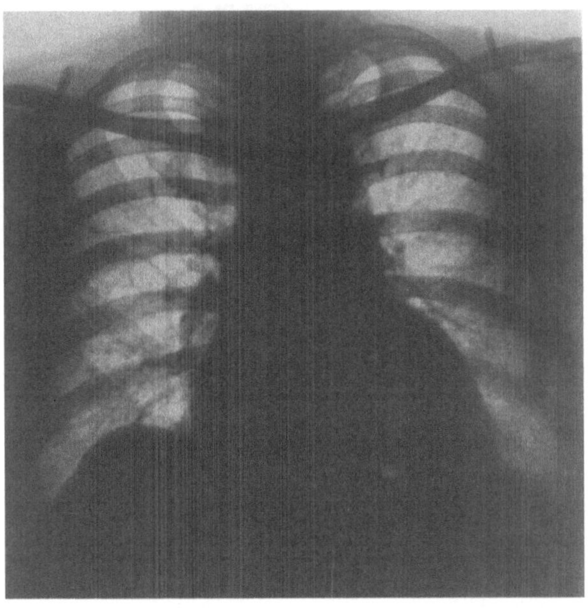

Abb. 21. 59jährige Frau mit chronischer Nephritis und Urämie. Rest-N 87 mg-%, Anämie, Acidose. RR 230/ 130 mm Hg. Röntgenbefund: aortalkonfiguriertes Hypertonieherz mit beginnender Mitralisation; Links- verbreiterung des Herzens, stärkere Verbreiterung im Querdurchmesser, ausgefüllte Herzbucht durch Dila- tation der rechten Kammer. Keine Lungenstauung. Sektion: exzentrische Druckhypertrophie der linken Kammer. Herzgewicht: 570 g. Hochgradige Dilatation der linken und Dilatation der rechten Kammer. Mäßige Coronarsklerose. Stauungsorgane

lauf der akuten Glomerulo-Nephritis. Für die Herzbeteiligung bei der *pyelonephrotischen Schrumpfniere* gilt das im Abschnitt „Chronische Nephritis" Gesagte.

Eine Sonderform der nephrogenen Hypertonie ist die Entstehung eines Goldblatt- Phänomens durch einseitige Nierenischämie bei *arterio-venöser Fistel der Nierengefäße*. Zur Druckbelastung tritt hierbei eine Volumenbelastung hinzu.

Aortenisthmusstenose. Bei der Aortenisthmusstenose besteht für das linke Herz, genau so wie bei der arteriellen Hypertonie, eine reine Druckbelastung. Die Umformungen und Größenveränderungen entsprechen folglich dem pathologisch-anatomischen und röntgenologischen Bild des Hypertonieherzens. Für eine Aortenisthmusstenose ergeben sich röntgenologisch Verdachtsmomente durch eine verstärkte Rundung der Herzspitze bei nicht oder nur wenig vergrößertem Gesamtherzen im Kindes- und Jugendalter (Abb. 22a und b). Eine Hypertonie, unterschiedliche Druckwerte in Arm- und Beinarterien und der röntgenologische Nachweis der typischen Usuren an den unteren Rippenkonturen bestätigen die Diagnose. Die Usuren können im frühen Kindesalter fehlen oder nur angedeutet sein. Eine weitere röntgenologische Klärung können wir vielfach durch das Kymogramm und bei der Durchleuchtung mit dem Bildverstärker herbeiführen, wenn ein Fehlen der Aortenpulsation unterhalb der Stenose zu beobachten ist. Verstärkte Pulsationen der linken Arteria subclavia (STAUFFER und RIGLER) bzw. der Arteria carotis communis (THURN) im Kymogramm sind fast pathognomonisch für eine Aorten- isthmusstenose. Auch mit Schichtaufnahmen kann die Stenose dargestellt werden (JAN- KER, BERGER, STECKEN und WEISS u. a.). Eine Unterscheidung zwischen dem Herzen bei Aortenisthmusstenose und dem Herzen bei essentieller oder sonstiger arterieller Hypertonie ist an Hand dieser zusätzlichen röntgenologischen Befunde in der Regel ohne Schwierigkeiten möglich. Nach erfolgreicher Operation und Normalisierung des Blut- druckes gehen die Herzveränderungen langsam zurück (Abb. 22).

Bei Operationen jenseits des 25. Lebensjahres ist die Rückbildung der Herzvergröße- rung nicht mehr sicher zu erwarten, da einerseits der Hochdruck zu einer Dauerumstellung

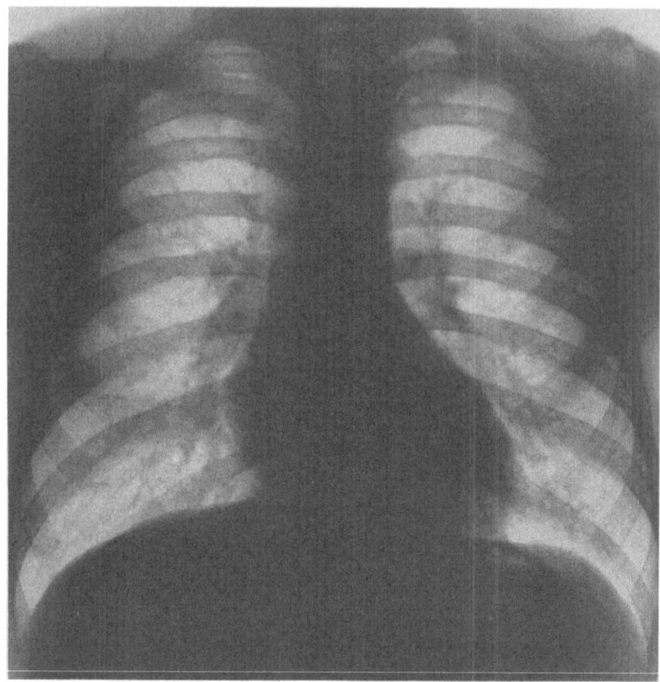

a

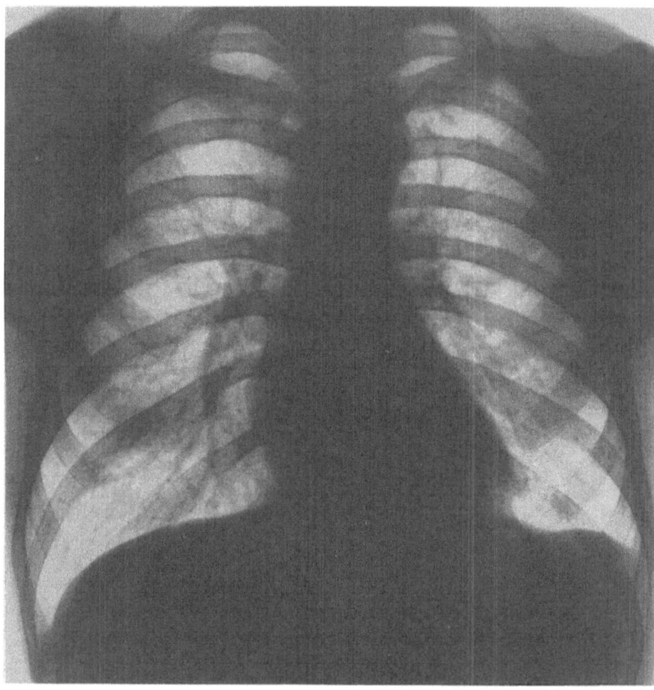

b

Abb. 22a u. b. a 21jähriger Mann mit Aortenisthmusstenose. Das Herz ist gering linksverbreitert, weist eine mehr nach caudal gerichtete und abgerundete Herzspitze auf, die Größe liegt im Normbereich. Rippenusuren. b 10 Monate nach Operation: das Herz ist deutlich kleiner geworden. Die Form beginnt sich zu normalisieren

des Vasomotorenzentrums geführt haben und trotz Beseitigung der Aortenisthmusstenose fixiert sein kann und andererseits meist schon erhebliche arteriosklerotische Wandveränderungen der Aorta entstanden sind.

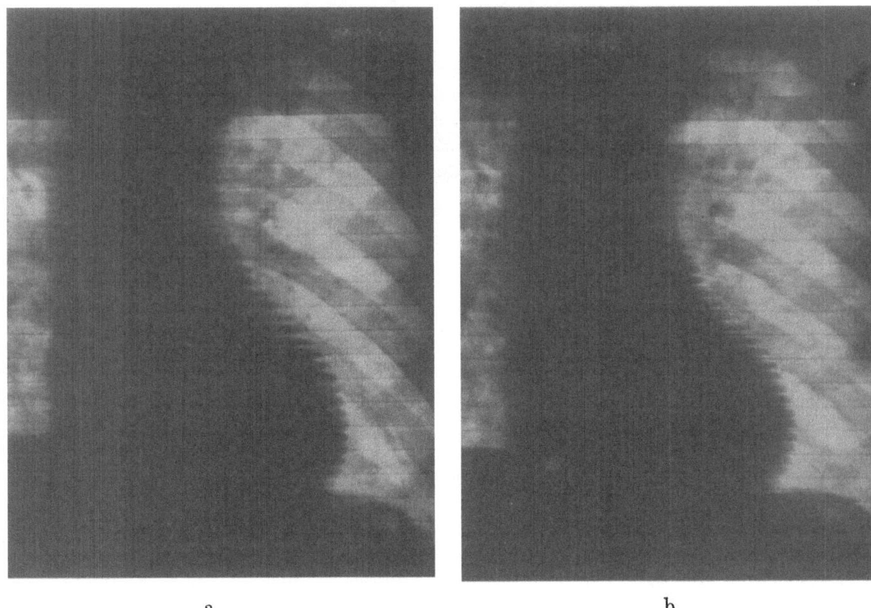

a   b

Abb. 23a u. b. Phäochromocytom (Nach REINDELL). a Kymogramm vor einem Phäochromocytomanfall. RR 125/85. Herzfrequenz 76 Schläge/min. b Kymogramm während des Phäochromocytomanfalles. RR 240/155. Herzfrequenz unverändert 76 Schläge/min. Geringe Verkleinerung des Herzens gegenüber Abb. 23a

Der endokrine Hochdruck. In diesem Formenkreis sind das Phäochromocytom, das Cushing-Syndrom und das Conn-Syndrom (primärer Aldosteronismus) von klinischer Bedeutung (SCHÄFER).

Die hämodynamischen Veränderungen während der Blutdruckkrisen des *Phäochromocytoms* haben wir mit ihren Auswirkungen als Modellfall der akuten temporären Druckbelastung auf S. 262 besprochen: Restblut und Füllungsdruck steigen bei gleichbleibendem Schlagvolumen *nicht* an, die Herzgröße bleibt unverändert. Es kann sogar zu einer Verkleinerung des Herzvolumens kommen (Abb. 23a und b, REINDELL, KLEPZIG und MERK). Im Gegensatz hierzu fanden SACK und BERNSHEIMER trotz des peripheren Druckanstieges eine unseres Erachtens hämodynamisch nicht zu erklärende Steigerung des Schlagvolumens um das Dreifache mit eindeutiger kymographisch beobachteter Herzvergrößerung in allen Durchmessern. Die Herzrandpulsationen sind uncharakteristisch. Außerdem finden sich Tachykardien, seltener Bradykardien und Rhythmusstörungen.

Unter dem toxischen Einfluß des adrenalin- und noradrenalinproduzierenden Tumors auf die Permeabilität der Capillaren tritt häufig während der Blutdruckkrise ein akutes Lungenödem ein (WOLLHEIM). Deshalb muß insbesondere bei jungen Menschen ein akutes Lungenödem ohne Herzvergrößerung nach Ausschluß von Herzmuskel- und Klappenerkrankungen an ein Phäochromocytom denken lassen (FRIEDBERG).

Häufige Blutdruckkrisen oder der nicht seltene Dauerhochdruck bei Phäochromocytom führen zu Herzvergrößerungen analog anderen Hypertonieformen (GREEN; HEGGLIN und NABHOLZ).

Das *Cushing-Syndrom*, ursprünglich als Folge eines basophilen Hypophysen-Adenoms angesehen, heute als Nebennierenrinden-Überfunktion erkannt (Literatur bei JORES, WOLLHEIM), ist in 85% aller Fälle mit einer Hypertonie verknüpft (PLOTZ, KNOWLTON und RAGAN). Bei längerer Krankheitsdauer entwickeln sich die gleichen Herz-Kreislaufverhältnisse, die auch sonst bei Hochdruck bekannt sind, wie überhaupt der Hochdruck des Morbus Cushing sich klinisch von den übrigen Formen des Hochdruckes nicht unterscheidet (JORES). Der morphologische Befund dieser Herzen (Abb. 24) entspricht dem der essentiellen Hypertonie (SCHOLZ, SPRAGUE und KERNOHAN), jedoch wird man eine

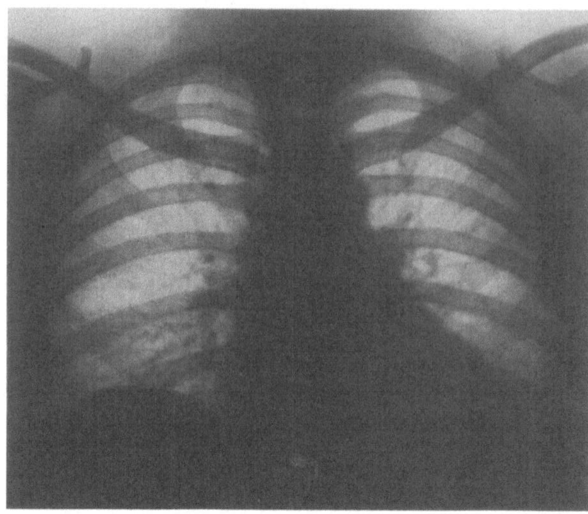

Abb. 24. 32jähriger Mann mit Cushing-Syndrom. Blutdruck: 150—170/100—110 mm Hg, seit 5 Jahren bekannt. Körpergewicht: 107 kg/184 cm. Mäßige Polyglobulie. Linksverbreitertes, dem hochstehenden Zwerchfell breit aufliegendes Herz. Keine aortale Konfiguration. Außer der Druckbelastung durch die Hypertonie ist die Polyglobulie als zusätzliche Volumbelastung hämodynamisch wirksam

gewisse zusätzliche Volumenbelastung des Herzens (Übergewichtigkeit, Polyglobulie) annehmen müssen. Schließlich weist Friedberg noch auf den häufig bei Morbus Cushing auftretenden Diabetes und die dabei entstehende schwere Coronarsklerose mit ihren Folgen für den Herzmuskel und damit für Herzform und Größe hin.

Die Herzveränderungen, die durch die Hypertonie beim *Conn-Syndrom* (Nebennieren-rinden-Tumor mit vermehrter Aldosteronausscheidung) hervorgerufen werden, lassen kein für diese Hochdruckform typisches Verhalten erkennen.

b) Das Hypertonieherz und andere aortale Herzkonfigurationen

Differentialdiagnostisch ist einerseits zwischen Hypertonieherzen und anderen aortalen Herzkonfigurationen zu unterscheiden, die ebenfalls infolge Druck- oder Volumen-belastung des linken Ventrikels zu einer Linksschädigung geführt haben, andererseits zwischen Hypertonieherzen und solchen Herzformen, die durch Veränderungen anderer Herzabschnitte bedingt sind und nur eine „aortale" Form vortäuschen.

Zu der ersten Gruppe gehören insbesondere die angeborenen und erworbenen *Aorten-klappenfehler*. Sowohl Aorteninsuffizienz wie -stenose lassen durch Hypertrophie und Dilatation eine aortale Herzkonfiguration entstehen. Rein formal ist weder eine Unter-scheidung zwischen beiden Vitien noch eine Differenzierung gegenüber dem Hypertonie-herzen möglich. Gewisse Hinweise gibt der Röntgenbefund der Aorta. Eine umschriebene „poststenotische" Aortendilatation bei verminderter Aortenrandpulsation in den oberen Gefäßabschnitten spricht für eine Klappenstenose, während eine mäßige bis stärkere diffuse Aortendilatation mit schnellender Aortenpulsation typisch für die Klappen-insuffizienz ist. So kann per exclusionem zwischen beiden Vitien und dem aortalkonfigu-rierten Hypertonieherzen mit mäßig dilatierter, elongierter und sklerosierter Aorta unter-schieden werden. Im übrigen müssen die klinischen Untersuchungsergebnisse zur Differen-zierung herangezogen werden und erlauben meist eine eindeutige Diagnose. Eine stärkere Aortendilatation im Ascendensbereich oberhalb der Aortenklappe wird auch durch die *Mesaortitis luica* herbeigeführt. Das Fehlen jeglicher Form und Größenveränderungen des Herzens (solange das Aortenostium nicht beteiligt ist) kann ein Hinweis auf die luische Genese sein.

Das *aortalkonfigurierte Cor arterio-scleroticum* (LINZBACH) nimmt oft durch die Elongation der sklerosierten Aorta eine Querlagerung an und bekommt bei einer myogenen Dilatation des linken Ventrikels eine aortale Konfiguration. Röntgenologisch spricht in diesem Falle die enge, schlanke, lediglich elongierte, aber nicht dilatierte Aorta gegen eine Hypertonie als Ursache der Herzumformung. Zahlenmäßig steht infolge der großen Häufigkeit der Coronarsklerosen das Schwielenherz als Ursache einer aortalen Herzkonfiguration bei den differentialdiagnostischen Abgrenzungen gegen ein Hypertonieherz sicher an erster Stelle. Die klinischen Untersuchungen müssen die Röntgendiagnose unterstützen.

Eine *arterio-venöse Fistel im großen Kreislauf* führt durch die Volumbelastung zwar zu einer vermehrten Belastung des gesamten Herzens, jedoch ist der linke Ventrikel oft zuerst geschädigt und dilatiert. Die aortale Herzkonfiguration kann der Form eines dilatierten Hypertonieherzens entsprechen, und der vermehrte Lungendurchfluß ergibt weitere Verwechslungsmöglichkeiten mit einer Lungenstauung bei Linksherzinsuffizienz. Die Blutdruckwerte (hohe Amplitude) und die Kenntnis vom Vorhandensein einer arteriovenösen Fistel (Kompression nach BRANHAM!) erlauben oft eine nähere Differenzierung. Es ist aber daran zu denken, daß unerkannte Organfisteln im großen Kreislauf und auch ein Morbus Paget zu einer Überlastung des linken Ventrikels geführt haben können.

An *kongenitalen Herzfehlern* mit Überlastung des linken Ventrikels und dadurch bedingter aortaler Konfiguration kommen in erster Linie die Tricuspidalatresie bzw. -stenose mit Septumdefekt sowie der Truncus und Pseudotruncus arteriosus communis vor. Die speziellen röntgenologischen Charakteristika dieser Vitien sind in den betreffenden Abschnitten nachzulesen.

Ein kongenitales Vitium, das eine ausgeprägte „aortale" Konfiguration (*Cœur en sabot:* Schuhform) aufweisen kann, ist die Fallotsche Tetralogie. Dieser Fehler täuscht aber nur eine Dilatation des linken Ventrikels vor, in Wirklichkeit ist die Schuhform des Herzens durch eine extreme Dehnung des *rechten* Ventrikels in transversaler Richtung (verlagerte Ausflußbahn durch hochliegenden Ventrikelseptumdefekt und reitende Aorta) und eine Vertiefung der Herztaille (Hypoplasie des Conus pulmonalis und der Arteria pulmonalis) bedingt.

Klinisch fehlt bei den kongenitalen Vitien eine arterielle Hypertonie, und auskultatorisch sind pathologische Herzgeräusche zu hören, so daß eine Unterscheidung gegenüber einem Hypertonieherzen meist unschwer möglich ist.

Literatur

ALWALL, N.: Die aktive Therapie der Niereninsuffizienz. Dtsch. med. Wschr. **83**, 950—958, 1008—1014 (1958).

ALWENS, W., u. O. MOOG: Das Verhalten des Herzens bei der akuten Nephritis. Dtsch. Arch. klin. Med. **133**, 364—376 (1920).

AMERY, A., S. JULIUS, L. S. WHITTOCK and J. CONWAY: Influence of hypertension hemodynamic response to exercise. Circulation **36**, 231 (1967).

AMUNDSEN, P.: The diagnostic value of conventional radiological examination of the heart in adults. Oslo: University Press 1959. [Acta radiol. (Stockh.) Suppl. **181**.]

ARKUSSKY, J.: Zur röntgenologischen Charakteristik der Funktionsfähigkeit des Herzens. Fortschr. Röntgenstr. **41**, 714—731 (1930).

— Neue Ergebnisse zur Frage der Orthodiagraphie des Herzens. Fortschr. Röntgenstr. **44**, 39—47 (1931).

ARNOLD, O. H.: Klinik und Diagnostik des Hochdrucks. Rheinisches Ärzteblatt **25**, 359—366 (1971).

ASSMANN, H.: Die klinische Röntgendiagnostik der inneren Erkrankungen, 6. Aufl. Wien: Springer 1949.

AVERBUCK, S. H.: Heart failure in hypertension. Amer. Heart J. **11**, 99—110 (1936).

BÄURLE, W.: Die Coronarsklerose bei Hypertonie. Beitr. path. Anat. **111**, 108—124 (1950).

BAUEREISEN, E., u. H. REIDEL: Über die inotrope Wirkung der Herznerven. Klin. Wschr. **24/25**, 785—789 (1946/47).

BAYER, O., F. LOOGEN u. H. H. WOLTER: Der Herzkatheterismus bei angeborenen und erworbenen Herzfehlern. Stuttgart: Georg Thieme 1954.

BAYLEY, R. H.: Dynamic dilatation of the thoracic aorta. Amer. Heart J. **8**, 585—594 (1933).

Bell, E. T., and B. J. Clawson: Primary (essential) hypertension: study of 420 cases. Arch. Path. (Chicago) 5, 939—1002 (1928).

Berger, J. R.: Value of laminagraphy in diagnosis and evaluation of coarctation of aorta. Amer. J. Roentgenol. 76, 773—781 (1956).

Berglund, H.: Sympathikuschirurgie und Hypertension. Verh. dtsch. Ges. Kreisl.-Forsch. 15, 186—196 (1949).

Bernheim, B. M.: De l'asystolie veineuse dans l'hypertrophie du cœur gauche par sténose concomitante du ventricule droit. Rev. Médecine 30, 785—801 (1910).

Bettge, S.: Der heutige Stand des Hypertonieproblems. Medizinische 1959, 504—510.

Betz, E., u. H. Breitinger: Rückwirkungen der arteriellen Hypertonie auf Herz, Gefäß-System und Niere mit mehrjährigen Verlaufsbeobachtungen. Medizinische 1959, 707—712.

Bing, R. J.: The coronary circulation in health and disease as studied by coronary sinus catheterization. Bull. N.Y. Acad. Med. 27, 407—424 (1951).

— Regulation of dynamic and metabolic function of human heart. Acta med. scand. 142, Suppl. 266, 223—228 (1952).

Bock, H. E.: Klinik und Therapie der nichtrenalen Hypertonie. Therapeutische Berichte (Bayer) 1/64, 11—20 (1964).

Bock, K. D.: Pathophysiologie des Hochdrucks. Vortrag auf der 75. Tagung der Norddeutschen Gesellschaft für innere Medizin 18.—20. 6. 1970, Westerland (Sylt).

Bolt, W., H. W. Knipping, H. Valentin u. H. Venrath: Ergebnisse der Funktionsanalyse beim Sportherzen. Sportärzte-Tagung Leipzig 1953.

Branham, H. H.: Aneurysmal varix of the femoral and vein following a gunshot wound. Int. J. Surg. 3, 250 (1890).

Braunbehrens, H. v.: Über die Leistung des Röntgenverfahrens für die Herzfunktionsprüfung. Verh. dtsch. Ges. inn. Med. 50, 97—103 (1938).

Bruns, O., u. G. A. Roemer: Der Einfluß angestrengter körperlicher Arbeit auf radiographische Herzgröße, Blutdruck und Puls. Z. klin. Med. 94, 22—48 (1922).

Büchner, F., A. Weber u. B. Haager: Koronarinfarkt und Koronarinsuffizienz in vergleichender elektrocardiographischer und morphologischer Untersuchung. Leipzig: Georg Thieme 1935.

Clawson, B. J.: Incidence of types of heart disease among 30265 autopsies, with special reference to age and sex. Amer. Heart J. 22, 607—624 (1941).

— The heart in essential hypertension, a symposium, edit. by E. T. Bell. Minneapolis: University Minnesota Press 1951.

Conn, J. W.: Fainting background. Primary aldosteronism, a new clinical syndrome. J. Lab. clin. Med. 45, 3—17, 661—664, 980—989 (1955).

Conn, J. W., and L. H. Louis: Primary aldosteronism, new clinical entity. Ann. intern. Med. 44, 1—15 (1956).

Cournand, A.: Discussion of the concept of cardiac failure in the light of recent physiologic studies in man. Ann. intern. Med. 37, 649—663 (1952).

— H.L.Motley, L.Werkö and E.W.Richards: Physiological studies of the effects of intermittend positive pressure breathing on cardiaec output in man. J. Physiol. (Lond.) 152, 162—174 (1948).

Cushing, H.: The basophil adenomas of the pituitary body and their clinical manifestations. Bull Johns. Hopk. Hosp. 50, 137—195 (1932).

Dean, J. V. B.: Relation of cardiac enlargement to hypertension in acute and chronic glomerulonephritis. Amer. J. Med. 1, 161—167 (1946).

Delius, L.: Der Herzmuskel bei primären Störungen des Gefäßsystems. Verh. dtsch. Ges. Kreisl.-Forsch. 22, 157—180 (1956).

—, u. H. Reindell: Neuere klinische Untersuchungsergebnisse über die Physiologie und Pathologie der Regulationen des Kreislaufes und der Herzdynamik. Klin. Wschr. 47, 1—5 (1949).

Dexter, L., S. L. Wittenberger, F. W. Haynes, W. T. Goodale, R. Gorlin and S. G. Sawyer: Effect of exercise on circulatory dynamics of normal individuals. J. appl. Physiol. 3, 439—453 (1951).

Dietlen, H.: Über die klinische Bedeutung der Veränderungen am Zirkulationsapparat insbesondere der wechselnden Herzgröße bei verschiedenen Körperstellungen (Liegen und Stehen). Dtsch. Arch. klin. Med. 97, 132—164 (1909).

— Herzgröße, Herzmeßmethoden, Anpassung, Hypertrophie, Dilatation, Tonus des Herzens. In Handbuch der normalen und pathologischen Physiologie von Bethge u. v. Bergmann, Bd. VII/1. Berlin: Springer 1926.

— Über das Sportherz. Münch. med. Wschr. 98, 2137—2142, 2195—2200, 2237—2243, 2291—2296 (1951).

— Über physiologische und pathophysiologische Grundlagen der Röntgendiagnostik des Herzens. Dtsch. med. Wschr. 80, 540—544, 744—749 (1955).

Dock, W.: The capacity of the coronary bed in cardiac hypertrophy. J. exp. Med. 74, 177—186 (1941).

Eiden, A.: Über die Druckverhältnisse beim vergrößerten Sportherzen. Diss. Köln 1954.

Eppinger, H.: Das Problem der Kreislaufschwäche. Verh. dtsch. Ges. Kreisl.-Forsch. 1, 11—40, 63—68 (1928).

Fahr, G.: Heart in hypertension. J. Amer. med. Ass. 105, 1396—1400 (1935).

Felix, R.: Extramurale Koronararterien und lokale Myokarddurchblutung. In: Ergebnisse d. med. Radiologie, Bd. VI. Hrsgb. Glauner/ Rüttimann u.a. Stuttgart: Thieme 1973.

Fife, R., E. A. Marshall and J. H. Wright: Essential hypertension: an analysis of certain clinical and electrocardiographic features in a series of 1011 cases. Glasg. med. J. **35**, 279—325 (1954).

FLAXMAN, N.: Auricular fibrillation; its influence on course of hypertensive heart disease. J. Amer. med. Ass. **108**, 797—799 (1937).

FRANK, E.: Über die Beziehungen zwischen Niere, Nebenniere und Blutdruck in der menschlichen Pathologie. Berl. klin. Wschr. **48**, 609—612 (1911).

FRANK, O.: Zur Dynamik des Herzmuskels. Z. Biol. **32**, 370—437 (1895).

FREY, E., u. J. FREY: Der Einfluß von Acetylcholin und Adrenalin auf die Ruhedekompensation und Refraktärzeit der isolierten Froschventrikel. Naunyn-Schmiedeberg's Arch. exp. Path. Pharmak. **205**, 590—606 (1948).

FREY, W.: Die hämatogenen Nierenerkrankungen. In Handbuch der inneren Medizin, Bd. VIII. Berlin-Göttingen-Heidelberg: Springer 1951.

FRIEDBERG, C. K.: Erkrankungen des Herzens. Stuttgart: Georg Thieme 1959.

FRIEDMANN, C. E.: Heart volume, myocardial volume and total capacity of the heart cavities in certain chronic heart diseases. Acta med. scand. **140**, Suppl. 257, 3—100 (1951).

GOLLWITZER-MEIER, K.: Pathologische Physiologie der Herzinsuffizienz. Verh. dtsch. Ges. Kreisl.-Forsch. **16**, 3—12 (1950).

GORE, J., and O. SAPHIR: Myocarditis associated with acute and subacute glomerulonephritis. Amer. Heart J. **36**, 390—402 (1948).

GRANT, R. P.: Aspects of cardiac hypertrophy. Amer. Heart J. **46**, 154—158 (1953a).

— Architectonics of the heart. Amer. Heart J. **46**, 405—431 (1953b).

GREEN, D. M.: Phaeochromocytoma and chronic hypertension. J. Amer. med. Ass. **131**, 1260—1265 (1946).

GUTHRIE, K. J.: Study of pathologic of nephritis in infancy and childhood. J. Path. Bact. **42**, 565—586 (1936).

HECHT, A.: Studie über Veränderungen der Herzkammern bei Hypertonie und Herzklappenfehlern. Arch. Kreisl.-Forsch. **5**, 73—122 (1939).

HEGGLIN, R., u. H. NABHOLZ: Das Nebennierenmarksyndrom. Zur Kasuistik der chromaffinen Geschwülste. Z. klin. Med. **134**, 161—195 (1938).

— Über Herzinsuffizienzprobleme. Schweiz. med. Wschr. **83**, 1103—1110 (1953).

HERBST, M., O. HARTLEB u. K. BOCK: Klinische und angiokardiographische Bestätigung des Bernheim-Syndroms. Fortschr. Röntgenstr. **91**, 679—689 (1959).

HIERONYMI, G.: Über den altersbedingten Formwandel elastischer und muskulärer Arterien. S.-B. heidelberg. Akad. Wiss., Math.-naturwiss. Kl., 3. Abh. 1956.

— Angiometrische Untersuchungen venöser und arterieller Gefäße verschiedenen Lebensalters. Frankfurt. Z. Path. **69**, 18—36 (1958).

HOLZMANN, M.: Funktionsprüfung des Herzens. Helv. med. Acta **8**, 733—751 (1941).

HOLZMANN, M.: Erkrankungen des Herzens und der Gefäße. In Lehrbuch der Röntgendiagnostik von SCHINZ-BAENSCH-FRIEDL-UEHLINGER, Bd. III. Stuttgart: Georg Thieme 1952.

— Klinische Elektrokardiographie. Stuttgart: Georg Thieme 1955.

HORVATH, A.: Über die Hypertrophie des Herzens. Wien u. Leipzig: W. Braumüller 1897.

JANKER, R.: Zur röntgenologischen Darstellung der Aortenisthmusstenose. Langenbecks Arch. klin. Chir. **274**, 548—561 (1952).

JORES, A.: Die Nebennieren und ihre Krankheiten. In Handbuch der inneren Medizin, 4. Aufl., Bd. VII/1. Berlin-Göttingen-Heidelberg: Springer 1955.

JULIUS, S., and J. CONWAY: Hemodynamic studies in patients with borderline blood pressure elevation. Circulation **38**, 282 (1968).

KAISER, K., u. P. THURN: Beitrag zur Röntgenkymographie der Aorta. Fortschr. Röntgenstr. **77**, 28—37 (1952).

KATHKE, N.: Die Veränderungen der Coronararterienzweige des Myocards bei Hypertonie. Beitr. path. Anat. **115**, 405—422 (1955).

KATZ, L. N.: Mechanism of cardiac failure. Circulation **10**, 663—679 (1954).

KERN, B.: Die Herzinsuffizienz. Stuttgart: Ferdinand Enke 1948.

KIRCH, E.: Untersuchungen über tonogene Herzdilatation. Verh. dtsch. path. Ges. **21**, 391—398 (1926).

— Pathogenese und Folgen der Dilatation und der Hypertrophie des Herzens. Klin. Wschr. **9**, 769—772, 817—819 (1930).

— Dilatation und Hypertrophie des Herzens. Nauheimer Fortbild.-Lehrg. **14**, 47—66 (1938).

KLEINFELD, M., u. J. REDISH: Size of heart during course of essential hypertension. Circulation **5**, 74—80 (1952).

KLEPZIG, H., H. REINDELL, K. MUSSHOFF u. R. WEYLAND: Anpassungsvorgänge des Herzens bei Klappenfehlern. Verh. dtsch. Ges. Kreisl.-Forsch. **20**, 111—114 (1954).

KNIERIEM, H. J.: Morphologische Grundlagen der Herzhypertrophie. Verh. Dtsch. Ges. Kreisl.-Forsch. **38**, 1—21 (1972).

KNIPPING, H. W.: Die Beurteilung des Herzkranken. Regensburger Jb. ärztl. Fortbild. **1**, 259—268 (1950).

— W. BOLT, H. VALENTIN u. H. VENRATH: Untersuchung und Beurteilung des Herzkranken, 2. Aufl. Stuttgart: Ferdinand Enke 1960.

KRAKOWER, C. A., and H. E. HEINO: Cardiac hypertrophy. An immediate response to Starlings law of increased energy output of the heart. Arch. Path. (Chicago) **47**, 475—486 (1949).

KRAUS, F.: Über konstitutionelle Schwäche des Herzens. Dtsch. med. Wschr. **43**, 1153—1159 (1917).

KREUZFUCHS, S.: Die Brustaorta im Röntgenbild. Wien. klin. Wschr. **29**, 701—705 (1916).

Kreuzfuohs, S.: Die einfachste Aortenmessung und ihre physiologisch-klinische Bedeutung. Münch. med. Wschr. 83, 681—683 (1936).

Küchmeister, H.: Die Kapillarpermeabilitäts- und -resistenzprüfung in der Diagnostik und therapeutischen Erfolgsbeurteilung innerer Erkrankungen. Arch. Kreisl.-Forsch. 18, 395—422 (1952).

Künzler, R., u. N. Schad: Atlas der Angiokardiographie angeborener Herzfehler. Stuttgart: Georg Thieme 1960.

Kudisch, B. M.: Über die funktionell-dynamische Methodik der Kardioröntgenologie. Fortschr. Röntgenstr. 46, 529—545 (1932).

—, u. E. A. Kamensky: Röntgenologische Analyse der Herzklappenfehler. Fortschr. Röntgenstr. 51, 480—492 (1935).

Lenégre, J. M., B. Coblentz et R. Scebat: Le cathéterisme veineux des cavités droites du cœur chez l'homme. Arch. Mal. Cœur 42, 978—1019 (1948).

Liljestrand, G., E. Lysholm and G. Nylin: Immediate effects of muscular work on stroke and heart volume in man. Skand. Arch. Physiol. 80, 265—282 (1938).

— — — and C. G. Zachrison: The normal heart volume in man. Amer. Heart J. 17, 406—415 (1939).

Linzbach, A. J.: Mikrometrische und histologische Analyse hypertropher menschlicher Herzen. Virchows Arch. path. Anat. 314, 534—594 (1947a).

— Über die sogenannte idiopathische Herzhypertrophie. Virchows Arch. path. Anat. 314, 595—599 (1947b).

— Herzhypertrophie und kritisches Herzgewicht. Klin. Wschr. 26, 459—463 (1948).

— Die pathologische Anatomie der röntgenologisch feststellbaren Form- und Gefäßveränderungen des menschlichen Herzens. Fortschr. Röntgenstr. 77, 1—14 (1952).

— Die Lebenswandlungen der Struktur des Herzens. Verh. dtsch. Ges. Kreisl.-Forsch. 24, 3—15, 58—59 (1958).

— Die pathologische Anatomie der Herzinsuffizienz. In Handbuch der inneren Medizin, Bd. IX/1. Berlin-Göttingen-Heidelberg: Springer 1960.

Lowenstein, F. W.: A study of blood pressure in relation to diet in chinese and caucasian students in New York city. Amer. Heart J. 49, 565—580 (1955).

Lüscher, W.: Über Myocarditis uraemica. Frankfurt. Z. Path. 26, 293—306 (1921).

Master, A. M., H. H. Marks and S. Dack: Hypertension in persons over 40 years of age. J. Amer. med. Ass. 121, 1251—1256 (1943).

McMichael, J.: Pharmakologie des Herzversagens. Darmstadt: Dr. Dietrich Steinkopff 1953.

Meyer, F.: Die Dynamik des geschwächten Herzens. Z. Kreisl.-Forsch. 33, 856—873 (1941).

Milles, G., and W. Dalessandro: Relationship of weight of heart and circumference of coronary arteries to myocardial infarction and myocardial failure. Amer. J. Path. 30, 31—37 (1954).

Moritz, F.: Über orthodiagraphische Untersuchungen am Herzen. Münch. med. Wschr. 49, 1—8 (1902).

— Über funktionelle Verkleinerung des Herzens. Münch. med. Wschr. 55, 713—718 (1908).

— Herzdilatation. Münch. med. Wschr. 1935, 450—452.

—, u. D. v. Tabora: Die allgemeine Pathologie des Herzens und der Gefäße. In Handbuch der allgemeinen Pathologie von Koehl u. Marchand, Bd. 2. Wiesbaden: F. F. Bergmann 1913.

Murphy, F. D., J. Grill, B. Pessin and G. F. Moxon: Essential (primary) hypertension: clinical and morphological study of 375 cases. Ann. intern. Med. 6, 31—53 (1932).

Murphy, R. T., and F. D. Murphy: The heart in acute glomerulonephritis. Ann. intern. Med. 41, 510—532 (1954).

Musshoff, K., H. Reindell u. H. Klepzig: Zur Frage des systolischen Restblutes beim Menschen. Fortschr. Röntgenstr. 88, 611—618 (1958).

Nemet, G., and J. B. Schwedel: Roentgenographic studies of the right ventricle. Amer. Heart J. 7, 560—573 (1932).

Opitz, E., u. M. Schneider: Über die Sauerstoffversorgung des Gehirns und den Mechanismus von Mangelwirkungen. Ergebn. Physiol. 46, 125—260 (1950).

Peet, M. M., and E. M. Isberg: Problem of malignant hypertension and its treatment by splanchnic resektion. Ann. intern. Med. 28, 755—767 (1948).

Perera, G. A.: The natural history of hypertensive vascular disease: Hypertension. Minneapolis: University Minnesota Press 1951.

Pickering, G. W.: High blood pressure. London: J. & A. Curchill 1955.

— Eine neue Konzeption der essentiellen Hypertonie und ihrer Pathogenese. Medizinische 1956, 1325—1331.

Plotz, Ch. M., A. J. Knowlton and Ch. Ragan: The natural history of Cushing's syndrome. Amer. J. Med. 13, 597—614 (1952).

Purks, H.: Dynamic dilatation of the thoracic aorta. Amer. Heart J. 9, 655—663 (1934).

Reichel, H.: Die Herzdynamik unter dem Einfluß des peripheren Kreislaufs. Verh. dtsch. Ges. Kreisl.-Forsch. 22, 3—25 (1956).

Reindell, H., u. L. Delius: Klinische Beobachtungen über die Herzdynamik beim gesunden Menschen. Dtsch. Arch. klin. Med. 193, 639—655 (1948).

— H. Klepzig u. R. Merk: Die Arbeitsweise des gesunden Herzens bei akuter linksseitiger Druckbelastung (kymographische, hämodynamische und elektrokardiographische Beobachtungen im Phäochromocytomanfall). Klin. Wschr. 30, 554—558 (1952).

— K. Musshoff u. H. Klepzig: Regulative und myogene Dilatation des Herzens. Fortschr. Röntgenstr. 85, 385—408 (1956).

REINDELL, H., K. MUSSHOFF u. H. KLEPZIG: Physiologische und pathophysiologische Grundlagen der Größen- und Formveränderungen des Herzens. In Handbuch der inneren Medizin, Bd. IX/1. Berlin-Göttingen-Heidelberg 1960.

— — — u. R. WEYLAND: Über eine Art von Sofortdepot des Kreislaufs. Verh. dtsch. Ges. inn. Med. 60, 538—543 (1954).

— R. WEYLAND, H. KLEPZIG u. K. MUSSHOFF: Über physiologische und pathophysiologische Grundlagen der Röntgendiagnostik des Herzens. Dtsch. med. Wschr. 80, 540—544, 744—749 (1955).

REMINGTON, J. W., and W. F. HAMILTON: Quantitative calculation of the time course of cardiac ejection from the pressure pulse. Amer. J. Physiol. 148, 25—34 (1947a).

— — Evaluation of work of heart. Amer. J. Physiol. 150, 292—298 (1947b).

RODRIGUEZ, F. L., and S. L. ROBBINS: Capacity of human coronary arteries. A postmortem study. Circulation 19, 570—578 (1959).

ROMBERG, E.: Lehrbuch der Krankheiten des Herzens und der Blutgefäße. Stuttgart: Ferdinand Enke 1906 u. 1925.

SACK, H.: Das Phäochromocytom. Stuttgart: Georg Thieme 1961.

—, u. A. BERNSHEIMER: Die Kreislaufregulation beim Nebennierenmarktumor. Klin. Wschr. 27, 305—309 (1949).

— — Vergleichende Untersuchungen zur Frage der pressorischen Substanzen beim Phäochromocytom. Z. ges. inn. Med. 5, 152—157 (1950).

SALISBURG, P. F.: Coronary artery pressure and strength of right ventricular contraction. Circulat. Res. 3, 633—638 (1955).

SARNOFF, S. J., and E. BERGLUND: Ventricular function. Starling's law of heart studied by means of simultaneous right and left ventricular function curves in dog. Circulation 9, 706—718 (1954).

SARRE, H.: Zur Pathogenese der essentiellen Hypertonie. Med. Klin. 55, 757—764 (1960).

—, u. H. SOSTMAN: Capillarpermeabilität bei akuter und chronischer Nephritis. Klin. Wschr. 21, 8—13 (1942).

SCÉBAT, L., R. KREMER, J. LENÉGRE et J. DAMIEN: Etude de l'hémodynamique dans les cardiopathies hypertensives. Arch. Mal. Cœur 48, 666—675 (1954).

SCHAEDE, A., u. P. THURN: Größenbestimmungen der Herzhöhlen mit dem Herzkatheter. Fortschr. Röntgenstr. 79, 21—32 (1953).

— — Zur Frage des systolischen Restblutes beim Menschen. — Angiokardiographische Beobachtungen. Fortschr. Röntgenstr. 86, 696—710 (1957); 88, 618—620 (1958).

SCHÄFER, E. L.: Der endokrine Hochdruck und seine Therapie. Therapiewoche 10, 385—390 (1959/60).

SCHERF, D., u. L. J. BOYD: Klinik und Therapie der Herzkrankheiten und der Gefäßerkrankungen, 6. Aufl. Wien: Springer 1955.

SCHOENMACKERS, J.: Die Herzkranzschlagadern bei der arterio-kardialen Hypertrophie. Z. Kreisl.-Forsch. 38, 321—336 (1949).

SCHOLZ, D. A., R. G. SPRAGUE and J. W. KERNOHAN: Cardiovascular and renal complications of Cushing's syndrome. New Engl. J. Med. 256, 833—837 (1957).

SCHWARZ, G.: Die Röntgenuntersuchung des Herzens und der großen Gefäße. Wien: Franz Deuticke 1911.

SCHWIEGK, H., u. G. RIECKER: Pathophysiologie der Herzinsuffizienz. In Handbuch der inneren Medizin, Bd. IX, Teil 1. Berlin-Göttingen-Heidelberg 1960.

SCOTT, R. C., S. KAPLAN, N. O. FOWLER, R. A. HELM, R. N. WESTCOTT, J. C. WALKER and W. J. STILES: The electrocardiographic pattern of right ventricular hypertrophy in chronic cor pulmonale. Circulation 11, 927—951 (1955).

— V. J. SEIWERT, D. L. SIMON and J. McGUIRE: Left ventricular hypertrophy. Circulation 11, 89—96 (1955).

SCOTT, R. W.: Clinical aspects of arteriosclerosis. Amer. Heart J. 7, 292—304 (1932).

SHARPEY-SCHAFER, E. P.: The response of the heart in acute nephritis. Lancet 1955 II, 841—842.

SJÖSTRAND, T.: Volume and distribution of blood and their significance in regulating the circulation. Physiol. Rev. 33, 202—228 (1953).

— Reserveblut und Kreislaufregulation. Verh. dtsch. Ges. inn. Med. 60, 543 (1954).

— Das Sportherz. Dtsch. med. Wschr. 80, 963—966 (1955).

SMITHWICK, R. H.: Hypertensive vascular disease. Results of and indications for splanchnicectomy. J. chron. Dis. 1, 477—496 (1955).

STARLING, E. H.: The linacre lecture on the law of the heart. London: Longmans Green & Co. 1918.

— Das Gesetz der Herzarbeit. Übersetzung von A. LIPSCHÜTZ. Bern u. Leipzig: Bircher 1920.

STAUFFER, H. M., and L. G. RIGLER: Dilatation and pulsation of the left subclavian artery in the roentgenray diagnosis of coarctation of the aorta. Circulation 1, 294—298 (1950).

STEAD jr., E. A., and J. V. WARREN: Cardiac output in man. Arch. intern. Med. 80, 237—248 (1947).

STECKEN, A., u. U. WEISS: Die Tomographie der Aortenisthmusstenose. Fortschr. Röntgenstr. 91, 151—171 (1959).

STRAUB, H.: Der Druckablauf in den Herzhöhlen. Der Mechanismus der Herztätigkeit. Pflügers Arch. ges. Physiol. 143, 69—90 (1911).

— Dynamik des Säugetierherzens: Zur Dynamik der Klappenfehler des linken Herzens. Dtsch. Arch. klin. Med. 115, 531—595 (1914a).

— Dynamik des Säugetierherzens: Dynamik des rechten Herzens. Dtsch. Arch. klin. Med. 116, 409—436 (1914b).

— Die klinische und praktische Bedeutung der neueren Anschauungen über Dilatation und Hypertrophie. Zbl. Herz- u. Gefäßkr. 13, 193—202 (1921).

Straub, H.: Die Dynamik des Herzens. Die Arbeitsweise des Herzens in ihrer Abhängigkeit von Spannung und Länge unter verschiedenen Arbeitsbedingungen. In Handbuch der normalen und pathologischen Physiologie, Bd. VII/1. Berlin: Springer 1926.

Stumpf, P.: Kymographische Röntgendiagnostik zur Beurteilung des Herzens. Stuttgart: Georg Thieme 1951.

Sussman, M. C., and S. A. Brahms: Interpretation of normal cardiovascular angiograms: Discussion of common errors. Amer. J. Roentgenol. 66, 29—36 (1951).

Sussmann, M. L., and A. Grishman: Discussion of angiocardiography and angiography. Recent Advanc. Int. Med. 2, 102—172 (1947).

Thurn, P.: Röntgenkymographische Befunde bei kongenitalen Herzfehlern. Fortschr. Röntgenstr. 74, 151—159 (1951).

— Hämodynamik des Herzens im Röntgenbild. Stuttgart: Georg Thieme 1956.

— Diagnose und Differentialdiagnose der Herzerkrankungen im Röntgenbild. In Lehrbuch der röntgenologischen Differentialdiagnostik von W. Teschendorf. Stuttgart: Georg Thieme 1958.

Tschilow, K., u. E. Christoff: Die Wirkung des Aderlasses auf die Herzgröße. Z. ges. exp. Med. 89, 173—176 (1933).

Vaquez, H., u. E. Bordet: Radiologie du cœur et des vaisseaux de la base. Paris: Baillière 1928.

Vivell, O.: Durchströmungsversuche am Coronarsystem bei normalem hypertrophischem und atrophischem Herzmuskel. Beitr. path. Anat. 111, 125—143 (1950).

Vogelberg, K.: Die Lichtungsweite der Coronarostien an normalen und hypertrophen Herzen. Z. Kreisl.-Forsch. 46, 101—115 (1957).

Volhard, F.: Demonstration. Verh. dtsch. Ges. inn. Med. 25, 688—690 (1908).

— Der arterielle Hochdruck. Verh. dtsch. Ges. inn. Med. 35, 134—184 (1923).

— Aussprache: Herzinsuffizienz. Verh. dtsch. Ges. Kreisl.-Forsch. 16, 136—139 (1950).

Wearn, J. T.: Alterations in heart accompanying growth and hypertrophy. Bull Johns Hopk. Hosp. 68, 363—374 (1941).

Wepler, W.: Myokardbefunde bei akuter Feldnephritis. Klin. Wschr. 28, 598—602 (1950).

Werkö, L., and H. Lagerlöf: Studies on circulation in man: Cardiac output and blood pressure in the right auricle, right ventricle and pulmonary artery in patients with hypertensive cardiovascular disease. Acta med. scand. 133, 427—436 (1949).

White, P. D.: Heart disease. New York: Macmillan & Co. 1951.

—, and P. D. Camp: A comparison of orthodiagraphic and teleroentgenographic measurements of the heart and thorax. Amer. intern. Med. 6, 469—481 (1932).

Wiggers, C. J.: Determination of cardiac performance. Circulation 4, 485—495 (1951).

—, and L. N. Katz: The contour of the ventricular volume curves under different conditions. Amer. J. Physiol. 58, 439—475 (1922).

Wollheim, E.: Hämodynamik und Organdurchblutung. In: Hochdruckforschung. Fortschritte auf dem Gebiete der Inneren Medizin. II. Symp. in Freiburg am 18./19. 7. 1964. Hrsg. L. Heilmeyer u. H. J. Holtmeier, S. 136. Stuttgart: Thieme 1965.

Wollheim, E., u. J. Moeller: Hypertonie. In Handbuch der inneren Medizin, Bd. IX, Teil 5. Berlin-Göttingen-Heidelberg: Springer 1960.

Zdansky, E.: Röntgendiagnostik des Herzens und der großen Gefäße. Wien: Springer 1962.

— Was leistet die Röntgenuntersuchung für die Herzfunktion des Erwachsenen? In: Röntgendiagnostik, Ergebnisse 1952—1956, S. 104—132. Stuttgart: Georg Thieme 1957.

— Zit. nach Reindell u. Mitarb. 1957 in Handbuch der inneren Medizin, Bd. IX/1. Berlin-Göttingen-Heidelberg: Springer 1960.

Zuppinger, A., u. E. Seemann: Zur Technik der Thorax- und Herzaufnahme. Fortschr. Röntgenstr. 75, 183—189 (1951).

XII. Die Röntgenologie des Herzens im Säuglingsalter

Von

E. Rossi

Mit 9 Abbildungen

Die Betrachtung der röntgenologischen Probleme des Herzens im Säuglings- und Kleinkindesalter ergibt einige typische Einzelheiten, die für dieses Alter pathognomonisch sind. Die röntgenologischen Befunde vieler Herzaffektionen, namentlich die Herzkonfiguration bei kongenitalen und erworbenen Vitien, weichen allerdings nicht von denjenigen im späteren Alter ab. Dagegen spielen aber im Säuglings- und Kleinkindesalter die Fehlerquellen infolge spezieller Herz-Lungen-Dynamik eine weit größere Rolle als im Erwachsenenalter. Aus diesen Gründen werden wir uns hier nur solchen Fragen zuwenden, die für das frühe Kindesalter als spezifisch zu betrachten sind. Was die Beschreibung der verschiedenen anderen Herzaffektionen anbelangt, verweisen wir auf die entsprechenden Kapitel.

1. Technik

Die Herzaufnahmen werden beim Kind in der Regel mit einem kürzeren Bildabstand als im späteren Alter ausgeführt. Am häufigsten wird ein Abstand von 1,0—1,5 m gewählt. Das Röntgenbild wird am einfachsten in liegender Stellung aufgenommen. Verfügt man über eine gute Aufhängevorrichtung, dann wird das Röntgenbild mit Vorteil in hängender Lage angefertigt. Diese Einrichtung erlaubt eine gute Fixierung des Säuglings und dadurch die nötige Ruhigstellung.

Daß die Angabe der Lage, in welcher die Aufnahme ausgeführt wird, unerläßlich ist, ergibt sich aus der Tatsache, daß in liegender Stellung durch das Höhertreten des Zwerchfells die Querstellung der Herzachse ausgeprägter wird. Ein zweites, für das Säuglingsalter spezifisch-technisches Problem, bietet uns das *Oesophagogramm*. Üblicherweise benutzt man zur Ausführung eines Oesophagogramms einen dicken Bariumbrei. Bei Säuglingen ist dies aber nicht immer ohne weiteres möglich. In solchen Fällen ist man gezwungen, eines der neuen jodhaltigen Kontrastmittel anzuwenden. Die Benützung einer Oesophagussonde ist nicht zu empfehlen, sie kann unter Umständen sogar gefährlich sein (Aspiration in die Luftwege; oder die Sonde kann zu tief liegen, so daß die interessierende Stelle nicht zur Darstellung gelangt).

Was die Technik der Exposition und Dosierung der Röntgenstrahlen anbelangt, sei auf die betreffenden Kapitel hingewiesen. Hier möchten wir nur erwähnen, daß die Hartstrahltechnik im Säuglings- und Kindesalter ihre spezifische Anwendung findet. Die Ausführung der Röntgenkymographie und der Schichtdarstellung kommt in diesem Alter kaum in Frage.

2. Das normale Herz des Säuglings

Die Herzkonfiguration des Säuglings ist recht verschieden von der des Erwachsenen. Dies hat folgende Gründe:

1. Der Thorax des Neugeborenen ist verhältnismäßig weniger hoch, dafür tiefer und breiter als beim Erwachsenen.

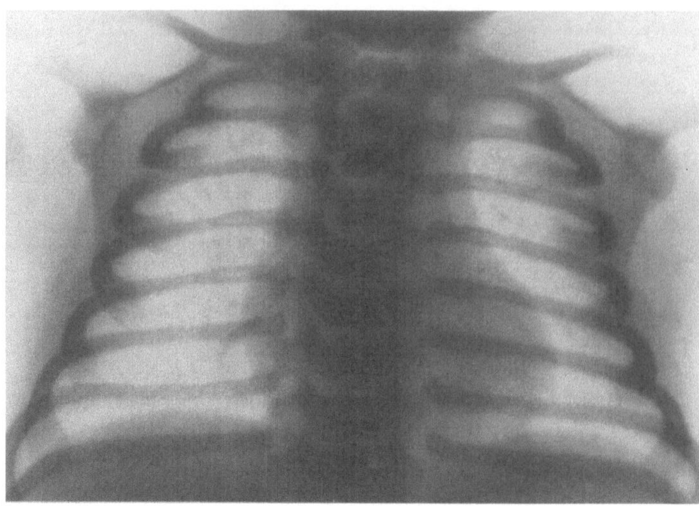

Abb. 1. Herzschatten bei einem 8 Tage alten Neugeborenen (S. R., ♀, Röntgenbild-Nr. 23455/59)

2. Das Zwerchfell steht höher als im späteren Alter.

3. Das Herz des Neugeborenen ist, im Verhältnis zum gesamten Körpergewicht, größer als nach dem ersten Lebensjahr.

4. Das rechte Herz ist während der ersten Lebenswochen im Volumen ebenso groß wie das linke.

5. Die Vorhöfe des Neugeborenen entsprechen in ihrer Größe beinahe den Ventrikeln.

Das normale Herz des Säuglings zeigt große Variationen in seiner Erscheinungsform. Aus den oben aufgezählten anatomischen Eigentümlichkeiten des Thorax und des Herzens lassen sich die Besonderheiten der Herzform im Röntgenbild besser verstehen (Abb. 1).

Das Herz ist im Verhältnis zum Thorax groß und wächst in den ersten Lebensmonaten nicht in gleichem Maße wie der übrige Körper, so daß nach 6—10 Monaten das Verhältnis von Herzvolumen zu Körpergewicht erreicht wird, das dann für den ganzen Rest des Lebens weitgehend konstant bleibt. Zudem erscheint das Herz fast symmetrisch.

Die Längsachse des Herzens ist gegenüber dem Transversaldurchmesser des Thorax bedeutend weniger stark geneigt als beim Erwachsenen. Ihr Neigungswinkel beträgt oft nur etwa 20⁰, liegt fast immer unter 45⁰. Beim Erwachsenen mißt dieser Winkel 45⁰ oder mehr.

Das rechte Herz nimmt praktisch die ganze Herzvorderfläche ein. Nach Taussig wird in der Regel nur die äußerste Spitzengegend durch den linken Ventrikel gebildet. Die Spitze ist meist stark gerundet.

Wegen der liegenden Herzachse verlaufen die großen Gefäße viel weniger steil aufwärts, sie sind schräg dorsal gerichtet. Es fehlt ein eigentlicher, ausgezogener Aortenbogen. Die Aorta ascendens biegt direkt in die Aorta descendens ein. Aus diesem Grunde fehlt auch der Aortenknopf fast regelmäßig. Die Herzbucht ist meist ausgefüllt. Wegen der Größe des rechten Ventrikels ist dessen Ausflußbahn so wie auch der Anfangsteil des Pulmonalishauptstammes leicht im Uhrzeigersinn gedreht. Beide Abschnitte bilden, meist kontinuierlich ineinander übergehend, den oberen Abschnitt der linken Herzkontur. Das linke Herzohr reicht in der Regel beim Säugling nicht bis an die linke Kontur. Dafür ist der rechte Vorhof oft deutlich ausladend und das rechte Herzohr groß.

Das obere Mediastinum ist breit. Der Füllungszustand der V. cava superior beeinflußt die Breite des Mittelschattens stark. Bei stärkerer Exspiration oder beim Pressen ist er breiter als bei Inspiration. Es ist wichtig, sich diese Tatsache vor Augen zu halten, da die Säuglinge während der Aufnahme nicht selten in der Art einer Valsalvaschen Probe pressen.

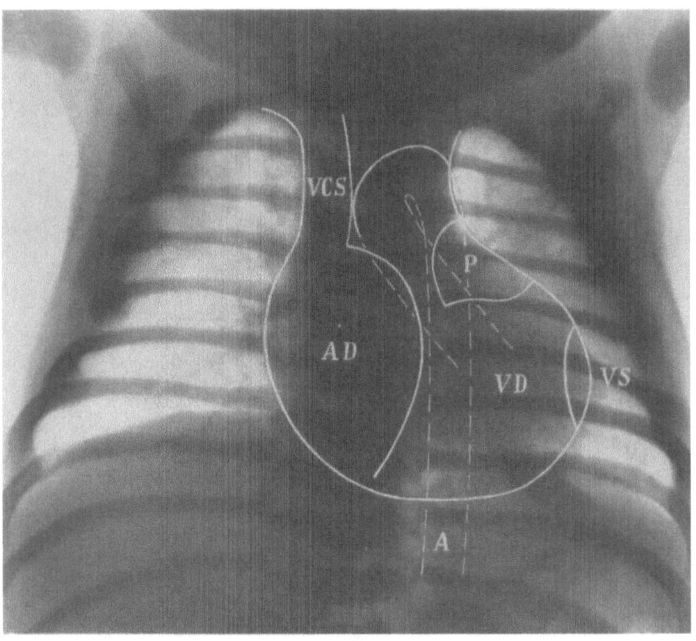

Abb. 2. Herzabschnitte bei einem 2 Tage alten Neugeborenen (S. D., ♂, Röntgenbild-Nr. 18345/56). *AD* Auriculum dextrum; *VS* Ventriculus sinister; *VD* Ventriculus dexter; *VCS* V. cava superior; *P* A. pulmonalis; *A* Aorta descendens

Während der ersten Lebensmonate beeinflußt der Thymus den Mediastinalschatten in starkem Maße und kann die oberen Herzabschnitte und die großen Gefäße völlig verdecken.

Die Herzgrenzen werden durch folgende Abschnitte gebildet (Abb. 2):

Die V. cava superior begrenzt den oberen Mittelschatten nach rechts und setzt sich nach unten, ohne deutlichen Übergang, in den rechten Vorhof fort. Der linke Herzrand wird oben durch den Pulmonalishauptstamm gebildet, gefolgt von der Ausflußbahn des rechten Ventrikels, dem sog. Infundibulum. Im Spitzengebiet reicht der linke Ventrikel noch mit einem mehr oder weniger langen Abschnitt an den linken Herzrand. Diese Konfiguration des Säuglingsherzens geht nach und nach in die kindliche Herzform über, die wenig von der des Erwachsenen abweicht (Abb. 3).

Besonders im zweiten Lebenshalbjahr finden in der Regel die deutlichsten Veränderungen statt. Zu dieser Zeit ändert sich die Thoraxform. Der Brustkorb flacht sich ab und wächst in seiner Länge. Das Zwerchfell tritt tiefer, damit richtet sich die Längsachse des Herzens auf. Das Herz nimmt, im Verhältnis zum Thorax, seine für das ganze spätere Leben bleibende Proportion an.

Nach der Geburt entwickelt sich das linke Herz stärker als das rechte, die Ventrikel stärker als die Vorhöfe. Durch die bevorzugte Entwicklung der linken Seite wird das Herz gegen den Uhrzeiger um seine Längsachse gedreht, und der rechte Ventrikel verschwindet zum Teil in der Zwerchfellkontur. Das linke Herzohr erscheint in der sich ausbildenden Herzbucht, und der links randbildende Anteil des linken Ventrikels nimmt eher zu. Die Form des Herzens wird längsoval und die Spitze ausgeprägter. Die Aorta verlängert sich, bildet einen abgerundeten Bogen, der als Aortenknopf über dem Pulmonalisabschnitt abgrenzbar wird. Damit nimmt das Herz schon im zweiten Lebensjahr praktisch die Form des Erwachsenenherzens an. Noch einmal muß mit Nachdruck betont werden, daß die Formverschiedenheiten beim Säuglingsherzen sehr groß sind.

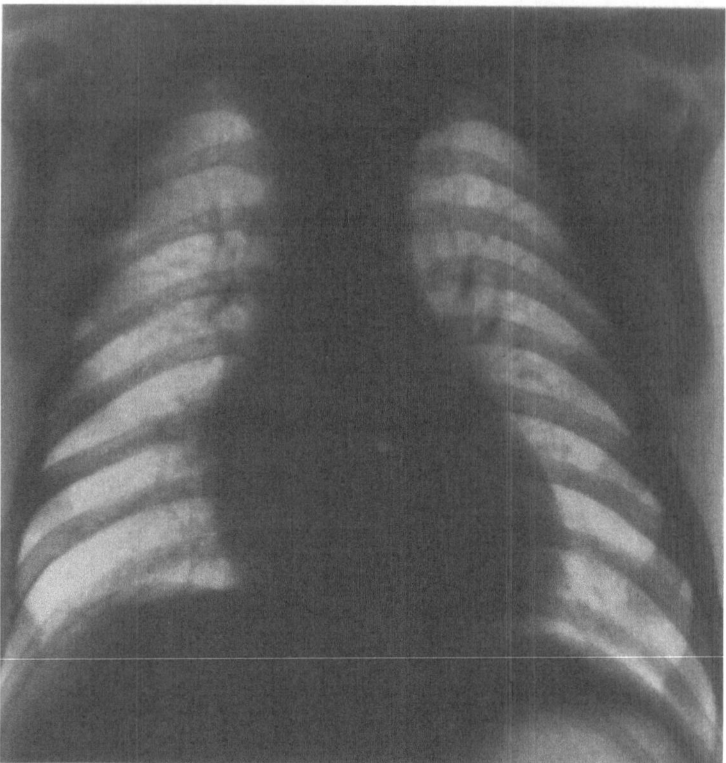

Abb. 3. Herz bei einem 6 Monate alten Säugling (B. H., ♂, Röntgenbild-Nr. 61003/57).

Sie werden daher in den folgenden Abschnitten etwas ausführlicher beschrieben und anhand von typischen Röntgenbildern dargestellt.

3. Variationen

Eine genaue Darstellung der Einzelheiten normaler Herzkonfigurationen im Säuglings- und Kleinkindesalter erübrigt sich, da die Variationen, welche zum Teil durch kardiale und zum Teil durch extrakardial-dynamische Momente bedingt sind, starke Abweichungen von der Norm zeigen können. An dieser Stelle ist besonders zu betonen, daß das Thoraxbild streng symmetrisch aufgenommen werden muß, was sich am besten an der Darstellung der Claviculae beurteilen läßt.

Lage. Je nach Lage während der Aufnahme können die Herzkonfigurationen in liegender, hängender, sitzender Stellung verschieden sein (Abb. 4a, b). In liegender Stellung ist die Querlage beträchtlich ausgeprägter, das Zwerchfell steht hoch, die Spitze ist abgerundet und das Gefäßband erscheint breiter. In hängender Stellung dagegen verschiebt sich die Spitze nach unten, und das Gefäßband wird enger.

Atemphase. Die in- und exspiratorische Phase führt, je jünger das Kind, desto mehr zu einer deutlichen Verschiebung der Herzachse und zu einer ausgeprägten Veränderung der Herzkonfiguration, so daß falsche Schlußfolgerungen hinsichtlich Herzgröße leicht möglich sind (Abb. 5a, b).

Herzphasen. Der Einfluß der Herzphasen (Diastole und Systole) auf die Herzkonturen spielt ebenfalls eine nicht zu unterschätzende Rolle. Bei Zusammentreffen der enddiastolischen Dilatation mit der scheinbaren Herzvergrößerung bei exspiratorischem Zwerchfellhochstand im Moment der Aufnahme, kann fälschlicherweise eine Kardiomegalie diagnostiziert werden. Die Veränderungen des linken Vorhofes in systolischer und diastolischer Phase sind in Abb. 6 dargestellt.

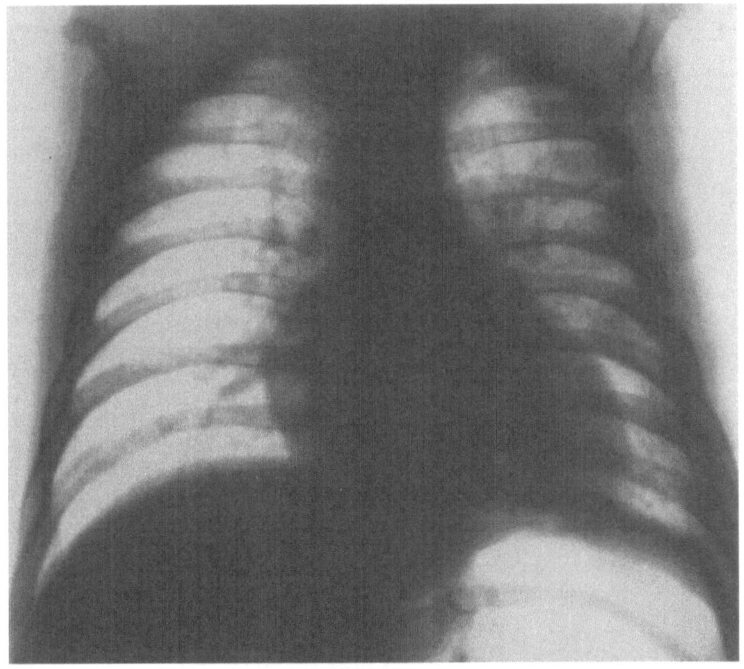

a

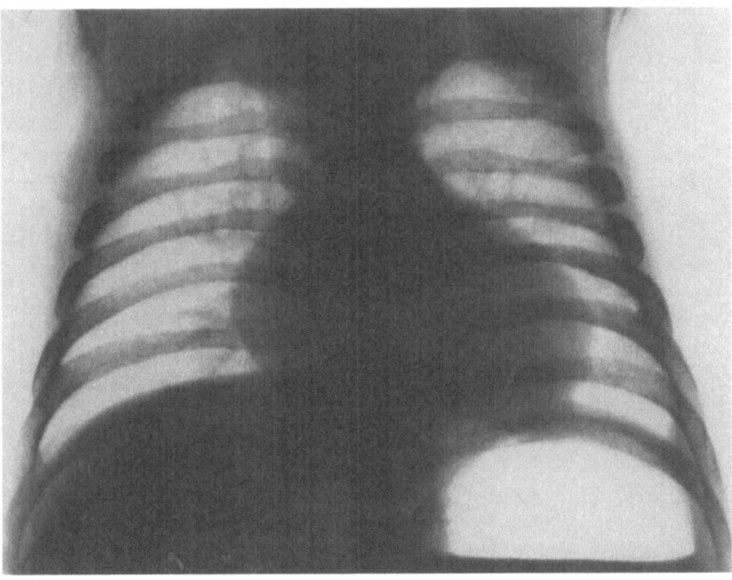

b

Abb. 4a u. b. Normales Säuglingsherz (F. H., ♂, 5 Monate, Röntgenbild-Nr. 78322/59). a In hängender Lage.
b Im Liegen

Meteorismus. Der Meteorismus kann gleich wie intraabdominale Tumoren zu Veränderungen der Herzkonfiguration führen. Abb. 7a, b zeigt die kugelige Form des Herzens zusammen mit einem breiten Gefäßband bei ausgesprochenem Meteorismus.

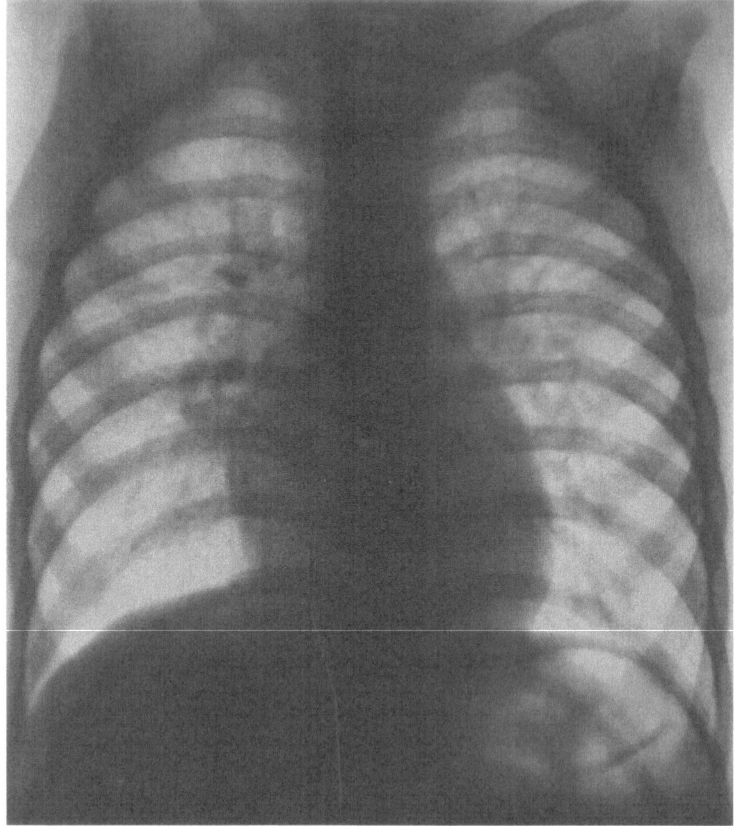

a

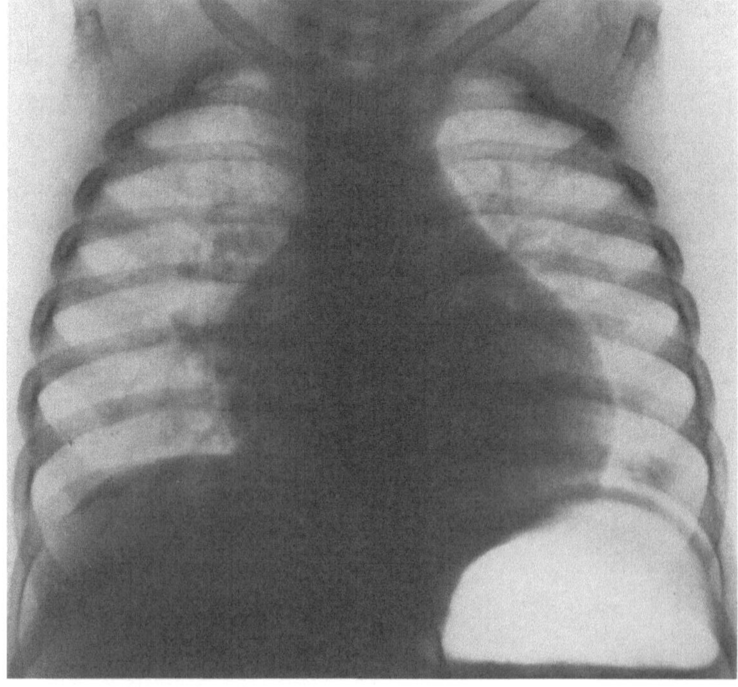

b

Abb. 5a u. b. Normales Säuglingsherz. a In inspiratorischer Phase (B. P., ♀, 10 Monate, Röntgenbild-Nr. 819/60). b In exspiratorischer Phase (B. P., ♀, 10 Monate, Röntgenbild-Nr. 819/60)

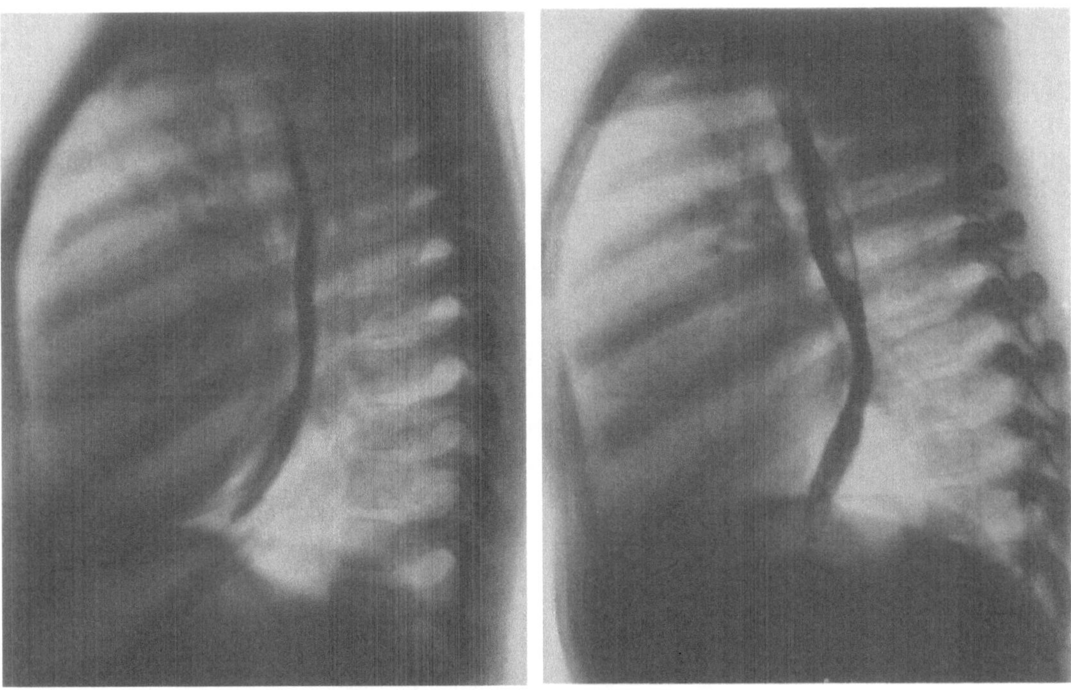

a   b

Abb. 6a u. b. Veränderungen des linken Vorhofes im Oesophagogramm (G. F., ♂, 23 Monate, Röntgenbild-Nr. 587/60). a Phase der Vorhofsystole. b Phase der Vorhofdiastole

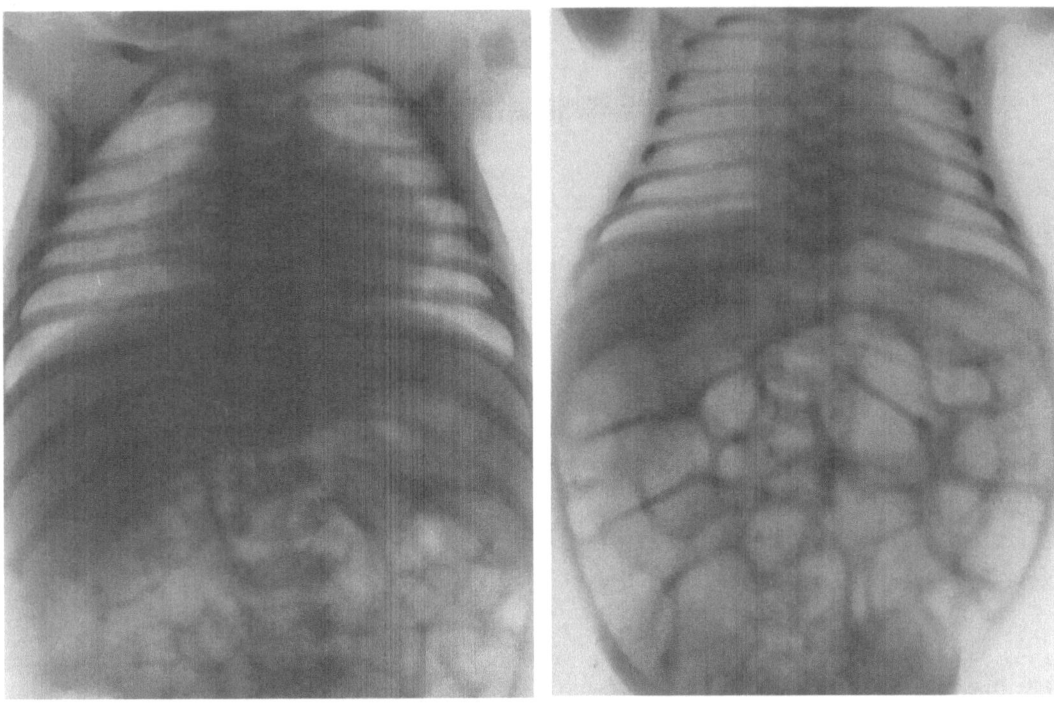

a   b

Abb. 7a u. b. Herz-Silhouette bei starkem Meteorismus. a Bei einem 3 Monate alten Säugling (C. M., ♂ Röntgenbild-Nr. 60641/57). b Bei einem 4 Wochen alten Säugling (P. T., ♀, Röntgenbild-Nr. 18725/56

4. Fehlerquellen

Noch wichtiger als die oben beschriebenen Variationen, die als Folge von dynamischen Momenten zu betrachten sind, sind verschiedene intrathorakale Prozesse, welche die Herzkonfiguration verändern können. In erster Linie ist der *Thymusschatten* zu berücksichtigen, welcher alle möglichen Konturen zeigen kann. Häufig erlaubt die Feststellung einer kleinen Zacke die Differenzierung der Herz- von der Thymuskontur (Abb. 8).

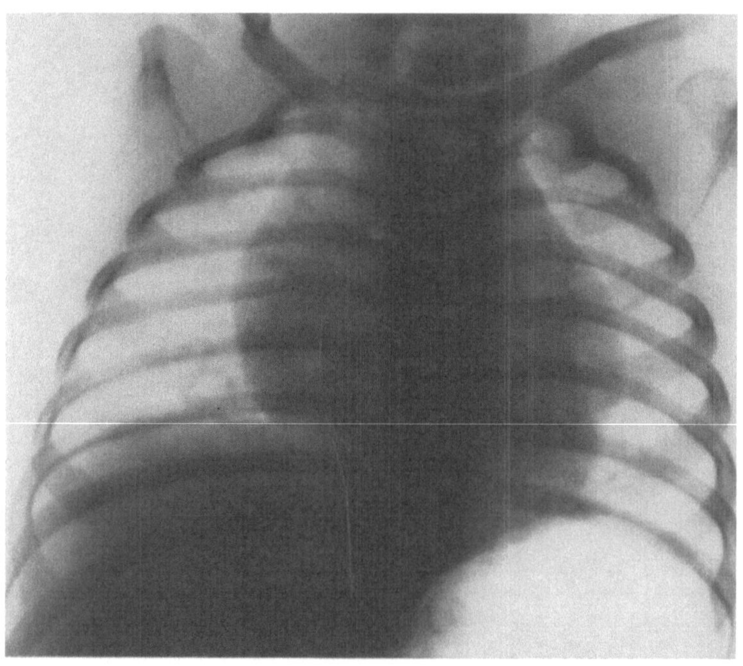

Abb. 8. Veränderungen der Herz- und Gefäßband-Konfiguration bei Thymushyperplasie, welche gelegentlich eine Kardiomegalie vortäuscht bei einem 5 Monate alten Säugling (H. P., ♂, Röntgenbild-Nr. 60789/57)

Gelegentlich aber, wie Abb. 9a zeigt, ist diese Unterscheidung oft auch für den Kenner nicht ohne weiteres möglich. Ist der Thymus beidseitig verbreitet, so kann er eine kugelige Herzkonfiguration vortäuschen. Eines unserer Kinder (Abb. 9a—d) wurde von einem erfahrenen Pädiater wegen Herzhypertrophie in die Klinik eingewiesen. In solchen Fällen kann oft nur die Angiokardiographie oder das Pneumomediastinum zur richtigen Diagnose führen.

Die *Pleuritis mediastinalis* kann nur selten die röntgenologische Herzdiagnostik beeinflussen. Die charakteristischen, zipfelartigen Ausziehungen im Bereiche der Interlobärräume ermöglichen fast immer die Diagnosestellung. Daß *intrathorakale Tumoren* sowie *Lungenatelektasen* Drehungen, Verschiebungen und Konturdeformitäten des Herzens zur Folge haben können, bedarf keiner besonderen Erwähnung.

5. Adaptationsstörungen

Die Adaptationsstörungen drücken sich in allen Funktionen des Neugeborenen-Organismus aus. Das Herz ist ebenfalls an diesen Störungen wesentlich mitbeteiligt. WILLI hat 1943 ganz besonders auf solche transitorische Herzvergrößerungen des Neugeborenen hingewiesen, die sich gar nicht ohne weiteres erklären lassen. Um diese verschiedenen Herzveränderungen im Verlaufe der ersten Lebensstunden genauer zu verstehen, sind einige kurze *hämodynamische Betrachtungen* am Platze.

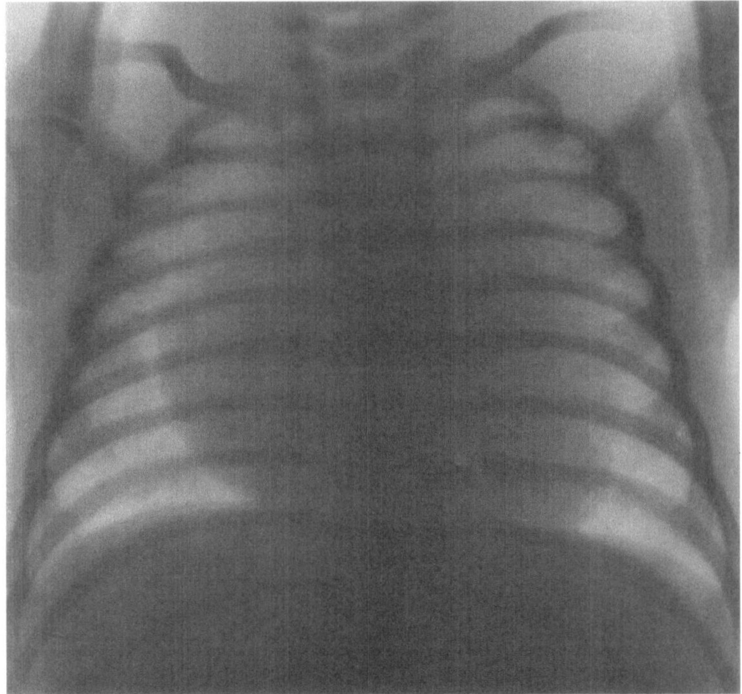

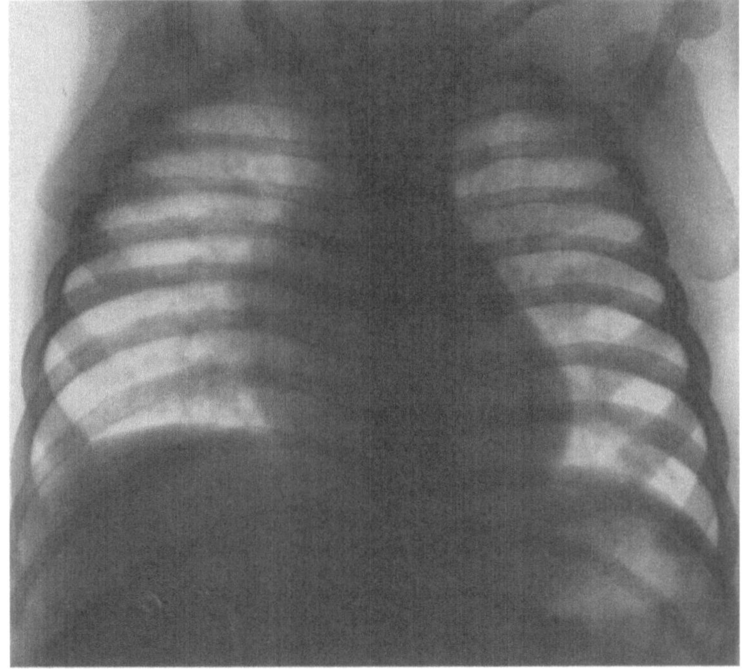

Abb. 9a—d. Thymushyperplasie, welche eine Kardiomegalie vortäuscht (F. J., ♀, Röntgenbild-Nr. 657/59).
a Vor Behandlung, im Alter von 4 Wochen. b Nach Behandlung mit Prednison, im Alter von $6^1/_2$ Monaten.
c Pneumomediastinum dorsoventral. d Pneumomediastinum in Seitenlage

Während beim fetalen Herzen beide Ventrikel ungefähr gleich viel leisten, den gleichen Druck entwickeln und etwa ebenbürtig in ihrer Größe sind, finden unmittelbar nach Einsetzen des ersten Atemzuges tiefgreifende Veränderungen in der Hämodynamik des

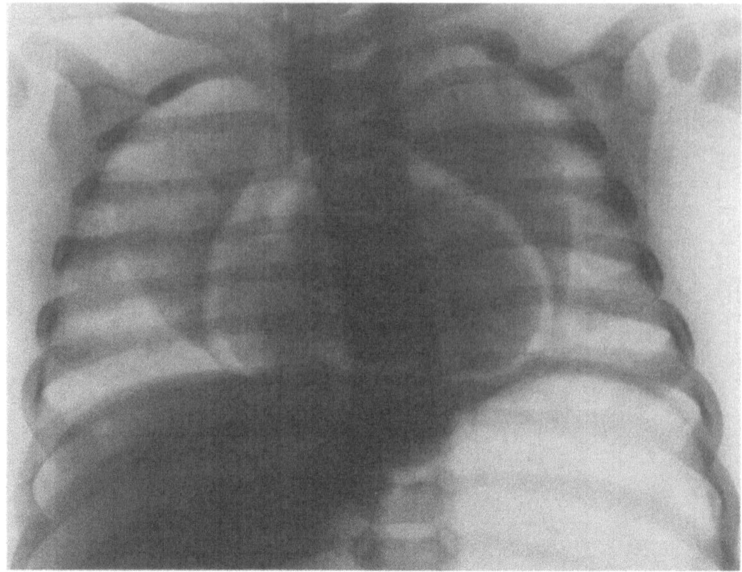

c

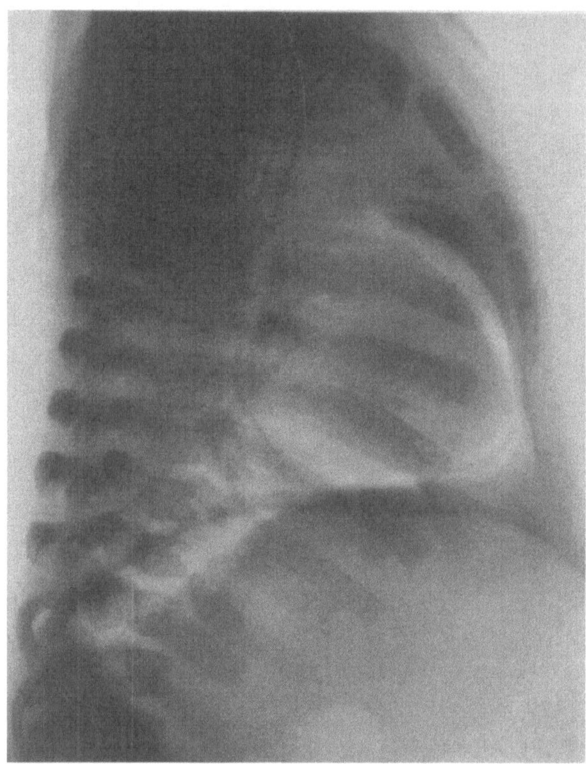

d

Abb. 9c u. d

ganzen Kreislaufsystems statt. Mit dem Abbinden des Placentarkreislaufes wird das
periphere Gefäßnetz um ein Viertel seines Volumens eingeengt. Aus diesem Grunde und
infolge Tonuserhöhung in den peripheren Gefäßen steigt der Widerstand im Körperkreislauf an, somit auch die Belastung des linken Herzens. Durch die Entfaltung der
Lungen sinkt, nach Einsetzen der Atmung, der Widerstand im Lungenkreislauf be-

trächtlich ab. Das Auswurfvolumen des rechten Ventrikels fließt vollständig durch den Lungenkreislauf, nachdem bisher der größte Teil durch den Ductus arteriosus in die Aorta descendens geleitet worden war. Trotz dieser starken Durchflußvermehrung sinkt der Pulmonalisdruck innerhalb weniger Stunden auf Werte, die nur einen Bruchteil des Druckes im Körperkreislauf betragen. In den ersten Lebensstunden oder -tagen setzt sogar nicht selten ein kleiner Links-Rechts-Shunt durch den Ductus arteriosus ein. Innerhalb von höchstens 3 Std steigt die Sauerstoffsättigung in der A. carotis von ungefähr 50% vor dem ersten Atemzug auf 90% an.

Die Erhöhung der Sauerstoffsättigung ist wahrscheinlich der Grund dafür, daß sich spiralige Muskelbündel in der Wand des Ductus arteriosus ganz selbständig kontrahieren, so daß das Lumen in den meisten Fällen wahrscheinlich schon innerhalb weniger Stunden nach der Geburt ganz stark eingeengt wird. Auch der Ductus venosus scheint sich auf Sauerstoffreiz hin kurz nach der Geburt zu schließen. Durch vermehrte Druck- und Volumenbelastung des linken Ventrikels steigt im linken Vorhof der Druck an, während er umgekehrt im rechten Vorhof absinkt. Die Valvula foraminis ovalis wird von links her an das Vorhofseptum angedrückt und das Foramen ovale funktionell verschlossen. Diese tiefgreifenden Umstellungen im Kreislauf des Neugeborenen spiegeln sich nur diskret in der röntgenologisch erfaßbaren Herzkontur wider. Nach LIND und WEGELIUS vergrößert sich das Herzvolumen sofort nach Einsetzen der Atmung, erreicht eine Viertelstunde nach der Geburt das Maximum und kehrt darauf schon nach 2 Std wieder auf seinen Ausgangswert zurück. In der ersten Lebenswoche, besonders innerhalb der ersten drei Tage, nimmt das Herz des Neugeborenen deutlich ab und verliert etwa 25% seines direkt nach der Geburt gemessenen Volumens (KJELLBERG, LIND und WEGELIUS). Der Grund dieser Volumenveränderungen ist noch nicht geklärt. Die vorübergehende Zunahme des Blutvolumens nach Unterbindung des Placentarkreislaufes, die spätere Abnahme des Blutvolumens, die Abnahme der Hämokonzentration und der pulmonalen Hypertonie sind wichtige Faktoren.

Literatur

BARCLAY, A. E., K. J. FRANKLIN and M. L. PRICHARD: The foetal circulation and cardiovascular system and the changes they undergo. Springfield: Thomas 1945.

BEUREN, A. J.: Die angiokardiographische Darstellung kongenitaler Herzfehler. Berlin: De Gruyter 1966.

CASSELS, D. E.: The heart and circulation in the newborn and infant. New York: Grune & Stratton 1966.

EDWARDS, J. E., L. S. CAREY, H. N. NEUFELD and R. G. LESTER: Congenital heart disease. Correlation of pathologic anatomy and angiocardiography. Philadelphia: Saunders 1965.

ELLIOT, L. P., and G. L. SCHIEBLER: X-ray diagnosis of congenital cardiac disease. Springfield: Thomas 1968.

FRIEDMAN, W. F., M. LESCH and E. H. SONNENBLICK: Neonatal heart disease. New York, London: Grune & Stratton 1973.

GASUL, B. M., R. ARCILLA and M. LEV: Heart disease in children. Diagnosis and treatment. Philadelphia: Lippincott 1966.

KEITH, J. D., R. D. ROWE and P. VLAD: Heart disease in infancy and childhood. New York: Macmillan 1967.

KJELLBERG, S. R., E. MANNHEIMER, U. RUDHE and B. JONSSON: Diagnosis of congenital heart disease. Chicago: Year Book Publishers Inc. 1955.

— U. RUDHE and R. ZETTERSTRÖM: Heart volume variation in the neonatal period. I. Normal infants. Acta radiol. (Stockh.) 42, 173—180 (1954).

KLEPZIG, H., u. P. FRISCH: Röntgenologische Herzvolumenbestimmung in Klinik und Praxis. Stuttgart: Thieme 1965.

KROVETZ, L. J., I. H. GESSNER and G. L. SCHIEBLER: Handbook of pediatric cardiology. Hoeber Medical Division. New York: Harper & Row 1969.

KÜNZLER, R., u. N. SCHAD: Atlas der Angiokardiographie angeborener Herzfehler. Stuttgart: Thieme 1960.

LASSRICH, M. A., R. PRÈVÔT u. K. H. SCHÄFER: Pädiatrischer Röntgenatlas; eine Sammlung typischer Bilder, S. 95—126. Stuttgart: Georg Thieme 1955.

LIND, J.: Changes in the circulation and and lungs at birth. Acta paediat. (Uppsala) 49, 39—52 (1960). Suppl. 122.

Lind, J., and C. Wegelius: Angiocardiographic studies on the human foetal circulation. Preliminary report. Pediatrics 4, 391—400 (1949).

Moss, A. J., and F. H. Adams: Heart disease in infants, children, and adolescents. Baltimore: The Williams & Wilkins 1968.

Nadas, A. S.: Pediatric cardiology. Philadelphia: Saunders 1963.

Rossi, E.: Herzkrankheiten im Säuglingsalter. Stuttgart: Thieme 1954.

— Cardiopatie dell'etá del lattante. Roma: Abruzzini 1958.

Rowe, R. D., and A. Mehrizi: The neonate with congenital heart disease. Philadelphia: Saunders 1968.

Schad, N., R. Künzler and T. Onat: Differential diagnosis of congenital heart disease. New York: Grune & Stratton 1966.

Schinz, H. R., W. E. Baensch, E. Friedl u. E. Uehlinger: Lehrbuch der Röntgendiagnostik. Innere Organe, Bd. II, S. 2954. Stuttgart: Thieme 1952.

Taussig, H. B.: Congenital malformations of the heart. New York: Commonwealth Fund 1947.

— Fluoroscopic and X-ray examination. In: Congenital malformations of the heart, 2nd ed., vol. I, p. 34. Cambridge, Mass.: Harvard University Press 1960.

Watson, H.: Pediatric cardiology. London: Lloyd-Luke 1968.

Wolf, H. G.: Röntgendiagnostik beim Neugeborenen und Säugling, S. 145. Wien: Maudrich 1959.

Zdansky, E.: Röntgendiagnostik des Herzens und der großen Gefäße. Wien: Springer 1949.

B. Erkrankungen der thorakalen Aorta (außer Fehlbildungen)

Von

E. Dühmke, H. Gremmel und W. Schulte-Brinkmann

Mit 44 Abbildungen

I. Degenerative Aortenveränderungen

1. Arteriosklerose

Die Arteriosklerose ist eine chronisch fortschreitende, diskontinuierlich in Schüben verlaufende degenerative Wanderkrankung von Aorta und Arterien, die mit abnormer Ablagerung von Stoffwechselprodukten, mit Gewebswucherungen und Zerfallserscheinungen einhergeht und zur Deformierung der Gefäßwand führt (nach STAEMMLER, 1955). Sie spielt sich primär an der Intima und Intima-Media-Grenze ab und zieht nachfolgend insbesondere auch die Media in Mitleidenschaft. Als Systemerkrankung tritt sie multilokulär in Erscheinung und bevorzugt bestimmte Gefäßabschnitte. Dabei durchläuft jeder einzelne Krankheitsherd bestimmte morphologische Stadien und kann für sich immer wieder zu relativer Ausheilung oder zum Stillstand kommen. Hieraus und aus der ungleichmäßigen Anordnung der Herde resultiert schließlich ein morphologisch buntes, irreguläres Muster von einfachen und komplizierten Wandläsionen. Klinische Bedeutung erlangt die Erkrankung im allgemeinen erst nach langjährig symptomarmem Verlauf mit der Ausbildung von Arterienstenosen oder Aneurysmen.

Im Gegensatz zur Arteriosklerose stellt die *Physiosklerose* einen physiologischen, zeitlich kontinuierlichen Alterungsprozeß der arteriellen Gefäßwand dar, der unter Beteiligung aller Schichten eine gleichmäßige Wandverdickung und eine Dilatation des Gefäßes hervorruft.

Ungeachtet streng kausaler Zusammenhänge lassen sich Entstehung und Entwicklung arteriosklerotischer Gefäßwandläsionen nach BREDT (1969) an folgendem formalgenetischem Schema (1) darstellen:

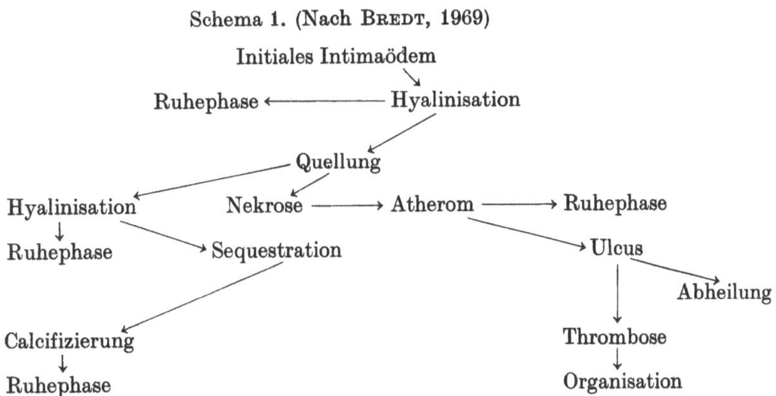

Die initiale Veränderung besteht also zunächst in einem fettfreien subendothelialen *Intimaödem* hervorgerufen durch Plasmainsudation. Erst nach Entkoppelung von Protein-

Lipid-Bindungen kommt es zur „Fettphanerose", die als sudanophile Fettstreifen bereits in Aorten von Kindern und Jugendlichen nachweisbar sind. Dabei werden die Lipide im allgemeinen nicht als Aktivatoren, sondern als Indikatoren der Arteriosklerose angesehen. Diese initialen Intimaveränderungen sind fakultativ reversibel.

Durch Faserbildung innerhalb der umschriebenen ödematösen Intimaverdickung entsteht als unkomplizierte Form der Arteriosklerose der *fibrös-sklerotische Intimaplaque*. Hiermit kann der pathologische Prozeß zum Stillstand kommen; eine Resitutio ad integrum ist jetzt nicht mehr möglich.

Tritt jedoch eine Quellung der Bindegewebsfasern im Plaque auf, so kann sich dieser durch erneute Faserbildung weiter vergrößern bis zur Ausbildung *großer sklerotischer Platten*.

Andererseits kann der Faserquellung jedoch eine Zerstörung der Fasern (Quellungsnekrose) folgen und sich ein *Atherom* entwickeln. Es ist dies eine komplizierte arteriosklerotische Wandläsion, die ein nekrotisches Zentrum von breiig zerfallenem Gewebe, bestehend aus depolymerisierter Grundsubstanz, zerstörten Fasern, nekrotischen Endothel- und eingewanderten Blut- und Mediamuskelzellen sowie aus Lipiden, insbesondere Cholesterinkristallen, und Kalk besitzt und eine faserige Kapsel ausgebildet hat. Dabei wird die Media mehr oder weniger stark in Mitleidenschaft gezogen. Makroskopisch imponiert das Atherom als gelblich-weißliche Vorbuckelung der Gefäßinnenwand.

Wird das Kapseldach des Atheroms durch eine erneute Quellungsnekrose lädiert, so kommt es zum Aufbruch des Atheroms ins Gefäßlumen und zur *Geschwürsbildung*. Ein solches Geschwür reinigt sich durch den Blutstrom und kann durch Endothelialisierung „*abheilen*" oder durch Ausbildung einer *parietalen Thrombose* die Gefahr zunehmender Einengung des Gefäßlumens und der peripheren Embolie heraufbeschwören. Je nach Beeinträchtigung der Wandfestigkeit können insbesondere in der Aorta und den großen Arterien *Aneurysmen* entstehen. Konfluierende Geschwüre verleihen der Aorta eine rauhe, wie zerfressen aussehende Oberfläche.

Ein Geschwür der Gefäßinnenwand kann jedoch auch direkt durch *Sequestrierung* eines fibrösen Plaques hervorgerufen werden. Schließlich können alle arteriosklerotischen Wandläsionen *verkalken*. In seltenen Fällen wurde eine Auflösung von Kalkablagerungen beobachtet (MEYER, 1949).

Unter sklerotischen oder atheromatösen Herden finden sich häufig Lymphocyteninfiltrate, die insbesondere die Vasa vasorum umgeben und zu kleineren Narbenbildungen führen.

Im Rahmen des von 1960 bis 1965 durchgeführten internationalen Arteriosklerose-Forschungsprojektes untersuchten EGGEN und SOLBERG (1968) die *Abhängigkeit* arteriosklerotischer Läsionen vom Lebensalter bei 23207 Sektionsfällen aus 14 Ländern. Entsprechend einer bestimmten Durchschnittsberechnung treten *Fettstreifen* in der *Aorta* bereits in der Kindheit auf, nehmen während der Pubertät stark an Ausdehnung zu und erreichen mit einem Befall von etwa 25% der Intimafläche ungefähr im 30. Lebensjahr das Maximum mit nachfolgender leichter Verminderung. Demgegenüber beginnt die Ausbildung von Fettstreifen in den *Koronararterien* erst in der Pubertät, die Ausdehnung nimmt bis ins Alter hin kontinuierlich zu und beläuft sich im 70. Lebensjahr auf nur etwa 15% der Intimafläche. Die *eigentlich arteriosklerotischen Läsionen*, wie fibröse Plaques, Atherome, Ulcera und Verkalkungen, folgen dem Auftreten von Fettstreifen etwa 20 Jahre später nach, ohne daß sich hieraus ein sicherer kausaler Zusammenhang ableiten ließe. So treten arteriosklerotische Veränderungen in der *Bauchaorta* etwa mit dem 30. Lebensjahr, in der *Brustaorta* und den *Koronarien* zwischen dem 30. und 40. Lebensjahr erstmalig in Erscheinung. Im 70. Lebensjahr erreichen diese Veränderungen in der Bauchaorta eine Ausdehnung von fast 40% der Intimafläche, in der Brustaorta und den Koronararterien 20—25%. Zu beachten ist neben rassisch-geographisch bedingten Abweichungen die große individuelle Streubreite.

Aus dem obengenannten Sektionsgut wählten TEJADA, STRONG, MONTENEGRO, RESTREPO und SOLBERG (1968) 10792 Fälle im Alter von 25—64 Jahren aus, die nicht durch arteriosklerotische Komplikationen zu Tode gekommen waren, und fanden einen mittleren Gefäßwandbefall durch arteriosklerotische Veränderungen von 16,2% der Intimafläche in der Aorta abdominalis, von 11,1% in der linken und 9,0% in der rechten Koronararterie sowie von 8,6% in der Aorta thoracalis!

Im Einzelfall läßt sich häufig ein bevorzugter Befall bestimmter arterieller Gefäßprovinzen erkennen. So gibt es den zentral thorakalen Verteilungstyp, der vorwiegend Aortenbogen und Aorta thoracica descendens einbezieht, die zentral abdominale Arteriosklerose mit Affektion der Bauchaorta und die periphere Form mit stärker ausgeprägter Arteriosklerose der Arterien der unteren Extremitäten, der Cerebral- oder Koronararterien. Im Verlauf der Aorta thoracica wird die Hinterwand bevorzugt. Die grauweißen oder gelblichen Intimaverdickungen ordnen sich meist in Nähe der Gefäßabgänge an.

a) Ätiologie

In der Literatur sind verschiedenartige Faktoren als Ursache für die Arteriosklerose angeführt worden. HIRSCH (1951) ermittelte aus 2400 Publikationen folgende Häufigkeiten:

Tabelle 1. Ursachen der Arteriosklerose. (Nach HIRSCH, 1951)

Störungen im Lipoidstoffwechsel	28,2%
Einflüsse von Hypertonie	17,3%
Hormonale Faktoren	14,5%
Toxische Einwirkungen	11,3%
Altersfaktoren	6,8%
Einflüsse von Hypotonie	6,3%
Physikalische Einwirkungen	5,6%
Infekte	5,0%
Vitamin D-Wirkungen	4,0%
Psychische Störungen	1,0%

Es ist jedoch zu bedenken, daß genetische Determination und Umwelt zusammen Ausprägung und Fortschreiten der Arteriosklerose bestimmen. Hierbei können einzelne Faktoren natürlich im Vordergrund stehen, wie Ernährung, Diabetes mellitus, Hypertonie. Nach den Untersuchungsergebnissen von TEJADA et al. (1968) über die Abhängigkeit von Aorten- und Koronarsklerose von Geographie, Rasse und Geschlecht im Rahmen des oben erwähnten Arterioskleroseprojektes weisen offenbar die Bevölkerungsgruppen höherer Zivilisation und Industrialisierung eine stärkere Ausbildung von Arteriosklerose auf als die weniger vom modernen Leben bedachten Gruppen. Jedenfalls scheinen Rasse und Geschlecht einen geringeren Einfluß zu besitzen als die Faktoren der technisierten Umwelt und deren Verhaltensweisen. An der Spitze der thorakalen Aortensklerose standen unter über 10000 Sektionsfällen im Alter von 25—64 Jahren die weiße Bevölkerungsgruppe von New Orleans mit 12,9%, die in Durban beheimateten Inder mit 12,0% und die Einwohner von Oslo mit 11,7% durchschnittlichem Intimabefall, während die Schwarzen von Sao Paulo und die Bantus von Durban mit je 5,2% am unteren Ende der Liste von 19 geographisch-ethnischen Gruppen rangierten!

Von den am *Fettstoffwechsel* beteiligten, für die Ausbildung der Arteriosklerose relevanten Faktoren spielt die *Ernährung* offensichtlich eine nicht zu unterschätzende Rolle. Aus Berechnungen von SCRIMSHAW und GUZMÁN (1968) geht hervor, daß die Ausdehnung des arteriosklerotischen Gefäßwandbefalls abhängig ist vom *Serumcholesterinspiegel* und von der Menge *mit der Nahrung aufgenommenen Fettes*. Nach MONTENEGRO und SOLBERG (1968) besteht jedoch zwischen Arteriosklerose und Körpermaßen, insbesondere *Übergewichtigkeit*, keine statistisch nachweisbare, direkte Beziehung. ROBERTSON und STRONG (1968) stellten mit Auswertung der rund 23000 Sektionen des o.g. Arterioskleroseprojektes die *Stoffwechselstörung „Diabetes mellitus"* eindeutig als Risikofaktor heraus, ohne dabei eine Bevorzugung von Gruppen bestimmten Alters, Geschlechts oder geographisch-ethnischer Zugehörigkeit feststellen zu können.

Auch andere *symptomatische Hyperlipämien* von chronischem Charakter, wie bei Hypothyreose, rezidivierender Pankreatitis, Gicht u.a., und *essentielle Hyperlipämien* (Boyd, Nobbe u. Schettler, 1969) beschleunigen bekanntermaßen den Prozeß der arteriosklerotischen Gefäßwandveränderungen. Daß Hyperlipämien die Gerinnungsbereitschaft des Blutes erhöhen, ist durch vielfache Untersuchungen bestätigt (Kommerell, 1969). Über eine primäre Rolle der Thrombose bei der Arteriosklerose wurde häufig diskutiert; indessen ist sicher, daß die Ausdehnung sekundärer Thrombosen den Verlauf der Arteriosklerose beeinflußt (Pfleiderer, 1969).

Einen Risikofaktor mechanischer Natur stellt die *Hypertonie* dar. Still (1967) konnte anhand elektronenmikroskopischer Untersuchungen an der Aortenintima von Ratten mit mechanisch erzeugtem Widerstandshochdruck nachweisen, daß nach intraluminaler Blutdrucksteigerung die Intima durchlässiger für Zell- und Plasmaelemente wird und diese sich subendothelial ablagern. Robertson und Strong (1968) sicherten den Arteriosklerose fördernden Einfluß der arteriellen Hypertension statistisch an demselben Sektionsgut von 23000 Fällen wie beim Diabetes mellitus; auch hierbei spielten Geschlecht, Alter, Rasse oder geographische Lage keine besondere Rolle.

Von den *hormonalen Faktoren* mit Wirkung auf die Arteriosklerose wurde die mit Hypercholesterinämie einhergehende *Hypothyreose* schon genannt.

Ebenso wie die Schilddrüsenhormone scheinen auch die *Östrogene* einen Anstieg des Cholesterinspiegels zu verhindern (Ho, Manalo-Estrella u. Taylor, 1970). Vermehrte Arteriosklerose nach tierexperimenteller Ovarektomie (Wanner, 1966) und Senkung der Rate an Spontanarteriosklerose beim Kaninchen nach Östrogenbehandlung (Gostimirovich, 1968) sprechen für eine antisklerogene Wirkung dieses Hormons. Obwohl Östrogene und Androgene beim Menschen eine gegensätzliche Lipoproteinverschiebung erzeugen und so theoretisch antisklerogen oder sklerogen wirken können, ist es fraglich und unsicher, inwieweit dies tatsächlich der Fall ist (Furman, 1969). Insbesondere bei der Arteriosklerose der thorakalen Aorta spielt der Geschlechtsunterschied offenbar in keinem Lebensalter eine wesentliche Rolle (Eggen u. Solberg, 1968)

Furman (1969) spricht von der Möglichkeit, daß chronisch vermehrte Mobilisation von freien Fettsäuren aus Fettgewebe zur Arteriosklerose beitragen kann und nennt als hormonelle Faktoren einer solchen gesteigerten Lipolyse neben anderen *ACTH, Glucocorticoide, Glucagon* und *Katecholamine.*

Unter den toxischen Einwirkungen ist vor allem der *Alkoholabusus* von Interesse. Nach Wilens (1947) ist eine die Arteriosklerose fördernde Wirkung des Alkohols statistisch nicht zu sichern. So weisen Völker mit geringem Alkoholkonsum (Mohammedaner) ebenso häufig Arteriosklerose auf wie solche mit großem Alkoholverbrauch (Europäer). Die große Mehrzahl experimenteller und epidemiologischer Untersuchungen erlaubt bis heute nicht die Annahme, Alkohol allein erhöhe die Arteriosklerose-Morbidität (Heyden, 1969).

Nicotinabusus führt nach bisherigen Erkenntnissen (Heyden, 1969) zwar zu Thrombangitis obliterans der peripheren Arterien und zu einem erhöhten Herzinfarktrisiko. Auch sind die erhöhte Katecholaminausschüttung mit vermehrter Freisetzung von freien Fettsäuren nach Tabakgenuß und tabakbedingte allergische Arteriitiden bekannt. Jedoch ist zwischen Nicotinaufnahme und Arteriosklerose ein Kausalzusammenhang bisher nicht eindeutig zu beweisen. Nach Restrepo, Montenegro und Solberg (1968) besteht beim Bronchial-Carcinom die Tendenz zu vermehrter Aorten- und Koronarsklerose mit Bevorzugung der Bauchaorta, eine statistische Sicherung dieser Beobachtung war aber nicht möglich. Demgegenüber lassen sich z.B. Intimaödem und Intimafibrose tierexperimentell durch chronische Nicotinintoxikation an Kaninchenaorten erzeugen (Grosgogeat u. Roubelakis, 1965).

Ähnlich wie für die Nicotinwirkung beim Menschen fehlt noch immer eine genaue Kenntnis darüber, ob *Coffein* einen Einfluß auf die Arteriosklerose besitzt (HEYDEN, 1969).

Beta-amino-propionitril (Lathyrusfaktor) erzeugt im Tierexperiment neben den bekannten zur Mediadissektion führenden Läsionen bei atherogener Ernährung eine gebenüber Kontrolltieren verstärkte Intimalipidose, besitzt also möglicherweise eine arteriosklerosefördernde Wirkung (HOSODA u. SUZUKI, 1970).

Wenn auch die Arteriosklerose in höherem *Lebensalter* häufiger ist — über das zeitliche Auftreten von Fettstreifen und arteriosklerotischen Wandläsionen wurde schon kurz berichtet —, so handelt es sich jedoch nicht um eine reine Alterserscheinung der Gefäßwand. Man findet bei Greisen keineswegs regelmäßig arteriosklerotische Prozesse (HIRSCH, 1951). Zu den physiologischen Altersveränderungen der Aorta gehört vorzugsweise eine mit fortschreitendem Alter lineare Volumen-Zunahme (BÜRGER, 1926), die zwischen dem 20. und 75. Lebensjahr etwa 60 % beträgt (MEYER, 1951). Hinzu kommen Elastizitätsverlust und Gewichtszunahme (KRAFKA, 1940). HEVELKE (1958) bezeichnete die Arteriosklerose alter Leute sogar als ,,Komplikation der Physiosklerose".

Allerdings summieren sich mit zunehmendem Alter die Gefäßwandläsionen und arteriosklerogene Noxen einzeln oder gleichzeitig, vorübergehend oder langdauernd, so daß die Zunahme des Lebensalters die Zunahme der Arteriosklerose begünstigt.

Daß auch bei jüngeren Leuten eine Arteriosklerose nicht selten ist, haben Autopsien gefallener Soldaten des II. Weltkrieges gezeigt (SAPHIR u. GORE, 1950).

Selbst bei Kindern und Jugendlichen sind arteriosklerotische Prozesse beobachtet worden (HIRSCH, 1951; HUEPER, 1945). Diese *Arteriopathia calcificans infantum* wurde erstmalig 1899 von DURANTE beschrieben. Ihre histologische Natur ist aber oft anders als die des späteren Alters. KIS-VÁRDAY (1960) fand in der Literatur mehr als 50 Fälle von allgemeiner Arteriosklerose bei Säuglingen und Kindern, die meistens mit Aortensklerose und Kranzgefäßcalcifikation kombiniert war.

Ätiologisch wurden *kongenitale Gefäßanomalien*, z.B. partielle Atresie der Pulmonalarterie (OPPENHEIMER, 1938) und Aortenhypoplasie (QVIGSTAD u. STEINERT, 1955) sowie auch *konnatale Lues* (YAMPOLSKY u. POWEL, 1942) vermutet. REIMERS (1960) berichtete über die Sektion eines unter den klinischen Zeichen von Herzinsuffizienz mit 9 Wochen verstorbenen Säuglings. Neben Media- und Intimaverkalkungen an Arterien vom muskulären Typ waren auch in der Aortenmedia Elastikaverkalkungen zu sehen.

Auf die Bedeutung von *Calciumstoffwechselstörungen* wiesen STRYKER (1946) sowie ANDERSEN und SCHLESINGER (1942) hin. Eine Arteriosklerose Jugendlicher wurde u.a. bei renaler Rachitis, Hydronephrose, Osteogenesis imperfecta und Hyperparathyreoidismus beschrieben. Möglicherweise sind jedoch für das Zustandekommen einer Gefäßcalcifikation im Kindesalter mehrere Faktoren gleichzeitig maßgebend.

Ein Zusammenhang zwischen der Härte des Trinkwassers und Konzentration der üblichen im Wasser enthaltenen Mineralien einerseits sowie der Arteriosklerose andererseits ist statistisch nicht zu sichern (STRONG, CORREA u. SOLBERG, 1968).

In seltenen Fällen kann sich auch ein unphysiologisch *verminderter Blutdruck* nachteilig auf die Ernährungsverhältnisse der Arterien auswirken und der Entwicklung einer Sklerose Vorschub leisten. Ähnliche Vorgänge spielen sich bei Schockzuständen ab. Permeabilitätsveränderungen führen dann zu Intimainsudation mit sekundärer Ablagerung von Cholesterin und Kalk (MÜLLER, 1955).

Von den *physikalischen Einwirkungen* konnte neben anderen die *radiogene Schädigung* als Ursache von Aortensklerose ermittelt werden. So wurden von LINDSAY, KOHN, DAKIN und JEW (1962) umschriebene Aortenabschnitte bei Hunden mit Röntgenstrahlen von 50 kV in Dosen von 1 500 bis 5 500 R bestrahlt. Histologische Untersuchungen nach mehreren Wochen zeigten, daß sich in den bestrahlten Gebieten eine Arteriosklerose entwickelt hatte, die deutlich stärker war als die der nichtbestrahlten Aortenabschnitte und mit zeitlichem Abstand von der Bestrahlung zunahm. Auffallenderweise waren die arteriosklerotischen Veränderungen nach hohen Strahlendosen weniger ausgeprägt als nach geringen. Vermutlich hatten die Bestrahlungen Schäden an der elastischen Membran der Intima gesetzt, die ihrerseits Fibrose und Plaques-Bildung auslösten. Zu ähnlichen Ergebnissen kamen LINDSAY, ENTENMAN, ELLIS und GERACI (1962) nach Aortenbestrahlungen mit schnellen Elektronen. ROTMAN, SEIDENBERG, RUBIN, BOTSTEIN und BOSNIAK (1969) berichten über einen Fall von Aortenbogensyndrom nach offensichtlich überdosierter Bestrahlung des Halses bis zur oberen Thoraxapertur in der Kindheit wegen Tonsillitis. Die histologische Untersuchung von operativ entfernter Aortenwand ergab eine Arteriosklerose. Nur der bestrahlte Anteil der Aorta zeigte degenerative Veränderungen.

SCHLICHTER (1948) beobachtete nach *Katheterisierung* der Aorta die Entwicklung einer örtlichen Arteriosklerose auf dem Boden intramuraler Gefäßblutungen. Durch *Gefriertrocknung vorbehandelte homologe Aortentransplantate* wiesen Jahre nach Einheilung in $^4/_5$ von 20 Fällen röntgenologisch eine teilweise oder vollständige Verkalkung auf im Gegensatz zu sog. frischen, in Salzlösung aufbewahrten Aortensegmenten (BROCK, 1968).

Auch *infektöse* und *allergische Noxen* scheinen für die Arteriosklerose eine gewisse Rolle spielen zu können. Auf die Tatsache, daß bei Sektionen von Kindern, die an akuten Infektionskrankheiten verstarben, Lipoidflecke in der Aorta nachgewiesen werden können, machte schon SCHMIDTMANN (1931) aufmerksam. Ungeklärt ist indessen, ob und inwieweit entzündliche Gefäßwandläsionen, wie z.B. die Mesaortitis luica, aufgrund ihrer Entzündungsnatur oder lediglich ihrer morphologischen Wandveränderungen wegen zu sekundärer Arteriosklerose führen. Von allergischen und Autoimmunprozessen wird eine gewisse Beteiligung am Ablauf der Arteriosklerose mit Wahrscheinlichkeit vermutet (GERÖ, 1969).

Aortenatheromatosen und -sklerosen nach *Überdosierungen von Vitamin D* wurden häufiger beschrieben (PFEIFFER, 1956). Besonders ausgeprägt sind die Veränderungen bei gleichzeitigen Calciumgaben oder bei Stoffwechselstörungen. Schwere Gefäßsklerosen wurden auch nach hohen Lebertrangaben klinisch und tierexperimentell beobachtet (HAUSE u. ANTELL, 1947). Ähnliche Auswirkungen von AT-10 sind bekannt (DROPMANN, 1966).

Andererseits konnten bei *Vitaminmangelzuständen*, insbesondere bei Beriberi, vermehrt Aortensklerosen beobachtet werden (LUCKNER u. SCRIBA, 1949). Als Ursache der atheromatösen Veränderungen wurden hauptsächlich interstitielles Ödem und hydropische Degeneration der Gefäßmuskulatur angesehen. Aber auch eine Endarteriitis kommt ätiologisch dabei in Betracht.

Arteriosklerotische Veränderungen bei *psychischen Störungen* sollen durch Einwirkung des Nervensystems auf die Allgemeinzirkulation und damit auch auf die Durchblutung der Vasa vasorum verursacht werden. HOCHREIN und SCHLEICHER (1956) maßen einer neurozirkulatorischen Dystonie besondere Bedeutung bei. Bis heute wird die Rolle des „Stress" als ätiologischer Faktor insbesondere der koronarbedingten Herzerkrankungen nicht einheitlich gesehen (HEYDEN, 1969).

Schließlich ist zu bemerken, daß die früher geäußerte Ansicht, konsumierende Erkrankungen, wie maligne Prozesse, Lebercirrhose oder Tuberkulose, minderten das Ausmaß der Arteriosklerose, aus epidemiologischer Sicht statistisch nicht zu beweisen ist (RESTREPO et al., 1968).

b) Klinische Erscheinungen

Die Symptomatik der unkomplizierten thorakalen Aortensklerose beschränkt sich im allgemeinen auf uncharakteristische Zeichen, wie *systolische Geräusche* über dem Herzen und eine *vermehrte Blutdruckamplitude*, es sei denn, arteriosklerotisch bedingte Ischämien von Hirn, Herz oder unteren Extremitäten lassen überdies eine Aortenatheromatose vermuten. Geräusche über dem Herzen sind nicht nur durch die Aortenveränderungen, sondern häufiger auch durch Herzklappensklerosierung bedingt. Solche systolischen Geräusche sind in der Regel nicht vom 1. Herzton zu trennen und breiten sich zur Herzspitze hin aus. Sie haben recht oft musikalischen Charakter und erreichen in der mittleren Systole ihre größte Lautstärke. Die vergrößerte Blutdruckamplitude bei Arteriosklerose der Aorta ist durch Minderung der Windkesselfunktion erklärbar (SCHETTLER u. WOLLENWEBER, 1969).

Ein weiteres, bei fortgeschrittener Aortensklerose auftretendes Zeichen ist die *Dysphagie*. Beim Schlucken größerer Bissen kommt es durch Unnachgiebigkeit des Gefäßes zur Passagebehinderung. Auch bestehen in einzelnen Fällen Verlagerung des Ösophagus nach hinten oder sogar divertikelähnliche Verwachsungen, die nicht nur bei Aortitis, sondern auch allein bei Atheromatose vorkommen können (FLEISCHNER, 1930). Ähnlich verhält es sich mit Speiseröhrenausbiegungen und -knickungen vor dem Hiatus als Folge einer Verdrängung durch die starre Aorta. Dann sind ebenfalls Zeichen von Passagebehinderung vorhanden.

Mit Ausbildung *arteriosklerotischer Komplikationen*, wie *Arterienabgangsstenosen* (Aortenbogensyndrom) oder *Aneurysmen*, treten zusätzliche, teilweise charakteristische Symptome auf. In seltenen Fällen kann das klinische Bild einer Koarktation der Aorta durch einen atheromatösen verkalkten Thrombus in der Aorta thoracica descendens verursacht sein (STEINBERG, 1966).

c) Röntgendiagnostik

Die röntgenologische Untersuchungsmethodik der Brustaorta umfaßt Übersichts- bzw. Hartstrahlaufnahmen des Thorax im sagittalen und seitlichen Strahlengang sowie im I. und II. schrägen Durchmesser, die rotierende Durchleuchtung, die Tomographie und die Kymographie, die Ösophaguskontrastmittelpassage und als leistungsfähigste Methode die Kontrastmitteldarstellung der Aorta (GREMMEL, LÖHR, LOOGEN u. VIETEN, 1963; GREMMEL, SCHULTE-BRINKMANN u. VIETEN, 1967; LÖHR, GREMMEL, LOOGEN u. VIETEN, 1969). Gelegentlich kommen als wenig belastende, aber auch weniger aussagekräftige Untersuchungen die Angioszintigraphie und die Ultraschalldiagnostik in Anwendung. Kardio- und Pulmonalisangiographie sowie Bronchographie dienen speziellen differentialdiagnostischen Fragen (GREMMEL u. DÜHMKE, 1972).

Die Röntgenuntersuchung ermöglicht Aussagen über Lage, Form, Größe, Durchmesser, Wandverhältnisse und Pulsationen des Aortenrohres sowie über pathologische Verschattungen im Verlauf des Gefäßbandes. Wichtigste röntgenologische Symptome der thorakalen Aortensklerose bestehen in einer geringen diffusen Erweiterung des Gefäßrohres und einer deutlich ausgeprägten Elongation mit Vorspringen des Aortenknopfes sowie im Nachweis von arteriosklerotischen Wandveränderungen, insbesondere Wandverkalkungen (Abb. 1). Aneurysmatische Erweiterungen werden auch beobachtet (s. S. 341—389).

Im allgemeinen macht die Sklerose keine besonderen klinischen Symptome und wird meist zufällig entdeckt. VULPESCU, STEINBACH, MARINESCU u. VLĂDĂREANU (1970) stellten an über 500 beschwerdefreien Männern im Alter zwischen 20 und 90 Jahren in 10,3 % der Fälle arteriosklerotische Verkalkungen der Brustaorta fest.

Die rein arteriosklerotisch bedingte *Dilation* der Aorta ist in der Regel geringfügig. Hingegen führt die Hypertonie zu ausgeprägter diffuser Erweiterung des Gefäßrohres. Allerdings kann bei alten Patienten eine Aortendilation allein Ausdruck einer Physiosklerose sein.

Besteht Unklarheit über den Grad einer diffusen Aortendilatation, so läßt sich der Aortendurchmesser am Bogenteil z.B. nach KREUZFUCHS (1920) oder DE ABREU (1925), an der Aorta ascendens nach REICH (1926) röntgenologisch bestimmen und unter Anrechnung des Alters und der basalen Thoraxbreite bewerten (MUSSHOFF u. EMMERICH, 1969).

Bei der Kreuzfuchsschen Messung des Aortenbogendurchmessers wird im dorsoventralen Strahlengang der horizontale Abstand zwischen linkem Aortenrand und Aortenbogenimpression am kontrastmittelgefüllten Ösophagus bestimmt. In dieser Position beträgt der Durchmesser des Aortenrohres nach Abzug von 2 mm für die Ösophaguswand

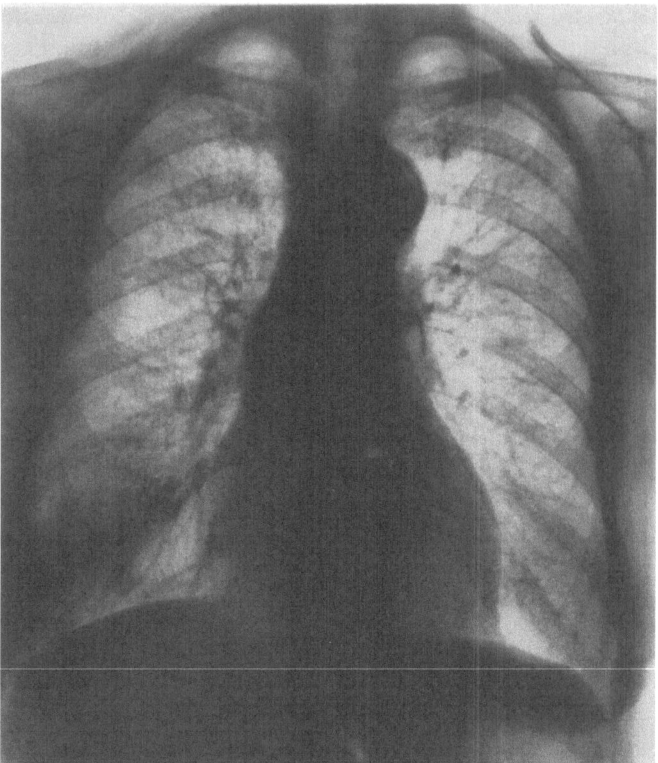

a

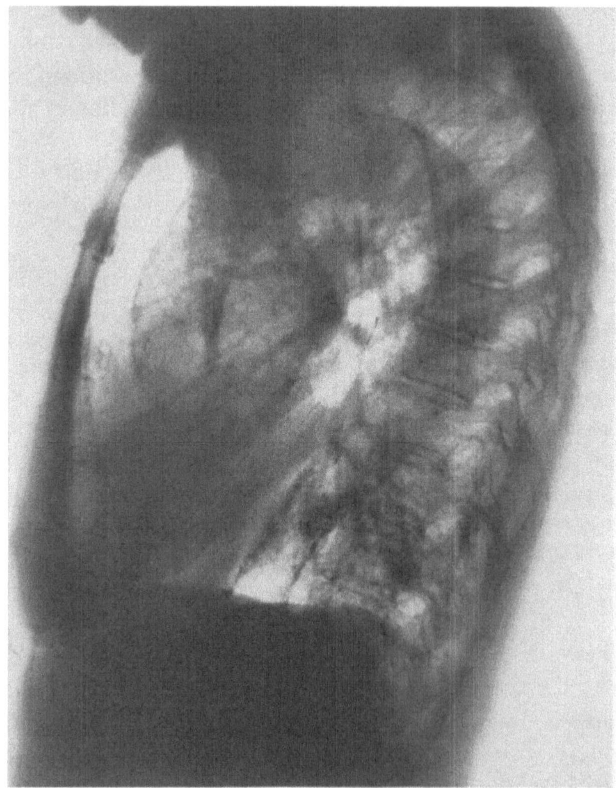

b

Abb. 1a u. b. Aortensklerose. Elongierte und diffus erweiterte Aorta mit betontem Aortenknopf und ausgedehnten Kalkeinlagerungen in der Wand. a Sagittalaufnahme. b Seitenaufnahme

20–27 mm. Auch bei Aufnahmen im ersten schrägen Durchmesser ist diese Methode durchführbar.

Ungenau hingegen ist die Messung der Schattenbreite der Aorta etwa an der Stelle der weitesten Vorwölbung des Aortenbogens. Desgleichen ist die Bestimmung des Abstandes der beiden links und rechts am weitesten vorspringenden Punkte der Aorta von der Medianlinie unzuverlässig. Außerdem muß beachtet werden, daß die Schattenbreite auf Bildern im d.v. Strahlengang mit dem Alter zunimmt.

Die de Abreusche Methode der Aortenbogenmessung benutzt als mediale Abgrenzung des Arcus aortae die aortal bedingte Einbuchtung der Trachea. Hierzu werden Aufnahmen im d.v. Strahlengang oder besser noch im ersten schrägen Durchmesser angefertigt.

Die Bestimmung des Ascendensdurchmessers nach REICH (1926) erfolgt im II. schrägen Durchmesser unter Benutzung des konvexen Ascendensrandes und des sich gegen das Aufhellungsband des rechten Hauptbronchus abhebenden konkaven Innenrandes. Ein anderer Weg der Durchmesserbestimmung besteht in der Tomographie des Aortenrohres bei festgelegtem Röhrenabstand.

Als Hauptmerkmal arteriosklerotischer Prozesse gilt ein *vorspringender Aortenknopf* (TESCHENDORF, 1958). Dieses Phänomen beruht vor allem auf der Elongation des starren Aortenrohres. Von ERDÉLYI (1927) wurde eine verstärkte Hebung des Aortenknopfes nach links oben und vorne beim Schluckakt beobachtet. Dabei soll das verhärtete Gefäßrohr durch Trachea und linken Hauptbronchus stärker angehoben werden als normalerweise. Besonders ausgeprägt ist eine derartige Hebung bei Reklination des Kopfes während der Schluckbewegung.

Differentialdiagnostisch muß vor allem eine Verziehung des Herzens und des Gefäßbandes nach links ausgeschlossen werden, wobei ebenfalls ein vorspringender Aortenknopf resultiert. Mitunter wird auch bei einer Skoliose der BWS der Aortenbogen als Aortenknopf deutlich sichtbar.

Die *Elongation* des Gefäßrohres bei Aortensklerose ist neben Wandveränderungen richtungsweisend (Abb. 2). Die Aorta ascendens schwingt hierdurch vermehrt nach rechts vorn aus, der Aortenknopf steht höher, der Bogenteil verläuft schräger und die Aorta thoracica descendens reicht weiter nach hinten links als normalerweise. In einigen Fällen stellt sich eine Ausbiegung als linkskonvex gekrümmte Doppelkontur dar. Auch rechtskonvexe Krümmung der Descendens ist zu beobachten. ZDANSKY (1962) beschreibt bei Aortenverlängerung mehr oder weniger ausgeprägte Winkelbildungen an drei typischen Stellen, die am besten in linker vorderer Schrägstellung zu erkennen seien: in Ascendensmitte mit stumpfem, nach links hinten offenem Winkel, am Übergang vom Bogen zur Aorta descendens und im retrocardialen Anteil der Descendens mit nach links hinten gerichteter Ausbiegung.

Mitunter kommt es infolge Verlängerung des Aortenrohres zur Querlagerung des Herzens mit Ausladung des linken Herzrandes, die zusammen mit einem vorspringenden Aortenknopf eine Aortenkonfiguration ergibt. Eine Lageänderung des Gefäßbandes fehlt hingegen bei Tiefstand des Zwerchfelles, z.B. infolge Emphysems oder allgemeiner Ptose.

Eine breite Aorta kommt außer bei Arteriosklerose und Hypertension z.B. auch bei Aortitis, Aortenklappenvitien (Abb. 3), offenem Ductus arteriosus, einigen Fällen von Truncus arteriosus, den meisten Fällen von Coarctatio aortae vor und nach der Stenose (LOOGEN, KARYTSIOTIS u. GREMMEL, 1962) sowie bei Tricusspidalatresie und Marfan-Syndrom (GREMMEL, LOOGEN u. VIETEN, 1964) vor. Im Gegensatz dazu findet sich eine *schmale Aorta* bei Hypoplasia aortae, vermindertem aortalem Flow und manchen kardiovaskulären Fehlbildungen (MESZAROS, 1969).

Da die Aorta an Herzbasis, Ligamentum Botalli und am Zwerchfellhiatus fixiert ist, kann es bei erheblicher Aortenelongation zu extremer *Schlängelung* des Gefäßrohres kommen. Der Ösophagus ist mitunter so weit nach links verlagert, daß der linke Vorhof seinen Kontakt mit der Speiseröhre verliert und eine Vergrößerung des linken Vorhofs nicht mehr durch Ösophagusdarstellung erkannt wird. Bei extremer Schlängelung schwingt

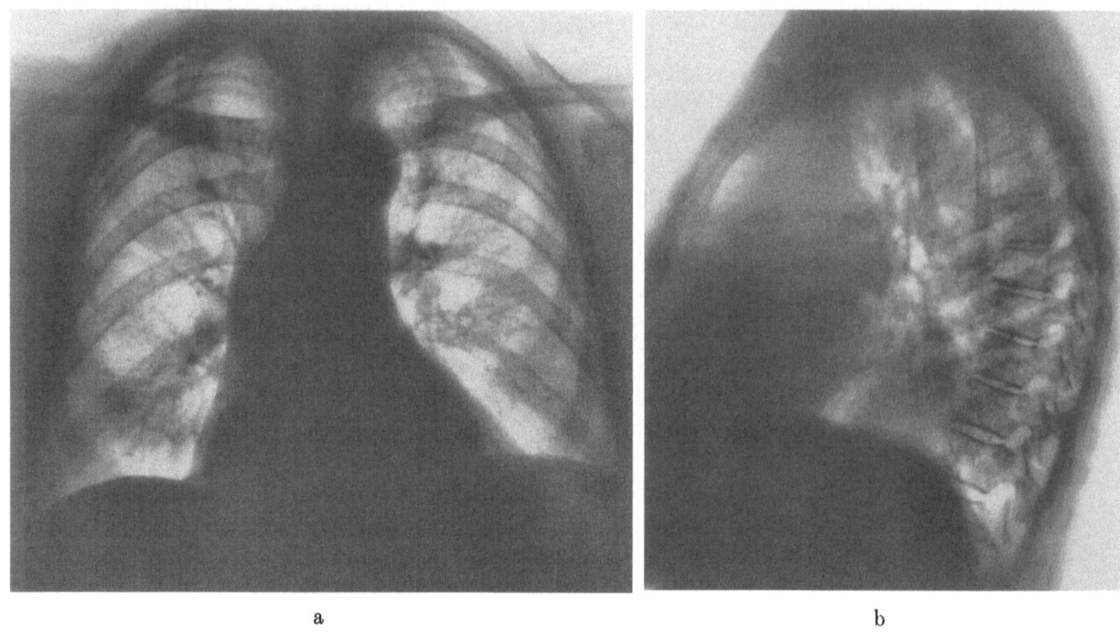

a   b

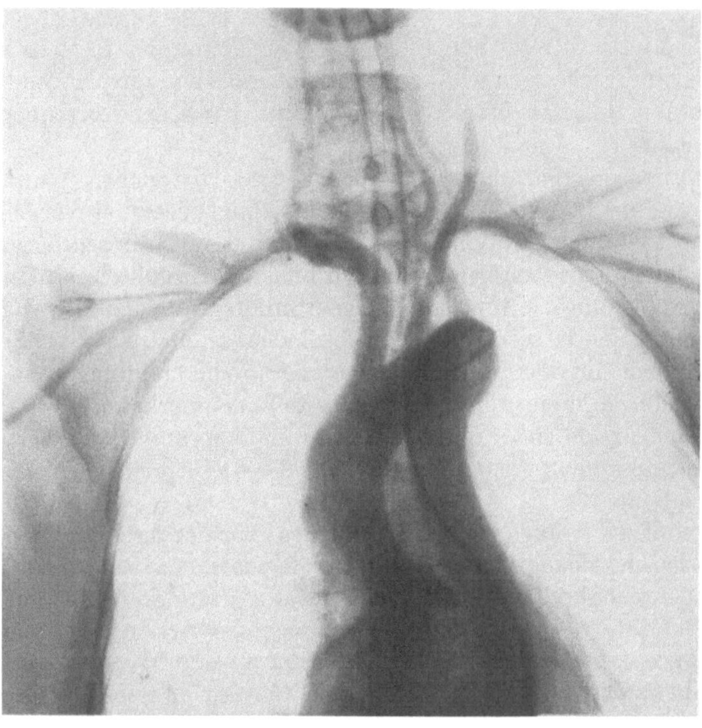

c

Abb. 2a—c. Aortensklerose und Elongation des Gefäßrohres. Rechtsbetonte Biegung der etwas erweiterten Aorta ascendens, abgeschrägter Verlauf des Arcus aortae, Hebung und Betonung des Aortenknopfes sowie mehrfach geschwungener Verlauf der Aorta descendens. a Sagittalaufnahme. b Seitenaufnahme. c Aortographie

die Aorta descendens gelegentlich über die Mittellinie nach rechts aus und simuliert einen rechtsseitigen Lungentumor. Hierbei folgt der Ösophagus der Aorta und biegt nach rechts aus (MESZAROS, 1969). Osteophytäre Randzacken im Verlauf der mittleren und unteren Brustwirbelsäule können einseitig, meist links, vermindert sein (Abb. 4), wenn die Aorta

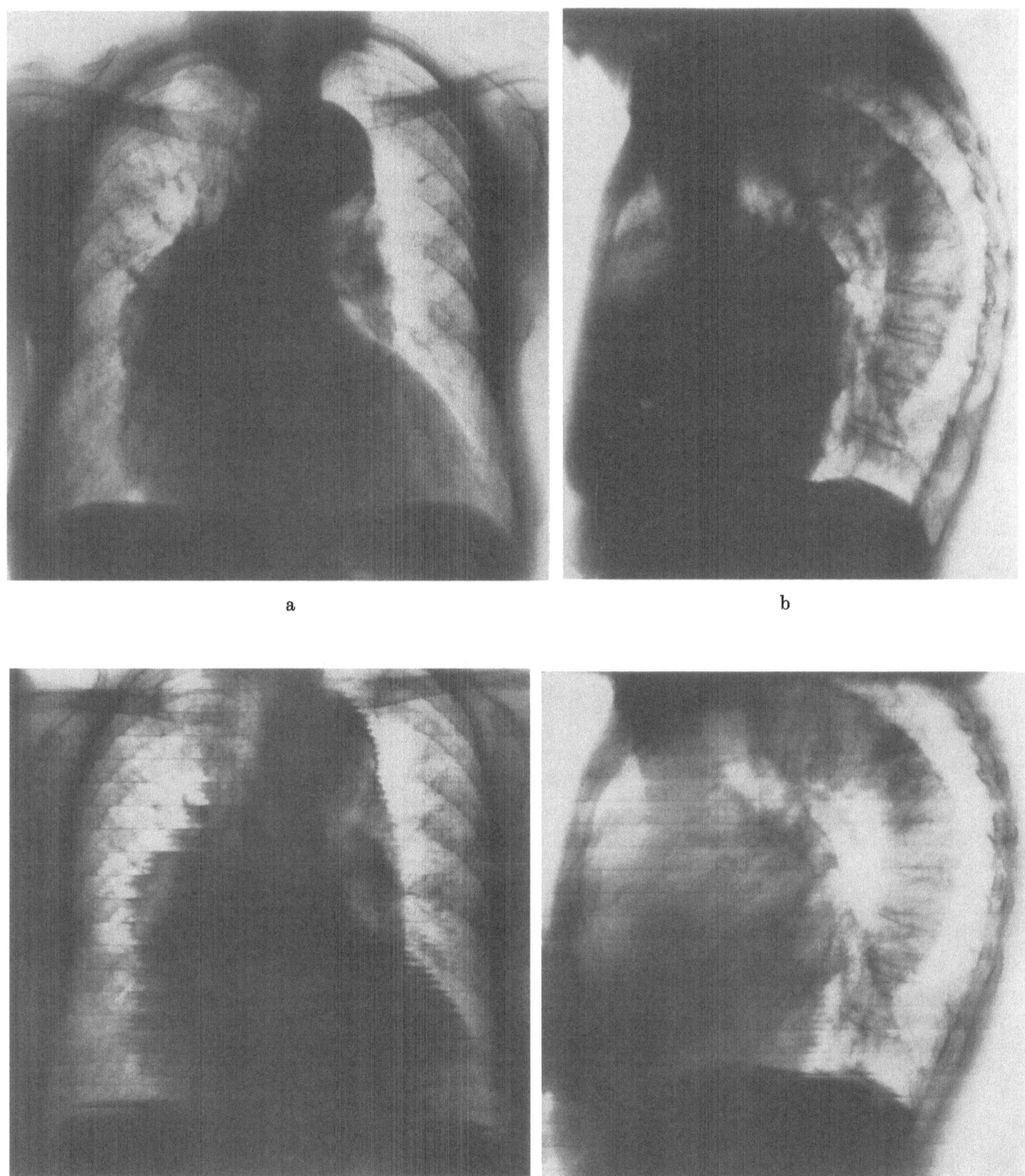

a

b

c

d

Abb. 3a—f. Aortensklerose und Aortenklappeninsuffizienz. Diffuse Erweiterung des ganzen Aortenrohres und aneurysmatische Dilatation der Aorta ascendens. Besonders ausgedehnte Verkalkungen im Bereich des Arcus aortae. a u. b Thoraxaufnahme in 2 Ebenen. c u. d Kymogramme in 2 Ebenen. e u. f Aortographie in 2 Ebenen

thoracica descendens erweitert und geschlängelt in engem Kontakt mit der BWS verläuft (MESZAROS, 1969).

Bei *Jugendlichen* mit elongierter, geschlängelter Brustaorta ist insbesondere an eine „Knickung der kongenital elongierten Aorta (Pseudocoarctatio, Kinking, Buckling, sub-clinical coarctation, Arcus aortae bicurvatus)" zu denken. Der typisch gewundene Verlauf mit dem angehobenen Bogenteil und die in Höhe des Ligamentum arteriosum zunächst

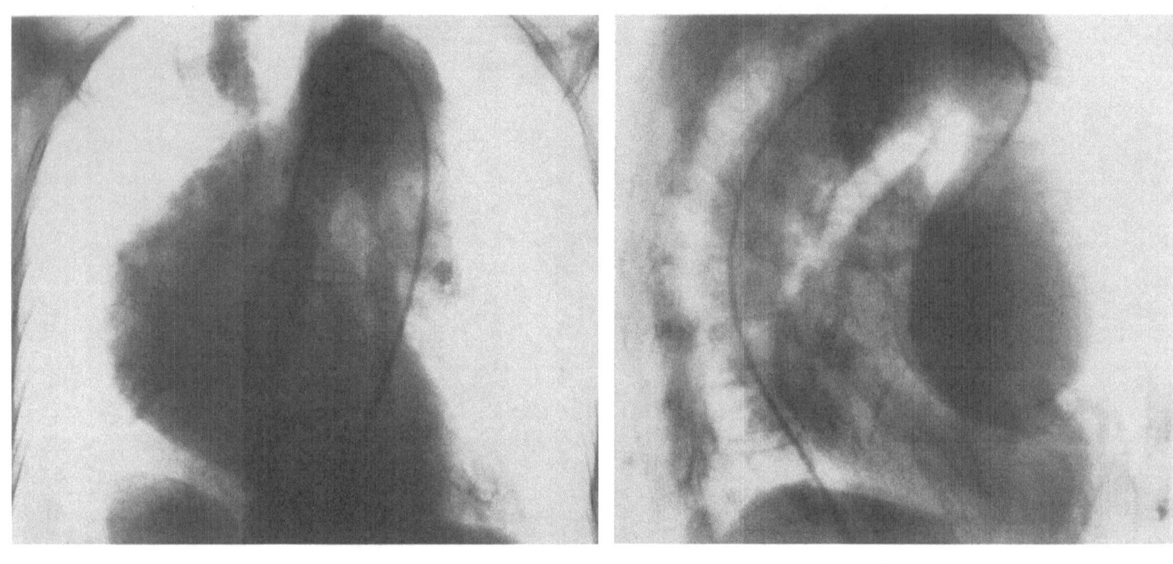

e   f

Abb. 3e u. f

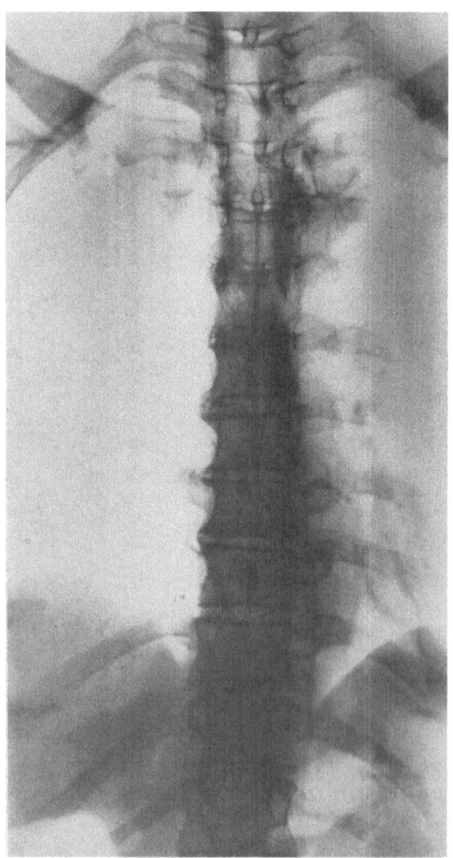

Abb. 4. Aortensklerose. Fehlende Randzacken links im Verlauf der mittleren Brustwirbelsäule infolge Aorten-
wandpulsationen. Ausgeprägte Randzacken auf der rechten Seite bei Spondylosis deformans

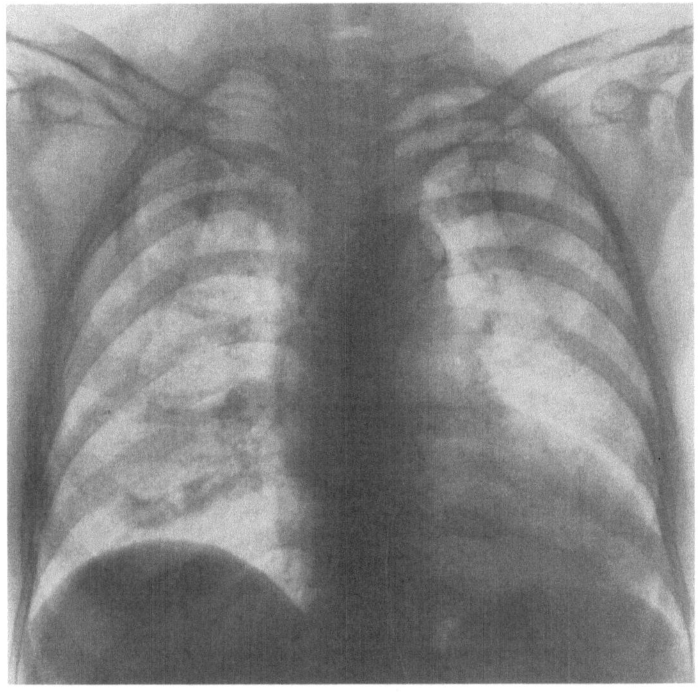

a

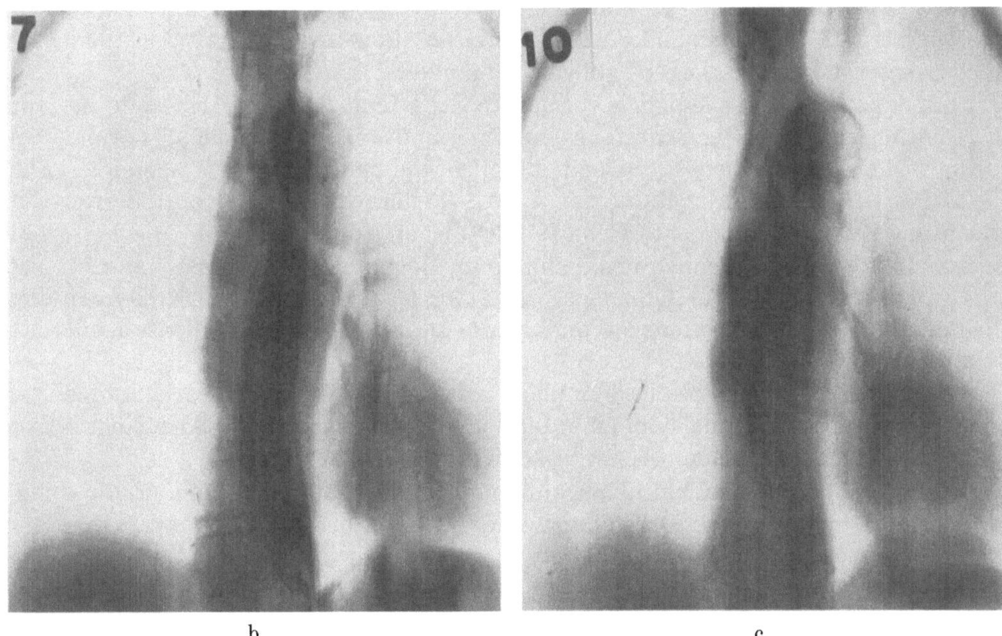

b   c

Abb. 5a—d. Aortensklerose mit besonders ausgeprägten Verkalkungen im Ascendens- und Bogenabschnitt.
Aorta und Verkalkungen zeichnen sich auf Schichtaufnahmen besser ab. a Übersichtsaufnahme. b—d Schichtaufnahmen in 7—13 cm Rückenabstand

horizontal nach dorsal ziehende und leicht erweiterte Aorta lassen sich am besten im
II. schrägen Durchmesser nachweisen.

Schlängelung und Dilatation der Aorta sollten nicht mit multiplen Aneurysmen verwechselt werden. Eine Unterscheidung kann schwierig sein, wenn das Gefäß abschnitts-
weise verschiedene Weite hat.

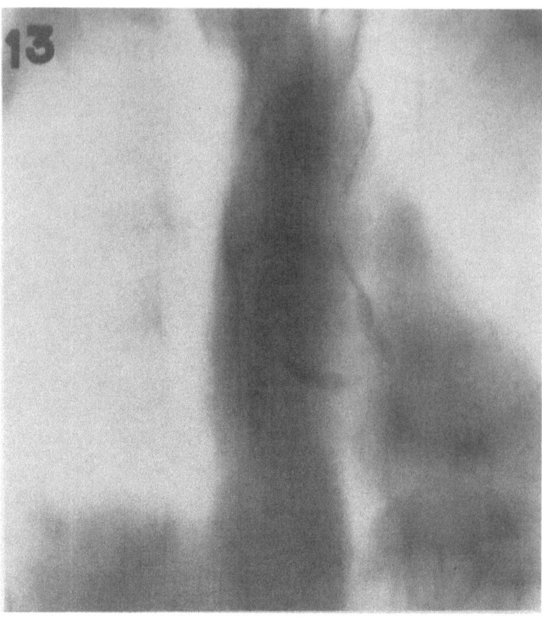

Abb. 5d

Wandveränderungen, insbesondere *Verkalkungen* der Aorta lassen sich auf harten Aufnahmen und Schichtbildern gut erkennen (Abb. 5). Tomographisch sind Verkalkungen oft besser als auf Übersichtsbildern nachzuweisen (Schmidt, Wagner u. Witz, 1960). Kymographisch können Randbewegungen herabgesetzt sein.

Mitunter hat die Aorta lediglich vermehrte Schattendichte. Oft läßt sich die Hauptschlagader innerhalb des Herzschattens deutlicher und weiter verfolgen als normalerweise. Allerdings ist diese vermehrte Schattendichte nicht auf eine sog. diffuse Aortenverkalkung zurückzuführen (Kühnert u. Breining, 1965), sondern durch den vergrößerten Gefäßdurchmesser bedingt. Kalkdichte Schatten in Sichel- oder Kreisform, die bei größerer Ausdehnung konfluieren, können insbesondere im Bogenteil richtungweisend sein. Natürlich kann vor allem in hohem Alter das Aortenrohr fast vollständig verkalken. In diesem Fall sind die orthograd getroffenen Wandbezirke als scharfe, schattendichte Konturlinien sichtbar.

Epstein (1957) beobachtete in 20 Fällen eine Aortensklerose mit Verkalkungen lediglich in der Ascendens, ohne daß eine Lues als Ursache bestand. Allerdings war der Durchmesser der aufsteigenden Aorta in keinem der Fälle vergrößert.

Verkalkungen der Sinus Valsalvae kommen auf der seitlichen Thoraxaufnahme als kommaförmige Schatten zur Darstellung und werden am häufigsten bei alten Leuten gefunden (Levitan u. Reilly Jr., 1966).

Hyman und Epstein (1954) belegten den Wert einer röntgenologischen Feststellung von Aortenwandverkalkungen für die Diagnose einer Arteriosklerose der Aorta, indem sie Röntgenaufnahmen und Obduktionsbefunde in einschlägigen Fällen verglichen. Dabei ergab sich, daß alle röntgenologisch nachgewiesenen Verkalkungen auch post mortem gefunden wurden. Jedoch war auf einigen Aufnahmen mit weicher Technik eine später festgestellte Verkalkung nicht zu erkennen.

Auf die Möglichkeit, Atherome der Aortenwand mit Hilfe der Hartstrahltechnik als Aufhellungsbezirke darzustellen, wiesen Kühnert und Breining (1965) hin. Nach Fernholz und Frik (1968) handelt es sich hierbei um 2—4 mm breite, häufig über 10 mm lange, gelegentlich traubenförmig konfigurierte Aufhellungen von länglicher bis ovaler Form in der Nähe des Aortenrandes mit zur Aortenkontur parallelem Verlauf. Bei verkalkenden Atheromen werden die Kalkschatten vom Aufhellungsband der eingelagerten Fettsubstanzen begleitet. Auf Täuschungsmöglichkeiten infolge Überlagerung des Aortenbogens und der absteigenden Aorta durch über dem Aortenbogen liegendes Lungengewebe, durch Knorpelkalk der 1. Rippe, durch Querfortsätze der Brustwirbel, durch Rippen- und Claviculastrukturen sowie Konturen des Manubrium sterni wird aufmerksam gemacht.

An einem Patientengut von 1216 Personen beiderlei Geschlechts im Alter von 40 bis 80 Jahren wiesen FERNHOLZ und FRIK (1968) in 8,55% der Fälle eine reine Atheromatose, in 19,07% eine reine Calcinose der Brustaorta und in 4,11% Kombinationsformen röntgenologisch anhand von d.v. Thoraxübersichtsaufnahmen nach. Dabei nahmen insbesondere die Calcinosen mit dem Alter stark zu, während die Kombinationsformen nur einen geringen Anstieg zeigten und die reine Atheromatose ihr Maximum zwischen 60 und 70 Jahren erreichte.

Nicht als Ausdruck einer allgemeinen Arteriosklerose ist die sog. *sklerotische Platte* an der aortalen Mündung des Ductus Botalli zu werten. Im Ductus kommt es postnatal zur Auflockerung und Verdickung der Intima sowie zu ödematöser Durchtränkung, ähnlich wie im Beginn atheromatöser Prozesse. An der Mündung des Ductus findet sich zunächst eine stark aufgelockerte Bindegewebsplatte, die später hyalinisiert, von elastischen Fasern durchsetzt wird und auch verkalken kann (SZABÓ u. HORVÁTH, 1941; BLUMENTHAL, 1947). Röntgenologisch zeigt sich eine Verkalkung im untersten Sektor des Aortenknopfes, während dagegen Verschattungen in seinem oberen Bereich meist durch verkalkte Plaques im Ursprungsgebiet der großen Aortenbogengefäße hervorgerufen werden (CHAPMAN, 1960). Verkalkungen des Aortenbogens sah WEISS (1931) bei offenem Ductus Botalli einer 33jährigen Frau. Die röntgenologischen Veränderungen wurden durch Obduktion bestätigt. Veränderte Strömungsverhältnisse infolge des offenen Ductus sollen zu frühzeitiger Atheromatose des Aortenbogens geführt haben. Auch DALITH (1961) wies darauf hin, daß ein „verkalkter Aortenknopf", vor allem bei jugendlichen Patienten, keinesfalls immer im Sinne einer generalisierten Atheromatose gedeutet werden dürfe und daß in den meisten dieser Fälle ein persistierender Ductus Botalli bestehe. CHAPMAN, KWUN und VARGHA (1961) beschrieben eine Verkalkung der Insertionsstelle des Lig. arteriosum als lineare, scharf begrenzte Verschattung in p.a. Position. Bei seitlicher und schräger Position ist der Schatten hingegen leicht gebogen, kleiner und rundlicher.

Differentialdiagnostisch ist von besonderer Bedeutung, daß eine arteriosklerotisch elongierte, gewundene und aneurysmatisch erweiterte Aorta einen Mediastinaltumor vortäuschen kann (OHARA u. TANNO, 1958). Zur Vermeidung einer nutzlosen Thorakotomie ist nötigenfalls eine Klärung mit Hilfe der Aortographie herbeizuführen (weiteres s. S. 384—389).

2. Medionecrosis aortae

ERDHEIM beschrieb 1929 die „*Medionecrosis aortae idiopathica (cystica)*" als selbständiges Krankheitsbild, nachdem GSELL (1928) die Eigenart dieser Erkrankung erkannt hatte.

Ätiologisch lassen sich neben der angeborenen Form bei Marfan-Syndrom eine idiopathische Form und symptomatische Formen unterscheiden.

Pathologisch-anatomisch handelt es sich hierbei um charakteristische Elastikadefekte in Form von mucoidreichen, später auch muskelfaserhaltigen Cysten, die histologisch gegen herdförmige mucoidreiche bzw. bandförmige Muskelfasernekrosen mit Fragmentierung elastischer Lamellen abzugrenzen sind (GÜRICH u. SACK, 1969). Die Nekrosen sitzen am häufigsten in der Hinterwand der Aorta ascendens sowie im Arcus bis zum Isthmus aortae.

Männer werden doppelt so häufig befallen wie *Frauen* (MENGES, 1960). Nach HOLLE (1946) tritt die Krankheit vorzugsweise im mittleren und höheren *Lebensalter* auf.

Die Ursache der idiopathischen Medianekrose ist bis heute nicht eindeutig geklärt. Infektiös-toxische und zu lokaler Hypoxie führende Faktoren wurden ebenso vermutet wie hypertonische und hyperadrenalinämische Krisen oder kongenitale Wandschwäche (Mörl, 1965). Bekannt ist das gehäufte Vorkommen der cystischen Medianekrose beim Marfan-Syndrom. Kostich und Opitz (1965) berichten über einen Fall bei Ullrich-Turner-Syndrom, Hayes und Woo-Ming (1965) über einen jungen Mann mit Wandverdünnung der ganzen Aorta auf dem Boden einer cystischen Medianekrose und Ductus arteriosus apertus.

Zu den *symptomatischen Formen* der Medianekrose sind die vor allem im Tierversuch beobachteten Mediaveränderungen nach lokaler Einwirkung *ionisierender Strahlung* (Kunz, Hecht u. Hegewald, 1965), nach chronischer *Nicotinintoxikation* (Grosgogeat u. Roubelakis, 1965) sowie nach Applikation von „*Anti-Nieren-Serum*" (Churg u. Sakaguchi, 1965) zu rechnen, ebenso wohl auch die bei Ratten nach Fütterung von *beta-Amino-Propionitril* auftretenden, mit Intimaeinrissen einhergehenden Medialäsionen (Paik u. Lalich, 1968).

Gürich und Sack (1969) prüften an einem Sektionsgut von 441 menschlichen Aorten die statistische Korrelation zwischen den verschiedenen histologischen Formen der Medianekrose und Alter, Geschlecht sowie nosologischen Daten. Von den nicht dem Erdheimschen Elastikadefekt zuzurechnenden Formen zeigten die *bandförmigen Nekrosen* der Muskulatur mit unterschiedlich ausgeprägter Fragmentierung der elastischen Lamellen eine signifikante Häufung im *höheren Lebensalter, beim männlichen Geschlecht*, bei *Aortensklerose* und bei *Angiektasie der Aorta ascendens. Mucoidreiche herdförmige Nekrosen* der Muskulatur mit umschriebener Fragmentierung der elastischen Lamellen fanden sich signifikant häufiger beim *weiblichen Geschlecht*, bei nur *geringer oder fehlender Aortensklerose* und bei *metastasierenden Carcinomen*. Eine ätiologische Bedeutung von Kollapszuständen und Anämien für Medianekrosen und Erdheimsche Elastikadefekte der menschlichen Aorta war nicht nachweisbar.

Degenerative Veränderungen nicht arteriosklerotischer Natur treten schließlich auch in der *Schwangerschaft* auf und können zu Spontanrupturen oder einem Aneurysma dissecans führen. Manalo-Estrella und Barker (1967) beobachteten an der Aortenmedia von 16 Schwangeren eine deutliche Fragmentation von Reticulumfasern, eine Verminderung von sauren Mucopolysacchariden und den Verlust normaler Elastikastrukturierung sowie Hypertrophie und Hyperplasie glatter Muskelfasern.

Die Nekrose der Aortenmedia wird *klinisch* oft erst mit Ausbildung eines Aneurysma oder einer Aortenruptur vermutet. Auch die *röntgenologische Symptomatik* muß bis zum Nachweis eines Aneurysmas nicht zur Diagnose führen.

Eisen und Elliot (1968) fanden bei 14 Patienten mit operativ oder autoptisch gesicherter *idiopathischer cystischer Medianekrose* der Aorta ascendens eine extrem prominente Ascendens und eine Vergrößerung des linken Ventrikels auf Nativbildern. Im Aortogramm waren eine symmetrische Erweiterung des Aortenrohres mit deutlicher Erweiterung der Aortensinus und meist eine Aortenklappeninsuffizienz nachweisbar. In einem Teil der Fälle bestand bereits eine Dissektion.

Am leichtesten ist nach Gremmel, Loogen und Vieten (1964) die Diagnose eines *Marfan-Syndroms*, dem eine Systemerkrankung des Bindegewebes zugrunde liegt, diese kann sich am Skelet, den Augen, den Gefäßen und dem Herzen manifestieren.

Von den Skeletveränderungen ist in erster Linie eine Bevorzugung des Längenwachstums der distalen Abschnitte gegenüber den proximalen Anteilen bei gleichzeitiger Verschmälerung zu nennen. Eindrucksvoll sind hier vor allem die Veränderungen an den Händen und Füßen (Arachnodaktylie = Spinnenfingrigkeit). Nicht selten werden Trichterbrust- oder Hühnerbrustbildungen und Wirbelsäulendeformierungen beobachtet.

Bei den Augenveränderungen können die Iris, die Linsen und die Zonula Zinnii betroffen sein. Der auffallendste Befund ist hier die Linsenektopie. Sie ist meist beiderseits,

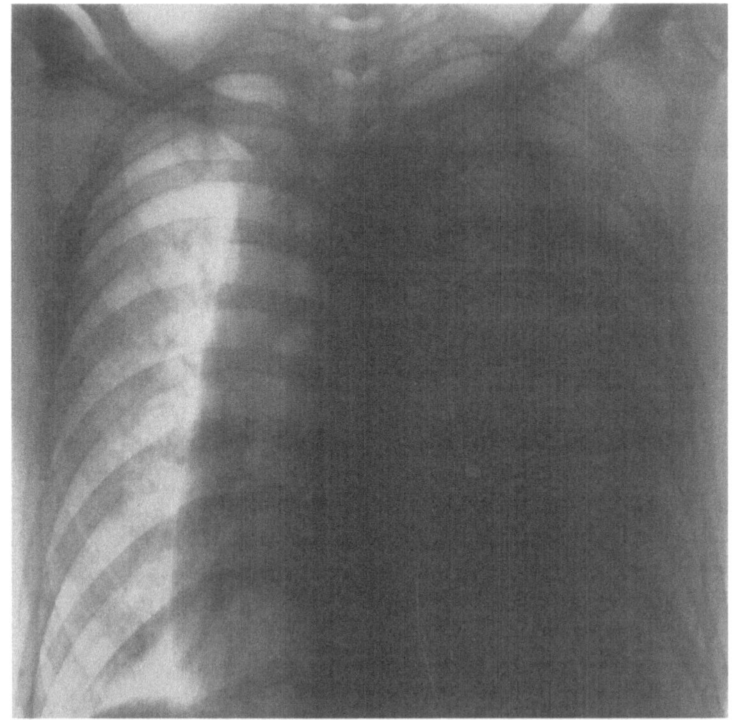

a

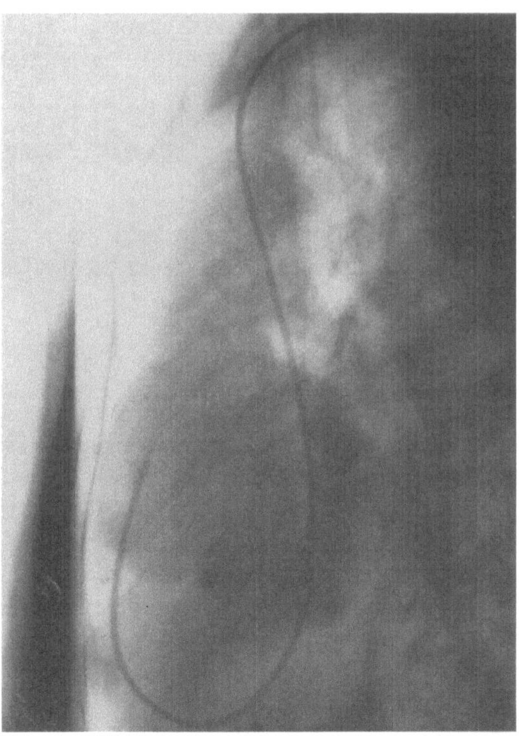

b

Abb. 6a u. b. Aneurysma dissecans der ganzen Aorta (insbesondere im Anfangsteil der Ascendens) bei Marfan-Syndrom. Rezirkulation kurz vor Abgang der A. iliaca communis sinistra. a Thoraxübersicht. Verschattung linke Thoraxseite. Hämatoperikard und Hämatothorax mit Kompressionsatelektase der linken Lunge. b Selektive Angiokardiographie. Seitenaufnahme. Über mannsfaustgroßes Aneurysma direkt oberhalb der Aortenklappe

nur selten einseitig ausgebildet. Weitere mögliche Veränderungen sind z.B. Linsenkolobome und Alterationen des Aufhängeapparates sowie Heterochromie und Miosis.

Bei den kardiovaskulären Störungen stehen Veränderungen der Aorta weit im Vordergrund. Sie sind Folge einer Medianekrose. In frühen Stadien findet man eine Medionecrosis aortae idiopathia cystica (ERDHEIM), in fortgeschrittenen Stadien eine Fragmentation und Verringerung der elastischen Fasern. Die Veränderungen betreffen vorwiegend die aszendierende Aorta und führen zu Erweiterungen oder zur Aneurysmabildung (Abb. 6). Auch nach distal können sich die Veränderungen der aszendierenden Aorta, z.B. auf die vom Aortenbogen abgehenden Gefäße und auch auf die deszendierende, sogar auf die abdominale Aorta erstrecken. Die Häufigkeit einer Aortenbeteiligung beim Marfan-Syndrom ist so groß, daß man eigentlich in jedem Fall einer Marfan-Erkrankung mit einer Manifestation dieser Gefäßveränderungen rechnen sollte. Selbst wenn in einem sonst eindeutigen klinischen Bild eines Marfan-Syndroms die Aorta weder klinisch noch röntgenologisch diesbezügliche Symptome liefert, muß an die Möglichkeit der späteren Manifestation eines Aortenaneurysmas gedacht werden, da bekannt ist, daß in Anfangsstadien die Gefäßveränderungen klinisch nicht oder nur schwer faßbar sind. Es ist deswegen eine laufende röntgenologische Überwachung der Aorta erforderlich.

Die Diagnose eines Marfan-Syndroms ist besonders leicht, wenn die Trias der Manifestationen (Skelet-, Augen- und kardiovaskuläre Veränderungen) ausgeprägt ist. In manchen Fällen besteht diese Trias aber nicht. Trotzdem kann man eine dringende Verdachtsdiagnose auch dann stellen, wenn nur eine monosymptomatische Form vorliegt. Das ist am ehesten möglich bei typischen Augenveränderungen, weniger leicht bei ausschließlichen Skeletveränderungen. Sehr viel schwieriger wird die Differentialdiagnose, wenn die monosymptomatische Form sich auf kardiovaskuläre Veränderungen beschränkt.

Der Krankheitsverlauf der Medianekrose ist chronisch (WEISE, 1934; ROTTINO, 1939). Eine Spontanheilung kann eintreten, wenn die Nekrosen durch Aortengewebe ersetzt werden. Auch kann muskuläres und elastisches Gewebe regeneriert werden.

II. Entzündliche Aortenveränderungen

Die Häufigkeit entzündlicher Aortenerkrankungen liegt nach einer Sektionsstatistik von mehr als 22000 Fällen bei 32 pro 1000 Obduktionen (RESTREPO, TEJADA u. CORREA, 1969). Mehr als 80% davon waren luischer Genese, der Rest wies fast nur unspezifische Veränderungen auf.

1. Unspezifische Entzündungen

Aorta und Arterien können entweder mehr oder weniger ubiquitär entzündlich verändert sein oder lokal durch Übergreifen von Entzündungprozessen benachbarter Strukturen und Organe sekundär in Mitleidenschaft gezogen werden. Dabei kann die Entzündung einen mehr chronischen oder einen mehr akuten Charakter tragen. Insbesondere bei einer protrahiert verlaufenden Aortitis vermag sich eine begleitende Arteriosklerose auszubilden. Gelegentlich kann im Einzelfall auch histologisch nicht entschieden werden, ob eine genuine oder eine begleitende, nach Aortitis aufgetretene Arteriosklerose der Aorta vorliegt.

Die nach Krankheitswert und Vorkommen wohl wichtigste chronisch-unspezifische Aortitis tritt im Rahmen der **Takayasu-Krankheit** auf. Ihr Bild wurde durch eine Reihe von Autoren in den letzten Jahren z.T. eingehend beschrieben (GREMMEL u. SCHULTE-BRINKMANN, 1963; GREMMEL, SCHULTE-BRINKMANN u. VIETEN, 1965; JOFFE, 1965; WOLPERT u. PATEL, 1966; ZERPA, HIRSCHHAUT, FERRER, CAPRILES u. DUBOIS, 1966; ROBERTS u. WIBIN, 1966; GOTSMAN, BECK u. SCHRIRE, 1967; NAKAO, IKEDA, KIMATA, NIITANI, MIYAHARA, ISHIMI, HASHIBA, TAKEDA, OZAWA, MATSUSHITA u. KURAMOCHI, 1967; KOZUKA, NOSAKI, SATO u. IHARA, 1968; KOZUKA, NOSAKI, SATO u. TACHIIRI, 1968;

Kozuka u. Nosaki, 1969; Dunn u. Lennox, 1969; Dubb u. Solomon, 1969; Hachiya, 1970; Harrell u. Manion, 1970; D'Cruz, Kulkarni, Gandhi, Juthani u. Murti, 1970; Soloway, Moir u. Linton, 1970; Kirshbaum, 1970).

Dabei fanden eine Reihe synonymer Bezeichnungen Verwendung, wie ,,pulslose Krankheit", ,,brachiocephale Arteriitis", ,,brachiocephale Ischämie", ,,brachiale Arteriitis", ,,Aortenbogenarteriitis", ,,primäre Arteriitis des Aortenbogens", ,,atypische Koarktation", ,,Arteriitis junger Frauen", ,,erworbene Aorto-Arteriitis", ,,idiopathische Media-aortopathie und -arteriopathie", ,,Aortitis-Syndrom", ,,Takayasu-Syndrom" und ,,Takayasu-Arteriitis", ,,chronische Subclavia-Carotis-Obstruktion", ,,idiopathische Aortitis bei jungen Afrikanern", ,,Aortitis unbekannten Ursprungs" und ,,idiopathische Panarteriitis", ,,subisthmische Koarktation", ,,stenosierende Aortitis", ,,Mittelaorten-Syndrom", ,,zentrale Aortitis", ,,sklerosierende Aortitis und Arteriitis" u.a.m.

Unsere Beschreibung dieses Krankheitsbildes folgt im wesentlichen der ausgezeichneten Übersichtsdarstellung von Hachiya (1970), die sich auf die Weltliteratur und auf Erfahrungen des Autors mit 59 eigenen Fällen gründet.

Die Takayasusche Krankheit ist *pathologisch-anatomisch* charakterisiert durch eine idiopathische Panarteriitis wahrscheinlich autoallergischer Genese mit Befall vorzugsweise der thorakalen Aorta in Form von Aneurysmabildungen und Stenosierungen sowie mit Einengung der proximalen Abschnitte vorzugsweise der Aortenbogenarterien, aber auch anderer aus der Aorta abgehender Arterien. Nakao et al. (1967) berichten über 84 Patienten mit Takayasu-Arteriitis und teilen nach dem Aortenbefall in einen Aortenbogentyp (56%), einen extensiven, die gesamte Aorta und große Arterien betreffenden Typ (32%) sowie einen Thoracica-Descendens- und Abdominalis-Typ (12%) ein. — Fakultativ werden die Pulmonalarterien von dem Entzündungsprozeß erfaßt.

Histologisch ist insbesondere die *Media* entzündlich verändert. Zunächst sind Granulome, Koagulationsnekrosen und verschiedene Arten von Riesenzellen, später eine diffuse plasma- und lymphocytäre Entzündung zu beobachten. Schließlich tritt eine Vernarbung ein. Folge der Zerstörung elastischer Fasern ist eine von Ort zu Ort unterschiedlich ausgeprägte Wandschwäche, Hauptursache für die Entstehung von Aneurysmen. Im Zusammenhang mit den entzündlichen Veränderungen der Media findet sich eine Verdickung der *Intima*, die zusammen mit parietalen Thromben und gelegentlichen Atheromen verantwortlich ist für die charakteristischen Gefäßstenosen. Die *Adventitia* weist entzündliche Infiltrationen besonders in der Umgebung der Vasa vasorum und eine fibröse Verdickung auf; gelegentlich sieht man periaortale Adhäsionen.

Unter mehr als 22000 Obduktionen fanden Restrepo et al. (1969) 137 nichtsyphilitische Panaortitisfälle weitgehend ungeklärter Genese und ordneten diese wegen der geringen, meist umschriebenen Wandveränderungen und fehlender Beteiligung der großen Aortenarterien als Minor-Form der Takayasu-Aortitis zu. Frauen waren davon etwas häufiger betroffen als Männer unter Bevorzugung der 15—34jährigen Frauen. Das voll ausgeprägte Krankheitsbild hingegen scheint bei jungen Frauen besonders häufig, insgesamt jedoch seltener zu sein. Zerpa et al. (1966) beschrieben eine Takayasu-Krankheit mit Aortenbogen-Syndrom sogar bei einem 10jährigen Knaben und einem 12jährigen Mädchen.

Die *klinischen Erscheinungen* von seiten der Aortenbeteiligung werden weniger von den meist nicht sehr großen und mehrfach auftretenden Aneurysmen bestimmt als vielmehr von den multiplen, vor allem im Verlauf der Aorta thoracica descendens anzutreffenden Einengungen der Gefäßlichtung. So kommt es häufiger zu einer arteriellen Hypertension der oberen Körperhälfte und einer Ektasie der Aorta ascendens, nicht selten mit konsekutiver Aortenklappeninsuffizienz. Kozuka und Nosaki (1969) entdeckten bei 62 Fällen mit ,,Aortitis-Syndrom" fünfmal eine solche Klappeninsuffizienz. Meist wird eine Takayasusche Erkrankung jedoch aufgrund der meist eindrucksvollen Veränderungen an den aus der Aorta abgehenden großen Arterien vermutet. An erster Stelle ist die bunte brachiocephale Symptomatik des Aortenbogensyndroms zu nennen. Takayasu beschrieb 1908 bei einer jungen Frau eine fortgeschrittene, chronische, ischämisch bedingte Retinopathie und leitete damit die Erforschung der nach ihm benannten Krankheit ein. Durch proximale Stenosierung oder Okklusion entsprechender Arterien kann es jedoch auch zur Koronarinsuffizienz, zu einem nephrogenen Hypertonus, zur abdominalen Angina oder zu einem Leriche-Syndrom (D'Cruz et al., 1970) kommen.

Die *Laborbefunde* sind unspezifisch. Jedoch besteht in mehr als 50% eine erhöhte Blutsenkungsgeschwindigkeit als Indikator für die Aktivität der Erkrankung. Ein positiver Test auf C-reaktives Protein, vermehrtes gamma-Globulin im Serum, mäßige Leukocytose und eine hypochrome Anämie sind weitere häufig anzutreffende Befunde.

Die *Prognose* ist im allgemeinen gut und die Überlebenszeit lang, da die Arteriitis meist langsam fortschreitet und gelegentlich inaktiv wird. Zuweilen führt die Erkrankung jedoch durch eine schwere Aortenklappeninsuffizienz mit Herzversagen, eine koronare Minderdurchblutung, Gehirnblutung oder Ruptur eines Aneurysmas zum Tode.

In der *Therapie* gelten Corticosteroide als das Mittel der Wahl. Antikoagulantien werden erforderlich im aktiven Stadium zur Verhinderung von Thrombosen. Die operative Gefäßrekonstruktion bleibt wegen der Ausdehnung des Entzündungsprozesses meist auf wenige Fälle beschränkt.

Die *Röntgendiagnostik* umfaßt vor allem Thoraxübersichtsaufnahmen und die Aortographie, gegebenenfalls eine Angiographie der Pulmonalgefäße.

Die *Übersichtsbilder* zeigen häufig eine lokalisierte oder eine diffuse Erweiterung der aufsteigenden Aorta mit Unregelmäßigkeit der Kontur. Eine vorspringende Aorta ascendens kann auf einer prästenotischen Dilatation bei Stenosierung von Aortenbogen oder Aorta thoracica descendens beruhen. Ausgeprägte Wandverkalkungen können als Spätveränderungen auftreten und ein langstreckig eingeengtes Aortenlumen sichtbar machen. Erweiterung der Pulmonalstammarterie, unregelmäßige Verschmälerung der intrapulmonalen Gefäße und verminderte Lungengefäßzeichnung sind Zeichen der Beteiligung des Pulmonalarteriensystems. Rippenusuren können durch intercostale Kollateralkreisläufe zur verschlossenen A. subclavia entstehen; solche Usuren sind jedoch nicht so ausgeprägt oder so häufig wie bei kongenitaler Aortenkoarktation.

Da sich der Entzündungsprozeß nicht nur wie zumeist am Aortenbogen, sondern an jedem beliebigen anderen Aortenabschnitt und den zugehörigen Arterienabgängen abspielen kann, sollte die thorakale *Aortographie* mit der abdominalen kombiniert werden. Gelegentlich wird eine selektive Arteriographie einer der aus der Aorta abgehenden Arterien zur exakten Darstellung der Läsionen notwendig. Bei etwa der Hälfte der Patienten lassen sich angiographisch *okklusive Aortenveränderungen* nachweisen. Sie finden sich in jedem beliebigen Abschnitt mit Ausnahme der Aorta ascendens. Meist beginnt die Einengung im Verlauf der Aorta thoracica descendens und setzt sich fort bis hinab in die Aorta abdominalis. Zusammen mit einer häufig begleitenden prästenotischen Dilatation der Aorta ascendens resultiert hieraus das Bild der „kommaförmigen" oder — wegen der Wandunregelmäßigkeiten — auch „rattenschwanzartigen Aorta". Anders als bei der angeborenen Koarktation führt die Takayasu-Arteriitis also zu einer langstreckigen Stenosierung vor allem der Aorta descendens ohne poststenotische Dilatation. Gelegentlich kommen multiple Stenosen abwechselnd mit normalen Aortenabschnitten vor (Abb. 7). Bei hochgradigen Stenosen der Aorta thoracalis descendens können Kollateralen über die Aa. mammariae und die Aa. intercostales ausgebildet sein, bei solchen der Aorta abdominalis Kollateralen über die Aa. lumbales, die pancreaticoduodenalen Arkaden und die „meandrierende Mesenterica des Colons" (Moskowitz, Zimmerman u. Felson, 1964).

Aneurysmen stellen wahrscheinlich eine Spätmanifestation der Krankheit dar und sind direkt verursacht durch starke Zerstörungen der elastischen Fasern innerhalb der Media. Sie kommen in 4—20% der Fälle vor und treten häufiger fusiform als sakkulär in Erscheinung. Dissezierende Aneurysmen sind ausgesprochen selten; sie wurden bei

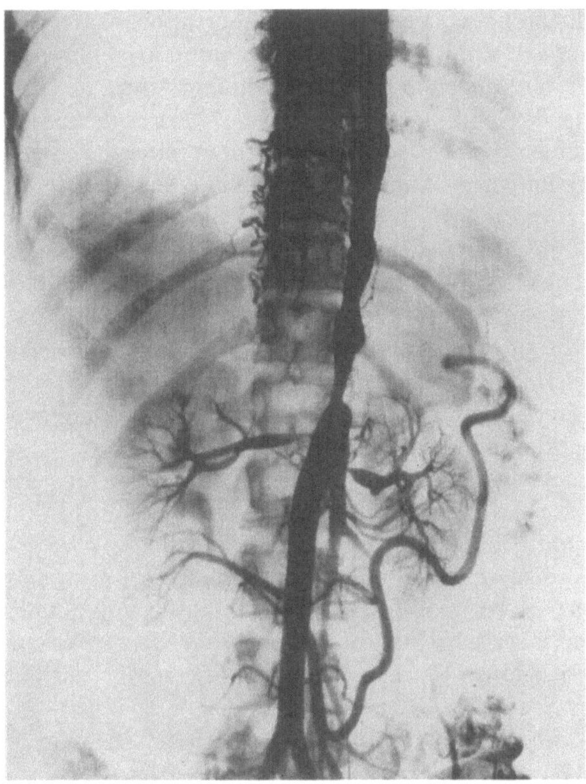

Abb. 7. Aortitis-Syndrom (TAKAYASU). Transfemorale Aortographie. Multiple Einengungen an der Aorta descendens thoracica und der oberen Aorta abdominalis (rattenschwanzartige Aorta). Verschluß der A. coeliaca. Kollaterale aus der A. mesenterica inferior. Stenosierung der A. renalis beiderseits

einer Reihe von Riesenzellarteriitiden beobachtet. HACHIYA (1970) beschreibt jedoch einen eigenen Fall von Aneurysma dissecans bei Takayasuscher Arteriitis.

Als schwerwiegende Komplikation ist eine *Aortenklappeninsuffizienz* anzusehen. Sie entwickelt sich in etwa 10—20% der Fälle und ist meist bedingt durch die prästenotische Dilatation der Aorta ascendens, selten durch entzündliche Veränderungen der Klappe selbst. Der angiographische Nachweis eines fehlenden Klappenschlusses ist nur erbracht, wenn die Katheterspitze die Klappe nicht berührt, da durch mechanische Alteration während der Druckinjektion des Kontrastmittels eine Inkompetenz der Aortenklappe vorgetäuscht werden kann (KOZUKA u. NOSAKI, 1969).

Schließlich werden im Aortogramm eine *Schlängelung* der Hauptschlagader, *Intima-unregelmäßigkeiten* und *Wandverdickungen* erkennbar.

Die *Aortenbogenarterien* zeigen in mehr als 80% der Fälle einen Befall von mehr als 2 brachiocephalen Ästen. Gewöhnlich bestehen okklusive, selten aneurysmatische Veränderungen. Der Häufigkeit nach sind die linke A. subclavia, die linke A. carotis communis und die rechte A. subclavia betroffen. 90% der Läsionen der linken A. subclavia sind proximal von der zugehörigen Vertebralarterie lokalisiert, 70% der Läsionen der rechten A. subclavia distal davon. Entsprechend tritt bei Ausbildung eines ,,subclavian steal-Syndroms'' die retrograde Vertebralarterienfüllung auf der linken Seite häufiger in Erscheinung. Komplette und inkomplette Obstruktionen der brachiocephalen Arterien kommen etwa gleich oft vor. Ein vollständiger Gefäßverschluß weist angiographisch häufig eine flammenartige Begrenzung auf, inkomplette Gefäßeinengungen kommen gewöhnlich als langstreckige Stenosen zur Darstellung mit glatter oder unregelmäßiger innerer Wandkontur (s. Abb. 42). HACHIYA (1970) beschreibt ein ,,superiores thorakales Kollateralennetzwerk" bei vollständigem Verschluß der Aortenbogenarterien, an dem die oberen Intercostalarterien, die Spinalarterien, die Aa. mammariae internae und zahlreiche kleine namenlose Arterien der Aortenbogenregion beteiligt sind.

Eine Beteiligung der *Nierenarterien* (s. Abb. 7) wird in 25—75% der Fälle berichtet und ist meist mit einer Stenose oder einem Aneurysma der Bauchaorta kombiniert. Die ein- oder beidseitige immer proximal gelegene Nierenarterienstenose ist die Hauptursache für eine arterielle Hypertension bei Takayasuscher Arteriitis.

Von den *Eingeweidearterien* ist die Arteria mesenteria superior häufiger befallen als der Truncus coeliacus oder die A. mesenterica inferior. Auch hier überwiegen obstruktive Veränderungen. Gewöhnlich ist eine kollaterale Zirkulation über die „meandrierende Mesenterica" und die prancreaticoduodenalen Arcaden nachweisbar.

Eine *Koronararterien*insuffizienz ist in der Regel Folge der Aortitis, seltener durch Stenosierung der Arterien selbst bedingt. Herzinfarkte sind möglich (Juzi, 1967). Koronararterienaneurysmen kommen ausnahmsweise vor.

Iliacalstamm- und *Femoralarterien* werden auch bei ausgeprägter Aortitis abdominalis — anders als bei der Arteriosklerose — nur selten vom Krankheitsprozeß erfaßt. Hingegen ist der Verschluß der Aortenbifurkation möglicherweise nicht so selten. D'Cruz et al. (1970) fanden eine teilweise oder vollständige Verlegung in 8 von 13 Aortitisfällen.

Kozuka, Nosaki, Sato und Ihara (1968) sahen bei der Mehrzahl ihrer 35 Aortitisfälle schon auf den Übersichtsbildern *Pulmonalarterienveränderungen*. Alle pulmonalisangiographierten Patienten (16) wiesen Einengungen der peripheren Äste, ein Teil (6) davon Stenosen der Segmentäste auf.

Harrell und Manion (1970) stellten bei 58 Sektionsfällen von „Sklerosierender Aortitis und Arteriitis" in 17% eine *retroperitoneale und periureterale Fibrose* fest.

Die *differentialdiagnostische Abgrenzung* der Takayasuschen Krankheit gegen andere Formen der Aortitis gelingt bei typischer Ausprägung leicht mit Hilfe der klinischen und röntgenologischen Befunde. Gegen eine *Aortitis luica* sprechen negative serologische Tests auf Lues; außerdem ist bei Lues die Aortitis am stärksten in der Aorta ascendens ausgeprägt und reicht nur selten bis unter das Zwerchfell. Bekannt ist eine begleitende *Arteriosklerose* bei Takayasuscher Aortitis. Gegen eine genuine Arteriosklerose lassen sich die seltene Beteiligung der Iliacal- und Femoralarterien, das Fehlen einer ischämischen Extremitätengangrän infolge ausgeprägter Kollateralenbildungen bei entsprechender Okklusion und das jugendliche Alter der meist weiblichen Patienten anführen. Eine *Riesenzellarteriitis* kommt ausschließlich bei älteren Leuten vor und ist durch eine schmerzhafte abschnittweise Anschwellung in erster Linie der Temporalarterien und Fieber gekennzeichnet. Gelegentlich ist die Aorta beteiligt. Möglicherweise gehört die Krankheit in dieselbe pathogenetisch-pathologische Kategorie wie die Takayasu-Erkrankung. Die *Aortitis bei ankylosierender Spondylitis* oder bei *rheumatoider Arthritis* zeigt eine Aortenklappeninsuffizienz und betrifft im allgemeinen nur den klappennahen Anteil der Aorta ascendens. Die Kombination mit Takayasuscher Aortitis ist jedoch möglich. Eine *kongenitale Hypoplasie* der Aorta kann das angiographische Bild einer langen, symmetrischen, glattwandigen Aortenstenose zeigen. Gelegentlich sind andere anlagebedingte Veränderungen dabei vorhanden, wie z.B. ein Marfan-Syndrom. Andere Krankheitsbilder wie *Embolie, Buergers-Krankheit, Panarteriitis nodosa, Pseudoxanthoma elasticum* oder „*thoracic outlet syndrom*" sind aufgrund charakteristischer klinischer und angiographischer Befunde leicht zu differenzieren.

Neben der beschriebenen idiopathischen Aortitis bei Takayasuscher Krankheit gibt es **chronisch-unspezifische Aortitiden bakterieller Genese.** Solche Formen können bei entsprechenden chronisch-unspezifischen Entzündungen in unmittelbarer Nachbarschaft der Aorta oder hämatogen vor allem über die Vasa vasorum in der Aortenwand auftreten. Pathologisch-anatomisch kommt es dabei zu chronisch-entzündlichen Infiltrationen der Adventitia um die Vasa vasorum herum und der Media mit Zerstörung von elastischen Fasern und schließlich zu proliferativen Intimaverdickungen.

Sofern weder Rupturen, Aneurysmen oder etwa thrombotisch bedingte Stenosen die Frage nach der primären pathologischen Veränderung der Aortenwand aufwerfen, weist eine Aortitis allenfalls mehr oder weniger ausgeprägte Wandunregelmäßigkeiten auf, die mit Hilfe der Aortographie leicht zu erkennen sind. Im Zusammenhang mit einer chronisch-unspezifischen bakteriellen Entzündung läßt sich dann die Vermutungsdiagnose einer entsprechenden Aortitis stellen, sofern es sich nicht offensichtlich um eine typische Aortensklerose mit Wandunregelmäßigkeiten handelt.

Als Folge entzündlicher Wandveränderungen bei Viridans-Infektion sah FRAY (1930) Aortenstrikturen mit vollständiger Lumenverlegung. Röntgenologisch waren Fehlen des Aortenknopfes, Schattendefekt am Aortenbogen, Erweiterung der prästenotischen Aorta, Rippenarrosionen und erweiterte Kollateralgefäße sowie starke Hypertrophie des linken Ventrikels nachzuweisen.

Eine **symptomatische Form der chronischen Aortitis** kommt zusammen mit einer Aorten-klappeninsuffizienz bei *rheumatoider Arthritis*, also primär chronischer Polyarthritis vor. Sie betrifft jedoch im allgemeinen nur wenige Zentimeter der Aorta distal der Aorten-klappe und überschreitet fast nie die Aorta ascendens.

ANSELL, BYWATERS und DONIACH (1958) beschrieben das Auftreten von starker Binde-gewebsneubildung und Vernarbung der Intima bei etwa 1 % der untersuchten Fälle mit *Morbus Bechterew*.

ROTH und KISSANE (1964) berichteten über eine Panaortitis bei *Sklerodermie*, die außer-dem zur Aortenklappenentzündung mit Perforation geführt hatte.

Eine **akute unspezifische Aortitis bakterieller Genese** kann durch eitrige Thoraxprozesse sowie durch Septikämie infolge Pneumonie, Endokarditis, Puerperalfieber, Erysipel, akuter Meningitis, Maltafieber u.a. verursacht sein und führt häufiger zu ulcerösen Wandveränderungen, Thrombosen, Rupturen und mykotischen Aneurysmen als die chronische Form.

Proximale Aorta und A. pulmonalis sind beim rheumatischen Fieber gewöhnlich mit beteiligt. Die Intima zeigt erhabene, durchscheinende Plaques, die histologisch durch Ödem, fibrinoide Nekrosen und celluläre Infiltrationen charakterisiert sind. Media und Adventitia können ebenfalls beteiligt sein. Typisch ist das Vorkommen von Aschoff-Geipelschen Knötchen. Schließlich kann eine fibröse Verdickung der Aortenwand resul-tieren. Der Prozeß ist weniger destruktiv als die Mesaortitis luica und führt seltener zu Aneurysmen.

Nicht zuletzt können entzündlich-ulceröse Wandprozesse postoperativ entstehen, z.B. bei Infektion eines Gefäßtransplantates. So beobachtete KLEINMAN (1960) bei einem 40jährigen Patienten 4 Jahre nach Einsetzen eines Klappenventils wegen Aortenklappen-insuffizienz eine Aortenruptur, und zwar etwas distal der Prothese. Die Zerstörung der Aortenwand hatte sich auf dem Boden einer bakteriellen Entzündung gebildet.

Die unkomplizierte akute Aortitis ist wie die chronische Form lediglich an Wand-unregelmäßigkeiten und Wandverdickungen röntgenologisch erkennbar und im Zusam-menhang mit entsprechenden klinischen, bakteriologischen, histologischen und weiteren röntgenologischen Befunden zu klassifizieren.

Die Differentialdiagnose einer Aortenwandverdickung im Röntgenbild von mehr als 5 mm umfaßt nach PRICE, JR., GRAY und GROLLMAN, JR. (1971) das Aneurysma dissecans, die Arteriosklerose mit intraluminaler Massenbildung, die „sklerosierende Aortitis", das die Aorta umwachsende Neoplasma und die durch Fettgewebe außen verdickte, normale Aortenwand.

2. Spezifische Entzündungen

a) Aorten-Lues

Aortenveränderungen durch *Syphilis* wurden schon zu Ende des vorigen Jahrhunderts erkannt, vor allem von HELLER (1899) und seiner Schule sowie von STRAUB (1900).

Syphilitische Prozesse an der Aorta sind von Chiari (1903) als „produktive Mesaortitis" und von Benda (1903) als „syphilitische Aortensklerose" bezeichnet worden. Reuter wies 1906 erstmalig histologisch den Zusammenhang zwischen einer Aortendilatation und Syphilis nach.

Pathologisch-anatomische Veränderungen beschrieben später insbesondere Herxheimer (1907) sowie Lubarsch (1922). Nach Entdeckung der Spirochaeta pallida wurde mehrfach der Erregernachweis in der Aortenwand versucht, der aber nur selten gelang (Martland, 1930).

Die Aortitis luica beginnt im allgemeinen im Anfangsteil supravalvulär und soll nur selten die Gefäßabgänge aus dem Aortenbogen überschreiten. Diese Eigentümlichkeit der Lokalisation kann zur Abgrenzung gegenüber der Aortensklerose dienen.

Man findet in der Aortenwand weißgraue, feingerunzelte, chagrinlederartige und miteinander verbundene Herde, die den befallenen Gefäßabschnitten ein baumrindenartiges Aussehen geben.

Die Aorta ascendens ist dabei entweder im ganzen dilatiert, oder es haben sich mehr oder weniger große Aussackungen gebildet. Häufig sind zusätzlich arteriosklerotische Gefäßwandprozesse festzustellen, vor allem bei älteren Patienten (Elkeles, 1958). Eine rein gummöse Form wird äußerst selten angetroffen (Weinberg u. Beissinger, 1946).

Feingeweblich bestehen die syphilitischen Herde aus Rundzellinfiltraten, die von Intimawucherungen der Adventitiagefäße ausgehen. Daneben kommt es zu bindegewebigen Wucherungen in der Adventitia mit Neubildung von Gefäßen. Diese sprossen teilweise direkt in die Media ein und sind dort ebenfalls von Rundzellinfiltraten begleitet. Dadurch kommt es zur Rarefizierung der Mediamuskulatur mit Unterbrechung der Faserzüge und Zerstörung elastischer Lamellen. Bindegewebsschrumpfungen und Medianekrosen vervollständigen das typische Bild.

Das *Zustandekommen der syphilitischen Aortitis* wird von vielen Autoren durch lymphogene Ausbreitung erklärt, zumal die universelle Lymphknotenschwellung des Generalisationsstadiums Wochen und Monate, sogar Jahre dauern kann. Dabei sind auch mediastinale Lymphknoten beteiligt. Martland gelang es 1930, Spirochäten in der Mediastinallymphe nachzuweisen.

Nach einer anderen Hypothese provozieren die sich hämatogen ausbreitenden Spirochäten durch Ansiedlung in Media und Adventitia primär reparative granulomatöse Entzündungen.

Yampolsky und Powel (1942) fanden bei Früh- und Neugeborenen mit konnataler Lues in den meisten Fällen Spirochäten in den Herz- und Gefäßwänden. Bei Kindern über 1 Jahr waren die Erreger dort nicht mehr nachzuweisen.

Über die *Häufigkeit* der Aortenlues werden in der Literatur voneinander abweichende Angaben gemacht. In älteren Sektionsstatistiken betrug ihr Anteil durchschnittlich 2 bis 11 % (Herxheimer, 1907; Gruber, 1919; Clawson u. Bell, 1927; Jaffé, 1931). Dieser Prozentsatz hat in den letzten Jahrzehnten, vor allem nach Einführung der Penicillin-Behandlung, beträchtlich abgenommen. Nach einer internationalen Sektionsstatistik von mehr als 20000 Fällen (Restrepo et al., 1969) kommen auf 1000 Obduktionen 26,1 Fälle von Aortenlues, das Verhältnis von luischer zu nicht luischer Aortitis beträgt 4,3:1. In letzter Zeit hat jedoch die Aortitis luica im Vergleich zu anderweitigen Manifestationen der Lues relativ zugenommen (Schumann u. Aurich, 1963). Allerdings ist der Beitrag der Aortenlues zur Gesamtzahl der Herz- und Gefäßkrankheiten deutlich geringer geworden; Brugsch (1955) schätzte ihn auf nur 1 %. Die Häufigkeit der kardiovasculären Syphilis bei konnatalen Formen soll nach Yampolsky und Powel (1942) jedoch höher liegen, wobei zu beachten ist, daß die meisten dieser Kinder bald nach der Geburt sterben.

Von der Erkrankung werden erheblich mehr *Männer* als *Frauen* befallen. Nach Herxheimer (1907) ist das männliche Geschlecht sogar mit 75 % beteiligt. Als Ursache dieser Differenz wird u.a. eine stärkere körperliche Arbeitsbelastung und damit Mehrbeanspruchung des Gefäßsystems angenommen. Schwere körperliche Berufsarbeit soll auch der Grund für vermehrtes Auftreten von Aortensyphilis in niederen sozialen Schichten sein (KAMPMEIER, 1938). Der Konstitution wird dabei kein Einfluß zugeschrieben. Die bereits zitierte internationale Sektionsstatistik von mehr als 20000 Fällen zeigt, daß in letzter Zeit relativ mehr Frauen von der Aortenlues betroffen sind entsprechend einem Verhältnis von Männern zu Frauen wie 1,5:1 (RESTREPO et al., 1969).

Auffallenderweise sind die mittleren *Lebensjahrzehnte* bevorzugt betroffen (HERXHEIMER, 1907; WYCKOFF u. LINGG, 1926). Patienten dieser Altersgruppen haben meistens in jungen Jahren eine Lues erworben. Auch extrem lange Intervalle (40—50 Jahre) sind beobachtet worden. Nur selten war die Latenzzeit bis zur Manifestation der Aortenlues kurz. So beschrieben HOUSER und KLINE (1947) bei einem 41jährigen Patienten Symptome einer Aortitis bereits 10 Monate nach der syphilitischen Infektion. Plötzliche Todesfälle nach unbemerktem chronischen Verlauf kommen vor.

BOYD und SCHERF wiesen 1942 nach, daß die Aortenwand im allgemeinen innerhalb eines Jahres nach Primärinfektion mit Syphiliserregern befallen wird. Von Stärke und Ausbreitung der Entzündungsvorgänge hängt das zeitliche Auftreten der klinischen Erscheinungen ab.

Die Aortitis syphilitica verläuft im allgemeinen *symptomarm*, wenn nicht sogar symptomlos. In vielen Fällen führen erst andere Leiden zur Erkennung der spezifischen Veränderungen. Wenn auch die *Serumreaktionen* meistens positiv sind, kann bei negativem Ausfall eine Aortenlues nicht ausgeschlossen werden. Natürlich ist umgekehrt ein positiver Befund nicht unbedingt für eine Gefäßlues bezeichnend. Positive Reaktionen werden z.B. auch bei einer mit Aortitis verbundenen Riesenzellenarteriitis gefunden.

Besonders zuverlässig soll der T.P.I.-Test (Treponema pallidum-Immobilisierungstest) sein, der nach MEINICKE (1957) bei sämtlichen Spätformen der Lues, selbst nach Behandlung, noch positiv ist. Eine negative T.P.I.-Reaktion soll die syphilitische Genese eines Gefäßprozesses, insbesondere eines Aortenaneurysmas, ausschließen (KOGOJ, 1955).

Einige Patienten klagen über retrosternale Schmerzen, die sich bei Blutdruckanstieg nach körperlicher Arbeit oder psychischer Belastung verstärken. Daneben kommen auch Schmerzen im Epigastrium oder Jugulum vor. Ausstrahlungen zu Kinn, Schultern, linker oder rechter Thoraxpartie sowie in den Rücken sind beschrieben worden. Vermißt wird in der Regel ein bei Angina pectoris und Myokardinfarkt auftretendes Vernichtungsgefühl. Mitunter ist der Plexus brachialis druckschmerzhaft. Hypästhetische Zonen im Thorakalsegment II—IV beobachteten FRANK und WORMS (1926).

In vielen Fällen läßt sich über der Aorta oder im Jugulum ein systolisches Geräusch auskultieren. Blutdruckdifferenzen zwischen den oberen oder den oberen und unteren Extremitäten kommen vor. Pulsationen im Jugulum oder im 1. und 2. Intercostalraum rechts lassen an Aneurysmabildung denken; insbesondere eine pulsatorische Hebung des cranialen Sternalanteils.

Perkutorisch sind Besonderheiten kaum festzustellen, es sei denn eine paravertebrale Dämpfung in Nähe des 2. und 3. Brustwirbels infolge aneurysmatischer Aortitis.

Echte Angina pectoris-Anfälle sind auf Einengung der Koronarabgänge zurückzuführen. Stenokardien können auch hierbei durch Anstrengungen, reichliche Mahlzeiten etc. ausgelöst werden. Häufiger sind Stenokardien zu beobachten, wenn neben der Aortenlues noch eine Aorteninsuffizienz besteht.

MOORE, DANGLADE und RESINGER (1932) gaben als diagnostische Merkmale einer unkomplizierten Aortitis syphilitica an:

1. Aortenerweiterung auf Röntgenaufnahmen.
2. Zunehmende Dämpfung unter dem Manubrium.
3. Kreislaufstörungen.
4. Betonter oder paukender 2. HT.
5. Zeichen zunehmender Schwäche.
6. Substernale Schmerzen.
7. Paroxysmale Dyspnoe.

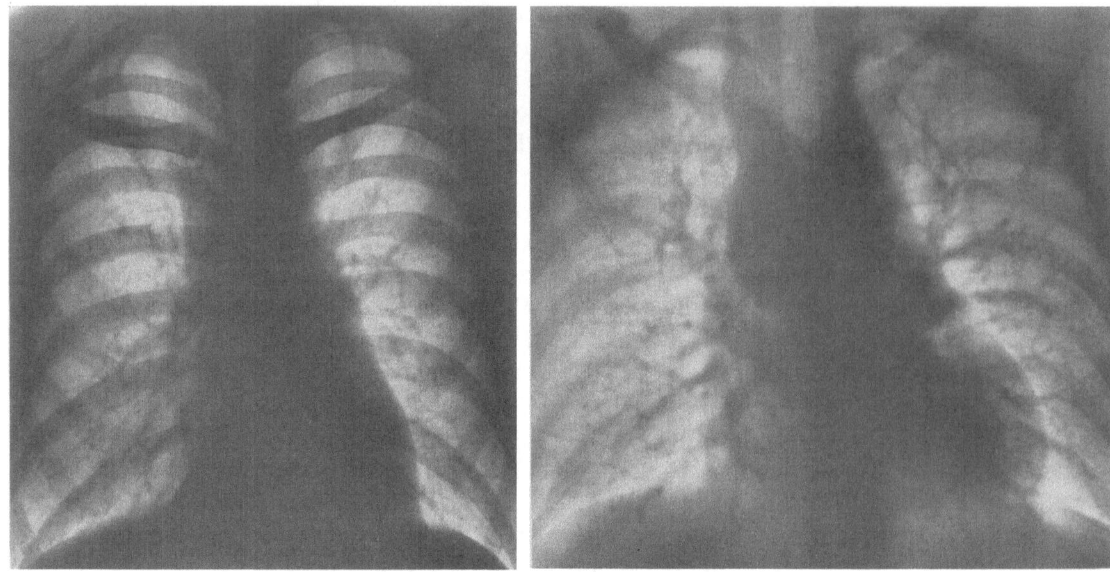

a   b

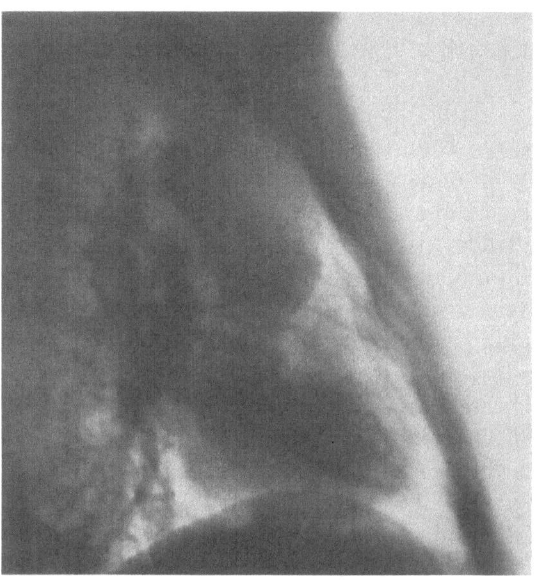

c

Abb. 8a—c. Diffuse Erweiterung der Aorta ascendens durch Lues. a Thoraxübersicht. Wesentliche Erweiterung der Aorta ascendens nicht sicher erkennbar. b u. c Angiokardiogramm in 2 Ebenen. Deutliche Erweiterung der Aorta ascendens bis zum Bogen. Dilatation des Truncus brachiocephalicus

Nach Wilson (1937) sollen Schmerz- und Schwächeerscheinungen aber auf gleichzeitig bestehende Koronarstenose oder Hypertonie hinweisen.

Differentialdiagnostisch kommen am ehesten rheumatische Endo- und Myokarditiden in Betracht. So beobachteten Yampolsky und Powel (1942) ein 9jähriges Mädchen, das plötzlich unter Atemnot, Schmerzen im Epigastrium und Brustkorb erkrankte. Das klinische Bild sprach für eine Endo-Myokarditis, die WaR war aber positiv. Untersuchungen der Mutter ergaben ebenfalls positive Luesreaktionen. Bei der Autopsie fanden sich lediglich an den Aortenklappen pathologische Veränderungen. Daneben bestanden deutliche syphilitische Aortenprozesse. Außerdem waren die Koronararterienabgänge verengt.

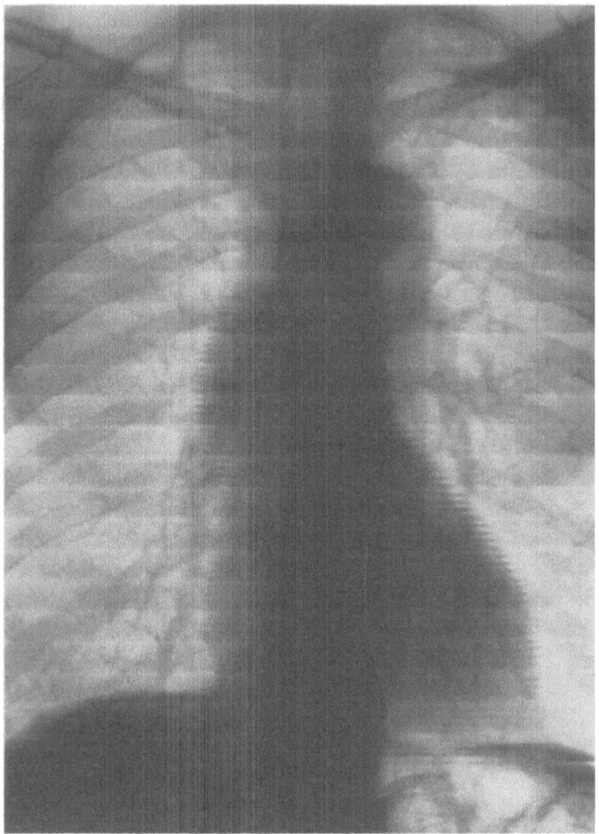

Abb. 9. Dilatation der Aorta ascendens bei Lues. Kymogramm. Deutliche Pulsationen der Aorta ascendens

In diesem Fall handelte es sich offensichtlich um eine konnatale Syphilis. NEIMAN und MARKS (1940) wiesen darauf hin, daß bei Kindern aber auch an die Möglichkeit primärer, extragenitaler Infektion gedacht werden muß.

Unter den *Komplikationen* der Aortitis syphilitica, wie Aortenektasie, Klappenbeteiligung oder Stenose der Koronarostien, kommt dem Aneurysma besondere Bedeutung zu. Im Kapitel über das Aortenaneurysma (S. 341—389) wird noch näher darauf eingegangen.

Röntgenologisch ist für die Aortitis syphilitica eine ungleichmäßige oder diffuse Erweiterung der Brustaorta, besonders ihres Anfangsteils, charakteristisch. Diese Erweiterung läßt sich auf Nativbildern oder genauer durch Kontrastmitteldarstellung feststellen (Abb. 8).

Eine größere Breitendifferenz zwischen Aorta ascendens und descendens in Isthmushöhe, die nach LENK (1922) normalerweise 0,5—1 cm beträgt, kann richtungweisend sein. Allerdings ist eine derartige Messung nicht zu verwerten, wenn auch die Aorta descendens syphilitisch verändert ist, insbesondere wenn sich in der Aorta descendens ein Aneurysma entwickelt hat.

Bei Aortenlues soll eine Dilatation des Aortenbogens, die über das bei Aortensklerose zu beobachtende Ausmaß weit hinausgeht, ungewöhnlich sein. Deutliche Pulsationen im Bereich der Aorta ascendens sind häufig (Abb. 9). Eine Zähnelung des Aortenbogenrandes weist auf Periaortitis hin. NICHOLS (1940) beschrieb eine Abwinkelung des Aortenschattens am Übergang vom Bogen zur Descendens. Mitunter sieht man spindelige oder kolbige Auftreibungen der Aortenkontur, hervorgerufen durch Lumenunregelmäßigkeiten, insbesondere im ersten schrägen Durchmesser. PEABODY, READER, DOTTER, STEINBERG und WEBSTER (1950) führten außerdem noch Schwankungen in der Dicke der Aortenwand an. Diese Veränderungen sind aber auch bei Aortensklerose vorhanden.

Eine gesteigerte Schattendichte der Aorta kann auf begleitende Aortensklerose zurückzuführen sein. Bei ausgeprägten zusätzlichen arteriosklerotischen Veränderungen findet man Kalkschatten besonders in der aufsteigenden Aorta. Durch gleichzeitige Vorwölbung der Ascendens nach rechts werden Verkalkungen röntgenologisch gut erfaßbar (Lodwick u. Gladstone, 1957).

Fehlt eine Vorwölbung der aufsteigenden Aorta, so können Verkalkungen leicht übersehen werden. Jackman und Lubert (1945) hielten diese Verkalkungen für ein wertvolles diagnostisches Zeichen einer syphilitischen Aortitis, selbst wenn serologische Untersuchungen negativ verlaufen waren.

b) Aorten-Tuberkulose

Bei der *Tuberkulose der Aorta* können drei Formen unterschieden werden:

1. Intimatuberkulose mit Ausbildung von Tuberkeln, die entweder isoliert vorkommen oder Ausdruck generalisierter Miliartuberkulose sind (Haas, 1931; Neubert, 1938; Waser, 1948).

2. Mesaortitis tuberculosa. Es wird angenommen, daß der Ausbreitungsweg dieser Tuberkuloseform über die Vasa vasorum führt (Gander, 1935). Dabei entstehen in der Media Nekrosen, die auch einer Aneurysmabildung Vorschub leisten können.

3. Gefäßwandentzündungen durch Übergreifen tuberkulöser Prozesse aus der Umgebung, und zwar von Lymphknoten, Perikard und Knochengewebe. Diese Art des Befalls ist offenbar die häufigste.

Gander (1935) beobachtete eine Aortentuberkulose bei einem 49jährigen Mann, die von der Media ausging und sich sekundär in der Intima ausgebreitet hatte.

Mechan, Pastor und Torre (1957) fanden in der Literatur 29 Fälle mit tuberkulöser Aortitis, davon waren 28 mit einem Aneurysma kombiniert. In einem eigenen Fall hatte sich in der tuberkulös veränderten Adventitia ein Aneurysma dissecans gebildet, das vom Abgang der linken A. subclavia bis zu den Nierenarterien reichte. Gleichzeitig bestand eine schwere ulceröse Arteriosklerose. Röntgenologisch fiel eine zunehmende Verbreiterung des Aortenknopfes und der absteigenden Aorta auf.

Le Melletier, Caulet und Diebold (1965) berichten über einen autoptisch gesicherten Fall von Arrosionsaneurysma der Aorta thoracica descendens mit Lungenblutungen, das wohl per continuitatem über eine exacerbierte Lungen- und Lymphknoten-Tuberkulose entstanden war.

In einer Zusammenstellung von 99 Fällen der Literatur zeigten Volini, Olfield Jr., Thompson und Kent (1962), daß die Aortentuberkulose bei mehr als der Hälfte der Patienten durch Aneurysmen mit oder ohne Ruptur sowie Perforationen (ohne Aneurysma) kompliziert war. Bei den übrigen Patienten wurde der Befund der Aortentuberkulose erst während der Autopsie erhoben.

Silbergleit, Arbulu, Defever und Nedwicki (1965) zählten 110 Fälle von tuberkulöser Aortitis in der Weltliteratur, davon 51 mit meist falschen Aneurysmen und 59 Fälle mit gewöhnlich zufällig bei der Obduktion entdeckter unkomplizierter Aortitis tuberculosa. Die Autoren betonen die Notwendigkeit der histologischen Untersuchung von operativ entfernten Aneurysmen, damit gegebenenfalls eine tuberkulostatische Therapie eingeleitet werden kann.

Diagnostisch können Hinweise auf anderweitige tuberkulöse Prozesse wertvoll sein.

Zu beachten ist die Tatsache, daß Blutungen infolge Perforation in den meisten Fällen anfangs geringfügig sind und erst nach 1—2 Wochen abundant werden. Durch eine rechtzeitige Diagnose ist also die Möglichkeit gegeben, das Leiden günstig zu beeinflussen.

c) Weitere Formen der Aortitis mit spezifischen Granulomen

Die **Riesenzellaortitis** tritt bei ausgedehnter Riesenzellarteriitis auf. Ätiologisch wird eine u.a. autoallergische, gegen die elastischen Fasern gerichtete Reaktion vermutet.

Möglicherweise besteht ein ätiopathogenetischer Zusammenhang mit der Takayasu-Arteriitis.

LUDIN, FERNEX und SCHEIDEGGER (1963) beschrieben das Krankheitsbild anhand von Literaturangaben. Danach betrifft diese seltene Form der Aortitis Menschen beiderlei Geschlechts zwischen 50 und 86 Jahren. *Pathologisch-anatomisch* findet sich nicht nur ein Befall der Temporalarterien (Hortonsche Krankheit) und anderer Arterien des Kopfes, sondern häufig auch eine Beteiligung der Aorta, der Karotiden, Koronarien, Aa. subclaviae und Femoralarterien. *Histologisch* kennzeichnend sind adventitielle Rundzellinfiltrate vor allem in der Umgebung der erweiterten, zahlreichen Vasa vasorum, Medianekrosen in unmittelbarer Nachbarschaft zu den Veränderungen in der Adventitia und schließlich die charakteristischen vielkernigen Fremdkörperriesenzellen in der Nähe von Medianekrosen und fragmentierten elastischen Fasern. Im weiteren Verlauf der Erkrankung und nach Cortisonmedikation können diese Riesenzellen verschwinden. In seltenen Fällen kommt es zur Spontanheilung mit Fibrosierung der erkrankten Wand und gelegentlich schwerer begleitender Arteriosklerose.

Das *klinische Bild* ist charakterisiert durch Allgemeinzeichen, wie Schwäche, Müdigkeit und rheumatische Schmerzen in Muskeln und Gelenken, Appetitlosigkeit, Gewichtsverlust, subfebrile Temperaturen während der Exacerbation, gelegentliche profuse Schweißausbrüche, permanente mäßige Leukocytose, progressive Anämie, hohe Blutsenkung und Dysproteinämie, weiterhin durch eine bunte Symptomatik arterieller Insuffizienz infolge Stenosierung oder Okklusion von Arterien des Kopfes, des Herzens, der Extremitäten und des Abdomens aufgrund eines Spasmus, muraler Dissektion oder sekundärer Arteriosklerose, oder infolge arterieller Rupturen mit Subarachnoidalblutung, vorübergehender Weichteilschwellung und anderen Zeichen arterieller oder aortaler Ruptur. Die klinische Diagnose basiert auf der genannten Symptomatik, dem Fehlen einer Bakteriämie, negativen Luesreaktionen, Fehlen von rheumatischen Manifestationen, wie Herzklappenfehlern, und vor allem auf dem histologischen Nachweis der Erkrankung durch Biopsie mittelgroßer Arterien. Die *Prognose* ist im allgemeinen infaust. 1—4 Jahre nach Beginn der Symptome tritt der Tod durch Hirnerweichung, eine nicht direkt krankheitsbedingte Todesursache, Perforation der Aorta oder ihrer Äste oder Myokardinfarkt ein.

Die Riesenzellaortitis ist mit Ausbildung einer Wandruptur, eines Aneurysma dissecans oder auch einer aneurysmatischen Wandaussackung für den Patienten besonders dubiös. WOLFMÜLLER (1967) fand unter 44 Literaturfällen von Riesenzellarteriitis 6mal eine Aortenruptur; 5mal lagen die Intimarisse in der Hinterwand der Aorta ascendens und zeigten in 4 Fällen einen längsgestellten Hauptriß. Der Autor beschreibt dazu einen eigenen Fall von ubiquitärer Riesenzellarteriitis mit Längsriß in der Aorta ascendens und Herzbeuteltamponade. HARRIS (1968) stellte 11 Fälle von Aneurysma dissecans bei Riesenzellarteriitis aus der Literatur bei zwei eigenen Beobachtungen zusammen, auch hierbei war die Aortenwandveränderung meist in der Aorta ascendens lokalisiert.

Röntgenologisch hilft vor allem die Aortographie weiter. Unregelmäßige Wandverdickungen — allerdings geringer ausgeprägt als bei der Takayasuschen Arteriitis —, eine ektatische oder aneurysmatische Erweiterung des Aortenrohres oder die Zeichen eines Aneurysma dissecans aortae lassen sich entsprechend häufig in der Aorta ascendens nachweisen.

Eine Rarität stellt offenbar die **Sarkoidose der Aorta** dar. DENEBERG (1965) beschrieb einen Fall von Sarcoidose des Myokards und der Aorta mit Tod durch Herzversagen. Röntgenologisch bestand eine mäßige Linksverbreiterung des Herzens und eine geringe Ektasie des Aortenbogens. Die histologische Untersuchung der Aorta ascendens erbrachte eine fibröse Verdickung der Adventitia und zahlreiche typische Granulome in der Adventitia und der angrenzenden Media.

Ebenfalls selten scheint die Aortenbeteiligung bei **Wegenerscher Granulomatose** zu sein. Bei diesem meist akut verlaufenden Leiden treten im Beginn unspezifische entzündlichnekrotisierende Veränderungen des Respirationstraktes und nachfolgend eine generalisierte Angiitis mit Granulombildungen in verschiedenen Organen auf. Schließlich führt diese Erkrankung über eine herdförmige Glomerulitis mit Niereninsuffizienz nach Wochen oder Monaten zum Tode. Kroeger (1967) sah einen Fall mit massiver Beteiligung aller Wandschichten der ganzen Aorta und geringer auch der großen Arterienstämme neben den kennzeichnenden Veränderungen des Respirationstraktes, des Gefäßsystems, der Nieren und der Milz.

III. Strahlenschädigung der Aorta

Die Anwendung von ionisierenden Strahlen bei malignen Tumoren des Mediastinums und der Lungen führt u. U. zur Schädigung der Aortenwand. Thomas und Forbus (1959) beschrieben eine Aortenwandnekrose und eine Strahlenschädigung der Lunge nach mehrmaliger intensiver Bestrahlung wegen Hilustumoren. Die Nekrose hatte alle Wandschichten ergriffen und war von ausgedehnter Fibrose und Rundzellinfiltrationen sowie wandständiger Thrombose begleitet. Tumorgewebe wurde bei der Sektion nicht mehr gefunden. Rotman, Seidenberg, Rubin, Botstein und Bosniak (1969) berichten über eine 38jährige Frau mit Zeichen eines Aortenbogensyndroms, die im Alter von 2 Jahren wegen einer Tonsillitis eine nicht mehr feststellbare, nach den bestehenden Hautveränderungen jedoch eine für diesen Zweck aus heutiger Sicht ungewöhnlich hohe Dosis Röntgenstrahlen auf Hals und oberen Thoraxabschnitt erhalten hatte. Eine thorakale Aortographie zeigte einen im aufsteigenden und queren Abschnitt verschmächtigten Aortenbogen mit erheblicher Stenosierung der rechten Arteria subclavia und rechten A. carotis communis, mit Verschluß der linken A. carotis communis und Einengung der linken A. subclavia sowie mit regelrechter Füllung der linken und fehlender Darstellung der rechten A. vertebralis. Intraoperativ fand sich eine erhebliche verkalkende Arteriosklerose nur im Bestrahlungsfeld.

Im Tierversuch konnte bewiesen werden, daß sich nach intensiver Röntgenbestrahlung bestimmter Aortenabschnitte dort eher eine Arteriosklerose entwickelte (Lindsay, Kohn, Dakin u. Jew, 1962). Dabei waren die arteriosklerotischen Veränderungen nach Verabreichung hoher Strahlendosen geringer als bei niedrigen Dosen gleicher Strahlenqualität. Histologisch wurden eine Intimafibrose und Plaque-Bildung sowie Elastikaschäden festgestellt.

Ähnliche Veränderungen entstanden nach Bestrahlungen mit schnellen Elektronen (Lindsay, Entenman, Ellis u. Geraci, 1962). Kunz, Hecht und Hegewald (1965) konstatierten nach lokaler Einwirkung von ^{90}Sr—^{90}Y-Betastrahlen auf die operativ freigelegte Bauchaorta von Kaninchen bei einer Dosis von 30 krad dissezierende Medianekrosen und eine erhebliche Intimaproliferation, bei 3 krad nur leichte Veränderungen. Mit fermenthistochemischen Methoden gelang es nicht, Frühveränderungen zu sichern. Die beobachtete Manifestationszeit zwischen Bestrahlung und Aktivitätsminderung von Enzymen sprach für eine sekundäre Schädigung.

IV. Neoplastische Aortenveränderungen

Primäre Tumoren der Aorta sind äußerst selten und vorwiegend gutartig (Teschendorf, 1958). Sie haben entweder intravasales, emboliformes Wachstum in Richtung des Blutstroms, oder sie breiten sich subendothelial aus. Maligne Formen, meist Spindelzellsarkome, zerstören die Aortenwand.

Kattus, Longmire, Cannon, Webb und Johnston (1960) beobachteten bei einer 22jährigen Frau ein Fibromyxom, das sich von der Brustaorta bis in die Nierenarterien erstreckte und klinisch die Zeichen einer Aortenisthmusstenose bot. Der Tumor konnte operativ entfernt werden.

Karhoff (1952) sah bei der Obduktion eines unter abdominalen Krankheitserscheinungen mit Hypertonie verstorbenen 55jährigen Mannes in der gesamten Aorta descendens weißliche Tumormassen, die sich in abgehende Gefäße fortsetzten. Außerdem fand sich embolisch verschlepptes Tumorgewebe in größeren Arterien. Es handelte sich um eine echte Neubildung, die von der Aortenintima ausging und einem Endotheliom ähnlich war.

Von Zeitlhofer, Holzner und Krepler (1963) wurde ein primäres Fibromyxosarkom der Aorta beschrieben. Bei einem $3^1/_2$ Monate alten männlichen Säugling war die thorakale Aorta durch einen thrombusartigen Tumor stenosiert. Die Geschwulst hatte sich vorwiegend in der Intima entwickelt, war aber an mehreren Stellen in Media und Adventitia eingebrochen. Klinisch bestand die Symptomatik einer Bronchopneumonie, ein Hinweis auf das Bestehen eines Aortentumors war nicht gegegeben.

Etwas häufiger als primäre Tumoren sind *einwachsende Geschwülste* der Umgebung, nach Nencki (1946) meistens Sarkome. Branwood und Glazebrook (1946) fanden eine Sarkommetastase im Lumen der Aorta. Mitunter kommen auch Arrosionen der Gefäßwand bei Geschwulstbefall benachbarter Organe vor, z.B. beim Ösophaguscarcinom (Gregorio u. Folle, 1960).

Im *Röntgenbild* verursachen intravasale Neubildungen im allgemeinen keine faßbaren Veränderungen. Erst bei fortgeschrittenen Fällen ist der Aortenschatten insgesamt verbreitert und verdichtet.

Die *Aortographie* hilft bei entsprechendem Verdacht am ehesten weiter. So berichten Silverman und Wexler (1972) über ein primär intraluminales Aortenmyxom bei einer 62jährigen Frau, bei der klinisch zunächst ein Aneurysma dissecans vermutet worden war, aufgrund einer präoperativen Aortographie jedoch eine intraluminale Masse mit Verschluß der Arteria anonyma und der linken A. carotis communis sowie Durchblutungsminderung der linken A. subclavia festgestellt werden konnte. Thorakotomie und Autopsie zeigten einen von der Intima der Aorta ascendens und des Aortenbogens ausgehenden Tumor mit intraluminalem Wachstum, der sich bis in die Aortenbogenarterien hinein erstreckte. Smeloff, Reece und Masters (1965) beschrieben einen ähnlichen Fall von intraluminalem Aortentumor, der die A. subclavia und die Aorta thoracica descendens vollständig verschlossen hatte, nach proximal in den Anfangsteil des Bogens und die linke A. carotis communis, nach distal bis in die caudale Aorta abdominalis sowie in die linke Nierenarterie hineinreichte. Eine über die rechte A. brachialis durchgeführte Aortenbogendarstellung hatte als Vermutungsdiagnosen „Aneurysma dissecans", „Koarktation" und „intraluminalen Tumor" erbracht. Histologisch wurde der Tumor als Leiomyosarkom mit myxoider Degeneration bzw. als Fibromyxo-Sarkom der Aorta gedeutet.

V. Spontane Aortenrupturen

Spontane Aortenrisse entstehen in den meisten Fällen auf dem Boden von Wandveränderungen mit herabgesetzter Festigkeit der Aorta, die sich makroskopisch zuweilen überhaupt nicht nachweisen lassen. Unter den histologisch feststellbaren Gefäßprozessen ist die *Medianekrose* wohl am häufigsten. Klotz und Simpson (1932) sahen in 5 Fällen mit sog. Spontanruptur der Aorta eine cystische Mediadegeneration, ohne daß es zu einem Aneurysma gekommen war. Bis 1946 wurden etwa 50 Aortenrupturen infolge mucoid-cystischer Entartung beschrieben (Holle, 1946), bei denen z.T. auch an anderen Gefäßabschnitten (Arterien des elastischen Typs) Mediaveränderungen vorhanden waren (Wolff, 1932; Pfeil, 1935).

Mörl (1965) fand unter fast 20000 Obduktionen 31 Spontanrupturen (0,16%) nicht traumatischer, entzündlicher oder arteriosklerotischer Genese im Verlauf vorwiegend der Aorta ascendens nahe der Semilunarklappen, aber auch im Arcus aortae und im Beginn der Aorta thoracica descendens. 28mal erfolgte die Ausbildung eines Aneurysma dissecans, 3mal kam es sofort zur vollständigen Ruptur des Gefäßes, 26mal trat der Tod durch Herzbeuteltamponade, 3mal durch Verblutung in eine Pleurahöhle ein. In $^2/_3$ der Fälle ließ sich histologisch eine Medionecrosis idiopathica cystica Gsell-Erdheim als Ursache der Wandschwäche nachweisen. 10 Fälle oder 0,05% der Sektionen waren idiopathische Spontanrupturen. Beckers (1967) Obduktionsstatistik von mehr als 22000 Fällen wies 9mal oder 0,04% idiopathische Spontanrupturen auf.

Als weitere Ursache von Wandschädigungen kommen *unspezifische Entzündungen* in Betracht, die aus der Umgebung auf die Aorta übergreifen oder metastatisch entstehen. In der reparativen Phase der Entzündung werden wenig widerstandsfähige hyaline Massen bzw. Bindegewebe mit Zellinfiltraten eingelagert. Sekundär können sich bei derartigen lokalen Wandzerstörungen arteriosklerotische Veränderungen bilden. In ähnlicher Weise kommen mitunter bei rheumatischer Mesaortitis, die diffus oder herdförmig ausgeprägt sein kann, Rupturen zustande.

Wolfmüller (1967) berichtet über einen Fall von *Riesenzellaortitis* mit Aortenruptur bei Rißbildung in der Aorta ascendens und Dissektion zwischen Media und Adventitia; Todesursache war eine Herzbeuteltamponade. Unter 6 weiteren Fällen aus der Literatur erfolgte die Ruptur 4mal in der Aorta ascendens.

Die *Syphilis* führt selten zu primären Aortenzerreißungen, meist erst auf dem Boden aneurysmatischer Erweiterungen. Eine Lungen*tuberkulose* kann über verkäsende Lymphknoten, Kavernen und Abscesse auf die Aortenwand übergreifen und eine Ruptur hervorrufen. In Ausnahmefällen ist eine Endarteriitis tuberculosa als Ursache festzustellen.

Arteriosklerotische Wandveränderungen ohne aneurysmatische Erweiterungen kommen im allgemeinen für eine Ruptur nur in Betracht, wenn sie mit anderen Gefäßprozessen oder mit traumatischen Einwirkungen kombiniert sind.

Daneben gibt es spontane Zerreißungen der Aorta, deren ätiologische Grundlagen sich nicht ohne weiteres erkennen lassen. Als auslösende Faktoren werden *Mikrotraumen* oder *psychische Erregungen* angeschuldigt. Es ist aber anzunehmen, daß stets *mechanische Momente* mitspielen, zumal die klassischen Rupturstellen vermehrter Blutdruckbelastung mit stärkerer Wandspannung und größerer elastischer Dehnung ausgesetzt sind.

Spontane Rupturen der thorakalen Aorta treten vorzugsweise an zwei Stellen ein, und zwar unmittelbar hinter den Aortenklappen sowie im Bereich des Isthmus. Die zweite Rupturform findet sich meist bei einer Aortenisthmusstenose (Staemmler, 1955). Gefäßwandeinrisse oberhalb der Klappen verlaufen vorwiegend quer, in der Isthmusgegend auch schräg. Während Intima und Media im allgemeinen an gleicher Stelle rupturieren, können Adventitia, aber auch Teile der Media vom einwühlenden Blut abgedrängt und an anderer Stelle durchtrennt werden.

Die *klinischen Erscheinungen* einer spontanen Aortenzerreißung sind denjenigen einer Aneurysmaruptur ähnlich: plötzliches Auftreten unerträglicher Schmerzen im Thorax, Vernichtungsgefühl, Kollaps. Perkutorisch findet man eine rasche Zunahme der Herzdämpfung und, je nach Lage des Aortenrisses, Symptome von Perikard- und Pleuraergüssen.

Röntgenologisch werden Spontanrupturen nur ausnahmsweise erfaßt. Wenn allerdings sofort nach Einsetzen der klinischen Erscheinungen Röntgenaufnahmen angefertigt werden, so kann eine Doppelkonturierung der Aortenwand mit Verbreiterung des Gefäßschattens (perivasculäres Hämatom) richtungweisend sein. Ein derartiger Befund ist jedoch für eine Aortenruptur nicht charakteristisch. Ähnliche Veränderungen im Röntgenbild sind bei Mediastinitis, Ösophagusperforation oder mediastinaler Blutung aus anderer Ursache zu beobachten. Bei Auftreten des Aortenrisses in der Isthmusgegend sieht man zumeist eine kolbenförmige Verbreiterung des oberen Mediastinalschattens vor allem nach links sowie eine Verschiebung der Trachea nach rechts. Kommt es zu einem Durchbruch des mediastinalen Hämatoms in den Pleuraraum, so wird eine ausgedehnte, mitunter diffuse Verschattung der ganzen betroffenen Thoraxseite hervorgerufen.

Die *Prognose* spontaner Aortenrupturen ist infaust, wenn sich nicht schnelles chirurgisches Eingreifen ermöglichen läßt. Auch bei gezieltem operativen Vorgehen (Resektion des betroffenen Aortenabschnittes, Ersatz durch eine Kunststoffprothese) liegt die Mortalität sehr hoch. In ganz wenigen Fällen kommt es zur Bildung eines Aneurysma falsum.

VI. Aortenaneurysma

Der Begriff *Aneurysma* bezeichnet eine umschriebene, dem arteriellen Gefäßinnendruck der Aorta folgende Vorwölbung eines pathologisch veränderten Wandbezirks oder — bei vollständiger Kontinuitätstrennung der Wand — des angrenzenden Gewebes von meist erheblichem Krankheitswert. Bei einer gleichförmigen Erweiterung der Aorta ohne wesentliche Wandschädigung spricht man von *Ektasie*, z.B. bei Hypertonie und Arteriosklerose.

Pathogenisch unterscheidet man drei Formen von Aneurysmen: Aneurysma verum, spurium und dissecans (Abb. 10).

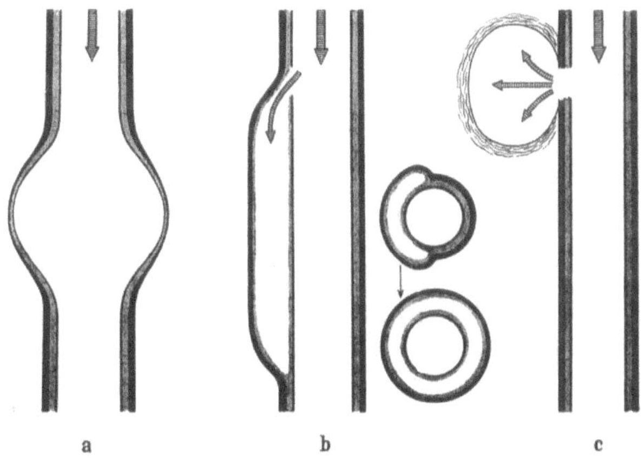

Abb. 10a—c. Die drei Formen des Aneurysmas. a Aneurysma verum. b Aneurysma dissecans. c Aneurysma falsum oder spurium. (Aus „Aorta und große Arterien" von G. Heberer, G. Rau u. H. H. Löhr. Berlin-Heidelberg-New York: Springer 1966)

Das *Aneurysma verum* bildet sich aus den vorhandenen Schichten der Aortenwand. Dabei besteht meist eine Medialäsion mit Minderung der Wandfestigkeit.

Das *Aneurysma spurium* oder *falsum* entsteht durch einen vollständigen traumatisch, degenerativ oder erosiv bedingten Defekt, d.h. Ruptur aller Wandschichten mit Ausbildung eines periarteriellen Hämatoms im umgebenden Gewebe.

Das *Aneurysma dissecans* stellt ein intramurales Hämatom der Aortenwand durch Einblutung über die Vasa vasorum oder einen Intimariß dar mit Ausbreitungstendenz in Längsrichtung der Aorta.

Ätiologisch spielt für die Entstehung thorakaler Aortenaneurysmen unter den *degenerativen Erkrankungen* die Arteriosklerose die entscheidende Rolle, die meist zu einem Aneurysma verum führt. Seltener ist die Medionecrosis idiopathica cystica Gsell-Erdheim, Hauptursache für das Aneurysma dissecans. Von den *entzündlichen Erkrankungen* der Aortenwand ist an erster Stelle die Mesaortitis luica zu nennen. Seltener sind sog. mykotische Aneurysmen, die durch bakterielle, nicht luische Infektion der Wand entstehen, sei es über die Vasa vasorum, sei es per continuitatem. Das Ergebnis ist meist ein Aneurysma verum. Zu bedenken ist die Möglichkeit der Wanddestruktion von außen durch *Neoplasmen*.

Mit der Zunahme von Decelerationsunfällen im schnellen Personenverkehr gewinnen die *traumatischen Aneurysmen*, ihrer Natur nach Aneurysma falsum und/oder dissecans, zunehmend an Bedeutung. Sie werden ebenso wie die *kongenitalen Aneurysmen* ausführlich an anderer Stelle besprochen. Schließlich gibt es Aneurysmen aufgrund *unphysiologischer Hämodynamik*, etwa bei Coarctatio aortae.

Nach einer Sammelstatistik (Heberer, Rau u. Löhr, 1966) ergibt sich für die ätiologisch wichtigsten Gruppen von Aortenaneurysmen folgende *Altersverteilung:* der Häufigkeitsgipfel für bakterielle Aneurysmen (316) liegt im 3. Lebensjahrzehnt, für luische Aneurysmen (5009) im 4. und für arteriosklerotische Aneurysmen (673) im 7. Lebensjahrzehnt. Dissezierende Aneurysmen (485) kommen am häufigsten zwischen 50 und 70 Jahren vor (Hirst Jr., Johns Jr. u. Kime Jr., 1958).

Nichtdissezierende Aortenaneurysmen weisen in der Sektionsstatistik eine *Häufigkeit* von knapp 1,2 % auf (Heberer et al., 1966), dissezierende eine solche von 0,275 % (Hirst Jr. et al., 1958).

Männer sind generell häufiger betroffen als Frauen.

1. Aneurysma verum

Legt man die durchschnittliche *Häufigkeit* nichtdissezierender Aortenaneurysmen von knapp 1,2 % zugrunde (Sektionssammelstatistik von 3399 Aneurysmen, Heberer et al., 1966) und stellt in Rechnung, daß in den letzten 20 Jahren der Anteil der thorakalen an der Gesamtzahl der Aortenaneurysmen etwa 30 % beträgt (Übersicht über 1467 Aneurysmen, Heberer et al., 1966), so dürfte man bei Vernachlässigung des Aneurysma spurium für das Aneurysma verum eine mittlere Häufigkeit von 0,35 % erwarten.

a) Ätiologie

Das Aneurysma verum als Spätmanifestation der *Lues* steht zahlenmäßig auch heute noch mit an der Spitze der thorakalen Aneurysmen. Waren vor Einführung der Penicillintherapie 70—90 % aller thorakalen Aortenaneurysmen luisch bedingt, so beträgt dieser Anteil heute „nur" noch 50 % und weniger (Heberer et al., 1966). Über die Mesaortitis luica kommt es in der Regel 15—20 Jahre nach dem Primäraffekt zu einem fusiformen oder sackförmigen Aneurysma, das vornehmlich die Aorta ascendens befällt, häufig begleitet von Aortenklappeninsuffizienz und von Stenosen der Koronarostien.

Der Anteil der *entzündlichen, nicht luisch* bedingten, sog. mykotischen Aneurysmen an der Gesamtheit der Aortenaneurysmen beträgt nur 1,2—4,4 % (Heberer et al., 1966). Der Infektionsweg geht über das Endothel, die Vasa vasorum oder lymphogen über die Adventitia, z.B. von einem tuberkulösen Lymphknoten aus. Bevorzugt befallen ist auch hier der Anfangsteil der Aorta. Als Erreger kommen Kokken, Tuberkelbakterien, auch Pilze u.a. in Frage.

Schließlich können sich Aneurysmen auf dem Boden der „*Aortitis unbekannter Genese*" bilden, die sich ausschließlich bei jüngeren Menschen findet und möglicherweise auf einen Autoimmunprozeß zurückzuführen ist (Gotsman, Beck u. Schrire, 1967; D'Cruz, Kulkarni, Gandhi, Juthani u. Murti, 1970). In 7 von 60 Fällen mit „Aortitis-Syndrom" wurden Aneurysmen gefunden (Kozuka, Nosaki, Sato u. Tachiiri, 1968). Eine solche Aortitis zeigt neben Aneurysmen entzündlich bedingte Coarctationen der Aorta, Abgangsstenosen der großen Aortenarterien, Befall der brachiocephalen Arterien (Takayasu-Krankheit) sowie der Pulmonalarterien.

Mit dem Anwachsen der Alterspyramide tritt die *Arteriosklerose* als Ursache auch für das thorakale Aortenaneurysma weiter in den Vordergrund. Von 100 Aortenaneurysmen waren zwischen 1892 und 1928 nur 9 % arteriosklerotischer Genese, zwischen 1943 und 1953 waren es bereits 27 % (Brindley u. Stembridge, 1956). Einer Literaturübersicht von Heberer et al. (1966) zufolge sind es von 343 Aneurysmen sogar 193, also 56 %! Während der Bildung des atheromatösen Beetes kommt es von der Intima-Mediagrenze her zur Läsion der Mediastruktur und zu nachfolgenden Narbenbildungen. Mit dem Aufbrechen des Beetes entsteht eine zunächst meist flache, oft fusiforme aneurysmatische Ausweitung der Wand mit Neigung zur Bildung parietaler Thromben. Betroffen sind häufiger der distale Bogenanteil und die Aorta thoracica descendens. Abzugrenzen ist das Aneurysma nichtarteriosklerotischer Genese mit begleitender Arteriosklerose.

Gelegentlich entsteht ein thorakales Aneurysma verum auch auf dem Boden einer *Medionecrosis* idiopathica cystica (Du Rietz u. Lundström, 1967), einer Medianekrose bei Marfan-Syndrom (Gremmel, Loogen u. Vieten, 1964), seltener bei Ullrich-Turner-Syndrom (Kostich u. Opitz, 1965) sowie experimentell, etwa bei Ratten durch β-Amino-propionitril, den Lathyrusfaktor (Lalich, 1967) oder bei Kaninchen durch Bestrahlung der Aorta abdominalis mit z.B. 30 krad (Kunz, Hecht u. Hegewald, 1965). Neben entzündlichen und degenerativen Wandveränderungen, *kongenitalen Wandschwächen* (Valsalva-Aneurysmen) und *traumatischen Intima- und Mediarissen* spielt die *Hämodynamik* für die Aneurysmaentwicklung eine gewisse Rolle. Führt die auf die ganze Aorta wirkende Hypertonie zur Aortenektasie, also zur gleichmäßigen Erweiterung des Aortenrohres, so können lokal unphysiologische hämodynamische Verhältnisse offenbar Aneurysmen verursachen, ohne daß primär ein Wandschaden vorliegen muß. So gibt es bei etwa 6 % von Coarctatio aortae prä- und poststenotische Aneurysmen, wobei 20 % als Aneurysma dissecans, 80 % als Aneurysma verum in Erscheinung treten (Liebegott, 1966) und sich 19,9 % auf die Sinus Valsalvae, 26,7 % auf die Aorta ascendens, 7,3 % auf den Bogen und 56 % auf die Aorta descendens verteilen (186 Fälle aus der Literatur, Loth, 1965). Frederiksen und Poulsen (1961) fanden unter 101 operierten Aortenisthmusstenosen viermal ein sackförmiges poststenotisches Aneurysma. Desgleichen gibt es bei Pseudocoarctatio aortae (,,kinking'', ,,buckling'') Aneurysmen (Turner, Swenson, Jacobson u. Kay, 1966; Daugherty, Sanger, Robicsek, Smith u. Shariff, 1966).

b) Konfiguration, Lokalisation und Komplikationen

Diese Eigenschaften der Aortenaneurysmen genau zu kennen, ist Vorbedingung für ein erfolgreiches operatives Vorgehen (Heberer et al., 1966) und wird im Einzelfall durch die Aortographie ermöglicht.

Das Aneurysma verum tritt pathologisch-anatomisch in mehreren *Erscheinungsformen* auf (Abb. 11).

Als *fusiformes* oder spindelförmiges *Aneurysma* betrifft es den ganzen Umfang des Aortenrohres, es soll häufiger bei Arteriosklerose vorkommen (Abb. 12). Ähnlich konfigu-

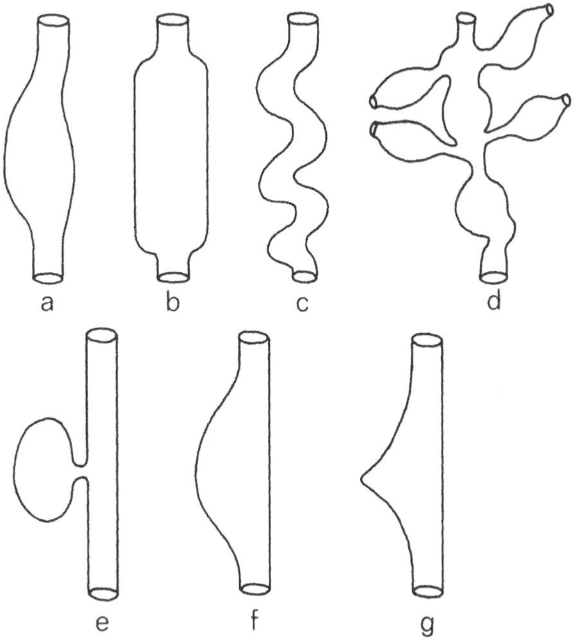

Abb. 11a—g. Schematische Darstellung von Aneurysmen. a Fusiformes Aneurysma. b Zylindrisches Aneurysma. c Serpentinöses Aneurysma. d Razemöses Aneurysma. e Sackförmiges Aneurysma. f Kahnförmiges Aneurysma. g Zeltförmiges Aneurysma. (Aus ,,Lehrbuch der speziellen Pathologie'' von L.-H. Kettler. Jena: Fischer 1970)

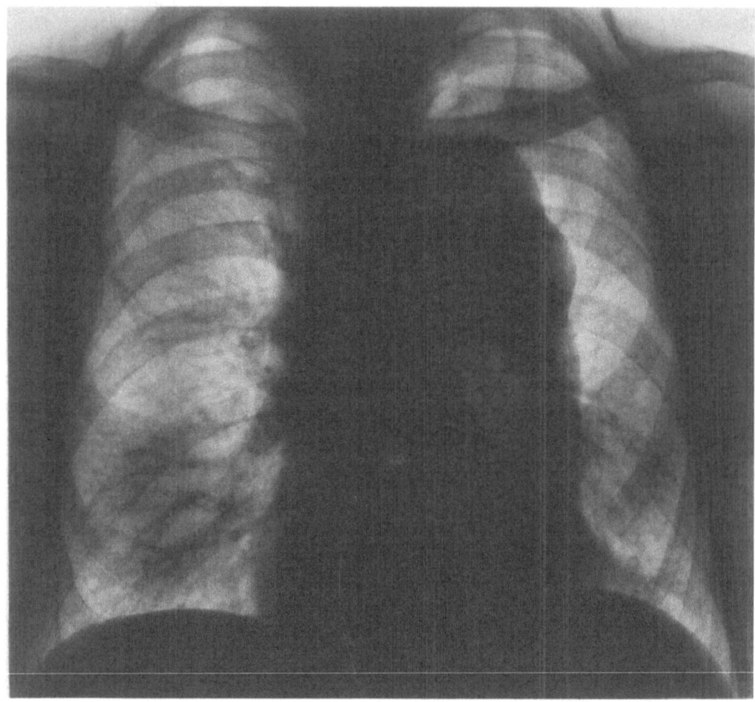

a

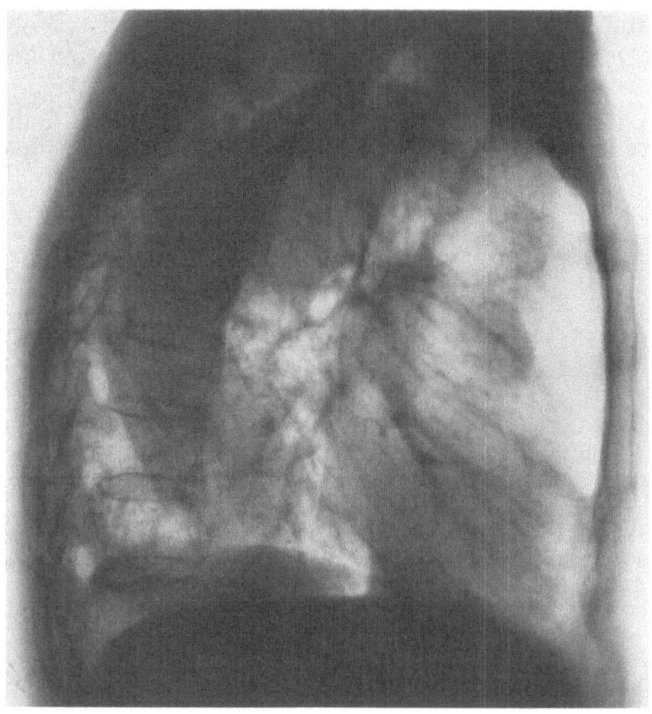

b

Abb. 12a—c. Spindelförmige (fusiforme) aneurysmatische Erweiterung der Aorta thoracalis bei Aortensklerose.
a Sagittalbild. Breiter und dichter Aortenschatten mit bogiger Kontur und Verkalkungen auf der linken Seite.
b Seitenbild. Mehrfache spindelförmige Erweiterungen im Verlauf der Aorta thoracalis. c Kymogramm.
Einwandfrei nachweisbare Bewegungsausschläge an der Aorta

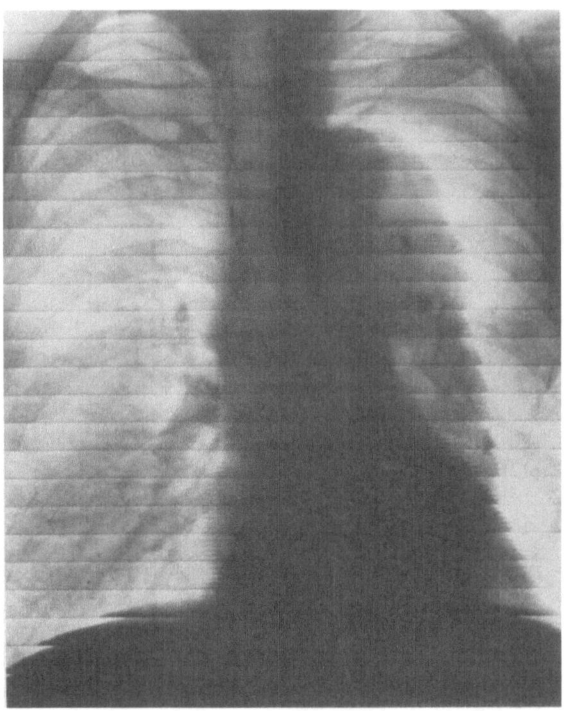

Abb. 12 c

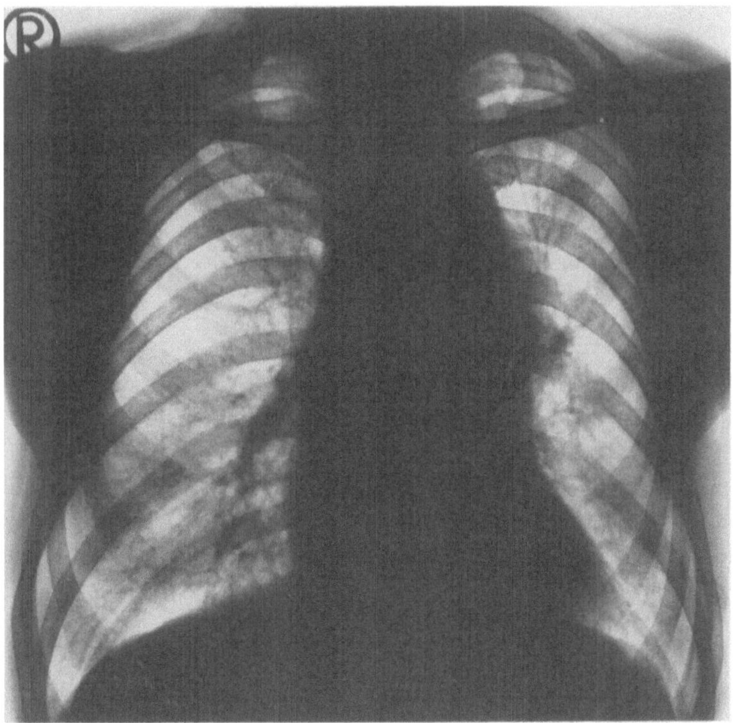

a

Abb. 13a—c. Rundliches (spindelförmiges) Aneurysma der Aorta ascendens und sackförmiges Aneurysma des Arcus aortae bei Lues. a Thoraxübersicht. Leichte Verbreiterung des Aortenschattens. Angedeutete Ausfüllung der Herzbucht. b Seitenaufnahme des Thorax. Verdrängung des mittleren Ösophagus nach hinten. Kompression. c Seitliches Angiokardiogramm. Darstellung der aneurysmatischen Veränderungen

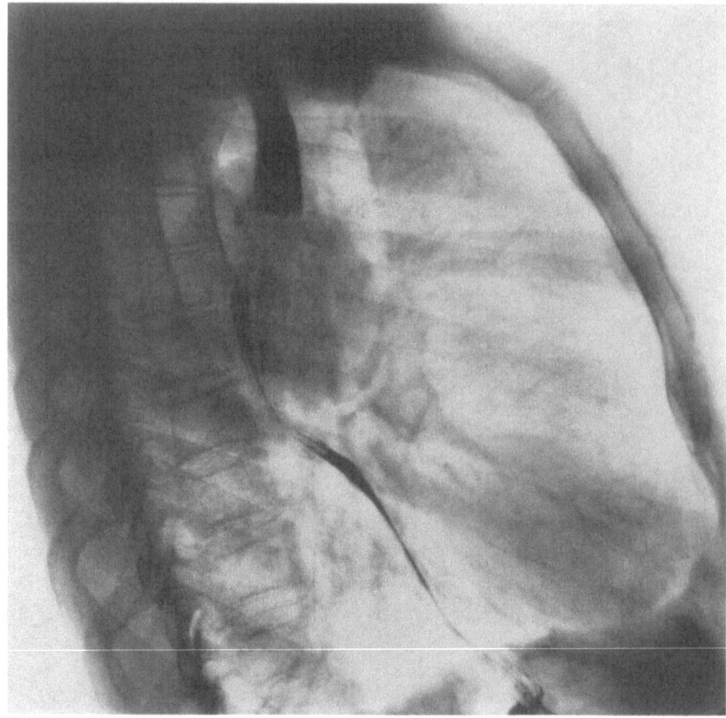

b

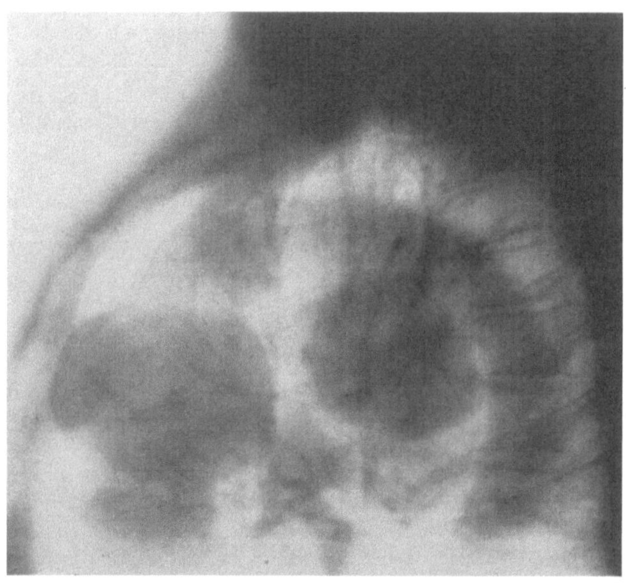

c

Abb. 13b u. c

riert ist das seltenere *A. cylindricum*. Das *sackförmige Aneurysma* resultiert aus einer zur Aortenachse asymmetrischen Wandausbuchtung nur eines Abschnittes des Aortenrohrumfanges. Es kann eine beträchtliche, oft monströse Größe erreichen (Marty, Lagarde, Perrot u. Esquirol, 1960) und erhebliche Kompressions- und Verdrängungserscheinungen an Nachbarorganen verursachen (Abb. 13). Es ist häufig luischer Genese. Steinberg, Dotter, Peabody, Reader, Heimoff und Webster (1949) sahen bei 60 Fällen von syphilitischer Aortitis 25mal Aneurysmen, davon 18 sackförmige und 7 fusiforme. Eine

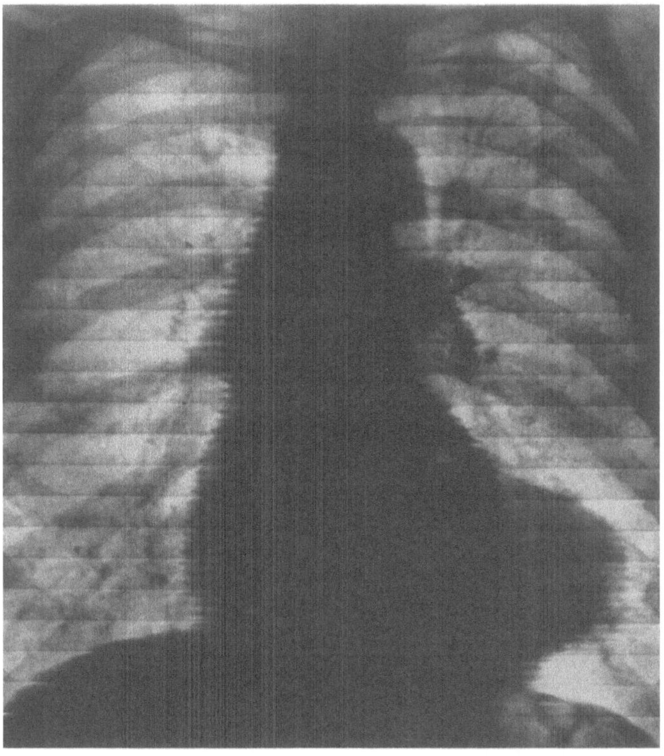

a

Abb. 14a—c. Großes sackförmiges Aneurysma der Aorta descendens. a Sagittales Kymogramm. Aneurysmaverschattung links neben dem Herzen. Pulsationen am Rand. b Seitliches Kymogramm mit Darstellung des Ösophagus. Weit nach ventral ragendes sackförmiges Aneurysma. c Ösophagogramm im I. schrägen Durchmesser. Äußerst starke Verdrängung des Ösophagus nach links und ventral

ähnliche Asymmetrie wie das sackförmige Aneurysma weisen das *kahnförmige* und das *zeltförmige Aneurysma* auf. Die Größe des Aneurysmas ist nicht nur für das *Ausmaß der Nachbarschaftsveränderungen*, sondern auch für die Prognose des Patienten von Bedeutung: mit der Größe steigt nach dem Laplaceschen Gesetz die Wandspannung und damit die *Rupturgefahr*. Außerdem kommt es infolge der stark veränderten Strömungsverhältnisse leichter zur Thrombenbildung mit der Möglichkeit *arterieller Embolien*.

Die Lokalisation des Aneurysmas bestimmt die Nachbarschaftssymptomatik und die Art der lokalen Komplikationen (Abb. 14). Das Aneurysma kann in einem Sinus Valsalvae, der Aorta ascendens, dem Aortenbogen und der Aorta descendens lokalisiert sein. Für jeden Abschnitt gilt eine etwas andere Ursachenstatistik.

Das *Aneurysma der Sinus Valsalvae* (Abb. 15), weiter genannt ASV, ist relativ selten; Literaturangaben zufolge (Bürgi u. Moesch, 1960) kommt auf 2000 Sektionen ein ASV (0,05%).

Von den erworbenen Aneurysmen sind viele *syphilitischen Ursprungs* (Steinberg u. Finby, 1956, 1957). Sie haben keine bevorzugte Lokalisation, befallen mitunter zwei oder drei Sinus gleichzeitig. Bei 19 Fällen mit syphilitischen Sinusaneurysmen (Merten, Finby u. Steinberg, 1956) war die aufsteigende Aorta stets mitbefallen, oft aufgeweitet; überwiegend war das männliche Geschlecht aller Altersstufen betroffen. Desgleichen führt die *bakterielle Endocarditis* oft zu Sinusaneurysmen. Von 12 Fällen der Literatur mit Brucellenendokarditis waren 6mal Sinusaneurysmen vorhanden (Hart, Morgan u. Lacey, 1951). Bristow, Parker und Hang (1960) sahen bei einer 33jährigen Frau eine Aussackung des linken Aortensinus nach Staphylococcus aureus-Endokarditis und wiesen

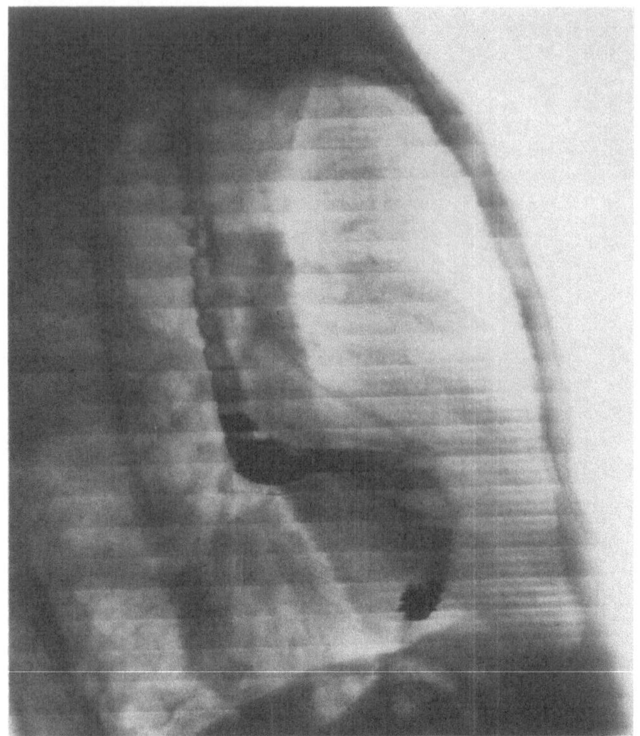

b

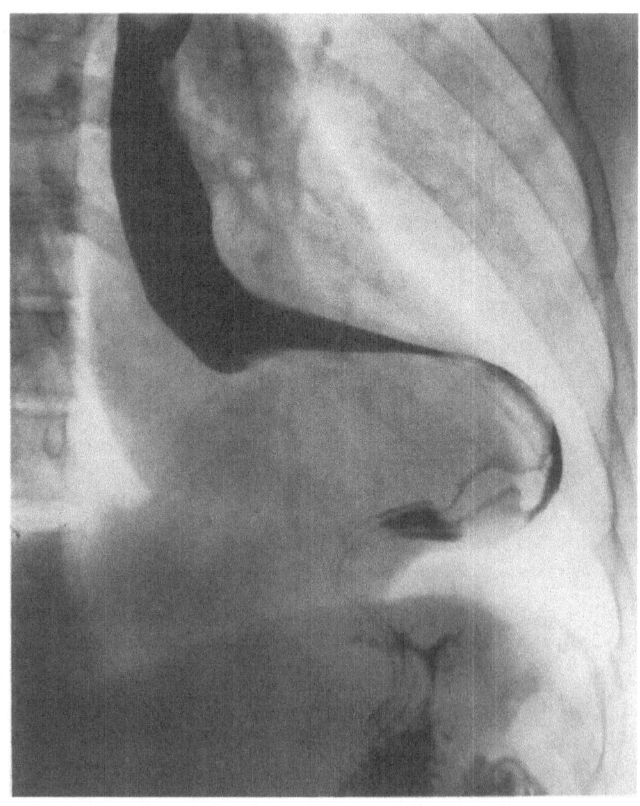

c

Abb. 14b u. c

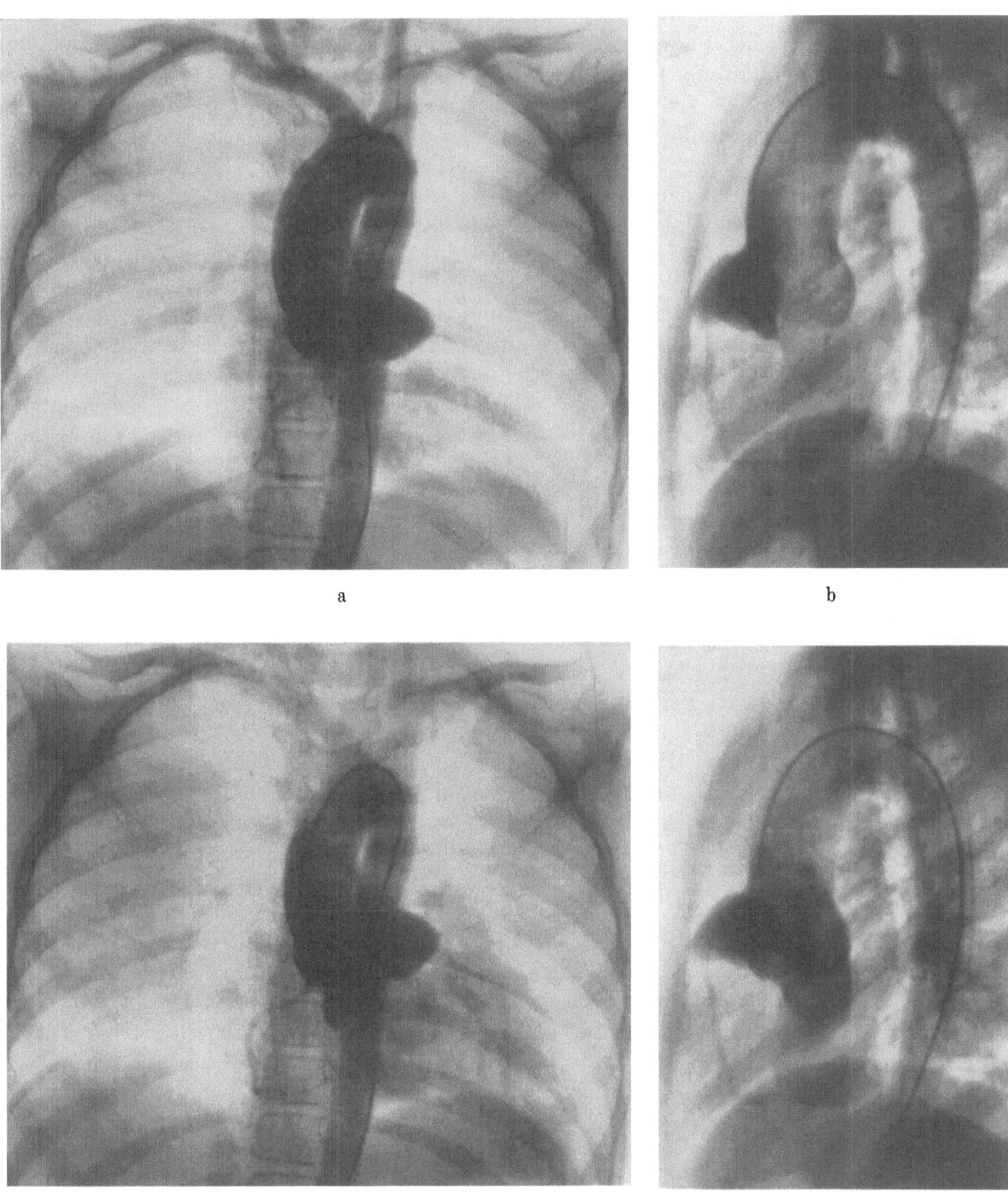

Abb. 15a—d. Transfemorale Aortographie. Röntgenologische Diagnose: Aneurysmatische Erweiterung der Sinus Valsalvae insbesondere nach links vorne mit Aorteninsuffizienz. Befund: Aneurysmatische Erweiterung eines Seitenastes der rechten Coronararterie mit Fistel zum linken Ventrikel. Dadurch Kontrastmittel-übertritt in den linken Ventrikel

darauf hin, daß erworbene Aneurysmen häufiger den linken Sinus beträfen. Ungewöhnlich sind tuberkulöse Sinusaneurysmen. SCHMITT (1958) fand bei Obduktionen einen Fall von eigroßer Ausweitung des hinteren Sinus infolge Tuberkulose, die von Bifurkationslymphknoten aus auf Herzbasis und Aorta übergegriffen hatte. Relativ häufig sind die Sinusaneurysmen angeboren, sie können ebenfalls mit einer bakteriellen Endokarditis einhergehen. Dabei ist autoptisch die Differenzierung zwischen primär endokarditisch bedingtem und kongenitalem ASV mit sekundärer Endokarditis oft nur vermutungsweise bei Bestehen zusätzlicher Fehlbildungen, meist Ventrikelseptumdefekt oder Aortenanomalien, möglich (Mörl, 1965). Nach einer Übersicht über 174 Literaturfälle von kongenitalem ASV (Mörl, 1965) waren 116mal der rechte, 33mal der koronararterienfreie, hintere Sinus, 10mal der linke und 22mal alle drei Sinus Valsalvae betroffen. Das Durchschnittsalter betrug 35 Jahre, das Geschlechtsverhältnis Männer zu Frauen 2:1. 130mal trat eine Aneurysmaruptur ein (75 %!), meist in den rechten Ventrikel. Von 45 autoptisch gesicherten kongenitalen Valsalvaaneurysmen (Sawyers, Adams u. Scott Jr., 1957) zeigten 37 eine Ruptur (82 %!). Davon perforierten die vom rechten Sinus Valsalvae ausgehenden Aneurysmen 19mal in den rechten Ventrikel, 3mal in den rechten Vorhof, 1mal in den linken Ventrikel, 1mal in die Pulmonalarterie, 1mal ins Perikard und 1mal sowohl in den rechten wie in den linken Ventrikel. Die vom hinteren Sinus ausgehenden Aneurysmen perforierten 11mal in den rechten Vorhof. Eine Aneurysmaruptur in den rechten Ventrikel läßt also mit großer Wahrscheinlichkeit ein Aneurysma des rechten Sinus vermuten! Vom linken Sinus Valsalvae ausgehende Aneurysmen brechen nur selten in die Herzhöhlen durch.

Die Häufigkeit der Aneurysmen und die Häufigkeit ihrer Ursachen differieren von *Aorta ascendens*, zum *Aortenbogen*, zur *Aorta thoracica descendens*. Sie sind abhängig von der Häufigkeit der Grundkrankheiten im Untersuchungsgut sowie von der Tatsache, daß Lues und bestimmte bakterielle Aortenwandveränderungen vornehmlich die Aorta ascendens befallen, daß traumatische Einrisse der Wand am häufigsten in der Höhe des Ligamentum Botalli vorkommen (Strassmann, 1947; Zeldenrust, 1962; Sanborn, Heitzman u. Makarian, 1970), während sich die Arteriosklerose eher gleich häufig über alle drei Abschnitte erstreckt. Bei Kombination arteriosklerotischer Prozesse mit entzündlichen Wandveränderungen im Aortenbogen, vor allem vor der Penicillintherapie der Lues, trat hier allerdings eine Häufung arteriosklerotischer Aneurysmen auf. Gelegentliche Aneurysmabildungen am Abgang des Ductus Botalli sollen durch Traktion bei der physiologischen Schrumpfung des Ductus sowie durch schrumpfende tuberkulöse und narbige Prozesse der Aortenumgebung (Kneidel, 1949) entstehen. Abzugrenzen sind Aneurysmen des Ductus arteriosus selbst (Payan u. Blaustein, 1965). Die häufigste schwere Komplikation ist wie beim Aneurysma Sinus Valsalvae die Ruptur des Aneurysmas meist mit Perforation in ein Hohlorgan. Von 212 thorakalen Aneurysmen des Zeitraumes 1911—1941 (Nicholson, 1943) rupturierten 110 oder 52 %. Je nach Sitz perforierten sie in unterschiedlicher Häufigkeit in die angrenzenden anatomischen Strukturen:

Von den 30 Rupturaneurysmen der Aorta ascendens (27 %) rupturierten 9 ins Perikard, 4 in die linke Pleurahöhle, 4 in den rechten Hauptbronchus, 4 in die Trachea, 3 in den linken Hauptbronchus, 2 in den Oesophagus, 2 in die rechte Pleurahöhle, 1 in die rechte Lunge und 1 in die Pulmonalarterie.

Von den 43 Rupturaneurysmen des Aortenbogens (39 %) rupturierten 11 in den Oesophagus, 10 in die linke Pleurahöhle, 6 in die Trachea, 4 in den linken Hauptbronchus, 3 ins Perikard, 3 in die rechte Pleurahöhle, 2 in die rechte Lunge, 2 nach außen, 1 in die linke Lunge und 1 in die Pulmonalarterie.

Von den 37 Rupturaneurysmen der Aorta thoracica descendens (34 %) schließlich ruptierten 16 in die linke Pleurahöhle, 7 in den Oesophagus, 5 in die rechte Pleurahöhle, 3 in den linken Hauptbronchus, 2 in die rechte Lunge, 1 in die Trachea, 1 ins Mediastinum, 1 in die Aorta (Aneurysma dissecans) und 1 ins Peritoneum.

Auch Perforationen in die Vena cava superior kommen vor (Cominotti, 1901; Alex, 1950).

Mehr oder weniger schwerwiegende, ebenfalls vom Sitz des Aneurysmas abhängige Komplikationen sind Kompression und Verdrängung von Trachea und Bronchien (Abb. 16), Oesophagus (s. Abb. 14c), Vena cava superior (Abb. 17) und Pulmonalarterien (Abb. 18) sowie Verlagerung des Herzens (Bevin, Rojas u. Stansel Jr., 1966; Garusi u. Donati, 1970).

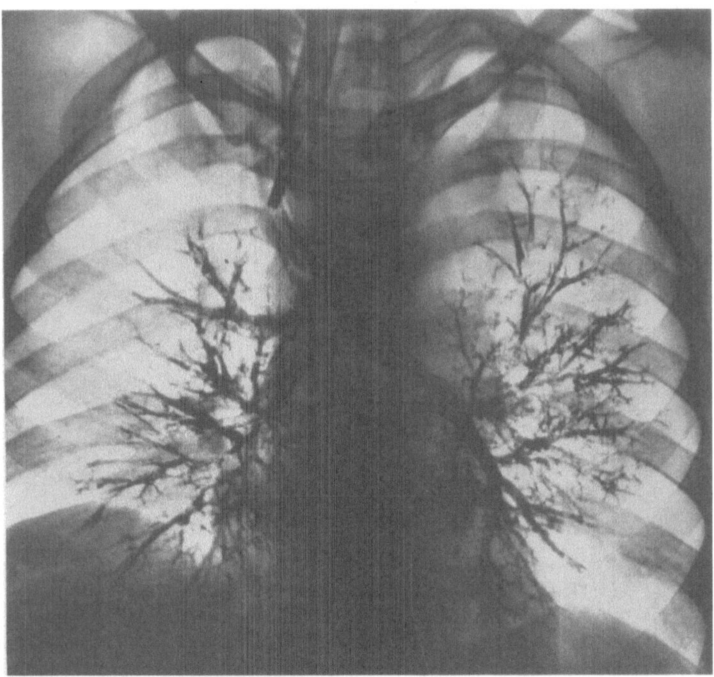

Abb. 16. Aortenbogenaneurysma bei Lues. Bronchogramm. Verdrängung und Kompression der Trachea und Streckung des linken Hauptbronchus. Außerdem Verdrängung von Oberlappenbronchien links

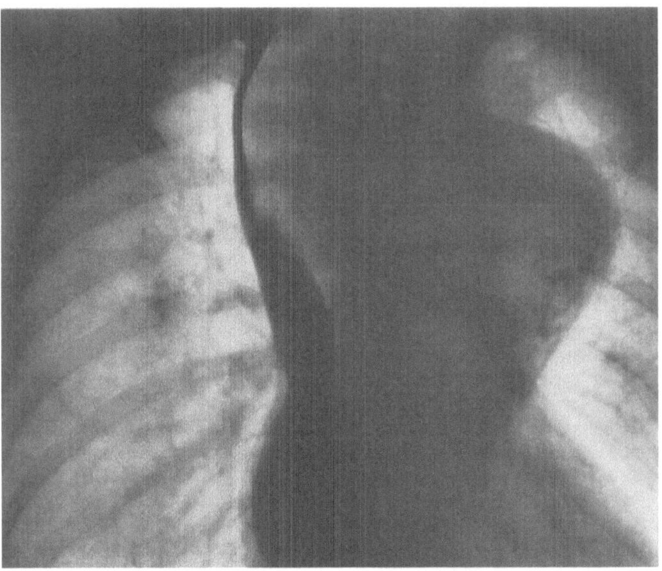

Abb. 17. Ausgedehntes syphilitisches Aortenaneurysma. Sagittalaufnahme einer Angiokardiographie. Kompression und Verdrängung der oberen Hohlvene nach rechts

Eine besondere Eigentümlichkeit der Aneurysmen ist die Bildung von Wirbel-, Sternum- und Rippenusuren. TORKLUS (1960) beschrieb sogar Wirbelzerstörungen mit Rückenmarkskompression durch ein sacculäres, thorakolumbales Aortenaneurysma. In dem von MORIN, BUCHET, HERNANDEZ und COMBES (1957) erwähnten Fall war als Folge erheblicher Wirbelusuren eine Gibbusbildung eingetreten. Ausgedehnte Usuren bestanden auch bei der von HOREAU, ROBIN und NICOLAS (1960) veröffentlichten Beobachtung eines syphilitischen Aortenbogenaneurysmas.

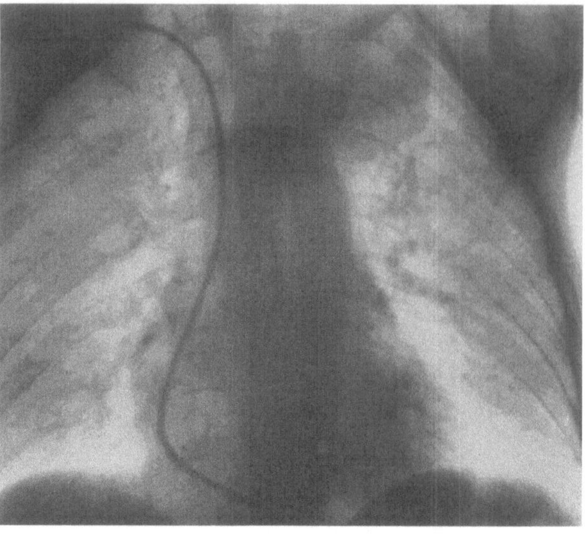

a

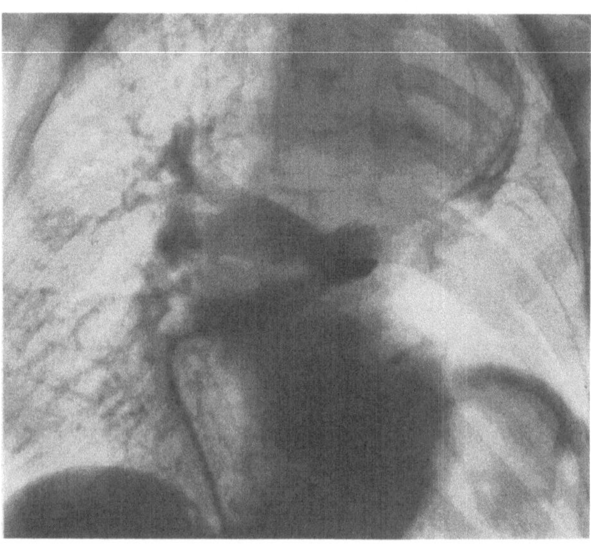

b

Abb. 18a u. b. Ausgedehntes Aortenbogenaneurysma durch Lues. Gezielte Angiokardiographie. a Darstellung 1959. Weitgehende Thrombosierung des Aneurysmas. Nur partielle Kontrastmittelfüllung. b Darstellung 1962. Kompression der Lungenarterien links

c) Klinische Erscheinungen

Aneurysmen bleiben in vielen Fällen über lange Zeit völlig symptomlos und werden dann erst in fortgeschrittenen Stadien entdeckt. Mitunter findet man sie lediglich im Sektionsgut.

Beschwerden durch Aortenaneurysmen bestehen allgemein in drückenden, bohrenden, auch brennenden, vor allem retrosternalen *Schmerzen*, die von bestimmten Kopf- und Körperhaltungen abhängig sein können und zuweilen in den Hals und zwischen die Schulterblätter, bei Befall der Aorta ascendens meist in die rechte, bei Befall des Bogens und der Pars descendens mehr in die linke Körperseite ausstrahlen. Sie werden durch mes- oder periaortitische Veränderungen oder durch Druck auf mediastinale Nervenplexus hervorgerufen. Radikuläre Schmerzen treten bei Wirbelkörperarrosionen auf. Ein

Durchbruch in den Subarachnoidalraum verursacht *meningeale Symptome* sowie *Paraplegien*. Druck auf den N. sympathicus führt zu halbseitigen *Schweißausbrüchen, vasomotorischen Erscheinungen* und zum *Hornerschen Syndrom*, Läsion des N. recurrens vor allem durch Aortenbogenaneurysmen zur *Heiserkeit* und zu schwersten *Hustenanfällen*. *Dyspnoe* entsteht durch Kompression der Trachea und der großen Bronchien, seltener durch Kompression der Pulmonalarterien (TARTULIER, TOURNIAIRE u. RAMBAUD, 1957; BEVIN, ROJAS u. STANSEL JR., 1966; GARUSI u. DONATI, 1970) mit nachfolgender *Rechtsinsuffizienz, Schluckbeschwerden* durch Kompression des Oesophagus, eine obere *Einflußstauung* durch Kompression der V. cava superior (SPIEKERMAN u. MC GOON, 1960).

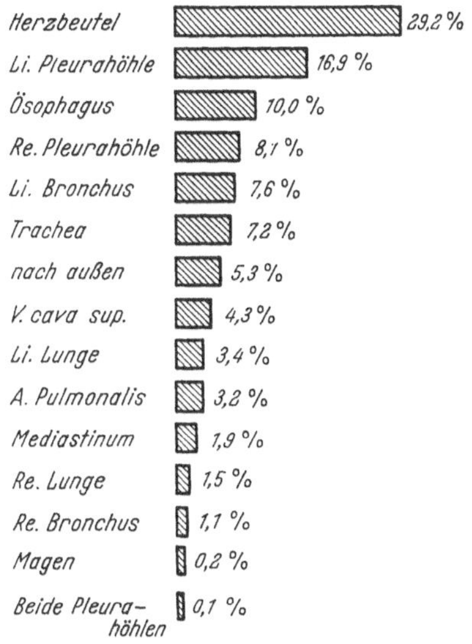

Abb. 19. Rupturrichtung von 2045 thorakalen Aortenaneurysmen. (Aus „Aorta und große Arterien" von G. HEBERER, G. RAU u. H. H. LÖHR. Berlin-Heidelberg-New York: Springer 1966)

Nach einer Literaturübersicht (HEBERER et al., 1966) bestehen bei $^2/_3$ der Patienten mit luischen Aneurysmen und bei 26 % mit arteriosklerotischen Aneurysmen Schmerzen, bei $^1/_3$ der (luischen) Aneurysmen Atemnot, in 16—73 % Husten, 17—26 % Heiserkeit, 1,2—12 % Schluckbeschwerden, 10 % obere Einflußstauung und in 8—13 % Hämoptysen.

Bei der klinischen Untersuchung ist das Aneurysma selbst nur selten etwa nach Arrosion der vorderen Thoraxwand oder der oberen Thoraxapertur sicht- oder tastbar, gelegentlich als Verbreiterung des Gefäßbandes perkutierbar. Häufig täuschen torquierte Aortenbogengefäße bei Aortenelongation älterer Patienten eine pulsierende Masse im Jugulum vor (FREEARK u. WEINBERG JR., 1967).

Es finden sich jedoch öfter *Pulsationen* der vorderen Thoraxwand, ein tastbares Schwirren oder eine auffällige *Hautvenenzeichnung* als Hinweis auf ein Aneurysma insbesondere der Aorta ascendens. Häufiger ist ein *systolisches Geräusch* am linken oder rechten Sternalrand über der Herzbasis oder interscapulär am Rücken auskultierbar. Richtungweisend kann das *Oliver-Cardarelli-Zeichen* (systolisches Tiefertreten des Kehlkopfes durch Verdrängung des linken Hauptbronchus) sein. Das *Mussetsche Zeichen* (pulssynchrone Erschütterung des Kopfes) und das *Broadbentsche Zeichen* (palpierbarer und auskultierbarer Doppelstoß über der Aorta während Systole und Diastole) sind nur in ausgeprägten Fällen vorhanden. *Stridorgeräusche über Trachea und Bronchien* weisen auf Stenosierung, ein *Cor pulmonale* auf Einengung der Arteria pulmonalis und eine *obere Einflußstauung* auf eine Behinderung des Blutstromes in der Vena cava superior durch das Aneurysma hin. *Puls- und Blutdruckdifferenzen* sowie *ischämische Herz-, Hirn- oder Rückenmarksschäden* können auf einer Kompression entsprechender großer, von der Aorta abgehender Arterien durch das Aneurysma beruhen.

Die klinische *Symptomatik der Aneurysmaruptur* besteht in einem heftigen Rupturschmerz und den Zeichen des Volumenmangelschocks etwa bei Perforation in eine Pleurahöhle. Abb. 19 gibt die Häufigkeiten der Rupturrichtung bei 2045 thorakalen Aortenaneurysmen an (HEBERER et al., 1966). Bei Ruptur ins Perikard tritt eine fast immer tödliche Herzbeuteltamponade ein (BRISTOW, PARKER u. HANG, 1960). Die Perforation in Oesophagus oder Magen zeigt sich durch Hämatemesis, eine solche in die Trachea oder die Bronchien durch Hämoptoe. Eine Ruptur in die Arteria pulmonalis ist gekennzeichnet durch das Auftreten von Dyspnoe, peripherer Cyanose, Wasserhammerpuls, Schwirren und Maschinengeräusch über der Pulmonalis sowie Rechtsherzinsuffizienz (NICHOLSON, 1943; GIACOBINE u. COOLEY, 1960), während die Ruptur in die Vena cava superior relativ stürmisch durch eine obere Einflußstauung und die Zeichen der a.-v.-Fistel in Erscheinung tritt (ARMSTRONG, COGGIN u. HENDRICKSON, 1939; ALEX, 1950). Ebenfalls recht plötzlich manifestiert sich die Ruptur des sonst symptomarmen Valsalvaaneurysmas ins rechte Herz: neben einem starken, nicht ausstrahlenden substernalen oder Oberbauchschmerz finden sich die Zeichen der Aorten- und Mitralklappeninsuffizienz sowie ein dauerndes Maschinengeräusch (SAWYERS et al., 1957; BIGELOW u. BARNES, 1959). Selten sind Perforationen durch die Brustwand (MEYER, 1957).

d) Röntgendiagnostik

Die Röntgendiagnostik eines thorakalen Aortenaneurysmas erfordert zunächst *Hartstrahlaufnahmen des Thorax* im sagittalen und seitlichen Strahlengang sowie im I. und II. schrägen Durchmesser, die *rotierende Durchleuchtung* mit Zielaufnahmen sowie *Schichtaufnahmen* Ein Sagittalbild genügt keinesfalls, da Erweiterungen des Aortenbogens und der Ascendens darauf verdeckt sein können. Bei Aufnahmen im zweiten schrägen Durchmesser wird die Aorta in den Wirbelsäulenschatten projiziert. Dabei ist ein den hinteren Wirbelsäulenrand überragender Schatten immer verdächtig auf eine Aortenerweiterung insbesondere der Descendens. Aneurysmen des Aortenbogens sind mittels dieser Aufnahmestellung ebenfalls gut zu erkennen.

Einfach ist die Diagnose, wenn sich das Aneurysma von lufthaltigem Gewebe deutlich abhebt. Kleinere Aussackungen hingegen, die im Schattenbild der großen Gefäße liegen, werden sich mittels einfacher Untersuchungsmethoden nicht abgrenzen lassen.

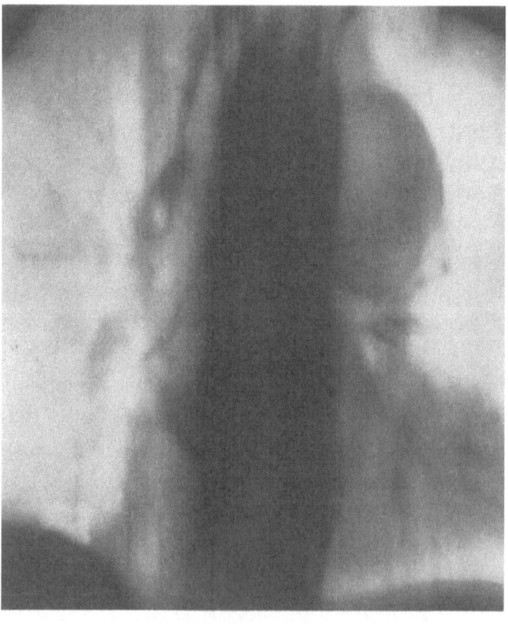

Abb. 20. Syphilitisches Aortenaneurysma. Frontale Schichtaufnahme in 10,5 cm Rückenabstand. Zusammenhang des Aneurysmas mit der Aorta und Verdrängung der Trachea sind deutlich dargestellt

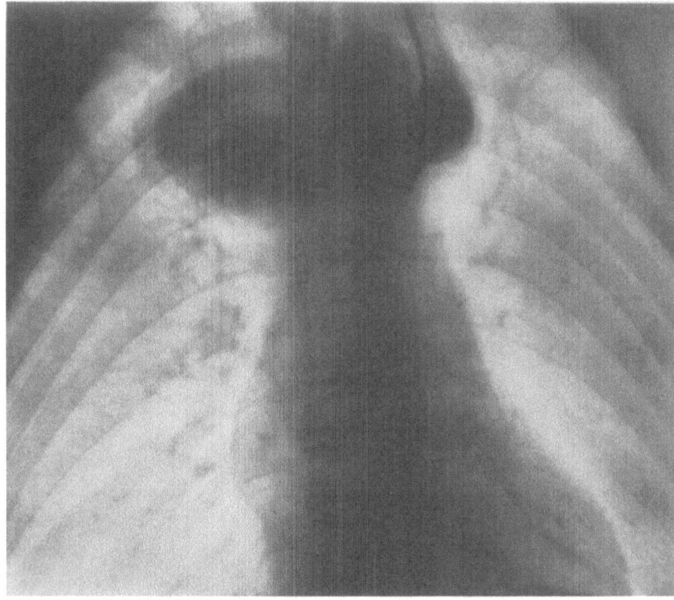

a

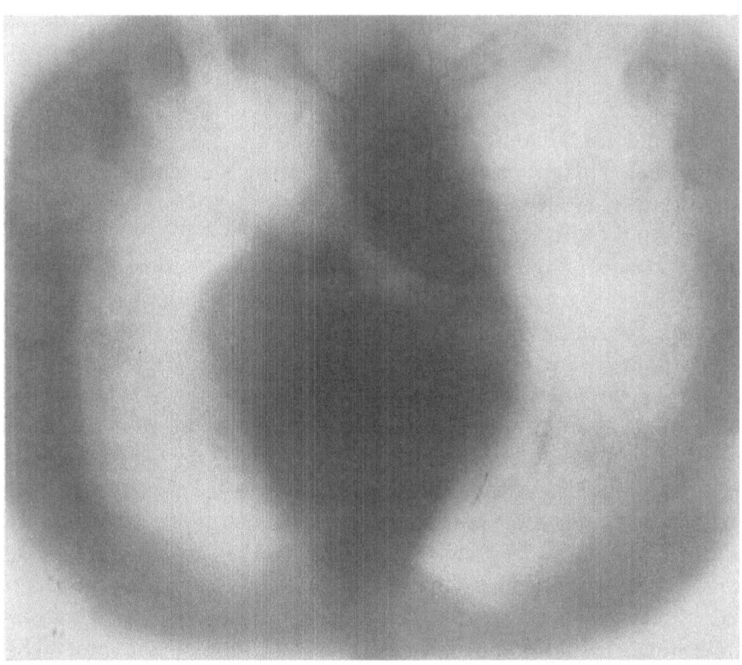

b

Abb. 21a u. b. Aortenaneurysma ungeklärter Genese im Bogenabschnitt mit Beteiligung der A. subclavia sinistra. a Kontrastmittelfüllung durch selektive thorakale Aortographie. b Transversalschicht. Starke Ausweitung des Aortenbogens nach rechts

Durch Schichtbilder (Abb. 20), auch Transversalschichtaufnahmen (Abb. 21), läßt sich vielfach der Nachweis des Zusammenhangs zwischen Verschattung und Aortenwand erbringen (GIRAUD, BALMES, CHATTON u. MIROUZE, 1949; GREMMEL, 1962; VIETEN u. GREMMEL, 1963).

Zusätzliche Informationen über Form, Größe und Lage des Aneurysmas liefert die *Oesophagusbreipassage*, sofern die Speiseröhre eingeengt und verlagert ist.

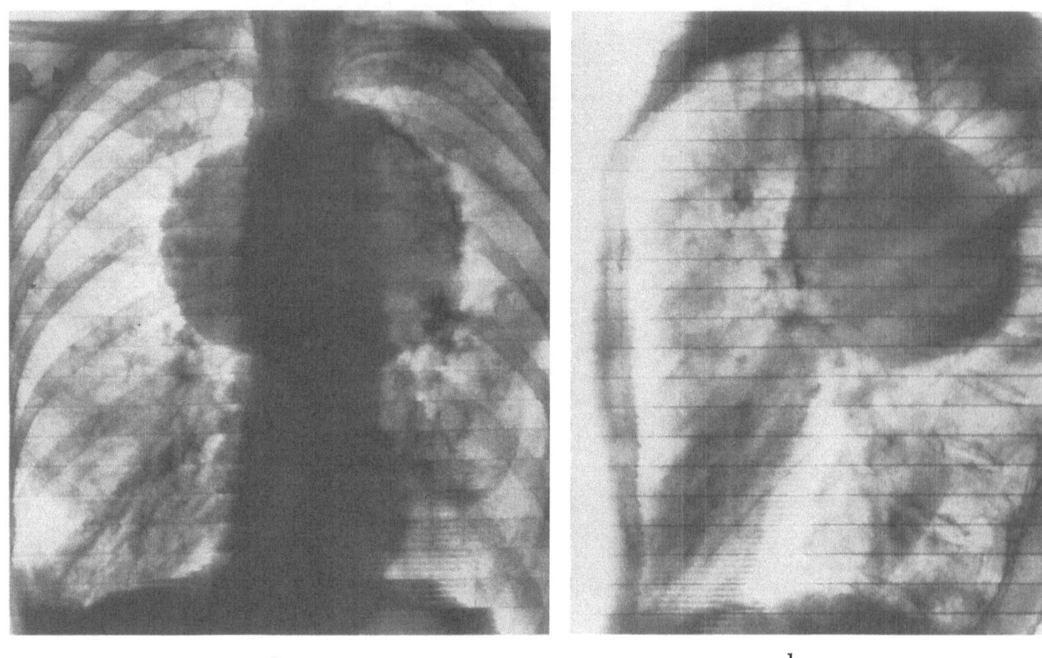

a   b

Abb. 22a u. b. Aortenbogenaneurysma bei Lues mit Wandverkalkung. Abgeschwächte oder aufgehobene Pulsation am Aneurysmarand. a Sagittales Kymogramm. b Seitliches Kymogramm

Kymographisch sind im allgemeinen Pulsationen am Aneurysmarand nachzuweisen. Sie werden jedoch bei Thrombosierung, Verkalkung und ausgedehnter Fixierung der Aneurysmen abgeschwächt, so daß im Kymogramm nur flache oder keine Bewegungszacken nachweisbar sind (Abb. 22).

Bei nicht thrombosierten Aneurysmen sind mitunter schleudernde Lateralbewegungen als Ausdruck von Mediazerstörung, ähnlich wie bei Aortitis luica, zu beobachten.

Der *Valsalvasche Versuch* (Verkleinerung des Herz- und Aneurysmaschattens) sollte wegen Gefahr der Aneurysmaruptur nicht angewandt werden. Die vorsichtige Ausführung der *Bürgerschen Preßdruckprobe* kann dagegen von diagnostischem Nutzen sein. Bürger gab dieses Verfahren 1926 zum ersten Male an. Es besteht in einem dosierten Valsalvaschen Versuch, bei dem lediglich ein Druck von 40—60 mm Hg gebraucht wird. Allerdings ist mitunter die Erkennung des unter Druck verkleinerten Herzschattens schwierig. Besser läßt sich die im Preßdruckversuch veränderte Herz- bzw. Aneurysmagröße kymographisch erfassen (Nolte, 1937). Die Bürgersche Preßdruckprobe ist jedoch bei thrombosierten Aneurysmen negativ, da diese sich nicht genügend verkleinern können. Ein Vorteil der kymographischen Methode liegt in der Möglichkeit, Systole und Diastole zu erfassen. Hingegen sind einfache Aufnahmen, die möglicherweise vor dem Pressen die Systole und nach dem Pressen die Diastole treffen können, ungenau (Teschendorf, 1958). Bei Aneurysmen ist natürlich die Preßzeit so kurz wie möglich und der Druck noch niedriger zu halten, als für den Originalversuch angegeben wurde.

Eine endgültige diagnostische Klärung wird aber erst durch die *Kontrastmitteldarstellung* ermöglicht. Außerdem ist diese Methode zur Indikationsstellung einer chirurgischen Behandlung unerläßlich (Thévenet u. Vialla, 1960; Gremmel, Löhr, Loogen u. Vieten, 1963; Gremmel, Loogen u. Vieten, 1964; Löhr, Gremmel, Loogen u. Vieten, 1969; Gremmel u. Dühmke, 1972).

Die Frage der Wahl des angiographischen Vorgehens bei thorakalen Aneurysmen ist heute grundsätzlich durch die Erfahrung beantwortet, daß für eine ausreichende Beurteilung die Injektion des Kontrastmittels mit Hilfe der Katheterangiographie unmittelbar

proximal der pathologischen Wandaufweitung zu erfolgen hat. Intraaortale Druckmessungen während der üblichen Druckinjektion des Kontrastmittels ergaben einen
Druckanstieg von weniger als 10 mm Hg (LÖHR u. HALLER, 1969), lassen also eine
Aneurysmaruptur hierdurch unwahrscheinlich werden. Zur Technik der Katheterführung
wird von HEBERER et al. (1966) empfohlen, nicht nur die direkte Punktion des Aneurysmas
zu unterlassen, sondern auch das Aneurysma mit der Katheterspitze zur Vermeidung
von Perforationen oder Thrombenablösungen nicht zu passieren. Entsprechend wäre für
ein Aneurysma der Aorta ascendens die transseptale Katheterpassage erforderlich, wodurch gleichzeitig eine Druckkurvenregistrierung etwa zum Nachweis einer Aortenklappeninsuffizienz gegeben ist (REIDEMEISTER u. VOGEL, 1970). Ein Aortenbogenaneurysma müßte durch rechtsseitig transaxilläres bzw. transbrachiales Vorgehen, ein
Aneurysma der Aorta thoracica descendens könnte durch linksseitig transaxilläre bzw.
transbrachiale Aortographie gefahrlos dargestellt werden. Einer Serie von 60 Aorto-
graphien bei Aortenaneurysmen zufolge (BJÖRK, 1967) ist das transfemorale Vorgehen
mit Hilfe der Seldinger-Technik nur theoretisch gefahrvoll, sofern die Untersuchung von
einem Erfahrenen durchgeführt wird und die Lage des Katheters beim Vorschieben nach
proximal durch Probeinjektionen unter Durchleuchtung kontrolliert wird. Da ein Vorschieben des Katheters über eine (sogar freigelegte) A. brachialis doppelt so häufig zu
Komplikationen führt wie ein transfemorales Vorgehen (KOTTKE, FAIRBAIRN u. DAVIS,
1964), sollte primär die transfemorale Aortographie und jeweils bei Nichtgelingen die
transbrachiale bzw. transaxilläre, die transseptale, die transpulmonale und gegebenenfalls
die schnelle intravenöse Angiokardiographie durchgeführt werden.

Nach CELIS, PACHECO u. DEL CASTILLO (1951) können sich bei der Angiokardiographie
folgende, auf ein Aortenaneurysma hinweisende Zeichen ergeben:

1. Verzögerte Zirkulation mit verspäteter Darstellung der Halsgefäße.

2. Unterbrechung des parallelen Verlaufs der Aortenwände.

3. Abschwächung der Kontrastdichte (hinter dem Aneurysma wird die Aorta oft nicht
mehr deutlich gefüllt).

4. Zunehmende Dichte der fraglichen Verschattung.

5. Helle Randbezirke der Verschattung als Ausdruck von Thromben.

Schlechte Darstellungsmöglichkeit besteht allerdings bei enger Aneurysmaöffnung
oder bei vollständiger Ausfüllung des Aneurysmas mit Thromben sowie bei teilweiser
Organisation. In derartigen Fällen sind die Schattenkonturen nur unregelmäßig (SUSS-
MAN, 1939).

Mitunter werden zur Diagnoseklärung *Bronchoskopie* und *Bronchographie* (s. Abb. 16)
notwendig, vor allem, wenn pulsierende Vorwölbungen in das Bronchialsystem hinein-
ragen. Zu warnen ist vor Probeexcisionen in Verdachtsfällen, da eine tödliche Blutung
die Folge sein kann.

In Einzelfällen wird ein *Pneumomediastinum* von Nutzen sein.

Eine *Ultraschalldiagnostik* kommt für thorakale Aneurysmen im allgemeinen nicht in
Frage, da diese Methode nur zuverlässig arbeitet, wenn ein Aneurysma etwa der Aorta
ascendens dem Sternum oder ein solches der Aorta descendens der hinteren Brustwand
anliegt, ohne daß lufthaltiges Lungengewebe stört (GOLDBERG u. LEHMANN, 1970). Für
Fälle, in denen eine Aortographie kontraindiziert ist, kann die *Angioscintigraphie* eingesetzt werden. BEKERMAN, TOUYA, PAEZ, FERRANDO, TOUYA und FERRARI (1968) konnten nach i.v.-Gabe von 90 µCi 113 m-Indium (gelatinestabilisiert)/kg Körpergewicht aus
18 unklaren Mediastinalverbreiterungen 10 Fälle als Aneurysmen, 2 als Gefäßanomalien
und 6 als Mediastinaltumoren (normale Aktivitätsverteilung!) diagnostizieren.

Faßt man die bedeutsamen Kriterien für die Röntgendiagnose des Aortenaneurysmas
zusammen, so ergibt sich folgendes:

Hervorstechendes Merkmal ist ein Abweichen des Aortenschattens vom Normalbild
in Form und Größe. Wichtig ist der Nachweis eines Zusammenhangs zwischen Aorta und
pathologischer Verschattung sowie deren Untrennbarkeit in allen Durchleuchtungsrich-

tungen. Bei den seltenen gestielten Aneurysmen findet man mitunter nur eine schmale Brücke zur Aorta.

Kleine und mittelgroße Aneurysmen zeigen expansive systolische Pulsationen. Sehr große Aussackungen haben mitunter nur geringfügige oder gar keine Ausschläge, selbst wenn sie nicht mit Thromben gefüllt sind.

Eine unscharfe Begrenzung des Aneurysmas kann durch bindegewebige Reaktion der Umgebung infolge Aneurysmadruckes oder durch Übergreifen der Wanderkrankung zustande kommen.

Eine Aortenkonfiguration des Herzens mit Vergrößerung des linken Ventrikels ist häufig.

An Oesophagus, Trachea und Bronchien beobachtet man häufig Kompressionserscheinungen (s. Abb. 14 u. 16).

Wirbel-, Sternum- und Rippenusuren sind richtungweisend.

Aneurysmen der Sinus Valsalvae (s. Abb. 15) werden röntgenologisch sehr selten diagnostiziert. Bei Durchleuchtung können ungewöhnliche Pulsationen an der Aortenbasis auffallen. Ein ventralwärts entwickeltes Aneurysma verdrängt oder komprimiert mitunter die A. pulmonalis, so daß eine Erweiterung des Pulmonalisstammes vorgetäuscht wird.

Kleinere Aneurysmen werden im Röntgenbild auf eine Herzhöhle projiziert, so daß keine Vorwölbungen am Herzschatten sichtbar werden. Das Herz ist aber oft im ganzen vergrößert. Umfangreiche Aneurysmen hingegen machen sich durch Ausbuchtungen bemerkbar.

Im übrigen lassen umschriebene Kalkeinlagerungen in Nähe der Aortenklappen an Sinusaneurysmen denken, insbesondere wenn sie sich intrakardial fortsetzen und wenn gleichzeitig eine Aortenklappeninsuffizienz gefunden wird.

Mittels Angiokardiographie sind Sinusaneurysmen nachweisbar (PEABODY, READER, DOTTER, STEINBERG u. WEBSTER, 1950). Sie wurden von STEINBERG und FINBY (1956, 1957) am ehesten in linker vorderer Schrägstellung gefunden. Besonders gut lassen sich Sinusaneurysmen mittels selektiver Aortographie (Injektion des Kontrastmittels in den proximalen Abschnitt der Aorta ascendens) darstellen (GREMMEL, LÖHR, LOOGEN u. VIETEN, 1963; LÖHR, GREMMEL, LOOGEN u. VIETEN, 1969). STEINBERG (1958) konnte unter 3000 venösen Angiokardiographien 25 Fälle von nicht rupturierten Sinusaneurysmen aufdecken; davon waren 12 erworbenen Ursprungs.

Aneurysmen der Aorta ascendens verursachen nicht selten einen großbogigen Schatten in Höhe des rechten oberen Herzrandes, entsprechend einer Ausbuchtung nach vorn und rechts. Sie können mit einer Vergrößerung des rechten Vorhofes verwechselt werden (CORNELL, 1969). Oft sind sie bereits im dorsoventralen Strahlengang und im zweiten schrägen Durchmesser abgrenzbar. Schlechter zu erkennen sind Ascendens-Aneurysmen, die sich in seltenen Fällen nach vorn und links entwickelt haben und ventral der A. pulmonalis liegen.

Außerdem findet man bei großen Ausbuchtungen stets eine Einengung des Retrosternalraumes (s. Abb. 8c u. 13c). Eine gleichzeitige Stauung der V. cava superior läßt diese nach rechts vorspringen. Nach vorne gerichtete Ausweitungen wirken sich oft auf die vordere Brustwand in Form von Druckusuren und pulsatorischer Hebung aus (Abb. 23).

Trachea mit Bifurkation sowie Oesophagus können nach links verlagert sein. Der Aortenbogen wird nach cranial gedrängt. Doppelkonturen entstehen bei Aneurysmabildung an der Vorderwand der Ascendens. Ihr rechter Rand ist dann innerhalb des Aneurysmaschattens zu sehen.

Große linksseitige Ascendensaneurysmen sind auch links neben dem Aortenbogen schattengebend.

GRAEVE (1957) beschrieb ein großes Ascendens-Aneurysma, das sich nach allen Seiten ausgedehnt hatte und das klinische Bild einer Pulmonalstenose hervorrief. Bei einer Beobachtung von FERRANÉ, PEUTEUIL und BROWN (1961) reichte ein extrem großes,

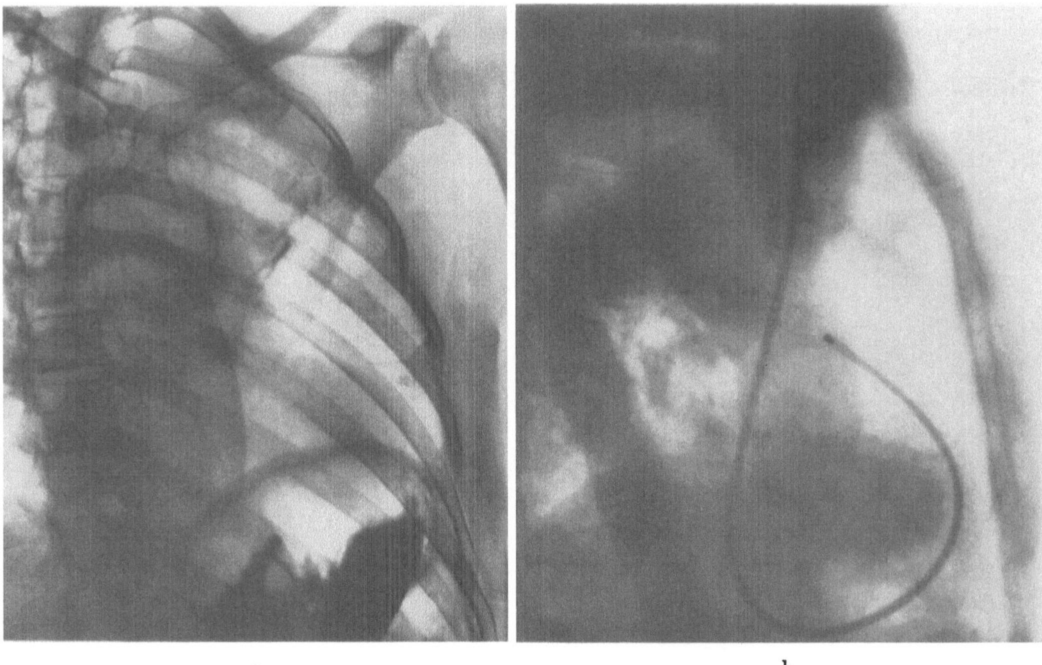

a   b

Abb. 23a u. b. Aneurysma am Übergang von der Ascendens zum Bogen bei Lues. a Destruktion des Manubrium sterni durch Druck. b Gezieltes Angiokardiogramm. Seitenaufnahme. Starke Aussackung des Aneurysmas nach ventral und cranial in Richtung des Manubrium sterni

thrombosiertes Ascendensaneurysma sogar bis zur rechten lateralen Thoraxwand, wo es zur Pleurareizung führte.

Aneurysmen des Arcus aortae (Abb. 24) sind in den meisten Fällen nach vorn und links gerichtet. Dadurch stehen auf p.a. Aufnahmen der Aortenscheitel höher und der Aortenknopf weiter nach links als normal. Sind die großen abgehenden Gefäße in das Aneurysma einbezogen, so kommt es zur Verbreiterung des oberen Mediastinums.

Aneurysmen im Bereich des Ductus arteriosus Botalli stellen sich vorwiegend dorsal der Trachea und des linken Hauptbronchus dar, nur in wenigen Fällen vor dem Herzen.

Durch Bogenaneurysmen werden oft benachbarte Organe beeinträchtigt. So kann die Trachea nach rechts verschoben werden. Eine paradoxe Trachealverschiebung tritt durch Aneurysmen ein, die vor der Überkreuzung von Aorta und Trachea liegen; dabei soll eine rechts sichtbare Verschattung die Trachea ebenfalls nach rechts verdrängen (TESCHEN-DORF, 1958).

Beim Husten und Schlucken wird das Aneurysma oft mitbewegt. Mitunter kommt es zur Ausbildung einer „Säbelscheidenstenose" oder sogar zur Arrosion der Trachea.

Aneurysmen an der Unterseite des Aortenbogens (s. Abb. 13c) rufen eine Stenosierung oder Caudalverlagerung des linken Hauptbronchus hervor. Gleichzeitig kann man Lungenatelektasen, inspiratorische Verschiebung des Mediastinalschattens zur befallenen Seite und Zwerchfellhochstand beobachten. Bei Druck auf einen Nervus phrenicus resultiert eine Zwerchfellparese mit paradoxer Atemverschieblichkeit.

SCHULTE-BRINKMANN (1970) beschreibt ein Aortenbogenaneurysma mit erheblicher Kompression der linken Pulmonalarterie als Ursache einer linksseitig „hellen Lunge".

Die Speiseröhre wird nicht selten durch große Bogenaneurysmen nach rechts verlagert, wodurch sie mehr oder weniger komprimiert werden kann. Gerade bei großen Bogenaneurysmen, die sich zwischen Wirbelsäule und Oesophagus drängen, bilden sich häufig tiefgreifende Druckusuren an den Wirbelkörpern aus. Man sieht auf seitlichen oder schrägen Aufnahmen konkav begrenzte, muldenartige Aussparungen im Verlauf der seit-

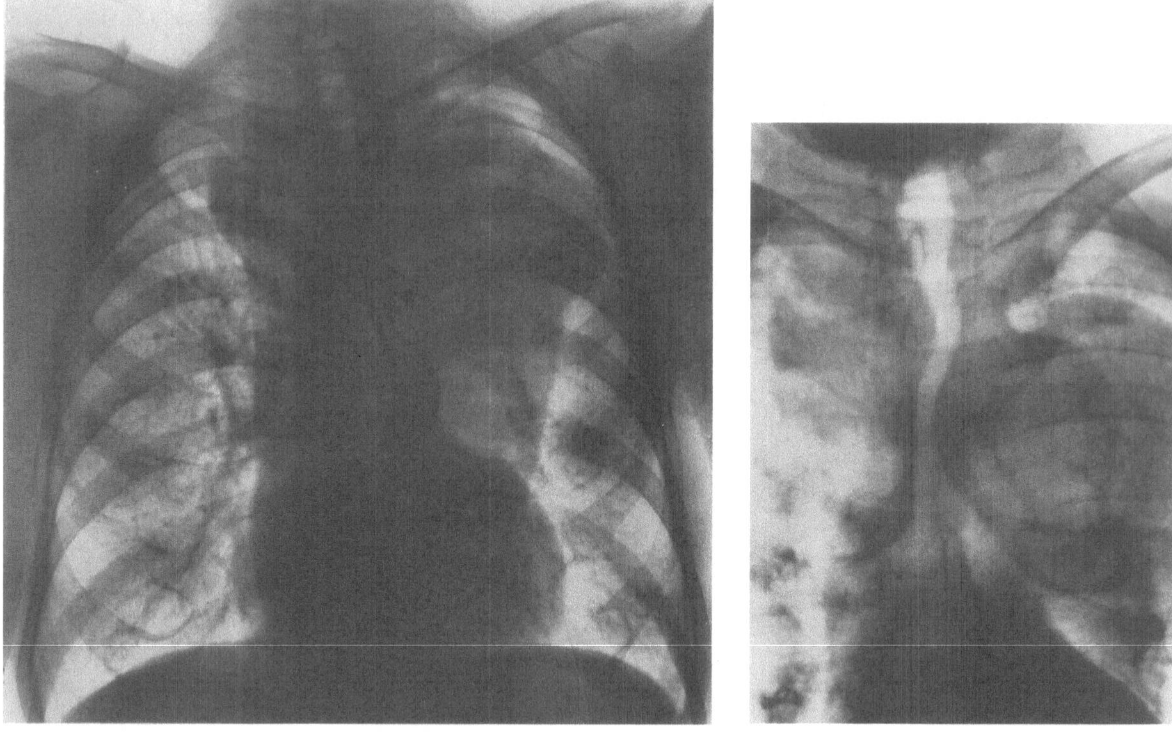

a   b

Abb. 24a u. b. Ausgedehntes syphilitisches Aneurysma der Aorta (besonders des Bogens). a Thoraxübersicht. Der Mediastinalschatten ist stark verbreitert. Weit nach links reichendes Aneurysma. Verdrängung und Kompression von Ösophagus und Trachea. b Hartstrahlaufnahme. Deutlich sichtbare Trachealkompression

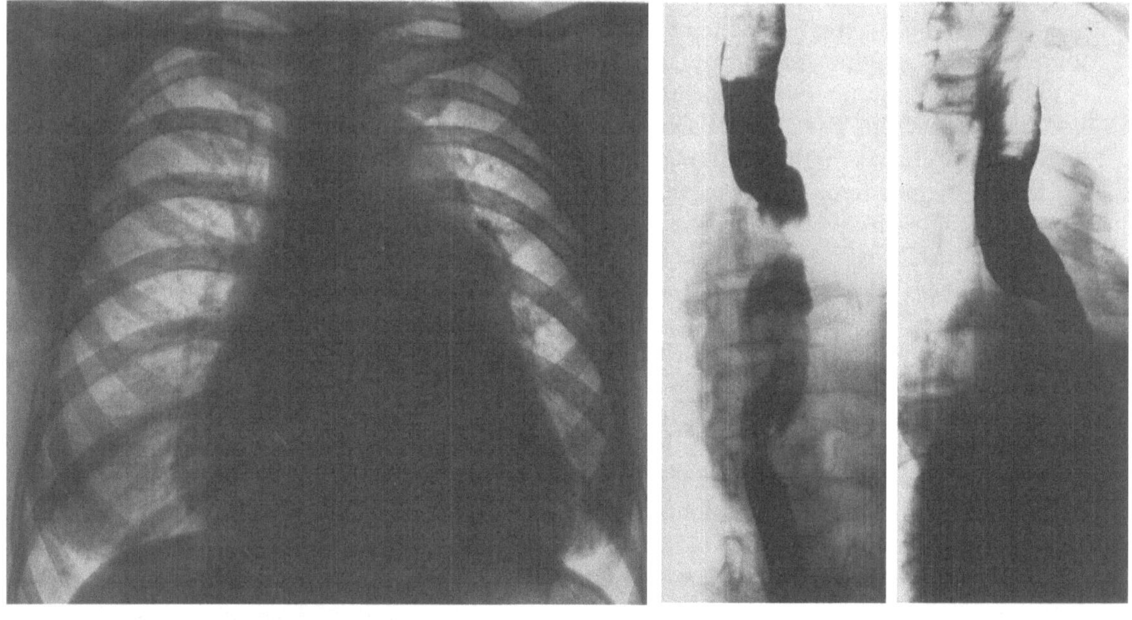

a   b

Abb. 25a—f. Aneurysma der Aorta descendens durch Lues. a Thoraxübersicht. Aneurysmaverschattung überragt die Herzbucht. b Ösophagogramm. Kompression und Verdrängung des Ösophagus (Dysphagie). c Sagittalschicht in 14 cm Tiefe rechtsaufliegend. Überfaustgroßes Aneurysma. Druckusuren an mehreren Wirbelkörpern. d u. e Angiokardiographie in 2 Ebenen. Spätphase. Kontrastmittelfüllung des teilweise thrombosierten Aneurysmas. f Thoraxübersicht. Spätkontrolle nach operativer Beseitigung des Aneurysmas

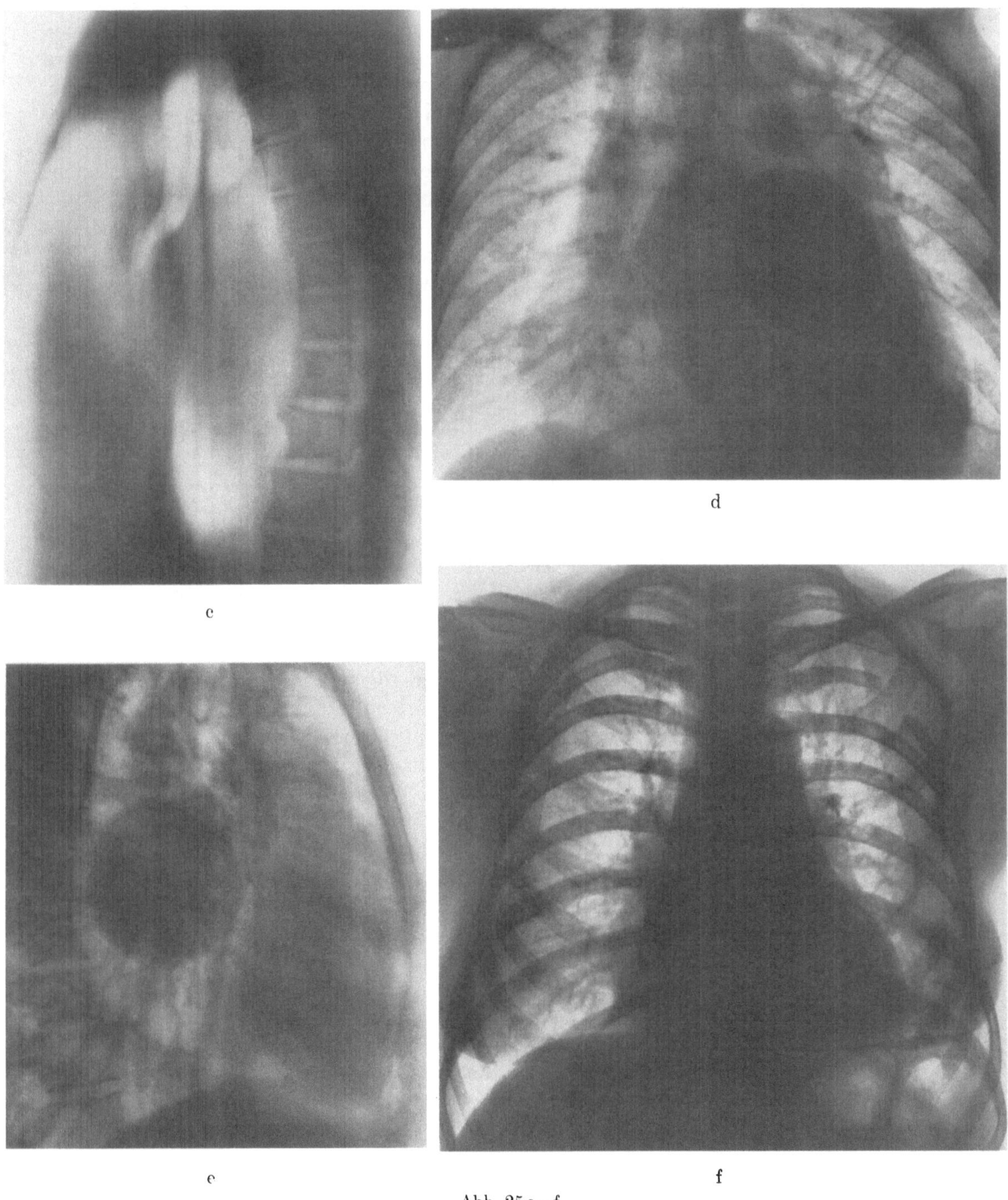

Abb. 25 c—f

lichen Wirbelkörperwandungen, wobei Deckplatten und Bandscheiben ihre ursprüngliche Form beibehalten.

Aneurysmen der absteigenden Aorta (Abb. 25) imponieren ebenfalls als mediastinale Verschattungen. Dabei lassen sich hochgelegene Formen allgemein leicht abgrenzen. So treten Aneurysmen in Höhe der Herzbucht nach links aus dem Herzschatten hervor. Fallen sie jedoch ganz in den Herzschatten, sind sie auf sagittalen Thoraxaufnahmen nicht zu sehen, falls nicht die Hartstrahltechnik angewandt wird. Die Speiseröhre wird meistens stark zur Seite verlagert, und zwar im oberen Abschnitt mehr nach rechts, im unteren dagegen häufiger nach links, entsprechend der Lagebeziehung zwischen Oesophagus und absteigender Aorta. Durch Kompression kommt es zuweilen zu einer ausgesprochenen Dysphagie. Ebenso wie Aneurysmen des Bogens können die der Descendens Bronchusverdrängungen, -stenosen sowie Lungenatelektasen hervorrufen. Nicht selten bilden sich ausgedehnte Pleuraergüsse. Descendens-Aneurysmen verursachen vorwiegend Wirbelarrosionen, gelegentlich auch Usuren der dorsalen Rippenpartien.

Eine drohende Aneurysmaruptur kann nach Meszaros (1969) im Röntgenbild vermutet werden bei

1. plötzlicher Größenzunahme des Aneurysmaschattens,

2. Unschärfe der Aortenbegrenzung mit pulmonalen Infiltrationen neben dem Aneurysma durch transmurale Sickerblutung und

3. langsam zunehmender Flüssigkeitsansammlung (Blut) in Pleurahöhle (s. Abb. 27) oder Perikard.

Die Ruptur eines Valsalva-Aneurysmas ins rechte Herz zeigt sich auf den Übersichtsbildern in einer Zunahme der Herzgröße und Betonung der Pulmonalgefäße durch die Volumenbelastung des kleinen Kreislaufs und des rechten wie linken Herzens infolge des Links-Rechts-Shunts. Der rechte Vorhof ist auch bei Perforation in den rechten Ventrikel vergrößert. Die Aortographie klärt die Verhältnisse, jedoch sollte zum Ausschluß eines zusätzlichen Ventrikelseptumdefektes noch eine Kontrastmittelinjektion in den linken Ventrikel vorgenommen werden.

Aortopulmonale und aortocavale Aneurysmafisteln zeigen analoge Veränderungen im Übersichtsbild entsprechend den durch den Links-Rechts-Shunt überlasteten Gefäßabschnitten und werden ebenfalls durch Aortographie bewiesen. Von großem Wert für die Diagnostik solcher Fisteln sind die Katheterrückzugskurven aus der A. pulmonalis in die V. cava superior für Druck und O_2-Sättigung.

Die *Prognose* der Aortenaneurysmen hängt weitgehend von der rechtzeitigen Diagnose ab, zumal es besonders bei größeren Ausweitungen jederzeit zur Wandruptur kommen kann. Ungünstig für den Verlauf sind vor allem körperliche und emotielle Überforderungen. Daneben können die Auswirkungen der Grundkrankheit die Lebenserwartung zusätzlich mindern. Bei *nichtoperierten Aortenaneurysmen* betrugen die von Johnston, Kirklin und Brandenburg (1953) errechneten Überlebenszeiten durchschnittlich 6—9 Monate. Auffällig war, daß *Bogenaneurysmen* am schnellsten zum Tode führten. Nach Heberer et al. (1966) ergaben jüngere Literaturzusammenstellungen mit vorwiegend *arteriosklerotischen Aneurysmen* eine wesentlich bessere Lebenserwartung mit einer 50%igen Überlebensrate von bis 5 Jahren als ältere Arbeiten mit vorwiegend *luischen Aneurysmen!* Bei *Ruptur von Valsalva-Aneurysmen*, die meist ins rechte Herz erfolgt, betrug die mittlere Überlebenszeit 3,9 Jahre resp. gut 1 Jahr bei Ausschluß zweier Fälle mit längerer Überlebenszeit (Sawyers, Adams u. Scott Jr., 1957). Mit einer *aortopulmonalen Aneurysmafistel* ist eine Lebenserwartung zwischen 6 Wochen und 4 Monaten möglich (Nicholson, 1943). 70% der Patienten mit einem in die *V. cava superior perforierten Aortenaneurysma* starben innerhalb von 2 Monaten nach Ruptur (Alex, 1950).

Die konservative *Behandlung* von Aortenaneurysmen kann versuchen, ein Fortschreiten des Grundleidens, etwa der Mesaortitis luica durch Penicillinkuren, zu verhindern. Bei Rupturgefahr ist die Vermeidung jeglicher körperlicher Anstrengung, sogar Bettruhe angezeigt.

Die einzig sichere Möglichkeit, die drohende Ruptur zu vermeiden, ist die operative Revision. Sie ist insbesondere bei den oft großen, sackförmigen Lues-Aneurysmen und bei traumatischen Frühaneurysmen angezeigt. Bei kleineren arteriosklerotischen Aneurysmen kann, besonders wenn es sich um fusiforme Aneurysmen des Bogenteils handelt, eine zunächst abwartende Haltung nützlich sein, ebenso wie bei traumatischen Spätaneurysmen ohne Größenzunahme.

Während sackförmige Aneurysmen mit schmaler Basis tangential abgetragen werden können, ist zur prothetischen Versorgung bei fusiformen Aortenaneurysmen ein „by-pass" erforderlich, der bei Ascendens- und Bogenbeteiligung nur mit Hilfe eines Pumpoxygenators realisiert werden kann. Für den Aortenbogenersatz sind komplizierte Umwandlungsoperationen entwickelt worden. Die nach Form, Ausdehnung und Sitz des Aneurysmas notwendigen Operationsmethoden sind u. a. bei HEBERER et al. (1966) dargestellt.

COOLEY und DE BAKEY (1956) führten die erste erfolgreiche Operation eines fusiformen Aneurysmas mit Kunststoffersatz der Aorta ascendens unter Einsatz der Herz-Lungen-Maschine durch. DE BAKEY, CRAWFORD, COOLEY u. MORRIS (1957) gelang erstmalig der erfolgreiche Ersatz des Aortenbogens bei fusiformem Aneurysma. Seitdem ist in der Literatur eine Senkung der Operationssterblichkeit bis zu 20% beim Bogenaneurysma mitgeteilt worden (HEBERER et al., 1966).

Neben allgemeinen Komplikationen können nach einer Aneurysmaoperation auch falsche Aneurysmen infolge Blutungen und Nekrosen an Nahtstellen entstehen. GWATHMEY und THOMPSON (1955) beschrieben eine Aneurysmabildung in einem homologen Aortentransplantat.

2. Aneurysma falsum oder spurium

Das falsche Aneurysma tritt nach spontanen Einrissen, Arrosionen der Aortenwand, traumatischen Rupturen und nach Operationen (Abb. 26) auf. Es kommt zu einem umschriebenen periaortalen Hämatom, wobei sich das Blut in einem durch Verdrängung des umgebenden Gewebes geschaffenen Hohlraum ansammelt. Definitionsgemäß muß das rupturierte Aneurysma verum ebenfalls als Aneurysma spurium angesehen werden, sofern keine Fistel ins Perikard, eine Pleurahöhle, ins Herzgefäßsystem, das Tracheobronchialsystem, den Oesophagus u. a. das Blut ableitet.

Bei Überleben des Patienten kann sich eine mehr oder weniger mit Endothel ausgekleidete Kapsel bilden. Die Gefahr des Durchbruchs ist immer gegeben (Abb. 27).

Von den genannten Ursachen ist die traumatische Aortenruptur in vorausgegangenen Abschnitten noch nicht besprochen worden, sie wird eingehend dargestellt in dem Kapitel über „Stumpftraumatische Schäden des Herzens und der großen Gefäße". Nach STRASSMANN (1947) fanden sich unter 7000 Autopsien 69 thorakale und 3 abdominale Aortenrupturen, also etwa 1%. ZELDENRUST (1962) berichtete über 79 Aortenrupturen im Thorax bei 800 tödlichen Verkehrsunfällen, GREENDYKE (1966) über 42 traumatische Aortenrupturen unter 420 gerichtsmedizinisch obduzierten Leichen, wobei der Riß in 80% der Fälle intrathorakal lag.

Der Mechanismus der traumatischen Aortenzerreißung wird von der Richtung der Deceleration in bezug auf die Körperachse wesentlich bestimmt: Beim Frontalzusammenstoß im Kraftwagen werden Herz und Aorta wegen ihrer gegenüber dem Mediastinalfettgewebe und den lufthaltigen Strukturen, vor allem der Lungen, größeren Trägheit im Thorax nach vorn geschleudert, wobei die Aorta in den meisten Fällen an ihrer Fixationsstelle durch das Lig. Botalli einreißt (DERRA, BAUMGARTL, GREMMEL u. IRMER, 1965). GREMMEL und VIETEN (1962, 1966) diskutierten die Auswirkungen der kinetischen Energie der Blutsäule, FAULWETTER (1953) belegte den Peitschenhiebmechanismus (Zug der Karotiden am Aortenbogen bei schneller Hyperextension aus der Flexionshaltung heraus). Beim Aufprall mit Füßen oder Gesäß nach Sturz aus größerer Höhe reißt das Herz häufig oberhalb der Aortenklappen ab. Schließlich kann es durch direkte Thoraxquetschungen mit Knickung der Brustwirbelsäule zur Aortenruptur kommen. ZEHNDER (1955) beschrieb neben den möglichen Unfallmechanismen auch die bei vorgegebener Zerreißfestigkeit der Aortenwand kritischen Geschwindigkeiten bei Decelerationen. Aortenrupturen wurden in 68% durch Verkehrsunfälle, in 18,5% durch Sturz aus größerer Höhe, in 2,9%

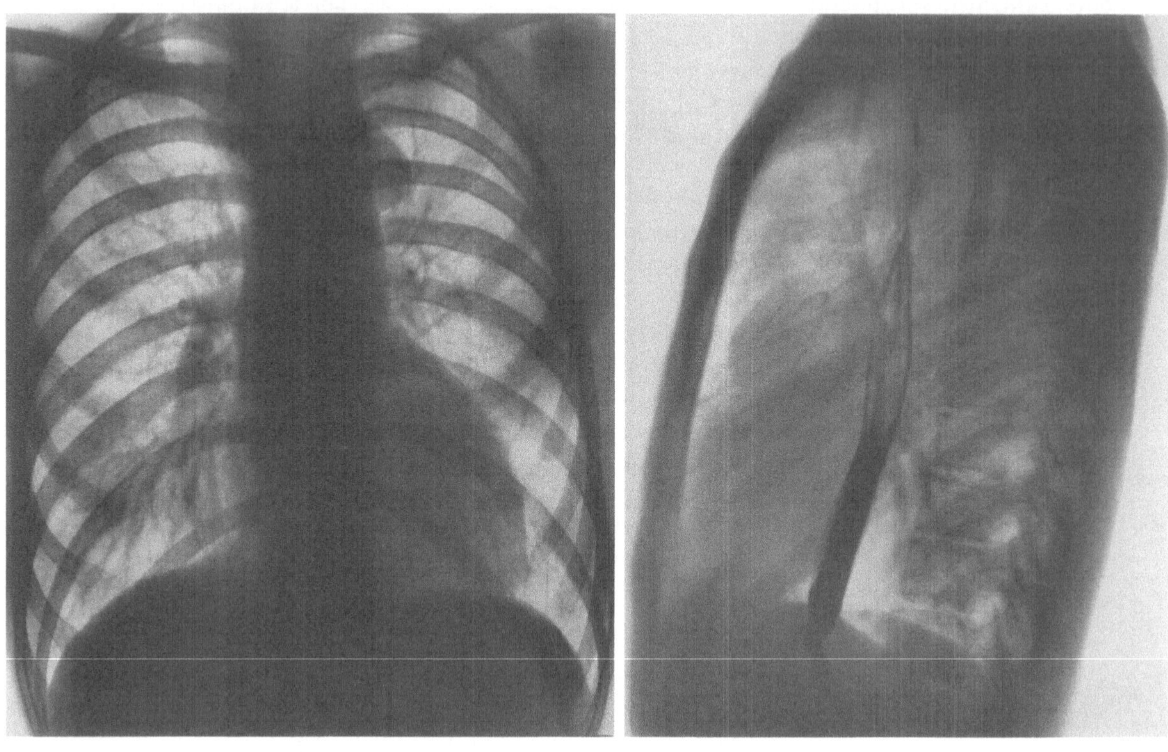

a   b

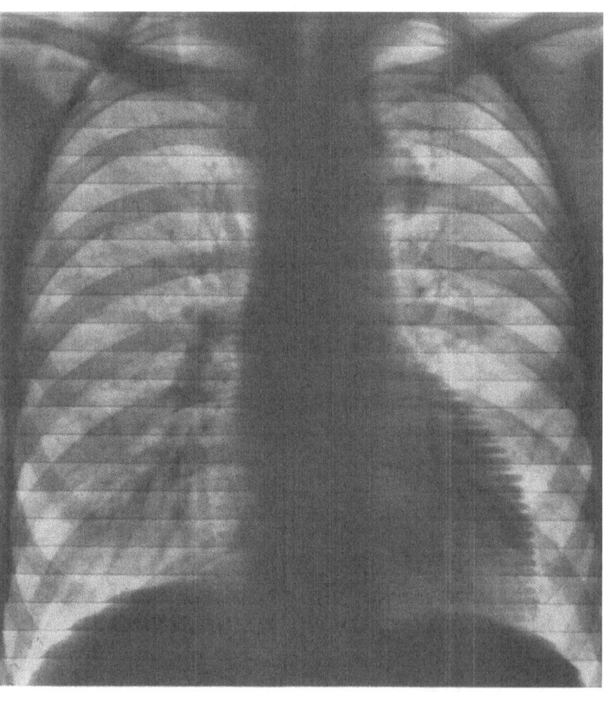

c

Abb. 26a—e. Aneurysma falsum nach Operation einer Aortenisthmusstenose. a u. b Herzfernaufnahmen in 2 Ebenen. Walnußgroße Aneurysmaverschattung am Ausgang des Aortenbogens. c Kymogramm. Abgeschwächte Pulsation am Aneurysmarand. d u. e Angiokardiographie in 2 Ebenen. Kontrastmittelfüllung des Aneurysmas. Dilatation der Aorta ascendens und descendens

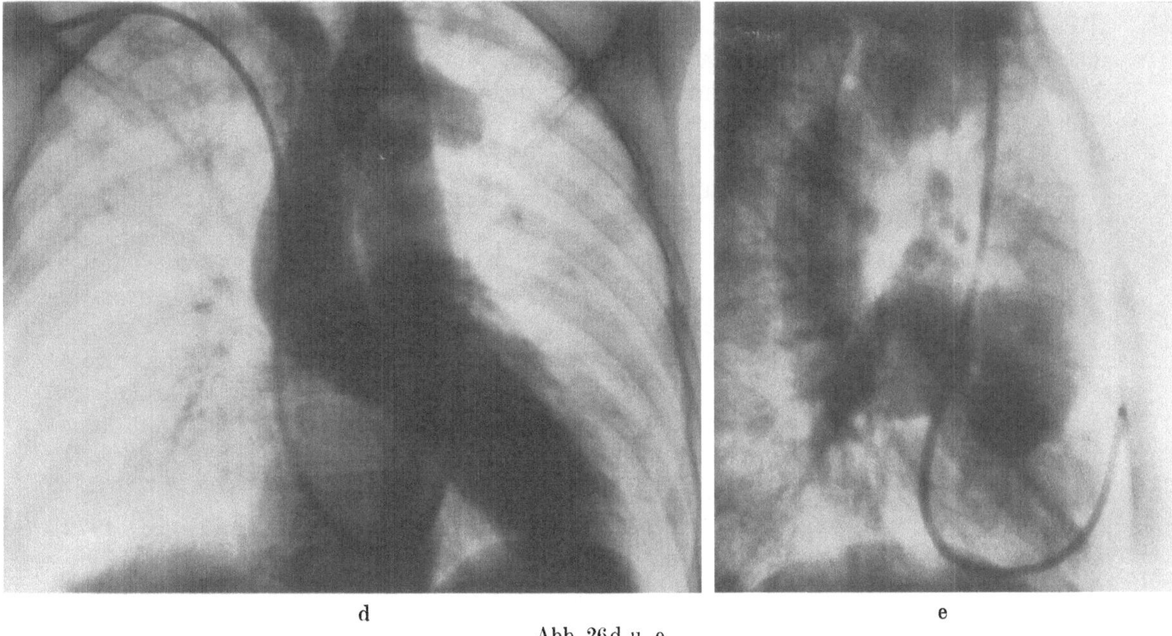

d   Abb. 26d u. e   e

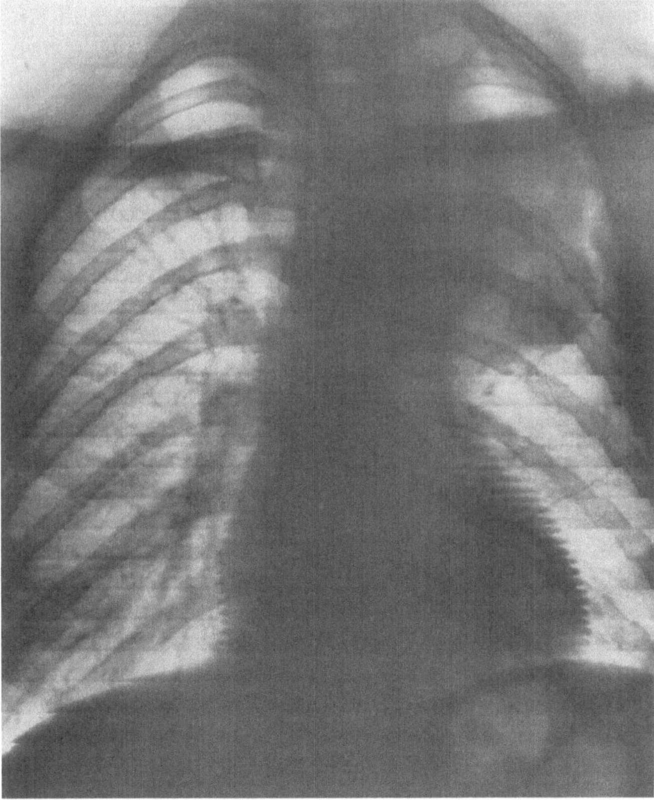

Abb. 27. Großes Aneurysma falsum nach Operation einer Aortenisthmusstenose. Perforation ins Bronchialsystem mit Hämoptoe. Kymogramm: Flache Pulsation am Aneurysmarand. Schmaler Ergußmantel durch Hämatothorax besonders im Spitzenbereich links

durch Thoraxquetschung und in 10,6% durch andere Gewalteinwirkungen verursacht (Parmley; Srassmann, 1947; Binet u. Langlois, 1961; Derra, Baumgartl, Gremmel u. Irmer, 1965). Sie verteilen sich auf die Aorta ascendens in 24%, den Aortenbogen in 5%, die Isthmusgegend in 58% und die Aorta descendens in 13%. Auch nach Carstensen (1962), Zeldenrust (1962), Baumgartl (1964), Greendyke (1966) und Sanborn, Heitzman und Makarian (1970) ist die Isthmusregion mit Abstand am häufigsten betroffen; Greendyke (1966) fand unter 42 Rupturen 8mal Mehrfachrupturen, also rund $^1/_5$ der Fälle!

Die Kontinuitätstrennung ist — bezogen auf die Gefäßwand — komplett oder inkomplett, bezogen auf die Zirkumferenz total oder partiell. Inkomplette Rupturen betreffen die Intima immer und die Media häufig, unverletzt bleibt dabei die Adventitia. Carstensen (1965) fand unter 69 Aortenrupturen 31 inkomplette und 38 komplette, von letzteren waren 21 total und 17 partiell. Die Risse sind geradlinig, glatt, klaffend und verlaufen in der Regel quer zur Gefäßachse. Ausnahmen in Gestalt von T-förmigen, längs- oder schrägverlaufenden Rissen sind bekannt (Griffiths, 1931).

Nur etwa bis 20% der traumatischen Aortenrupturen kommen nicht unmittelbar ad exitum (Flaherty, Wegner, Crummy, Francyk u. Hipona, 1969; Sanborn et al., 1970), sondern haben die Chance rechtzeitig diagnostiziert zu werden. Meistens ist die Symptomatik der Aortenruptur überlagert von schweren und ausgedehnten Begleitverletzungen. Auch bei Vorliegen nur einer schweren Verletzung ohne äußerlich sichtbare Thoraxbeteiligung sollte an die Möglichkeit einer Aortenruptur gedacht werden. Selbst ohne wesentliche Verletzungen kann, wie der Fall eines Motorradverunglückten (Menzi, 1963) zeigt, im Zusammenhang mit der Anamnese eines schweren Decelerationsunfalls eine Aortenruptur vorliegen. Nicht immer bestehen bedeutsame klinische Zeichen wie plötzliches Eintreten einer Hypertension der oberen Extremitäten und ein rauhes Systolicum präcordial oder zwischen den Schulterblättern (6 bzw. 5 Fälle von 14 traumatischen Aortenrupturen; Kirsh, Crane, Kahn, Gago, Moores, Redman, Bokstein u. Sloan, 1970). Bei nicht traumatischer Aortenruptur kommen der starke Rupturschmerz und die Schocksymptomatik als wichtige Zeichen hinzu. Ein Myokardinfarkt ist durch ein EKG auszuschließen.

Die *Röntgensymptomatologie* des traumatischen Aneurysmas ist nach Gremmel und Vieten (1962, 1966) folgende:

Auf Übersichts- und Hartstrahlaufnahmen findet sich nach einer Ruptur der Aorta thoracalis bei Überlebenden zunächst eine halbkugelige oder kolbenförmige Verbreiterung des Mediastinalschattens. Zuweilen sind Doppelkonturierung der Aortenwand oder sogar dreifache Begrenzungslinien infolge des perivasculären Hämatoms zu beobachten. Bei Rupturen in der Isthmusgegend der Aorta ist außerdem eine Verdrängung der Trachea nach rechts charakteristisch (s. Abb. 29a). Eventuell kann gleichzeitig eine intrapleurale Flüssigkeitsansammlung nachweisbar sein. Im Verlauf von 2—4 Wochen wird die kolbenförmige Verbreiterung des Mediastinums an der Rupturstelle meistens etwas kleiner und schattendichter. Nach etwa 2 Monaten zeichnet sich die innerhalb der Verbreiterung bzw. Prominenz vorher nicht genau abgrenzbare Aorta wieder deutlicher ab, die Außenkontur des falschen Aneurysmas wird schärfer. Schließlich resultiert eine scharf begrenzte rundliche Aneurysmaverschattung. In der Wand können sich in der Folgezeit Verkalkungen entwickeln (s. Abb. 28a).

Kirsh et al. (1970) fanden bei 14 traumatischen Aortenrupturen folgende Veränderungen auf den Übersichtsaufnahmen:

1. Verbreiterung des oberen Mediastinalschattens (14).
2. Abnormalität der Aortenkontur insbesondere am Isthmus (14).
3. Verlust der Schärfe der Aortenkontur.
    a) Mit Verschwinden des Aortenknopfes (11).
    b) Mit Unschärfe des Aortenknopfes (3).

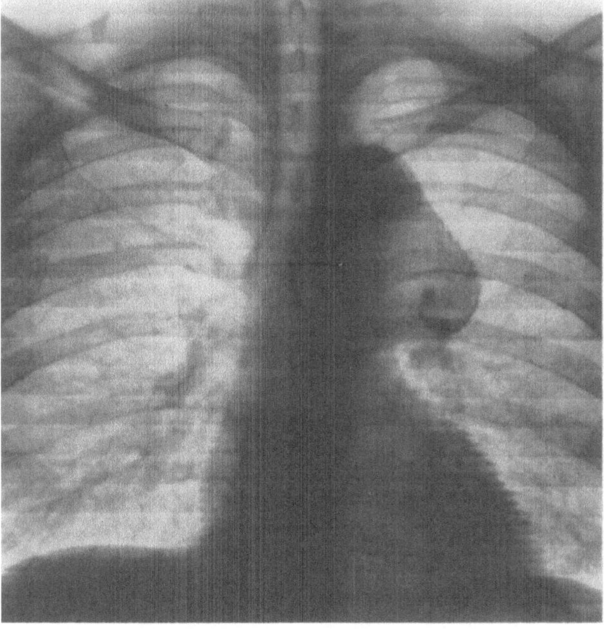

a

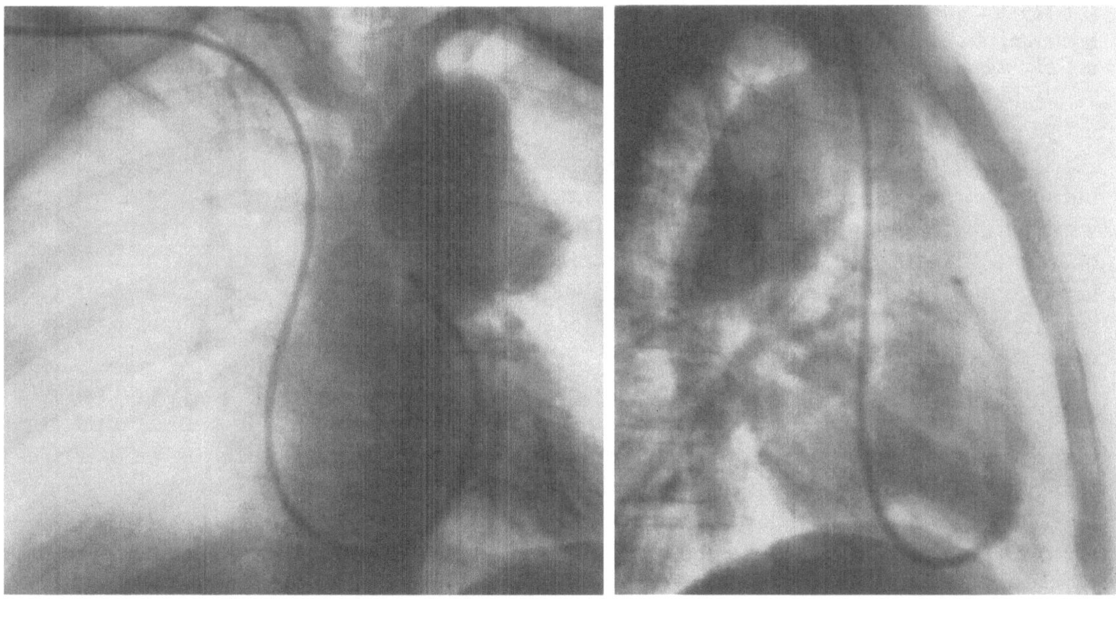

b   c

Abb. 28a—c. Stumpftraumatisches Aortenaneurysma an typischer Stelle. a Kymogramm. Gelapptes Aneurysma mit Wandverkalkung. Flache Pulsationszacken am Rand. b u. c Angiokardiogramm in 2 Ebenen. Kontrastmitteldarstellung des Aneurysmas

4. Caudalverlagerung des linken Hauptbronchus (11).
5. Rechtsverlagerung der Trachea (8).
6. Hämatothorax links (9).
7. Pneumothorax oder Lungenkontusion (7).

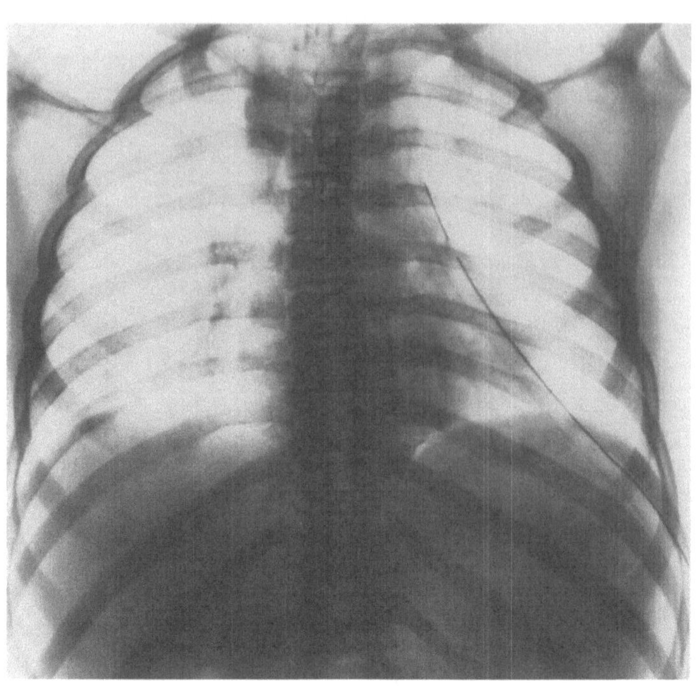

a

Abb. 29a—c. Frischer Schrägriß der Aorta bis auf die Adventitia an klassischer Stelle. Blutige Imbibierung (Dissektion) bis zur Aorta ascendens und Aorta abdominalis. a Übersichtsaufnahme. Kolbenförmige Verbreiterung des Mediastinums und Verdrängung der Trachea nach rechts. b u. c Transbrachiale Aortographie mit Injektion in die Aorta ascendens. Schrägriß als Aufhellung insbesondere auf der Sagittalaufnahme sichtbar

Durch einen Vergleich mit 13 Thoraxkontusionen, bei denen aufgrund der Übersichtsaufnahmen eine Aortenruptur vermutet wurde, das Aortogramm jedoch negativ war, wird herausgestellt, daß bei einer nach Thoraxtrauma eingetretenen Verbreiterung des oberen Mediastinalschattens mit pathologischer Aortenkontur lediglich die Rechtsverlagerung der Trachea als pathognomonisches Zeichen für eine Aortenruptur anzusehen sei. Allerdings ist auch die schnelle Zunahme der Mediastinalverbreiterung ein starkes Argument für eine größere Blutung.

Spezialuntersuchungen haben bei frischer Ruptur und beim Aneurysma falsum unterschiedliche Bedeutung. Mittels *Schichtaufnahmen* gelingt mitunter eine genaue Bestimmung von Ausdehnung und Größe der Verschattung. *Kymogramme* haben nur beschränkten Wert, weil zuweilen infolge narbig-fibröser Veränderungen und Fixation am Rand des falschen Aneurysmas Bewegungszacken fehlen können. Die *Oesophagographie* ist unerläßlich, um die Auswirkung eines falschen Aneurysmas auf das Mediastinum zu klären, insbesondere dann, wenn Schluckbeschwerden geäußert werden. Von wesentlicher Bedeutung ist die *Kontrastmitteldarstellung der Aorta*, die eine endgültige Diagnose zuläßt und darüber hinaus die Rupturstelle beim Frischverletzten und später das falsche Aneurysma genau lokalisiert. Zur Verfügung stehen vor allem die selektive Angiokardiographie mit Kontrastmittelinjektion in die Pulmonalstammarterie (Gremmel u. Löhr, 1972) und die rechtsseitige transbrachiale Aortographie, während die transfemorale thorakale Aortographie nicht ganz ungefährlich erscheint. Oft reicht die selektive Angiokardiographie mit Injektion in die Pulmonalstammarterie zur Darstellung eines falschen Aneurysmas aus (Abb. 28). Der rechtsseitig transbrachiale bzw. transaxilläre Weg mit Injektion des Kontrastmittels in die Aorta ascendens, wie in jüngster Zeit häufiger durchgeführt (Lipchik u. Robinson, 1968; Flaherty et al., 1969; Sanborn et al., 1970), erscheint insbesondere bei Verdacht auf eine frische Aortenverletzung an-

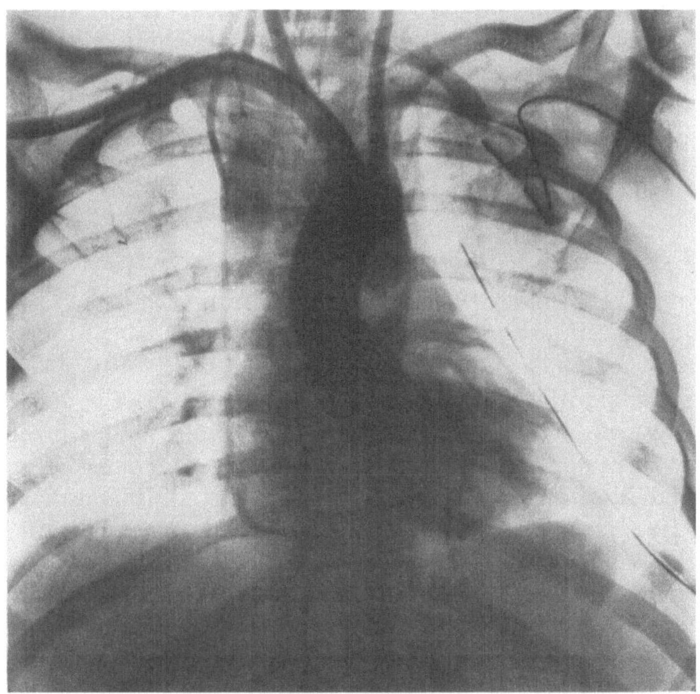

b

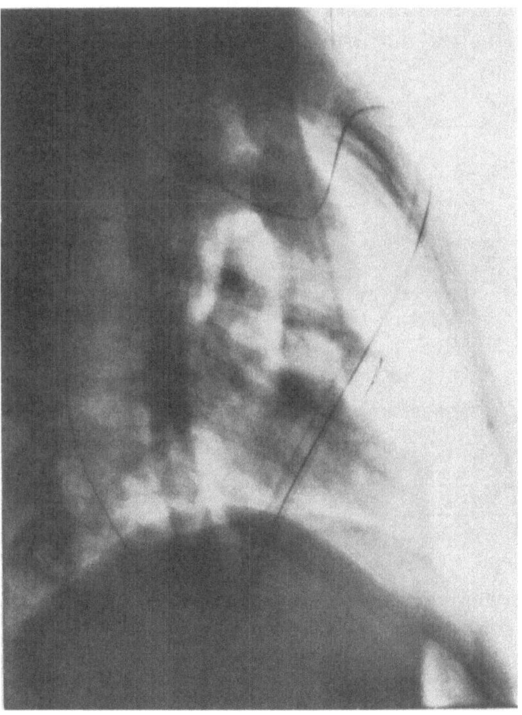

c

Abb. 29b u. c

gebracht, sofern die Ruptur nicht gerade in der Ascendens vermutet wird. Der aortographische Befund zeigt schließlich alle Übergänge von einer Konturunregelmäßigkeit etwa am Isthmus aortae über eine fusiforme Aufweitung des Kontrastbandes distal des

Isthmus entsprechend einem periaortalen Hämatom bis zum offensichtlich falschen sacculären Aneurysma. Ein scharf begrenzter, die Aorta schräg oder quer durchlaufender strahlendurchlässiger Streifen weist auf den Wanddefekt mit Retraktion der Aortenwand hin (Abb. 29).

Die Prognose des Aneurysma falsum ist bei rechtzeitiger Diagnose und Operation nicht schlechter als die des Aneurysma verum.

3. Aneurysma dissecans

Das dissezierende Aortenaneurysma stellt ein intramurales, meist in der Media entstehendes Aortenhämatom dar mit mindestens einem Intimaeinriß; hierdurch kommuniziert es mit dem Aortenlumen. Es besitzt die Tendenz, in Längsrichtung fortzuschreiten und den ganzen Umfang der Aorta einzunehmen. Bei Mitbeteiligung der Abgänge der großen aus der Aorta abgehenden Arterien kommt es häufig zu entsprechenden Abgangsstenosen, seltener zu in den Arterienwänden fortschreitender Dissektion.

Das Aneurysma dissecans aortae wurde erstmals von Morgagni 1761 beschrieben. Nach Nielsen (1961) soll aber Vesalius diese Veränderungen bereits gekannt haben. Laennec ging 1810 als erster auf die anatomischen Besonderheiten ein und prägte die Bezeichnung Aneurysma˙ dissecans aortae. Eine erste klinische Beschreibung soll laut Nielsen (1961) durch Swaine 1855 erfolgt sein.

Eine umfassende Übersichtsarbeit über das Aneurysma dissecans im angloamerikanischen Schrifttum von Hirst Jr., Johns Jr. und Kime Jr. (1958) weist aus, daß von allen Aneurysmen 12—25% als dissezierendes Aneurysma vorkommen, daß auf 10756 Krankenhauseinweisungen ein Aneurysma dissecans gefunden wird und die Häufigkeit dieser Erkrankung in der Sektionsstatistik 0,275% beträgt. Die Häufigkeit soll mit dem steigenden Durchschnittsalter der Bevölkerung zunehmen (Burchell, 1955). Ebenfalls

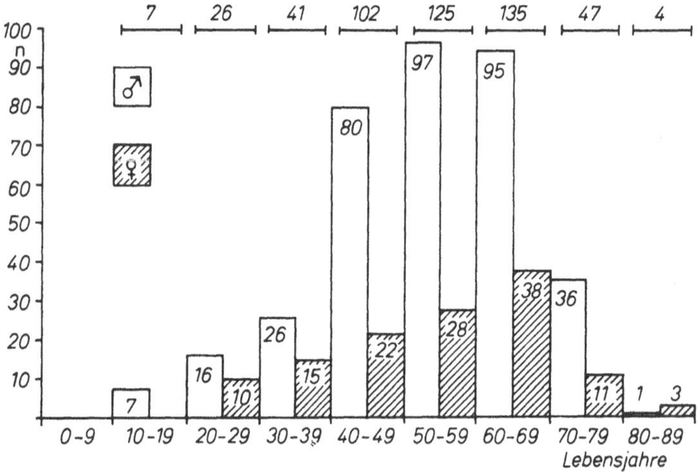

Abb. 30. Alters- und Geschlechtsverteilung von 485 dissezierenden Aortenaneurysmen. (Nach Hirst Jr. et al., aus „Aorta und große Arterien" von G. Heberer, G. Rau u. H. H. Löhr. Berlin-Heidelberg-New York: Springer 1966)

nach Hirst Jr. et al. (1958) waren von 485 Fällen $^{3}/_{4}$ zwischen 40 und 70 Jahre alt. Selbst bei einem 100jährigen Patienten (Holesh, 1960) und einem 14 Monate alten Knaben (Sailer, 1942) wurde ein Aneurysma dissecans festgestellt. Abb. 30 zeigt die Häufigkeitsverteilung über die einzelnen Lebensdekaden unter Berücksichtigung des Geschlechtsverhältnisses, das im Durchschnitt 2,8:1 „zugunsten" der Männer beträgt. Auch Tawakkol und Bacos (1965) fanden ein Verhältnis 3:1 (25 Fälle).

a) Ätiologie

Unter den mittelbaren Ursachen ist an erster Stelle die *Degeneration der Aortenmedia* zu nennen, unter 212 Fällen von Aneurysma dissecans in etwa 80 % festgestellt (HIRST JR. et al., 1958). In 62 % fand sich eine *Medionecrosis idiopathica cystica* GSELL-ERDHEIM, in 17 % bestanden andere histologische Formen, wie unspezifische Veränderungen (11mal), Verlust von elastischen Muskelfasern (6mal), Mediavernarbung oder -fibrose (6mal), Verlust von elastischen Fasern (6mal), Verlust von Muskelfasern (4mal), Schwund von elastischem Gewebe und hyaline Veränderungen (2mal) oder hyaline Veränderungen (2mal). Dabei spielen *erbliche Faktoren* eine Rolle, darunter besonders das Marfan-Syndrom (GREMMEL, LOOGEN u. VIETEN, 1964) und andere kongenitale Herzkreislauferkrankungen wie Coarctatio aortae, die in 20 % mit einem Aneurysma dissecans einhergeht (LIEBEGOTT, 1966), zweizipflige Aortenklappe und Aortenhypoplasie. Auch in der *Schwangerschaft* treten Mediadegenerationen mit Aneurysma dissecans auf (HIRST JR. et al., 1958), jedoch vorwiegend bei angeborenen Aortenanomalien (FURMAN, KENNEDY u. DANIEL JR., 1952; HUSEBYE, WOLFF u. FREIDMAN, 1958). Erwähnenswert für die Entstehung einer durch Medianekrose hervorgerufenen Aortendissektion ist die Auswirkung von *Kreislaufkollapsen* (Orthostase, Verbrennung, Histamin), wie sie von LOPES DE FARIA (1955) sowie THIES (1956) beobachtet wurde. *Experimentell* sind beta-Aminopropionitril (LALICH, 1967) und hohe Dosen (30 krad) ionisierender Strahlen (KUNZ et al., 1965) in der Lage, degenerative Mediaveränderungen mit Ausbildung eines Aneurysma dissecans zu erzeugen. *Faktoren mit fraglichem Einfluß* auf die Entstehung degenerativer Mediaveränderungen beim Menschen sind nach HIRST JR. et al. (1958): 1. Läsionen der Vasa vasorum, 2. Arteriosklerose, 3. Syphilis, 4. endokrine Störungen, 5. Alter, 6. Infektionen und 7. Intoxikationen. Sehr häufig findet sich beim Aneurysma dissecans eine *arterielle Hypertonie*, die im allgemeinen als prädisponierender Faktor gewertet wird. HIRST JR. et al. (1958) fanden in 30 % ihrer Fälle eine Hochdruckanamnese, eine klinisch bestehende Hypertension in 63 %, eine Herzvergrößerung als Ausdruck der Hypertension bei der klinischen Untersuchung in 72 %, im Röntgenbild in 62 % und bei der Autopsie in 86 %. THOMAS und GARBER (1943) beobachteten unter 283 Patienten mit Hypertonie zweimal ein Aneurysma dissecans.

Offenbar hat auch die *Hämodynamik* einen Einfluß auf die Ausbildung von Dissecansaneurysmen. LIEBEGOTT (1966) berichtet über 38 Fälle von insgesamt 191 Aortenaneurysmen bei Coarctatio aortae, davon betrafen 23 den prästenotischen und 15 den poststenotischen Anteil der Aorta.

Das *Thoraxtrauma* als Ursache für ein Aneurysma dissecans scheint nicht allzu häufig zu sein. HIRST JR. et al. (1958) berichten lediglich über drei Fälle aus der angloamerikanischen Literatur, die einen engeren zeitlichen Zusammenhang — einen Tag und weniger — zwischen Trauma und Aneurysmabildung aufwiesen. Drei weitere Fälle hatten ein Intervall von Monaten bis Jahren. DOW, ROEBUCK und COLE (1966) führten unter 17 eigenen Fällen von Aneurysma dissecans einmal ein Trauma (Sturz) bei Aortensklerose als Ursache an. MALM und DETERLING (1960) beschrieben ein traumatisches Aneurysma dissecans distal der linken Arteria subclavia mit Ausbildung eines Coarctationssyndroms. Hierzu wird auf den Artikel ,,Stumpftraumatische Schäden des Herzens und der großen Gefäße‘‘ und auch auf die Abb. 29 dieses Artikels verwiesen.

Gelegentlich kann auch eine *direkte Verletzung der Aorta* ein Aneurysma dissecans hervorrufen. STEINBERG und STEIN (1966) teilten einen eigenen und 13 Fälle aus der Literatur mit, in denen nach Anlegen eines kardiopulmonalen By-pass und Operation am offenen Herzen ein Aneurysma dissecans entstanden war. MARTIN, KIRKLIN und DU SHANE (1956) veröffentlichten einen weiteren iatrogenen Fall von dissezierendem Aortenaneurysma, das sich bei einem 6jährigen Knaben 10 Monate nach Operation einer Aortenisthmusstenose bei einer bakteriellen Endarteriitis im Operationsgebiet entwickelt hatte. Einen Fall von Katheterverletzung bei Aortographie beschrieben TEMPLETON, JOHNSON und GRIFFITH (1960): Wegen eines Bauchaortenaneurysmas war ein 60jähriger

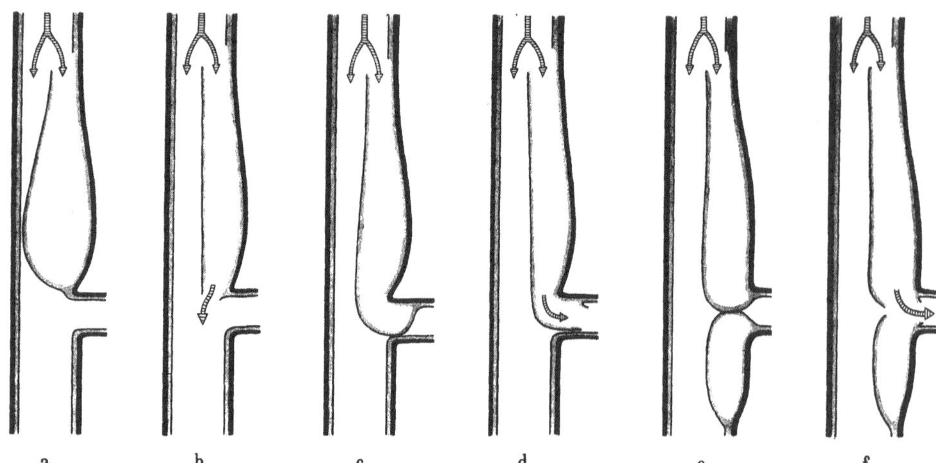

Abb. 31a—f. Verschiedene Verlaufsformen dissezierender Aneurysmen. a Okklusion des dissezierten Gefäßes. b „Spontanheilung" durch Reperforation am distalen Ende der Dissektion. c Okklusion eines Seitenastes durch Dissektion. d „Spontanheilung" durch Reperforation in das echte Lumen des Seitenastes. e Okklusion eines Seitenastes durch zirkuläre Dissektion um den Gefäßabgang. f „Spontanheilung" durch zirkulären Abriß der inneren Wandschichten am Astabgang. (Aus „Aorta und große Arterien" von G. Heberer, G. Rau u. H. H. Löhr. Berlin-Heidelberg-New York: Springer 1966)

Mann über die linke A. ulnaris aortographiert worden; dabei wurde die Aortenwand verletzt und es kam zu einer Dissektion, die vom Abgang der linken A. subclavia bis zum Zwerchfell reichte bei Nachweis von intramural gelegenem Kontrastmittel.

Hirst Jr. et al. (1958) betonen, daß erst nach entsprechender Vorschädigung der Media ein Intimariß oder die Ruptur von Vasa vasorum den fatalen Prozeß der Entwicklung eines Aneurysma dissecans einleiten können. In 37 von 311 Fällen der Literatur ließ sich ein Intimariß nicht nachweisen (12%). In diesen Fällen müßte also das Aortenwandhämatom allein durch Ruptur der Vasa vasorum entstanden sein. Es bestehe aber allgemein die Ansicht, daß in der Mehrzahl der Fälle zuerst die Vasa vasorum in der erkrankten Mediaregion unter Ausbildung des intramuralen Hämatoms rupturieren und erst sekundär ein Intimariß entstehen würde, der nun zusätzlich das Einwühlen des Blutes aus der Aorta zwischen die Wandschichten ermögliche (Abb. 31). Degeorges, Chiche und Caramanian (1962) sprechen von „Haematoma dissecans"! Bei diesem Vorgang können nun die Lumina kleiner Arterien einfach durch die sich auch an den Abgängen dieser Gefäße vorwölbende Intima verschlossen werden, während bei den größeren Arterien zunächst Abgangsstenosen entstehen, die über eine sekundäre Thrombosierung durch den „intimal-flap" eines Intimarisses oder den Dissektionssack allein okkludiert werden können. Auch kann es zu Verbindungen zwischen dem falschen Lumen und größeren Arterien mit Abriß von Intima und Media kommen. Durch den sich ins Aortenlumen vorwölbenden Dissektionssack wird das wahre Lumen der Aorta eingeengt. Schließlich kann eine „Selbstheilung" durch einen zweiten weiter distal gelegenen Intimariß mit Rückstrom des Blutes aus dem falschen ins wahre Lumen und funktioneller Kompensation von Durchblutungsstörungen eintreten. Wenn der pathologisch neugebildete Gefäßkanal mit Endothel ausgekleidet wird, geht der Blutstrom durch eine sog. doppelläufige Aorta. Bei Dissektion des gesamten Gefäßumfanges und proximal zirkulärem Riß kann der innere abgelöste Gefäßanteil wie ein Embolus peripherwärts geschoben werden.

Über den Sitz des primären Intimarisses, die Ausdehnung des Aneurysma dissecans, die Beteiligung abgehender Arterien und den Sitz sekundärer „Reentry"-Intimarisse bei diesem Krankheitsbild gibt die ausführliche statistische Studie von Hirst Jr. et al. (1958) Auskunft.

Von 384 Fällen mit thorakaler Aortendissektion lag der *primäre Intimariß* in 63 % in der Aorta ascendens, in 10 % im Aortenbogen, in 16 % im Isthmus aortae und in 11 % in der Aorta descendens thoracica.

Einschließlich der bei Hirst Jr. et al. (1958) zitierten Serie von Shennan (1934) zeigt sich bei den 723 in der Aorta thoracica beginnenden Dissecansaneurysmen folgende *Ausdehnung:*

Aorta ascendens bis untere Aorta abdominalis 25,6 %.

Aorta ascendens bis obere Aorta abdominalis 5,7 %.

Aorta ascendens bis untere Aorta thoracica descendens 1,7 %.

Aorta ascendens bis obere Aorta thoracica descendens 4,3 %.

Aorta ascendens bis Aortenbogen 9,0 %.

Aorta ascendens 20,3 %.

Aortenbogen bis untere Aorta abdominalis 4,3 %.

Aortenbogen bis obere Aorta abdominalis 1,2 %.

Aortenbogen bis untere Aorta thoracica descendens 1,4 %.

Aortenbogen bis obere Aorta thoracica descendens 1,2 %.

Aortenbogen 1,9 %.

Obere Aorta thoracica descendens bis untere Aorta abdominalis 11,9 %.

Obere Aorta thoracica descendens bis obere Aorta abdominalis 4,0 %.

Obere Aorta thoracica descendens bis untere Aorta thoracica descendens 4,2 %.

Obere Aorta thoracica descendens 3,3 %.

Das Verhältnis von Dissecansaneurysmen mit Beginn in der Brustaorta zu solchen mit Beginn in der Bauchaorta beträgt unter Berücksichtigung von weiteren 28 abdominalen Fällen derselben Autoren 25,8:1!

Berücksichtigt man die nach Dennis, Kinard Jr., McCall, De Bakey, Howell und Garret (1965) für die operative Behandlung entscheidende Einteilung, so ergäbe sich nach der oben aufgeführten Statistik folgende Verteilung:

Typ I Aorta ascendens bzw. Bogen bis unterhalb des Zwerchfells 36,8 %.

Typ II Aorta ascendens 20,3 %.

Typ III von unmittelbar distal der linken A. subclavia nach caudal 23,4 %.

Dissecansaneurysmen vom Typ III sollen operativ noch die besten Chancen haben.

Unter den von Hirst Jr. et al. (1958) aufgeführten 505 Fällen bestand eine *Beteiligung folgender Arterien:*

Iliacalarterien 26,2 %, Karotiden 14,8 %, Subclaviaarterien 14,1 %, Innominata 13,3 %, Nierenarterien 12,5 %, Mesenterialarterien 8,5 %, Koronarien 7,7 %, Intercostalarterien 4,2 %, A. coeliaca 3,4 %, Lumbalarterien 1,8 %, andere Arterien 1,0 %.

Der *Sitz des ,,Reentry"-Einrisses* der Intima wird von denselben Autoren bei 66 Literaturfällen wie folgt angegeben: 24 % Aorta thoracalis, 26 % Aorta abdominalis, 33 % Iliacalarterien, 17 % andernorts.

b) Klinische Symptomatik

Wesentlich für die Ausbildung klinischer Zeichen sind Verlaufsform, Lokalisation und Ausdehnung der Dissektion, Mitbeteiligung aus der Aorta abgehender Arterien, Verdrängung und Kompression benachbarter Organe durch das Aneurysma und Ruptur. In Anlehnung an Poumailloux und Vernant (1950) und Heinrich (1970, 1971) lassen sich pathogenetisch und klinisch drei Phasen unterscheiden:

1. Mit *Beginn der Dissektion* setzt relativ plötzlich ein sehr starker, durch Narkotika oft nicht zu mildernder Schmerz ein (85 %), der in $^2/_3$ der Fälle thorakal (retrosternal, interscapulär), in $^1/_3$ abdominal (lumbal) lokalisiert ist; meist bestehen auch Dyspnoe, Kreislaufschock und Fieber. In 10—15 % der Fälle fehlt der Schmerz oder tritt allmählich in Erscheinung.

2. Die Ausbreitung der Dissektion führt zur episodischen Schmerzverstärkung und zur Ausstrahlung des Schmerzes in andere Körperregionen. Als Folge der *Aneurysma-formation* kann es zur Distension der Aortenwurzel mit Ausbildung eines Diastolicums als Zeichen einer Aortenklappeninsuffizienz (20—56%) und zu Kompressionen resp. Abrissen von Arterien kommen, daneben oft zu Blutdruckerhöhungen und Leukocytenanstieg. Bei Störung der koronaren Durchblutung können ein kardiogener Schock und Rhythmusstörungen resultieren, bei Beeinträchtigung der cerebralen Durchblutung Bewußtseinsstörungen und Hemiplegie, der spinalen Durchblutung Paraesthesien und Paraplegie, bei arterieller Minderversorgung der Extremitäten Zeichen der akuten Ischämie, der Nieren Hämaturie, Anurie, Koliken sowie der Baucheingeweide Melaena, Hämatemesis, Ileus, Koliken und Erbrechen. Zu betonen ist die mögliche Rückbildung von Durchblutungsstörungen, wodurch sich die bunte multiloküläre Symptomatik wechselhaft gestaltet. Selten werden linker Hauptbronchus (Oliver-Cardarelli-Symptom), Nervus phrenicus (Singultus), N. recurrens (Heiserkeit) oder N. sympathicus (Horner-Syndrom) komprimiert, oder kommt es durch Abhebung des periadventitiellen Sympathikusgeflechtes zur sog. Autosympathektomie mit Flush.

3. Die letzte, meist letal endende Phase wird eingeleitet durch die *Ruptur* des Aneurysmas mit Ausbildung eines Volumenmangelschocks. Bei Ruptur ins Perikard kommt es zur Herzbeuteltamponade, in die Lunge oder Bronchien zur vermehrter Dyspnoe und Hämoptoe, ins Myokard zu Rhythmusstörungen und bei Perforation in die Vena cava, den rechten Vorhof oder die Arteria pulmonalis zu den Zeichen entsprechender Fisteln und akuter Herzbelastung.

Tabelle 2 gibt eine Übersicht über die Häufigkeit der Symptome und klinischen Befunde sowie Labor- und EKG-Befunde, die Hirst Jr. et al. (1958) bei 505 Fällen von Aneurysma dissecans aufführten.

Hirst Jr. et al. (1958) unterscheiden zwischen akutem Verlauf (71%) mit einer Überlebenszeit von weniger als 2 Wochen, subakutem Verlauf (9%) mit derselben klinischen Symptomatik, aber einer Überlebenszeit von 2—6 Wochen und drittens dem chronisch verlaufenden Aneurysma dissecans (20%) mit mehr als 6 Wochen Überlebenszeit nach Symptombeginn. Zeichen von Aorteninsuffizienz mit diastolischem Geräusch über der Aortenklappe und hoher Blutdruckamplitude treten beim chronischen Krankheitsbild in 40% auf, doppelt so häufig wie bei akutem Verlauf. Zeichen arterieller Verschlüsse sind dagegen seltener (26%) anzutreffen als beim akuten Aneurysma dissecans.

Die *Prognose* des Aneurysma dissecans läßt sich aus der „Absterbekurve" in Abb. 32 ablesen (Hirst Jr. et al., 1958). Dabei besteht eine gewisse Abhängigkeit der Überlebenszeit vom Sitz des primären Intimarisses: Von 246 akuten Dissektionen waren 77% in der Aorta ascendens und im Bogen, 23% im Isthmus aortae und darunter gelegen, bei 35 subakuten Fällen waren es 37% resp. 63%, und bei 62 chronischen Verläufen lautete das entsprechende Verhältnis 60:40.

Auch die *Todesursachen* zeigen in ihrer Häufigkeit eine Abhängigkeit von der Verlaufsform der Dissektion (Hirst Jr. et al., 1958):

Von den akuten Fällen verstarben fast 90% an einer oft mehrörtigen Blutung, die in 79% ins Perikard und in 27% in die linke Pleurahöhle, seltener ins Mediastinum, die rechte Pleurahöhle, den Retroperitonealraum, das Peritoneum und den Gastrointestinaltrakt erfolgte; auch Herzinsuffizienz, Koronararterienbeteiligung, Urämie, Verschluß der Aorta abdominalis und ihrer Äste kamen vor.

Von den subakuten Dissektionen wiesen 60% eine Blutung als Todesursache auf, die in allen Fällen die linke Pleurahöhle und zu 30% das Perikard betraf. Urämie, Herzinsuffizienz, Koronararterienbeteiligung und Hemiplegie durch Karotisverschluß waren weitere Ursachen.

Die Patienten mit chronischem Aneurysma dissecans erlagen in 56% einer meist perikardialen Blutung und in 33% einer Herzinsuffizienz, seltener einer Urämie.

Die Prognose wird insbesondere durch operatives Vorgehen erheblich gebessert.

Tabelle 2. Symptomatik des Aneurysma dissecans. (Nach Angaben von Hirst Jr. et al., 1958)

A. Symptome

1. Schmerz bei Beginn des Krankheitsbildes		85%
Brustkorb und oberer Rücken		67%
Abdomen und unterer Rücken		34%
Hals		5,6%
Extremitäten		1,5%
Schultern		1,2%
Untere Gesichtshälfte		1,0%
Linke Wange		1 Fall
Rechtes Ohr und Mastoid		1 Fall
1a. Ausstrahlung des Schmerzes bei Beginn im Brustkorb		40%
Rücken		16%
Abdomen		16%
Kopf und Hals		8,1%
Beine		6,8%
Arme		6,1%
Schultern		3,1%
2. Dyspnoe		33%
3. Schock bei Beginn		25%
4. Bewußtseinsstörungen bei Beginn		20%
5. Cyanose		17%
6. Synkope bei Beginn		9%
7. Haematurie		8,7%
8. Haemoptyse		6%
9. Husten		3,2%
10. Melaena		2,8%
11. Hämatemesis		2,4%
12. Dysphagie		9 Fälle
13. Sehstörungen		9 Fälle
14. Stimmveränderungen		6 Fälle

B. Klinische Befunde

1. Blutdruckdifferenz der unteren Extremitäten		70%
2. Hypertension		63%
3. Blutdruckdifferenz der oberen Extremitäten		47%
4. Temperaturerhöhungen	> 38,9° C	31%
	37—38,9° C	30%
5. Pulsfrequenzabnormalität	Tachykardie (> 100/m)	30%
	Bradykardie (< 60/m)	10%
6. Geräusche über dem Herzen	diastolisches Geräusch	
	basal	23%
	apikal	3%
	systolisches Geräusch	
	basal	22%
	apikal	18%
7. Perikardreiben		4%
8. Pulsationen episternal und supraclaviculär		11 Fälle
9. Pulsdifferenz der Carotiden		6 Fälle

C. Labor

1. Blood urea nitrogen (BUN)	≧ 30 mg-%	48%
	> 45 mg-%	28%
2. Leukocytose	10000—14000	31%
	14000—20000	37%
	> 22000	14%

D. EKG

1. Linksventrikuläre Hypertrophie	25%
2. Arrhythmie	19%
3. Myokardinfarkt	10%

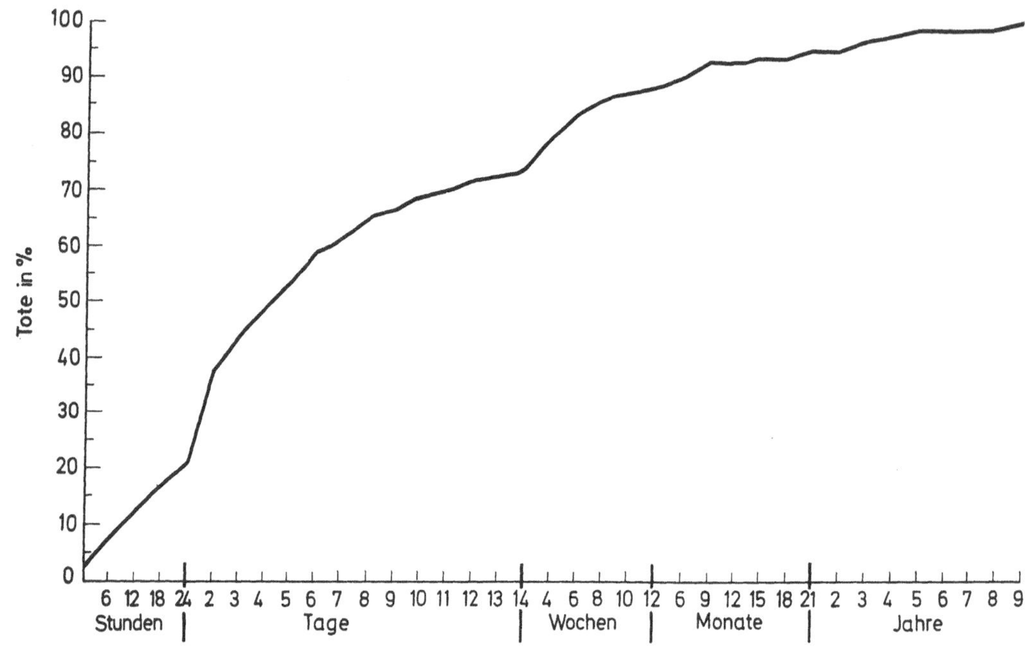

Abb. 32. Letalitätskurve von 425 Fällen mit Aneurysma dissecans. (Hirst, Jr., A. E., Johns, Jr., V. J., u. Kime, Jr., S. W., Medicine **37**, 1958)

Unter den *konservativen Maßnahmen* steht die Senkung des Blutdruckes an erster Stelle.

Heberer et al. (1966) beschreiben die heute üblichen *Operationsmethoden:*

1. Totalresektion des Aneurysmas als optimalen Weg.

2. Naht des Intimarisses.

3. Teilresektion.

4. Die zirkuläre Vernähung des falschen Lumens.

5. Fensterungsoperation an möglichst hoher Stelle.

Nach Dennis et al. (1965) lag bei 179 dissezierenden Aneurysmen die Operationsletalität bei 21 %, bei Beginn der Dissektion unterhalb der linken A. subclavia bei 12 %.

c) Röntgendiagnostik

Die Röntgenuntersuchung wird bei akuter Dissektion oft erschwert durch den schlechten Allgemeinzustand des Patienten. So ist der Radiologe häufig zunächst auf Thoraxübersichtsaufnahmen angewiesen, die als provisorische Aufnahmen im Liegen eine Beurteilung nur unter Vorbehalten zulassen. Um so wichtiger sind kurzfristige Verlaufskontrollen; eine Dissektion ist aufgrund von Nativaufnahmen nur dann festzustellen, wenn frühere Aufnahmen zum Vergleich vorliegen (Lodwick, 1953; Knutsson, 1959). Als konstantes, aber uncharakteristisches Zeichen gilt eine diffuse Verbreiterung des Aortenschattens, wobei die Progredienz besondere Beachtung verdient. Mediastinalhämatom, Hämatothorax und Hämatoperikard können die Deutung des Röntgenbildes zusätzlich erheblich beeinträchtigen. Anzustreben sind in jedem Falle eine seitliche Aufnahme und eine Aufnahme im II. schrägen Durchmesser zur Darstellung des Aortenverlaufs im Thorax und genaueren Betrachtung der einzelnen Abschnitte.

In letzter Zeit sind wiederholt im Rahmen von kasuistischen Arbeiten und Literaturübersichten die *Zeichen des Aneurysma dissecans im Nativbild* beschrieben worden (Dow et al., 1966; Dinsmore, Rourke, De Sanctis, Harthorne u. Austen, 1966; Heberer et al., 1966; Stein u. Steinberg, 1968; Meszaros, 1969; Heinrich, 1970, 1971; Härtel, 1971):

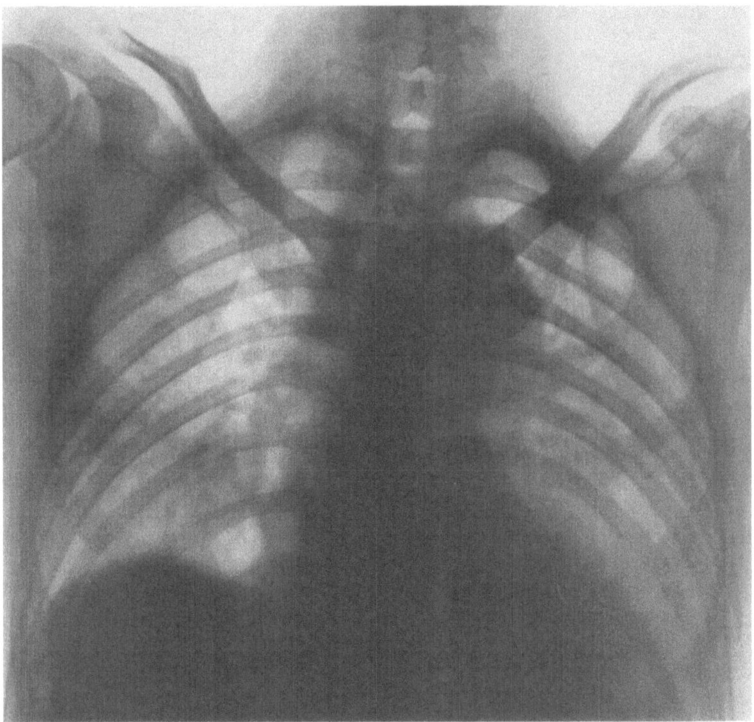

Abb. 33. Aneurysma dissecans. Behelfsmäßige Bettaufnahme. Durch Dissektion eben sichtbare Doppelkontur links am Aortenbogen und im Verlauf der oberen Aorta descendens. Verbreiterung des Aortenschattens

Verbreiterung und unregelmäßige Konturierung von Mediastinal- und Aortenschatten im sagittalen Strahlengang, *Doppelkontur* im Verlauf des Aortenwandhämatoms, Zunahme der *Aortenwanddicke* und *indirekte Zeichen*.

Die Verbreiterung des Aortenbandes betrifft in der Regel den Abschnitt des Wandhämatoms und kann diffus oder besonders ausgeprägt im Bereich des Intimarisses zur Darstellung kommen. Ist etwa die Aorta descendens distal der linken Arteria subclavia betroffen, so kann hier eine Ausbuckelung der Kontur nach links erkennbar werden mit Vergrößerung des Descendensdurchmessers gegenüber der Aorta ascendens. In Fällen mit Ausdehnung der Dissektion auf die Aortenbogengefäße tritt eine Verbreiterung des oberen Mediastinalschattens auf (LODWICK, 1953). Von DEGEORGES et al. (1962) wurde die Unbeweglichkeit eines ausladenden Konturabschnittes bei Durchleuchtung oder im Kymogramm als wertvolles Zeichen angesehen.

Von HOLZMANN wurde schon 1932 anhand von zwei röntgenologisch diagnostizierten und autoptisch gesicherten Aneurysmen auf eine durch Dissektion bedingte Doppelkontur des verbreiterten Aortenbogens hingewiesen, die durch eine höhere Strahlentransparenz der äußeren Schicht zustande gekommen war (Abb. 33). Er bezeichnet diese Erscheinung als „helle Schattenschale um den massiven zentralen Schatten des Aortenknopfes". Pathognomonisch ist das Zeichen der Doppelkontur jedoch nicht, es kann auch bei Arteriosklerose zu sehen sein (SOLOFF, ZATUCHNI, STAUFFER u. TYSON, 1958). Auffällig sind auch in seltenen Fällen gleichzeitige Pulsationen beider Bogenkonturen. In der Mehrzahl treten aber die Aortenpulsationen nur abgeflacht in Erscheinung und lassen sich bei größerem Hämomediastinum gar nicht mehr erkennen.

Wiederholte Aufnahmen zeigen mitunter ein Fortschreiten der Dissektion im Verlauf von Stunden oder Tagen.

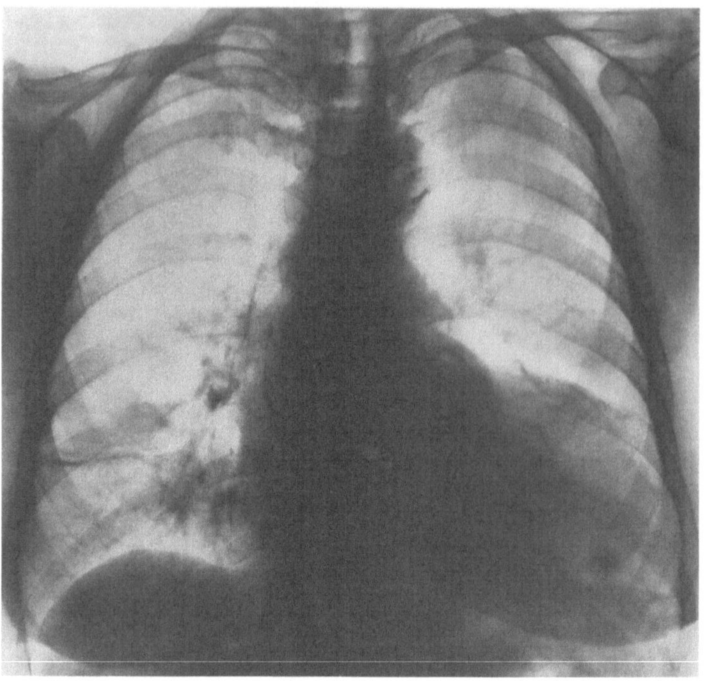

a

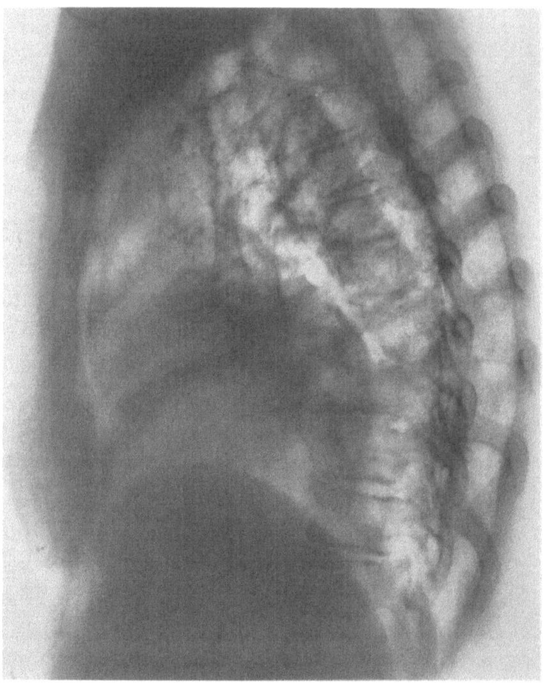

b

Abb. 34a—c. Aneurysma dissecans der Aorta. a Sagittalaufnahme. Parallel verlaufende Verkalkungen rechts im Bereich der Aorta ascendens durch Kalkeinlagerungen in der eigentlichen Aortenintima und in der Wand des falschen Lumens. Große aneurysmatische Erweiterung links neben dem Herzen. b Seitenaufnahme. Erweiterung der Aorta ascendens. Breite Stufenbildung der Verkalkungen am Übergang von der Ascendens zum Bogen. c Kymogramm. Bewegungsausschläge im Bereich der parallel verlaufenden Verkalkungen des Ascendensabschnittes und an den Konturen der Aorta descendens sowie des großen Descendensaneurysmas

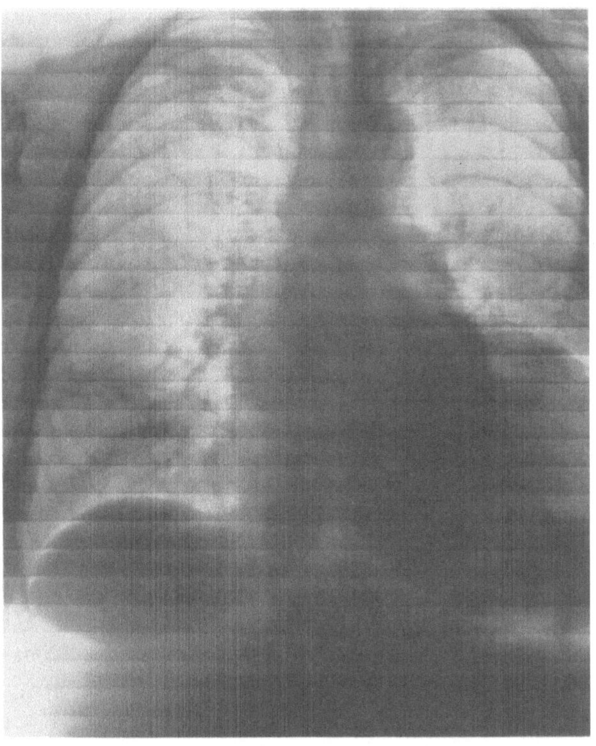

Abb 34 c

Leichter ist ein dissezierender Teil von der ursprünglichen Aortenwand abzugrenzen, wenn letztere Kalkeinlagerungen aufweist; diese kommen besonders gut tomographisch zur Darstellung.

Durch den Nachweis von Kalkeinlagerungen ist mitunter auch eine Unterscheidung zwischen echtem Aneurysma und Aortenwandhämatom möglich. Bei diesem werden sich Kalkschatten stets im Verlauf der inneren Gefäßwandung finden, während sie z.B. bei einem atheromatösen Aneurysma in der äußeren Schattenbegrenzung liegen (DEGEORGES et al., 1962).

LODWICK (1953) beschrieb allerdings die seltene Möglichkeit, daß Verkalkungen außer in der eigentlichen Aortenintima zusätzlich auch in der Wand des falschen Lumens entstehen. Daraus ergeben sich röntgenologisch parallel verlaufende Verkalkungen (Abb. 34).

Die Messung der Wanddicke ist auf dem Nativbild möglich, wenn der betreffende Aortenabschnitt freiprojiziert ist und die Intima Kalkeinlagerungen aufweist. Nach LODWICK (1953) beträgt der Abstand Intima — äußere Aortenwandkontur normalerweise 2—3 mm. Eine Wandstärke von 1 cm und mehr ist sehr verdächtig auf ein intramurales Hämatom der Aorta, insbesondere bei Zunahme auf Verlaufskontrollen.

PRICE JR., GRAY und GROLLMAN JR. (1971) heben hervor, daß eine Aortenwandverdickung kein sicheres Zeichen für eine Dissektion sei. Sie beschreiben drei Fälle mit aortographisch nachgewiesenen Verdickungen der Aortenwand auf mehr als 5 bis zu 16 mm, die jedoch autoptisch resp. operativ als der Aortenwand anliegende Fettschicht verifiziert werden konnten. Die Autoren halten es deshalb für erforderlich, bei röntgenologisch festgestellter Aortenwandverdickung folgende differentialdiagnostischen Möglichkeiten in Betracht zu ziehen: Normalbefund (Fett), Aneurysma dissecans, Arteriosklerose mit intraluminaler Massenbildung, sklerosierende Aortitis, Einmauerung der Aorta durch ein Neoplasma.

Die indirekten Zeichen sind unsicher und von Fall zu Fall verschieden. Hier ist die *Vergrößerung des Herzschattens* zu nennen entweder auf dem Boden einer durch Hypertonie oder Aorteninsuffizienz entstandenen Linksherzvergrößerung oder aufgrund einer Blutung ins Perikard. Die *nicht an der Dissektion beteiligten Aortenabschnitte* zeigen oft eine *geringe Verbreiterung und einen gewundenen Verlauf*. Der *Hämatothorax* tritt links häufiger als rechts auf und wird im Stadium der Kompensation meist durch Sickerblutungen unterhalten.

Die für die Operation notwendige Klärung der pathologisch-anatomischen Verhältnisse mit Darstellung der Ausdehnung der Dissektion, des Intimarisses und der Beteiligung der aus der Aorta abgehenden Arterien wird zuverlässig nur durch die *Aortographie* erreicht. Die Injektion des Kontrastmittels unmittelbar proximal der Dissektion wird auch beim Aneurysma dissecans die optimale Bildinformation liefern. Unter Berücksichtigung des Allgemeinzustandes wird eine *Angiokardiographie* als für die Aorta schonende Methode vielerorts als ausreichend angesehen (Abb. 35). Insbesondere ist die transseptale Laevokardioaortographie bei Aneurysma dissecans der Aorta ascendens die Methode der Wahl, wenn man die Ansicht vertritt, daß die Passage des aneurysmatisch veränderten Aortenabschnittes mit dem Katheter durch die Möglichkeit der Perforation oder Thrombenlösung ein nicht vertretbares Risiko darstellt.

In den letzten Jahren setzt sich jedoch mehr und mehr die selektive Aortographie durch (CAPLAN, FURMAN, BOSNIAK u. ROBINSON, 1965; DOW, ROEBUCK u. COLE, 1966; STEIN u. STEINBERG, 1968; SHUFORD, SYBERS u. WEENS, 1969). Dabei kann entweder der Weg über die rechte Arteria brachialis resp. axillaris mit Einlegen der Katheterspitze in den klappennahen Abschnitt der Aorta ascendens gewählt werden, oder es kann eine transfemorale Aortenbogendarstellung erfolgen. Entscheidend ist dabei in jedem Falle, die Lage der Katheterspitze während des Vorschiebens und vor der Druckinjektion durch Probeinjektionen zu kontrollieren; eine Druckinjektion ist nur erlaubt, wenn das Kontrastmittel ins wahre Lumen gespritzt wird. Soll das falsche Lumen dargestellt werden, muß das Kontrastmittel von Hand injiziert werden.

Es werden Röntgenbildserien zunächst von höherer Frequenz (2—3 Bilder/sec), nach ein paar Sekunden mit niedrigerer Frequenz (1 Bild/sec) in zwei Ebenen erstellt. In manchen Fällen genügt auch eine Serie im sagittalen Strahlengang oder im II. schrägen Durchmesser. Gelegentlich wird als Zusatzuntersuchung die Kontrastmittelinjektion in die Aorta descendens zur vollständigen Darstellung einer Dissektion bei Beteiligung der Aorta abdominalis erforderlich.

Das Aneurysma dissecans stellt sich im Aortogramm typischerweise so dar (CAPLAN et al., 1965; DOW et al., 1966; STEIN u. STEINBERG, 1968; SHUFORD et al., 1969; HÄRTEL, 1971):

1. Das *wahre Lumen füllt sich* im allgemeinen *schneller* als das falsche (s. Abb. 35d und e) und ist *eingeengt* und deformiert; häufig bestehen Wandunregelmäßigkeiten der beteiligten Seite (s. Abb. 35d).

2. Ist das *Aortenwandhämatom* thrombosiert oder besteht kein Intimariß, so kommt die Dissektion als *weichteildichte, verdickte Wand* zur Darstellung. Anderenfalls erfolgt meist eine *verzögerte Füllung und Entleerung* des falschen Lumens. Es entsteht das Bild der „*doppelläufigen Aorta* (double barrel aorta)".

3. Gelegentlich ist der *Intimariß* als *ulcusnischenartiger Wanddefekt* während der Füllung des wahren Lumens direkt nachweisbar, wenn das falsche Lumen thrombosiert ist (Abb. 36).

4. Wird die aus Intima und Mediaanteilen bestehende *Trennwand zwischen wahrem und falschem Lumen* tangential von den Röntgenstrahlen getroffen, so kommt sie als feine *Aufhellungslinie* im Verlauf des Kontrastbandes der Aorta zur Darstellung und ist insbesondere dann von großem diagnostischen Wert, wenn sich beide Lumina gleich schnell mit Kontrastmittel füllen, wie dies bei rückperforiertem Aneurysma dissecans vorkommt.

5. Hat die *Dissektion abgehende Arterien* einbezogen, so stellen diese sich entweder *gar nicht oder verzögert* erst nach Auffüllung über das falsche Lumen dar. Sie können aber

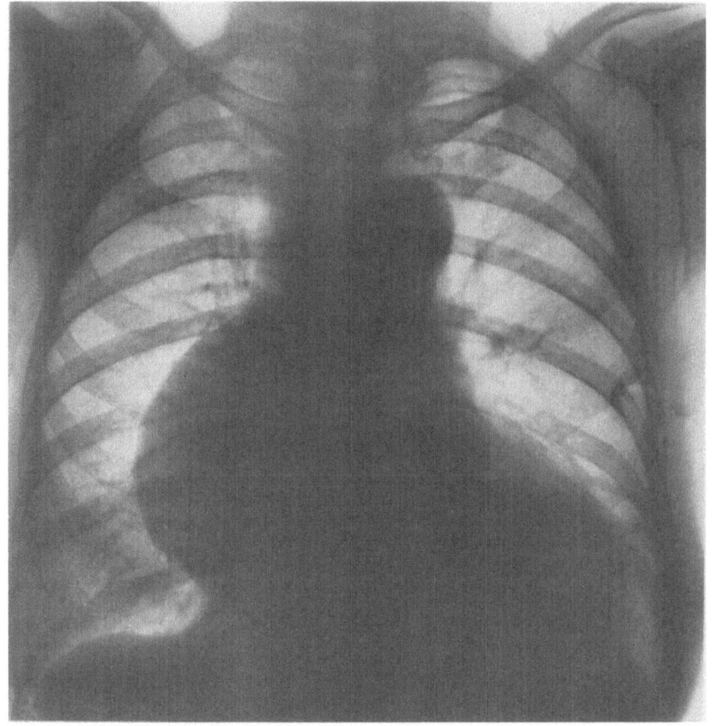

a

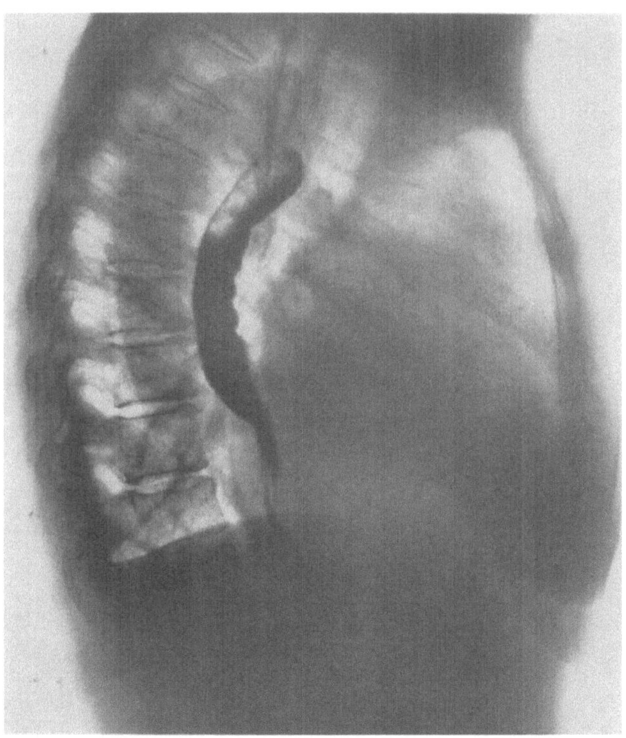

b

Abb. 35a—e. Aneurysma dissecans insbesondere der Aorta ascendens. a u. b Thoraxaufnahmen in 2 Ebenen. Tumorartige Verschattung rechts und ventral, die vom Herzschatten nicht zu trennen ist. c Kymogramm. Angedeutete Pulsationen der rechten Kontur. d u. e Angiokardiographie. d Füllung der Aorta, noch keine dichte Darstellung des Aneurysma dissecans. e Füllung der Aorta und des Aneurysma dissecans

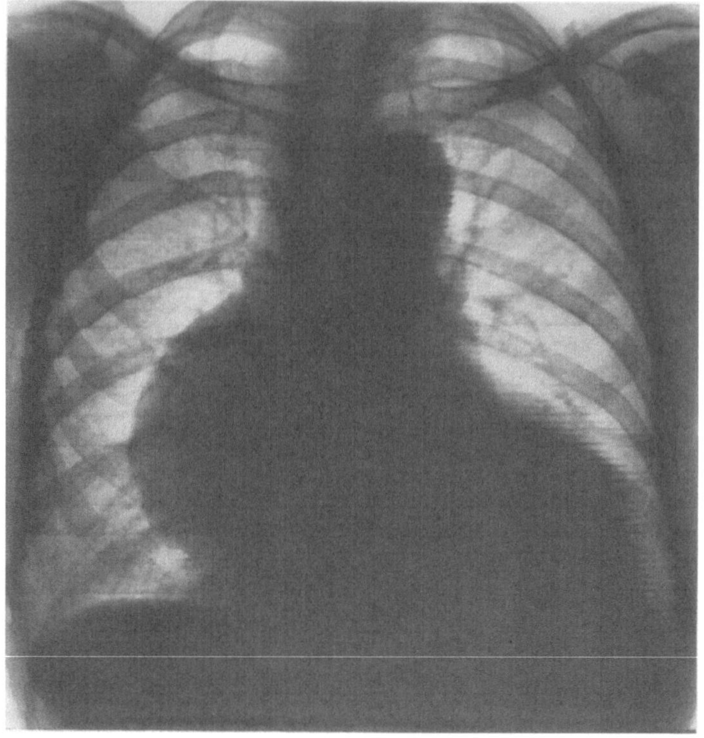

c

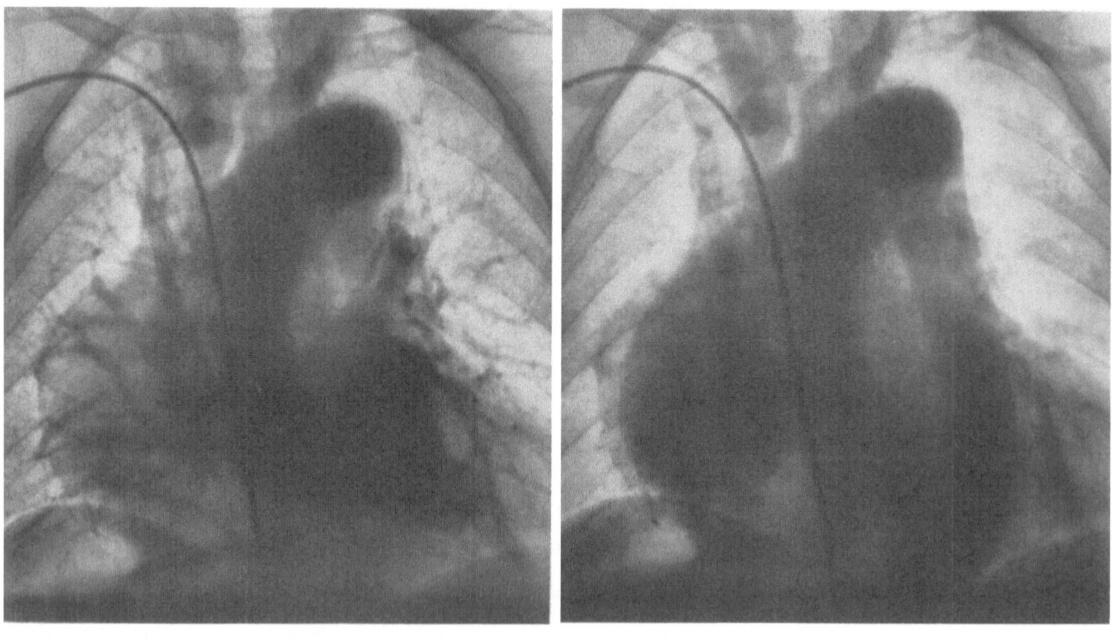

d

e

Abb. 35 c—e

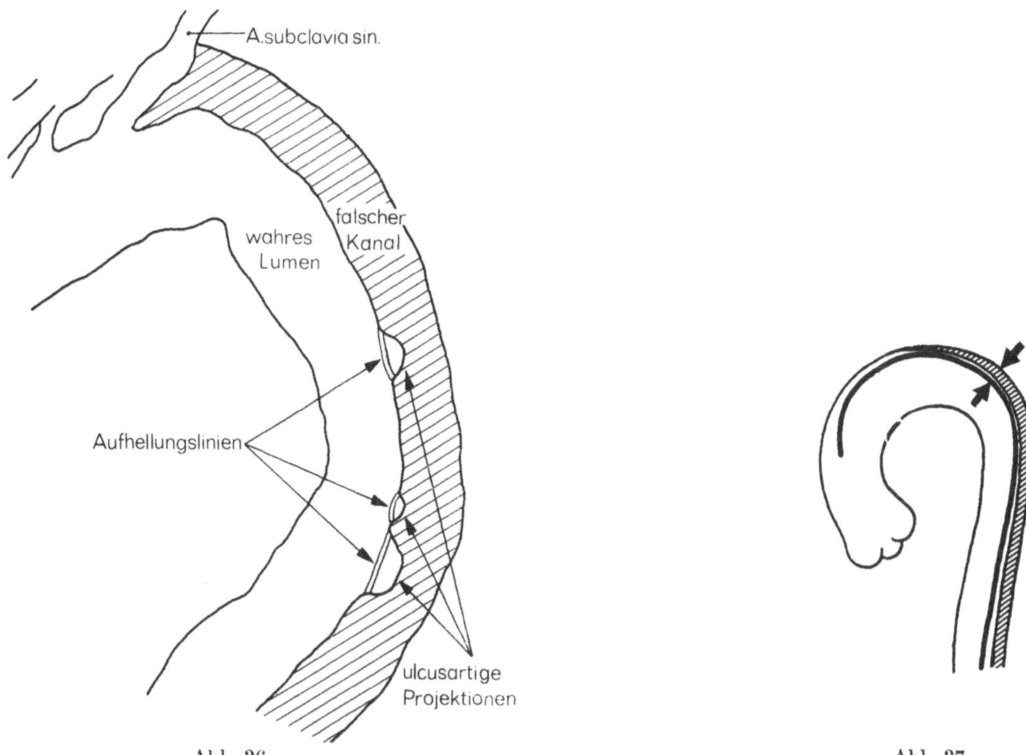

Abb. 36   Abb. 37

Abb. 36. Ulcusähnliche Nischen bei thrombosiertem falschen Kanal eines Aneurysma dissecans als Zeichen für die Intimarisse. (Aus H. L.STEIN u. I.STEINBERG: Amer. J. Roentgenol. **102**, 1968)

Abb. 37. „Katheterzeichen" nach CRAMER u. AMPLATZ (Amer. J. Roentgenol. **98**, 1966). Katheter liegt bei Druckinjektion der dorsalen Wand der Aorta an, hier der Trennwand des wahren und falschen Lumens bei Aneurysma dissecans. Pfeile markieren Abstand zwischen Katheter und dorsaler Aortenwand. Beträgt Abstand im seitlichen Aortogramm mehr als 4 mm, so besteht insbesondere bei gleicher Kontrastmittelanfärbung des wahren und falschen Lumens dringender Verdacht auf Aneurysma dissecans

auch am Abgang *konisch* durch die sich ins wahre Lumen vorwölbende dissezierte Intima *eingeengt* sein und noch vom wahren Lumen gespeist werden.

6. Bei Injektion des Kontrastmittels in die Aorta ascendens läßt sich eine bestehende *Aortenklappeninsuffizienz* nachweisen.

7. Auch der *Ort einer Ruptur oder Perforation* etwa in die Vena cava ist mit Hilfe der Kontrastmittelfüllung erkennbar.

SHUFORD et al. (1969) gingen auf einige *Schwierigkeiten bei der aortographischen Diagnostik* des Aneurysma dissecans ein:

1. Einheitliche Anfärbung des falschen und wahren Lumens durch gleichzeitige Füllung kann eine *normale Aorta vortäuschen*. Dieser Effekt kann aber auch bei Aufnahmen in nur einer Ebene auftreten, wenn sich beide Lumina überdecken. Deshalb sind Aufnahmen in mindestens einer weiteren Ebene erforderlich, wenn ein vermutetes Aneurysma dissecans aortographisch nicht nachgewiesen werden kann. CRAMER und AMPLATZ (1966) betonen, daß die Katheterlage während der Druckinjektion einen entscheidenden Hinweis auf ein Aneurysma dissecans geben kann, wenn die Dissektion — wie häufig — vorwiegend den hinteren linken Wandteil des distalen Aortenbogens und der Aorta thoracica descendens betrifft und falsches und wahres Lumen gleiche Schattendichte aufweisen. Während der Druckinjektion legt sich der Katheter der größeren Aortenkurvatur an. Der Abstand zwischen Katheter und innerer Begrenzung der hinteren Aortenbogenwand beträgt normalerweise auf dem seitlichen Bild 2 mm, jedoch nicht mehr als 4 mm. Liegt der Katheter jedoch im wahren Lumen eines Aneurysma dissecans, das die hintere linke

Wandung des distalen Aortenbogens befallen hat, so kann sich der Katheter nur der Trennwand zwischen wahrem und falschem Lumen anlegen, und der Abstand zwischen Katheter und hinterer Wand der vermeintlich normalen Aorta übersteigt das Limit von 4 mm (Abb. 37).

2. Kontrastmittelschichtungen entlang der hinteren Wand der Aorta descendens bei Aorteninsuffizienz können ein *Aneurysma dissecans* bei normaler Aorta *vortäuschen*. Dieses Phänomen ist jedoch meist an einer kraniocaudalen Hin- und Herbewegung der Kontrastmittelsäule und einem atypischen Auswaschvorgang des Kontrastmittels mit Füllung der Intercostalarterien zu identifizieren.

3. Die differentialdiagnostisch möglichen Ursachen für eine *Aortenwandverdickung* wurden schon genannt.

4. Intimarisse in der Aorta ascendens können einen ungewöhnlichen Aspekt bieten, wenn z.B. ein solcher Riß nicht wie gewöhnlich einige Zentimeter distal der Klappen, sondern am Anfang der Aortenwurzel gelegen ist und die gesamte Zirkumferenz betrifft. In diesem Falle kann er als bizarres quer über die Aortensinus laufendes *Aufhellungsband* zur Darstellung kommen.

4. Differentialdiagnose des Aneurysma

Je nach akuter, subakuter und chronischer *Symptomatik* müssen insbesondere beim Aneurysma dissecans verschiedene Krankheitsbilder abgegrenzt werden, z.B.:

Der *Myokardinfarkt* zeigt einen ähnlichen „*Vernichtungsschmerz*" im Thorax wie das Aneurysma dissecans, Schocksymptomatik, Fieber und Leukocytose; jedoch besteht selten eine ansteigende Blutdruckkurve. EKG und Bestimmung von CPK, SGOT und LDH lassen im allgemeinen eine sichere Unterscheidung zu. Zu bedenken ist jedoch, daß ein Aneurysma dissecans der Aorta ascendens zur Verlegung von Koronararterien führen kann. *Arterielle Embolien* können eine ähnliche *arterielle Verschlußsymptomatik* hervorrufen wie ein dissezierendes Aortenaneurysma. Ebenso sind *akute arterielle Thrombosen* auf dem Boden eines Gefäßleidens, z.B. Arteriosklerose auszuschließen, meist besteht in der Vorgeschichte eine intermittierende Ischämiesymptomatik. Aber auch *nicht vasculär bedingte, neurologische oder abdominale Erkrankungen* von akutem Charakter (Querschnittssyndrom bei pathologischer Wirbelfraktur; Pankreatitis, Nierenkolik, Gallenkolik, Ulcerusperforation u.a.) sind zu erwägen. Steht die *Dyspnoe* im Vordergrund, so sind ein *Spontanpneumothorax* (Thoraxübersicht!), eine *Pleuritis* (Durchleuchtung und Punktat), eine *Herzinsuffizienz* (Stauungszeichen), eine *Lungenembolie* (zentraler Venendruck) u.a. in Betracht zu ziehen.

Zur röntgenologischen Differentialdiagnose der Aortenaneurysmen müssen alle intrathorakalen Verschattungen berücksichtigt werden, die sich nicht eindeutig von der Aorta trennen lassen (Abb. 38). Vor allem sind benigne und maligne Tumore, darunter besonders Cysten des Mediastinums auszuschließen (Abb. 39). Vom Herzen fortgeleitete Tumorpulsationen können leicht zur Fehldiagnose führen (HERBIG, GANZ u. VIETEN, 1952; GREMMEL, SCHULTE-BRINKMANN u. VIETEN, 1959; IRMER u. GREMMEL, 1959; GREMMEL u. VIETEN, 1961; GREMMEL, SCHULTE-BRINKMANN u. VIETEN, 1963).

Mehrbogige Verschattungen lassen eher an Lymphknoten- oder Thymusgeschwülste denken, wenn es sich nicht um den seltenen Befund eines Aortenaneurysmas mit Tochteraneurysmen handelt; dabei bestehen zusätzliche Ausbuchtungen der Aneurysmawand (SCHLESINGER, 1931). Nach KIENBÖCK (1926) spricht die fehlende Pulsation bei kleinen Verschattungen eher für einen Tumor, desgleichen lassen normale Konfiguration und Größe des Herzens weniger an ein Aneurysma denken; Konturunregelmäßigkeiten der pathologischen Verschattung weisen auf ein Malignom hin.

BURVILL-HOLMES (1934) gab zur Unterscheidung zwischen Mediastinal-Tumor und Aneurysma eine mehr oder weniger deutliche Winkelbildung zwischen unterer Kontur der fraglichen Verschattung und dem linken Herzrand an, die sich nur bei Aneurysmen

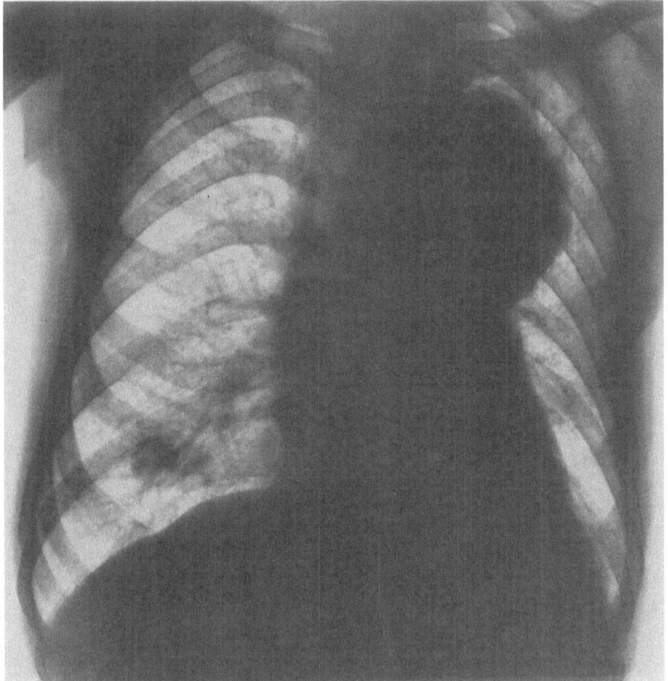

a

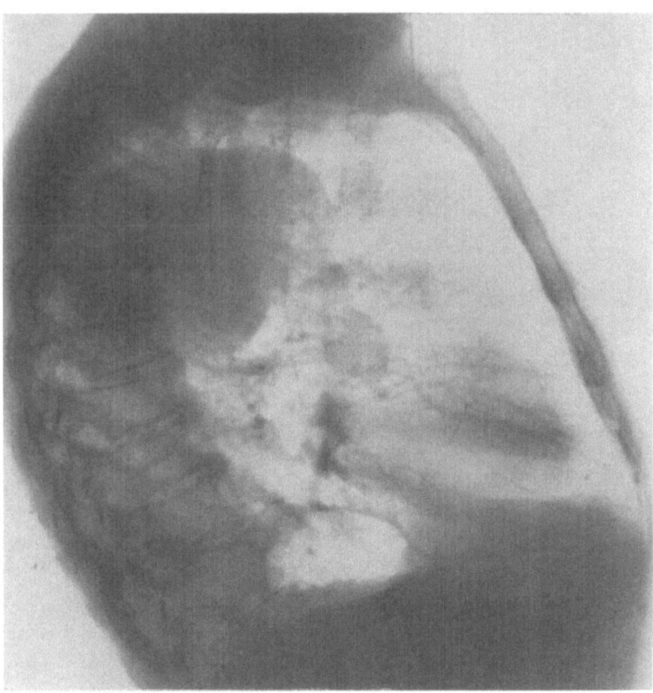

b

Abb. 38a—d. Inoperabler maligner Mediastinaltumor. Kein Aortenaneurysma. a u. b Thoraxaufnahmen in 2 Ebenen. Faustgroßer Tumorschatten, der sich von der Aorta nicht trennen läßt. c u. d Gezielte Angiokardiographie. Einwandfrei abgrenzbare Aorta. Kein Aneurysma

finden soll. Eine bei Aneurysmen zu beobachtende Verdrängung des Aortenbogens nach cranial ist bei expansiv wachsenden Tumoren des Mediastinums nicht die Regel. Diese verursachen eher eine seitliche oder caudale Verschiebung der Aorta. Berücksichtigt

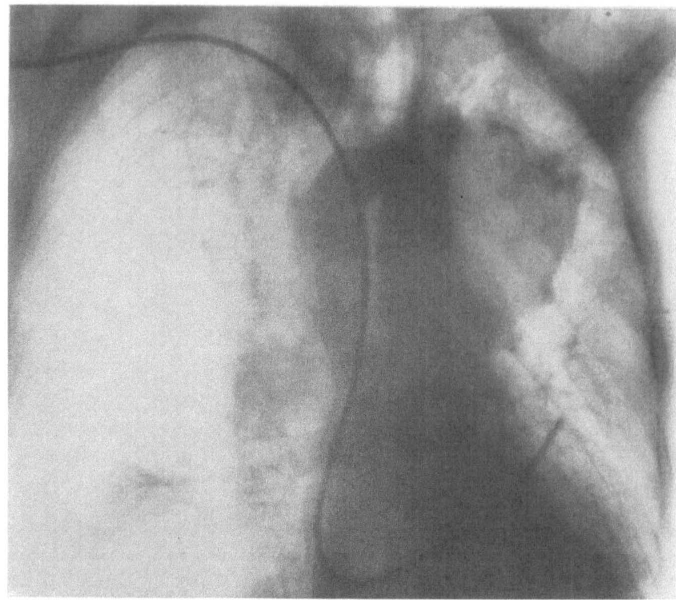

c

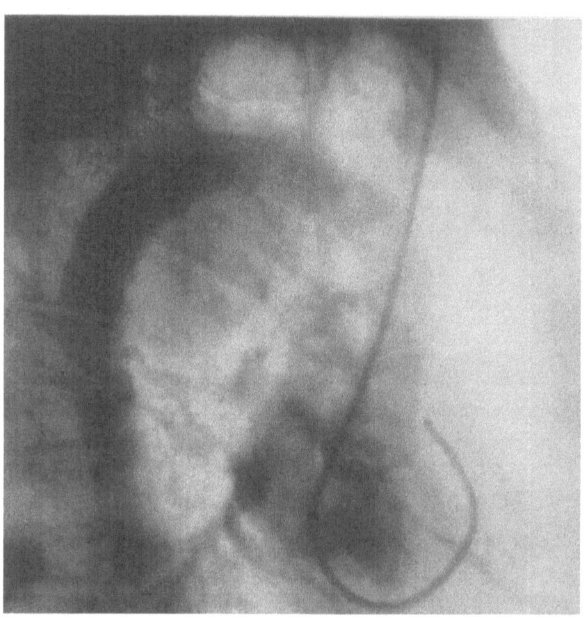

d
Abb. 38 c u. d

werden müssen bei differentialdiagnostischen Erwägungen auch Oesophagusdilatationen und -geschwülste, abgesackte Perikardergüsse, abgekapselte Mediastinalergüsse, umschriebene mediastinale Pleuritiden, Chyluscysten, Lungentumore und Wirbelprozesse mit Senkungsabscessen. Schwierig ist auf Übersichtsaufnahmen mitunter die Abgrenzung eines Aortenaneurysmas von einem Herzwandaneurysma, ebenso von aneurysmatischen Erweiterungen des Conus pulmonalis.

BRUWER, HODGSON und CALLAHAN (1958) sahen ein Ascendensaneurysma, das sich nach links entwickelt hatte und infolge unscharfer Begrenzung einen Hilustumor vor-

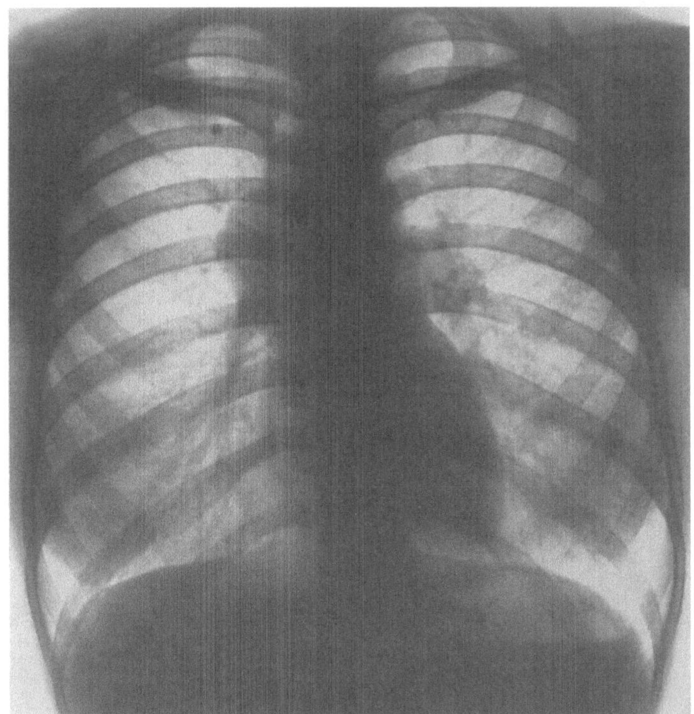

a

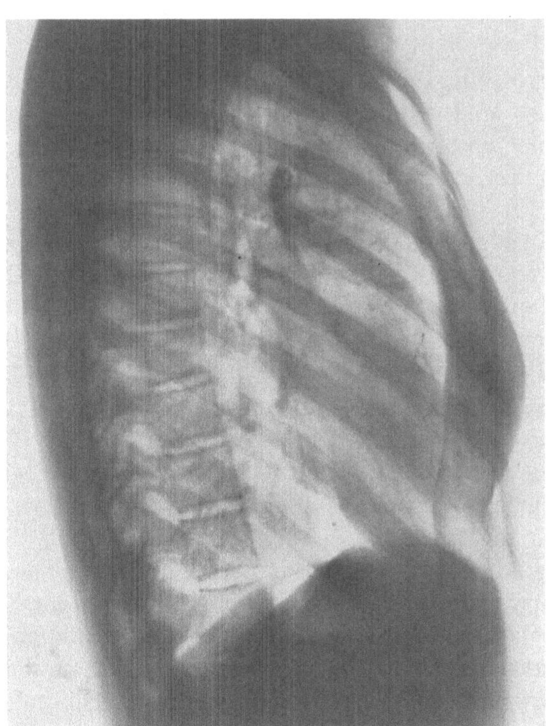

b

Abb. 39 a—d. Dermoidcyste. Kein Aortenaneurysma. a u. b Thoraxaufnahmen in 2 Ebenen. Scharf konturierte Verschattung im Bereich der Aorta ascendens. c u. d Gezielte Angiokardiographie. Kein Aneurysma

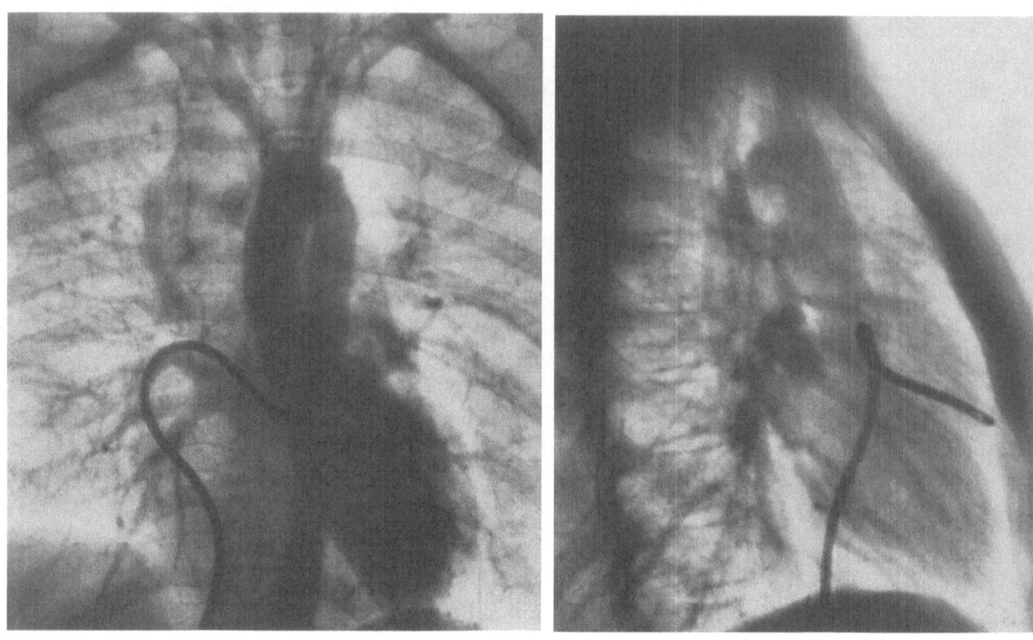

c   d

Abb. 39c u. d

täuschte. CORNELL (1969) teilte einen Fall von Ascendensaneurysma mit, das auf dem Übersichtsbild als Vergrößerung des rechten Vorhofs imponierte.

Als Ursache einer Vorwölbung des Mediastinalschattens rechts in Höhe des Aortenbogens fanden CODINGTON und COWLEY (1958) eine intrathorakale Struma, die der Aorta dicht anlag. KOTSCHER und LOBENWEIN (1969) beschrieben ein verkalktes Bogenaneurysma, bei dem eine substernale Struma ausgeschlossen werden mußte. Mühe bereitet auch die Abgrenzung von gestielten Aortenaneurysmen gegenüber Aneurysmen der Aortenbogenarterien, z.B. der A. innominata; letztere kommen in 3% aller Aneurysmen vor und sind meist luesbedingt (GAY u. WALKER, 1953), können aber auch durch traumatischen Abriß dieser Arterie verursacht werden (ELLER u. ZITER JR., 1970). Kleine umschriebene, dem Aortenbogen links oben und lateral anliegende Schattenstrukturen können einer Vena hemiazygos accessoria, von HANKE (1968) in 7% von über 7500 Tomogrammen nachgewiesen, oder kleinen Lymphknoten (FISCHER, 1967) entsprechen.

In all diesen fraglichen diagnostischen Situationen muß zur Klärung die Aortographie mit ausreichender Bildfrequenz eingesetzt werden. CONOLLY, UTZINGER und SMITH (1960) wiesen darauf hin, daß die fehlende Kontrastmitteldarstellung einer ungeklärten Verschattung keinesfalls ein Aneurysma ausschließt. In Zweifelsfällen sollte daher immer die Beschaffenheit der übrigen Aorta berücksichtigt werden, wobei entsprechende Wandveränderungen wichtige Hinweise geben können. So besagt das Thoma-Kienböcksche Zeichen, daß bei Aneurysmen infolge syphilitischer Aortitis gewöhnlich Veränderungen — insbesondere eine Dilatation — an der übrigen Aorta vorhanden sind (TESCHENDORF, 1958). Auch arteriosklerotische Aortenwandverkalkungen lassen bei fraglicher Verschattung an ein Aneurysma denken, vor allem, wenn innerhalb der Verschattung Kalkeinlagerungen sichtbar sind.

Der Aorta zugehörige Verschattungen im Übersichtsbild müssen nicht durch Aneurysmen verursacht werden. Es kann eine diffuse Altersdilatation der Aorta, insbesondere die extreme Form, die sog. tiefe Rechtslage der Aorta, weiterhin die kongenitale Elongation (kinking oder buckling aorta), eine prä- und poststenotische Dilatation der Aorta bei Coarctatio oder schließlich eine poststenotische Dilatation der Aorta ascendens bei Aortenklappenstenose zugrunde liegen. Hier läßt die Aortographie eine sichere Klärung zu (HEBERER et al., 1966).

Zum Nachweis von intrathorakalen Strumen ist das Szintigramm mit Radiojod angezeigt.

Die *Differentialdiagnose eines ins rechte Herz perforierten Valsalva-Aneurysmas* umfaßt unter dem Leitsymptom des Links-Rechts-Shunts den offenen Ductus Botalli, die Septumdefekte des Herzens sowie angeborene und erworbene aortopulmonale Kurzschlußverbindungen. Die Klärung ist durch Aortogramm und Herzkatheterisierung im allgemeinen möglich. Lediglich die präoperative Abgrenzung gegenüber einem intrakardial perforierten Koronararterienaneurysma oder einem über die Aortenklappenebene hinaufreichenden Ventrikelseptumdefekt ist kaum möglich (HEBERER et al., 1966). Die häufigste klinische Fehldiagnose bei aortopulmonaler Aneurysmafistel ist nach GIACOBINE und COOLEY (1960): „thorakales Aortenaneurysma mit Aortenklappeninsuffizienz“.

VII. Aortenbogensyndrom und „subclavian steal syndrome“

Das *Aortenbogensyndrom* umfaßt eine variationsreiche Symptomatik brachiocephaler Minderdurchblutung bei obliterierenden Veränderungen der Aortenbogenarterien unterschiedlicher Ätiologie. Dabei sind Lokalisation und Ausprägung der Stenosen und Verschlüsse und das Zustandekommen von Kollateralen von Bedeutung.

Über das Aortenbogensyndrom als gesondertes Krankheitsbild hat wahrscheinlich zum ersten Male ADAMS 1827 berichtet. Er stellte bei einem Kranken das Fehlen von Pulsen im Bereich der oberen Körperhälfte fest. Thrombosen der Karotiden aufgrund von Aneurysmen oder arteriosklerotischen Veränderungen der Aorta sind allerdings schon früher beschrieben worden (PETIT, 1765; CURVEILHER, 1816). Auch BROADBENT beobachtete 1875 das Fehlen von Radialispulsen bei Thrombosen der Aortenbogengefäße. 1908 wies TAKAYASU erneut auf das Syndrom hin und stellte es in Beziehung zu Veränderungen des Augenhintergrundes. In den folgenden Jahren befaßte sich mit derartigen Fällen vorwiegend die japanische Literatur (SHIMIZU u. SANO, 1951). Deshalb wird für die Erkrankung in vielen, insbesondere älteren Veröffentlichungen, die Bezeichnung „Takayasu-Syndrom“ gebraucht. In Beiträgen, die von angelsächsischen Autoren stammen, wird für das Leiden die Bezeichnung „pulseless disease“ angewandt; dem entspricht der französische Terminus „malade sans pouls“. Erstmalig nannten FRØVIG (1946) und FRØVIG und LØKEN (1951) das Krankheitsbild „Aortenbogensyndrom“.

Sitz und Ausdehnung der *pathologisch-anatomischen Gefäßveränderungen* sowie Art der Kollateralenbildung lassen sich intra vitam nur arteriographisch darstellen. So erbrachten eine Reihe angiographischer Untersuchungen in den letzten Jahren Aufschluß über diesbezügliche Häufigkeiten.

SCHMIDT, HEINE und RASKOVIC (1967) fanden unter 3000 Patienten mit organischen arteriellen Durchblutungsstörungen 21mal ein Aortenbogensyndrom. Dabei waren 15mal die linke, 9mal die rechte A. subclavia, 6mal die linke A. carotis communis, je 4mal die rechte und linke A. vertebralis und je 3mal die rechte A. carotis communis und die A. innominata betroffen. Auch GREMMEL und SCHULTE-BRINKMANN (1963) und GREMMEL, SCHULTE-BRINKMANN und VIETEN (1965) stellten beim Aortenbogensyndrom bzw. „subclavian steal syndrome“ am häufigsten einen Befall der linken, nachfolgend der rechten Arteria subclavia fest. Je nach Sitz und Ausprägung der Gefäßstenosen bilden sich charakteristische arterielle Umgehungswege aus, die mehr oder weniger präformiert sind. Die arterielle Kommunikation der zum Hirn führenden Arterien ermöglicht über den Circulus arteriosus bei plötzlichem Verschluß einer Hirnarterie sofortige shunts zum Ort des Druckabfalls und stellt damit eine ausreichende Blutversorgung des Gehirns für den Notfall sicher. Andere Kollateralen etwa in der Halsmuskulatur oder der Schilddrüse bilden sich erst im Bedarfsfalle aus; dies geschieht bei jugendlichen Individuen schneller und reichlicher als bei älteren Menschen. Aus diesem Grund stellt die im jüngeren Lebensalter auftretende Takayasu-Arteriitis den Modellfall zur Demonstration aller nur möglichen Kollateralenbildungen beim Aortenbogensyndrom dar. SANO, AIBA und SAITO (1970) unterscheiden hierbei zwischen Kollateralwegen zur Sicherung der arteriellen Versorgung des Gehirns und solchen für den Arm. Danach sind für die *kollaterale Zirkulation zum Gehirn* folgende Möglichkeiten gegeben:

1. Kontralaterale, nicht befallene A. carotis →
   a) A. communicans anterior
   b) Anastomose zwischen Ästen der A. carotis externa beider Seiten
2. Aa. vertebrales → A. communicans posterior
3. Cervicale arterielle Kollateralen
   a) Dorsolateraler Typ
      Äste des Truncus thyreocervicalis → A. vertebralis
      Äste des Truncus thyreocervicalis → A. carotis externa
      A. vertebralis → A. carotis externa
   b) Ventromedialer Typ
      A. thyreoidea inferior → ⎰ A. thyreoidea superior derselben
      (A. thyreoidea ima)   → ⎱ und der Gegenseite
4. „Oberes thorakales Kollateralennetz" →
      A. vertebralis und/oder Truncus thyreocervicalis →
      Kollateralen 2, 3a und 3b

Bei 31 Fällen von Takayasuscher Arteriitis sahen SANO et al. (1970) den vertebralen Kollateralweg am häufigsten (70%). Die Vertebralarterien waren weitaus weniger stark entzündlich verändert als etwa die Karotiden. Im Beginn der Erkrankung erfolgt bei Befall nur einer A. carotis die Versorgung der minderdurchbluteten Hirnseite meist über die A. communicans anterior von der Gegenseite her und über den dorsolateralen cervicalen Kollateralweg derselben Seite. Im fortgeschrittenen Stadium, wenn die Karotiden beider Seiten verschlossen sind, wird die Hirndurchblutung in erster Linie von den Vertebralarterien aufrechterhalten mit Unterstützung durch dorsolaterale und ventromediale cervicale Kollateralen. Bei vollständigem Verschluß aller brachiocephalen Arterien schließlich ermöglicht das „obere thorakale Kollateralennetz", an dem die A. mammaria interna, die A. intercostalis superior und die Intercostalarterien beider Seiten sowie kleine, vom Aortenbogen direkt entspringende, ins hintere Mediastinum ziehende Arterien beteiligt sind, via Vertebralarterien eine arterielle Notversorgung des Gehirns.

Bei Subclaviastenosen bestehen folgende Möglichkeiten *kollateraler Blutzufuhr zum Arm:*
1. Vertebro-vertebraler bzw. carotido-basilaro-vertebraler Shunt mit Flowumkehr in der ipsilateralen A. vertebralis.
2. Dorsolateraler und ventromedialer cervicaler Kollateralenweg ipsilateral mit Flowumkehr.
3. Anastomierung zwischen den Aa. thyreoideae interiores.
4. Anastomosierung zwischen den Aa. mammariae internae.
5. „Supraclaviculäre transverse Kollateralen".
6. „Intercostoaxilläre Kollateralen".
7. „Oberes thorakales Kollateralennetz" →
      entweder: A. mammaria interna → Truncus thyreocervicalis → „supraclaviculäre transverse Kollateralen" oder: axilläre Kollateralen.

Bei unspezifisch-entzündlichen Subclaviaverschlüssen distal des Truncus thyreocervicalis (Takayasu-Arteriitis) kommt es nach SANO et al. (1970) in etwa 60% zu „supraclaviculären transversen Kollateralen", namentlich über Anastomosen zwischen der A. transversa colli und A. suprascapularis (Truncus thyreocervicalis) einerseits und Ästen der A. axillaris andererseits, und in knapp 50% zu „intercostoaxillären Kollateralen", die ein feines Netz in der Axillarregion bilden und unter Beteiligung der A. mammaria interna und der Aa. intercostales sowie der A. thoracica lateralis und der A. subscapularis entstehen. Ist zusätzlich der proximale Abschnitt der A. subclavia verschlossen, so wird der Truncus thyreocervicalis über Anastomosen zwischen den Aa. thyreoideae inferiores (ca. 50%), seltener über die A. mammaria interna (ca. 10%) von der Gegenseite gespeist. Weniger häufig sind bei der Takayasu-Arteriitis offenbar Subclaviaverschlüsse, die auf den Gefäßabschnitt vor dem Abgang von A. vertebralis und Truncus thyreocervicalis beschränkt sind (30%). Hierbei entsteht z. B. im dorsolateralen cervicalen Kollateralenweg oder in der A. vertebralis derselben Seite eine Stromumkehr mit entsprechendem Druckabfall an den Hirnbasisarterien.

Die vertebro-vertebrale Zirkulation bei entsprechender Subclaviastenose wurde bereits 1960 von CONTORNI beschrieben; zwei weitere Fälle stammen von REIVICH, HOLLING, ROBERTS und TOOLE (1961). Sie trägt im amerikanischen Schrifttum die Bezeichnung „subclavian steal syndrome". NORTH, FIELDS, DE BAKEY und CRAWFORD (1962) hielten allerdings diese Bezeichnung nicht für genügend zutreffend und schlugen statt dessen „brachial-basilar insufficiency" vor. KERSTEN, RAU, HÖFFKEN und HEBERER (1964) nannten das Krankheitsbild „Anzapf-Syndrom der A. vertebralis". GREMMEL, SCHULTE-BRINKMANN und VIETEN (1965) gaben als Terminus „Subclavia-Vertebralis-Syndrom" an. Sie berichteten über 9 Fälle bei insgesamt 38 Beobachtungen von Aortenbogen-Syndrom.

SANTSCHI, FRAHM, PASCALE und DUMANIAN (1966) stellten 68 Fälle von „subclavian steal syndrome" aus der Weltliteratur zusammen und fügten 6 eigene Beobachtungen hinzu. Dabei fanden sie in mehr als 75% eine Obstruktion der linken A. subclavia als Ursache, in den restlichen Fällen lag das Hindernis rechts ebenfalls vor dem Abgang der A. vertebralis. In mehr als 50% waren außerdem eine oder mehr zum Kopf führende Arterien (meist mehrfach) obstruiert.

Die Shuntmöglichkeiten bei proximalem Subclaviaverschluß wurden bereits aufgeführt. VOLLMAR, EL BAYAR, KOLMAR, PFLEIDERER und DIEZEL (1965) konstatierten bei 40 Kranken mit „subclavian steal syndrome" vier verschiedene Shunttypen: Typ I vertebro-vertebral (66%), Typ II carotido-basilar (26%), Typ III externo-vertebral entsprechend dem obengenannten dorsolateralen Kollateralenweg (6%), Typ IV carotido-subclavial (2%). Dabei lag in 12% eine Kombination von Typ I und II, in 4% von Typ I und III und in 2% von Typ II und IV vor (Abb. 40). Ein Verschluß der A. innominata mit Flowumkehr in der rechten A. vertebralis und hirnwärts gerichtetem, vermindertem Blutstrom in der rechten A. carotis wurde von PRATESI, CAPELLINI, MACCHINI, NUTI, DEIDDA und CARAMELLI (1968) als „syndrome of innominate steal" bezeichnet. AGEE (1966) berichtet über einen Fall von bilateralem „subclavian steal syndrome".

REIVICH, HOLLING, ROBERTS und TOOLE (1961) prüften die pathophysiologischen Vorgänge bei Verschluß der A. subclavia proximal des Vertebralisabganges im Tierexperiment. Außer einem rückläufigen Blutstrom in der gleichseitigen A. vertebralis stellten sie eine kompensatorische Zunahme des Durchflußvolumens der anderen A. vertebralis sowie beider Karotiden fest. Nach ihren Angaben war insgesamt gesehen die cerebrale Durchblutung um 41% gemindert. Diesen Ermittlungen stehen Beobachtungen von GORMAN, NAVARRE und McLEAN (1964) entgegen. Sie weisen darauf hin, daß nach Ligatur einer A. subclavia, wie sie z. B. während der Operation von kongenitalen Herz- und Gefäßveränderungen notwendig werden kann, cerebrale Symptome im allgemeinen nicht auftreten. Verff. sind der Meinung, daß echte Basilarisinsuffizienzen im allgemeinen Gefäßprozesse in beiden Vertebralarterien voraussetzen.

Nach VOLLMAR, EL BAYAR, KOLMAR, PFLEIDERER und DIEZEL (1965) kann das Defizit bei Fehlen sonstiger Gefäßprozesse an den Karotiden, den Vertebralarterien oder im Circulus Willisi durch Zunahme des Durchflußvolumens in den Karotiden sowie der gegenseitigen A. vertebralis voll ausgeglichen werden. Erst das Hinzutreten von weiteren Strömungsbehinderungen in diesen Versorgungsgebieten löst eine klinische Manifestation aus. Mitunter genügen dazu allgemeine Kreislaufstörungen.

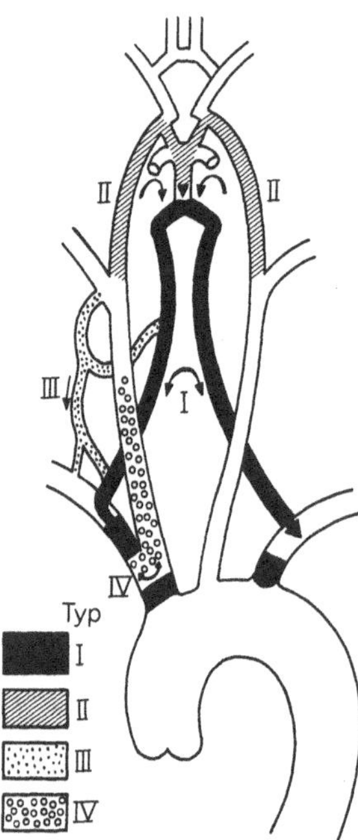

Abb. 40. Schematische Darstellung der vier häufigsten Shunt-Typen beim „subclavian steal syndrome".
(Vollmar et al., Dtsch. med. Wschr. 90, 1965)

a) Ätiologie

Für das Zustandekommen des Aortenbogensyndroms sind alle Vorgänge in Betracht zu ziehen, die eine Verlegung oder einen Verschluß der Bogengefäße herbeiführen können. In Tabelle 3 sind die wichtigsten direkten und indirekten Ursachen zusammengestellt. Bei den direkten handelt es sich um Prozesse der Gefäßwand selbst, während als indirekte alle Vorgänge anzusehen sind, die von außen bzw. aus der Nachbarschaft auf die Gefäße und ihre Lumina einwirken. Außerdem müssen zu den indirekten Ursachen Embolien gerechnet werden. Kombinationen verschiedener (auch direkt und indirekt wirkender) Krankheitsprozesse kommen vor.

Die Häufigkeit der Ursachen für das Aortenbogensyndrom ist abhängig von den Häufigkeiten der Grundkrankheiten in den untersuchten Kollektiven und schwankt von Autor zu Autor erheblich. Díaz und Ballesteros (1963) fanden eine *spezifische Arteriitis* unter 234 Literaturfällen von Aortenbogensyndrom nur bei 3,4%.

Von den spezifischen Arteriitiden wird die *Aortenlues* allgemein als besonders häufige Ursache angesehen (Barker, 1949; Lampen u. Wadulla, 1950; Volhard, 1950; Segal u. Berezowski, 1958; Thurlbeck u. Currens, 1959). Vorwiegend sollen es Fälle mit diffuser Aortitis, seltener mit Aneurysmabildung sein. Töppich beschrieb schon 1921 zirkuläre Einengungen von Gefäßostien nach narbig abgeheilter Mesaortitis. Oft kommen gleichzeitig arteriosklerotische Prozesse vor (Harders u. Wenderoth, 1955). Ross und McKusick (1953) berichten über 7 Fälle aus der Literatur, bei denen es bei syphilitischen Aortenaneurysmen zu vollständiger Pulslosigkeit an beiden Armen und am Hals gekommen war, und zwar verursacht durch thrombotischen oder narbigen Verschluß sowie durch Kompression von Bogengefäßen.

Nur vereinzelt wird das Leiden mit einer *Tuberkulose* in Zusammenhang gebracht, entweder als Folge übergreifender Prozesse oder aber hämatogener Arteriitis (Shimizu u. Sano, 1951; Caccamise u. Whitman, 1952).

Von Pavlov, Schischmanov und Sachariev (1965) wurde ein Zusammenhang zwischen dem Syndrom und einer tuberkulösen Toxoallergie vermutet. Bei einer 35jährigen Patientin ging der Entwicklung des pulslosen Leidens eine Tuberkulose voraus, die

Tabelle 3. Ätiologie des Aortenbogensyndroms

A. Direkte Ursachen
  I.   Spezifiscle Arteriitis
     1. Syphilitische Aortitis
      a) ohne Aneurysma
      b) mit Aneurysma
     2. Tuberkulöse Arteriitis
     3. M. Boeck
     4. Riesenzellarteriitis

  II.   Unspezifische Arteriitis
     1. Takayasu-Arteriitis
     2. Bakterielle unspezifische Arteriitis

  III. Atheromatose der Aorta
      a) ohne Aneurysma
      b) mit Aneurysma

  IV.   Unspezifische Aneurysmen anderer Genese

  V.   Mißbildungen des Aortenbogens

  VI.   Stumpfe Aortenverletzungen

  VII. Strahlenschädigung des Aortenbogens

  VIII. Thrombophilie

B. Indirekte Ursachen
  I.   Kompression
     1. Lymphknotenschwellungen
     2. Tumoren des oberen Mediastinums
     3. Halsrippen und Einengung der Skalenuslücken

  II.   Traktion

  III. Multiple Embolien

  IV.   Iatrogene Gefäßunterbrechung
     1. Blalock-Anastomose
     2. Ligatur nach Trauma

möglicherweise als allergisierendes Moment wirkte. Verff. weisen darauf hin, daß nach Tuberkulosebehandlung in Frühstadien eine Wiederherstellung des Pulsschlages in der betroffenen Extremität zu erwarten ist, während in Spätstadien die spezifische Behandlung wirkungslos bleiben soll.

Schließlich kann auch ein *Morbus Boeck* zu einem Aortenbogen-Syndrom führen (GREMMEL u. SCHULTE-BRINKMANN, 1963).

Über die *Riesenzellarteriitis* ist im Kapitel „Aortitis" berichtet (s. S. 336 u. 337).

Unspezifische Arteriitiden der Bogengefäße rufen ein nahezu einheitliches Krankheitsbild hervor. DÍAZ und BALLESTEROS (1963) fanden eine unspezifische Arteriitis als Ursache für ein Aortenbogensyndrom in 53% ihrer 234 Literaturfälle und TREDE und VOLLMAR (1968) in 10% von 117 operativen Fällen.

Bereits 1908 beschrieb TAKAYASU die nach ihm benannte, obliterierende *Arteriitis*, die wahrscheinlich autoallergischer Genese ist und vor allem bei jungen Frauen auftritt. So fand er z.B. bei einer 21jährigen Frau als Ursache von Veränderungen der Netzhautarterien eine Obliteration brachiocephaler Aortenäste; heute ermöglicht die fluorescenzangiographische Augenhintergrunduntersuchung eine Verlaufskontrolle bei M. TAKAYASU (SHIMIZU, 1967). ROSS und MCKUSICK (1953) sprachen von „young female variety", MANGOLD und ROTH (1954) von „Arteriitis junger Frauen". Auffallend ist, daß diese Erkrankung besonders in Küstengegenden der gemäßigten Zone mit feuchtem Klima (Nordseeraum, Japan) beobachtet wird (HARDERS u. WENDEROTH, 1955). Eine ausführliche Beschreibung der Takayasu-Arteriitis findet sich im Kapitel „Aortitis", ebenso der *unspezifisch-bakteriellen Arteriitis*, die als weitere ätiologische Möglichkeit in Betracht kommt (s. S. 326—331). Einen Sonderfall unspezifischer Entzündung in diesem Zusammenhang dürfte ein von Farkas, Kálló, Hódy und Miklós (1960) beschriebener Fall von disseminierter *Weber-Christianscher Pannikulitis* mit Einbeziehung der großen Gefäße, besonders des Aortenbogens, darstellen.

Bei älteren Patienten mit Aortenbogensyndrom werden häufig *arteriosklerotische Veränderungen* gefunden. Trede und Vollmar (1968) stellten in 83% von 117 operativ behandelten chronischen Verschlüssen der supraaortalen Äste eine Arteriosklerose fest, Vuorinen (1965) in 67% von 45 pathologischen, wegen Pulsdifferenzen durchgeführten Aortenbogendarstellungen und Díaz und Ballesteros (1963) in 19,6% von 234 entsprechenden Literaturfällen.

Meistens wird eine Kombination mit Lues, Traumen oder Mißbildungen angenommen (Harders u. Wenderoth, 1955). Allerdings beschrieben Abrams und Gere (1957) eine schwere ausgedehnte Arteriosklerose, insbesondere der Aorta, bei einem 66jährigen Mann mit fast vollständigem Verschluß der Arterien zu allen vier Extremitäten und zum Kopf. Vollmar et al. (1965) fanden bei über 90% der in der Literatur angegebenen Fälle von „subclavian steal syndrome" eine Arteriosklerose als Ursache angegeben.

Aneurysmen können zur Einengung und Verziehung von Bogengefäßen mit Ausbildungen eines Aortenbogensyndroms führen. Díaz und Ballesteros (1963) nennen 3,4%, Vuorinen (1965) 4%, davon ein sacculäres und ein dissezierendes Aneurysma.

Anomalien und Mißbildungen des Aortenbogens, die häufig mit anderen Ursachen des Syndroms kombiniert sind (Lewis u. Stokes, 1942; Ask-Upmark, 1954; Porstmann, 1960), werden in unterschiedlicher Häufigkeit angegeben.

De Paula Pontes (1963) fand unter 500 Obduktionen in 15,2% Varianten, Anomalien und Fehlbildungen der Aortenbogenarterien (Tabelle 4).

Tabelle 4. Varianten, Anomalien und Fehlbildungen der Aortenbogenarterien.
(Sektionsstatistik von De Paula Pontes, 1963)

Abgang der A. carotis communis sinistra aus der A. anonyma	8,2%
Abgang der A. vertebralis sinistra aus dem Aortenbogen	3,0%
Abgang der A. subclavia dextra als letzter Ast des Aortenbogens, hinter den Ösophagus ziehend	1,4%
A. thyreoidea ima	0,6%
Doppelte A. thyreoidea ima	0,4%
Abgang der A. vertebralis sinistra aus dem Aortenbogen und Abgang der A. carotis communis sinistra aus der A. anonyma	0,4%
Rechtsseitiger Aortenbogen	0,2%
A. thyreoidea ima und Abgang der A. carotis communis sinistra aus der A. anonyma	0,2%
A. thymica aus dem Aortenbogen entspringend	0,2%
Doppelte A. mammaria interna sinistra, einmal aus dem Aortenbogen, einmal aus der A. anonyma	0,2%
Abgang der A. vertebralis sinistra aus dem Aortenbogen und Ästchen zu den prävertebralen Muskeln aus dem Aortenbogen	0,2%
Abgang der A. mammaria interna aus dem Aortenbogen	0,2%

Zum Vergleich seien die Angaben von Sutton und Davies (1966) genannt: Von insgesamt 2731 eigenen und aus der Literatur zitierten angiographischen und autoptischen Fällen wurde in 16—36% ein gemeinsamer Abgang von linker A. carotis communis und A. anonyma, in 1,2—8% ein Abgang der linken A. carotis communis aus der A. anonyma, in 5,6—6% ein Abgang der linken A. vertebralis aus dem Aortenbogen und in 1,2—2% eine distal aus dem Aortenbogen abgehende rechte A. subclavia festgestellt.

Die Ansicht, daß Variationen der Bogengefäße, besonders ihres Abganges, obturierende Prozesse begünstigen, wurde erstmalig von KAMPMEIER und NEUMANN (1930) vertreten. SKIPPER und FLINT (1952) hielten eine angeborene Enge der Gefäßostien für bedeutungsvoll. BARKER und EDWARDS (1955) veröffentlichten einen Fall von Aortenbogensyndrom, bei dem die Abgänge der A. anonyma und der A. carotis communis sinistra so dicht beieinander lagen, daß die Gefäßostien primär eingeengt waren. Zuweilen wurde gleichzeitig eine geringe Aortenisthmusstenose beobachtet (SOUTHWORTH, McKUSICK, PEIRCE u. RAWSON, 1950).

VOLLMAR et al. (1965) berichten über einen Fall von Atresie der rechten A. subclavia im proximalen Drittel mit „subclavian steal syndrome", SKALKEAS, MAROUTSOS, BALAS und PAPACHRISTOS (1968) über einen Fall von Aplasie des Aortenbogens zwischen linker A. carotis und linker A. subclavia mit Koarktations-Syndrom und linksseitigem „subclavian steal syndrome". VICTORICA, VAN MIEROP und ELLIOT (1970) beschreiben drei Typen von Gefäßfehlbildungen bei rechtsseitigem Aortenbogen und linksseitigem congenitalem „subclavian steal syndrome": Bei Typ I entspringt die linke A. subclavia aus dem atretischen Ductus Botalli und hat keine Verbindung zur Aorta; die Diagnose kann bei linksseitig verminderten Armpulsen, bekanntem rechtsseitigem Aortenbogen und „normaler" dorsaler Ösophaguskonturierung vermutet werden. Typ II weist eine hinter dem Ösophagus nach links ziehende aortale Zipfelbildung auf, aus der eine proximal atretische A. subclavia sinistra entspringt; bei verminderten linksseitigen Armpulsen und rechtsseitigem Aortenbogen wird die Diagnose hier durch eine dorsale gefäßbedingte Impression am kontrastmittelgefüllten Ösophagus wahrscheinlich. Typ III schließlich stellt eine zur Norm spiegelbildliche Anordnung des Aortenbogens und seiner Äste mit einer atretischen (linken) A. anonyma dar; bei verminderten linksseitigen Armpulsen, rechtsseitigem Aortenbogen und „normaler" dorsaler Ösophaguskontur führt der linksseitig geminderte Carotispuls zur entsprechenden Vermutungsdiagnose (Abb. 41). Selbstverständlich muß die Diagnose, wie bei allen Veränderungen des Aortenbogens und seiner Arterien, auch hier angiographisch bestätigt werden.

Schließlich sei erwähnt, daß Anomalien von Aortenbogengefäßen bei Verschlüssen veränderte Kollateralkreisläufe zur Folge haben können. So fand FRATER (1971) zwei Fälle von linksseitigem „subclavian steal syndrome", bei denen die kollaterale Versorgung des linken Armes jeweils über den Truncus Myreocervicalis erfolgte, da die linke A. vertebralis direkt aus der Aorta abging und antegrad durchströmt wurde.

Ätiologische Bedeutung kann auch ein stumpfes *Thoraxtrauma* haben, wenn es entweder zu einem traumatischen Aortenaneurysma mit Kompression oder zur Verziehung von Bogengefäßen führt, wenn ein Abriß etwa der A. anonyma erfolgt (ELLER u. ZITER JR., 1970) oder wenn es Intimaverletzungen mit konsekutiven Degenerationserscheinungen der Aortenwand an umschriebenen Stellen hervorruft. Zu bedenken ist auch die Begünstigung vorhandener arteriosklerotischer Veränderungen oder eine Verschlimmerung beispielsweise einer syphilitischen Aortitis durch ein Trauma. Von den meisten Autoren werden Rückwirkungen eines erlittenen Thoraxtraumas auf Durchblutungsstörungen der Bogengefäße nur vermutet (BUSTAMANTE, MILANES, CASAS u. DE LA TORRE, 1954). COHEN und DAVIE (1933) erwähnten einen Patienten mit einem Aneurysma und Verschlußsyndrom der Bogengefäße, der 20 Jahre zuvor eine Thoraxverletzung erlitten hatte. Eine Zeitspanne von 13 Jahren wurde bei einem von ROSS und McKUSICK (1953) beschriebenen Fall angegeben.

Eine Schädigung des Aortenbogens und seiner Arterien durch *ionisierende Strahlung* ist auch bei Applikation von Tumordosen offenbar sehr selten. ROTMAN et al. (1969) berichten über eine 38jährige Frau mit Verschmächtigung des Aortenbogens und Verschluß brachiocephaler Gefäße nach ausgedehnter Bestrahlung mit unbekannter, wahrscheinlich hoher Dosierung in der Kindheit wegen Tonsillitis.

Ganz selten sind auch *Gerinnungsstörungen* als Ursache thrombotischer Verschlüsse der Arcusgefäße angenommen worden (AGGELER, LUCIA u. THOMPSON, 1941). Thrombophilie wird mit 0,4 % Häufigkeit von DÍAZ und BALLESTEROS (1963) angegeben.

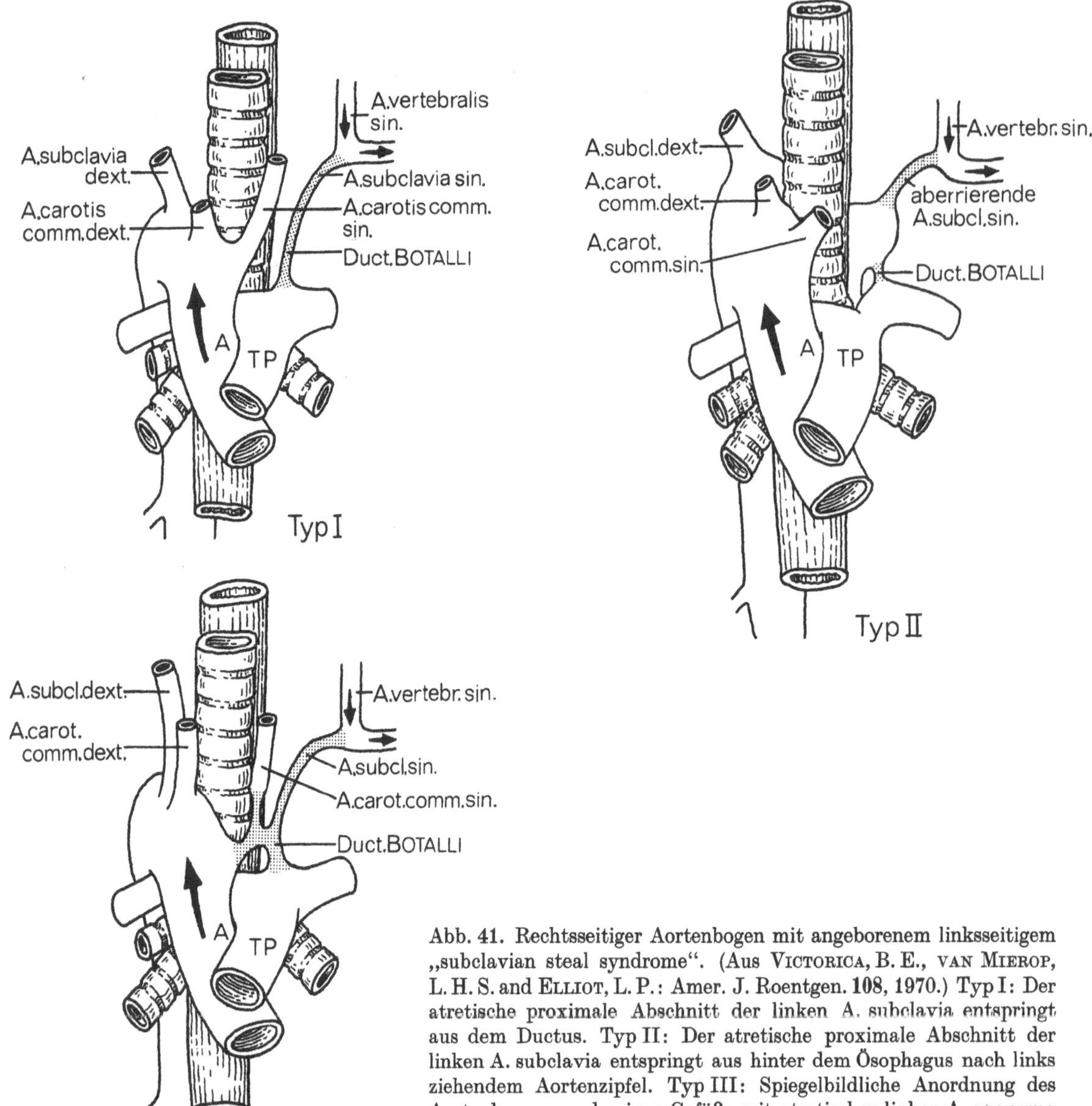

Abb. 41. Rechtsseitiger Aortenbogen mit angeborenem linksseitigem „subclavian steal syndrome". (Aus Victorica, B. E., van Mierop, L. H. S. and Elliot, L. P.: Amer. J. Roentgen. 108, 1970.) Typ I: Der atretische proximale Abschnitt der linken A. subclavia entspringt aus dem Ductus. Typ II: Der atretische proximale Abschnitt der linken A. subclavia entspringt aus hinter dem Ösophagus nach links ziehendem Aortenzipfel. Typ III: Spiegelbildliche Anordnung des Aortenbogens und seiner Gefäße mit atretischer linker A. anonyma und atretischen proximalen Abschnitten von linker A. carotis communis und linker A. subclavia

Raumfordernde Prozesse wie Lymphknotenschwellungen und Tumoren in der Nachbarschaft des Aortenbogens, Halsrippen, Knochenfragmente oder Narbenstränge nach Thoraxverletzungen führen indirekt durch *Kompression* gelegentlich ein Aortenbogensyndrom herbei. Hier sind auch das Scalenus anticus-Syndrom und die costoclaviculäre, auch durch Hyperabduktion des Armes zu provozierende Kompression der A. subclavia einzuordnen. Telford und Mottershead (1947) sowie Olin (1961) beobachteten ausgedehnte Thrombosen einer A. subclavia bei einer Halsrippe. Auch tiefgreifende Narben in der oberen Thoraxgegend bzw. den Supraclaviculargruben sowie Schwielen und Schwarten im Brustkorbinneren können indirekt durch *Traktion* Stenosen der Bogengefäße verursachen.

In der angloamerikanischen Literatur werden diese aufgeführten indirekten Möglichkeiten unter dem Begriff „thoracic outlet syndrome" zusammengefaßt. Rosenberg (1966) fand bei 15 Patienten mit Kompressionssyndromen „of the thoracic outlet" am häufigsten eine costoclaviculäre Kompression. GREMMEL et al. (1965) berichten bei 38 Fällen von Aortenbogensyndrom in 15,8% eine Kompression oder Traktion als Ursache, TREDE und VOLLMAR (1968) in 2% Tumoren und in 2% eine Halsrippe, DÍAZ und BALLESTEROS (1963) in 1,2% Tumoren.

Mitunter ist das Aortenbogensyndrom Folge *multipler Embolien* (ALERGANT, 1954). AGEE (1966) veröffentlichte einen Fall, bei dem ein metastatischer Tumorthrombus zu einem linksseitigen „subclavian steal syndrome" geführt hatte. Die Häufigkeit von Embolien wird von DÍAZ und BALLESTEROS (1963) mit 0,4% angegeben.

Als Beispiel für eine *iatrogene Unterbrechung von Aortenbogenarterien* sei ein Fall von VOLLMAR et al. (1965) angeführt: Eine nach Claget durchgeführte Korrekturoperation einer Aortenisthmusstenose mit Unterbindung der linken Arteria subclavia 3 cm distal ihres Ursprungs, Herunterschlagen des zentralen Subclaviastumpfes und End-zu-End-Anastomosierung desselben mit dem nach Resektion der Aortenenge verbliebenen caudalen Aortenstumpf hatte ein kompensiertes linksseitiges „subclavian steal syndrome" zur Folge.

Von wesentlicher Bedeutung für ätiologische Erwägungen beim Aortenbogensyndrom ist eine Kombination pathologischer Vorgänge, wie u.a. COHEN und DAVIE (1933) sowie HARDERS und WENDEROTH (1955) betonten. Hieraus erklärt sich auch die Diskrepanz der Häufigkeitsangaben in der Literatur.

b) Klinische Erscheinungen

Die Symptomatik des Aortenbogensyndroms hängt weitgehend vom Ausmaß der Gefäßveränderungen und deren Lokalisation ab. Sie wurden von ROSS und McKUSICK (1953) aus 146 Publikationen zusammengestellt. MARTORELL berichtete 1959 über 143 Veröffentlichungen aus dem Weltschrifttum, nachdem er schon früher (1958) und gemeinsam mit FABRE (1954) auf die Besonderheiten der Symptomatologie eingegangen war. In Tabelle 5 sind die wichtigsten klinischen Symptome aufgeführt.

Tabelle 5. Symptomatologie des Aortenbogensyndroms

I.   Kreislaufsymptome
    1. Ischämie der oberen Körperhälfte
      a) Pulsminderung, Pulslosigkeit
      b) Cerebrale Erscheinungen
      c) Störungen des Seh- und Hörvermögens
      d) Atrophie von Gesichts- und/oder Armmuskulatur
      e) Schmerzen, Parästhesien und Kältegefühl
    2. Symptome der „reversed coarctation"
    3. Herzveränderungen
    4. Gefäßgeräusche
    5. Sinus caroticus-Anfälle

II. Laborbefunde
    1. Erhöhung der Senkungsgeschwindigkeit
    2. Hypalbuminämie
    3. Verschiebung der Eiweißfraktionen

III. Beeinträchtigung des Allgemeinbefindens mit progressivem Gewichtsverlust

Vorherrschend sind Kreislaufveränderungen, insbesondere *Durchblutungsstörungen der oberen Körperhälfte*. Beim fortgeschrittenen Syndrom fehlen die Pulse an Kopf, Hals und Armen. Eine cerebrale Ischämie hat naturgemäß besonders schwerwiegende Folgen. Die Patienten leiden unter Kopfschmerzen, Schwindelgefühl, Gedächtnisschwäche. Auch Ohnmachten, Krampfanfälle sowie apoplektiforme Krankheitsbilder können auftreten. Zeichen gestörter Hirndurchblutung sind oft zunächst passager oder nur bei aufrechter

Körperhaltung vorhanden (Martorell, 1958, 1959; Porstmann, 1960). Sie werden insbesondere beim Subclavia-Vertebralis-Syndrom beobachtet (Parrott, 1964). Die typische wechselhafte Ausprägung cerebraler Symptomatik ergibt sich dabei aus der Abhängigkeit von aktuellen Faktoren, wie Blutdruck, Herzminutenvolumen und durch veränderte Kopfhaltung verursachte, vorübergehende Vertebraliskompression, bei gegebenen Arterienläsionen und Kollateralenverhältnissen (Sutton u. Davies, 1966) Schema 2:

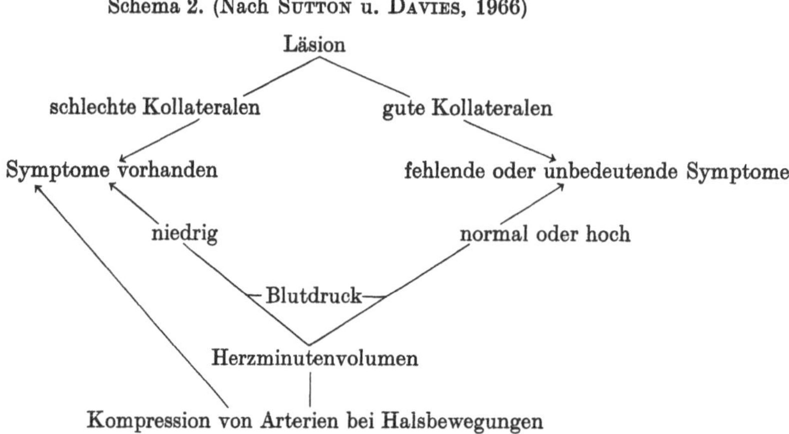

Von Bedeutung für das Ausmaß cerebraler Durchblutungsinsuffizienz ist zweifelsohne auch eine schnelle Entwicklung der Gefäßverlegung, insbesondere bei gleichzeitiger Einengung einer A. carotis, wie es häufig bei Lokalisation in der A. anonyma der Fall ist. Entwickeln sich jedoch bei langsamer Ausbildung des Krankheitsprozesses in der A. subclavia auch andere Kollateralgefäße, so fehlen meistens cerebrale Erscheinungen. Daraus erklären sich auch wohl die unterschiedlichen Angaben in der Literatur.

North, Fields, De Bakey und Crawford (1962) fanden bei 26 von 59 Patienten mit arteriosklerotischem Verschluß der A. subclavia proximal des Ursprungs der A. vertebralis keine cerebrovasculären Störungen, jedoch Zeichen einer Claudicatio intermittens in der entsprechenden oberen Extremität. In 9 Fällen mit nachgewiesener Basilarisinsuffizienz, die vor allem bei Gebrauch eines Armes in Erscheinung trat, handelte es sich zumeist um einen plötzlichen Verschluß der A. subclavia.

Mannick, Suter und Hume (1962), die 3 Fälle mit Rückströmung in der A. vertebralis beobachteten, diskutierten ebenfalls, ob nicht für die bei diesem Syndrom auftretenden cerebralen Störungen irgendwelche sonstigen Krankheitsprozesse der Hirngefäße verantwortlich seien.

Auch Cameron und Wright (1964) hielten das gleichzeitige Vorhandensein arteriosklerotischer Hirngefäßprozesse, insbesondere bei stark ausgeprägten cerebralen Symptomen, für wahrscheinlich.

Ein von Fischer und Mattey (1963) beschriebener Fall ließ Zeichen von Hirngefäßinsuffizienz vermissen.

Zu betonen ist, daß die Art der cerebralen Durchblutungsminderung allein noch keinen Rückschluß auf den Sitz arterieller Gefäßläsionen in bestimmten Aortenbogenarterien erlaubt. Tabelle 6 zeigt eine deutliche Korrelation zwischen klinischem Syndrom und radiologisch durch Aortenbogendarstellung gefundener Gefäßläsion nur bei der Karotisinsuffizienz (Sutton u. Davies, 1966).

Nicht selten kommt es zu Sehstörungen, die schon Takayasu (1908) auf Veränderungen der Aortenbogengefäße aufmerksam machten. Infolge länger bestehender Kreislaufstörungen entwickeln sich trophische Hornhauterosionen, Irisatrophien und Katarakte. Durch Verödung von Retinagefäßen können Netzhautatrophie und Amaurose entstehen.

Tabelle 6. Abhängigkeit klinischer Syndrome cerebraler Minderdurchblutung vom Sitz radiologisch nachgewiesener Gefäßläsionen. (Aortenbogendarstellung bei 330 Patienten mit cerebrovasculärer Symptomatik, SUTTON u. DAVIES, 1966)

Klinisches Syndrom	Radiologisch nachgewiesener Sitz der Läsion						
	Carotis	Verte-bralis	Sowohl als auch	Sub-clavian steal	Atherom ohne Ob-struktion oder Stenose	Ohne Befund	Ge-samt-zahl
	(%)	(%)	(%)	(%)	(%)	(%)	
Carotisinsuffizienz	42,1	9,5	6,0	2,3	18,0	22,1	88
Basilarisinsuffizienz	16,0	16,5	6,0	8,8	23,0	29,7	187
Caroticobasiläre Insuffizienz	17,3	19,2	25,0	13,5	7,7	17,3	54
Ischämie nur des Armes	—	—	—	—	—	—	1
Insgesamt	23,0	15,6	9,0	7,9	18,8	25,7	330

Aber auch flüchtige Sehstörungen sind beschrieben worden. FRØVIG und LØKEN (1951) nannten sie „visuelle Claudicatio", da sie besonders beim Gehen in Erscheinung treten soll. Zum Ausgleich der Mangeldurchblutung bilden sich nicht selten peripapillär arteriovenöse Anastomosen (SATO, 1938).

Seltener sind dagegen Störungen des Hörvermögens (MARINESCO u. KREINDLER, 1936; ROSS u. MCKUSICK, 1953). CAMERON und WRIGHT (1964) beschrieben einen Fall mit vorübergehenden Geruchshalluzinationen. Bei Minderdurchblutung eines oder beider externen Carotisäste können in den betroffenen Versorgungsgebieten Atrophien der Gesichtsmuskulatur auftreten. So beschrieben HARDERS und WENDEROTH (1955) bei einem 62jährigen Mann mit positivem Treponema pallidum-Immobilisationstest Enophthalmus durch Atrophie des Orbitalgewebes sowie Schwund der Temporalmuskulatur. In der Wand des Aortenbogens ließen sich röntgenologisch ausgedehnte Kalkeinlagerungen nachweisen, ebenso am Abgang der A. anonyma und der A. carotis communis sinistra.

Selbst über Knochen- und Knorpelnekrosen im Bereich des Gesichtes, Nasenseptumperforation, Haar- und Zahnausfall, abnorme Pigmentierung ist berichtet worden (CACCAMISE u. WHITMAN, 1952; ROSS u. MCKUSICK, 1953; WEIR u. KYLE, 1956). In der Kaumuskulatur treten mitunter abnorme Ermüdungserscheinungen auf („Claudicatio masticatoria" nach ASK-UPMARK, 1954).

Subclavia-Einengungen oder -verschlüsse haben im allgemeinen bei weitem nicht so schwere klinische Auswirkungen wie entsprechende Veränderungen an den Karotiden. Selbst bei komplettem Verschluß fehlen oft trophische Störungen an der Haut der betroffenen Extremität (PORSTMANN, 1960). Atrophien an Hand- bzw. Armmuskeln sind allerdings vereinzelt beobachtet worden (MARINESCO u. KREINDLER, 1936; MARTORELL u. FABRE, 1954). Auch können Parästhesien der Finger und Kältegefühl sowie Herabsetzung der groben Kraft in den Armen auftreten. Eine schmerzhafte Dyspraxie der Arme wurde von ASK-UPMARK (1954) erwähnt.

Von besonderer Bedeutung ist das *Symptom der „reversed coarctation"*, d.h. erniedrigter oder überhaupt nicht meßbarer Blutdruck an den Armen, während an den unteren Extremitäten eine ausgesprochene Hypertonie besteht (PANTER u. UEBERBERG, 1959). Dabei darf nicht außer acht gelassen werden, daß die Hypotonie lediglich die großen Arkusgefäße betrifft, während im linken Ventrikel und Aortenbogen ein Hypertonus besteht. VOLHARD (1950) konnte mit seinen Schülern LAMPEN und WADULLA (1950) nachweisen, daß dieser Hochdruck im wesentlichen auf einem Entzügelungsmechanismus beruht. Weiterhin werden als wichtige Faktoren beim Zustandekommen des Hochdrucks

Tabelle 7. *Klinische Symptome, Untersuchungsbefunde und Begleiterkrankungen beim Aortenbogensyndrom.*
Klinische Symptome beim „subclavian steal syndrome"

71 Patienten mit „subclavian steal syndrome" SANTSCHI et al. (1966)			21 Patienten mit Aortenbogensyndrom SCHMIDT et al. (1967)	
Brachiocephale Symptome			*Untersuchungsbefunde*	
Kopfschmerzen	—	90%	RR-Differenz > 25 mmHg	90%
Schwindelanfälle	63%	18%	Blutdruck:	
Synkopen	15%	62%	Hypertonie der „gesunden" Seite	62%
Sprachstörungen	16%	—	Hypotonie der „kranken" Seite	52%
Doppeltsehen	13%	—	AHG: Fundus scleroticus	72%
Paresen	—	14%	Fundus hypertonicus	17%
Extremitätenschwäche	37%	—	pathologisches EKG	90%
Hypersensitiver Carotissinusreflex	—	10%	Gefäßkalk	62%
Konzentrations- und Merkschwäche	—	38%	Cholesterin > 220 mg-%	59%
Sehstörungen	39%	—	*Begleiterkrankungen*	
Claudicatio visualis	—	76%	Zustand nach Apoplexie	24%
Gleichgewichtsstörungen	—	28%	Angina pectoris	62%
Schwerhörigkeit	3%	24%	Herzinfarkt	10%
Ohrensausen	—	28%	Hypertonie	62%
RR-Seitendifferenz	100%	100%	Nierenarterienstenose	10%
Schmerzen der oberen Extremitäten	—	76%	Einschränkung der Nierenfunktion	28%
Ruheschmerzen	21%	—	Periphere arterielle Durchblutungsstörungen	62%
Claudicatio intermittens	35%	—		
Ermüdbarkeit	—	48%	Thrombophlebitis	10%
Kältegefühl und Kraftlosigkeit	—	48%		
Kraftlosigkeit	25%	—		
Parästhesien	20%	52%		

angesehen: Verlust der Windkesselfunktion der Aorta durch die primäre Wanderkrankung, gleichzeitiger Befall der Nierenarterien mit Ausbildung eines Drosselungshochdruckes, Hypoxie der Blutdruckzentren als Ursache pressorischer Impulse (HARDERS u. WENDEROTH, 1955).

Als Folge der Hypertonie kann es mitunter auch zu *Störungen der Herztätigkeit* bzw. zu *Herzveränderungen* kommen, falls solche nicht schon durch die Primärerkrankung bedingt sind. Pektanginöse Beschwerden weisen auf Einbeziehung der Koronarostien in den Krankheitsprozeß hin.

Über den partiell verschlossenen *Aortenästen* treten nicht selten *systolische*, auch wohl *systolisch-diastolische* Geräusche auf, die aber von geringer diagnostischer Bedeutung sind. Echte Herzgeräusche liegen nur dann vor, wenn ein Primärleiden (z.B. Lues) Klappenveränderungen verursacht hat. Oft wird ein sog. *hypersensitiver Sinus caroticus-Reflex* gefunden (SHIMIZU u. SANO, 1951).

ASK-UPMARK (1954) hält eine periarterielle Narbenbildung im Bereich des Karotissinus für die Ursache von plötzlich auftretenden Kollapszuständen, durch die bei aufrechter Haltung oder Lagewechsel ein Zug auf den Sinus ausgeübt wird. Es kommt zum Blutdruckabfall, der bei Bestehen cerebraler Minderdurchblutung mit schwersten Kreislaufreaktionen einhergeht. Ähnliche Symptome treten nach Druckversuch des Sinus caroticus auf, mit dem MARTORELL und FABRE (1954) sowie MARINESCO und KREINDLER (1936) sogar Krampfanfälle bei Patienten mit Aortenbogensyndrom auslösten.

Tabelle 7 vermittelt einen Eindruck über die Häufigkeit brachiocephaler Symptome beim Aortenbogensyndrom und „subclavian steal syndrome" und über das Vorkommen pathologischer Untersuchungsbefunde und schwerwiegender Begleiterkrankungen beim Aortenbogensyndrom.

Die *klinische Differentialdiagnose* umfaßt vor allem die Symptome „Kopfschmerz" (nicht vasculäre Ursachen), „Synkope" (cerebrale Krampfanfälle, kardiogener und orthostatischer Kollaps), „Schmerzen im Hals-, Schulter- und Armbereich" (degenerative und entzündliche Veränderungen des Bewegungsapparates, neurogene Ursachen) und „Durchblutungsstörungen der oberen Extremitäten" (funktionelle arteriell und venös bedingte Durchblutungsstörungen).

Labordiagnostisch lassen sich spezifische Hinweise auf das Krankheitsbild nicht gewinnen. Häufig ist die Senkungsgeschwindigkeit der roten Blutkörperchen erhöht. Die Gesamteiweißmenge im Blut kann vermindert sein. Mitunter sind die einzelnen Eiweißfraktionen zugunsten der gamma-Globuline verschoben.

Schließlich ist noch erwähnenswert, daß in vielen Fällen *Gewichtsverlust* beobachtet wird.

c) Röntgendiagnostik

Zur Klärung des Krankheitsbildes sind Röntgenuntersuchungen unumgänglich (GREMMEL u. SCHULTE-BRINKMANN, 1963; GREMMEL, SCHULTE-BRINKMANN u. VIETEN, 1965).

Nicht selten sollen bereits auf *Übersichtsaufnahmen* Kalkablagerungen im Aortenbogenbereich sowie Rippenusuren infolge eines Kollateralkreislaufes zu erkennen sein. EDLING, NYSTRÖM und SELDINGER (1961) wiesen auf das häufige Vorkommen einer Vergrößerung des linken Ventrikels und einer Dilatation der Brustaorta hin. Im übrigen sind mittels Übersichtsaufnahmen Halsrippen oder tumorartige Veränderungen als Ursache einer Durchblutungsstörung auszuschließen oder zu bestätigen.

Eine Differenzierung des Krankheitsbildes bzw. eine genaue Lokalisation von Gefäßverschlüssen ist aber nur durch *Gefäßdarstellung* möglich (Abb. 42). Über die röntgenologische Erfassung des Aortenbogensyndroms durch Kontrastmitteldarstellung berichtete erstmalig WICKBOM 1957. Er benutzte ebenso wie SEGAL und BEREZOWSKI (1958) sowie SERVELLE, CHALUT, PÉPIN, GEORGE und CORNU (1960) die retrograde Aortographie von einer A. femoralis aus. Als Kontrastmittelmethoden bieten sich außer der Aortographie (nach percutaner Punktion einer A. femoralis, einer Armarterie oder einer A. carotis) die gezielte intravenöse Angiokardiographie, die Ventrikuloaortographie nach Direktpunktion des linken Ventrikels und die transseptale Lävographie an. Die selektive intravenöse Angiokardiographie reicht bei kräftigen Erwachsenen zu einer klärenden Kontrastmitteldarstellung der Aortenbogengefäße manchmal nicht aus. Die Ventrikuloaortographie ist für die Diagnostik wegen erhöhter Komplikationsgefahr nicht zu empfehlen. Als bevorzugte Untersuchungsmethode gilt die transfemorale Aortographie, zumal dabei auch die Möglichkeit besteht, die vom Aortenbogen abgehenden Gefäße einzeln zu sondieren und gezielt zu füllen (Abb. 43).

Eine transseptale Lävographie sollte bei Verdacht auf Aortenbogensyndrom nur dann vorgenommen werden, wenn Aortographie und Angiokardiographie keine Diagnose bringen.

Bei Vorliegen eines klassischen Subclavia-Vertebralis-Syndroms („subclavian steal syndrome") gelingt der röntgenologische Nachweis des Blutrückflusses am besten mittels thorakaler Aortographie nach Punktion einer A. femoralis und Hochschieben eines Katheters bis in die Aorta ascendens (Abb. 44). Nach Darstellung des Aortenbogens und der Bogengefäße sowie des Subclavia-Verschlusses kommt es über die von der durchgängigen A. subclavia abgehenden A. vertebralis und somit über die A. basilaris zu einer rückläufigen Füllung der auf der Stenoseseite gelegenen Vertebralarterie und schließlich der Subclavia distal des Verschlusses. Während der Kontrastmittelinjektion in die Aorta ascendens ist zunächst eine etwas höhere Bildfrequenz (ca. 3 Bilder/sec, 3—4 sec lang)

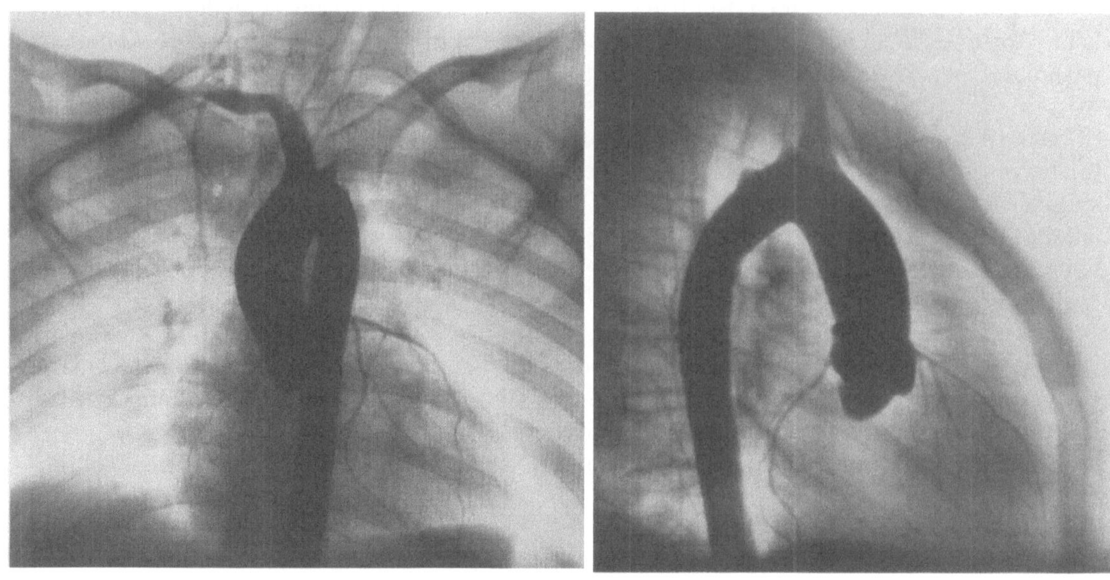

a   b

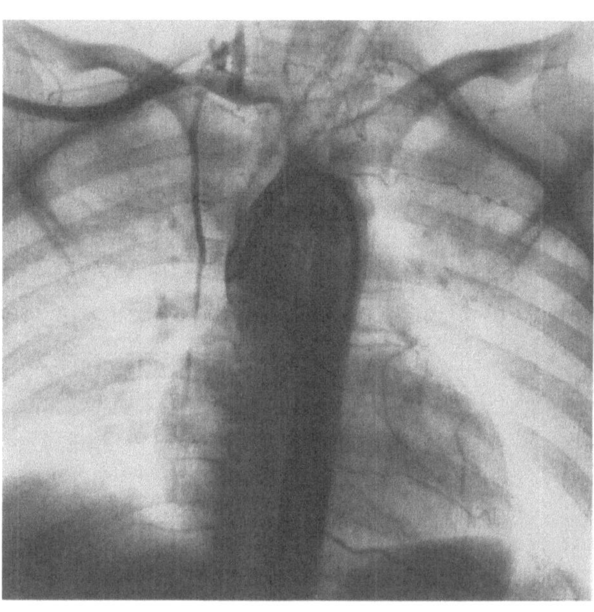

c

Abb. 42a—c. Aortenbogensyndrom durch Arteriitis. Transfemorale thorakale Aortographie. a u. b Aufnahmen in 2 Ebenen. Frühphase. Verschluß der Arteria carotis comm. dextra, Arteria carotis comm. sinistra und Arteria subclavia sinistra. c Sagittalaufnahme. Spätphase. Stenose im Verlauf der Arteria vertebralis dextra

und danach zur Erfassung des retrograden Rückflusses eine langsamere Frequenz (1 Bild/ sec) ausreichend. Die Gesamtaufnahmedauer sollte 10—15 sec betragen. Behindern stenosierende Prozesse eine Katheterisierung von der A. femoralis aus, kann eventuell eine transseptale Lävographie herangezogen werden.

Nicht brauchbar zur Feststellung eines Subclavia-Vertebralis-Syndroms („subclavian steal syndrome") ist eine selektive Darstellung eines Arkus-Gefäßes, da durch Druckinjektion des Kontrastmittels artefizielle Strömungsverhältnisse im betreffenden Gefäß geschaffen werden können.

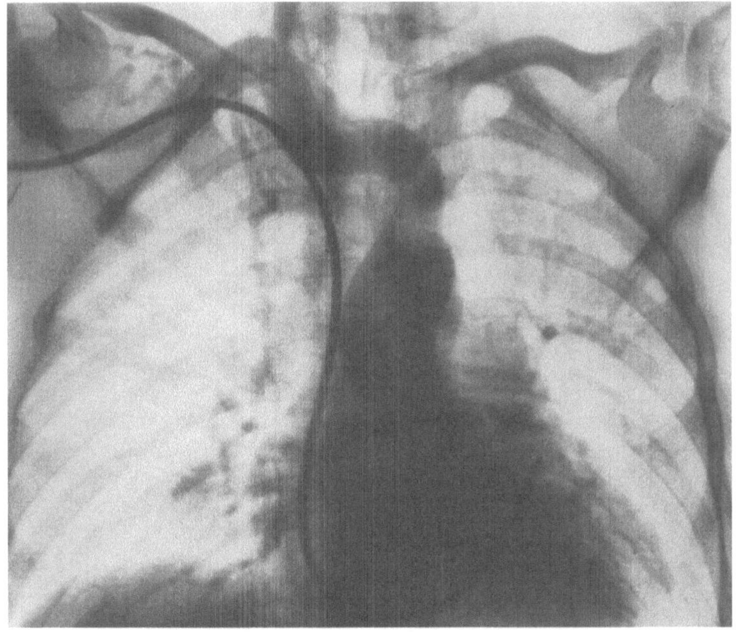

a

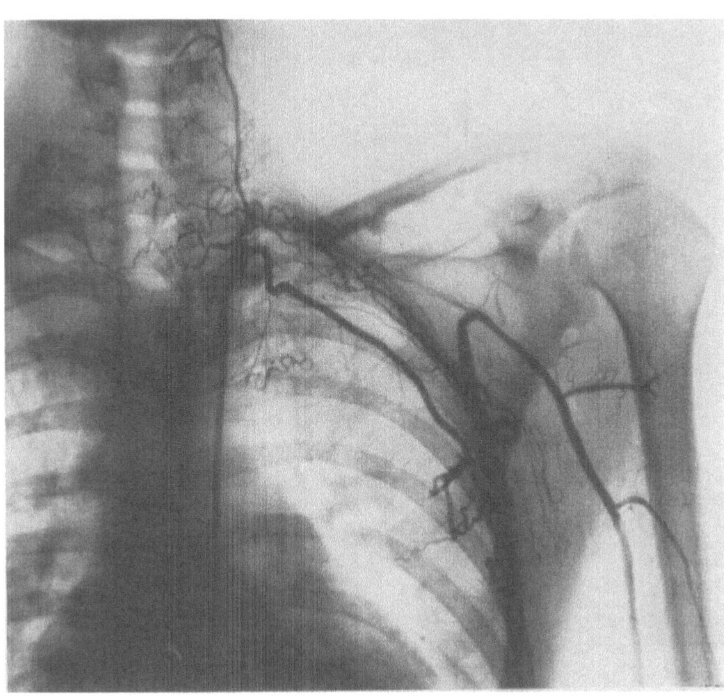

b

Abb. 43a u. b. Aortenbogensyndrom. a Gezielte Angiokardiographie. Spätphase. Verschluß der Arteria carotis comm. sinistra und Arteria subclavia sinistra. b Gezielte transfemorale Aortographie. Katheterspitze im Anfangsteil der stenosierten Arteria subclavia sinistra. Darstellung der Arteria axillaris sinistra über Kollateralen

Die *Therapie* des Aortenbogensyndroms soll nach Möglichkeit sowohl Ursachen als auch Folgen der Erkrankung beseitigen. Konservative Behandlungsmethoden allein (z.B. mit Antibiotika, Kortikosteroiden) haben nur selten Erfolg. Lediglich bei Vorliegen einer Lues wird eine antisyphilitische Kur in manchen Fällen helfen.

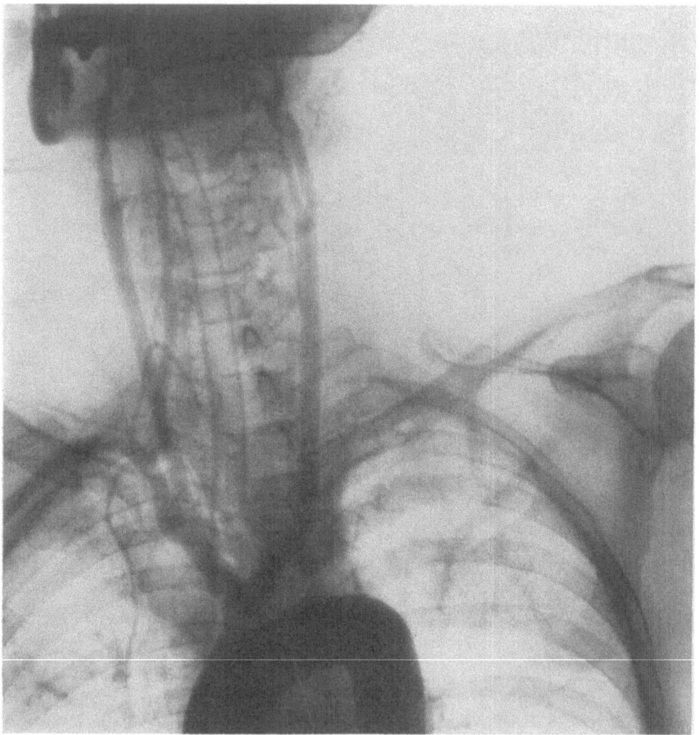

a

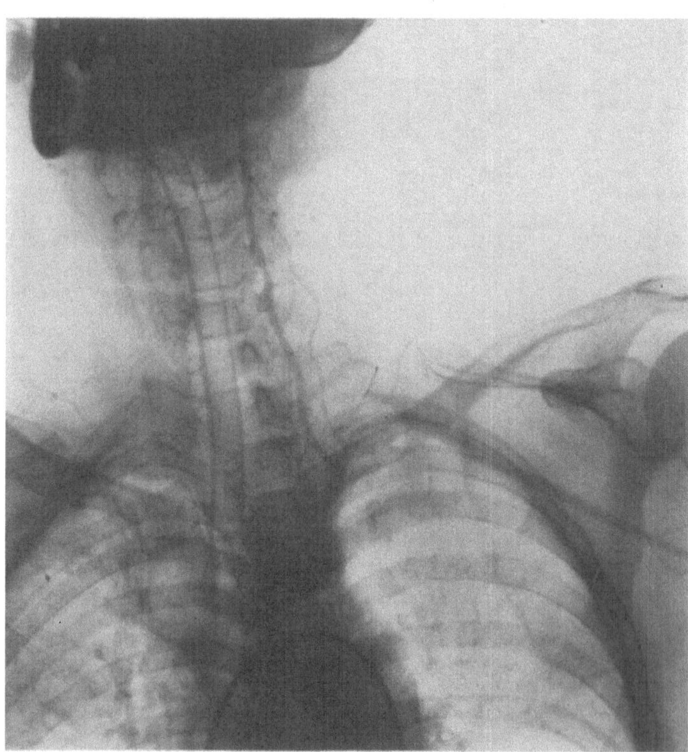

b

Abb. 44a u. b. „Subclavian" steal syndrome bei Abgangsanomalie am Aortenbogen. Transfemorale Aortographie. a Frühphase. Verschluß der Arteria subclavia sinistra. b Spätphase. Darstellung der Arteria subclavia sinistra

Fortgeschrittene, irreversible Gefäßverschlüsse können chirurgischer Behandlung zugeführt werden. Eingriffe am Sympathikus sind praktisch ohne bleibenden therapeutischen Effekt. Nach KREMER (1959) kommen als Operationsverfahren Beseitigung komprimierender Prozesse, Thrombendarteriektomien, freie Transplantationen und Umleitungsoperationen in Betracht. Er wies darauf hin, daß im allgemeinen (mit Ausnahme der Lues) nicht gezögert werden sollte, die Patienten einer sachgemäßen operativen Therapie bzw. restaurativen Gefäßoperation zuzuführen.

Bei Subclavia-Verschlüssen mit Subclavia-Vertebralis-Syndrom („subclavian steal syndrome") ist mitunter eine Unterbindung der A. vertebralis auf der Seite der Subclavia-Verlegung zu erwägen, um cerebrale Symptome zu beseitigen. Eine vorübergehende Zunahme der Durchblutungsstörungen in der betreffenden Extremität muß allerdings in Kauf genommen werden, so lange, bis sich genügend neue Anastomosen gebildet haben. Eine rechtzeitige Diagnosestellung und Einleitung einer konsequenten Therapie können die Prognose des Aortenbogensyndroms günstig beeinflussen (SCHMIDT, HEINE u. RASKOVIC, 1967).

Literatur

ABRAMS, W. B., GERE, J. B.: Arteriosclerosis of aorta. Arch. intern. Med. **100**, 283—289 (1957).

ABREU, M. DE: Essai sur une nouvelle radiologie vasculaire. Presse méd. (Paris) **33**, 1076—1078 (1925).

ADAMS, R.: Zit. nach THURLBECK, W. M., CURRENS, J. H.

AGEE, O. F.: Two unusual cases of subclavian steal syndrome; bilateral steal secondary to tumor thrombus. Amer. J. Roentgenol. **97**, 447—457 (1966).

AGGELER, P. M., LUCIA, S. P., THOMPSON, J. H.: A syndrome due to the occlusion of all arteries arising from the aortic arch: report of a case featured by primary thrombocytosis and autohemagglutination. Amer. Heart J. **22**, 825—834 (1941).

ALERGANT, C. D.: Sudden simultaneous arterial embolism involving all four limbs. Brit. med. J. **1954**, 86—87.

ALEX, M.: Rupture of aortic aneurysm into the superior vena cava. Amer. Heart J. **39**, 455—464 (1950).

ANDERSEN, D. H., SCHLESINGER, E. R.: Renal hyperparathyroidism with calcification of arteries in infancy. Amer. J. Dis. Child. **63**, 102—125 (1942).

ANSELL, B. M., BYWATERS, E. G. L., DONIACH, I.: The aortic lesion of ankylosing spondylitis. Brit. Heart J. **20**, 507—515 (1958).

ARMSTRONG, E. L., COGGIN, C. B., HENDRICKSON, H. S.: Spontaneous arteriovenous aneurysms of the thorax. A review of the literature, with a report of two cases. Arch. intern. Med. **58**, 298—317 (1939).

ASK-UPMARK, E.: On the "pulseless disease" outside of Japan. Acta med. scand. **149**, 161—178 (1954).

BARKER, N. W., EDWARDS, J. E.: Primary arteritis of the aortic arch. Circulation **11**, 486—492 (1955).

BARKER, W. F.: Syphilitic aortitis with obstruction of multiple aortic ostia. New Engl. J. M. **241**, 524—527 (1949).

BAUMGARTL, F.: Frische Verletzungen und Verletzungsfolgen am Herzen und an den großen herznahen Gefäßen. Langenbecks Arch. klin. Chir. **308**, 513—517 (1964).

BECKER, H.: Der typische supravalvuläre Aortenabriß bei Marfan-Syndrom. Z. Kreisl.-Forsch. **56**, 658—678 (1967).

BEKERMAN, C., TOUYA, E., PAEZ, A., FERRANDO, R., TOUYA, J. J., FERRARI, M.: La centellografía cardíaca con 113 m Indio en el diagnóstico de aneurisma de la aorta intratorácica. Tórax **17**, 248—252 (1968).

BENDA, C.: Aneurysma und Syphilis. Verh. dtsch. Ges. Path. **6**, 164—196 (1903).

BEVIN, A. G., ROJAS, R. H., STANSEL, H. C., JR.: Aneurysm of the ascending aorta causing obstruction of the left pulmonary artery. J. thorac cardiovasc. Surg. **52**, 245—248 (1966).

BIGELOW, W. G., BARNES, W. T.: Ruptured aneurysm of aortic sinus. Ann. Surg. **150**, 117—121 (1959).

BINET, J. P., LANGLOIS, J.: Traumatic ruptures of the thoracic aorta with healthy wall. J. Chir. (Paris) **82**, 607—641 (1961).

BJÖRK, L.: Angiographic technique in aortic aneurysms. Amer. J. Roentgenol. **100**, 353—354 (1967).

BLUMENTHAL, L. S.: Pathologic significance of ductus arteriosus; its relation to process of arteriosclerosis. Arch. Path. **44**, 372—379 (1947).

BOYD, G. S., NOBBE, F. P., SCHETTLER, F. G.: Plasma lipids and lipoproteins. In: Atherosclerosis, S. 531—564, von F. G. SCHETTLER u. G. S. BOYD (Hrsg.). Amsterdam-London-New York: Elsevier 1969.

BOYD, L. J., SCHERF, D. S.: Hypertension in aortitis. Urol. cutan. Rev. **46**, 169—173 (1942).

BRANWOOD, A. W., GLAZEBROOK, A. J.: Sarcoma of diaphragma with intraaortic metastasis. J. Path. Bact. **58**, 286—289 (1946).

BREDT, H.: Morphology. In: Atherosclerosis, S. 1—48, von F. G. SCHETTLER u. G. S. BOYD (Hrsg.). Amsterdam-London-New York: Elsevier 1969.

BRINDLEY, P., STEMBRIDGE, V. A.: Aneurysms of aorta; clinicopathologic study of 369 necropsy cases. Amer. J. Path. **32**, 67—82 (1956).

Bristow, J. D., Parker, B. M., Hang, W. A.: Hemopericardium following rupture of a bacterial aortic sinus aneurysm. Amer. J. Cardiol. 6, 355—358 (1960).

Broadbent, W. H.: Zit. nach Ross, R. S., McKusick, V. A.

Brock, L.: Long-term degenerative changes in aortic segment homografts, with particular reference to calcification. Thorax 23, 249—255 (1968).

Brugsch, Th.: Kardiologie. Lehrbuch der Herz- und Gefäßkrankheiten, 4. Aufl., Leipzig: Hirzel 1955.

Bruwer, A. J., Hodgson, C. H., Callahan, J. A.: Diseases of the heart and great vessels: thoracic roentgenographic manifestations. Amer. J. Roentgenol. 80, 264—296 (1958).

Bürger, M.: Die Herzstromkurve unter der Einwirkung intrapulmonaler Drucksteigerung. Das Elektrokardiogramm beim Valsalvaschen Versuch. Z. ges. exp. Med. 52, 321—337 (1926).

Bürgi, H., Moesch, H. R.: Rupturiertes Aneurysma des Sinus Valsalvae und Aneurysma dissecans bei zystischer Medianekrose der Aorta. Schweiz. med. Wschr. 90, 1311—1314 (1960).

Burchell, H. B.: Aortic dissection (dissecting hematoma, dissecting aneurysm of the aorta). Circulation 12, 1068—1079 (1955).

Burvill-Holmes, E.: A roentgen sign for saccular aneurysm of the thoracic aorta. Radiology 23, 449—454 (1934).

Bustamante, R. A., Milanes, B., Casas, M., De La Torre, A.: The chronic subclavian carotid obstruction syndrome (pulseless disease). Angiology 5, 479—485 (1954).

Caccamise, W. C., Whitman, J. F.: Pulseless disease. A preliminary case report. Amer. Heart J. 44, 629—633 (1952).

Cameron, D. J., Wright, I. S.: Subclavian steal syndrome with olfactory hallucinations. Ann. intern. Med. 61, 128—133 (1964).

Caplan, L., Furman, S., Bosniak, M., Robinson, G.: Right transaxillary thoracic aortography in the diagnosis of dissecting aneurysm. Amer. J. Roentgenol. 95, 696—702 (1965).

Carstensen, G.: Diskussion: Traumatische Aortenruptur. Langenbecks Arch. klin. Chir. 301, 681 (1962).

Carstensen, G.: Traumatische Aortenrupturen und ihre Begleitverletzungen. Hefte Unfallheilk. 81, 29—30 (1965).

Celis, A., Pacheco, C. R., Del Castillo, H.: Angiocardiographic diagnosis of mediastinal tumors, with special reference to aortic aneurysms. Radiology 56, 31—38 (1951).

Chapman, I.: Anatomic and clinical significance of calcification of the aortic knob visualized radiographically. Amer. J. Cardiol. 6, 281—286 (1960).

Chapman, I., Kwun, Ch., Vargha, Z.: Utilization of aortic knob calcification for radiographic localization. Exp. med. Surg. 19, 223—229 (1961).

Chiari, H.: Über die syphilitische Aortenerkrankung. Verh. dtsch. path. Ges. 6, 137—163 (1903).

Churg, J., Sakaguchi, H.: Vascular lesions in antikidney serum nephritis of the rat. Amer. J. Path. 47, 953—963 (1965).

Clawson, B. J., Bell, E. T.: The heart in syphilitic aortitis. Arch. Path. (Chic.) 4, 922—936 (1927).

Codington, J. B., Cowley, R. A.: Complete intrathoracic goiter simulating an aneurysm of the ascending aorta. J. Amer. med. Ass. 167, 461—463 (1958).

Cohen, H., Davie, T. B.: Bilateral obliteration of radial and carotid pulses in aortic aneurysm. Lancet 1933I, 852—855.

Cominotti, V.: Aneurysma der aufsteigenden Aorta mit Durchbruch in die obere Hohlvene. Wien. klin. Wschr. 14, 843—849 (1901).

Connolly, J. E., Utzinger, W., Smith, J. W.: The differentiation of aneurysm and mediastinal tumor. J. thorac. cardiovasc. Surg. 39, 640—648 (1960).

Contorni, L.: Il circolo collaterale vertebro-vertebrale nella obliterazione dell'arteria subclavia alla sue origine. Minerva chir. 15, 268—271 (1960).

Cooley, D. A., DeBakey, M. E.: Resection of entire ascending aorta in fusiform aneurysm using cardiac bypass. J. Amer. med. Ass. 162, 1158—1159 (1956).

Cornell, S. H.: Aneurysm of the ascending aorta simulating right atrial dilatation. Amer. J. Roentgenol. 107, 400—403 (1969).

Cramer, G. G., Amplatz, K.: Catheter position: an aid in diagnosis of dissecting aneurysm of the thoracic aorta. Amer. J. Roentgenol. 98, 836—839 (1966).

Curveilher, I.: Zit. nach Servelle, M., Chalut, J., Pépin, B., George, R., Cornu, C.

Dalith, F.: Calcification of the aortic knob: its relationship to the fifth and sixth embryonic aortic arches. Radiology 76, 213—222 (1961).

Daugherty, H. K., Sanger, P. W., Robicsek, F., Smith, D. R., Shariff, K.: Pseudocoarctation associated with aneurysm of the aortic arch. Angiology 17, 719—725 (1966).

d'Cruz, I. A., Kulkarni, T. P., Gandhi, M. J., Juthani, V. J., Murti, K.: Aortitis of unknown etiology. Angiology 21, 49—62 (1970).

DeBakey, M. E., Crawford, E. S., Cooley, D. A., Morris, G. C.: Successful resection of fusiform aneurysm of aortic arch with replacement by homograft. Surg. Gynec. Obstet. 105, 657—664 (1957).

Degeorges, M., Chiche, P., Caramanian, M.: Hématomes disséquants de l'aorte (Apropos de 21 observations anatomocliniques). Cœur Méd. Int. 1, 233—254 (1962).

Deneberg, M.: Sarcoidosis of the myocardium and aorta. A case report. Amer. J. clin. Path. 43, 445—449 (1965).

Dennis, E. W., Kinard, S. A., Jr., McCall, B. W., DeBakey, M. E., Howell, J. F., Garret, H. E.: Aneurysms of the aorta. A consideration of pre- and postoperative medical management. Progr. cardiovasc. Dis. 7, 544—564 (1965).

de Paula Pontes, A.: Artérias supra-aórticas. Rio de Janeiro 1963.

Derra, E., Baumgartl, F., Gremmel, H., Irmer, W.: Stumpfe Verletzungen der Aorta thoracalis. In: G. Maurer, Chirurgie im Fortschritt. Stuttgart: F. Enke 1965.

Díaz, M. P., Ballesteros, F. D.: Sindrome de Obliteracion de los troncos supraaorticos (Sindrome del cayado de la aorta). Angiología **15**, Supl. I, 1963.

Dinsmore, R. E., Rourke, J. A., De Sanctis, R. D., Harthorne, J. W., Austen, W. G.: Angiographic findings in dissecting aortic aneurysm. New Engl. J. Med. **275**, 1152—1157 (1966).

Dow, J., Roebuck, E. J., Cole, F.: Dissecting aneurysms of the aorta. Brit. J. Radiol. **39**, 915—927 (1966).

Dropmann, K.: Feingewebliche Umwandlung in der Aorta des Kaninchens nach AT 10-Fütterung und ihre Auswirkung auf die Funktion der Gefäßwand. Z. Kreisl.-Forsch. **55**, 1203—1218 (1966).

Dubb, A., Solomon, A.: Two cases of non-specific aortic arteritis presenting with nephrotic syndrome and systemic manifestation. S. Afr. med. J. **43**, 613—614 (1969).

Dunn, D. C., Lennox, S. C.: Aortitis presenting as mitral stenosis and aortic regurgitation. Thorax (Lond.) **24**, 112—117 (1969).

Durante: Zit. nach Reimers, H. F.

du Rietz, B., Lundström, N.-R.: Ruptured aneurysm of the aorta in a 12-year-old girl. Acta paediat. scand. **56**, 541—546 (1967).

Edling, N. P. G., Nyström, B., Seldinger, S. I.: Branchial arteritis in the aortic arch syndrome. A roentgen and differential diagnostic study. Acta radiol. (Stockh.) **55**, 417—432 (1961).

Eggen, D. A., Solberg, L. A.: Variation of atherosclerosis with age. Lab. Invest. **18**, 571—579 (1968).

Eisen, S., Elliot, L. P.: The roentgenology of cystic medial necrosis of the ascending aorta. Radiol. Clin. N. Amer. **6**, 437—449 (1968).

Elkeles, A.: Calcification of ascending aorta. Brit. J. Radiol. **31**, 420—423 (1958).

Eller, J. L., Ziter, F. M. H., Jr.: Avulsion of the innominate artery from the aortic arch. An evaluation of roentgenographic findings. Radiology **94**, 75—78 (1970).

Epstein, B. S.: Calcification of the ascending aorta. Amer. J. Roentgenol. **77**, 281—288 (1957).

Erdélyi, J.: Die Bedeutung der Röntgenuntersuchung der Aorta in der klinischen Diagnostik. Fortschr. Röntgenstr. **35**, 958—963 (1927).

Erdheim, J.: Medionecrosis aortae idiopathica. Virchows Arch. path. Anat. **273**, 454—479 (1929).

Farkas, G., Kálló, Á., Hódy, L., Miklós, G.: Über einen Fall von Weber-Christianscher Pannikulitis mit gleichzeitigem Aortenbogensyndrom. Z. Kreisl.-Forsch. **49**, 815—821 (1960).

Faulwetter, F.: Überstreckungsbruch der Wirbelsäule und Zerreißung von Aorta und V. cava. Mschr. Unfallheilk. **56**, 112—114 (1953).

Fernholz, H. J., Frik, W.: Über den Nachweis atheromatöser Veränderungen in der Aortenwand auf Thoraxaufnahmen als zusätzliches diagnostisches Kriterium für die Aortensklerose. Fortschr. Röntgenstr. **109**, 463—470 (1968).

Ferrané, J., Peuteuil, G., Brown, S.: Opacités thoraciques d'origine vasculaire. J. Radiol. Électrol. **42**, 310—326 (1961).

Fischer, E.: Lymphknotenvergrößerungen und -verkalkungen am Aortenbogen an der sogenannten Mostschen Nebenkette. Fortschr. Röntgenstr. **106**, 403—406 (1967).

Fischer, M. J., Mattey, W. E.: The subclavian steal syndrome. Amer. J. Roentgenol. **90**, 532—534 (1963).

Flaherty, T. T., Wegner, G. P., Crummy, A. G., Francyk, W. P., Hipona, F. A.: Nonpenetrating injuries to the thoracic aorta. Radiology **92**, 541—546, 557 (1969).

Fleischner, F.: Lagebeziehungen von Oesophagus und Aorta bei hochgradiger Erweiterung der Aorta. Fortschr. Röntgenstr. **41**, 289—290 (1930).

Frank, L., Worms, W.: Aortalgie und Angina pectoris. Dtsch. med. Wschr. **52**, 570—571 (1926).

Fráter, L.: Zwei besondere Fälle von Subclavian Steal Syndrom. Fortschr. Röntgenstr. **114**, 469—472 (1971).

Fray, W. W.: Roentgenologic diagnosis of coarctation of aorta (adult type). Amer. J. Roentgenol. **24**, 349—362 (1930).

Frederiksen, Th., Poulsen, Th.: Poststenotic aneurysms complicating coarctation of the aorta. Acta chir. scand. **121**, 13—18 (1961).

Freeark, R. J., Weinberg, M., Jr.: Recognition and management of diseases of the aorta. Med. Clin. N. Amer. **51**, 193—214 (1967).

Frøvig, A. G.: Bilateral obliteration of common carotid artery-thrombangitis obliterans? Acta psychiat. (Kbh.), Suppl. **39**, 3—79 (1946).

Frøvig, A. G., Løken, A. G.: The syndrome of obliteration of the arterial branches of the aortic arch due to arteritis. Acta psychiat. scand. **26**, 313—337 (1951).

Furman, R. H.: Endocrine Factors in Atherogenesis. In: Atherosklerosis, S. 375—454, von F. G. Schettler u. G. S. Boyd (Hrsg.). Amsterdam-London-New York: Elsevier 1969.

Furman, R. H., Kennedy, J. A., Daniel, R. A., Jr.: Coarctation of aorta complicated by dissecting aneurysm in pregnancy; report of case with survival, studied by arteriography. Amer. Heart J. **43**, 765—772 (1952).

Gander, G.: Un cas de tuberculose de la media de l'aorte. Schweiz. med. Wschr. **16**, 406—407 (1935).

Garusi, G. F., Donati, E.: Refoulement et compression de l'artère pulmonaire par des anévrismes de l'aorte ascendante. Ann. Radiol. **13**, Nr. 1—2, 65—83 (1970).

Gay, B. B., Walker, J. F.: Aneurysm of the innominate artery. Review of clinical and radiologic findings in 18 cases. Radiology **60**, 804—813 (1953).

Gerö, S.: Allergy and Autoimmune Factors. In: Atherosclerosis, S. 455—469, von F. G. Schettler u. G. S. Boyd (Hrsg.). Amsterdam-London-New York: Elsevier 1969.

Giacobine, J. W., Cooley, D. A.: Surgical treatment of aorticopulmonary fistula secondary to aortic arch aneurysm. J. thorac. cardiovasc. Surg. **39**, 130—136 (1960).

Giraud, G., Balmes, A., Chatton, P., Mirouze, J.: Intérêt de la tomographie dans un cas d'anévrisme de l'aorte thoracique descendante. J. Radiol. Électrol. **30**, 665—666 (1949).

408 E. Dühmke et al.: Erkrankungen der thorakalen Aorta (außer Fehlbildungen)

Goldberg, B. B., Lehmann, J. S.: Aortosonography: Ultrasound measurement of the abdominal and thoracic aorta. Arch. Surg. **100**, 652—655 (1970).

Gorman, J. F., Navarre, J. R., McLean, H.: Subclavian steal syndrome. Arch. Surg. **88**, 350—353 (1964).

Gostimirovich, D.: Estrogen effects on the aortic wall in young immature rabbits. Virchows Arch. path. Anat. **343**, 258—264 (1968).

Gotsman, M. S., Beck, W., Schrire, V.: Selective angiography in arteritis of the aorta and its major branches. Radiology **88**, 232—248 (1967).

Graeve, K.: Zum angiokardiographischen Bild des großen Aneurysmas der aufsteigenden Aorta mit einseitiger Beeinträchtigung des Lungenkreislaufes. Fortschr. Röntgenstr. **87**, 321—325 (1957).

Greendyke, R. M.: Traumatic rupture of aorta. Special reference to automobile accidents. J. Amer. med. Ass. **195**, 527—530 (1966).

Gregorio, L. A., Folle, J. A.: Ulceration of the aorta in the course of cancer of the esophagus. An. Fac. Med. Montevideo **45**, 227—234 (1960).

Gremmel, H.: Die Transversalschichtuntersuchung des Herzens und der großen Gefäße. Fortschr. Röntgenstr. **96**, 3—36 (1962).

Gremmel, H., Dühmke, E.: Röntgenologische Differentialdiagnose der Veränderungen an der thorakalen Aorta. Folia angiol. (Pisa) **20**, 153—164 (1972).

Gremmel, H., Löhr, H. H.: Thoraxtrauma. Radiologe **12**, 269—273 (1972).

Gremmel, H., Löhr, H. H., Loogen, F., Vieten, H.: Die Methoden der Kontrastmitteldarstellung des Herzens und der großen herznahen Gefäße. Radiologe **3**, 429—442 (1963).

Gremmel, H., Loogen, F., Vieten, H.: Kardiovaskuläre Befunde beim Marfan-Syndrom. Fortschr. Röntgenstr. **100**, 612—621 (1964).

Gremmel, H., Schulte-Brinkmann, W.: Das Aortenbogensyndrom. Fortschr. Röntgenstr. **99**, 144—167 (1963).

Gremmel, H., Schulte-Brinkmann, W., Vieten, H.: Les tumeurs neurogènes du mediastin. Ann. Radiol. **2**, 529—556 (1959).

Gremmel, H., Schulte-Brinkmann, W., Vieten, H.: Differentialdiagnostische Besonderheiten neurogener Mediastinaltumoren. Radiologe **3**, 37—42 (1963).

Gremmel, H., Schulte-Brinkmann, W., Vieten, H.: Das Subclavia-Vertebralis-Syndrom (Subclavian-Steal-Syndrome). Radiologe **5**, 231—235 (1965).

Gremmel, H., Schulte-Brinkmann, W., Vieten, H.: Röntgendiagnostik. In: Dringliche Thoraxchirurgie. Berlin-Heidelberg-New York: Springer 1967.

Gremmel, H., Vieten, H.: A propos de l'étude clinique et radiologique des tumeurs du thymus. Ann. Radiol. **4**, 669—690 (1961).

Gremmel, H., Vieten, H.: Röntgendiagnostik krankhafter Veränderungen des rechten Herz-Zwerchfell-Winkels. Z. Tuberk. **117**, 114—134 (1961).

Gremmel, H., Vieten, H.: Les anévrismes traumatiques de l'aorte thoracique. Roentgen-Europ. H. **3**, 13—24 (1962).

Gremmel, H., Vieten, H.: Strumpftraumatische Thoraxverletzungen. Röntgen-Bl. **19**, 65—75 (1966).

Griffiths, S. J. H.: Traumatic rupture of the aorta. Brit. J. Surg. **18**, 664—665 (1931).

Grosgogeat, Y., Roubelakis, G.: Action expérimentale de la nicotine sur la paroi aortique du lapin. Etude en microscopie optique et électronique. Path. et Biol. (Paris) **13**, 1140—1155 (1965).

Gruber, B. G.: Zum Kapitel der luischen Aortenerkrankungen und des plötzlich eingetretenen Todes. Zbl. Herz- u. Gefäßkr. **11**, 173—174 (1919).

Gsell, O.: Wandnekrosen der Aorta als selbständige Erkrankung und ihre Beziehung zur Spontanruptur. Virchows Arch. path. Anat. **270**, 1—36 (1928).

Gürich, H. G., Sack, K.: Mediaveränderungen der Aorta unter besonderer Berücksichtigung von Kollapszuständen. Untersuchungen an 121 Kaninchen sowie 441 menschlichen Aorten. Zbl. allg. Path. path. Anat. **112**, 244—273 (1969).

Gwathmey, O., Thompson, Ch. W.: Aneurysm formation in a homologous aortic graft in a human. J. thorac. Surg. **30**, 218—229 (1955).

Haas, J.: Die Endangitis tuberculosa aortae. Beitr. klin. Tuberk. **78**, 315—324 (1931).

Hachiya, J.: Current concepts of Takayasu's arteritis. Seminars Roentgen. **5**, 245—259 (1970).

Härtel, M.: Die Röntgendiagnostik des Aneurysma dissecans der Aorta. Schweiz. med. Wschr. **101**, 965—968 (1971).

Hanke, R.: Lymphknoten- oder Gefäßschatten am Aortenbogen? Eine Stellungnahme zur Arbeit von E. Fischer „Lymphknotenvergrößerungen und -verkalkungen am Aortenbogen an der sog. Mostschen Nebenkette" in Fortschr. Röntgenstr. **106**, 403 (1967). Fortschr. Röntgenstr. **108**, 197—204 (1968).

Harders, H., Wenderoth, H.: Das „Aortenbogensyndrom" mit Hypotonie der oberen und Hypertonie der unteren Körperhälfte (pulseless disease). Dtsch. Arch. klin. Med. **202**, 194—213 (1955).

Harrell, J. E., Manion, W. C.: Sclerosing aortitis and arteritis. Seminars Roentgen. **5**, 260—266 (1970).

Harris, M.: Dissecting aneurysm of the aorta due to giant cell arteritis. Brit. Heart J. **30**, 840—844 (1968).

Hart, F. D., Morgan, A., Lacey, B.: Brucella abortus endocarditis. Brit. J. Med. **1951**, 1048—1053.

Hause, W. A., Antell, G. J.: Arteriosclerosis in infancy. Arch. Path. **44**, 82—86 (1947).

Hayes, J. A., Woo-Ming, M. O.: Diffuse cystic medionecrosis and aortic thinning. Rupture at operation in a young man with a patent ductus arteriosus. Dis. Chest **48**, 645—648 (1965).

Heberer, G., Rau, G., Löhr, H. H.: Aorta und große Arterien. Berlin-Heidelberg-New York: Springer 1966.

Heinrich, F.: Aneurysma dissecans aortae. Med. Welt, N.F., **21**, 650—659, 661—662 (1970).

Heinrich, F.: Diagnose des Aneurysma dissecans aortae. Dtsch. med. Wschr. **96**, 698—699 (1971).

Heller, A.: Die Aortensyphilis als Ursache von Aneurysmen. Münch. med. Wschr. **46**, 1669—1671 (1899).

HERBIG, H., GANZ, P., VIETEN, H.: Die Mediastinaltumoren und ihre chirurgische Bedeutung. Ergebn. Chir. Orthop. **37**, 224—323 (1952).

HERXHEIMER, G.: Zur Ätiologie und pathologischen Anatomie der Syphilis. Ergebn. allg. Path. path. Anat. **11**, 1—309 (1907).

HEVELKE, G.: Die Angiochemie der Gefäße und ihre physiologischen Alterswandlungen. Verh. Dtsch. Ges. Kreisl.-Forsch. 24. Tag., 131—142 (1958).

HEYDEN, S.: Environmental Factors. In: Atherosclerosis, p. 587—631, von F. G. SCHETTLER u. G. S. BOYD (Hrsg.). Amsterdam-London-New York: Elsevier 1969.

HIRSCH, S.: Considérations sur la signification clinique actuelle de l'artériosclérose. Arch. Mal. Cœur **44**, 303—311 (1951).

HIRST, A. E., JR., JOHNS, V. J., JR., KIME, S. W., JR.: Dissecting Aneurysm of the aorta: A review of 505 cases. Medicine (Baltimore) **37**, 217—279 (1958).

HO, K.-J., MANALO-ESTRELLA, P., TAYLOR, C. B.: Female sex hormones. Effect on aortic acid mucopolysaccharides and atherosclerosis in rabbits. Arch. Path. (Chic.) **90**, 129—136 (1970).

HOCHREIN, M., SCHLEICHER, J.: Kritische Betrachtungen zur Entstehung und Behandlung der Atherosklerose. Med. Klin. **51**, 1691—1707 (1956).

HOLESH, S.: Dissecting aneurysm of the aorta. Brit. J. Radiol. **33**, 302—310 (1960).

HOLLE, G.: Über die Ursachen spontaner Aortenzerreißungen. Dtsch. Gesundh.-Wes. **1**, 440—444 (1946).

HOLZMANN, M.: Aneurysma dissecans der Brustaorta im Röntgenbild. Acta radiol. (Stockh.) **13**, 21—34 (1932).

HOREAU, J., ROBIN, C., NICOLAS, G.: Destruction vertébrale latente par un anévrisme de la crosse aortique. Arch. Mal. Cœur **53**, 1294—1298 (1960).

HOSODA, Y., SUZUKI, M.: Production of atherosclerosis in lathyric aortas of rats. Path. et Microbiol. (Basel) **35**, 267—279 (1970).

HOUSER, F. S., KLINE, E. M.: The early development of syphilitic aortitis. Ann. intern. Med. **27**, 827—829 (1947).

HUEPER, W. C.: Arteriosclerosis. Arch. Path. (Chic.) **39**, 117—118 (1945).

HUSEBYE, K. O., WOLFF, H. J., FREIDMAN, L. L.: Aortic dissection in pregnancy: a case of Marfan's syndrome. Amer. Heart J. **55**, 662—676 (1958).

HYMAN, J. B., EPSTEIN, F. H.: A study of the correlation between roentgenographic and postmortem calcification of the aorta. Amer. Heart J. **48**, 540—543 (1954).

IRMER, W., GREMMEL, H.: Mediastinaltumoren. Z. Tuberk. **113**, 303—312 (1959).

JACKMAN, J., LUBERT, M.: The significance of calcification in the ascending aorta as observed roentgenologically. Amer. J. Roentgenol. **53**, 432—438 (1945).

JAFFÉ, R. H.: Über die Häufigkeit der Aortenlues mit besonderer Berücksichtigung ihres Vorkommens bei der weißen und farbigen Rasse. Klin. Wschr. **10**, 2081—2083 (1931).

JOFFE, N.: Aortitis of abscure origin in the African. Clin. Radiol. (Edinb.) **16**, 130—140 (1965).

JOHNSTON, J. B., KIRKLIN, J. W., BRANDENBURG, R. O.: The treatment of saccular aneurysms of the thoracic aorta. Proc. Mayo Clin. **28**, 723—728 (1953).

JUZI, U.: Takayasusche Arteriitis mit Herzinfarkt. Schweiz. med. Wschr. **97**, 397—405 (1967).

KAMPMEIER, R. H.: Saccular aneurysm of the thoracic aorta. A clinical study of 633 cases. Ann. intern. Med. **12**, 624—651 (1938).

KAMPMEIER, R. H., NEUMANN, V. F.: Bilateral absence of pulse in the arms and neck in aortic aneurysm. Arch. intern. Med. **45**, 513—522 (1930).

KARHOFF, B.: Primärtumor der Aorta. Zbl. allg. Path. path. Anat. **89**, 46—47 (1952).

KATTUS, A. A., LONGMIRE, W. P., CANNON, J. A., WEBB, R., JOHNSTON, C.: Primary intraluminal tumor of the aorta producing malignant hypertension. New Engl. J. Med. **262**, 694—700 (1960).

KERSTEN, H. G., RAU, G., HÖFFKEN, W., HEBERER, G.: Das Anzapf-Syndrom der Arteria vertebralis bei Obliteration der Arteria subclavia im Abschnitt I (Subclavian steal syndrome). Med. Welt **1964**, 1526—1530.

KETTLER, L. H. (Hrsg.): Lehrbuch der speziellen Pathologie. Jena: Fischer 1970.

KIENBÖCK, R.: Zur röntgenologischen Differentialdiagnose der Aortenaneurysmen und Mediastinaltumoren. Fortschr. Röntgenstr. **34**, 849—873 (1926).

KIRSH, M. M., CRANE, J. D., KAHN, D. R., GAGO, O., MOORES, W. Y., REDMAN, H., BOOCKSTEIN, J. J., SLOAN, H.: Roentgenographic Evaluation of Traumatic Rupture of the Aorta. Surg. Gynec. Obstet. **131**, 900—904 (1970).

KIRSHBAUM, J. D.: Abdominal aortitis with stenosis (Takayasu's disease) and occlusive superior mesenteric arteritis associated with renal artery stenosis and hypertension. Case report and review of the literature. Amer. Heart J. **80**, 811—815 (1970).

KIS-VÁRDAY, G.: Aortenkalzifikationen im Kindesalter. Fortschr. Röntgenstr. **92**, 134—138 (1960).

KLEINMAN, L. A.: Recurrent bacterial endocarditis and aortitis with rupture of aorta. J. Amer. med. Ass. **173**, 38—39 (1960).

KLOTZ, O., SIMPSON, W.: Spontaneous rupture of the aorta. Amer. J. med. Sci. **184**, 455—473 (1932).

KNEIDEL, J. H.: A case of aneurysm of the ductus arteriosus with post-mortem roentgenologic study after instillation of barium paste. Amer. J. Roentgenol. **62**, 223—228 (1949).

KNUTSSON, F.: Dissecting aneurysm of the thoracic aorta. Acta radiol. (Stockh.) **51**, 273—277 (1959).

KOGOJ, FR.: Die Bedeutung der Reaktion nach NELSON und MAYER für die Diagnose und Therapie der Syphilis. Hautarzt **6**, 511—516 (1955).

KOMMERELL, B.: Blood coagulation. In: Atherosclerosis, S. 465—485, von F. G. SCHETTLER u. G. S. BOYD (Hrsg.). Amsterdam-London-New York: Elsevier 1969.

KOSTICH, N. D., OPITZ, J. M.: Ullrich-Turner syndrome associated with cystic medial necrosis of the aorta and great vessels. Case report and review of the literature. Amer. J. Med. **38**, 943—950 (1965).

Kotscher, E., Lobenwein, E.: Radiologischer Beitrag zur Diagnose der thorakalen Aortenaneurysmen. Wien. Z. inn. Med. **50**, 305—313 (1969).

Kottke, B. A., Fairbairn II, J. F., Davis, G. D.: Complications of aortography. Circulation **30**, 843—847 (1964).

Kozuka, T., Nosaki, T.: Aortic insufficiency as a complication of the aortitis syndrome. Acta radiol. Diagn. **8**, 49—53 (1969).

Kozuka, T., Nosaki, T., Sato, K., Ihara, K.: Aortitis syndrome with special reference to pulmonary vascular changes. Acta radiol. Diagn. **7**, 25—32 (1968).

Kozuka, T., Nosaki, T., Sato, K., Tachiiri, H.: Aneurysm associated with aortitis syndrome. Acta radiol. Diagn. **7**, 314—320 (1968).

Krafka, J.: Changes in the elasticity of the aorta with age. Arch. Path. (Chic.) **29**, 303—309 (1940).

Kremer, K.: Klinik und operative Behandlung des Aortenbogensyndroms (Takayasu-Krankheit). Thoraxchirurgie **7**, 334—342 (1959).

Kreuzfuchs, S.: Über eine neue Methode der Aortenmessung. Med. Klin. **16**, 36—39 (1920).

Kroeger, F. J.: Untersuchungen zur Angiitis bei Wegenerscher Granulomatose unter besonderer Berücksichtigung der Aorta und großen Arterienstämme. Zbl. allg. Path. path. Anat. **110**, 465—476 (1967).

Kühnert, A., Breining, H.: Untersuchungen zur Frage des Vorkommens sogenannter diffuser Verkalkungen der Aortenwand. Fortschr. Röntgenstr. **103**, 138—146 (1965).

Kunz, J., Hecht, A., Hegewald, H.: Morphologische und fermenthistochemische Untersuchungen der Aorta des Kaninchens nach lokaler Einwirkung von Sr^{90}—Y^{90}-Betastrahlen. Frankfurt. Z. Path. **74**, 293—306 (1965).

Laënnec, R.: Traité de l'auscultation médiate. Paris 1819, II, 411.

Lalich, J. J.: Aortic aneurysms in experimental lathyrism. Contributory factors. Arch. Path. (Chic.) **84**, 528—535 (1967).

Lampen, H., Wadulla, H.: Stenosierende Aortenlues unter dem klinischen Bilde einer „umgekehrten Isthmusstenose". Dtsch. med. Wschr. **75**, 144—147 (1950).

Le Melletier, J., Caulet, T., Diebold, J.: Perforation tuberculeuse de l'aorte thoracique descendente. Rev. Tuberc. (Paris) **29**, 458—463 (1965).

Lenk, R.: Zur Röntgendiagnose der Aneurysmen der Aorta descendens und der Aortenlues überhaupt. Fortschr. Röntgenstr. **30**, 134—138 (1922).

Levitan, L. H., Reilly, H. F., Jr.: Aortic sinus of valsalva calcification; a roentgen sign on the lateral chest film. Radiology **87**, 1074—1075 (1966).

Lewis, T., Stokes, J.: A curious syndrome with signs suggesting cervical arteriovenous fistula and the pulses of neck and arm lost. Brit. Heart J. **4**, 57—65 (1942).

Liebegott, G.: Über Aneurysmen bei Coarctatio aortae. Thoraxchirurgie **14**, 173—178 (1966).

Lindsay, St., Entenman, C., Ellis, E. E., Geraci, Ch. L.: Aortic arteriosclerosis in the dog after localized aortic irradiation with electrons. Circulat. Res. **10**, 61—67 (1962).

Lindsay, St., Kohn, H. I., Dakin, R. L., Jew, J.: Aortic arteriosclerosis in the dog after localized aortic X-irradiation. Circulat. Res. **10**, 51—60 (1962).

Lipchik, E. O., Robinson, K. E.: Acute traumatic rupture of the thoracic aorta. Amer. J. Roentgenol. **104**, 408—412 (1968).

Lodwick, G. S.: Dissecting aneurysms of thoracic and abdominal aorta; report of 6 cases with discussion of roentgenologic findings and pathologic changes. Amer. J. Roentgenol. **69**, 907—925 (1953).

Lodwick, G. S., Gladstone, W. S.: Correlation of anatomic and roentgen changes in arteriosclerosis and syphilis of the ascending aorta. Radiology **69**, 70—78 (1957).

Löhr, E., Haller, J.: Angiographische Darstellung von Aortenaneurysmen. Fortschr. Röntgenstr. **110**, 71—78 (1969).

Löhr, H. H., Gremmel, H., Loogen, F., Vieten, H.: Darstellung der Herzhöhlen, der Gefäßlumina und des Blutstroms. In: Handbuch der medizinischen Radiologie, Bd. X/1. Berlin-Heidelberg-New York: Springer 1969.

Loogen, F., Karytsiotis, J., Gremmel, H.: Zur Röntgensymptomatik der Aortenisthmusstenose. Radiologe **2**, 38—45 (1962).

Lopes de Faria, J.: Medionekrose der großen und mittelgroßen Arterien nach orthostatischem Kollaps des Kaninchens. Beitr. path. Anat. **115**, 373—404 (1955).

Loth, H.: Coarctatio aortae (Aortenisthmusstenose) mit Aneurysmabildung und peripherer Arteriosklerose. Beitr. path. Anat. **132**, 265—302 (1965).

Lubarsch, O.: Über die Fortschritte der pathologischen Anatomie der Syphilis. Zbl. Haut- u. Geschl.-Kr. **5**, 273—274 (1922).

Luckner, H., Scriba, K.: Über die hydropische und kardiovaskuläre Form der Beriberi und ihre Entstehung. Tierexperimentelle Untersuchungen zur Ätiologie der Beriberi. Dtsch. Arch. klin. Med. **194**, 396—433 (1949).

Ludin, H., Fernex, M., Scheidegger, S.: Aortographic demonstration of aortic dissection in a case of generalized giant cell arteritis. Radiologe **3**, 411—418 (1963).

Malm, J. R., Deterling, R. A.: Traumatic aneurysm of the thoracic aorta simulating coarctation. J. thorac. cardiovasc. Surg. **40**, 271—277 (1960).

Manalo-Estrella, P., Barker, A. E.: Histopathologic findings in human aortic media associated with pregnancy; a study of 16 cases. Arch. Path. (Chic.) **83**, 336—341 (1967).

Mangold, R., Roth, F.: Zur Kenntnis des Aortenbogensyndroms. Schweiz. med. Wschr. **84**, 1192—1194 (1954).

Mannick, J. A., Suter, C. G., Hume, D. M.: The "subclavian steal syndrome": a further documentation. J. Amer. med. Ass. **182**, 254—258 (1962).

Marinesco, G., Kreindler, A.: Oblitération progressive et complète des deux carotides primitives; accès épileptique; considérations sur le rôle des sinus carotidiens dans la pathogénie de l'accès épileptique. Presse méd. **44**, 833—836 (1936).

MARTIN, W. J., KIRKLIN, J. W., DuSHANE, J. W.: Aortic aneurysm and aneurysmal endarteritis after resection for coarctation. J. Amer. med. Ass. **160**, 871—874 (1956).

MARTLAND, H. S.: Syphilis of the aorta and heart. Amer. Heart J. **6**, 1—29 (1930).

MARTORELL, F.: Obliterationssyndrom der supraaortischen Äste. Med. Klin. **53**, 1357—1360 (1958).

MARTORELL, F.: The syndrome of obliteration of the supraaortic branches. Angiologia **11**, 301—343 (1959).

MARTORELL, F., FABRE, J.: The syndrome of obliteration of the supraaortic branches. Angiology **5**, 39—42 /1954).

MARTY, J., LAGARDE, C., PERROT, J., ESQUIROL, E.: Monstrueux anévrisme extériorisé de l'aorte. Presse méd. **68**, 1232—1234 (1960).

MECHAN, J. J., PASTOR, B. H., TORRE, A. V.: Dissecting aneurysm of the aorta secondary to tuberculous aortitis. Circulation **16**, 615—620 (1957).

MEINICKE, K.: Bedeutung der Treponema-Antigen-Antikörper-Reaktion für die Diagnose der Lues. Hautarzt **8**, 23—29 (1957).

MENGES, G.: Die Medionecrosis aortae idiopathica, Ursache eines Aneurysma dissecans. Bruns' Beitr. klin. Chir. **200**, 437—445 (1960).

MENZI, P.: Aortenruptur bei stumpfem Thoraxtrauma. Schweiz. med. Wschr. **93**, 563—565 (1963).

MERTEN, C. W., FINBY, N., STEINBERG, I.: The antemortem diagnosis of syphilitic aneurysm of the aortic sinuses. Amer. J. Med. **20**, 345—360 (1956).

MESZAROS, W. T.: Cardiac Roentgenology: Plain films and angiocardiographic findings. Springfield: C. C. Thomas 1969.

MEYER, R.: Mesaortitis luica mit ungewöhnlich ausgeprägter Aneurysmabildung. Z. Haut- u. Geschl.-Kr. **23**, 161—166 (1957).

MEYER, W. W.: Wiederauflösung von Kalkablagerungen bei Arteriosklerose. Virchows Arch. path. Anat. **317**, 414—429 (1949).

MEYER, W. W.: Über das normale und pathologische Gewicht der Aorta erwachsener Menschen in seiner Beziehung zur Arteriosklerose. Virchows Arch. path. Anat. **320**, 67—79 (1951).

MÖRL, H.: Spontanrupturen der Aorta unter besonderer Berücksichtigung der Medionecrosis aortae cystica idiopathica (GSELL-ERDHEIM). Zbl. allg. Path. path. Anat. **108**, 75—79 (1965).

MÖRL, H.: Kongenitale Aneurysmen der Sinus Valsalvae aortae. Z. Kreisl.-Forsch. **54**, 836—845 (1965).

MONTENEGRO, M. R., SOLBERG, L. A.: Obesity, body weight, body length and atherosclerosis. Lab. Invest. **18**, 594—603 (1968).

MOORE, J. E., DANGLADE, J. H., REISINGER, J. C.: Diagnosis of syphilitic aortitis uncomplicated by aortic regurgitation or aneurysm. Arch. intern. Med. **49**, 753—766 (1932).

MORGAGNI, G. B.: De sedibus et causis morborum. Venedig **1761**, 26. art., 21.

MORIN, G., BUCHET, R., HERNANDEZ, C., COMBES, A.: A propos d'un cas d'anévrisme érosif de l'aorte thoracique descendante. J. Radiol. Électrol. **38**, 564—566 (1957).

MOSKOWITZ, M., ZIMMERMAN, H., FELSON, B.: The meandering mesenteric artery of the colon. Amer. J. Roentgenol. **92**, 1088—1099 (1964).

MÜLLER, E.: Pathologische Anatomie der Koronarthrombose unter besonderer Berücksichtigung der Koronarsklerose und Atheromatose. Verh. dtsch. Ges. Kreisl.-Forsch. **21**, 3—22 (1955).

MUSSHOFF, K., EMMERICH, J.: Röntgendiagnostik des Herzens und der Gefäße: III. Aortenmaße, S. 116—151. In: Handbuch der medizinischen Radiologie, Bd. X, Teil 1, von L. DIETHELM, O. OLSSON, F. STRNAD, H. VIETEN u. A. ZUPPINGER (Hrsg.). Berlin-Heidelberg-New York: Springer 1969.

NAKAO, K., IKEDA, M., KIMATA, S., NIITANI, H., MIYAHARA, M., ISHIMI, L., HASHIBA, K., TAKEDA, Y., OZAWA, T., MATSUSHITA, S., KURAMOCHI, M.: Takayasu's arteritis. Clinical report of eighty-four cases and immunological studies of seven cases. Circulation **35**, 1141—1155 (1967).

NEIMAN, B. H., MARKS, M. B.: Productive aortitis with multiple aneurysms in a child. Amer. J. Dis. Child. **59**, 571—578 (1940).

NENCKI, L.: Zur Kenntnis der Primärtumoren der großen Gefäßstämme: über einen Fall von primärem Sarkom der Aorta abdominalis. Cardiologia (Basel) **10**, 1—24 (1946).

NEUBERT, B.: Die Gefäßveränderungen bei den verschiedenen Formen der Lungentuberkulose. Virchows Arch. path. Anat. **301**, 364—379 (1938).

NICHOLS, C. F.: A study of syphilis of the aorta and aortic valve area. Ann. intern. Med. **14**, 960—977 (1940).

NICHOLSON, R. E.: Syndrome of rupture of aortic aneurysm into the pulmonary artery; review of the literature with report of two cases. Ann. intern. Med. **19**, 286—325 (1943).

NIELSEN, N. C.: Dissecting aneurysm of the aorta. Acta med. scand. **170**, 117—127 (1961).

NIELSEN, N. C.: Aneurysma dissecans aortae. Nord. Med. **65**, 773—783 (1961).

NOLTE, F. A.: Über die Veränderungen der Herzform und -größe unter der Einwirkung intrapulmonaler Drucksteigerung. Fortschr. Röntgenstr. **56**, 20—22 (1937).

NORTH, R. R., FIELDS, W. S., DEBAKEY, M. E., CRAWFORD, E. ST.: Brachial-basilar insufficiency syndrome. Neurology (Minneap.) **12**, 810—820 (1962).

OHARA, I., TANNO, A.: Abnormal mediastinal shadows caused by the tortuous thoracic aorta. Amer. J. Roentgenol. **80**, 231—236 (1958).

OLIN, T.: Arterial complications in thoracic outlet compression syndrome. Acta radiol. (Stockh.) **56**, 97—112 (1961).

OPPENHEIMER, E. H.: Partial atresia of main branches of pulmonary artery occuring in infancy and accompanied by calcification of pulmonary artery and aorta. Bull. Johns Hopk. Hosp. **63**, 261—277 (1938).

PAIK, W. C. W., LALICH, J. J.: The relation of aortic intimal tears to thrombosis in rats fed beta-aminopropionitrile. Lab. Invest. **19**, 174—180 (1968).

Panter, K., Ueberberg, H.: Klinische und pathologisch-anatomische Untersuchungsergebnisse zum Aortenbogensyndrom (pulseless disease, maladie sans pouls). Dtsch. Z. Nervenheilk. **179**, 285—297 (1959).

Parmley: Zit. nach Binet, J. P., Langlois, J.

Parrott, J. C.: The subclavian steal syndrome. Arch. Surg. **88**, 661—665 (1964).

Pavlov, Z., Schischmanov, N., Sachariev, N.: Zur Ätiopathogenese des Aortenbogensyndroms und der Mondorschen Krankheit. Med. Welt **1965**, 2490—2491.

Payan, H., Blaustein, A.: Aneurysm of the ductus arteriosus. Report of a case. Amer. J. clin. Path. **44**, 449—452 (1965).

Peabody, G. E., Reader, G. G., Dotter, C. T., Steinberg, I., Webster, B.: Angiocardiography in the diagnosis of cardiovascular syphilis. Amer. J. med. Sci. **219**, 242—248 (1950).

Petit, N.: Zit. nach Servelle, M., Chalut, J., Pépin, B., George, R., Cornu, C.

Pfeiffer, J.: Aortensklerose bei 27jähriger Patientin als Folge einer D-Hypervitaminose. Fortschr. Röntgenstr. **84**, 255—256 (1956).

Pfeil, K.: Zur Entstehung der Spontanrupturen der Aorta. Z. Kreisl.-Forsch. **27**, 410—419 (1935).

Pfleiderer, Th.: Thrombosis. In: Atherosclerosis, S. 487—529, von F. G. Schettler u. G. S. Boyd (Hrsg.). Amsterdam-London-New York: Elsevier 1969.

Porstmann, W.: Die gezielte Angiographie der supraaortischen Äste als notwendige präoperative Maßnahme beim Aortenbogensyndrom. Fortschr. Röntgenstr. **93**, 735—745 (1960).

Poumailloux, M., Vernant, P.: Les anévrismes dissequants et la médianécrose de l'aorte. Arch. Mal. Cœur **43**, 481—510 (1950).

Pratesi, F., Capellini, M., Macchini, M., Nuti, A., Deidda, C., Caramelli, L.: The innominate steal. Vasc. Dis. (N.Y.) **5**, 214 225 (1968).

Price, J. E., Jr., Gray, R. K., Grollman, J. H., Jr.: Aortic wall thickness as an unreliable sign in the diagnosis of dissecting aneurysm of the thoracic aorta. Amer. J. Roentgenol. **113**, 710—712 (1971).

Qvigstad, G., Steinert, R.: Marked aortic calcification in a young woman. Amer. J. Roentgenol. **73**, 752—754 (1955).

Reich, L.: Das Röntgenbild und die orthodiagraphische Messung der Aorta im zweiten schrägen Durchmesser. Fortschr. Röntgenstr. **34**, 322—333, 472—481 (1926).

Reidemeister, J. Chr., Vogel, W.: Fortschritte und Diagnostik thorakaler Aortenaneurysmen. Langenbecks Arch. klin. Chir. **328**, 191—195 (1970).

Reimers, H. F.: Die Arteriopathia calcificans infantum. Z. Kreisl.-Forsch. **49**, 166—181 (1960).

Reivich, M., Holling, H. E., Roberts, B., Toole, J. F.: Reversal of blood flow through the vertebral artery and its effect on cerebral circulation. New Engl. J. M. **265**, 878—885 (1961).

Restrepo, C., Montenegro, M. R., Solberg, L. A.: Atherosclerosis in persons with selected diseases. Lab. Invest. **18**, 552—559 (1968).

Restrepo, C., Tejada, C., Correa, P.: Nonsyphilitic aortitis. Arch. Path. (Chic.) **87**, 1—12 (1969).

Reuter, K.: Über Spirochaeta pallida in der Aortenwand bei Hellerscher Aortitis. Münch. med. Wschr. **53**, 778—779 (1906).

Roberts, W. C., Wibin, E. A.: Idiopathic panaortitis, supraaortic arteritis, granulomatous myocarditis and pericarditis. A case of pulseless disease and possibly left ventricular aneurysm in the African. Amer. J. Med. **41**, 453—461 (1966).

Robertson, W. B., Strong, J. P.: Atherosclerosis in Persons with Hypertension and Diabetes Mellitus. Lab. Invest. **18**, 538—551 (1968).

Rosenberg, J. C.: Arteriographic demonstration of compression syndromes of the thoracic outlet. Sth. med. J. (Bgham, Ala.) **59**, 400—403 (1966).

Ross, R. S., McKusick, V. A.: Aortic arch syndromes: diminished or absent pulses in arteries arising from arch of aorta. Arch. intern. Med. **92**, 701—740 (1953).

Roth, L. M., Kissane, J. M.: Panaortitis and aortic valvulitis in progressive systemic sclerosis (scleroderma). Amer. J. clin. Path. **41**, 287—296 (1964).

Rotman, M., Seidenberg, B., Rubin, I., Botstein, Ch., Bosniak, M.: Aortic arch syndrome secondary to radiation in childhood. Arch. intern. Med. **124**, 87—90 (1969).

Rottino, A.: Medial degeneration of aorta; study of 210 routine autopsy specimens by serial block method. Arch. Path. **28**, 377—385 (1939).

Sailer, S.: Dissecting aneurysm of the aorta. Arch. Path. **33**, 704—730 (1942).

Sanborn, J. C., Heitzman, E. R., Makarian, B.: Traumatic rupture of the thoracic aorta. Roentgenpathological correlations. Radiology **95**, 293—298 (1970).

Sano, K., Aiba, T., Saito, I.: Angiography in pulseless disease. Radiology **94**, 69—74 (1970).

Santschi, D. R., Frahm, C. J., Pascale, L. R., Dumanian, A. V.: The subclavian steal syndrome. Clinical and angiographic considerations in 74 cases in adults. J. thorac. cardiovasc. Surg. **51**, 103—112 (1966).

Saphir, O., Gore, J.: Evidence for an inflammatory base of coronary arteriosclerosis in the young. Arch. Path. **49**, 418—426 (1950).

Sato, T.: Ein seltener Fall von Arterien-Obliteration. Klin. Wschr. **17**, 1154—1157 (1938).

Sawyers, J. L., Adams, J. E., Scott, H. W., Jr.: Surgical treatment for aneurysms of the aortic sinuses with aorticoatrial fistula. Surgery **41**, 26—42 (1957).

Schettler, F. G., Wollenweber, J.: Clinical aspects. In: Atherosclerosis, S. 633—672, von F. G. Schettler u. G. S. Boyd (Hrsg.). Amsterdam-London-New York: Elsevier 1969.

Schlesinger, H.: Die syphilitischen Erkrankungen des Herzens und der großen Gefäße. In: Handbuch der Haut- und Geschlechtskrankheiten, Bd. XVI, S. 272—383. Berlin: Springer 1931.

Schlichter, J. G.: Vascularization of the aorta in different species in health and disease. Amer. Heart J. **35**, 850—851 (1948).

Schmidt, C., Wagner, J. P., Witz, J. P.: Calcification aortique et angine de poitrine (Intérêt de la tomographie systématique). J. Radiol. Électrol. **41**, 315—316 (1960).

SCHMIDT, H., HEINE, H., RASKOVIC, M.: Klinik und Prognose des Aortenbogen-Syndroms. Münch. med. Wschr. 109, 777—783 (1967).

SCHMIDTMANN, M.: Vortr. Ref.: Zur Lipoidose der Aorta bei Infektionskrankheiten. 26. Tag. Dtsch. Path. Ges. 9.—11. 4. 1931, München.

SCHMITT, K.: Tuberkulöses Aneurysma der Aorta im Sinus Valsalvae. Z. Kreisl.-Forsch. 47, 393—397 (1958).

SCHULTE-BRINKMANN, W.: Aortenbogenaneurysma als Ursache einer „einseitig hellen Lunge". Fortschr. Röntgenstr. 112, 459—468 (1970).

SCHUMANN, H. J., AURICH, G.: Über Wandlungen der Mesaortitis luica am Sektionsgut. Zbl. allg. Path. path. Anat. 105, 145—151 (1963).

SCRIMSHAW, N. S., GUZMÁN, M. A.: Diet and atherosclerosis. Lab. Invest. 18, 623—628 (1968).

SEGAL, F., BEREZOWSKI, A.: Aortic arch syndrome. Amer. Heart J. 55, 443—449 (1958).

SERVELLE, M., CHALUT, J., PÉPIN, B., GEORGE, R., CORNU, C.: Thrombose des branches de la crosse aortique. Arch. Mal. Cœur 53, 1005—1017 (1960).

SHENNAN, T.: Dissecting aneurysms. Great Britain Privy Council. Med. Res. Council Spec. Rep. Series No. 193, 138. London: H.M.S.O. 1934.

SHIMIZU, K.: Takayasu's disease: a fluorescein angiographic study. Jap. J. Ophthal. 11, 23—35 (1967).

SHIMIZU, K., SANO, K.: Pulseless disease. J. Neuropath. clin. Neurol. 1, 37—47 (1951).

SHUFORD, W. H., SYBERS, R. G., WEENS, H. S.: Problems in the aortographic diagnosis of dissecting aneurysm of the aorta. New Engl. J. Med. 280, 225—231 (1969).

SILBERGLEIT, A., ARBULU, A., DEFEVER, B. S., NEDWICKI, E. G.: Tuberculous aortitis. Surgical resection of ruptured abdominal false aneurysm. J. Amer. med. Ass. 193, 333—335 (1965).

SILVERMAN, J. F., WEXLER, L.: Primary intraluminal tumor of the aorta; case report with preoperative angiographic diagnosis. Radiology 102, 581—582 (1972).

SKALKEAS, G., MAROUTSOS, N., BALAS, P. E., PAPACHRISTOS, CHR.: Kompletter Aortenbogenverschluß. Thoraxchirurgie 16, 271—274 (1968).

SKIPPER, E., FLINT, F. J.: Symmetrical arterial occlusion of the upper extremities, head and neck; a rare syndrome. Brit. med. J. 1952, 9—14.

SMELOFF, E. A., REECE, J. M., MASTERS, J. A.: Primary intraluminal malignant tumor of the aorta. Amer. J. Cardiol. 15, 107—110 (1965).

SMITH, J. C., SANCETTA, S. M.: Healed dissecting aneurysms of the aorta erroneously diagnosed paramediastinal effusion. Circulation 1, 792—796 (1950).

SOLOFF, L. A., ZATUCHNI, J., STAUFFER, H. M., TYSON, R. R.: Venous angiocardiographic diagnosis of acute dissecting hematoma of aorta (dissecting aneurysm). Arch. Surg. 76, 116—122 (1958).

SOLOWAY, M., MOIR, T. W., LINTON, D. S.: Takayasu's arteritis. Report of a case with unusual findings. Amer. J. Cardiol. 25, 258—263 (1970).

SOUTHWORTH, J. L., McKUSICK, V. A., PEIRCE, E. C., RAWSON, E. L., JR.: Ventricular fibrillation precipitated by cardiac catheterization; complete recovery of patient after 45 minutes. J. Amer. med. Ass. 143, 717—720 (1950).

SPIEKERMAN, R. E., McGOON, D. C.: Aneurysm of the ascending aorta with obstruction of the superior vena cava; report of case with resection using extracorporal circulation. Dis. Chest 37, 675—679 (1960).

STAEMMLER, M.: Die Kreislauforgane. In: Lehrbuch der speziellen pathologischen Anatomie von E. KAUFMANN, Bd. I/11 u. 12. Aufl. Berlin: W. d. Gruyter & Co. 1955.

STEIN, H. L., STEINBERG, I.: Selective aortography, the definitive technique, for diagnosis of dissecting aneurysm of the aorta. Amer. J. Roentgenol. 102, 333—348 (1968).

STEINBERG, I.: Aneurysms of the thoracic aorta. Review of diagnostic and etiologic features. Amer. J. Cardiol. 1, 736—747 (1958).

STEINBERG, I.: Calcified and dilated ascending aorta due to atheromatous occlusive disease simulating coarctation of the aorta. A report of a case and theory of pathogenesis. Amer. J. Roentgenol. 98, 840—843 (1966).

STEINBERG, I., DOTTER, C., PEABODY, G., READER, G., HEIMOFF, L., WEBSTER, B.: The angiocardiographic diagnosis of syphilitic aortitis. Amer. J. Roentgenol. 62, 655—660 (1949).

STEINBERG, I., FINBY, N.: Congenital aneurysm of the right aortic sinus associated with coarctation of the aorta and subacute bacterial endocarditis. New Engl. J. M. 253, 549—552 (1955).

STEINBERG, I., FINBY, N.: Clinical manifestations of the unperforated aortic sinus aneurysm. Circulation 14, 115—124 (1956).

STEINBERG, I., FINBY, N.: Roentgen manifestations of unperforated aortic sinus aneurysms. Amer. J. Roentgenol. 77, 263—273 (1957).

STEINBERG, I., STEIN, H. L.: Unsuspected dissection hematoma (aneurysm) and right coronary arterial occlusion following open-heart mitral valvulotomy; report of case. Amer. J. Roentgenol. 97, 422—427 (1966).

STILL, W. J. S.: The early effect of hypertension on the aortic intima of the rat, an electron microscopic study. Amer. J. Path. 51, 721—734 (1967).

STRASSMANN, G.: Traumatic rupture of the aorta. Amer. Heart J. 33, 508—515 (1947).

STRAUB, H.: Über die Veränderungen der Aortenwand bei der progressiven Paralyse. Verh. dtsch. Ges. Path. 2, 351—352 (1900).

STRONG, J. P., CORREA, P., SOLBERG, L. A.: Water hardness and atherosclerosis. Lab. Invest. 18, 620—622 (1968).

STRYKER, W. A.: Coronary occlusive disease in infants and in children. Amer. J. Dis. Child. 71, 280—300 (1946).

SUSSMAN, M. L.: Roentgen examination of the aorta and pulmonary artery. Amer. J. Roentgenol. 42, 75—81 (1939).

SUTTON, D., DAVIES, E. R.: Arch aortography and cerebro vascular insufficiency. Clin. Radiol. (Edinb.) 17, 330—345 (1966).

SWAINE: Zit. nach NIELSEN, N. C.

Szabó, J., Horváth, L.: Beiträge zur Struktur und dem Verschluß des Ductus Botalli. Zbl. allg. Path. path. Anat. **76**, 366—367 (1941).

Takayasu, M.: A case with peculiar changes of the central retinal vessels. Acta Soc. ophthal. jap. **12**, 554—555 (1908).

Tartulier, M., Tourniaire, A., Rambaud, B.: Syndrome de compression artérielle pulmonaire par ectasie aortique. Sem. Hôp. Paris **33**, 650—660 (1957).

Tawakkol, A. A., Bacos, J. M.: Acute aortic dissection. Experiences in a community hospital. Med. Ann. D. C. **34**, 569—573 (1965).

Tejada, C., Strong, J. P., Montenegro, H. R., Restrepo, C., Solberg, L. A.: Distribution of coronary and aortic atherosclerosis by geographic location, race, and sex. Lab. Invest. **18**, 509—526 (1968).

Telford, E. D., Mottershead, S.: Costoclavicular syndrome. Brit. med. J. **1947**, 325—328.

Templeton, J. Y., Johnson, R. G., Griffith, J. R.: Dissecting aneurysm of the thoracic aorta as a complication of catheter aortography: successful surgical treatment. J. thorac. cardiovasc. Surg. **40**, 209—214 (1960).

Teschendorf, W.: Lehrbuch der röntgenologischen Differentialdiagnose. Bd. I: Erkrankungen der Brustorgane, 4. Aufl. Stuttgart: Thieme 1958.

Thévenet, A., Vialla, M.: L'exploration angiographique des anévrismes artériels. Son intérêt chirurgical. J. Radiol. Électrol. **41**, 529—539 (1960).

Thies, W.: Veränderungen der Aortenmedia nach Tod im akuten Kollaps; ein Beitrag zum Problem der Medianekrosen der Aorta. Beitr. path. Anat. **116**, 461—477 (1956).

Thomas, E., Forbus, W. D.: Irradiation injury to the aorta and the lung. Arch. Path. **67**, 256—263 (1959).

Thomas, M. E., Garber, A. E.: Two cases of dissecting aneurysm of the aorta, with ante-mortem diagnosis. Amer. Heart J. **25**, 407—414 (1943).

Thurlbeck, W. M., Currens, J. H.: The aortic arch syndrome (pulseless disease). Circulation **19**, 499—510 (1959).

Töppich, G.: Über nicht thrombotischen Verschluß der großen Gefäßostien des Aortenbogens, insbesondere des Ostiums der Carotis commun. sin. Frankfurt. Z. Path. **25**, 236—260 (1921).

Torklus, D.: Die Arrosion der Wirbelsäule im dorsolumbalen Übergang durch Aortenaneurysma. Arch. orthop. Unfall-Chir. **52**, 117—121 (1960).

Trede, M., Vollmar, J.: Chronische Verschlüsse der supraaortalen Äste. Thoraxchirurgie **16**, 402—409 (1968).

Turner, A. F., Swenson, B. E., Jacobson, G., Kay, J. H.: Kinking or buckling of the aorta; case report with complication of aneurysm formation. Amer. J. Roentgenol. **97**, 411—415 (1966).

Vesalius, A.: Zit. nach Nielsen, N. C.

Victorica, B. E., van Mierop, L. H. S., Elliot, L. P.: Right aortic arch associated with contralateral congenital subclavian steal syndrome. Amer. J. Roentgenol. **108**, 582—590 (1970).

Vieten, H., Gremmel, H.: Transversalschicht-Darstellung des Herzens bei angeborenen und erworbenen Fehlern des Herzens und der großen Gefäße. In: Atti 5. Corso Internazionale sulla Tomografia, Genova 22.—29. 9. 63. S. 55—62. Torino: Minerva Medica.

Volhard, F.: Besondere Fälle von Hochdruck. Neue med. Welt **1**, 3—8 (1950).

Volini, F. J., Olfield, Ch., Jr., Thompson, R., Kent, G.: Tuberculosis of the aorta. J. Amer. med. Ass. **181**, 78—83 (1962).

Vollmar, J., El Bayar, M., Kolmar, D., Pfleiderer, T., Diezel, P. B.: Zerebrale Durchblutungsinsuffizienz bei Verschlußprozessen der Arteria subclavia („Subclavian steal effect"). Dtsch. med. Wschr. **90**, 8—14 (1965).

Vulpescu, S., Steinbach, M., Marinescu, C., Vlădăreanu, M.: Comparative x-ray study of thoracic and abdominal aortic atheromas. Rev. roum. Méd. int. **7**, 173—178 (1970).

Vuorinen, P.: Results of thoracic aortography in examination of the brachiocephalic circulation. Report of a series of 102 aortographies. Radiol. clin. biol. (Basel) **34**, 377—385 (1965).

Wanner, A.: Experimentelle Aortalipoidose und renale Hypertonie der Ratte. Die Bedeutung der Schilddrüsen- und Gonadenfunktion. Path. et Microbiol. (Basel) **29**, 785—799 (1966).

Waser, P.: Die miliare Aortentuberkulose; Betrachtungen anhand einer Miliartuberkulose mit tuberkulöser Lebercirrhose. Schweiz. Z. Path. **11**, 29—41 (1948).

Weinberg, T., Beissinger, H. F.: Syphilitic gummatous aortitis as cause of coronary artery ostial stenosis and myocardial infarction; report of a case. Amer. Heart J. **32**, 665—669 (1946).

Weir, A. B., Kyle, J. W.: "Reversed coarctation", review of pulseless disease and report of a case. Ann. intern. Med. **45**, 681—691 (1956).

Weise, W.: Medianekrosen, eine Untersuchung am laufenden Sektionsmaterial. Beitr. path. Anat. **93**, 238—278 (1934).

Weiss, E.: Calcification plaque of the aorta at the entrance of a patent ductus arteriosus: a point in diagnosis. Amer. Heart J. **7**, 114—115 (1931).

Wickbom, I.: Arteriography in brachiocephalic arteritis (pulseless disease or the Takayasu syndrome). Acta radiol. (Stockh.) **48**, 321—329 (1957).

Wilens, S. L.: Relationship of chronic alcoholism to atherosclerosis. J. Amer. med. Ass. **135**, 1136—1139 (1947).

Wilson, R.: Studies in syphilitic cardiovascular disease: uncomplicated syphilitic aortitis, an asymptomatic disease. Amer. J. med. Sci. **194**, 178—185 (1937).

Wolff, K.: Unbekanntes Krankheitsbild der Säuglingsaorta. Klin. Wschr. **11**, 1366—1367, 2092—2093 (1932).

Wolfmüller, H.: Generalisierte Riesenzellarteriitis mit Aortenruptur. Beitr. path. Anat. **135**, 1—20 (1967).

Wolpert, S. M., Patel, P. L.: Primary arteritis of the aorta. Vasc. Dis. (N.Y.) **3**, 320—331 (1966).

Wyckoff, J., Lingg, C.: Statistical studies bearing on problems classification of heart disease; etiology in organic heart disease. Amer. Heart J. 1, 446—470 (1926).

Yampolsky, J., Powel, C. C.: Syphilitic aortitis of congenital origin in young children. Amer. J. Dis. Child. 63, 371—389 (1942).

Zdansky, E.: Röntgendiagnostik des Herzens und der großen Gefäße, 3. Aufl. Wien: Springer 1962.

Zehnder, M. A.: Zerreißfestigkeit und Elastizität der Aorta. Beitrag zur traumatischen Aortenruptur. Schweiz. med. Wschr. 85, 203—208 (1955).

Zeitlhofer, F., Holzner, J. H., Krepler, P.: Primäres Fibromyxosarkom der Aorta. Krebsarzt 18, 259—269 (1963).

Zeldenrust, J.: Traumatische aortaruptuur bij verkeersongevallen. Ned. T. Geneesk. 106, 464—530 (1962).

Zerpa, F., Hirschhaut, E., Ferrer, A., Capriles, M. A., Dubois, E.: Takayasu's disease (primary aortitis): report on two cases in children. Pediatrics 38, 637—641 (1966).

C. Erkrankungen der Venen im Mediastinum

Von

H. Anacker

Mit 28 Abbildungen

Die Aufgabe der Venen, den Rücktransport des Blutes zum Herzen zu gewährleisten, gewinnt im Mediastinum eine besondere Bedeutung. Hier ist der Ort, wo das gesamte Blut aus der oberen und unteren Körperhälfte in je einer großen Sammelvene, der V. cava superior (cranialis) und der V. cava inferior (caudalis), zusammenfließt, um durch sie unmittelbar in das Herz einzuströmen. Erkrankungen der Venen werden um so schwerwiegender, ja lebensbedrohlich sein, je näher sie dem Herzen liegen, und je stärker herznahe Venen betroffen werden. Venen können primär oder sekundär, durch Übergreifen von Nachbarschaftsprozessen erkranken. Der sekundäre Befall ist gerade im Mediastinum sehr häufig, in jenem Raum, der ventral und dorsal durch die knöcherne Brustwand unnachgiebig, seitlich durch die Pleurablätter und Lungen und unten durch das Zwerchfell nur mäßig verschieblich begrenzt ist.

Beurteilung und Verständnis krankhafter Veränderungen erfordern immer die Kenntnis des Normalen. Es sei daher eine Schilderung der normalen Anatomie und des normalen Röntgenbildes der Venen im Mediastinum vorangestellt. Venen sind Leitungsbahnen. Die Besprechung eines ihrer Abschnitte hat daher immer die Verhältnisse der Nachbarschaft zu berücksichtigen. Aus dem gleichen Grunde ist hier eine Unterteilung in ein vorderes, hinteres, oberes oder unteres Mediastinum unzweckmäßig.

I. Die Venen im Mediastinum, ihre Nachbarschaftsbeziehungen und ihre Darstellungsmethoden

Die Venen im Mediastinum haben wie fast alle Venen des Körperstammes eine funktionell bedeutsame Eigenart, die sie von den Venen der Extremitäten unterscheidet: Sie besitzen keine Klappen. Dadurch ist eine Umkehr des Blutstromes in allen diesen Venen möglich, was namentlich bei pathologischen Zuständen ausgenutzt wird. Eine Ausnahme bildet nur die V. azygos, die in 24,1 % der Fälle 2—3 cm vor ihrer Einmündung in die V. cava superior eine Klappe besitzt (BÜCHELER). Unter physiologischen Bedingungen wird die Strömungsgeschwindigkeit vom Anfangsdruck im Quellgebiet, d.h. vom Capillardruck, vom Sog bei der Inspiration und vom Widerstand des Herzens geregelt; auch die Verdauungstätigkeit übt einen Einfluß auf die Strömung in den Mediastinalvenen aus.

Normalerweise beträgt der Ruhedruck in der V. cava superior um 0 mm H_2O, er ändert sich beim Ein- und Ausatmen und steigt beim Valsalva auf 40—50 mm H_2O an (JUNGE). Die großen herznahen Venen sind von nervalen Reizen weniger beeinflußbar als die peripheren Venen. Die erste Venenklappe — bzw. der Strombahn entsprechend — die letzte befindet sich in der V. subclavia an der Mündung der V. jugularis externa (JUNGE). Nur ausnahmsweise findet sich an der Cavamündung der V. azygos (V. thoracica longitudinalis dextra) eine Klappe, die meist so angeordnet ist, daß die Strömung in die V. cava superior gerichtet ist. Im weiteren Verlauf der V. azygos finden sich häufig bis zu vier Klappen (GRUBER), sie sind aber in den meisten Fällen insuffizient. Kleine suffiziente Klappen finden sich dagegen an den Einmündungen der Vv. intercostales in die V. azygos.

Die ersten Venen, die dem kranial weder anatomisch noch röntgenologisch scharf abgegrenzten Mediastinum zugehören, sind die Vv. anonymae (Vv. brachiocephalicae). Sie nehmen das Blut aus den Armen, der Schulterregion und aus der rechten bzw. linken

Halsseite auf. Die rechte V. anonyma ist etwa 1,5 cm breit und 2—3 cm lang. Sie verläuft von der Höhe des Schlüsselbeins fast senkrecht nach unten und nur ganz leicht nach links bis zur Vereinigungsstelle mit der linken V. anonyma, die meist in Höhe des ersten Intercostalraums lateral vom rechten Sternalrand zu suchen ist. Die linke V. anonyma ist etwas schmäler und 5—7 cm lang. Sie verläuft vom sternalen Ende des linken Schlüsselbeins wesentlich flacher als die rechte V. anonyma hinter, manchmal vor dem Thymus nach unten zum Zusammenfluß zur V. cava superior. Der Winkel, den beide Vv. anonymae miteinander bilden, beträgt durchschnittlich 70—75°. Er verbreitert sich bei Zwerchfellhochstand und verkleinert sich im Stehen auf 60° (Gvozdanović und Oberhofer). Die V. cava superior ist knapp 2 cm breit und etwa 5 cm lang, wovon 3 cm intraperikardial liegen (v. Hayek, Kjellberg). Sie beschreibt auf ihrem Wege zum rechten Vorhof einen flachen rechtskonvexen Bogen, da sie dem Aortenbogen eng angelagert ist. An der Kreuzung mit der rechten A. pulmonalis verbreitert sie sich leicht (Roberts, Dotter und Steinberg). Venographische Ausmessungen über die Größenverhältnisse der Vv. anonymae und der V. cava superior haben Roberts, Dotter und Steinberg an Hand von 150 Angiokardiogrammen von normalen Untersuchungspersonen bei einem Focus—Filmabstand von 72 inch vorgenommen:

Tabelle 1

Vene	Durchschnitts-alter in Jahren	Länge mm	Breite mm
V. anonyma dextra	45,7	46 (20—70)	9,5 (5—17)
V. anonyma sinistra	48,0	72 (45—92)	11,7 (5—18)
V. cava superior	46,6	77 (42—120)	14,8 (8—20)

Von der V. cava inferior (caudalis) liegt nur ein etwa 2—3 cm langes Stück intramediastinal, wovon etwa die Hälfte vom Herzbeutel umfaßt ist (Kjellberg).

Auf dem *Nativröntgenbild der Lunge*, und zwar hauptsächlich auf dem Hartstrahlbild sind nur diese, die größten Mediastinalvenen als randbildende Elemente des Mediastinalschattens bzw. des Gefäßbandes zu erkennen, und zwar häufig, aber nicht regelmäßig. Die rechte V. anonyma bildet den rechten oberen, konkaven Rand des Gefäßbandes. Da sie sich über den mediastinalen Lungenrand legt, ist sie häufig „weggeleuchtet". Der konkave Rand der rechten V. anonyma setzt sich in den flachkonvexen oder geraden, senkrecht verlaufenden Rand der V. cava superior kontinuierlich fort. Die Einmündung der V. cava superior in den rechten Vorhof in Höhe der 3. Rippe ist an einer leichten Einkerbung des Herzschattens zu erkennen. Die V. cava inferior erscheint nur bei tiefstehendem Zwerchfell unterhalb des rechten Vorhofbogens als kurzer, vertikal zum Zwerchfell verlaufender Schattenrand. Gelegentlich werden an ihrer Stelle die Vv. hepaticae randbildend. In diesem Fall verläuft der Schattenrand stärker nach rechts. Die linke V. anonyma ist auf der linken Seite, und zwar nur im obersten Abschnitt des Gefäßbandes, als schräg von oben links nach unten rechts verlaufender Schattenrand sichtbar. Sie kreuzt dabei die linke A. subclavia, die ihrerseits unmittelbar oberhalb des Aortenknopfes als kurzer senkrecht verlaufender Schatten randbildend wird. Von der V. azygos stellt sich auf dem Nativbild der Lunge nur die Stelle ihrer Einmündung in die V. cava superior dar. Sie erfolgt in sagittaler oder schräg caudaler Richtung und wird daher im sagittalen Strahlengang orthograd oder schräg getroffen. Die Einmündung stellt sich in Abhängigkeit vom Zwerchfellstand als tropfenförmiger (20%, Swart), als halbkreisförmiger (63%, Swart), als kreisrunder oder als ovaler (5%, Swart) Schatten an typischer Stelle im Winkel zwischen Trachea und rechtem Hauptbronchus dar. Nach den Untersuchungen Swarts ist ihr querer Durchmesser normalerweise im Sitzen im Mittel 6,8 mm und im Liegen 15,9 mm stark. Beim *Valsalva* und im Inspirium ist der Durchmesser größer als im Sitzen. Am weitesten ist das Gefäß im Exspirium und in Kopf-

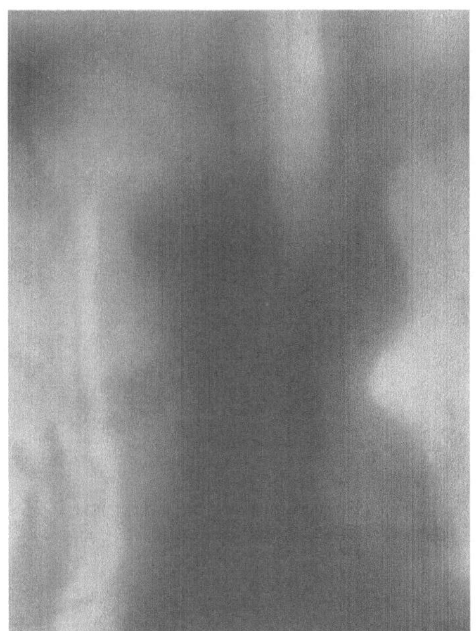

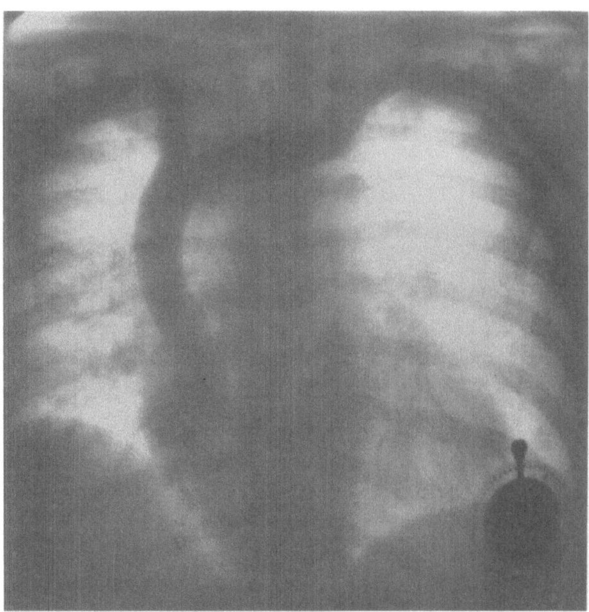

Abb. 1   Abb. 2

Abb. 1. Gute Abgrenzbarkeit von vergrößerten rechtsseitigen paratrachealen Lymphknoten gegen die normal weite V. azygos im Schichtbild

Abb. 2. Normales mediastinales Phlebogramm nach Kontrastmittelinjektion in beide Ellenbeugenvenen

tieflage. Der Längsdurchmesser des Azygoschattens an der Einmündung kann bis zu 25 mm betragen. Unter Verwendung der Hartstrahltechnik konnten FLEISCHNER und UDIS das Gefäß auf $^2/_3$ ihrer Thoraxaufnahmen erkennen.

Bei der *Schichtuntersuchung* im sagittalen Strahlengang sind die genannten Venen besser abzugrenzen bzw. auf längerer Strecke zu verfolgen (BOGSCH, CONDORELLI). Die Einmündung der V. azygos stellt sich am besten auf dem Schichtbild in der Tiefe der Trachealebene dar (HENNINGSEN, BUKKE und GOLDBERG; DAHM, MÜLLER-KEMLER, SWART u. a.). Durch ihre gute Abgrenzbarkeit im Schichtbild ist oft eine Unterscheidung von einem vergrößerten Azygoslymphknoten möglich (Abb. 1). Auch das Tiefertreten der V. azygos beim Valsalvaschen Versuch kann differentialdiagnostisch gegenüber Lymphknoten verwandt werden (STAUFFER). Auf dem Schichtbild dorsal der Trachealebene ist der vertikal verlaufende Anteil der V. azygos gelegentlich sichtbar.

Alle die bisher erwähnten Venen lassen sich noch besser im gleichzeitigen *Pneumomediastinum* darstellen, das entweder nach den Methoden von CONDORELLI oder auf dem Wege über das Pneumoretroperitoneum nach RUIZ-RIVAS oder DE GENNES angelegt wird. Auf Schichtbildern grenzen sich die Venen nicht nur randständig am Mediastinalrand ab, sondern sie sind beiderseits von Gas umgeben zu erkennen. Bei Schichtbildern im frontalen Strahlengang wird der gesamte Bogen der V. azygos von der Wirbelsäule bis zur V. cava superior gut sichtbar. In gleicher Projektion wird auch die V. cava inferior deutlicher und auf längerer Strecke abgebildet, da die Überlagerung des vorgelagerten rechten Vorhofes wegfällt.

Die beste Darstellung aller bisher erwähnten und aller übrigen wichtigen Venen des Mediastinums erzielt man mit Hilfe der *Angiographie*, wobei zur Kontrastfüllung der verschiedenen Venen verschiedene Injektionsstellen gewählt werden müssen. Die Darstellung der Vv. subclaviae, der Vv. anonymae und der V. cava superior geschieht von den Armvenen aus, möglichst beiderseits gleichzeitig („mediastinale Phlebographie") (Abb. 2). Führt man eine vollständige Angiokardiographie (s. dort) durch, so erhält

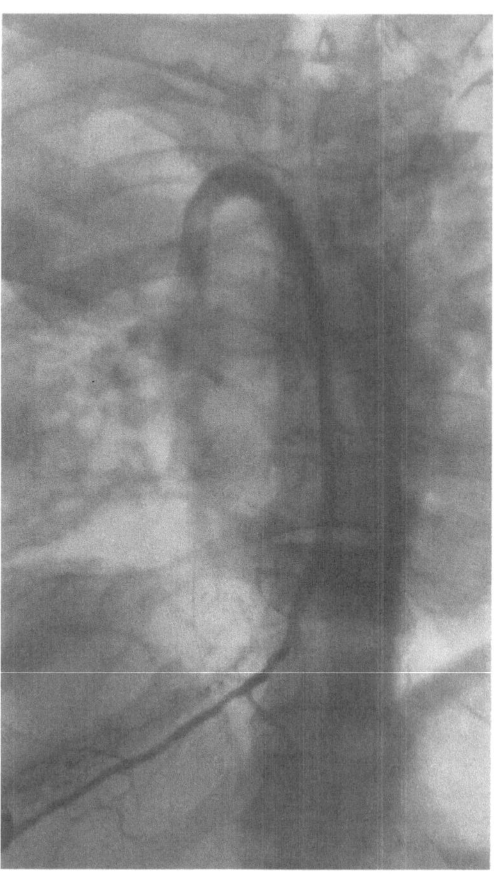

Abb. 3. Normales Angiogramm der V. azygos nach intracostaler Kontrastmittelinjektion

man auch eine Darstellung der Vv. pulmonales, die rein topographisch in ihren Endteilen ebenfalls zu den Venen des Mediastinums zu rechnen sind. Die V. cava inferior wird durch Kontrastmittelinjektion in die V. femoralis oder auf dem Wege über die Katheterisation dargestellt („Cavographie", s. dort).

Die *V. azygos* stammt aus den Vv. lumbales ascendentes nach Vereinigung mit den Vv. subcostales oder Vv. intercostales der 12. Rippe. Sie stellt das Sammelgefäß für die Venen des hinteren Mediastinums der Vv. oesophageae, bronchiales und mediastinales dar. In Höhe TH 12 biegen V. azygos und V. hemiazygos in einem Winkel von 90° vom dorsalen Wirbelkörperrand zur Ventralseite der Wirbelsäule um und verlaufen hier nach cranial. Ein 2. Venenbogen kann in Höhe TH 11 entstehen. Bücheler unterscheidet bei der Entstehung der V. azygos und hemiazygos einen lateralen, einen intermediären und einen medialen Entstehungstyp, wobei der laterale 4—5mal so häufig wie die übrigen vorkommt. In a.p.-Ansicht der Azygographie verläuft die V. azygos zumeist etwas rechts paramedian und beschreibt in Höhe TH 4 einen nach ventral und leicht nach rechts gerichteten Bogen, um von dorsal in die V. cava superior dicht am Pericardrand einzumünden. Ihr Lumen ist im vertebralen Abschnitt enger als an der Mündung und beträgt 3—4 mm (Henschen). Auf ihrem Verlauf nimmt sie das Blut aus den hinteren Abschnitten der rechten Intercostalvenen auf, während das Blut aus den vorderen Abschnitten in die rechte bzw. linke V. mammaria einströmt. Von links mündet die V. hemiazygos mit einer oder zwei Querverbindungen in Höhe TH 7—10 in die V. azygos ein. Lage und Kaliber der V. azygos wechseln normalerweise unter dem Einfluß von Lageveränderungen und Druckschwankungen (Stauffer). Eine Breite über 15 mm in a.p.- Projektion und im Liegen entspricht einem erhöhten Blutdruck über 100 mm Wasser und ist als pathologisch anzusehen (PREGER u. Mitarb.). Beim alten Menschen weist die V. azygos einen geschlängelten, perlschnurartigen Verlauf auf (MISKOVITS und SZÜCS). Wegen ihrer topographischen Beziehungen besitzt ihre Darstellung eine besondere Bedeutung zur Beurteilung von Erkrankungen der Nachbarorgane: In ihrem Verlauf tritt sie rechts neben die Aorta und dorsolateral des Oesophagus. In Höhe TH 6 erreicht sie eine enge Anlehnung an die Trachea und mündet im Tracheobronchialwinkel in die V. cava superior. Sie besitzt Anastomosen zu den Herzvenen und zu den Venen des oberen Mediastinums (OVENFORS).

Die *V. hemiazygos* ist die direkte Fortsetzung der linken V. lumbalis ascendens und erhält ihren Zufluß aus den Vv. intercostales und Vv. intervertebrales 8—10. Sie verläuft im linken paravertebralen Sulcus dorsal von Aorta und Oesophagus. In Höhe TH 8 oder TH 10, seltener in Höhe TH 7—12 mündet sie in die V. azygos ein, wobei auch Doppelverbindungen zustande kommen können. Sehr selten bleibt eine Verbindung mit der V. azygos aus, wobei die V. hemiazygos dann unmittelbar in die V. anonyma (brachiocephalica) sinistra einmündet (BÜCHELER). Erfolgt die Einmündung der V. hemiazygos in die V. azygos bereits im caudalen Ursprungsgebiet, dann fehlt im gewohnten Bereich eine eigentliche V. hemiazygos. Im Azygogramm weist die V. hemiazygos kurz vor ihrer Einmündung in die V. azygos eine Kompression durch den Oesophagus im a.p.-Bild auf, während sie auf dem Seitenbild durch eine dilatierte Aorta descendens ausgewalzt wird (BÜCHELER).

Die *V. hemiazygos accessoria* (V. thoracica longitudinalis accessoria) liegt zumeist cranial der V. hemiazygos und führt das venöse Blut aus dem hinteren oberen Thoraxraum in die V. hemiazygos oder in die V. azygos, indem sie das Geflecht der drei oberen Vv. intercostales sinistra drainiert. Cranial kann sie in die linke V. anonyma (brachiocephalica) münden. In ihrem Verlauf nimmt sie die 4.—7. Intercostalvene links auf. Im Angiogramm projiziert sie sich in a.p.-Richtung links paravertebral, im Seitenbild auf die Mitte der Wirbelkörper (BÜCHELER). Topographisch wichtig ist ihre Beziehung zum lateralen Rand des Aortenbogens und ihre ventral gerichtete Durchquerung des Mediastinums. Da jede Intercostalvene vor ihrer Einmündung in die V. azygos bzw. in die hemiazygos eine Verbindungsvene zum Plexus vertebralis externus abgibt (Abb. 26), besitzen diese beiden letzteren Venen indirekt auch Verbindungen zum Plexus vertebralis, die bei Bedarf in Funktion treten können. Der Plexus vertebralis externus, der dem Verlauf der gesamten Wirbelsäule folgt, und der kranial in die V. vertebralis mündet und dort Verbindungsäste zur V. jugularis interna besitzt, stellt auf diese Weise eine längsaxiale Ersatzbahn für eine etwa ausgefallene V. azygos dar (Abb. 26). Der Plexus vertebralis externus steht andererseits durch zahlreiche Anastomosen mit dem Plexus vertebralis internus, der das Blut aus dem Wirbelkanal und seinem Inhalt abführt, in Verbindung.

Zur Darstellung der V. azygos bzw. der V. hemiazygos (V. thoracica longitudinalis sinistra) stehen zwei verschiedene Wege zur Verfügung: 1. Die Angiographie durch Punktion einer der unteren Rippen rechts bzw. links paravertebral mit der Sternalpunktionsnadel (SÜSSE und AURIG). Interessieren die benachbarten Abschnitte der Intercostalvenen, so verlegt man die Punktionsstelle etwas mehr nach lateral und wählt die gewünschte Rippe. Bei Injektion in der Axillarlinie fließt das Kontrastmittel gleichzeitig nach dorsal und ventral zur V. azygos und zur V. mammaria interna (V. thoracica sinistra) (ANACKER). Diese intraossäre Azygographie ist zwar einfacher, jedoch zur subtilen Beurteilung weniger geeignet als die 2. Methode, die direkte retrograde Azygographie mittels Katheter. Bei dieser Methode wird auf transaxillärem Wege (STAUFFER u. Mitarb.) oder auf transfemoralem Wege (WILDER und LINDGREN; DÜX u. Mitarb.; BÜCHELER; BÜCHELER u. Mitarb.) ein Oedmann-Ledin-Katheter nach der Seldinger-Methode direkt über die V. cava superior in das Ostium der V. azygos eingeführt. Der Katheter besitzt 5—6 cm von seiner Spitze eine Krümmung mit einem Radius von annähernd 90° und eine 2. Krümmung von 20—30° in 10—12 cm Entfernung von der Katheterspitze. Unter fortlaufender

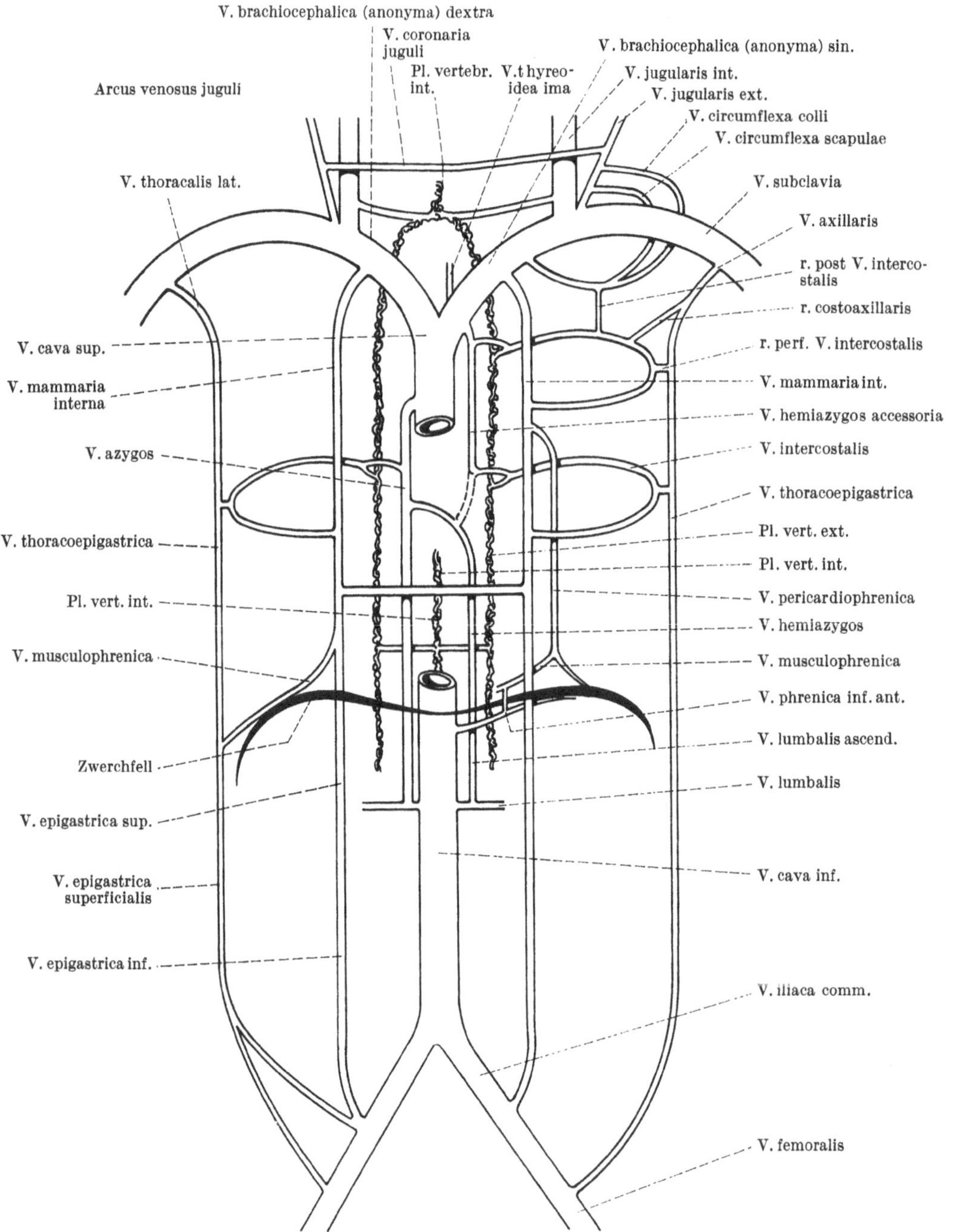

Abb. 4. Schematische Darstellung der Mediastinalvenen und ihrer Beziehungen zu den Venen der Nachbarschaft

EKG-Registrierung wird der Katheter innerhalb der V. cava superior so weit zurückgezogen, bis seine Spitze in die dorsal oder dorso-lateral einmündende V. azygos springt. Der Katheter wird dann in der V. azygos vorgeschoben, und es werden 30—40 ml Kontrastmittel unter einem Druck von 7 atü injiziert. Grundsätzlich soll die Azygographie in 2 Ebenen durchgeführt werden, da flache Gefäßimpressionen sich sonst dem Nachweis entziehen können (DÜX u. Mitarb.).

An der Hinterfläche des Brustbeines verlaufen am rechten und linken Sternalrand die rechte und linke *V. mammaria interna*. Sie führen das Blut aus den ventralen Abschnitten der Intercostalvenen in die Vv. anonymae, auf der rechten Seite in den Zusammenfluß dieser beiden Venen ab. Durch ein Netzwerk querverlaufender Äste stehen beide Vv. mammariae internae untereinander in Verbindung (Abb. 28). Oberhalb des Zwerchfells sind sie häufig doppelt angelegt und nehmen hier die V. musculophrenica aus dem auf der thorakalen Zwerchfellfläche gelegenen Plexus auf. Auch die V. mammaria interna verläuft im Alter gewunden, und ihre wechselnde Lichtung gibt ihr ein perlschnurartiges Aussehen (MISKOVITS und SZÜCS). Durch das Zwerchfell anastomosiert jede V. mammaria interna mit Ästen der V. epigastrica superior, die ihrerseits wiederum mit der V. epigastrica inferior anastomosiert. Letztere mündet in die V. iliaca communis. Auf diese Weise kommt an der vorderen Brust- und Bauchwand eine große Längsverbindung zwischen den Stromgebieten der V. cava superior und der V. cava inferior zustande, die bei pathologischen Zuständen einer der großen Hohlvenen Bedeutung erlangt (s. weiter unten).

Die beste Darstellung der beiden Vv. mammariae internae erreicht man durch Punktion und Kontrastmittelinjektion in das Sternum (SÜSSE und AURIG).

Das die Thymus drainierende Venengeflecht liegt caudal der V. anonyma (brachiocephalica) sinistra etwa in der Mitte des Mediastinums. Von ihm zieht eine größere (V. KEYNES) und mehrere kleine Venen zur V. anonyma sinistra, bzw. zur V. cava superior. Von cranial mündet die V. thyreoidea ima, die V. anonyma sinistra überkreuzend, in die Hauptvene des Thymusvenengeflechts (Abb. 5a).

Die Darstellung des Venengeflechts des Thymus wird durch direkte Katheterisierung der in die linke V. anonyma (V. brachiocephalica) einmündenden Haupt-Thymusvene erzielt (KREEL): Nach operativer Freilegung der linken V. basilica in der Ellenbeuge wird ein L-förmiger Katheter mit einer 2. Krümmung von 30° im Abstand von 1 cm von der Spitze direkt in die Haupt-Thymusvene, die am Unterrand der linken V. anonyma etwa 1—2 cm vor deren Einmündung in die V. cava superior einmündet, eingeführt. Im Gegensatz zu diesem Vorgehen wählen YUNE und KLATTE die V. femoralis und führen von hier einen Katheter mit einer Krümmung von 40° 4 cm von der Spitze entfernt und einer 2. Krümmung von 110° 1 cm von der Spitze mit einer gleichzeitigen Vorwärtsbiegung von 20—30° unmittelbar in die Hauptvene des Thymusgeflechtes ein. Mit dieser Technik konnte nicht nur eine Vene, sondern das gesamte Venengeflecht dargestellt werden.

Schließlich lassen sich auch die Venen des Plexus venosus vertebralis mit Kontrastmittel füllen, indem man den Dornfortsatz eines der unteren Brustwirbel oder den Wirbelkörper selbst punktiert und Kontrastmittel injiziert.

Man sieht, daß sich auf diese Weise alle wichtigen Venen des Mediastinalraumes röntgenologisch abbilden lassen, und es ist notwendig, Lage, Verlauf und Nachbarschaftsbeziehungen auch dieser Venen zu schildern.

Betrachtet man unter diesen Gesichtspunkten die Venen des Brustraumes und ihre Nachbarschaftsbeziehungen, so kann man insgesamt vier große Längsverbindungen zwischen Brust- und Bauchraum bzw. zwischen V. cava superior und V. cava inferior feststellen (Abb. 4).

1. V. cava superior — V. azygos — V. lumbalis ascendens — V. iliaca communis — V. cava inferior.
   Sie ist die wichtigste und stärkste Umgehungsbahn.
2. V. cava superior — V. mammaria interna — V. epigastrica superior — V. epigastrica inferior — V. iliaca communis — V. cava inferior.
3. V. axillaris — V. subclavia — V. anonyma — V. cava superior
   V. thoracalis lateralis — Vv. thoracoepigastricae —
   V. epigastrica superficialis — V. iliaca — V. cava inferior
4. V. jugularis interna — V. anonyma — V. cava superior —
   Plexus ven. vertebr. — V. lumbalis — V. iliaca — V. cava inferior.

Eine 5., relativ unbedeutende Verbindung zwischen V. cava superior und V. cava inferior kommt über die linke V. pericardiacophrenica (in die V. cava superior oder

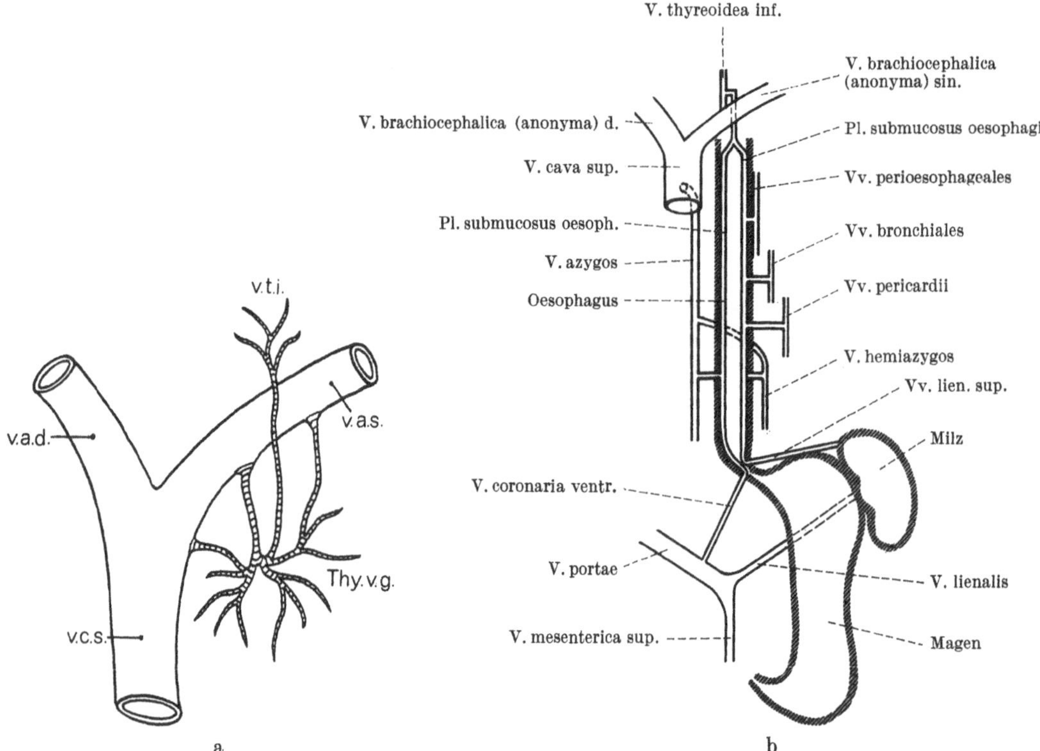

Abb. 5. a Situation des Thymusvenengeflechts (*Thy.v.g.*) nach KREEL. *v.c.s.* V. cava sup., *v.a.d.* V. anonyma (brachiocephalica) dextra, *v.a.s.* V. anonyma (brachiocephalica) sinistra, *v.t.i.* V. thyreoidea inf. b Schematische Darstellung der Beziehung zwischen der Pfortaderstrombahn und den Venen des Mediastinums

V. mammaria interna) zustande, die mit der linken V. phrenica inferior, die ihrerseits in die V. cava inferior mündet, anastomosiert (v. HAYEK). Eine analoge Verbindung beschreibt PERNKOPF an der Zwerchfelloberfläche der rechten Seite.

Zwischen den Venen der rechten und linken Brustkorbseite bestehen vier Querverbindungen, die ein einseitiges Wegehindernis überbrücken können:

1. Arcus venos. juguli und Queräste der V. thyreoidea ima zwischen beiden Vv. jugulares internae,
2. ein oder zwei Queräste zwischen V. azygos und V. hemiazygos,
3. Queräste des Plexus vertebralis,
4. Queräste und Venengeflecht zwischen beiden Vv. mammariae internae.

Ferner gibt es noch einseitige Querverbindungen, die ein Wegehindernis in einem kurzen Gefäßabschnitt überbrücken können:

1. V. jugularis externa
< R. descendens
V. transversae colli
R. descendens
V. transversae scapulae
> R. posterior
V. intercostalis I

V. azygos zur Umgehung der V. anonyma (CARLSON).

2. Sämtliche Vv. intercostales, die eine Brücke zwischen der V. azygos (bzw. V. hemiazygos), der V. thoracalis lateralis und der V. mammaria interna schlagen.

Die gleiche Funktion kann die V. musculophrenica übernehmen, die ventral in die V. mammaria interna mündet und lateral mit Ästen der V. thoracoepigastrica anastomosiert.

Zwischen den Venen des Thorax und des Oberarmes existieren 2 Kollateralverbindungen (OKAY und BYRK): 1. V. thoracalis lateralis — V. intercostalis — V. thoracica interna. 2. Anastomosen zwischen den Venen des Kopfes und des Jugulum, über die Schulter und über die Fossa supraclavicularis.

Zwischen der Pfortaderstrombahn und den Venen des Mediastinums bestehen folgende Beziehungen: Die Speiseröhre hat submuköse und perioesophageale Venen, die miteinander in Verbindung stehen. Im oberen Drittel geben sie ihr Blut in die Vv. thyreoideae inferiores, im mittleren Drittel in die Vv. diaphragmaticae, Vv. bronchiales und Vv. pericardiales, im unteren Drittel in die V. azygos und in die V. coronaria ventriculi (gastrica). Letztere mündet in die V. portae, während alle übrigen Oesophagusvenen zum Strombett der V. cava superior gehören. Da sämtliche Oesophagusvenen miteinander anastomosieren, resultiert also über sie ein Verbindungsweg zwischen V. cava superior und V. portae (Abb. 5b). Der submuköse und perioesophageale Venenplexus an der Kardia steht ferner auch mit den Vv. gastricae breves und über kleinere Venen mit den Milzvenen des oberen Milzpoles in Verbindung.

Folgende Anastomosen werden bei Wegehindernissen in der portalen Strombahn (neben anderen Kollateralen) als Entlastungsbahnen benutzt (BENDA).

1. V. coron. ventriculi

    Vv. oesophagicae → V. azygos (bzw. hemiazygos).

Vv. gastricae

2. Vv. paraumbilicales des Ligamentum teres hepatis (Caput Medusae) ↔ V. epigastrica → V. mammaria interna.

3. Vv. Retzii, kleine Venen der Dickdarmwand ↔ Vv. lumbales → V. azygos (bzw. hemiazygos).

Schließlich finden sich im Mediastinum noch zahlreiche kleine Venen, die von den verschiedenen Organen des Mediastinums bzw. seiner Nachbarschaft das Blut ableiten: Vom unteren Pol der Schilddrüse ziehen mehrere Vv. thyreoideae inferiores nach caudal zur V. anonyma. Die unpaare mittelständige V. thyreoidea ima wurde bereits erwähnt. Umgekehrt verlaufen einige kleine Vv. thymicae ebenfalls zur V. anonyma, und zwar meist zur linken oder zur V. mammaria interna oder zur V. thyreoidea ima. Vom Zwerchfell und Herzbeutel kommen die Vv. pericardiaco-phrenicae, die am rechten und linken Herzrand entlang laufen und in die V. cava superior oder in die V. mammaria interna münden. Auf ihrem Wege nehmen sie einige Vv. bronchiales und tracheales auf, von denen andere Äste in die V. azygos bzw. hemiazygos accessoria münden. Mehrere kleine Vv. mediastinales anteriores an der Oberfläche des Zwerchfells gehören zum Einzugsgebiet der V. mammaria interna, ihre posterioren Korrelate zum Gebiet der V. azygos. Durch beide entstehen sagittal durch den Thorax verlaufende Verbindungen zwischen V. azygos und V. mammaria interna (FISCHGOLD u. Mitarb., SÜSSE und AURIG). Zwischen den Herzvenen und den Venen im oberen vorderen Mediastinum bestehen Anastomosen, die sich postmortal von den Herzvenen aus, aber nicht umgekehrt füllen lassen (OVENFORS).

II. Anomalien und Fehlbildungen

Fehlbildungen im Bereich der V. cava superior machen 20% aller Venenmißbildungen überhaupt aus (MICHELS). Unter ihnen ist die wichtigste die Persistenz der linken V. cava superior (Abb. 6), die nach v. HAYEK in 1%, nach MICHELS in 0,3% aller Sektionsfälle vorkommt. Sie ist auf eine embryonale Entwicklungsstörung zurückzuführen (Abb. 7). Normalerweise verödet die linke embryonale V. cardinalis superior in ihrem mittleren und unteren Abschnitt und verliert dadurch ihre Verbindung mit dem Sinus coronarius venosus. Ihr oberer offener Abschnitt erhält eine Querverbindung zur V. cardinalis superior dextra und wird später zur V. anonyma sinistra. Die V. cardinalis superior dextra wird zur V. cava superior. Bleibt die linke V. cardinalis superior auch im mittleren Abschnitt offen, und bleibt die Verbindung zum Herzen gewahrt, so resultiert eine linksseitige V. cava superior. Nach MICHELS sind vier Möglichkeiten der Varianten und Kombinationen zu beobachten:

1. Persistenz der V. cardinalis cranialis sinistra und Vorhandensein der V. cava superior, normale Querverbindung zwischen beiden Venen und Einmündung der V. cardinalis superior sinistra über den Sinus coronarius in den rechten Vorhof. — Häufigste Form.

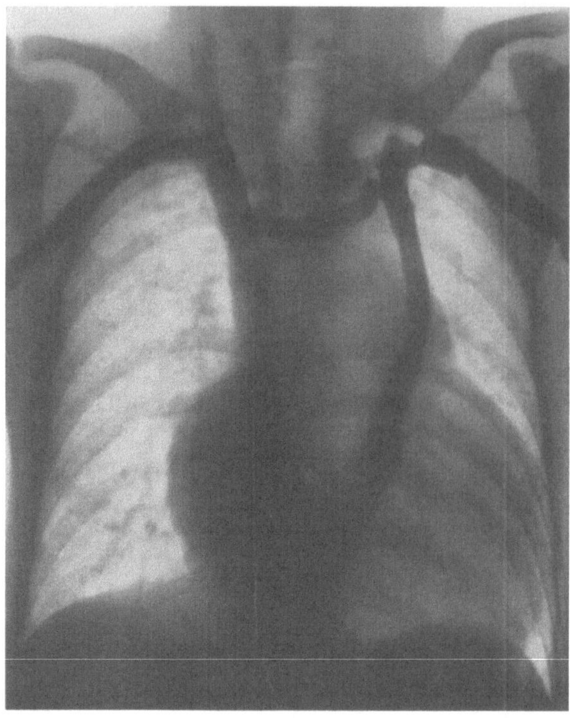

Abb. 6. Persistenz der linken V. cava superior mit V. anonyma sinistra als Querverbindung zwischen beiden großen oberen Hohlvenen

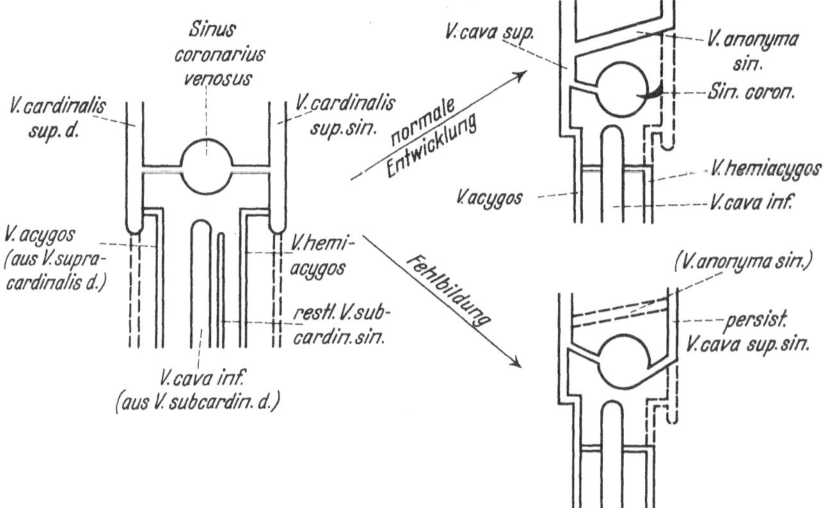

Abb. 7. Schematische Darstellung der normalen embryonalen Entwicklung der Mediastinalvenen und ihrer Fehlbildungen (nach ROSSI)

2. Anomalien der Anastomose bei totaler und partieller Persistenz der V. cardinalis superior sinistra und Einmündung derselben über den Sinus coronarius in den rechten Vorhof:

a) ohne Querverbindung,
b) mit Querverbindung von normalem und anormalem Kaliber und Verlauf,
c) mit mehreren Querverbindungen.

Unter partieller Persistenz wird eine blind endende V. cardinalis superior sinistra verstanden. Unter den Möglichkeiten 2 kommt die Form 2a am häufigsten vor (ANCEL und VILLEMIN). Die etwaige Querverbindung ist um so stärker, je dünner die V. cardinalis superior sinistra ist und umgekehrt.

3. Isolierte V. cardinalis superior sinistra mit Einmündung über den Sinus coronarius in den rechten Vorhof ohne V. cava superior. Diese Form kommt beim Situs inversus vor. Die rechte V. anonyma mündet in die linksseitige V. cava superior. Dabei kann gleichzeitig die rechte V. azygos in den rechten Vorhof münden (BENDA).

4. Mündungsanomalien der V. cardinalis superior sinistra und Kommunikationen mit Pulmonalvenen:

a) bei totaler oder partieller Persistenz der V. cardinalis superior sinistra und Vorhandensein der V. cava superior mit oder ohne Querverbindung,

b) bei isolierter V. cardinalis superior sinistra und fehlender V. cava superior.

Die V. cardinalis superior sinistra mündet nach einer Sammelstatistik von 248 Fällen (MICHELS) in 7,2% in den linken Vorhof, in 92,8% in den rechten Vorhof. Sie kann über den Sinus coronarius sowohl mit dem rechten als auch über eine klappenartige Öffnung mit dem linken Vorhof in Verbindung stehen (FREERKSEN, SCHÜTZ).

Wenn die V. cardinalis superior sinistra blind endet, so ist sie entweder vor dem Herzen oder erst im Sinus coronarius verschlossen (BEYERLEIN, GRUBER). In beiden Fällen münden die Vv. pulmonales in die V. cardinalis superior sinistra.

Folgende Mündungsanomalien werden beobachtet (FREERKSEN, ÖDMAN, WINTER):

1. V. cardinalis superior sinistra $\rightarrow$ re. Vorhof
2. V. cardinalis superior sinistra $\lessgtr$ re. Vorhof / li. Vorhof
3. V. cardinalis superior sinistra $\rightarrow$ li. Vorhof
4. V. cardinalis superior sinistra $\lessgtr$ li. Vorhof / li. V. pulmonalis
5. V. cardinalis superior sinistra $\leftrightarrow$ li. V. pulmonalis
6. V. cardinalis superior sinistra $\xrightarrow{\text{Sinus coronarius}}$ V. cava inf.

Die Persistenz der V. cardinalis superior sinistra ist selten eine alleinige Fehlbildung. Innig verknüpft mit ihr sind auch anomale Einmündungen der Pulmonalvenen. Dabei können folgende abnorme Möglichkeiten vorkommen (FREERKSEN, PERNKOPF):

1. Sämtliche Vv. pulmonales oder nur die rechte V. pulmonalis können mit der V. cava superior oder der V. cava inferior in den rechten Vorhof münden.

2. Sämtliche Vv. pulmonales können mit der V. cava superior oder mit der V. cava inferior oder mit beiden in den linken Vorhof münden = Transposition der Cavamündungen.

3. Einmündung aller linksseitigen Vv. pulmonales oder nur ihrer oberen Äste in die linke V. anonyma.

4. Kommunikation der oberen linken V. pulmonalis mit der V. cardinalis superior sinistra bei gleichzeitiger Einmündung in den linken Vorhof.

Die Persistenz der V. cardinalis superior sinistra ist besonders häufig mit Septumdefekten des Herzens kombiniert, ferner mit der Tetra- und der Trilogie von FALLOT, mit Pulmonalatresie, Ductus arteriosus peristens, Tricuspidalatresie oder Transposition der großen Gefäße u. a. MÜLLER hat über einen besonderen Fall berichtet: Eine eigentliche V. cava inferior fehlte, das Blut der gesamten unteren Körperhälfte wurde über eine linksseitige V. azygos in eine persistierende V. cardinalis superior sinistra, die in den linken Vorhof mündete, entleert. Gleichzeitig mündeten die Vv. hepaticae in die rechte V. cava superior (Näheres s. unter A IV, 1c dieses Bandes).

Auffällig ist, daß die V. hemiazygos sehr selten in die V. cardinalis superior sinistra mündet (MICHEL). Die V. cardinalis cranialis sinistra oder die linke V. cava superior, wie sie häufig auch bezeichnet wird, liegt vor dem Aortenbogen, verläuft zwischen (BAUER) oder meist vor (Dietrich und Schütz) den linksseitigen Pulmonalgefäßen. Sie biegt in einem nach rechts und oben konkaven Bogen zwischen diesen Gefäßen und dem linken Herzohr nach rechts und mündet horizontal in den hinteren Sulcus atrioventricularis. Auf dem Nativbild der Lunge ruft die unkomplizierte V. cardinalis superior sinistra keine Verbreiterung des Gefäßbandes hervor. Nur wenn die Pulmonalvenen einmünden, wird der Schatten des Gefäßbandes nach links verbreitert und der Aortenknopf verlängert. Dadurch entsteht eine hantelförmige Herzfigur, im angloamerikanischen Schrifttum als „cottage loat configuration" (Withaker), „figure of eight symptoms" (Snellen und Albers), „dumb bell silhouette" (Gardner und Oram) und „mediastinal mustache" (Keith u. Mitarb.) bezeichnet. Auf der seitlichen Thoraxaufnahme fehlt der Schatten der V. cava inferior in der suprahepatischen Region, und der Azygosschatten im rechten Tracheobronchialwinkel ist vergrößert (Heller u. Mitarb.). Bei gleichzeitigem Fehlen der rechten V. cava superior zeigt sich die Persistenz der linken V. cava superior als Verbreiterung des Aortenschattens, als paramediastinale linksseitige Ausbuchtung sowie als Streifen- oder Halbmondschatten links paramediastinal (Eung Man Cha und Khoury). Differentialdiagnostisch ist diese Mediastinalverbreiterung gegen Lymphome abzugrenzen (Stecken).

Die V. cardinalis superior sinistra wird meist zufällig bei der Untersuchung wegen kongenitaler Herzfehler im Angiokardiogramm (Abb. 6) oder bei der Herzkatheterisation entdeckt. Allerdings ist die bewußte Einführung eines Katheters in die vorher festgestellte V. cardinalis superior sinistra wegen der mehrfachen Abknickungen und Veneneinengungen oft schwierig. Die Katheterisation wird notwendig, wenn der Verdacht auf Einmündung in den linken Vorhof oder auf Kommunikation mit den Pulmonalvenen besteht. O_2-Bestimmung und Druckmessung klären die Situation.

Die klinische Bedeutung der unkomplizierten V. cardinalis superior sinistra ist gering (Ödman). Selbst die Einmündung in den linken Vorhof bringt keine nachteiligen Folgen. Bestehen gleichzeitig andere Mißbildungen, so beherrschen diese vollständig das klinische Bild. Als weitere kongenitale Mißbildung kann die V. cava superior stenosiert sein, oder sie kann vollständig fehlen (Cicero und Kuthy).

Über eine sehr seltene Verlaufsvariante der linken V. anonyma berichtet Adachi. In sieben zusammengestellten Fällen verlief die linke V. anonyma unter dem Aortenbogen und z.T. unter der linken A. pulmonalis hindurch und mündete in eine normale rechte V. cava superior.

Ebenfalls sehr selten kommt eine Persistenz des Mündungsstückes der linken V. omphalomesenterica vor, die als linksseitige V. cava inferior neben der normalen rechtsseitigen V. cava inferior auftritt, und die mit anderen Herzmißbildungen kombiniert ist.

An der V. azygos und vor allem an der V. hemiazygos sind die Variationen von Mündung und Verlauf sehr zahlreich. Als Mündungsvariante kommt die Einmündung der V. azygos in die rechte V. anonyma oder in die rechte V. subclavia und seltener in den intraperikardialen Teil der V. cava superior oder in den rechten Vorhof vor. Die bekannteste unter den Verlaufsvarianten ist das Bild des Lobus venae azygos, der von Boström bei 1600 Obduktionen in 1% der Fälle beobachtet wurde. Infolge einer abnormen Laterallage des Bogens der V. azygos, die durch die Persistenz eines abnorm langen kranialen Abschnittes der hinteren Kardinalvene in der Entwicklungsperiode zustande kommt (Lutz), schiebt sich der mediale Anteil des rechten Lungenoberlappens zwischen Vene und Wirbelsäule vor, und die Vene wird in einer Falte von vier Pleurablättern (Duplikatur der parietalen und der visceralen Pleura) zwischen der Lunge eingebettet. Auf dem sagittalen Röntgenbild entsteht dabei eine typische Kommafigur. Da die Kardinalvene paarig angelegt ist, kann der Lobus venae azygos auch linksseitig (Schmitz-Clicfer) oder — sehr selten — beiderseits (Mex, Wrisberg) vorkommen.

Ein präoesophagealer Verlauf der V. azygos, eine seltene Verlaufsanomalie, kann zur Oesophagusstriktur führen (Flynn). Auch eine arteriovenöse Fistel zwischen einer überzähligen Aortenbogenarterie und der V. azygos (Bender) zählt zu den seltenen Anomalien.

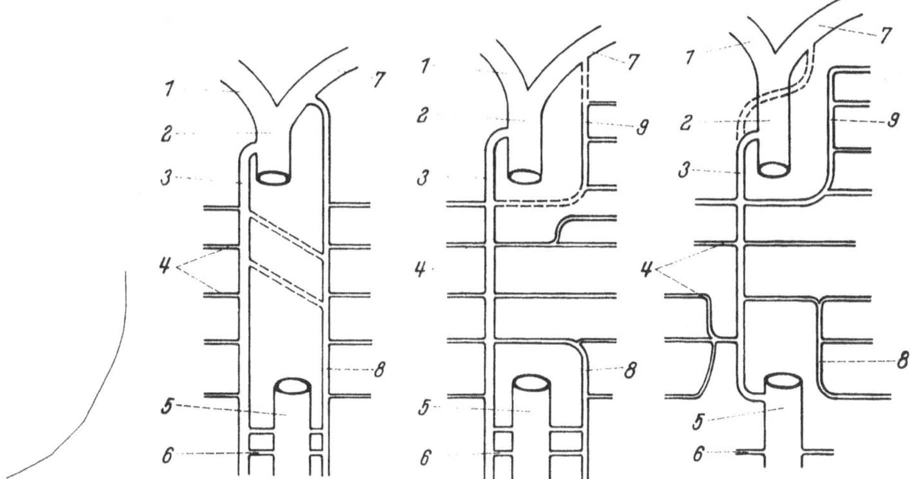

Abb. 8a. Variationen der Beziehungen zwischen der V. azygos und der V. hemiazygos (nach Angaben von
ALEXANDROW und TURAJEW). *1* V. anonyma d., *2* V. cava superior, *3* V. azygos, *4* Vv. intercostales, *5* V. cava
inferior, *6* V. lumbalis, *7* V. anonyma sin., *8* V. hemiazygos, *9* V. hemiazygos access.

Die Möglichkeiten der Beziehungen zwischen V. azygos und V. hemiazygos lassen
sich in drei Typen einordnen (Abb. 8a).

1. Es besteht rechts eine durchlaufende V. azygos und links eine durchlaufende
V. hemiazygos mit kommunizierender *V. hemiazygos accessoria*. Zwischen beiden besteht
entweder keine (PERNKOPF), nur eine oder zwei Querverbindungen. Die Mündung der
V. hemiazygos accessoria erfolgt in die V. anonyma oder in die V. subclavia.

2. V. hemiazygos und V. hemiazygos accessoria besitzen keine direkte Verbindung.
Zwischen ihnen liegen 0—4 Intercostalvenen, die ihrerseits mit einem gemeinsamen
Stamm in die V. azygos münden können. Die Mündung der V. hemiazygos accessoria
erfolgt in diesen Fällen in die V. anonyma, in die V. anonyma und in die V. azygos oder
in die V. azygos. In letzterem Fall münden eine oder zwei linksseitige Intercostalvenen
unmittelbar in die linke V. anonyma oder in die V. cava superior (ALEXANDROW und
TURANJEW).

3. Es existiert nur eine einzige Vene an Stelle der V. azygos und V. hemiazygos.
Sie sammelt sämtliche Intercostalvenen beider Seiten. Diese münden dabei getrennt
oder in mehreren gemeinsamen Sammelvenen, namentlich auf der linken Seite.

Diese unpaare Längsvene kann neben ihrer Mündung in die obere Hohlvene noch
eine Kommunikation zur linken V. anonyma besitzen, unten kann sie durch einen starken
Ast unmittelbar mit der V. cava inferior verbunden sein (ALEXANDROW und TURANJEW).

Über eine sehr seltene Verlaufsvariante der V. hemiazygos berichten BUTLER und BALANKURA.
In 2,5% der Fälle verläuft sie vor der Aorta nach rechts.

An Einzelbeobachtungen von Mündungsanomalien sind in diesem Zusammenhang noch zu er-
wähnen: die Mündung der V. azygos in die Vv. pulmonales (MIURA), die Doppeleinmündung der
V. hemiazygos accessoria in die V. hemiazygos mit schwächerem caudalem Venenbogen (BÜCHELER,
DÜX u. Mitarb.), die Mündung linksseitiger Vv. bronchiales in den linken Vorhof (VON HALLER), die
Mündung einer einzelnen Lungenvene in die normale V. cava superior oder in die V. anonyma (BENDA)
und schließlich die Mündung der linksseitigen Lungenvenen in die linke V. subclavia (RAMSBOTHAM).
Je nach der Menge des in das linke Herz eingeführten venösen Blutes bzw. je nach der Größe des
Shuntvolumens besitzen diese Anomalien klinisch-röntgenologische Bedeutung. Die Diagnose wird
in den klinisch bedeutsamen Fällen durch O_2-Bestimmung und Druckmessung gestellt. Röntgenologisch ist die Kenntnis von der Möglichkeit dieser Anomalien und ihrer ungezählten Kombinationsformen wichtig, um Fehlbeurteilungen und Täuschungen zu vermeiden.

III. Thrombose, Thrombophlebitis und Obstruktionssyndrom

Thrombose und Thrombophlebitis in den großen Mediastinalvenen, hauptsächlich in
der V. cava superior und in den Vv. anonymae, sind ein relativ seltenes Ereignis. Bis

1936 sammelten Ochsner und Dixon 120 Fälle. Sie kommen primär als akute oder chronische Endophlebitis oder sekundär durch Übergreifen eines entzündlichen oder neoplastischen Prozesses der Nachbarschaft oder nach einem Trauma vor. Röntgenologisch ist nur die Folge der Phlebitis, die Thrombose, von Interesse. Die primäre Thrombose ist ausgesprochen selten (Walsh u. Mitarb.), sie wird beobachtet nach einer Lymphadenitis (F. K. Fischer) oder einer Lymphangitis der Extremitäten. Auch die aus der Peripherie verschleppten Thrombosen nach Thrombophlebitis und die in die V. anonyma und V. cava superior vorgewachsenen Thrombosen gehören in diese Gruppe. So kann z. B. eine Achselvenenthrombose, die durch leichtere, ständig wiederkehrende Traumen wie Schaufeln, landwirtschaftliche oder sportliche Tätigkeit usw. entstehen kann (Naegeli und Matis), bis in die Mediastinalvenen vorwachsen. Nach einer Zusammenstellung von Junge von 600 Fällen mit Verschlußsyndrom der V. cava superior entfallen auf die lokale Thrombophlebitis bis 5 % und auf verschleppte periphere Thrombosen 3 % aller Fälle. Bei den 120 Thrombosefällen von Ochsner und Dixon war die Ursache:

<pre>
                                       ╱ idiopathisch 16,6 %
                                       ╱ luisch 10 %
      Thrombophlebitis in 36,6 % — pyogen 5,8 %
                                       ╲ tuberkulös 3,3 %
                                       ╲ traumatisch 0,8 %
      extravasale Kompression in 29,1 %
      Mediastinitis   in 23,3 %
      wobei eine Lues   in 11 Fällen = 9,1 %
             eine Tbc   in 10 Fällen = 8,3 %
             ein Trauma in 1 Fällen = 0,8 % vorkam.
      Thrombosen unbekannter Ursache 10,8 %.
</pre>

Von den 44 Thrombophlebitiden (= 36,6 %) waren 20 idiopathische Thrombosen (= 16,6 %). Die primäre Thrombose macht also nur etwa $^1/_6$ aller Thrombosen aus. Unter den sekundären Thrombosen spielen neben den oben aufgeführten Ursachen auch die malignen Tumoren eine große Rolle. Auf die Infiltration des Tumors in die Gefäßwand, auf die intravasalen Geschwulstzapfen pfropfen sich häufig Thrombosen auf, die dann ihrerseits das Gefäßlumen weiter einengen. Thrombosen bei Herzerkrankungen (Walsh u. Mitarb.) sind als Folge einer Strömungsverlangsamung und einer eventuellen Bluteindickung zu betrachten.

Nach transvenöser Implantation eines Schrittmachers zur Behandlung von Herzrhythmusstörungen kommt es relativ selten zu Thrombosen. Dabei scheint die Wahl des Einführungsortes keine entscheidende Rolle für die Häufigkeit des Auftretens zu spielen: Teske u. Mitarb. fanden bei Katheterisation der V. subclavia weniger Thrombosen als bei Katheterisation der V. cubitalis und der V. femoralis. Das gleiche beobachteten Wernitsch u. Mitarb., wenn sie den Katheter in die V. basilica anstatt in die V. cephalica einführten. Im Gegensatz dazu beobachteten Marx u. Mitarb. bei 571 Implantationen über die V. cephalica nur in 0,35 % der Fälle das Auftreten einer Phlebitis, während bei 179 Implantationen über die V. jugularis sich in 11,3 % eine entzündliche Komplikation der Vene einstellte. In rund 30 % der Fälle (Teske u. Mitarb.; Balau u. Mitarb.; Marx u. Mitarb.) kommt es zu Thrombosen, die aber meist keine klinischen und phlebographischen Abflußbehinderungen erkennen lassen. Es handelt sich dabei um wandständige Thromben und Katheterumscheidungen, die meist im Bereich des Subclaviawinkels liegen. Die Liegedauer des Katheters spielt auffälligerweise keine entscheidende Rolle. Wernitsch u. Mitarb. fanden die gleiche Häufigkeit von Thrombosen bei einer Liegedauer von 1—8 Tagen, ebenso wie bei einer Liegedauer über 8 Tage. Nur in 5 % (Marx u. Mitarb.) bis 13 % (Balau u. Mitarb.) kommt es zu einer schweren Thrombophlebitis des Armes mit klinischen Erscheinungen in Form von Anschwellung und sichtbarer Phlebektasie. Bei diesen Fällen zeigt die Phlebographie eine vollständige Undurchgängigkeit der befallenen Vene, meist der V. subclavia, mit ihren angrenzenden Abschnitten und

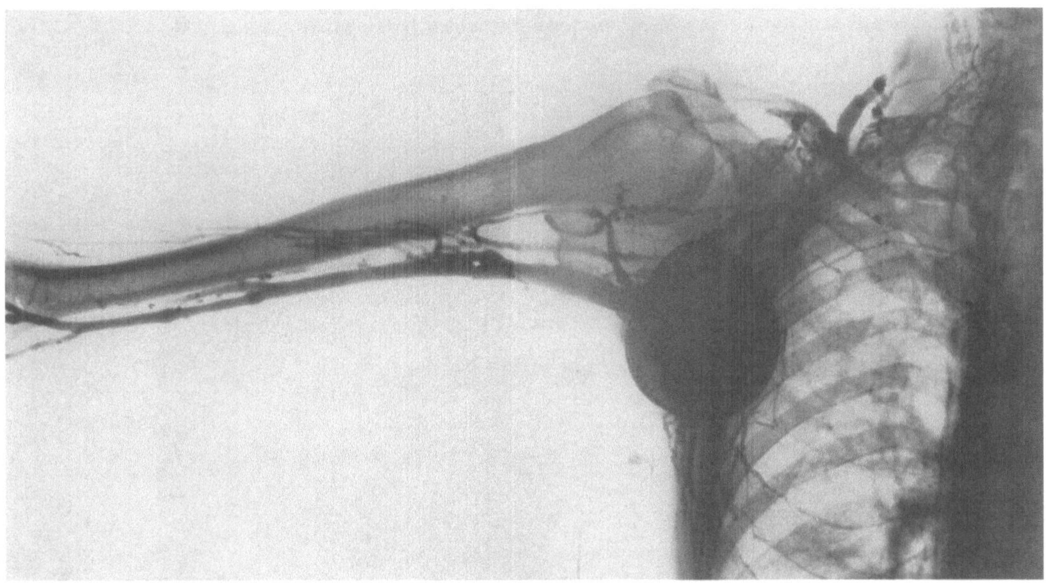

Abb. 8b. 65jähr. Patient 3 Wochen nach Schrittmacher-Implantation über die rechte V. cubitalis. Thrombophlebitis mit septischen Temperaturen und mit starker Schwellung des gesamten rechten Armes einschließlich der Hand. Im Phlebogramm kompletter Verschluß der rechten V. subclavia und anonyma. Ausgedehnter Kollateralkreislauf über die V. thoracalis lateralis, die Vv. intercostales, die Venen der Schulter und des rechten Halses, die ihr Blut über den Arcus venosus juguli und den Plexus vertebralis in die V. azygos ableiten

einen Kollateralkreislauf über die oberen und lateralen Thoraxvenen (Abb. 8b). Für die klinische Praxis ist wichtig, daß sich die meisten Thrombosen, die sich in den ersten postoperativen Tagen entwickeln, spontan zurückbilden.

Über zwei seltene Ursachen berichtet F. K. FISCHER: Einmal war eine Strumitis tuberculosa, ein andermal ein Oesophagusdivertikel der Anlaß für die Entwicklung einer ausgedehnten Thrombose in den großen Venen des oberen Mediastinums. Wir selbst verfügen über eine Beobachtung, bei der ebenfalls eine Thrombose beider Vv. subclaviae bis zu den Vv. anonymae bei gleichzeitigem Bestehen eines Zenkerschen Divertikels vorlag (Abb. 9). Da aber hier eine rezidivierende Thrombophlebitis beider Beine mit den Zeichen einer Einflußstauung des Herzens vorausgegangen war, und gleichzeitig eine Struma maligna mit mediastinalen Lymphknotenmetastasen bestand, möchten wir das Divertikel nur als zufälliges Zusammentreffen und kaum als Ursache der Thrombose werten.

Thrombosen sind am sichersten durch die Phlebographie zu erkennen. Anfangs sitzen sie wandständig und verlegen das Gefäßlumen nicht vollständig. Sie werden vom Kontrastmittel umflossen, und es entstehen randständige oder zentrale Füllungsdefekte. Diese besitzen charakteristischerweise eine glatte Kontur (BANFI u. RIGAT, F.K.FISCHER). Selbstverständlich kommt diese glatte Defektkontur auch bei anderen Prozessen vor, so daß die Thrombose z. B. von einem Tumorzapfen nicht eindeutig zu unterscheiden ist. Auch die Unterscheidung gegenüber dem „Stromlinieneffekt" beim Zustrom nicht kontrastmittelgefärbten Blutes aus einer anderen Vene bereitet manchmal Schwierigkeiten.

Was die Gefahr beim Einsatz der Angiokardiographie betrifft, so wird die Entstehung einer lokalen Thrombose oder die Vergrößerung einer bereits bestehenden Thrombose von ROBERTS, DOTTER und STEINBERG als möglich angenommen, während andere Autoren diese Möglichkeit ablehnen (ZSEBÖK u. a.). Durch Auflagerung wächst der Thrombus und verlegt schließlich die Lichtung des Gefäßes vollständig. Dieses Ereignis tritt relativ schnell ein, und dementsprechend ist der häufigste phlebographische Befund bei der Thrombose der komplette Gefäßverschluß. Auch hier findet man glatte Ränder an dem Verschluß. Oft ist aber die Verschlußstelle gar nicht exakt anzugeben, da das Kontrast-

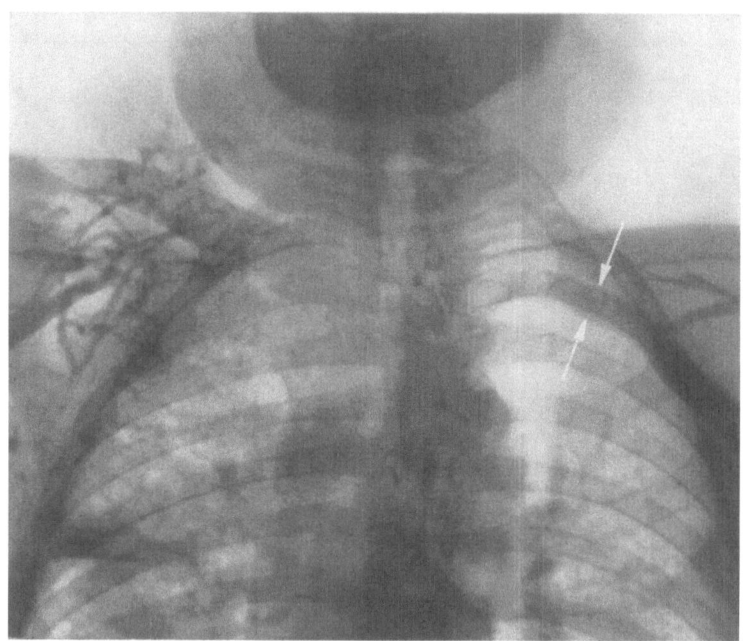

Abb. 9. Thrombose beider Vv. subclaviae und Vv. anonymae bei gleichzeitigem Bestehen eines Zenkerschen Divertikels

mittel in seiner Gesamtheit mit dem Blutstrom nicht bis zu dem eigentlichen Hindernis vordringt, sondern vorher bereits in die Umgehungsbahnen abgeleitet wird. Dementsprechend findet man kurz vor dem Thrombus eine flaue Kontrastmittelfüllung, die sich bis zum Thrombus immer weiter abschwächt.

Nach längerem Bestehen der Thrombosen beginnt die Organisation, die entweder zu einer völligen bindegewebigen Umwandlung oder zu einer Rekanalisation des Gefäßes führt. Klinisch zeigt die letztere sich an einem Rückgang der Stauungssymptome. Im Phlebogramm ist das Lumen wieder durchgängig, das Füllungsbild ist ungleichmäßig. Ein Rezidiv kann jederzeit eintreten.

Infolge einer Thrombose oder irgendeines anders gearteten Verschlusses der großen Venen des oberen Mediastinums von innen oder außen kommt es zu Folgeerscheinungen, die sämtlich das gleiche Bild bieten und die unter dem gemeinsamen Begriff *„Obstruktionssyndrom der V. cava superior"* zusammengefaßt werden. Synonyma sind „V. cava superior-Syndrom" und „Einflußstauung". Die auffälligsten Veränderungen waren wohl den Ärzten des griechischen Altertums schon bekannt. Eine genauere Beschreibung des klinischen Bildes gab aber erst CORVISART im Jahre 1806. Das klinische Bild ist beherrscht durch einen venösen Hochdruck der gesamten oberen Körperhälfte mit Venendilatation am Brustkorb, am Hals und am Nacken. Ein Ödem führt zu einem aufgedunsenen Gesicht mit hervorquellenden Augen und einem mächtig aufgetriebenen Hals (Stokesscher Kragen) (Abb. 10). Der Exophthalmus kann mit einer konjunktivalen Injektion einhergehen. Das Ödem in den oberen Luftwegen bzw. in Pharynx ruft eine Dyspnoe hervor, Heiserheit und Dysphagie (HUSSEY, KATZ u. YATER). Auch Gehörsensationen werden gelegentlich beobachtet. Sind gleichzeitig Brustschmerzen vorhanden, so sind diese meist auf das Grundleiden, z. B. auf ein Bronchialcarcinom, zurückzuführen. Sämtliche Erscheinungen nehmen in Horizontallage zu (HUDSON u.a.). In schweren Fällen kommt es zur Somnolenz und Bewußtlosigkeit. In einer unserer Beobachtungen bestand bronchoskopisch ein ausgedehntes Ödem des gesamten Tracheo-Bronchialbaumes. Der Tod erfolgt durch Glottisödem (ERGANIAN und WADE) oder

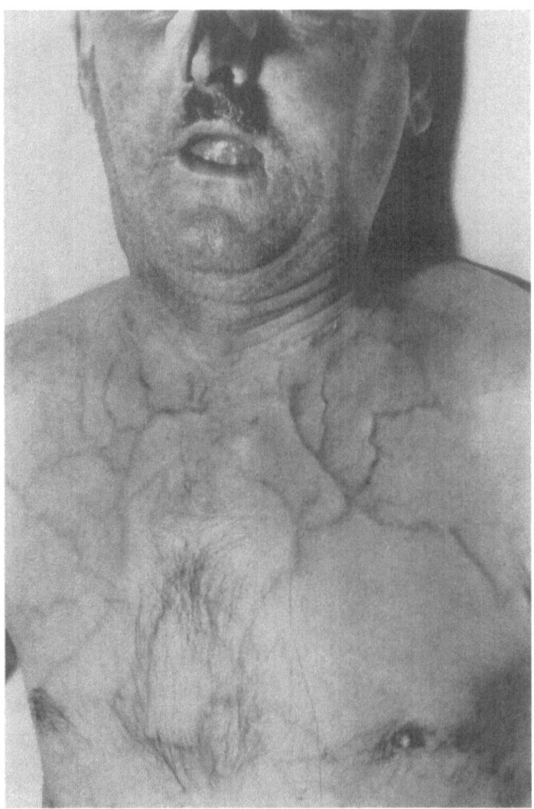

Abb. 10. Venendilatation am Brustkorb und Stockesscher Kragen bei Obstruktionssyndrom der V. cava superior

durch Herzversagen. HUSSEY, KATZ u. YATER haben bei 35 Fällen die Frequenz der Symptome ermittelt.

Es fanden sich:

Dilatationen der Venen . . .	28mal	Stupor	2mal
Ödem	20mal	Krämpfe	1mal
Dyspnoe	13mal	Dysphagie	1mal
Cyanose	5mal	Gesichtsschmerz	1mal
Husten	2mal	Heiserkeit (durch Larynxödem)	1mal
Pleuraerguß	2mal		

Obwohl CARLSON in Tierexperimenten einen Pleuraerguß nicht als Folge des Verschlußsyndroms, wohl aber als ungewöhnlich langen Rückstand nach Thorakotomie wegen des Cavaverschlusses ansieht, konnten wir einen schweren Fall mit Pleuraerguß bei doppelseitigem Anonymaverschluß beobachten.

Die einzelnen Symptome können im Grad ihrer Ausbildung sehr unterschiedlich sein oder teilweise sogar ganz fehlen, je nach Sitz, Ausdehnung und Entwicklungsgeschwindigkeit des Verschlusses (KATZ, HUSSEY u. VEAL) (s. weiter unten). JORDAN beobachtete bei einem Reticulumzellensarkom des Mediastinums trotz Verschluß der V. cava superior überhaupt kein Obstruktionssyndrom, weil nach seiner Ansicht genügend Zeit für die Entwicklung eines wirksamen Kollateralkreislaufes über die Vv. intercostales und die V. azygos gegeben war.

Der Verschluß der V. cava superior tritt bei Männern doppelt so häufig wie bei Frauen auf (GRAY und SKINNER) und befällt gewöhnlich das Lebensalter zwischen 30 und 60 Jahren (HUDSON).

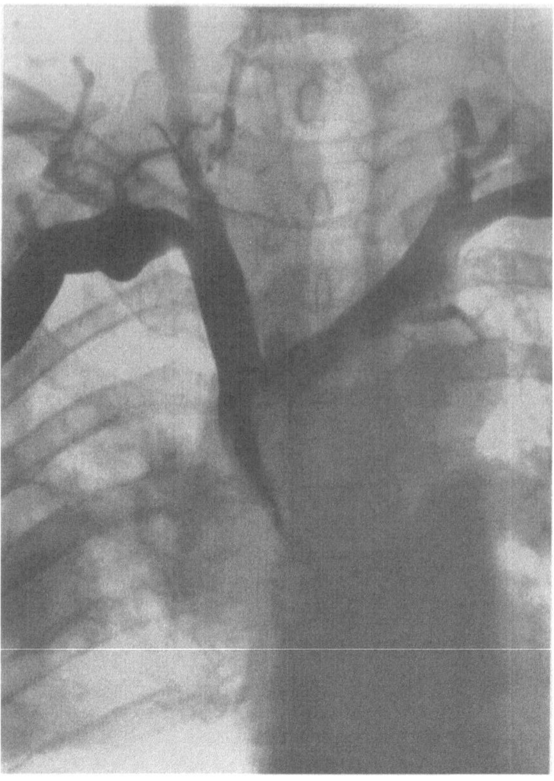

Abb. 11. Hochgradige Stenose der V. cava superior bei Bronchialcarcinom im rechten Oberlappen

Das wichtigste Symptom, der *venöse Hochdruck*, wird durch Druckmessung ermittelt, entweder mit dem einfachen Steigrohr an der Ellenbeugenvene (HUSSEY, KATZ u. YATER, JUNGE) oder mittels eines Cournand-Katheters (KRALL und HOFFHEINZ). Die Druckmessung muß am abduzierten Arm beim liegenden Patienten nach einiger Ruhezeit vorgenommen werden, um Venenkompressionen und artifizielle Druckerhöhungen auszuschalten. Der Druck, der normalerweise in der Cubitalvene zwischen 50 und 100 mm H_2O beträgt, ist beim Verschluß der V. cava superior bis zu 300 und 500 mm H_2O erhöht (HINSHAW, D. B., HUSSEY, KATZ u. YATER, JUNGE). Wird am anderen Arm ein normaler Druck gemessen, so spricht das für einen einseitigen Verschluß in der V. anonyma oder subclavia derjenigen Seite, deren Druck erhöht ist. Die Seitendifferenz muß aber dabei mehr als 10 mm H_2O betragen (HUSSEY u. Mitarb.). Zur differentialdiagnostischen Abgrenzung gegenüber dem venösen Hochdruck bei kardialer Insuffizienz ist die Druckmessung der unteren Extremität erforderlich. Ist dort der Druck normal, so liegt keine kardiale Insuffizienz, sondern ein Verschlußsyndrom der V. cava superior vor (SCHÖN). Die Höhe des venösen Druckes bei Verschlußsyndrom hängt neben den Faktoren, die auch für die Gesamtsymptomatik bestimmend sind, sehr wesentlich von der Ausbildung von Kollateralen ab (HUSSEY u. Mitarb., ERGANIAN und WADE).

Die Druckmessung durch den Katheter erlaubt die Lokalisation des stenosierenden Prozesses exakt anzugeben. Die Drucksteigerung reicht unmittelbar bis zum zentralen Rand des Hindernisses und fällt hier steil eventuell bis zur Norm ab (KRALL und HOFFHEINZ).

Die Zirkulationszeit Arm—Zunge mit 6 cm³ 10%igem Magnesiumsulfat oder 5 cm³ Calciumgluconat, die normalerweise 9—16 sec beträgt, ist bei Verschluß der V. cava superior verlängert (HUSSEY u. Mitarb., WALSH u. Mitarb.). Die Werte stehen aber nicht im gleichen Verhältnis zur Erhöhung des Venendruckes, ja es kann sogar manchmal bei

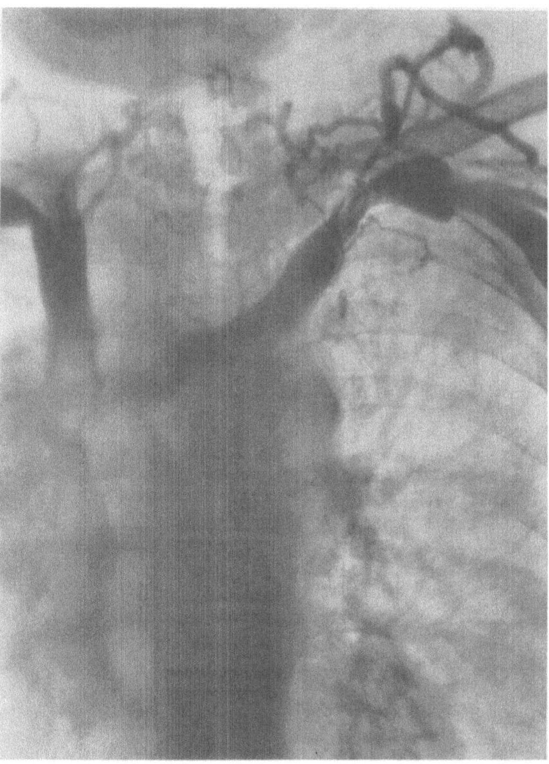

Abb. 12. Knotiger Tumoreinbruch in die rechte und linke V. anonyma sowie Stenose der V. cava superior mit Rückstauung und Kollateralkreislauf über den Arcus venosus juguli bei rechtsseitigem Bronchialcarcinom

sehr gut ausgebildetem Kollateralkreislauf die Zirkulationszeit normal sein (Hussey, Katz u. Yater). Diese Untersuchung ist also nicht ganz zuverlässig und zudem vieldeutig.

Das einfache Röntgenbild der Lunge läßt entweder gar keine Veränderung oder eine Verbreiterung des rechten oberen Mediastinalrandes (infolge der prästenotischen Stauung der V. cava superior) erkennen (Walsh u. Mitarb.).

Die *mediastinale Phlebographie*, die Darstellung der großen Mediastinalvenen mit Kontrastmittel, ist die sicherste Untersuchungsmethode zur Aufdeckung eines die Venen obstruierenden Prozesses. Sie zeigt nicht nur die Lokalisation und Ausdehnung der Obstruktion (Abb. 11), sondern auch die Ausbildung des Kollateralkreislaufes (Abb. 12 und 13). Selbst partielle Stenosen, die klinisch symptomlos sind, werden durch die Kontrastfüllung aufgedeckt (Roberts, Dotter u. Steinberg). Darüber hinaus ist es häufig möglich, an Hand der Form und Beschaffenheit des Verschlusses und der Einengung einen Anhalt über die Ätiologie des Prozesses zu gewinnen. Als Ausdruck der venösen Stauung füllt das Kontrastmittel vor dem verschlossenen Gefäß retrograd ein Teil der zuführenden Venen auf. Die Kontrastmittelinjektion wird am zweckmäßigsten simultan von beiden Cubitalvenen mit je 0,5 cm³/kg Körpergewicht eines trijodierten Kontrastmittels ausgeführt, um einseitige Verschlüsse in einer V. anonyma oder subclavia nicht zu übersehen. Die Untersuchung wird trotz des schweren Krankheitszustandes meist gut vertragen. Die Stenose oder der Verschluß erlaubt nur ein langsames Abfließen des Kontrastmittels, eventuell über die Umgehungsbahnen. Aus dem gleichen Grund sind auch nur einige Serienaufnahmen (etwa 4—6) in kurzen Zeitabständen nötig. Eine vollständige Angiokardiographie mit Dextro- und Lävogramm erübrigt sich meist.

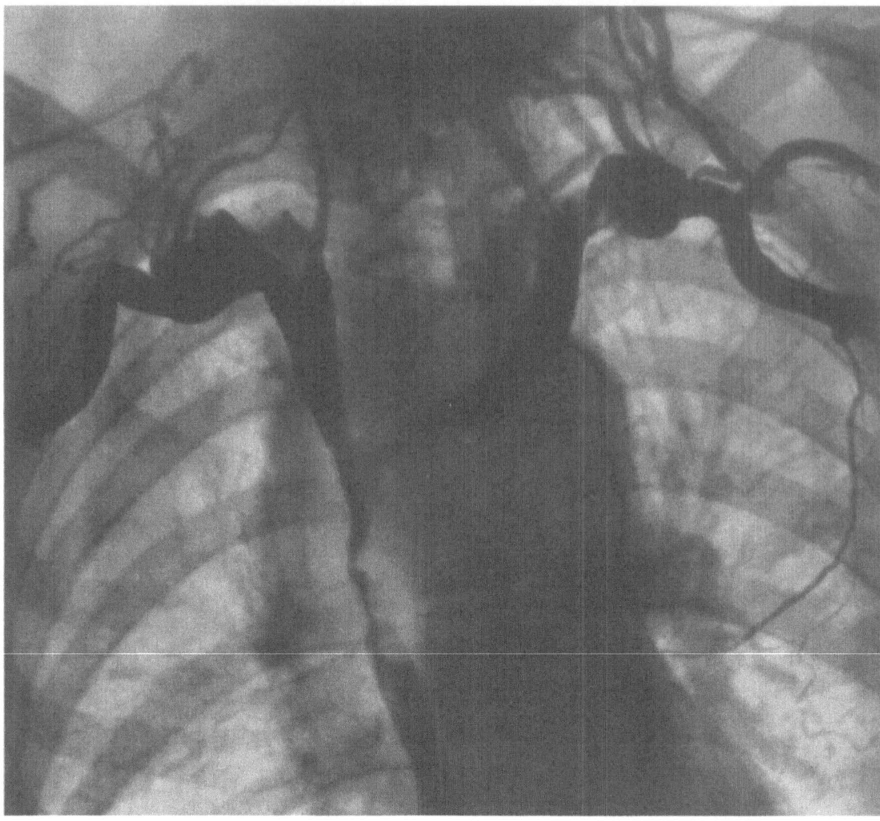

Abb. 13. Trichterförmige Einengung der Vv. anonymae und unregelmäßige Stenose der V. cava superior mit ausgedehntem Kollateralkreislauf über die Schulter- und Halsvenen bei rechtsseitigem Bronchialcarcinom

Das klinische Bild variiert in seinem Schweregrad je nach dem Sitz und der Ausdehnung des Venenverschlusses, insbesondere ändert sich damit die Beanspruchung der zur Verfügung stehenden Kollateralbahnen (CICERO und KUTHY).

1. Bei Befall der V. anonyma

Ist der obstruierende Prozeß auf eine der beiden Vv. anonymae beschränkt, wie das beim Bronchialcarcinom nicht selten vorkommt, so sind die klinischen Zeichen des Verschlusses gering und sie werden von der Grundkrankheit völlig überlagert. Objektiv ist der unterschiedliche Venendruck an beiden Armen feststellbar. Der Grund für die Symptomenarmut ist die ausreichende Wirksamkeit der Kollateralbahnen. Das Blut fließt aus der V. subclavia über die V. jugularis interna und den Arcus venosus juguli in die andere V. anonyma (F. K. FISCHER) (Abb. 14). Auch die V. thyreoidea inferior oder als weiterer Umweg der Sinus transversus (SCHWARTZ und FRAENKEL) kann dazu benutzt werden. Falls diese Bahnen nicht ausreichen, werden die V. transversa colli und die V. transversa scapulae benutzt, die Anastomosen zwischen der V. jugularis externa und der V. azygos darstellen. Und schließlich steht auch noch der Kollateralweg über die V. thoracalis lateralis aus der V. axillaris bzw. über die V. mammaria interna und die Vv. intercostales (GVOZDANOVIĆ) in die V. azygos zur Verfügung.

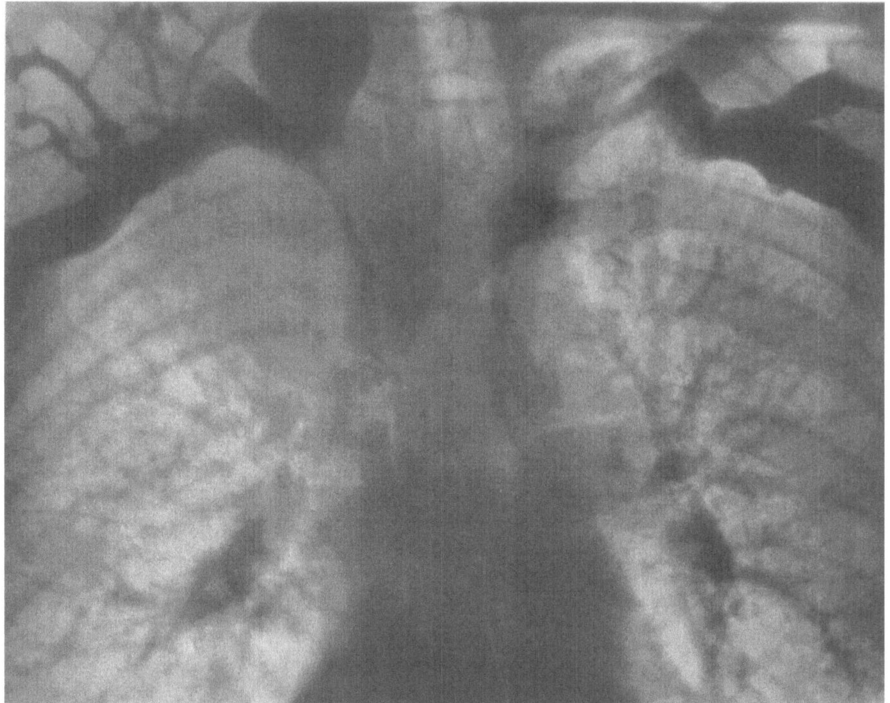

Abb. 14. Isolierte Stenose der rechtsseitigen V. anonyma bei Bronchialcarcinom im rechten Oberlappen

2. Bei Befall der V. cava superior

Sitzt der Verschluß in der V. cava superior, so ist das Krankheitsbild des Obstruktionssyndroms voll ausgeprägt. Die Verhältnisse sind unterschiedlich, und vor allem werden verschiedene Kollateralwege benutzt, je nachdem, ob das Hindernis oberhalb oder unterhalb der Einmündung der V. azygos liegt.

a) Vena cava-Stenose oberhalb der Einmündung der V. azygos

Liegt der Verschluß oberhalb der Einmündung der V. azygos, so fließt das Blut hauptsächlich über diese erweiterte Vene aus der oberen Körperhälfte zum Herzen (Abb. 12 und 15). Sie ist die wichtigste Kollaterale nicht nur beim teilweisen, sondern auch beim vollständigen Ausfall der V. cava superior (BIKFALVI, F. K. FISCHER). CARLSON hat in tierexperimentellen Untersuchungen die verschiedenen Wege, die zur Überbrückung des Hindernisses benutzt werden, ermittelt: Von den oberflächlichen Venen werden die Vv. thoracalis lateralis und thoraco-epigastrica beansprucht, die klinisch als sichtbare erweiterte Venen imponieren. Sie leiten das Blut in die Vv. intercostales und von dort in die V. azygos (Abb. 15). Von den tiefen Venen werden hauptsächlich folgende Wege herangezogen:

V. mammaria interna — Vv. intercostales — V. azygos — V. cava superior
1. V. anonyma (Abb. 15).

Vv. mediastinales anteriores
Vv. pericardiales — V. phrenica superior — V. cava inferior

Plexus vertebralis — V. intervertebralis —
V. intercostalis — V. azygos — V. cava superior — Rr. posteriores venarum
2. V. jugularis
R. descendens venae transversae colli — intercostalium
R. descendens venae transversae scapulae —

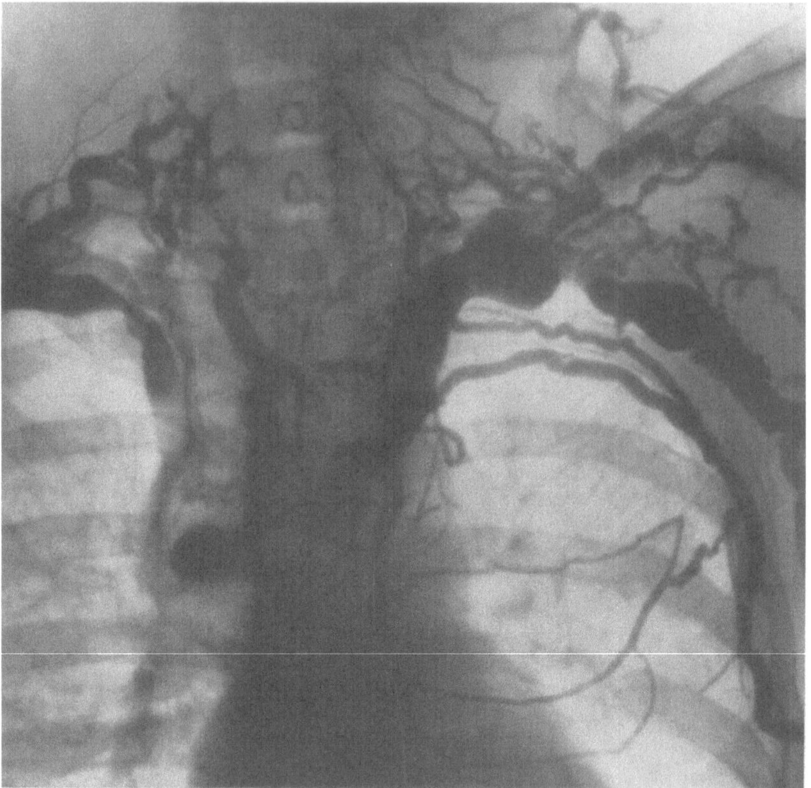

Abb. 15. Hochgradige Stenose der V. cava superior oberhalb der Einmündung der V. azygos. Kollateralkreislauf über die erweiterte V. azygos, über den Arcus venosus juguli, über die Vv. mammariae internae und
über die Intercostalvenen bei Lymphosarkom im oberen Mediastinum

Auf der linken Körperseite wird an Stelle der V. azygos die V. hemiazygos und die
V. hemiazygos accessoria benutzt. Beide stehen durch eine oder mehrere Kollateralen
in Verbindung.

Diese tierexperimentellen Feststellungen Carlsons stimmen mit den klinischen Befunden völlig überein, wie es zahlreiche Autoren und auch unsere eigenen Beobachtungen
bestätigten (Bikfalvi, Hudson, Junge, Stiller).

b) Vena cava-Stenose unterhalb der Einmündung der V. azygos

Liegt der Verschluß der V. cava superior unterhalb der Einmündung der V. azygos
oder bezieht er ihre Einmündung mit ein (Schema), so sind die klinischen Erscheinungen
und die physikalischen Befunde bedeutend schwerer. Das gesamte Blut aus der oberen
Körperhälfte kann nun nicht mehr über die V. cava superior zum Herzen gelangen,
sondern muß zum Stromgebiet der V. cava inferior umgeleitet werden. Die wichtigste
Umgehungsbahn ist auch hier die V. azygos (Abb. 16) (Banfi u. Rigat, Bikfalvi,
Erdélyi u. Balás, Blasingame, Carlson, Junge u.a.). Ihre Strömungsrichtung wird
dabei umgekehrt, und es kann bei der Venographie zur Kontrastfüllung der V. cava
inferior kommen (Walsh u. Mitarb.).

Wie Carlson, Jarvis, Kanar und Strahberger in Hundeversuchen nachwiesen, wird sogar
die gleichzeitige Abklemmung der V. cava superior und V. cava caud. 35 min überlebt, wenn die
V. azygos frei bleibt, d. h., wenn die Abklemmung an der V. cava superior oberhalb der Azygoseinmündung erfolgt. Wird die V. cava superior unterhalb der V. azygos unterbunden, so überlebten
nur 2 von 6 Hunden (Jarvis und Kanar). Dagegen ist die gleichzeitige Ligatur von V. cava superior

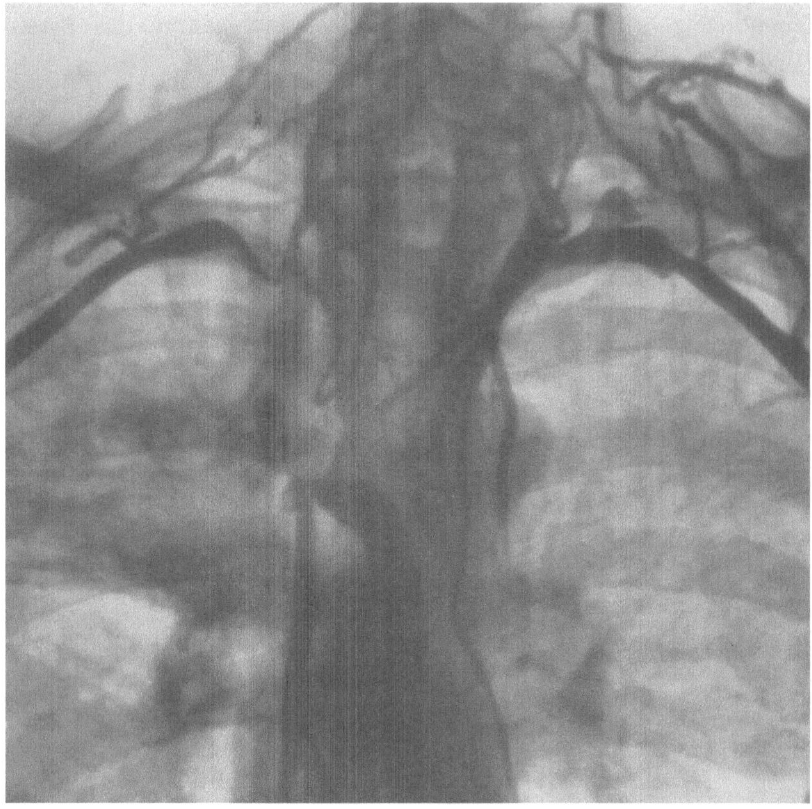

Abb. 16. Verschluß der V. cava superior unterhalb der Einmündung der V. azygos. Umleitung des Blutes aus der oberen Körperhälfte über die erweiterte V. azygos und über die Vv. mammariae internae in die V. cava inferior bei Bronchialcarcinom

und V. azygos immer tödlich. Sie wird nur überlebt, wenn sie in zwei Sitzungen erfolgt, und wenn sich nach vorausgegangener Unterbindung der V. cava superior genügend Kollateralen gebildet haben, die nunmehr auch eine Unterbindung der V. azygos erlauben (CARLSON).

Der Kollateralkreislauf geht in den oberflächlichen Partien des Brustkorbes und des Bauches über die V. thoracalis lateralis — V. thoraco-epigastrica — V. epigastrica superficialis vonstatten, die ihr Blut in die V. iliaca communis abführt.

Von den tiefen Venen werden hauptsächlich zur Umgehung beansprucht:

1. V. anonyma — V. azygos bzw. hemiazygos — V. lumbalis ascendens — V. cava inferior.
2. V. anonyma — V. mammaria interna — V. epigastrica superior und inferior — V. iliaca externa — V. cava inferior.
3. V. jugularis — Plexus vertebralis $\Big<$ Vv. intercostales — V. azygos
                                                Vv. lumbales — V. cava inferior.

Auch diese Kollateralwege sind von CARLSON im Tierexperiment ermittelt und durch die venographischen Befunde bestätigt worden (Abb. 16) (BIKFALVI, ERDÉLYI u. BALÁS, CICERO und KUTHY, GRAMANN u. a.). Wenn die Einmündung der V. azygos in den Verschluß einbezogen ist, so wird der Zugang zur Azygos über die V. thoracalis lateralis und die Vv. intercostales erreicht.

Wenn aber die V. azygos auf größerer Strecke gleichzeitig mit der V. cava superior verschlossen ist, ein Zustand, der den höchsten Grad des Verschlußsyndroms hervorruft, dann fällt die leistungsfähigste Umgehungsbahn aus, und die übrigen Umgehungsbahnen erfüllen die Aufgabe des Abtransportes des gesamten Blutes aus der oberen Körperhälfte zur V. cava inferior nur sehr mangelhaft. Bei diesem Zustand verhält sich der Armvenendruck paradox. Er fällt bei der Exspiration und steigt bei der Inspiration (HUSSEY,

Katz u. Yater). Er verhält sich damit ebenso wie der Venendruck an der unteren Körperhälfte und zeigt an, daß die untersuchten Armvenen in das Stromgebiet der V. cava inferior einmünden.

3. Bei Befall der V. azygos

Bei isoliertem Verschluß der V. azygos, wie wir ihn beispielsweise bei einem Oesophaguscarcinom beobachteten (Abb. 26), sind die drei untersten Vv. intercostales, die keine Verbindung zur V. mammaria interna besitzen, erweitert. Sie bilden einen gürtelförmigen Venenkranz (Schön). Dieser Venenkranz kommt auch nach lang andauernder Bronchitis und Lungenemphysem infolge der exspiratorischen Druckerhöhung vor. Die häufigste Ursache ist aber das Bronchialcarcinom des rechten Oberlappenbronchus (Schön). Ernste Abflußschwierigkeiten treten allerdings nicht ein, da die Venen des Plexus vertebralis die Funktion der verschlossenen V. azygos übernehmen und sich in diesem Zustand erweitern. Auch im Tierexperiment gelingt dieser Nachweis (Nordenström). Es ist hauptsächlich der Plexus vertebralis internus, der die Funktion der ausgefallenen V. azygos übernimmt. Kommt es dagegen bei bereits bestehender Obstruktion der V. cava superior zusätzlich zu einem Verschluß der V. azygos, so tritt ein Pleuraerguß erst rechtsseitig und im späteren Verlauf linksseitig und schließlich auch in Kombination mit einem Perikarderguß auf (Bettmann).

Bei plötzlicher Sperre der V. azygos durch künstliche raumfordernde Tumoren im Mediastinum treten varicöse Erweiterungen der Venen in der Trachea und in den Bronchien mit Hämoptysen auf (Nissen).

4. Bei Befall der V. cava inferior (thoracalis)

Wird der thorakale Abschnitt der V. cava inferior durch einen entzündlichen narbigen Prozeß oder durch einen Tumor eingeengt oder verschlossen, so kommt es in analoger Weise wie beim Obstruktionssyndrom der V. cava superior zu Stauungserscheinungen in der unteren Körperhälfte, namentlich zu Leber-, Milz- und Nierenstauungen. Middeldorpf hielt 1930 den Verschluß der V. cava inferior für besonders verhängnisvoll, weil hierbei ein Kollateralkreislauf nur sehr schwer zustande komme. Liegt das Wegehindernis aber dicht am Herzen, so kommen sämtliche V. cava superior- — V. cava inferior- — Nebenbahnen, also vor allem die Azygosbahn, die Mammaria-Epigastricabahn und die Vertebralplexusbahn zum Einsatz, allerdings in umgekehrter Richtung.

Welches sind nun die Ursachen, die zu einem Verschluß der V. cava superior bzw. ihrer Zubringervenen führen? Die Thrombose und ihr relativ seltenes Vorkommen wurde bereits erwähnt. Über die übrigen Ursachen gibt eine Zusammenstellung von 600 Fällen von V. cava superior-Syndrom aus dem Schrifttum durch Junge Auskunft (Tabelle 2).

Man sieht, daß die häufigste Ursache für das Verschluß-Syndrom der V. cava **superior** die bösartigen intrathorakalen Tumoren sind und unter ihnen wiederum am häufigsten das Bronchialcarcinom und Lymphknotenmetastasen am Hilus. Die zweithäufigste Ursache ist das Aortenaneurysma, das durch Druck von außen zu einer Einengung oder einem Verschluß führt. Bei der dritthäufigsten Ursache, der chronischen Mediastinitis, ist die tuberkulöse und luische Ätiologie im Absinken (McIntire und Sykes).

Über eine seltene Ursache berichten Cicero und Kuthy: Nach Röntgenbestrahlung des Mediastinums wegen eines Morbus Hodgkin, Lymphomen oder Lymphosarkom treten gelegentlich Einengungen der V. cava superior entweder durch den Zug des Narbengewebes oder durch eine narbige Schrumpfung der Gefäßwände selbst auf.

Eine Seltenheit dürfte auch die Kompression der V. cava superior durch einen riesigen Echinococcus der Leber, der unter Zwerchfellhochdrängung bis ins Mediastinum reichte, sein (Bourgeon u. Mitarb.).

Tabelle 2. *Ursachen der Obstruktion der V. cava superior*

Ursachen der Verschlüsse der V. cava superior	FISCHER 1904 252 Fälle %	HINSHAW 1949 125 Fälle %	JUNGE 1956 600 Fälle %
Primäre Thrombosen		10	
Verschleppte periphere Thrombosen	4	11,2	3
Lokale Thrombophlebitis	1,5	2,4	5
Chronische Mediastinitis.		12,8	16
davon Tbc	1,5	1,6	30,7
Lues	1,5	1,6	25,8
Aktinomykose.	0,5		
unspezifische Infektion . .	6	8,8	25,8
Perikarditis	0,5	1,6	0,25
Tumoren im Thorax			
benigne	4	1,6	3
maligne	37	35,2	36
davon Bronchialcarcinom		16	10,8
Lymphknotenmetastasen .	4,25	19,2	14,4
Tumoren außerhalb des Thorax . .			6
Aortenaneurysma	36	23,2	30
Unbekannte Ursache			0,75

IV. Ektasie, Varicen und Aneurysma

Bei der Begriffsbestimmung der verschiedenen Formen der Venenerweiterung folgen wir der Definition VIRCHOWs. Danach stellt die Ektasie die gleichmäßige Erweiterung des Gefäßlumens dar, während die Varicosis durch ungleichmäßige, säckchenartige und knotige (Varix) Ausbuchtungen des Lumens bei gewundenem Gefäßverlauf charakterisiert ist. Bei der kavernösen Ektasie sind die Septen zwischen den einzelnen Gefäßdivertikeln weitgehend zugrunde gegangen, und es resultiert eine zusammenhängende unregelmäßige Höhlenbildung, die einem echten venösen Angiom sehr ähnlich sieht. Bei einem Aneurysma ist die Gefäßwand einseitig an umschriebener Stelle ausgebuchtet.

Ursächlich können die Erweiterungen angeboren oder erworben sein. Bei den erworbenen Erweiterungen besteht ein Mißverhältnis zwischen dem Innendruck der Vene und dem Außendruck in der Umgebung, zumeist liegt eine Erhöhung des Veneninnendruckes infolge einer vermehrten Blutfülle oder einer Stenose der Gefäßlichtung stromabwärts vor. Es ist auffällig, daß die Innendruckerhöhung bei den Venen verschiedener Größe zu verschiedenen Formen der Venenerweiterung führt: Bei großen Venen kommt es gern zur Ektasie, bei kleinen zur Varicenbildung. Kollateralvenen sind fast regelmäßig ektatisch oder varicös erweitert.

Die *Ektasie* der großen Mediastinalvenen, der oberen und unteren Hohlvene, der beiden Vv. anonymae und der V. azygos, tritt fast ausschließlich im Gefolge anderer primärer Krankheitszustände, also symptomatisch auf. Einige von ihnen wurden bereits erwähnt: Beim Obstruktionssyndrom der V. cava superior und der V. cava inferior mit seinen zahlreichen Ursachen kommt es zur Stauung und Ektasie der Venen stromaufwärts der Obstruktion. In diese Ektasie ist auch die V. azygos einbezogen, wenn die Obstruktion unterhalb ihrer Einmündung liegt (Abb. 16). Auch bei Herzfehlern, vor allem bei der Tricuspidalstenose (ROBERTS, DOTTER u. STEINBERG), bei konstriktiver Perikarditis, Perikarderguß und Durchbruch eines Aortenaneurysmas in die V. cava superior wird diese unter der Drucksteigerung erweitert (SCHWEIGER; BURCHELL u. BAGGENSTOSS) und springt weit über den rechten Mediastinalrand vor.

Die Erhöhung des Druckes in der V. cava superior, der normalerweise etwa 5 mm Hg
beträgt, kann bei erworbenen ebenso wie bei kongenitalen Herzfehlern Werte bis 15 mm Hg
erreichen. Die Erweiterung der V. cava superior korrespondiert jedoch nicht mit dem
Druck, sondern ist von der Dauer der Druckerhöhung und von dem umgebenden Gewebe
abhängig (ROBERTS, DOTTER und STEINBERG).

Den Fall einer sackförmigen Ausweitung der linken V. anonyma, die sich auf die
benachbarten Anteile der V. intercostalis suprema, auf die rechte V. anonyma und auf
die V. cava superior erstreckte, beschreiben OKAY u. Mitarb. Eine Ursache, insbesondere
ein obstruktiver Prozeß im Mediastinum war nicht festzustellen. Es handelte sich um
einen Zufallsbefund, bei dem das Röntgenbild des Thorax eine Verbreiterung des oberen
Mediastinums aufwies.

Die Erweiterung der V. azygos als Symptom ist besonders bedeutungsvoll, weil die
vergrößerte azygos häufig im gewöhnlichen Lungenübersichtsbild zu erkennen ist. Dabei
sind aber ihre physiologischen Weitenveränderungen zu berücksichtigen, so daß nur
eine erhebliche Größenzunahme diagnostisch verwertbar ist.

Bei Dekompensation des Herzens mit venöser Stauung im großen Kreislauf (FLEISCH-
NER und UDIS, GEMIGNANI, JOSELEVICH und MACTAS, LUTZ, SWART, ROESLER) kann
die Azygoseinmündung auf 15 mm Breite und 50—60 mm Länge vergrößert sein (DURIEU
und LEQUIME). Bei Besserung der klinischen Dekompensationszeichen ist ein Rückgang
der Azygosvergrößerung zu beobachten, so daß der therapeutische Effekt an dem Verhalten der Azygos beurteilt werden kann, während umgekehrt eine Zunahme der Insuffizienz mit einer Vergrößerung der Azygoslichtung parallel geht (DURIEU und LEQUIME,
LUTZ). Ebenso nimmt die erweiterte Azygos nach Punktion eines Perikardergusses
wieder normale Größe an (FLEISCHNER und UDIS). Die Vergrößerung ist keineswegs
konstant zu beobachten, da sie sich infolge der Überlagerung der ebenfalls gestauten
Hilusgefäße auf dem Standardlungenbild dem Nachweis entziehen kann (DURIEU und
LEQUIME, TESCHENDORF). Mit der Hartstrahltechnik und im zweiten schrägen Durchmesser kann die Erkennung verbessert werden.

Infolge der vermehrten Inanspruchnahme als Umgehungsbahn kann die V. azygos
bzw. hemiazygos auch bei der portalen Hypertension erweitert sein (GRILLI, MORAT,
STAUFFER u. Mitarb., SWART). Das läßt sich im Splenoportogramm (ANACKER) oder
auf dem Wege über die intracostale Injektion nachweisen (Abb. 17). Ist sie beim Bestehen einer portalen Hypertension nicht erweitert, so nimmt SWART einen Abfluß über
eine Anastomose mit den Pulmonalvenen an.

Eine Ektasie der V. azygos hat LUTZ auch bei einigen Fällen von Polyglobulie beobachtet.

Alle diese Erweiterungen der V. azygos können gelegentlich das Ausmaß des Aortenknopfes und darüber erreichen, so daß differentialdiagnostische Schwierigkeiten gegenüber einem Mediastinaltumor auftreten können (SCHMIDT). Von vergrößerten Lymphknoten, die einen halbkugeligen Vorsprung hervorrufen (FLEISCHNER und UDIS), lassen
sie sich auf Grund ihrer Spindelform unterscheiden.

Unter den *Varicen* im Mediastinalraum sind die des Oesophagus wegen der latenten
Gefahr lebensbedrohlicher Blutungen am wichtigsten. Als Organerkrankung des Oesophagus und als Symptom der Lebercirrhose werden sie in den diesbezüglichen Kapiteln
abgehandelt, sie werden aber hier insofern erwähnt, als bei ihrem Vorhandensein infolge
der anatomischen Verbindungen immer auch mit der gleichzeitigen Existenz para-
oesophagealer, perikardialer und mediastinaler Varicen gerechnet werden muß, wie dies
durch die Splenoportographie nachzuweisen ist.

Über das seltene Vorkommen angeborener *Oesophagusvaricen* ohne Veränderungen an
der Leber, am portalen Kreislauf oder am Herzen berichten VORPAHL; LOTZ; NOCHI-
MORSKY; NOLTMANN; BENNECKE; RACK, MINCKS u. SIMEONE; WEINBERG; NISSEN.
Solche idiopathische, angeborene Oesophagusvaricen, bei denen eine Anlage zur allgemeinen Varicenbildung auf Grund einer angeborenen Venenwandschwäche ange-

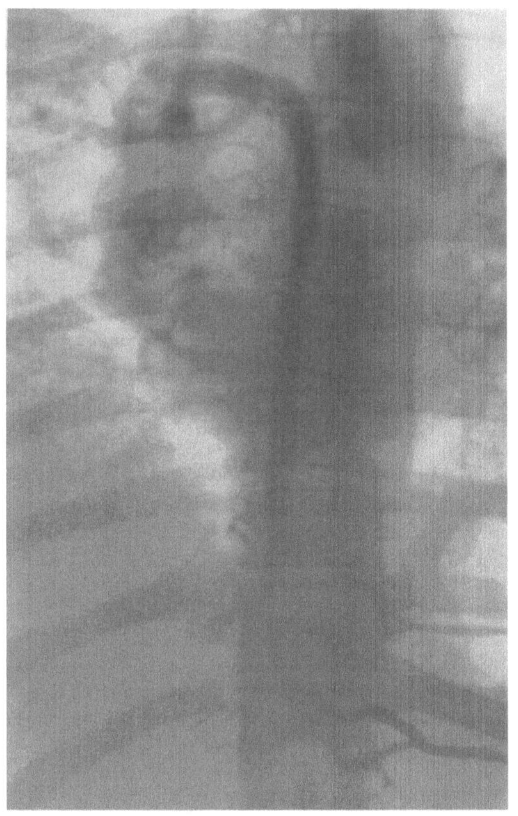
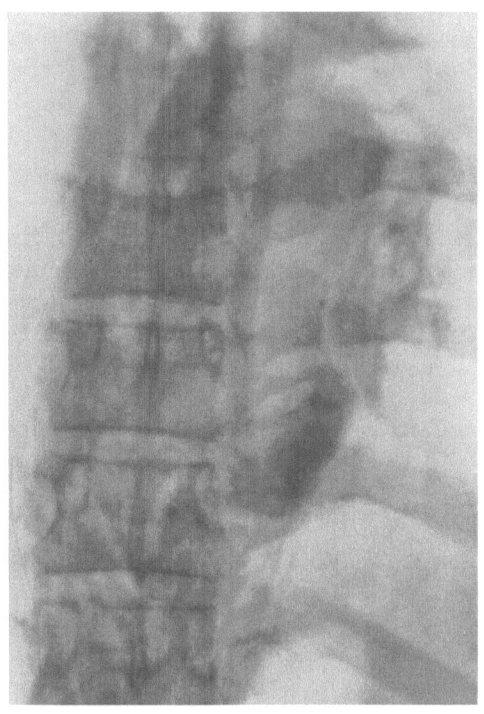

Abb. 17   Abb. 18

Abb. 17. Erweiterung der V. azygos bei portaler Hypertension. Darstellung durch intracostale Kontrastmittelinjektion

Abb. 18. Spätphase im Splenoportogramm bei portaler Hypertension. Oesophageale und perioesophageale Varicen

nommen wird (NOCHIMORSKY, WEINBERG), können sowohl bei Kindern als auch bei Erwachsenen vorkommen. Meist sind dabei auch andere Venengebiete, z. B. im gesamten Magen-Darmtrakt, in der Harnblase oder im Bereich der Genitalien, betroffen, während die Unterschenkel von Varicen frei bleiben (BENNECKE). Es handelt sich also um einen ausschließlichen Befall der Schleimhautvenen. Die Kombination mit einer partiellen Oesophagusatresie bei gleichzeitiger Trachealfistel wurde von NOLTMANN bei einem Neugeborenen beobachtet.

Eine zweite Gruppe, die sog. ,,Neurovaricen'' des Oesophagus, wurde von HENSCHEN unterschieden. Sie treten nach traumatischer Blutung in der oberen Wurzel des N. splanchnicus und bei einer Tumormetastase im Ganglion coeliacum auf.

Die weitaus größte und wichtigste Gruppe stellen die ,,Stauungsvaricen'' nach Erkrankung der Leber, des portalen Kreislaufes und beim Obstruktionssyndrom der V. cava superior speziell bei der Obstruktion der V. azygos (GRAY und WHITESELL) dar. Bei kardialer Insuffizienz entstehen die Oesophagusvaricen über eine Stauung der Vv. hepaticae und eine leichte portale Hypertension (RACK, MINCKS u. SIMEONE). Die Erkrankung der Leber und des portalen Kreislaufes sind die häufigste Ursache der Oesophagusvaricen überhaupt, der Anteil der Laennecschen Cirrhose beträgt allein 80 % (HIGGINS). Bei ihnen findet man die Varicen im unteren Drittel der Speiseröhre, während bei Herzerkrankungen und beim Obstruktionssyndrom der V. cava superior, z. B. auch bei Strumen (HENSCHEN), entsprechend den anatomischen Abflußverhältnissen das obere Drittel bevorzugt wird (Weinberg). Ganz allgemein läßt sich aber über den Ausbreitungsmodus der Oesophagusvaricen sagen, daß sie in der Speiseröhre um so weiter nach oral reichen, je stärker die venöse Stauung ist, und je stärker die Oesophagusvenen als Umgehungsbahnen benutzt werden. Bei Cirrhotikern kann sich dabei das Lumen der Oesophagusvenen auf das Dreifache erweitern (Weinberg).

Interessant ist die Feststellung von Weinberg, daß bei der Lebercirrhose keineswegs immer Oesophagusvaricen auftreten müssen. Sie fehlen bei seinen Beobachtungen in 19 von 30 Fällen (= 43%) von Laennecscher Cirrhose, in 4 von 6 Fällen von biliärer Cirrhose und in 2 Fällen von kardialer Pseudocirrhose.

Der röntgenologische Nachweis von Oesophagusvaricen geschieht gewöhnlich mit Hilfe der *Speiseröhrenpassage mit Bariumbrei* (Näheres s. dort). Trotz Provokationsmaßnahmen entzieht sich jedoch ein gewisser Prozentsatz diesem einfachen Nachweis. In solchen Fällen gelingt es, die Oesophagusvaricen durch die Splenoportographie zu füllen (Anacker; Bergstrand und Ekman; Delay und Candardjis) (Abb. 18).

Bergstrand machte die Feststellung, daß in einem Material von 80 Fällen von Portalhypertension mit oesophagealen Kollateralvenen bei der Splenoportographie 5mal bei der Oesophagusuntersuchung keine Varicen gefunden wurden. Die Kollateralvenen waren in diesen Fällen die Perioesophagealvenen. In 15 Fällen, wo das Splenoportogramm zwar Kollateralvenen zeigte, aber keine oesophagealen oder paroesophagealen Venen, wurden nichtsdestoweniger Oesophagusvaricen gefunden. Die beiden Untersuchungsmethoden ergänzen somit einander. Umgekehrt können sich aber auch im Splenoportogramm Oesophagusvenen dem Nachweis entziehen, während sie bei der Speiseröhrenpassage mit Bariumbrei zu erkennen sind (Bergstrand). Die Füllung und Darstellung der Oesophagusvaricen im Splenoportogramm hängt von den wechselnden Zirkulationsverhältnissen und von der angewandten Untersuchungstechnik ab (Näheres bei Splenoportographie).

Falls nur perioesophageale oder perikardiale Varicen dargestellt sind, so ist auf Grund der erwähnten anatomischen Beziehungen immer die Annahme berechtigt, daß gleichzeitig auch Oesophagusvaricen vorhanden sind. Die perioesophagealen Varicen können ein solch dickes Gefäßkonvolut bilden, daß sie an der Speiseröhre eine tiefe Impression hervorrufen (Anacker). Auch Druckusuren an der Wirbelsäule durch Varicen des Plexus vertebralis und der hinteren Mediastinalvenen liegen in Analogie zu den Schienbeinusuren bei Unterschenkelvaricen im Bereich der Möglichkeit.

In den Varicen der kleinen Mediastinalvenen und der Oesophagusvenen kann es wie in allen Varicen infolge der veränderten Strömungsverhältnisse oder eines pathologischen Blutchemismus zu Thrombosen kommen. Die Folge eines solchen Ereignisses ist die zumindest teilweise Blockierung der Umgehungsbahn, die zur Überwindung eines Hindernisses in der ursprünglichen Strombahn z. B. bei der Lebercirrhose benutzt worden war, und damit die erneute Behinderung des Kreislaufes.

Der Vollständigkeit halber seien hier noch die prästenotischen Erweiterungen an den Venen des Plexus vertebralis erwähnt, die Baacke in Leichenuntersuchungen bei der Spondylosis deformans mit klinisch bestehenden Beschwerden gefunden hat. Infolge der Abflußbehinderung füllten sich die querverlaufenden Anastomosen vor den Längsverbindungen.

Über rein venöse *Aneurysmen* im Bereich der Mediastinalvenen liegen bisher insgesamt nur 5 Beobachtungen vor. Bei dem ersten Fall, den Abbott 1950 beschrieb, handelte es sich um ein wahrscheinlich angeborenes Aneurysma der V. cava superior, das klinisch keinerlei Erscheinungen machte. Lediglich der venöse Druck war am rechten Arm mit 130 mm H_2O gegenüber links mit 109 mm erhöht. Röntgenologisch bestand eine Verbreiterung des rechten oberen Gefäßbandes, die in Exspiration und aufrechter Körperhaltung größer war als in Inspiration und in Horizontallage, und die eine Pulsation erkennen ließ. Das Angiogramm zeigte eine ovaläre Ausbuchtung der V. cava superior und des unteren Teils der rechten V. anonyma von 5 cm Durchmesser. Bei der Operation war die Wand der V. cava superior im Bereich des Aneurysmas auf 1 cm verdickt, und es fand sich eine weitere kleine aneurysmatische Aussackung an der Azygoseinmündung. Drei Fälle beschreiben Leigh, Abbott u. Rogers, darunter ein Aneurysma der V. cava superior, das im Röntgenbild zu einer beidseitigen Mediastinalverbreiterung geführt hatte, und das bei der Atmung keine Größenschwankung aufwies. Der Nachweis wurde wieder im Angiogramm erbracht. Die Ursache war eine anomale Mündung sämtlicher Pulmonalvenen in die linke V. anonyma und ein Vorhofseptumdefekt. Bei dem 3. Fall, einem Patienten mit einer länger dauernden portalen Hypertension, war die V. hemiazygos aneurysmatisch auf 4 zu 6 cm erweitert. Kleinere Aneurysmen waren an dem Hauptsack angelangt. Röntgenologisch war der Retrokardialraum eingeengt, Oesophagus- oder Magenvaricen bestanden nicht. Histologisch fanden sich in der V. hemiazygos atheromatöse Wandveränderungen, die zusammen mit der portalen Hypertension als Ursache für das Aneurysma anzusehen sind. Der 4. und der 5. Fall (SCHMIDT) stellen Aneurysmen der V. azygos an der Einmündung in die V. cava superior dar. Rein röntgenologisch lassen sie sich von der Ektasie der V. azygos bzw. von dem Bild der „Riesenazygos" nicht unterscheiden. Bei dem Fall von LEIGH, ABBOTT u. ROGERS lagen gleichzeitig auch eine Erweiterung der V. cava superior, eine Hypoplasie der V. cava inferior, ein Cor biloculare und eine Pulmonalstenose vor. Pathogenetisch ist anzunehmen, daß die V. azygos infolge der Stenose der V. cava inferior als Umgehungsbahn vermehrt beansprucht wurde, wobei der Druck zusätzlich durch die Pulmonalstenose und das Cor biloculare erhöht wurde.

V. Arterio-venöse Fistel und Gefäßgeschwulst

Arterio-venöse Fisteln im Bereich des Mediastinums sind selten. Am häufigsten unter ihnen ist der Durchbruch eines Aortenaneurysmas in die V. cava superior. Der venöse Druck, der ohnehin infolge der Kompression der V. cava superior durch das Aneurysma erhöht ist, wird schlagartig noch weiter und erheblich gesteigert. Der arterielle Druck in der Peripherie ist dagegen vermindert (SCHÖN). Die arterielle Versorgung der Peripherie ist infolge des Shunts und der allgemeinen Hypoxämie durch die bei der Obstruktion der V. cava superior entstehende verringerte Blutzufuhr zum Herzen herabgesetzt, während das venöse Blut in der oberen Körperhälfte arterialisiert ist (HUSSEY). Das typische klinische Zeichen einer arterio-venösen Fistel, das Schwirren, fehlt gewöhnlich beim perforierten Aortenaneurysma, weil die Verbindung meist zu weit ist. Ein Venenpuls am Arm kann vorhanden sein (ROCH) oder fehlen (SCHÖN, HUSSEY). Röntgenologisch läßt sich dagegen eine systolische Pulsation der V. cava superior bei der Durchleuchtung oder im Kymogramm erkennen.

Die Perforation eines Aortenaneurysmas in die V. anonyma ist besonders selten (PROCTOR und McCOOK). Die Symptome sind prinzipiell die gleichen wie beim Durchbruch in die V. cava superior mit Ausnahme der aggravierenden Momente der Cavaobstruktion.

Neben der Lues kommt als Ursache für die Entstehung von arterio-venösen Fisteln auch eine traumatische Einwirkung in Betracht. So beschreiben BENDA ein Aneurysma zwischen A. subclavia und V. anonyma dextra infolge einer Kriegsverletzung und GLENN und STEINBERG eine arterio-venöse Fistel zwischen rechter A. und V. mammaria interna, die nach Massenligatur anläßlich einer Mastektomie wegen Mammacarcinom aufgetreten war. Klinisch bestand bei dem letzteren Fall eine Vorwölbung der Brustwand neben dem rechten Sternalrand, über der ein Schwirren und ein diastolisches „Maschinen"-geräusch zu hören war. Der Blutdruck war auf 194 zu 104 mm Hg erhöht.

Die angiographische Darstellung einer arterio-venösen Verbindung gelingt wegen des Shunts naturgemäß nicht vom venösen Schenkel aus. Das Kontrastmittel gelangt gegen den invertierten Blutstrom nicht in die betroffene Vene. Handelt es sich dagegen um eine Fistel zwischen kleinen Gefäßen, so sind die Aussichten für eine Darstellung im Lävogramm der üblichen intravenösen Angiokardiographie günstiger. Auf diese Weise konnte die erwähnte Mammaria-Fistel als kontrastgefüllte kleine rundliche Aussackung rechts neben der Aorta entdeckt und operativ beseitigt werden.

Echte primäre Geschwulstbildungen, die eindeutig von der Venenwand ausgehen, sind sehr selten (Benda). In der Regel sind an *Gefäßgeschwülsten*, insbesondere an Ranken-angiomen Arterien und Venen in gleichem Maße beteiligt. Aus diesem Grunde werden sie — z. B. in der Lunge — auch als arterio-venöse Aneurysmen bezeichnet. Kavernöse Angiome haben Beziehungen zu Phlebektasien und zur Varicosis (Bennecke). Häufig gelingt es aber auch gar nicht, die arterielle oder venöse Natur der neugebildeten Gefäße zu identifizieren. Gefäßgeschwülste im Mediastinum gehören demgemäß zu den großen Seltenheiten. Eerland fand unter 86 verschiedenen Mediastinaltumoren nur ein Hämangiom. Balbaa und Chestermann haben 66 primäre Gefäßgeschwülste des Mediastinums aus der gesamten Literatur zusammengestellt. Davon saßen 9 im Perikard, 3 gehörten zur Gruppe der Hämangiopericytome, und die übrigen waren gut- und bös-artige Hämangiome. Sie imponieren klinisch und röntgenologisch als reine Tumoren mit Druckerscheinungen an den großen Venen, Verdrängungen des Herzens und Arrosion der Rippen und Wirbelkörper. Wie jeder andere Mediastinaltumor können sie ein Ob-struktionssyndrom der V. cava superior hervorrufen (Balbaa und Chestermann; Heberer).

Auf der Lungenübersichtsaufnahme bedingen sie eine umschriebene Verbreiterung des Mediastinalschattens, der keine charakteristischen Unterscheidungsmerkmale gegen-über anderen Mediastinaltumoren besitzt. Die präoperative Erkennung dürfte daher sehr schwierig sein, da auch Schichtaufnahmen und Kymographie unergiebig sind. Die Angiographie enttäuscht ebenfalls, da die neugebildeten Gefäße sich wahrscheinlich infolge einer verlangsamten Zirkulation durch die partielle Thrombosierung nicht mit Kontrastmittel füllen. Allenfalls lassen Arrosionen an den Rippen und Wirbelkörpern, falls sie entdeckt werden, sowie etwaige Phlebolithen an die Gefäßnatur der Geschwulst denken (Balbaa und Chestermann).

VI. Veränderungen der Mediastinalvenen bei Erkrankungen im Mediastinum

Die Zahl der primären Erkrankungen der Venen ist — wie wir gesehen haben — auch im Mediastinum relativ gering; viel häufiger werden sie in Krankheitsprozesse ihrer Nachbarschaft einbezogen und dadurch sekundär befallen. Das ist besonders der Fall, wenn wie im Mediastinum sehr viele Organelemente auf engem Raum zusammentreffen. Andererseits sind Venen als dünnwandige Hohlorgane gegenüber den Einwirkungen von Druck und Zug besonders anfällig.

Bei den verschiedenen krankhaften Vorgängen im Mediastinum sind an den Venen folgende Veränderungen morphologischer und funktioneller Art zu finden:

1. Bei Lageveränderungen des Mediastinums

Das Mediastinum kann durch unterschiedlichen Druck in den beiden Pleurahöhlen, durch Zug infolge Narbenschrumpfung oder Lungenatelektase oder nach Pneumonektomie verlagert sein. Das Herz, das größte und wichtigste Mediastinalorgan, führt dabei nicht nur eine Verlagerung nach lateral, sondern gleichzeitig auch eine Drehung nach hinten aus (Abb. 19). Die großen Mediastinalvenen, die Vv. anonymae, die V. cava superior und V. cava inferior und teilweise auch die V. azygos, müssen auf ihrem Wege zum Herzen allen Verlagerungen folgen. Auf Grund ihrer Elastizität sind sie dazu imstande, wirken aber andererseits zusammen mit den Arterien, mit den Pleurablättern und anderen

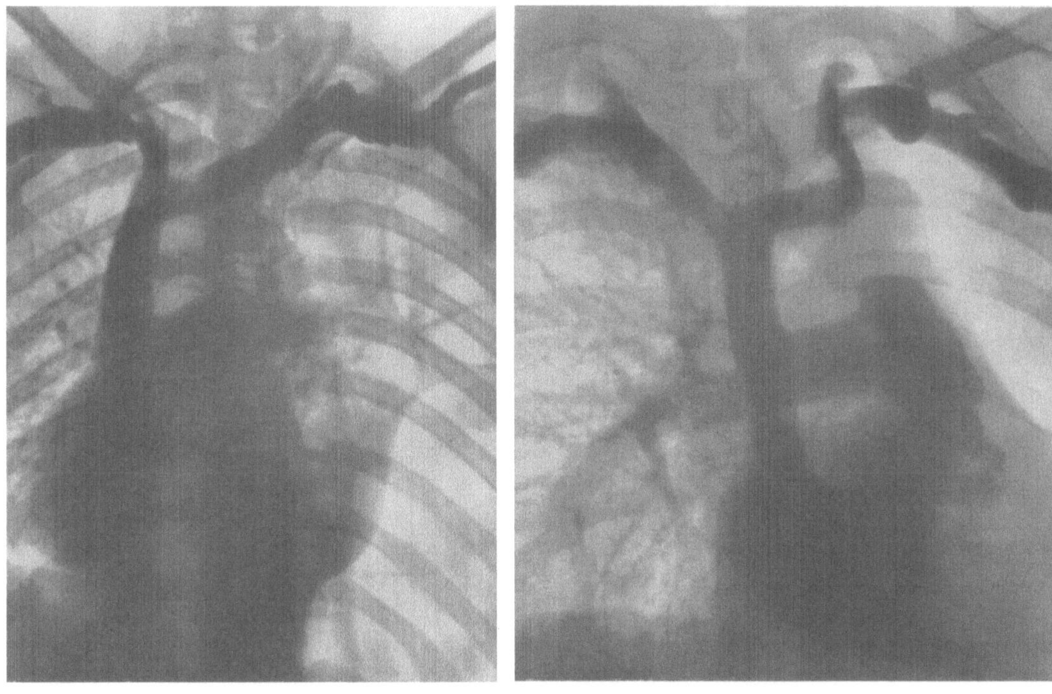

Abb. 19   Abb. 20

Abb. 19. Verlagerung der Mediastinalvenen mitsamt dem Mediastinum nach rechts bei linksseitigem Pneumothorax

Abb. 20. Verlagerung der Mediastinalvenen mitsamt dem Mediastinum nach links bei linksseitigem Fibrothorax nach Pneumonektomie. Abknickung und Rückstauung in der linken V. anonyma

Organen einer allzu starken Verlagerung gewissermaßen als Haltebänder entgegen. Die V. cava superior folgt allen Verlagerungen gleichsinnig, bei Atelektase der Lunge und bei Fibrothorax zur kranken Seite (Abb. 20), bei großem Pleuraerguß oder Pneumothorax zur Gegenseite (Abb. 19). Sie erfährt gleichzeitig eine Schrägstellung, eine Krümmung oder auch eine Abknickung an der Einmündung in den rechten Vorhof. Bei Linksverlagerung kann sie am linken Paravertebralrand erscheinen (CICERO und KUTHY). Das Lumen der V. cava superior ist dabei normal weit (Abb. 20) oder infolge der Zugwirkung z. B. beim Fibrothorax erweitert. Anders verhalten sich die Vv. anonymae, die an der Einmündung der V. jugularis und fortgeleitet auch von der V. subclavia unter der ersten Rippe gewisse Fixpunkte besitzen, die eine zwanglose Richtungsänderung nicht ohne weiteres gestatten. Es kommt daher am distalen Ende der V. anonyma zu einer einfachen oder doppelten Abknickung und eventuell zu einer Lumeneinengung (Abb. 20) (PACHEO und DEL CASTELLO; ROBERTS, DOTTER u. STEINBERG; STILLER). Die Folge ist eine leichte venöse Stauung (Abb. 19) mit Blaufärbung, Venendruckerhöhung und gelegentlichen Schmerzen im Arm der betroffenen Seite (VOSSSCHULTE und STILLER).

Im Phlebogramm kann man eine Verlangsamung der Strömungsgeschwindigkeit mit einer geringen Kontrastmittelrückstauung in die zuführenden Venen feststellen (Abb. 20). Die V. anonyma der Gegenseite kann unverändert sein, oder sie ist gestreckt und leicht eingeengt (Abb. 19 und 20).

Bei Zwerchfellhochstand ist die V. cava superior leicht zusammengestaucht und erweitert, bei Zwerchfelltiefstand ist sie verlängert (ROBERTS, DOTTER und STEINBERG; STILLER).

2. Bei Entzündungen und Verwachsungen im Mediastinum

Im Mediastinum können sich Entzündungen abspielen, die entweder primär im mediastinalen Bindegewebe auftreten, oder die von den benachbarten Organen, z.B. von den Lymphknoten und der Speiseröhre, auf das lockere mediastinale Bindegewebe übergreifen. Von hier aus kommt es dann zu einem sekundären Befall der mediastinalen Venen. Unmittelbar befallen werden die V. cava superior und V. cava inferior von der konstriktiven Perikarditis.

Ein V. cava-Syndrom tritt in 12% der Fälle durch eine Mediastinitis auf (SACCO und FANELLI).

Bei den Entzündungen handelt es sich um spezifische Prozesse wie Tuberkulose, Lues und Aktinomykose oder um unspezifische. Im floriden Stadium der Entzündung entsteht auf diese Weise eine tuberkulöse, luische oder aktinomykotische Phlebitis und Endophlebitis (BENDA), die sehr oft zu einer Thrombose führt.

Bei der *Tuberkulose* handelt es sich um den Durchbruch tuberkulöser Lymphknoten (ROBERTS, DOTTER u. STEINBERG; STEINBERG und DOTTER) oder tuberkulöser Lungenherde in die Vv. anonymae oder V. cava superior. Es entstehen nach BENDA Tuberkel an der Gefäßintima, die hanfkorngroß oder polypenartig mehrere Zentimeter lang sein können. Röntgenologisch gewinnen sie nur dann Bedeutung, wenn sie das Lumen einengen, oder wenn es zu einer Thrombose kommt. Der Anteil der Tuberkulose an der Thromboseentstehung in den großen Mediastinalvenen beträgt für die tuberkulöse Phlebitis 0,3%, für die tuberkulöse Mediastinitis 0,8% (OCHSNER und DIXON).

Bei tuberkulösem Befall der mediastinalen Lymphknoten kommt es zu Impressionen und Stenosen an den Venen, die zu einer Stauung im Zuflußgebiet der V. cava superior führen. Auf dem Nativbild erscheint der Befall als eine Verbreiterung des Mediastinalschattens mit einer Verdrängung des Mediastinums nach rechts. Im Venogramm bleibt die Kontrastdarstellung der V. cava superior aus und der venöse Abfluß erfolgt über Kollateralen. Die verschlossenen Venen werden auch nach Therapie mit Antibiotica nicht wieder durchgängig (SACCO und FANELLI).

Im Narbenstadium des tuberkulösen Prozesses im Mediastinum kommt es besonders gern zur Einbeziehung der benachbarten Mediastinalvenen. Die fibröse tuberkulöse Mediastinitis, die häufig mit tuberkulös erkrankten Lymphknoten in Beziehung steht (SANTY u. Mitarb.), engt die Venen ein oder durchwächst sie vollständig.

Die Impressionen und Stenosen an den Mediastinalvenen und an der V. azygos, die man bei einer Tuberkulose und beim Lungenabszeß findet, gleichen denen bei Lymphknotenmetastasen (BÜCHELER; DÜX u. Mitarb.).

Bei der *Lues* werden die Mediastinalvenen ebenfalls sekundär durch Übergreifen luischer Prozesse aus der Nachbarschaft ergriffen. Unter ihnen ist die Kompression oder der Einbruch eines Aortenaneurysmas in die V. cava superior (s. S. 451) das häufigste Vorkommnis. Luische Gummen oder luisches Granulations- und Narbengewebe können beide Hohlvenen komprimieren, infiltrieren und verschließen (BENDA, EPPINGER, PATZ, KAVEL, STEIB). Wie bei der Tuberkulose kann sich auch bei der Lues eine Thrombose dazugesellen. Sie macht beim Aneurysma 1,4%, bei der luischen Phlebitis 1% und bei der luischen Mediastinitis 0,9% aller Thrombosen aus (OCHSNER und DIXON).

Über eine *Aktinomykose* des Mediastinums, die ihren Ausgang von der Speiseröhre genommen hatte, berichten ABÉE und BENDA. Sie hatte die V. cava inferior an der Eintrittsstelle in den rechten Vorhof völlig umwachsen, eingeengt, arrodiert und thrombosiert. Die Aktinomykose ist in 0,5% der Fälle die Ursache für eine Thrombose der V. cava superior (OCHSNER und DIXON).

Für die *unspezifische chronische Mediastinitis* ist keine sichere Ursache bekannt. Vielfach wird eine unspezifische Entzündung des Mediastinums in Verbindung mit einer Infektion der oberen Luftwege als Ursache angenommen (ERGANIAN und WADE; WALSH u. Mitarb.). Gelegentlich ist bei den betroffenen Kranken eine Neigung zur Narbenbildung, die sich in Keloiden an anderen Körperstellen zeigt, zu erkennen. Im Mediastinum findet man ein kollagenes Bindegewebe mit Verkalkungen und Lymphocyteninfiltraten, gelegentlich Einlagerungen von anthrakotischem Pigment (ERGANIAN und WADE; SANTY u. Mitarb.).

Zu fibroplastischen Vorgängen im Mediastinum kommt es nach jahrelangem Bestehen einer Paraffinölplombe wegen kavernöser Lungentuberkulose (SCHMITZ-DRÄGER). Durch Schwartenbildung, Verziehung und Kompression werden die großen Venen des Mediastinums verschlossen und eventuell auch thrombosiert. Den Einzelfall einer Obstruktion der V. cava superior infolge einer fibrösen Mediastinitis nach Tularämie beschreiben ERGANIAN und WADE.

Während die tuberkulöse und luische Ätiologie der Mediastinitis in den Jahren 1904—1911 noch 11,4% bzw. 28,8% betrug, ist sie in den letzten Jahren auf 5,4% bzw. 0,9% abgesunken. Gleichzeitig ist die unspezifische Mediastinitis auf 24,8% angestiegen (McINTIRE und SYKES).

Klinische Erscheinungen ruft die Miterkrankung der Venen bei der chronischen fibrösen Mediastinitis nur dann hervor, wenn die Gefäßeinengungen, um die es sich dabei handelt, ein entsprechendes Ausmaß erreichen, und wenn sich ein Obstruktionssyndrom entwickelt. Dabei ist es gleichgültig, ob das Strombahnhindernis eine spezifische oder eine unspezifische fibröse Mediastinitis zur Ursache hat. SANTY u. Mitarb. sehen in der langsamen Entwicklung des klinischen Bildes ein charakteristisches Zeichen für diese Ursache des Obstruktionssyndroms. Die gleiche langsame Entwicklung sehen wir aber auch bei der Venenkompression durch gutartige raumverdrängende Prozesse im Mediastinum.

Das einfache Röntgenbild der Lunge läßt entweder gar keine Veränderungen (SANTY u. Mitarb.) oder eine Verbreiterung des oberen Mediastinalschattens nach rechts (BIKFALVI, ERDÉLYI u. BALÁS) erkennen. Letztere entspricht entweder einer mediastinalen Pleuraschwarte oder einer verbreiterten gestauten V. cava superior. Verkalkungen im Bereich der V. cava superior oder an den Hili der Lungen lassen bei gleichzeitiger Symptomatik oder bei phlebographischem Nachweis eines Obstruktionssyndroms an eine tuberkulöse Ätiologie denken (BIKFALVI, ERDÉLYI u. BALÁS; ERGANIAN und WADE; HINSHAW und RUTLEGE; SANTY u. Mitarb.).

Im Pneumostratigramm sind die Vv. anonymae, die Vv. cavae und die V. azygos bei der Mediastinitis nicht abgrenzbar, weil die fibrösen Verwachsungen das Eindringen des Gases in die Zwischenräume des Mediastinums verhindern (CONDORELLI).

Im Phlebogramm sind die Veränderungen am besten zu erkennen. Im leichtesten Falle wird die V. cava superior durch den Narbenzug verlagert (OCHSNER und DIXON), in schwereren Fällen — und diese sind es, die zur Beobachtung kommen — wird die V. cava superior eingeengt und schließlich völlig verschlossen. Einengung und Verschluß sind also die beherrschenden röntgenologischen Symptome. Die Stenose beim narbigen Verschluß ist meist glattrandig, beim Einbruch tuberkulöser Lymphknoten, der außer in die V. anonyma und cava auch in die V. azygos erfolgen kann, unregelmäßig (MISKOVITZ und SZÜCS; SANTY u. Mitarb.). Je nach dem Grad der Einengung der V. cava superior sind auch die röntgenologischen und phlebographischen Zeichen des Obstruktionssyndroms mit Kollateralkreislauf und prästenotischer Dilatation ausgebildet. Beim Einbruch tuberkulöser Lymphknoten ist die Obstruktion eher geringgradiger als bei der Einwirkung durch Narbenschrumpfung (BIKFALVI, ERDÉLYI u. BALÁS; ERGANIAN und WADE; HINSHAW und RUTLEGE; ROBERTS, DOTTER u. STEINBERG; SCHMITZ-DRÄGER).

Bei der *Pericarditis adhaesiva oder constrictiva* sind die beiden Hohlvenen häufig an ihrer Einmündung, die intraperikardial liegt, von dem fibrösen Prozeß befallen. Zumeist kommt es zu Einengungen des Gefäßlumens mit Rückstauung in die obere oder untere Körperhälfte (TAIANA; KIRCHNER und MATTHES). Die Pericarditis adhaesiva ist für eine Stauung der V. cava inferior die häufigste Ursache. Im Phlebogramm sieht man eine ringförmige Einschnürung der V. cava superior und inferior kurz vor dem Vorhof (CICALA;

Condorelli; Lyons, Minnis u. Griffin). Es kann aber auch jeglicher morphologische Befund am Gefäß fehlen; dann weist der verzögerte Abfluß aus der Hohlvene auf eine Umschwielung des Herzens hin (Cicala). Eine ausschließliche Erweiterung von V. cava superior und inferior beobachtete dagegen Figlay und Bagshaw bei 6 von 8 Fällen, die sämtlich keine Konstriktion erkennen ließen. Wahrscheinlich handelte es sich entsprechend den Befunden von Cicala um eine Stauungserweiterung vor der Druckerhöhung im rechten Vorhof. Jedenfalls ist festzuhalten, daß bei der Pericarditis adhaesiva kein morphologischer Befund an den Hohlvenen gefunden werden muß.

3. Bei Tumoren im Mediastinum

Venen werden auf Grund ihrer Dünnwandigkeit stärker als Arterien durch Tumoren beeinflußt, „Tumoren" hier im weiteren Sinne von raumfordernden Prozessen, z. B. Strumen, Aortenaneurysmen oder Lymphknotenmetastasen und nicht nur im pathologisch-anatomischen Sinne einer Neubildung verstanden. Da die Beeinflussung eine enge nachbarliche Beziehung voraussetzt, sind es vorwiegend die Tumoren im vorderen oberen Mediastinum und im Bereich des rechten Lungenhilus, die die großen Venen des Mediastinums in Mitleidenschaft ziehen. Verdrängung, Wandinfiltration und Einengung des Gefäßlumens bis zum völligen Verschluß sind die hauptsächlichsten Veränderungen, die die Venen durch Tumoren erleiden. Darin besteht — mit Ausnahme der Wandinfiltration — kein grundsätzlicher Unterschied zwischen gut- und bösartigen Tumoren.

Es ist in diesem Zusammenhang auch wichtig, die Grenzen der Aussagefähigkeit der Phlebographie zu kennen. Zwar sind einige Autoren in dieser Frage recht optimistisch (Ciarpaglini; Banfi und Rigat; Turan; Walsh), Roberts, Dotter und Steinberg raten jedoch auf Grund ihrer Erfahrungen an 1500 Angiokardiographien zur Vorsicht bei der Beurteilung, ob eine Wandinfiltration der Vene durch einen damit als bösartig gekennzeichneten Tumor oder eine Kompressionsstenose, die auch durch einen gutartigen Tumor hervorgerufen sein kann, vorliegt. Nach ihrer Meinung könne die simultane Darstellung in 2. Ebene in dieser Frage weiterhelfen. Auch Fehr, Rosati u. a. halten die Unterscheidung von gut- und bösartigen Tumoren im Angiokardiogramm für schwierig. Man wird die Angiokardiographie vor allem dann einsetzen, wenn bei einem Verdacht auf einen Mediastinaltumor der verdächtige Schatten nicht vom Herzen, der Aorta und der Pulmonalis zu trennen ist (Maier).

Im einzelnen lassen sich gewisse Besonderheiten und Unterschiede bei den verschiedenen Tumoren finden, Besonderheiten, die auch zu einer detaillierten Aussage über den Tumor beitragen.

a) Bei gutartigen Tumoren

Gutartige Tumoren führen bei entsprechender Größe vorwiegend zu einer Verdrängung der Venen. Ist die Kompressionswirkung sehr stark, oder kann die Vene aus einem besonderen Grunde nicht ausweichen, so kommt es auch zu einer Einengung des Gefäßlumens. Dabei ist die Kontur der Stenose in der Regel glatt (Banfi und Rigat). Diese Glätte der Kontur ist zwar charakteristisch für den gutartigen Tumor, sie kommt aber auch beim bösartigen Tumor vor. Die Gefäßeinengung ist meist so gering, daß sie klinisch keine Erscheinungen hervorruft (Bikfalvi, Erdélyi u. Balás).

Bei der Struma substernalis werden die beiden Vv. anonymae nach unten und zur Seite gedrängt. Ihr Winkel kann bis auf 90° ausgeweitet werden (Gvozdanović und Oberhofer). Sie markieren auf diese Weise den unteren Rand der Struma (Abb. 21), wodurch präoperativ ein Hinweis auf die Größe der Struma gegeben wird (Banfi und Rigat; Rossi). Reicht der substernale Fortsatz besonders weit nach unten, so kann auch die V. cava superior meist nach rechts und vorn — verlagert sein. Bei der intra-

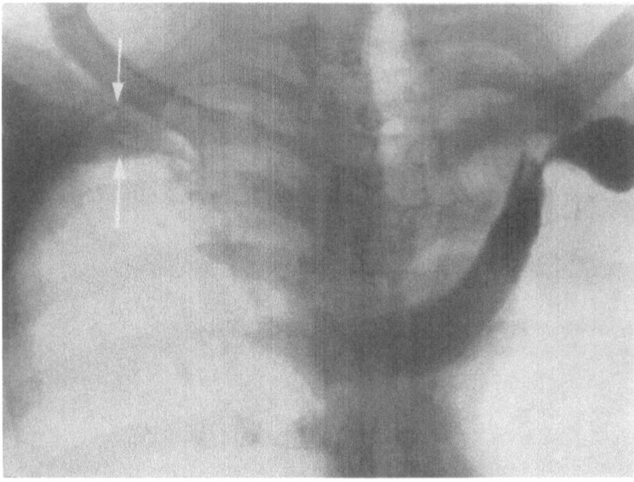

Abb. 21. Basalverdrängung der V. anonyma durch eine substernale Struma

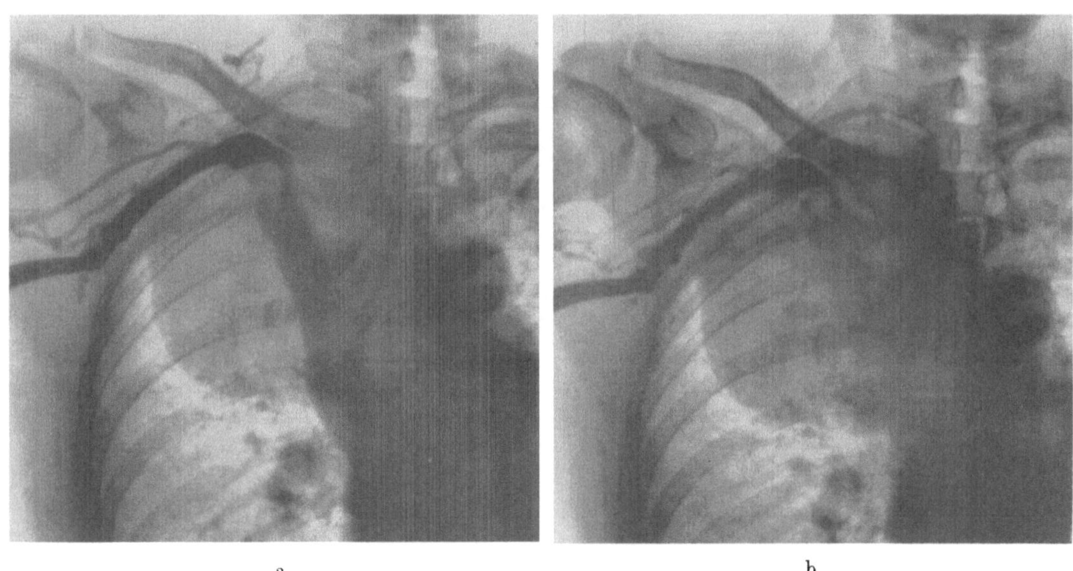

a   b

Abb. 22. a Verdrängung und Einengung der V. cava superior durch eine Struma endothoracica. Dicht unter dem Schlüsselbein springt ein verkalkter Strumaknoten gegen die rechte V. anonyma vor und engt ihr Lumen ein. b Rückstauung in der V. subclavia. 25 sec nach der Injektion des Kontrastmittels besteht noch eine Prallfüllung des Gefäßes

thorakalen Struma fand DONTAS nur in 8 von 51 Fällen eine Kompression der V. cava superior bzw. der V. anonyma (Abb. 22a und b).

Die Einengung oder der völlige Verschluß der V. cava superior durch ein Aneurysma der Aorta ascendens (Abb. 23) oder der A. anonyma ist kein ganz seltenes Ereignis. ROBERTS, DOTTER und STEINBERG fanden, daß das Aortenaneurysma in 15% Ursache für ein Obstruktionssyndrom der V. cava superior war. Wie die Tabelle auf S. 441 zeigt, lag diese Zahl in früheren Jahren noch wesentlich höher (1904: 36%, FISCHER). Röntgenologisch ist neben der Einengung meist auch eine Lateralverlagerung der V. cava superior zu beobachten (TENZER und BOLLAERT), wodurch der rechte obere Mediastinalrand konvex vorgewölbt wird (SCHÖN). Andererseits kann aber auch das Aneurysma die V. cava superior überlagern und selbst randbildend werden (TESCHENDORF). Hand in

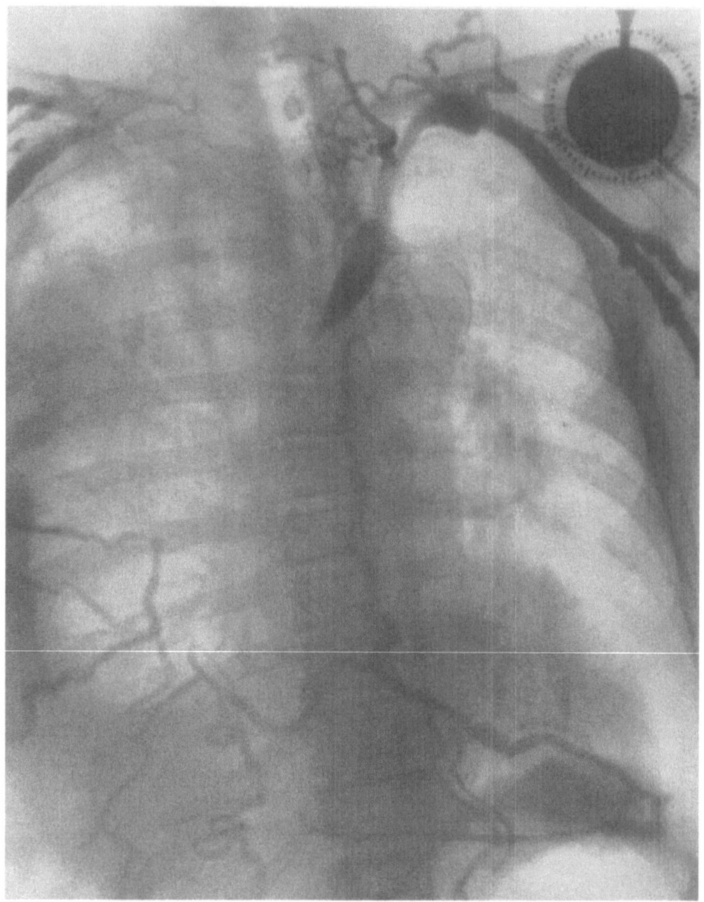

Abb. 23. Verschluß der V. cava superior und der rechtsseitigen V. anonyma sowie hochgradige Einengung der linken V. anonyma bei Aortenaneurysma. Kollateralkreislauf über die V. hemiazygos

Hand mit der Verlagerung geht eine Verlängerung und Dehnung der V. cava superior und der Vv. anonymae (Roberts, Dotter u. Steinberg).

Grundsätzlich gleichartige Veränderungen, Verdrängung, Einengung oder Verschluß der Venen als Einzelsymptom oder in Kombination kommen bei allen übrigen gutartigen Mediastinaltumoren wie Dermoidcysten (Cicero und Kuthy), Lipomen, Xanthomen, Neurofibromen, Ganglioneuromen (Griffin), Thymusvergrößerungen (Bullo, Schön) und auch bei vergrößerten tuberkulösen Lymphknoten vor.

Die V. cava inferior wird in ihrem thorakalen Abschnitt durch raumverdrängende Prozesse der Nachbarschaft ungleich seltener betroffen. Es resultieren Gefäßverlagerungen, -einengungen und -verschlüsse mit den auf S. 440 beschriebenen Folgeerscheinungen. Als Ursache kommen in Betracht: ein Herzwandaneurysma, eine Morgagnische Hernie (Abbott, Hopkins u. Leigh; Rosenblum, Nussbaum u. Schwartz) und Lebertumoren (Arcos Perez).

Die V. azygos wird durch einen gutartigen Oesophagustumor verdrängt, imprimiert oder komprimiert (Düx u. Mitarb.; Bücheler).

Die Hauptthymusvene und ihr lateraler Ast werden bei benignen Thymustumoren nach lateral und cranial verlagert. Derartige Befunde lassen sich aber nur mittels der direkten Katheterisierung der Hauptthymusvene von der A. anonyma sinistra aus darstellen (Yune und Klatte).

b) Bei bösartigen Tumoren

Bösartige Tumoren führen außer zu Verdrängungen bevorzugt zu Einengungen der Venen, sei es durch direkte Infiltration (Abb. 24) oder sei es durch Kompression. Häufig kommt es zu völligem Verschluß entweder durch eine Thrombose, die sich gern auf das Tumorinfiltrat aufpfropft oder durch die Geschwulstwucherung allein. Der Anteil der

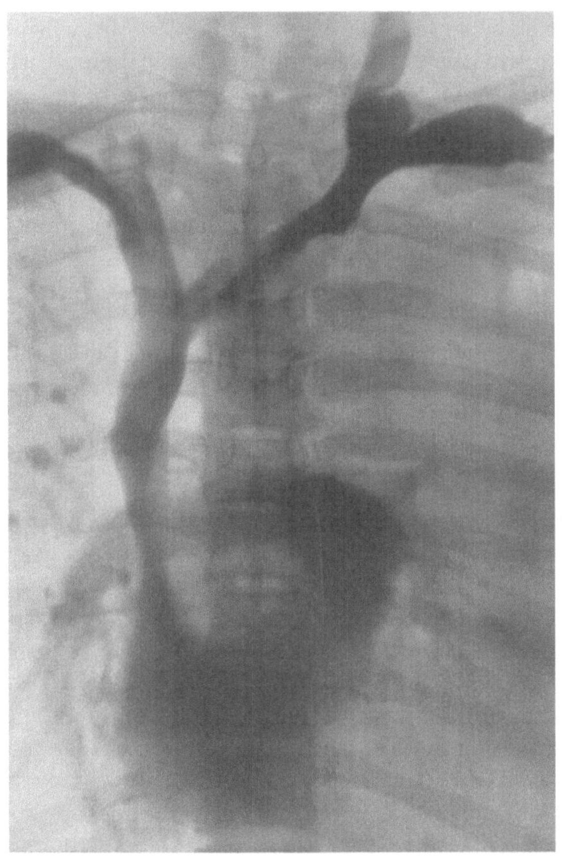

Abb. 24. Zirkuläre Stenose der V. cava superior bei Retothelsarkom der linken Lunge

malignen intrathorakalen Tumoren an Verlegungen der V. cava superior beträgt nach JUNGE 36%, nach ROBERTS, DOTTER u. STEINBERG sogar 78%. Diese letztere Zahl kommt sicherlich durch das ausgewählte Material einer Spezialklinik zustande.

Charakteristischerweise ist die Kontur der stenosierten V. anonyma oder V. cava superior im Phlebogramm bei bösartigen Tumoren zumeist unregelmäßig. Man kann einseitige, beidseitige, zirkuläre, zylindrische oder konische Stenosierungen aller Grade finden (Abb. 11, 12, 13 und 15). Von dem polypoiden Defekt in der Kontrastfüllung der Vene (Abb. 12 und 15) wird angenommen, daß er durch einen direkten Tumoreinbruch entsteht (BANFI, PAGNONI u. RIGAT; CICERO und KUTHY; KRALL, HOFFHEINZ u. WILHELM).

Entsprechend dem Grad der Stenose kommt es zu klinischen Erscheinungen von seiten der venösen Zirkulation. Geringe Stenosen verlaufen symptomlos, und das Krankheitsbild wird ausschließlich durch den malignen Tumor geprägt. Ist die Stenose hochgradig, oder besteht ein kompletter Verschluß der Vene, so kommt es zu dem auf S. 432 beschriebenen Obstruktionssyndrom mit seinen verschiedenen Varianten, die sich nach der Lokalisation und dem Ausmaß der Obstruktion richten und das ursprüngliche Krankheitsbild verwischen können. ROSENBLOOM mißt dem Bestehen des Obstruktionssyndroms der V. cava superior bei malignen Tumoren prognostische Bedeutung zu: Die Überlebensdauer betrage nach dem Auftreten dieser Komplikation zwischen 3—10 Wochen.

Entsprechend der Häufigkeit des Bronchialcarcinoms sind auch Veneneinengungen durch den primären Bronchialtumor oder seine regionären Hiluslymphknotenmetastasen häufig anzutreffen. Der Anteil des Bronchialcarcinoms an Obstruktionen der V. cava superior beträgt nach JUNGE etwa 10—12%. Andererseits führen 17% (STEINBERG und DOTTER) bzw. 13% (SZUR und BROMLEY) aller Bronchialcarcinome zu einer Cavastenose. Man muß sich aber darüber im klaren sein, daß es überwiegend die fortgeschrittenen Stadien sind, die zu Gefäßeinbrüchen führen. Nur beim besonders bösartigen kleinzelligen Carcinom mit seiner frühen Metastasierung in die regionären Lymphknoten kann auch das Frühstadium mit Tumorverschluß eines einzigen Segmentbronchus zur Cavastenose führen. Einen derartig autoptisch gesicherten Fall konnten wir einmal beobachten. Der Nachweis einer Gefäßbeteiligung des Bronchialcarcinoms ist von vielen Autoren zur Beurteilung der Operabilität herangezogen worden (AMUNDSEN; ANACKER; BARTHEL und MEIER-SIEM; CICERO und KUTHY; v. FRAGSTEIN und FERBER; IGLAUER; JUNGE; SLESSER, BRITT u. FREER; STILLER u.a.). Zu verwerten ist nur der positive Befund: Ein Bronchialcarcinom ist inoperabel, wenn eine starke Einengung oder ein Verschluß der V. cava superior, der V. anonyma oder der Aa. oder der Vv. pulmonales besteht. Wegen der beschriebenen Unsicherheit, eine Gefäßkompression von einer Gefäßinfiltration zu unterscheiden, ist davor zu warnen, bei glatten Venenstenosen oder bei einfachen Venenverlagerungen eine Operabilität anzunehmen. Der negative Gefäßbefund schließt Inoperabilität nicht aus. Dem Venogramm können andere Kriterien der Inoperabilität verborgen bleiben.

Von besonderem Interesse für den Röntgenologen dürfte die Beobachtung von SZUR und BROMLEY sein, daß von 732 Obstruktionen der V. cava superior infolge eines Bronchialcarcinoms bei 50% die Symptome durch eine Röntgenbestrahlung mit 3000—4000 r zum Verschwinden gebracht wurden. Die gleiche Beobachtung machten BANFI, PAGNONI u. RIGAT.

Auch für die Venendruckmessung bei Bronchialcarcinom gilt, daß nur der positive Befund für die Bestimmung der Inoperabilität verwertbar ist. Ein Armvenendruck über 100 mm H_2O zeigt Inoperabilität an (BARTHEL, MEIER-SIEM). Eine fehlende Druckerhöhung ist nicht — etwa als Zeichen der Operabilität — verwertbar. v. FRAGSTEIN und FERNER fanden bei 31 von 36 primär inoperablen Bronchialcarcinomen einen normalen Venendruck. Über Obstruktionen der V. cava superior und der Vv. anonymae bei Lymphosarkom (Abb. 15), Lymphogranulomatose, bei malignem Thymom und bei der Struma maligna (Abb. 9), bei Fibro- und Reticulumzellsarkom sowie bei Lymphknotenmetastasen eines Pankreas-, Oesophagus- und Mammacarcinoms haben berichtet ABBOTT, HOPKINS u. LEIGH; BANFI, PAGNONI u. RIGAT; CIARPAGLINI; FIGOLI und MENCHACA; GRAMMANN; GRIFFIN; JORDAN; HUDSON; MISKOVITS und SZÜCS sowie ROBERTS, DOTTER und STEINBERG.

Veränderungen an den verschiedensten Venen der oberen Körperhälfte und des Mediastinums haben wir bei einem Pleuramesotheliom beobachtet. Das Mesotheliom hatte die laterale, apikale und mediastinale Partie der parietalen und visceralen Pleura im rechten oberen Thorax befallen. Die V. axillaris, die V. vertebralis und wahrscheinlich auch die V. subclavia und anonyma waren thrombotisch verschlossen. Die Vv. intercostales waren im Tumorbereich mehrfach bogig verdrängt und auf lange Strecken eingeengt. Die Strömungsbehinderung im Bereich der Intercostalvenen zeigte sich an einem zusätzlichen Abfluß des Kontrastmittels über die V. thoracalis lateralis in die V. axillaris (Abb. 25a und b).

Der Befall des thorakalen Abschnittes der V. cava inferior durch bösartige Tumoren dürfte noch seltener als durch gutartige raumverdrängende Prozesse sein. ABBOTT, HOPKINS u. LEIGH haben den Einbruch eines Chondrosarkoms der Brustwand in die V. cava inferior und ihre gleichzeitige Verlagerung beobachtet.

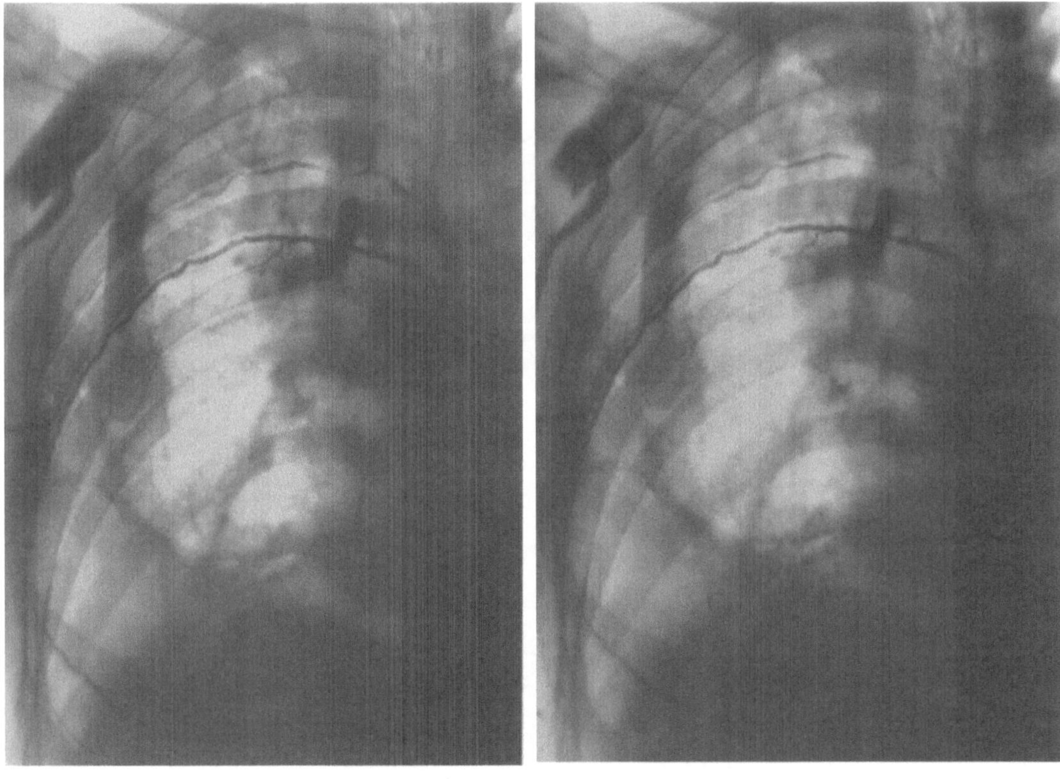

a   b

Abb. 25a u. b. Thrombotischer Verschluß der V. axillaris und der V. vertebralis, wahrscheinlich auch der V. subclavia und anonyma bei Mesotheliom der Pleura. Bogiger Verlauf und unregelmäßige Einengungen an den Vv. intercostales. Der Abfluß des Kontrastmittels, das intracostal injiziert wurde, erfolgte nicht allein über die Intercostalvenen, sondern als Ausdruck der Abflußbehinderung auch über die V. thoracalis lateralis

Außer diesen großen Mediastinalvenen kann auch die V. azygos durch das Bronchialcarcinom befallen sein.

Dieser Befall des Azygos-Venensystems durch das Bronchialcarcinom und seineLymphknotenmetastasen ist nach BERNARDI mit 40% sogar wesentlich häufiger als die Infiltration in die V. cava superior oder in die V. anonyma mit 10%, während die Vv. pulmonales in 35,7% betroffen sind. Bei einem Carcinom im rechten Oberlappen kann sowohl die V. azygos als auch die linksseitig gelegene V. hemiazygos verschlossen sein. Lymphknotenvergrößerungen, die zu einem Befall der Azygosvenen führen, sind zumeist metastatischer, nur selten reaktiv entzündlicher Natur. Sie führen zu umschriebenen Impressionen, bei stärkerer Lymphknotenvergrößerung zur Kompression, zur Stenose und zum Verschluß, der isoliert oder multipel, lokal oder ausgedehnt anzutreffen ist (BÜCHELER; DÜX u. Mitarb.). Im allgemeinen spricht eine unregelmäßige Kontur einer Gefäßstenose für eine maligne Infiltration durch Lymphknotenmetastasen oder durch den Primärtumor, während die glatte Kontur und die lokalisierte Impression eher einem nicht malignen Prozeß entspricht. Diese Differenzierung stellt aber keine Regel ohne Ausnahme dar (BÜCHELER; DÜX u. Mitarb.). Beim cavanahen Verschluß der V. azygos kommt es zu einem Kollateralkreislauf über die V. intercostalis suprema, über den internen Vertebralplexus oder über die V. hemiazygos accessoria (BÜCHELER u. Mitarb.). Der ausgeprägte Befall und die Infiltration in die vertebralen Anteile des Azygossystems bedeutet als Ausdruck der Tumorausdehnung bis an die hintere Brustwand in 97% nach WOLFEL u. Mitarb., in 99% nach BÜCHELER und in 100% nach Low u. Mitarb. Inoperabilität. Umgekehrt schließt aber ein normales Venenbild einen Tumor ebensowenig wie das Vor-

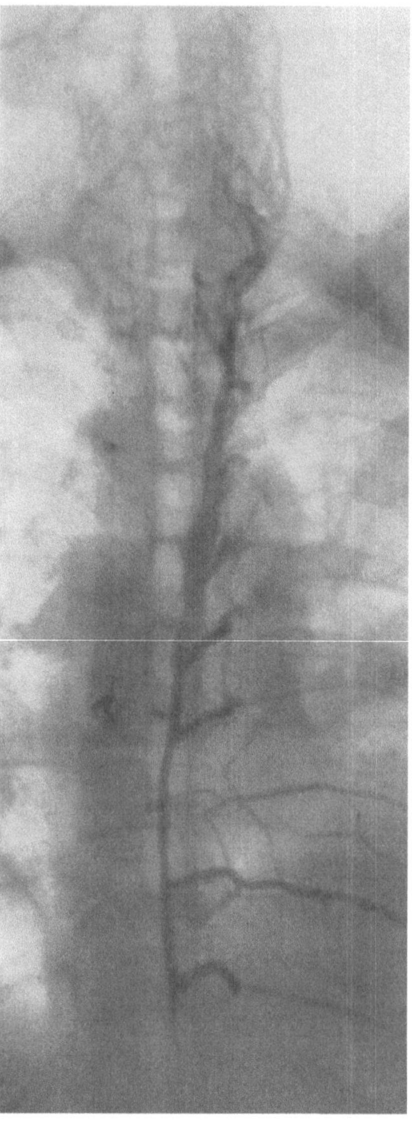

Abb. 26. Verschluß der V. azygos durch Infiltration eines Oesophaguscarcinoms. Kollateralkreislauf über den Plexus vertebralis

handensein von Lymphknotenmetastasen aus. Die wiedererreichte Durchgängigkeit einer verschlossenen V. azygos nach Vorbestrahlung eines Bronchialcarcinoms wird als Zeichen der Operabilität angesehen (RINKER und TEMPLETON).

Während das Bronchialcarcinom und seine Lymphknotenmetastasen die V. azygos vor allem im rechten Tracheobronchialwinkel, unterhalb der Trachealbifurkation und im hinteren bzw. unteren mittleren Mediastinum befallen, ruft das Oesophaguscarcinom Veränderungen an der V. azygos meistens durch direkte Infiltration in das hintere Mediastinum hervor, wobei die Größe des Primärtumors nichts über seinen Durchbruch aussagt. Nur wenn die Infiltration in die V. azygos in einiger Entfernung vom Tumor erfolgt, kann eine Lymphknotenmetastase angenommen werden (DÜX u. Mitarb.). Auch beim Oesophaguscarcinom bedeutet eine intakte V. azygos keinesfalls eine Organbeschränkung des Tumors, da eine ventrale Penetration keine Veränderung der V. azygos hervorruft.

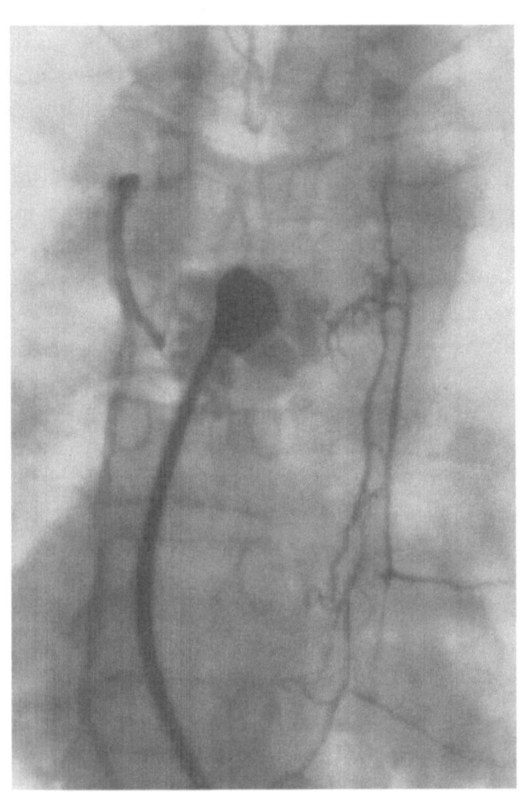

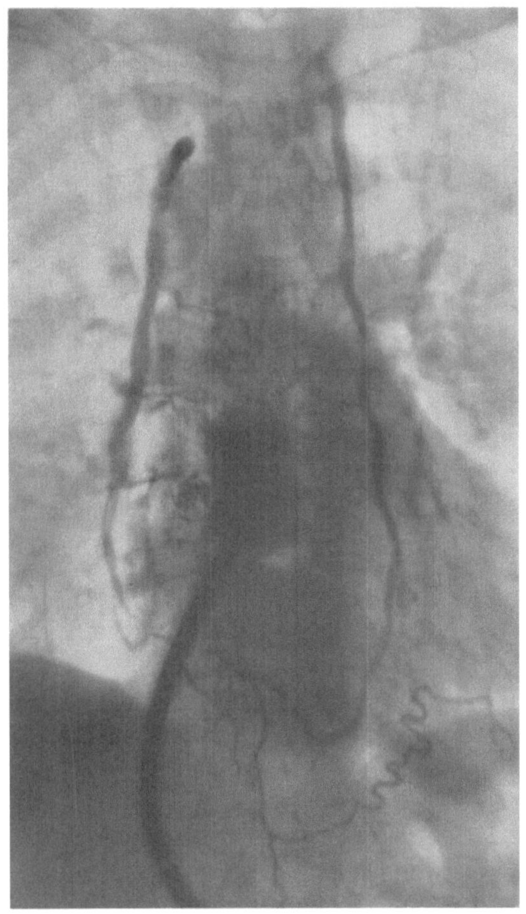

Abb. 27   Abb. 28

Abb. 27. Stenose der linksseitigen V. mammaria interna im oberen Abschnitt durch eine maligne Geschwulst des Thymus

Abb. 28. Kontrastmittelaussparungen und Impressionen an der linksseitigen V. mammaria interna durch Lymphknotenmetastasen bei Mammacarcinom

Wir selbst haben einen operativ verifizierten Verschluß der V. azygos durch ein Oesophaguscarcinom beobachtet. Das Carcinom war unmittelbar in die Vene eingebrochen und hatte sie breit durchwachsen. Der konische Verschluß war auf dem Kontrastfüllungsbild in sagittaler Richtung kaum zu erkennen, da das Kontrastmittel durch die Venen des dahinter liegenden Plexus vertebralis weitergeführt wurde (Abb. 26). Der dadurch wirksam gewordene Kollateralkreislauf hatte zu keinen klinischen Folgeerscheinungen geführt. Die V. azygos war prästenotisch völlig normal, die Umgehungsbahnen des Plexus vertebralis waren erweitert.

In gleicher Weise führen auch die Lymphknotenvergrößerungen bei Systemerkrankungen, insbesondere beim Morbus Hodgkin zu Impressionen, Stenosen und Verschlüssen des Azygosvenensystems. RANNINGER konnte bei der Lymphogranulomatose in 15% durch die Azygographie eine mediastinale Beteiligung nachweisen, die sonst nicht erkannt worden wäre.

Die V. mammaria interna wird bevorzugt durch bösartige Geschwülste des Thymus (Abb. 27), durch das Bronchialcarcinom (SÜSSE) und Metastasen des Mammacarcinoms befallen (Abb. 28). Letzteres ist für die Strahlenbehandlung des Mammacarcinoms von erheblicher praktischer Bedeutung und hat dementsprechend seinen Niederschlag in der Einbeziehung des kontralateralen Sternalrandes in das Bestrahlungsgebiet des Thorax gefunden. Kink hat bei 31 Mammacarcinomen die Vv. mammariae internae phlebographisch durch Sternalpunktion dargestellt und als Folge von parasternal gelegenen Metastasen 1. umschriebene Pelotteneffekte ohne Abflußhindernis, 2. Verlagerungen und Einengungen mit Stauung und Abfluß über Kollateralen und 3. Verschlüsse der V. mammaria mit varicösem Tumorgefäßnetz gefunden. Er glaubt, daß selbst bohnengroße Lymphknotenmetastasen erfaßt werden können, hebt aber hervor, daß ein normales Phlebogramm das Vorhandensein von Metastasen nicht ausschließt.

Ähnliche Veränderungen der Vv. mammariae internae findet man beim Bronchialcarcinom, beim Reticulum-Zellsarkom und bei der Lymphogranulomatose. Ist die Vene vollständig verschlossen, so erfolgt der Abfluß zur V. epigastrica superior, zu den Vv. intercostales oder zur kontralateralen V. mammaria interna.

Die Veränderungen an der V. mammaria interna durch die übrigen in Frage kommenden Malignome des vorderen oberen Mediastinums sind durchaus gleichsinnig. Bei der bösartigen Thymusgeschwulst sind die Veränderungen häufig beidseitig anzutreffen. Auf Abb. 27 ist von den beiden linksseitigen Vv. mammariae internae die laterale im Tumorbereich verschlossen. Auf der rechten Seite ist die unpaare Vene kurz vor der Mündung leicht verdrängt. Infolge der Abflußbehinderungen ist es rechts und links zu einer retrograden Füllung der caudalen Mammariaabschnitte an den rechtsseitigen Vv. intercostales gekommen.

Es gibt aber auch Thymusgeschwülste, die die V. mammaria interna völlig intakt lassen; auffälligerweise fanden Feldman u. Mitarb., daß in solchen Fällen die gleichnamige Arterie Verdrängungen und ein pathologisches Gefäßnetz zeigen kann.

4. Veränderungen der V. azygos und der V. hemiazygos bei Wirbelveränderungen

Bei malignen Wirbelprozessen fanden Düx, Bücheler u. Mitarb. im retrograden Azygogramm nach direkter Katheterisierung Verdrängungen, Impressionen, Stenosen und Verschlüsse der Azygosvenen. In der Mehrzahl handelt es sich um Wirbelmetastasen. Während im Nativbild oder im Tomogramm lediglich der ossäre Prozeß dargestellt werden kann, gibt die Azygographie darüber Aufschluß, ob die Metastase den Wirbelkörper bereits durchbrochen hat und in die Nachbarschaft infiltriert ist. Bei der Spondylosis deformans fanden Szücs, Düx und Bücheler Gefäßimpressionen in Höhe des Intervertebralraumes an der Hinterwand der V. azygos, der V. hemiazygos und der Vv. intervertebrales. Diese Impressionen werden durch die Kantenappositionen der Wirbel und durch die Discusprotrusio hervorgerufen. Sie führen zu einer Gefäßauswalzung und zur umschrieebnen Ektasie. Diese Befunde erhalten dadurch Bedeutung, daß sie schwer von den Kompressionseffekten durch vergrößerte Lymphknoten zu unterscheiden sind (Düx u. Mitarb.).

Literatur

Abbott, O. A.: Congenital aneurysm of the superior vena cava. Report of one case with operative correction. Ann. Surg. **131**, 259—263 (1950).
— W. A. Hopkins and T. F. Leigh: Role of angiocardiography and venography in mediastinal and paramediastinal lesions. J. thorac. Surg. **18**, 869—898 (1949).
Adachi, B.: Das Venensystem der Japaner. Kyoto 1933. Zit. nach Hayek.

Alexandrow, G. N., u. Turajew: Chirurgische Anatomie der Vv. acygos und hemiacygos. Langenbecks Arch. klin. Chir. **184**, 240—248 (1936).
Amundsen, P., and E. Sörensen: Angiocardiography in intrathoracic tumours with particular reference to the question of operability. Acta radiol. (Stockh.) **45**, 185—198 (1956).
Anacker, H.: Lungenkrebs und Bronchographie. Stuttgart: Georg Thieme 1955.

ANACKER, H.: Lebercirrhose und portale Hypertension im Splenoportogramm. In ANACKER, MORINO, RÖSCH, SCHUMACHER u. ZUPPINGER, Röntgendiagnostik der Leber. Berlin-Göttingen-Heidelberg: Springer 1959.

— Die Kostovenographie als Methode zur Untersuchung der Brustwand. Fortschr. Röntgenstr. 97, 577—587 (1962).

— K. DEVENS u. G. LINDEN: Leistungsfähigkeit und Grenzen der perkutanen Splenoportographie. Fortschr. Röntgenstr. 86, 411—419 (1957).

ANCEL, P., et F. VILLEMIN: Sur la persistance de la veine cave supérieure gauche. J. Anat. (Paris) 44, 46—62 (1908).

ARCOS PEREZ et R. GONZALES PING: Compression de la veine cave inférieure par un hépatome. Phlebographie de la veine cave inférieure. Arch. Mal. Appar. dig. 43, 445—454 (1954).

ARMSTRONG, E. L., C. B. COGGIN and H. S. HENDRICKSON: Spontaneous arteriovenous aneurysms of the thorax. Arch. intern. Med. 63, 298—317 (1939).

ASSMANN, H.: Die klinische Röntgendiagnostik der inneren Erkrankungen, 6. Aufl. Berlin-Göttingen-Heidelberg: Springer 1949.

BAACKE, H. H.: Veränderungen am venösen Gefäßsystem bei Osteochondrosis cervicalis. Fortschr. Röntgenstr. 87, 721—726 (1957).

BALAU, J., K. H. BUYSCH, E. MARX, A. SELING u. H.-J. KNIERIEM: Thrombose der Vena subclavia nach transvenöser Schrittmacherimplantation. Radiologe 11, 50—53 (1971).

BALBAA, A., and J. T. CHESTERMANN: Neoplasms of vascular origin in the mediastinum. Brit. J. Surg. 44, 545—555 (1957).

BANFI, A., A. M. PAGNONI e L. RIGAT: Lo studio radiologico, mediante mezzo di contrasto, della vena cava superiore e delle vene anonime nei tumori mediastinici e paramediastinici. Radiol. med. (Torino) 43, 945—988 (1957).

—, e L. RIGAT: Rilievi venografici nella trombosi della vena cava superiore e delle vene anonime. (Ist. di Radiol., Univ. Milano.) Atti Soc. lombarda Sci. med. biol. 11, 220—222 (1956).

BARKER, J. N., and W. N. YATER: Arteriovenous fistula between the ascending aorta and the superior vena cava. Med. Ann. D. C. 11, 439—443 (1942).

BARTHEL, J., u. M. MEIER-SIEM: Das inoperable Lungen-Carcinom. Thoraxchirurgie 2, 101—123 (1954).

BENDA, C.: Venen. In F. HENKE u. B. KUBARSCH, Handbuch der speziellen pathologischen Anatomie und Histologie, Bd. II. Berlin: Springer 1924.

BENDER, F.: Arteriovenöse Fistel zwischen überzähliger großer Aortenbogenarterie und dem Azygos-Venensystem. Fortschr. Röntgenstr. 106, 749—751 (1967).

BENNECKE, H.: Über kavernöse Phlebektasien des Verdauungstraktes. Virchows Arch. path. Anat. 184, 171—176 (1906).

BERGSTRAND, I.: Oesophagusvaricer och portastas. Nord. Med. 61, 940 (1959).

BERGSTRAND, I.: Die portale Kollateralzirkulation und Ösophagusvarizen. Vortrag IX. Internat. Congr. für Radiologie München 1959.

—, and C. A. EKMAN: Portal circulation in portal hypertension. Acta radiol. (Stockh.) 47, 1—22 (1957).

BERNARDI, R., F. FRASSON, D. OSELLADORE, A. PERACCHIA et G. F. PISTOLESI: La place de l'azygographie rétrograde sélective dans l'étude angiographique des cancers du poumon. Étude de 70 malades non sélectionnés. J. Radiol. Électrol. 51, 229—236 (1970).

BETTMANN, R. B.: Thymoma and exploratory thoracotomy. Surg. Clin. N. Amer. 12, 1265—1270 (1932).

BEYERLEIN, K.: Die persistierende Vena cava superior sinistra als Abflußrohr für das Coronarvenenblut. Frankfurt. Z. Path. 15, 327—332 (1914).

BIKFALVI, A., M. ERDÉLYI u. A. BALÁS: Durch chronisch fibröse Mediastinitis verursachtes Occlusionssyndrom der Vena cava superior. Zbl. Chir. 80, 81—97 (1955).

BLANDINO, G.: Confronto fra i quadri broncografici ed angiopneumografici in un caso di linfosarcoma del mediastino. Radiol. prat. (Palermo) 7, 107—112 (1957).

BLASINGAME, F. J. L.: Thrombotic occlusion of superior vena cava and its tributaries, associated with established collateral circulation. Arch. Path. 25, 361—364 (1938).

BOGSCH, A.: Neue Möglichkeiten der Röntgendiagnostik der Schilddrüsenvergrößerung mit Hilfe der Pneumomediastinographie. Radiol. chir. 27, 200—206 (1958).

BOMPIANI, C.: Reperti angiocardiografici in tumori pulmonari. Radiol. med. (Torino) 41, 1—16 (1955).

BOURGEON, R., H. PIÉTRI, M. GUNTZ et J. VIDEAU: La place de la splénoportographie transpariétale dans les diagnostic et la chirurgie des formations tumorales du foie. Ann. Chir. (Paris) 13, 365—416 (1959).

BRINK, A. J., and D. BOTHA: Budd-Chiari syndrome: Diagnosis by hepatic venography. Brit. J. Radiol. 28, 330—331 (1955).

BULNEWITSCH, K.: Ruptur eines Aortenaneurysmas in die vena cava superior. Z. ges. inn. Med. 59, 354—356 (1938).

BÜCHELER, F.: Die lumbale Veno- und retrograde Azygographie. Fortschr. Med. 88, 664—666 (1970).

— Die direkte Angiographie des Vertebralplexus, der lumbalen Venen und des Azygosvenensystems. In: Ergebnisse der medizinischen Radiologie. Stuttgart: Georg Thieme 1971.

BULLO, E.: Diagnostica radiologica e radioterapia dei tumori maligni del timo. Radiol. med. (Torino) 43 (9), 1—28 (1957).

BUTLER, H., and K. BALANKURA: Ductus thoracicus and vena hemiacygos. Anat. Rec. 113, 409—419 (1952).

CARLSON, H. A.: Obstruction of superior vena cava: Experimental study. Arch. Surg. 29, 669—677 (1934).

CIARPAGLINI, L.: Considerazioni diagnostiche e terapeutiche sui reticolo-sarcomi ghiandolari del mediastino. (Ist. di Radiol. Univ. Firenze.) Radiologia (Roma) 11, 237—298 (1955).
— Sulle ostruzioni della vena cava superiore e dei grossi tronchi venosi del mediastino, con particolare riguardo ai quadri flebografici. Studio dei circoli collaterali. Nunt. radiol. (Firenze) 23, 324—382 (1957).

CICALA, V., E. PORTA, M. RAMBALDI, E. SALMONI, C. TRITTO et M. URSINI: La cavographie dans les péricardites constrictives chroniques avec atteinte de la veine cave inférieure. Minerva cardioangiol. europ. (Torino) 2, 500—502 (1956).

CICERO, R., and J. KUTHY: Phlebographic study of the superior vena cava. (Dept. of Chest Dis., Hosp. Gen., Mexico) Amer. J. Roentgenol. 77, 289—295 (1957).

CLELAND, W. P.: Thrombosis of superior vena cava and pulmonary veins. Brit. J. Tuberc. 35, 141—146 (1941).

COBBLEDICK, A. S.: Thrombosis of superior vena cava. Practitionner 73, 707—710 (1904).

CONDORELLI, L.: Il pneumo-mediastino artificiale. Ricerche anatomiche preliminari. Tecnica delle iniezioni nella loggie mediastiniche anteriore e posteriore. Minerva med. (Torino) 27, 81—100 (1936).
— Il pneumo-mediastino artificiale. Minerva med. (Torino) 27, 84—103 (1936).
— Il pneumo-mediastino posteriore. Ann. Radiol. diagn. (Bologna) 23, 33—54 (1951).
— La stratigrafia dopo pneumo-mediastino nella diagnosi delle malattie del cuore e dei grossi vasi. Rif. med. 66, 85—91 (1952).
— Fisiopathologia e diagnostica delle pericarditi adhaesive. Recordati. Milano 1953.
— La pneumostratigrafia del mediastino come mezzo di indagine diagnostica. Boll. Acad. Svizz. Sci. Med. 12, 52—73 (1956).

CRANE, A. W.: Inverted comma sign in pulmonary roentgenology. Amer. J. Roentgenol. 5, 124—128 (1918).

DAHM, M., u. F. MÜLLER-KEMLER: Beiträge zum Röntgenbild der Vena azygos. Fortschr. Röntgenstr. 68, 268—283 (1943).

DANAH, H. W., and R. McINTOSH: Obstruction of superior vena cava by primary carcinoma of lung. Amer. J. med. Sci. 163, 411—425 (1922).

DAVIES, F. C.: Case of thrombosis of superior vena cava and great veins. Lancet 1911, 1345—1347.

DIETRICH, A.: Über einen Fall von Fibroxanthosarkom mit eigenartiger Ausbreitung und einer Vena cava superior sinistra im gleichen Falle. Virchows Arch. path. Anat. 212, 119—139 (1913).

DONTAS, N. S.: Intrathoracic goitre. Brit. J. Tuberc. 52, 154—159 (1958).

DOTTER, C. T., and I. STEINBERG: Angiocardiography. New York: Paul B. Hoeber Inc. 1951.

DREVES, J.: Phlebographische Befunde bei der Venensperre der oberen Extremität. Fortschr. Röntgenstr. 80, 341—354 (1954).

DUBILIER jr., W., I. STEINBERG and CH. DOTTER: Kyphoskoliosis: Angicardiographic findings. Radiology 61, 56—59 (1953).

DÜX, A., E. BÜCHELER, M. DOHMEN u. R. FELIX: Die direkte retrograde Azygographie. Fortschr. Röntgenstr. 107, 309—328 (1967).
— — u. A. SOBBE: Die kombinierte retroperitoneale Veno- und Cavographie. Methodik, Indikation und Ergebnisse. Röntgen-Bl. 21, 495—518 (1968).
— — — Die klinische Bedeutung der direkten Azygographie. Radiologe 10, 192—201 (1970).

DURIEU, H., et J. LEQUIME: Aspects radiologiques de la veine acygos au cours de l'insuffisance cardiaque. Arch. Mal. Coeur. 31, 609—617 (1938).

EERLAND, L. D.: Haemangioma cavernosum mediastini. Arch. chir. neerl. 8, 80—86 (1956).

EHRLICH, W., H. C. BALLON and E. H. GRAHAM: Superior vena caval obstruction with consideration of the possible relief of symptoms by mediastinal decompression. J. thorac. Surg. 3, 352—364 (1934).

ELLIS, F. H., and A. BRUWER: The roentgenographic image of the acygos vein. A possible source of diagnostic confusion. Proc. Mayo Clin. 29, 508—513 (1954).

EPPINGER, H.: Narbige Obliteration der Vena cava superior. Prag. med. Wschr. 1876.
— Die Leberkrankheiten. Berlin: Springer 1937.

ERGANIAN, J., and L. J. WADE: Chronic fibrous mediastinitis with obstruction of the superior vena cava. J. thorac. Surg. 12, 275—284 (1943).

EUNG MAN CHA, and G. H. KHOURY: Persistent left superior vena cava. Radiology 103, 375—381 (1972).

FEHR, A. M.: Zur Differentialdiagnose der Mediastinaltumoren. Helv. chir. Acta 22, 313—320 (1955).

FELDMAN, F., I. E. KANTER, R. J. FLEMING and W. B. SEAMAN: Simultaneous arterial and venous angiography in the evaluation of anterior mediastinal tumors. Radiology 93, 1281—1289 (1969).

FIGLAY, M. M., and M. A. BAGSHAW: Angiocardiographic aspects of constrictive pericarditis. Radiology 69, 46—53 (1957).

FIGOLI, C., and F. J. MENCHACA: Sindrome mediastinal por sarcoma linphoblastico. Arch. argent. Pediat. 16, 43—54 (1941).

FISCHER, F. K.: Die Phlebographie von Schulter, Hals und Mediastinum. Schweiz. med. Wschr. 81, 1198—1205 (1951).
— K. J.: Über Verengerung und Verschließung der Vena cava superior. Inaug.-Diss. Halle 1904.

FISCHGOLD, H., H. ADAM, J. ECOIFFIER u. J. PIÉGUET: Kontrastdarstellung des Plexus vertebralis und der Azygosvenen auf ossalem Wege. J. Radiol. Électrol. 33, 37 (1952).

Fischgold, H., H. Reboul, J. Piéguet u. J. Ecoiffier: Kontrastdarstellung der Vv. mammariae int. auf sternalem Wege. J. Radiol. Électrol. **33**, 38 (1952).

Fleischner, F. G., and S. W. Udis: Dilatation of the acygos vein. Amer. J. Roentgenol. **67**, 569—573 (1952).

Flynn, R.: Congenital stricture of oesophagus (case with two aberrant venes crossing in front of oesophagus). Med. J. Aust. **1**, 702—703 (1946).

Forster, D. E.: Superior vena caval obstruction. Clinics **1**, 591—599 (1942).

Fragstein, B. v., u. Chr. Ferner: Der diagnostische Wert der Venendruckmessung in der Thoraxchirurgie. Zbl. Chir. **80**, 1233—1238 (1955).

Freerksen, E.: Mündung einer Vena pulmonalis sinistra sup. in die Vena anonyma sinistra. Z. Anat. Entwickl.-Gesch. **107**, 411—415 (1937).

Gardner, F., and S. Oram: Persistent left superior vena cava draining pulmonary veins. Brit. Heart J. **15**, 305—318 (1953). Zit. nach Stecken.

Geissler, W., u. M. Albert: Persistierende linke obere Hohlvene und Mitralstenose. Z. ges. inn. Med. **11**, 865—874 (1956).

Gemignani, V.: Il quadro radiologico stratigrafico dell'arco della vena grande acigos. Radiol. med. (Torino) **32**, 381—384 (1946).

Gennes, L. de, et J. P. May: Technique et résultats radiologiques du pneumorétro-péritoine. J. Radiol. Électrol. **31**, 340—341 (1950).

Glenn, F., and I. Steinberg: Arteriovenous fistula of the right internal mammary vessels following radical mastectomy: Visualization by angiocardiography. J. thorac. Surg. **33**, 719—722 (1957).

Grammann, W.: Angiographische Untersuchungen bei Mediastinaltumoren. Strahlentherapie **105**, 126—133 (1958).

Gray, H. K., and I. C. Skinner: Constrictive occlusion of the superior vena cava. Report of three cases in which patients were treated surgically. Surg. Gynec. Obstet. **72**, 923—929 (1941).

—, and F. B. Whitesell jr.: Hemorrhage from esophageal varices: Surgical management. Ann. Surg. **132**, 798—810 (1950).

Griffin, S. G.: Superior mediastinal obstruction. Med. Press **1956**, Nr 6133, 494—499.

Grilli, A.: Indagine radiologica delle varici esofagee ed anmento dell'onibra della vena acigos nella stasi portale. Radiol. med. (Torino) **23**, 165—177 (1936).

Gvozdanović, V., u. B. Oberhofer: Mediastinale Phlebographie. Acta radiol. (Stockh.) **40**, 395—407 (1954).

Haller, A. v.: Icones anatomicae. 1747. Zit. nach Benda.

Hayek, H. v.: In Handbuch der Thoraxchirurgie, Bd. I. Berlin-Göttingen-Heidelberg: Springer 1957.

Heberer, G., u. S. Malkmus: Pathogenese, Klinik und Therapie der Haemangiome des Mediastinums. Langenbecks Arch. klin. Chir. **281**, 427—453 (1956).

Heller, R. M., J. P. Dorst, A. E. James and R. D. Rowe: A useful sign in the recognition of azygos continuation of the inferior vena cava. Radiology **101**, 519—522 (1971).

Hennigsen, O.: Venenwandverletzungen als Ursache der akuten Axillarvenenstauung. Langenbecks Arch. klin. Chir. **199**, 439—464 (1940).

Henningsen, W.: Die Vena azygos im Tomogramm. Ein Beitrag zur tomographischen Hilusdiagnostik. Beitr. Klin. Tuberk. **93**, 404—412 (1939).

Henschen, C.: Über die Behandlung der Varixblutung durch Ligatursperre der subdiaphragmatischen Venenanastomosen. Langenbecks Arch. klin. Chir. **193**, 383—421 (1938).

Herbig, H., P. Ganz u. H. Vieten: Die Mediastinaltumoren und ihre chirurgische Bedeutung. Ergebn. Chir. Orthop. **37**, 224—323 (1952).

Herlyn, K. E.: Die Blutstockung der oberen Gliedmaßen. Bruns' Beitr. klin. Chir. **169**, 299—315 (1939).

Higgins, W.: The esophageal varix: A report of 115 cases. Amer. J. med. Sci. **214**, 436—441 (1947).

Hinshaw, D. B.: Obstructions of the superior vena cava. Review of literatur with two case reports. Amer. Heart J. **37**, 958—969 (1949).

— H. C., and D. Rutledge: Lesions in superior mediastinum which interfere with venous circulation. J. Clin. Lab. Med. **27**, 908—916 (1942).

Holt jr., W. L.: The extension of malignant tumors of the thyreoid gland into the great veins and right heart. J. Amer. med. Ass. **102**, 1921—1924 (1934).

Hudson, G. W.: Venography in superior vena caval obstruction. Radiology **68**, 499—505 (1957).

Hussey, H. H.: The effect of mediastinal lesions on pressures in the antecubital and femoral veins. Amer. Heart J. **17**, 57—68 (1939).

— S. Katz and W. M. Yater: Superior vena caval syndrom. Report of 35 cases. Amer. Heart J. **31**, 1—26 (1946).

Iglauer, E.: Die mediastinale Phlebographie als Hilfsmittel zur Klärung der Inoperabilität von Lungentumoren des rechten Oberlappens. Strahlentherapie **105**, 134—137 (1958).

Jarvis, F. J., and E. A. Kanar: Physiologic changes following obstruction of the superior vena cava. J. thorac. Surg. **27**, 213—221 (1954).

Jordan, A., J. W. Carlah, J. B. Johnson and A. F. Burton: Unsuspected vena caval obstruction detected by angiocardiography. Report of a case. Radiology **63**, 531—534 (1959).

Joselevich, M., y B. A. Mactas: La imagen radiólogica del cayado de la vena ácigos en las affecciones cardiovasculares. Rev. argent. Cardiol. **11**, 96—117 (1944).

Junge, H.: Die Diagnose und Behandlung der Verschlüsse der oberen Hohlvene. Dtsch. med. Wschr. **1956**, 2008—2010.

— In R. Wanke, H. Junge u. H. Eufinger, Chirurgie der großen Körpervenen. Stuttgart: Georg Thieme 1956.

KAMPMEIER, O. F.: Collateral circulation in a case of complete closure of the mouth of the superior vena cava. Anat. Rec. 19, 361—366 (1920).

KATZ, S.: Verschluß der Vena cava superior durch Syphilis. Inaug.-Diss. Bonn 1912.

— H. H. HUSSEY and J. R. VEAL: Phlebography for study of obstruction of vein of superior vena caval system. Amer. J. med. Sci. 214, 7—21 (1947).

KEITH, J. D., R. D. ROWE, P. VLAD u. J. H. O'HANLEY: Complete anomalous pulmonary venous drainage. Amer. J. Med. 16, 23—38 (1954).Zit. nach STECKEN.

KINK, F.: Die transsternale Phlebographie der Vena mammaria interna. Radiol. clin. (Basel) 25, 301—305 (1956).

KIRCHNER, M., u. M. MATTHES: Über einen diagnostisch und operativ interessanten Fall von Obliteration des Perikards. Dtsch. med. Wschr. 52, 221—223 (1926).

KJELLBERG, S. R., and S. OLSSOM: Roentgenologic studies of the sphincter mechanism of the caval and pulmonary veins. Acta radiol. (Stockh.) 41, 481—497 (1954).

KRALL, J., H. J. HOFFHEINZ u. E. WILHELM: Der venöse Katheterismus und die mediastinale Phlebographie beim malignen intrathorakalen Tumor. Thoraxchirurgie 1, 84—92 (1953).

KRAUS, R.: Funktionelle Röntgendiagnostik des Mediastinums am Beispiel des Bronchialkarzinoms demonstriert. Stuttgart: Georg Thieme 1958.

KREEL, L.: Selective thymic venography. New method for visualization of the thymus. Brit. med. J. 1967 I, 406—407.

KRYMOVA, K. B., and V. S. DATSENKO: Transsternal phlebography as an index of regression of metastases into parasternal lymph nodes in radium therapy of milk-duct carcinoma. Med. Radiol. (Mosk.) 15, 6, 29—34 mit engl. Zus.fass. (1970).

LEES, W. M., and R. T. FOX: The diagnosis of mediastinal lesions. Surg. Clin. N. Amer. 1956, 49—56.

LEIGH, T. F., O. A. ABBOTT, J. V. ROGERS jr. and B. B. GAY jr.: Venous aneurysms of the mediastinum. Radiology 63, 696—705 (1954).

LOTZ, H. H.: Oesophagusvarizen durch Abflußbehinderung bei angeborenen Fehlbildungen der Venen. Zbl. allg. Path. path. Anat. 87, 23—26 (1951).

LOW, L. R., W. S. KEYTING and A. L. DAYWITT: Azygography in management of carcinoma of the lung. Radiology 81, 96—100 (1963).

LUTZ, P.: Zur Genese des lobus venae cardinalis (lobus venae azygos). Fortschr. Röntgenstr. 75, 30—33 (1951).

— Zum Röntgenbild der Vena azygos. Radiol. Austriaca 5, 13—22 (1952).

— Zur röntgenologischen Differentialdiagnose mediastinaler Veränderungen. Die Riesenazygos. Fortschr. Röntgenstr. 84, 418—421 (1956).

LYONS, H. A., J. MINNIS and E. GRIFFIN: The angiocardiographic demonstration of superior caval constriction in constriction pericarditis. J. thorac. Surg. 33, 305—310 (1957).

MAIER, H. C.: Diagnosis and treatment of mediastinal tumors. Surg. Clin. N. Amer. 1953, 415—432.

MARX, E., H. D. SCHULTE, J. BALAU u. K. A. BUYSCH: Phlebographische und klinische Früh- und Spätbefunde bei transvenös implantierten Schrittmacherelektroden. Z. Kreisl.-Forsch. 61, 115—123 (1972).

McART, B. A., F. B. RAMSEY, W. A. TORICK and K. R. WOOLLING: Surgical reversal of superior vena cava syndrome. Report of case caused by intrathoracic goiter and associated with roentgenographic hilar vascular shadow simulating of neoplasm of chest. Arch. Surg. 69, 9—11 (1954).

McCORD, M. D., P. EDLIN and M. BLOCK: Superior vena caval system obstruction. Dis. Chest 19, 19—27 (1951).

McINTIRE, F. T., and E. M. SYKES jr.: Obstruction of vena cava. Review of literature and report of two personal cases. Ann. intern. Med. 30, 925—960 (1949).

MEBRA, J. A., and H. L. DE OLIVEDA: Intrapericardiac aneurysm of the aorta with rupture into the superior vena cava. Arg. de cir. clin. e exper. Num. Espec. S 497 (1941).

MELOT, G., A. BOLLAERT, F. DECLEQ, A. DE COSTER, A. DUMONT et A. DUPREZ: Détermination de l'opérabilité du cancer bronchique d'après l'angiopneumographie. Etat actuel de la question. J. belge Radiol. 37, 369—394 (1954).

MEREDITT, J. H., and H. H. BRADSHAW: Fistula between aorta and superior vena cava. Report of a traumatic case with surgical repair. J. thorac. Surg. 34, 278—280 (1957).

MEX, W.: Ein Fall von doppelseitigem lobus venae azygos. Fortschr. Röntgenstr. 80, 403—404 (1954).

MICHEL, D., M. HERBST u. G. GRUNER: Persistierende Vena cardinalis cranialis sinstra. Fortschr. Röntgenstr. 83, 621—637 (1955).

MIDDELDORPF, K.: Beitrag zur klinischen Chirurgie der Geschwülste des Mittelraumes. Dtsch. Z. Chir. 289, 43—88 (1930).

MISKOVITS, G., u. S. SZÜCS: Die transkostale Venographie bei nicht-tuberkulösen Thoraxerkrankungen. Tuberk.-Arzt 11, 403—411 (1957).

MIURA: Fall von angeborenen Herzanomalien. Virchows Arch. path. Anat. 115, 353—355 (1889).

MORAT, W. J.: Radiographic of vena acygos. Brit. J. Radiol. 4, 690—692 (1931).

MÜLLER, H.: Über Situs inversus partialis. Beitr. path. Anat. 51, 632—647 (1911).

MÜLLY, K.: Die Erkrankungen und Geschwülste des Mediastinums im Handbuch der inneren Medizin, Bd. 4, S. 391—566. Berlin-Göttingen-Heidelberg: Springer 1956.

NAEGELI, T., u. P. MATIS: Die thromboembolischen Erkrankungen und ihre Bedeutung. Schattauer. Stuttgart 1955.

NISSEN, R.: Kreislaufwirkung umschriebener Drucksteigerung im Mittelfellraum. Dtsch. Z. Chir. 208, 59—85 (1928).

— Blutende Oesophagusvarizen ohne portale Hypertonie. Schweiz. med. Wschr. 1955, 187—188.

NOCHIMORSKY, J.: Über tödliche Blutungen aus Oesophagusvarizen in Fällen ohne Lebercirrhose. Frankfurt. Z. Path. 43, 463—475 (1932).

NOLTMANN, E.: Oesophagusatresie mit angeborenen Varizen und Trachealfistel unter dem klinischen Bild der Melaena neonatorum vera. Z. Geburtsh. Gynäk. 90, 260—263 (1926).

NORDENSTRÖM, B.: A method of angiography of the acygos vein and the anterior internal venous plexus of the spine. Acta radiol. (Stockh.) 44, 201—208 (1955).

OCHSNER, A., and J. L. DIXON: Superior vena caval thrombosis. Review of literature and report of cases of traumatic and infectious origin. J. thorac. Surg. 5, 641—672 (1936).

ÖDMAN, P.: A persistent left superior vena cava communicating with the left atrium and pulmonary vein. Acta radiol. (Stockh.) 40, 559—560 (1953).

OKAY, N. H., and D. BYRK: Collateral pathways in occlusion of the superior vena cava and its tributaries. Radiology 92, 1493—1498 (1969).

— — I. G. KROOP and J. BUDOW: Phlebectasia of the jugular and great mediastinal veins. Radiology 95, 629—630 (1970).

OTONELLO, P.: Bemerkungen zur normalen Röntgenanatomie des Thorax. Fortschr. Röntgenstr. 45, 677—687 (1932).

OVENFORS, C. O.: Venous communication between the cardiac veins and the large venous trunks in the superior part of the mediastinum. Acta radiol. (Stockh.) 46, 518—522 (1956).

PAWEL, J.: Ein Fall von Verschluß der Vena cava superior. Inaug.-Diss. Leipzig 1910.

PERNKOPF, E.: Topographische Anatomie des Menschen. Berlin u. Wien: Urban & Schwarzenberg 1937.

PERTHES, G.: Über ausgedehnte Blutextravasate am Kopf infolge Kompression des Thorax. Dtsch. Z. Chir. 50, 436—443 (1899).

— Über „Venenstauung". Dtsch. Z. Chir. 55, 384—392 (1900).

PIEHL, H.: Zur Frage der sogenannten Thrombose der Vena axillaris. Langenbecks Arch. klin. Chir. 190, 569—579 (1937).

PINCHERN, CH.: Compression de la veine cave supérieure par médiastinite fibreuse d'origine gangliomaire tuberculeuse. Thèse de Lyon 1956.

PREGER, L. T., I. HOOPER, H. L. STEINBACH and J. I. E. HOFFMAN: Width of azygos vein related to central venous pressure. Radiology 93, 521—523 (1969).

RACK, F. J., J. R. MINCKS and F. A. SIMEONE: Observations on etiology of esophageal varices. Arch. Surg. 65, 422—429 (1952).

RANNINGER, R.: Retrograde azygography. Radiology 90, 1097—1104 (1968).

RAVAULT, P. P., J. PAPILLON, F. PINET et F. JACQUOT: Syndrome d'oblitération de la veine cave supérieure par médiastinite fibreuse. Lyon méd. 453—461 (1956).

— — — — Syndrome de la veine cave supérieur par médiastinite fibreuse. J. Radiol. Électrol. 37, 938—940 (1956).

RINKER, C. T., and A. W. TEMPLETON: Pre- and postirradiation azygography: its value in determining surgical resectability in pulmonary carcinoma. Amer. J. Roentgenol. 105, 83—85 (1969).

ROBERTS jr., D. J., C. T. DOTTER and I. STEINBERG: Superior vena cava and innominate veins. Angiocardiographic study. Amer. J. Roentgenol. 66, 341—351 (1951).

ROCH, M.: Cyanose et oedème „en pèlerine" Perforation d'un anéurysme aortique dans la veine cave supérieure. Presse méd. 45, 343—363 (1937).

ROESLER, H.: Clinical roentgenology of the cardiovascular system, 2. Aufl. Springfield, Ill.: Ch. C. Thomas, Publisher 1943.

ROSATI, J.: Cavografia e pathologia del mediastino. Riv. ital. Radiol. clin. 5, 24—50 (1955).

ROSENBLUM, D., A. NUSSBAUM and S. SCHWARTZ: Partial obstruction of the inferior vena cava by herniation of the liver through the foramen of Morgagni. A case report. (Dept. of radiol. and pediatr., Jewish Hosp. Brooklyn, N. Y.) Radiology 68, 399—402 (1957).

ROSENTHAL, W. J.: Über Thrombose an der oberen Extremität nach Anstrengung. Dtsch. Z. Chir. 117, 405—424 (1912).

ROSSI, A.: La angiographia nello studio del gozzo intrathoracico. Ann. Radiol. diagn. (Bologna) 28, 259—260 (1955).

ROSWIT, B., G. KAPLAN and H. G. JAKOBSON: The superior vena cava obstruction syndrome in bronchogenic carcinoma. Pathologic physiology and therapeutic management. Radiology 61, 722—737 (1953).

RUIZ-RIVAS, M.: Nueva técnica de diagnóstico radiográfico apicablo a órganos y estructuras retroperitoneales, mediastinales y cervicales. Rev. clín. esp. 25, 206—207 (1947).

SACCO, M., e A. FANELLI: Il quadro ostruttivo della vene cava superiore nella mediastinite tubercolare. Nunt. radiol. (Firenze) 34, Suppl. 1, 89—98 (1968).

SANDERS, J. M.: Bilateral superior venae cavae. Anat. Rec. 94, 657—662 (1946).

SANTY, P., P. GALY, A. GONIN, P. MARION, J. PAPILLON et F. PINET: Syndromes de compression de la veine cave supérieure par mediastinite fibreuse d'origine ganglionaire tuberculeuse. Presse méd. 65, 307—310 (1957).

SARAÇLAR, M.: Anomalous inferior vena cava with azygos (hemiazygos) continuation. Turk. J. Pediat. 10, 133—140 (1968).

SCHEPELMANN, E.: Demonstration eines Patienten mit Thrombose der linken Vena subclavia seltener Aetiologie. Münch. med. Wschr. 57, 2444—2446 (1910).

Schmidt, R. W.: Dilatation of major acygos vein simulating a mediastinal tumor. J. thorac. Surg. 27, 251—254 (1954).

Schmitz-Clicfer, E.: Über das Vorkommen des lobus venae azygos der linken Lungenseite. Fortschr. Röntgenstr. 72, 728—731 (1949/50).

Schmitz-Dräger, H. G.: Venenverschluß als Spätkomplikation nach primärer Paraffinöl-plombe. Fortschr. Röntgenstr. 86, 397—399 (1957).

Schön, R.: Mediastinale Stauungsbilder. Klin. Wschr. 19, 413—417 (1940).

Schoenmackers, J., u. H. Vieten: Portocavale und portopulmonale Anastomosen im postmortalen Portogramm. Fortschr. Röntgenstr. 79, 488—498 (1953).

Schütz, H.: Einige Fälle von Entwicklungs-anomalie der Vena cava superior (Persistenz des linken Ductus Cuvieri). Virchows Arch. path. Anat. 216, 35—45 (1914).

Schwartz, A., and M. Fraenkel: Diversion of venous blood flow through transverse sinuses in one-sided innominate vein obstruction. Radiology 58, 728—730 (1952).

Schweiger, L. R., H. B. Burchell and A. H. Baggenstoss: Spontaneous arteriovenous communication between the aorta and superior vena cava. Ann. intern. Med. 19, 1029—1034 (1943).

Segadas, R.: Perforation of aortic aneurysm into superior vena cava. Rev. Med. Cir. S. Paulo 46, 1044—1073 (1938).

Serafini, F.: Lo studio angiopneumocardigrafico degli spostamenti dinamici del mediastino. Riv. Pat. Clin. Tuberc. 25, 212—220 (1952).

Servello, M., F. Crucitti, M. Bottero e R. Petronio: Fistola artero-venosa sperimentale tra aorta e vena cava inferiore. Chir. Pat. sper. 5, 347—370 (1957).

Skontelis, Ch.: Dilatation of major acygos vein simulating tumor or tuberculoma of the right upper lobe. Acta chir. hellenica 730—737 (1957).

Slesser, B. V., R. G. Britt and J. L. Freer: Accessing the inoperability of bronchial carcinoma by angiocardiography. Thorax 9, 91—99 (1954).

Snellen, H. A., and F. H. Albers: Clinical diagnosis of anomalous pulmonary venous drainage. Circulation 6, 801—816 (1952). Zit. nach Stecken.

Stauffer, H. M., J. La Bree and F. H. Adams: The normally situated arch of the acygos vein: Its roentgenologic identification and catheterization. Amer. J. Roentgenol. 66, 353—360 (1951).

Stecken, A.: Beitrag zur partiellen Lungen-venentransposition. Fortschr. Röntgenstr. 86, 710—720 (1957).

Steib, L.: Über luetischen Verschluß der Vena cava superior. Inaug.-Diss. Frankfurt 1920.

Steinberg, I.: Angiocardiography in pulmonary disease. Amer. J. Surg. 89, 215—230 (1955).

—, and C. T. Dotter: Lung cancer: Angio-cardiographic findings in 100 consecutive pro-ved cases. Arch. Surg. (Chicago) 64, 10—19 (1952).

Steinberg, I., Ch. S. Harrison and W. D. O'Sullivan: Persistence of the left superior vena(cava with coarctation of the aorta. J. thorac. Surg. 27, 575—580 (1954).

Stephani, J.: Hartstrahltechnik bei Vena azygos. Z. Rad. 11, 31—32 (1931); 26, 357 (1938).

Stiller, H.: Angiographische Untersuchungen als diagnostische Maßnahme in der Thorax-chirurgie. Fortschr. Röntgenstr. 80, 214—228 (1954).

Strahberger, E.: Die Ligatur der Vena cava superior. Wien. klin. Wschr. 62, 462—466 (1950).

Stuhlinger, H., u. G. H. Bartsch: Thrombose der Vena cava superior. Z. Kreisl.-Forsch. 33, 401—414 (1941).

Süsse, H. J., u. G. Aurig: Das transossale Veno-gramm der Venae intercostales, der Vena azy-gos und der Vena thoracica interna. Fortschr. Röntgenstr. 81, 335—345 (1954).

—, u. R. Julitz: Über den lobus venae azygos und die Kontrastdarstellung der Vena azygos. Fortschr. Röntgenstr. 86, 310—315 (1957).

Swart, B.: Die Breite der Vena azygos als röntgenologisches Kriterium pathologischer Kollateralkreisläufe. Fortschr. Röntgenstr. 91, 415—446 (1954).

Szücs, S.: Thorakale intraossale Phlebographie. Thoraxchirurgie 18, 122—128 (1970).

Szur, L., and L. L. Bromley: Obstruction of the superior vena cava in carcinoma of bronchus. Brit. med. J. 1956, Nr 5004, 1273—1276.

Taiana, J. A., e V. A. Aracama Zorraquin: L'angiopneumografia nella chirurgia toracica. Minerva chir. 10, 61—67 (1955).

Tenzer, Ch., et A. Bollaert: Le diagnostic differentiel des tumeurs médiastinales et des aneurysmes de l'aorte et des troncs artériels par l'angiocardigraphie. Acta clin. belg. 11, 408—416 (1956).

Teschendorf, W.: Lehrbuch der röntgenologi-schen Differentialdiagnostik. Bd. I, Erkran-kungen der Brustorgane, 4. Aufl. Stuttgart: Georg Thieme 1958.

Teske, H. J., A. Fassolt, U. Braun u. F. Kink: Indikation und Technik röntgenologischer Kon-trolluntersuchungen beim Vena-Cava-Katheter. Röntgen-Bl. 23, 247—253 (1970).

— — — — Ergebnisse phlebographischer Kon-trolluntersuchungen beim infraklavikulär ein-geführten Vena-cava-Katheter. Fortschr. Rönt-genstr. 112, 189—195 (1970).

Testut, L.: Zit. nach Henschen, Traité d'ana-tomie humaine, Tome 4. Paris 1923.

Tori, G.: Dimonstrazione delle vene azigos, emiazigos lombori con flebografia perossea. Nunt. radiol. (Firenze) 19, 724—728 (1953).

— The radiological demonstration of the azygos and other thoraco-abdominal veins in the living. Brit. J. Radiol. 27, 16—22 (1954).

— Semeiotica radiologica delle metastasi media-stiniche. Radioter. Radiobiol. Fis. med., Ser. III 10, 353—394 (1955).

Turan, L.: Examen angiocardiographiques des alterations vasculaires et circulations dans quelques affections médiastinales. Acta radiol. (Stockh.) Suppl. **116**, 234—239 (1954).

Viallet, P., L. Chevrot, L. Sendra et P. Aubry: Angiocardiopneumographic élargie dans étude de quelques médiastinopathies. (Iconographie.) J. Radiol. Électrol. **38**, 467—468 (1957).

Virchow, R.: Über die Erweiterung kleiner Gefäße. Vrichows Arch. path. Anat. **3**, 427—462 (1851).

Vorpahl: Über Melaena neonatorum. Med. Verein Greifswald. Ref. Dtsch. med. Wschr. **38**, 245 (1912).

Vossschulte, K., u. H. Stiller: Über die Bedeutung des Pleurahohlraumes bei Störungen und Komplikationen nach Pneumonektomie. Thoraxchirurgie **1**, 228—244 (1953).

Walsh, G. C., G. J. Norton, M. M. Baird and R. Robertson: Idiopathic trombosis of the superior vena cava. Canad. med. Ass. J. **76**, 292—295 (1957).

Weinberg, T.: Observations on the occurence of varices of the esophagus in routine autopsy material. Amer. J. clin. Path. **19**, 554—557 (1949).

Wernitsch, W., K. H. van de Weyer u. G. Richter: Thrombotische Veränderungen bei temporärer kubitaler Schrittmacherelektrode. Fortschr. Röntgenstr. **119**, 371—377 (1969).

Whitaker, W.: Total pulmonary venous drainage through persistent left superior vena cava. Brit. Heart J. **16**, 177—188 (1954). Zit. nach Stecken.

Wilder, C. E., and I. Lindgren: Catheterisation and roentgen visualisation of the azygos vein and its tributaries in Laennec's cirrhosis. A new technic. Radiology **79**, 953—961 (1962).

Winge, E. F. A.: Zit. nach Benda.

Winter, F. S.: Persistence of left vena cava. Angiology **5**, 90—132 (1954).

Wolfel, D. A., E. Lindberg and J. P. Light: The abnormal azygogram — an index of inoperability. Amer. J. Roentgenol. **97**, 933—938 (1966).

Wrisberg, H. A.: Observationes anatomicae de vena azyga duplici aliisque hujus venae varietatibus. Göttingen 1778. Zit. nach Süsse u. Julitz.

Wulstein, J.: Zur Pathogenese der Thrombose der Vena axillaris. Zbl. Chir. **58**, 72—76, 1383—1384 (1931).

Yune, H. Y., and E. C. Klatte: Thymic venography. Radiology **96**, 521—526 (1970).

Zdansky, E.: Röntgendiagnostik des Herzens und der großen Gefäße. Wien: Springer 1949.

Zsebök, Z.: Experimentelle Untersuchungen über Gefäßwandreaktionen auf Kontrastmitteleinwirkung. Fortschr. Röntgenstr. **90**, 75—84 (1959).

Namenverzeichnis — Author Index

Die *kursiv* gesetzten Zahlen beziehen sich auf die Literatur
Page numbers in *italics* refer to the references

Sachverzeichnis

(Deutsch — Englisch)

Bei gleicher Schreibweise in beiden Sprachen sind die Stichwörter nur einmal aufgeführt

Subject Index

(English — German)

Where English and German spelling of a word is identical, the German version is omitted